KB270904

병 법 사
兵 法 史

−정치사政治史의 범주 내에서−

델브뤼크

제IV편

근 대

민 경 길 譯

한국학술정보㈜

Geschichte der Kriegskunst

in Rahmen der politischen Geschichte

von

HANS DELBRÜCK.

Vierter Teil.

NEUZEIT.

BERLIN 1920.

VERLAG VON GEORG STILKE.

역자譯者 서문

델브뤼크Hans Delbrück의 《병법사兵法史 ―정치사政治史의 범주 내에서》는 전쟁사 연구의 기념비적인 작품으로 너무 유명한 책이라 현역 군인인 역자도 이 책에 관심은 있었지만 전공분야(전쟁법戰爭法)와는 조금 거리도 있고 또 우리말 번역본도 없어 읽을 기회는 없었다. 그러던 서기 2005년 초 육군본부 인사참모부장으로 재직 중이던 윤일영 소장小將은 부서 내에서 영어 독해능력을 갖춘 초급장교들과 병사들로 번역조를 편성해서 미 육군사관학교 렌프로Walter J. Renfroe Jr. 교수의 이 책 제I편 영역본英譯本(그린우드 출판사 Greenwood Press, Inc., 서기 1975년)을 우리말로 재 번역해 출판했고 그해 4월 육군사관학교 부교장으로 부임해 온 다음 역자에게 이 번역본을 건네주었다. 역자는 이 번역본을 읽어 본 후 실증사학實證史學의 의미와 가치를 이해할 수 있게 되었을 뿐 아니라, 전술戰術과 전략戰略에 관심 있는 사람이라면 이 책을 꼭 읽어 보아야 할 책이라는 생각이 들었고 또한 제I편에서 제IV편까지 모두 번역해 놓으면 역사학 전공자는 물론 특히 현역군인들에게는 큰 도움이 될 것으로 보였다.

델브뤼크 자신은 이 책 집필 동기가 병법사兵法史 자체가 아니라 세계사世界史에 대한 이해 즉, 인류가 발전해 온 역사에 대한 이해를 위한 것이었고 현역군인들이 이 책을 읽고 어떤 자극을 받는다면 자신은 그저 만족하고 자랑으로 생각하겠지만 이 책은 어디까지나 한 역사가가 역사를 사랑하는 사람들을 위해 쓴 책이라고 했다(제IV편, 머리말). 역사학 전공자는 랑케Reopold Ranke 이후 발전한 실증사학實證史學의 백미白眉라 할 수 있는 이 책을 통해 델브리크의 소위 객관적 비판Sachkritik의 역사학 방법론이 역사학의 한 분야에서 어떻게 적용되었고 어떤 성과를 거두었는지를 보게 될 것이다.

그러나 델브뤼크는 다른 한편으로는 모든 민족의 생존은 그들의 군대조직에 의해 크게 좌우되고 군내조직은 선투기술과 전술 및 전략과 밀접한 관련이 있다고 했다(제IV편, 머리말). 민족의 생존을 책임져야 할 최후 보루라 할 수 있는 현역군인들은 이 책을 통해 고대부터 근대까지 전투기술과 전술 및 전략이 발전한 과정을 비교적 명확히 이해할 수 있을 것이고 또 이를 기초로 현재와 미래의 전투와 전쟁에 대비할 수 있는 길을 찾아낼 수 있을 것이다. 역사가는 주관을 철저하게 배제하고 오직 역사적 사실만을 규명해야 한다고 주장한 랑케와는 달리 역사란 "현재와 과거 사이의 끈임 없는 대화"라면서 우리가 역사를 배우는 이유는 과거의 사실을 반추反芻 하여 현재의 상황을 이해하고 보다 발전적인 미래를 준비하는 것이라고 한 카Edward Hallett Carr의 말은 현역군인들이 이 책을 읽어야 할 이유가 될 것이다. 물론 전문적 연구가가 아닌 현역군인이 이 책을 읽고 병법사兵法史를 이해한 후 미래의 병법兵法을 구상한다는 것은 결코 쉬운 일은 아닐 것이다. 병법兵法을 의미하는 독일어의 '크리크스쿤스트Kriegskunst'라는 용어 자체가 말하듯이 델브뤼크는 병법兵法은 본질상 회화繪畵나 건축建築이나 교육敎育과 같은 것이므로 정치사政治史의 측면에서 각종 전투를 연구한 이 책이 문화사文化史 분야의 책으로 분류될 수도 있다고 했다. 뛰어난 병법兵法은 뛰어난 회화繪畵나 건축建築이나 교육敎育과 같이 천재성이 필요한 부분이다. 그러나 노력이 천재를 만든다는 말도 있듯 국가안보를 책임지고자 하는 군인이라면 뛰어난 병법가兵法家가 되기 위해 끊임없는 노력을 기울여야 할 것이며 그런 노력을 기울이는 군인에게는 이 책이 큰 도움이 될 것이다.

역자는 이런 생각을 갖고 이 책의 완역完譯 문제를 부교장과 상의한 결과 부교장이 독일어 원본을 구하고 번역은 역자가 전담하기로 했다. 부교장은 곧 전사학과 김광수 교수에게 의뢰해서 고풍古風스런 독일 알파벳으로 쓰인 원본(게오르크 스틸케 출판사 Verlag Georg Stilke의 원본을 서기 1962년~1966년 발터 그루이터 출판사Walter De Gruiter & co.에서 재간한 영인본影印本)을 구할 수 있었고 역자는 이 원본을 영역본을 참고해 가며 직접 번역할 수 있었다. 원문에는 고대 라틴어와 헬라어로 된 고전 문구가 20세기 초 서양 학풍에 따라서 번역문 없이 인용된 경우가 있지만 영역본에는 이들이 모두 영어로 번역되어 있어 이 부분은 영역본 내용을 재 번역해서 인용했다. 독자의 편의를 위해 필요한 몇 곳에 역주譯註를 붙였고, 해제解題를 겸해서 크레이그Gordon A. Craig의 "전쟁사 연구가 델브뤼크Delbrück: Military Historian"라는 논문을 번역해 제IV편의 끝에 첨부해 놓았다. 이 논문에는 델브뤼크의 학문세계와 생애 그리고 이 책의 줄거리가 간단히 잘 요약되어 있다. 예비지식이 없는 독자는 이 논문부터 읽어보면 도움이 될 것이다.

서기 2009년 3월 31일

민　경　길(육사 교수)

머리말

필자는 이 《병법사兵法史 *Geschichte der Kriegskunst*》의 마지막 제IV편을 세계 역사상 가장 큰 전쟁이 끝난 직후 출간하게 되었다. 필자는 이 제IV편을 쓰기 위한 기초연구를 서기 1914년에 사실상 마치고 내용정리도 거의 다 끝내가고 있었지만 우리 모두에게 불어 닥친 폭풍우는 필자의 모든 관심을 다른 곳으로 돌려놓았었다. 필자는 작업을 일단 중단했다가 결국 완성 하기는 했지만 현재 문제는 다루지 않았다. 이 책에서 우리 시대라고 말한 시기는 필자가 실제로 이 책을 집필 중이던 세계대전(역자 주: 제I차 세계대전) 이전 시기를 주로 말하며 필자가 전투에 관한 현실적인 지식을 얻은 시기(필자는 서기 1867년 병사로 군에 복무한 적이 있고 서기 1885년에는 예비역 중위中尉의 신분으로 퇴역했다)를 말한 경우도 있다.

필자는 처음에는 이 책 마지막 장章을 몰트케Moltke의 독일 통일전쟁으로 하고 나폴레옹 전략이 몰트케 전략으로 발전하는 과정까지 다룰 계획이었지만 결국 계획을 변경했다. 그렇게 하려면 세계대전 문제를 취급하지 않을 수가 없는데 이 문제는 이 책의 맥락 속에서 학문적으로 다루기에는 아직 충분히 정리되지 않은 문제이기 때문이다. 그러나 필자가 최근 문제의 검토를 완전히 회피하려 했던 것은 아니다. 최근 문제는 이 책에서 다룬 다른 문제들과 달리 체계적 독립적 방식으로 다룰 수 있는 여건이 되지 못하므로 필자는 나폴레옹 시대로 이 책을 마감했고 그 후 현재까지의 문제는 별도의 글로 발표했다. 19세기 후반의 전쟁사 문제 특히 몰트케 전략과 세계대전 당시의 사건들에 대해 말을 해야 할 필요가 있고 또 말할 수 있는 내용들에 대해서는 개별 논문들을 발표한 후에 《전쟁과 정치, 서기 1914년～1918년*Krieg und Politik, 1914 bis 1918*》(I～III편. 현재 출판작업 중)에 정리해 놓았다. 몰트케에 관련된 논문들은 《회상回想과 논문 그리고 어록語錄*Erinnerungen, Aufsätze und Reden*》이란 자료집에 수록되어 있고 이를 보충하려고 케머러Caemmerer의 《19세기 전략학戰略學의 발전*Entwickelung der strategischen Wissenschaft im 19. Jahrhundert*》에 관한 서평書評을 《프로이센 연보年報 *Preussische Jahrbücher*》, 제115권, 1904년, 347쪽 이하에 게재했다. 이 논문에서는 몰트케가 슐리크팅Schlichting의 견해를 응용해서 발전시킨 '두 정면의 전략적 접적행군接敵行軍 der strategische Anmarsch aus zwei Fronten'이라는 신개념과 몰트케의 이 신개념을 슐리펜Schlieffen이 칸네Cannä/Cannae 전투에 관한 필자의 분석을 응용해서 더욱 발전시킨 '이중포위二重包圍 der doppelten Umfassung'의 개념을 좀 상세하게 설명하면서 그 기술적 측면과 심리학적 측면을 모두 정리해 놓았고 또한 이를 통해 세계대전 당시 사건들의 전략적 측면을 평가해 놓았다.

　필자는 근대 문제를 다루면서 자연스럽게 무기와 전술 등 전투의 기술적 측면들을 직접 다루지는 않고 뒤로 물러나 있게 할 수 있었는데 이는 근대에 와서 그런 문제들의 중요성이 감소했기 때문은 아니다. 오히려 전투의 기술적 측면은 근대에 들어와 더 가속도가 붙으며 크게 발전했다. 필자가 그런 문제들을 뒤로 물러나 있게 한 것은 그 형태와 중요성이 이제는 너무 분명히 드러났기 때문에 더 이상의 검토가 불필요해 졌기 때문이다. 이 문제에 관한 글은 넘칠 정도로 많아서 필자는 연구의 범위를 이로 인한 현실적인 결과의 입증 문제로 국한시킬 수 있었다. 기술적 측면에 대해 좀 더 알고 싶은 독자들은 옌스Max Jähns의 귀중한 연구인 《독일 군사학사軍事學史 Geschichte der Krigswissenschaften vornehmlich in Deutschland》를 보면 체계적으로 정리된 자료들을 접할 수 있다. 이 때문에 필자는 부담 없이 가장 근본적인 문제들만 다룰 수 있었다. 필자는 기술적 측면에 대한 검토를 생략할 수 있었던 덕분에 《병법사兵法史－정치사政治史의 범주 내에서 Geschichte der Kriegskunst in Rahmen der politischen Geschichte》라는 이 책 제목을 통해 필자가 말한 이 연구의 기본주제 즉, 국가조직 및 정치와 전술 및 전략의 상호관계 문제에 소원대로 좀 더 집중할 수 있었다. 필자는 국가조직 및 정치가 전술 및 전략과 상호작용을 한다는 점을 분명히 인식함으로써 이런 여러 요소들의 맥락 속에서 세계사世界史를 이해할 수 있었고 그로 인해 과거에는 숨겨져 있어서 이해하지 못했던 많은 부분들을 명확히 알 수 있게 되었다. 이 책의 집필 동기는 병법사兵法史 자체가 아니라 세계사에 대한 이해였다. 현역군인들이 이 책을 읽고 이 책에서 어떤 자극을 받는다면 필자는 그저 만족하고 자랑으로 여길 수 있을 것이다. 그러나 이 책은 어디까지나 한 역사가가 역사를 사랑하는 사람들을 위해 쓴 책이다. 필자는 특히 정치사政治史의 측면에서 각종 전투를 다룬 이 책이 문화사文化史를 다룬 책으로 분류된다 해도 이의를 제기하지는 않을 것이다. 병법兵法은 본질상 회화繪畵나 건축建築이나 교육教育 등과 같은 것이기 때문이다. 한편 모든 민족의 문화적 생존은 그들의 군대조직에 의해 크게 좌우되고 군대조직은 전투기술과 전술 그리고 전략과 밀접한 관련이 있으며 이런 모든 요소들은 상호간에 영향을 미친다. 각 시대의 정신은 다양한 개별적인 현상들을 통해 모습을 드러내는 것으로 필자의 지식과 같은 병법兵法이라는 개별적인 현상들에 대한 지식 역시 인류의 발전 전반에 관한 지식을 넓혀 준다. 이 연구의 결과는 세계사의 어느 시대에 대해서건 근본적인 영향을 미치게 될 것이다. 그러나 이런 연구를 통해 무언가 얻을 것이 있다는 필자의 생각을 사람들이 인정하기까지는 엄청난 노력과 투쟁이 필요했다. 랑케Leopold Ranke조차 필자가 이런 말을 하자 필자의 생각을 부인했었다. 지금은 필자도 명예롭게 그 일원이 되어 있는 교수단教授團에서도 필자가 교수로 임용될 당시는 반대의견을 제시하고 군사문제 연구는 대학의 소관사항이 아니라고 했었다. 필자가 고대사 특히 로마사를 매우 깊이 파고든 이 책 제I편을 몸센Theodor Mommsen 교수에게 건넸을 때 그는 고맙다는 말은 했지만 이를 거의 읽지 않았다. 그뿐 아니라 장군참모부將軍參謀部/Generalstab(역자 주: 독일의 게네랄쉬탑Generalstab을 흔히 일반참모부一般參謀部로 번역하지만 이는 잘못된 번역이다. 독일 해군은 그와 같은 참모기구를 아트미랄쉬탑Admiralstab이라 부른다)도 필자에게 반감이 있었다. 누구나 필자의 투쟁이 쉬운 투쟁이 아니었음을 인정해야 한다. 필자의 제자로 알려진 사람은 아무도 육군대학Kriegsakademie에서 강의를 할 수 없었다. 필자의 연구에서 얻은 결론의 논리성을 확실히 인정하게 된 역사가들까지도 진실이 가급적 널리 알려지지 않도록 소심하게 노력했다. 독자들은 차차 알게 되겠지만 필자는 최근까지도 다른 학자들이 필자의 생각을 정확히 이해하고 인용하도록 만들 수 없었다. 새 개념은 전통적 개념의 완고한 저항 뿐 아니리 오해들과도 싸워야 하는네 극복하기가 더 어려운 것이 이런 오해다.

   필자는 이 책 제I권을 출간할 때 서문에서 벨로크Julius Beloch의 《그리스-로마 세계의 인구人口 Die Bevölkerung der griechisch-römischen Welt》라는 선행 연구가 없었다면 필자의 책도 거의 탄생하지 못했을 것이고 그의 책은 필자의 연구의 정신적 동반자라고 소개하지 않을 수 없었는데 이제 이 제IV편을 출간함에 있어서도 한 권의 책을 그 저자의 이름과 함께 밝히지 않을 수 없다. 호봄Martin Hobohm의 《마키아벨리의 병법兵法 르네상스Machiavellis Renaissance der Kriegskunst 》는 이 제IV편의 서곡序曲이자 가장 귀중한 부록이라고 할 수 있다. 필자는 탁월한 학자 호봄 박사의 결론들을 전적으로 수용할 수 있었고 호봄 박사는 필자가 더 깊이 연구할 수 있도록 자료들을 모아서 필자를 크게 도와주었다. 호봄 박사 외에도 필자는 이 책 교정校訂을 보아주고 색인索引을 작성해 준 메테Siegfried Mette 박사에게서도 큰 도움을 받았다.

베를린의 그루네빌드Grunewald에서,
서기 1919년 7월 8일,　델브뤼크Hans Delbrück

목 차

머리말

제IV편 근대 전투

<일 러 두 기>

1. 라틴어 원문은 이탤릭체로 표기했다.

2. 고유명사나 주요 군사용어들은 각국 표기를 모두 병기했고(독일어, 헬라어
   또는 라틴어, 영어 또는 불어 순), 한국어 표기는 1차적으로는 우리들에게
   일반적으로 친숙한 발음이 있으면 이를 취하고 생소한 단어인 경우에는
   가급적 현지 발음을 취했다.

   ※ 예: 「골Gallien/Gaul」, 「헤로도투스Herodote/Herodotus」 등

3. 책자와 논문집 이름의 원문은 「《그리스 역사Griechische Geschichte》」와 같이
   이택릭체로 표시했다.

4. 같은 책이 여러 볼륨Volume으로 나뉘어 있는 경우 현재는 제I권卷, 제II권 등으로
   나누는 것이 보통이지만 이 책이 출판된 당시 독일의 관행은 이를 제I편篇/Band,
   제II편 등으로 나눈 후 각 편을 다시 제I권卷/Buch, 제II권 등으로 나누었었다.
   따라서 이 번역에서도 옛 독일의 관행에 따라 편篇, 권卷, 장章의 순서로 내용을
   나누었다. 인용된 서적 중 단편單篇으로 발간된 책의 경우에도 그 내용을 권卷,
   장章, 절節의 순서로 나누었다.

   ※ 예: 「리비우스Livy/Livius, 《로마사史 Ab urbe condjta Libri》, XXXVI, 30. 2절」은
        같은 책의 제XXXVI권, 제30장, 제2절을 의미함

5. 원문 중의 거리 및 면적 표기는 원문대로 독일 마일 및 독일 평방 마일로
   표기한 다음에 괄호 안에 km 및 km²로 환산해 놓았다.

제 I 권
르네상스 시기 군대의 성격

제 I 장
유럽 보병부대의 탄생

스위스 군사체계의 놀라운 힘의 기초는 자신감 넘치는 병사들의 큰 밀집방진密集方陣이 발휘한 충격효과였고 이런 자신감은 200년간 끊임없이 승리와 경험을 통해 키워진 것이었다. 전 주민에게 상무정신尙武精神이 확산되어 있었기 때문에 그들은 무리를 지어 전투를 할 수 있었고 그들의 큰 전투대형은 옛 직업전사職業戰士들의 개인적 용기를 압도했다. 이런 스위스 산악지대의 집단전투 방식이 낭시Nancy 전투(역자 주: 이 책 제III편, 609쪽) 때는 그들이 계속 승리를 거듭하는 동안 매우 중요한 동맹지역이던 저지대低地帶로 전해졌다. 스위스 연합이 자신의 정치적 목적보다 프랑스Frankreich 왕을 위해 싸운 전쟁으로 그랑손Granson 전투(역자 주: 이 책 제III편, 589쪽)와 무르텐Murten 전투(역자 주: 이 책 제III편, 595쪽)로 승부가 결정된 부르고뉴Burgund/Burgogne 전쟁 때도 이미 그랬지만 그들의 군사능력은 그들이 고향에서 먼 곳에서 외국을 위해 복무하면서 더 크게 알려지기 시작했고 이후 게르만 민족의 이 작은 가지는 매우 큰 역사적 자취를 남기게 된다. 그러나 세계사의 관점에서 보다 더 중요한 부분은 스위스 전투방식의 우수성을 인식한 다른 민족들이 이를 모방하기 시작함으로써 어느 지역에서나 변화가 생겼다는 점이다.

물론 오래 전부터 중장갑重裝甲을 착용한 기마전사騎馬戰士 외에 궁수弓手 뿐 아니라 근접전 무기를 휴대하고 기사騎士를 지원했던 보병이 있었음은 사실이다. 그러나 이제부터 일어나게 되는 진보와 변화는 과거 단지 보조병종補助兵種에 불과했던 이 보병이 큰 무리를 지어 밀집부대를 만들었다는 것이다. 이런 발전의 필요성을 처음으로 크게 느꼈던 지역은 게르만 지역과 스페인 지역 둘뿐이었다. 프랑스와 이태리에서도 이런 변화의 징표들이 보이기는 하지만 이 지역들은 그런 발전을 훨씬 후일까지도 완성하지 못했다. 이렇게 지역별로 큰 차이가 있었음을 우리는 특히 주의해야 하지만 이런 근대적 발전이 일어났던 최초의 땅은 독일 땅임을 또한 분명히 기억해 두어야 한다.

네덜란드인NIEDERLÄNDER과 기네가테GUINEGATE 전투(서기 1479년 8월 7일)[1]

스위스 전사戰士들의 전투방법이 스위스 외의 민족에 의해 사용된 첫 전투는 낭시Nancy 전투 이후 2년 반 만에 있었던 기네가테 전투였다. 이 전투에서는 낭시

---

1) 이 전투에 관한 표준연구는 리케르트Ernst Richert의 "기네가테 전투Die Schlacht bei Guinegate"(베를린 대학교 학위논문, 서기 1907년)이다.

전투 때 전사戰死한 부르고뉴 영주領主 대담한 샤를르Karls des Kühnen/Charles the Bold(역자 주: 이 책 제III편의 제IV권, 제VI장 및 제V권, 제VII장 참고)의 사위인 막시밀리안Maximilian 대영주大領主/Erzherzog가 프랑스Frankreich군을 이겼다(역자 주: 막시밀리안은 27세 때인 서기 1486년 게르만 제국 즉, 신성로마제국의 왕이 되고 1493년에는 신성로마제국 황제가 된 인물로 18세 때인 서기 1477년에는 대담한 샤를르의 딸 마리아와 결혼해서 네덜란드를 얻었다). 결국 스위스 전사戰士들에게 극심한 고통을 당했던 부르고뉴인 자신이 바로 스위스 전사戰士들의 전술을 실전實戰에 응용하는데 성공한 최초의 사람들인 것이다.

막시밀리안은 테루안네Thérouanne의 작은 국경요새를 포위하고 있었고 데꼬르데des Cordes 밑의 남쪽에서 올라오고 있는 프랑스 구원군을 맞이하러 나갔다. 구원군은 보통 때 같이 기사騎士와 궁수로 구성되어 있었고 칙령중대勅令中隊/compagnies d'ordonnance/Ordonanz=Kompagnien에서 기사騎士들에게 개인적으로 배속된 궁수들 이외에도 많은 자유궁수自由弓手/franc archers/freischützen들이 있었다(역자 주: 칙령중대와 자유궁수에 대해서는 이 책 제III편, 제IV권, 제V권 참고). 막시밀리안은 상대방에 비해서 병력은 크게 적었지만 겐트Ghent 시市 집행관執行官/bailib/bailiff이며 플랑드르Flandern/Flandre 총사령관Generalkaptiän인 다디젤Jean Dadizeele 지휘 하에 장창長槍과 미늘창Hellebarde/Halberd(역자 주: '미늘'이란 물고기 입속에 들어간 낚시 바늘이 빠져나오지 못하게 촉끝과 반대방향으로 일으켜 놓은 메기수염 모양의 가시를 말한다. 창의 촉 밑에 이와 유사한 모습으로 날을 붙여 도끼의 역할을 하거나 상대방을 끌어내는 역할을 하도록 만든 창을 미늘창이라고 한다) 등 근접전 무기로 무장한 11,000명 이상 되는 플랑드르 보병이 와서 합류해 있었다. 당시 나이가 겨우 20세였던 막시밀리안 자신에게는 그의 부인의 영토였던 이 지역에서 새로운 군사체계를 창설할 만한 권위도 경험도 없었지만 그의 군대에는 스위스인인 로몽Romont 대공大公이 있었고 로몽의 토지가 베른Bern과 프라이부르크Fribourg 바로 옆 노이엔부르크Neuenburg 호수 가에 있었다. 로몽은 부르고뉴 영주領主 밑에 복무하며 스위스인들과의 전투에도 참여했었다. 그는 자신의 희망과 의도와는 크게 달리 스위스인들에게 가장 큰 적이 되었고 전·평시를 막론하고 스위스인들에게 그보다 더 잘 알려진 사람은 없었다. 사료에 의하면 이때 플랑드르 보병들을 스위스식으로 정렬시킨 사람은 바로 이 스위스인 대공大公이었다. 그의 현재 사령관에게 플랑드르 보병 집단을 자신에게 줄 것을 권고한 사람도 바로 그였을 것으로 짐작된다. 그는 새 대형을 위해 부르고뉴에 속한 이 저지대低地帶(역자 주: 플랑드르Flandern/Flandre 지방)의 자원보다 더 좋은 자원을 이 세상 어디서도 찾아낼 수 없었을 것이다. 사실 스위스 전투방식과 아주 흡사한 전투방식이 이 저지대에서 이미 등장한 적이 있다. 서기 1302년 플랑드르 여러 도시들은 반란을 일으켜 쿠르트라이Courtrai 전투에서(역자 주: 이 책 제III편, 419쪽 참고) 프랑스 기사騎士들을 이긴 적이 있다. 서기 1382년의 로제베케Rosebeke 전투에서는(역자 주: 이 책 제III편, 430쪽 참고) 이런 전투방식이 실패했는데 플랑드르 평원에는 기사

騎士들을 상대할 때 스위스인들이 산악지대에서 이용한 곳과 같은 매우 유리한 지형이 없었기 때문이었다. 그러나 이 저지대에는 큰 전사戰士 집단과 강력한 상무정신尚武精神이 잘 보존되어 있었다. 대담한 샤를르의 군대도 대부분 네덜란드인들로 구성되어 있었고 스위스인들이 보여 준 전투방식은 이곳 사람들의 상무정신이 다시 그 진가를 발휘할 수 있게 만든 본보기가 되었다.

막시밀리안의 부르고뉴군 병력은 전투 중 그들의 후방을 위협했던 테루안네 요새 수비대를 합한 프랑스군 병력보다 수천 명 정도 많았을 것이다.

쌍방 모두 기병을 양 측면에 보병을 중앙에 배치했는데 프랑스 측의 보병은 궁수였고 부르고뉴 측의 보병은 주로 창병槍兵이었다. 부르고뉴 측의 창병槍兵들은 2개의 큰 방진方陣으로 나뉘어졌는데 하나는 낭시 전투 때 대담한 샤를르 밑에서 싸웠던 나쏘Nassau의 엥겔베르트Engelbert 대공大公이 지휘했고 다른 하나는 로몽 대공大公이 지휘했다. 막시밀리안 자신은 전통대로 기사騎士들과 함께 싸우지 않고 많은 귀족(역자 주: 기사騎士)들을 대동하고 창을 들고 보병들의 방진方陣에 합류했다.2) 막시밀리안의 《비망록Mémoires》에는 그가 젊은 영주로 이 저지대低地帶로 온 이후로 장창長槍을 만들게 해서 이 무기를 가지고 집체훈련을 했다는 구절이 보인다. 따라서 우리는 보병들이 장창을 가지고 귀족들과 함께 체계적 집체훈련을 했었다고 말할 수 있다. 귀족들은 당연히 선두 횡렬橫列에 섰을 것인데 이런 식으로 귀족들이 보병 방진方陣을 강화시키려고 했던 것은 중세 후기에 우리가 자주 볼 수 있던 현상이다. 그러나 이때는 중세 후기와 중요한 차이가 있었는데 이때는 귀족들이 단지 보병의 선두에서 싸우기만 한 것이 아니라 보병 무기인 장창長槍을 손에 들고 보병과 합류해 단합된 전술조직戰術組織을 만들었다는 점이다. "가장 훌륭한 연대기年代記"에는 "로몽 대공大公이 대형에 함께 섰고 그곳에 영주領主(막시밀리안)도 평민 보병들 사이에 창을 들고 함께 섰다"는 구절이 있다.

막시밀리안의 우익에서는 프랑스군의 데꼬르데des Cordes 기사騎士들이 보병 방진方陣과 함께 있던 부르고뉴 기사騎士들을 밀어냈고 그쪽에 배치되어 있던 부르고뉴군의 대포까지 빼앗았다. 부르고뉴군에는 궁수들이 매우 많았지만 전투기록에는 이들에 관한 언급이 전혀 없다. 이 궁수들은 프랑스군의 압도적인 병력 앞에서 바로 도주했거나 창병槍兵 방진 속으로 들어갔을 것이 분명하다.

데꼬르데 보병은 기사騎士들이 승리하자 부르고뉴군 좌익의 창병槍兵 방진 즉, 나쏘Nassau의 엥겔베르트Engelbert 대공大公이 지휘하는 부대의 측면을 공격할 수 있게

---

2) 다디젤Jean Dadizeele, 《비망록Mémoires》(케르빈Kerwyn de Lettenhove 편編), 19쪽. 코미네의 기록(역자 주: 만드로Mandrot 편編, 《코미네의 필립 비망록Mémoires de Philippe de Commynes》)에 의하면 귀족들 숫자는 200명이었다고 한다.

되었다. 데꼬르데 보병의 공격을 받은 부르고뉴군은 제자리에 묶여 있게 되고 정면과 측면에서 프랑스군 궁수들로부터 화살 세례를 받았다. 프랑스군은 빼앗은 대포를 가지고 궁수들을 도와주고 있었다. 따라서 1차 충돌에서 승리한 프랑스군 기사騎士들이 도주하는 부르고뉴군 기사騎士들을 추격하느라 대부분 전장戰場을 떠나고 없었음에도 불구하고 부르고뉴군은 심한 압박을 받고 있었다.

만약 반대쪽 측익의 사정도 같았었다면 부르고뉴군은 패배를 면할 수 없었을 것이다. 그러나 그쪽에는 많은 기사騎士들이 배치되어 있었고 이들이 프랑스군의 공격에 굳게 버티며 적이 부르고뉴군 창병들의 측면을 돌파하지 못하도록 막아주었고 그 덕에 로몽의 부대는 계속 전진하며 프랑스 궁수들을 밀어내서 나쏘Nassau의 엥겔베르트Engelbert 대공大公의 부대를 구원해주며 결국 승부가 결정되었다.

당대 기록에는 이 기네가테 전투에서 부르고뉴군이 스위스군 전술을 채택했음을 알만한 충분한 설명이 없다. 특히 주목할 점은 막시밀리안 자신의 기록이나 그의 말을 옮긴 것으로 볼 수 있는 전투기록이 최소 네 편은 되지만 어떤 기록에도 이에 관한 언급이 전혀 없는 점이다. 그러나 비록 이런 점은 외견상 이상하게 보이지만 당대인들은 이론상 변화가 지니는 의미를 인식하지 못하고 다음 세대에 가서야 비로소 제대로 알게 되는 경우가 그렇게 드문 일은 아니다. 고전 시대 전쟁사에서도 예를 들어 제2차 포에니Punischen/Punic 전쟁 당시의 제대대형梯隊隊形/Treffen–Ausstellung/ echelon formation(역자 주: 이 책 제I편, 제V권, 제V장 및 제VI권참고)과 같은 근본적 변화를 직접 기록해 놓은 사료는 전혀 없다. 그러나 이 기네가테 전투의 경우와 포에니 전쟁의 경우에는 진상이 분명하다. 기네가테 전투에서 승리의 주역이 플랑드르 보병이었다는 것은 다디젤Jean Dadizeele의 기록, 몰리네Molinet의 기록, 드부트de But의 기록 그리고 바젱Basin의 기록이 모두 일치한다. 드부트는 "막시밀리안 영주領主는 창병槍兵들과 함께 굳게 서 있었고 양 측면에서 다른 병력과 함께 그를 공격하려 했던 프랑스 기병대騎兵隊는 그를 제압할 수 없었다*Dux Maximilianus cum picariis fortier instabat, ut equitatus Francorum, qui ab utraque parte cim aliis suis obpugnare quaeebat eundem, non posset in eum praevalere*"고 했다. 바젱은 더 분명하게 "뾰족한 쇠촉으로 강화된, 흔히 피케라고 부르던 장창長槍을 든 플랑드르 보병이 적 마병馬兵의 돌격을 용감하게 막아냈다 *Nam ipsi Flamingi pedites, cum suis longis contis praeacutis ferramentis communitis, quos vulgo piken appellant, hostium equites, ne intra se se immitterent, viriliter arcebant*"고 했다.

그러나 우리는 부르고뉴군의 창병槍兵 방진方陣 2개 중 적어도 하나의 측면을 부르고뉴 기사騎士들이 엄호한 것이 승리의 한 용인이었음을 간과하면 안 된다. 만약 이들의 엄호가 없었다면 플랑드르 보병들은 서기 1382년의 로제베케Rosebeke 전투 때나 마찬가지로 패배하고 말았을 가능성이 높다.

왜 이 전투를 이긴 부르고뉴군이 테루안네Thérouanne 요새를 함락시키지 못했는지에 관한 설명은 아직까지 없다. 막시밀리안은 곧 이 전역戰役을 포기하고 군대를 해산했다. 여러 기록들을 통해 이 전투의 과정과 결과가 명백히 입증되지 못했었다면 우리는 최종결과만 가지고는 이 전투에서 부르고뉴군이 승리했다는 것을 믿을 수 없었을 것이다. 플랑드르 병력들은 더 이상 싸우려 하지 않았다고 한다. 아마도 영주領主와 속주屬州들 간 오랜 적대감 때문이었을 가능성이 있다. 네덜란드인들은 자신들의 주인인 막시밀리안을 프랑스군보다 더 두려워했었기 때문에 이 승리로 인해 그의 힘이 너무 강해지는 것을 원하지 않았던 것일 수도 있다. 막시밀리안 역시 금고金庫가 비어서 약간의 병력으로라도 포위를 계속할 수 있는 자금조차 만들 수 없었을 가능성도 있다.

그렇다면 이 기네가테 전투는 정치적인 관점에서는 무의미한 전투였음이 분명하다. 그러나 군사적인 관점에서는 이 전투는 중대한 전환점이었다. 네덜란드의 보병집단이 다음 세대 전반에 걸쳐 일정한 역할을 하게 되는 출발점은 이 전투였음이 분명하고 프랑스군으로서도 이 전투에서의 패배가 자신들의 군사조직을 개혁하는 계기가 되었을 것이고 또한 그들의 개혁이 스페인군의 개혁으로 이어졌을 것이다. 여하간 무엇보다 중요한 것은 이때의 네덜란드 보병이 게르만 토병土兵의 선구자라는 점이다.

게르만 토병土兵/Landsknecht/lansquenet[3]

기네가트 전투는 승리자로서는 전투 이후 병력을 유지하지 않았으므로 소득이 없는 전투였다. 처음에는 여왕의 부근夫君이란 지위에서만 이 지방을 통치하다가 여왕인 부인인 죽자 아들 필리프Philipp의 섭정攝政의 지위에서 통치하게 된 막시밀리안은 곧 세습토지귀족世襲土地貴族/Ständen들과 정면충돌하게 된다. 그는 이 충돌에서 자신의 몫을 보존하려면 시민징집군이 아닌 군대가 필요했다.

그는 저지대低地帶 자체는 물론이고 라인 지역, 고지高地 게르만 지역, 스위스 지역 등 모든 영주領主들의 지역에서 병력을 모집했다. 이렇게 모집한 평민 병사를 토병土兵이라고 부르기 시작한 것은 서기 1482년에서 1486년 사이 일이다. 왜 이들을 푸스크네크트Fussknecht(보병), 솔트크네크트Soldknecht(용병傭兵) 또는 크리그스크네크트

---

3) 토병土兵에 관한 과거의 연구들은 넬Martin Nell의 《토병土兵. 최초 독일보병의 원형原型Landsknechte. Entstehung der ersten deutschen Infanterie》(서기 1914년, 베를린)이란 책자에 의해 모두 압도되었다. 이 글은 매우 치밀한 연구와 주의 깊은 비판의 모범을 보여 준 글이다. 이 책의 제I편은 그의 베를린 대학교 학위논문으로 먼저 출판되었다. 넬은 미래에 대한 올바른 최상의 희망을 지녔던 젊은이답게 자신의 인생을 꿈꾸고 있던 중 서기 1914년 프랑스 야전으로 출전했다가 명예롭게 전사戰死했다.
　　에르벤Erben은 넬의 결론에 대해 몇 가지 이의를 제기했고(《역사지歷史誌 Historische Zeitschrift》, 제116권, 48쪽) 우리는 그의 이의 제기에 동의할 수 있지만 이는 별로 중요한 문제는 아니다.

(군인)라는 이름이나 이 비슷한 이름으로 부르지 않고 란트스크네크트Landsknecht(라틴어로는 '지방하인地方下人/provincae servi' 또는 '지방병사地方兵士/patriae ministri'; 불어로는 '지방친구compagnons du pays')라고 부른 것일까? 란트스크네크트Landsknecht(또는 랑스크네lansquenet)라는 이름은 30년 전쟁 시기(역자 주: 서기 1618년~1648년)까지 포함해서 약 한 세기 동안 사용된 이름이다. 이후 이런 이름은 사라졌는데 자유롭게 소속을 자주 바꾸던 용병傭兵들이 한 국가나 한 전쟁지도자Kriegsherrn와 보다 영구적이고 확정적인 관계를 갖게 됨에 따라 그에 걸 맞는 이름으로 불리게 되었기 때문이다.

토병土兵 즉, 란트스크네크트라는 용어에는 여러 설명들이 있지만 인정될만한 설명은 없다. 이들은 스위스인들과는 달리 "조국을 위한 병사"가 아니었다. 이들은 여러 지역에서 모여 동일한 군기軍旗 밑에서 같은 부대에서 함께 싸웠기 때문이다. 이들은 스위스 산악지대가 아닌 "저지대低地帶 국가들의 병사"도 아니었다. 이들은 "조국을 지키려는 병사"도 아니었고 "조국에 복무한 병사"도 아니었다. 이들은 또한 "세습토지귀족들이 제공한 것이 아니라 국가에서 모집한 병사"도 아니었으며 "같은 국가의 병사들" 다시 말해 "애국적인 병사들"도 아니었다. 란트스크네크트라는 용어는 "란쩨Lanze"(역자 주: 장창長槍의 이름)와도 무관하다. 이들이 휴대한 창槍은 "스피쓰Spiss" 또는 "피케Pike"라고 불렸었기 때문이다.4)

란트크네크트Landknecht(란트스크네크트Landsknecht와 구분되는)라는 단어는 15세기 고지高地 독일어나 저지低地 독일어 모두에서 발견되는 단어로 집행관執行官/Büttel/bailiff 즉, 왕실에서 파견한 관리로 기병 또는 보병으로 전투원 임무도 지닌 무장인원Gendarmen(역자 주: 기사騎士)이었다. 포실게Johann von Posilge가 쓴 서기 1417년의 연대기年代記에는 프로이센 지역의 바쎈하옌Bassinhayen 거점據點이 "몇 명 안 되는 란트크네크트들"에 의해 조국을 배반하고 폴란드 왕에게 항복했다는 구절이 있다. 란트크네크트라는 이름이 저지대低地帶에서 특별한 의미로 쓰인 서기 1482년~1486년 사이 기간은 막시밀리안이 프랑스와 평화를 유지했지만 자신에게서 아들 필리프 왕의 섭정攝政 지위를 박탈한 세습토지귀족들과 싸우던 시기였다. 이때 막시밀리안이 그의 군대로 점차 더 많은 인원을 편입시켰고, 보수를 원했고, 또 세습토지귀족들이 없애려 하는 국가를 압박한 자들은 바로 이 용병傭兵들이었다. 이들의 목적은 무엇이었을까? 국가는 여하간에 평화기平和期였다. 바로 이 때문에 막시밀리안은 이들에게 "란트크네크트"라는 부드러운 이름을 부여했을 것으로 생각된다. 그 당시까지 이 이름은 전사戰士가 아니라 단지 경찰警察을 의미하는 이름이었다.

---

4) 넬Martin Nell은 이 이름이 처음 등장하는 7개의 고문서古文書 중에서 두 문서에는 "란쯔크네크테Lanzknecht"로 서기 1486년의 스위스 의사록에는 "란트츠크네크테Landtsknecht"로 나머지 세 문서에는 "란트크네크테Lantknechte"로 되어 있음을 발견했다.

막시밀리안이 스위스인들이 창안해 냈고 네덜란드 시민징집군을 위해 기네가테Guinegate 전투에서 승리할 수 있었던 전술대형戰術隊形으로 이 잡다한 용병傭兵들을 훈련하자 진보가 일어났다. 이 훈련에서 가장 중요했던 요소는 용병傭兵 부대에 많은 스위스인들이 있었다는 점이 아니고 막시밀리안 자신이 손에 창槍을 들고 귀족들을 보병부대에 합류하게 함으로써 동지애同志愛/camaraderie를 통해 병사들에게 자신감을 키워주고 기사騎士들의 감투정신이 병사들에게 전이轉移 되게 만들었다는 점이다. 후일의 연대기年代記들은 막시밀리안 황제가 '토병단土兵團/Orden der Landsknecht'을 창설했다고 했다. 이는 대형훈련을 통해 새 전투대형을 형성한 병사들이 이제는 단순한 보조병종으로 취급되지 않았고 그들을 새로운 어떤 존재로 보이게 만들고 초기 용병傭兵들과는 큰 차이가 나게 한 전사단체戰士團體/Krigerische Zunft 또는 전사적戰士的 단체정신/Krigerische Korpsgeist을 발전시켰다는 의미이다.

최초의 유명한 토병土兵 지도자들 중에 슈바르쯔Martin Schwarz라는 인물이 있었는데 그는 원래 뉘른베르크Nürnberg에서 온 구두쟁이였지만 용맹성 때문에 기사騎士로 발탁된 인물로 슈바벤Schwaben/Swabia과 스위스에서 온 용병傭兵들을 단결시켜 그의 지휘 하에 두었다. 그의 부관副官은 베른Bern에서 온 스위스인 쿠틀러Hans Kuttler(그에게는 그 외에도 여러 가지 다른 이름이 있었다)였다.

토병土兵이란 이름이 이런 의미로 쓰인 새로운 현상이 확실히 언급된 첫 기록은 서기 1486년 10월 1일 쮜리히Zürich에서 열린 스위스연합 회의 의사록이다. 이 의사록에는 게쉬프Konrad Gäschff라는 슈바벤 기사騎士가 병사들을 모집해서 막시밀리안을 밑에서 복무하고 있다는 불평이 기록되어 있다. 또 이 기사騎士는 슈바벤 등에서 온 토병土兵들을 무장시키고 훈련해서 1명이 스위스연합 병사 2명을 상대할 수 있게 만들겠다고 모욕적인 말투로 허풍을 떨었다고 한다.

이를 보면 우리는 서기 1486년 가을에는 "란트스크네크트" 즉 토병土兵이라는 단어가 이미 확실한 개념을 지닌 단어였고 이들은 직업훈련을 받았으며 스위스 보병들과 이들은 서로 구별이 되었음을 알 수 있다.

10년 전만 해도 이 게르만 평민 병사들은 별로 주목받지 못했다. 서기 1476년 로트링겐Lothringen/Lorraine의 레네René 영주領主가 그의 공국公國/Herzogtum을 되찾기 위해서 오버라인Oberrhein 지역(역자 주: 라인강 상류지역) 용병傭兵들을 데리고 싸울 때 이들은 잘 싸우지도 못하다 퐁타모쏭Pont-à-Mousson 전투에서 부르고뉴군과 싸우다가 도주하자 다시 스위스 보병들을 모집해야 했었다. 서기 1477년 낭시Nancy 전투 당시 스위스 보병들과 슈바벤 보병들로 혼합 편성되어 있던 레네René의 방진方陣에서는 스위스 보병들이 자신들의 능력을 확신하고 슈바벤 보병들을 얕보면서 이 전역戰役에서는 모든 노획품을 자신들이 거의 다 차지해야 한다고 주장했었다.

  그러나 토병土兵들이 체계적 훈련으로 자신감을 가질 정도로 능력을 갖추자 스위스 보병들은 그들과 헤어졌고 이때부터 스승과 제자가 서로 질투하며 맞섰다. 승리의 전통 때문에 자부심이 컸던 스위스 보병들은 누구도 상대할 수 없는 우월한 위치를 유지하려 했었다. 그러나 토병土兵들의 지도자들은 부하들에게 자신들도 얼마든지 잘 싸울 수 있다는 말을 했고 부하들도 이 말을 믿었다. 이들의 조직화된 부대들은 저지대低地帶로부터 잉글랜드와 사보이Savoyen/Savoy로 진출했다. 이들은 티롤Tirol/Tyrol의 시기스문트Sigismund 영주領主 밑에서 복무하며 카펠러Friedrich Kappeler의 지휘 하에 서기 1487년 8월 10일에 칼리아노Calliano 전투에서 베니스Venedig/Venice의 콘도티에레Kondottiere(역자 주: 용병대장傭兵隊長)를 이겼다. 시기스문트에게는 스위스 용병傭兵들도 있었지만 이때는 과거와 같이 이들이 동료 전사戰士들을 얕잡아 보지는 못했고 오히려 자신들이 토병土兵들에게 위협을 받고 있어 언제 죽을지 모른다고 그 지도자들이 고향으로 보고할 정도였다.

  서기 1488년 막시밀리안이 세습토지귀족들과 싸우는 것을 도우려고 게르만 제국 즉, 신성로마제국 군대가 네덜란드로 이동했다. 막시밀리안은 일시 세습귀족들에게 포로로 잡혀 있었다. 제국 군대가 쾰른Köln/Cologne 관문關門에 도착하자 스위스 보병들도 나타났지만 지휘관들이 "토병土兵들 때문에" 불화不和가 생기는 것을 피하려고 이들을 받지 않으려 하자 이들은 결국 고향으로 돌아갔다.

  2년 후인 서기 1490년에 막시밀리안이 헝가리로 진격할 때도 토병土兵들과 스위스 보병들이 함께 있었다. 약간 후일 작성된 바트Watt의 생갈St. Gallen/Gall 연대기年代記에는 "이 전역戰役에도 스위스 연합에서 온 많은 병사들과 토병土兵들이 함께 있었고 우리 생갈 지역에서 온 병사들도 약간 있었다"는 구절이 있다. 이를 보면 이들이 함께 다닌 경우가 자주 있었음을 알 수 있다.

  연대기年代記 작가들은 스툴바이쎈부르크Stuhlweissenburg가 함락된 이 서기 1490년의 전역戰役에서 처음 본 새로운 현상에 모두 주목하게 된 결과 이를 설명하기 위해 "토병土兵"이란 단어에 몇 마디 설명을 덧붙이지 않을 수 없었다.

  "토병土兵"이란 단어가 처음으로 보이는 기록은 그 탄생 시기가 서기 1495년임을 특별히 알 수 있는 한 민요이며 이 민요에 "이 나라에 있는 수많은 토병土兵들"이라는 구절이 보인다.5)

  앞서 보았듯이 모집된 일반병사들은 11세기 이래로 계속 있었고 15세기에는 이들을 지칭하는 "뵈케Böcke"("염소들"), "트라반텐Trabanten"("경비警備들") 등의 여러 이름이 보인다. 그러나 토병土兵들은 이들과 달리 단순한 개인적 전사戰士들이 아니

___

5) 릴리엔크론Lilienkron, 제II편, 362쪽, 20행行.

라 분명히 전술조직戰術組織을 형성한 전사戰士들이었고 그들의 힘을 이 밀집대형을 통해 발휘하는데 익숙해져 있었고 이런 외적 관계를 통해 내적 관계 즉, 단체정신團體精神/Korpsgeist까지 갖고 있었다. 그들의 모범이 되었던 스위스 보병들이 공동체 정신과 호전적인 전통 속에서 지녔던 것들이 이제는 이 자유용병自由傭兵 무리가 지속적 군사훈련을 통해 대형을 형성하자 이들에게도 나타난 것이다.

세계사에서 처음으로 보이는 전술조직은 스파르타 팔랑스Phalanx(역자 주: 팔랑스에 관한 설명은 이 책 제I편, 제I권, 제II장 참고)로서 이들은 개인적 전사戰士들이 아니었다. 스파르타의 추방追放된 왕 데마라투스Demarat/ Demaratus는 페르시아 크세르크세스Xerxes 왕에게 스파르타 병사들은 개인적으로도 누구 못지않게 용맹하지만 그들의 진정한 힘은 대열 속에서 끝까지 버틸 것과 승리하지 못하면 죽을 것을 그들에게 명령한 법法에 있다고 말했다고 한다.

"토병土兵"들 중에는 저지低地 게르만 지역의 병사들도 계속 보이지만 이 이름은 주로 고지高地 게르만 지역인 슈바벤Schwaben/Swabia과 바이에른Byern/Bavaria의 병사들을 부르던 이름이었다. 이 지역은 스위스와 가까웠기 때문에 그들을 따라하려는 자극도 있었겠지만 특히 막시밀리안의 토지가 이 지역에 있어 이 지역의 많은 전사戰士들이 적극적으로 그를 따르려 했을 것이 분명하다. 막시밀리안은 자서전에서 "토병土兵과 네덜란드 병사"란 표현을 썼고 어떤 구절에서는 "토병土兵"을 고지高地 게르만 지역 병사와 동의어로 사용했다. "네덜란드 병사"도 사료에 계속 등장한다. 이들은 서기 1494년 샤를르 VIII세의 이태리 전역戰役에 스위스 보병들과 함께 용병傭兵으로 등장하며 서기 1525년 파비아Pavia 전투에서는 "흑군黑軍/Schwarze Bande"이라는 이름으로 출전했다가 패한 것으로 보인다.

앞서 소개한 게쉬프Konrad Gäschff라는 슈바벤 기사騎士에 대한 스위스인들의 불평 속에서 우리는 이때 토병土兵들에 대한 체세적인 훈련이 있었음을 알 수 있다. 이는 서기 1499년 1월 30일 쫄레른Zollern의 프리드리히Friedrich 대공大公이 부르게스Burges의 장터에서 군사훈련을 실시하라고 명령한 기록에서도 확인된다. 훈련 담당자가 누구였는지 등 그 내용이 모두 일치하지는 않지만 이런 훈련에 관한 기록은 많다. 막시밀리안의 종자從者/Gefolg인 게르만 귀족이 훈련을 담당했었다는 기록도 있고 게르만 보병들이 훈련을 담당했었다는 기록도 있고 네덜란드 병사들이 게르만 사람들에게 훈련을 받았다는 기록도 있다. 여하간 그들이 휴대했던 무기는 장창長槍이었다. 그들의 무기에 관한 기록에 이어 "달팽이Schnecke" 대형에 관한 구령口令("게르만식의 달팽이로faisons le limaçon à la mode d'Allemagne!")과 창槍을 낮추라는 구령("각자 창 내려!chacun avelle sa pique")에 관한 기록이 있다. 이런 구령에는 "스타Sta, 스타

sta!"라는 전투함성戰鬪喊聲이 뒤따랐다. 이 소리가 적의 성내城內 백성들에게는 "슬라, 슬라Sla, sla!"로 들렸다고 하며 그들은 이 소리만 들으면 적이 기습공격하지 않을까 걱정하며 절망과 함께 공포에 떨었다고 한다.

우리는 "달팽이"라는 단어를 부대가 행군종대行軍縱隊에서 공격종대攻擊縱隊로 또는 그와 반대로 질서 있게 변하는 모습으로 이해해야 한다. 이런 일은 자동적으로 될 수는 없고 훈련이 필요한데 이런 훈련은 여러 방식으로 이루어 질 수 있다.6) 이런 대형 전환은 후일 기마총병騎馬銃兵들의 기동을 "달팽이"(리마송limaçon 또는 카라콜레caracole)라고 한 것과는 무관하다(역자 주: 뒤의 123쪽 이하 참고).

장창長槍을 사용하는 일은 겉보기와는 달리 쉬운 일이 아니다.7) 이를 체험해 본 스위스인 작가 밀러-히클러Müller-Hickler는 다음과 같은 말을 했다.

긴 자루가 출렁거리는 것이 가장 어려웠다. 나는 장창長槍을 가지고 싸우면서 목표물을 찌르기가 어렵다는 것을 직접 알 수 있었는데 힘차게 내뻗으면 촉 부분이 심하게 흔들렸기 때문이다. 힘차게 내뻗거나 자루의 끝을 잡고 내뻗거나 한 팔로만 내뻗을수록 그런 현상은 더 심했다.
갑옷을 착용하고 "2배의 보수를 받는 용병傭兵"을 상대로 싸우는 사람이 자신이 원하는 대로 상대방 갑옷의 빈틈인 이음매 부분을 찌를 수 있도록 상대방의 목이나 하반신을 조준하려고 할 때는 사정이 허용하는 한 되도록 천천히 찌르는 것이 보다 확실한 방법이었다.8)

상당수의 토병土兵들은 장창長槍 대신 양손으로 쓰는 무거운 칼로 무장했었지만 이런 인원들은 큰 역할을 하지 못했다. 뵈하임Böheim은 이 점에 대해 이런 칼을 휘두를 수 있을 정도로 특별히 힘이 센 병사는 몇 명 안 되었고 이런 병사들은 처음에는 군기軍旗 보호 임무를 맡았었고 후일에는 연대장 경호 임무를 맡았다고 했는데9) 매우 정확한 말이다. 그는 이어서 그들은 이런 칼의 사용에 대해 체계적인 훈련을 받았지만 이런 칼로 무장했던 아나크Anak의 허풍쟁이 아들들은 나폴

---

6) 호봄Martin Hobohm의 《마키아벨리의 병법兵法 르네상스Machiavellis Renaissance der Kriegskunst 》, 제II편, 394쪽에서 이 문제를 자세히 다루었고 405쪽에는 참고문헌들을 수록해 놓았다. 필자는 이 문제에 관해서는 넬Martin Nell의 해석에 동의할 수 없다.

7) 호봄Martin Hobohm은 《마키아벨리의 병법兵法 르네상스》, 제II편, 426쪽 이하에서 조비우스Paolo Giovio/Jovius의 견해를 기초로 스위스 창槍은 처음에는 10ft 밖에 되지 않았지만 창병槍兵 방진方陣들이 서로 싸우게 되면서 차차 17ft 또는 18ft까지 길이가 늘어났다고 믿고 있다. 넬Martin Nell은 그렇다면 창槍 길이가 늘어나기 시작한 것은 서기 1483년부터라고 평가한다(《토병土兵. 치초의 독일보병의 원형原型 Landsknechte. Entstehung der ersten deutschen Infanterie》, 158쪽). 아마도 창槍에는 "표준" 길이라는 것이 없이 그 길이의 변화가 매우 심했을 것 같다.

8) "장창長槍에 관한 연구Stidien über den Langen Spiess," 《무기사지武器史誌 Zeitschrift für historische Waffenkunde》, 제4권 (서기 1908년), 301쪽.

9) 뵈하임Böheim(《무기사지武器史誌 Zeitschrift für historische Waffenkunde》, 제1권, 62쪽).

레옹 군대의 거인 고수장鼓手長 정도밖에는 되지 않던 자들이었다고 했다.

여하간 사료에는 이런 병사들의 질서 있는 행진을 칭송한 구절들이 계속 등장한다. 1개 횡렬에 4명이 섰던 경우도 있고 5명이 섰던 경우도 있고 8명이 섰던 경우도 있다. 중세에는 이런 기록이 전혀 없다.

서기 1495년 가을 게르만군 10,000명이 노바타Novata에서 오를레앙Orleans 영주領主를 포위 중이던 밀라노Mailand/Milan의 모로Ludovico Moro 영주領主를 지원차 출전한 일이 있다. 의사 베네데티Alessandro Benedetti는 노바타 앞에서 모로 영주領主가 부인과 함께 그의 부대를 사열하는 모습을 다음과 같이 상세히 묘사해 놓았다.

멋들어진 말을 탄 에베르슈타인Georg von Eberstein(볼켄슈타인Wolkenstein) 지휘 하에 보병 6,000명이 방진方陣으로 정렬한 게르만 팔랑스Phalanx에 모든 시선이 매료되어 있었다. 이 전투대형에서는 게르만 관습대로 수많은 드럼들이 고막이 터질 듯한 우렁찬 소리를 내고 있었다. 그들은 흉갑胸甲만 착용한 채 앞뒤 횡렬橫列들이 좁은 간격을 유지하면서 힘차게 행진했다. 선두 병사들은 끝이 뾰족한 장창長槍을 앞으로 눕혀들고 있었고 다음 횡렬들은 장창長槍을 높이 세워서 들고 있었다. 그들 뒤의 횡렬들은 미늘창Hellebarde/Halberd과 두 손으로 쓰는 큰칼을 들고 있었다. 기수旗手들도 함께 있었는데 이 기수들의 신호에 따라 각 부대들은 전체가 마치 물 위를 떠다니는 것 같이 좌로 우로 또는 뒤로 자유자재로 움직였다. 이 부대들 뒤로는 소총수小銃手/Aarquebusiere/harquebus들이 좌우측의 쇠뇌수弩手들과 함께 갔다. 그들이 영부인領婦人 베아트리스Beatrix 앞을 지날 때 신호에 따라 갑자기 방진方陣에서 쐐기Keil로(즉, 폭이 넓은 대형에서 좁은 대형으로 다시 말해 각 면의 길이가 같은 방진方陣에서 양 측면만 길이가 같은 방진方陣으로) 대형을 바꾸었다. 그 다음에는 좌우 두 측익側翼으로 나뉜 후 마치 한 측익이 가만히 서 있는 다른 측익을 둥그렇게 도는 듯이 전체가 선회旋回하자 마치 좌우 두 측익側翼이 하나인 것 같이 보였다.10)

---

10) 이런 일은 서기 1496년 베니스Venedig/Venice에서도 이미 있었다. 필자는 이에 관한 기록으로 에카르트 Eccard의 《사료집성史料集成 Corpus Historicum》, 제II편(서기 1612년)에 수록된 원문과 번역문을 참고했다. 필자는 본문에서 인용한 번역문을 완전히 확인된 번역문으로 보고 싶지 않다. 원저자原著者는 현장 목격자였지만 그가 사용한 표현들은 그리 명확하지는 못하다. 이태리어 번역문(베니스, 서기 1549년) 역시 이 문제를 해결해 주지는 못한다. 옌스Max Jähns의 《독일 군사학사軍事學史 Geschichte der Krigswissenschaften vornehmlich in Deutschland》, 제I편, 727쪽에서는 이들의 움직임을 선회기동旋回機動으로 해석하지 않고 달팽이 대형으로 해석했다. 이런 불명확성 때문에 필자는 이곳에 다음과 같은 원문을 그대로 수록해 놓겠다.

Ab his phalanx una peditum Germanorum erat, quae omnium oculos in se convertebat, quadratae figurae, quae VI M. peditum continebat, Georgio Petroplanensi Duce integerrimo, in equo eminente. In ea acie tympanorum multitudo audiebatur germanico more, quibus aures rumpebantur; hi pectore tantum armato incedebant per ordines primo a posteriore parvo intervallo. Primi longiores lanceas in humeris ferebant, infesto mucrone sequentes lanceas erectiores portabant post hos bipennibus et

토병土兵들의 훈련은 집체훈련 외에 귀족들의 참여가 특히 중요한 부분이다. 귀족들이 손에 창을 들고 보병의 횡렬에 서 있었다는 기록은 계속 보인다. 서기 1486년 베투네Bethune 전투에서 게르만군은 프랑스군에 패했다. 이때 겔데른Geldern의 아돌프Adolf 영주領主와 나쏘Nassau의 엥겔베르트Engelbert 대공大公은 보병들과 함께 서서 자신도 보병들과 생사生死를 같이하겠다고 말했다. 연대기年代記의 기록에 의하면 그들은 "보병들을 보호하려고" 피를 흘렸다고 했다.

정반대 의미를 지닌 한 기록에서는 이것이 무슨 의미였는지를 보여주고 있다. 서기 1509년 막시밀리안 황제가 파두아Padua를 포위했을 당시 토병土兵들은 적의 요새를 급습하며 귀족들도 공격에 참여하도록 요구했다. 그러나 바야르Bayard라는 기사騎士는 "우리가 양복쟁이나 구두쟁이들을 위해 목숨을 걸어야 한다는 말인가?"라고 물었다. 게르만 기사騎士들은 자신들은 말 타고 싸우려고 이곳에 왔지 요새를 덮치려고 온 것이 아니라고 했다. 이후 황제는 포위를 단념했다.

토병土兵들과 스위스 보병들은 서기 1499년 슈바벤 전쟁에서 최초로 크게 충돌했는데 오랜 승리의 경험을 지닌 연륜 깊은 스위스 보병들이 여전히 승리했다. 하르트Hard, 부루더홀쯔Bruderholz, 슈바르더로프Schwarderlow, 프라스텐쯔Frastenz, 칼벤Calven 통로, 도르나크Dornach 등에서도 슈바벤 병력이 패했다. 그러나 협상이 열렸을 때 막시밀리안은 매우 혹독한 조건을 요구했고 이어서 체결된 평화조약에서도 스위스인들은 결국 가시적인 소득이 없었다. 사실 그들은 무언가 되돌려주기까지 했다. 물론 그 사이 프랑스의 루이 XII세가 밀라노Mailand/Milan를 함락시킨 것이 평화조약 체결의 계기가 되었다.

프랑스, 스페인 및 이태리

15세기 프랑스 군사조직의 기초는 칙령중대勅令中隊/compagnies d'ordonnance/Ordonanz=Kompagnien와 자유궁수自由弓手/franc archers/freischützen였다. 그러나 자유궁수들이 기네가테Guinegate 전투에서 별 역할을 못하자 루이 XI세는 이들을 스위스 보병 같은 병력으로 전환시키려 했다. 그는 이들의 활을 장창長槍과 미늘창Hellebarde/Halberd으로 바꾸고 10,000명 이상 되는 이들을 훈련하려고 피카르디Picardi/Picardy의 헤뎅Hedin 부근 숙영지로 집결시켰다. 이듬해 훈련이 루엥Rouen 부근 퐁드라슈Pont de l'Arche에서 실시되었다.

---

securibus armati; ab his signiferi erant, ad quorum inclinationem agmen totum ac si una rate veherentur, in dextrum, laevum, retro regrediuntur; a tergo pilularii dicti parvorum tormentorum; hos a laeva et sinistra scorpionum Magistri sive manubalistarii sequuntur. Hi in conspectu Beatricis Ducis quadratum agmen uno signo in cuneum subito commutavere, paulo post in alas sese divisere: demum in rotundum altera tantum parte levi motu, altera cursim movebant, prima parte circumacta, postrema immota, ita ut unum corpus esse videretur.

스위스 대사大使 루쓰Melchior Russ는 고향으로 보낸 보고서에서 프랑스 왕은 게르만식으로 결합된 수많은 장창병長槍兵과 미늘창Hellebarde/Halberd 창병槍兵을 보유하고 있다고 했다.11) 만약 프랑스 왕에게 장창이나 미늘창을 조작할 수 있는 병사들을 게르만식으로 결합시킬 수 있는 능력이 있었다면 그에게 다른 병력이 필요가 없었을 것이다. 후대의 역사가들은 퐁드라슈 숙영지를 프랑스 보병부대의 요람으로 보는 것이 옳다고 믿으면서 이곳으로 스위스 보병 6,000명이 시범부대로 온 후에 병사들의 체계적인 훈련이 이루어졌다고 주장한다. 이 훈련 숙영지는 3년 동안 유지된 것으로 보이며 스위스 교관들이 이곳에 1년 간 머물었다고 한다. 그러나 사료를 상세히 검토해 본 결과 이는 상상 속의 허구임이 밝혀졌다.12) 실제로 집체훈련이나 스위스 교관에 대해 언급한 사료는 전혀 없다. 물론 프랑스 왕의 의도는 그 당시 막시밀리안이 네덜란드에서 했던 일과 같은 일을 하려 했던 것임은 분명하다. 또한 칙령중대의 기사騎士 1,500명이 필요시 발로 싸우기 위해 이 숙영지에 왔었다는 기록도 있다. 이는 그들이 보병과 함께 정렬했었다는 것을 의미한다. 그러나 그런 변화가 명령 한 차례로 일어났을 수는 없다.

이 숙영지 출신의 보병부대가 스위스 보병들이나 토병土兵들과 대등한 병력으로 간주 된 적은 결코 없다. 벨기에 국경지대에 있던 이런 부대와 유사한 형태의 부대가 이태리 국경지대에서도 편성되었었다. 후일 피카르디와 피에드몽Piedmont의 "옛 방드la vieux bande"라고 불렸던 이 부대들 외에 "방랑자放浪者/aventuriers"란 이름으로 불렸던 다소 느슨한 조직의 다른 용병傭兵 집단들도 있었는데 이들 중에 일부는 근접전 무기로 무장하기도 했지만 이들은 대부분 궁수였다. 서기 1507년 제노바Genua/Genoa 앞에서는 바야르Bayard 등의 기사騎士들이 선두에 서서 공격에 가담하자 이들은 뛰어난 능력을 발휘했다. 프랑스군의 전사편수관 수잔Susane은 이들이야말로 프랑스 보병부대의 기원임을 입증할 수 있을 것으로 믿고 있다. 그는 이 사건 이후 재력財力 때문에 말을 타고 싸울 수 없는 젊은 귀족들은 많은 보수를 받고 보병부대와 함께 복무하는 것이 관행이 되었다고 한다. 이태리식 표현인 "란쩨 스페짜테Lanze spezzate"는 바로 이런 귀족들을 말했다. 프랑스군에서는 상등병과 이등병 중간 계급인 일등병의 칭호로 "랑페싸데lanspessades"란 표현이 18세기 중반까지 사용되었다고 한다.

---

11) 《스위스 역사 연보年報 Jahrbücher für Schweizer Geschichte》, 제VI편, 263쪽. 바젱Basin의 기록에는 "그는 그들 대신 보병부대를 투입했기 때문인데 이들을 미늘창 창병槍兵들이라고 했다. 프랑스 궁수들과 유사하게 무장했던 이들은 게르만 보병부대에서 하는 대로 활 대신 플랑드르 사람들이 창槍이라고 부르는 쇠촉이 달린 긴 막대기나 넓적한 도끼를 들고 있었다Surrogavit enim in eorum locum alios pedites, quos appellabant halbardurios, qui similibus armis induti ut franci sagittari, loco arcuum contos longos ferratos, quos Flamingi piken appellant, aut latas quasdam secures, secundum Allemannorum peditum ritum, deferebant"는 구절이 있다.

12) 호봄Martin Hobohm, 《마키아벨리의 병법兵法 르네상스》, 제II편, 329쪽 및 345쪽.

비에유비유*Vielleville* 원수元帥의 《비망록*Mémoires*》에서는 랑쎄페데가 각 중대에 12명 씩 있었고 그 무기는 미늘창이나 소총小銃이 아닌 장창長槍이었다고 했다.

프랑스 보병부대들은 이렇게 보강되었지만 그들의 왕 밑에서 복무한 스위스 보병이나 토병土兵에 비해 보조 역할만 했을 뿐이다. 이들은 라벤나*Ravenna* 전투에서 파비아*Pavia* 전투에 이르기까지 큰 전투에는 늘 나타났다. 가스꼬뉴*Gascogne/Gascony*와 부르고뉴의 병사들도 등장하지만 이들이 매우 유능했었다는 기록은 없다. 샤를르 VIII세 이후 프랑스 왕들은 중요한 전투는 언제나 게르만 병사들을 데리고 치르려고 했었다. 서기 1523년 그들의 장군 보니베트*Bonivet*는 이태리에서 스위스 병사들을 구할 수 있게 되자 프랑스 병사들을 고향 땅으로 돌려보내기까지 했다. 가스꼬뉴 창병槍兵 부대들이 스위스 식으로 싸워서 승리한 최초의 전투는 서기 1544년의 케레솔레*Ceresole* 전투였다.

서기 1533년에 프랑스 프랑시스*Franz/Francis* I세는 민병대民兵隊 성격이 강한 국민 보병부대를 창설했는데 이 부대에 "레기온*legion*"이라는 거창한 명칭을 부여했다. 그는 이 부대로 팔랑스*Phalanx*와 로마 레기온(역자 주: 로마 레기온에 관한 설명은 이 책 제I편, 제IV권, 제I장 및 특히 제VII권, 제I장, 부기附記 2 참고)과 근대의 전투대형이 혼합된 새로운 전술대형을 만들려고 했다. 이 부대에 관한 묘사를 보면 매우 교묘하게 약간의 간격을 둔 소집단들로 나뉜 큰 방진方陣이었다. 이 소집단들이 어떤 기능을 발휘할 목적으로 만들어진 것일 수는 없다. 이는 단지 허구적 공론空論에 불과했다. 이런 프랑스 레기온 병사 약 10,000명이 룩상부르*Luxembourg* 요새를 방어했던 것으로 보이는 서기 1543년에는 이들이 집단으로 도주하면서 게르만 제국의 군대에게 거점據點을 내주었다. 서기 1543년 불로뉴*Boulogne*에서도 같은 일이 있었다. 서기 1557년 비에유비유*Vielleville* 원수元帥의 《비망록*Mémoires*》에서는 이 레기온 병사들은 전혀 전사戰士들이 아니라고 했다. 그들이 살던 구역의 문서들을 보면 그들은 4~5개월의 출전으로 세금을 면제받기 위해 농장을 떠났던 농부들로 보인다.

프랑스 지도자들은 외국인들을 데리고 전쟁을 치르는 것이 매우 참기 힘든 일로 생각하고 있었을 것이 분명하지만 프랑스인의 기질이 보병부대로 복무하기에 부적합함을 알고 보수를 주고 게르만, 스위스, 이태리의 병사들을 고용했었다. 그들은 이로써 유능한 병사들을 얻을 수 있었을 뿐 아니라 이 유능한 병사들을 적에게 빼앗기지 않을 수 있었던 것이다.

서기 1500년 경 프랑스에서는 기병대騎兵隊를 "평시 군대*l'ordinaire de la guerre*"라 했고 보병부대를 "비상시 군대*l'extraordinaire de la guerre*"라 했다. 평시에는 기병대만 있었기 때문이다.13) 그러나 보병부대를 말하는 "엥팡테리*Infanterie*"라는 용어는 앙리*Henry* III

---

13) 《역사문제 평론*Revue des Questions Historiques*》, 서기 1899년 호, 60쪽에 수록된 스퐁*Spont*의 견해.

세 때 비로소 등장한 것으로 보인다. 서기 1550년경에는 "팡테리fanterie"란 용어도 쓰였는데 이는 이태리어의 "팡테fante"에서 유래된 용어로 독일어의 "동료Bursche" 또는 "일반병사knecht"(역자 주: 직역하면 "하인")와 같은 의미의 용어였다.14)

스페인에서의 발전과정은 프랑스의 경우와는 달랐다. 프랑스의 루이 XI세가 피카르디Picardi/Picardy에 훈련 숙영지를 세운 직후 스페인 동북부의 아라곤Aragon 왕국 (역자 주: 스페인 동북부의 왕국. 후일 중부의 카스티야Castile 왕국과 통합해서 통일 스페인 왕국의 핵심부가 됨)의 페르디난도Ferdonando 왕은 그라나다Granada를 위해 아직 투쟁 중이던 서기 1483년에 보병부대 편성의 모델로 삼으려고 스위스 부대 하나를 불러왔다고 한다. 그러나 스위스 측 사료에는 그런 부대가 피레네산맥을 넘어갔다는 기록은 전혀 없다. 그 시기를 조사해 본 결과 그 이후 20년 동안에도 새로운 보병부대가 편성되었다는 기록이 발견되지 않았다.

게르만 제국의 경우를 제외하면 유용한 스위스형 보병부대를 만든 것은 처음에는 스페인뿐이므로 이 시기 스페인의 군사체계는 우리의 특별한 관심대상이 된다. 필자의 요청과 문화성文化省 후원 하에 하당크Karl Hadank 박사가 문헌조사차 스페인을 다녀왔지만 별 소득이 없었고 호봄Hobohm이 이미 말한 것 이상으로 더 알 것이 없었다. 특히 훌륭한 사료로 조비우스Paolo Giovio/Jovius가 쓴 코르토바Cordova의 곤잘보Gonsalvo/Gonzalo(별명 "대장군大將軍/Gran Capitan")의 일대기—代記 등 스페인과 프랑스의 저지低地 이태리 전역戰役 관련 참고사료는 매우 많지만 보병부대라는 전술조직戰術組織의 발전이라는 우리의 문제를 해결하는데 도움이 될 사료는 거의 없다. 서기 1495년에 준타Junta에서 인가된 후 몇 차례 출현했었던 민병대民兵隊 조직은 새로운 병법兵法의 정신을 전혀 보여주지 못했다. 스페인군이 나폴리를 차지하기 위해 프랑스군과 싸우면서 서기 1495년에 곤잘보에게 보낸 병력은 프랑스군 측에서 싸운 스위스 병사들에게 버틸 능력이 없었다. 이들은 "무기의 질이나 대형의 견고성"에서 스위스 병사들에 비교가 되지 않았으며 수적으로는 우세했지만 결국 도주했다. 그러나 곤잘보는 이 때문에 포기하지는 않았다. 그는 전쟁 중에 전투 자체를 통해 병력을 훈련하면서 토병土兵들의 도움으로 서기 1503년에는 세리뇰라Cerignola 전투에서 처음 승리했다. 그가 거느린 인적 자원은 처음에는 매우 빈약한 자원이었던 것 같다. 그의 병력 중에는 드럼소리에 맞추어 전진하는 데 익숙한 소위 "방랑자放浪者/Abenteurers"와 "부랑자浮浪者/Bagabunden"뿐 아니라 강제로 출전한 자들도 있었다. 그러나 그들이 고향에서 멀리 떠나온 외국인들이었다는 사실은 그에게 도움이 되었다. 그들은 자신을 위해 군기軍旗 곁에 머무는 방법 외에 다른 선택의 여지가 없었기 때문이다. 몇 해 후에는 스페인 보병부대가 스위스 보병들

---

14) 《프랑스 보병사步兵史 Histoire de l'infanterie française》, 제I편, 14쪽에 수록된 수잔Susane의 견해.

이나 토병土兵들을 상대할 능력을 갖추었음이 분명하다. 서기 1512년의 라벤나 Ravenna 전투는 이를 잘 보여 준 사건이었다. 이 전투에서 그들은 비록 패하기는 했지만 프랑스 기사騎士들과 함께 있던 토병土兵들을 상대로 싸웠었다. 그 이후로 한 세기 반의 세월 동안 스페인 병사들은 탁월한 보병부대라는 명성을 누렸다.

우리는 이 스페인 병사들에게서 새로운 조직과는 이론적으로 역행하는 무엇을 볼 수 있다. 코르토바Cordova의 곤잘보Gonsalvo/Gonzalo와 같은 시기에 역시 자신의 고향에서 방진方陣 부대를 편성해 훈련시키려고 했던 아요라Ayora의 골잘로Gonzalo라는 인물은 처음에는 조롱을 받았다. 그는 언젠가 그의 보병들을 하루종일 집체훈련을 시켰다고 하며 이런 장시간 훈련에 필요한 포도주와 식량을 추가로 공급해 줄 것을 왕에게 요청하고 또한 자신의 호칭을 연대장으로 해서 권위를 높여주기를 희망했다. 그는 또한 그가 거느린 지휘자들에게 자신에게 절대로 복종할 것을 공개적으로 요구했다. 최고전쟁위원회는 아요라의 요청을 받아들일 것인지를 놓고 토의했는데 이 회의의 참석자들은 그의 요청을 두고 오랫동안 농담을 주고받았다고 한다. 그러나 서기 1506년에 막시밀리안의 아들이고 후아나Juana/Joanna 공주 (역자 주: 카스티야Castile 왕국의 이사벨 여왕과 아라곤Aragon 왕국의 페르디난트 왕의 딸로서 정신병을 앓았기 때문에 '미친 후아나'라고 함)의 부군夫君인 미남美男 필리프Philipp der Schöne가 스페인으로 토병土兵 3,000명을 데리고 온 후 이들을 본 반대자들이 결국 아요라에게 더 이상 반대하지 않게 된 것으로 추정된다.

이태리의 경우 사정이 스페인과 다르게 돌아갔다. 14~15세기의 이태리는 매우 호전적인 국가였고 이때 병법兵法에 본보기가 될 전통을 남긴 유명한 콘도티에레 Kondottiere가 생겼으며 비록 큰 차이는 아니었지만 스포르짜Sporzas 파派와 브라키오스 Braccios 파派 간에는 전략원칙에 꽤 차이가 있었다. 르네쌍스 시기의 위대한 역사가들인 마키아벨리Machiavelli와 귀치아르디니Guicciardini 그리고 조비우스Paolo Giovio/Jovius는 한결같이 콘도티에레는 전쟁을 피에 물든 심각한 무엇이 아니라 단지 게임으로 여겼다고 한다. 이들에 의하면 이기적이었던 콘도티에레들은 많은 보수를 노리고 최대한 전쟁을 오래 끌면서 결전決戰은 회피했으며 부득불 전투에서 부딪치게 되면 서로를 동지로 생각했던 쌍방 병사들은 서로 떨어져서 피를 흘리지 않았다고 한다. 일례로 서기 1440년 안기아리Anghiari 전투에서는 1명이 죽었지만 적에게 죽은 것이 아니라 늪에 빠져 죽은 것이 분명하다. 후일의 학자들이 콘도티에레들의 노력에 의해 전쟁이 책략策略/Kunstwerke 또는 단순한 기동훈련機動訓練/Manövrierens으로 승화된 것이라고 규정한 것은 이런 전투의 성격 때문이었음이 분명하다.

그러나 3명의 위대한 역사가들의 일치된 견해에도 불구하고 당대의 기록들을 상세히 검토해 보면 그렇게 볼 수 있는 말은 단 한 마디도 없다. 이 역사가들의 판단 중에 옳은 부분은 콘도티에레들은 마키아벨리와 동시대 인물들이 스위스 보병들의 특징으로 보았던 잔인한 방식으로 전쟁을 수행하지는 않았었다는 점뿐이다. 스위스군에서는 포로를 잡는 것이 금지되어 있었고 그들이 함락시킨 도시에서 시민들을 몰살시키기까지 했다. 콘도티에레들의 전투는 기사騎士들의 전투와 유사했다. 기사騎士들은 군사적 임무가 허용하는 한 자비를 베풀었고 속환금贖還金을 받아내기 위해 포로를 잡는 것을 허용했을 뿐 아니라 적극적으로 권장하기도 했다. 그러나 콘도티에레들의 자비심은 결코 그 이상은 아니었고 그들의 전투가 매우 잔인했던 경우도 자주 있었다.15)

14세기 및 15세기 전반에 걸쳐 제노바Genua/Genoa와 롬바르디Longobard/Lombard 출신의 이태리 궁수들은 특별한 명성을 누렸었다. 이들은 대담한 샤를르의 군대에서도 큰 역할을 했다.

콘도티에레들의 군대는 중세군대와 같이 대부분이 주로 기병騎兵으로 구성되어 있었다. 마키아벨리가 이들을 특히 싫어하고 비웃었던 것도 바로 그 때문이었고 그는 로마식 보병부대를 결정적인 병종兵種으로 생각했었다.

스위스 보병들과 토병土兵들의 행적이 이태리 전역으로 알려지자 이런 새로운 관행이 그들의 땅에도 도입되기를 원하는 사려 깊은 전사戰士들이 생겼다. 당시 이태리 주민들은 예를 들어 프랑스의 경우보다 훨씬 우수한 인적 자원을 제공했다. 앞서 소개한 아요라Ayora의 골잘로Gonzalo 같은 스페인 사람도 이태리의 밀라노Mailand/Milan에서 새로운 병법兵法을 배웠으며 서기 1496년 로마냐Romagna 구역(역자 주: 이태리 동북부)에 시타Città di Castello라는 작은 영지를 소유하고 있던 비텔리Vitelli 3형제 같은 존경받던 콘도티에레 가문은 스스로 나서서 그때까지는 없던 이태리 보병부대를 창설했다. 이태리에서는 이태리인 중에서 인원을 모집해서 경험 있는 전사戰士들과 이들을 뒤섞은 후 그들에게 게르만 병사들보다 1엘레(역자 주: 약 1야드)이긴 창을 쥐어주고 조비우스Paolo Giovio/Jovius의 분명한 기록대로 "군기軍旗에서 떨어지지 말고, 드럼 소리에 보조步調를 맞추고, 종대縱隊 속에서 전진하고 방향을 바꾸고 달팽이 대형을 만들도록 그리고 마지막으로는 뛰어난 기술로 적을 타격하고 정확한 대형을 유지하도록*Signa sequi, tympanorum certis pulsibus scienter obtemperare, convertere dirigereque aciem, in cocleam decurrere, et denique multa arte hostem ferire, exacteque ordines servare*" 가르쳤었다. 비텔로쪼Vitellozzo는 실제로 소리아노Soriano 전투(서기 1497년 1월 26일)에서 병력 1,000명의 부대로 교황 알렉산더 Ⅵ세를 위해 복무하는 게르만 토병土兵 600명에게 승리를 거두었다. 그러나 이런 새로운 대형을 창설한 인물들의 활동기간은 매우 짧았었

---

15) 사료상의 증거는 블로크Willibald Block의 "콘도티에레: 소위 무혈전투無血戰鬪에 관한 연구 Die Condottieri. Studien über die sogenannten 'unblutigen Schlachten'"(베를린 대학교 학위논문, 서기 1913년)에서 찾아 볼 수 있다.

다. 비텔로Camillo Vitello는 나폴리에서 프랑스군에 복무하던 중 서기 1496년에 죽었고, 파롤로Paolo는 서기 1499년에 피렌체Florenz/Firenze 사람들에게 참수斬首 당했고, 비텔로쬬Vitellozzo는 보르기오Cäsar Borgias/Caesar Borgio 의 명령에 의해 교수형絞首刑을 당했다.

보르기오는 스스로 비텔리Vitelli 3형제가 하던 일을 이어갔다. 그가 몰락한 다음에는 로마냐Romagna 병사들이 베니스Venedig/Venice에 용병傭兵으로 고용되었는데 이들은 매우 유능한 병사들이었다. 그러나 그들의 노력은 결국 그리 크지 못했었고 정치적 지배세력의 지원도 없었으므로 위기가 지난 이후까지 계속되지는 못했다. 피렌체 공화국을 위해 자국민으로 유능한 민병대를 조직하려 했었던 마키아벨리의 노력은 개념이 잘못된 것으로서 결국 실패했다. 자신에게 종속된 농민들이 많았던 베니스 공화국의 사정은 새로운 조직을 위해서는 가장 유리한 상황이었을 것이다. 그러나 베니스 정부는 자국민을 군사화 시키려 하지 않고 특히 로마냐 등 다른 곳에서 병력을 모집했다. 후일 이태리 국민 보병부대의 핵이 될 수도 있었던 로마냐 병사들은 바일라Vaila 전투(서기 1509년)에서 스위스 보병들에게 졌고 라모타La Motta 전투(서기 1513년)에서는 스페인 병사들과 토병土兵들에 의해 졌다. 그 이후로 이태리 보병부대는 그들이 출현했던 곳에서 스페인 보병부대 정도 아니면 그만도 못한 것으로 취급되었다. 다만 개별적인 이태리 병사들은 군사적 능력에 대한 평판이 좋아서 소위 프랑스 "방랑자放浪者/Abenturier"들의 지휘자들이 이태리 병사들만도 못하다는 평도 있었다.

우리는 이런 사실들로부터 프랑스와 이태리가 병법兵法에서 게르만 제국이나 스페인보다 뒤지기는 했었지만 이런 현상이 민족성 때문은 아니었음을 분명히 알 수 있다. 후일 프랑스인들은 탁월한 전사戰士 기질을 보여주었고 이태리인들도 르네쌍스 시기까지도 매우 유능한 전투원이라는 평을 받았었기 때문이다. 이는 민족성 문제라기보다는 상황과 여건의 문제였다. 게르만 병사들은 막시밀리안 밑에서 처음으로 스위스 보병들과 함께 복무하는 과정에서 많은 덕을 보았다. 이런 과정을 거쳐 스위스 보병들 자신은 토병土兵들의 핵이 되었고 후일 토병土兵들과 헤어진 스위스 보병들은 토병土兵들을 자신들의 경쟁상대로 뿐 아니라 불구대천不俱戴天의 원수로 여기게 되었다. 막시밀리안의 직접 지도 아래 있던 중요인물 몇 명이 자신들이 해야만 할 일의 원칙들을 터득한 후 집체훈련을 통해 결국 과제를 해결했다. 이로써 새로운 정신과 자신감에 넘치는 토병土兵들의 제법 큰 핵이 탄생하고 병사들로부터 존경과 신뢰를 받고 있던 지도자들과 연대장들의 상당수가 자신들의 임무를 끝까지 다하자 토병土兵 제도는 자체적인 생명력을 얻어서 중단 없이 발전했다.

당대인들은 왜 비슷한 일이 프랑스에서는 생기지 않았는지 가끔 의문을 품었었고 이는 백성들이 호전성을 갖는 것을 예방함으로써 통제에 순응하도록 만들려고 했기 때문일 것으로 믿었었다. 귀족들의 생각이 이랬을 것이고 왕도 이런 귀족들의 태도에 영향을 받았을 것으로 보는 경우도 있다.16) 그러나 이런 관점은 프랑스에서도 국민적 보병부대를 창설하려는 노력들이 계속 있었다는 사실과 모순된다. 물론 그들의 이런 노력들은 성공하지 못했다. 프랑스 병사들은 스위스 보병들이나 토병土兵들 같은 능력과 자신감을 얻지는 못했다. 그렇지만 프랑스 왕들 역시 무능한 병사들보다는 매우 유능한 병사들을 원했을 것이 분명하다. 결국 프랑스가 실패한 원인은 무엇보다 우선 그들에게는 스위스 보병들을 이용할 수 있는 적절한 출발점이 없었다는 점에 있다. 물론 프랑스 왕들에게도 스위스 보병들이 있었음은 사실이지만 그들은 슈바벤Schwaben/Swabia이나 티롤Tyrol 같이 프랑스 병사들과 스위스 보병들을 결합시켜서 큰 조직을 만들 능력이 없었다. 프랑스의 경우는 스위스 보병들이 이론상으로만 복무의 모범이 될 수 있었다. 프랑스 보병부대는 새로운 씨앗이 있어야 탄생될 수 있었다. 그러나 프랑스에는 스위스에서 최상의 전사戰士들을 모집해서 쓸 수 있는 편리한 길이 있었으므로 그런 일에 노력과 정열을 기울일 필요를 느끼지 못했다. 또한 스위스 보병들과 토병土兵들이 서로 적이 되는 것은 프랑스 왕들에게는 유익한 일이었다. 서기 1509년에 프랑스 루이 VII세는 스위스인들과 불화가 있어서 스위스인들이 그에게 전혀 병력을 제공하지 않자 토병土兵들을 모집해서 썼다.

스페인의 여건은 정반대였다. 그들은 새로운 병법을 이해하게 되자 자국 병사들을 새로운 방식으로 훈련시키지 않을 수 없다는 강한 압박을 받았다. 아라곤Aragon 왕국이나 카스티야Castile 왕국의 경우 지리적 위치로만 보면 게르만 병사들을 고용하기가 수월했지만 두 왕국의 왕들에게는 게르만 병사들의 요구를 충족시킬 지금을 조달할 방법이 없었디. 비디 너머의 귀금속 광맥은 이제 거의 굴착되기 시작했었다. 마지막으로 우리가 기억해야 할 매우 중요한 점은 이태리의 경우 어느 정도 규모라도 상비군을 두게 되면 여러 공화국이나 여타 약간의 세력이라도 있는 지역들이 이 상비군 지도자들에게 종속되는 매우 위험한 일이 벌어졌을 수도 있지만 자신이 군사지도자로서 힘이 있던 왕들은 그럴 가능성에 대해 크게 우려할 필요가 없었다.

---

16) 호봄Martin Hobohm, 《마키아벨리의 병법兵法 르네상스》, 제II편, 336쪽.

제 II 장
화 기火器

화약火藥과 발사법發射法의 발명

필자는 화기火器에 대해 설명할 위치를 찾기 위해 오래 기다렸다. 이는 인류가 화기火器를 사용한지 이미 150년이 지났고 필자도 이를 가끔 언급해 왔지만 지금 우리가 다루고 있는 시기 이전에는 화기火器가 제대로 중요한 역할을 못했었기 때문이다.1)(역자 주: 역자의 저본底本〈구舊동독 베를린의 발터 그루이터 출판사Walter De Gruiter & co.의 서기 1964년 영인본影印本〉에는 이 첫 문단이 없어지고 이곳에 뒤의 제II권, 제II장의 첫 쪽이 중복 인쇄되어 있다. 따라서 필자는 불가피하게 이 첫 문단은 미국 육군사관학교 렌프로Walter J. Renfroe Jr. 교수의 영역본英譯本을 저본底本으로 사용했다.)

---

1) 화약의 발명과 최초의 화기火器에 관한 수많은 문헌들 중 필자는 다음과 같은 문헌들을 소개한다.

    나폴레옹 III세, 《대포의 과거와 미래*Du Passé et de Avenir de l'Artillerie*》. 이 글은 나폴레옹 III세가 황제가 되기 전 함Ham에 감금되어 있던 기간 중 집필한 것으로서 오늘날도 참고할 만한 가치가 있는데 각 주와 도표 등을 대폭 생략한 요약본要約本이 《나폴레옹 III세 전집全集*Oeuvres de Napoléon III*》, 제IV편(서기 1856년)에 수록되어 있고 독일어 번역본으로는 뮐러H. Müller 중위(후일 중장까지 진급)의 번역본(베를린, 서기 1856년)이 있다.

    에쎈바인A. Essenwein, 《화기火器에 관한 사료. 옛 그림, 축소모형, 조각 및 동판화銅版畵의 원본原本 모해 도사模寫圖解와 옛 무기 모델의 사진 정본正本*Quellen zur Geschichte der Feuerwaffen. Faksimilierte Nachbildung alter Originalzeichnungen, Miniaturen, Holzschnitte und Kupferstiche nebst Aufnahmen alter Originalwaffen und Modelle*》(독일국립박물관 발행) 및 이에 대한 에쎈바인의 해설서(라이프찌히Leipzig, 서기 1872년~1877년). 이 해설서에는 213개의 모사도해가 첨부되어 있다.

    티에르바흐Thierbach, M., 《소화기小火器 발전사*Die geschichtliche Entwicklung der Handfeuerwaffen*》, (드레스덴Dresden, 서기 1886년) 및 서기 1899년의 부록.

    쾰러Köhler 장군, 《기사騎士 시대의 전쟁과 용병술用兵術의 발전*Entwickelung des Kriegswesen und der Kriegsführung in der Ritterzeit*》, 제III편(브레슬라우Breslau, 서기 1887년). 아마도 이 책이 지금 소개하는 책자 중에서 가장 귀중한 자료일 것이다.

    로모키Romocki, S. J. von, 《폭발물의 역사*Geschichte der Explosivtoffe*》(베를린, 하노버Hanover, 서기 1898년). 이 책에는 그레쿠스Marcus Graecus의 글의 수정본修正本이 수록되어 있어서 매우 귀중한 참고문헌이 된다.

    옌스Max Jähns, 《고대 공격무기 발달사*Entwicklungsgeschichte der alten Trutsswaffen*》(베를리, 서기 1899년). 이 책자의 말미에는 「화기火器에 관한 부록*Anfang Feuerwaffen*」이 첨부되어 있다.

    직슬Sixl, P., "소화기小火器의 발전과 사용Entwicklung und Gebrauch der Handfeuerwaffen," 《무기사지武器史誌 *Zeitschrift für historische Waffenkunde*》, 제1권(서기 1899년).

    라이머Reimer, P., "14~15세기의 화약과 탄도彈道 Das Pulver und die ballistischen Anschauunugen im XIV. und XV Jahrhundert," 《무기사지武器史誌》, 제1권, 164쪽 및 제4권, 367쪽.

    구트만Oskar Guttmann, 《화약에 관한 기록*Monumenta Pulveris pyrii*》(런던, 서기 1906년).

    야콥스Karl Jacobs, 《서기 1400년까지 니더라인 지역의 화기의 발전*Das Aufkommen der Feuerwaffen am Niederrheine bis zum Jahre 1400*》(본Bonn, 페테르 한슈타인Peter Hanstein 출판사, 서기 1910년). 이 책은 그 제목이 말하는 것보다 훨씬 광범위한 내용을 다룬 훌륭한 글이다.

    슈나이더Rudolf Schneider, "비잔틴 화기火器 Eine byzantinische Feuerwaffe," 《무기사지武器史誌》, 제6권, 제3호, 서기 1909년. 이와 관련된 논문으로 포러R. Forrer, "11세기 cod. Vat 1605 c. 비잔틴 화기의 고고학적 측면과 기술적 측면*Archäologische und Technisches zur der byzantinischen Feuerwaffe des cod. Vat 1605 c. 11 Jahrhundert*,"(같은 잡지, 같은 호)을 참고할 것. 이 두 논문은 완전히 새로운 자료들을 기초로 로모키Romocki, S. J. von의 글을 압도하고 있다.

    펠트하우스M. Feldhaus, 《기술의 위대한 페이지들*Ruhmesblätter der Technik*》(라이프찌히, 서기 191?년). 이 책에서는 저자 자신의 귀중한 조사 결과가 소개되어 있다. 최근 귀중한 새 결론들로 이 분야에 기여한 글로는 라트겐Rathgen(중령中領)과 쉐퍼Schäfer의 "14세기 교황 군대의 장사정長射程 화기火器 *Feuer- unf Fernwaffen beim päpstlichen Heer im 14. Jahrhundert*"(《무기사지》, 제7권, 제1호, 서기 1915년)이 있다.

화약의 발명에 관해서는 최근까지도 다양한 견해들이 있고 지금도 화약을 처음 발명한 국가나 시기에 대한 분명한 결론을 얻지 못하고 있다. 몇 해 전까지만 해도 7세기에(서기 678년 키지쿠스Kyzikus/Cyzicus 포위 당시) 처음 보이는 '그리스 불griechische Feuer'은 초석硝石과 숯 및 유황硫黃으로 만들어진 폭발성 물질인 화약과는 분명히 무관한 것이고 생석회生石灰가 주된 성분인 연소성燃燒性 합성물질이 아니면 그 비슷한 무엇일 것으로 간주되었었다. 그러나 이제 10세기의 비잔틴 수고手稿들 중에서 화약 폭발 외에는 달리 설명할 방법이 없는 스케치가 한 장 발견되었다. 이 스케치가 발견된 이후 그리스의 불에 관한 기록들에 대한 연구가 다시 시작되었고 그 결과 이를 화약이 사용된 것으로 보는 것이 가장 자연스러운 최선의 해석일 것이라는 쪽으로 결론이 내려지게 되었다.2) 이러한 결론이 옳다면 역사적으로 가장 오래된 화약을 확인한 것이 된다. 그러나 화약의 발견은 그리스가 아니라 중국이라는 약간의 증거들이 있다. 폭발성이 있는 화약은 초석硝石과 숯과 유황硫黃을 약 6 : 1 : 1의 비율로 혼합해 만들어진다. 이렇게 만들어진 분말성粉末性 물질은 매우 빨리 연소燃燒하지만 연소하면서 대부분이 기체氣體로 변해서 처음의 상태에서보다 1,000배 정도의 공간이 필요하게 된다. 이런 화약의 주원료主原料는 초석이다. 그러나 초석이란 물질은 우리 서양 고대 문명세계의 자연상태에서는 거의 발견되지 않는 반면 몽고와 중국에서는 매우 흔한 물질이다. 몽고와 중국에서는 초석이 여타 연소성 물질과 혼합되면 연소과정에서 생기는 에너지가 크게 증가한다는 것을 초기시대에 분명히 알았을 것이며 이를 통해 쉽게 화약을 발명할 수 있었을 것이다. 더욱이 아랍인들은 초석硝石을 "중국산中國産 눈雪"이라고 불렀는데 이 점 역시 세 가지 원료의 정확한 혼합비율이 중국에서 처음 발견된 후 아랍을 거쳐 동東로마로 전해졌을 것이라는 증거가 될 것이다.

중국인들도 화약을 군사용으로 썼지만 그리스인들이 화약을 군사용으로 쓰기 시작한지 한참 이후인 13세기부터이며 서양에서 화약제조법과 화기火器에 관한 참고문헌이 등장하기 직전의 일이다.

중국에서는 서기 1232년 변경汴京 시市를 방어할 때 로케트(역자 주: 금金 나라 군대는 징기스칸의 셋째 아들 오고타이 왕자가 수도 변경을 포위했을 때 긴 창의 앞부분에 일종의 로켓 추진체를 매달아서 연소하며 내뿜는 가스의 힘으로 날아가서 표적지역에 불을 붙이는 무기를 사용했다. 몽고군은 이 전투에서 배운 이런 무기를 유럽 원정에도 사용했다), 철제鐵製 수류탄, 지뢰 등을 사용했다. 서기 1259년에도 죽관竹管에서 불꽃을 발사시키기 위해 화약을 사용했었다. 중국인들은 이런 장치를 "비화창飛火槍/Lanz der ungestümen Feuers"이라고 불렀고 현재의 불꽃제조술Feuerwerkerei에서는 이를 "로마 폭죽爆竹römischen Kerze/roman candle"이라고 부른다. 이들

---

2) 슈나이더Rudolf Schneider, 위의 논문; 포러R. Forrer, 위의 논문.

은 관管을 이용해서 투사물을 100ft 정도 날려보내는 장치였는데 그 목적이 표적의 연소물질에 불을 붙이는 것에 불과했으므로 우리는 이를 발사發射/Schiessen라고 볼 수는 있지만 아직은 화기火器/Schusswaffe라고 부를 수는 없다. 중국인들은 그들이 발견한 것을 그 이상으로 발전시키지는 못했다.

지금 남아있는 최초의 정확한 화약 처방전은 수신인受信人이 그레쿠스Marcus Graecus로 된 13세기 중반의 한 라틴 문서에서 발견된 것으로 세 가지 성분(초석硝石과 숯 및 유황硫黃)을 6∶1∶1 비율로 혼합하라고 했는데 이는 모든 종류의 꽃불 제조를 다룬 그리스 문헌을 번역한 것임이 분명하다. 마구누스Albertus Magnus(서기 1280년 사망)의 글과 바코Roger Baco/Bacon의 글에 보이는 화약 처방전들은 이 라틴문서를 직접 또는 간접 인용한 것이다. 그러나 이 문헌들이 말하는 내용을 보면 당시까지는 화약이 아직은 발사용發射用으로 쓰이지는 않았음을 알 수 있다. 그레쿠스의 《화공서火攻書 liberignium ad comburendos hostes》라는 글은 이 점을 분명히 말해준고 있다. 당시의 아랍 문헌과 약간 후일의 스페인 문헌도 이와 별 차이가 없다. 알라마Hassan Alrammah(서기 1290년 경), 후수프Jussuf, 모하메드Schemaedin-Mohammed 등의 글들에도 화약의 처방전과 사용법이 보이는데 화약의 힘을 적을 (쏘는 것이 아니라) 태우기 위한 불로 사용하라고 했다. 특히 마드파Madfaa라는 장치가 이런 목적의 장치였는데 이 장치는 중국의 경우와 같이 화약의 힘을 (돌덩이 같은 투사물을 쏘는 무기가 아니라) 단지 불덩이를 적에게 쏘아 보내는데 사용했던 무기다.3)

결국 화약제조의 비법은 동東로마 제국에서 그리스 문헌 번역을 통해 서구西歐로 흘러온 것이다. 중국에서 "비화창飛火槍Lanz der ungestümen Feuers"이라 부르던 장치에 "로마 폭죽爆竹römischen Kerze/roman candle"이란 이름이 붙은 것을 보면 화약 처방전과 함께 그 사용법 역시 동東로마 제국을 거쳐 우리에게 전해졌을 것으로 보인다.

연금술사鍊金術士들은 화약이 위력적 효과를 발휘하는 것은 서로 용납하지 않는 유황硫黃의 열기熱氣와 초석硝石의 냉기冷氣가 충돌하기 때문이라고 설명했다.

흥미 있는 점은 비록 원시적이지만 그 정도만 해도 완전히 발전된 자체 추진 어뢰魚雷로 볼 수 있는 장치에 관한 기록이 알라마Hassan Alrammah의 글에 보인다는 점이다.4) 결국 우리는 어뢰가 대포나 소총보다 먼저 발명되었고 화약이 등장한 이후에도 화기火器의 발명이 쉬운 일이 아니었다고 말할 수 있을 것이다.5)

---

3) 이 주제를 가장 상세히 다룬 글은 로모키Romocki의 《폭발물의 역사Geschichte der Explosivstoffe》 이다.

4) 로모키Romocki, 위의 글, 31쪽.

5) 따라서 우리는 고대 인도인들이 화약과 화기를 과연 알고 있었던 것인지 그리고 알고 있었다면 어느 정도까지 알고 있었는지에 관한 문제는 그대로 넘어갈 수 있을 것이다. 이 문제에 대해서는 오페르트 Gustav Oppert의 "고대 인도의 화약 문제Zum Schiesspulverfrage im alten Indien"(《의학 및 자연과학의 역사지歷史誌 Mitteilungen zur Geschichte der Medizin und Naturwissenschaften》, 제4권, 421-437쪽)를 참고할 것.

유럽 전투에 화약이 최초로 사용된 것으로 역사적으로 확인된 것은 루드비히 바이에른Ludwig dem Bayern 황제 때인 서기 1331년 크루스페르고Cruspergo(역자 주: 크로이쯔베르크Kreuzberg)와 스플림베르고Splimbergo(역자 주: 스팡겐베르크Spangenberg)에서 온 두 기사騎士가 이태리와 게르만 제국 즉, 신성로마제국의 경계인 프리울리Friuli/Friaul 지역에서 키비달레Cividale 시市를 공격할 때였다. 연대기年代記에는 "도시를 향해 배를 띄워놓고…멀리에서 지상으로 스클로푸스를 쏘았지만 피해를 입히지 못했다ponentes vasa versus civitatem…extrinseci balistabant cum sclopo versus Terram, et nihil nocuit"는 말이 있다. 스클로푸스Sclopus, 스클로페툼Sclopetum 또는 이태리어로 쉬오포Schioppo(번개 통)는 후일 대포가 아니라 소화기小火器를 의미하는 단어가 되었다.

키비달레Cividale 전투 이후 3년 만인 서기 1334년에도 에스테Este 변경대공邊境大公/Markgraf은 여러 형태로 제작된 많은 대포들을 가지고 있었다는 구절이 《에스테 연대기年代記 Chronik von Este》에 보인다("그는 발리스타룸과 스클로페토룸과 스핀가르다룸들을 많이 준비하게 했다praeparari fecit maximam quantitatem Balistarum, Sclopetorum, Spingardarum"). 당시에는 스핀가르다룸Spingardarum(스프린가르텐Spingarden)이 꼭 화기火器를 말하는 용어는 아니었지만 바사vasa와 스클로페토룸Sclopetorum은 화기火器였음이 분명하다.

유럽 전투에 화약이 사용된 세 번째 기록이 최근 교황청敎皇廳 기록에서 발견되었다.6) 교황청 기록 중에는 교황의 군대가 서기 1340년의 테르니Terni 포위 당시 굵은 쇠뇌화살을 쏘는 번개통이 시험적으로 사용되었다는 구절이 있다. 이 기록 중에는 또한 서기 1350년의 살루에롤로Saluerolo 거점據點 포위 때는 무게 약 300g의 철환鐵丸을 발사하는 대포가 사용되었다는 구절도 있다.

위의 세 기록 중 첫 번째 기록인 서기 1331년 기록을 보면 여러 가지 화기火器 명칭이 있는데 이는 그 당시에도 여러 형태의 화기火器들이 사용되었고 따라서 화기火器가 이미 발명되어 있었다는 것을 말해준다. 그러나 마구누스Albertus Magnus(서기 1280년 사망)나 바코Roger Baco/Bacon나 알라마Hassan Alrammah(서기 1290년경)의 글들에 화기火器가 언급되지 않은 것을 보면 화기火器의 발견은 서기 1300년경 아니면 그 직후의 일일 것이다.

이런 최초의 화기火器들에 대한 구체적인 묘사나 도해圖解는 전해진 것이 없지만 대략 서기 1325년~1327년경 것인 한 영국 수고手稿에 첨부된 도해圖解는 화약으로 발사되는 대포의 모습을 그려놓은 것이 분명하다.7) 이 도해圖解는 키비달레Cividale

---

6) 라트겐Rathgen·쉐페Schäfer, "14세기 교황 군대의 장사정長射程 화기火器 *Feuer- und Fernwaffen beim päpstlichen Heer im 14. Jahrhundert*".

7) 밀레메트Walter de Millemete의 이 수고手稿에는 〈국왕의 책무De officiis regum〉이라는 제목이 있고 서기 1325년 아니면 에즈워드 III세 즉위 초년 즉, 서기 1327년에 쓰여진 것으로 추정되면 옥스퍼드에 보관되어 있다. 이 수고手稿에 첨부된 도해圖解를 구트만GuttMann은 《무기사지武器史誌 *Zeitschrift für historische Waffenkund*

전투보다 조금 앞 시기의 것이다. 이 도해圖解에는 밑이 불룩한 큰 병 모양을 한 용기容器가 나무 받침대 위에 놓여있고 병목 부분에는 마개Klotz가 끼워져 있으며 이 마개 바깥쪽에는 무거운 화살이 끼워져 있다. 약간 거리를 두고 조심스럽게 서 있는 한 사람이 점화구點火口/Zünddroch/touchhole로 보이는 곳에 도화선을 연결하고 있고 이 장치는 닫혀져 있는 성문城門을 겨누고 있다. 이 그림은 흥미는 있지만 이를 당시에 사용했던 화기火器의 실제 모습으로는 볼 수 없다. 만약 병목에 끼워놓은 마개와 그 앞의 화살을 날려보내 앞에 보이는 성문城門을 부술 수 있을 정도의 화약이 이 용기에 채워져 있고 이 용기가 충분히 단단한 금속이라면 화약이 폭발할 때의 반동력 때문에 이 용기가 허술하게 얹혀져 있는 가벼운 나무 받침대는 산산이 부서지게 될 뿐 아니라 포수 역시 꽤 거리를 두고 서 있더라도 살아시 피신하지 못할 것이나. 이 그림을 그린 사람은 이 멋진 발명품인 대포에 대해 들어보기는 했어도 이를 실제로 본 일은 전혀 없고 누구로부터 들은 엉터리 설명을 기초로 이 그림을 그린 것일 수도 있다. 그러나 이 그림은 당시 식자층識者層에서 서구西歐에 도입된 이 새로운 힘의 이용에 대한 논의가 있었다는 증거로서 여전히 흥미 있는 그림이며 그들의 생각을 보여주고 있다. 우리가 최초 대포의 모습을 재현해 보려면 이 그림이 아니라 후일 등장하는 그림들과 우리가 가지고 있는 여타 모형 등을 이용해야 하는데8) 그런 그림이나 모형 등을 보면 초기의 화기火器들은 매우 작고 짧았음이 분명하다. 초기의 그림이나 모형 등을 보면 두 개의 상반된 형태가 보인다. 하나는 포수가 자신의 팔로 붙들 수도 있고 지면地面에 받칠 수도 있는 좀 긴 자루 하나가 관管에 붙어있는 형태이고 다른 하나는 구경口徑이 좀 크고 관管을 지지대에 붙들어 매거나 지면에 하단부를 박아 놓은 형태이다. 가장 오래된 것으로 알려진 이 두 가지 형태 중 어느 것이 더 오래된 것인지는 알 수 없다. 그러나 이 단계에서 화약을 전투 목적의 불로 사용하는 초기단계로 발전해 가는 과정을 추적해 보는 것이 불가능하지는 않다.

---

e》에 수록해 놓았고(도해圖解 69) 펠트하우스Feldhaus의 글, 100쪽에도 아주 흐릿하게 수록되어 있다. 필자는 구트만이 《무기사지武器史誌》에 수록해 놓은 이 도해圖解를 동창생 탕글Tangle에게 보여주었는데 그는 이 도해圖解에 딸린 설명문에서 아무런 결론도 내릴 수 없다고 했다. 그의 말에 의하면 이는 14세기의 것은 분명하지만 개개 문자를 알아보기 힘들게 멋을 부려서 쓴 글이라서 그 작성연대를 확인하기가 불가능하다고 했다. 그러나 그는 이 수고手稿가 앞서 말한 기간(서기 1325년~1327년) 중에 작성된 것임을 입증할 수 있다면 첨부된 도해圖解 역시 같은 시기에 작성된 것으로 볼 수 있을 것이라고 했다. 화살 같이 뾰족한 투사물이 성문城門을 향하고 있는 것에 대해 이 도해圖解가 반드시 단단한 성문城門을 향해 투사물을 쏘는 모습을 보여주는 것이라고 볼 필요는 없고 단지 장식을 위한 그림에 불과한 것으로 해석될 수 있을 것이다.

8) 가장 중요한 것은 시에나Siena 부근 레세토Leccetto에 있는 옛 생레오나르도St. Leonardo 수도원修道院 교회에 남아있는 두 프레스코fresco 벽화壁畫이다. 이 벽화에는 포위군이 대포와 소화기小火器를 갖고 있는 모습이 그려져 있다(구트만Guttmann, 28쪽). 어느 설명서에 의하면 화장畵匠 바울Paul은 서기 1343년 6월에 이 벽화를 그리면서 16 L., 12R.을 보수로 받았다고 한다. 그러나 탕글Tangle 교수는 필자에게 이 설명서에 있는 문구는 훨씬 후일에 쓰여진 것이라고 했다.

앞서 말한 첫 형태에서 관管에서 연장된 자루는 마드파madfaa에서 보이는 자루와 유사하다. 구경口徑이 좀 큰 둘째 형태의 것에 대해 우리는 이를 10세기 것으로서 앞서 언급한 비탄틴 스케치에 그려진 장치가 그 전신前身일 것으로 볼 수도 있다. 이 장치는 크기와 형태가 큰 맥주 조끼와 같은데 밑에는 자루 하나가 있고 위에는 점화구點火口 하나가 있다. 이 장치의 용도는 돌격해 오는 적의 얼굴에 불줄기를 쏘기 위한 것이었다. 물론 우리는 이 장치에 대해서도 실제 사용된 무기였는지 누군가의 상상에 의한 허구의 것인지에 대해 또 의심해 볼 수 있을 것이다. 이 불줄기는 길이가 1m도 안 되고 따라서 이 장치를 사용하는 사람은 자신이 보낸 불줄기가 적에게 닿기 전에 적이 들고 있는 칼이나 창槍 등 근접전 무기가 이미 자신에게 닿았을 것이고 따라서 그의 불줄기는 기껏해야 적에게 겁은 줄 수는 있겠지만 직접 피해를 주지는 못할 것이기 때문이다.9)

화약을 만들 때는 초석硝石이 여타 염류鹽類와 섞이거나 먼지로 오염됨으로써 가끔 문제가 생긴다. 이렇게 오염된 초석은 대기 중의 수분을 흡수함으로 화약이 제조된 후 단시간 내에 무용지물이 되어 버린다. 따라서 화약을 제조할 때는 정제精製된 순수한 초석을 쓰는 것이 필수적이다. 이런 정제精製 과정은 13세기부터 이미 모색되었지만 아주 느리게 성공했다.

우리는 앞서 말한 것들을 보면 화약의 발견이 화기火器의 발견을 의미하지는 않았음을 알 수 있다. 화기火器의 발견은 정확히 표현하자면 화약의 폭발력을 관통력으로 전환시킨 것이었다. 화약은 화기火器가 사용되기 수세기 전부터 알려져 있었고 또 전투에서도 사용되었었다. 화기火器는 어떤 과정을 통해 결국 발명되었을까? 비잔틴에는 점화구點火口가 달린 불 용기容器가 있었고 아랍과 스페인에도 마드파madfaa가 있었다. 그러나 이런 장치에 충전된 화약 위로 철환鐵丸이나 석환石丸을 올려놓는다고 바로 화기火器로 발전할 수는 없었다. 분말 형태의 최초 화약은 전체가 동시에 점화點火되지 않았고 전체가 점화되려면 상당한 시간이 필요했다. 따라서 이런 화약을 밑에 채운 관管 속에 철환鐵丸이나 석환石丸 등 투사물을 올려놓는다면 마지막 발생하는 전체 폭발력로 인해 이 투사물이 발사發射되지 못하고 먼저 조금씩 발생하는 폭발력이 이 투사물을 관管에서 서서히 굴려 내보낼 것이고 마지막에야 발생하는 전체 폭발력은 관管에서 쓸모없이 쏟아져 나올 것이다. 따라서 투사물 적재積載 방법의 발명이야말로 화약을 발사發射에 사용할 수 있게 한 진정한 발명이었다. 투사물을 관管의 내벽內壁에 밀착시켜주는 방법도 있지만 화약과 투사물 중간에 관管을 완전히 밀폐시킬 밀봉재密封材/Pfropfen를 끼워놓고 화약 전체가 점화되어 완전한 폭발력이 생길 때까지 이 밀봉재密封材와 투사물이 밀려

---

9) 이 문제는 앞의 각주 1에서 소개한 슈나이더Rudolf Schneider의 논문과 포러R. Forrer의 논문을 참고할 것.

나가지 않게 하는 것이 더 좋은 방법이었고 또한 화약과 밀봉재 사이에 공간을 남겨 둘 때 가장 좋은 효과가 생겼다. 관管을 완전히 밀폐시켜서 얻어진 집중된 힘은 또한 날카로운 섬광閃光을 발생시켰다. 비잔틴 사료에 그들의 소위 "그리스 불"로 번개를 발생시켰다는 기록이 있는 것을 보면 우리는 그들이 초기시대에 이미 화약 위에 밀봉재를 끼워 넣은 방법을 발견했을 것으로 볼 수도 있다.10) 그러나 관통력이 있는 무기가 되려면 아직도 요원했다. 폭발력은 투사물을 밀어 주기 위해 전방으로만 집중되는 것이 아니라 전 방향으로 확산되었다. 따라서 매우 견고하고 무거운 관管을 쓸 수밖에 없었고 그 결과 맨손으로는 이를 다룰 수 없었으므로 앞서 알 수 있었듯이 자루를 붙여 폭발시의 반동을 몸 전체의 힘으로 버틸 수 있게 해야 했다. 그러나 관管 구경口徑이 크고 따라서 너무 무거울 경우에는 그렇게도 할 수 없었으므로 어떤 형태보는 지면地面을 이용해 반동을 버틸 수 있게 해야만 했다. 결국 비잔틴의 불 용기容器나 아랍의 마드파madfaa는, 비록 이들과 화기火器의 중간에 무언가 중간단계가 있었다 해도, 화기火器의 직계 조상일 수는 없을 것이다. 이 문제에 관해서는 사료가 없기 때문에 무슨 상상이 든지 가능하다. 예를 들어 비잔틴 불 용기容器를 손으로 잡지 않고 밑바닥을 땅에 대고 화약 위에 밀봉재를 끼워 넣자 화기火器로 발전한 것일 수도 있고 그다음에는 자루의 외형을 마드파madfaa 같이 모방해 보자 소화기小火器로 발전한 것일 수도 있다. 최초의 화기火器가 비잔틴과 아랍 모두와 교류가 있었던 이태리에서 발견되었다는 것은 그런 상상을 가능케 해주는 요소이다.

우리는 누가 언제 최초의 화기火器를 만들었는지 알 수 없고 다만 대략 1300년 경에 만들어졌다는 것만 알 수 있다. 또한 이태리 고지高地 지방에서 화기火器가 발명되었을 것으로 볼 수 있다. 그리고 화약뿐만 아니라 초석硝石의 정제精製, 점화구點火口가 있는 견고한 관管, 밀봉재의 삽입 그리고 자루의 부착이 모두 화기火器 발명의 기초였다고 확신할 수 있다.

이태리에서 이런 발견이 있은 지 몇 년 후인 서기 1338년에는 잉글랜드에서,11) 서기 1339년에는 프랑스에서 그리고 서기 1342년에는 스페인에서 번개통에 관한 기록이 처음으로 보인다. 몇 년 후에는 그런 기록이 게르만 제국에서도 보인다. 서기 1346년에는 아헨Aachen 시市, 서기 1348년에는 데벤터Deventer 시市, 서기 1354년에는 아른하임Arnheim 시市, 서기 1355년에는 네덜란드 지역, 서기 1356년에는 뉘른

---

10) 물론 라트겐Rathgen과 쉐퍼Schäfer는 쇠뇌화살을 쏘는 번개통에 관한 교황청의 기록은 모든 면에서 내용이 상세하지만 밀봉재로 나무토막을 끼워 넣는 일에 관한 언급이 없음을 지적했다. 그러나 이들은 이런 밀봉재를 현장에서 만들어서 끼워 넣었을 수도 있다고 했다.

11) 클레판Clephan의 "소화기小火器의 역사 및 발전에 관한 소고小考A Sketch of the History and Evolution of the Handgun"(《티에르바흐 축하논문집 *Festschrift für Thierbach*》), 35쪽 및 40쪽에 의하면 화약과 각종 대포에 관한 말이 잉글랜드에 최초로 보이는 것은 서기 1338년의 한 조달계약서調達契約書라고 한다.

베르크Nürnberg 시市, 서기 1361년에는 베젤Wesel 시市, 서기 1362년에는 에르푸르트Erfurt 시市, 서기 1370년에는 쾰른Köln/Cologne 시市, 서기 1370년경에는 마이쎈Meissen 지역12) 그리고 서기 1373년에는 트리에르Trier 시市에 각각 그런 기록이 있다. 스위스에 소총에 관한 최초 기록이 등장하는 것은 서기 1371년 바젤Basel 시市이다. 이 기록에는 화기火器 사용은 "라인 강 너머로부터" 전해진 것이라는 말이 있다.13)

현존하는 사료들을 볼 때 전투에서 처음으로 화기火器를 사용한 장군들은 앞서 알 수 있었듯이 크로이쯔베르크Kreuzberg와 스팡겐베르크Spangenberg의 기사騎士들이다 (서기 1331년). 이 두 기사騎士 모두 독일인이지만 독일 땅에서는 이런 신무기가 비교적 후일에 가야 등장한다는 것은 화기火器의 발명이 우리 조국에서 생겼다는 전설傳說과 모순된다. 독일 땅에는 이런 전설의 기초가 될만한 어떤 종류의 발전이라도 있었다는 증거가 전혀 없다.14)

최초 화기火器의 사용지침을 보면 당시에는 화기火器의 사거리가 매우 짧았다는 것을 알 수 있다. 서기 1347년 기사騎士 후게Hugues de Candilhac가 지키고 있던 비올레Bioule 요새에는 대포 22문이 있었는데 포수砲手 1명이 대포 2문씩 담당하고 있었던 것을 보면 전투 중에 투사물을 재장전再裝塡 하려는 의도가 없었음을 알 수 있다. 포수는 단지 두 대포에 차례대로 점화點火만 하면 되었다. 그러나 가장 먼저 발사되는 것은 큰 쇠뇌弩였고 그 다음이 투석投石이었고 마지막이 대포였다. 따라서 당시에는 대포의 사거리가 가장 짧았음을 우리는 알 수 있다.15)

서기 1346년 크레시Crécy 전투 때 대포가 처음 등장했다는 것은 우화寓話에 불과하다. 프로이싸르Froissart에 의하면 겐트Ghent 시민들은 브루게스Bruges군과 싸울 때 리바우데스킨ribaudequin 200대를 사용한 것 같다. 리바우데스킨은 창을 쏘는 작은 대포를 탑재한 수레인데16) 그 효과에 대해서는 알려진 것이 없다.

앞서 알 수 있었듯이 쓸모 있는 화약을 만들려면 초석硝石의 정제精製에 특별히 주의해야만 한다. 이런 정제精製 과정은 서서히 발전해서 결국 양질良質의 초석硝石을 얻을 수 있게 되었다. 그러나 결정적으로 중요한 것은 화약 분말을 입자화粒子化하는 방법을 터득했다는 점이다. 그들은 화약 분말을 물에 적셔 작은 알맹이로

---

12) 마이쎈의 경우에 관해서는 《티에르바흐 축하논문집Festschrift für Thierbach》, 67쪽에 수록된 바아르만Baarmann의 글을 볼 것. 이 글에서 바아르만은 잘쯔데르헬덴Salzderhelden 방어군은 몇 해 전에 선구적인 화기火器의 사용에 성공했다고 한다.

13) 헤네J. Häne 박사, "서기 1391년의 문서로 본 스위스 최초의 대포에 관하여Ueber älteste Geschütze in der Schweiz, mit einer Urkunde vom Jahre 1391," 《스위스 고대문헌 지침指針 Anzeiger für schweizerische Altertumskunde》, new series, 제2권(쮜리히Zürich, 서기 1900년), 215~222쪽.

14) 야콥스Karl Jacobs, 앞의 책, 136쪽.

15) 파베Favé의 글, 제III편, 80쪽(쾰러Köhler 장군의 책에서 재인용함).

16) 리바우데스킨은 원래 성벽城壁에 거치하는 큰 쇠뇌弩의 이름이었지만 15세기 기록에는 가끔 대포의 이름으로 등장한다. 이에 관한 가장 중요한 사료 구절들이 쾰러 장군의 《기사騎士 시대의 전쟁과 용병술用兵術의 발전》, 제III편의 178쪽, 279쪽 및 315쪽에 인용되어 있다.

만든 후 이 알맹이를 다시 건조시켰다. 이런 과정을 거친 알맹이는 각 알맹이 사이의 조그만 간격들 때문에 화약이 훨씬 빨리 연소하는 장점이 있다. 더욱이 수송 중에 미세한 화약 분말은 흔들림 때문에 각종 성분들이 쉽게 분리되지만 덩어리 형태의 화약은 원형이 그대로 보존된다. 이런 덩어리를 다시 물에 적셔 체로 걸러내서 입자화 시킨 화약을 쓰면 관管 속의 밀봉재密封材/Pfropfen와 화약(역자 주: 델브뤼크의 원문에는 '투사물Kugel'로 되어 있으나 '화약'의 오기誤記일 것으로 보고 바로 잡았다. 앞의 28쪽 참고) 사이에 공간을 두지 않아도 된다. 15세기 중반 이후는 투사물이 바로 화약 위에 올려 지게 되었다. 이때 마개Klotz는 있어도 되고 없어도 된다.17)

각 성분들의 최선의 혼합 비율에 관한 조사가 있었고 19세기 독일의 경우에는 초석硝石과 유황硫黃과 숯을 74 : 10 : 16(또는 74 : 12 : 13)의 비율로 혼합할 때가 가장 좋다고 보았다. 15세기에도 그와 비슷한 처방이 있었다. 그러나 초식硝石 비율을 훨씬 낮춘 처방도 있었다. 약한 대포가 폭발해서 포수에게 큰 피해를 줄 수도 있으므로 폭발력이 너무 강한 화약은 바람직하지 않다고 보았음을 의미한다.

그러나 초석硝石의 정제精製가 불완전했을 때는 각종 혼합비율별 효과의 측정이 어려웠고 따라서 화약의 효율성도 일정하지 않았다.

신무기에 관한 말이 있는 최초의 문학작품은 "행운과 불운의 치유治癒에 관해de remediis utriusque fortunae"라는 제목이 붙은 페트라크Petrarch의 글이다. 이 글은 친구인 아쪼Azzo da Coreggio에게 헌정한 글이지만 아쪼가 죽은 후에까지도 완성되지 못했다. 아쪼는 자신이 소유하고 있던 파르마Parma 시市를 서기 1344년에 에스테스Estes에게 팔고 난 후 질병, 추방, 친척의 죽음, 친구들의 배신 등 많은 슬픈 일들을 경험한 다. 페트라크의 글에서는 이 세상의 불행 속에서 위안이 될 것이 무엇인지를 모색하고 있다. 그런데 이 글에는 자신이 공성攻城 장비와 노포弩砲를 갖고 있다고 자랑하는 사람에게 한 사람이 우스갯소리로 번개와 천둥을 치며 놋쇠 도토리를 발사하는 장치들도 갖고 있는지 묻는 대목이 있다. 그는 또 이 재앙덩이 장치는 최근까지만 해도 귀한 물건이라서 사람들이 이를 매우 놀라운 문건으로 생각했었지만 이제는 다른 무기나 마찬가지로 널리 쓰이고 있다는 말을 한다.

쾰러Köhler, 옌스Max Jähns, 펠트하우스Feldhaus 등은 이 페트라크Petrarch의 글을 서기 1340년 아니면 1347년 글로 본다. 실제로 그렇다면 이태리는 흔히 생각하고 있는

---

17) 서기 1429년의 《꽃불에 관한 책Feuerwerkbuch》의 요약본要約本에는 이미 "알맹이 화약" 제조법과 이런 화약이 미세한 분말 화약보다 효과가 좋다는 말이 기록되어 있다. 쾨스터Köster(336쪽)와 옌스Max Jähns(401쪽)는 이 알맹이 화약은 아직 진정한 입자粒子 화약은 아니고 초보단계의 알맹이 화약이었을 것으로 믿는다. 그러나 로모키Romocki(182쪽)와 클레판Clephan(36쪽)은 이를 단순히 입자粒子 화약이라고 부른다. 클레판은 그러나 미세 분말 화약이 오랫동안 계속 쓰였고 입자粒子 화약은 16세기 초에 다시 쓰이기 시작했다고 본다. 그 이유로 클레판은, 쾰러Köhler(제Ⅲ편, 255쪽)와 마찬가지로, 입자粒子 화약은 너무 강력해서 약한 대포는 이를 감당할 수 없었을 것이라는 말을 덧붙이고 있다. 그러나 이는 별로 적절한 설명이 되지 못한다. 그럴 경우 화약의 양을 줄이면 되었을 것이기 때문이다.

것보다 신무기를 다른 나라들보다 훨씬 먼저 사용했었다는 말이 된다. 그러나 이 글은 화기火器 사용이 유럽 전역에 일반화되어 있던 서기 1366년에도 완성되지 못한 글이다.18) 결국 페트라크의 말은 화기火器가 이태리에서 일찍 사용되었다는 증거는 되지 못한다. 그러나 이 글에는 주목할만한 대목이 몇 곳 있으며 다음과 같은 구절은 우리가 힘들더라도 잘 숙지하고 있어야 할 구절이다.19)

불길과 무서운 번개소리와 함께 발사되는 이 물건이여. 구리 탄환 외에는 모두 놀랍구나. 노한 불멸不滅의 하느님이 하늘에서 번개를 발사하는 것으로 부족했는지 죽음을 피할 수 없는 불쌍한 인간들도 (오! 자만심과 만난 이 잔인함이여) 땅에서 번개를 치고 있네. 구름에서만 나와 (마로Maro의 말대로) 흉내낼 수가 없던 번개를 이제 미친 인간들이 그대로 만들어 냈다네. 분명 나무로 만들었지만 소름 끼치는 도구로 쏘아대는 데 누구는 아르키메데스Archimedes가 발명한 것이라고 한다지…이 재앙덩이 물건은 최근까지 드물어서 사람들은 아주 놀라워했었지. 그러나 인간의 마음은 가장 흉악한 물건에도 쉽게 익숙해지는 법. 이제는 평범한 무기 중 하나에 불과하다니.

(원문)

Mirum, nisi et glandes aeneas, quae flammis injectis horrisono tonitru iaciuntur. Non erat satis de coelo tonantis ira Dei immortalis, nisi homuncio(O crudelitas iuncta superbiae) de terra etiam tonuisset: non imitabile fulmen(ut Maro ait) humana rabies imitata est, quod e nubibus mitti solet, ligneo quidem, sed tartareo mittitur instrumento, quod ab Archimede inventum quidam putant…Erat haec pestis nuper rata, ut cum ingenti miraculo cerneretur; nunc ut rerum pessimarum dociles sunt animi; ita communis est, ut unum quodlibet genus armorum.

화기火器가 발명된 시기는 대략 페트라크Petrarch가 태어난 해(서기 1304년) 전후 아니면 그의 성장기였을 것이 분명하다. 따라서 그는 발명가에 대해서는 아는 것이 없고 아르키메데스Archimedes(역자 주: 기원전 3세기 이태리 시실리섬 출신의 고대 그리스 발명가)에게 공을 돌리고 있다. 그러므로 우리는 페트라크의 시대에도 화기火器의 발

---

18) 쾌르팅Körting은 그의 《페트라크의 생애와 작품*Petrarcas Leben und Werke*》에서 이 시인은 이 글을 여러 해에 걸쳐서 썼고 믿을만한 사료에 의하면 자신이 나이가 든 서기 1366년 10월 4일까지도 완성하지 못했다고 했다(542쪽). 아쪼Azzo는 서기 1362년에 죽었고 푀르스터Karl Förster도 《페트라크의 칸쪼네 등 모음집*Petrarcas sämtliche Canzone, usw.*》(독일어 번역판, 제2판, 서기 1833년)에서 이를 인정하고 있다(xi쪽). 아쪼가 서기 1362년에 죽었다는 것은 발델리Baldelli의 《페트라크와 그의 작품*Petrarca e delle sue opera*》(피렌체Florenz/Firenze, 서기 1797년. 제2판은 피에솔레Fiesole, 서기 1837년)에 근거한 것이다. 블랑Blanc은 《에르쉬와 그루버*Ersch u. Gluber*》(제III편, 제XIX권)에서 페트라크가 이 글을 쓰기 시작한 것은 서기 1358년이며 서기 1360년에 완성했다고 본다(237쪽). 그는 이 글은 서기 1360년 아니면 1361년 초에 도펭Dauphin(후일의 프랑스 샤를르Charles V세)을 외교적 임무로 만난 자리에서 그에게 선물하며 샤를르는 이를 프랑스어로 번역했다. 블랑Blanc의 말도 발델리Baldelli의 말에 근거한 것이지만 발델리는 제2판에서는 페트라크가 이 글을 완성한 해를 어쨌건 서기 1366년이라고 했다.

19) 야콥Jacob Stoer의 출판본(서기 1645년, 제노바), 302쪽에서 인용함.

명가가 누구인지 모르고 있었음을 알 수 있다. 더욱이 그는 이 무기를 "분명 나무로 만들었지만 소름 끼치는 도구로 쏘아대는 도구"라고 말했다. 그가 말한 것이 무슨 의미인지는 정확히 알 수 없다. 그 당시에는 지지대만 나무로 되어 있었다. 매우 길고 무거운 자루가 달려있었던 이 지지대는 매우 짧았던 철관鐵管보다 훨씬 컸지만 중요부분으로 간주될 수 없었을 것이다. 페트라크는 이 무기를 실제로 본 일이 없어서 그 모습을 전혀 몰랐던 것이거나 아니면 "나무로 만들었지만"과 "소름 끼치는"이라는 서로 어울리지 않는 두 표현으로 이 무기를 잘못 묘사한 것이거나 둘 중의 하나일 것이다.20)

페트라크의 생각 중 또 흥미 있는 부분은 "소름 끼치는mittitur"이란 표현이다. 이는 수세기 동안 계속 있어 온 표현으로 아리오스트Ludovico Ariosto/Arist(역자 주: 15세기 말~16세기 초 이태리 시인. 「광란의 오를란도Orlando Furioso」 등을 남겼다)나 루터Martin Luther(역자 주: 15세기 말~16세기 초 독일의 종교개혁가)도 잔인한 전쟁도구를 비난할 때 이런 표현을 썼고 현재도 새로운 살생도구를 비난하는 평화주의자들은 이런 표현을 쓴다.

오늘날 우리는 화약의 발명을 인류의 기술적 진보에서 가장 중요한 단계들 중 하나로 본다. 심지어 화기火器로 인해 기사騎士 제도와 봉건제도가 극복되고 이를 통해 사회적으로 평등한 국가적 시민제도라는 현대적 개념이 탄생되었다는 견해를 부인하는 사람들조차도 서슴없이 화기火器 기술과 그 이후의 발전이 인류의 발전에 큰 역할을 했다고 본다. 화약의 힘과 이를 이용한 폭발물로부터 우리는 자연과 야만성을 극복할 수 있는 힘을 얻었으며 이런 힘 때문에 이제는 민족대이동民族大移動/Völkerwanderung(역자 주: 이 책 제II편, 제II권 참고) 시대에 고대문명이 파괴되었던 것과 같은 현상이 다시는 반복될 수 없게 되었다. 그러나 당대인들은 이 문제에 대해 다른 생각을 지니고 있었다.

서기 1467년 피렌체Florenz/Firenze에서 콜레니Colleni에게 해 온 사람들이 이몰라Imola 부근에서 우르비노Federigo von Urbino가 지휘하는 피렌체군과 싸웠다. 이때 콜레니가 수없이 많은 야포野砲를 사용하자 우르비노는 적을 살려주지 못하게 했다.

서기 1498년 자신도 중포重砲를 쓰던 비텔리Paolo Vitteli는 적 소총수를 잡으면 그의 손목을 자르고 눈알을 파내도록 명했는데 조비우스Paolo Giovio/Jovius의 말에 의하면 이는 귀족기사貴族騎士들이 평민 보병들에게 살해되고도 복수를 하지 않는 것은 어울리지 않는 일로 생각했었기 때문이었다고 한다.21)

---

20) 옌스Max Jähns는 "나무"라는 용어를 이 무기가 아랍의 마드파madfaa에서 파생된 무기라는 직접증거로 보지만 필자는 이를 확신할 수 없다.

21) 조비우스Paolo Giovio/Jovius, 《군인정신이 투철한 인간들의 금언金言 *Elogia virorum bellica virtute illustrium*》(바젤Basel, 서기 1575년), 184쪽. 귀치아르디니Guicciardini, 《이태리 역사*Historia d'Italia*》(베니스Venedig/Venice, 서기 1562년), 제IV편, 100쪽.

프뢴스베르크Frönsberg도 이 비슷한 맥락에서 "그래서 이제 전투에서는 남자다움이나 용기는 더 이상 필요 없게 되었다. 기계詭計, 속임수, 배신背信 그리고 잔인한 대포가 너무 일반화되어 있어서 개인적인 전투, 격투, 타격, 사격, 무기, 힘, 기술이나 용기는 이제 더 이상 도움도 안 되고 중요한 의미도 없게 되었기 때문이다. 이는 남자답고 용감한 영웅이 대포를 쏘는 방탕한 무법자들의 손에 죽는 일이 흔해졌기 때문이다. 이런 무법자들은 대포가 없다면 그가 죽인 영웅을 건방진 태도로 쳐다보거나 말을 걸어 볼 수도 없는 자들이다"라고 했다.

루터Martin Luther 역시 소총이나 대포를 그 악마 같고 소름 끼치는 효과 때문에 경멸했었고 뮌스터Sebastian Münster(역자 주: 15세기 말~16세기 초 독일 학자. 최초로 완전한 히브리어 성서를 간행함)도 마찬가지였다. 반면에 푸거Fugger(역자 주: 중세 말기~17세기 초 독일의 거상巨商 푸거 가문의 누군가를 말하는 것으로 보임)는 소총과 대포를 물과 불에 비유했다. 해악도 있지만 유용하게 쓰일 수도 있다는 말이다.

대포 포수가 잡히면 그가 쏘던 대포에 밀어 넣고 발사해버렸다는 기록이 많다.

중포重砲

최초의 화기火器는 분명히 크기가 작았었지만22) 곧 소총의 전신前身인 작은 화기火器와 대포의 전신인 큰 화기火器가 구분되어 두 종류 모두 생산되었고 큰 종류는 매우 빠르게 발전했다. 서기 1370년경부터는 성벽城壁을 부수기 위해 큰 돌덩어리를 쏘았을 거대한 사석포射石砲가 제작되었고 이런 종류는 서구西歐 지역에서 가장 먼저 제작되기 시작했다.23)

단순히 크기만 늘리는 것으로는 불충분했다. 관管의 직경이 50cm쯤 되면 화약을 확실하게 밀봉시킬 수 없었기 때문인데 밀봉은 앞서 알 수 있었듯이 필수적인 부분이었다. 따라서 대포는 화약을 채운 후 부드러운 나무토막으로 견고하게 밀봉시킬 수 있는 적절한 직경의 약실藥室과 큰 석환石丸을 집어넣고 역시 삼나무 껍질이나 진흙으로 최대한 밀봉시킬 수 있는 포신砲身으로 분리되었다. 표적의 성질상 거대한 석환石丸이 필요했다. 이런 큰 석환石丸은 속도는 느렸어도 그 자체의 중량 때문에 효과를 발휘했다. 투사물이 작으면 빨리 날아갈 수는 있지만 파괴하려는 성벽에 부딪치는 순간 자신이 먼저 쉽게 부서졌다.

앞쪽의 포신砲身과 뒤쪽의 약실藥室을 분리시켰다 발사 순간 포상砲床/Bettung/platform이나 잠금 장치를 이용해서 결합함으로써 약실藥室에 화약을 장전裝塡하기도 쉬워

---

22) 야콥스Karl Jacobs, 앞의 책, 53쪽.
23) 야콥스Karl Jacobs, 앞의 책, 51쪽 이하 및 136쪽.

졌고 대포를 수송하기도 수월해졌을 뿐 아니라 1개 포신砲身에 여러 약실藥室을 이용함으로써 발사율發射率을 높일 수도 있었다. 그러나 이런 대포를 아직은 후미장전식後尾裝塡式이라고 말할 수는 없다.

이런 형태의 초기 사석포射石砲는 포신砲身이 너무 짧아서 석환石丸을 완전히 집어넣거나 힘차게 밀어낼 수 없는 경우도 있었다. 관管의 길이가 길어질 때의 장점을 안 것은 아주 후일의 일이며 이런 장점이 알려지자 포신砲身이 길어졌다.

이런 대포를 적의 성城이나 요새 앞에 설치할 때는 대포와 포수砲手들을 적이 쏘는 투사물로부터 보호하려고 대포 앞에 포를 쏠 수 있는 틈이 있는 목제木製 가림막을 세웠고 이 틈을 덮개로 가렸었다.

서기 1388년에 뉘른베르크Nürnberg 시市는 어느 요새를 파괴하려고 "크림힐데 Chrimhilde"라는 중포重砲를 내보냈나. 이 내포는 무게가 서의 6,200파운드나 되었고 하나의 무게가 약 600파운드나 되는 석환石丸을 쏘았으며 12필匹의 말이 끌었다. 이 대포의 받침 즉, 포좌砲座는 16필匹의 말이 끌었다. 가림막은 각각 2필匹의 말이 끄는 수레 3대로 수송했다. 각각 4필匹의 말이 끄는 수레 4대에는 석환石丸 11개가 실려있었다. 또 각각 4필匹의 말이 끄는 수레 2대에는 기중기起重機, 삽, 밧줄 등 각종 연장과 포술장砲術長의 짐이 실려 있었다. 흉갑胸甲과 철모鐵帽를 착용한 포수砲手 8명은 수레 1대에 함께 탔었고 포술장 그룬발트Grunwald는 말을 탔었다. 이 거대한 대포를 위한 화약은 비교적 많지 않아서 165파운드 이하였지만 쏘려는 석환石丸이 11발에 불과했기 때문에 1발 당 15파운드였으니 충분했었다. 11발의 석환石丸을 쏘기 위해 여러 날이 필요했을 것이 분명하다.

아직 비엔나에 보존되어 있는 큰 사석포射石砲는 길이가 2.5m 이상이고 그 석환石丸의 직경은 80cm이고 무게는 1,300파운드이다. 사석포射石砲 자체의 무게는 22,000파운드 이상 된다. 이 대포는 서기 1430년~1440년 사이에 제작되었을 것이다.

서기 1399년 헤쎄Hesse의 탄넨베르크Tannenberg 요새 포위 때 사용된 프랑크푸르트 Frankfurt 대포는 이보다 약간 크다.

초기의 관管은 철鐵을 심봉心奉/Dorn/mandrel 위에서 단조鍛造(역자 주: 금속을 두들기거나 압력을 가해 일정한 형태로 만드는 방법)해서 만들었음이 분명하다. 그러나 14세기에 이미 구리의 주조鑄造(역자 주: 금속을 녹인 쇳물을 일정한 틀 속에 부어 굳혀서 일정한 형태를 만드는 방법을 말함) 기술이 주로 쓰였다. 이런 관管을 가지고 무게가 많이 나가지 않으면서도 강한 포신砲身을 만들기 위한 온갖 노력이 있었고 또 포신砲身의 내부를 깎고 갈아서 최대한 매끄럽게 만들었지만 15세기 말까지만 해도 아직 정확한 원통圓筒 모양의 포신砲身을 만들 수 없었다.24)

---

24) 나폴레옹, 《연구집 *Etudes*》, 66쪽.

대포가 커질수록 이를 견고하게 자리 잡게 하는 일과 그 반동을 흡수하는 일과 위치를 바꾸어 가며 조준하기 위해 쉽게 옮기는 일이 중요한 문제가 되었다. 수 없는 시행착오와 발명들이 거듭된 끝에 모든 면에서 이동이 쉬워지게 되었다. 대담한 샤를르Karls des Kühnen/Charles the Bold(역자 주: 이 책 제III편의 제IV권, 제VI장 및 제V권, 제VII장 참고)의 시대에 이미 대포를 포가砲架에 싣는 방법Lafettierung/gun mount이 훌륭했었다는 기록이 있지만 대포의 균형을 맞추기 위한 포이砲耳/Schildzapfen/trunnions(역자 주: 포신砲身을 포가砲架에 받쳐놓는 원통형 돌출부)는 서기 1494년 프랑스 샤를르Karl/Charles VIII세의 이태리 전역戰役에서 비로소 등장하고 포이砲耳 베어링Lager der Schildzapfen/trunnion bearing의 과도한 유동流動을 방지하기 위한 포이砲耳 원반圓盤Schildzapfen=scheibe/trunnion disc은 막시밀리안Maximilian 황제(역자 주: 대담한 샤를르의 사위로 서기 1486년 게르만 제국 왕이 되고 1493년에는 신성로마제국 황제가 된 인물)의 대포에서 처음 보인다. 어느 곳에서나 포가砲架/Lasette/carrage 위에서 포신砲身의 적절한 유동流動에 필요한 형태의 포이砲耳가 등장한 것은 18세기의 일이다.25) 서기 1540년까지만 해도 비링구치오Biringuccio라는 기사技士는 포가砲架가 일반적으로 너무 무겁게 제작되어서 대포의 이동이 거의 불가능하고 대포의 느린 이동이 병력이동에도 장애가 된다고 투덜거렸다.

중포重砲는 포신砲身에 꼭 끼는 큰 석환石丸만 쏜 것이 아니라 여러 개의 작은 석환石丸이나 부싯돌 자갈들을 쏘기도 했는데 이것이 산탄포散彈砲/Kartätsch/canister의 전신前身이며 15세기 말에는 폭탄爆彈/Bomb 까지 등장한다.26)

그러나 가장 시급했던 과제는 쓸모 있는 포탄을 만드는 일이었다. 석환石丸은 강도가 충분치 못했다. 석환石丸을 2개의 철제鐵製 링으로 열 십(十) 자로 감아주는 방법이 쓰이기도 했지만 큰 도움은 되지 못했다. 그러나 15세기에는 수력水力을 이용해서 철鐵의 주조鑄造/Eisenguss 과정이 개선되었다. 수력水力은 철鐵에 열을 가해서 액상液狀으로 만드는데 충분한 바람을 만들어 냈다. 이때 처음 인간이 이용하기 시작한 수력水力에 의한 기술의 진보는 300년 후의 증기蒸氣에 의한 기술의 진보에 버금가는 것이었다고 흔히 말한다. 철鐵의 주조鑄造로 인해 철환鐵丸의 제조가 가능해졌다. 철환鐵丸이 처음 사용된 것이 언제부터인지 불명확하지만 서기 1494년에

---

25) 바아르만Baarmann, "16세기 초까지 포가砲架의 발전과 소총 개머리판과의 관계Die Entwicklung der Geschützlaffette bis zum Beginn des 16. Jahrhunderts und ihrer Beziehungen zu der des Gewehrschafters," 《티에르바흐 축하논문집Festschrift für Thierbach》, 54쪽. 이 글은 매우 가치 있는 글이며 필자는 에쎈바인Essenwein과 골케Gohlke의 다른 견해(《화기火器에 관한 사료. 옛 그림, 축소모형, 조각 및 동판화銅版畵의 원본原本 모해도사模寫圖解와 옛 무기 모델의 사진 정본正本》)에는 동의할 수 없다. 그레베니츠von Graevenitz의 《가타멜라타와 콜레오니 그리고 이들과 기술의 관계Gattamelata und Colleoni und ihre Beziehungen zur Kunst》(라이프찌히, 서기 1906년), 96쪽에 의하면 콜레오니는 이동식 포가에 대포를 올려놓은 인물로서 이 때문에 이태리 야전 포병의 창설자가 되었다고 한다.

26) 발투리우스Robertus Valturius의 《군사문제에 관하여de re militari》(베로나Verona, 서기 1482년), 제X편에는 각종 대포의 도해圖解들이 수록되어 있다. 그 중에는 연소성 부싯깃Zündschwamm/tinder이 부착된 폭탄爆彈도 보이지만 그의 그림들은 여타 측면에서는 환상에 불과하다.

프랑스군은 이태리로 처음 원정을 나갈 때 철환鐵丸으로 적의 성벽城壁들을 신속히 허물 수 있었음은 분명하다.27) 철환鐵丸은 그리 크지 않아도 되므로 프랑스군은 공성포攻城砲와 함께 포탄을 쉽게 수송할 수 있었고 이로 인해 여러 도시들을 단시간에 차례로 함락시킬 수 있었다. 그러나 화기火器가 처음 등장한지 다섯 세대 이상 지난 이때까지도 철환鐵丸 주조鑄造 기술의 우연한 발명에도 불구하고 진정 쓸모 있는 대포는 발견되지 않는다.28)

포술장砲術長들은 일종의 동업조합同業組合을 형성해서 그들의 기술을 비밀로 취급하면서 가족이나 제자들에게만 전했다. 서기 1420년경 즉, 새로운 발견이 있고 한 세기가 지났을 때 한 어느 무명 포술장이 쓴 《꽃불에 관한 책Feuerwerkbuch》은 화약 제조, 대포의 주조鑄造, 화약 장전裝塡, 목표물 조준, 발사 등 대포에 관한 모든 문제를 다룬 책으로서 여러 권이 필사본筆寫本으로 복사되어 배포되었고 불어로 번역되기까지 했지만 여전히 비밀로 취급되어 서기 1529년에야 인쇄본이 나오게 된다. 이 책은 필사 복사본 때부터 기술진보에 따라 개정되어 가면서 한 세기 반 이상 포수砲手들의 표준교범標準教範 역할을 했다. 화약이 독일에서 발명되었다는 전설傳說이 인정을 받게 된 것은 아마도 이 책의 명성 때문이었을 것이다.

우리가 다루고 있는 시대쯤에는 대포의 보호가 특별히 명예로운 임무로 인식

___

27) 서기 1495년 프랑스 샤를르Karl/Charles VIII세는 로마에서 나폴리로 신속히 전진하면서 몽테-포르티노 Monte Fortino 시市를 폭격해서 폭풍우 같이 빠르게 함락할 수 있었다(필로게리Pilorgerie, 《서기 1494년~ 1495년 전역Campagne de 1494-1495》, 174쪽). 같은 일이 몽테-디-산-죠바니Monte di san Giovanni에서도 있었다 (같은 책, 175쪽). 샤를르 VIII세 자신도 승리한 날(서기 1495년 2월 9일) 쓴 한 서신書信에서 "4시간 동안의 포격"이 있었다는 말을 했고 이 시간 동안 성벽城壁에는 많은 틈이 생겼다(같은 책, 176쪽). 샤 를르 VIII세는 같은 해 2월 11자 서신에서는 몬테-포르티노Monte Fortino 시市를 "이 나라에서 요새화된 지역들 중 하나로 튼튼하기로 유명한 도시"라고 했다. 그는 점심 시간이 지나서야 비로소 이 도시를 공격했는데 첫 포탄이 발사된 후 30분도 지나지 않아 공격은 성공했다(같은 책, 177쪽~178쪽). 서기 1495년 2월 한 프랑스군 고위장교가 나폴리에서 보낸 편지에는 "우리에게는 대포가 그리 많지 않았는 데 이 도시에는 대포도 많았고 화약도 많았다. 그러나 이곳에는 돌밖에 없었기 때문에 우리는 철환鐵 丸이 부족했다"는 말이 있다(같은 책, 179쪽). 왕이 보는 앞에서는 대포 발사도 길 되었던 깃 같다("오늘 〈서기 1495년 3월 13일〉 왕께서 포대砲隊와 함께 식사를 했다. 그리고 왕의 짧은 명령에 포수砲手들 이 사격을 잘해서 탑 하나를 쓰러뜨렸다. 같은 책, 211쪽").

28) 베크Beck는 그의 《철鐵의 역사Geschichte des Eisens》, 제I편, 906쪽에서 철환鐵丸은 주철鑄鐵 기술 발명의 최초 증거로서 서기 1470년보다 훨씬 이전부터 존재했다고 하면서, 910쪽에서는 서기 1470년에 루이 Louis XI세가 한 독일 유태인에게서 철환을 구입한 적이 있다고 했다. 그는 915쪽에서는 이미 15세기 초에도 철환이 있었다고까지 말하지만 이는 분명히 틀린 말로 보인다. 초기에 언급된 철환은 그 자신 이 말하고 있는 것과 같이 단조鍛造 기술로 제작된 것일 수도 있고 15세기 말에 등장한 주조鑄造된 철 환은 완전히 새로운 물건으로 간주되었었다. 옌스Max Jähns는 앞의 책, 제I편, 427쪽에서 서기 1450년쯤 발 간된 저자미상著者未詳의 한 군사서적에서 당시에는 철鐵이나 납으로 된 포탄보다 가격이 훨씬 싼 석환石丸 이 선호되었다는 구절을 인용했다. 그러나 포탄 하나의 값만 보면 석환石丸이 훨씬 가격이 낮았겠지만 제조와 수송과 조작 등을 고려한 비용은 더 많이 든다는 사실을 우리가 안다면 포탄 자체의 가격이 높은 것은 결정적 요소가 될 수 없다. 옌스Max Jähns가 연대를 1454년으로 보는 《꽃불에 관한 책 Feuerwerkbuch》의 한 수고手稿는 철환을 주조鑄造된 납으로 씌울 것을 권장하고 있다. 이는 분명히 단조鍛 造된 철환에 주조鑄造된 납을 부어 둥그렇게 만든 포탄을 말하는 것이 분명하다. 그런 작업은 단조鍛造 기술로는 하기가 어려웠을 것이다. 따라서 이런 기록은 그 당시만 해도 아직은 주철鑄鐵 자체를 이해하 지 못하고 있었을 것이라는 간접증거로 보인다. 옌스Max Jähns가 같은 책, 제I편, 427쪽에서 말한 서기 1462년의 뉘른베르크Nürnberg의 재고목록에는 철환이 보이지 않는다.

되었지만 포수砲手 자신은 아직은 군인이 아닌 기능인技能人으로 간주되었다.29)

서기 1568년에 누에de la Noue는 생안토니우스Helligen Antomius/St. Antony를 포수砲手동업조합同業組合의 수호성인守護聖人이라고 불렀지만30) 나중에는 번개의 위험이 있을 경우 그녀의 도움을 요청했던 생바바라hellige Barbara/St. Barbara가 이 호칭을 차지한다.

초기 공성포攻城砲 즉, 석환石丸을 발사하던 14세기말~15세기초 대포들이 얼마나 효과가 있었는지는 말하기 어렵다. 서기 1388년 쾰른의 프리드리히Friedrich 대주교人主教는 도르트문트Dortmund 시市를 포위했을 때 하루에 겨우 33개 석환石丸을 발사했고 14일간 총 283개를 발사했다. 서기 1390년에 블라우보이렌Blaubeuren은 포격에 의해 함락되었다고 하며 서기 1395년에 엘커스하우젠Elkershausen 요새도 비슷한 방식으로 함락된 것 같다. 서기 1401년 아펜젤Appemzell 군은 클랑스Klanx 성城이 그들의 주인인 생갈St. Gallen/Gall 대수도원장大修道院長에게 반란을 일으키자 이 성城을 포위했는데 대포를 가지고 온 생갈 사람들 덕에 이 성城을 함락시킬 수 있었다고 한다.

서기 1414년 2월 브란덴부르크Brandenburg 성주대리城主代理/Burggraf 프리드리히Friedrich가 동맹군과 함께 키트조프Quitzow를 공격했을 때 적敵에게도 대포가 있었다. 그의 유언장遺言狀에는 베를린의 성처녀聖處女 마리아 성당의 종을 녹여서 대포를 만들게 하라는 말이 있지만 실제 그렇게 대포를 만든 것이 이 전역戰役 당시인지 후일 후시테Hussiten/Hussite 전쟁(역자 주: 이 책 제IV권, 제IV장 참고) 당시인지는 분명하지 않다.31) 그는 튀링겐Thüringen/Thuringia 지방대공地方大公/Landgraf에게 전설 속 이름인 "게으른 그레테faule Grete"(역자 주: 오스트리아 민화民話 「어리석은 우어셀」에 등장하는 여주인공의 이름)로 불리던 거대한 대포를 빌렸었다. 이 대포는 라테노프Rathenow 부근의 프리사크Friesack에서 처음 사용된 후 브란덴부르크 부근의 플라우에Plaue에서도 사용되었는데 프리사크는 키트조프Quitzow의 디트리히Dietrich가 방어하고 있었고 플라우에 역시 키트조프의 한스Hans가 방어하고 있었지만 두 사람 모두 결정적 순간이 오기 전에 도주했고 두 요새는 바로 항복했다. 그러나 이 두 전투에서 "게으른 그레테"가 결정적인 역할을 했을 것 같지는 않다. 프리드리히는 마그덴부르크Magden 대주교 및 작센Sachsen/Saxony 영주領主와 동맹을 맺고 있었으므로 그런 요새들을 함락시키기에 충분한 병력을 가지고 있었을 것이다. 서기 1437년에는 선제후選帝候/Kurfürst였던 프리드리히에게는 공성攻城 장비로 대포뿐 아니라 블리데Blide(역자 주: 고대古代부터 지렛대 원리를 이용해서 돌덩이를 날려보내던 공성攻城 장비)도 가지고 있었다.32)

---

29) 리베Liebe, "포수砲手의 사회적 지위Die Siziale Wertung der Artillerie," 《무기사지武器史誌 Zeitschrift für historische Waffenkunde》, 제2권, 146쪽.

30) 누에de la Noue 편編, 《군사견문軍事見聞 Observations militaires》(1587년), 제26화話/Discours, 755쪽.

31) 젤로Sello, "성주대리 프리드리히의 서기 1414년 2월 전역戰役Der Feldzug Burggraf Friedrichs im Februar 1414," 《프로이센 역사지歷史誌 Zeitschrift für Preussische Geschichte》, 제19권(서기 1882년), 101쪽.

32) 젤로Sello, 같은 논문, 같은 쪽.

서기 1422년 후시테군은 카를슈타인Karlstein의 보헤미아Böhmen/Bohemia군 요새에 5개월 간 근 11,000발의 포탄을 쏘고도 목표를 달성하지 못한 채 철수해야 했다.

서기 1428년 잉글랜드군은 130~180파운드의 석환石丸들을 오를레앙Orléan에 쏘았지만 성벽城壁에 피해를 못 주고 성내城內의 건물 몇 채를 파괴하고 사람 몇 명을 죽이거나 부상만 입혔다. 그러나 이때 발사한 석환石丸은 총 50발도 되지 못했다.

서기 1453년 투르크Türk/Turk족은 화기火器가 사용되기 전에 사용되던 무기들을 가지고 콘스탄티노플을 함락시켰다. 그들은 대포로 콘스탄티노플에 무게가 1,300파운드나 되는 석환石丸들을 쏘았었지만 별로 도움이 되지 않았다.33)

슈나이더Rudolf Schneider는 고대인들이 최대로 유효하게 사용했던 공성攻城 장비를 민족대이동民族大移動/Völkerwanderung 시대 이후에 잊어버렸음을 입증했다.34) 이 무기는 짐승의 힘줄이나 머리딜을 꼬아서 생기는 염력捻力을 이용했던 무기도 그 위력이 대단했지만 제작과정이 매우 복잡했고 전쟁수행 방법이 더욱 잔인해지자 군대에서는 이를 더 이상 사용할 수가 없었다. 중세시대에 잘 쓰던 무기는 대형화된 쇠뇌弩와 지렛대 원리를 이용해서 돌덩이를 날려보내던 공성攻城 장비(블리데Blide)뿐이었다. 슈나이더는 만약 염력捻力을 이용했던 고대무기가 보존되었다면 적어도 서기 1600년까지 사용되던 초기 형태의 화약대포는 이 고대무기와 효율성에서 경쟁상대가 되지 못했으므로 등장하지도 못했을 것이라고 믿고 있다.

슈나이더의 결론은 매우 확실한 것 같이 보이지만 최근에는 화약대포가 등장했던 때와 거의 같은 시기에 염력捻力을 이용하는 고대무기가 다시 발명되어서 사용된 적이 있음이 입증되었다. 이 무기는 서기 1324년 메츠Metz 방어전에서도 쓰였고 메츠의 구이Johann Gui는 서기 1346년 이후에 아비뇽Avignon에서 교황으로부터 엄청나게 많은 보수를 받고 이런 장비를 만들어 주었다.35)

발명의 정신이 이렇게도 타락할 수 있다니! 고대인들을 연구해서 그들로부터

---

33) 지금 인용한 세 가지 사례들은 《고대고전신연보古代古典新年報/Neue Jahrbücher für das klassische Altertum》, 1909년 호에 게재된 슈나이더Rudolf Schneider의 글, 139쪽에서 인용한 것이다. 그러나 투르족이 콘스탄티노플 앞에서 사용했던 거대한 대포의 모습은 매우 강력한 대포로 묘사되어 있다. 에쎈바인Essenwein, 앞의 책, 34쪽 및 야콥스Jacobs, 앞의 논문, 128쪽 이하 참고.

34) 슈나이더Rudolf Schneider, 《 ????   Anonymi de rebus bellicis liber》, 서기 1908년. 동인同人, "염력捻力 장비의 시작과 끝Anfang und Ende der Torsionsgeschütze," 《고대고전신연보古代古典新年報/Neue Jahrbücher für das klassische Altertum》, 1909년 호. 동인同人, 《중세의 대포Die Artillerie des Mittelalters》, 서기 1910년. 슈나이더의 이 글들은 다른 면에서는 모두 훌륭한 글이지만 필자는 그가 카롤링Karoling/Caroling 왕조(역자 주: 메로빙Merowing/Meroving 왕조를 이어받은 프랑크 왕국 후기 왕조)에 대해 한 말을 잘못된 말이라고 생각한다. 카롤링 왕조의 카피투라리Kapiturarien/Capituraries는 법률이 아니고 개별적인 경우들에 대한 칙령勅令이었고, 지렛대 원리를 이용한 장비가 샤를마뉴Karl/Chalemagne 대제大帝(역자 주: 카롤링 왕조 2대 왕) 때는 존재하지 않았다는 증거는 없다. 따라서 우리는 슈나이더가 24쪽 이하에서 인용하고 있는 디아코누스Paulus Diaconus의 글이나 《흘루도비쿠스의 생애vita Hludowici》의 구절들은 그런 지렛대 원리를 이용한 장비를 말하는 것으로 얼마든지 볼 수 있다.

35) 라트겐Rathgen・쉐페Schäfer, "14세기 교황 군대의 장사정長射程 화기火器 Feuer- unf Fernwaffen beim päpstlichen Heer im 14. Jahrhundert".

지혜를 빌려 또 다시 염력捻力 장비를 만들었던 구이Johann Gui나 메츠에 있던 그의 훌륭한 지도자는 천재였음이 분명하며 그는 당시의 대포보다는 월등하게 우수했음이 분명한 신무기를 만들었다. 그러나 이 염력捻力 장비는 제자리걸음을 한 반면 대포는 계속 발전했다. 구이Johann Gui는 만약 당대인들에게 대포 철환鐵丸의 주조鑄造를 가르칠 수 있었다면 현실적으로 훨씬 더 큰 업적을 남겼을 것이다.

그러나 서기 1740년에 가면 둘라크Dulacq는 《새로운 대포 기술에 관한 이론 Théorie nouvelle de le méchanisme de l'artillerie》이라는 글에서 고각사격高角射擊 무기는 성과가 매우 불규칙하니 그 대신 고대인들의 발사 장비를 다시 도입할 것을 제안했다.

거대한 석환石丸은 효과가 그리 크지도 않았지만 그리 적지도 않았다. 효과가 별로 없었다면 이 무기가 계속 개량되고 사용되지는 않았을 것이다. 계속 개량된 이 무기에 맞추어 요새들의 방어대책, 형태, 구조 등이 계속 바뀐 것이 이 무기의 효율성을 입증하는 진정한 증거이며 그런 변화들이 15세기 후반부터 있었음을 우리는 강조해 둘 필요가 있다.36)

각종 형태의 대포별로 그 이름도 다양하지만 우리는 이들 이름들이 지칭하는 범위를 확실히 알 수는 없다. "쿨로이브린Couleubrine/Culverin"은 대담한 샤를르 당시는 소화기小火器를 지칭하는 이름이었지만 16세기에는 대포 이름으로 쓰였다. 그 외의 "봉바르드Bombarde"(역자 주: 사석포射石砲의 프랑스 명칭), "스타인뷔크세Steinbüchse"(역자 주: 사석포射石砲의 독일식 명칭), "클로츠뷔크세Klotzbüchse"(역자 주: "통나무 포". 통나무를 쏘아 내보내는 포), "하우프트뷔크세Hauptbüchse"(역자 주: "주포主砲"), "메츠Metze", "뫼르저Mörser/mortier/motor"(역자 주: "구포臼砲" 또는 "박격포迫擊砲". 포신砲身이 구경口徑에 비하여 짧고 사각射角이 큰 대포로서 절구나 방아확처

36) 엔스Max Jähns, 앞의 책, 429쪽. 부르크하르트Burckhardt는 《이태리 르네상스 역사Geschichte der Renaissance in Italien》, 108장, 224쪽에서 페데리고Federigo von Urbino(서기 1444년~1482년)는 낮은 성벽을 도입했는데 이는 성벽이 낮으면 대포로 인한 피해가 적기 때문이라고 했다. 스테텐von Stetten은 《아우그스부르크 역사Geschichte von Augsburg》, 제I편, 195쪽 이하에서 15세기 후반 아우그스부르크에서는 성벽을 높이는 작업이 왕성하게 진행되었지만 16세기로 넘어가면서 성벽과 탑들은 일정한 높이로 낮추고 흙을 쌓아 튼튼한 인공 언덕을 만들고 성벽을 둘러싼 해자垓字를 깊이 파고 능보稜堡와 삼각 보루堡壘들을 만드는 등 정반대 현상이 두드러지게 나타났다고 했다. 규제 법률들의 내용도 점점 엄격해 져서 서기 1542년 에는 사제司祭의 반대에도 불구하고 한 교회가 헐리기도 했다. 상세한 내용은 귀치아르디니Guicciardini의 《이태리 역사Historia d'Italia》(베니스Venedig/Venice, 서기 1562년), 388쪽 및 425쪽을 볼 것. 이 글에 의하면 서기 1480년 투르크족의 오트란토Otranto 정복과 이듬해 알포소Alfonso von Calabria 영주領主의 탈환은 공성전투攻城戰鬪의 이정표라고 했다. 누에de la Noue 편編, 《군사견문軍事見聞 Observations militaires》(1587년), 제18화話/Discours, 역설Paradoxen 2, 387쪽. 필자는 요새구축이나 공격기술의 문제는 더 이상 다루지 않겠지만 독자들에게 엔스Max Jähns의 책 중에 해당 부분을 읽어보도록 권한다. 새롭고 놀라운 현상이 있을 경우 어떤 종류의 과장이 존재하게 되는지를 보는 것은 방법론적 관점에서 흥미로운 일이다. 나폴레옹 III 세는 《대포의 과거와 미래Du Passé et de Avenir de l'Artillerie》라는 글에서 프랑스 샤를르 VIII세는 서기 1494년의 이태리 전역戰役 당시 중구경中口徑 대포 100문과 중포重砲 40문이 있었음을 입증했다. 그러나 대부분 학자들은 그에게 대포 240문과 기타 야전장비 2,040점이 있었고 또 경포輕砲도 6,000문이 있었다고 한다. 이런 과장은 부분적으로는 사료를 인용하는 과정에서의 오류인 경우도 있고 부분적으로는 군대를 따라간 "바스타르되vastardeurs"(개척자 또는 노동자) 6,000명을 대포 6,000문으로 오해한 데서 생긴 것이다.

럼 생김), "투믈러Tummler"(역자 주: "구포臼砲"의 일종. 포신砲身이 굽이 없는 반구형半球形 용기 같이 생겨 붙여진 이름으로 보임), "뵐러Böller"(역자 주: "소구포小臼砲"), "하우프니츠Haufnitze/Howitzer"(역자 주: "곡사포曲射砲"), "카르토네Kartaune/cannon-royal"(실제로는 "카르타네Quartane" 즉, "하현포下弦砲/Viertelsbüchse"), "슈랑게Schlange"(역자 주: 직역하면 "뱀"), "코취랑게Kotschlange", "세르펜틴Serpentine"(역자 주: 직역하면 "사행蛇行". 배에 탑재하고 쏘던 포신砲身이 매우 긴 대포), "팔케Falke/falcon"(역자 주: 직역하면 "새매". 소형포의 이름), "팔코네트Falkonet"(역자 주: 소형포의 이름), "스페르버Sperber/sparrow-hawk"(역자 주: 직역하면 "새매"), "타라스뷔크세Tarrasbüchse", "싱게린Singerin"(역자 주: 직역하면 "가수歌手"), "나크티갈Nachtigal"(역자 주: 직역하면 "나이팅겔nightingale 새"), "푀글러Vögler"(역자 주: 직역하면 "새사냥꾼"), "펠리칸Pelikan"(역자 주: "펠리칸 새"), "바실리스크Basilisk"(역자 주: 사람을 노려보기만 해도 죽인다는 뱀의 이름), "드라슈Drache/dragon"(역자 주: 직역하면 "용龍"), "사커Saker"(역자 주: 매의 일종인 새 이름"), "카노네Kanone"(역자 주: 대포의 통상 명칭인 "캐논cannon"의 독일어 표현)37) 등의 이름이 있다.

이태리와 스페인에서는 대포를 처음에는 황소들이 끌었다. 그러나 서기 1494년 프랑스군은 이태리로 원정 나갈 때 매우 튼튼한 말로 대포를 끌게 했는데38) 이로 인한 기동성은 그들에게 큰 장점이었지만 엄청난 비용이 들었다. 〈기사騎士 바야르의 생애Leben Bayard〉에 의하면 막시밀리안Maximillian 황제가 서기 1507년 야전으로 출정할 때는 그가 가진 말들로는 대포의 절반밖에 끌 수 없어서 먼저 절반을 끌고 간 다음 돌아가서 나머지 절반을 끌고 가게 했다고 한다.

이런 어려움이 있었음에도 불구하고 막시밀리안과 스위스군39)과 프랑스군은 포병을 잘 활용했다는 구절들이 많다.40)

16세기 초까지만 해도 전투에서 대포의 효과는 비교적 작았다. 조준 방법과 기술이 아직 미숙했었고 포탄은 너무 높이 날아갔었다. 밀집되어 있는 보병들은 대포 사격을 받을 때는 전진을 멈추기도 하고 포탄을 위로 보면서 계속 달려나가기도 했기 때문에 대포는 포탄을 1발밖에는 쏘지 못했다.41)

---

37) "카노네Kanone"라는 단어가 사료에 처음 등장하는 것은 스페인 카를Karl/Charles V세의 칙령집이라고 한다. 에쎈바인A. Essenwein, 앞의 책, 100쪽.

38) 귀치아르디니Guicciardini, 《이태리 역사Historia d'Italia》, 제I편, 24쪽. 조비우스Paolo Giovio/Jovius, 《당대인물전當代人物傳 Historiarum sui temporis》, libri 15(서기 1515년), 제1권, 298쪽.

39) 엘거von Ellgger, 《스위스 연합의 군사체계와 병법兵法Kriegswesen und Kriegskunst der schweizerischen Eidgenossen》, 루체른Lucern, 서기 1873년, 139쪽.

40) 조비우스Paolo Giovio/Jovius, 앞의 책, libri I(서기 1494년) 및 , libri IX(마리그나노Marignano 전투 이전).

41) 스테틀러Stettler, 《프라스텐쯔의 스위스군Die Schweizer bei Frastenz》, 342쪽(랑케Leopold Ranke, 《전집全集 Werke》, 제35권, 115쪽에서 재인용). 안셀름Valerius Anshelm, 《베른 연대기Berner Chronik》(베른, 서기 1826년), 제II편, 396쪽. 조비우스Paolo Jovius/Giovio, 〈곤잘보의 생애Leben Gonsalvos von Cortova〉, 베니스, 서기 1581년, 292쪽(서기 1503년, 세리뇰라Cerignola에서). 동인同人, 《당대인물전當代人物傳 Historiarum sui temporis》, libri IV(서기 1497년, 수리아노Suriano에서); libri XV(마리그나노Marignano에서); libri II, 〈레오의 생애 Leben Leos〉, 제X권(서기 1512년 라벤나Ravenna에서). 귀치아르디니Guicciardini, 《이태리 역사Historia d'Italia》, libri XI(서기 1512년 라벤나Ravenna에서). 라이쓰너Reissner, 《프룬투스베르크의 생애Leben Frundsbergs》, 프

이 때문에 서기 1494년 유명한 용병傭兵 지도자 트리불기오Trivulgio는 프랑스군의 대포를 칭찬하는 말을 듣자 이는 전투에서 전혀 쓸모없는 무기라고 선언했다.42) 마카아벨리는 서기 1513년~1521년에 쓴 《티투스 리비우스의 첫번째 10권에 관한 논문Discorsi sopra la prima deca di Tito Livio》(역자 주: 흔히 《로마사론》이라고 함)에서 대포가 공포를 유발한 것은 그 익숙하지 않은 폭발음 때문이었다고 했다.43) 서기 1580년 대의 몽테뉴Montaigne도 같은 의견이었고 이 "불필요한 물건들"은 폐기될 것이라고 했다.44) 그러나 조비우스Paolo Jovius/Giovio는 〈페스카라의 생애Leben Pescaras〉에서 현명한 장군이라면 어떤 경우라도 대포 없이는 전투를 벌이지 않을 것이라고 했다.45) 아빌라Avila는 지방대공地方大公/Landgraf 필리프Philipp(역자 주: 별칭이 관용공寬容公 필리프Philipp dem Grossmütigen)와 그의 장교들이 슈말칼덴 전쟁Schmalkaldischen Kriege(역자 주: 종교개혁 당시 게르만 제국의 프로테스탄트 국가들이 카를 V세 황제와 싸운 전쟁. 헤쎈의 관용공寬容公 필리프Philipp dem Grossmütigen와 작센의 요한 프리드리히 I세는 카를 V세와 대항하기 위해 서기 1531년 독일 슈말칼덴에서 동맹을 결성했고 그 후 여러 게르만 국가들이 이 동맹에 가입했다)에서 대포의 사용법을 잘 알고 있었다고 칭송했다.46) 그들은 잉골스타트Ingolstadt 앞에서 9시간에 걸쳐 포탄 750발을 쏜 적이 있는데 이는 아주 무서운 포격砲擊으로 생각되었었다.

소화기小火器

앞서 알 수 있었듯이 독일에서 "로트뷔크센Lotbüchsen"이라 불리던 소화기小火器와 대포는 아주 초기부터 구분되었음이 분명하고 양자는 많은 차이가 있지만 발전

랑크푸르트, 서기 1620년, 도해圖解/Fol. 41-42(서기 1512년 라벤나Ravenna에서). 노바라Novara에서 스위스군은 프랑스군에게 탈취한 대포 포구砲口를 돌려놓고 사격한 것으로 보인다(프로이랑게스Freuranges, 《비망록Mémores》, 151쪽.
　베니스 대사大使 키리니Vincenzo Quirini는 서기 1507년 말 게르만군의 전투방진을 다음 같이 묘사했다.

　…보병들은 대포가 발사되는 것을 보면 바로 일제히 자동적으로 미늘창Hellebarde/Halberd(역자 주: 앞의 4쪽 참고)과 장창長槍을 머리 위로 서로 엇갈리게 쳐들었다가 동시에 아주 낮게 내려야 했고 이 때문에 밑을 향해 발사하지 않은 포탄은 그 위로 넘어가던지 아니면 그들의 미늘창이나 장창에 맞아떨어지면서 대형 속에 있는 보병들에게 큰 피해를 입히지 못했다. 따라서 게르만군은 이제 관행적으로 대포 수송 수레의 바퀴들을 아주 작고 낮게 만들었고 이 때문에 적은 대포를 지시 받은 대로 아래를 향해 쏘더라도 자신들이 피해를 입을 수 있었다. 게르만군의 대형에서는 돌격 직전에 미늘창 창병槍兵과 장창병長槍兵들이 일제히 미늘창과 장창을 날이나 촉이 그들의 어깨 위에 있지 않고 전방을 향하게 낮추었다.

　서기 1537년 드랑게이de Langey는 적의 대포에 대한 최선의 방어책은 이를 급습해서 두 번째 포탄을 쏘지 못하게 하거나 넓게 퍼져 접근함으로써 피해를 줄이는 것이라고 가르쳤다. 《트로이어 라트 Trewer Rath》에서는 (일부 훌륭한 소총수를 포함해서) 300명의 "달리는 병사"를 대포에 신속히 접근시키도록 권장하고 있다(도해圖解/Fol. III).

42) 조비우스Paolo Jovius/Giovio, 〈곤잘보의 생애Leben Gonsalvos von Cortova〉, 《당대인물전當代人物傳 Historiarum sui temporis》, libri I(베니스, 서기 1553년), 제I편, 30쪽.

43) 제II권, 17장. 만드로Mandrot 편編, 《코미네의 필리프 비망록Mémoires de Philippe de Commynes》도 참고할 것.

44) 《수상록隨想錄 Essais》, 제I편.

45) 《열 아홉 유명인有名人의 생애Le Vite dicenove huomini illustri》, 베니스, 서기 1581년, lib. III.

46) 아빌라Avila, 《슈말칼덴 전쟁의 역사Geschichte des Schmalkaldischen Krieges》, 베니스, 서기 1548년, 40쪽.

과정은 유사했다. 양자 모두 총신銃身 또는 포신砲身의 길이가 늘어났고 때로는 그 내부에 고리 모습으로 튀어나온 턱Wulst/bulge을 만들어 약실藥室과 총신 또는 포신을 분리시킴으로써 목제木製 밀봉재密封材/Pfropfen를 삽입했을 때 화약과 일정한 거리를 유지케 해서 화약이 충분히 연소해서 약실에 가스가 충만하게 했다.

중포重砲의 경우 불에 새빨갛게 달군 쇠갈고리를 점화구點火口에 삽입해서 화약을 점화했지만 소화기小火器의 경우는 화약을 채운 점화구에 화승火繩 즉, 도화선導火線을 대주었는데 점화구가 총신 윗면에 있어 점화구에서 치솟는 불길 때문에 조준에 방해가 되었다. 이 때문에 때로는 소총 1정을 2명이 함께 조작하면서 1명이 조준을 한 후 다른 1명에게 신호를 주면 신호를 받은 사람이 점화하는 경우도 있었다. 후일 이 점화구를 총신 옆으로 옮기고 그곳에 점화용 화약이 담긴 종지Pfanne/pan를 붙였었고 얼마 후 주둥이 부분에 도화선을 물려놓는 닭 머리 모양의 격침擊針 또는 공이치기Hahn/cock가 발명되어 소총수가 눈으로는 점화 종지를 보지 않고 조준만 하면서 손으로 이 격침을 밑으로 눌러서 점화할 수 있게 되었다.

손으로 밑으로 누르던 이 점화격침點火擊針/Luntenhahn/match hammer은 방아쇠Luntenschloss/matchlock로 발전했는데 용수철을 눌러놓았다가 손가락으로 슬쩍 퉁겨주면 용수철의 힘으로 점화가 되는 장치로서 쇠뇌弩에서는 옛날부터 사용되던 장치였다.

소총수들이 1회 발사에 필요한 적절량의 화약을 미리 측정해서 넣은 조그만 나무 용기容器들을 사전 준비해서 휴대하고 다니게 함으로써 화약 충전充塡 과정이 단순해졌다. 소총수들은 필요할 때 신속하게 사용할 수 있도록 약포藥包/Patrone=büchse/cartridge라고 할 수 있는 이런 용기 11개를 매단 띠를 어깨에 둘렀다. 소총수들은 그 외에도 탄환이 든 주머니와 점화용 화약이 든 마개 달린 깔때기 하나씩을 휴대했다. 점화약點火藥/Zündpulver 또는 도화약導火藥/Zündkraut으로는 발사용 화약보다 고품질의 화약이 사용되었다. 점화약 종지에는 뚜껑이 붙어있었다.

초기에는 소화기小火器가 아주 다양한 방식으로 조작되었다. 총신과 연결된 자루를 땅에 대기도 했었고 겨드랑이나 어깨나 가슴에 붙이기도 했었다. 때로는 소화기小火器를 몸에서 떼어 두 손으로만 편히 잡기도 했었다.

그러나 이런 방식들로는 탄환을 멀리 정확하게 보낼 수가 없었다. 사거리와 정확성을 개선하려고 총신銃身이 길어지자 반동反動이 커서 새로운 문제가 되었다. 반동을 흡수하기 위해 서기 1419년부터는 총구 가까이에 쇠갈고리를 달아놓기도 했었다.47) 그러나 쇠고리가 달린 무기는 매우 흔하게 쓰였지만 벽이나 들보와 같은 견고한 지지대가 필요했으므로 야전에는 거의 쓸 수가 없었고 소총 별로 개별적으로 쓰는 지지대가 제작되기도 했지만 너무 무거워 수송이나 위치변화가

---

47) 직슬Sixl, P., 《무기사지武器史誌 *Zeitschrift für historische Waffenkunde*》, 제2권, 167쪽.

어려워서 역시 야전에서는 사용할 수 없었다.48)

보다 정밀한 사격이 가능해 진 것은 가늠자와 가늠쇠의 발명 덕이었다. 서기 1430년부터는 도시에서 사격대회가 열렸다. 그러나 소총수들이 다소 흥분하게 되는 전투에서는 정밀사격이 특별히 중요시되지는 않았다. 후일 18세기로 가면 집중사격과 신속사격을 위해 정밀사격은 의도적으로 등한시된다.

활이나 쇠뇌弩보다 화기火器는 관통력도 크고 사거리도 길었다. 15세기 말 쇠뇌 사거리는 겨우 110~135보步였지만 사격대회에서 화기火器의 탄환은 230~250보步를 날아갔다.49) 당시 이미 발명되어 있었던 강선총신鋼線銃身은 사격대회 때는 보통 사용이 금지되었다. 여타 대회 규정들은 (일례로 갈고리로 지탱하고 쏘는 무기가 아니라) 손으로만 쏘는 무기에 적용되었을 것으로 볼 수밖에 없다.

그러나 가끔 화승총火繩銃/Hakenbüchse 탄환은 너무 약해서 기사騎士들의 중장갑重裝甲을 관통할 수가 없었다. 따라서 무게 4온스(현재 우리가 쓰는 후장식後裝式 탄환 Zündnadelsgeschoffes의 2배 무게)의 탄환을 쏘는 보병무기로 무스케테Muskete 소총이 있었는데 소총수는 이 소총을 손만 가지고 조작할 수 없었으므로 갈퀴Gabel/fork를 이용해서 지탱했다. 뒤벨라이Martin du Bellay는 이 무기가 서기 1523년 즉, 1522년의 비코카Bicocca 전투와 서기 1525년 파비아Pavia 전투 중간에 발명되었다고 했다.

무스케테 소총의 갈퀴는 아주 가벼워서 소총수들은 소총과 함께 가지고 다닐 수 있었고 한번 설치하면 총구를 어떤 방향으로든 돌릴 수 있었다. 화약을 장전하는 동안에는 이 갈퀴를 가죽끈으로 왼쪽 팔에 매달고 있었다.

무스케테 소총을 어깨에 부착할 수 있도록 개머리판Schäftung/stock이 개발되기까지는 점진적인 과정이 필요했다.

가벼운 화승총과 무거운 무스케테 소총은 16세기 전반에 걸쳐 함께 쓰였다(뒤의 부기附記 참고).

---

48) "하르켄뷔크세Hakenbüchse"(역자 주: 직역하면 "갈고리총"이며 통상 "화승총火繩銃"으로 번역 됨)란 이름은 이 갈고리에서 연유된 이름이며 오랫동안 쓰였다. 프랑스에서는 이를 "하크부테haquebutte"라고 했다. "하르켄뷔크세" 또는 "하크부테"는 발음이 비슷한 "아르케부세arkebuse"(역자 주: 화승총의 라틴 이름. 영어의 하르크부스harquebus의 어원)의 영향을 받은 것일 수 있다. 그러나 옌스Jähns는 "하르켄뷔크세 Hakenbüchse"라는 이름은 도화선을 물려놓던 갈고리에서 유래된 것으로 보며 이런 해석이 사실 상식화 되어 있다. 그러나 이런 "갈고리Haken/hook"의 발명은 소화기小火器 발전과정에서 '반동 억제용 갈고리 Rückstoss haken/recoil hook'보다 훨씬 더 중요한 단계였다. 반동 억제용 갈고리는 물론 준비된 방어진지에서나 고정표적 사격 시에만 사용될 수 있었다. 갈퀴Gabel/fork는 반동을 억제해 줄 수 없었고 '삼족三足 받침dreibeiniger Vock/three-legged stand' 역시 마찬가지였을 것이다.

49) 직슬Sixl, P., 《무기사지武器史誌 Zeitschrift für historische Waffenkunde》, 제2권, 334쪽, 407쪽 및 409쪽. 그 근거는 서기 1472년(쮜리히Zürich), 서기 1474년(비르츠부르크Würzburg), 서기 1487년(아이크스테트Eichstädt) 등의 사격기록이다. 특히 이와 모순되는 것은 서기 1525년 파비아Pavia 전투 때는 양측 참호선塹壕線간의 거리가 겨우 40보步에 불과했고 능보稜堡들이 너무 가까이 있어서 소총수들이 서로 마주 보고 소총을 쏠 수 있었다는 귀치아르디니Guicciardini의 말이다. 사격대회 때의 큰 사거리 기록들이 너무 많이 보이므로 우리는 이런 기록들을 의심할 수 없지만 그들이 왜 그 당시의 소화기小火器들을 가지고 그런 거리의 고정 표적들을 쏘려고 했었는지 여전히 이해하기 힘들다.

총신銃身이 굴대 위에서 단조鍛造 과정으로 제작될 때는 완성품의 품질이 너무 조잡해서 화약 가스의 효율성이나 조준의 정확성이 떨어졌었다. 세밀한 천공穿孔 작업으로 총신 내부를 완전히 매끄럽게 만들려는 노력이 있었다.

총신이 2개인 소총이나 현재의 미라라예mitrailleuse 총이나 기관총과 유사한 회전식 기관화기機關火器도 발명되었다. 쇠뇌 화살을 쏘아보려는 시도도 있었다.

소총의 명중률이 매우 낮았기 때문에 휘둘러서 적을 때리는 타격무기Schiesswafe로 쓸 생각도 하게 되었다. 사격도 할 수 있는 전투용 곤봉Schlagwaffe도 제작되었고 이들 중에는 총신이 여럿 있는 것도 있었다.50)

그러나 이런 발명품과 제작품들은 실험이나 호기심 정도의 가치밖에 없었다. 기본적 형태의 소화기小火器가 완성된 것은 상당히 흐른 뒤였다.

서기 1431년 뉘른베르크Nürnberg 종교회의 당시 이미 후시테Hussiten/Hussite군을 상대로 하는 전역戰役에 화승총 소총수와 쇠뇌수弩手의 비율을 같게 한다는 선언이 있었고 이와 유사한 지시들이 수시로 있었다. 대담한 샤를르의 군대에서는 궁수, 쇠뇌수, 소총수들이 함께 복무했다. 그러나 서기 1507년에 막시밀리안Maximilian 황제는 쇠뇌수들을 참전시키지 않았다.

이때는 최초의 화기火器가 발명된 이후 200년이 흘렀을 때였다. 총신은 길어졌고 두터운 가죽을 끝에 붙인 개머리판이 발명되었고 마개가 있는 점화용 종지, 방아쇠, 갈퀴, 약포藥包, 총신의 천공법穿孔法 등도 발명되었다. 그러나 여기서 잠시 이렇게 크게 개선된 화승총의 조작에 대한 근대 전문가의 다음과 같은 묘사를 들어보기로 하자.51)

방아쇠 있는 화승총의 조작은 느리고 복잡하고 매우 위험했다. 가장 먼저 하는 일은 (여타의 도화선이나 캠프파이어가 없을 경우) 돌이나 금속이나 점화기나 유황으로 불을 붙이는 일이었다. 그런 다음 불기 때문에 도화선의 불이 꺼지지 않도록 보호하고 또 도화선의 불꽃이 자신의 몸이나 옷이나 화약으로 옮겨 붙지 않도록 주의해야 했다. 그 다음에는 조그만 약포藥包와 탄환 주머니에서 화약과 탄환을 꺼내 총에 장전裝塡해야 했다. 마지막으로 점화 종지에 화약을 흔들어 부어야 했고 화약을 다 부었으면 종지의 뚜껑을 닫고 발사장치 주변에 흘린 화약을 완전히 불어버려서 예기치 않은 점화를 피해야 했다. 화약과 탄환을 장전한 후 바로 발사하지 않을 때는 점화약點火藥/Zündkraut이 오염되지 않게 소기름덩이로 점화종지를 막아놓아야 했는데 좀 더러운 일이었다. 그런 다음에 격침擊針 주둥이에 도화선을 끼워야 했다. 이

---

50) 포러R. Forrer, 《무기사지武器史誌 *Zeitschrift für historische Waffenkunde*》, 제4권, 55쪽.

51) 《무기사지武器史誌 *Zeitschrift für historische Waffenkunde*》, 제1권, 316쪽.

때 도화선이 너무 밖으로 늘어져서 점화종지를 건드리면 안 되었고, 너무 깊이 끼워서 불꽃이 꺼져도 안 되었다. 너무 꼭 끼어도 안 되었는데 이는 물론 짧은 연소 시간 내에 더 빼내야 할 경우도 있기 때문이었다. 그렇다고 너무 느슨해도 안 되었는데 너무 느슨하면 미끄러져서 빠져버릴 수 있기 때문이었다. 이런 모든 과정에서 잠시도 방심하면 안 되는 일은 이때 분출되는 두 발화점發火點 또는 불꽃 중 하나가 열려있는 화약 용기나 자신의 옷에 가까워지지 않도록 하는 일이었다. 특히 가련한 용기병龍騎兵/Dragoner(역자 주: 기마소총병騎馬小銃兵. 뒤의 127쪽 참고)들은 말 위에서 한편으로는 말을 통제하면서 한편으로는 이런 복잡한 절차를 모두 밟아야 했다.

마키아벨리Machiavelli의 《병법Kriegskunst》에서는 화승총과 야포野砲를 별로 효과가 없는 무기로 취급하면서 화승총은 예를 들어 통로를 점령한 농민들을 겁을 주기 위한 무기로나 쓸 수 있다고 주장하는 구절들이 있는가 하면 화승총과 야포野砲의 위험성을 언급한 구절이 매우 많은 것은 놀랄만한 일이 아니다.

서기 1559년의 어느 프랑스 글에서는 다시 쇠뇌를 쓸 것을 권장하면서 이 무기는 기병대와 싸울 때나 비가 올 때나 기습공격 때에 유리하다고 했다.52)

특히 활을 지지하는 사람들은 오랫동안 계속 있었다. 서기 1590년에 잉글랜드에서는 활과 화승총 중 어느 것이 더 유리한지 논쟁이 있었다. 스미테John Smythe 경卿은 활을 선호하면서 활은 더 빨리 정확히 쏠 수 있고 궁수들은 부족하거나 젖은 화약 또는 신뢰성 없는 도화선 때문에 고생하는 일도 없다고 주장했으며 더욱이 활은 여러 횡렬橫列에서 사용할 수 있고 적의 말을 놀라게 할 수도 있다 했다. 이에 대해 바위크Barwick는 화약이 젖는 것 못지않게 활시위가 젖는 것도 해롭다고 답하면서 활은 화승총보다 조준이 어려워서 좋은 궁수가 드물고 배가 고픈 궁수는 바로 활을 쏠 수 없게 되며 활은 너무 빨리 쏘기 쉽고 그렇게 되면 궁수가 힘을 반쯤밖에는 못 쓰게 되며 말이 화살에 놀라는 것보다 사람이 총알에 더 놀란다고 했다. 이에 대해 다시 스미테는 무스케테Muskete 소총은 1시간에 10발만 쏘면 표적을 맞출 수 없게 된다고 답했다.53)

서기 1547년 잉글랜드군은 핀킨 클로이그Pinkin Cleugh에서 활로 스코틀랜드군을 제압했다. 서기 1616년 베니스Venedig/Venice와 오스트리아 간의 전투에도 궁수들이 있었다. 서기 1627년 잉글랜드군은 라로쉘리La Rochelle 전투 때 활과 화살을 가지고

---

52) 《프랑스 군대의 군사훈련 제도Institution de la discipline militaire au Royaume de France》, 리옹Lyon, 서기 1559년, 제I편, 제X장, 46쪽. 조비우스Paolo Giovio/Jovius에 의하면 프랑스 샤를르Charles V세는 서기 1541년 알기에 Algiers에서 비 때문에 도화선의 불꽃이 꺼지는 바람에 큰 피해를 입었다고 했다. 이와 비슷한 기록이 비에 유비유Vielleville 원수元帥의 《비망록Mémoires》, 제III편, 제XXII장에도 보인다.
53) 롱맨Charles Longman, 《배드민튼 지방의 궁술弓術Badminton Archery Book》, 런던, 서기 1894년.

갔었다. 서기 1730년 밀베르크Mülberg 숙영지에서 작센Sachsen/Saxony 후사르husar 즉, 경기병輕騎兵들의 무장은 활과 화살이었다. 한 일기日記에 의하면 7년 전쟁 기간 중(역자 주: 서기 1756년~1763년) 러시아군의 칼뮈크Kalmück족(역자 주: 원래 중국 신강新疆 자치구 천산북로天山北路 지방에 거주하던 유목민족으로 예부터 러시아 카스피해 북서안에도 일부 진출해 있었다) 대열에 대해 "그들은 활과 화살로 무장하고 믿을 수 없을 정도로 멀리 정확히 쏘았지만 비바람이 불 때는 그리 두려울 정도는 아니었다"라고 했다. 퍼모Fermor 장군은 나중에 "대부분의 칼뮈크족"을 고향으로 돌려보냈는데 이는 그들이 군기軍紀에 복종하지 않으려 하고 코사크Kosack/Cossack족이나 마찬가지로 화기火器를 두려워했기 때문이라고 한다.54) 서기 1807년과 1813년에도 러시아군에는 활과 화살로 무장한 칼무크족, 바쉬키어Baschkier/Baschkir족, 퉁구스Tungus족이 있었다. 프랑스 마르보Marbot 장군의 《비밍록Mémoires》에서는 사신이 라이프찌히 전부 당시에 화살에 맞아 부상을 입었다고 했다. 그의 말에 의하면 적의 기마궁수騎馬弓手들은 숫자가 대단히 많았고 끊임없이 프랑스군 주위를 벌떼 같이 몰려다니면서 하늘을 화살로 가릴 정도로 쏘아댔지만 자신이 알기로는 화살에 맞아 죽은 자는 단 1명이었고 화살에 맞아 부상을 입은 경우에도 대개 부상이 경미했다고 했다. 그가 이렇게 활의 위력을 과소 평가한 것은 그가 이들 원시적 전사戰士들의 숫자를 크게 과장했고 그들은 프랑스군 화기火器를 상대하느라 자연히 상당한 거리를 유지하고 있었을 것이라는 사실은 고려하지 않더라도 중세의 기록들과는 양립할 수 없는 평가이다.55)

서기 1495년의 프랑스군,56) 서기 1499년의 스위스군57) 그리고 서기 1526년의 프룬트스베르크Georg Frundsberg의 게르만 토병土兵/Landsknecht/lansquenet(역자 주: 16~17세기 독일의 보병용병步兵傭兵. 앞의 7쪽 참고)들이 적을 추격하며 궁수들을 후위대로 편성해 그들의 후방을 보호한 것을 보면58) 그보다 앞 시대에도 궁수나 쇠뇌수弩手들이 유사한 상황에서는 그렇게 활용되었을 것이 분명하다.

---

54) 티엘케Tielcke, 《서기 1756년~1763년 사이의 병법兵法 및 전쟁사 논집論集 *Beyträge zur Kriegskunst und Geschichte des Krieges von 1756 bis 1763*》, 제Ⅱ편, 22쪽.

55) 우리는 오늘날 몽고 궁수들의 놀랄만한 정확한 활 솜씨를 빈더von Binder의 보고(《주간군사週刊軍事 *Militär-Wochenblatt*》, 제8권, 서기 1905년, 173쪽)를 보면 알 수 있다. 중세의 활의 위력에 대해서는 오만Oman의 《병법사兵法史/*History of the Art of War*》, 559쪽에 인용되어 있는 기랄두스Giraldus Cambrensis의 기록(역자 주: 〈아일랜드 정복*Expugnatio Hibernica*〉)을 참고할 것. 기랄두스에 의하면 서기 1188년의 어느 포위 작전에서 웨일즈 궁수들은 두께 4인치의 문짝을 사이에 두고 화살을 쏘았는데 호기심 때문에 문짝에 박힌 채 남겨놓았던 화살을 자신이 직접 보았고 그 철제 촉이 문짝을 뚫고 속에까지 들어와 있었다고 주장한다. 그의 말에 의하면 화살은 기사騎士들의 쇠미늘 갑옷이나 쇠미늘 반바지도 관통했고 말안장의 나무 부위를 뚫고 말 옆가슴을 깊이 파고들었다고 한다.

56) 만드로Mandrot 편編, 《코미네의 필리프 비망록*Mémoires de Philippe de Commynes*》, 제Ⅱ편, 296쪽.

57) 에셔Hermann Escher, 《쮜리히 병기학회兵器學會 서기 1906년 신년보新年報 *Neujahrsblatt der Züricher Feuerwerker-Gesellschaft auf das jahr 1906*》, 23쪽.

58) 랑케Leopold Ranke, 《전집全集 *Werke*》, 제2권, 269쪽.

개활지 전투 때의 대포는 완전한 신무기였지만 소화기小火器나 포위전투 때의 대포는 처음에는 유사 효과를 지닌 여타 무기를 보충하기 위해서만 사용된 무기였고 아주 점진적 과정을 통해 옛 무기를 완전히 대체했다. 따라서 소화기小火器의 전술적 이용은 처음에는 여타 투사무기投射武器의 경우와 다르지 않았다.

여기서 다시 한번 강조하자면, 중세 전투체계를 마감하고 무기분야에 새로운 기원을 도입한 그랑손Granson 전투, 무르텐Murten 전투 및 낭시Nancy 전투(역자 주: 이 세 전투에 관해서는 이 책 제III편, 589쪽 이하 참고)에서는 기사騎士들 편에서 이런 신무기들을 활용했었다. 따라서 이 세 전투에서 보병들이 기사騎士들을 이길 수 있었던 것은 화기火器 때문이 아니었으며 오히려 그와는 반대로 기사騎士들이 이 신기술을 사용하는 방법을 이해하고 활용했었음에도 불구하고 패배했다.

소화기小火器가 큰 영향을 미쳤음을 알 수 있는 최초의 비교적 큰 전투는 서기 1503년에 저지低地 이태리에서 프랑스군과 스페인군이 싸운 전투였다. 이는 좋은 원사료原史料들을 가지고 있었을 것이 분명한 조비우스Paolo Giovio/Jovius가 코르토바Cordova의 곤잘보Gonsalvo/Gonzalo의 일대기一代記59)에서 한 말이다. 프랑스군 장군인 네무Nemours의 영주領主는 곤잘보를 그의 요새화 된 거점據點인 바레타Barletta에서 유인해 내려고 했었지만 곤잘보는 요새로 물러나 있다가 프랑스군이 철수하자 자신의 경기병輕騎兵들에게 화승총으로 무장한 두 부대를 배속시켜 프랑스군을 추격했다. 소총수들은 양 측면에서 경기병들을 따라갔다. 이때 프랑스 무장인원Hommes d'armes(역자 주: 기사騎士)들이 돌아서서 스페인 경기병들에게 돌진해 오자 이들은 도주를 위장해서 프랑스 무장인원들을 두 소총수 부대 사이로 끌어들였고 소총수들은 맹렬한 사격을 가했다. 이때 프랑스 무장인원들이 스페인 소총수들을 공격할 수 있었겠지만 결국 그렇게 하지 못했는데 병력이 보강된 스페인 경기병들이 다시 공격으로 돌아섰기 때문이다. 결국 프랑스군은 도주하며 큰 피해를 입었다.

그 직후(서기 1503년 8월 28일) 세리뇰라Cerignola에서 전투가 벌어졌다. 이 전투에서는 야전요새에 배치된 소화기小火器들이 전투의 성격을 결정했고 그 영향은 전투가 거듭될수록 점차 증대되었다.

권총拳銃

14세기 후반에는 이미 말을 탄 사람을 위한 소총이 제작되었고60) 15세기 말에 비텔리Camillo Vitelli는 기마총병騎馬銃兵 부대들을 편성했지만61) 이들은 오래가지 않았

---

59) 〈위대한 곤잘보의 생애De vita magni Consalvi〉(Opere, 1578), 제II편, 269쪽.

60) 이에 관해서는 포러R. Forrer의 매우 치밀한 연구(《무기사지武器史誌 Zeitschrift für historische Waffenkunde》, 제4권, 57쪽)를 참고할 것.

고 서기 1535년에 게르만 제국의 카를Karl/Charles Ⅴ세 황제는 자신이 지휘했던 튜니지아Tunis/Tunisia 전역을 조비우스Paolo Giovio/Jovius에게 설명하면서 자신의 군대에 또다시 기마쇠뇌수騎馬弩手를 포함시킬 생각이었다는 말을 했다. 따라서 그 당시 이 황제는 아직 충분한 기마총병騎馬銃兵들을 보유하지 못했던 것으로 보인다. 조비우스의 기록에 의하면 몇 해 후에는 게르만 제국 기병들은 굴레방아쇠 권총 Radschlosspistole/wheel-lock pistol(역자 주: 방아쇠를 당기면 방아쇠틀 내부에 있는 조그만 강철 굴레가 회전하면서 불꽃을 만들고 이 불꽃으로 화약을 폭발시켜 발사하는 방식의 초기 권총)으로 무장했었다. 서기 1543년에 스툴바이쎈부르크Stuhlweissenburg 시市가 술탄sultan(역자 주: 서구西歐의 왕에 해당하는 투르크 통치자) 술래이만Suleiman에게 항복하지 않을 수 없게 되었지만 수비대 병력은 각자 자신의 재물을 갖고 철수해도 좋다고 허락되었다. 투르크Türk/Turk족은 이 항복조건을 단 한가지 예외를 빼고 엄격히 준수했다. 그들은 철수병력에게서 굴레방아쇠 권총들을 빼앗았는데 이 권총의 멋진 모습이 호기심과 욕심을 유발했기 때문이었다. 이듬해인 서기 1544년 케레솔레Ceresole 전투에서는 말에서 내린 토병土兵/Landsknecht/lansquenet(역자 주: 16~17세기 독일의 보병용병步兵傭兵. 앞의 7쪽 참고)들이 이런 권총을 사용했다.62) 게르만 제국 카를Karl/Charles Ⅴ세 황제의 《비망록Mémoires》에는 게르만 기병의 "권총pistolets" 또는 "작은 화승총petites arquebuses"이 어떻게 샬롱Châlons 전투에서 프랑스군에게 피해를 입혔는지 설명하고 있다.63) 스페인 역사가 아빌라 Avila는 슈말칼덴 전쟁Schmalkaldischen Kriege에서 또 이런 무기가 사용되었다고 했는데 그는 "두 뼘 길이의 화승총" 또는 "작은 화승총"이란 표현을 썼다. 이를 보면 당시 "피스톨"이란 이름이 아직 쓰이지 않았음을 알 수 있다.64)

서기 1547년 프랑스에서는 옛 기마궁수騎馬弓手들이 이제는 "이 흉악한 피스톨이 발명되기 전" 휴대했던 활이 아니라 피스톨로 무장했다는 기록이 있다.65)

기병이 권총을 쓸 수 있게 만들어 준 굴레방아쇠Radschloss/wheel-lock는 감긴 스프링에 의해 회전하는 굴레에 붙은 날카로운 이빨이 유황석硫黃石과 마찰하며 불꽃을 일으키고 이 불꽃이 점화용 약실藥室의 화약을 점화시키는 원리를 활용한 것이다. 그

---

61) 조비우스Paolo Giovio/Jovius, 《군인정신이 투철한 인간들의 금언金言 Elogia virorum bellica virtute illustrium》, 제Ⅲ편.

62) 뒤벨라이Martin du Bellay의 《비망록Mémoires》(서기 1753년 편編), 제Ⅴ장, 296쪽.

63) 같은 책, 제Ⅹ권, 제Ⅵ장, 35쪽.

64) "피스톨Pistole/pistol"이란 이름은 슬라브어(보헤미아어)의 "피스탈라pistala"(관管 또는 화관火管)에서 유래된 이름이다. 서기 1483년 브레슬라우Breslau 시市의 한 무기대장武器臺帳에는 "피스데알레pisdealle" 235개가 등재되어 있다. 235개라는 숫자를 보면 이는 소화기小火器 숫자임을 알 수 있는데 어떤 종류 무기였는지는 알 수 없다. 《화기火器에 관한 사료. 옛 그림, 축소모형, 조각 및 동판화銅版畵의 원본原本 모해도사模寫圖解와 옛 무기 모델의 사진 정본正本Quellen zur Geschichte der Feuerwaffen. Faksimilierte Nachbildung alter Originalzeichnungen, Miniaturen, Holzschnitte und Kupferstiche nebst Aufnahmen alter Originalwaffen und Modelle》(독일국립박물관 발행, 라이프찌히, 서기 1877년), 46쪽 및 112쪽. 이 무기의 이름은 "피스토야Pistoja"(역자 주: 이태리의 지명地名)와는 무관하다.

65) 수잔Susane, 《프랑스 기병대 역사Histoire de la cavallerie français》, 제Ⅰ편, 48쪽.

러나 이런 형태의 방아쇠는 실제로 사용하기에는 단점이 너무 커서 보병들은 도화선을 여전히 선호했었다.66)

이제 마지막으로 소개하고 싶은 것은 "그대들은 기름에 담가 으깨거나, 깎아내거나 4등분한 철 탄환이나 주석 탄환을 발사하는 병사에게 자비를 베풀면 안 된다. 총신銃身에 강선鋼線이 있는 총이나 프랑스의 무스케테Musket 소총으로 무장한 자들은 자비심이라고는 전혀 없는 자들이다. 그러므로 그대들은 철이나 강철로 만들어졌거나 사각형인 탄환을 쏘거나 날이 톱날 같은 생긴 칼을 가지고 있는 자들은 반드시 때려죽여야 한다"고 한 쮜리히Zürich군 중대장Hauptmann 라바터Lavater의 말이다(《전쟁소론戰爭小論 Kriegsbüchlein》, 1644년, 65쪽).

---

66) 《화기火器에 관한 사료. 옛 그림, 축소모형, 조각 및 동판화銅版畵의 원본原本 모해도사模寫圖解와 옛 무기 모델의 사진 정본正本》, 118쪽에 의하면 피스톨의 도해圖解가 서기 1531년에 이미 등장한다면서 또 다른 피스톨인 굴레방아쇠 피스톨은 "그 부속품과 형태"를 볼 때 1520년대 "쯤" 등장했다고 한다.

부 기附記

무스케테Muskete 소총

우리가 화승총과 무스케테 소총의 중요한 차이점으로 이해해야만 하는 것을 말로 옮기기는 쉽지가 않다. 따라서 우리가 앞서 본문에서 말한 것들은 의문의 대상이 될 수 있다. 이에 관해서는 호봄Martin Hobohm의 《베를린 무기 박물관 안내 *Führer druch das Berliner Zeughaus*》, 83쪽을 참고할 것. 서기 1321년에 벌써 사누토Marino Sanuto 는 쇠뇌 화살을 무스케테muschette라고 불렀었다(옌스Max Jähns, 《독일 군사학사軍事學史 *Geschichte der Krigswissenschaften vornehmlich in Deutschland*》, 637쪽; 슈나이더Rudolf Schneider, 《중세의 대포 *Die Artillerie des Mittelalters*》, 48쪽). 독일에는 서기 1587년까지도 "무스케테"라는 이름이 보이지 않는다.67) 갈퀴 화승총Gabelarkebuse/Fork harquebus은 서기 1504년 봄 보르두Bordeux 에서 주조鑄造된 것으로 추정된다. 서기 1499년에도 이에 관한 언급이 없었다.

뒤벨라이Martin du Bellay의 《비망록*Mémoires*》(서기 1586년, 파리 편編), 제Ⅱ권, 43쪽에 는 게르만 제국 군대의 파르마Parma 포위를 설명하면서 "갈퀴 위에서 쏘는 화승총 이 발명된 시간 이후로" 놀라운 접전接戰이 벌어졌다는 구절이 있다. 조비우스Paolo Jovius/Giovio는 〈페스카라의 생애*Leben Pescaras*〉에서 게르만 제국의 퀴라씨에Kürassiere/ cuirassier(역자 주: 중세에는 기사騎士를 란쩨-퀴라씨에Lanze=Kürassiere/lancer-cuirassier 즉, 중갑창기병重甲槍騎兵이라 했으나 여기서는 기마총병騎馬銃兵을 말한다. 뒤의 126쪽 참고)들이 파비아Pavia 전투에서 프랑스 군에게 심한 압박을 받고 있을 때의 상황을 다음과 같이 기록했다.68)

페스카라가 스페인 스클로페타리*sclopettarii* 800명을 증원병력으로 보냈으나 이 들은 갑자기 양 측면과 후방을 포위당했고 수많은 인마人馬가 그들을 공격하 며 총탄 세례를 퍼부었다. …가벼운 갑옷을 입었고 원래 기동력이 높았던 스페인 병사들은 재빨리 후퇴하며 적 기병대의 공격을 갈 지(之) 자字 모습 으로 달리면서 피했다. 용기를 낸 스페인 병사들은 분명한 전투선戰鬪線을 형 성하지 않고 개별부대 단위로 들판 전체로 산개散開했다. 이는 그들의 오랜 경험 때문이기도 했지만 특히 페스카라의 새 명령에 따른 것이었다. 이런 형태의 전투 자체는 이상하고 비정상적인 것이었고 특히 미개하고 한심한 것이었다. 스클로페타리*sclopettarii*들은 이 이상한 행동으로 장점도 취할 수 있겠 지만 기병대로서 늘 발휘했던 용맹성은 모두 사라진 것이기 때문이다. 칼을 쓰던 병사들에게도 그들이 가장 강력한 병사들인 경우라도 이런 전투방식은 오랫동안 유리한 점이 없었다. 이렇게 흩어져 소규모 집단별로 모일 경우 가장 유명한 지휘관이나 기사騎士들이라도 비천한 평민 보병들에게 꼼짝 못 하고 학살당해서 이곳저곳에 쓰러지는 일이 아주 흔했었다. …(그러나) 이

---

67) 같은 책, 123쪽.
68) 《열 아홉 유명인有名人의 생애*Le Vite dicenove huomini illustri*》, Tomb Ⅰ, in opera Tomb Ⅱ, 403쪽 및 405쪽.

전투는 모든 병사들 중에서 프랑스 기병대 인원들에게 특히 가혹하고 감당하기가 힘들었다. 그들을 둘러싸고 사방에서 치열한 사격을 가할 준비가 되어 있는 스페인 병사들이 그들에게 납 탄환을 퍼부었기 때문이다. 이 탄환은 (얼마 전까지와 같이) 가벼운 스클로페티sclopetti로 쏜 것이 아니라 화승총arquebuse이라고 하는 무거운 스클로페티로 쏜 것이었고 갑옷을 입은 기병만 관통한 것이 아니라 때로는 2명의 병사와 2필匹의 말을 관통할 때도 있었다. 그 결과 들판에는 불쌍한 귀족 기사騎士들의 학살당한 시체와 죽어 가는 말의 궁둥이들로 뒤덮였다. 이 인마人馬의 시체들은 밀집대형에서 빠져나가려는 기병들의 길을 막았고 영광을 버리고 목숨을 부지하려고 도주하려고 애쓰는 자들에게는 마치 무너져 내린 둑 같이 이곳저곳에서 도주로를 차단했다.

(원문)

Piscarius…hispanos sclopettarios circiter octingentos subsidio mittit, qui repente circumfusi a tergo et a lateribus edita terribili pilarum procella, ingentem equorum atque hominum numerum prosternunt…Hispani natura agiles, et levibus protectis armis, retro sese celeriter explicant, equorumque impetum tortuosis discuribus eludunt: auctique numero, uti erant cum longo usu, tum novis Piscarit praeceptis edocti, manipulatim toto campo sine ordine diffunduntur. Erat id pugnae genus per se novum et inuisitatum, sed in primis saevum et miserabile, quod magna rerum iniquitate praeoccupantis sclopettariis, praeclarae virtuis usus in equite pentius interiret: nec ullae vel fortissimae dextraediu proficerent, quin conferti a raris et paucis, plures et clarissimi saepe duces et equites inulta caede passim ab ignobili et gregario pedite sternerentur…Erat pugna omnium maxime funesta, et magnopere iniqua Gallis equitibus: nam a circumfusis et expeditis Hispanis in omnen partem ad lethales ictus pilae plumbeae spargebantur: quae non jam tenuioribus (uti paulo ante erat solitum) sed gravioribus sclopettis quos vocant arcabusios, emissae, non cataphractorum modo, sed duos saepe milites et binos equos transverberabant: sic ut miserabli nobilium equitum strage, et morientium equorum cumulis constrati campi, et alarum virtuti simul officerent, si densato ordine irrumpere conarentur, et passim veluti objectis aggeribus, si cui decore vita potior foret, minime expeditum ad fugam iter paeberent.

스페인군의 델구아스토del Guasto 장군은 파비아Pavia 전투에서 소총수들로 승리한 것을 아직 못 잊고 있던 서기 1544년 케레솔레Ceresole 전투에서 프랑스군에게 패했다. 조비우스Paolo Jovius/Giovio는 델구아스토가 케레솔레 전투에 대해 자신에게 말하면서 파비아 전투 이후 프랑스 기사騎士들이 더 이상 두렵지 않다고 믿고 있었다고 말하는 것을 들었다고 했다(《당대인물전當代人物傳 *Historiarum sui temporis*》, 제44권).

서기 1542년 부다페스트 전투에서 이태리 기마騎馬 병력과 보병이 야니샤르Janitscharen/janissaries(역자 주: 사라센의 정예 보병궁수. 이 책 제III편, 462~466쪽 참고)들에게 패했을 때의 일에 대해 조비우스는 "지극히 민첩하고 겉옷 자락을 몸 양쪽에 올려붙인 야니샤르들은 길다란 스클로페티를 지극히 기술적으로 사용했다*Janizeri summa agilitate suspensa ad utrunque latus anteriore tunica, peritissime longioribus sclopettis utebantur*"라고 했다.

제Ⅲ장
장창長槍 부대의 전술

스위스인들은 방어에서는 기사騎士들의 공격에 버티고 수비에서는 기사騎士와 궁수弓手들을 부딪쳐 제압하기 위해서 근접전 무기로 무장한 큰 보병방진步兵方陣을 편성했었다. 다른 민족들에게도 이런 보병부대가 전파되자 이제 보병부대에게는 적의 기병과 궁수들뿐만 아니라 자신과 같은 보병부대들과도 싸워야 할 새로운 과제가 생겼다. 사실 이런 종류의 전투는 이제 새로운 형태일 뿐만 아니라 주된 형태가 되었다. 이제 밀집대형의 보병부대는 옛 병종兵種에 비해 분명히 우세했기 때문에 주병종主兵種이 되었고 다른 병종들의 중요성은 줄어들었다. 보병부대의 성패成敗에 따라 전투의 성패도 결정되었다. 마키아벨리Machiavelli는 고전시대 연구를 통해 근접전 무기로 무장한 보병이 군대의 핵이었음을 알고 고대병법古代兵法의 부활을 장려하고 또한 예상했다.

그러나 새로운 보병부대의 대형은 고대 부대의 대형과 크게 달랐다. 고대에는 보통 창槍으로 무장하거나 또는 짧은 투창投槍과 칼로 무장한 넓은 정면의 팔랑스 Phalanx(역자 주: 팔랑스에 관한 설명은 이 책 제Ⅰ편, 제Ⅰ권, 제Ⅱ장 참고)가 있었다. 그러나 새로운 보병부대의 대형은 장창長槍으로 무장한 몇 개의—통상 3개의—종심縱深 깊은 방진方陣이었다. 이 대형은 사리싸Sarissen/sarissa 장창으로 무장한 후기後期 마케도니아 팔랑스와 좀 더 비슷했지만 넓은 정면의 단일 팔랑스가 아니라 3개의 방진이었다는 점에서 기본적인 차이가 있었다. 이 점에 대해서는 뒤에 다시 검토하겠다.

새로운 보병부대는 상대방의 보병부대를 상대해야 할 임무 때문에 방진들의 편성과 무장에 분명한 변화가 생겼다. 필자는 앞의 제Ⅲ편에서 스위스 군사체계를 설명하면서 비록 모가르텐Morgarten 전투나 셈파크Sempach 전투(역자 주: 이 책 제Ⅲ편, 제Ⅴ권, 제Ⅱ장 및 제Ⅳ장 참고)에서는 아직 사용되지 않았을지는 몰라도 기사騎士들과 싸우기에 매우 적합했던 약 5m 길이의 장창이 15세기에는 보편적으로 채택되었다는 견해를 확고히 유지했었다. 조비우스Paolo Giovio/Jovius의 글에는 프랑스 샤를르 Charles Ⅷ세 휘하 병력으로 서기 1494년 이태리에 나타났던 스위스인들은 10ft 길이의 창을 휴대했음을 강조한 구절이 두 곳이 있다. 한편, 호봄Hobohm은 스위스인들은 과거에 장창을 쓴 일이 없고 길이가 3m에서 5m로 늘어난 진정한 장창은 보병부대들 사이의 전투로 인해 비로소 등장한 것이라는 견해를 보이고 있다. 초기의 스위스연합 군대는 길이 3m 창을 가지고 기사騎士들을 충분히 막아냈었고 그 후에 벌어지는 개인전에서는 이런 창이 매우 긴 장창長槍보다는 이루 말할 수 없이 유용했었다. 그럼에도 불구하고 창 길이를 늘인 것이 특히 게르만 토병土兵/Landsknecht/lansquenet(역자 주: 16~17세기 독일의 보병용병步兵傭兵)의 전투기술이었다. 그들에게는 긴 창이 스위스 병력과 싸울 때 적을 선제 타격 할 수 있는 더 클 수 없는 장점이 있었다. 결국 스위스군도 이를 따라가지 않을 수 없었다. 도해圖解가 첨부된 옛 수고手稿들을 보면 스위스 보병들과 토병土兵들은 창을 사용하는 방법이 약간 달랐음을 보여주는 증거가 있다.

필자는 물론 이를 완전히 분명한 사실로는 인정할 생각이 없지만 만약 그런 발전이 있었다면 그 과정은 마케도니아 사리싸Sarissen/sarissa 장창의 역사와 비슷할 것이다. 사리싸 장창이 처음부터 길이가 21ft라는 기록은 없고 마지막 단계에 가서야 그런 기록이 보인다.

그러나 창의 길이는 그리 중요한 문제는 아니다. 긴 창으로는 적을 먼저 타격할 수 있는 장점이 있지만 짧은 창은 그에 못지않게 다루기가 편하다는 장점이 있기 때문이다. 보병을 양성할 때 처음부터 전사戰士들의 민첩성을 강조한 스페인에서는 겨우 14ft의 창을 유지했고 프랑스와 이태리도 마찬가지였다.

최근 호봄Hobohm은 장창의 발전과정을 다음과 같이 이해하고 있다.

가장 먼저 기사騎士들이 보병 창병檐兵들을 타격하기 위해 창의 길이를 늘였으며 15세기에 평판平板 갑옷Plattenharnish 덕분에 비로소 그렇게 할 수 있었다. 평판 갑옷에는 창끝을 앞으로 겨눌 때 이용할 수 있는 갈고리가 있었기 때문이며 이런 갈고리가 없었다면 창끝을 앞으로 겨눌 수 없었을 것이다.

그러자 토병土兵들도 창의 길이를 늘이는 실험을 하게 되었다.

그러나 이런 실험 단계는 여전히 10ft 길이 창으로 무장한 스위스 보병들이 프랑스 샤를르 VIII세를 따라 서기 1494년에 이태리로 갔을 때까지만 해도 아직 완성되어 있지 않았다.

창의 길이가 실질적으로 길어지기 시작한 것은 바로 이때부터였다.

장창을 든 두 보병부대가 서로 충돌할 경우 강력한 압박이 생겼다. 사료들을 보면 "압박" 또는 "후방으로부터의 압박"이라는 표현이 수 없이 보이며 종심縱深이 깊은 부대들은 이를 이용해서 적에게 쇄도해서 적을 밀어붙이려고 했었다. 스위스군이 패한 전투인 비코카Bicocca 전투에서는 (병사들 앞에 참호가 가로놓여 있었기 때문에) "후방으로부터의 압박이 최선은 아니었다"라고 강조한 기록이 있다. 케레솔레Ceresole 전투 때는 스위스군의 지휘관은 자신의 부대를 전진을 억제시킴으로써 토병土兵 부대들이 자신들에게 접근하는 동안 흩어져서 크게 밀집되지 못한 대형으로 자신을 공격하도록 유도했고 사태는 실제로 그렇게 진행되었다.

몽뤼Monluc의 《비망록》(서기 1569년)에서는 이 전투에서 가스꼬뉴Gascogne/Gascony군이 토병土兵들에게 "아주 강력한 충격을 가하자 양측의 선두 횡렬横列들이 모두 쓰러졌다Tous ceux des premiers rangs, soit du hoc ou des coups, furent portés par terre"고 했다. 이 말을 그대로 믿어서는 안 되지만 이어서 제2횡렬과 제3횡렬이 "그들 뒤의 횡렬들에게 밀려서 전진했기 때문에 …car les derniers rangs les poussaient en avant" 이들이 승부를 결정했다고 한 부분은 다른 곳에서 말한 모든 내용들과 양립할 수 있는 말이다.

우리는 후방으로부터의 그런 압력과 빽빽하게 밀집된 병사들로 인해 양측의 최선두 횡렬들은 서로 창끝으로 상대방을 밀어낼 수밖에 없었을 것으로 생각해 볼 수 있을 것이다. 분명히 그렇게 되었겠지만 선두 횡렬의 병사들은 좋은 갑옷을 입고 있었으므로 그들의 창은 부러지기도 했을 것이고 공중으로 밀려 올라가기도 했을 것이고 또는 견고하게 쥘 수 있도록 자루에 홈을 파놓았다 해도 자루가 손에서 미끄러지면서 뒤로 밀려들어갈 수도 있었을 것이다. 이렇게 되면서 서로 붙어버리는 양측 선두 횡렬들은 무기를 사용할 수 없게 되었을 것이다.

고전시대에는 이런 모습에 관한 기록이 전혀 없는데 이는 후기後期 마케도니아 팔랑스phalanx는 자신과 비슷한 형태의 적과 싸울 기회가 없었기 때문이다.1)

그러나 토병土兵들의 시대에도 앞서 설명한 것 같은 정상적 상황에서는 비슷한 변화과정이 있었다. 최선두 횡렬横列에는 특별히 좋은 갑옷을 착용한 유능하고 믿음직한 전사戰士들이 배치되었고 이들은 두 손으로 쓰는 큰칼이나 미늘창 Hellebarde/Halberd(역자 주: 앞의 4쪽 참고)을 휘둘렀다. 프룬트스베르크Georg Frundsberg에 관한 기록에는 "라모타La Motta 전투(서기 1513년)에서 그는 최선두 횡렬에서 칼을 휘두르면서 마치 숲 속에서 나무꾼이 참나무를 베는 것 같이 싸웠다"는 구절이 있다. 예를 들어 케레솔레Ceresole 전투 같은 경우에는 궁수들도 역시 최선두 횡렬 아니면 제2횡렬에 배치되었다. 라벤나Ravenna 전투 당시 스페인군은 엄선된 노련한 보병들이 장창長槍 밑으로 땅바닥을 기어가서 짧은 칼로 토병土兵들을 타격했다.

그러나 이런 모든 편법들은 가장 중요한 방법은 아니었다. 칼이나 미늘창이나 활이나 짧은 무기를 쓰는 병사 상당수를 장창병長槍兵들과 함께 혼합하려면 빽빽하게 밀집된 창병들의 거대한 압박 하중에 의존하는 적의 대형보다는 자신의 대형을 느슨하게 편성했을 것이기 때문이다.

우리들에게 전해진 문서 중에는 서기 1522년 말경에 다른 사람이 아닌 프룬트스베르크Georg Frundsberg 자신이 쓴 것으로 보이는 〈옛날의 검증된 노련한 전사戰士 *Trewer Rath und Bedenken eines Alten wol versuchten und Erfahrenen Kriegsmans*〉 이라는 문서가 있다. 이

---

1) 우리는 셀라시아Sellasia 전투를 상기想起해 보아야 할 것이다. 그러나 이 전투에 관한 사료들은 내용이 너무 불명확하다. 이 책 제I편, 292쪽 참고.

문서에서는 "대형은 반드시 밀집되어야 하고" 후방으로부터의 압박으로 승부를 결정해야만 한다는 견해를 부인하면서 이는 "직접 싸워야 하는 최선두 병사들은 너무 밀집되는 것을 원치 않으며 그들에게는 자유롭게 무기를 쓸 공간이 있어야 하기 때문이며" 만약 그렇지 못할 경우 그들은 "누군가 자신들을 참호 속으로 밀어 넣듯이" 앞으로 떠밀려 갈 것이라고 했다.

따라서 이 문서에서는 다른 방법을 권장한다. 토병土兵들의 전범典範이 된 옛 스위스 부대는 횡렬橫列과 종렬縱列의 수가 같은 방진方陣이었고 이는 적어도 접적기동接敵機動 중에는 정면보다 종심이 훨씬 긴 대형을 말한다. 횡렬에서의 개인간격보다 종렬에서의 개인간격이 더 커야 하기 때문이다. 그러나 이 문서에서는 정면이 넓을수록 적의 측면을 돌파하기가 쉬우므로 정면이 종심의 3배가 되게 할 것과 "두 끝으로 적을 꽉 집을 것"을 요구하면서 두 끝으로 적을 꽉 집으면 비록 적의 병력이 우세하더라도 "전투에서 승리할 수 있으며 측면을 공격당한 적은 패배하게 된다"고 했다. 이 문서에서는 또한 전투에서 승부는 선두 5~6개 횡렬이 결정하게 될 것이며 정면이 넓은 대형을 취할 경우 "싸움에 직접 참여할 수 있는" 병력이 많아지는 만큼 승리하기가 쉽다고 했다.

이 문서는 이런 포위개념을 뒷받침하기 위해 본대本隊에 몇 개의 소부대小部隊를 부쳐서 전초전前哨戰이나 적의 측면 타격에 쓰도록 요구하고 있다.

이보다 더 그럴듯한 평가는 없는 것 같다. 그러나 이 문서가 말하는 본대는 여전히 (총병력이 6,000명일 경우 종심은 45명이고 정면은 135명인) 종심이 매우 깊고 강력한 부대일 뿐 아니라 16세기 말을 지나서까지도 방진方陣 대형의 원칙은 사실상 지배적 원칙으로 유지되었다. 여러 이론가들이 연이어 종심 얕은 대형을 권장했지만 실제로는 종심 깊은 대형이 그대로 유지되었고, 정면과 종심의 인원이 같은 인원방진人員方陣/Manns=Viereck 대신 길이가 같은 공간방진空間方陣/Raum=Viereck이 쓰인 것은 예외였다. 이는 물론 정면을 늘이고 종심을 줄인 대형이었을 것이다.[2] 이 문제에 대해 우리는 차후 변화가 일어나기 시작하는 시점에 가서 다시 논할 기회가 갖게 될 것이다. 옛 대형이 계속 유지되었던 이유만 지금 간단히 언급해

---

2) 스페인의 알바Alba 학파의 이론가들 즉, 발데스Valdes와 에구일루즈Eguiluz 및 레쿠가Lechuga는 종심이 얕은 보병대형을 선호했다(옌스Jähns, 제I권, 729쪽 이하에서 재인용). 그들은 정면과 종심의 인원수가 같은 인원방진人員方陣보다는 여하간 정면과 종심의 공간이 같은 공간방진空間方陣을 선호했지만 정면의 길이와 종심의 길이가 7:1 정도의 비율을 지닌 종심이 얕은 대형도 선호했다. 발데스는 알바는 일례로 자신의 3개 테르지오terzio 즉, 창병槍兵 1,200명으로 정면이 60명 종심이 20명인 대형을 편성한 적도 있다고 했다.

멘도짜Mendoza는 적극적 견해를 말하지 않고 단지 스페인에는 정면이 넓은 대형과 종심이 깊은 대형이 모두 있었다고 했다. 《프랑스 왕국 군기지침軍紀指針Institution de la discipline militaire au Royaume de France》 (리옹Lyon, 서기 1559년)에는 횡렬의 숫자보다 종렬의 숫자가 2배인 공간방진空間方陣을 요구했다.

두자면 정면이 넓은 대형은 정면이 좁은 대형에 비해 이동과 지휘가 어려웠기 때문일 것이다. 따라서 우리는 바로 여기서 정면이 넓은 대형이 실제 발전하게 된 것은 넓은 정면의 장점만을 취하려는 것이 아니었음을, 전쟁사의 용어들로 표현하자면 밀집대형Haufen=Aufstellung 또는 쐐기대형Keil=Aufstellung에서 팔랑스대형Phalanx=Aufstellung으로 변하기 위한 것이 아니었음을 분명히 해 두기로 하자.3)

중장갑보병부대重裝甲步兵部隊/schwere Infanterie 자체에서 일어난 변화는 스위스 식의 3개 부대 대형을 점차 포기했다는 점이다. 슈말칼텐Schmalkalden 동맹군(역자 주: 앞의 42쪽 참고)의 병력은 도나우Donau/Danube강에서 스페인 카를Karl/Charles V세와 싸울 때 2개 부대로 간주되었고 따라서 카를 V세는 각 3개 방진方陣으로 된 2개 집단으로 병력을 정렬시킨 후 기병을 두 집단 사이에 나란히 배치했다. 스페인군은 사실 라벤나Ravenna 전투(서기 1512년) 당시에 이미 전통적인 대형을 포기했으며 16세기 후반에는 상황에 따라서 각기 방진方陣 형태를 유지하는 다부대多部隊 체계로 넘어갔었다. 융통성이 많은 이러한 대형은 위그노Hugenotten/Huguenot 전쟁(역자 주: 16세기 후반 프랑스 칼뱅파의 종교전쟁. 뒤의 192쪽 참고)에서도 발견된다. 그러나 이는 방진方陣 숫자가 일시적으로 증가했던 것일 뿐 보병전술에 근본적인 변화가 있었던 것은 아니다.

---

3) 서기 1540년대에 잉글랜드군 고급부사관高級副士官/Sergente maggiore으로 프랑스군과 싸웠던 이태리인 죠바치노Giovacchino da Coniano는 32개 전투대형에 관한 일련의 스케치와 이에 대한 설명문을 남겼다. 더 많은 스케치와 설명문이 원래 작성되었던 것으로 보인다(그의 스케치와 설명문을 편집해 놓은 사람은 문서 끝에 "이 글 제목은 〈죠바치노의 전투대형 *Dell' Ordinanze overo battaglie del capitan Giovacchino da Conjano*〉이며 《고로라모 마기와 자코모 카스트리오토의 요새와 마을들 *Della Fortificatione delle città di Gorolamo Maggi e Jacomo Castriotto*》, 제Ⅲ편(베니스, 서기 1583년)의 115쪽 이하에 수록되어 있다"고 쓰여 있다. 그의 글은 서기 1564년에 이미 수집되어 있었다(모리스Maurice I. D. Cockle의 《서기 1642년까지 영국의 군사문헌 및 당대 외국문헌 목록*A Bibliography of English Military Books up to 1642 and of Contemporary Foreign Works*》, 런던, 서기 1900년, 141쪽 및 200쪽 참고). 약간 허풍기 있는 이 군인은 실전에서 자신이 말한 대형들을 시험해 볼 것을 반복 강조하고 있지만 우리는 그가 말한 대형들을 그리 높이 평가할 수는 없을 것이다. 당시 불로뉴Boulogne 전투에서 잉글랜드군의 업적은 세계의 다른 나라들이 관심을 끌만한 것이 못 되었다. 그러나 이 부사관이 이미 종심이 매우 얕은 대형을 스케치하여 놓고 자신은 이미 경험을 통해 전선前線에서 가급적 많은 무기가 동시에 사용될 수 있도록 하는 것이 얼마나 유리한지 잘 알고 있다고 그 이유를 설명하고 있는 것은(도해圖解/Fol. 119-720) 홍미 있는 부분이다.

제 Ⅳ 장
용병군대의 내부 조직1)

중세시대에도 봉건 징집군이나 용병傭兵 집단이나 모두 군사지도자들이 자신의 병력을 조직했지만 이제 16세기 용병군傭兵軍에서 17세기 30년 전쟁(역자 주: 서기 1618년~1648년) 당시 용병군에 이르기까지도 이런 관행은 계속되었다. 전쟁지도자들은 큰 전역戰役일 경우 몇 명의 연대장聯隊長/Oberst급 인물에게, 작은 전역戰役일 경우 1명 내지 몇 명의 중대장中隊長/Hauptleute/captain급 인물에게 일시불一時拂로 돈을 주고 게르만 토병土兵/Landsknecht/lansquenet(역자 주: 16~17세기 독일의 보병용병步兵傭兵)나 기병들을 모집하고 유지할 임무를 주었다. 그러나 이런 인물들은 때로는 처음 또는 중간에 필요한 돈의 전부 또는 일부를 우선 지급하기도 했다는 의미에서 일종의 중개업자仲介業者이기도 했었다. 매우 규모가 큰 전역戰役일 경우에 발렌슈타인Wallenstein 같은 장군 급 중개업자는 병력을 모은 후 자신이 동시에 총사령관이 되기도 했었다.

연대장은 중대장을 임명했고 중대장은 위관尉官/Leutnant급인 로코테넨테locotenente와 기수旗手/Fähndrich, 행정관行政官/Feltwebel,2) 보급관補給官/Furier, 분대장分隊長/Rottmeister(상병上兵/Korporalschaftsführer)을 지명했다. 분대장은 병사들이 선출한 사람을 지명했을 것이다.

대략 10~18개의 파견대들이 1개 연대聯隊/Regiment를 구성했다. 연대라는 용어는 원래 한 연대장이 개별부대들에 대해 지배Regiment 즉, 권위를 확립했음을 말하는 표현이었다. 연대 예하의 각 개별부대의 병력은 대략 400명 또는 그 이상이었다. 따라서 1개 연대의 병력수도 다양했었다. 연대 예하의 개별부대들도 연대나 마찬가지로 행정조직일 뿐 전술조직戰術組織은 아니었다. 앞서 보았듯이 전술조직은 병력집단 즉, 방진方陣이었고 이를 대대大隊/Bataillon라고 부르기도 했다.

---

1) 이 주제에 관한 표준연구는 에르벤Wilhelm Erben의 매우 치밀하고 가치 있는 논문인 "게르만 교전규칙交戰規則의 기원과 역사Ursprung und Entwicklung der deutschen Kriegsartikel"(《오스트리아 역사연구회 회보Mitteilungen des Instituts für östtreichische Geschichtforschung》, 부록 제Ⅵ권, 〈지켈 축하논문집Festgabe für Theodor Sickel〉, 서기 1900년)과 에르벤 자신이 후일 보충한 글들이다. 이 논문과 밀접한 관련이 있는 훌륭한 책으로는 보닌Burkhard von Bonin의 《서기 1600년까지 근대 초기의 독일군 법체계의 기초Grundzüge der Rechtsverfassung in dem deutschen Heere zu Beginn der Neuzeit-bis 1600》(바이마르, 서기 1904년)이 있다. 또한 매우 중요하고 좋은 지침이 될만한 책으로는 베크Wilhelm Beck의 《가장 오래된 게르만 보병의 군기각서軍紀覺書 Die ältesten Artikelbriefe für das deutsche Fussvolk》(서기 1908년)이 있다. 《역사지歷史誌 Historische Zeitschrift》, 제102권, 368쪽에 수록되어 있는 에르벤 Wilhelm Erben의 평론도 참고할 것.

2) "바이벨weibel"(역자 주: 행정관을 말하는 "펠트베벨Feltwebel"의 어원)은 "베벤Weben"(역자 주: "왔다 갔다 하다")과 관련이 있는 단어로 신속히 전후좌우로 뛰어다녔던 하인下人을 의미한다. "펠트베벨Feltwebel"은 처음에는 연대장이 연대 전체를 정렬시키는 임무를 주었던 사람이었고 후일에 가서야 점차 중대 내의 직책이 된다. "게마인바이벨Gemeinweibel"에 대해서 이는 병사들의 불만이 있을 경우 이를 중대장에게 전달하기 위해 병사들이 선출한 사람이었다고 학자들은 주장하지만 필자는 좀 의문스럽다. 상세한 내용은 보닌Bonin의 앞의 책, 50쪽과 에르벤Erben의 앞의 논문, 14쪽을 참고할 것.

우리는 중세 용병傭兵 집단의 내부조직을 잘 모른다. 그 내부조직은 전적으로 지휘관의 재량과 개인적 능력을 기초로 이루어졌을 것으로 보인다. 그러나 성문成文의 야전규정을 제정하는 관행이 생겼고 그런 것들 중 지금 남아있는 가장 오래된 것은 붉은 수염 프리드리히Friedrich Barbarossa(역자 주: 프리드리히 Ⅰ세의 별칭. 재위: 서기 1152-1190년)의 숙영지 규정이다(이 책 제Ⅲ편, 254쪽 참고). 이 규정에 대한 복종을 담보하기 위해 스위스연합에는 복종서약服從誓約 방법으로 병력들에게 의무를 부과하는 관행이 생겼다. 게르만 제국 군대도 15세기로 들어서며 란트스크네트 Landsknecht/lansquenet들의 등장에 따라 이 전례前例를 따랐다. 거친 남성들이 군복무를 시작할 때는 "군기각서軍紀覺書/Artikelbrief"라고 부르던 야전규정에 서약을 해야 했고 이 각서는 이들을 통제하기 위해 갈수록 내용이 상세해 졌다. 〈옛날의 검증된 노련한 전사戰士: Trewer Rath und Bedenken eines Alten wol versuchten und Erfahrenen Kriegsmans〉 란 글의 저자(프룬트스베르크Georg Frundsberg 자신으로 보임)는 소부대 단위로 한 사람씩 차례로 모두 이런 선서를 하게 하도록 권장하면서 "선서를 하지 않은 자들을 모두 한 부대로 집결시켜 놓으면 그들을 이 군기각서에 서약하게 할 수 없을 것이기 때문이다. 그렇게 하면 그들은 자신들이 원하는 선까지만 즉, 자신들이 만족하는 선까지만 당신의 권한을 보장하려 할 것이고 그렇게 되면 당신은 그들의 요구를 들어주지 않을 수 없게 되고 결국 당신의 목숨도 보장받을 수가 없다. 병사들을 힘으로 굴복시킬 수 없는 사람은 병사들이 지키겠노라고 서약한 법을 그들에게 상기시켜야 하기 때문이다"라고 했다. 충성서약과 야전규정이 결합되는 내용과 형식은 지휘관 별로, 지역 별로 또한 시대 별로 자연히 큰 차가 있었지만 그 기본개념은 용병傭兵들과 지휘관 또는 콘도티에레Kondottiere(역자 주: 용병 지도자 또는 모병자)들 사이의 쌍무계약雙務契約이었다. 용병들은 지도자들이 그들에게 약속한 것에 대한 대가로 자신들이 지켜야 할 의무에 서약을 했다. 한시적으로 모집되던 용병傭兵 집단이 점차 상비군常備軍으로 전환됨에 따라 쌍무계약적 성격은 사라지고 민주적 요소는 제거되었으며 지휘관들의 일방적 징벌권懲罰權이 이를 대신하게 되었다. 오늘날도 아직 쓰이고 있는 교전규칙交戰規則/Kriegsartikel의 전신前身인 군기각서軍紀覺書/Artikelbrief들은 문화사文化史의 관점에서나 전쟁사戰爭史의 관점에서나 매우 중요한 문서들이다.

이곳에서 필자는 이런 군기각서들의 매우 상세한 내용들 중 특징적인 요소들 몇 가지만 지적해 두겠다.

기본적인 조항들 중 하나는 병사들이 "공동체Gemeinde" 즉, 현대적 용어로 말하자면 노동조합을 만들지 않기로 한 규정이다. 그러나 그들은 어떤 중요한 불만이 있을 때는 자신들이 선출권選出權을 갖고 있고 보수가 2배인 용병傭兵을 통해 이를 고급 지휘관에게 전달할 수 있었다.

지도자들은 자신들의 명령을 강조하기 위해 특수상황에서는 강제력을 사용했음이 분명하다.3) 그리고 징벌권의 행사를 위한 일정한 법적인 절차가 규정되어 있었다. 중세 이후로는 전사戰士들은 기병이었고 펠트마샬Feldmarschall(역자 주: 행정장교 또는 숙영지 사령. 뒤의 253쪽 참고)이 그들에게 필요한 말 등 모든 것을 통제하고 있었기 때문에 이 최고사령관이 당연직 수석 재판관이 되는 관행이 생겼고 후일 경험 많은 병사들인 슐테이쓰Schultheiss/inspector(역자 주: 검찰관)와 프로포스Profoss/provost(역자 주: 군기관軍紀官)가 그를 대체하게 되었다. 그러나 전리품 분배에 대한 감독권은 여전히 펠트마샬에게 있었다.4)

군사재판 절차는 게르만 배심법정陪審法廷/Schöffengerichte의 조직과 절차를 따랐으며 심리審理는 공개되었다.

그들과 함께 재판석에 앉는 배심원陪審員 또는 간부는 피고인보다는 같은 계급 이상이어야 했다.

이런 진정한 군사법정 외에 "평민법平民法/Recht vor dem gemeinen Mann"이 있었고 이것이 변형된 것이 "장창법長槍法/Recht der langen Spisse"(역자 주: 뒤의 177쪽 참고)이었는데 이 법은 연대장 명에 의해서만 발동되는 법이었고 민주적 백성들의 법정이었지만 실제는 원시적 형태의 사적제재법私的制裁法/Lynchjustiz으로서 군대에 엄격한 질서가 확립되면서 사라졌다.

기병들의 권리는 오랫동안 보병들의 권리와는 큰 차이가 있었다. 기병은 봉건기사騎士의 후신後身이었기 때문이다. 따라서 기병은 개인적으로 모집되지 않고 몇 명이건 수행 인원들이 딸린 귀족으로서 모집되는 관행이 오랫동안 계속되었고 이런 관행은 기병부대 일상생활에 영향을 미쳤다. 포병들도 특권이 있었다.

17세기에는 단체정신團體精神/Korpsgeist이 이런 군사체계를 지배했기 때문에 병사들은 민간 사법체계司法體系에서 완전히 배제되었고 이들은 민간법령 위반행위까지도 독자적인 사법체계의 전속 관할사건이었다.

그들의 행정은 비교적 단순했다. 병사들은 대개 자신들의 장비와 무기와 말 그리고 의복을 스스로 책임졌다. 식량 등의 보급도 주로 군납업자軍納業者/Marketender들에게 위탁되었고 이 군납업자들의 보수는 프로포스Profoss/provost가 통제했다.

헤쎈Hessen의 관용공寬容公 필리프Philipp dem Grossmütigen는 용병들에게 필수품을 팔아 자신이 준 보수의 절반을 회수하려고 했는데 이런 체계를 현대기업에서는 교환체계Trucksystem/ exchange system라고 한다.5) 필리프는 자신에게 판매할 물건이 없을 때는

---

3) 보닌Bonnin은 행정관은 병사들을 주먹이나 몽둥이로 때리면 안 되고 미늘창(역자 주: 앞의 4쪽 참고) 자루로만 때릴 수 있었다는 사료 구절을 인용하고 있다(앞의 책, 170쪽). 중대장과 위관尉官들은 "지휘 책임을 지닌 경우에만 짧은 막대기로" 때릴 수 있고 "그럴만한 중대한 이유가 있는" 경우에 한했다.
4) 보닌Bonnin, 앞의 책, 21쪽.

책임을 면하려고 군납업자들에게 물건을 팔게 하고 납품세納品稅/Zoll를 징수했다. 부대 규모가 크면 이런 보급체계가 물론 충분치 못했고 병사들은 그들이 필요한 것을 무엇이든 현지에서 빼앗았다. 이 관행은 농촌을 큰 공포에 떨게 했을 뿐 아니라 군사적 관점에서도 큰 불편을 초래했었다. 헤쎈의 관용공寬容公 필리프와 작센Sachsen/Saxony의 요한Johann은 우호적이고 중립적인 지방에서는 병사들에게 현지에서 징발할 수 있는 품목을 말 먹일 풀, 귀리, 빵, 야채, 베이컨, 말린 고기 등 식품으로 제한했고 가축이나 가재도구는 징발 못하게 했고 찬장이나 장롱이나 궤짝 등도 열지 못하게 했다. 누에de la Noue의 기록에는 꼴리니Coligny는 사려 깊게 치밀한 보급관Kommissar을 두고 많은 수레 부대Fuhrpark를 유지했다는 구절이 있다.6) 그는 군대를 동원할 때는 늘 "이제 위장胃腸이 있는 괴물을 만들도록 하자"는 표현을 쓰고 있다. 각 부대Schwadron에는 빵 굽는 사람이 한 명씩 있었고 부대가 숙영지에 도착하면 곧 빵을 굽기 시작했다. 그들은 숙영지 주변의 일정한 반경 내에서는 땅 위의 모든 것을 태워버리겠다고 위협해서 식품을 강제로 빼앗았다.

병사들 일당日當은 교전규칙에 명시되었다(16세기 보병의 경우 4굴트Guld/guilder). 그러나 가끔 1달을 어떤 식으로 계산하는지를 두고 논쟁이 있었는데 병사들은 한 전투 또는 한 도시의 공격이 끝나면 1달이 끝난 것으로 볼 것을 요구했다. 프랑시스Franz/Francis I세는 자신 밑에서 10달을 복무한 병사들에게 전투 시작 하루 전에 1달 분 추가급료 지급을 약속해야 했던 적도 있다. 헤쎈Hessen의 관용공寬容公 필리프Philipp dem Grossmütigen는 결국 유언장에서 그의 아들에게 용병傭兵들 요구를 더 이상 충족시켜 줄 수 없으니 이후 방어전쟁만 하도록 권장했다.7)

복종의무에 있어 지휘관의 명령은 "그가 귀족이건 평민이건, 평범한 인물이건 중요한 인물이건" 반드시 이행되어야 한다는 구절이 명시되었다.8) 개인은 물론이고 각 분견대와 종대縱隊들도 중대장이나 그 대리인에게 복종해야 했다.

스위스 의회는 6,000명의 용병傭兵이 프랑스 왕 밑에서 복무하기 위해 떠날 때 군대 내에서는 평화를 유지해야 하고 "욕설에 의한 것이건 다툼에 의한 것이건 간에 누구든 목소리로 평화를 교란하거나 파괴하는 자가 있을 경우 중대장들은 그들의 선서에 따라 그들의 명예를 박탈하거나 체벌을 가하거나 사형에 처할 수도 있다고 선포했다. 또한 근무 중에 평화를 파괴하는 자는 참수斬首될 것이지만 평시에 타인을 살해한 자는 살인 혐의로 법정에 소환될 것이라고 선포했다.

---

5) 페텔Georg Paetel, 《관대한 필리프 휘하의 헤쎈 군대의 조직Die Organisation des hessischen Heeres unter Philipp dem Grdssmtigen》, 서기 1897년.

6) 누에de la Noue 편編, 《군사견문軍事見聞 Observations militaires》(1587년), 제26화話/Discours, 750쪽.

7) 페텔Georg Paetel, 앞의 책, 21쪽.

8) 서기 1546년의 〈작센 교전규칙Sächsische Kriegsartikel〉. 《주간군사週刊軍事 Militär-Wochenblatt》, 제157호(서기 1909년)에 베르비크G. Berbig가 수록해 놓았다.

서기 1499년 스위스연합 의회는 모든 병사는 어떤*allen* 중대장에게도 복종해야 한다는 명령을 내렸다.9)

어느 도시가 함락되었을 때는 병사들은 아직 보수를 받지 못한 경우라도 교전 규칙에 따라 연대장에게 복종해야 할 의무가 있었다. 수비병력에게는 참호 구축 임무를 수행할 의무가 있었다. 서기 1619년에는 참호를 구축하도록 되어 있던 보헤미아Böhmen/Bohemia 병력이 임무 수행을 거부하면서 자신들은 보수를 받지 못했기 때문에 임무 수행은 자신들의 명예를 훼손하는 것이라고 했다.

논쟁을 벌이다가 "…나라" 또는 "…나라 사람"이라는 말을 큰소리로 외치는 것은 금지되었다. 싸움 중인 두 사람 중 누구를 도와주려고 동족들이 몰려왔을 때 병사들 간에 진짜 전투를 벌이는 일이 너무 자주 발생했기 때문이다. 보급품, 전리품, 여인을 둘러싼 논쟁이 너무나도 자주 있었고 특히 노름에서 진 병사가 상대방이 속임수를 썼다고 항의하면서 일어나는 싸움이 너무 많았다.

"발겐Balgen" 즉, 결투決鬪 그 자체가 절대적인 처벌 대상은 아니었지만 여러 가지 제한이 있었다. 예를 들어 치명적인 무기를 사용할 수 없었고 특정 장소에서만 결투를 벌여야 했고 때로는 아침에만 결투가 허용되기도 했다.

전리품에 대해서는 다양한 규정이 적용되었지만 그 기본원칙은 "개인이 얻은 것은 전쟁의 성격과 질서에 반하지 않는 한 개인이 갖는다"는 것이었다. 그러나 노획한 대포와 화약은 야전 중대장 몫이었다.

앞서 알 수 있었듯이 중세 전사戰士는 수준 높은 전투원이었다. 기사騎士들 뿐만 아니라 평민 용병傭兵 병사도 전쟁에 유용한 자원이 되려면 언제나 뛰어난 신체적 용기와 능력을 지니고 있어야 했다. 토병土兵/Landsknecht/lansquenet들에게도 이런 능력이 필요했지만 그들의 주된 능력은 응집력凝集力 있는 집단의 형성과 지구력持久力에 있었다. 처음에는 능력이 부족한 자도 이런 응집력이 생기도록 훈련하면 단체의식을 통해 유능한 병사가 될 수 있었다. 그들은 거북하기는 해도 방진方陣 부대라는 전술대형戰術隊形으로 정렬해서 전투하면 되었고 강한 병사가 되기 위한 어려운 훈련이나 많은 시간은 필요하지 않았다. 무기 조작 방법 몇 가지를 훈련하고 횡렬橫列과 종렬縱列로 정렬을 습관화하는 것만으로도 충분했다. 따라서 이런 구도가 일단 생기면 용병傭兵들의 큰 무리를 집결시키는 것은 어려운 일이 아니었다. 병력 수가 승부를 결정했다. 어느 쪽이건 상대방보다 더 큰 부대를 이끌고 공격을 하면 반드시 이겼다. 중세에는 그런 큰 부대를 야전에 출전시킬 경제적 능력도 없었지만 전술조직戰術組織도 없었기 때문에 그런 병사들은 전투력을 발휘할 수 없었다. 결국 이 새로운 형태의 전투가 존재할 수 있던 선결조건은 프랑스의 민족국

---

9) 《스위스 연합 의결집議決集 *Eidgenössische Abschiede*》, III, 1. 599.

가, 스페인의 아라곤Aragon 왕국과 카스티야Castile 왕국의 통합, 합스부르크Habsburg 가家의 막시밀리안Maximilian과 부르고뉴Burgund/Burgogne 가家의 대담한 샤를르Karls des Kühnen/Charles the Bold의 상속녀相續女 마리아의 결혼으로 인한 양가兩家 영역의 통합 등 큰 국가의 형성이었다. 하지만 이 새로운 국가적 실체들은 매우 강력하고 유능하기는 했지만 서로가 상대보다 우위에 서려다 보니 능력의 범위를 넘어서 병력을 유지하게 되었다. 앞서 말했듯이 병력을 늘이는 일 자체는 어려운 일이 아니고 큰 병력일수록 승리가 약속되어 있었기 때문이다. 적절한 병력규모를 결정하는 것은 통치자의 재정능력이었음이 분명하다. 그러나 만약 큰 병력이 승리를 보장하고 승리만 하면 용병傭兵들의 보수 문제도 해결될 것으로만 생각하고 자신의 재정능력을 초과한 병력을 집결시킨다면 어떤 결과가 생길까? 모두가 처음부터 그런 희망 때문에 자신의 능력범위를 넘어서게 되었다. 군대 규모는 그들에게 보수를 지급할 수 있는 국가 지도자들이 있는 한 중세에 비해 훨씬 커졌지만 통치자들의 보수 지급 능력을 넘어설 정도로 커졌다. 처음에 상여금을 지급하고 차후 보수를 지급할 것만 약속하면 병력은 얼마든 구할 수 있었다. 그러나 이런 약속이 거의 지켜질 수 없다는 것을 그들은 애초에 알고 있었다. 교전규칙에도 보수가 즉시 지급되지 않더라도 병사들은 바로 복무를 거부할 수 없다는 조항이 등장할 정도였다. 사실 보수가 장기간 지급되지 못한 경우가 흔했다. 이런 자금 부족의 전략적 영향에 대해서는 차후 더 말할 기회가 있을 것이다. 그러나 지금 우리에게 문제가 되는 것은 그런 자금부족이 토병土兵 체계의 내부적 성격에 어떤 영향을 미쳤는지에 관한 것이다. 복종서약, 군사법정, 검찰관Schultheiss, 군기관軍紀官/Profoss등이 있었지만 이런 상태에서는 용병傭兵들의 진정한 군기軍紀를 확립한다는 것은 불가능한 일이었다. 통치자 측에서 자신이 한 약속을 지키지 않는데 어떻게 그들이 서약을 지킬 것으로 생각할 수 있을까? 현실적으로 토병土兵 체계와 반란反亂은 불가분의 관계에 있었다. 토병土兵들이 스툴바이쩬부르크Stuhlweissenburg 시市를 함락했던 1490년에 벌써 그들은 보수를 받지 못했다면서 말시밀리안 밑에서 더 이상 복무하기를 거부한 적이 있다. 이런 일은 수 없이 반복되었다.

서기 1516년에 밀라노Mailand/Milan에서는 토병土兵들이 스위스 보병들보다 보수가 작다고 반란을 일으킨 적도 있다. 연대기年代記에는 막시밀리안이 그들을 "나의 친애하고 존경하는 게르만 토병土兵들"이라고 부르기까지 했지만 "황제가 아무리 이런 거창한 호칭으로 병사들을 부르거나 더 거창하게 그들의 비위를 맞추려고 해도 그들은 전혀 만족하지 않았다"는 구절도 보인다.

토병土兵들은 자신들이 받지 못한 보수를 약탈로 대체할 것을 요구했고 보수 지급 능력이 없던 통치자들은 이를 막을 방법이 없었다. 그 결과 전역戰役이 벌어진 농촌지대와 주민들은 잔인한 학대의 대상이 되었다. 그런 비행은 후일의 타락한 병사들의 경우라는 생각보다 진실과 거리가 먼 생각은 없다.10) 모병관을 따라나선 자들은 인간쓰레기나 범죄자뿐이라는 것 역시 진실이 아니다. 방종한 인간들이 많이 합류한 것은 사실이나 대부분 도시민이나 농민들의 자제였었고 좋은 가문 출신도 흔했다. 귀족과 기사騎士들까지 2배의 보수를 받고 용병傭兵으로 그들과 함께 복무했다. 힘이 다른 힘에 의해—군대에서는 군기軍紀에 의해— 통제되지 않을 경우 자신의 야만성을 정당한 것으로 믿게 될 뿐이다. 교육과 계층적 관습에 의해 어느 정도 자제할 줄 알던 기사騎士들까지 잔인한 약탈에 참여했던 기록이 너무 흔하다. 그러나 숫자가 많았던 보병의 경우 상황이 더 나빴고 공포의 대상이 되었다. 공격으로 함락시킨 도시에서는 모든 것이 허용되었고 여성들은 모두 희생되었다. 극단적인 경우에는 포획한 도시민과 농민에게 체계적으로 고문을 가해서 숨겨놓은 보물을 내놓게 하거나 친지들에게 속환금贖還金을 뜯어내기까지 했다. 야전사령관이 생명과 재산을 엄숙히 보장하고 항복을 수락한 경우에도 병사들은 노획품을 놓치지 않으려고 공격으로 함락시킨 도시에서나 같이 노략질을 벌이는 경우가 흔했다. 지도자들은 이를 막을 힘이 없었고 그런 야만적 무리를 통제할 생각을 처음부터 포기했었다.

　병사들이 교전규칙에 서약할 때 군기관軍紀官/Profoss들이 병사를 끌고 가도 저항하지 않겠다고 약속한 것은 사실이다. 연대장과 중대장은 트라반텐Trabanten이라는 개인적 경호원들을 다수 거느리고 있었지만 기록을 보면 코르도바Cordova의 곤잘보Gonsalvo/Gonzalo나 페스카라Pescara 같은 최고사령관조차도 격노한 폭도들 앞에서는 감히 강경한 태도를 취할 엄두를 내지 못했었다. 그들은 그저 악한惡漢 한 놈을 체포해 야간에 목을 매달든지 반란 주동자들에게 나중에 복수를 했을 뿐이다.

　연대장과 중대장들의 경우는 정신적 권위가 더 없었다. 그들이 전리품을 독점하는 경우도 있고 실제로는 규정된 숫자만큼 병력을 보유하지도 않고 차이나는 인원들의 보수를 착복하기도 한다는 것을 토병土兵들이 너무나도 잘 알고 있었기 때문이다. 민족대이동民族大移動/Völkerwanderung 시기의 게르만족의 경우나 아랍 민족들의 경우에도 이와 유사한 일들이 이미 있었음이 분명하다(이 책 제II편, 289쪽 및 제III편, 210쪽 참고). 병력수에 관한 기록은 거의 없었고 전사戰士들의 질적 수준이 전투의 승부를 결정했던 중세에는 이런 주민 학대행위가 별로 없었지만 16세

---

10) 서기 1562년에 종교전쟁이 시작되었을 때에 양측 병사들은 처음에는 매우 온건한 행동을 취했었다. 위그노Hugenotten/Huguenot파 병력에게는 선서 같은 것이 있었다는 기록이 보이지 않으며 도박이나 창녀 같은 것도 보이지 않는다. 주민들도 괴롭힘을 당하지 않았다. 그러나 그 당시 꼴리니Coligny는 누에de la Noue에게 "이런 상태가 2달도 가지 않을 것이다"라는 말을 했었다. 그의 말이 완전히 옳았었다. 더욱이 그는 엄격한 조치를 취해서 약탈자를 교수형에 취한 일도 있다. 누에de la Noue 편編, 《군사견문軍事見聞 *Observations militaires*》(1587년), 제26화話/Discours, 681~686쪽.

기 17세기의 용병군傭兵軍에서는 이는 정상적이고 광범위한 현상이었다. 슈벤디 Lazarus Schwendi는 병력대장兵力臺帳의 이 같은 허위 기재를 "게르만족의 타락"이라고 말한다. 이 병력대장에는 병력수를 채우려고 짐꾼이나 여인들까지 무장한 인원으로 등재되기도 했다. 이런 협잡을 부리는자는 코를 베어버려서 장차 같은 짓이 재발하지 못하게 하겠다는 규정이 제정된 경우도 있었다.

이 같은 군기문란軍紀紊亂은 토병土兵들의 각 부대를 따라다니던 수송대열들로 인해 더 악화되었다. 토병土兵들은 그들의 필요성 때문에 부인이나 적어도 젊은 위안부慰安婦 1명을 자신의 곁에 두기를 원했다. 야전병원이 없었기 때문에 병에 걸리거나 부상을 입었을 때는 이들의 도움 없이는 지낼 수 없었다. 때로는 물자가 흘러 넘치기도 하지만 부족할 때도 있었고 가끔 비바람을 피할 곳도 없는 곳에서 숙영해 가면서 건강의 유지를 위한 대책은 전혀 없이 떠돌이 생활을 하는 이런 대규모 병력집단에게는 질병은 큰 문제였다. 전염병이 도는 경우 군대는 속수무책이었다. 서기 1618~1619년 사이에 보헤미아 군은 부드바이스Budweis에서 실질적인 전력의 2/3인 8,000명을 질병 때문에 잃었다. 스페인 병사들 사이에서는 상부상조相扶相助를 위한 우애집단友愛集團들이 형성되었다.11) 그러나 그들을 주로 보살펴준 것은 부인이나 위안부 등 여성들이었다.

서기 1567년에 알바Alba 영주領主가 이태리에서 플랑드르Flandern/Flandre로 나갈 때는 매춘부賣春婦 400명이 말을 타고 따라갔는데 브랑톰Brantôme의 기록에 의하면 이들의 모습이 "공주公主 같이 아름답고 우아했다"고 하나 이들이 남자들보다 더 험하고 표독스럽다고 묘사한 기록도 있다. 여하간 이 수송대열은 군대의 이동이나 급양給養에는 큰 장애가 되었고 그들이 지나가는 농촌지역에 큰 고통을 주었다. 어느 수고手稿 일기日記에는 병사들의 여인이 다음과 같이 묘사되어 있다.12)

고대 로마군은 전쟁터에 나갈 때 지위고하를 막론하고 여인을 대동하지 않았고 이는 우리 시대에 우리나라 특히 발론Wallon/Walloon(역자 주: 지금의 벨기에 동남부 지역) 사람들에게는 매우 필요한 풍습임을 우리는 알아야 한다. 그러나 이제는 이런 풍습을 일반병사들은 물론이고 많은 고위장교에게까지도 심지어는 사령관에게까지도 거의 찾아볼 수 없다. …헝가리에서는 게르만 여인들이 짐을 나르고 질병을 돌보는데 매우 큰 도움이 되었다. 거의 모든 여인이 각자 50~60파운드의 짐을 날랐다. 병사들은 식량 등을 날랐기 때문에 건초乾草와 땔감은 여인들이 날랐다. 그러나 여인들 중 상당수는 그 외에도 1~

---

11) 누에는 이런 우애집단들에 대해 상세하게 소개하고 있다. 같은 책, 제16화話, 352쪽 이하.

12) 엔스Max Jähns, 《독일 군사학사軍事學史 *Geschichte der Kriegswissenschaften vornehmlich in Deutschland*》, 제II편, 924쪽.

3명의 어린아이들을 등에 함께 업고 다녔었다. 그녀들은 보통 남자들의 반바지와 긴 양말 그리고 신발 한 켤레씩을 지고 다녔을 뿐 아니라 자신의 긴 양말과 신발 한 켤레, 웃옷 1벌, 텐트 1개, 헤메터Hemmeter(?) 2개, 프라이팬 1개, 주전자 1개, 숟갈 1~2개, 홑이불 1장, 외투 1벌 그리고 막대기 3개씩을 갖고 다녔다. 그녀들에게는 땔감이 지급되지 않았으므로 도중에 구해서 갖고 가야 했다. 그녀들도 배가 고팠겠지만 그 외에 보통 작은 강아지 한 마리를 줄로 끌고 다녔었다. 날씨가 나쁠 때도 달라지는 것은 없었다.

요한Johann von Nassau 대공大公은 이런 여인들 대신 식량 납품업자와 의사와 간호원들을 채용할 것을 권장했다. 미혼의 일반병사들은 스페인 병사들 같이 우애집단友愛集團을 형성해서 질병이나 비상사태에서 서로 도와 줄 것을 권했다.

서기 1568년 위그노Hugenotten/Huguenot파와 기병 간 계약에서는 4~6인 당 수레 1대를 갖도록 명시했다. 토병土兵들은 10명 당 수레 1대가 있었다.13)

군기軍紀란 단순한 처벌권과 처벌의 문제가 아니라 훈련과 습관의 문제이기도 하다. 불규칙한 보수 지급도 군기軍紀 발전의 장애요소였지만 그보다 더 큰 장애는 토병土兵들은 늘 제한된 기간에만 즉, 보통은 몇 개월 또는 한 전역戰役이 계속되는 동안에만 복무한다는 사실이었다. 발하우젠Wallhausen의 기록에는 병사들이 해고된 후 "군기軍旗가 깃대에서 찢어져 떨어지고 연대가 해산 되자마자" 엄격했던 상관들에게 어떻게 보복을 하고 모욕을 가했는지를 잘 보여주는 다음과 같은 구절이 있다.14)

이때는 가장 하급의 가장 형편없고 가장 무책임했던 건달들이 그들의 중대장, 위관尉官, 기수旗手, 행정관行政官, 상병上兵, 수송관, 보급관, 군기관軍紀官/Profoss 및 그 보좌관 등에게—이들이 숨어버리는 일도 있었다—덤벼들 수 있었고 이들에게 "이 나쁜 놈! 네가 내 중대장이었지만 지금은 아냐. 지금 너는 나보다 머리털 한 올만큼도 나을 것이 없어. (흉악한 냄새가 나는 곳에서 얻은) 1파운드 모직물이 1파운드 면직물이나 값이 이제 같다는 걸 너는 알아? 이리 와 나하고 한번 싸워보자. 네가 건달이나 도둑놈보다 훌륭하다고? 네가 근무 중일 때 시도 때도 없이 때리고 괴롭히던 일을 기억하냐?"

게르만 병사들은 이 지도자 밑에서 복무했다가도 저 지도자 밑에서 복무했다. 즉, 황제 밑에 복무했다가도 프랑스 왕 밑에서 복무했고, 교황 밑에서 복무했다

---

13) 기곤S. C. Gigon, 《제3차 종교전쟁*La troisième guerre de religion*》, 자르낙–몽콩뚜르Jarnac-Moncontour(서기 1568 ~1569년), 376쪽.
14) 《보병步兵의 병법兵法 *Kriegskunst zu Fuss*》, 20~21쪽.

가도 베니스Venedig/Venice 공화국이나 네덜란드나 잉글랜드를 위해 복무했고 나중에는 덴마크 왕과 특히 스웨덴 왕을 위해서도 복무했다. 반면 폴란드 병사들은 게르만 제국 지도자 밑에 복무한 경우가 자주 보이며 헝가리와 크로아티아Kroat/Croitia 병사들도 게르만 제국 황제 밑에서 복무했다.15) 용병傭兵들은 전투의 목적과 대상을 가리지 않고 보수가 있는 곳이면 어디든 갔다. 물론 종교에 영향을 받는 경우도 가끔 있었다. 프룬트스베르크Georg Frundsberg의 토병土兵들은 루터Luther 추종자들이었다. 그러나 그들에게 중요했던 것은 이런 외형적인 것보다는 가톨릭 사제司祭들에 대한 증오심이었다. 위그노Hugenotten/Huguenot 전쟁(역자 주: 16세기 후반 프랑스 칼뱅파의 종교전쟁. 뒤의 192쪽 참고) 당시 가톨릭교도인 스위스 보병들은 프랑스 샤를르Charles IX세를 지원했고 프로테스탄트인 게르만 병사들은 위그노 교도들을 지원했다. 누구나 30년 전쟁(역자 주: 시기 1618년~1648년. 유럽의 거의 모든 나라들이 종교, 왕조, 영토 등을 둘러싸고 벌인 전쟁) 중에는 종교노선에 따라서 병력들도 편이 갈렸을 것으로 생각할 것이다. 물론 원칙상으로는 그랬고 게르만의 가톨릭교도들은 스페인과 이태리의 병사들에게 지원을 받았고 프로테스탄트들은 헝가리와 잉글랜드 그리고 스코틀랜드 개신교도들에게 지원을 받았다. 그러나 이로 인해 그들 사이에 변절이 없을 정도는 아니었다. 특히 포로가 된 자들은 바로 승리자들 편에 서서 싸울 준비가 되어 있었다. 서기 1594년에 그로닝겐Groningen이 항복했을 때 에버하르트 Eberhard Solms 대공大公이 그의 사촌 요한Johann von Nassau 대공大公에게 보고한 바에 의하면16) 모리츠Moritz/Maurice는 수비병력들에게 자유로운 철수를 보장하고 "9개의 군기軍旗를 자비롭게 존중하며 그대로 보유하도록 허락했다"고 한다. 그러나 성城에서 나온 많은 병사들은 중대장들로부터 도주해서 승리자 측으로 갔다. 만약 그들의 군기軍旗들이 성내城內에서 찢겨져 내렸다면 절반 정도 병력은 적에게 넘어갔을 것이라 한다. 서기 1600년 네덜란드 군이 생앙드레아St. Andreas를 함락시켰을 때 수비대의 거의 전부인 1,100명이 국가를 위해 복무하기로 했다.17) 브라이텐 평원 Breitenfeld 전투가 끝난 후 스웨덴의 구스타프 아돌프Gustav Adolf/Gustavus Adolfus는 손실을 보충할 수 있을 만큼 충분한 포로를 얻었다는 말을 고향으로 보낸 편지에 썼다. 서기 1642년 라이프찌히Leipzig 전투 때는 전투가 끝나갈 때쯤 제국 군대가 개활지에서 포위를 당해 일부는 적에게 도살을 당했지만,

일부는 살아서 승리자 측에서 복무할 수 있게 해달라고 애걸한 결과 목숨을 건졌다. 온전한 방진方陣들과 중대들이 일부는 군기軍旗들과 함께 선제후시選帝侯

---

15) 일례로 게오르크Georg von Lüneburg 같은 인물의 경우 서기 1636년에 그의 밑에 폴란드 병사를 1,200명 이상 거느리고 있었다.
16) 《오라니엔-나쏘 문집文集 Archives Oranien-Nassau》, 제II집, 제II편, 275쪽.
17) 같은 책, 10쪽.

市를 배반하고 아주 질서 있게 스웨덴 대열 쪽으로 가는 것이 마치 스웨덴 여왕에게 충성을 서약한 병사들 같았다. 그들과 함께 포로가 된 다니엘Daniel 대령大領은 그를 따르는 무리와 함께 야전사령관(토르스텐손Torstensson) 측으로 넘어왔다. 그는 야전사령관의 허락 하에 자신의 전혀 새로운 연대를 편성했는데 이전의 그의 부대가 병력이 너무 줄었기 때문이다. 그리고 이 연대는 이후 오랫동안 스웨덴 군대에서 훌륭한 업적을 남겼다.18)

서기 1647년에 게르만 제국 황제와 랑겔Wrangel은 에거Eger 부근의 요새화 된 두 숙영지에서 서로 마주 보고 대치했었다. 황제군은 상황이 어려웠다. "노병들 상당수가 스웨덴 측으로 도주해서 기병이 보병부대를 보호해 주어야 했다."19)

스위스인들이 그들의 고유체계로 기사騎士 체계에 대항했을 때 전투의 양상은 극도로 잔인해졌다. 기사들은 적을 죽이기보다 포로를 잡으려고 전투를 벌이는 일이 자주 있었지만 스위스인들에게는 전투에서 자비를 보이는 것이 허용되지 않았을 뿐 아니라 함락한 도시의 인명人命을 몰살시키기도 했다. 스위스 보병들과 토병土兵들은 오랫동안 도덕道德의 적敵이 되어 전혀 자비를 베풀지 않았다. 그러나 점차 변화가 생기기 시작했다. "좋은" 전쟁과 "나쁜" 전쟁의 구분이 생겼고, 포로교환 협정들이 체결되었고,20) 1개월 분 급료를 포로 속환금贖還金으로 정하기도 했다. 살인, 절도, 강도, 농촌지역 방화放火 등을 제한하기도 했다. 그러나 이런 상호간 자비가 군사적 관점에서는 위험한 요소로 보이기까지 했었다. 발렌슈타인Wallenstein은 진정한 전투가 앞서 있지 않았을 경우 적을 포획하는 것을 금할 필요가 있다고 생각한 적도 있다.

그러나 어떤 곳을 함락시키면서 수비병력을 전부 몰살시킨 다음에 상대방이 기회가 오면 같은 식으로 보복을 한 경우들이 아주 흔히 보인다.

이런 전투체계에 따른 특수 문제는 해고된 이후의 토병土兵 문제였다. 그들은 민간직업으로 돌아갈 준비가 거의 되어 있지 않았고 그럴 처지도 되지 못했다. 그들은 누군가 다시 소집해 줄 때를 기다리거나 다른 지휘관을 찾으러 다니면서 구걸, 도둑질 또는 약탈로 생계를 이어갔다. 단지 "기다리는warten"이라는 의미일 것으로 분명히 밝혀진 당시 표현으로 "아우프 디 가르트 겐auf die Gart gehn"(역자 주:

---

18) 켐니츠Philip Bogislav Chemnitz, 《스웨덴의 전쟁Schwedische Krieg》, 제I편, 제II권, 141쪽.

19) 푸펜도르프Pufendorf, B. 29, Ed., 서기 1688년, 제II편, 320쪽. 이 구절은 분명히 켐니츠Chemnitz의 앞의 글에서 인용한 것이다.

20) 서기 1553년에는 곤자고Gonzago와 브리사크Brissac 간에 "좋은 전쟁을 위한de bonne guerre" 그런 협정이 체결되기도 했다. 하르디Hardy, 《프랑스군 전술戰術의 역사Histoire de la tactique français》, 463쪽. 무장인원 Hommes d'armes(역자 주: 기사騎士)들과 일반병사(역자 주: 보병)들은 "털린dévaliser" 후에 즉, 무장을 해제 당하고 소유물을 몰수당한 후에 보수를 받지 않고 "갑자기 석방될 것이다."

직역하면 "기다리러 가는")라는 말이 있었다. 그 외에 "가르덴데 크네크트_{gardende Knecht}"(역자 주: 직역하면 "기다리는 병사") 또는 "가르데브뤼더_{Gardebrüder}"(역자 주: 직역하면 "기다리는 형제")라는 표현도 쓰였다. 이런 인간들은 물론 농촌지역에서는 골칫거리였다. 12세기에 벌써 붉은 수염 프리드리히_{Friedrich Barbarossa}(역자 주: 게르만 제국 프리드리히 I세의 별칭. 재위: 서기 1152-1190년)와 프랑스의 루이_{Louis} VII세 사이에 이들을 억제하기 위한 조약이 체결된 적이 있다(이 책 제III편, 315쪽 참고). 이런 인간들은 특히 15세기에는 "아르마냑_{Armagnaken/armagnacs}" 또는 "강탈자_{強奪者/Schinder}"라는 이름으로 나쁜 기억을 남겼다(이 책 제III편, 491쪽 및 493쪽 참고)

서기 1546년 1월 덴마크, 쾰른_{Köln/Cologne}, 선제후령_{選帝候領/Kurschaften}, 뮌스터_{Münster}, 뤼네부르크_{Lüneburg}, 헤쎈_{Hessen}, 만스펠트_{Mansfeld}, 테클렌부르크_{Teklenburg}, 아우그스부르크_{Augsburg}, 함부르크_{Hamburg}, 고슬라_{Goslar}, 마그데부르크_{Magdeburg}, 브라운슈바이크_{Braunschweig}, 힐데스하임_{Hildesheim}, 하노버_{Hannober} 등 여러 국가와 도시들의 대표가 모여 이런 "기다리는 토병_{土兵} gardende Landsknecht"들을 억제하기 위한 조치를 확립하기로 합의했다. 발하우젠_{Wallhausen}의 기록에는 이런 병사들을 그대로 풀어놓고 스스로 생계를 해결하게 방치하는 것보다 계속 현역_{現役}에 두고 군기_{軍紀}를 유지하게 하는 것이 비용이 덜 들었을 것이라고 아주 잘 설명한 구절이 보인다.21) 하지만 그렇게 하려면 잘 정비된 조세_{租稅} 체계가 필요했을 것인데 뒤에 다시 검토하겠지만 이는 쉬운 일이 아니었다. 그 결과 이런 "기다리는" 토병_{土兵}들을 통제하려 했지만 체계적인 징세_{徵稅} 체계는 도입되지 않은 중간쯤의 어정쩡한 조치가 생기기도 했다. 부란덴부르크 선제후_{選帝候/Kurfürst} 게오르크 빌헬름_{Georg Wilhelm}은 서기 1620년 5월 5일 다음과 같은 칙령을 공포했는데 필자는 매우 중요하고 사실이 잘 묘사된 문화적 문서인 이 칙령을 그대로 옮겨보겠다.

우리는 차후로… 다양한 보병 병사들을 모집해서 받아들일 것이지만 그렇게 하더라도 그들이 소집일자로 지정된 때까지는 떠돌아다니면서 특히 불쌍한 농촌주민들에게 부담을 주고 농촌주민들은 아무 보호도 받지 못할 것임을 우리가 쉽게 알 수 있을 것이다. 따라서 우리는 이들 즉, 우리의 병사들에게 자신의 중대장과 사령관이 누구인 줄도 모르고 10명 이상씩 떼를 지어 돌아다니지 말도록 엄숙히 명한다. 또한 그들은 10명이 모였을 경우 각 구역_{Dorf}에서 증명서를 제시하는 대가로 3그로스_{Reich=Grosch/Gros} 또는 36페니_{Piennig/penny}를 받는 것으로 만족해야 한다. 그러나 개인적으로 돌아다니는 그들에게 농민

---

21) 《보병_{步兵}의 병법_{兵法} Kriegskunst zu Fuss》, 16쪽 및 22쪽. 옌스_{Max Jähns}, 《독일 군사학사_{軍事學史} Geschichte der Krigswissenschaften vornehmlich in Deutschland》, 제II편, 1018쪽.

들이 3페니를 주고 농장노동자나 채소재배자가 1페니를 주면 그들은 이에 만족해야 하고 누구에게도 피해를 주면 안 된다. 그들은 닭이나 다른 재산을 가지고 가도 안 된다. 만약 한 명 또는 몇 명의 그들이 좋지 못한 대우를 받더라도 즉, 매를 맞고 쫓겨나거나 여타 다른 고통을 받더라도 그들은 이를 자신 외에 누구의 탓으로 돌려서는 안 된다.

우리는 또한 그들이 한 곳에 자주 가거나 많이 몰려가서 그 곳의 빈약한 재물들을 모두 고갈시키는 것을 원하지 않는다. 그들은 한 구역에 도착하면 즉시 등록된 증명서를 제시해야 하며 글을 쓸 줄 아는 사람이 없는 마을은 거의 또는 전혀 없으므로 그들이 가는 곳에서는 어느 곳이든 그때 돈을 받은 사람의 이름과 돈을 받은 날짜를 기록으로 유지해야 한다.

우리는 또 돌아다니는 병사들에게 개인적으로 앞서 언급한 2페니_{Piennig/penny}나 1페니를 줄 것인지 아니면 여러 명이 몇 그로스_{Reich=Grosch/Gros}를 모아 지주_{地主/Junker}에게 맡겨놓고 오는 병사들에게 분배하게 할 것인지는 농촌주민들이 알아서 하도록 위임한다. 후자의 경우 그곳으로 오는 병사들은 언제나 지주에게 갈 것이다. 주민 중 지주가 없을 때는 구역대표가 이를 맡을 수 있다.

결국 이 칙령은 떠돌이 병사들이 적절한 선물을 받는 대신 매를 맞게 될 수도 있다는 것을 예상하고 있는 것이다. 사실 남정네들이 들판에 나가 있는 사이에 옆구리에 칼을 차거나 어깨에 미늘창을 둘러멘 한 명 또는 몇 명의 거친 불량배가 농장에 오면 농민의 아내들을 그들이 오는 것이 반가웠을 것이고 몇 그로스나 닭 한 마리쯤은 즐거운 마음으로 내주었을 것이다. 그러나 우리의 조상들을 어리석고 무분별한 사람들이었다고 비웃지는 말자. 일거리를 찾아 무거운 발걸음을 옮기면서 그사이에 구걸로 연명하는 "실업자"가 우리 시대에도 없는 것이 아니다.

부 기附記

헬브링Helbling은 《독일어 어원학지語源學誌 *Zeitschrift für deutsche Wortforschung*》, 1912년 호에 30년 전쟁 초기에 이미 독일어에 스며들어온 외국의 군사용어들을 수집해 아주 흥미 있는 방식으로 정리해 놓았다.

트로쓰Tross(프랑스어. 역자 주: 수송대열)는 중세시대에 들어온 말이다. 프로비앙Proviant(보급품Profandt)과 바스타이Bastei(역자 주: 요새要塞)는 15세기쯤에 들어온 말이다. 로이트난트Leutnant(역자 주: 위관尉官), 카르티에Quartier(역자 주: 숙소宿所), 푸리어Furier(역자 주: 보급관補給官), 무니티온Munition(역자 주: 탄약彈藥), 마르시에렌Marschieren(역자 주: 행군行軍), 프로포쓰Profoss(프로포시투스propositus. 역자 주: 군기관軍紀官), 제벨Säbel(슬라브어. 역자 주: 베기용 긴칼의 이름) 등은 16세기 초에 들어 온 말이다. 졸타트Soldat(이태리어. 역자 주: 병사兵士)는 대략 1550년경에 들어와서 서기 1600년 이후에 일반적으로 사용된 단어이다. 게네랄General(처음에는 게네랄-하우프트만General-Hauptmann 등과 같이 복합어로 사용되었음. 역자 주: 장군), 콤미스Commis(병사들의 급양給養), 마르케텐더Marketender(이태리어. 역자 주: 군납업자) 등은 16세기 중반에 들어 온 말이다. 오피찌어Offizier(역자 주: 간부)는 원래 법정法廷 관리를 의미했지만 16세기부터는 군인 계급을 말하는 단어로도 쓰였다. 디찌플린Diziplin은 16세기 말에 들어 온 말이다. 인판테리Infanterie(역자 주: 보병부대)와 프론트Front(역자 주: 대형의 정면)는 발하우젠Wallhausen의 《보병步兵의 병법兵法 *Kriegskunst zu Fuss*》에 처음 보이는 단어이다. 아르메Armee(역자 주: 군대), 콤파니Kompagnie(역자 주: 중대中隊), 카발레리Kavallerie(역자 주: 기병대騎兵隊), 카노네Kanone(역자 주: 대포), 가르니종Garnison(역자 주: 수비대), 바가제Bagage(파가지에Paggagie. 역자 주: 수하물手荷物), 에크세찌에렌Exerzieren(역자 주: 훈련) 들은 16세기 경 또는 17세기초에 들어 온 말이다.

제 V 장
개별 전투들

1. 세리뇰라CERIGNOLA 전투(서기 1503년 4월 28일)

저지低地 이태리에서 스페인군과 프랑스군이 싸운 이 교전은 유럽 보병부대가 탄생된 후 성숙된 새 병법兵法이 선보인 첫 전투였다. 필자는 이 문제를 상세히 검토하지 않을 것이고 다만 이 전투 참전자인 콜로나Fabricio Colonna는 이 전투에서 승리를 안겨 준 것은 병사들의 용기와 지휘관(곤잘보Gonsalvo/Gonzalo de Cordova)의 "능력valore"이 아니라 스페인군이 그들의 전선戰線 앞에서 소총수들과 함께 점령한 조그만 토벽土壁과 참호였다고 조비우스Paolo Giovio/Jovius에게 말했다는 점만 지적해 둔다. 스페인 보병부대는 이 진지陣地에서 공세攻勢로 전환했다.

이때부터는 전방 장애물, 소총수들의 공격, 장애물을 향한 또는 장애물로부터의 공격의 실시나 자제自制 등이 전투기록의 주요 요소가 된다. 곤잘보는 이런 기본적 전투형식을 창안한 인물이다. 후일 이런 전투형식을 사용하는 인물들은 그의 추종자들 중에서 나온다.[1]

2. 라벤나RAVENNA 전투(서기 1512년 4월 11일)[2]

베니스Venedig/Venice와 연합한 교황 줄리우스Julius II세와 스페인군이 밀라노Mailand/Milan를 점령한 프랑스 루이Louis XII세가 서로 대치하고 있었다. 부왕副王/Bizekönig 카르도나Cardona가 지휘하는 스페인군은 나폴리에서 올라왔고 교황 측에 참여키로 한 스위스군은 산악지대를 출발했다(서기 1511년 가을). 그러나 특히 나쁜 겨울 날씨 때문에 약속된 시간에 도착하기가 쉽지 않았던 스위스군은 다시 돌아갔는데 아

---

1) 호봄Martin Hobohm, 《마키아벨리의 병법兵法 르네상스Machiavellis Renaissance der Kriegskunst》, 제II편, 518쪽.
2) 뤼스토프W. Rüstow의 《보병사步兵史 Geschichte der Infanterie》와 옌스Max Jähns의 《군사사軍事史 편람Handbuch von Geschichte der Kriegswesenissens》 그리고 랑케Leopold Ranke의 〈로마 민족과 개르만 민족의 역사Geschichte der romanischen und germanischen Völker〉(《전집全集 Werke》, 제33권, 25쪽 이하)에는 이 전투가 상세히 설명되어 있다. 서로 큰 차이가 있는 이들의 설명은 모두 크게 수정되어야 할 필요가 있다. 뤼스토프의 설명은 귀치아르디니Guicciardini의 기록에 너무 의존하고 있고 랑케와 옌스는 주로 코시니우스Coccinius의 기록에 의존하고 있는데 코시니우스의 기록은 다른 사료들보다 결코 좋은 기록이라고 할 수 없다. 사료들을 기초로 이 전투를 다룬 표준연구는 지더스레벤Erich Siedersleben의 베를린 대학교 학위논문(서기 1907년, 게오르크 나우크 출판사 Georg Nauck)이다. 지더스레벤이 주로 활용한 사료는 스페인 측에서 기사騎士들을 지휘했던 콜로나Fabricius Colonna가 쓴 한 서신書信(사누토Marino Sanuto의 《일기日記 Diarii》, 베니스, 서기 1886년, 제XIV편, 176쪽에 수록되어 있음)과 이 전투 당시 프랑스군 지휘부에 파견 나가 있던 피렌체Florenz/Firenze 대사大使 판돌피니Pandolfini의 한 보고서(데자르뎅Desjardins의 《프랑스와 토스카나 간의 외교협상Négociations diplomatiques de la France avec la Toscane》, 파리, 서기 1861년, 제II편, 581쪽에 수록되어 있음)이다.

마 프랑스 측의 자금도 어떤 역할을 한 것 같기도 하며 이로 인해 병력은 프랑스 측이 우세해졌다. 그들은 연합군에 포위되어 있던 볼로냐Bologna를 구원했고 베니스군에 함락되었던 브레시아Brescia를 탈환했으며 프랑스 보병부대에 증원군이 도착하자 총사령관 가스똥Gaston de Foix은 왕명王命에 따라 대규모 공세를 펴기로 했는데 로마까지 진격할 생각이었던 것으로 보인다.

반면에 스페인군 사령관은 황제와 잉글랜드 왕과 스위스 모두가 스페인 측을 위해 개입하려 하는 것 같이 보이자 결정적인 작전을 연기하려고 했다. 프랑스군이 보급대열의 준비를 끝내고(귀치아르디니Guicciardini, 《이태리 역사Historia d'Italia》) 3월 말에 접근했으나 카르도나Cardona 부왕副王이 아펜니노Apennninen 산맥 동쪽 언덕에 진지를 점령하자 수적 우세에도 불구하고 감히 그를 공격하지 못했다. 당시 스페인군은 에밀리아Aemilia 마을에서 식량을 쉽게 조달할 수 있었지만 프랑스군은 식량이 부족했었다. 이에 가스똥은 라벤나로 방향을 바꾸었다. 그러나 마지막 순간에 스페인군은 라벤나 시市로 증원군을 보내는데 성공했고 프랑스군은 한번 공격을 시도해 보았지만 격퇴되었다. 하지만 프랑스군의 포병에 맞서 라벤나는 오래 버틸 수 없을 것 같았다. 스페인 야전군은 라벤나를 구하려면 무언가 하지 않을 수 없었기에 라벤나로 더 가까이 접근했고 기병을 지휘하던 콜로나Fabricius Colonna의 말에 의하면 도시 동남쪽에서 모든 필요한 조건이 구비되어 있는 좋은 진지가 될 곳을 한 곳 발견했다. 이 지점은 아군에게는 식량조달이 쉽고 적敵은 공격하기가 어렵고 라벤나 포위군에게는 계속적으로 큰 위협이 되는 곳으로서 그들에게 가는 보급로를 차단할 수 있는 곳이었다. 스페인 보병부대를 지휘하던 나바로Navarro는 적과 1 이태리 마일쯤 더 가까운 곳에서 이곳에 못지않게 좋은 진지가 될 곳을 자신이 발견했다고 믿고 있었다. 부왕副王 카르도나Cardona는 콜로나의 반대에도 불구하고 나바로가 말한 곳으로 가면 전투를 할 수 있다면서 그곳을 점령하라고 명했다.3)

스페인군의 좌측면은 론코Ronco 강 깊은 협곡과 닿아 있었고 강 건너에 프랑스군이 있었다. 따라서 프랑스군이 오기 전 인공장애물로 정면을 보강할 시간이 있었다. 나바로는 이미 그런 요새 구축으로 유명해진 인물이었다. 참호 뒤에는 많은 수레를 세워놓았고 각 수레에서 창槍 한 자루씩을 적을 향해 눕혀 놓았다.4) 소총수들은 수레 사이에 배치되었고 이 요새선 뒤에 보병부대가 배치되었다. 스페인 보병부대는 선형대형線形隊形으로 제1제대가 되고 이태리 보병부대는 2개 방진方陣으로 나뉘어 제2제대가 되었다. 이들 보병부대의 좌측 즉, 론코 강의 높은

---

3) 콜로나Fabricius Colonna의 서신 참고.
4) 이태리의 조사 지도에는 이 참호의 흔적이 오늘날도 남아있는 것으로 표시되어 있지만 사료에 기록된 서기 1512년 이 전투 당시의 모습 같이 론코 강에 가까이 연결되어 있지는 않다.

둑 위에는 중기병대重騎兵隊가 배치되었고 이들 앞에는 장애물이 이어져 있지 않았
다. 참호를 강까지 연장할 시간이 없었기 때문일 것이다. 참호 끝에서 강까지의
거리는 약 20클라프터Klafter(약 37m)쯤 되었다 한다. 우측에는 경기병輕騎兵들이 배치
되어 비토리아Vittoria Colonna의 남편 젊은 페스카라Pescara가 이를 지휘하고 있었다. 사
료에는 이 우측면 쪽 지형에 대한 설명이 없다. 그러나 이태리의 현지조사도에
는 론코 강에서 1km쯤 떨어진 곳에서 습한 목초지가 시작되고 이 목초지에는
좀 깊은 도랑들이 엇갈려 흐르고 있다. 따라서 보병은 기동할 수 없는 지형이다.
바로 이런 이유 때문에 경기병들을 중기병대와 분리해서 이곳에 배치했을 것이
분명하다. 더욱이 론코 강과 직각을 이루며 시작되는 정면은 약간 후방 쪽으로
들어오면서 전개되어 있었으므로 이곳에서는 포위기동이 전혀 불가능했다.

프랑스군 병력은 야콥Jacob von Ems 휘하의 게르만 게르만 토병土兵/Landsknecht/lansquenet
(역자 주: 16~17세기 독일의 보병용병步兵傭兵) 5,000~6,000명을 포함 총 23,000명쯤 되었다.5)
스페인군은 16,000명쯤으로 상대방의 2/3에 불과했다. 더욱이 프랑스군의 대포는
50문이었고 24문에 불과한 스페인 포병의 2배였다. 스페인군의 위치가 자연적 지
형이나 인공장애물로 인해 너무 유리했기 때문에 프랑스군의 진중회의陣中會議는
공격을 감행할 것인지 주저하고 있었다. 그러나 공격하지 않으면 라벤나 포위를
포기하고 창피하게 철수하는 길밖에 없었으므로 혈기 넘치던 젊은 영주領主 가스
똥Gaston de Foix은 결국 공격을 결정했는데 그 역시 적이 차지하고 있는 지형상의
이점을 상쇄시킬 수 있는 방법을 찾아냈다.

동이 트자 프랑스군의 일부는 다리로 일부는 걸어서 론코 강을 건너서 적을
향해 정렬했다.

콜로나Fabricius Colonna는 자신들이 적과 너무 가까이 있으니 낮이 되기 전 앞으로
나가 적이 강을 건너고 있을 때 공격해야 한다고 부왕副王에게 건의했다. 다리는
스페인군 진지에서 불과 0.5km 떨어져 있었다. 그러나 부왕副王은 이번에도 최상
의 방어진지에서 적을 기다려야 한다는 나바로Navarro의 계획을 지지했다.

이에 프랑스군은 스페인군을 마주 보고 전개했는데 중기병을 우측에 경기병을
좌측에 두고 보병을 중앙에 배치했고 중앙을 약간 뒤로 물려서 반달 모양으로
정렬했다고 한다. 그러나 왜 그랬는지는 불분명하며 전투의 경과에도 그로 인한
영향은 아무것도 나타나지 않았다.

양측 모두에서 스위스군의 3개 방진方陣 전술 비슷한 것은 보이지 않는다. 이
스위스 전술은 적어도 1개 이상의 방진方陣이 강공强攻을 펴는 전술이었다. 스페인
군은 완전한 방어진지를 점령하고 있었고 프랑스군 역시 전개 이후 바로 공격에

---

5) 필자는 론코 강의 다리에 배치되어 있다 전투에 개입한 알레그레Alègre의 창병槍兵 400명을 추가한다.

들어가지 않았다. 전혀 새로운 전술이 채택된 것이다. 공격자는 방어자에게 일정 거리까지만 접근한 다음 포병에게 먼저 포격을 시작하게 하고 이 포병의 엄호 하에 여타 병력이 임무를 수행하게 했던 것이다.

　스페인 포병은 대포 숫자는 적었지만 지형상 이점 때문에 프랑스 포병의 공격에 잘 대응할 수 있었다. 그러나 프랑스군에는 에스토니아Este/Estonia(페라라Ferrara)의 알폰소Alfons 영주領主가 있었고 그는 새 병종兵種인 포병의 발전에 대해 특별한 관심을 갖고 있던 인물로서 그의 병기고兵器庫는 대포로 채워져 있었다. 프랑스 포병에 대포도 많고 훈련된 포수砲手들도 있던 것은 그의 덕분이었다. 알폰소는 자신이 불리한 지형에 있음을 알고 보병부대 뒤에 있던 대포의 상당수를 스페인군 측면에 포격을 가할 수 있는 약간 솟아오른 지형으로 옮긴 것 같다.6) 나바로Navarro는 보병들에게 땅바닥에 엎드려 적의 포환砲丸에 피해를 입지 않도록 하라고 명령했지만 좌측에 있던 스페인 기사騎士들은 정면과 측면을 향한 적의 십자十字 포격에 꼼짝없이 노출되었다. 현대 기병대라면 이런 상황에서는 분명히 위치를 바꾸어서 적의 포격에 치명적 피해를 입지 않게 할 것이며 높은 지형으로 가서 지형의 이점을 활용할 것이다. 그러나 당시 스페인 기사騎士들은 지도자들의 통제 아래 이렇게 정확하게 이동할 수 있을 수준이 되지 못했었다. 그들은 정반대로 적의 포환砲丸이 자신들에게 떨어지자 뛰어나가 공격하도록 허락할 것을 지도자 콜로나Fabricius Colonna에게 요구했다. 물론 당시의 포병은 아무리 잘 훈련된 경우라 해도 포격이 정확하고 신속하지 못했으므로 스페인 기사騎士들의 인명人命 피해가 그리 크지는 않았을 것이다. 그러나 적진敵陣으로 날아가 표적을 명중시켜 말과 기사騎士들을 분산시켜 그대로 버티기 힘든 상황을 조성하는 데는 무거운 포환砲丸 단 몇 발이면 충분했다. 콜로나는 나바로와 페스카라에게 모든 전선이 동시에 공격에 나설 것을 요구했다. 나바로는 당연히 이를 불합리한 요구라며 거부하고 그렇게 하면 스페인군은 치밀하게 잘 선정된 유리한 방어진지의 이점을 버리는 것이라고 말했다. 그의 말은 사리가 너무 분명했으므로 콜로나 역시 이를 인정하지 않을 수 없었을 것이다. 그러나 방어전은 그리 쉬운 것이 아니다. 방어전에서는 병력이 지휘관 통제에 잘 따라야 한다. 하지만 콜로나는 그의 기사騎士들을 장악하지 못하고 있었다. 그의 기사騎士들은 포환砲丸을 피하기 위해 그들 맞은 편에 있던 프랑스 기사騎士들에게 돌진했다. 그러나 이렇게 전투를 시작한 그들은 프랑스군이 뒤쪽 다리 위에 남겨두었던 창병槍兵 400명을 불러 올려 그들의 측면으로 보내자 더욱 큰 피해를 입었다.

---

6) 그러나 귀치아르디니Guicciardini의 설명에 의하면 에스테Este 포병은 적의 우측면에 완전히 접근해 있었고 대포 사정거리가 적의 정면 전체에 포격을 가할 수 있을 정도는 아니었기 때문에 포병의 이런 기동이 분명한 것은 아니다. 아마도 전투장소를 다시 조사해 보면 이 점이 분명히 밝혀질 수 있을 것이다.

반대쪽 경기병輕騎兵들에게도 유사한 상황이 발생했다. 페스카라Pescara가 지휘하던 이태리 기병과 스페인 기병은 적의 대포를 향해 돌진했지만 적의 우세한 병력에 의해 격퇴되었다.

그러나 중앙에서는 나바로Navarro가 그의 보병부대를 제자리에 잡아두고 있었다. 프랑스군 보병부대에 합리적인 지도자가 있었다면 기병이 양 측면에서 완전히 승리할 때까지 스페인 보병부대 같이 제자리에 있다 승리한 기병들과 함께 공격해야 했을 것이다. 그러나 스페인군 포환砲丸이 예상보다 빨리 자신들 위에 떨어져서 더 이상 버틸 수 없어서였는지 프랑스 보병부대는 결국 적에게 돌진했다. 이때 나바로는 땅바닥에 엎드려 있게 했던 그의 보병부대를 일어나게 했고 후미 부대들에게 앞으로 나가 전방 병력과 밀착하게 했다. 그들은 이렇게 견고한 대형을 갖추자 먼저 자신들의 살귀 화승총Gabelarkebuse/Fork harquebus(역자 주: 앞의 44쪽 참고)으로 총탄세례를 퍼부어 프랑스 보병부대를 흔들어 놓고 이렇게 흔들린 프랑스 보병부대가 참호를 건너려는 순간 공격을 시작했다. 프랑스군의 피카르디Picardi/Picardy 병력과 가스꼬뉴Gascogne/Gascony 병력은 쇄도해 들어오는 스페인군에게 밀렸다. 그러나 게르만 토병土兵들은 좋은 갑옷과 짧은 무기로 무장한 스페인군이 그들의 창창長槍들 사이를 휘젓는 바람에 큰 피해를 입었지만 굳게 버텼다.

결국 승부는 그사이에 양 측면의 프랑스 기병들이 먼저 승리를 거둔 다음에 스페인-이태리 보병부대의 양 측면을 공격함으로써 결정이 났다. 물러서던 피카르디 병력과 가스꼬뉴 병력도 다시 전진했고 나바로의 보병부대는 압도적으로 우세한 적에게 사방에서 공격을 받고 결국 밀려나지 않을 수가 없었다. 하지만 많은 손실을 입었음에도 불구하고 나바로의 보병부대는 대형을 유지했다. 아직 3,000명이나 되던 그들은 밀집대형을 유지한 채 론코Ronco 강 둑을 따라 도주했다. 그러나 나바로는 기병을 지휘하던 콜로나Fabricius Colonna와 페스카라Pescara에 이어서 포로가 되었다. 프랑스군 총사령관 가스똥Gaston de Foix은 철수하던 스페인 창병槍兵들의 방진方陣을 돌파하려다가 다수의 기사騎士들과 함께 전사戰士했다.

라벤나 전투의 큰 특징은 공격자 측 포병이 보여준 역할이다. 가쓰똥은 의도적으로 포병에게 먼저 포격을 실시하도록 했는데 이는 기사騎士들과 보병부대가 공격하기에 앞서 적을 흔들어 놓기 위한 것임과 동시에 포격의 효과를 이용해서 적을 유리한 방어진지에서 끌어내 공격하지 않을 수 없게 만들기 위한 것이기도 했다. 이것이 우연이 아니라 의도적인 작전이었음은 가스똥이 자신의 병력에게 이렇게 말했다고 한 귀치아르디니Guicciardini의 기록 뿐 아니라 특히 프랑스 측으로 이 전투에 참전한 피렌체Florenz/Firenze 대사大使 판돌피니Pandolfini의 말에 의해서도 입증된다. 마키아벨리Machiavelli의 《로마사론*Discorsi sopra la prima deca di Tito Livio*》에서도 "스페인군은 적의 대포 때문에 그들의 요새화 된 진지를 나와서 싸우지 않을 수 없었다”고 했다(제I편, 206쪽). 프랑스군의 이런 포격은 스페인군의 좌측에 있던 기사騎士들에게만 있었다. 여기서 우리는 이 기병들은 왜 철수하지 않았던 것인지 그리고 보병부대의 본대가 그랬던 것 같이 엎드려 있기만 하면 어느 정도 스스로를 보호할 수 있었을 한 보병부대에게 왜 앞에 있던 프랑스 포병으로부터 이 기사騎士들을 보호하게 하지 않았는지 의문을 가져 볼 수 있다. 이 문제에 대한 해답은 기사騎士들은 서 있는 위치에서 쉽사리 뒤로 물러설 수 없다는 데 있다.

스페인 기사騎士들은 계획과 달리 앞으로 뛰어나감으로써 자신들이 패배하는데 그치지 않고 보병부대까지 패배하게 만들었다. 보병부대는 승리를 눈앞에 두고 있던 순간 프랑스 기사騎士들의 측면공격을 받고 패배한 것이다. 스페인 기사騎士들이 앞으로 나가지 않고 그대로 프랑스 기사騎士들을 기다렸다면 충분히 버틸 수 있었을 것이다. 프랑스 기사騎士들이 공격로로 이용해야 할 전방 참호의 끝과 론코Ronco 강 사이의 거리는 (판돌피니Pandolfini의 말에 의하면) 겨우 20클라프터Klafter(브라시아braccia)(약 37m) 밖에 안되었고 나바로Navarro에게는 필요한 곳이 있으면 어디든 지원할 수 있는 즉, 기사騎士들이 공격을 받아서 백병전에 들어가더라도 이를 지원할 수 있는 창병槍兵 500명을 예비대로 보유하고 있었기 때문이다.

한편 프랑스군은 이 라벤나 전투에서 찬란한 승리를 거두었지만 이로 인해서 얻은 것은 없었다. 승리에 결정적 역할을 했던 게르만 토병土兵들은 황제의 소환 명령을 받자 황제의 권위를 부인하는 800명을 제외하고 프랑스군에게서 떠났다. 돌아갔던 스위스 보병들은 프랑스군이 스페인군과 싸우려 하고 있었던 겨울에 다시 출현했지만 그들은 이제는 교황과 베니스 공화국의 동맹군으로서 게르만 제국 막시밀리안Maximilian 황제의 승인 하에 18,000명의 병력으로 티롤Tyrol을 거쳐 베니스군과 합류했다. 이렇게 큰 병력이 집결하자 프랑스군은 한번 전투를 벌여 볼 엄두도 내지 못하고 이태리에서 철수했다. 프랑스군이 밀라노Mailand/Milan 지역에 요새화 된 성城 몇 곳만 겨우 확보해 놓고 케니스Cenis 산을 넘어서 프랑스로 철수한 것은 라벤나 전투 이후 2개월만의 일이다. 혹 총사령관 가스똥Gaston de Foix의 죽음이 프랑스군에게서 승리의 열매를 모두 훔쳐간 것으로 생각할 사람이 있을지 모른다. 그러나 보다 정확하게 말하자면 분명히 이와 정반대였다. 다시 말해 이 젊은 영주領主는 이때 기사騎士 전투에서 죽음으로써 곧 이어진 프랑스의 전략적인 패배에 대한 책임을 면할 수 있었다. 필자는 그가 후계자 라팔리스La Palice와 근본적으로 다르게 잘할 수 있었을 것으로는 보지 않는다. 압도적으로 병력이 우세한 적 앞에서는 전략적 천재도 별도리가 없는 법이다.

3. 노바라NOVARA 전투(서기 1513년 6월 6일)[7]

프랑스군은 라벤나Ravenna에서 승리했음에도 프랑스에 대항하는 정치동맹 때문에 곧 이태리를 떠날 수밖에 없었지만 상황은 곧 또 다시 바뀌어 새로운 기회가 그들에게 생겼다. 베니스가 프랑스 편으로 돌아섰고 스위스연합의 정책도 불분명해 졌다. 프랑스군은 또 다시 많은 게르만 토병土兵들과 함께 이태리로 나가서 밀라노Mailand/Milan를 함락시켰고 노바라 시市에 스위스 보조부대와 함께 있던 스포르자Maximillian Sforza를 포위했다. 프랑스 포병의 위력 때문에 노바라의 상황이 위급해지자 스위스 구원군이 북쪽에서 접근했고 이에 프랑스군은 베니스 동맹군이 있는 동쪽으로 물러나기로 결정했다.

그러나 스위스군은 매우 긴 행군 끝에 저녁에야 그깃도 질반만 노바라에 노착했지만 프랑스군 역시 포위를 푼 다음에 대포를 끌고 매우 큰 수송대열과 함께 철수하는 것이 매우 힘들고 시간도 걸리는 일이었으므로 그 날 노바라에서 겨우 4Km 정도만 이동해서 트레카타Trecata 마을 건너편 습지에 가까운 곳에 숙영지를 설치하고 주변에 얼기설기 참호를 파놓았다.

스위스군 지도자들은 이런 프랑스군의 방심을 놓치지 않았다. 기습에 이보다 더 유리한 조건은 없었다. 모가르텐Morgarten 전투(역자 주: 이 책 제III편, 제V권, 제II장 참고) 이후 그들은 적을 기습하는 데 어느 정도 병력이 필요한지 알고 있었다. 그들은 방금 전 저녁에야 노바라에 도착했지만 그 날 밤 지도자들이 진중회의陣中會議를 열고 나머지 병력의 도착을 기다릴 것 없이 즉시 공격에 나서기로 했다. 프랑스군은 거의 자정이 되어도 노바라에서 스위스군이 떠드는 소리가 들리자 포위가 풀린 것을 축하하느라 술자리가 벌어진 것으로 짐작했다. 라트레모이유La Trémouille 와 함께 병력을 지휘하던 트리불지오Trivulzio는 "이제 저들이 술에 취해 곯아 떨어졌을 테니 안심하고 자도 되겠다"라고 말했다고 한다. 프랑스군은 통상 일종의 목제木製 요새로 그들 주위를 둘러쌓아 놓고 있었는데 이는 마르크de la Marck 대공大公이 창안한 것으로 막대와 널빤지들을 짜 맞춘 것이었다. 아마도 이 자재資材들을 나르느라고 그들의 수송대열은 이동이 매우 힘들었을 것이다. 더욱이 이 요새는 너무 작아서 일부 병력만 둘러쌀 수 있었기 때문에 그리 효과도 없었다. 하지만 이날 밤은 그들이 너무 안심했었기 때문에 이 요새조차 설치하지 않았다.

---

7) 이 전투를 다룬 두 편의 귀중한 글이 연이어 등장했다. 하나는 가글리아르디E. Gagliardi 박사의 《노바라 전투와 디종 전투. 16세기 강대국 스위스의 절정기絶頂期와 쇠퇴기衰退期 *Novara und Dojon. Höhepunkt und Verfall der schweizerischen Grossmacht im 16. Jahrhundert*》(쮜리히, 서기 1907년, 게브뤼더 레만Gebr. Leemann & Co. 출판사)이고 다른 하나는 피셔Georg Fischer의 《노바라 전투*Die Schlacht bei Novara*》(베를린 대학교 학위논문, 서기 1908년, 게오르크 나우크 출판사Georg Nauck)이다.

　돌연 숙영지 내에 스위군이 공격하고 있다는 비명소리가 울려 퍼졌다. 강인한 산악지대 병사들은 강행군과 음주 후 단 몇 시간만 휴식하고 날이 밝기 전 다시 집결해서 "성난 벌떼" 같이 성문城門을 쏟아져 나와 "적을 찾아내 그들과 운명을 겨루어 보려고" 쓰러진 담장들을 뛰어넘어 농촌지대로 뛰어들었다.

　이때 그들은 다시 옛날의 3개 방진方陣 대형을 썼지만 상황을 잘 검토해서 이에 맞춘 대형이었다. 북쪽에서 온 부대는 프랑스군 우측면을 포위하고 병력이 작은 보병부대는 막시밀리안Maximillian 영주領主가 지휘하는 이태리 기사騎士들로 보강되었다. 프랑스 포병과 같이 적 숙영지 정면을 공격한 중앙부대 역시 병력이 그리 많지 않았는데 이들의 임무는 적을 직접 공격하는 것이 아니라 대포 몇 문의 지원을 받아 처음에는 적을 붙들어 두는 양공陽攻 임무였다. 그러나 작은 숲에 은폐되고 있던 본대本隊는 남쪽에서 프랑스군 숙영지를 포위함으로써 적의 위험한 포격을 피해가면서 전력을 다해 프랑스군의 핵심인 게르만 토병土兵 부대를 덮쳤다.8)

　양측은 보병에서는 병력이 약 10,000씩 거의 같았지만 프랑스군에는 많은 포병과 1,100명 이상의 중기병重騎兵과 500명 정도의 경기병輕騎兵이 있었다. 그러나 전혀 패해 본 적이 없고 자신감이 넘치던 스위스 보병들이 게르만 토병土兵들과 프랑스 보병들에 비해 어느 정도 질적으로 우수한 병력이었을 것이다. 그러나 게르만 토병土兵들과 프랑스 보병들도, 그 중에서도 특히 게르만 토병土兵들은 전투경험이 많았고 나름대로의 자신감과 능력이 있었으며 따라서 우리는 만약 공평한 상황에서 전투가 벌어졌었다면 아무리 스위스 보병들이 필사적으로 싸웠다고 해도 우세한 포병과 대포까지 있는 상대방과 대등한 전투를 벌일 수 있었을 것으로는 볼 수 없을 것이다. 하지만 스위스군은 기습공격으로 이런 불균형을 극복할 수 있었다. 그러나 이 전투에서 기습은 예를 들어 모가르텐Morgarten 전투 당시의 기습만큼 대단한 것은 아니었다. 프랑스군은 공황상태에 빠지지도 않았었다. 게르만 토병土兵들의 본대는 대형을 갖추었고 기사騎士들도 갑옷을 착용한 후 말에 올라탔으며 여타 병력들도 대형을 갖추었다. 그러나 그들간에 합리적 협조는 없었다. 프랑스군 지휘관 라트레모이유La Trémouille는 전투를 지휘하려고 갑옷을 반쯤밖에

---

8) 가글리아르디E. Gagliardi와 피셔Georg Fischer는 이 전투의 구체적 요소들을 서로 다른 방식으로 정리했고 서로 모순된 방식으로 정리한 경우도 있다. 전자가 좌익으로 설명한 부분을 후자는 우익으로 설명한 곳도 보인다. 필자는 피셔의 견해에 동의하지만 그는 스위스군의 북쪽 방진方陣의 병력을 1,000명, 중앙 방진方陣의 병력을 2,000명 그리고 남쪽 방진方陣의 병력을 7,000명으로 각각 본 점과 관련해서 필자는 그렇게 보는 것도 불가능하지는 않지만 분명하지는 않다고 본다. 물론 스위스군에게 적에 대한 정확한 정보가 있어서 게르만 토병土兵들이 숙영지 남쪽에 있지만 그쪽은 기병들에게 불리한 지형임을 알고 있었다면 북쪽과 중앙의 방진方陣들에는 적은 병력을 배치하는 대신 북쪽은 기병으로 보강하고 중앙은 대포로 보강할 수도 있었을 것이다. 그러나 그들은 이 두 부대에게는 시위示威 임무만 주고 주공主攻을 남쪽으로 해서 보병병력의 70%를 할당한 것일 수도 있다. 그러나 이런 문제들은 직접적이고 믿을만한 관련 사료가 있어야 알 수 있는 문제들이다. 필자는 기본적으로는 피셔의 견해에 동조하지만 좀더 신중하고 유보적인 입장에서 각 부대의 병력수에 대해서는 구체적인 언급을 피해 왔다.

착용하지 못한 채 그대로 말 등에 올라탔지만 그가 실제로 리더십을 발휘한 흔적은 보이지 않는다. 북쪽과 중앙의 작은 스위스 부대들은 비교적 많은 적의 주의를 끌었지만 프랑스군은 이들을 나가서 공격하지는 않고 제 자리에서 이들과 싸워 격퇴한 후 좌익 쪽으로 공격을 전환할 수 있었고 좌익 쪽에서는 게르만 토병土兵들이 치열한 주전투主戰鬪를 치르고 있었다. 여기에서 이상한 점은 평소 그렇게도 용감했던 기사騎士들이 이때 아무 일도 하지 않은 점이다. 무장인원Hommes d'armes(역자 주: 기사騎士) 중 사망자는 모두 40명 이하였고 귀치아르디니Guicciardini는 그들을 철저하게 비겁한 자들이었다고 비난하고 있다. 그러나 이는 믿을 수 없는 일이므로 학자들은 그들이 아무것도 하지 않은 이유를 불리한 지형 때문이었을 것으로 보려 하는데 어느 정도 그런 이유도 있었을 것이다. 그러나 프랑스군이 그들의 중기병重騎兵을 진허 이용힐 수 없는 지형을 숙영시도 선성했을 리 없다. 우리는 전쟁사를 통해 다른 이유가 있었음을 알 수 있다. 마라톤Marathon 전투 때 페르시아 기병을 위시해서(역자 주: 이 책 제I편, 61쪽 참고) 중세의 많은 전투들을 보면 기사騎士들이 통제불능 상태에 빠졌던 일이 수 없이 많다. 기사騎士들은 정상적 전투에서 특정한 가시적 목표가 주어지면 그들만이 해낼 수 있는 일을 잘 해낸다. 그러나 어떤 예상외의 상황이 생기면 그들은 기능을 잃게 된다. 타인과 밀집대형을 형성해서 신호나 명령에 따르는 것이 습관화되어 있지 않고 오로지 자신의 생각대로 행동하는 경향이 있는 개인들은 정확한 장소에서 정확한 목적을 위해 정확한 순간에 동료들과 협력해서 일을 할 수가 없는 법이다. 그들은 용기 있는 일부는 한곳을 공격하고 다른 일부는 다른 곳을 공격하며 또 다른 일부는 누군가 자신과 합류하거나 상황을 분명히 알기를 기다리게 된다. 이미 자신들이 패한 것으로 보고 헛되이 목숨을 버리지 않으려는 자도 생기기 마련이다. 게르만 토병土兵들은 일부 대포들을 옮기거나 포구砲口를 돌려 자신들을 포위한 스위스군을 향해 새 정면을 형성했다. 그들의 갈퀴 화승총Gabelarkebuse/Fork harquebus(역자 주: 앞의 44쪽 참고) 역시 위력을 발휘했다. 만약 이때 그들이 스위스군과 혼전에 들어가려는 순간 수백 명의 프랑스 무장인원이 적의 본대의 측면을 공격했다면 그들은 무너지지 않았을 것이 분명하다. 그러나 무장인원들은 몇 명만 대담하게 적에게 돌진했고 이들은 대포나 화승총이나 마찬가지로 적을 지연시키지 못했다. 중앙과 우익의 프랑스 병력이 공포에 휩싸여 전장戰場을 이탈한 후 스위스군은 다른 부대의 지원을 받아 맹렬히 공격한 결과 토병土兵들을 제압했다. 스위스군은 포위된 상황에서 자연스런 퇴각로를 이탈해서 물러나는 토병土兵들을 무자비하게 도살했다.9) 프랑스 보병은 기사騎士들이나 마찬가지로 그리 큰 피해를 입지 않고 도주

---

9) 사료에서는 스위스의 미늘창(역자 주: 앞의 4쪽 참고) 창병槍兵 400명이 먼저 토병土兵들의 소총수들을

했다. 그들 중 일부는 전비戰費 금고金庫를 들고 동쪽 트레카테Trecate 방향으로 도주했고 다른 일부는 북쪽으로 철수 한 후 노바라Novara의 북쪽을 돌아 노바라 남서쪽의 베르첼리Vercelli 쪽으로 도주했는데 베르첼리에 도착한 후에는 트레카테 방향으로 도주했다가 스위스군의 남쪽을 돌아서 이곳으로 온 병력과 합류했다.

스위스군은 적의 숙영지와 대포들을 전리품으로 얻었지만 막시밀리안Maximillian 영주領主의 서신書信에 의하면 겨우 1~2시간밖에 안 걸린 이 전투에서 전례 없이 큰 손실을 입었다고 한다. 그들도 근 1,500명이나 죽은 것으로 보이는데 이들은 적의 대포와 화승총과 포위된 토병土兵들의 필사적인 저항 때문에 죽은 것이며 이러한 강력한 저항을 스위스군은 일찍이 경험해보지 못했었다.

4. 모타MOTTA(크레아쪼CREAZZO) 전투(서기 1513년 10월 7일)

베니스 장군 알비아노Alviano는 비센짜Vicenza 북쪽에서 현저히 우세한 병력으로 교황과 스페인 및 프랑스의 연합군을 공격했다. 그러나 그의 중기병重騎兵이 그의 명령에 따라서 포위기동을 하던 중 습지에 빠지고 그의 이태리 보병은 페스카라Pescara가 지휘하는 스페인군과 프룬트스베르크Georg Frundsberg가 지휘하는 게르만군에게 버티지 못했기 때문에 결국 패배했다.10)

5. 마리그나노MARIGNANO 전투(서기 1515년 9월 13일~14일)

스위스군은 노바라Novara 전투에서 승리한 후 이어서 같은 해 가을에는 프랑스 본토를 침공했다. 이들과 긴밀한 동맹을 맺고 있던 게르만 제국 막시밀리안Maximillian 황제는 기병과 포병을 이끌고 이 전역에 동참했다. 이와 동시에 잉글랜드도 북쪽에서 프랑스를 침공해서 기네가테Guinegate 전투에서 프랑스군을 이기자 그들은 벌써 파리Paris 시市 자체를 공동의 목표로 해서 연합군의 집결지로 생각할 만큼 터무니없는 환상을 품게 되었다.

황제의 스위스군이 부르고뉴Burgund/Burgogne 지역으로 들어와 디종Dijon 시市가 포격砲擊을 받게 되자 프랑스는 스위스군의 요구에 굴복할 수밖에 없었다. 수비를 지휘하고 있던 라트레모이유La Trémouille는 적의 공격으로부터 도시를 구하기 위해 스위스 측과 조약을 체결했고 이 조약에서는 프랑스 왕이 밀라노Mailand/Milan에 대한 권리를 포기하고 전쟁배상금으로 은화 400,000크로네Krone/crown를 지불하기로 했다.

몰아낸 후 적 본대의 측면을 공격했다고 한다. 가글리아르디E. Gagliardi는 이들을 우연히 그곳에 도착한 병력으로 보지만(그의 책, 162쪽) 피셔Georg Fischer는 의도적으로 그곳으로 보낸 병력으로 본다(그의 책, 138쪽). 필자는 이 병력은 본대 속에 있다가 양측 본대들이 충돌할 때 한 쪽으로 쏟아져 나온 병력이 아닌가 싶다.

10) 하인츠Otto Haintz의 《노바라 전투에서 모타 전투까지Von Novara bis La Motta》(서기 1902년, 베를린 대학교 학위논문)에는 이 전투가 잘 설명되어 있다.

그러나 이 조약은 이행되지 않았다. 스위스는 전투를 열망하는 그의 병력을 프랑스 왕의 비준서批准書가 도착할 때까지 디종Dijon 시市 앞에 집결시켜 놓고 기다리게 할 수 없었고 프랑스 왕도 일단 급한 상황이 끝나자 한숨을 내쉬면서 배상금은 지불하겠지만 밀라노에 대한 권리는 포기하지 않겠다고 선언했다.

2년 전 스포르자Maximilian Sforza 영주領主는 스위스의 군대를 용병傭兵으로 고용해서 프랑스로부터 빼앗았지만 이 젊은 영주領主는 이때부터 그의 동맹군에게 완전히 종속된 처지가 되었다. 그는 자신의 일련의 국경지역들을 그들에게 넘겨주고 200,000두카트Dukat의 돈도 지불해야 했지만 무엇보다 그의 공국公國을 계속 스위스 연합의 보호 하에 두어야 했다. 그는 자신의 몸과 영토와 백성과 재산을 모두 스위스연합이 그들의 것으로 생각해도 좋으며 자신의 법적 아버지로서 자신과 자신의 밀라노 시를 그들의 보호 하에 두고 자신은 그들을 아들이 아버지를 대하듯 대하겠다는 글을 보냈다. 스위스연합은 이를 말 그대로 받아들였다. 그들은 요새화 된 성城들을 점령하고 매년 40,000두카트를 요구했으며 상주대사常住大使를 파견해서 젊은 영주領主의 통치를 감독했다. 이런 관계는 오늘날(서기 1906년)의 프랑스와 튀니지아의 관계나 영국과 이집트와의 관계 또는 민족대이동民族大移動/Völkerwanderung(역자 주: 이 책 제Ⅱ편, 제Ⅱ권 참고) 초기의 게르만족 연합과 로마제국의 관계와 같은 것이었다. 결국 스위스가 프랑스 왕에게 밀라노에 대한 권리를 포기하도록 강력하게 요구하며 싸운 것은 스포르자를 위한 것이 아니라 자신들을 위한 것이었다. 만약 이런 관계가 계속되었다면 넓게 보면 제노바Genua/Genoa까지 포함했던 밀라노 공국公國이 스위스연합에 종속된 1개 주州가 되었을 것이다. 또한 그렇게 되었다면 오늘날의 스위스는 그 영토가 보덴 호수Boden See(역자 주: 스위스와 이태리 사이의 호수. 콘스탄쯔Constanz/Constance 호수라고도 함)에서 지중해에 이르는 국가가 되었을 것이다. 또한 이런 상태에서 메로빙Merowing/Meroving 왕사王家가 프랑크 부속늘의 수장이 되었듯이 스위스의 여러 주州들도 한 왕가가 그들의 수장이 되어서 지속적인 정복정책을 폈거나 그들에게 다른 어떤 형태의 견고한 정부가 있었다면 이 알프스 산악지대 주민들은 그들의 군사력으로 큰 영토를 지닌 국가를 만들 수도 있었을 것이다. 그러나 여러 주州들이 느슨한 연방 형태로 구성된 그들의 정부는 거대한 정치적 목표를 추구할 수 없었고 그들이 강력한 군사력을 발휘할 수 있도록 해 주었던 여건들은 그들이 정치적 모험을 하지 못하도록 억제하는 여건이 되기도 했다. 옛 프랑크족의 강한 전투력의 기초는 그들의 야만성에 있었지만 그들은 약탈과 지배를 추구하는 과정에서 기꺼이 클로드비크Chlodwig/Clovis(역자 주: 프랑크 왕국 메로빙 왕조 창시자)에게 복종했었다. 반면 스위스인들이 강한 전투력을 발휘할 수 있었던 것은 개개인 모두가 정치생활에 참여할 수 있었기 때문이었고 이 때문에 병사들 개개인 모두가 생기 넘치는 도전적 자신감을 지닐 수가 있었고 그 결과 스위스연합은 누구도 저항할 수 없는 힘을 발휘할 수 있었다. 그러나 정치적 관점에서 보면 이런 자신감은 각기 주권主權을 지닌 작은 주州들의 경우에만 가능했으며 스위스연합은 이런 조그만 주州들이 사안 별로 특정한 정치적 목적을 위해 연합했던 세력에 불과했다.11) 그러나 각 주州들은 상호 질시했고 대중들은 언제나 눈앞의 즉각적 소득만을 원했었기 때문에 그들은 거대한 목표를 세울 수 없었다. 스위스연합이 대담한 샤를르Karls des Kühnen/Charles the Bold(역자 주: 이 책 제III편의 제IV권, 제VI장 및 제V권, 제VII장 참고)를 공격해서 이긴 것은 절반은 프랑스가 준 보수를 위해서였고 절반은 정복에 열을 올리는 베른Bern 주州의 귀족들 때문이었다. 그러나 그들이 더 없이 찬란한 승리들을 거둔 후에도 베른Bern 주州의 소득은 몇 개의 작은 요새들과 지역들뿐이었다. 서부의 보드Vaud 주州와 프랑슈-콩떼Franche-Comté 주州는 계속 보수를 받은 대가로 반환되었었다. 그러나 이제는 같은 게임이 밀라노를 두고 진행되었다. 과거에는 스위스의 동부주東部州들이 베른Bern 주州를 위해 정복에 나서지 않았었지만(역자 주: 이 책 제III편, 제V권, 제VII장 참고), 이제는 베른Bern 주州와 그 이웃인 프라이부르크Fribourg 주州 및 솔로투른 주州가 밀라노에 대한 계속적 지배를 원치 않았다. 밀라노를 계속해서 지배하는 것은 주로 동부주東部州들에게만 이익이 되는 일이었기 때문이었다.

루이Louis XII세의 후계자 프랑시스Franz/Francis I세는 서기 1515년 여름 다시 밀라노 정복을 위해 적어도 23,000명은 되었다는 게르만 토병土兵들을 포함한 대군大軍을 거느리고 알프스를 넘었지만 그는 칼만으로 스위스를 위협하지는 않았던 훌륭한 정치가였다. 그는 스위스인들을 황금으로 유혹하는 방법을 알고 있었고 디종Dojon 에서 이미 약속한 바 있는 400,000크로네Krone/crown 외에 추가로 300,000크로네와 매년 보수를 주겠다고 제의하면서 밀라노를 자신에게 양보할 것을 요구했고 동시에 말시밀리안Maximillian 영주領主에게는 배상금으로 프랑스에 있는 네무르Nemours 공국公國과 매년 보수를 주겠다고 제의했다.

스위스인들은 프랑스와의 관계 문제로 오래 전부터 분열되어 있었다. 그들은 어쨌건 루이Louis XI세 및 샤를르Charles VIII와 동맹을 유지해 왔지만 반쯤은 우연한 실수로 인해, 특히 스위스측의 터무니없는 주장으로 인해, 루이Louis XII세와는 불화에 빠졌었다. 프랑스를 이태리에서 몰아내려던 교황은 영리하게 이런 불화를

---

11) 가글리아르디E. Gagliardi 박사의 《노바라 전투와 디종 전투. 16세기 강대국 스위스의 절정기絶頂期와 쇠퇴기衰退期 *Novara und Dojon. Höhepunkt und Verfall der schweizerischen Grossmacht im 16. Jahrhundert*》에서는 이런 이런 양면적 성격을 뛰어나게 잘 설명하고 있다.

부채질하며 교회 외교관으로서 프랑스에 강한 적대감을 지녔던 매우 정력적인 지텐Sitten 주교主敎 쉬너Schinner추기경樞機卿을 통해 스위스연합을 완전히 자신의 진영으로 끌어들였다. 그러나 스위스에는 프랑스 지지파들이 계속 증가했다. 풍부한 선물 때문에 그들은 옛 동맹에 대한 추억을 그대로 지니고 있었다. 디종Dijon으로 출전도 친불파親佛派 또는 "탐전가貪錢家Krone-eater"들을 비난하고 이들을 뇌물수수와 반역 혐의로 고발했던 대중운동 덕에 가능했었다. 그러나 당근과 채찍을 들고 프랑시스 I세가 다시 나타나자 결국 스위스 지도자들 중 그의 말에 귀 기울이는 사람들이 생겼다. 총 1,000,000크로네Krone/crown에 달하는 돈 때문에 스위스연합은 갈레라테Gallerate 평화조약(서기 1515년 9월 8일)을 통해 밀라노 공국公國과 그 주변 종속지역들을 프랑스 왕에게 넘겨주었다. 이와 동시에 스위스연합은 각 지역 당 1년에 2,000 프랑franc 씩 받는 조건으로 프랑시스 I세의 전 생애와 그 다음의 10년 후에까지 동맹을 유지하기로 약속했다.

베른Bern 시市 병력과 발레Valais 시市 병력 등 상당수가 고향으로 돌아가자 여타 주州에서 온 병력들은 크게 분노했다. 이때 스위스군 진영에는 무모하고 교활한 인물이 있어 이미 조약이 체결되어 많은 병력이 고향으로 떠났음에도 불구하고 전투를 벌여 승리함으로써 스위스가 지휘관 회의의 결정과는 다른 정책을 채택하도록 압박하기 위해 스위스 병사들의 전투의지를 자극했다. 교황의 대사大使인 쉬너Schinner 추기경樞機卿이 바로 그였다.

프랑스군의 병력은 30,000명은 너끈히 되었다. 물론 사료에는 이보다도 훨씬 많았다고 기록되어 있다. 주력은 보병부대였고 이들 중에는 게르만 토병土兵들과 프랑스 병사들이 있었다. 그 외에 창병槍兵 2,500명과 대포 60문을 보유한 포병부대가 있었다. 스위스군의 병력은 상당수가 이미 떠난 후 보병 20,000명과 이들을 지원하는 약 200명의 기병과 몇 문의 대포가 있었다.

스위스군은 밀라노 시에 머물고 있었고 프랑스군은 남쪽에서 접근해서 밀라노에서 2마일(약 15km)이 채 안 되는 곳까지 와있었다. 이때 갑자기 도시 앞에서 전투가 벌어졌다는 비명소리가 스위스 병사들 숙소에 울려 퍼지면서 스위스군은 프랑스군의 공격을 받았다. 쉬너Schinner 추기경樞機卿은 운터발덴Unterwalten 주州에서 온 인물로서 밀라노 영주領主의 경호부대 지휘관이었던 빙켈리트Arnold Winkelried를 설득해서 프랑스군 전위대와 소규모 전초전을 벌이게 했다. 밀라노의 계속 지배를 원했고 프랑스와 평화조약 체결에 반대했던 우리Uri 변경주邊境州, 루체른Lucern 시市 및 여타 산림주山林州/Waldstätte의 병력들이 빙켈리트를 도와주려고 성문을 박차고 몰려나갔다. 프랑스군은 즉시 철수했지만 전투가 계속되고 있다는 보고가 성城 안으로 들어가자 특히 쮜리히Zürich 시市와 쭈그Zug 시市 병력들이 동료들이 당하는 것을 방치할 수 없다고 주장하자 이미 철수를 결정했던 주州들의 병력까지 포함해서 여타 주州의 병력들까지 함께 따라 나섰다. 해가 질 때쯤 그들은 프랑스군 전위대의 숙영지에 도착해 그들을 공격해서 몰아낸 후 대포 몇 문을 노획했다. 이때 본대와 함께 약간 먼 후방 숙영지에 있던 프랑스 왕은 이미 기사騎士들과 함께 서둘러 전진 중이었지만 해가 떨어지자 전투는 중단되었다. 그러나 양측 숙영지가 매우 가까이 있었기 때문에 산발적 충돌이 밤새도록 끊이지 않았다. 아침이 되자 프랑시스 I세는 그의 전위대가 스위스군의 기습을 받고 생겼었던 모든 혼란들을 극복한 후 몇 개의 도랑 뒤에 기사騎士 부대들과 창병槍兵 부대들을 사이사이 섞어서 배치하고 그들의 사이나 앞에 소총수들을 배치하는 방식으로 매우 유리하게 병력을 정렬시켜 스위스군의 공격을 맞이할 준비를 했다.

스위스군은 그들의 정상적 대형인 3개 방진方陣으로 정렬했지만 좌측과 중앙의 두 방진方陣은 실제 공격에 참여하지 않았다. 사료는 많지만 좌측 방진方陣에 관한 정보는 아무것도 없고 프랑시스 I세와 마주 보고 있던 중앙의 방진方陣은 대포와 소총을 쏘거나 산발적 출격 외에는 전투에 크게 개입하지 않았음이 분명하다. 스위스군 지도자들은 중앙에서 병력을 지휘하면서 노바라Novara 전투 때와 같이 두 포위부대 중 하나가 승리하기를 기다렸다가 중앙이 공격하게 하려는 의도였음이 분명하다. 그러나 프랑시스 I세는 우세한 대포의 지원 하에서 자신이 점령하고 있는 물이 가득 찬 도랑들 뒤의 유리한 진지에서 나설 이유가 없었다.

스위스군은 우익의 포위부대만 실제 공격했고 처음 꽤 성과가 있었다. 그러나 프랑스군은 병력이 크게 우세했고 특히 게르만 토병土兵들이 스위스군의 공격에 잘 버티었다. 프랑시스 I세는 그의 동생인 알레쏭Aleçon이 지휘하는 좌익의 상황이 심각함을 알고 중앙에서 그쪽으로 지원병력을 보냈고 나중에는 전위대인 베니스 병력도 도착해서 그쪽을 지원했다.

결국 스위스군의 대담성과 용기는 모두 허사가 되었다. 어제 화려한 자주색 옷을 입고 말을 타고 이곳저곳 돌아다니며 병사들을 격려했던 쉬너Schinner 추기경樞機卿은 밤사이 기습공격이 큰 성공을 거두지 못하자 이제 이길 가망이 없다는 것을 알고 철수를 권유했던 것 같다. 그들은 우익이 철수하자 이제 누구나 중앙 역시 희망이 없다는 것을 알게 되었고 결국 모두 철수했다.

이때 만약 프랑스군이 대규모 기병으로 그들을 추격했다면 스위스군의 상황은 2년 전 노바라Novara 전투 때 게르만 토병土兵들이 처했던 상황보다 아마 나을 것이 없었을 것이다. 그러나 프랑시스 I세는 물론 전투를 원치 않았었다. 그는 일시적이 되기는 했지만 패배한 스위스군을 미래의 친구로 보고 있었다. 만약 지금 퇴각하는 그들을 베어버리고 쏘아버린다면 그는 미래에 자신이 쓸 용병傭兵들을 죽이는 것이 될 뿐 아니라 스위스인들의 복수심을 일깨웠을 것이고 이로써 옛 우정까지도 끊어놓았을 것이다. 결국 그는 추격할 생각을 버렸는데 이는 당대인 當代人들의 해석 같이 스위스군이 과거 보여준 용기가 두려웠기 때문이 아니었다. 하지만 스위스군의 손실은 적지 않았다. 프랑스군의 대포가 그들의 밀집대형은 물론이고 모든 부대에 큰 피해를 입혔기 때문이다. 후퇴 중 여러 부대가 쓰러졌고 어느 부대는 한 가옥 속에 갇힌 채로 불에 타죽었다.

이 마리그나노 전투는 크게 왜곡되게 기술되어 있는 전통적인 전투들 중 하나이다. 귀치아르디니Guicciardini의 기록에는 프랑스군 지휘관 트리불지오Trivulzio가 이 전투는 인간들의 전투가 아니라 괴물들의 전투였다고 말했다는 구절이 계속해서 등장하지만 트리불지오가 실제로 그런 말을 했는지 여부를 떠나서 이 전투 전체를 보면 그런 표현은 적질하지 못하나. 그런 표현은 전례 없이 규모가 큰 전투였다는 인상을 주지만 이 전투는 서로 끝장을 볼 때까지 싸운 전투가 아니었고 군사적 요소보다 정치적 요소가 훨씬 더 큰 역할을 한 전투였다. 잘못된 기록을 정확한 설명으로 대체할 필요가 없거나 이 전투와 같이 정치적인 계산에 의해 변형되어 있는 전투의 실례를 보여주는 것이 도움이 되지 않는다면 이 "병법사兵法史"에서 우리는 이 전투를 생략할 수 있었을 것이다.12)

이 전투는 물론 전투를 계획한 인물들이 병사들의 감정을 영리하게 부추겨서 일으킨 전투에 불과했고 아무런 소득도 없었다. 프랑시스 I세는 승리 이후에도 그가 이미 서명한 바 있는 평화협정의 내용을 그대로 이행했다. 다만 한 가지 차이는 스위스가 그에게 위임된 대로 (오늘날의 국경선 같이) 밀라노 공국公國의 주변 종속지역들의 일부를 그대로 유지하기로 했고 그 대신 300,000크로네Krone/crown를 덜 받았다는 점뿐이다. 그러나 스위스가 이를 군사적 패배로 느꼈다거나 이로 인해 대담한 공격정신이나 절대적인 자신감을 잃어버렸다는 증거는 없다. 다음 전투인 비코카Biccoca 전투는 이를 잘 보여준다.

스위스연합이 큰 세력으로 성장해 나가던 추세는 시작된 지 얼마 안 된 서기 1515년에 이렇게 단절되었다. 사실 베른Bern 시市는 그래도 서기 1536년에 바트Waadt/Vaud 주州를 이길 좋은 기회가 있었지만 이는 결국 부르고뉴 전쟁의 뒤늦은

---

12) 하르켄제Harkensee(괴팅겐Göttingen 대학교 학위논문, 서기 1909년)은 세부 문제의 조사에는 기여했지만 전투 전반의 정확한 전술적 개념을 이해하지 못했다. 지금껏 말한 내용들에 비추어 볼 때 그의 글에서 무엇이 수정되어야 할지는 분명하다. 특히 하르켄제는 프랑스군의 과장된 병력수를 너무 믿고 있다. 그러나 그의 글에 대한 하당크Hadank의 평론(《독일문예지獨逸文藝誌Deutche Literaturzeitung》, 제26권, 서기 1910년)은 세부내용에 너무 집착해서 하르케젠이 전략적 상황까지 이해하지 못하고 있다고 잘못 비판하고 있다. 하지만 하당크가 프랑스군의 병력수를 30,000명으로 계산한 것은 정확한 계산일 수가 있다. 그는 또한 가스꼬뉴 병사들이 땅에 세워놓고 방벽 같이 활용할 수 있는 큰 방패를 가지고 있었다는 기록을 잘 옹호해 주고 있다. 그런 방패(파베세pavese)들은 궁수들이 사용한 방패이다. 그는 이런 종류의 방패를 그들 앞에 세워놓고 있는 쇠뇌수弩手들의 모습을 보여주는 옛 축소모형을 증거로 제시하고 있다. 헤웨트Hewett, 《고대 갑옷과 무기Ancient Armour and Weapons》, 제III편, 543쪽(부록).

소득이었을 뿐 서기 1515년 이후로 그들에게는 스케일 큰 정책이 전혀 없었다. 스위스연합의 군대는 어느 정도 계속해서 프랑스의 보수를 받는 군대가 되었고 이로써 지배적인 지위를 잃고 여타 국가의 병력들과 대등한 병력들 중 하나로 추락했다. 만약 스위스가 군사적으로 독립된 큰 세력이 되려 했다면 중앙집권적 형태의 정부가 있었어야 했고 또한 당시의 기준에 맞추어 기병과 포병을 발전시켰어야만 했다. 그러나 그들의 힘은 물론 전적으로 보병에 있었고 디종Dijon 포위 때조차도 대포는 막시밀리안Maximilian 황제가 공급해 주어야 했었다. 대포는 산악지대의 작은 지역들이나 도시들로서는 힘에 벅찬 무장이었다.13) 스위스인들이 세계사에 기여한 것은 다른 국가들의 모범이 된 보병부대의 창설뿐이다. 마리그나노 전투 이전에 그들은 불패의 군대였고 이 전투에서 그들이 패한 것도 특별한 상황 때문이었으며 이로 인해 그들의 명성이 줄어들 수는 없었다.

6. 비코카BICOCCA 전투(서기 1522년 4월 27일)14)

프랑스는 6년 동안 밀라노 공국公國을 평온하게 소유했으나 대담한 샤를르Karls des Kühnen/Charles the Bold의 증손자曾孫子로서 또한 막시밀리안Maximilian 황제와 스페인의 페르디난트Ferdinand 왕과 이사벨라Isabella 여왕의 손자로서 선조先朝들로부터 프랑스 왕에 대한 적개심을 물려받은 게르만 제국 카를Karl V세 황제는 서기 1522년에 또 다시 고지高地 이태리를 쟁탈하려는 싸움을 벌였다. 이에 프랑스의 프랑시스Franz/Francis I세는 스위스 용병傭兵들을 모집했지만 게르만군의 총사령관 콜로나Prosper Colonna는 프랑스군이 전투를 벌일 틈이 없게 너무 멀리 우회해 기동했기 때문에 프랑스의 전비戰費는 바닥났고 스위스 보병들은 고향으로 돌아갔다. 이에 콜로나는 아무런 저항도 받지 않고 밀라노에 입성入城했다. 특히 프랑스인들이 밀라노 시민들을 너무 괴롭혔었기 때문에 시민들이 성문을 열어주었다.

이듬해인 서기 1522년에 프랑스군은 밀라노를 포위할 만큼 큰 병력으로 다시 나타났지만 토병土兵 6,000명과 기병 300명으로 편성된 게르만 제국 구원군이 도착하자 밀라노에서 철수해서 약간 작은 목표물인 파비아Pavia에 집중했다. 그러나 파비아 포위도 실패하고 티치노Ticino 강의 홍수로 식량 보급도 차단되고 게르만군을 포위해서 개활지로 끌어내려는 시도도 실패하자 프랑스군은 또 다시 흩어질 위험에 처했다. 스위스 병사들이 더 이상 포위작전을 계속하려 하지 않았기 때문이다. 스위스군의 작전양상은 적이 개활지로 나오면 즉시 이를 찾아내 공격해

---

13) 앞의 41쪽에서 필자는 스위스 포병을 칭송한 사료구절이 있다는 말을 인용해 놓았지만 이는 사실과 부합되지 않는다.

14) 코피쉬Paul Kopitsch, 《비코카 전투Die Schlacht bei Bicocca》(베를린 대학교 학위논문, 서기 1909년, 에버링E. Eberling 출판사) 참고.

서 이긴 후에 전리품과 보수를 챙겨서 고향으로 돌아가려는 것이었다. 도시의 포위나 기동만 계속하거나 방어진지나 점령해서 시간을 소모하는 것은 그들의 본성과 전투개념에 어울리지 않았고 특히 보수가 정시에 지급되지 않을 때는 더 그랬다. 결국 프랑스군은 프랑스에서 심프론Simplon을 경유해서 오고 있는 전비금고戰費金庫를 맞이하러 몬짜Monza로 나가야 했었기 때문에 마지막 기동을 결정한 것으로 보인다. 하지만 여전히 금고가 도착하지 않자 스위스 병사들은 더 이상 약속을 믿지 않고 싸우지 않으면 고향으로 돌아가겠다고 으름장을 놓았다.15)

프랑스-베니스군의 병력은 황제의 병력보다 절반 이상 많았던 것 같다. 아마 전자는 20,000명쯤 되고 후자는 32,000명쯤 되었을 것이다. 그러나 콜로나Prosper Colonna가 지휘하는 황제의 게르만군은 밀라노 북쪽 1마일도 안 되는(약 7km) 수렵기지狩獵基地로 거의 난공불락의 신시陣地인 비코카 성城을 점령하고 있었다. 앞에는 움푹 꺼진 도로 하나가 가로놓여 있었고 좌측은 습지의 보호를 받고 있었으며 우측에는 한 다리를 통해서만 건널 수 있는 개울이 있었다. 북쪽을 바라보고 있던 그는 600m쯤의 적절한 폭을 지닌 정면에 대포와 4개 횡렬橫列의 소총수를 배치했다. 소총수들은 최근에 성능이 개량된 소총으로 무장하고 횡렬 별로 사격하는 훈련을 받은 병력이었다. 앞의 2개 횡렬은 사격 후 바로 주저앉아서 뒤의 2개 횡렬이 사격할 수 있게 훈련되어 있었다. 이들 뒤에는 프룬트스베르크Georg Frundsberg가 지휘하는 게르만 토병土兵들과 페스카라Pescara가 지휘하는 스페인 병력이 종심縱深 깊은 대형으로 정렬해 있었다. 기병들은 더 후방에 대기하면서 적이 다리를 건너서 우측면을 포위할 가능성에 대비하고 있었다.

이 진지는 라벤나Ravenna 전투 때 스페인군의 진지보다도 훨씬 강력한 진지였다. 라벤나에서는 대포를 이용해 적에게 철수하지 않으면 앞으로 나올 수밖에 없게 강요함으로써 방어군을 진지에서 끌어내는 계책이 멋지게 성공했었지만 지금은 이런 계책도 쓸 수 없었다. 이번에는 프랑스군에 대포도 많지 않았으며 라벤나 때는 프랑스군 포격에 큰 피해를 입었던 스페인 기병들이 이번에는 앞으로 나와 있지 않고 제2제대에 있었기 때문이다. 더욱이 1개 부대로 적을 완전히 포위해 후방을 공격하는 것도 매우 어려웠다. 적 바로 뒤에 밀라노 시市가 있었기 때문이다. 더욱이 그들의 접근은 적의 관측에 노출되어 있었고 콜로나는 스포르자Franz Sforza 영주領主에게 프랑스군이 접근하면 바로 경보를 울려서 무장한 밀라노 시민 6,000명을 끌고 나와 게르만군의 후방을 엄호하도록 지시해 놓았다.

---

15) 귀치아르디니Guicciardini의 원문에서는 "그들은 고향으로 돌아가려 했었지만 자신들이 겁이 나지 않았음을 전 세계에 보여주기 위해서 우선 적을 이기려고 했다"라고 했다. 스위스 병사들이 이런 말을 했을 가능성은 있지만 만약 그들이 승리했다면 그들은 분명히 그대로 머물러 있었을 것이며 따라서 그들은 진정으로 처음부터 싸울 의도였음이 분명하다.

　　프랑스군 총사령관 로트레Lautrec는 병력은 우세했어도 이런 상황에서는 당연히 전투를 피하고 지금껏 해 온 방식대로 작전을 계속하려고 했을 것이다. 지금껏 그는 밀라노 공국公國 내의 작은 마을들을 산발적으로 포위해 탈취함으로써 적이 대응작전을 펴도록 유도해서 개활지에서 우세한 병력의 이점을 활용할 기회를 잡으려 했었다. 비록 지금까지 2달 동안은 적이 영리하게도 잘 대처해서 그가 얻은 것이 별로 없었지만 장차 그런 일이 일어나지 않으리라는 보장도 없었다. 그러나 스위스군은 그런 긴 기동을 참지 못했다. 로트게가 강력한 적의 진지에 대해 아무리 설명을 해주어도 그들의 대담성과 자신감은 마리그나노Marignano 전투 이후에도 전혀 변하지 않았다. 그들은 자신들이 작은 병력을 가지고도 노바라Novara에서 프랑스군을 이겼던 일을 상기시키면서 이제 스페인군을 상대로 같은 작전을 벌이려 했다. 그러나 스페인군은 그들보다 용기는 많지 않았지만 계략이 그들을 능가할 수도 있는 병력이었다.

　　결국 로트레는 스위스군을 적의 정면으로 내보낼 수밖에는 없었고 이를 위해 15,000명 병력을 2개 방진方陣으로 나누었다. 각 방진方陣은 정면이 100명 종심縱深이 75명이었고 소총수들이 배속되어 있었다. 주로 기병으로 편성된 또 하나의 부대에게는 다리를 건너 적의 우측면을 공격하게 했다. 공격에 가담한 병력은 18,000명쯤 되었다. 그러나 베니스군 등 여타 이태리 병력 약 14,000명은 예비대로 남겨져 있었다. 로트레가 왜 이렇게 병력을 배분했는지에 관한 설명은 없다. 불패를 자랑하며 으르렁대는 스위스군이 전투를 재촉하자 적을 공격하는 일을 그들에게 맡겨놓은 것 같지만 정면에 더 이상의 돌격부대를 배치할 공간이 없었기 때문일 수도 있다. 그러나 예비대를 적극 활용하려는 것이 그의 의도였을 수도 있다. 그는 스위스군이 무모한 공격에 실패해서 물러나면 적이 추격에 나설 수 있고 이때 유리한 방어진지를 버리고 무질서하게 뛰쳐나오는 그들을 다른 신선한 병력으로 덮칠 기회가 생길 것으로 기대했을 수도 있다. 이렇게 되었을 때 만약 스위스군도 퇴각을 멈추고 돌아선다면 그는 절대적으로 우세한 병력으로 적을 이길 수 있게 되었을 것이다.

　　그러나 로트레는 스위스군이 전진을 시작한 후에도 포위병력이 적의 진지에 도착해서 작전을 시작할 때까지라도 그들을 정지시켜 보려 했다. 그러나 완강한 고집으로 강요하다시피 겨우 전투를 시작하게 만들었던 스위스 병사들은 그의 정지명령을 전투를 회피해 보려는 마지막 시도로 생각하고 화를 내면서 공격을 요구했다. 대부분의 스위스 병사들은 자신들의 지도자들까지 불신하며 지휘관들, 젊은 귀족들, 연금수혜자들 그리고 보수를 3배로 받는 용병傭兵들은 뒤에서 큰소리나 치지 말고 대열 앞으로 나가서 싸우라는 말을 했다. 결국 그들의 무리는 포탄과 총탄 세례를 뚫고 전진했다. 그러나 포탄과 총탄들이 이런 밀집병력을 놓칠 리가 없었다. 공격자들은 심한 피해를 입은 후에야 3ft 정도는 푹 가라앉은 도로에 도착해서 적의 창병槍兵들과 접촉을 시도했다.

그러나 게르만 토병土兵들과 스페인 병사들은 이 가라앉은 도로 바로 뒤에 있지 않고 사전에 지시 받은 대로 약간 뒤에 있다가 스위스군이 접근해 올 때 아군 소총수들이 전선戰線 사이로 또는 전선戰線을 휘돌아서 쉽게 뒤로 물러날 수 있게 했다. 소총수들이 물러난 후 양측은 충돌했지만 방어군은 기다리고 있다 공격군을 맞이한 것이 아니고 공격군이 가라앉은 도로를 막 넘어설 때까지 그들 역시 전진하면서 전방추진력을 이용해서 충돌했다. 프룬트스베르크Georg Frundsberg 자신도 미늘창을 들고 토병土兵들의 선두 횡렬橫列에 서서 무릎을 꿇고 기도를 올리다가 "모두 좋은 때가 왔으니 주님의 이름으로 일어서라"고 외치면서 병사들과 함께 적에게 돌진했다. 스위스군의 첨두尖頭에는 7년 전 마리그나노Marignano 전투 때도 선두에서 전투를 이끈 적이 있고 한 때는 프룬트스베르크 측에서 게르만 제국 용병傭兵으로 싸운 적도 있는 운터발덴Unterwalden의 빙켈리트Arnold Winkelried가 있었다. 그는 "이 나쁜 놈아! 이제 내가 너를 보았으니 오늘 너는 반드시 내 손에 죽을 것이다"라고 소리쳤다. 프룬트스베르크는 "너야말로 그렇게 될 것이다. 그것이 주님의 뜻이다"라고 응대했다. 프룬트스베르크는 허벅지에 창상槍傷을 입었지만 빙켈리트는 토병土兵들의 창槍에 찔려 죽었다.

스위스군은 후퇴할 수밖에는 없었다. 그들은 적과 접촉하려고 긴 거리를 이동하며 지쳐있었고 적의 대포와 화승총에 많은 인원이 죽었으며 가라앉은 도로를 건너며 대형도 흩어져 있었다. 따라서 스위스 아펜젤Appenzell 지역 병사들이 고향으로 보고한 대로 그들은 "후방으로부터 전방추진력이 별로 없었다." 가라앉은 도로 때문에 선두 횡렬橫列들과 분리된 후미 횡렬들에게는 이 같은 종심縱深 깊은 방진方陣 전술의 기초인 전방추진력이 없을 수밖에는 없었다.

다리를 건너 적의 우측면을 공격하던 프랑스 기사騎士들도 역시 격퇴되었다.

프룬트스베르크Georg Frundsberg가 스위스 방진方陣을 토병土兵들과 함께 물리친 것과 같은 방식으로 페스카라Pescara는 알브레크트Albrecht von Stein가 지휘한 도시병력들을 자신의 스페인 병사들로 격퇴한 후에 전과확대戰果擴大를 위해 스위스군을 추격하자고 제의했다. 그러나 프룬트스베르크는 이를 거절하며 "우리는 오늘 충분한 명예를 얻었소"라고 했고 총사령관 콜로나Prosper Colonna도 이 말에 동의했다. 스위스군은 많은 손실을 입었지만 질서 있게 퇴각했고 앞서 말했다시피 그들 뒤에는 적이 개활지로 나오기 기다리고 있었을 14,000명의 병력이 대기 중이었다.

그러나 적이 개활지로 나오지 않았으므로 프랑스군은 패배를 인정할 수밖에 없었고 스위스군이 고향으로 돌아갔으므로 이 전역戰役 자체도 실패로 끝났다.

게르만 토병土兵들이 스위스 보병들을 이긴 것은 이 전투가 처음이었고 따라서 그들은 의기양양意氣揚揚했었다. 그들은 패배한 스위스 보병들을 조롱하는 노래를 불렀고 패배한 병사들은 다른 노래로 응수했다. 이렇게 계속된 노래전쟁에서는 여러 전투들이 서로 뒤섞이게 되었고 결국 이 비코카Bicocca 전투가 밀집 정렬한 토병土兵 방진方陣과 그들에게 희생당한 용감한 빙켈리트와 함께 136년 전에 있었던 셈파크Sempach 전투로 이입移入되었다(역자 주: 이 책 제III편, 556쪽 참고).

기록상 가장 작은 수치로는 이 전투에서 스위스 보병 3,000명이 죽었으며 아마 이는 그들이 크게 승리했던 전투들에서 죽은 숫자를 합한 것보다도 큰 수치일 것이다. 귀치아르디니Guicciardini의 말에 의하면 그들은 병력을 잃은 것보다 용기를 잃게 된 것이 더 큰 손실이었고 이 전투에서 입은 피해로 인해 너무 약화되어서 이후 여러 해 동안 과거의 정신을 보여주지 못했다 한다. 사실 그들의 대담성은 지난 200년 동안에 한 번도 패배를 경험해 보지 못하면서 무르익은 무조건적인 불패의 자신감 때문에 생긴 것인데 이제는 이러한 자신감이 깨졌다는 것이다. 그러나 후일의 전쟁사를 보면 우리는 그런 판단에 동의할 수 없다. 스위스 보병들의 중요성이 점차 사라지기는 했지만 이는 앞으로 알게 되겠지만 그들 자신의 능력이 감소되었기 때문이라기보다는 스위스연합 군사력의 활동공간이 점차로 제한된 전반적 상황전개 때문이었다.

랑케Leopold Ranke는 비코카 전투 당시 스위스군의 성격을 다음과 같이 규정했다.

그들은 높은 영감靈感은 없는 야만적 전사戰士로서의 용기만 있었고 용기 자체를 자랑으로 여겼으며 리더십 같은 것은 필요 없는 것으로 여겼다. 그들은 자신들이 피고용인被雇傭人임을 알고 있었지만 각자 해야 할 의무가 있었고 이 의무를 다하려고 했었다. 그들이 오로지 생각하고 있었던 것은 몸을 부딪혀 싸워서 공격에 대한 대가를 받아야 하고 그들의 숙적宿敵인 슈바벤Schwaben/Swabia 토병土兵들에게 이겨야 한다는 것뿐이었다.

7. 파비아PAVIA 전투(서기 1525년 2월 24일)[16]

프랑스는 비코카에서 패했지만 이태리 지배를 위해 계속 투쟁했다. 프랑시스Franz/Francis 왕은 두 차례 전역戰役을 벌였지만 전투 없이 계속 기동만 하던 중 마르

---

16) 이 전투에 관한 표준연구는 톰Reinhard Tom의 서기 1907년도 베를린대학교 학위논문이며 이 논문은 치밀한 사료분석을 통해서 초기연구들이 범한 많은 산발적인 착오들을 수정해 놓았다. 《독일문예지獨逸文藝誌Deutche Literaturzeitung》, 제8권(서기 1909년)에 수록된 이 논문에 대한 평론에는 일부 추가적인 사료들이 소개되어 있지만 우리의 연구와는 관계가 없는 것들이다.

세이유Marseilles로 밀려왔던 게르만군이 거의 흩어지자 또 다시 알프스를 넘어서 밀라노를 (최후거점 하나를 남겨두고) 함락시킨 후 파비아 시市를 포위했다.

그는 파비아를 공격했으나 스페인 병력과 게르만 토병土兵들에게 격퇴 당한 후 도시를 포위만 하고 굶주린 주민들이 항복하기를 기다렸다. 그 사이 프룬트스베르크Georg Frundsberg와 엠브스Max Sittch von Embs가 새로 모집한 토병土兵 부대들이 알프스를 넘어 페스카라Pescara의 스페인군과 합류한 후 파비아를 구원차 동쪽으로부터 올라갔다. 그러나 2개월 이상 포위를 계속중인 프랑스군이 11월 24일부터 외곽을 요새화 해 놓은 숙영지는 난공불락의 진지 같이 보였다. 페스카라는 이 숙영지 아주 가까이 자신의 진지를 구축했다. 양측 소총수들이 40클라프터Klafter(약 75m) 정도에서 대치한 곳도 여러 곳이 있었다. 그러나 프랑스 왕은 자신의 숙영지를 믿고 적의 구원군에 대해 별도조치를 취해야 할 필요를 느끼지 못했으며 병력의 대부분을 배치해 놓은 동쪽을 구원군이 위협하자 기다리기만 하면 이길 것으로 믿었다. 그는 황제의 군대가 돈이 완전히 바닥났고 게르만 토병土兵들이 보수를 주지 않으면 고향으로 돌아가겠다고 으름장을 놓고 있다는 것을 알고 더 자신의 승리를 확신했다. 토병土兵들은 개별 부대별로 이미 실제로 떠나고 있었고 나머지 병력은 적이 전투에 응하지 않을 수 없게 만들고 말겠다는 약속을 받고 며칠만 더 기다리기로 했다. 페스카라는 "주님이 나에게 하루의 전투가 아니라 100년의 전쟁을 주시면 좋겠지만 이제는 달리 방법이 없다"라고 말했다.

포위군 정면에는 난공불락의 진지에 안쪽과 바깥쪽으로 모두 참호가 구축되어 있었고 사슴 사냥터로 연결된 북쪽은 벽돌 담장이 둘러져 있어서 완벽하게 차단된 것 같이 보였으며 경계만 철저하다면 실제로 그럴 수 있었다. 구원군이 이쪽을 공격한다 해도 수적으로 우세한 프랑스군은 적이 벽돌 담장을 허물고 상당수 병력을 침투시키기 전에 이를 몰아낼 수 있었을 것이다.

황제의 군대로서는 이쪽에서 프랑스군의 경계심을 늦추어 놓은 후에 그들이 반격을 위해 집결하기 전에 사슴 사냥터로 많은 병력을 침투시킬 수 있느냐의 여부에 모든 것이 달려있었다.

2월 23일에서 24일 사이 밤 스페인군은 큰 망치 등 성벽파괴용 도구를 휴대한 작업병Arbeitssoldat(바스타도레vastadore)들을 프랑스군 숙영지에서 아주 먼 가장 북쪽으로 보냈다. 이들은 폭풍우 속에 대포도 쓰지 않고 조심해서 벽돌 담장을 헐어냈으므로 프랑스군이 눈치 채지 못했다. 더욱이 양측은 3주일간 서로 마주 보고 대치해 있으면서 소규모 공격들이 거의 매일 밤 있었기 때문에 프랑스군은 적의 사소한 움직임 뒤에 거대한 어떤 일이 벌어지리라고는 의심하지 못했다.17)

---

17) 시에나Siena에서 온 대사大使의 기록은 프랑스군의 부주의의 원인을 특별히 이렇게 말하고 있다.

이 작업병들이 밤샘 작업으로 벽돌 담장에 큰 틈새 세 곳을 만들어 놓고 있는 사이에 황제의 군대는 전 병력이 이동했다. 그들은 한 밤에 출발해서 동이 트기 전에 틈새들 앞에 도착했다. 아마 프랑스군은 이들의 움직임을 눈치 챘더라도 이를 이들이 철수하는 것으로 생각했을 것이다.

황제의 군대는 3개 종대縱隊로 사냥터 안으로 흘러 들어가 전개했다. 제1진陣은 소총수 300명과 스페인 병력 및 일부 토병土兵들이었고 제2진陣은 기병들이었고 제3진陣은 모두 토병土兵들이었다. 제3진陣은 가장 큰 집단이어서 좁은 틈새를 통과하는 데 시간이 걸리므로 제일 마지막에 있었을 것이다.

사냥터 지형은 굴곡 있는 목초지牧草地로 그 위에 작은 개천이 흐르고 있었으며 홀로 서 있는 나무나 조그만 숲이 이곳저곳 있었고 중간쯤 미라벨로Mirabello라는 농막農幕 또는 조그만 사냥용 오두막이 한 채 있었다. 황제의 군대는 이곳에 도착한 후에야 프랑스군을 만날 수 있었다. 프랑시스Franz/Francis 왕 자신이 무장인원(역자 주: 기사騎士)들과 함께 말을 타고 달려왔고 프랑스군의 대포도 포격을 시작했다. 대포가 매우 부족한 황제의 군대는 전혀 대포를 쏘지 못했다. 대포가 53문 이상 있던 프랑스군은 포환砲丸을 퍼부었고 무엇보다도 용감한 프랑스 무장인원들이 성공적으로 황제의 기병들을 격퇴하자 프랑시스 왕은 오늘로 자신이 밀라노의 주인이 되었다고 한 동료에게 말했다고 한다.

그러나 프랑스군의 이 승리는 잠시뿐인 승리였다. 물론 일부는 사거리도 길고 정확성도 높고 관통력도 큰 신무기인 화승총으로 무장하고 있던 스페인과 게르만의 소총수들이 기병들을 지원하러 왔다. 나무와 숲과 개천은 그들을 프랑스 무장인원들로부터 엄호해 주었다. 그들의 총알에 많은 적이 쓰러지자 황제의 기병은 되돌아서서 전투를 벌일 수 있었다. 그사이에 황제의 큰 보병 방진方陣들이 밀고 올라왔고 프랑스군 대포는 그들을 저지하지 못했다. 황제의 방진方陣들은 막 현장에 도착한 프랑스군의 최선두 방진方陣에게 돌격했다. 이 프랑스 방진方陣은 저지低地 게르만 지역 병사들로 편성된 "흑군黑軍/Schwrzebande"이라는 부대였다.

양측은 보병에서 각 20,000명 정도로 같았지만 프랑스군은 많은 기병과 대포가 있었다. 그러나 황제의 군대가 새벽에 예상 밖의 장소에 갑자기 나타나 사냥터 중간쯤에서 완전히 전개했지만 숙영지 남쪽에 있던 프랑스군의 스위스 병사들은 아직 도착하지도 못했다. 따라서 프룬트스베르크Georg Frundsberg와 엠브스Max Sittch von Embs의 2개 부대 12,000명은 양쪽에서 "흑군黑軍을 집게로 집듯 포위해서 완전히 격멸"할 수 있었다. 이 흑군의 잔당이 프랑스 기사들과 함께 뒤로 밀려올 때까지도 스위스 병사들은 현장에 나타나지 않았다. 결국 스위스 병사들은 이날의 운명을 바꾸어 놓지 못했는데 파비아 요새의 수비대가 출격을 나와 그들 뒤에 나타났기 때문이기도 하다. 그들은 이런 절망적인 상황에서 밀집대형으로 공격하지도 못했고 우세한 적에게 사면으로부터 공격을 받고 흑군黑軍과 마찬가지로 격멸되거나 도주해서 살길을 찾았다.

프랑시스 왕의 동생 알레쏭Aleçon 영주領主가 지휘하던 후위대는 대부분 파비아 반대쪽에 있다 전투에 참가하지 못했다. 알레쏭은 승리할 가망이 없음을 알고는 프랑스군이 남쪽 티치노Ticino 강 위에 세워놓은 다리를 파괴했다. 이로써 그 자신과 그의 지휘부는 구할 수 있었지만 프랑시스 왕과 많은 무장인원들을 포함해서 다른 많은 병력이 강물에 빠져 죽거나 적에게 포획되었다(역자 주: 왕은 포획 되었다). 황제의 군대는 전사자戰死者가 500명 미만이었다고 하는데 분명히 그럴 수 있었던 것은 기습과 측면공격으로 모든 단계에서 크게 우세한 병력으로 싸울 수 있었기 때문이다. 이를 볼 때 스위스 보병이 무기력했다는 귀지아르디니Guicciardini의 말은 지나친 평가다. 사실 그들에게는 할 수 있는 일이 아무것도 없었다.

8. 비엔나VIENNA에서의 병력 집결(서기 1532년)

전투 분석 외에 우리가 관심을 가져볼 만한 것으로는 서기 1532년 비엔나에서 게르만 제국 카를Karl V세 황제의 명으로 집결된 병력이다. 교황의 레가티Legaten/ *legati*/legates(역자 주: 장군將軍들)의 종자從者/Gefolge들 중 하나로 이때 직접 참여했던 조비우스Paolo Jovius/Giovio는 이때의 일을 상세히 설명해 놓았는데 그는 그림 하나가 첨부된 어떤 공식기록을 참고한 것으로 보인다. 페르디난트Ferdinand 왕이 10월 2일에 그의 누이에게 보낸 편지에서는 이때 집결된 병력이 보병 80,000명과 기병 6,000명이었다고 한다. 그러나 셰르틀린Schärtlin von Burtenbach의 기록에는 보병 65,000명과 기병 11,000명이 집결했다고 한다. 한편 세풀베다Sepulveda의 기록과 조비우스의 기록에는 기병 30,000명과 소총수 20,000명을 포함해서 총 120,000명으로 되어 있다. 누구의 기록이건 비엔나 수비대 병력까지 포함된 수치였을 것이다.

다른 경우라면 신뢰할만한 여러 증인들의 말이 이렇게 크게 다른 것은 주목할 만한 일이다. 그러나 기병이 30,000명이었다는 것은 전혀 믿을 수 없는 말이다.

이들의 대형은 창병槍兵들이 3개 방진方陣으로 편성되고 각 방진은 폭이 140명 종심縱深이 150명으로 폭과 종심이 거의 같았고 기병들은 각 방진方陣 사이에 같은 종심縱深으로 정렬했으며 이 대형 전체를 소총수들이 5개 횡렬로 정렬해서 둘러쌌다. 포병은 전면에 배치되었고 헝가리 경기병들은 대형 밖에 위치해 있었다.

조비우스는 기병을 이렇게 배치한 이유를 300,000명이나 되는 투르크Türk/Turk군의 압도적으로 우세한 병력에게 공격받지 않게 하기 위해서라고 했다.

뤼스토프Rüstow는 이 때의 대형을 투르크족과 100년 이상 전쟁하는 동안 사용된 "헝가리 대형ungarische Ordonnanz"에 의한 방어대형이었을 것으로 해석했다.

필자는 이 대형은 전술적 의미는 없는 퍼레이드 대형으로 본다. 필자는 이런 식으로 병력이 정렬했던 전투를 본 적이 없다.

여하간 서기 1532년의 이 대규모 징집은 결국 아무 소득이 없었다. 투르크족 술탄Sultan(역자 주: 왕) 술레이만Suleiman은 전투가 발생하는 것을 원하지 않아 곧 철수했고 프로테스탄트들도 황제를 위해 정복전쟁을 벌이려고 하지 않았기 때문이다. 부족한 식량과 보수 때문에 군대에 반란이 일어났고 이 군대는 해산되었다.

9. 케레솔레CERESOLE 전투(서기 1544년 4월 14일)[18]

프랑스군이 투린Turin 남쪽 카리그나노Carignano를 포위하자 델구아스토Del Guasto가 지휘하는 황제의 구원군은 적이 포위를 풀지 않으면 불리한 조건에서 공격하게 만들 위치를 찾았지만 결국 기동에 실패했다. 계획은 치밀했지만 비를 맞으며 큰 보급대열과 함께 이동하다 예상시간에 목적지에 도달하지 못했기 때문이다.

프랑스군의 젊고 대담한 지휘관인 엥기앙Enghien 영주領主는 델구아스토의 계획을 예견하고 왕에게 건의해서 전투를 벌이도록 허락 받았다. 구원군의 접근을 적시에 알아챈 프랑스군이 새벽 3시에 카리그나노 숙영지를 출발해서 적의 행군종대 우측면에 나타나자 이번에는 델구아스토가 오히려 카리그나노를 포기하고 철수하지 않으면 불리한 전투에 응할 수밖에 없게 되었다.

양측의 병력은 거의 대등했다. 델구아스토는 보병이 우세했고 엥기앙은 무장인원(역자 주: 기사騎士)들이 좀 많았다. 마지막 순간에는 100명 이상의 프랑스 귀족(역자 주: 기사騎士)들이 엥기앙과 합류해서 전투가 임박했다는 고함소리를 듣자 바로 옛 기사騎士들 방식으로 돌진했다. 그러나 델구아스토는 후일 조비우스Paolo Jovius/Giovio에게 파비아Pavia 전투 당시의 경험에 의하면 소총수들이 기사騎士들보다 전투력이 높으므로 토병土兵들이 그에게 승리를 안겨줄 것으로 믿었었다고 말했다고 한다. 결국 그는 전투에 응했고 양측 병력은 우연히 조우하게 된 곳에서 전개했다.

그러나 양측은 모두 방어의 전술적 이점을 활용하면서 상대방의 공격을 유도하려고 했다. 이 전투는 현대전투들을 연상시키는 전투로서 쌍방의 소총수 및 포병들 간 몇 시간에 걸친 대결로 시작되었다. 쌍방 소총수들은 전진과 후퇴를 반복하다 적의 압박이 거세지면 우군 기병들에게 도움을 청했다. 기병들이 도착하면 개활지에 있던 소총수들은 당연히 후퇴할 수밖에는 없었다.

---

18) 스탈비츠Karl Stallwitz의 서기 1911년 베를린 대학교 학위논문 및 《독일문예지獨逸文藝誌Deutche Literaturzeitung》, 제16권(서기 1900년)에 게재된 이 논문에 대한 하당크Hadank의 평론 참고.

결국 공격을 결심한 측은 델구아스토였는데 아마도 프랑스 포병의 포격에 더 이상 견딜 수 없었기 때문이었던 같으며 또한 그는 적이 먼저 전진을 시작한 것으로 믿었던 것 같다.

양측 모두 창병槍兵들을 옛 스위스군의 방식대로 3개 방진方陣으로 나누었지만 양측 방진方陣들은 고르게 굴곡이 있는 지형에서 모두 선형線型으로 전개했다. 옛 스위스군은 3개 방진方陣을 제대형梯隊型으로 전개했었고 이는 적에게 쇄도할 때 완전한 이동의 자유를 위한 대형이었다. 그러나 지금은 쌍방 모두가 적의 공격을 기다리면서 각 방진方陣의 양 측면을 기병이 엄호하고 있었으므로 3개 방진方陣이 저절로 선형線型으로 전개하게 되었다.

양측이 접촉한 후 황제의 군대에서 가장 우수한 창병槍兵 방진方陣으로 게르만 토병土兵들괴 스페인 병력으로 구성된 우익 선위대가 이태리 병사들과 (그루예레 Gruyère에서) 새로 모집한 스위스 보병들로 구성되고 숫자는 크게 우세했지만 좀 조직이 느슨한 프랑스군 방진方陣과 충돌해 이들을 무너뜨리고 추격했다. 프랑스 무장인원들이 추격하는 적의 측면을 공격했지만 적을 세울 수는 없었다.

그러나 중앙에서는 새로 모집한 토병土兵들로 구성된 방진方陣이 노련한 스위스 보병들로 구성된 프랑스군 방진方陣을 상대했다. 프뢸리히Fröhlich가 지휘한 이 프랑스군 방진方陣은 처음에는 경험이 부족한 상대방 토병土兵들이 접근 중 쉽지 않은 지형으로 인해 조직이 느슨해지기를 기다리며 신중히 전진을 억제했다. 스위스 보병들은 상대방보다 숫자는 크게 적었지만 전투력은 월등했다. 그 사이 프랑스 무장인원들이 이 토병土兵들과 함께 있던 스페인 경기병輕騎兵들을 제압했으며 또 가스꼬뉴Gascogne/Gascony 병력으로 구성된 제3의 프랑스군 방진方陣이 이 토병土兵들 측면을 타격 했다. 이렇게 될 수 있었던 것은 가스꼬뉴 병력의 측면을 공격하기로 되어 있던 황제 군대의 제3의 방진方陣이 공격하지 않았기 때문이다. 황제 군대의 제3의 방진方陣은 새 보병전술로 아직 아무런 전과도 거둔 적이 없는 이태리 병사들로 구성되어 있었고 병력도 작은 부대로서 델구아스토는 이 이태리 병사들을 매우 뛰어난 소총수들로 믿고 있었던 것 같이 보이나 이들은 적의 기병이 나타나자 후퇴할 수밖에 없었다. 이태리 병사들과 함께 있던 피렌체Florenz/Firenze 기병 역시 프랑스군에게 패했다. 이제 가스꼬뉴 창병槍兵 부대는 유능한 지휘관의 지휘 하에 결정적인 지점에 집중할 수 있게 되었다. 그러나 이 부대가 상대방 토병土兵들을 공격한 시점에 대해 사료의 기록은 일치하지 않는다. 그들이 스위스 병력이 이미 적을 이긴 후 단지 승리를 완성하는 데만 참여했던 것인지, 적을 이기는 데 주도적 역할을 한 것인지 아니면 두 병력이 협력해 적을 이긴 것인지는 명확하지 않다. 그러나 스위스 병력 중 전사자戰士者가 40명뿐이었다 하고 이 중 일부는 앞서의 사격전射擊戰에서 죽었을 것이 분명하므로 이들과 토병土兵들과의 전투가 그리 격렬했을 수는 없다. 또한 가스꼬뉴 병력의 역할은 이들의 접근이 적에게 보이는 것만으로도 무기를 사용하기도 전에 이미 효과가 있었을 것이 분명하다. 이때 충돌이 하도 격렬해서 양측의 선두 횡렬橫列들이 쓰러졌다는 몽뤽Monluc의 말(역자 주: 《비망록》, 서기 1569년)은 아마 사실일 수 없을 것이다.

처음에 승리했던 황제 군대의 우익은 적의 주력인 스위스 병력과 싸우고 있는 우군을 지원하지 않고 바로 적을 추격하는 치명적인 실수를 범하면서 결국 사방에서 공격을 받고 전투현장으로 다시 돌아오려고 하다가 적에게 격파되었다.

이 전투의 특징은 화기火器의 역할로 보나 화기火器가 실제로 기대를 충족시키지 못한 점을 보나 결국 화기火器에 있었던 것 같다. 앞서 우리가 보았던 큰 전투들의 경우는 순수한 방어자들과 순수한 공격자들만 있었지만 이 전투에서는 양측 모두가 마지막 순간까지 방어의 이점을 활용하려 했던 특이한 현상을 우리는 발견할 수 있다. 그들이 기대한 것은 단순한 지형상 이점이 아니었고—앞선 전투들의 경우 스위스군은 이런 요소를 고려한 적이 전혀 없다—사정거리射程距離가 긴 화기火器의 이점이었다. 더욱이 기록에 의하면 게르만 토병土兵들이나 가스꼬뉴 부대나 모두가 화승총이나 권총으로 무장한 병력을 제2횡렬橫列에 배치해서 충돌 직전에 적의 밀집병력에게 사격을 하도록 했다고 한다. 따라서 창병槍兵 방진方陣의 밀집 정도나 충격력은 어느 정도 감소되어 있었고 이제는 밀집대형이 해체되기 시작한 것 같다. 그러나 스위스 보병들은 이런 새 형태의 전술을 채택한 증거가 발견되지 않음에도 아직까지는 계속 승리했다. 이 케레솔레Ceresole 전투에서 소총수들도 프랑스 기사騎士들 앞에서 뒤로 물러날 수밖에 없었던 것을 볼 때 우리는 앞의 파비아Pavia 전투에서 소총수들이 승리할 수 있었던 중요한 원인은 사냥터의 지형이 소총수들을 엄호해 주었기 때문이었음을 알 수 있다. 케레솔레 전투에서 대포는 숫자는 많지 않았지만 전투과정에서 소총보다 더 큰 효과를 발휘했다. 여하간 실제로 승부를 결정지은 것은 아직은 거대한 창병槍兵 방진方陣이었다.

황제의 군대는 큰 피해를 입었다. 전사자戰死者 5,000명을 포함 근 절반이 죽거나 포로가 되었다. 그러나 프랑스가 이 전투의 승리로 얻은 적극적 소득은 미미했다. 얼마 후 그들은 카리그나노Carignano를 함락했지만 더 이상 아무것도 할 수 없었다. 카를Karl 황제가 게르만 제국에서 프랑스 침공을 준비하고 있었고 프랑시스Franz/Francis 왕은 이를 방어하려고 이태리에 있던 병력을 불러들였기 때문이다. 물론 델구아스토가 이 케레솔레 전투에서 승리한 후 알프스를 넘어 프랑스를 침공했다면 프랑스는 더 큰 압박을 받았을 것이다. 그러나 그렇게 되었을 경우라고 해도 프랑스를 완전히 누를 수는 없었을 것이 분명하다.

제 Ⅵ 장
마키아벨리

새로운 병법兵法이 등장하면 곧 위대한 이론가가 등장하기 마련이다. 중세에도 베게티우스Vegez/Vegetius의 글(역자 주: 《로마 군제軍制 Rei militaris instituta》. 이 책 제Ⅱ편, 제Ⅰ권, 제Ⅸ장 참고)은 계속 읽혔다. 대담한 샤를르Karls des Kühnen/Charles the Bold(역자 주: 이 책 제Ⅲ편의 제Ⅳ권, 제Ⅵ장 및 제Ⅴ권, 제Ⅶ장 참고)도 크세노폰Xenophon(역자 주: 고대 그리스의 군사이론가. 이 책 제Ⅰ편, 제Ⅱ권, 제Ⅴ장 참고)과 베게티우스의 글을 번역하게 했고 이 번역본이 남아있다. 그가 바스크Vasque de Lucerne를 시켜 번역한 크세노폰의 《키로페디아Cyropädie/Cyropaedia》(역자 주: 페르시아 키루스Cyrus 대왕의 전기傳記)는 낭시Nancy 전투 때 도주하면서 분실되었다.1)

게르만 제국 카를Karl Ⅴ세 황제는 시저Cäsar/Caesar의 글을 자세히 연구했고 그가 지닌 복사본 여백에 많은 주석註釋을 써넣었다. 그의 명에 의해 구성된 학자들의 조사단은 40회나 프랑스로 파견되어 시저의 숙영지 위치들을 비정比定했다.

그러나 이 시대의 대표적인 군사저술가軍事著述家는 마키아벨리Niccolo Machiavelli로서 호봄Martin Hobohm은 최근 그의 《병법兵法 르네상스Renaissance der Kriegskunst》에 관해 기본적이면서 또한 결정적인 글 한 편을 우리에게 선물했다.2)

---

1) 길로메Guillaume, "부르고뉴 영주 치하의 군사조직사Histoir de l'organisation militaire sous les ducs de Bourgogne," 《벨기에 아카데미 수상受賞 논문 및 해외 석학 논문 전집Mémoires courones et mémoires des savants étranges publiés par l'Académie de Belgique》, 제ⅩⅫ편, 부뤼셀, 서기 1848년, 165쪽.

2) 후에터E. Fueter는 호봄의 글에 대한 평론에서(《역사지歷史誌 Historische Zeitschrift》, 제113권, 578쪽) 이 글의 높은 가치를 인정하면서도 세부적으로는 많은 부분들에 대해 이의를 제기했고 특히 방법론 훈련의 결여와 전투에 관한 지식과 이태리 말에 대한 지식의 부족을 비판하고 있다. 필자는 그의 비판을 검토해 보고 또 그의 비판과 수고手稿로 작성된 호봄의 반박을 비교해 본 결과 호봄의 반박에 의해 후에터의 비판이 무가치한 것임을 알 수 있었다. 비록 후에터가 비판한 세부적 내용들 모두가 실제로 호봄의 실수였다고 해도 그가 사료들에 내포되어 있는 오판誤判의 산맥을 극복하고 새로운 지식을 명료하게 구축해 놓은 엄청난 학문적 업적과 비판적 안목에 비하면 거의 무의미한 실수일 것이다. 그러니 필자의 연구에 의하면 후에커가 비판하고 수정해 놓은 것들은 실제로는 단 하나도 정당한 것이 없다. 호봄에게 이태리 말에 대한 지식이 부족했던 것이 아니고 후에터가 현대 이태리 말과 16세기 이태리 말의 차이를 알지 못했던 것이다. 그 시기의 전투에 관한 잘못된 자료들을 소개한 것도 호봄이 아니라 후에터였다. 이제 세 가지의 예만 들어 보겠다. 마키아벨리는 민병대民兵隊에서 상등병上等兵을 선발할 때는 그들이 여타의 "징집병들Konskribieren"(원문: "스크리프티scripti")로부터 인정을 받을 수 있는지를 고려해야 된다고 했다. 그러나 이런 원칙과 용어에 익숙하지 못한 후에터는 "징집병들Konskribieren"(원문: "스크리프티scripti")을 자신과 같이 "지침들Weisungen"이라고 번역해야 마키아벨리의 말이 의미 있는 말이 된다고 하면서 실제로는 이 용어를 정확하게 번역한 호봄이 무식하다고 했다. 더욱이 마키아벨리는 그의 민병대를 도시민이 아닌 농민들 중에서만 모집했었는데 후에터는 호봄의 글을 건성으로 읽고는 이 농민들의 성격을 "피렌체 상업 국가"의 주민들이라고 했다.

마키아벨리의 민병체계의 세 번째 특징은 스위스나 게르만 제국에서는 주민들이 타지他地에 용병傭兵으로 나가는 것을 공식적으로 인정했었고 이런 업무가 다소간 조직화되어 있었던 반면에 피렌체Florenz/Firenze는 늘 성공한 것은 아니지만 자신의 주민들이 그렇게 하는 것을 최선을 다해 방해했다는 점이다. 호봄이 매우 상세하고 흥미 있게 설명해 놓은 이 상반된 태도를 이해하지 못한 후에터는 마키아벨리가 주민들을 용병傭兵으로 내보내는 일에 관한 공식적인 규정들을 스위스 군사체계에서 차용借用했다고 믿으면서 이 문제에 관한 호봄의 견해는 수정되어야 한다고 매우 강하게 주장하고 있다. 매사 이런 식이다. 따라서 필자는 이런 기본적인 문제에서 《역사지歷史誌 Historische Zeitschrift》가 독자들을 오도誤導하고 있다는 말을 할 수 있을 뿐이다.

마키아벨리(서기 1469년 출생)는 그의 젊은 시절에는 아직 기병이 거의 절대적으로 중요한 병종兵種이었는데 이제 보병이 전투에서 승부를 결정짓는 것을 보고 깊은 인상을 받았다. 그는 이런 믿음을 고전시대 연구를 통해 얻은 로마인들이 세계를 지배한 것은 레기온legion(역자 주: 로마 레기온에 관한 설명은 이 책 제I편, 제IV권, 제I장 및 특히 제VII권, 제I장, 부기附記 2 참고) 덕분이었다는 결론과 결합해서 이제 이상적 군대조직으로 유능한 시민 보병부대를 만들어 이태리 특히 피렌체Florenz/Firenze를 무서운 용병傭兵 무리들과 전쟁에서 구해줄 수 있음을 온 세계에 특히 당대인當代人들에게 증명하는 일을 자신의 임무로 여기게 되었다. 그의 애국심, 그의 건설적인 지성, 그의 문헌연구 그리고 주변세계에 대한 그의 현실적인 통찰력이 결합되어 이제 그는 이론적으로 구상한 군사체계를 실현하는데 매진했고 피렌체의 국민민병대를 창설해서 고대로마의 군사체계를 부활시키려고 전력을 기울였다.

피렌체 공화국에서 마키아벨리가 차지했던 서기관Kanzler이란 지위는 지도자의 직위가 아니었고 오늘날로 말하자면 조금 높은 하위 공무원이었다. 그는 이렇게 낮은 지위에 있으면서도 자신의 문필력文筆力과 인격으로 공화국을 설득해서 서기 1506년 민병대를 창설하도록 만들 수 있었는데 이 민병대가 후일 거의 20,000명 규모의 병력으로 성장했다.

피렌체 공화국은 여러 구역으로 나뉘어져 있었고 정부위원Regierungs=Kommissare들이 각 구역을 순회하면서 적절한 인원들을 선발한 후 그들의 명부를 작성했다. 각 구역이 1개 중대씩 제공했고 그 우두머리로 노련한 중대장을 임명했다. 이 인원들에게 무기(창槍과 갑옷)와 제복(짧은 흰색 상의와 한쪽 다리는 흰색이고 다른 한쪽 다리는 붉은 색인 반바지)이 지급되었다. 각 중대는 구별되는 색의 헝겊 기旗를 휴대했지만 공화국 상징인 사자 문양紋樣이 공통으로 그려져 있었다. 각 중대에는 행정과 장부유지 및 통신을 위해 서기관 1명, 기수旗手 1명, 많은 상등병上等兵/Korporal, 1명 또는 수명의 고수鼓手들이 있었고 고수들은 "산 넘어 사람들과 같은 방식으로" 북을 쳤다. 수시로 휴일이면 중대장은 그 구역의 중대를 집결시켜 단독으로 또는 수도에서 온 정부위원과 함께 그들을 점검하고 "스위스 식으로" 군사기동을 훈련했다. 때로는 대규모 퍼레이드가 피렌체에서 열리기도 했다.

민병대원은 평시에도 무기를 휴대할 권리와 일정한 사법적 특권이 있었으며 전시에는 모병된 병사들과 같이 월 3두카트Dukat의 보수를 받거나 받도록 되어 있었다. 중대장은 월 12두카트Dukat의 보수를 정기적으로 받거나 그 대신 일부를 식량과 무료 주택과 마초馬草로 받을 수도 있었다.

중대의 병력은 800명까지 크게 증대되어서 장교 1명이 지휘하기에는 너무 큰 규모가 되었지만 전시에는 약 1/3 정도의 병력만 출전할 것으로 예상되었었고 실제로 출전한 인원은 그보다 훨씬 적은 150명 정도에 그쳤다.

중대 병력 중 최소 70%는 장창長槍으로 무장했고 약 10%는 소총수였고 나머지는 가벼운 미늘창("론카ronca")(역자 주: 앞의 4쪽 참고)과 투창投槍/Kuebelspiesse 및 여타 근접전 무기로 무장했다. 그들은 큰 방진方陣을 형성해서 대체로 북소리에 따라 열列과 오伍를 맞추어 행군하는 방법과 우측 또는 좌측으로 정면을 전환하는 방법을 배웠다. 무기 다루는 방법이나 이런 이동 방법은 매우 단순한 것이므로 그들은 몇 번 휴일에 나와 훈련하면 이를 쉽게 배울 수 있었을 것이다. 스위스 보병과 게르만 게르만 토병土兵/Landsknecht/lansquenet(역자 주: 16~17세기 독일의 보병용병步兵傭兵)들도 아마 더 많은 훈련을 하지는 않았을 것이다. 특별한 훈련이 필요한 유일한 무기인 투사무기投射武器들은 그런 무기를 소유하고 스스로 훈련하는 사람들이 휴대했다. 쇠뇌弩이건 화승총이건 그런 무기들은 소유와 훈련이 개인에게 맡겨져 있었다.

이런 점까지는 피렌체 민병대의 조직이 모든 합리적 요구사항들을 충족시켰던 것으로 보인다. 그러나 그들에게는 다른 여건이 있었다. 마키아벨리가 이 민병대를 피렌체 공화국에 추천한 최초의 비망록 자체에서 그는 이렇게 무장한 병력이 과연 공화국 자체에 위협요소가 되지는 않을지 의문을 제기했었다. 이 조직은 우선 많은 농장과 소규모 촌락들이 있는 상당한 크기의 농촌지역에 대한 도시의 지배적 지위를 기초로 하는 조직이었다. 그러나 농촌지역 중 "콘타도contado"라고 불리던 작은 일부만 절대적으로 믿을만한 곳이었고 나머지 큰 지역인 "디스트리토distritto"는 무력으로 점진적으로 굴복시킨 곳으로서 다시 도시에 대해 반기反旗를 들 가능성이 있었다. 피렌체 시市 자체는 매우 인위적으로 조직된 귀족색의 중산층이 지배하고 있었다. 공화국의 수장首長으로 종신직終身職으로 선출된 소데리니Soderini라는 장관長官/gonfalonier 1명이 있었지만 그의 권한은 제한적이었다. 실질적인 정부권한은 80인 위원회, 10인 위원회, 9인 위원회, 8인 위원회 등 다수의 위원회에 있었으며 각 위원회 위원들은 수개월 단위로 바뀌었고 각 위원회의 권한은 여러 부분에서 중복되었었다. 무엇보다 이 위원회들은 그의 아버지, 할아버지, 증조할아버지 중 누가 어느 위원회 위원이었거나 위원 자격을 지녔던 사람들로 구성된 시민들의 집합체였다.

우리는 이런 조직이 고대 로마의 통치조직과는 한눈에 차이가 있음을 알 수 있다. 고대 로마에서는 도시민과 농민이 동등한 권리를 지녔었고 도시와 농촌 간 대립이 없었으며 공화국의 관리들은 완전한 권위를 지니고 있었다. 부유한 귀족가문은 종교의 뒷받침으로 대대로 존경을 받았으며 민주적 대중들과 균형을 이룰만한 영향력을 행사했었다. 또한 이런 대중들로 군대가 편성되었었다.

반면에 피렌체의 정부조직은 느슨하고 방만했을 뿐 아니라 추방된 메디치Medici

가문(역자 주:로렌초 디 메디치라는 인물 때 전성기를 누린 가문으로 그는 메디치 은행을 운영하면서 각국 군주들에게 돈을 빌려주며 큰 영향력을 행사했었다. 공화국 피렌체는 메디치 가문의 족벌체제로 인해 사실상 군주제 같이 되어 있었는데 로렌초 사후에 수도사 사보나롤라의 선동으로 메디치 가문은 추방된다. 하지만 로렌초의 차남 조반니가 교황 레오 X세가 되자 외국군대의 힘을 빌어 피렌체에 다시 메디치 가문 족벌체제를 확립했다. 코시모 디 메디치는 공화정을 붕괴시키고 군주국인 토스카나 Toskana/Tuscan 대공국을 창건한다. 메디치 가문은 추방과 복귀를 되풀이하면서도 300년 간 유럽의 정치, 과학, 예술을 주도했다)에 의해 안팎으로 위협을 받고 있었다. 따라서 모든 체계는 상호 의심과 견제 속에 구축되었다. 민병대는 평시에는 9인 위원회 소관이었지만 전시에는 지휘가 10인 위원회로 이관되었다. 마키아벨리는 그렇게 하면 민병대 요원들은 진정한 우두머리가 누구인지 모르는 것이 바로 이점이라고 믿었었다. 하지만 이런 느슨한 정부가 어찌 견고한 군사조직을 만들 수 있었을까? 그들은 모든 일을 마키아벨리에게 맡겼고 그는 각 위원회의 공식 비서로 각 위원회가 일관된 행동을 취할 수 있도록 단합을 이루어냈고 그 자신이 이를 대표했다.

그러나 그런 마키아벨리로서도 군대를 보유하고자 하는 공화국의 요구와 자신의 군대가 자신을 삼켜버릴지도 모른다는 공화국의 공포 사이에서 중도노선을 걸을 수밖에는 달리 방법이 없었다.

유용한 민병대를 되려면 가장 먼저 필요한 것은 중대장과 그의 중대가 가능한 최대로 상생相生 발전하는 일이었다. 중대원에게는 중대장에 대한 신뢰가 있어야 했고 중대장은 그의 중대원을 알아야 했다. 그러나 이렇게 중대원들을 자신의 지휘에 적응하게 만든 중대장들이라면 못할 일이 무엇이 있었겠는가? 그런 위험을 제거하기 위해 중대장들은 매년 다른 구역으로 전근을 가야 한다는 규정이 생겼다. 이는 "그들의 권위가 뿌리를 내리지 못하게"하려는 것이었다.

그러나 그렇게 되면 중대장은 그의 중대에 대해 진정한 권력을 지닐 수 없다. 훈련에 참가할 생각이 없는 민병대원은 휴가를 허가받을 필요가 없이 어떤 식으로든 자신의 정당한 사유만 알리면 되었다. 공개적 항명抗命의 경우에도 중대장은 직접 징벌권이 없었고 비행자非行者를 일시 감금할 수 있었을 뿐이다. 징벌권은 정부위원과 피렌체 당국에만 있었다. 일부 중대장들에게 다음 같은 친필 지시가 하달된 적도 있다.

우리 신병新兵들이 민병대원으로 훈련 중에 겪는 노고와 불편함에 비해 작은 보수밖에 받지 못하는 실정에서 우리는 그들이 경험부족으로 인해 훈련 중 실수를 하더라도 인간적 대우를 받아가면서 친절한 방식으로 교정 받기를 원합니다. 우리는 그렇게 함으로써 그들이 더욱 기쁘고 즐거운 마음으로 훈련에 끝까지 임하게 되기를 요구합니다. 우리는 앞서 언급한 실정을 고려할 때 이렇게 하는 것이 훈련에 대한 그들의 복종과 적극적인 태도를 유지할 수 있는 가장 효과적 방법으로 봅니다. 우리에게는 그들을 '무시하거나 자극하면elbistractarli et exasperarli' 오히려 역효과가 생길 것으로 보입니다. 따라서 그들을 '친절하게amorevolente' 대해서 그들이 좋은 태도를 취할 수 있게 수고해주기를 당신에게 간곡하게 권하고 싶습니다. 당신은 어떤 종류이건 '사고disordine'를 유발할 수 있다고 알거나 믿고 있는 일을 하지 않도록 유의해야 합니다.

중대장은 당국이 그 지역으로 보낸 외지인外地人이지만 기수旗手와 상등병上等兵들은 존경받는 현지인現地人이었다. 그러나 우리는 이들에게 아무 군사적 직무도 없었고 따라서 복무의 실질적 관리는 중대장의 단독책임이었음을 알 수 있다.

중대장 밑에도 임무 수행을 위한 권한 있는 대리인이 없었지만 민병대 전체를 통합 지휘하는 고위 사령관도 없었다. 중대장들 자신이 마키아벨리에게 연대장 1명이 임명되게 해야 한다고 말을 해 주었고 마키아벨리는 사실 좌절되기 1주일 전 이 일을 끝냈다. 서기 1512년 8월 25일 피렌체의 노련한 기병부대 콘도티에레 Kondottiere(역자 주: 용병대장傭兵隊長) 사벨리Jacopo Savelli가 최고사령관에 임명되었다. 그러나 그도 상황을 개선할 수 없었다. 그가 상황을 개선해서 20,000명 민병대원의 군기軍紀 세우는 일에 성공했다면 그가 병력을 이끌고 이 폭군적인 도시의 국고國庫를 장악하고 백성의 통치구조가 쓰어져 있는 종이를 짓밟아 버리는 일이 만약 그가 그 전에 암살되지만 않았다면 쉬운 일이었을 것이다(호봄Hobohm의 견해).

보병 민병대가 큰 규모로 창설된 이후 마키아벨리는 서기 1510년 말에는 기병 민병대 창설 법안을 통과시켰다.

마키아벨리의 민병대는 약 7년 동안 존속했고 그사이에 이 민병대를 동원해 피사Pisa 시市를 다시 피렌체에 굴복시켰다. 피사 시市로 통하는 보급로를 차단하고 도시 성벽城壁 바로 앞에까지 2년에 걸쳐 모든 농작물을 불태워 기아飢餓 작전을 쓴 결과 피사 시市가 결국 항복했다. 그러나 이 민병대는 서기 1512년에 피렌체로 메디치Medici 가문을 복귀시키기 위한 대연합군이 형성된 후에야 비로소 진정한 시험을 거칠 수 있게 되었다. 이 대연합군의 선봉은 스페인군이었다. 이 스페인 보병부대는 앞서 라벤나Ravenna 전투에서 패했지만 견고한 결집력 때문에 조직이 파괴되지 않은 군대였다. 이 스페인군이 피렌체 국경을 넘자 피렌체는 민병대를 소집했다. 이 민병대는 스페인군 8,000명을 상대하기 위해 어렵지 않게 12,000명의 병력을 출전시킬 수 있었지만 노련한 스페인군을 정면으로 상대한다는 것은 처음부터 불가능한 모험으로 보였다. 따라서 민병대는 피렌체 시市와 그 북쪽의 2마일(15km) 지점에 있는 작은 마을로서 스페인군이 처음에 위협한 프라토Prato를 점령했다. 프라토에는 아직도 중세시대 방어시설인 얇고 높은 성벽城壁이 남아있었다. 포위군은 사다리로 이 성벽을 저울질 해 보았지만 격퇴되었다. 스페인군의 공성포攻城砲는 단 2문뿐이었는데 그나마 1문은 파열되어 못쓰게 되었다. 그들은 나머지 1문의 공성포로 성벽에 틈새를 만들었다. 한 사료의 표현에 의하면 틈새라기보다는 폭 4m에 높이 2m인 창문을 만들었다고 한다. 포위군은 식량이 이미 떨어져 극도로 형편이 어려웠다. 프라토 마을이 이틀만 더 버티었다면 스페인군은 철수하지 않을 수 없었을 것이고 철수 중에 해산되고 말았을 것이다. 스페인군이 성벽의 틈새를 공격하려 한 것은 바로 극도로 어려운 자신들의 형편 때문이었다. 이 틈새는 매우 작았을 뿐 아니라 높은 곳에 있어 사다리를 쓸 수밖에 없었고 그 뒤에 있는 두 번째 성벽에서 소총 사정거리射程距離 내에 있었다. 그러나 스페인 소총수들은 성벽 아주 가까이 접근해서 방어군이 감히 총안銃眼으로 몸을 노출할 수 없게 맹렬한 사격을 퍼부었다. 기수旗手들의 선도先導 아래 스페인군이 막 공격을 시작하려 하는 순간 마을을 지키던 토스카나Toskana/Tuscan 민병대가 도주했고 결국 30분 이내에 마을은 함락되었다.

무서운 도살屠殺과 약탈이 뒤따랐다. 스페인군은 모든 것을 포기하고 항복해서 포로가 된 자들을 다른 곳에 사는 그들의 친지들로부터 속환금贖還金을 받아내기 위해 3주일 동안 고문했다. 피렌체는 스페인군 사령관 까르도나Cardona에게 전례 없이 많은 속환금을 요구한다고 불평했다. 까르도나 자신도 요구된 금액이 너무 크다는 것은 인정했지만 자신도 병력들에 대해 아무 힘이 없다고 했다.

프라토의 함락은 또한 피렌체 공화국의 종말을 가져왔다. 피렌체는 메디치Medici 가문을 다시 받아들이겠다고 선언했고 얼마 되지 않아 이 가문이 통치권을 회복했다. 공화국과 함께 민병대도 운명을 다했다.

프라토 수비병력은 민병대 3,000명 이상과 무장시민 1,000명 정도였다. 그들은 마을이 스페인군에게 함락 당하면 무슨 일이 생길 지 알고 있었다. 그런 그들이 비록 호전성과 애국심은 충분치 못했다 해도 어떻게 이런 무서운 운명으로부터 자신을 구하기 위해서 성벽의 틈새를 방어하는 데 모든 전투력을 집중하지 않을 수가 있다는 말인가? 더욱이 그들은 단순한 시민 징집군도 아니었다. 그들은 노련한 중대장들 밑에서 무기 다루는 방법과 대형 형성 방법도 어느 정도는 훈련을 받았었다. 그러나 이때의 상황은 민족대이동民族大移動/Völkerwanderung(역자 주: 이 책 제II편, 제II권 참고) 당시의 상황과 같았다. 민족대이동 당시는 수백만명의 주민이 사는 가장 부유한 로마 속주屬州들도 게르만족 불과 수천 명에게 희생당했고 원시적 야만인들은 단순한 쾌락을 위해 한 마을 한 마을 모두 불태워 버렸었다.

마키아벨리는 고대 로마의 군사체계를 연구했음에도 불구하고 그들의 결정적 개념 즉, 로마 군기軍紀라는 개념을 발견하지 못한 것은 아주 눈에 띄는 일이다. 그가 만든 규정에는 중대장에게 직접 징벌권이 없었고 중대장의 권위가 병사들에게 뿌리를 내리지 못하게 되어 있었으며 이는 군기軍紀를 오히려 적극적으로 배척하는 것이었다. 여기서 강조할만한 가장 흥미 있는 점은 왜 로마는 위대한 권력의 중심이 되었고 반면에 피렌체는 그런 꿈을 꾸다 비참한 실패를 맞이하게 되었는지에 관한 이유이다. 로마 시市는 농민들을 지배하지 않았고 그들과 함께 단일부대를 편성했고 도시민과 농민이 위원회를 구성해서 당국자를 선출했었다. 피렌체나 마찬가지로 로마에서도 시위원회市委員會에 대해 일정한 의심이 있었고 이 때문에 통합 군사령관을 두지 않고 지휘권을 2명의 콘술Konsul/consul(역자 주: 공화정 시대에 투표에 의해 선출된 로마의 국가 지도자. 흔히 집정관執政官으로 번역된다. 제정帝政 시대에는 단순한 고위 관료의 호칭이 된다)에게 나누어 행사하게 했었다. 그러나 그 이후 제국의 권위는 철권통치鐵拳統治를 했고 종교와 점술사占術師 체계가 이를 뒷받침해 주었다. 손에 포도넝쿨로 만든 지휘봉을 든 센튜리온Centurio/centurion(역자 주: 중대中隊급 단위부대인 센튜리Centurie/century의 지휘관을 말함. 흔히 백부장百夫長으로 번역되나 실제로는 병력 100명의 지휘관은 아니었다. 센튜리온에 관한 상세 내용은 이 책 제Ⅰ편, 제Ⅵ권, 제Ⅲ장 참고. 후일 2개 센튜리로 구성된 마니플이 생기고 또 그 상급 단위대로 오늘날의 보병대대步兵大隊급인 코호르트Kohort/cohort가 생겼다. 마니플에는 2명의 센튜리온 외에 단일 지휘관은 없었던 것으로 보이나 코호르트에는 코호르트 트리뷴Tribunus Cohortis이라는 단일 지휘관이 있었다)에 의한 훈련은 로마병사들이 골Gallien/Gaul족과 킴버Cimbern/Cimbri족에게 완강히 버티도록 만들었다. 그러나 마키아벨리의 민병대는 슬프게도 프라토Prato 성벽의 틈새에서 그들 같이 완강히 버티지 못했다.

스위스 병사들이나 게르만 토병土兵이나 스페인 병사들에게도 로마식 군기軍紀는 없었다. 전투의 열기熱氣 속에 그들을 무적 병력으로 만든 것은 대형을 유지하고 오래 서 있던 습관과 함께 승리를 통해 생겨난 상호 신뢰였다. 그러나 마키아벨리는 그의 민병대에 군기軍紀도 심어줄 수 없었고 전투 자체를 통한 호전성도 심어줄 수 없었지만 그는 이론상으로도 이 두 요소의 중요성과 가치를 인식하지 못했었다. 그러나 이를 두고 그를 비난할 수는 없다. 그의 국민군대 개념은 예언자적 꿈이었고 16세기 초의 피렌체 공화국으로서는 기본적 조직이 없었으므로 그런 대중적 군대를 창설할 능력이 없었다. 국민 징집군을 유용한 군사조직으로 만들어 줄 냉엄하면서도 이상적인 군기軍紀의 개념이 발전하는 데는 여러 세기의 시간이 필요했다. 그러나 마키아벨리는 미래의 보병을 고대로마 체계와 연결시키는 선견지명先見之明을 지니고 있었다.

기본적으로 그에게 영감을 주었던 두 선구자가 마키아벨리 자신보다 진정한 목표에 더 가까이 접근했었다. 콘도티에레였던 비텔리Vitelli와 보르기아Cäsar/Ceasar Borgia가 바로 그들이다. 두 사람은 각자 그들 지역에서 용병傭兵 체계와 민병대가 결합된 체계를 창설했었고 이 체계는 피렌체의 순수한 민병대보다 우수했었음이 분명하다. 이렇게 된 것은 두 사람이 이상주의자가 아닌 현역군인이었기 때문일 것이다. 그들은 피렌체 시민의 9인 위원회와 10인 위원회 같이 그들이 생각해낸 체계가 성공적으로 탄생해도 이 체계가 그들 자신을 위협할 것을 걱정할 필요가 없었으므로 군사적인 권위를 인위적으로 약화시키지 않고 오직 군사적 필요성에 따라 그들의 체계를 발전시켰다. 물론 그들이 만들어 낸 체계 역시 오래 가지는 못했다. 그들 역시 시대의 폭풍에 맞설 수는 없었기 때문이다.

마키아벨리의 토스카나Toskana/Tuscan 민병대 조직에도 결함들이 있었지만 그는 명백하고 일관성 있는 전략이론도 형성하지 못했었다. 그러나 우리는 이 문제에 대해서도 그는 시대의 문제점을 알고 있었고 그의 말 중에는 예언자적인 무엇이 있었다고 말할 수 있다. 다만 그의 말 중에는 잘 다듬어진 이론이라 할 수 없는 무엇이 있었을 뿐이다.

중세에서 근대로의 전환의 특징은 전쟁수행 수단의 대폭적 증대였다. 근접전 무기로 무장한 중세시대 군대의 소수 보병들 대신에 강력한 방진方陣 전투대형이 등장했고 새로운 화기火器 기술은 시시각각 발전했었고 볼 수 있다. 우리는 이런 군사수단 증대로 인해 최종적이고 강력한 전투를 선호하는 전략이 더욱 빠르게 발전하게 된 것이 아닌지 생각해 볼 수 있을 것이며 비록 아주 짧은 기간 동안 의 일이지만 이때 있었던 매우 탁월한 일련의 전투들을 앞서 이미 실제로 소개 한 바 있다. 물론 중세에도 전략전술에 관한 개념이 없었던 것은 아니지만 당시 의 전략전술 개념들은 제한적이고 사소하고 특별한 상황들 그리고 특별히 긴장 된 순간들과 관계가 있는 것이었다고 말할 수 있을 것이다. 중세의 기사騎士들은 워낙 개인적 성향이 높아서 리더십 같은 것은 없었고 그 무장도 너무 단순해서 전술개념이 거의 적용할 수 없었고 따라서 전략도 있을 수 없었다. 그러나 대소 구경口徑의 다양한 새로운 화기火器들과 옛날 형태의 중기병重騎兵 및 경기병輕騎兵들과 결합된 새로운 보병은 지형의 차이나 공격과 방어의 기회 등에 따라 그 구성을 얼마든 달리 할 수 있었고 이는 중세에는 없던 현상이다. 이제 그들은 알렉산더 대왕이나 시저 같은 장군이 목표를 직접 추진하면서 모든 저항을 극복해 가면서 자신의 의지를 적에게 관철시킬 수 있을 때까지 잠시도 멈추지 않았던 시대로 다시 돌아가고 있었던 것일까?

그러나 이는 사실이 아니었다. 앞서 좀 자세히 검토했었던 큰 전투들의 경우 우리는 결국 승리가 지속적 효과를 나타내지 못하고 증발해 버렸음을 반복해서 지적하지 않을 수 없었다. 이런 전투들의 경우 언제나 무언가 현저히 우연하고 이질적인 요소들이 있었다. 서기 1512년의 라벤나Ravenna 전투 당시에 프랑스군은 게르만 토병土兵들의 도움으로 그리도 찬란한 승리를 거두었고 어느 전투에서도 패배하지 않았지만 1년도 안 돼서 이태리에서 철수하지 않을 수 없었다. 가장 크고 가장 지속적인 효과를 나타냈던 파비아Pavia 전투에서 황제 군대의 승리도 결국은 장기적 안목에서 치밀하게 발전된 전략계획의 합리적인 결과가 아니었고 절망적인 상황에서 취한 마지막 극단적 편법에 의해 얻은 것이었다. 페스카라 Pescara는 당시의 상황을 "주님이 나에게 하루의 전투가 아니라 100년의 전쟁을 주시면 좋겠지만 이제는 달리 방법이 없다"라고 표현했다. 새 전쟁수행 수단들은 공격력을 높여준 것만큼 방어력도 높여 주었을 뿐 아니라 전투를 하지 않고도 적을 이기는 것이 가능하고 또 바람직한 것으로 보이게 만들 수도 있는 본질적 취약점을 지니고 있었다. 화기火器로 인해 지형장애물이 극복할 수 없는 장애물이 될 수도 있었나. 새로운 밀집 보병부대들은 바로 그 거대한 병력이 필요했었기 때문에 때로는 매우 덧없는 군사수단이 되기도 했었다. 이제는 우세한 병력이 언제나 승리의 가장 중요한 수단들 중 하나가 되었다. 중세에는 모든 것이 전사戰士 개인의 능력에 의해 좌우되었었고 유능한 전사戰士는 그리 많지 않았으므로 병력수는 그리 결정적인 요소가 아니었다. 그러나 스위스 보병과 개르만 토병土兵 들이 조직되자 지원자들을 집단에 배속시킴으로써 쉽게 규모가 커질 수 있었고 따라서 이제 승부를 결정하는 요소는 물론 밀집대형의 압력이었다. 따라서 국가의 전쟁지도자들은 재정財政이 허락하는 한 최대로 때로는 그 한계를 넘어서까지 병력수를 늘이려고 혈안이 되었다. 약속한 보수를 병사들에게 지급할 형편이 못 되면 전쟁을 통해서 전쟁을 키우려고 했었다. 다시 말해서 그들은 병사들에게 전리품을 상기시켰고 그 결과 모든 지역과 도시들이 약탈의 희생물이 되었다. 이런 방식은 전쟁수행 자체와 전략에 매우 심각한 영향을 미쳤다. 때로는 보수를 받지 못한 병사들이 자제력을 잃고 전리품을 위해 전투를 요구하기도 했고 정반대로 보수를 받을 때까지 공격을 거부하기도 했다. 그러나 기다리기만 하면 병사들에게 보수를 더 이상 줄 수 없게 될 적이 저절로 해산될 것으로 평가한 장군들이 있었음을 우리는 수 없이 보았다. 이는 너무나 매력적인 생각이므로 분명 그런 장군은 전투를 위한 매우 유리한 기회가 있어도 이를 활용하지 않고 단순한 기동전機動戰만 계속하려는 유혹을 받을 수도 있었을 것이다. 프랑시스 Franz/Francis I세는 이런 식으로 파비아Pavia에서 승리에 접근했지만 적이 가장 극단적인 수단을 시도하게 만들었던 것도 바로 그런 사실에 대한 절망감 때문이었다. 적은 안전한 진지陣地에서 꼼짝 않는 그를 공격해서 승리했다.

필자는 과거 이런 전략에 "소모전消耗戰 전략Ermattungsstrategie /strategy of attrition" 또는 "양극 兩極 전략doppelpoligen Strategie/bipolar strategy"이란 이름을 붙였었다. 장군들은 매 순간마다 그의

목표를 전투를 통해 달성할지 기동을 통해 달성할지를 결정하므로 그의 결정이 기동과 전투라는 양극 사이에서 지금은 이쪽으로 다른 때는 저쪽으로 옮겨다니면서 수시로 변하는 전략을 말한다.

소모전消耗戰 전략과 대립되는 것이 섬멸전殲滅戰 전략Niederwerfungsstrategie/strategy of annihilation이며 이는 직접 적의 병력을 공격해 격파함으로써 승자의 의지를 패자에게 강요하는 전략이다. 앞으로 모든 전략적 행동의 이런 두 가지 형식에 대해 상세히 검토할 기회가 있겠지만 지금은 우선 마키아벨리의 경우만 다루어 보겠다.

그는 정면전투에서 적 병력을 격파하는 원칙이 군사행동의 지상목표라고 말한 경우가 아주 자주 있었다. 그는 "전투의 가치는 정면전투에 있다. 군대를 만든 이유는 정면전투를 위한 것이다", "적과 어떻게 전투할 것인지를 잘 이해하고 있는 자는 전쟁수행 중 그가 저지른 여타의 실수들을 용서받을 수 있다", "고대 로마군의 전략형태를 말하자면 프랑스인들의 말과 같이 주로 전쟁을 단순하고 완강하게 수행했다는 사실을 들 수 있다", "행군, 전투 그리고 숙영은 전쟁의 세 가지 중요활동이다", "흔히 주장하듯이 돈이 전쟁의 밑천이 아니라 유능한 병사들이 전쟁의 밑천이다. 돈으로 좋은 병사들을 찾아낼 수는 없지만 좋은 병사들은 돈을 찾아낼 수 있다", "전투에서 이기면 서둘러 전쟁에서 승리하도록 해야 한다"는 등의 말을 했다.

마키아벨리는 자신이 분석해 본 전쟁의 개념으로부터 이런 또는 이와 유사한 말들을 이끌어 냈다. 하지만 그의 시대에 있었던 전투의 실제 측면은 결코 이런 모습을 보여주지 않았고 고전시대 이론가 베게티우스Vegez/Vegetius의 글에서도 그는 전혀 다른 기본원칙들을 발견했다. 우리는 그가 베게티우스로부터 받은 인상을 완전히 털어 버리지 못했다는 것을 그가 앞의 말들과는 모순된 말을 하고 있는 것을 보면 있다. 그는 "훌륭한 장군들은 불가피하거나 상황이 유리할 때만 전투를 한다"고 했고, 또한 적을 절망적인 상황까지 몰고 가면 안 되고 반드시 적이 빠져나갈 황금의 다리를 남겨 놓아야 한다고 설명하기도 했으며, 고대 로마군은 승리한 후에 적을 레기온legion으로 추격하지 않고 경무장輕武裝 병력과 기병으로 추격했는데 이는 추격자들은 무질서하게 추격하다 승리의 결과를 잃어버리는 일이 쉽게 일어날 수 있기 때문이라고 평가하기도 했으며, 적을 무기로 굴복시키는 것보다는 기아飢餓 작전으로 굴복시키는 것이 좋은데 이는 승리를 좌우하는 것은 용기보다는 행운이기 때문이라고 말하기도 했다.

마키아벨리(서기 1527년 사망)의 생애 중에 큰 전투들이 많았지만(아그나델로Agnadello 전투, 라벤나Ravenna 전투, 노바라Novara 전투, 크레아쪼Creazzo 전투, 마리그나노Marignano 전투, 비코카Bicocca 전투, 파비아Pavia 전투 등) 그의 시대를 전적으로 지배한 전략 개념은 소모전消耗戰 전략의 개념이었다.

그의 젊은 시절에 막시밀리안Maximillian 황제에게 헌정獻呈된 것으로 보이는 어느 군사교훈시軍事敎訓詩에서는 전투에 대해 적이 아군보다 강할 때는 언제나 요새화된 진지陣地 속으로 물러나는 것을 부끄럽게 생각하면 안 된다고 한 구절이 있다("명예나 분노 때문에 자신과 자신의 병력을 위험한 상황으로 몰고 가지 말아라. 오늘 승리하지 못해도 내일은 승리할 수도 있다는 것을 잊지 말아라").3)

귀치아르디니Guicciardini는 비코카Biccoca 전투에서 이긴 게르만군 총사령관 콜로나 Prosper Colonna를 "쿤크타토cunctaror"("굼벵이") 〈역자 주: 이 책 제I편, 425쪽 참고〉라고 불릴 만한 신중한 성격의 인물로 칭찬하면서,4) 그는 칼보다는 정신으로 전쟁을 했고 아주 긴급한 상황이 아니면 전투에서 결전의 기회와 무운武運에 자신을 맡기지 않고도 국가를 방어할 수 있나는 것을 입증한 인물로 평가될 만 하다고 했다.

조비우스Paolo Giovio/Jovius 역시 다음과 같이 말했다.5)

프란체스코Francesco Maria von Urbono 영주領主는 베니스Venedig/Venice군 사령관이 되었을 때(서기 1523년) 당시 사정과 현명한 의회議會의 태도 때문에 전투에 대한 종전의 열의熱意를 불가피하게 누그러뜨리고 건전하고 치밀하고 분석적이며 심사숙고하는 사람이 되었다. 그는 이길 수 없는 강력한 외국인 레기온legion 들과 싸우려기 보다는 그들의 발을 묶어두려 했다. 그의 선조先祖들도 알비아노 Alviano의 무모함과 패배라는 이중성(서기 1509년 및 1513년)을 본 후 클라우디우스Marcus Claudius Marcellus 같은 장군보다는 파비우스Quintus Fabius Maximus 같은 장군을 선호했었기 때문이다(역자 주: 클라우디우스와 파비우스에 대해서는 이 책 제I편, 461쪽 참고). 이런 인물은 '기습공격extraordinariis proliis'과 적의 보급로의 차단과 돈으로 적을 압도하고, 치밀한 숙영지 요새화 병법兵法으로 적이 자신을 지치게 하는 것을 방지할 것이다. 뿐만 아니라 그는 필요할 경우에는 개활지에시의 '전면 전두 universum proelium'를 수용하리라고 우리는 자신 있게 기대할 수 있을 것이다.

이 시기의 기동전機動戰 전역戰役의 가장 주목할 만한 예는 아마도 서기 1524년에 황제의 군대가 남부 프랑스를 침공한 사건일 것이다.

이 원정을 격려했던 인물은 부르봉Bourbon 원수元帥/Connétable였고 그는 자신의 직함 職銜으로 황제의 군대를 지휘했다. 그는 리옹Lyons으로 직접 진군하려 했고 그곳을 자신의 미래의 왕국의 수도로 만들려고 했다. 그는 아비뇽Avignon에 병력을 집결시키고 있는 프랑시스Franz/Francis I세를 상대로 싸우려고 결심하고 있었다. 그러나 그

---

3) 옌스Max Jähns, 《독일 군사학사軍事學史 Geschichte der Krigswissenschaften vornehmlich in Deutschland》, 제I편, 336쪽.
4) 《이태리 역사Historia d'Italia》(베니스Venedig/Venice, 서기 1562년), 제L편, 제IV권, 425쪽.
5) 《군인정신이 투철한 인간들의 금언金言 Elogia virorum bellica virtute illustrium》(바젤Basel, 서기 1575년), 323쪽.

가 악시Axis에 있을 때 황제 군대의 진정한 대표로 당시 군대에서 가장 영향력 큰 인물이던 페스카라Pescara가 카를Karl 황제가 진정 바라는 것은 잉글랜드가 깔레Calais에 가지고 있는 것 같은 프랑스 항구를 하나 갖는 것이고 이 항구는 프랑스를 상대하는 전역戰役에서 보급기지補給基地 역할을 하게 될 것임을 지적해 주었다. 그들은 이미 차지하고 있는 투롱Toulon 항구를 신속히 요새화하기에는 자금이 부족했다. 부르봉은 페스카라의 말에 따라야만 했고 그들은 마르세이유Marseilles를 포위하러 진격했다. 그러나 5주일 후 마르세이유 성벽에 포격을 가해 큰 틈새가 생기자 부르봉은 공격해야 한다고 생각했지만 이때도 페스카라는 공격은 너무 위험하다고 보았다. 로마인 렌조Renzo da Ceri가 지휘하고 있던 마르세이유 수비대는 이 항구를 끝까지 단호히 지키겠다는 의지를 보여주었다. 그들은 성벽의 갈라진 틈 뒤에 충분한 긴급 방벽防壁을 구축했다. 페스카라는 "누구든 황천에 가서 저녁밥을 먹고 싶은 자는 공격해도 좋다"고 말했다. 그 사이 프랑시스 왕은 대규모 병력을 집결시켰지만 마르세이유를 구원하러 가지 않고 알프스를 넘어 이태리로 진격했다. 이에 부르봉 역시 돌아섰고 두 군대는 평행선을 그으면서 알프스를 넘어 이태리로 행군하게 되었다. 황제의 군대는 프랑스군보다 이틀 먼저 밀라노Mailand/Milan에 도착했지만 행군 중 병력 손실이 너무 많아서 야전에 남아있을 엄두를 내지 못하고 병력을 나누어 여러 거점據點들로 들어갔다. 이에 대해 랑케Leopold Ranke는 다음과 같이 말했다.

> 겨우 몇 달 전 황제를 세계 지배자로 만들려고 나타났던 이 강력한 군대가 돌연 야전에서 사라져 버렸다. 로마의 석학碩學 파스킨Pasquin은 "황제의 군대가 알프스에서 사라지자 성실한 탐색자에게 충분한 대가를 줄 테니 군대를 다시 찾아오라고 요청했다"고 자신의 생각을 표현했는데 농담만은 아니다.

이제 프랑스군에게는 황제의 군대가 들어 간 거점들을 점령하는 것이 새 과제가 되었다. 프랑스군이 파비아Pavia를 포위하고 있을 때 황제의 새 군대가 게르만 지역에서 구원군으로 왔고 페스카라와 프룬트스베르크Georg Frundsberg가 자신들의 요새화 된 진지에서 공격을 결심하자 구원군과 연결이 이루어졌다. 그러나 이 결정은 그들의 계획의 일부가 아니라 달리 희망이 없는 상황에서 마지막 자구책自救策이었다. 결국 프랑스군이 완전히 격파되고 프랑시스 왕이 포로가 됨으로써 끝난 이 전역戰役에서 장군들의 계획과 개념들은 소모전消耗戰 전략이었다.

마키아벨리의 글에는 소모전 전략의 원칙과 섬멸전 전략의 원칙이 나란히 등장하지만 균형을 이루지 못하고 있다. 그는 논리주의자의 목소리와 경험주의자의 목소리를 동시에 내고 있으나 스스로 이를 알지 못하고 있다. 그러나 이런 문제는 여러 세기에 걸쳐 유동적인 상태로 존재했다. 필자는 이 문제를 프리드리히 대왕을 검토할 때까지는 다시 언급하지 않을 것이다.

마키아벨리가 그의 시대의 군사체계를 잘 알고 있던 사람으로 보기는 극히 어려운 문제다. 우리는 그는 예리한 지적 능력이 있고 그의 취향이나 지위 때문에 늘 모든 관심을 전투에 집중할 수밖에 없었고 독일 이태리 프랑스 여러 지역을 널리 여행했고 또한 실질적으로 전투에 관여했던 사람이었고 따라서 이런 사람이 자신을 둘러싼 실제의 상황에 대해 한 말들이라면 무조건 믿을만하다고 볼 수도 있을 것이다. 그러나 이는 사실과 다르다. 그가 말한 병력수가 잘못된 것임을 입증할 수 있는 경우가 너무나 흔하다. 그는 스위스군의 대형은 늘 장창병長槍兵 3개 횡렬橫列 뒤에 미늘창Hellebarde/Halberd 창병槍兵 1개 횡렬이 서 있는 대형이라고 잘못 기록해 놓았다.6) 그는 관찰자이기도 했지만 기본적으로 이론가이면서 교조주의자였다. 그는 자신이 보고들은 모든 것을 곧 자신의 이론의 틀에 꿰어 맞추었고 자신의 이론과 맞지 않는 것에 대해서는 이론을 위해 사실을 희생시켰다. 그의 말 중에는 비판적 분석이 결여된 경우도 적지 않다. 예를 들어 그는 몇몇 프랑스인들의 말을 인용해서 프랑스에는 총 1,000,700개의 교구敎區/Pfarrei가 있었고 각 교구는 왕에게 1개 무장 의용병義勇兵 부대Franktireur/franc tireur를 제공했다고 말했다. 그러나 이는 단지 부주의했던 경우일 뿐이며 더 심각한 경우는 용병傭兵 체계에 대한 그의 급격한 반대와 자신이 꾸며낸 무장국가와 비무장국가의 엄격한 구분으로 인한 왜곡이다.

필자에게는 마키아벨리와 같은 종류의 인간으로 보이는 위대한 작가가 고전시대에도 있었다. 그 역시 높은 지적 자질과 뛰어난 관찰력과 강한 이론적 취향이 결합된 인물이었디. 호봄Hobohm의 글을 통해 마키아벨리가 그의 시대에 벌어졌던 전투에 관해 한 말 중에 사실과 거리가 먼 것들이 얼마나 많은 지를 확신할 수 있는 사람이라면 폴리비우스Polyb/Polybius의 말에 대해서는 오랜 세월이 흐른 지금 많은 학자들이 조심하고 있는 것보다도 더 조심하게 될 것이다.

---

6) 호봄Martin Hobohm, 《마키아벨리의 병법兵法 르네상스Machiavellis Renaissance der Kriegskunst 》, 제Ⅱ편, 457쪽 및 464쪽. 노바라Novara 전투와 마리그나노Marignano 전투 당시 병력수의 잘못된 기록에 관해서는 마키아벨리 자신의 《로마사론Discorsi sopra la prima deca di Tito Livio》, 제Ⅱ편, 18쪽 참고. 또한 에셔Hermann Escher의 "15세기 및 16세기초의 스위스 보병Das schweizerische Fussvolk im 15. und im Anfang des 16. Jahrhunderts"(《쮜리히 병기학회兵器學會 신년보新年報 Neujahrsblatt der Züricher Feuerwerker-Gesellschaft》, 1904년호~1907년호)에서는 마키아벨리가 스위스군의 무장이나 대형을 정확하게 묘사하지 못한 점에 대해 상세히 설명하고 있다.

제 II 권
종교전쟁 시대

제 I 장
기사騎士에서 기병대騎兵隊로의 전환[1]

우리는 중세에서 현대로 넘어가면서 보병 병력의 전술부대인 보병부대Infanterie/Infantry의 창설을 기초로 전투가 변했음을 알 수 있었다.

그러나 16세기에는 기마騎馬 병력에도 이와 비슷한 변화가 생겨서 기사騎士 체계도 기병대騎兵隊/Kavallerie/cavalry 체계로 바뀌었다.

앞서 계속 강조했던 것 같이 기사騎士 체계의 기초는 유능한 개인적 전투원들이었지만 기병대 체계는 기병들의 전술조직戰術組織이라는 개념적인 차이가 있다. 보병과 마찬가지로 기병에 있어서도 이런 차이가 분명 존재하지만 기병의 경우에는 개인과 조직간 대립관계가 덜 심한 편이다. 기병은 외적 결집을 이루기도 유지하기도 어렵고 개인전투個人戰鬪도 언제나 많은 편이지만 보병은 밀집대형에 의한 기동이나 압력에 비해 개인전투가 별 역할을 하지 못하는 경우가 흔하다. 지금껏 우리가 일례로 알렉산더 대왕의 기병들을 기사騎士로 보아야 할지 기병대로 보아야 할지에 대해 결론을 내리지 않았던 것도 바로 이 때문이다.

근대로의 전환기에 우리가 알 수 있는 최초의 변화는 기마騎馬 병력들에 뚜렷한 병과兵科 구분이 생긴 변화이다. 중세 전투의 중요한 특징으로 가장 중요한 전사戰士인 기사騎士들이 경기병輕騎兵과 궁수弓手들의 지원을 받고 각 병과兵科가 단독으로 싸우는 일이 거의 없었지만 이제는 세 병과가 별도로 조직되고 각자 단독으로 싸우는 일이 훨씬 자주 보이게 되었다. 일례로 서기 1512년의 라벤나Ravenna 전투에서는 양측의 중기병重騎兵들끼리 한 측익에서 서로 싸웠고 다른 측익에서는 경기병들끼리만 싸웠었다.

문명화된 민족에게서는 유능하고 유용한 경기병이 잘 보이지 않는다. 베니스Venedig/Venice는 유용한 경기병으로 알바니아 경기병 스트라디오티stradioti를 모집했는데 이들은 그 이후 이 지도자 저 지도자 밑으로 돌아다니며 복무했다. 16세기 후반까지는 이들이 여러 곳에서 발견된다.

스타디오티stradioti와 유사한 병력이 헝가리 경기병 후싸르Husar/Hussar인데 이들은 15세기에 처음 등장해서 16세기에는 유능한 병사들로 자주 거론되었으며 게르만 전쟁에도 이들이 보인다.[2] 이들의 무장은 기병창騎兵槍과 방패였다.

---

1) 데니슨George T. Denison, 《초기 시대로부터 기병대의 역사와 미래의 전망*History of the Cavalry from the Earliest Times, with Observations Concerning Its Future*》(브릭스Brix 출판사의 독일어판, 베를린, 서기 1879년)은 역사적 과학적 측면 모두에서 큰 가치는 없는 글이다.

중기병重騎兵들의 능력은 그들의 기사騎士 지위에 의해 확보되었지만 경기병輕騎兵들은 반야만인半野蠻人들 중에서 모집되었고 이들은 야만적인 생활환경에서 자연스런 호전성을 지니고 있었다.

궁수들은 점차 활이나 쇠뇌弩 대신에 화기火器 즉, 길이가 2.5~3ft 정도 되는 화승총으로 무장한 소총병으로 바뀌게 되었다. 카밀로Camilo Vitelli는 서기 1496년에 최초로 기마총병騎馬銃兵들을 특수한 전투병과로 조직했던 인물로 보인다. 발하우젠Wallhausen의 《기병騎兵의 병법兵法 Kriegskunst zu Pferde》 등 여타 사료들에서 우리는 후일 소총병이 말을 타고 속보速步로 달리면서 사격하는 모습을 찾아 볼 수 있는데 그들이 표적을 명중시켰을 것이라고는 거의 믿어지지 않는다.

뒤벨라이Du Bellay의 지침서(〈군사교리Discipline militaire〉, 서기 1548년)에서는 기병을 기사騎士(옴므다르메hommes d'arme), 경기병輕騎兵(슈보레제chevaux legers), 스트라디오티stradioti(에스트라디오estradiots 또는 기네테레ginetères) 및 기마소총병(하르크부시에harquebusiers)의 4종류로 구분했다.3) 이어서 뒤벨라이는 젊은이는 17세 이전에 기병이 되면 안 되며 17세가 된 다음에도 한 병과에서 2~3년씩 복무해 가면서 위에 말한 각 병과兵科 순으로 단계적으로 옮겨갈 수 있다고 했다. 그는 또한 위의 순서대로 병과가 변할수록 더욱 좋은 말이 필요하다고 했다. 기사騎士들은 3~4년간의 추가 복무가 요구되었으며 그 이후 그는 자신의 봉토封土로 돌아갈 수 있었지만 징집이 있을 경우 언제든 이에 응할 준비를 갖추고 있어야 했었다.

이와 같은 기병 병과의 엄격한 구분이 있었지만 16세기 후반으로 가면 마치 예전의 칙령중대勅令中隊/compagnies d'ordonnance/Ordonanz=Kompagnien(역자 주: 이 책 제III편, 제IV권, 제V권 참고) 같이 기사騎士, 소총병 및 경무장輕武裝 병사들이 한 부대로 결합되는 경우가 보인다. 뒤벨라이의 위의 지침서에는 1명의 중대장 밑에 기사騎士 100명, 경기병 100명, 기마총병騎馬銃兵 50명 및 스트라디오티stradioti 50명이 결합되어 있다. 프랑스

---

2) 이들의 이름에 관한 논쟁은 《역사과학 연보Jahresbericht ser Geschichtwissenschaften》, 제3권(서기 1892년), 247쪽 이하에 게재된 만골트Mangold의 글을 참고할 것. 후싸르란 이름은 뮐베르크Mühlberg 전투에 관한 퀴스트린Küstrin의 기록(랑케Reopold Ranke, 《전집全集 Werke》, 제6권, 244쪽~246쪽)과 뉘른베르크Nürnberg 시市의 참전參戰에 관한 요아킴Joachim Imhof의 기록(크나케Knaake, 《카를 V세의 역사적 공헌Beiträge zur Geschichte Karls V》, 스텐달Stendal, 서기 1864년, 46쪽 이하)에 매우 자주 등장한다. 특히 흥미 있는 글은 아빌라Avila의 《슈말칼덴 전쟁의 역사Geschichte des Schmalkaldischen Krieges》, 독일어판〔영어판 제목은 《History of the Schmalkaldic War》〕, 123쪽 이하 부분이다. 수잔Susane의 《프랑스 기병대 역사Histoire de la cavallerie français》, 제I편, 150쪽에 의하면 서기 1635년 이후로 프랑스에는 헝가리 기병들이 있었고 서기 1693년에는 후싸르 연대가 창설되었다고 한다.

3) 이 책에 관해서는 옌스Max Jähns의 《독일 군사학사軍事學史 Geschichte der Krigswissenschaften vornehmlich in Deutschland》, 제I편, 498쪽을 참고할 것. 하우저Hauser는 이 책의 저자가 뒤벨라이라는 것을 부인하면서 이 책의 가장 오래된 판版은 서기 1548년 판이라 하는데(《프랑스 사료집Les Sources de l'histoire de France》, 제II편, 35쪽. 옌스는 1535년 판일 것으로 본다) 아마도 이 말이 맞는 말일 것 같다. 이 책 제I권, 제VIII장에서 옮긴 본문의 구절을 제외한 나머지 내용은 대부분 마키아벨리의 글에서 옮겨놓은 것이다. 게벨린Gebelin의 《르네상스 시기에 생긴 군사교리는 무엇인가Quid rei militaris doctrina renascentibus litteris antiquitatis debuerit》(보르도Bordeaux, 서기 1881년), 44쪽 참고.

앙리Henry II세는 서기 1552년 메츠Metz 시市를 제압 후 성문城門 앞에서 큰 퍼레이드를 했는데 이를 목격한 라부틴Rabutin은 당시 모습을 다음 같이 묘사해 놓았다.

1,000~1,100명의 기사騎士들이 프랑스와 스페인 및 터키 산産 큰말들을 타고 있었는데 이 말들도 중대장들의 깃발과 같은 색의 갑옷을 입고 있었으며 기사騎士들은 머리끝부터 발끝까지 갑옷을 착용하고 기병창騎兵槍, 장검長劍, 단검短劍 또는 망치를 들고 있었다. 그들 뒤로는 소총병 및 보병들의 지원집단들이 왔는데 그 지도자들은 금박金箔 은박銀箔 자수刺繡가 새겨진 극히 화려한 복장을 착용했고 소총병들도 말을 타고 있었고 가벼운 기병창과 함께 권총도 안장에 꽂아놓고 있었다. 모든 병력이 최대한 화려하게 정렬해 있었다.

라부틴Rabutin은 이듬해인 서기 1553년에는 기마총병騎馬銃兵 중대들이 특별히 편성되지는 않았지만 왕은 각 기사騎士 중대의 지도자들에게 지시된 숫자만큼 기마총병들도 모집하도록 명했다고 분명히 기록해 놓았다(594쪽). 또한 기마총병들은 기사騎士들에게 불리한 지형에서 매우 유용한 병력이었다고 하지만 전투에서는 그들을 파견해서 기사騎士들과 특별부대로 결합했다고 한다(600쪽).

만약 위의 기록에서 소총과 권총만 쇠뇌弩로 바꾸어 놓는다면 16세기의 이 병력은 13세기에 보이는 병력이나 똑 같은 병력이라고 할 수 있을 것이다. 우리는 이 이상의 발전에 대해서는 직접 추적해 볼 수가 없다.

기병들의 병과兵科를 엄격히 구분했던 것은 단지 경기병輕騎兵의 필요성이 컸기 때문이었다. 경기병은 둔한 기사騎士들보다 적의 강력한 보병과 포병에게 행군 중 기습공격과 추격을 통해 큰 피해를 가할 수 있었다. 그리고 이들의 숫자를 크게 늘림으로써 이들이 전투에서 좀 더 독립적인 작전을 펼 수 있게 되었다.

앞서 말한 대로 다양한 기병 병과들이 엄격히 구분되었던 것과 달리 한편으로는 일종의 평준화 현상이 발전했는데 기사騎士들과 기사騎士 비슷한 병사들과 일반병사들이 견고하게 결합함에 따라서 기사騎士들과 보조집단의 무장이 비슷해지게 되었다. 우리는 이런 현상을 게르만 제국의 카를Karl V세가 프랑스의 프랑시스Franz/Francis I세와 싸운 마지막 전쟁(서기 1543년~1544년)에서 볼 수 있다.

조비우스Paolo Giovio/Jovius는 서기 1543년 황제군이 뒤렌Düren을 공격할 때 구원군의 접근을 차단하기 위해 게르만 보병방진步兵方陣과 기병방진騎兵方陣/quadrata equitum agmina이 2개씩 편성되었다고 했다.4) 그는 다른 구절들에서 게르만 병력의 이동이 느렸음을 강조하고 있다(밀집대형을 취했기 때문임이 분명하다).5) 베니스 대사大使 나바

---

4) 조비우스, 《당대인물전當代人物傳 *Historiarum sui temporis*》, *libri* 44(서기 1578년 판版), 555쪽.
5) 같은 책, *libri* 45, 610쪽.

게로Navagero가 본국에 보고한 말에 의하면 프랑스군은 게르만 기병병력(카발레리아cavalleria)이 매우 느리게 접근하는 것을 보고 놀랐다고 한다.6)

　3년 후의 슈말칼덴 전쟁Schmalkaldischen Kriege(역자 주: 앞의 42쪽 참고)에서는 이런 현상이 더욱 뚜렷해졌다.

　이 전쟁을 목격한 또 다른 베니스 대사大使 모세니고Mocenigo는 황제군의 기병을 기사騎士와 총병銃兵/archibusetti의 두 종류로 구분했다. 그의 보고에 의하면 후자 역시 갑옷을 착용했었고 가벼운 기병창騎兵槍과 굴레방아쇠 권총Radschlosspistole/wheel-lock pistol(역자 주: 방아쇠를 당기면 방아쇠틀 내부에 있는 조그만 강철 굴레가 회전하면서 불꽃을 만들고 이 불꽃으로 화약을 폭발시켜 발사하는 방식의 초기 권총)을 휴대했었으며 밀집대형을 형성하고 탁월한 질서를 유지했다고 한다.7)

　당시의 스페인 역사가 아빌라Avila는 황제군 기병은 종심縱深이 단 17개 횡렬橫列인 방진方陣(기병중대騎兵中隊/Eskadron/squadron)들로 정렬했다며 다음과 같이 말했다.

　이로써 그들의 정면은 매우 넓어져서 병력이 많은 것 같이 보였고 모양도 좋았다. 내가 보기에 이런 대형은 지형만 허용되면 보다 안전한 좋은 대형이다. 정면이 좁으면 쉽게 포위될 수 있지만 넓게 정렬한 기병중대는 쉽게 포위될 수 없기 때문이다. 한편 17개 횡렬橫列 정도의 종심이면 충분한 충격(골포golpo)을 가할 수 있고 그런 기병중대면 다른 기병중대와 맞설 수 있다. 네덜란드 중기병重騎兵이 서기 1543년에 지타르트Sittard에서 클레비스Clevis/Cleves 중기병과 싸운 전투가 분명히 그와 같은 예이다.

　아빌라가 황제군 기병의 종심縱深이 17개 횡렬橫列 뿐이었다고 말한 것은 그때까지는 기병의 대형도 평균 종심이 깊었다는 말이다. 앞서 우리는 필렌로이트Pillenreuth 전투 당시 기사騎士들이 보병과 함께 정면 약 14명에 종심 약 20명인 대형으로 정렬했던 것을 보았고8) 서기 1532년의 한 이론서理論書는 기병 6,000명을 종심 83명의 대형으로 정렬할 것을 추천하고 있다.9)

　중세 기병의 기본대형에는 두 가지가 있었음을 우리는 알 수 있었다. 그 하나는 기사騎士들이 선두에 1개 횡렬橫列로 서고 보병과 궁수들이 (전초前哨 병력으로

---

6) 〈서기 1546년 7월 베니스 대사大使 나바게로의 보고서 Bericht des venezianischen Gesandten Navagero vom Juli 1546〉 (알베리Eugen Albéri 편編/series), 제I집輯/series), 제I권, 314쪽 및 328쪽. 그는 이 기병들의 무기에 대해서도 설명하고 있지만(314쪽) 다른 보고문에서 이들의 무기로 언급한 권총을 이곳에서는 아직 언급하지 않았다.

7) 모세니고Alois Mocenigo, 〈서기 1548년의 게르만군에 관하여Relazione di Germania, 1548〉, 피들러Fiedler 편編, 《오스트리아 사료집Fontes rer. austricarum》(비엔나, 서기 1870년), 제XXX권, 120쪽.

8) 이 책 제III편, 제III권, 제II장, 277쪽 참고.

9) 옌스Max Jähns, 《독일 군사학사軍事學史 Geschichte der Krigswissenschaften vornehmlich in Deutschland》, 제I편, 740쪽.

앞으로 나가는 경우 외에는) 그 뒤를 따르는 대형이고, 다른 하나는 종심 깊은 방진方陣으로 정렬하는 대형이다. 이 두 대형은 기본적으로 다른 대형 같이 보이지만 실제로는 그렇지 않았다. 이들은 전투대형이 아니라 접적기동接敵機動 대형이었기 때문이다. 종심이 깊은 방진方陣도 전투 시에는 좌우로 퍼지게 된다. 그러나 기사騎士들이 선두에 1개 횡렬橫列로 서는 대형은 규모가 큰 군대의 경우에는 처음부터 현실적이지 못한 대형이다.

앞서 인용한 바 있는 한 문서로서 서기 1522년 말경에 다른 사람이 아닌 프룬트스베르크Georg Frundsberg 자신이 쓴 것으로 보이는 〈옛날의 검증된 노련한 전사戰士 *Trewer Rath und Bedenken eines Alten wol versuchten und Erfahrenen Kriegsmans*〉이라는 문서에서는10) "많은 병력이 적과 마주해서 싸울 수 있고 후방과 정면과 측면에서 모두 적을 공격할 수 있도록" 하기 위해서 "여러 방진方陣으로 나뉘어 정면을 넓게 한 대형"을 권장하고 있다. 광범위하게 전투를 다룬 〈전쟁론戰爭論 *Kriegsbuch*〉(서기 1555년에 완성됨)이라는 글을 쓴 프로이센의 알브레크트Albrecht 영주領主는 비슷한 용어를 써가면서 "넓은 정면과 여럿의 작은 방진方陣들"로 정렬하도록 요구했다.11)

우리는 언제나 매우 놀랍게 보이는 카를Karl V세의 17개 횡렬橫列 방진方陣보다는 실제로는 이런 경우들이 기병대로 발전해 나가는 보다 진정한 선구자로 간주되어야 한다고 생각할 수도 있을 것이다. 그러나 실제는 그렇지 않다. 프룬트스베르크와 알브레크트가 말한 여러 개의 작은 방진方陣들은 기사騎士들의 대형으로서 단순한 접적기동 대형에 불과하며 종심이 17개 횡렬橫列인 방진方陣에 오히려 장래의 발전의 핵심이 포함되어 있다.

종심이 17개 횡렬橫列인 기병대형은 기병 1명이 차지하는 공간은 세로가 가로의 약 3배며 따라서 1개 횡렬에 100명씩 17개 횡렬橫列로 정렬하면 전체적으로 정면의 길이가 종심의 길이의 2배가 된다는 알바Alba 영주領主의 계산에 기초한12) 대형이었다. 따라서 조비우스Paolo Giovio/Jovius가 말한 기병의 "방진종대方陣縱隊/*agmen quadratum*"는 이미 종심이 훨씬 얕은 대형으로 변해 있었고 이 새 대형은 모든 기록들이 한결

---

10) 옌스Max Jähns의 같은 책, 제I편, 474쪽에는 이 부분이 상세히 요약되어 있다.

11) 옌스Max Jähns, 같은 책, 제I편, 521쪽.

12) 나폴레옹 III세의 "포병의 과거와 미래Du passé et de l'avenir de l'artillerie"라는 논문(《나폴레옹 III세 전집全集 *Oeuvres*》, 제III편, 200쪽에는 다음과 같은 구절이 있다.

　　생뤼Saint-Luc는 그의 《군사평론*Observations militaires*》에서 알바Alba 영주領主는 흑기병黑騎兵/reître(역자 주: 뒤의 121쪽 참고) 기병중대騎兵中隊/Eskadron의 종심이 너무 깊은 것을 보고 자신의 병력은 정면이 종심보다 2배가 되게 정렬시키려고 했다. 그는 이런 식으로 1700명의 기병을 17개 횡렬橫列로 정렬시키면 기병 1명이 차지하는 공간을 세로 6보에 세로 2보로 볼 때 전체 대형은 세로 102보에 가로 204보의 직사각형 공간을 차지할 것으로 보았다.

　　생뤼의 글은 아직까지 활자화되지 않은 것으로 보인다.

같이 강조하고 있듯이 매우 정성껏 유지되었던 것이다. 그들은 그런 새로운 대형을 만들기 위해 과거 보병이 오랜 세월 그랬던 것 같이 많은 훈련이 필요했고 훈련을 통해 어느 정도 분명하고 견고한 대형을 유지할 수 있게 되면 그때부터 종심縱深을 더 늘여갔다. 타반네Tavannes의 기록에는 10명 종심의 대형이 언급되어 있고13) 누에de la Noue는 6~7명 종심의 대형을 기병중대騎兵中隊/Eskadron의 통상 대형으로 본 것 같다.14) 따라서 16세기가 끝나면서 현대 기병대에 접근하기 시작했던 것이다.15) 그런데 이런 대형이 만족스러웠다면 왜 그들은 처음부터 이런 대형을 택하지 않았던 것일까? 아마 보병도 종심이 매우 깊은 대형으로부터 시작해서 아주 점진적으로 종심이 얕은 대형으로 발전했었던 것과 같은 이유 때문이었을 것이다. 즉, 종심을 깊게 해야 대형 유지가 쉬웠기 때문일 것이다. 고도의 훈련을 거쳐 필요한 군기軍紀가 확립된 이후라야 질서를 유지하면서 정면을 넓히는 것이 가능했다. 우리가 프룬트스베르크Frundsberg가 말한 "여러 개의 작은 부대들"이 아니라 종심이 17개 횡렬橫列인 슈말칼덴 전쟁Schmalkaldischen Kriege 당시의 기병중대들을 역사적 발전의 첨병으로 보아야 하는 것도 바로 이 때문이었다.

슈말칼덴 전쟁 당시 황제의 군대와 싸운 게르만 영주領主들의 군대에는 여전히 다양한 무장을 갖춘 병사들이 그 뒤를 따른 징집된 바쌀vassal(역자 주: "가신家臣"으로 통상 번역된다. 구체적 의미에 대해서는 이 책 제II편, 제IV권, 제IV장 참고) 또는 모집된 귀족 기사騎士들이 등장한다.16) 헤쎈Hessen의 관용공寬容公필리프Philipp dem Grossmütigen는 기사騎士들 사이에 가능한 최대로 많은 퀴라씨에Kürassiere/ cuirassier(역자 주: 중세에는 기사騎士를 란쩨-퀴라씨에Lanze= Kürassiere/lancer-cuirassier 즉, 중갑창기병重甲槍騎兵이라 했으나 여기서는 권총으로 무장한 기병을 말한다. 뒤의 126쪽 참고)를 두는 것을 중요시했지만 황제군의 기병 같은 단순한 용병傭兵 기병들이 여전히 많았다. 슈말칼덴 동맹군의 기병들에게 아직 봉건적 기반이 남아있었지만 여전히 능력과 질서를 갖춘 병력으로 주목을 받았고 특히 트럼펫 신호에 따라 질서 있게 잘 움직이는 병력으로 소문이 났었다.17)

---

13) 장 타반네Jean Gaspard de Saulx-Tavannes, 《비망록Mémoires》(부숑Buchon 편編, 서기 1836년), 122쪽.

14) 우리는 누에de la Noue 편編, 《군사견문軍事見聞 Observations militaires》(1587년), 제15화話/Discours, 345쪽에서 이런 결론을 내릴 수 있을 것 같다. 누에는 기병중대는 횡으로 정렬한 적의 15명~16명만 즉, 통상 100명인 적 정면의 병사 중 1/6~1/7만 직접 격파하면 이길 수 있다고 보았다. 같은 책, 제18화話/Discours 참고.

15) 앞의 각주 12에서 인용한 나폴레옹 III세의 글에서는 앙리Henry IV세는 병력 300~500명의 기병중대들을 가지고 있었고 이 기병중대들은 5개 횡렬橫列로 정렬했었다고 한다. 그의 말에 의하면 몽고메리Montgomery는 기사騎士들은 10개 횡렬로 정렬하고 경기병들은 7개 횡렬로 정렬해야 한다고 주장했다고 한다. 빌롱Billon은 《병법兵法의 원칙Les Principes de l'art militaire》(독일어판, 서기 1613년), 254쪽에서 기병중대는 5개 횡렬의 종심으로 정렬하는 것이 바람직한데 "말들은 서로 밀어줄 수 없기 때문"이라고 했다.

16) 페텔Paetel, 《관대한 필리프 치하의 헤쎈 군대의 조직Die Organisation des hessischen Heeres unter Philipp dem Grossmütigen》(서기 1897년). 특히 38쪽과 40쪽을 볼 것. 스페인군의 갑옷에 대해서는 또한 조비우스Paolo Giovio/Jovius, 《당대인물전當代人物傳 Historiarum sui temporis》, libri 34, 278쪽도 볼 것.

17) 황제를 수행했던 베니스 대사大使 모세니고Mocenigo의 보고문들에 의함. 피들러Fiedler 편編, 《오스트리아 사료집Fontes rer. austricarum》(비엔나, 서기 1870년), 제XXX권, 120쪽. 《제국 황실이 베니스로 보낸 지급

그러나 이런 모든 것들은 매우 사소한 것으로 보인다. 또 중세 기병과 유사한 기록들이 보이므로 이런 것들로부터 우리가 얻을 수 있는 결론들은 전혀 없다. 그러나 계속된 발전의 양상을 보면 우리는 사실 지금 무언가 근본적으로 새로운 것을 다루고 있음을 알 수 있다.

이미 슈말칼덴 전쟁 때부터 그렇게 불렸던 "흑기병黑騎兵/Schwarzen Reiter"들은 마치 게르만 토병土兵/Landsknecht/lansquenet(역자 주: 16~17세기 독일의 보병용병步兵傭兵)들과 마찬가지로 계속 존재했다. 약탈과 반란으로 잘 알려진 그들은 때로는 알브레크트Albrecht Alcibiades 휘하 병력으로,18) 때로는 사보아Savoyen/Savoy의 엠마누엘Emanuel Philibert 휘하 병력으로, 때로는 슈바르쯔부르크Schwarzburg의 귄터Günther의 휘하 병력으로 게르만 제국 안팎 전쟁에 모두 등장했다. 이 "흑기병黑騎兵"의 후신後身이 "게르만 기병deutschen Reiter"이며 이들은 위그노Hugenotten/Huguenot 전쟁(역자 주: 16세기 후반 프랑스 칼뱅파의 종교전쟁. 뒤의 192쪽 참고)에서 양측에 모두 보이고 이들을 프랑스인들은 "레이트레reître"로 그리고 이태리인들은 "라이트리raitri"라고 불렀다. 이들은 게르만 제국의 스위스 병사들이 유럽 보병부대의 아버지로 불리는 것과 마찬가지 의미에서 유럽 기병대의 아버지로 간주되어야 한다. 이런 새로운 병종兵種을 만든 것은 게르만 병사들

지령문至急指令文들 *Venetianische Depeschen vom Kaiserhof*》(과학 아카데미 역사위원회 발행, 비엔나, 서기 1899년), 제I권, 668쪽 및 670~671쪽.

18) 이들에 관한 최초의 언급은 아빌라Avila, 《슈말칼덴 전쟁의 역사*Geschichte des Schmalkaldischen Krieges*》(독일어판, 서기 1853년), 58쪽에 있다. 초판初版(베니스, 서기 1548년)에서는 34쪽임. 서기 1552년 11월 6일자의 한 서신에서 슈벤디Lazarus Schwendi는 알브레크트Albrecht Alcibiades의 기병을 "흑기병黑騎兵/Schwarzen Reiter"이라고 불렀다. 보이트Voigt, 《알브레크트 알키비아데스*Albrecht Alcibiades*》, 제II편, 8쪽. 서기 1554년 나무르Namur 전투 때는 각자 창槍에 깃발을 매단 "흑기병" 1,500명이 황제군에서 보인다. 《아노니무스 잡지*Anonymes Tagebuch*》, 서기 1554년~1557년(토르프Louis Torfs, 《카를 V세와 필리프 II세의 전역戰役들 *Campagnes de Charles-Quint et de Philippe II*》, 안트워프Antwerpe/Antwerp, 서기 1868년, 23~24쪽에 편집 수록되어 있음). 이 잡지에는 그들이 일으킨 반란에 대한 언급이 여러 곳 있다. 서기 1554년에는 볼프람Wolfram von Sxhwarzenburg 대공太公 휘하의 1,800~2,000명 규모의 "레이트레 무리un ost de reitres"가 황세 측 냉릭으로 등장한다. 라부틴Rabutin의 《주석註釋 *Commentaires*》(부숑Buchon 편編, 서기 1836년), L. VI, 620쪽에서는 "그들은 우리들에게 겁을 주려고 멋진 악마와 같이 자신들을 검은 색으로 만들었다"고 했다. 앙리Hery II세는 서기 1558년 전역戰役을 준비할 때 생껭텡St. Quentin에서 전년도에 경험했던 일들을 염두에 두고 다음과 같이 말하면서 가능한 많은 레이트레reître들을 모집하라고 명했다.

> …전년도에 그의 적(필리프 II세)이 보유하고 있었고 전원이 권총이라는 무서운 화기火器로 무장했고 그 이후 "검은 갑옷haenois noirs"이라고 불리게 된 이 레이트레reître들 때문에 그에게 큰 장점이 된 것으로 평가된 극히 많은 병력은 프랑스 기사騎士들을 놀라게 해서 격파하려고 만든 병력으로 보였기 때문이다. 그리고 또한 그들 중 최대한 많은 인원을 그의 적으로부터 빼내오고 프랑스 병사들에게 그들에게 익숙하게 하게 그런 병종兵種을 자신 있게 사용하는 방법을 가르치기 위해서 그는 그들을 빼내서 자신 밑에 복무시키기를 원했다.

라부틴, 《주석》, L. XI(부숑Buchon 편編, 서기 1836년, 738쪽). 필자가 최대로 조사해 본 바에 의하면 프랑스군에 복무한 최초의 게르만 권총병拳銃兵은 서기 1554년에 등장한다(같은 책, 605쪽). 수잔Susane은 그들이 더 일찍 등장한다고 믿는다. 같은 책, 701쪽에서 라부틴은 서기 1557년의 프랑스군에서 기사騎士와 기병대騎兵隊와 레이트레reître를 구분했다. 무언가 특별한 의미를 말하려는 것이 분명한 기병대를 위한 "기병Reiter"이라는 표현이 카발리스Marino Cavallis의 《로마에서 보낸 페르디난도의 서신書信 *Relazione da Ferdinando Re de Romani*》(서기 1543년)에 보인다. 알베리Eugen Albéri 편編, 제I집輯/series, 제III권, 122쪽.

이었지만 게르만 지역에서 만들지는 않았다. 그 당시 게르만 지역은 세계역사상 유례없이 긴 60년 이상 세월을 평화를 누리고 있었지만 프랑스는 30년간 위그노 전쟁을 치르고 있었다. 16세기 초반부에 프랑스가 치른 전쟁들이 주로 스위스 보병부대와 게르만 토병土兵들과의 전쟁이었다면 이제는 주로 게르만 기병들이 프로테스탄트 측과 가톨릭 측으로 서로 프랑스에서 싸우고 있었다. 그들이 새로운 기병전투 방법을 발전시킨 곳은 프랑스 땅에서였다.

이 기병들을 모범 삼아 스페인도 국가 기병부대를 창설했고 이 부대는 헤레루엘로스herreruelos 또는 페라루올리Ferraruoli로 구성되어 있었는데19) 이 명칭은 그들이 착용했던 짧은 외투 때문에 생긴 이름이었으며 이들이 그때까지도 아직 이용되던 경기병輕騎兵인 스트라디오티stradioti들을 대체했다.

무커 하이데Mooker Heide 전투(서기 1574년) 현장에 있던 스페인 장군 멘도짜Mendoza의 기록 중에는 이 전투에서 기병중대騎兵中隊/Eskadron 방진方陣들이 아주 밀집된 대형으로 말을 달려서 횡렬橫列들 속을 들여다 볼 수 없었다는 구절이 있다.20)

물론 중세에도 기병이 종심 깊은 밀집대형으로 접적기동接敵機動을 하는 경우가 있었으므로 그런 기병중대 대형의 전투력은 이 전술부대들이 얼마나 견고하게 결집상태를 유지하느냐에 달려있었다. 이제는 비록 간접적이기는 하지만 그렇게 할 수 있는 가능성이 크게 높아졌는데 이는 새로운 무기인 권총이 도입되었기 때문이었다. 서기 1550년대에도 "흑기병黑騎兵"들은 아직 기병창騎兵槍으로 무장하고 등장했지만 이제 이런 무기는 사라지고 게르만 기병들은 단지 권총과 칼만 휴대했었다. 반면에 프랑스 기사騎士들은 여전히 옛 방식대로 기병창을 들고 있었다.

그들이 사용한 굴레방아쇠 권총Radschlosspistole/wheel-lock pistol은 곤봉棍棒/Fäustling이라고 불리기도 했는데 매우 길고 무거웠으며 점화도 매우 불안정했었다. 이 방아쇠는 쉽게 찌꺼기가 쌓였었고 이를 청소하기도 쉽지 않았으며 부싯돌도 쉬 닳았다. 그러나 이 권총은 한 손으로 조작할 수 있다는 큰 장점이 있었고 사격의 불안정성은 한 사람이 권총 여러 자루를 휴대함으로써 상쇄될 수 있었다. 기병들은 권총을 멜빵 뿐 아니라 장화에 끼워서 휴대하기도 했었다.21)

---

19) 이들에 관한 언급이 최초로 등장하는 것은 〈필리프 II세에게 대사大使로 파견되었다가 서기 1559년 귀환할 때 작성한 수리아노의 서신書信 *Relation de Michel Suriano, faite au retour de son Ambassade aupres de Philippe II en 1559*〉 (가샤르Gachard, 《카를 V세와 필리프 II세에게 파견된 베니스 대사大使들의 서신書信 *Relations des Ambassadeurs vénitiens sur Charles-Quint et de Philippe II*》, 브뤼셀, 서기 1856년, 116쪽)이며 이 기록에는 그들에 대한 칭찬이 거의 없다.

크로나르Clonard의 글, 제IV편, 155쪽에서는 그들에 관한 최초의 언급이 등장하는 것을 서기 1560년의 칙령Ordinaza으로 본다.

20) 《네덜란드 전쟁사*Geschichte des niederländischen Krieges*》, 제II편, 제XI장, 12쪽.

21) 모세니고Mocenigo는 서기 1546년 9월 4일에 총독에게 "황제군의 기병들은 적을 매우 두려워했었는데 이는 적이 숫자도 많고 말도 좋을 말을 타고 있었기 때문이기도 하지만 그들 중 다수는 작은 굴레방

비록 말을 타고 총을 쏘는 것이 단순한 일은 아니었지만22) 말을 타고 기사騎士들 같이 기병창騎兵槍을 다루는 것에 비하면 많은 훈련이 필요하지는 않았었다. 더욱이 권총으로 무장한 기병은 기사騎士들 같이 좋은 말이 필요하지도 않았다.

발하우젠Wallhausen은 기병창을 공격무기로, 권총을 방어무기로만 본다. 기병창의 길이가 18~21ft라는 것을 보면23) 그런 성격규정이 분명해 지며 권총은 매우 짧은 거리에서만 위력을 발휘한다. 권총 사용 지침서들은 상대방이 거의 손에 닿을 거리에 있을 때만 사격하도록 권한다. 그러나 권총으로는 상대방 기병의 갑옷을 쉽게 뚫을 수 없으므로 상대방 기병의 엉덩이나 말의 어깨나 머리를 맞추도록 해야 한다고 했다. 누에de la Noue는 권총의 유효사거리가 3보라고 했다.

브란덴부르크Brandenburg 선제후選帝侯 알브레크트Albrecht Alcibiades가 서기 1553년 작센Sachsen/Saxony의 모리스Maurice와 싸운 지베르스하우젠Sievershausen 전투에 대해 당일 작성한 기록에는24) 양측 기병이 너무 가까이 접근해서 서로가 적의 눈의 흰자위를 볼 수 있었다 했다. 그들은 가까이 접근한 후에 권총(스클로페토스sclopetos)을 쏘고 전투에 들어갔었다. 부르텐바크Burtenbach의 셰르테린Schärtelin은 그의 자서전에서 "이 전투에서는 기마총병騎馬銃兵들이 적에게 큰 피해를 입혔다"고 했다.

기병들은 그들의 소총을 가장 효율적으로 사용하기 위해 독특한 기동 방법을 발전시켰는데 이 기동 방법은 앞서 보았던 보병창병步兵槍兵(역자 주: 델브뤼크의 원문에는 '보병궁수Fussschützen'로 되어 있으나 오기誤記로 보여 고쳤다. 앞의 12쪽 참고)들의 "달팽이"("슈네

아쇠 소총을 3자루나 휴대하고 하나는 안장 위에 하나는 안장 뒤에 나머지 하나는 장화에 꽂아놓고 있었고 때문이기도 합니다. 이 경기병들은 전초전을 벌일 때도 항상 안도감을 갖고 있었다고 하는데 이는 적을 만나면 소총 한 자루를 쏘고도 다른 한 자루를 꺼내 들었으며 심지어는 도주 중에도 소총을 어깨 위에 거꾸로 걸쳐놓고 뒤로 쏘는 경우도 많았기 때문이라고 합니다"라고 보고했다. 《제국 황실이 베니스로 보낸 지급지령문至急指令文들 Venetianische Depeschen vom Kaiserhof》 (과학 아카데미 역사위원회 발행, 비엔나, 서기 1899년), 제I권, 670~671쪽.
　바도에로Federigo Badoero는 권총을 4~5자루씩 휴대했다는 페라루올리ferraruoli들에 관해 위와 유사한 내용을 보고했다. 〈서기 1557년 카를 V세와 필리프 II세에게 보낸 서신Relazione di Carlo V e di Filippo II, 1557〉 (알베리Eugen Albéri 편編, 제I집輯/series), 제III권, 189~190쪽.

22) 〈옛 간부들에 대한 회상回想 Grinnerungen eines alten Offiziers〉 (서기 1890년 5월 21일, "포스트Post"의 포일레톤Feuilleton)에는 다음과 같이 쓰여져 있다.

　　그 당시(서기 1847년)까지만 해도 가만히 서 있는 말이 거의 없는 상태에서 말을 타고 무섭게 질주하면서 표적을 쏘는 것이 관행이었다. 부사관副士官 1명이 총탄을 장전한 권총에 도화선에 불을 붙인 후에 극히 조심스럽게 말을 탄 기병에게 건네주고는 했었다. 그러면 이 기병은 말을 돌려서 표적 앞에 선 다음 총을 쏘았다. 그러나 등위의 기병이 손에 총을 들고 있는 것을 말이 눈치채면 흔히 펄쩍 뛰기 때문에 그 기병과 말과 옆에 서 있던 사람들이 극히 위험했다. 때로는 기병이 쏜 총탄이 말의 귀에 맞는 일도 있었다. 그러나 우리의 훌륭한 비von B. 중위中尉는 코모데Commode라는 이름의 늙은 밤색 암말을 가지고 있었는데 소대小隊가 실제 사격임무를 수행할 때는 병사들이 한 명씩 돌아가며 코모데를 탔는데 코모데는 가만히 서 있었기 때문에 모든 병사가 정확히 총을 쏠 수 있었다. 요즘은 이런 어리석은 짓을 하지 않으며 전초병前哨兵들이 신호탄을 쏠 때는 물론 예외지만 언제나 말에서 내린 다음에야 총을 쏜다.

23) 발하우젠Wallhausen, 《기병騎兵의 병법兵法 Kriegskunst zu Pferde》, 6쪽.
24) 멘켄Mencken의 책, 제II편, 1427쪽.

케Schnecke" 또는 "리마쏭limaçon") 기동과 같은 것이었고 기병들은 흔히 이를 "카라콜레Caracole" 기동이라고 불렀었다. 지베르스하우젠Sievershausen 전투까지는 아직 이런 기동이 없었음이 분명하다. 필자는 이런 기동을 처음 언급한 기록을 그보다 10년 후의 드뢰Dreux 전투(서기 1562년)에 관한 타반네Tavannes 원수元帥의 《비망록Mémoires》에서 찾아 볼 수 있었다.25) 그는 카를Karl V세 시대 이후 권총이 발명되었고 과거 게르만 토병土兵들과 함께 복무한 게르만 기사騎士들이 이제 기병이 되어 15~16개 횡렬橫列의 기병중대騎兵中隊/Eskadron들을 형성했다고 설명했다. 그들은 이 부대들로 공격했지만 적진敵陣으로 침투하지 않았고 "제1횡렬이 (총을 쏜 후) 왼쪽으로 돌며 제2횡렬의 앞을 열어주면 제2횡렬이 총을 쏘았으며" 그들은 이렇게 총을 쏜 후 즉시 총을 재장전再裝塡하려고 달팽이 같이 선회旋回했다 한다. 그러나 타반네는 드뢰Dreux 전투 때는 기병이 이런 측면 이동을 할 필요가 없었는데 이는 그들의 적이 종심이 얕은 울타리 대형Haag=Austellung으로 정렬한 프랑스 기사騎士들뿐이었기 때문이라고 했다. 그러나 프랑스 기사騎士들도 기병중대를 만드는 것을 배우자 적의 기병들을 손쉽게 이길 수 있었다. 그들은 돌면서 달팽이 기동을 하지 않고 적진으로 침투했지만 적의 후미에는 보병들만 있었기 때문이다.

작센Sachsen/Saxony의 모리스Maurice와 브란덴부르크Brandenburg의 알브레크트Albrecht가 이 기병들을 훈련했다는 기록도 있다.26) 그들의 지도자였던 헤쎈Hessen의 지방대공地方大公/Landgraf은 전사戰士들은 보수報酬를 위해 한번 공격하고 조국을 위해 두 번 공격하지만 종교를 위해서는 세 번 공격할 것이라고 했다. 그러나 드뢰Dreux 전투 때 이 기병들은 프랑스 위그노Hugenotten/Huguenot 파를 위해서 네 번 공격했다.

필자는 위그노 교도인 포펠리니에de la Popelinière가 서기 1571년 쾰른에서 출판한 《내전사內戰史 HIstoire des Troubles》 중 서기 1569년 몽콩투르Moncontour 전투에 관한 부분에서 카라콜레caracole 기동에 관한 기록을 두 번째로 발견했다.27) 이 기록은 타반네 원수元帥의 《비망록》에 비해 좀 차이가 있는데 포펠리니에는 이런 선회旋回가 지형地形에 따라 왼쪽 또는 오른쪽으로 실시되었다고 한 반면 타반네는 기병은 오른손으로 총을 쏘기 때문에 왼쪽으로만 선회旋回가 이루어졌다고 말하고 있으며 뒤의 구절에서는 왼쪽으로의 선회旋回만 가능했었다고 말하고 있다.28)

---

25) 부숑Buchon 편編, 서기 1836년, 291쪽. 타반네Tavannes에 관해서는 뒤에 129쪽에서 다시 설명한다.

26) 필자는 방금 기병 지도자 알브레크트Albrecht를 연구한 프리드리히스도르프R. Friedrichsdorf의 논문(베를린 대학교 학위논문, 서기 1919년)을 받았는데 이 논문에는 새롭고 매우 귀중한 내용들이 포함되어 있다.

27) 이 책의 제2판(브뤼셀, 서기 1572년)에서는 이 전투에 관한 묘사가 약간 분량이 늘었지만(제X권, Fol. 309) 늘어난 부분 중 우리에게 중요한 내용은 없다. 포펠리니에 전하殿下는 본명이 보아쟁Lancelot Voisin이며 포아투Poitou 출신으로 툴루제Toulouse에 학생으로 머물고 있던 중에 바씨Vassy의 유혈사태에 관한 소식을 들었다. 그는 소식을 듣자 즉시 위그노 교도 학생들로 조직된 1개 중대의 지휘를 맡았지만 결국 부상을 입어 불구不具가 된 후 문필가가 되었다.

포펠리니에는 또한 선두 횡렬橫列에 설 기병들은 최선의 병력을 선발했고 부상자가 발생하면 즉시 같은 종렬縱列의 바로 뒤 병사로 대체되었다고 했다.

카라콜레caracole 기동은 30년 전쟁(역자 주: 서기 1618년~1648년)에서 충분한 역할을 했다. 그러나 이 시대에 그 자체가 문헌으로 발전된 훈련지침서들은 우리의 기대만큼 이 기동을 다루지 않고 있는데 이는 이 기동이 훈련장에서는 아주 큰 인상을 주었지만 실제 전투에서는 실천하기 어려운 기동이었기 때문이었을 것이다.29) 누에de la Noue 편編, 《군사견문軍事見聞 Observations militaires》(1587년), 제18화話/Discours, 345쪽에서는 보통 후미 쪽 횡렬橫列들도 선두 쪽 횡렬橫列들과 동시에 "단지 소음을 내기 위해" 하늘로 총을 쏘았다고 했다. 이를 볼 때 필자는 자주 언급되는 카라콜라caracola 기동은 직접적이고 현실적인 목적을 위해서라기보다는 훈련 목적으로 실시하던 기동 즉, 모든 정기 훈련에서 좋든 싫든 군기軍紀 확립을 위해 실시했던 기동이 아니었을까 추정해 보고 싶다. 하지만 기사騎士 체계가 기병대 체계로 전환되는 이 시점에서 필자의 관심을 끈 것은 바로 이런 군기軍紀 확립이다. 자신의 부대를 정확하게 카라콜라 기동을 실시할 수 있을 정도로 만든 기병중대장이라면 중대를 자신의 통제하게 두고 진정으로 훈련된 병력을 보유한 중대장이 된 것이 분명하다. 그런 기동은 사람과 말 모두에게 주의력과 의지력 그리고 무기조작 솜씨와 습관화 없이는 불가능하기 때문이다. 어떤 부대가 정확하게 말을 다루고 총을 쏘는 솜씨를 갖추고 카라콜라 기동을 실시할 수 있다면 이 부대는 이제 전술조직戰術組織이 되어 개개 기병들은 단순한 톱니바퀴로 이 조직체에 흡수된 것이며, 그 지도자인 중대장이 이 조직체의 두뇌와 정신이 된 것이다.

카라콜레 기동의 현실적 용도가 매우 제한적이었음은 다음과 같은 사실들을 보면 분명해 진다.

만약 카라콜레 기동을 실시 중인 기병중대의 상대방이 백병전을 위해 자신에게 돌진해 들어오면 각 횡렬橫列들의 연이은 복잡한 선회旋回 기동은 중단되고 쌍방은 혼전混戰으로 들어갈 수밖에는 없다. 포펠리니에de la Popelinière도 그렇게 말했고 누에de la Noue는 이런 식의 전투를 비웃기까지 하면서 이는 전쟁에 적합한 기동이라기보다 포로수용소 게임이 연상되는 기동이라고 했다(《군사견문軍事見聞 Observations militaires》, 제18화話/Discours).

---

28) 이브리Ivry 전투에 관한 기록 386쪽. 이 전투는 서기 1590년 이후에 일어난 전투이므로 지금 말하고 있는 인물은 타반네Tavannes 원수元帥의 아들인 장 타반네Jean Gaspard de Saulx-Tavannes의 말이다(역자 주: 타반네 원수는 서기 1505년 출생해서 서기 1573년 사망함. 뒤의 129쪽 참고).
29) 발하우젠Wallhausen의 《기병騎兵의 병법兵法 Kriegskunst zu Pferde》, 제II권, 제IV장, 65쪽에서는 카라콜레 caracole 기동에 대해 설명하고 있지만 카라콜레란 이름은 쓰지 않았다. 그림멜스하우젠Grimmelshausen의 《심플리찌시무스Simplizissimus》(괘데케Gödecke 편編, 서기 1897년), 제X권, 제XI장, 36쪽.

카라콜레 기동을 실시 중인 기병중대가 적의 밀집된 보병부대를 만나면 상대방에게 큰 피해를 입힐 수 있다. 서기 1562년 드뢰Dreux 전투에서 스위스 보병부대 방진方陣은 이런 식으로 큰 피해를 입은 적이 있다. 그러나 보병부대 방진方陣에는 통상 소총병들이 함께 따라다니고 이들의 소총은 기병의 권총에 비해 사거리도 길고 사격의 정확도도 높아서 상대방 기병을 꽤 먼 거리에서 고착시켜 놓을 수 있다. 이를 입증할 수 있는 것이 서기 1588년에 암살당한 기세Guise의 앙리Henry 영주領主가 생전 브랑톰Brantôme에게 한 말이다. 그는 "흑기병黑騎兵/reître들을 이기려면 훌륭한 소총병들로 편성된 질서 있는 병력이 있어야 한다. … 이들은 저들의 입맛을 버리게 만들 수 있는 독한 술과 같은 병력이다"라고 했다. 그는 서기 1575년 도르망Dormans(샤또 티에리Château Thierry 부근)에서 몇 명 안 되는 보병 소총병들을 가지고도 이런 방식으로 흑기병黑騎兵들을 이겼다고 설명했다.30)

결국 카라콜레 기동이 가장 유용하게 이용될 수 있는 경우는 쌍방의 기병이 모두 이런 기동을 실시하는 경우로서 이때 승부는 어느 쪽이 이 기동을 더 유연하고 정확하게 실시하느냐에 따라 즉, 어느 쪽이 훈련이 잘 되어 있고 보다 좋은 권총을 보다 잘 유지하고 있느냐에 따라 좌우된다.

기병들은 오른손으로 총을 쏘므로 당연히 왼쪽으로 선회旋回하는 것이 편하다. 따라서 타반네Tavannes는 기병을 대형 우측에 두면 이들이 카라콜레 기동을 할 때 좌측 병력에게 혼란을 일으키므로 잘못된 병력배치이고 기병을 좌측에 배치하면 이들이 선회할 때 우측 병력에게 아무 피해도 주지 않는다고 했다〔장 타반네 Jean Gaspard de Saulx-Tavannes, 《비망록Mémoires》(부숑Buchon 편編, 서기 1836년), 118쪽〕.

권총으로 무장한 기병을 "퀴라씨에Kürassiere/cuirassier"라 불렀는데 이로써 이 단어는 의미가 변하게 되었다.31) 과거에 이 단어는 기사騎士 또는 기사騎士와 같은 장갑裝甲을 착용한 병력을 지칭하는 말이었다. 그러나 이제는 무거운 갑옷을 입힌 말을 탄 중장갑重裝甲 기사騎士가 아니라 경기병輕騎兵을 지칭하는 말이 되었으며 전자는 무장인원(장다르메gendarme)이라고 불리게 되었다. 이제는 병력이 무장인원, 기병대 및 보병부대로 나뉘게 된 것을 볼 수 있게 되었다.32)

퀴라씨에 중에는 귀족 기사騎士들도 꽤 있었지만 대개 평민 보병 병사들이었고 일부 기사騎士들을 수행하던 병사들도 갑옷과 공격용 투구와 권총으로 무장하고 기병중대의 일부가 되었다. 처음에는 최선두 횡렬橫列들과 좌우 측 종렬縱列들에는

---

30) 브랑통Brantôme, 《전집全集 Oeuvres》(라란네Lalanne 편編, 서기 1864년), 제IV권, 201쪽. 제III권, 376쪽도 볼 것. 그는 제I권, 339~340쪽에서도 이 전투를 같은 의미에서 언급하고 또 이와 동일한 전투로 올노 Aulneau 전투(서기 1587년, 11월 1일)도 언급하고 있다.

31) 이 단어의 원형은 이태리어 "코라짜Corazza"로서 이는 "코리움corium" 즉, "가죽"에서 파생된 단어이다.

32) 일례로 빌라Villar의 《비망록Mémoires》(서기 1610년 편編), L. X., 901쪽을 들 수 있는데 이 사건은 한 당대當代 문서에 의하면 서기 1559년 사건으로 되어 있다.

귀족 기사騎士들과 가장 유능한 전사戰士들이 섰었지만 점차 기병중대의 결집력이 높아짐에 따라서 각 요소들이 하나의 집단으로 뒤섞이게 되었다.33)

그러나 그 이후 오랫동안 장군들이 연대장이나 중대장에게 부여한 병력 모집 임무는 보병부대의 경우와 기병대의 경우가 달랐었다. 보병부대의 경우에는 각 병사들이 개인으로 간주되었지만 기병대의 경우는 다수의 병사가 기사騎士를 수행하는 봉건적 성격이 아직 남아있었다.34)

퀴라씨에들과 같이 기마소총병騎馬小銃兵들도 슈말칼덴 전쟁Schmalkaldischen Kriege에서 볼 수 있었듯이 기병중대에 배속되었고 그들도 카라콜레 기동에 참여했다.

16세기 중반에는 용기병龍騎兵/Dragoner(역자 주: 기마소총병騎馬小銃兵)들 역시 특수 병과兵科가 되었다. 효율적인 사격을 하려면 어쨌건 땅 위에서 사격해야 하는 화기火器의 장점과 속도라는 말의 장점을 결합하기 위해 보병부대 병사들에게 값이 싼 늙은 말들을 주었는데 이 말들은 공격에는 쓸모가 없어도 버려도 아까울 것이 없는 말들이었다.35) 따라서 이 용기병들은 본질적으로 기마보병騎馬步兵으로서 점차 기병대로 전환되었지만 현재까지도 아직 보병의 투구를 쓰고 있다.

물론 각종의 기병 병과들이 그리 엄격하게 구분된 것은 아니었고 방금 퀴라씨

33) 16세기에 솔Solms 대공大公이라는 인물이 다음과 같이 정확한 말을 남겼지만(뷔르딩거Würdinger, 제II편, 371쪽) 이 역시 잘 분석해 보면 잘못된 말이다.

그에게 있는 기병이라고는 마차馬車나 쟁기에서 말을 훔친 농민들뿐이라면 그들은 야전에서는 나쁜 짓이나 하고 전투와 전역戰役에서는 탈영이나 할 것이다. 비록 그들이 도주하지 않는다고 해도 그들은 여전히 말도 잘 몰지 못하고 갑옷도 좋지 못했을 것이고 싸우는 방법도 배우지 못했을 것이며 따라서 여전히 쟁기나 수레를 끄는 말 탄 농민에 불과하다. 기사騎士들은 그런 자들을 보수를 지급하는 지도자들에게 데리고 가면 안 된다. 지도자들은 그들의 숫자만 믿지 그들로 편성된 부대가 엉성하고 무가치한 부대란 것을 모를 것이기 때문이다. 기병들을 지도자에게 데리고 가려는 기사騎士들은 누구나 이를 잊지 말아야 한다. 이 문제는 그의 명예와 전투에 관한 문제이기 때문이다. 만약 촌뜨기 농부들이 있는 기병중대騎兵中隊(게슈바더Geschwader 또는 펜라인Fähnleint)가 유능하고 무장도 좋은 부대를 상대하게 되면 그들이 무엇을 할 것이고 그의 사령관이 준 돈에 비해 그의 복무가 얼마나 빈약할 것인가?

34) 《제국 및 왕국 군사박물관 회보Mitteilungen des kaiserlichen und königlichen Heeremuseums》, 1902년 호에 게재된 에르벤Erben의 "교전규칙Kriegsartikel" 등의 글.

35) 수잔Susane, 《프랑스 기병대 역사Histoire de la cavallerie français》, 제I편, 73에서는 이 병과兵科의 기원을 약간 달리 보고 있다. 그는 이 문제를 화기火器와 연계시키지 않고 창병槍兵이건 소총병이건 보병부대가 일반적으로 개별적인 원정 기간 중에 이런 식으로 발전시킬 수 있었던 속도만을 중요한 요소로 보고 있다. 그들이 불러일으킨 공포로 인해서 이 전사戰士들은 스스로를 "용기병龍騎兵/Dragoner"이라고 불렀다. 이들은 서기 1550년에서 1560년 사이 피에몽Piedmont 전구戰區에서 브리사Brisac 후작侯爵/Marquis가 창설했다. 조비우스Paolo Giovio/Jovius의 《당대인물전當代人物傳 Historiarum sui temporis》, libri 44(서기 1578년 판版)에 의하면 피에트로Pietro Strozzi가 서기 1543년에 이미 기세Guise를 가급적 빨리 함락시키기 위해 선발된 500명의 총병銃兵(스클로페타리sclopettarii)들을 말을 타게 했다고 한다. 멜쪼Ludwico Melzo의 《군사규정집. …기병 Regule militari.…della cavalleria》(안트워프Antwerpe/Antwerp, 서기 1611년)에서는 용기병龍騎兵을 기마총병騎馬銃兵으로 보았다 한다. 옌스Max Jähns, 《독일 군사학사軍事學史 Geschichte der Krigswissenschaften vornehmlich in Deutschland》, 제II편, 1050쪽에서 인용. 반면 발하우젠Wallhausen은 그들 중에는 일부 창병槍兵도 있었다고 본다.

　　바스타Bastas는 기마총병騎馬銃兵 또는 카라비니어carabinier는 피에드몽Piedmont에서 창설되었다고 믿으며(제I권, 제VIII장) 따라서 이들을 용기병龍騎兵으로 본 것이다. 유고Hugo는 용기병龍騎兵들 중에 이동 때는 말을 타지만 전투 때는 발로 싸운 창병槍兵들도 포함되어 있었다고 한다(《기마군騎馬軍 militia equestri》, 서기 1630년, 184쪽, 제III권, 4쪽). 창병槍兵이 중간에 서고 좌우 측면에 소총병이 서고 기병들은 후미에 섰다는 그들의 전투대형에 관한 설명은 제IV권, 제V장, 271~272쪽을 볼 것.

에의 경우에서 알 수 있었던 것 같이 같은 이름이라도 시대에 따라 그 의미가 달라진 경우도 있었다.36)

발하우젠Wallhausen의 《기병騎兵의 병법兵法 Kriegskunst zu Pferde》, 2쪽에서는 창기병槍騎兵/Lanzierer/lancer과 퀴라씨에Kürassiere/cuirassier는 중기병重騎兵이었고 소총병과 용기병은 경기병輕騎兵이라고 했지만 창기병에는 중기병重騎兵과 경기병輕騎兵이 모두 있을 수 있다.

필자가 알고 있는 한 권총으로 무장한 병력이 승리를 거둔 좀 큰 전투는 서기 1552년 10월 28일 낭시Nancy 부근의 생벵상Saint-Vincent에서 있었다. 이 전투는 알브레크트Albrecht Alcibiades가 지휘하는 게르만 기병들과 오말레Aumale가 지휘하는 프랑스 기병들과 싸운 전투였는데 프랑스 측 경기병과 기마소총병은 나중에는 기사騎士들까지 합류했지만 결국 게르만 기병의 권총 탄환 앞에 무릎을 꿇을 수밖에는 없었고 많은 말이 죽고 나중에는 백병전이 벌어져 유명한 지도자들까지 전사戰死하거나 포획되었다. 오말레 자신도 총탄을 여러 발 맞고 결국 포로가 되었다.37)

서기 1572년에 베니스 대사大使 콘타리니Contarini가 고향으로 보낸 보고서에서는 당시 프랑스 기사騎士들의 전투력이 떨어졌다고 했다. 그의 보고에 의하면 그들은 권총으로 무장한 기마총병騎馬銃兵들과의 전투에서 처음에는 갑옷을 강하게 하려 했었는데 결국 갑옷이 너무 무거워져서 말과 사람이 움직일 수도 없을 정도가 되었고 그후 그들 대부분은 적의 전투방법을 채택했다고 한다. 콘타리니는 또한 과거 그렇게 유명했던 게르만 토병土兵/Landsknecht/lansquenet(역자 주: 16~17세기 독일 보병용병步兵傭兵)들도 전투력이 쇠퇴했던 반면 "기병들의 기병대Kavallerie der Reitter"는 나날이 그 명성이 높아지고 있다는 말을 덧붙였다.38)

보다 발전된 형태의 화기火器인 권총은 과거 대포나 소총이 그랬던 것과 같이 당대인當代人들에게는 혐오감을 일으켰었다. 누에de la Noue는 권총을 악마의 무기라 했고 타반네Tavannes는 권총 때문에 전투가 살육전이 되었다고 비난했다.39) 그는 과거에는 전투가 3~4시간 정도 계속되고도 500명 중 10명 정도만 죽었는데 이제는 1시간이면 모든 것이 끝나게 되었다고 했다.

그러나 권총으로 무장한 기병중대가 보조병력을 거느린 기사騎士들을 대체한 것으로 끝나지 않고 두 종류의 전투방법이 현실적으로나 이론적으로 오래 서로

---

36) 베니스인 소리아노Soriano의 서기 1562년 〈프랑스에서 보낸 서신書信 Relayione di Francia〉(알베리Eugen Albéri 편編, 제I집輯/series), 제IV권, 117쪽에는 프랑스 왕에게 기사騎士들 외에 외국인들인 페라이우올리ferraiuoli와 카발리 레기에리cavalli leggieri가 있었는데 양자의 차이점은 후자는 주로 알바니아인과 이태리인들로 구성된 옛 병종兵種으로서 아주 밀집된 대형으로 싸우지는 않았던 것에 비해 전자는 밀집된 기병 중대 대형을 형성했고 이 당시 즉, 1562년에는 아마도 권총만 휴대했을 것이라는 말이 있다.

37) 라부틴Rabutin, 〈주석註釋 Commentaires〉(부숑Buchon 편編), 573쪽. 라부틴은 현장 목격자였다.

38) 서기 1572년 콘타리니Aloise Contarini의 〈프랑스에서 보낸 서신書信 Relazione di Francia〉(알베리Eugen Albéri 편編, 제I집輯/series), 제IV권, 232~233쪽

39) 장 타반네Jean Gaspard de Saulx-Tavannes, 《비망록Mémoires》(부숑Buchon 편編, 서기 1836년), 202~203쪽.

대립하게 되었다. 이 대립은 자체 내에서 뒤얽힌 이중적 대립이었다. 한편으로는 기병중대의 종심縱深 깊은 방진方陣과 단순한 선형대형線形隊形인 "울타리 대형Haag= Austellung"이 싸웠고 한편으로는 권총과 창槍이 싸웠다. 작가들은 이런 전투방법들을 단지 프랑스식 전투방법과 게르만식 전투방법이라고 부른 경우가 흔하다.40)

18세기말에는 다시 한번 창기병槍騎兵 병과가 부활된다. 그들은 기사騎士들이 주로 사용했던 무기를 사용했기 때문에 우리는 그들을 기사騎士들의 후신으로 생각할 수도 있겠지만 이는 사실이 아니다. 그들은 폴란드 출신 병사들이었다. 기병들이 자연스럽게 수 세대에 걸쳐 완전히 창槍을 제쳐놓았다가 다시 들게 된 것인데 다만 이제는 상황이 완전히 달라져 있었다.

이제부터 우리는 기사騎士들의 전투방법으로부터 기병대 전투방법으로 전환과 관련된 중요한 문구들을 검도해 보기로 하사. 이런 문구늘은 일부는 위그노Hugenotten/Huguenot 전쟁에 관한 기록에 보이고 일부는 군사이론가들의 글에 보인다. 이런 문구들의 내용이 매우 다양하고 서로 모순된 것을 볼 때 우리는 전문가들의 조사가 매우 불확실했다는 인상을 받게 된다.

이 시기의 기병 전투 문제를 다룬 최초의 중요한 인물은 타반네Gaspard de Saulx-Tavannes(서기 1505년 출생해서 서기 1573년 사망함)이며 그는 파비아Pavia 전투 당시(역자 주: 서기 1525년. 앞의 92쪽 참고)는 프랑시스Francis 왕의 종자從者/Page로 참전했고 위그노 전쟁 때는 가톨릭 측의 원수元帥/Marschall로 싸웠던 인물이다. 《진정한 군사 지도자들의 교훈Instruction d'un vrai chef de guerre》이라는 글은 타빈네의 보고서들(메모들도 포함되었을 것이다)을 기초로 그의 사촌 동생이 출판한 글로서 아무 가치도 없는 글이다. 중요하고도 가치가 있는 것은 그의 아들 장 타반네Jean Gaspard de Saulx-Tavannes이 아버지의 설명들을 기초로 쓴 《비망록Mémoires》인데 불행스럽게도 산만한 군사적 견해들을 볼 때 아버지의 말과 아들의 말을 그 속에서 분가할 수 없다. 아버지가 죽은 서기 1573년은 변화가 아직 한참 진행 중이던 때였으므로 아버지의 말과 아들의 말을 구분할 수 없다는 것은 이 글의 심각한 결점이다.

이 《비망록》, 203쪽에는 기사騎士들이 권총 탄환으로부터 자신을 보호하려고 갑옷을 점점 무겁게 만들었고 이런 무거운 갑옷에 대해서는 창槍 역시 위력을 발휘할 수 없었다고 했다. 가벼운 창槍은 무거운 갑옷을 입은 사람에게 해를 입히

---

40) "프랑스군의 대형은 정면은 넓고 후미는 빈약한 대형이었는데 이는 모든 병사들이 선두 횡렬橫列들에 서기를 원했기 때문이다. 그러나 프랑드르Flandern/Flandre 군의 대형은 종렬縱列들을 강화하고 덩치를 키워서 병력도 많고 더욱 안전했다." 〈필리프 II세에게 대사大使로 파견되었다가 서기 1559년 귀환할 때 작성한 수리아노의 서신書信 Relation de Michel Suriano, faite au retour de son Ambassade aupres de Philippe II en 1559〉, 가샤르Gachard, 《카를 V세와 필리프 II세에게 파견된 베니스 대사大使들의 서신書信 Relations des Ambassadeurs vénitiens sur Charles-Quint et de Philippe II》 (브뤼셀, 서기 1856년), 116쪽. "흑기병黑騎兵/reître은 프랑스병사들과 전혀 다른 방식으로 싸웠으므로…." 포펠리니에de la Popelinière, 《내전사內戰史 HIstoire des Troubles》, 제IX권, 서기 1572년 판版, 309쪽.

지 못하고 부러졌고 무거운 창槍은 이를 들고 있는 사람에게 너무 위험해서 흔히 자신의 창槍이 부러지기 전에 땅에 떨어뜨려 버리고는 했다는 것이다.

기병이 든 창槍은 그 자신과 그가 탄 말이 원기가 왕성할 때 그것도 평탄한 지형에서 말을 질주하면서 사용해야만 위력을 발휘할 수 있다. 따라서 지나치게 무거운 갑옷을 착용한 기병은 싸울 수가 없다. 바로 이 때문에 타반네는 기병이 창槍으로 무장하는 것에 반대하며 권총으로 무장하는 것을 선호했다.

이 《비망록》에서 타반네는 서기 1568년 처음 가톨릭군이 전술대형을 바꾸어 흑기병黑騎兵/reitre들과 같이 권총으로 무장한 기병중대를 편성했는데 기사騎士들에게 과거 같이 30명이 아니라 80~100명으로 구성된 큰 중대를 편성하도록 요구했고 그들은 "울타리 대형" 대신에 기병중대 대형을 채택했다고 했다. 그는 기병 400명의 기병중대가 최선의 전술대형이라고 믿었다. 그의 말에 의하면 흑기병黑騎兵 규정에서는 1,500~2,000명의 기병이 방진方陣 대형을 취하도록 하고 있지만 이런 부대들을 병력 400명의 기병중대 3개만 있으면 이길 수 있을 것이라고 했다. 그는 방진方陣이 너무 클 때는 혼란이 일어나므로 기병의 숫자가 적어야 그들이 무기를 사용할 수 있다 했다. 그의 설명에 의하면 흑기병黑騎兵들이 매우 큰 방진方陣을 편성했던 것은 그들 중 3/4이 갑옷을 착용하지 않은 평민병사blossen Knechten들이었기 때문이며 따라서 그들의 선두 횡렬橫列 2개만 돌파하면 나머지는 별로 문제가 되지 않았다고 했다.41)

타반네의 《비망록》, 291쪽에서는 처음에는 흑기병黑騎兵들이 기병중대를 편성해

---

41) "과거 그들의 가장 큰 취약점은 그들이 1개 선線(불어로 '앙하예en haye')으로 싸웠다는 점이다. 이런 연대聯隊들은 전투대형으로 이동하면서 보병과 포병 또는 여타 부대들로 서로 분리되었고 상황에 따라 필요할 때도 전체가 하나의 큰 부대로 쉽게 정렬할 수 없었다. 그들은 혹 개활지에서 같이 모여 있을 때라도 그들을 지휘할 왕의 부관副官이 제 자리에 혹 없을 때는 자신들을 공격하려는 적의 집단이—말하자면, 산山 같은 적이—아무것도 두려울 것이 없는 집단임을 생각하지 않고 각자가 자신의 능력을 보여주려고 하다가도 자신들보다 4배나 많고 밀집되어 모여있는 적을 만나 자신들이 숫자가 적다는 것을 알면 이기기 위해서 뿐 아니라 살아남기 위해서도 뛰어나갔다."

그는 결집력을 유지하기 위해서 서로를 잘 아는 같은 지역 출신으로 병력 80~100명의 중대들을 만들게 했고 이런 중대들로 다시 병력("기사騎士/hommes d'armee) 약 500명의 연대聯隊들을 만들게 했었다.

"1개 선線(불어로 '앙하예en haye')의 기병대는 쓸모가 없다. 기병 400명으로 편성된 기병중대가 가장 좋은 대형이다. 흑기병黑騎兵/reitre들의 규정과 같은 1,500~2,000명의 기병중대들은 기병 400명으로 편성된 기병중대 1개를 상대하면 이를 이길 수 있을 것이다. 그러나 기병 1,200명이 400명으로 편성된 기병중대 3개로 나뉘어 1개 중대씩 차례로 공격한다면 필자는 이들이 장점이 더 클 것으로 본다. 너무 많은 병력이 밀집대형을 형성하면 혼란이 생길 뿐이고 그들 중 1/4만 싸울 것이다. 1개 기병중대의 이렇게 큰 병력 중에 쓸모 있는 병력은 흑기병黑騎兵들뿐이다. 그들 중 3/4은 발레valet들에 불과하기 때문이다. 병력 400명의 첫 기병중대가 큰 병력을 공격해도 측면을 주로 공격하면 그들의 질서를 무너뜨릴 수 있다. 그들이 이 첫 기병중대의 공격에 잘 버틴다 해도 두 번째 세 번째의 기병중대들이 그들의 이쪽 끝에서 저쪽 끝까지 공격해 돌파하면 결국 그들을 짓밟고 깨뜨리게 된다. 선두 2개 횡렬橫列만 돌파하면 그들의 나머지는 별로 위협이 되지 않기 때문이다. 300~400명 병력으로 편성한 기병중대를 많이 보유한 측이 반드시 승리하게 된다." 장 타반네Jean Gaspard de Saulx-Tavannes, 《비망록Mémoires》 (부숑Buchon 편編, 서기 1836년), 328쪽.

서 프랑스 기사騎士들을 이겼지만 프랑스 기사騎士들이 기병중대 대형을 채택하자 바로 카라콜레caracole 기동을 하는 흑기병黑騎兵들을 강타해서 이겼다고 했다.42)

따라서 타반네는 기병중대 대형과 권총 무장은 좋아했지만 카라콜레 기동은 좋아하지 않았다. 그 대신에 그는 백병전白兵戰의 혼전에 이르기까지 공격할 것과 적의 대형을 돌파할 것을 요구했다.

그러나 그는 창기병槍騎兵은 불필요한 것으로 보았는데 다만 그의 사촌동생의 말에 의하면 "그의 왕성한 정신과 명예"(원문은 "사 보그sa vogue") 때문에 그는 기병중대의 최선두 1개 횡렬橫列과 우측 1개 횡렬에는 창기병을 배치했다.

타반네는 달려나가 전투를 벌이는 것이 좋은지 제자리에서 적을 기다리는 것이 좋은지 문제를 제기하며(《비망록》, 116쪽) 공격하면 말과 병력에게 활력이 생기지만 혼진에 밀려들지 않으려 하는 사들에게는 제자리에 머부는 것이 보다 좋은 기회가 생길 수도 있다고 했다. 따라서 그는 신병新兵이나 믿음직하지 못한 병력일 경우 대형을 유지하며 제자리에 머물게 하거나 적어도 적이 20보 내로 접근한 후에 달려나가게 하는 것이 좋다고 생각했다. 그는 그렇게 해야 겁쟁이들이 자신의 위치를 이탈할 수 없을 것이고 중대장들도 그들의 생각을 꺾고 용감한 자세를 취하도록 만들 수 있다고 보았다.43)

타반네는 다른 몇 구절에서(《비망록》, 122쪽, 123쪽, 203~205쪽) 자세한 검토와 여타의 평가들을 근거로 빠르게 달려나가 적의 공격에 반격하는 것을 다시 경고하면서 그렇게 하면 용기가 부족한 병사들은 제자리에 남게 된다고 했다. 중대장이 병력이 따라오는지 살펴보지 않고 15보를 달려나가면 홀로 공격해서

---

42) 필자는 한 베니스인이 서기 1596년에 작성한 기록에서도 다음과 같이 같은 주장을 하는 것을 발견할 수 있었다.

"흑기병黑騎兵/reître들은 경기병 기병대의 창槍 끝에 쉽게 격파되었었다. 과거에는 흑기병黑騎兵들이 각 횡렬橫列이 선회旋回 기동을 할 때는 관행적으로 견체 대형을 밀집시켜 적의 창기병槍騎兵들이 자신들을 향해 돌격해 오기를 기다렸다가 대형을 다시 넓히면서 적이 자신들 속으로 들어오게 한 다음에 자신들의 권총 등의 무기로 거칠게 공격했었다. 그러나 이제는 적의 창기병槍騎兵들이 기병중대들 속으로 함께 들어오지 않았고 여러 작은 부대들로 나뉘어서 흑기병黑騎兵들의 기병중대들을 사방에서 공격해서 교란시키고 밀어내며 한쪽에서부터 다른 쪽까지 돌파하면서 아주 손쉽게 격파했다. 콘타리니Tommaseco Contarini, 〈게르만 지역에서 보낸 서신書信 Relazione di Germania〉, 서기 1596년. 《대사大使 서신집書信集 Relazione degli Ambasc》(알베리Eugen Albéri 편編, 제I집輯/series, 제VI권), 235쪽에 수록되어 있음.

43) "달려나가 전투를 벌이는 것이 좋은지 아니면 제 자리에서 적을 기다리는 것이 좋은지는 옛날이나 지금이나 문제가 된다. 달려나가면 관성慣性 때문에 병사나 말의 힘이 커져서 적의 기병중대를 풀 베듯 쓰러뜨릴 수 있을 것으로 보인다. 그러나 신병新兵들이나 중대장이 신뢰하지 않는 병사들 같이 돌격에 참여할 의도가 없는 기병들은 제자리에 세워놓고 돌격에 참여시키지 않는 것도 여러 가지 좋은 점이 있다. 그런 병력은 대형을 유지하고 기다리며 제자리에서 굳게 버티게 하거나 적어도 적이 20보 앞에까지 접근할 때까지는 달려나가지 않게 하는 것이 좋을 것이다. 그렇게 되면 대열을 이탈하는 병사가 누구인지 구분이 될 것이기 때문이다. 그런 겁쟁이들은 그들의 의사와 무관하게 그들에게 용기를 낼 것을 강요할 중대장들의 눈에 보다 쉽게 보일 것이므로 너무 부끄러워서 적과 마주치는 순간 제자리를 이탈하지 못할 것이다." 장 타반네Jean Gaspard de Saulx-Tavannes, 《비망록Mémoires》(부숑Buchon 편編, 서기 1836년), 116쪽.

결국 적의 대형 속에 갇혀버릴 수 있고 겁쟁이들은 적의 6보 앞에서 말을 멈출 것이지만 평보平步로 천천히 말을 몰면 그들이 멈칫거리는 것을 피할 수도 있고 후미 횡렬들이 그들을 앞으로 밀고 가게 될 것이라고 했다. 단숨에 달려가 공격하면 단지 몇 사람만 전투를 하게 되고 그들은 곧 대형이 무너지게 될 것이므로 기병중대는 천천히 전진하다 신속히 정지할 수 있어야 하며 대형의 앞과 귀퉁이에 위치한 중대장들은 병사들의 이름을 불러주어야 하고 후미에 위치한 부사관副士官들은 겁쟁이들을 앞으로 몰아붙여야 한다고도 했다. 또한 자신의 부하들을 믿을 수 있는 지도자들은 적과의 거리가 15보가 되었을 때 비로소 말을 달리게 할 수 있어야 한다고 했다. 천천히 전진하다가 적과의 거리가 10보가 되었을 때 순식간에 달려나가거나 더 속도를 늦출 수 있는 자는 혼자서 적과 충돌하는 경우가 생기지 않을 것이라고도 했다.

타반네가 그림같이 묘사해 놓은 기병중대 밀집대형으로 공격할 때의 장점에 상응한 이야기로 이제 라이스너Reisner가 《프룬트스베르크의 생애Leben Frundsbergs》 중 비코카Bicocca 전투 당시의 다음과 같은 일화逸話를 다시 돌아보기로 하자.

한 프랑스 퀴라씨에Kürassiere/cuirassier는 접전이 벌어지자 프룬트스베르크의 기병중대로 돌진해서 제3횡렬까지 침투했는데 병사들이 그를 죽이려고 덤비자 프룬트스베르크는 "살려 두라"고 소리쳤다. 프룬트스베르크가 통역을 통해 그에게 무슨 이유로 어떻게 그리도 대담하게 대형 속으로 달려 들어왔는지 묻자 그는 자신은 기사騎士로서 70명의 기사騎士들이 자신과 함께 공격해서 적을 때리기로 서약했었다고 대답했다. 그는 나머지 기사騎士들이 당연히 뒤에서 따라올 것이라는 생각 외에는 다른 생각이 없었던 것이다.

타반네는 또한 여러 구절들에서 기병대는 참호 같은 지형 장애물 뒤에 자리를 잡고 있으면서 적이 공격해 오기를 기다리도록 권장하고 있다.

가톨릭 측 사령관이었던 타반네의 평가와 여러 가지 측면에서 매우 유사한 것이 위그노 측의 한 중대장이었던 누에de la Noue의 평가이다.

누에(서기 1531년 출생)는 전투 중 왼쪽 팔을 잃었고 쇠로 만든 팔을 몸에 달고 있었으므로 병사들은 그를 "쇠팔뚝bras de fer"이라고 불렀었다. 그는 스페인군에 포로로 잡혀 5년(서기 1580~1585년 출생) 동안 억류되어 있는 중에 유명한 정치 군사 일화逸話/Discours 28편編을 썼고 이들은 서기 1587년 바젤Basel에서 출간되었다.

그의 말에 의하면 직업전사職業戰士들은 한결 같이 창기병槍騎兵들이 권총으로 무장한 기병들을 이길 수 있다고 생각했다고 한다. 그는 스페인 전사戰士건 이태리 전사戰士건 프랑스 전사戰士건 모두 같은 생각이었지만 게르만 전사戰士들만 달리 생각했다고 주장한다. 그는 또한 기사騎士들의 기병중대에는 언제나 귀족들이긴 하지만 겁쟁이인 자들이 있어서 "울타리 대형Haag=Austellung"으로 공격할 때는 전선戰線에 곧 틈새들이 생겼다고 했다. 흔히 소수였던 용감한 기사騎士들이 정열적으로 공격하더라도 싸울 생각이 없던 나머지 기사騎士들은 뒤로 쳐졌었고 그들 중 어떤 자는 코피를 흘리고 있고 어떤 자는 당황해서 넋을 잃고 있으며 또 어떤 자는 말발굽에 편자가 빠져있었다고 했다. 결국 200보를 전진한 후에는 종심縱深이 없는 긴 전선戰線에는 여기 저기 틈새가 벌어져 있었고 이를 본 적敵은 사기士氣가 충천했다고 한다. 그들은 100명 중에 실제로 적敵과 충돌한 자는 25명도 되지 않을 때가 흔했고 다른 병력의 지원이 없는 것을 알게 된 자들은 창을 부러뜨린 후 칼을 몇 번 휘두르다가 적에게 패하기도 전에 발길을 돌리고는 했다고 한다.

결국 흑기병黑騎兵/reitre의 장점은 결속된 밀집내형이었는네 누에의 날에 의하면 그들은 풀로 붙여놓은 것 같았다 한다. 그들은 병력이 많은 부대가 병력이 적은 부대를 이긴다는 것을 경험을 통해 알고 있었으며 뒤로 밀릴 때도 대형을 흩뜨리지 않았지만 카라콜레caracole 기동을 하면서 일제히 권총을 쏘려고 20보 밖의 적에게 자신의 측면을 보여주거나 총탄을 재장전再裝塡 하거나 권총을 바꾸려고 뒤로 돌아 가다 패하는 경우도 가끔 있었는데 이는 권총의 유효사거리는 3보에 불과했기 때문이라고 한다. 또한 이런 부대를 이기려면 단호하게 공격하는 방법밖에는 없었다고 한다.

이어서 누에는 전투 때뿐만 아니라 행군 중에도 대형을 잘 유지해야 한다고 했다. 프랑스군은 이런 면에서 결점이 있었지만 게르만군은 행군 중에도 각자 자신의 위치를 이탈하지 말도록 요구했다고 한다.44)

혹 "울타리 대형"은 적 기병중대의 측면을 포위할 수 있다고 이의를 제기할 수도 있겠지만 이로써는 얻을 것이 크지 않을 것이다. 이런 대형으로는 종심縱深 깊은 적의 방진方陣을 깊게 돌파할 수 없기 때문이다.

그는 창기병槍騎兵들은 종심縱深을 깊게 하더라도 창槍을 사용할 수 있는 횡렬橫列은 선두의 몇 개 횡렬뿐이며 나머지 횡렬들은 혼전에 들어갔을 때 창槍으로는 할 일이 없게 되므로 창을 던져 버리고 칼을 뽑을 수밖에는 없다면서 백병전에서는 권총으로 무장한 기병이 가장 위협적인 존재라고 했다. 창기병槍騎兵은 단 한번만 창槍을 던질 수 있겠지만 권총으로 무장한 기병은 총탄을 6~7번 쏠 수 있고 그들의 기병중대는 불덩어리와 같은 집단이기 때문이라는 것이다.

위의 구절들을 읽다보면 누에가 창을 폐기해 버릴 것을 권하고 있고 비교적

---

44) "기병대 각 연대聯隊의 중대들은 전투대형으로 함께 행군함으로써 각자 자기 위치가 어디인지 숙달될 수 있게 하도록 명한다." 서기 1568년 10월 16일 프랑스 칙령. 더 이상 설명은 없다. 쇼펭H. Choppin, 《프랑스 기병대의 기원Les Origines de la Cavalerie francais》, 파리Paris 및 낭시Nancy, 서기 1905년, 22쪽.

종심縱深 깊은 대형은 밀집 상태로 적에게 접근할 수 있고 혼전에 들어갔을 때 승부는 칼라콜레 기동 없이 권총으로 결정할 수 있다고 말하고 있는 듯 하다. 그러나 그가 계속 상세히 관찰한 결과 내린 결론이 무엇인지는 명확하지 않다. 그는 창槍보다 권총이 가공可恐할 위력을 지닌 무기임을 매우 강조하기는 하지만 한편으로는 창槍의 가치를 높게 평가하면서 자신은 이를 폐기할 의사가 없다고 분명히 말했다. 그는 특히 프랑스 기사騎士들에게는 권총을 권장하지 않는다. 그들은 권총의 관리와 총탄 장전裝塡을 하인들에게 맡길 것이고 그렇게 되면 결정적인 순간에 권총을 쓸 수 없기 때문이라는 것이다.

여기서 필자는 누에가 제15화話/Discours에서 당시의 갑옷에 대해 한 말을 소개해 보겠다(필자의 저본底本은 서기 1592년 라트게벤Jacob Rathgeben의 번역본이다). 그는 프랑스 기사騎士들에게는 엄살을 떠는 경향이 있다며 다음과 같이 말했다.

이제 내가 소개하고 싶은 예는 요즘 그들이 갑옷으로 자신을 보호하고 있는 통상적인 방식에 관한 것이다. 권총과 소총의 위력으로 인한 위험 때문에 그들이 갑옷을 과거보다 강하고 좋은 재질로 만들어야 할 필요가 있을지는 몰라도 그들은 이 문제에서 합리적인 기준을 너무 넘어섰기 때문에 대부분 갑옷을 입은 것이 아니라 몸 전체에 말하자면 술통Amboss을 씌워놓았고 그 결과 갑옷을 착용한 기병들의 멋진 모습은 사라지고 흉악한 괴물이 되었다. 이제 그들의 투구habillement de teste는 가마솥 같이 되었다. 왼팔에는 팔꿈치까지 올라오는 쇠 장갑gantelet을 착용했지만 오른팔에는 빈약한 팔뚝가리개mougnon를 착용해서 어깨만 보호되어 있다. 그들은 통상 넓적다리 가리개tassettes는 착용하지 않는다. 그들은 품이 넓은 웃옷Casaque 대신 작고 둥그런 종 모양의 상의 un mandil를 착용하며 장창長槍이나 기병창騎兵槍은 휴대하지 않는다. 과거 앙리 Heinrich/Henry 왕 당시에 우리 퀴라씨에Kürassiere/cuirassier들과 경기병輕騎兵들은 이보다 훨씬 멋지고 보기 좋았다. 그들은 투구salade와 팔가리개brassals와 무릎가리개 tassettes 그리고 폭 넓은 웃옷을 착용했었고 장창長槍이나 기병창騎兵槍을 휴대하고 이 창槍에는 위에서 아래로 흘러내리는 기旗/banderolle를 매달고 다녔었다. 그들의 갑옷은 모두가 아주 유연하고 가벼워서 누구라도 이를 24시간 계속 입고 있을 수 있었을 것이다. 그러나 오늘날 통상 착용하는 갑옷들은 너무 불편하고 무거워서 35세 정도의 건장한 기사騎士들도 그 무게 때문에 어깨가 마비될 정도이다. 과거에 나는 유명한 노인들인 에길리Eguilli 경卿과 퓌그레피에 Puigreffier 기사騎士가 머리끝부터 발끝까지 갑옷을 착용하고 하루 종일 그들의 중대 선두에서 말을 모는 것을 본 일이 있는데 요즘에는 그들보다 훨씬 젊은 중대장이라도 그런 갑옷을 입고는 단 2시간도 말을 몰려고 하지 않고 또한 그렇게 할 수도 없다.

누에는 제15화話/Discours, 345쪽에서 어떤 이들은 "울타리 대형"에서는 전원이 전투에 참여하게 되지만 기병중대 대형에서는 기껏해야 1/6만—다시 말해서 선두 몇 개 횡렬橫列만—적과 접촉하게 된다며 이의를 제기하지만 문제는 개인의 전투 참여가 아니고 적의 대형 격파로서 기병중대라야 적의 대형을 격파할 수 있다며 기병중대 대형으로 적의 전선戰線 중 군기軍旗 또는 중대장과 가장 유능한 병사가 있는 곳을 밀어붙이면 적의 대형 전체가 깨졌다고 한다. 기병중대에서는 가장 용감한 기병이 제1횡렬橫列에 섰고 제2횡렬에도 역시 용감한 기병들이 있었으며 나머지 병력은 안심하고 그들을 따랐는데 이는 그들이 이길 때는 선두 병사들이 모든 위험을 다 처리해 주지만 그 명성은 전원이 골고루 누렸기 때문이라 한다. 좋은 무장을 갖추고 좋은 지도자가 이끄는 기병중대 대형의 일반병사 100명은 "울타리 대형"으로 싸우는 100명의 귀족 기사騎士들을 이길 것이라고 했다.

그러나 누에 역시 두 가지 특별한 경우에는 "울타리 대형"도 쓸모가 있다고 했다. 첫째는 소규모 분견대가 독립적으로 싸울 때이며 둘째는 보병부대를 공격하면서 다른 방향에서 함께 공격할 부대들을 파견할 때는 "울타리 대형"이 유용하다는 것이다.

몽뤼Blaise Monluc(서기 1577년 사망)는 일개 사병에서 출발해서 프랑스군의 원수元帥까지 오른 인물로서 그의 《비망록》(서기 1569년)에서는 흑기병黑騎兵/reître의 전투력을 칭송하면서 이들은 적의 기습을 허용하지 않았으며 말과 무기를 늘 최고 상태로 관리했고 전투 때는 무서운 존재였다고 한다. 전투 때는 그들에게서 쇳덩어리 갑옷과 권총에서 내뿜는 불꽃밖에는 보이지 않았고 착실한 소년이 무장을 하고 선사戰士도 변했다고 한다.

이 시대의 가장 중요한 스페인 군사이론가는 멘도짜Mendoza였는데 그는 서기 1592년에는 《네덜란드 전쟁사Geschichte des niederländischen Krieges》를 썼고 3년 후에는 《전쟁의 이론과 현실Theorie und Praxis des Krieges》을 썼는데 후자는 여러 차례에 걸쳐 독일어로 번역된 적이 있다.

멘도짜는 기병중대 대형의 종심縱深을 일률적으로 말하지는 않았으며 사령관은 상황에 따라서 정면을 넓히거나 종심을 깊게 할 것으로 보았다. 그러나 여하간 그는 정면에 비해 종심을 3배로 해도 지나치지 않다고 주장했다(《전쟁의 이론과 현실》, 제I권, 42장).

창槍과 권총 중 무엇이 바람직한 무기인지에 대해 그는 창槍을 선호했다(같은 책, 제I권, 44장 및 49장). 그의 말에 의하면 100~120명의 창기병槍騎兵 중대는 500명의 페라루올리Ferraruoli를 여러 방향에서 함께 맹렬히 공격하면 이길 수 있다고 했다. 그러나 이어서 그는 권총이나 소총으로 무장한 기병들로 좌익을 지원하게 하는 것이 창기병들이 잘 싸우게 하는 방법일 것이라고 했다(제43장). 그는 많은 사람들이 권총으로 무장한 기병을 선호하고 있는 것은 이런 병력은 창기병槍騎兵들에 비해 사람이나 말이나 모두 많은 훈련이 필요 없고 따라서 병력을 동원하기가 수월하기 때문이라고 했다.45)

무커 하이데Mooker Heide 전투(서기 1574년)에 관한 기록(이 기록은 다른 면에서는 그리 명확하지 않다)에서 그는 창기병槍騎兵 중대는 병력이 100~120명 이상 되면 안 되며 공격은 맹렬하게 실시해야 하며 그렇게 하면 권총으로 무장한 흑기병黑騎兵/reître들이 혼전 중에 무기력해 질 것이라고 했다.46)

한 에피로트epirotischen/Epirote 귀족의 아들로 서기 1550년 이태리에서 출생한 바스타Geprg Basta는 젊은 시절 파르나제Alexander Farnase 휘하의 한 아르나우트Arnauten/Arnauts 연대를 지휘했고 스페인 장군이 되어 투르크Türk/Turk와 싸울 때는 황제군을 지휘했으며 대원수大元帥/General=Feldobersten/il maestro di campo generale로 있을 때는 경기병輕騎兵에 관한 글을 직접 썼는데(서기 1612년) 이 글도 여러 차례 독일어로 번역되었다.

타반네Tavannes와 마찬가지로 바스타 역시 전투 중인 부대는 용기도 물론 있어야 하지만 엄격히 결속되어 있어야 한다고 믿었다. 그의 책, 제IV권, 제V장에서 그는 적을 맞으러 나갈 때 중대장은 말 3~4필 정도 그의 중대 앞에 서서 가야 하며 부관副官은 "적절하지 못한 행동을 하는 자"를 필요시에 현장에서 죽일 수 있도록 손에 칼을 빼들고 기병중대 뒤에서 가야 한다고 했다.

바스타는 그의 책 후미의 특별 장章에서 퀴라씨에Kürassiere/cuirassier와 창기병槍騎兵의 장점을 비교한 후 퀴라씨에가 바람직한 병력이라고 단정했다. 그는 후자는 매우 좋은 말과 많은 훈련과 단단한 지형이 필요하며 선두 2개 횡렬橫列만 무기를 쓸 수 있으므로 분산해서 공격할 수 있게 여러 개의 작은 기병중대로 병력을 나누어야 한다고 했다. 그러나 이런 말이 어떻게 퀴라씨에를 좋은 병력으로 볼 근거가 되는지는 분명치가 않다. 바스타는 계속 모순된 말을 하고 있으며 그가 말한 창기병槍騎兵이 기사騎士들 같이 중무장한 창기병槍騎兵인지 장갑을 착용하지 않은 경기병輕騎兵인지조차도 불분명하다.

---

45) 매우 유사한 설명과 평가들이 이태리 학자 다빌라Davila의 《프랑스 내전사內戰史 *Storia delle guerre civili di Francia*》와 영국 학자 월리암스Roger Williams의 《병법Art of War》(서기 1905년) 중 "론티어와 권총병拳銃兵의 차이The Difference between Launtiers and Pistolers" 부분에서도 보인다. 그들의 설명과 평가들은 피르트C. H. Firth의 《크롬웰의 군대*Cromwell's Army*》, 129쪽에 인용되어 있다.

46) 《주석註釋 *Commentaires*》, 제XI권, 제XI장 및 제XII장(론미어Lonmier-길로메Guilaume 편編, 제II권), 214~222쪽.

바스타의 설명 중 이런 애매모호한 부분 때문에 당대의 가장 유명한 이론가로 단찌히Danzig 시市 경비연대장이던 발하우젠Jacobi von Wallhausen은 자신의 《기병騎兵의 병법兵法 Kriegskunst zu Pferde》(서기 1616년)에서 그를 예리하게 논박하게 되었다. 그는 이 탁월한 기병인 바스타(그는 40년을 기병중대에서 지낸 인물이었다)의 이론들을 심하게 비웃으면서 창기병槍騎兵을 강력하게 권장했다. 그러나 두 사람은 창기병槍騎兵들은 작은 부대들로 나누어 2개 이내의 횡렬橫列로 공격해야 하며 2개 횡렬橫列로 공격할 때도 횡렬간 반드시 간격을 두어야 한다고 말하는 점에서는 견해가 일치한다. 발하우젠은 다음과 같이 말한다(21쪽).

창기병槍騎兵은 밀집대형으로 싸우면 안 되며 작은 기병중대들로 나뉘어 2개 횡렬橫列로 싸우면서 이 2개 횡렬橫列이 간격을 둘 때 가장 큰 진두력을 발휘한다. 이렇게 하면 말이 공격 중 비틀거리거나 넘어졌을 때 뒤에 따라오는 기병을 방해할 수 없고 다시 일어나 기병중대 대형에 합류할 수 있다.

그러나 큰 기병중대에서 전후좌우로 밀집된 대형에서 제 자리를 지켜야 하는 퀴라씨에들은 선두 2개 횡렬橫列의 말들 중에 어느 하나가 쓰러지거나 적에게 부상을 입으면 혼자서는 다시 일어설 수 없다. 이런 기병은 자신은 부상을 입지 않았어도 일어설 수 없으며 같은 종렬縱列에서 그의 뒤를 따라오던 모든 말들이 그와 부딪치면서 그의 위로 엎어지게 된다. 따라서 많은 퀴라씨에들은 적보다 뒤에 따라오던 동료의 말발굽에 짓밟힐 가능성이 더 크다. 선두나 중간 횡렬橫列에서 한 사람만 쓰러져도 뒤에 따라오는 사람은 전후좌우 어디로도 피해나갈 수가 없다. 뒷사람들이 그를 밀어붙이기 때문인데 이는 뒷사람은 앞사람의 앞에 쓰러져 있는 사람을 보지도 알지도 못할 것이기 때문이다. 결국 부상도 입지 않은 멀쩡한 많은 사람들이 다른 사람 위로 쓰러져서 부딪쳐 죽게 된다. 다시 말하자면 이런 충돌로 인해 기병중대는 대형 자체가 깨지게 되고 큰 혼란이 생기는데 이런 위험과 혼란은 적으로 인한 위험과 혼란보다도 큰 것이다. 필자 역시 이런 경우들을 직접 보아서 이를 설명할 수 있지만 바스타 씨는 이런 상황을 천 번도 더 경험하고 목격했을 것이 분명하다. 따라서 나는 이런 상황에서도 창기병槍騎兵들이 퀴라씨에들에 비해 더 큰 장점이 있다고 믿는다.

발하우젠은 또 창기병에게 좋은 말과 창槍 대신에 작은 말을 주면 바로 퀴라씨에가 되므로 후자는 말하자면 반쪽 짜리 창기병槍騎兵에 불과하다고 했다(31쪽).
그는 또한 뒤의 한 구절에서는(32쪽) 기병들의 제2횡렬橫列은 제1횡렬橫列에게도 위협이 되며 이는 그들이 제1횡렬橫列이 공격에 실패했을 때 좌우 어느 쪽으로 철수하는 것을 방해하기 때문이라는 말까지 했다. 따라서 만약에 부대 전체가 하나의 횡렬橫列로 정렬할 만큼 충분한 공간이 없을 때는 뒷 횡렬橫列은 앞 횡렬橫列과 20~30보의 간격을 유지해야 한다고 했다.

이 논쟁에서는 양측 모두 카라콜레caracole 기동이라는 중요한 요소를 빠뜨렸다. 권총과 기병창騎兵槍의 상대적 장단점을 판단하려면 창기병槍騎兵들은 진정한 공격을 실시하지만 권총으로 무장한 기병들은 사실상 전초전前哨戰만 수행한다는 사실을 염두에 두어야 한다. 따라서 후자는 반드시 패퇴될 수 있을 것이다. 바스타Basta도 이 점을 말하지 않았지만 발하우젠도 마찬가지며 바로 이 때문에 발하우젠이 자신의 개념에 대한 가장 강력한 논거를 발견할 수 있었던 것이다. 그러나 양자 모두 논리가 빈약하며 진정한 발전과정을 이해하지 못했었다.

발하우젠의 글이 발표된 서기 1616년은 물론이고 멘도짜Mendoza가 창기병槍騎兵을 옹호했던 서기 1595년도 이 병종兵種은 이미 기본적으로 폐기되었을 때였다.

객관적으로 볼 때 발하우젠의 논거가 정확함은 분명하다. 그렇다면 왜 창기병槍騎兵은 폐기되고 퀴라씨에가 역사적으로 승리를 했을까? 발하우젠 자신은 당대의 유명한 군사지도자인 네덜란드의 오라니엔 공公 모리츠Moritz von Oranien/Maurice of Orange가 그의 아버지 빌헬름Wihelm I세로부터 물려받은 창기병槍騎兵이 아닌 병력으로 큰 업적을 성취했음을 인정해야 하는데 발하우젠은 어떻게 그럴 수 있었는지를 몰랐었다.

따라서 우리는 이들 역시 자신들이 살던 시대의 문제점들을 이론적으로 이해하려고 노력했지만 성공하지 못한 그리 드물지 않은 저명한 군인들에 속한다고 볼 수 있다. 이들은 자신들이 보고 이해한 것들을 분명하고 논리적으로 설명할 능력이 없었다. 다만 바스타가 문제의 핵심에 좀 더 접근했는데 창기병槍騎兵에 비해 퀴라씨에는 할 일이 훨씬 적어 갑옷 착용 방법과 큰 대형 속에서 말 모는 방법만 알면 된다고 했다. 발하우젠은 이에 대해 "잘 훈련된 신사紳士 기사騎士들에 비해 말 탄 촌뜨기들이 더 많아서 촌뜨기들이 기사騎士들에 비해 장점이 많은 것이냐?"고 답했다. 그의 글만 보면 바스타의 글은 사실 비논리적이다. 만약 그가 창기병槍騎兵들이 기병창 외에 권총도 별도로 휴대하고 작은 기병중대들로 나뉘어 2개 횡렬로 대형을 편성하면 자신들과 병력수가 같은 퀴라씨에들이 종심縱深 깊은 대형을 편성했을 때보다 우세했다고 말했다면 그의 말은 역사적으로나 논리적으로나 정확한 말이 되었을 것이다. 그러나 창기병槍騎兵들은 귀족 기사騎士 아니면 여타 탁월한 전투기술을 지닌 전사戰士들이었고 그런 병력은 많지 않았다. 반면에 퀴라씨에의 경우에는 말이건 사람이건 필요한 것이 아주 적었으므로 많은 병력을 동원할 수 있었다. 이런 수적 우위 때문에 그들은 높은 자질을 지니고 좋은 대형을 편성한 창기병들槍騎兵을 이길 수 있었을 것이다.

따라서 "울타리 대형"과 기병중대 대형간 대립과 기병창騎兵槍과 권총간 대립은 단순한 기술적 대립이 아니라 두 시대의 상호대립이었던 것이다. 이런 점에서 볼 때 중세시대가 화기火器에 의해 정복되었다는 전설傳說에도 실제로 일말의 진실이 있다. 그러나 역사의 발전은 때로는 직선으로 진행되지 않고 우회적이고 뒤틀린 방식으로 진행된다. 기사騎士 체계가 기병대 체계로 직접 발전하려면 가벼운 갑옷과 빠른 말과 군기軍紀가 있으면 되었을 것이다. 그러나 역사는 그렇게 직접 발전하지 않았다. 우리가 알아낸 발전과정에서는 기병창騎兵槍을 앞으로 눕히고 돌진해 들어가는 기사형騎士型 전투방식이 완전히 사라진 후 그 대신 등장한 것은 창이나 칼 대신 권총으로 무장한 기병들이 종심縱深 깊은 대형으로 서서히 이동하거나 제자리에서 적을 기다리는 방식으로서 기병대 전투방식과는 모든 것이 정반대였다.47) 이런 전투방식은 모든 것이 기병대 전투방식과 달랐으며 기사騎士 체계에서 부족했던 것을 채울 수는 있었지만 기사騎士 체계로부터 바로 발전될 수는 없는 훈련된 전술조직戰術組織의 전투방식이었다. 이제 이런 관점에서 필자는 기병대가 단지 기사騎士들의 집단이라고 주장하는 사람들의 생각이 얼마나 잘못된 것인지를 확실히 알게 하기 위해 중세시대를 다시 되돌아보기로 하겠다.

기사騎士들과 기병대를 비교해 보면 우리는 왜 기병대의 역사가 종심縱深이 매우 깊은 기병중대로부터 시작하는지 알 수 있게 된다. 집단을 이룬 병력의 종심縱深이 깊을수록 이동은 거북해 지지만 병사들에게는 별로 기술이 필요 없게 된다. 병사들의 기술과 군기軍紀가 발전할수록 대형의 종심縱深은 점차 얕아지게 된다. 기병대 전투방식은 기사騎士들의 전투방식이 점차 발전된 것이 아니라 이를 대체한 전혀 새로운 체계의 전투방식이었다.

물론 우리는 중세에도 종심縱深 깊은 대형을 볼 수 있었고 갑옷도 입고 말도 탄 병사들을 각자 여러 명 대동한 많은 기사騎士들이 전투를 위해 함께 이동할 때도 그런 대형을 볼 수 있었다. 따라서 우리는 원한다면 전환기적 형태를 필자가 말한 것보다 더 먼 과거에서 추적해 볼 수도 있을 것이다. 그러나 실제 변화가 일어나고 새로운 무엇이 옛 것을 대체한 것은 16세기 중반과 후반 초기였다.

기마병법騎馬兵法에 대한 타반네의 평가에는 시대의 변화가 잘 반영되어 있는데 (《비망록》, 204쪽. 이 평가는 타반네Tavannes 원수元帥의 아들인 장Jean의 글임이 분명하다) 그는 기병창騎兵槍과 칼로 무장한 병력의 "울타리 대형"의 전투에서는 과거와 같이 "6회전回轉 sechs Volten"이 여전히 필요했지만 이런 기술은 현대병사들에게

---

47) 멘도짜Mendoza는 《네덜란드 전쟁사Geschichte des niederländischen Krieges》에서 무커 하이데Mooker Heide 전투에 대해 설명하며 스페인 측 "기병"들은 제자리에서 적 기병중대의 공격을 기다리다가 패한 것이 확실하다고 분명히 말했다. 겍스Gueux를 물리친 것은 다른 스페인 기병대의 역습 때문이었을 뿐이다.

는 불필요하다 했다. 이제는 3개월이면 사람과 말을 훈련시킬 수 있게 되었기 때문이다. 그의 말에 의하면 마술馬術은 사람을 함정으로 유혹할 뿐이며 기병대 병사가 말을 타고 개인결투를 하려 할 때 외는 불필요하게 되었다 한다. 예수회 Jesuit(역자 주: 종교개혁기에 프로테스탄트들의 등장으로 가톨릭 자체에서 개혁을 위해 서기 1540년 창설한 수도회) 회원들도 과거 10년이 걸려야 배우던 것을 이제는 3년이면 배우며 그보다 더 빨리 배울 수도 있게 되었다고 한다.

한동안은 두 가지 전투방법이 서로 격렬하게 대립했었다. 위그노Hugenotten/Huguenot 전쟁 때 프랑스군은 여전히 기사騎士 전투를 했지만 가톨릭 측이건 프로테스탄트 측이건 모두 게르만 기병을 지원병력으로 데려왔고 이 게르만 기병이 프랑스 땅에서 새로운 기병대 체계를 발전시켰다. 그러나 프랑스 기사騎士들은 그런 체계를 발전시키기에는 너무 완고한 형식을 유지하고 있었다. 모든 사료들이 일관되게 지적하고 있듯이 그들은 자존심이 너무 강해 기병중대로 정렬할 수가 없었는데 각자가 모두 선두 횡렬橫列에 서려 했기 때문이다. 누구도 자신 앞에 다른 사람이 서는 것을 허용하지 않으려 했고 모두 권총을 싫어했다. 기병대 군기軍紀나 무기는 기사騎士 체계와는 모순된 것이었다. 그러나 평민 용병傭兵들은 여러 횡렬橫列로 기꺼이 정렬했고 집단을 형성해서 이제 기사騎士들을 압도하게 되었다.

밀집된 기병중대 대형이 등장하면서 보병이 기병을 지원하는 혼합전투 역시 자연스럽게 사라졌다. 필자가 마지막 혼합전투들은 본 것은 조비우스Paolo Giovio/ Jovius의 기록에 등장하는 서기 1543년 랑드레시Landrecy 전투였다.48)

위그노 전쟁의 마지막 전투들인 서기 1587년의 꾸트라Coutras 전투와 서기 1590년의 이브리Ivry 전투에서는 새로운 병종兵種이라고 말할 수 있는 기병대가 널리 보급되어 스위스 보병부대 등장 이후 그렇게도 중요한 역할을 해온 보병부대가 이제는 뒷전으로 물러나야 하게 되었다. 한 장군으로서 새로운 병력을 정확하게 이해하고 최대로 활용했다는 명성을 누릴 수 있는 인물은 프랑스의 앙리Henry IV세였다. 꾸트라에서 그의 기병은 숫자는 적었지만 소총병들로 기병을 지원하게 하고 밀집 정렬한 그의 부대들이 흩어지지 않게 하면서 이들을 효과적으로 지휘함으로써 이길 수 있었다. 반면 가톨릭 측은 여전히 지도자의 지휘 없이 기사형騎士型 전투를 했었다. 이브리에서도 앙리 IV세는 전술적 우위를 차지했고 수 마일에 걸친 추격을 통해 전과戰果를 확대했다.

200년 이상 지난 후에 기사騎士들과 기병대가 다시 한번 서로 겨루게 되었다. 나폴레옹이 지휘하는 프랑스군이 서기 1798년에 이집트를 정복하려 할 때 나일강 지역은 맘메루크Mameluck라는 전사戰士 계층이 지배하고 있었다. 그들은 기병이었

---

48) 《당대인물전當代人物傳 Historiarum sui temporis》, *libri* 44(서기 1578년 판版), 560쪽

고 쇠미늘 갑옷과 투구를 착용했었고 카빈Karabiner/carbine 기병총 한 자루와 권총 2자루를 휴대했고 각자 몇 마리의 말과 몇 명의 하인들을 대동하고 자신을 지원하게 했다. 따라서 비록 그들이 휴대한 무기는 달랐지만 우리는 그들을 기사騎士라고 부를 수 있다. 나폴레옹은 그들 2명이 프랑스 기병 3명을 상대할 수는 있지만 프랑스 기병 100명은 그들 100명을 겁낼 것이 없었고 프랑스 기병 300명은 같은 수의 그들보다 우세했고 프랑스 기병 1,000명은 그들 1,500명을 틀림없이 이길 수 있을 것이라 했다. 실제 그런 시험이 이루어지지는 않았지만 프랑스는 진정한 기병대를 해외로 보낸 적이 없었으므로 나폴레옹의 그런 말은 유능한 개인적 전투원인 기사騎士들과 전술조직戰術組織인 기병대의 차이점을 매우 생생하게 보여주는 말이다.

부 기附記

유고Hermann Hugo

예수회 회원Jesuit 유고Hermann Hugo의 《과거와 현대의 기병대De militia equestri antiqua et nova libri quinque》(I~V권, 안트워프Antwerpe/Antwerp, 서기 1630년)는 학술적으로 잘 구성된 글이다. 필자는 이 글에 대해 옌스Max Jähns가 해야만 했던 말들(《독일 군사학사軍事學史 Geschichte der Krigswissen- schaften vornehmlich in Deutschland》, 제II편, 1057쪽, *para.* 79)에 몇 마디를 추가하겠다. 이는 현대학자들이라도 정확한 설명을 하기에는 얼마나 이해가 부족한지를 보여주기 위한 것이기도 하다.

유고는 그의 책, 제III권, 제IV장, 184쪽에서는 퀴라씨에("퀴라싸리Quirassarii" 또는 "코라싸리Corassari")가 창기병槍騎兵(란쎄아리lancearii)을 대체했다고 했고 또 "그들은 기병창騎兵槍 대신 권총을 썼으며 질주疾走가 아니라 잔걸음 속보速步로 돌격하는 점에서만 저들과 달랐다hoc solo ab his differunt, quod sclopo itantur pro lancea, et gradario succussarioque equo pro expedito"고 했다. 그가 말한 "그라다리우스gradarius"는 (말이) 한 발짝 한 발짝 이동하는 것을 말하고 "수쿠싸리우스sccussarius"는 질주해서 돌진하는 것을 말하는데 전자는 "독일식 잔걸음 속보速步/trot"를 연상케 한다.

유고는 제III권, 제IV장에서는 퀴라씨에(권총 기병)가 창기병槍騎兵을 대체했다고 했지만 제IV권, 제V장, 257쪽에서 자신의 이론을 전개할 때는 창기병槍騎兵들에게 큰 비중을 두고 있다. 그는 퀴라씨에는 방어에는 유용하나 공격에는 창기병槍騎兵(란쎄아리lancearii)과 소총병小銃兵(아르카부싸리arcabussari)이 현저히 적합하다고 했다.

그의 말에 의하면 창기병槍騎兵(란쎄아리lancearii)은 1개 횡렬橫列로 돌격(인구렐레incurrere)해야 하며 그렇게 하지 않으면 서로 방해한다고 했다. 그러나 그는 8개 횡렬橫列로 정렬해 1개 횡렬橫列 씩 차례로 공격할 수도 있다고 했다(제IV권, 제V장, 257쪽. 하지만 옌스Max Jähns가 《독일 군사학사》, 제II편, 1058쪽에서 지적한 대로 그는 4개 횡렬橫列 이상이 되지 않도록 해야 한다고도 했다).

그가 이어서 공격할 때는 "마치 장기 대형에서처럼quasi in quincuncem" 2개 횡렬橫列로 정렬해서 제2횡렬橫列이 제1횡렬橫列에 생기는 틈새를 엄호하게 하라고 권장한 것은 1개 횡렬橫列 돌격 방식을 약간 개선한 것이다.

그는 카라콜레caracole 기동은 소총병들이 보병부대를 공격하는 적절한 전투형식이라고 주장한다. 그는 기병들이 총에 탄약을 재는 꽂을대Landestock/ramrod를 다루는 모습을 뒤로 튀어나가는 것 같이 묘사했다. 더욱이 그는 적의 정면을 향한 카라콜레 기동과 측면을 향한 카라콜레 기동을 구분했다. 그는 도해圖解에서 카라콜레 기동을 왼쪽으로만 선회旋回하며 적의 우측면만 공격하는 모습으로 보여주고 있다. 그는 말 탄 소총병들이 그들과 유사하게 무장한 상대방을 향해 카라콜레 기동을 하는 모습은 보여주지 않고 사격하는 앞모습만 보여주고 있다(268쪽).

다른 저술가著述家들의 설명이나 마찬가지로 그 역시 모든 종류의 복잡한 전투 대형을 위한 다양한 기마병종騎馬兵種의 결합에 대해 말하고 있다.

그는 다음 장(제IV권, 제VI장)에서는 기병대와 보병부대의 결합을 말하고 있다. 그러나 그가 인용한 사료들은 모두가 그리스-로마 고전시대 사료들뿐이다. 그가 말한 고전시대와 그의 시대 사이의 유일한 차이점은 그의 시대에는 혼합전투가 사라졌다는 말뿐이며 그는 이를 매우 애석해 하고 있다. 그는 이런 전투기술이 실종된 것은 혼합전투가 많은 훈련이 필요하기 때문이라 했고 고대인들은 그런 훈련을 했지만 현대 사람들은 하지 않는다고 했다.

기병창騎兵槍의 위력

군의관 쉐퍼Friedrich Schäfer 소령少領은 "기병창騎兵槍의 역사 및 군사의학에 관한 연구*Die Lanze. eine geschichtliche und Kriegschirurgische Studie*"(《외과外科 학술지*Archiv für klinische Chirurgie*》, 제62권, 제3호, 특별판)라는 그의 글에서 이 문제에 관해 흥미 있는 지적을 하고 있는데 게르만 기병창은 무게가 1.85kg이고 길이는 3.20m이며 촉의 길이는 13cm였다고 한다.

스파레Sparre 장군과 브라크Brack 장군은 어느 프랑스 연구위원회에서 기병창은 곧은 세이버Säbel/saber 칼보다 덜 치명적인 무기라며 기병창에 의한 부상은 언제나 경상輕傷뿐이라고 했다. 두 장군은 기병이 기병창을 있는 힘껏 앞으로 내던지려면 안장에서 떨어질 수 있다고 했다. 또한 움직이는 말 위에서 던지므로 항상 부정확하며 상대방을 이를 쉽게 피할 수 있다고 했다.

의료통계적 연구를 통해 쉐퍼 소령도 같은 결론을 내렸다. 기병창은 근육을 파고들지만 뼈에 맞으면 튀겨나가게 된다. 이런 부상은 쉽고 빠르게 치료된다. 쉐퍼는 창에 찔린 상처가 특별히 위험하다고 예상하는 것은 잘못이라고 말한다. 그러나 이 문제는 기병창의 형태에 달려있는 문제이다. 촉이 근육을 자를 수도 있는 형태일 경우 이로 인한 부상은 더 위험해진다.

제 Ⅱ 장
소총병의 증가. 보병전술의 정교화

스위스 보병부대 전술은 유럽 전역으로 전파된 후에 정체停滯되었다고 할 수 있다. 적이 보이는 곳에서는 3개 방진方陣으로 적을 공격해야 하는 이런 방법을 쓸 때는 처음에 어느 한 방진方陣이 극복할 수 없는 장애물과 만나더라도 대형을 넓혀서 적敵의 전선戰線 어느 곳에 틈을 만들고 이 틈으로 한 부대가 침투한 후에 다른 부대들을 위해 길을 터 줄 수 있어야만 했다. 그러나 정면을 공격할 수도 측면을 포위할 수도 없는 위치를 적이 차지하고 있으면 아무리 거세게 돌격을 해도 힘을 쓸 수 없었다. 비코카Biccoca 전투가 바로 그런 예였다. 파비아Pavia 전투에서는 프랑스군의 일부였던 스위스 병사들이 난공불락으로 보이는 위치를 차지하고 이로써 보호를 받으려 했었다. 때마침 화기火器가 보급 발전되어 난공불락의 위치를 찾는 것이 더욱 더 쉬워졌다. 뒤로 가면 우리는 대규모 전투가 일어나기 힘들게 만든 요소들을 자주 볼 수 있게 될 것이다. 그러나 장창長槍으로 유명했던 큰 방진方陣은 전투를 통해 화기火器의 중요성을 인식하게 되었다. 결전決戰을 벌일 수 없거나 지휘관이 결전決戰을 벌이는 것을 적절치 않다고 생각한 결과 전쟁이 소규모 전투나 기습공격이나 성城의 탈취나 포위 등을 통해 적보다 오래 버티려 하는 수준으로 제한되자 장창長槍보다 소총 같은 투사무기投射武器가 더욱 유용하고 필요해졌고 이에 따라 소총병들이 증가했고 경기병輕騎兵의 활동 여지도 커졌다.

이 과정에서 소총병 수가 계속 증가하면서 그들의 무기도 개량되었다.

같은 기간 중에 기사騎士 체계도 점차 기병대 체계로 전환되었다.

16세기 초에는 근접전 무기로 무장한 보병의 약 1/10 정도는 소총병이었을 것이다. 서기 1526년에는 프룬트스베르크Frundsberg의 보병 중에 1/8이 소총병이었다. 서기 1524년에는 스페인 병사들 중 소총수가 스위스 병사들의 경우보다 많았고 훈련도 잘되어 있었다고 한다. 슈말칼덴 전쟁Schmalkaldischen Kriege(역자 주: 앞의 42쪽 참고) 당시는 게르만 토병土兵/Landsknecht/lansquenet(역자 주: 앞의 7쪽 참고)들과 함께 있던 소총수들이 전 병력의 1/3까지 증가했고, 헤쎈Hessen의 관용공寬容公 필리프Philipp dem Grossmütigen는 징집병 중 1/2을 소총병으로 하게 했다. 서기 1570년에 모로Domenico Moro는 그리고 서기 1578년에 란도노Landono는 보통 보병 중 1/2이 소총병일 것으로 보았다. 서기 1588년에 두이크Adr. Duyk는 소총병이 60명이면 창병槍兵은 40명일 것으로 보았다. 이런 식으로 계속 소총병 비율은 증가했다.1)

이론가들은 이렇게 소총병 비율이 증가하는 것에 반대했다. 누에de la Noue는 소총병 비율을 1/4까지로 제한하고 창병槍兵(코르셀레corcelets)들에게 더 많은 보수를 주어야 한다고 주장했다(《군사견문軍事見聞 Observations militaires》, 1587년, 제14화話/Discours). 몽뤼Monluc에 의하면 병사들이 백병전에 참가하는 것보다 소총병 되기를 선호했다고 한다. 여하간 소총병 증가 추세는 다시 돌이킬 수 없는 일이 되었다. 모로Domenico Moro는 서기 1570년 파르네제Ottavio Farnese에게 헌정한 책에서 미래에는 창병槍兵이 1/3까지 줄고 창병槍兵과 소총병이 각각 6개 횡렬橫列의 부대로 독립되어 병행 편성될 것으로 예상했다.2)

중세 때나 마찬가지로 그리스-로마 고전시대의 궁수弓手나 쇠뇌수弩手는 본질상 전초병前哨兵(또는 척후병斥候兵)이었다. 훈련된 잉글랜드 궁수들이나 투르크Türk/Turk 야니샤르Janitscharen/janissaries들(역자 주: 사라센의 정예 보병궁수. 이 책 제III편, 462~466쪽 참고)은 전초前哨 작전 기술보다는 우세한 집단발사 기술을 향상시키기는 했지만 이런 기술을 유기적으로 발전시키지 못했다. 활의 위력이 그리 크지 못했기 때문이다. 새로 등장한 화기火器 역시 처음 상당한 기간 동안은 전초前哨 작전 능력만 향상시켰다. 화승총火繩銃은 물론 보병소총의 위력은 상당히 컸었지만 표적을 맞출 수 있는 정확도는 매우 낮았었고 소총병 개인이 어떤 형태건 엄호물 없이도 기병이나 미늘창Hellebarde/Halberd(역자 주: 앞의 4쪽 참고) 창병槍兵이나 장창병長槍兵을 상대할 수 있기까지는 많은 세월이 필요했다. 그들은 어떤 식으로 엄호를 받았었을까?

최초의 편법은 소총수들이 상호 엄호하는 방식이었다. 서기 1477년 알브레크트Albrecht Alcibiades는 한스Hans von Sagan와 싸울 전역戰役을 위한 지침서에서 소총병 부대들은 교대로 사격하면서 늘 1개 부대는 사격준비가 되어 있도록 하라고 했다. 서기 1507년에 한 베니스 대사大使가 고향으로 보낸 보고서에서는 게르만군에게는 이런 방식이 일반적이라 했고3) 서기 1516년 히메네즈Ximenez 추기경은 스페인에서 민병대 조직 때 일요일마다 "대형을 형성해서 카라콜레caracole 기동(역자 주: 직역하면 '달팽이 기동'. 앞의 123쪽 이하 참고)" 훈련을 실시하도록 했는데4) 사격을 끝낸 앞 횡렬橫列의 소총병들은 총탄 재장전再裝填을 위해 뒤로 물러나고 뒷 횡렬橫列의 소총병들이 이어 사격하는 동작을 부대 전체가 순차적으로 실시하는 훈련이었다.

---

1) 뤼스토프Rüstow, 《보병사步兵史 Geschichte der Infanterie》, 제I편, 242쪽 및 349쪽. 옌스Max Jähns, 《독일 군사학사軍事學史 Geschichte der Krigswissenschaften vornehmlich in Deutschland》, 제I편, 724쪽. 호봄Martin Hobohm, 《마키아벨리의 병법兵法 르네상스Machiavellis Renaissance der Kriegskunst》, 제II편, 472쪽. 페텔Patel, 《관용공寬容公 필리프 치하의 헤쎈 군대의 조직Die Organisation des hessischen Heeres unter Philipp dem Grossmütigen》. 필리프는 소총병에게 창병槍兵보다 매달 1굴트Guld/guilder 많은 보수를 주었지만 그들은 병력의 절반에 미치지 못했었다.
2) 옌스Max Jähns, 위의 책, 726쪽.
3) 〈빈센쪼 키리니의 서신書信 Relazione di Vincenzo Quirini〉, 서기 1507년, 12월. 《베니스 대사大使 서신집書信集 Relazione degli Ambassadore Veneti》(알베리Eugen Albéri 편編, 제I집輯/series, 제VI권), 21쪽에 수록되어 있음.
4) 클로나르트Clonard-브리스Brix, 57쪽.

조비우스Paolo Giovio/Jovius에 의하면 서기 1515년 마리그나노Marignano 전투(역자 주: 앞의 82쪽 참고)에서 프랑스 왕은 엄호된 진지에서 스위스 병사들을 상대로 그런 "달팽이 사격Schnecken feuer"을 성공적으로 계속했다고 한다.5) 서기 1512년 비엔나에서의 퍼레이드에서도 그랬지만6) 서기 1551년에는 샹파뉴Champagne 총독인 네베르스Nevers 영주領主를 위한 퍼레이드에서도 현장 목격자 라부틴Rabutin의 증언에 의하면 이런 "달팽이le limacon" 기동이 여러 차례 실시되었다고 한다.7)

그러나 이런 식으로 통제되는 사격으로는 소총병들이 개활지에서 적의 기병은 물론이고 근접전 무기로 무장한 보병도 상대할 수 없었다. 전투상황에서는 카라콜레 기동을 하면서 순차적 사격을 질서 있게 계속하기가 어려웠기 때문이다. 우리가 흔히 듣기에는 소총병들은 단지 총소리만 듣고도 적은 이미 놀랄 것으로 빋었고 후미 횡렬橫列들은 자신들이 앞으로 나갈 차례를 기다리지 않고 정확하게 조준도 하지 않고 허공을 향해 총을 쏘았다고 한다.8)

누에de la Noue는 보병 밀집대형은 공격해 오는 기병에게 버티려면 장창長槍으로 무장해야 하며 이는 "엄호가 없는 소총병은 쉽게 무너지기 때문"이라고 했다.9) 물론 소총병들이 과감하게 기병에게 전진한 경우도 있었다. 서기 1524년에 페스카라Pescara가 프랑스군을 추격할 때도 그랬는데 이때 바야르Bayard는 총탄에 쓰러졌다.10) 또한 소총병들이 자체적으로 적의 기병을 방어한 경우들도 있다. 슈말칼덴 전쟁 당시 아빌라Avila도 그렇게 한 적이 있다.11) 그러나 이런 경우들은 어디까지나 예외에 불과하다. 보통의 경우 소총병들은 다른 어느 병종兵種의 지원이 있어야 했다. 기병이 전진해서 적을 몰아낸 적도 있었고12) 소총병들이 처음부터 본대本隊 창병槍兵 주변을 둘러싸거나 달팽이 기동을 실시할 작은 부대들로 나뉘어 "날개"나 "소매" 같이 본대本隊에 붙어 함께 전진한 경우도 있었고13) 소총수들이

---

5) 조비우스Paolo Giovio/Jovius, 《당대인물전當代人物傳 Historiarum sui temporis》, *libri* 15(서기 1515년), 제1권, 315쪽.

6) "지난 서기 1532년…투르크와 싸운 오스트리아의 다른 전역戰役의 진실하고 상세한 설명. 올 해 서기 1539년 처음으로 활자화活字化 함Warhafftige beschreibung des andern Zugs in Oesterreich, wieder den Türcken…vergangnes 1532. jares thatlich beschrieben. Und jetzund allererst in diesem 1539. jar in Druck gefertigt"(괴벨J. U. D. Goebel, 《카를 Ⅴ세 황제 치하의 유럽 민족사 논고論考 Beiträge zur Staatsgeschichte von Europa unter Kaiser Karl V.》, 렝고Lemgo. 서기 1767년), 326쪽. 카라콜레caracole 기동에 관한 더 상세한 설명은 호봄Martin Hobohm의 《마키아벨리의 병법兵法 르네상스Machiavellis Renaissance der Kriegskunst》, 제Ⅱ편, 394쪽, 405~407쪽, 468쪽, 483쪽 및 508쪽 참고.

7) 라부틴Rabutin, 《주석註釋 Commentaires》(부숑Buchon 편編, 서기 1836년), 530쪽.

8) 뤼스토프Rüstow, 《보병사步兵史 Geschichte der Infanterie》, 제Ⅰ편, 264쪽에서 재인용.

9) 《군사견문軍事見聞 Observations militaires》(1587년), 제18화話/Discours, 역설Paradoxen 2, 384쪽.

10) 조비우스Paolo Jovius/Giovio, 〈페스카라의 생애Leben Pescaras〉, 《열 아홉 유명인有名人의 생애Le Vite dicenove huomini illustri》, 베니스, 서기 1581년, *lib*. Ⅲ. 213쪽.

11) 서기 1546년 9월 1일. 아빌라Avila, 《슈말칼덴 전쟁의 역사Geschichte des Schmalkaldischen Krieges》, 독일어판 [영어판 제목은 《History of the Schmalkaldic War》], 39쪽.

12) 소총병과 기병의 혼합전투에 관한 기록도 있지만(뤼스토프, 위의 책, 제Ⅰ편, 314쪽. 몽뤼Monlu의 기록을 인용한 것임) 이들은 예외적인 경우들로서 더 이상 발전하지 않았다.

13) 조비우스Paolo Giovio/Jovius는 서기 1535년 롤레타Goleta에서 그런 일이 있었다고 했다("이 두 무리의 스콜

사격만으로 적에게 버티지 못할 경우 창병槍兵들이 있는 곳으로 도주하게 하는 경우도 있었다.14)

16세기와 17세기 전반부의 이런 일면적인 현실적 이론적 개념 즉, 화기火器로 무장한 병력은 독자적으로 버틸 수 없고 지원이나 보호가 필요하다는 개념과는 좀 모순된 것이 투르크Türk/Turk족은 창병槍兵은 없었고 기마궁수騎馬弓手인 야니샤르 Janitscharen/janissaries들만 있었고 이들이 후일 기마소총병騎馬小銃兵으로 변했다는 점이다. 그럼에도 불구하고 그들은 헝가리를 정복하고 서기 1529년에는 비엔나까지 진격할 수 있을 정도로 강했었다. 하지만 그들이 서기 1526년 모하츠Mohacz에서 헝가리 군에게 쉽게 승리한 이후 이 시기에는 큰 결전決戰이 없었다.15) 투르크족은 큰 결전을 회피했었고 게르만 제국과 여타 왕국들의 군대들은 투르족에게 결전을 강요할 만큼 병력을 오래 유지하지 못했다. 전쟁은 성城을 포위하거나 함락시키거나 농촌을 황폐화시키는 전역戰役 정도로 제한되었다. 게르만 제국 황제와 투르크족 술탄sultan은 서기 1593년에서 1606년까지 전쟁을 제외하면 서기 1568년부터 1664년까지 약 100년 동안 서로 평화를 유지했다. 30년 전쟁이 포함된 서기 1578년부터 1639년까지 투르크족이 페르시아와 큰 충돌을 벌이고 있었기 때문이다.

로페타리들을 그들은 소매라고 불렀는데 모습이 날개 같았기 때문이다duas scolopetariorum manus, quas manicas vocabant, quod cornuum insta." libri 34(서기 1578년 편編), 392쪽). 서기 1542년 오펜Ofen에서는 비텔리Alessandro Vitelli의 이태리 보병부대가 그랬다 한다("창병槍兵들의 종대縱隊가 전진하면서 양 측면에는 날개로 스클로페타리들이 퍼졌고 이런 모습으로 야만인들을 공격했다promoto hastatorum agmine et utrinque sclopettariis in cornua expansis Barbaros invadunt" 조비우스, 《당대인물전當代人物傳 Historiarum sui temporis》, libri 42, 518쪽.

14) 앞의 95~96쪽에서 알 수 있었던 것 같이 뤼스토프Rüstow는 이런 대형을 "헝가리 대형ungarische Ordonnanz"이라고 부르며 그는 서기 1532년 비엔나에서의 군사 퍼레이드를 근거로 그렇게 말한 것이다. 그러나 그가 본 대형은 현실적 의미는 없으며 단지 퍼레이드 대형에 불과했다. "헝가리 대형"이라는 용어는 그가 말하는 "스페인 여단spanische Brigade"이란 용어(역자 주: 뒤의 149쪽 참고)보다도 더 사료적 근거가 없는 용어이다. 발하우젠Wallhausen은 "헝가리 대형"이란 말은 한 적이 없고 단지 "헝가리 제도 ungarische Vestallung"란 말을 했을 뿐이다. 그가 말한 것은 전술적 제도라기보다 행정적 제도였던 것이다. 발하우젠의 《보병步兵의 병법兵法 Kriegskunst zu Fuss》, 제I권, 제VI장, 110쪽에서는 헝가리에서는 방진方陣 외에 다른 대형을 쓴 일이 없다 했다. 옌스Max Jähns의 《독일 군사학사軍事學史 Geschichte der Krigswissenschaften vornehmlich in Deutschland》, 제I편, 711쪽에서는 소총병을 서기 1480년에 셀데네크Seldeneck가 권장했던 대로 창병槍兵들의 방진方陣에 붙은 날개 같이 배치하기보다는 이태리인 타르타글리아Tartaglia의 주장대로 방진 方陣의 바깥쪽 열列들에 배치하는 방법을 채택한 것이 "치명적"이었다고 말한다. 그러나 필자가 보기에 이런 비판은 핵심을 놓친 것이다. 날개 같이 배치된 소총병들은 사격이 용이하고 합리적으로 분명히 보호 받을 수 있는 장점은 있지만 공격하는 기병이 접근하면 소총병들은 언제나 창병槍兵들 가운데서 또는 그들 속에서 피난처를 찾아야만 한다.

15) 비록 근거가 튼튼한 것 같이 보이기는 해도 신뢰성이 없는 개별적 기록의 예로서 요르가Jorga의 말에 주목해 보자. 그는 《오토만 제국의 역사Geschichte des osmanischen Reiches》, 제III편, 295쪽에서 서기 1593년 투르크Türk/Turk의 패배를 말하면서 "야니샤르들은 서방의 새로운 기병대 즉, 갑옷을 입힌 말을 타고 쇠 갑옷을 입은 중기병重騎兵들과 소총수들에게 패했다"고 하면서 그 근거로 터키 측 사료 하나와 폴란드 측 사료 하나를 인용하고 있다. 결국 그가 인용한 사료의 저자들은 "서방의 새로운 기병대"라는 말을 들어보기는 했지만 그들이 어떤 면에서 새로운 병력이었는지 이해하지 못한 결과 그들을 옛 기사騎士들 같이 묘사해 놓았던 것이다. 만약 우리에게 다른 사료가 없었다면 이런 과장된 묘사에서 옳은 말이 어느 부분인지를 식별할 수 없었을 것이다. 이 경우는 빙켈리트Winkelried(역자 주: 91쪽 참고)를 기사騎士 전투를 한 인물로 바꾸어 놓은 것이나 마찬가지의 경우이다. 빙켈리트의 경우와 유사한 상황이 요르가 Jorga의 같은 책, 314쪽에도 보인다.

서기 1664년에 게르만 제국과 투르크족 간 새로운 전투시기가 시작되었을 때는 창병대대槍兵大隊들은 거의 사라진 시기였다.

이제 우리는 다시 16세기로 돌아가 창병槍兵과 소총병의 상호관계 문제를 살펴보기로 하자. 큰 방진方陣 곁에 있다가 총을 쏜 후 창병槍兵들이 내뻗고 있는 창槍 밑으로 기어 들어가 방진方陣 속으로 철수할 수 있는 소총병 숫자는 당연히 매우 제한적일 수밖에 없다. 창병槍兵 10,000명이 정면과 측면이 동일한 방진方陣을 만들었을 때 그 정면과 종심縱深은 물론 각 100명에 불과하며 그 전후좌우에 소총병을 2개 열列씩 배치하면 소총병 숫자는 총 800명이면 된다. 스페인 이론가들은 창병槍兵 방진方陣 전후좌우에 소총병을 5개 열列씩 배치하도록 요구했지만 그래도 총 2,000명이면 되고 그리 하기가 어렵지 않았을 것이 분명하다. 그러나 소총병들이 사격을 한 후 창병槍兵들이 내뻗은 창槍 속으로 밀려들어가자 창병槍兵들이 어쩔 수 없이 창槍 끝을 쳐들었고 이 틈에 적 기병들이 침투하게 되어서 방진方陣 전체가 깨지고 도살屠殺 당한 전투가 있었다고 한다.16)

창병槍兵들을 소규모 부대들로 나누는 것은 약간의 도움은 되었다. 창병槍兵들을 소규모 부대들로 나누면 당연히 보다 많은 소총병이 보호를 받을 수도 있었지만 끊임없이 늘어나고 발전하는 포병들에게도 보다 작은 표적이 될 수 있었다.17) 그러나 병력이 적어진 부대는 보호할 수 있는 소총병 수도 적었고 이런 방법은 시간이 갈수록 더욱 더 만족스럽지 못한 방법임이 드러났다.

이론가들은 소총병 보호를 위해 십자十字 대형, 가운데가 빈 대형, 팔각형 대형 등을 생각해 냈지만 그 어느 것도 물론 실용성이 없었다.18) 보병부대의 전투대형은 언제나 적은 수의 사각형 대형이었기 때문에 이런 방진方陣들을 ―스페인에서는 이를 "테르지오terzio"라고 했다― 서로 어떤 식으로 배치할 것인지가 문제시되었었다.19) 일찌기 마키아벨리Machiavelli는 스위스 방진方陣들은 서로 앞뒤나 좌우로 배치되지 않고 사선斜線 제대형梯隊型으로 배치되었다는 점에서 특별히 세련된 대형이라고 칭찬했었다. 그러나 이는 본질적으로 무가치한 공론적空論的 설명이다. 스위스 방진方陣의 숫자와 배치 그리고 이동은 전적으로 당시의 상황과 지형조건에 따라 결정되었다. 비코카Bicocca 전투 당시 스위스군 제2방진方陣은 포위 기동을 할

---

16) 서기 1608년. 《오라니엔-나쏘 문집文集 Archivees Oran. Nassau》, 제Ⅱ집, 제Ⅱ권, 389쪽.

17) 《프랑스 군대의 군사훈련 제도Institution de la discipline militaire au Royaume de France》, 리옹Lyon, 서기 1559년, 96쪽 이하. 이 글의 저자 자신은 부대 규모를 줄이는 것에 반대하면서 이 간격들에는 소총수와 기병들이 있으므로 어떤 경우든 적의 포병은 표적을 찾을 것으로 믿고 있다. 그의 견해에서는 소총병과 기병의 전초前哨 활동에 의해 포병의 2차 사격을 방해하도록 해야 한다고 했다.

18) 뤼스토프Rüstow는 그의 《보병사步兵史 Geschichte der Infanterie》에서 이 대형들을 상세히 소개하고 있지만 필자는 이들을 더 검토할 필요가 없다고 본다. 이런 대형들은 실제 전투에는 등장하지 않기 때문이다.

19) "테르지오Terzio"가 어디까지 행정부대 또는 전술부대 명칭이었는지에 관해서는 더 연구가 필요하다.

수 없자 즉시 제1방진方陣 옆으로 가서 섰는데 이는 "어느 누구도 뒤에 서기를 싫어했기 때문"이라고 한다(안셀름Valerius Anshelm, 《베른 연대기Berner Chronik》, 베른, 서기 1826년).

그러나 방진方陣들의 수가 많았을 때 평원 위에서 일례로 적과 싸우려고 이동하거나 적을 기다리기 위해서 대형을 만든다면 과연 그들은 서로 옆으로 정렬했을까 아니면 다른 어떤 방식으로 정렬했을까? 방진方陣들이 단지 옆으로 나란히 정렬했다면 전 병력이 대등하게 서로 협조할 수 있을 것이고 이런 대형은 고대 로마의 레기온-팔랑스Legionen=Phalanx(역자 주: 로마 레기온에 관한 설명은 이 책 제I편, 제IV권, 제I장 및 특히 제VII권, 제I장, 부기附記 2 참고)와 매우 비슷한 대형이 되었을 것이다. 그러나 앞서 알 수 있었듯이 그렇게 해서 길어진 전선戰線은 나란히 함께 전진하기 어려워진다. 또 방진方陣들의 임무가 공격에만 국한된 것이 아니라 원거리에서 매우 큰 위력이 있는 소총병의 엄호 역시 그들의 중요한 임무로 생각되었을 것이다. 이 시기 전술의 선도자였던 스페인군은 방진方陣들은 서로 상당한 거리를 둔 2~3개 전선戰線의 장기판 형태schachbrettförmig로 정렬하는 것이 옳음을 발견했다. 필자는 이런 대형을 제대梯隊/Treffen 대형으로 보는 것은 옳지 않을 것으로 생각한다. 뤼스토프Rüstow는 이런 대형을 "스페인 여단旅團 spanische Brigade"이라고 부르는데 이 이름은 사료에는 근거가 없고 그가 만들어 붙인 이름이다. 그러나 이런 대형에서는 상당한 병력이 각각 방진方陣 형태로 정렬한 최전방 부대들은 어떤 전투라도 시작은 할 수 있어도 전투를 끝낼 수 없었다. 따라서 후미 부대들이 밀고 올라갔고 이들은 처음부터 앞의 전선에 서기보다는 후미에 섰다가 그렇게 하는 것이 더 좋았다. 후미에 있다가 밀고 올라가면 자신들의 도움을 가장 필요로 하는 곳과 지형과 적의 행동을 볼 때 자신의 공격이 가장 효과적일 수 있는 곳으로 전진할 수가 있었기 때문이다. 이때 여러 방진方陣들은 매우 신속하게 단일 전선을 만들어서 밀고 올라갈 수 있었을 것이다. 결국 "스페인 여단"으로 전개하는 것은 전투 중 계속 유지되는 대형이 아니었다. 이는 사실 별로 중요한 것이 아니었고 각 방진方陣이 지형과 상황에 적합하게 최대한 독자적으로 이동하면서 전 병력이 서로를 지원하는 것에 불과했었다.

이렇게 본래의 거대한 방진方陣을 여럿으로 나누었을 때 또 다시 생기는 문제는 보병과 기병을 상호 어떻게 평가해야 할 것인지에 관한 것이었다. 과거에는 보병 본대本隊가 방어에서는 기사騎士들을 격퇴하고 공격에서는 그들을 유린할 수 있었다. 테르지오terzio 같은 부대들도 그렇게 할 수 있었을까? 리프시우스Lipsius는 고대 로마군의 경우는 보병부대가 기병에게 지는 일이 거의 없었으나 그의 시대에는 그런 일이 자주 있다고 분명히 말했다. 누에de la Noue도 지배적 견해가 그럴다고 했지만 그는 밀집대형으로 정렬한 보병부대는 병력이 더 큰 기병부대와 맞설 수 있음을 입증하기 위해서 그가 살던 시대의 스페인군의 두 가지 예를 근거로 로마군과 로마 시市에 대해 말했다. 하지만 물론 이어서 그는 당대의 프랑스 보병부대까지 그렇게 보면 안 되며 이는 프랑스 보병부대는 창병槍兵들도 없고 군기軍紀도 없는 부대이기 때문이라고 했다.[20]

하지만 이런 문제는 리프시우스의 분석과 같이 기병이 점차 총병銃兵으로 변해가고 있는 반면 점점 많은 창병槍兵들이 소총병들과 결합된 것인 만큼 실제로는 중요한 문제가 되지 않았으며 다른 문제로 변질되었다.

기사騎士들은 기병대로 변해감에 따라서 전술적 통제가 가능한 병력이 되었다. 기병대에게는 보병부대의 대형을 깨뜨리고 보병 병력을 짓밟는 임무 외에 보병부대를 양 측면에서 공격해서 움직일 수 없도록 고착시키는 임무가 추가되었다. 앞으로 이에 대해 좀 더 알아볼 기회가 있을 것이다. 다빌라Davila의 《위그노 전쟁사Geschichte der Hugenottenkriege》(역자 주: 앞의 136쪽 각주 45에서 말한 《프랑스 내전사內戰史 Storia delle guerre civili di Francia》와 같은 책인 것 같음), 제XI권, 제III장에서는 이브리Ivry 전투(서기 1590년)와 관련해서 프랑스 앙리Henry IV세는 기병대를 작은 기병중대들로 나누어 게르만 토병土兵/Landsknecht/lansquenet들을 사방에서 공격할 수 있게 했다고 한다.

---

20) 리프시우스Lipsius, 《로마인들의 군복무de militia Romana》, 제V권, 20쪽. Opera 1613, 제II권, 460쪽. 누에 de la Noue 편編, 《군사견문軍事見聞 Observations militaires》(1587년), 제18화話/Discours, 역설Paradoxen 2, 377쪽 이하.

제Ⅲ장
오라니엔 공公 모리츠

스페인이 네덜란드 간 정면충돌이 시작된 후 처음 20년 동안은 스페인이 네덜란드에 비해 우위에 있었다. 오라니엔 공公 빌헬름Wilhelm von Oranien/William of Orange과 그의 형제들은 용병傭兵 군대를 동원했었지만 이들은 훈련되지 않은 병력으로서 개활지 전투에서 패하기도 했고 보수가 조달되지 않아서 해산될 수밖에는 없었다. 네덜란드는 결국 요새화 된 성城에서 문을 걸어 잠그고 싸울 수밖에 없었다. 침략자 스페인군은 이런 성城들을 적지 않게 함락시키고 잔인한 처벌을 가했으나 모든 성城들을 함락시키지는 못했고 알바Alba는 알크마르Alkmar라는 작은 도시에서 철수해야 할 상황까지 갔다 구원 되었다. 이때 프랑스와 잉글랜드가 개입하고 전투와 협상이 계속 되는 속에 반란을 일으킨 지방에서 도시와 농촌지역이 연합해서 야전에 정규군을 유지할 수 있었다. 서기 1585년 침묵공沈默公 빌헬름Wilhelm der Schweiger/ William the Silent(역자 주: 오라니엔 공公 빌헬름의 별칭. 종교분쟁에 반대해서 생긴 별명)이 암살된 후 스페인은 안트워프Antwerpen/Antwerp를 포위했지만 이를 위해 전 병력을 동원해야만 했었다. 그러나 곧 서기 1588년에는 스페인이 대함대大艦隊에 모든 자원을 동원해 잉글랜드와 투쟁하게 되었다. 그 직후 프랑스에서는 앙리Henry Ⅲ세가 암살되고 배교자背敎者 앙리 Ⅳ세가 왕위에 오르며 내분이 생겨 이 내분에 스페인-네덜란드 군대가 개입했다. 결국 저지대低地帶(역자 주: 네덜란드의 별칭) 남부는 스페인 차지가 되었지만 북부 속주屬州들은 점차 강하게 독립을 주장했는데 이때 그들은 침묵공의 아들 젊은 모리츠Moritz/Maurice가 기존 군사자원을 새로운 형태로 조직해서 자신들의 목표를 달성할 방법을 이해하고 있는 지도자임을 알게 되었다.

우리는 마키아벨리Machiavelli가 그리스-로마 고전시대의 위대한 유산을 활용해서 자신의 군사체계를 개혁하려 했던 사실을 기억한다. 그러나 그는 이론적으로나 현실적으로 모두 실패했다. 다만 분명한 것은 그가 죽고 두 세대가 지난 이제 모리츠가 추진한 군사개혁은 그리스-로마 고전시대 뿐만 아니라 마키아벨리와 그의 사상 그리고 그의 연구와 직접 관련이 있다는 사실이다.

서기 1575년 오라니엔 공公 빌헬름은 레이덴Leyden 시市가 적의 포위에서 영웅적으로 도시를 방어한 대가로 대학교 하나를 지어주었는데 이 대학교가 당대當代의 석학들을 불러들였고 이들 중 리프시우스Justus Lipsius가 있었다. 그는 서기 1589년 《정치학 강의Civilis doctrina》를 출간했고 그 제Ⅴ편의 제목이 《군사적 지혜De militari *prudentia*》였다. 리프시우스는 서기 1595년 루벵Louvain으로 옮겼고 이어 《로마 군대 *De militari Romana*》를 출간했다. 그의 저술들은 순수한 문헌학 성격의 저술들이지만 그는 마키아벨리의 신봉자로 현실문제에도 눈을 돌리지 않을 수 없었다. 그의 말에 의하면 당시의 현실은 군기軍紀가 빈약한 것이 아니라 전혀 없다고 말할 수 밖에는 없다고 했다. 그는 또한 누구든지 현재의 군대에 고대 로마의 병법兵法을 접목시킬 수 있는 자는 세상을 지배할 것이라고 했다. 그는 "나는 어떤 처방을 내릴 수는 없고 동기만 부여할 수 있고*gustum dare potuimus, praecepta non potuimus*, 또 이미 그렇게 했다*und so ist es gekommen*"고 말했다.[1]

홀란트Holland 지역과 젤란트Seeland 지역 통치자에 불과했던 모리츠Moritz/Maurice가 겔데른Geldern, 유트레크트Utrecht 및 오베르–이쎌Ober-Yssel 지역 전체의 통치자가 된 서기 1590년이란 해는 보병의 역사에 있어 결정적으로 중요한 해로 간주되어야 한다.

모리츠의 곁에는 프리즈란트Friesland 지역 통치자로 네덜란드 연합의 수장首長인 그의 사촌 나쏘Nassau 공公 빌헬름Wilhelm Loudwig/William Louis이 있었다. 빌헬름은 고대의 모델에 따라 당시의 군사체계를 개혁하려는 의지가 모리츠보다도 더 강했던 것 같으며 친분이 두터웠던 두 영주領主는 군대개혁 작업에 서로 영향을 미쳤다.[2]

오라니엔Oranien의 영주領主들이 특히 의존한 고전은 레오Leo 황제의 《전술론*Tactik*》이며 이 글은 서기 1554년 이미 라틴어 번역본이 나와 있었고 곧 이태리어 번역본도 출판되었으며 서기 1612년에는 메우르시우스Meursius에 의해 레이덴Leyden에서 현대 그리스어 판도 나왔다.[3] 18세기에는 프랑스어 번역본도 나왔고 곧 독일어 번역본도 나왔다. 리뉴Ligne 영주領主는 이 글을 "불멸의" 작품이라면서 레오Leo는 프리드리히 대왕Friedrich den Grossen과 같고 시저Cäsar/Caesar보다 뛰어난 인물이라 했다. 이 글의 내용은 대부분 고대 작가들 특히 아엘리안Aelian의 글을 체계적으로 축약한 것으로서 네덜란드인들은 아엘리안의 글도 직접 연구해서 사용했다.

여기에서 우리는 레오Leo나 아엘리안Aelian 등 이들 고전철학 이론가들은 현실의 군사문제에 대한 이해가 매우 빈약했다는 사실과 특히 로마군의 마니플 전술 manipular-Taktik과 관련해서 군사문제에는 문외한인 역사가 리비우스Livy/Livius가 말한

---

1) 오라니엔 공公 빌헬름 관련 군사문헌은 노이만Carl Neumann, 《렘브란트*Rembrandt*》, 제Ⅰ편, 95쪽 참고.

2) 《두이크의 일지日誌*Journaal van Anthonis Duyck*》. 두이크는 국가위원회Rad van State 재정위원장advocaat=fiskaal(서기 1591년~1602년)이었다. 그의 일지는 국방부 위촉에 의해 발간되었으며(전全 3편, 서기 1862년~1866년, 그라벤하게–아르넴s'Gravenhage u. Arnhem 출판사) 보병사령관 물더Ludwig Mulder가 쓴 장문의 서문과 주해 註解가 첨부되어 있다. 두이크의 직책은 국가위원회 국방장관으로서 군대의 최고위 직이었다(물더의 서문, 86쪽). 그는 대개 군대와 함께 생활하면서 사건일지事件日誌를 작성했다. 그의 일지를 분석해 보면 그는 모리츠의 생각을 직접 대화를 통해서나 가능한 수준으로 잘 알고 있었다. 여러 구절들을 볼 때 우리는 이 일지를 후대를 위한 모리츠의 유산으로 볼 수 있다. 롤로프Gustav Roloff, "오라니엔 공公 모리츠와 현대 군대의 창건Moritz von Oranien und die Begründung des modernen Heeres," 《프로이센 연보年報 *Preussische Jahrbücher*》, 제111권, 서기 1903년.

3) 옌스Max Jähns, 《독일 군사학사軍事學史 *Geschichte der Krigswissenschaften vornehmlich in Deutschland*》, 제Ⅰ편, 869쪽.

중요 구절들(《로마사史 *Ab urbe condita/History of Rome*》, 제VIII권, 8쪽)에는 매우 심각한 오해가 내포되어 있어 지금까지도 개념상 혼란을 일으키고 있음을 잊지 말아야 한다. 문제는 16~17세기 전환기의 전사戰士들이 과연 그런 오류투성이의 엉성한 사료에서 현실적이고 유용한 지침들을 이끌어낸다는 것이 도대체 가능했었는지 여부이다. 그러나 그들은 그렇게 할 수 있었다. 물론 그들은 이런 식으로 전달된 정보를 현실에 그대로 적용할 수는 없었을 것이다. 그러나 리비우스Livy/Livius의 글에는 많은 결함이 있음에도 불구하고 위대한 진실의 요소들이 간직되어 있었다. 이런 요소들을 찾아내 활용하는 것이 문제였는데 모리츠Moritz/Maurice와 빌헬름Wihelm Ludwig/William Louis은 이를 해냈다. 마키아벨리와는 달리 이들은 새로운 군사체계를 만들어 낼 필요도 의도도 없었고 단지 자신들이 물려받은 체계를 발전시키기만 하면 되는 유리한 위치에 있었다. 이들은 고대 사료들로부터 자신들의 시대에 이용할 수 있는 요소들을 발견할 수 있는 탁월한 통찰력을 지니고 있었다.

결정적인 요소는 외적으로는 집체훈련이었고 내적으로는 군기軍紀였다. 그러나 마키아벨리는 일반 무장 징집군대에서 고대전투 체계를 발견해 보려고 했었고 자신은 그런 징집군대를 가끔씩 집체훈련을 통해 무기조작을 배우게 해서 쓸모 있는 군대로 만들 수 있을 것으로 믿었다. 반면, 오라니엔Oranien 영주領主들은 고대 문헌에서 지속적인 집체훈련을 통해 만들어진 결집력 있는 부대의 가치를 인식했으며 고대 사료들을 바탕으로 새로운 집체훈련 기술을 개발했다. 이 부분이야 말로 바로 잃어버렸던 병법兵法의 르네상스라고 말할 수 있는 부분이었다. 물론 스위스인들도 방진方陣 부대를 만들면서 어느 정도 질서를 습관화 했던 것은 사실이다. 조비우스Paolo Giovio/Jovius에 의하면 그들은 서기 1494년 로마에 들어갈 때 북을 치며 행군했다고 했는데 이는 그들이 어느 정도 보조步調를 맞추어서 발걸음을 옮겼었다는 말이다. 스페인군은 방진方陣의 질서 유지를 더욱 중요하게 생각했던 것으로 보이며4) 기병대나 마찬가지로 보병도 "달팽이" 기동을 실시했다는 것은 일정한 집체훈련이 있었음을 의미한다. 그러나 그런 기동은 집단이 일정한 질서를 유지함에 있어서는 가장 필요한 것이었다. 신병新兵들이 기본적인 이동에 대해 이해하게 되면 그들은 더 이상 필요한 것은 없다고 믿었다. 물론 오라니엔 영주領主들도 처음에는 매우 단순한 방진方陣 외에는 다른 대형을 몰랐었지만 나중에는

---

4) 옌스Max Jähns는 같은 책, 472쪽과 705쪽에서 서기 1521년에 발레Della Valle는 퍼레이드 때는 발을 맞추어 걷도록 권장했다고 한다. 로드로노Lodrono 역시 그런 말을 했다고 한다(같은 책, 724쪽). 호봄Martin Hobohm 의 《마키아벨리의 병법兵法 르네상스*Machiavellis Renaissance der Kriegskunst*》, 제II편, 407쪽도 볼 것. 스탈비 츠Stallwitz가 케레솔레Ceresole 전투를 주제로 한 글에서(베를린 대학교 학위논문, 서기 1911년, 54쪽) 부록 으로 소개한 이 전투에 관한 스피나Bernardo Spina의 기록에서는 스페인 장군 구아스토del Guasto에게는 이 전투 직전에 집체훈련을 시킨 신병新兵들이 있었다고 했다. 그의 기록에서는 프랑스 경비대도 집체훈련 을 실시했다고 한다.

종심縱深 얕은 부대들을 편성해서 아주 다양한 방식으로 이들을 기동시키는 방법을 터득했다. 기록에 의하면 이런 부대들의 종심縱深은 일반적으로 10개 횡렬橫列이었다 하지만 5개 또는 6개 횡렬橫列인 대형에 관한 기록도 있다.5) 그런데 아주 이상하게도 그들이 발을 맞추어 이동했다고 직접 말한 기록은 보이지 않고 다른 곳에서는 전혀 보이지 않는 "크라넨단스Kranendans"란 구령口令이 보이는데 이는 혹 두루미의 좀 어색한 걸음걸이를 말하는 것으로서 현대의 "발맞추어Tritt fassen"라는 구령과 같은 것이 아닌 가 해석되기도 한다.6)

여러 부대들이 얕은 종심縱深으로 정렬하는 대형은 매우 중요한 의미를 지닌 변화였다. 과거 3개였던 방진方陣 수가 이제 늘어나자 처음부터 모든 부대가 함께 하나의 정면을 형성해 출발하지 않고 자동으로 몇 개 부대는 뒤에 남게 되었다. 이 새로운 얕은 대형 때문에 제1전선戰線 뒤로 제2전선戰線이 또는 제3전선戰線까지 체계적으로 뒤따르는 관행이 생겼고 이는 진정한 제대대형梯隊隊形/Treffen=bildung이었다. 모든 부대들이 한 정면으로 정렬한 대형은 쉽게 돌파되거나 침투될 수 있었을 것이며 종심縱深이 없으므로 정면에 생긴 틈으로 침투한 적의 부대는 전선戰線을 포위하기가 쉬웠을 것이다. 이런 경향은 소총병 배치로 인해 더 커졌다. 모리츠Moritz/Maurice는 창병槍兵 1명 당 소총병이 2명이 되기까지 소총병 수를 증가시켰다.7) 필자는 방진方陣 속에서 함께 활동하기 매우 어려운 소총병의 증가 때문에 새로운 대형이 필요했다고 직접 말한 기록을 본 적이 없다. 그러나 전체의 모습을 생각해 보면 우리는 이 점이 새로운 대형이 탄생한 중요한 원인 중 적어도 하나였을 것으로 보아야 한다. 여하간 숫자가 늘어난 소총병들은 새 대형 때문에 창병槍兵들로부터 필요한 보호를 받을 수 있게 되었다. 화승총火繩銃/arquebuse을 든 병력과 무스케테Muskete 소총(역자 주: 화승총의 관통력을 높이려고 무게 4온스의 무거운 탄환을 쏘도록 고안된 소총)을 든 병력으로 구분된 소총병들은 창병槍兵들 좌우左右에 정렬했다. 뷔스토프Rüstow는 이런 대형을 "네덜란드 여단旅團 niederländische Brigade"이라 부른다. 소총병들은 창병槍兵들 옆의 위치에서 카라콜레caracole 기동을 하면서 총을 쏘기도 했고 경우에 따라서는 창병槍兵들 앞으로 퍼져나가기도 했다.8) 그러나 적 기병騎兵이나 창

---

5) 옌스Max Jähns, 같은 책, 735쪽.

6) 딜리히Dilich의 《전쟁론Kriegsbuch》(서기 1607년, 254쪽)에서는 행군 중 대형을 유지하기 위한 걸음걸이를 논하고 있다. 그는 "행군 중에는 고르고 꾸준한 걸음걸이를 유지해야 한다"고 했으며 또 "고수鼓手들은 북소리에 따라 춤을 추어야 하는 것 같이 박자를 정확히 맞추어야 한다"고 했다.

7) 서기 1507년 당시 소총병과 창병의 비율은 1 : 0.47이었다. 물더Mulder, 《두이크의 일지日誌Journaal van Anthonis Duyck》, 제I편(서기 1862년), 서문, 51쪽. 물더는 여러 문서에 기록된 많은 확인될 수 없는 개별적인 수치들을 평균 내서 이 수치를 계산해 냈다.

8) 나쏘Nassau의 요한Johann 대공大公의 묘사에 의하면 무스케테 소총수 2개 횡렬이 "2배 급료 병사"들 즉, 창병槍兵들 앞에 전진 배치되었다고 한다. 플라트너L. Plathner, 《나쏘의 요한 대공大公과 최초의 군사학교 Graf Johann von Nassau und die erste Kriegsschule》, 베를린 대학교 학위논문, 서기 1913년, 57쪽.

병兵들로부터 직접 공격을 받았을 때는 창병槍兵 부대들의 뒤로 철수했고 그사이에 제2제대梯隊나 제3제대에 있던 창병槍兵들이 앞으로 뛰어나가 간격을 막고 적의 침투를 차단했다.9) 결국 이런 면에서 보더라도 종심縱深이 얕은 대형에서는 뒤에 다른 제대梯隊가 있어야 했다.

그들의 집체훈련 종목들 중 하나는 횡렬橫列들이 흩어진 부대가 북소리 신호에 따라 매우 빠르게 다시 정렬하는 훈련이었다. 매우 빠르게 다시 정렬할 수 있으려면 각자 자신의 위치를 알고 있어야만 했다. 다른 곳의 군대는 1,000명의 병력이 정렬하는 시간이 1시간이었음에 비해 네덜란드군은 2,000명의 병력이 22~23분 만에 정렬할 수 있는 것으로 유명했었다.10)

장창병長槍兵 외에 미늘창Hellebarde/Halberd(역자 주: 앞의 4쪽 참고) 창병槍兵과 방패휴대병Rondhartsschiere들도 있었지만 이들은 곧 사라졌기 때문에 더 논의할 필요가 없다.

새로운 대형에서 정렬 자체보다 중요한 결정적인 요소는 새로 편성된 소규모 전술조직戰術組織들의 비상한 기동력과 지도자들이 전투의 열기熱氣 속에서도 발휘했던 통제력이었다. 이 때문에 지도자들은 나쏘Nassau의 요한Johann 대공大公의 표현대로 "서로 구원하기 위해, 신속히 방향을 바꾸거나 선회하기 위해 또는 두세 곳에서 적을 동시에 기습적으로 공격할 수 있기 위해"11) 필요한 순간에 필요한 곳으로 그들의 부대를 질서 있게 이끌고 갈 수 있었다.

우리는 이런 요소들에 친숙해질수록 이런 새로운 병법兵法이 존재할 수 있으려면 단순한 상황숙지나 결정이나 명령 이상으로 더 많은 것이 필요하다는 것을 알 수 있다. 빌헬름Wihelm Ludwig/William Louis의 자서전自敍傳 작가는 빌헬름이 어떤 수고와 노력과 비용도 아끼지 않고 그리스인과 로마인들이 사용했던 모든 군사기술들을 연구했다고 한다. 그의 비서인 레이트Reyd와 연대장인 코른푸트Cornput가 고대시대 연구와 이를 통해 발견한 교훈들을 현실에 응용하는 것을 도왔다. 이들은 집체훈련에 앞서 책상 위에서 납 인형들로 대형을 만들어 보았다. 모리츠Moritz/Maurice는 병사들이 방패는 없이 장창長槍으로 무장하는 것이 좋은 지 로마군 같이 방패와 칼로 무장시키는 것이 좋은 지 확신을 갖기 위해서 서기 1595년에는 실험까지 해 보았다.12) 그리스어나 라틴어로 된 구령口令들을 네덜란드 말로 번역했고 병사

---

9) 딜리히Dilich의 《전쟁론Kriegsbuch》(서기 1607년), 290쪽을 보면 창병槍兵과 소총병이 함께 있는 대형이 적의 기병이나 창병槍兵에게 공격을 받으면 어떻게 되는지 분명하지 않다. 이때 소총병들은 창병槍兵들 뒤로 물러나거나 그들 속으로 들어가야만 한다.

10) 서기 1612년 스투트가르트Stuttgart 수고手稿. 옌스Max Jähns, 《독일 군사학사軍事學史 Geschichte der Krigswissenschaften vornehmlich in Deutschland》, 제Ⅱ편, 924쪽. 나쏘Nassau의 요한Johann 대공大公에 의하면 모리츠Moritz/Maurice는 자신의 행군과 전투대형의 체계가 완성되자 이를 절대 바꾸지 못하게 해서 북이나 트럼펫 신호만 울리면 각자 제 위치를 찾아갈 수 있게 했다고 한다. 플라트너L.Plathner, 위의 논문, 58쪽.

11) 플라트너, 위의 논문, 57쪽.

들은 집체훈련 중에는 구령 소리를 듣지 못하는 일이 없게 침묵을 지켜야 했다. 이들은 고대인들로부터 병사들이 정확한 동작을 취하게 하려면 본 구령을 내리기에 앞서 예령豫令부터 먼저 내려야 한다는 것을("우로 가!"가 아니라 "우로~ 가!" 식으로) 배웠다. 집체훈련은 성城 내에서만이 아니라 숙영지에서도 그리고 적과 접촉하고 있을 때도 실시되었고 악천후 속에서도 실시되었다.13) 병사들에게는 이런 집체훈련이 너무 힘들어서 탈영자들도 생겼다.

늙은 노병老兵들은 심지어 모리츠 영주領主의 군사고문 호헨로헤Hohenlohe 대공大公까지 그런 기술들을 비웃으며 틀림없이 실전에서는 낭패를 볼 것이라고 했지만 오라니엔Oranien/Orange의 두 영주領主는 흔들리지 않았다. 겨울에는 간부들이 수비대들을 순회하며 훈련과 복무를 검열했다. 그들은 서기 1590년 새 체계를 가동했다. 서기 1594년 빌헬름Wihelm Ludwig/William Louis이 모리츠에게 보낸 장문의 서신이 지금껏 전해져 있다. 그는 창병槍兵 부대는 언제나 적의 기병 공격에 맞서야 하므로 종심縱深을 너무 얕게 하지 않게 권했다. 그는 레오Leo 황제가 이 문제(16명 종심)에 대해 옳은 처방을 내렸다고 했다. 그는 또 레오 황제의 《전술론Taktik》 중 꼭 따라야 할 부분을 지적한 후14) 마지막으로 자신이 아엘리안Aelian의 글을 기초로 만들어서 이미 사용하고 있는 구령口令 목록을 적어 보냈다. 그가 말한 구령은 약 50종인데 아직 몇 개는 확정적이 아니라 했다. 그가 말한 구령들 중 상당수는 현재까지도 사용되고 있다. 그는 또한 병사들이 구령에 익숙해지려면 불필요한 구령을 만들면 안 된다고 했다. 그는 병사들에게 특별히 중요한 것은 횡렬橫列과 종렬縱列의 구분, 간격의 유지, 밀집 정렬과 밀집 행군을 배우는 일이라고 했다. 이를 위해 병사들은 횡렬橫列들과 종렬縱列들 간 간격을 1/2로 좁혀 이동하는 방법,

---

12) 산돌린Sandolin이 리프시우스Lipsius에게 서기 1595년 7월 16일에 보낸 서신 옌스Max Jähns, 《독일 군사학사軍事學史 Geschichte der Krigswissenschaften vornehmlich in Deutschland》, 제Ⅱ편, 880쪽에서 재인용. 로한Henri Lohan 영주領主가 후일 작성한 글에서는 모리츠는 방패로 무장하면 좋다는 것을 알았지만 이 의견을 관철시키지는 못했는데 이는 물론 그가 주권자가 아니었기 때문이라고 했다 한다. 호봄Martin Hobohm의 《마키아벨리의 병법兵法 르네상스Machiavellis Renaissance der Kriegskunst》, 제Ⅱ편, 452쪽 참고.

13) 서기 1595년 8월 9일부터 10월 26일까지. 물더Mulder, 《두이크의 일지日誌Journaal van Anthonis Duyck》, 제Ⅰ편, 636쪽 이하. 레이트Reyd, 《네덜란드 역사Niederländische Geschichte》, 제ⅩⅤ편(서기 1626년), 569쪽. 같은 해에 빌헬름Wilhelm Ludwig/William Louis의 동생인 나쏘Nassau의 요한Johann 대공大公은 그로닝겐Groningen에서 아버지에게 수비대의 집체훈련을 보고했다. 《오라니엔-나쏘 문집文集 Archives Oranien-Nassau》, 제Ⅱ집, 제Ⅱ편, 403쪽. 발하우젠Wallhausen은 《보병步兵의 병법兵法 Kriegskunst zu Fuss》, 23쪽에서 "집체훈련이 무언가? 적을 위해 싸우고 있을 때는 집체훈련을 오래 하지 않는다"라고 말하는 사람들을 비난하고 있다.

14) 제Ⅳ장 및 제Ⅶ장. 그리고 이 편지에서는 제ⅩⅧ장의 144번 구절을 144쪽으로 잘못 말하고 있다. 이곳에서는 3개 제대梯隊에 대해 "우리는 활용 목적으로 나뉘어서 근접해 있는 이 3개 전투선戰鬪線은 상호지원에 적합할 것으로 보았다Has tres acies ad usum separatas, propinquitate conjunctas, ad se mutuo adjuvandas idoneas esse perspeximus"고 했다. 레오Leo 황제는 각 제대梯隊의 종심縱深을 10명으로 말했다. 한편 이 서신에서는 제대로 이해한 내용과 잘못 이해한 내용이 우연히 혼동된 흥미 있는 구절이 있다. 레오Leo 황제는 주의를 게을리 해서 로마 보병의 전통(결국 리비우스Livy/Livius의 《로마사史 Ab urbe condita/ History of Rome》, 제Ⅷ권, 8쪽에 근거를 둔 전통)을 기병대의 전통으로 혼동했다. 그러나 빌헬름Wilhelm Ludwig/ William Louis은 이런 착오를 알지 못한 상태에서도 이를 다시 로마 보병의 전통으로 말하고 있다.

대형 전체가 전진 중 오른쪽 또는 왼쪽으로 정면을 바꾸어 가는 방법(역자 주: 이 경우 현 대한민국 군대의 구령은 "우향 앞으로~ 가" 또는 "좌향 앞으로~ 가"이다), 정면을 바꾸지 않고 오른 쪽 왼쪽으로 방향을 선회旋回해 가는 방법을 배워야 했다(역자 주: 이 경우 현 대한민국 군대의 구령은 "줄줄이 우로~ 가" 또는 "줄줄이 좌로~ 가"이다).15) 그 외에도 이와 유사한 부분이 많은데 필자는 앞서 이를 부분적으로 논한 적이 있다. 이 서신의 작성자는 마지막으로 만약 모리츠가 이 서신을 보고 웃으려면 "성내城內에서 동료들 사이에서inter parietem endo amicos" 웃으라고 경고하고 있다.16)

발하우젠Wallhausen의 표현에 의하면 모리츠Moritz/Morice는 "집체훈련 맹신자Aufsucher des Trillens"였지만 그는 사촌과 협력해서 새로운 병법兵法을 만들어냈을 뿐 아니라 병사들에 대한 정확한 보수지급이라는 절대적 전제조건을 지킬 것을 요구했다. 게르만 토병土兵/Landsknecht/lansquenet 체계가 시작되었을 때도 새 제도의 가장 어두운 면은 병사들에 대한 보수지급 문제였다.

바스타Basta 장군은 "누가 이런 요소(보수, 식량, 전리품 배분 참여)를 갖춘 군대를 나에게 주면 나는 아무리 썩은 군대라도 이를 개혁해서 전투력 있는 군대로 만들어 볼 것이다. 그러나 만약 그 군대에 이런 가장 필요한 요소들이 없다면 나는 잘 훈련된 군대라도 이를 유지하겠다고 약속할 수 없을 것이다"라고 했다.

우리는 심지어 전략문제 결정도 병사들에게 보수를 줄 능력이 있는지 없는지 여부에 크게 의존한다는 것을 알고 있다. 누구라도 만약 병사들에게 빚을 지고 있다면 노병老兵들이 불필요하고 우스운 장난으로 여기는 집체훈련을 병사들에게 요구할 수는 없었을 것이다. 상인商人 정신이 있던 네덜란드 의회議會/Generalstaaten는 철저한 보수지급의 중요성을 충분히 알 정도로 신중했고 모든 사치를 죄악으로 여기는 칼뱅 파의 엄격성과 더불어 전쟁의 와중에 발달한 상업은 보수지급 능력

---

15) 병사 개인의 훈련지침서로는 게인Jacob de Geyn이 브란덴부르크 변경대공邊境大公/Markgraf 에른스트Joachim Ernst에게 헌정한 《대포, 소총 및 창槍 등 무기의 취급Waffenhandlung von den Rören, Musqueten und Spissen》(헤이그, 1608년)이 있었다. 이 책에는 동판銅版으로 인쇄한 크고 멋진 도해圖解들이 삽입되어 있으며 서기 1640년에 재판再版이 출판되었다. 발하우젠Wallhausen의 《보병步兵의 병법兵法 Kriegskunst zu Fuss》에 삽입된 동판銅版 도해圖解들은 이와 다른 것들이고 그 배열도 다른 곳이 많다. 게인Jacob de Geyn은 궁수弓手와 소총병을 구분했고 전자의 경우 구령이 42종이고 후자의 경우는 43종이다. 소총병들은 나무로 만든 화약용기를 탄띠에 달고 있지만 궁수들에게는 그런 것이 없다. 창병槍兵의 경우 구령은 21종이며 이들 중 다수는 다른 것들보다 3배는 빨리 이행해야 하는 것들이었다.

16) 뤼스토프Rüstow의 《보병사步兵史 Geschichte der Infanterie》, 제I편, 345쪽에서는 모리츠Moritz/Maurice의 개혁의 특징을 전술대형戰術隊形들을 최대한 단순화시킨 것이라고 했다. 그러나 이는 필자의 생각과는 정반대로 필자는 모리츠의 새로운 대형에서 실행이 단순한 것이 아니라 매우 힘든 요소들을 보았다. 하지만 이런 차이점은 실제의 차이가 아니라 외형적인 차이일 뿐이다. 뤼스토프는 십자형十字型 대대大隊나 8각형 부대 등 인위적이고 이론적인 대형을 염두에 두고 이를 깊이 있게 논하고 있는데 이들은 정교한 이론적 구상에 불과하며 실제는 아무 역할도 하지 못한 것들이다. 물론 이와 비교해 본다면 네덜란드 대형은 단순한 대형이었다. 그러나 당시까지 실질적 고려대상이 되었던 유일한 대형인 정면과 종심縱深의 인원수가 같은 방진方陣이나 정면과 종심縱深의 물리적 길이가 같은 방진方陣과 비교해 본다면 네덜란드 대형은 결코 단순하지 않은 매우 정교한 대형이었다. 이렇게 설명해야 우리는 역사적 발전과정을 제대로 이해할 수 있게 된다.

을 갖추게 해 주었다. 그러나 스페인 왕의 경우는 아메리카 대륙에서 흘러들어 오는 금과 은을 가지고도 자신이 설정한 거대한 과업들을 뒷받침할 수 없었다. 서기 1574년 무케 하이데Mooker Heide 전투 이후 3년 동안 보수를 받지 못한 스페인 병력은 더 이상 복종을 거부하고 사령관을 선정한 후 자진해서 안트워프Antwerpen/ Antwerp에 눌러 앉아 주민들이 금화 400,000크로넨Goldkronen을 지급하는 것이 차라리 편하다고 할 때까지 기다렸다가 결국 밀린 보수를 일부는 현금으로 일부는 물품 으로 받게 되었다. 다른 때도 이런 일이 여러 번 생겨서 아주 잔혹한 무질서와 학살이 발생하기도 했다. 군대 질서의 회복에 여러 달이 걸리는 일도 흔했었다. 서기 1576년에 안트워프에서는 "광풍狂風"이 불어서 도시 전체가 약탈당하고 상당 부분이 불타 없어졌으며 주민들은 집단학살을 당했다. 물론 이로 인해 전쟁수행 에도 차질이 생겼나.

그러나 네덜란드 병사들의 행동은 달랐다. 네덜란드 의회議會는 경제를 잘 운용 했었다. 더 중요한 것은 네덜란드 군대는 비용이 많이 드는 군대였다는 점이다. 과거의 게르만 토병土兵 부대는 각 부대의 병력이 보통 300~400명이었고 500명이 나 되는 경우도 있었다. 모리츠는 이를 100명 남짓으로 줄였지만 간부들 자리는 줄이지 않았었다. 이런 특징적인 변화들이 발하우젠Wallhausen의 《보병步兵의 병법兵法 Kriegskunst zu Fuss》, 97쪽에 다음과 같이 잘 설명되어 있다.

가장 탁월한 전쟁영웅 모리츠는 흔히 병력이 100명도 안 되는 각 중대에17) 중대장Kaptän, 부관Leutenampt, 기수旗手/Fähndrich, 부사관副士官/Cherganten 2~3명, 상등병上 等兵/Korporal 3명, 전령傳令/Landpassaten 3명, 병기관兵器官/Captän des armes 1명, 청년귀족 상 등병Korporal von Adelsburschen 또는 병장兵長/Gefreiten 1명, 서기書記/Schreiber 1명, 군기관軍紀 官/Profoss 1명, 병장兵長/Gefreite 약 10명 이상, 고수鼓手/Trommelschläger 2명 등 많은 간 부를 두었다. 이제 중대 전체에서 매달 병사들이 받을 보수와 간부들이 받 을 보수의 총액이 거의 같아지게 되었다. 그 절반의 비용만 있어도 병력 200 명 또는 300명인 큰 중대를 유지할 수 있었으므로 그런 작은 중대들을 유지 하는 것은 불합리할 것 같이 보였다. 그러나 우리는 이 고귀한 영주領主는 다 른 곳과 같은 큰 중대와 연대에는 별로 관심이 없었음을 알아야 한다. 그는 병력 1,000명 이하인 자신의 1개 연대로 적의 3,000명 연대를 상대할 수 있다 는 자신이 있었고 이런 대형으로 자주 적을 공격했지만 매번 불가능할 것 같이 보였던 승리를 일구어 냈다. 다시 말하자면 셋이 하나를 이기지 못한

---

17) 나쏘Nassau의 요한Johann 대공大公은 중대의 통상 병력을 135명으로 하고 그 중 45명은 장창병長槍兵, 75 명은 소총병으로 했다. 플라트너L. Plathner, 《나쏘의 요한 대공大公과 최초의 군사학교Graf Johann von Nassau und die erste Kriegsschule》, 40쪽.

것이며 이로써 오히려 큰 비용이 절감되게 되었던 것이다. 병력은 적고 간부는 많을수록 병력 통제가 용이했었다.

과거 게르만 토병土兵 중대장은 지도자임과 동시에 중대의 선두에 섰던 최전선最前線 전투원이었다. 그러나 네딜란드군의 중대장은 자신을 지원하는 계급 높은 병사들을 거느린 현대적 개념의 중대장이 되었는데 그는 단지 지휘만 한 것이 아니고 그가 지휘할 중대를 먼저 만들기까지 했다. 오라니엔 공公 모리츠Moritz von Oranien/Maurice of Orange는 집체훈련 기술의 혁신가革新家이며 진정한 군기軍紀의 아버지이기도 하지만 또한 이런 중대장 직위의 창설자였다. 다만 중대장이라는 직위가 특별한 배타적 성격을 지니게 된 것은 후일의 일이다.

집체훈련을 통해 새로운 군기軍紀를 세우려는 것은 원래는 창병槍兵과 소총병의 작고 종심縱深이 얕은 전술조직戰術組織에게 동일한 시기의 옛 방진方陣 부대와 맞서기 위한 것이었으나(실제로 그런 능력을 주었다) 이 군기軍紀로 인해 네딜란드 병사들은 또 다른 능력을 지니게 되었고 이 능력은 그들의 향상된 전술적 기술보다 현실적으로 더 중요한 능력이었다. 병사들에게 참호 구축을 요구할 수 있게 된 것이다. 이는 과거의 산발적인 집체훈련에서는 분명 있을 수 없던 일로서 이제 참호구축은 그들의 새로운 전술체계로 발전했다. 이점에서도 고전적인 교훈은 유효했었다. 리프시우스Lipsius 역시 카스트라메타티오castrametatio(역자 주: 요새화된 숙영지)를 강조했지만 로마인들도 비루투스virtus(역자 주: 기술)와 아르마arma(역자 주: 무기) 뿐 아니라 오푸스opus(역자 주: 노동)가 승리를 안겨준다는 것을 물론 알고 있었다. 과거 게르만 토병土兵들은 자존심과 자부심이 너무 강해서 구부리고 참호를 파는 일 같은 것은 못했다. 그러나 이 네딜란드 영주領主들은 병사들이 이런 일도 할 수 있어야 한다는 것을 알고 있었고 또 충분한 보수와 군기軍紀로 이를 실현시켰다. 빌헬름Wilhelm Ludwig/William Louis은 서기 1589년에 자신의 계획을 의회議會에 제출할 때 가장 먼저 병사들의 정기 보수를 요구했다. 그는 참호를 파지 않으려는 병사들의 잘못된 수치감을 보수를 넉넉히 주어서 없애주어야 한다면서 만약 이 일이 성공하면 네딜란드는 전쟁의 참화를 피할 수 있게 될 것이라고 했다. 숙영지를 요새화 해놓으면 원하지 않는 전투를 회피할 수 있고 강가에 숙영지를 구축하면 보급이 끊어지지 않을 것이라고 했다. 결국 네딜란드는 빌헬름이 지명한 님베겐Nymwegen/Nijmege, 헤이그Grawe/Hague, 벤로Venro, 로어몬트Roermonde/Roermond, 데벤터Deventer, 쥐트펜Zütphen/Zutphen 등에 요새구축 비용을 투자하지 않을 수 없었고 이 도시들을 운 좋게도 전투 없이 차지할 수 있었다. 빌헬름은 이들 도시들을 요새화 해 놓으면 자체 방어가 가능하므로 파르마Parma가 이들을 다시 빼앗을 생각을 하지 못할 것이라고 했다. 한쪽이 먼저 강가에 요새화 된 성城들을 차지하고 있으면 상대방은 식량 부족 때문에 오래 버티지 못할 것이기 때문이라는 것이다.[18]

우리는 30년 전쟁 기간 중(역자 주: 서기 1618년~1648년) 이와 대조적 사건이 있었음을 알 수 있다. 서기 1620년 여름 보헤미아Böhmen/Bohemia 병사들은 진지陣地를 요새화해야 될 필요가 있었지만 그런 일을 자신들의 품위를 떨어뜨리는 일로 알고 작업을 거부하면서 엄청나게 많은 보수를 요구한 적이 있다.[19]

모리츠는 님베겐Nymwegen/Nijmege과 많은 작은 지역들을 돌격과 포격砲擊으로 공격해서 탈취했고 스텐비크Steenwyk, 코보르덴Coeworden, 게르트루인덴보르크Gertruidenborg에 이어 마지막으로 그로닝겐Groningen(서기 1594년)까지도 참호 구축과 지뢰 설치 등 통상적인 포위를 통해 탈취했다. 스텐비크를 포위했을 때는 빌헬름 자신도 밤낮으로 작업에 참여했다 한다.[20] 이때 포위되어 있던 수비대 병사들은 화를 내며 이 "노동자"들이 병사에서 땅 파는 농사꾼으로 자신들의 품위를 떨어뜨리고 창槍 대신 삽을 쓰고 있다고 조롱했지만 이런 조롱의 말이나 포격이나 출격에도 불구하고 작업은 계속되었다.

또한 기록에 의하면 모리츠는 강가에 녹채鹿砦 장애물을 설치한 후에 이에 의지해서 각 병사들에게 2~3개씩 말뚝을 실어 올리게 해서 적과 아주 가까운 곳에 있는 자신의 진지陣地를 보강했다고 한다.[21]

서기 1593년에 게르트루인덴보르크Gertruidenborg에서 모리츠는 성을 포위한 후에 습지 지형 때문에 매우 힘든 작업이었지만 내부요새內部要塞/contravallation(역자 주: 성城을 포위한 요새)와 외부요새外部要塞/circumvallation(역자 주: 외부로부터의 증원군을 방어하기 위한 요새)를 쌓았다. 만스펠트Mansfeld가 거느린 구원군 9,000명이 왔었지만 할 일 없이 곁에 서서 성城이 항복하는 것을 지켜볼 수밖에는 없었다. 승부가 결정 났을 때 빌헬름은 모리츠에게 다음과 같은 글을 써서 보냈다.

이 포위작전은 제2의 알레시아Alesia 포위(역자 주: 이 책 제Ⅰ편, 제Ⅶ권, 제Ⅴ장, 633쪽 이하 참고)라고 부를 만합니다. 이로써 지금껏 거의 알지 못했고 무식한 자들의 웃음거리가 되었으며 가장 위대한 현대 장군들조차 이해하지 못했거나 적어도 실천하지 못했던 고대 전쟁의 병법兵法과 과학의 한 위대한 부분이 부활 했습니다.[22]

---

18) 레이다누스Everardus Reidanus, 《벨기에 및 여타 국가들의 연대기年代記 *Belgarum aliarumque gentium annales*》 (레이덴Leyden, 서기 1633년), 제Ⅷ편, 192쪽. 엠미우스Emmius, 《기렐무스 루도비쿠스 *Guilelmus Ludovicus*》 (서기 1621년), 67쪽. 또한 《두이크의 일지日誌*Journaal van Anthonis Duyck*》, 제Ⅰ편(서기 1862년), 서문, 16쪽도 참고할 것.
19) 크레브스J. Krebs, 《바이쎈 베르게(백산白山) 전투*Schlacht an dem Weissen Berge*》, 25쪽 이하.
20) 레이트Reyd, 《네덜란드 역사*Niederländische Geschichte*》, 제ⅩⅤ편(서기 1626년), 281쪽.
21) 빌롱Billon, 《병법兵法의 원칙 *Les Principes de l'art militaire*》(독일어판, 서기 1613년), 191쪽.

델프질Delfzyl을 함락시켰을 때 모리츠는 병사 2명을 교수형에 처했는데 1명은 남의 모자를 훔쳤기 때문이고 다른 1명은 남의 손칼을 훔쳤기 때문이다. 헐스트Hulst를 포위했을 때 그는 한 여인을 훔친 병사를 병력들을 집결시켜 놓은 앞에서 총으로 쏘아 죽였다.

한 세대가 지난 후인 서기 1620년에 베니스 대사大使 트레비사노Girolamo Trevisano는 네덜란드에서 고향으로 보낸 서신에서 네덜란드 의회議會는 당시 평화기임에도 보병 30,000명과 기병 3,600명의 큰 병력을 유지하고 있다고 보고했다.23) 그는 어떤 경우라도 보수 지급이 단 1시간도 지연되는 일이 결코 없었고 이는 군기軍紀에 큰 영향을 미쳤다고 했다. 이어서 그는 놀랍게도 각 도시들은 서로 수비대를 유치하려고 다투고 시민들은 서로 병사들 숙소를 제공하려고 다투었는데 이는 자신들이 이들로부터 많은 돈을 벌 수 있었기 때문이었다고 한다. 2인용 침대 2개를 놓을 수 있는 방 하나가 여유로 있는 사람은 6명의 병사들을 집에 들일 수 있었는데 이는 이들 중 2명은 언제나 근무 중이었을 것이기 때문이었다. 그의 말에 의하면 시민들은 병사들과 함께 부인과 딸만 놓아두고 외출하는 것을 전혀 꺼리지 않았는데 이는 다른 어느 곳에서도 볼 수 없는 일이었다고 했다.

모리츠가 유일하게 벌인 정면전투인 서기 1600년 7월 2일의 니오이포르트Nieuport 전투에 대해서는 뤼스토프Rüstow가 상세히 검토했지만 아직은 만족스럽거나 완전하지는 못하다. 필자의 세미나 수강생 중에 한 사람이었던 괘벨Kurt Göbel은 이를 주제로 학위논문을 작성했다. 괘벨은 서기 1914년 10월 말에 모리츠의 니외포르트 전투가 있던 곳 부근에서 조국을 위해 싸우다 전사戰死 했다.

---

22) 모리츠Moritz/Maurice(서기 1593년, 6월 19일). 《오라니엔-나쏘 문집文集 *Archivees Oran. Nassau*》, 제II집, 제I권, 24쪽.

23) 유트레크트Utrecht의 "역사학회Historisch Genootschap" 저작집著作輯, 제XXXVII집輯/Neue Serie, 제37권(유트레크트, 서기 1883년), 448쪽 이하에 수록되어 있음.

부 기附記

창병槍兵 부대에서 종렬縱列들 간 간격 및 횡렬橫列들 간 거리

이 문제에 관한 첫 번째의 증언은 서기 1507년 베니스 대사大使 키리니Quirini의 보고 중에 보인다. 이 기록에서는 횡렬橫列들 간의 거리는 약 1.2보였고 그런 간격을 두고 행군 하면 서로 부딪치는 일이 없었다고 했다.24)

마키아벨리Machiavelli는 《병법사兵法史 Geschichte der Kriegskunst》 (서기 1519년~1520년)에서 완전히 일치하지는 않는 여러 수치들을 말하고 있다. 그는 개인별 수치를 직접 말하지 않았지만 그의 책, 제Ⅲ편에 의하면 정면이 20명인 1개 대대 전투대형의 폭을 25브라키bracci(역자 주: 약 25야드)로 계산했는데 이를 1인이 차지하는 공간으로 환산해 보면 74cm 또는 2.5ft에 해낭한다. 그러나 그는 제Ⅱ편에서는 병사늘이 서로 어깨를 붙이고 섰다면서 게르만군을 논하는 곳에서 스위스 병사들 대형이 그랬었고 그들은 아무도 이 대형에 침투할 수 없다고 믿었다고 하는데25) 이런 말들은 그가 병사 개인이 차지한 공간을 겨우 1.5ft 정도로 본 것이다.26)

서기 1535년에 처음 파리에서 등장한 책자로서 저자著者가 벨라이-랑게이Bellay-Langey일 것 같기도 하지만 명확하지 않고 흔히 《전시戰時 행동지침Instruction sur le fait de guerre》이라는 이름으로 불리는 한 책자에서는 각 횡렬橫列 내에서 개인간격은 행군 중에는 3보, 전투대형에서는 2보 그리고 전투 중에는 1보였고 횡렬橫列들 사이의 거리는 위의 경우들에 각각 4보, 2보 및 1보였다고 한다.27) 이 구절들을 근거로 뤼스토프Rüstow는 한 횡렬橫列 내에서 각자는 평균적으로 1.5보 공간만 필요했다고 보면서 다음과 같이 말한다 (보병사步兵史 Geschichte der Infanterie》, 제Ⅰ편, 253쪽).

단순한 대형으로 행군할 때 병사 개인이 차지하는 폭은 3보이고 전투상황에서는 2보이며 싸울 때는 1보이다. 한 횡렬橫列과 다른 횡렬橫列 사이의 거리는 단순한 행군대형에서는 4보이고 전투내형에서는 2보이너 싸울 때는 1보이나. 따라서 1개 부대의 성면에 선 21명은 전투대형일 때는 42보의 폭을 차지하며, 20개 횡렬은 개인이 차지하는 공간 각 1보씩을 포함해서 총 40보의 종심縱深을 차지한다.

위의 책이 등장한 직후(서기 1559년) 프랑스에서는 역시 저자미상著者未詳의 또 한 권의 유사한 책자로 《프랑스 왕군王軍 군기지침軍紀指針 Instruction sur le fait de guerre》이 등장하는데28) 이 책자에서는 횡렬橫列 내의 개인 간격은 1엘ell(역자 주: 약 1야드)이고 횡렬橫列들 간의 간격

---

24) 알베리Eugen Albéri 편編, 제Ⅰ집輯/series, 제Ⅵ권, 19쪽.
25) 호봄Martin Hobohm의 《마키아벨리의 병법兵法 르네상스Machiavellis Renaissance der Kriegskunst》, 제Ⅱ편, 420쪽에서 재인용.
26) 같은 책, 같은 쪽.
27) 필자가 본 것은 서기 1553년 판版(77쪽)이다. 이 책은 에르랑겐Erlangen 대학교 도서관에 있다.
28) 필자는 뮌헨 국립도서관Münchener Hof= und Staatsbibliothek 소장의 사본(103쪽)을 참고했다.

은 3ft라고 한다.29) 다른 곳에서는 "적에게 접근할 때는 대대大隊를 좁히는 일이 수시로 이루어져야 한다"고 했는데(100쪽) 이는 늘 그렇듯 행군 중 대형이 느슨해지는 것을 방지하려고 수시로 정지시킨 후 간격을 좁혀야 한다는 의미로 해석될 수밖에 없다.

이태리인 타르타그릴아Tartaglia(서기 1546년)의 글과 프로이쎈의 알브레크트Albrecht 영주領主의 《전투대형Kriegsordnung》(서기 1552년)에서는 횡렬橫列 내의 개인 간격은 3ft고, 횡렬橫列들 간 거리를 7ft라 하는데 이 수치들은 분명히 베게티우스Vegez/Vegetius의 글(역자 주: 《로마 군제軍制 Rei militaris instituta》)에서 따온 것이다.30)

타반네Tavannes(아버지 타반네인지 아들 타반네인지 불확실하다)는 다음과 같이 횡렬橫列 내의 개인 간격을 3보로, 횡렬橫列들 간 거리를 7보로 말하고 있다.31)

정면과 종심縱深의 길이가 같은 방진方陣/La quaré de terrain이건 인원수가 같은 방진方陣/le careé d'hommes이건 각 종렬縱列 내의 횡렬橫列들 간 거리가 반드시 7보여야 하고 횡렬橫列 내의 개인 간 간격은 3보면 충분하므로 전자의 대형으로 대대大隊가 정렬할 때는 정면이 60명이면 종심縱深에는 30명만 필요하다는 점에서만 차이가 있다. 적에게 포위당하지 않으려면 넓은 정면이 필요하며 정면과 종심縱深의 인원수가 같은 방진方陣으로 대대를 정렬시키려 할 때 비정상적으로 깊어지는 종심縱深은 쓸모가 없을 것이다.

나쏘Nassau 공公 빌헬름Wilhelm Loudwig/William Louis은 그의 사촌 모리츠Moritz/Maurice에게 보낸 한 서신에서(《두이크의 일지日誌Journaal van Anthonis Duyck》, 제I편, 717쪽에 수록되어 있음) "연장된 대형gestreckt"에서는 보병들 간 옆쪽과 뒤쪽의 간격들은 6ft씩이라고 했다. 그러나 그는 아엘리안Aelian의 처방대로 "정면과 종심을 좁혀densatie und constipatie" 정렬해서 행군할 수도 있다고 했다.

그는 또한 적을 마주 보는 전투대형에서는 병사들 간 간격은 3ft이고 횡렬橫列들 간 거리는 7ft라고 했다. 그러나 종렬縱列들 간 간격이나 횡렬橫列들 간 거리를 훨씬 더 좁힐 수도 있다. 그럴 때 병사들은 서로 더 가까이 서기는 하지만 무기를 사용할 수 없을 정도로 가까이 서지는 않는다. 이를 위한 구령口令은 "좁혀Dicht"일 수도 있고 만약 적의 기병대를 벽 같이 막기 위해 대형을 더 밀집시키려고 한다면 구령이 "좁히고 또 좁혀Dicht, Dicht" 또는 "매우 좁혀Heel Dicht"가 될 것이며 헝가리군이 사용했던 "조이고 또 조여Serre, serre"라는 구령이 바로 이에 해당한다. 위험한 상황이 지나고 보다 편하게 행군하려 할 때는 횡렬橫列들간 거리나 종

---

29) 필자는 이보다 초기의 저자미상著者未詳의 구절들을 찾을 수 없었다. 이 저자는 "렝Reng"을 횡렬橫列/Glied 의 의미로, "필레file"를 종렬縱列/Rotte의 의미로 사용했다(제II권, 제VI장). 크로마이어Kromyer는 《헤르메스Hermes》, 제35권, 228쪽에서 종렬縱列들 사이의 간격이 3ft였다는 증거로 이 구절을 인용했는데 이는 그가 "필레file"를 횡렬橫列로 그리고 "렝Reng"을 종렬縱列로 잘못 번역했기 때문이다. 예를 들어서 빌롱Billon 의 《군사지침서Instructions militairs》(서기 1617년), 25쪽에서도 종렬縱列/Rotte을 "필레file"로 표현했다("모리츠 영주領主의 대형에서 전체 종렬縱列은 10명 정도 될 것이고 정면은 50명인데 이는 정면에 종렬보다 5배가 많은 병사가 서는 것이 된다Ils ne seraient alors que dix hommes de hauteur, qui est la file entiere selon l'ordre du Prince Maurice, et de cinquante hommes en front, qui est cinq fois autant en front comme en file").

30) 엔스Max Jähns, 《독일 군사학사軍事學史 Geschichte der Krigswissenschaften vornehmlich in Deutschland》, 제I편, 712쪽.

31) 부숑Buchon 편編, 75쪽.

렬縱列들 간 간격을 다시 크게 할 수 있었다. 서기 1600년의 헤쎈Hessen 변경대공邊境大公/Markgraf 모리츠Moritz/Maurice의 《지침서Instructions》와 《비망록Denkschrift》에서는 종렬縱列들 간 간격을 3ft라고 했는데[32] 밀집대형의 경우에도 옆 사람과 옆구리에 찬 무기가 닿을 정도 이상으로 접근해서는 안 되며 가장 밀집된 대형의 경우에도 옆 사람과 팔꿈치가 닿을 정도 이상으로 접근해서는 안 된다.

딜리히Dilich의 《전쟁론Kriegsbuch》(서기 1607년), 246쪽 및 277쪽에는 보병의 경우 횡렬橫列 내에서 개인 간 간격은 3ft, 종렬縱列 내에서 개인 간 거리는 5ft로 되어 있다. 이 책의 개정판(서기 1647년)에서는 위와 동일한 수치들을 말한 곳도 있고 (제Ⅰ부, 156쪽), 이를 각각 4ft와 6ft로 말한 곳도 있다(제Ⅱ부, 71쪽).

그는 서기 1607년 판版, 290쪽에서는 게르만 토병土兵들과 싸울 때는 기병들과 싸울 때처럼 조용히 서 있지 말고 앞으로 대형을 더 밀집시키고 후미의 병사들은 창을 조금 더 들어 올리면서 전진하라고 했다.

몽고메리Montgomery의 《프랑스 군대 La milice français》(서기 1610년), 80쪽에서는 선임부사관先任副士官은 길이 3ft의 작대기를 휴대하고 이를 가지고 횡렬橫列 내에서 개인 간 간격이 3ft, 종렬縱列 내에서 개인 간 거리는 7ft가 되도록 측정했다 한다. 7ft는 자신의 몸이 1ft 공간을 차지하는 각 병사가 앞뒤로 각각 3ft씩 거리를 둔다는 말이다. 따라서 2,500명의 병력이 정면과 종심縱深이 각 50명씩인 방진方陣으로 정렬하면 대형 전체의 정면은 150ft가 되고 종심縱深은 200ft가 된다고 했다. 몽고메리는 종렬縱列 내에서 개인 간 거리는 7ft라고 했지만 이는 3ft를 두 번 계산한 것이며 실제로는 겨우 4ft를 말한 것이다. 발하우젠Wallhausen은 몽고메리의 이 책을 《골의 군대Militia Gallica》라는 제목 하에 독일어로 번역하면서 이런 모순을 눈치 채지 못한 채 아무 논평 없이 몽고메리의 말을 그대로 받아들였다.

빌롱Billon의 《병법兵法의 원칙Les Principes de l'art militaire》(독일어판, 서기 1613년), 제Ⅱ편, 제11장, 184쪽(불어 원본에서는 65쪽)에서는 병력이 200명인 대대大隊가 정면이 20명이고 종심縱深이 10명씩인 대형으로 정렬했을 때 만약 "종렬縱列들 간" 간격이 6ft이면 그 정면 전체의 폭은 114(=120-6)ft가 된다고 했다. 그는 종렬縱列들 간"이라는 표현을 썼지만 그가 말한 6ft는 병사 1명이 차지하는 공간도 포함되는 수치인 것이다. 하지만 그랬을 경우 그는 계산을 잘못 한 것이다. 정면의 폭을 제대로 계산하려면 120ft에서 6ft를 뺄 것이 아니라 4.5ft만을 빼야 한다(역자 주: 마지막 병사 1명이 차지하는 공간 1.5ft는 빼면 안 된다는 말임).

같은 저자의 두 번째 글인 《군사지침서Instructions militairs》(서기 1617년)에도 위와 동일한 수치들이 등장한다(63쪽).

빌롱Billon의 말에 의하면 종렬縱列들 간의 간격 6ft를 3ft 내지 1ft로 줄일 수 있고 결국 폭과 종심縱深을 본래의 공간의 1/6까지 줄일 수 있다고 했다. 마지막 대

---

32) 옌스Max Jähns, 《독일 군사학사軍事學史 Geschichte der Krigswissenschaften vornehmlich in Deutschland》, 제Ⅱ편, 889쪽 및 902쪽.

형은 "적을 공격하기 위한"(불어 원문은 "뿌르 쇼커 레제네미pour choquer les ennemis"이고 독일어 번역본 185쪽에서는 이를 "덴 파인트 안주그라이펜den Feind anzugreifen"으로 번역했다) 대형이다.

그는 어떤 때는(《병법兵法의 원칙》, 독일어판, 서기 1613년), 제II편, 제45장), 같은 말을 하려는 것으로 보이나 그 말이 너무 불분명해서 만약 이 부분만 있었다면 우리는 그의 말이 무슨 말인지 몰랐을 것이다.

발하우젠Wallhausen의 《보병步兵의 병법兵法 Kriegskunst zu Fuss》(서기 1615년), 79쪽에서는 (71쪽도 볼 것) 병사들이 보병과 싸울 때는 횡렬橫列에서건 종렬縱列에서건 1.5보 간격으로 서나 기병과 싸울 때는 매우 밀집된 대형으로 선다고 했다. 행군이나 집체훈련 때는 좀 더 간격을 크게 하지만 일률적으로는 말할 수 없다고 했다.

《군사문헌 전집全集 corpus militare》(서기 1617년), 55쪽에서도 같은 식으로 다양한 간격들을 구분하고 있는데 좀 불분명하기는 해도 3종류의 간격(밀집 간격, 통상 간격, 확장 간격)을 말한 것이 분명한데 뤼스토프Rüstow는 이를 2종류로 해석하고 있다. 통상 간격은 횡렬橫列에서건 종렬縱列에서건 2보이며, 밀집 간격은 "횡렬橫列에서건 종렬縱列에서건 적절한 수준까지 최대한으로 밀집했을 때의" 간격을 말한다. 확장 간격은 4보 또는 그 이상을 말한다.

쮜리히Zürich군 중대장Hauptmann 라바터Lavater의 《전쟁소론戰爭小論 Kriegsbüchlein》(서기 1644년), 88쪽에서는 대형을 형성했을 때 각 병사는 횡렬橫列에서건 종렬縱列에서건 다음 병사와 1보를 유지한다 했다. 그리고 87쪽에서는 배가倍加된Dopplieren 밀집대형으로 정렬할 경우는 "적과 싸울 생각이 있고 그럴 수 있는 충분한 간격이 되는지 여부에 따라서" 뒷 횡렬橫列이 앞 횡렬橫列에 바짝 붙거나 뒷 횡렬橫列 병사들이 앞 횡렬橫列 병사들 사이의 틈으로 끼어들어간다고 했다. 이어서 90쪽에는 "대형 전체가 밀집되었을 때는(그렇게 해서 주로 적의 기병들이 침투하는 것을 막으려 할 때는)…"이라는 구절이 있다.

서기 1658년에 멜데Gerald Melder는 "소총병은 횡렬橫列에서건 종렬縱列에서건 각 3ft의 공간을 필요로 한다. 기병의 경우에는 횡렬橫列 내에서는 3ft, 종렬縱列 내에서는 10ft의 공간을 필요로 한다"고 했다(옌스Max Jähns, 《독일 군사학사軍事學史 Geschichte der Krigswissenschaften vornehmlich in Deutschland》, 제II편, 1149쪽에서 재인용).

헤쎈Hessen군 대위大尉/Kapitänleutnant 바크하우젠Backhausen의 《실용적인 집체훈련 지침 Beschreibung der gebräuchlichen Excercitien》(서기 1664년), 2쪽에서는 보병의 집체훈련 때의 개인 간의 앞뒤 거리를 6ft로 하고, 26쪽에서는 전초전前哨戰 때 즉, 전투 때는 이를 2배로 좁혀서 6개 횡렬橫列을 3개 횡렬橫列로 만들라고 했다. 그는 또한 "다른 사람들은 선두 횡렬橫列들의 경우 개인 간격을 2ft로 하기도 하는데 이는 각자 자신의 희망과 상황에 따라 결정할 수 있다"고 했다.

바크하우젠은 이어서 보병이 포병을 상대로 싸울 때는 자신은 종렬縱列들 간의 간격을 2배로 해서 종렬縱列들 간에 넓은 통로를 만들어 줌으로써 포탄이 병사들에게 피해를 주지 못하고 통로로 빠져나가게 할 것을 권장하며 이렇게 할 경우 각 종렬縱列에는 병사 12명이 서지만 "만약 적의 기병이 대형에 침투하려 하면 그 동안은 문을 닫아서 다시 원래대로 종렬縱列들을 만들어야 한다"고 했다.

네덜란드군 대위 복셀Johann Boxel의 《네덜란드군의 집체훈련Niederländische Kriegs-Exercitien》(서기 1668년)의 독일어 번역본(서기 1675년), 제Ⅲ편, 6쪽에서는 "병사들은 횡렬橫列 내에서는 서로 3ft 간격으로 그리고 종렬縱列 내에서는 6ft 거리를 두고 선다"고 했다.

복셀의 책에 삽입된 도해들을 보면 위의 수치에는 병사 자신이 차지한 공간이 포함되지 않은 수치임을 알 수 있다. "횡렬橫列을 2배로 좁혀Doppelt Cure Glider"라는 구령에 따라 병사들이 움직인 후에 그들 곁에는 상당한 공간이 남아있기 때문이다(역자 주: 병사 1인의 몸이 횡렬橫列 내에서 차지한 공간이 1.5ft이므로 이 공간을 포함해서 병사들이 3ft 간격으로 서 있었다면 횡렬橫列을 2배로 좁힌 후에는 병사들 몸이 서로 닿이야 할 것이다).

몬테쿠콜리Montecuccoli의 《전집全集 Gesammelte Shriften》, 제Ⅱ편, 224쪽에서는 보병의 밀집된 대형에서 횡렬橫列 내의 개인 간 간격은 3보이고 종렬縱列 내의 개인 간 거리도 3보라고 했다. 그러나 그는 바로 이어서 "밀집된 대형"에서는 병사들은 최대한 서로 밀착해서 서야 한다고 했다(역자 주: 몬테쿠콜리는 오스트리아군 원수元帥로 근 반세기에 걸쳐 오스트리아 합스부르크 왕가의 군대를 개혁해 무적의 군대로 만든 인물이다. 1639년~1642년에는 스웨덴 포로가 되어 포로 생활을 하는 동안 전술·전략에 관한 그의 저술들이 이때 집필되기 시작했다. 그의 가장 중요한 글인 《병법兵法/Dell'arte militare》〈1792〉은 중판을 거듭했다).

누구나 지금 소개한 기록들을(이런 기록들은 그 외에도 얼마든지 있다) 읽어 보면 처음에는 이 기록들의 저자들이 수준 높은 전문가들일 수가 있음에도 불구하고 집체훈련장에 한번 가보기만 하면 바로 알 수 있는 이 간단한 문제에 대해 어떻게 그렇게 다양한 말들을 할 수 있었는지 놀라게 될 것이다. 여러 시대에 여러 나라에서 또 여러 학교에서 각각 다른 내용을 가르치는 것이 어느 정도는 가능하고 또 논리적일 수도 있지만 사물의 이치로 볼 때 그렇게 해서 생기는 차이점은 지금 우리가 본 것들보다는 훨씬 적을 수밖에는 없다. 그럼 왜 이렇게 큰 차이점이 생긴 것일까? 이 문제는 보기보다 훨씬 중요한 문제로서 계속 연구되어야 할 문제이다. 이는 게르만 토병土兵들의 문제이기도 하지만 동시에 그리스-로마 고전시대의 군사체계에도 해당되는 문제이다. 폴리비우스Polyb/Polybius가 좀 부정확하게 이해한 채로 그의 《역사Historiai》에 기록해 놓은 내용 때문에 지금껏 고대의 모든 전술戰術 체계가 횡렬橫列과 종렬縱列에서의 개인 간 간격 또는 거리에 대한 잘못된 개념과 연계 되어 왔고 이제 우리에게는 게르만 토병土兵들의 시대로부터 이 문제에 대해 어떤 결론을 내릴 수 있을 것인지도 문제가 되었다. 장창長槍이라는 동일한 무기를 사용한 것이 분명한 스위스 보병의 방진方陣의 경우나 게르만 토병土兵의 방진方陣의 경우나 마케도니아 팔랑스Phalanx(역자 주: 팔랑스에 관한 설명은 이 책 제I편, 제I권, 제II장 참고)의 경우나 문제는 모두가 유사하다.

우리는 우선 앞서 인용한 기록들 중 두 기록은 분명 잘못된 것임을 주의해야 한다. 타반네Tavannes는 3“보步/Shritt/pas” 및 7“보步”라 했지만 그의 수치 단위는 “보步”가 아니라 “ftFuss/foot”여야 함이 분명하다. 몬테쿠콜리Montecuccoli도 먼저 밀집된 대형geschlossenen Reihen에서 횡렬橫列 내 개인 간격은 3보이고 종렬縱列 내 개인 거리도 3보라고 한 후 바로 이어서 또 밀집된 대형geschlossenen Reihen에서는 최대한 서로 밀착해서야 한다고 했는데 그는 첫 구절에서 “열린geöffneten” 대형이라고 해야 할 것을 “밀집된geschlossenen” 대형이라고 잘못 말한 것임이 분명하다. 이는 그의 책, 226쪽에서도 확인되는데 이곳에서 그는 병력 83명이 정면에 서면 그 폭이 124.5보라고 했고 이와 유사하게 350쪽, 579쪽 및 586쪽에서도 보병 개인에게 1.5보의 간격이 부여된다고 했다.

또 우리가 알 수 있는 것은 기록 작성자들의 말이 불분명한 경우가 매우 많고 때로는 스스로 모순된 경우도 있다는 점이다. 수치를 특정해 말하지 않고 단지 묘사만 한 경우도 있다. 흔히 거리 단위로 쓰인 “보步/Shritt/pas”는 매우 불확정적인 개념이며 “ftFuss/foot”와 “족장足長/Schuh/shoe”은 결코 같은 단위가 아니다. 전투대형에서 횡렬橫列 내에서 개인 간 간격이 3ft로 보이지만 더 밀집된 또는 더더욱 밀집된 대형도 있어서 개인이 차지하는 공간을 1엘ell(역자 주: 약 1야드) 또는 1ft로 언급한 경우도 있다. 대형의 밀집도는 전투 도중 변해야 하며 특히 기병을 상대할 때는 최대로 밀집해야 한다고 했다. 고대 그리스 문헌에 등장하는 고정 공식—6ft, 3ft 및 1/2ft 체계—은 이때 보이지 않는다. 빌헬름Wilhelm Ludwig/ William Louis은 아엘리안Aelian의 기록을 원용해 이런 수치를 언급하기는 했지만 실제로는 이에 따르지 않았다. 더 주의할 부분은 빌헬름 자신도 말했고 또 17세기 전반에 걸쳐서 집체훈련 규정에 중요한 역할을 했던 대형 즉, 앞서 필자가 쮜리히Zürich의 라바터Lavater의 글에서 인용한 것 같은 배가倍加된Eindoublieren 밀집대형도 집체훈련의 자연스런 결과라는 점이다. 창병槍兵이 폐기되기 직전인 서기 1689년 브란덴부르크의 빌헬름 Ⅲ세의 집체훈련 규정33)에도 아직 종렬縱列과 횡렬橫列이 배가倍加된Duplieren 또는 재배가再倍加된Triplieren 밀집대형에 관한 상세한 논의가 있다. 이 규정에서는 특정된 개인 간격을 말하지는 않았지만 만약 그리도 흔히 등장하는 기본 간격인 6ft를 전제로 한다면 배가倍加된 밀집대형과 재배가再倍加된 밀집대형에서 개인 간 격은 그리스인들의 경우와 같이 각각 3ft 및 1.5ft가 된다.

그럼에도 고대 그리스 문헌에 등장하는 이런 고정 공식이 근대의 창병槍兵 부대에서 보이지 않는 것은 16~17세기에는 집체훈련이 그리스인들 때보다 더 정교해졌기 때문은 분명히 아니다.

마케도니아 팔랑스Phalanx와 근대의 방진方陣은 유사점이 존재하지만 그 유사점은 한계가 있다. 마케도니아 사리싸sarisse/sarissa와 근대 장창長槍은 분명 매우 유사한 것이지만 이를 사용한 전술은 달랐다. 독자들은 필자는 폴리비우스Polyb/Polybius가 말한 마케도니아 팔랑스를 결코 알렉산더 대왕의 팔랑스와 같은 것으로 보지 않는

---

33) 아이크스테트Eickstedt 편編, 서기 1837년.

다는 점을 기억해 두기 바란다. 매우 긴 사리싸와 매우 밀집된 대형은 이런 방향으로 오랜 발전을 거쳐 마지막에 탄생한 것일 뿐이다. 정면이 넓고 매우 밀집된 이 후기의 마케도니아 팔랑스는 아주 느리게 이동했었다. 이 대형의 원칙은 동시에 창을 내뻗고 적을 밀어붙이는 것이었다. 알렉산더의 팔랑스는 기동성이 훨씬 높았지만 스위스 보병과 게르만 토병土兵/Landsknecht/lansquenet의 방진方陣들은 기동성이 그보다 더 높았다. 옛 스위스군 전술의 기초는 가능하면 기습으로 갑자기 돌격해 들어가는 것이었다. 후기의 마케도니아 팔랑스는 사실상 평평한 지형에서만 정상적으로 힘을 쓸 수 있었지만 스위스 보병과 게르만 토병土兵의 방진方陣들은 어떤 지형 장애물에도 영향을 받지 않았고 특히 포위기동에 있어서도 마찬가지였다. 따라서 그들의 통상적 대형은 지나치게 밀집된 대형일 수가 없었다. 다만 특히 기사騎士 또는 기병들을 방어할 때 등 특정한 상황에서만 최대한 대형을 밀집시켰을 뿐이다. 전투상황에서는 이런 밀집 동작이 후미 횡렬橫列들이 선두 횡렬橫列들 쪽으로 밀착함으로써 뒤에서 앞으로 단순하고 자연스럽게 이루어졌다. 이런 동작이 오른쪽에서 왼쪽으로 이루어지기는 쉽지 않았다. 칸네Cannä/Cannae 전투 (역자 주: 이 책 제I편, 제V권, 제I장 참고) 당시의 로마군에 관한 기록에도 있고 마키아벨리Maxhiavelli도 일반적으로 확인한 바와 같이 어느 정도 중앙으로 자동적으로 밀집되는 일이 흔하기는 했어도 적의 공격이 임박했을 때 이런 식으로 대형을 밀집시키려다가는 대형 전체가 쉽게 흐트러질 수 있다. 따라서 정면을 밀집시키려 할 때는 뒷 횡렬橫列들을 앞으로 전진시킴과 동시에 뒷 횡렬橫列의 병사들이 앞 횡렬橫列 두 병사 사이에 틈이 생겨있는 곳이면 어디든지 개별적으로 끼어 올라가는 방식을 취했을 것이 분명하다. 후일에는 이런 식으로 느슨해진 앞 횡렬橫列로 뒷 횡렬橫列의 병사들이 뛰어 들어가는 동작에 대한 훈련이 집체훈련장에서 체계적으로 실시되었다. 이것이 바로 앞서 말한 배가倍加된Doublieren 밀집대형이다.

고대 작가인 베게티우스Vegez/Vegetius와 아엘리안Aelian의 글에서도 이런 집체훈련에 관한 언급이 보이며 이들이 그리스인들의 논리에 의해 6ft 간격, 3ft 간격 및 1.5ft 간격의 체계로 발전했던 것이다. 그러나 실전 상황에서는 이런 체계가 그렇게 정확하게 실행될 수는 없었을 것이다. 병사들은 전진할 때는 정확한 간격을 유지하지 않았다. 앞서 필자가 그들의 생각을 예로 든 적이 있는 보다 최근 작가들은 단순히 고대작가들의 수치를 옮겨놓은 것이 아니면 모두가 실전 경험이 있는 사람들로서 그들의 경험을 통해 직접 이런 수치들을 말한 것이다. 그들은 고대 그리스인들보다 철학적이지 못했다. 그들은 논리적 체계를 말하지 않았고 자신이 경험하고 본 것을 가지고 판단했으며 그 결과 분석이 서로 크게 달라지기도 했고 때로는 이론화 경향에 빠져든 경우도 있다. 필자는 그런 분석에서 실무자實務者들 조차 서로 얼마나 큰 차이가 생길 수 있는지를 최근 기병대 부사관副士官 3명에게 오늘날의(서기 1909년) 기병 1명에게 필요한 공간이 얼마나 되는지 물어보면서 직접 경험했다. 그들은 한 사람은 "1보"라 했고 다른 사람은 "1보 남짓"이라 했으며 또 다른 사람은 "1.5보"라고 했다. 완전히 비슷한 훈련과 경험을 거친 사람들로부터 나온 대답임에도 큰 차이가 있었다.

필자가 여기서 추가적으로 말하고 싶은 것은 필자가 앞서 소개한 군사 저술가 빌롱Blllon(그는 프랑스 샤페 경卿 휘하 부연대장이었다)은 10개 횡렬橫列의 창병槍兵 대형에서 마지막 횡렬橫列 창槍들은 거의 앞으로 튀어나오지 않을 것으로 본 반면(《병법兵法의 원칙Les Principes de l'art militaire》, 독일어판, 서기 1613년, 259쪽), 몬테쿠콜리Montecuccoli는 창槍은 이를 내뻗어도 촉이 5개 횡렬 너머까지 미치지는 못하므로 창병槍兵 대형은 종심縱深이 6개 횡렬橫列 이내여야 한다고 했다는 점이다(《전집全集 Gesammelte Shriften》, 제II편, 579쪽).

이제 이런 기록들을 모두 되돌아보면 창병槍兵들은 기본적으로는 각 횡렬橫列 내에서 개인 간격이 3보步인 비교적 느슨한 대형으로 밀고 올라갔지만 전투 때는 훨씬 더 밀집된 대형으로 전환하는 일이 아주 흔했다는 결론을 내릴 수 있다. 대형을 밀집시키는 일은 특히 기병의 공격을 격퇴하기 위한 방어 시에 있었다. 그러나 보병 방진方陣들 간의 전투에서도 공격부대가 상대방과 충돌한 후 정체에 빠졌을 때는 전원이 앞으로 밀고 올라가 제1횡렬에까지 뒤섞여 들어가는 경우도 있었다. 앞서 일부 이론서는 물론이고 전투 기록에서도 우리가 알 수 있었듯이 이때는 느슨한 3ft 개인간격은 사라지고 공격자는 마케도니아 팔랑스에서와 같이 아주 밀집된 대형으로 적을 제압하려 하게 된다. 세리뇰라Cerignola 전투(서기 1503년), 바일라Vaila 전투(서기 1509년), 라벤나Ravenna 전투(서기 1512년) 및 노바라Novara 전투(서기 1513년) 때는 게르만 토병土兵을 공격하던 스위스 보병이 프랑스 기사騎士들로부터 측면에서 공격을 받자 이 때문에 그들의 대형은 밀집될 수밖에 없었다. 라모타La Motta 전투(서기 1513년), 비코카Bicocca 전투(서기 1522년) 및 파비아Pavia 전투(서기 1525년) 때는 저지低地 게르만 지역(역자 주: 네덜란드) 병사들인 "흑군黑軍/Schwarze Bande"의 방진方陣들이 엠브스Embs와 프룬트스베르크Frundsberg의 두 방진方陣에 의해 마치 집게로 집힌 듯이 포위된 적이 있었고 마지막으로 케레솔레Ceresole 전투(서기 1544년) 때도 그 비슷한 일이 있었다. 만약 부대가 마지막 순간에까지 그것도 전체가 밀집하지 않고 있었다면 이는 적이 후퇴해서 결국 추격으로까지 이어지면서 전투 내내 느슨한 대형을 유지한 경우일 가능성이 있다. 이론가들은 이런 경우까지 분명한 간격을 정해두려 하기 쉽지만 이는 잘못이며 그럴 필요가 없다. 그러나 적어도 특정한 순간에는 아주 밀집된 대형이 큰 위력을 발휘하는 경우도 있을 수 있다. 다른 예를 들 수 없다면 적어도 민첩한 스페인 병사들이 게르만 토병土兵들의 머리 위로 뛰어 올라가서 위에서 그들과 싸웠다는 라벤나Ravenna 전투의 전설傳說이 그런 증거가 될 것이다. 그런 전설이 생길 수 있으려면 스페인 병사들이 최대한 밀집대형으로 싸웠다는 말이 오고갔어야 한다.

제 IV 장
구스타프 아돌프

　모리츠Moritz/Maurice의 병법兵法을 완성한 인물은 구스타프 아돌프Gustav Adolf/Gustavus Adolfus로서 그는 모리츠의 새 전술戰術을 계승 발전시켰을 뿐 아니라 대전략大戰略의 기초가 될 새로운 군사체계를 정립했다.

　중세 말기에는 스페인의 아라곤Aragon 왕국과 카스티야Castile 왕국이 그랬던 것과 같이 스웨덴도 덴마크 및 노르웨이와 함께 거의 하나의 국가로 통일되어 가고 있었지만 통일에 저항하고 독립을 위해 투쟁하는 과정에서 과거와 달리 강력한 군사국가로 성장했다. 핀란드와 에스토니아Estland/Estonia를 포함해도 이 나라 주민은 100만 명에도 못 미쳤지만(이는 작센Saxhsen/Saxony과 브란덴부르크Brandebburg를 합한 선제후령選帝侯領 인구에도 거의 미치지 못하는 인구였다) 평민들과 귀족들 그리고 왕은 굳게 단결해 있었다. 반면 합스부르크Habsburg 가家와 호헨쫄레른Hohenzollern 가家가 통치하던 게르만 지역들은 영주領主들과 귀족들 간 대립으로 인해 모든 힘이 마비되어 있었고 평민들은 멍하게 목적 없는 생활을 영위하고 있었다. 봉건적인 세습권에 의해서가 아니라 백성들의 선택에 의해 탄생한 스웨덴의 바사Wasa/Vasa 왕조는 게르만 영주領主들과는 개념이 완전히 달랐다. 스웨덴의 귀족들 역시 그 왕조나 마찬가지로 여타 게르만-로마 유럽 지역의 전형적 귀족들과 대표성에서 크게 달랐다. 스웨덴 의회議會는 일종의 전문직업적 대표기관이었고 고유권리에 의한 대표들의 기관이 아니라 왕의 재량에 따라서 소집되어 왕을 보좌하는 기관이었다. 왕은 귀족과 성직자와 도시민만 소집하지 않고 농민들도 소집했으며 그 외에도 장교, 사법관, 관리, 광산업자 및 여타의 전문직업인들과 무역업자들의 대표들도 소집했다.1) 후자의 집단들은 나중에 제외되었고 장교 대표들은 귀족 대표들과 통합된 후 왕조와 밀접한 관계로 단합해서 여타 국가들에 대해 단일 의지를 표현한 4개 계층 중 하나로 분명한 대표집단을 형성했다. 구스타프 바사 Gustav Wasa/Gustavus Vasa의 아들 구스타프 아돌프는 서기 1611년 17세의 나이에 왕위를 물려받았다. 그는 러시아 및 폴란드와 전쟁을 치르며 카레리엔karerien/Karelia과 잉게 르만란트Ingermanland 및 리브란트Livland/Livonia를 얻었고 그의 군대를 70,000명 이상으로 늘였다. 이런 규모는 서기 1813년 프로이쎈Preussen/Prussia이 일으킨 군대보다도 주민 과의 비율로 보면 더 큰 규모였다.2) 가난한 스웨덴의 국가재정은 그런 큰 군대

---

1) 팔베크Fahlbeck, 《프로이센 연보年報 *Preussische Jahrbücher*》, 제133권, 535쪽.

를 유지하기 위해 큰 압박을 받았을 것이 분명하다. 그런 규모를 장기간 유지하기는 불가능했을 것 같이 보이지만 그들은 전쟁을 통해서 전쟁을 키웠다. 한번 탄생한 군대는 스스로 유지되었고 정복지에서 더욱 성장하기까지 했다.

이런 군대의 국가적 충원充員은 지원자志願者만으로는 불가능했다. 그들은 성직자들의 도움을 받아 국내의 15세 이상 모든 남성들의 명부를 작성했으며 이들은 지방 당국자들의 재량에 따라서 징집되었다. 따라서 스웨덴 민족은 국민군國民軍/nationale Armee을 건설한 최초 민족이었다. 스위스군은 전사戰士들의 징집군이었지만 국민군은 아니었다. 게르만 토병土兵/Landsknecht/lansquenet(역자 주: 16~17세기 독일의 보병용병步兵傭兵. 앞의 7쪽 참고)도 게르만적 특성은 있었지만 게르만 국가와는 무관했다. 프랑스 "방드Bande"들도 국민군이라고 부르기에는 부족한 병력이었다. 스페인군은 국민군에 아주 가까웠지만 네델란군은 또 다시 순수한 국제적 용병傭兵 형태의 대표적 병력이었다. 그러나 스웨덴 군대는 조국의 방위와 위엄과 영예를 위해 복무하는 훈련된 군사조직이었다. 스웨덴인들은 아들들을 군사대열에 내놓았고 토착귀족들 중에서 장교단將校團이 형성되었다. 그러나 전시에는 이런 국가적 성격이 유지되지 못하고 많은 외국인 병사들도 모집되었음이 분명하다. 많은 전쟁포로들이 스웨덴군에 입대했으며 외국인 장교들도 받아들여졌다. 구스타프 아돌프가 게르만 지역으로 갔을 때 그의 군대에는 스코틀랜드인들도 많이 있었다. 게르만 지역에서 전쟁이 오래 지속될수록 점차 많은 게르만 사람들이 스웨덴 군대의 장교와 병사가 되어 있었다.

스웨덴군은 네델란드군의 예를 따라 훈련되고 군기軍紀가 확립되었다. 트라우피츠Traupitz의 《스웨덴 왕의 병법兵法 Kriegskunst nach königlich schwedischer Manier》(서기 1633년)에서는 "게르만 병사들은 양떼나 돼지떼 같이 깡총대는 일이 많다"면서 스웨덴군에게는 옆으로 또는 앞으로 기동하면서도 정확한 간격을 지킬 필요가 있다고 가르치고 있다. 그 역시 다른 작가들과 마찬가지로 그 당시 있었던 대형을 묘사하고 있지만 너무 정교해서 전투에서는 사용될 수 없는 대형으로 묘사된 경우가 흔하다. 그러나 그런 기동이 이루어질 수 있다는 그의 생각 자체는 매우 역동적인 집체훈련의 개념을 보여주는 것이다.

---

2) 드로이젠G. Droysen의 《구스타프 아돌프Gustav Adolf》, 제II편, 85쪽에 의하면 왕이 서기 1630년에 포메라니아Pommern/Pomerania에 상륙할 때의 병력은 다음과 같았다.

자신이 거느리고 온 병력	13,000명
이미 스트랄순트Stralsund에 보유했던 병력	6,000명
뒤따라 온 병력	7,000명
프로이쎈에서 철수한 병력	13,600명
총 약	40,000명

약 36,000명의 병력은 스웨덴, 핀란드, 프로이쎈 등 뒤에 남아 있었다. 따라서 군대 전체는 76,000명이었고 이들 중 43,000명은 국민 징집병이었다.

스코틀랜드인 몬로Monro는 브라이텐 평원Breitenfeld 전투와 뤼첸Lützen 전투에서 구스타프 아돌프 휘하에서 싸웠던 스코틀랜드 연대에 대해 "이렇게 훈련된 연대는 전체가 하나가 되어 움직이는 것 같았다. 모든 귀들은 구령口令 소리에 하나 같이 집중했고 모든 시선들은 늘 같은 곳을 주목했으며 모든 손들은 하나의 손 같이 움직였다"고 묘사했다.

뤼스토프Rüstow의 《보병사步兵史 Geschichte der Infanterie》에서는 "스웨덴 대형"을 매우 도식적圖式的인 모습으로 다음과 같이 묘사했다. 각 연대는 창병槍兵과 소총병으로 구성되었고 그들의 전술 단위부대를 여단旅團/Brigade이라 했다. 이 여단의 기본대형은 6개 횡렬橫列로 된 종심縱深이 얕은 선형대형線形隊形이었고 그 안에 창병槍兵 구역과 소총병 구역을 교대하는 방식으로 창병槍兵이 소총병을 보호해야만 하는 문제를 해결했다. 적의 기병에게 위협을 받는 소총수늘은 창병槍兵들의 전선戰線 뒤로 철수했는데 이때 창병槍兵 전선戰線이 열린 곳은 그때까지 제1선線 뒤에서 제2제대梯隊를 형성하고 있던 창병槍兵 부대들이 메워주었다.

그러나 자세히 비교해보면 뤼스토프가 그려놓은 모습은 그가 말하는 설명들과 조화가 되지 않으며 스웨덴군에 대한 그의 다른 기록과도 매우 큰 차이가 있다. 객관적 관점에서 볼 때, 접근 중인 적 앞에서 소총병들을 창병槍兵들 뒤로 그렇게 신속히 끌어들인 후 제2제대 창병들로 정면의 열린 곳을 막게 하는 것이 과연 가능할지 매우 의심스럽다. 더욱이 최초 대형에서 제2제대 소총병들은 제1제대에 의해 앞이 가려 있어 무기를 사용할 수가 없게 되어 있는데 그렇다면 그들이 도대체 언제 어떻게 무기를 사용한다는 것인지 알 수 없다.

그러나 필자는 이로 인한 문제들을(뒤의 부기附記 참고) 더 파고들지는 않았다. 이런 문제들은 결국 기술적 성격의 문제들이며 또한 전쟁사 및 세계사와 관련된 중요한 측면 즉, 앞서 모리츠Moritz/Maurice의 체계에서 우리가 알 수 있었듯이 많은 소총병들이 개량된 무기를 사용했다는 점에서는 별 의문이 없기 때문이다. 그들의 무스케테Muskete 소총은 이미 무게가 가벼워져서 이제는 이를 지탱하기 위해 사용되던 갈퀴Gabel/fork(역자 주: 앞의 44쪽 참고)가 없어졌는데 이는 사격속도의 증대를 의미한다. 아직도 이런 소총을 든 소총병들이 독자적으로는 기병공격을 감당할 수 없었을 것으로 믿는 사람들도 있지만 그런 생각은 당시에 이미 소총병들로만 편성된 연대가 존재했었고 벌써 서기 1630년쯤에 노이마이르Neumair von Ramsla가 《군사체계의 회상回想과 원칙Erinnerungen und Regeln vom Kriegwesen》이라는 글에서3) "이제는 장창長槍이 (화기火器에게) 힘을 주기보다는 약화시키는 것 같고, 화기火器는 장창長槍에게 힘을 주고 있다"라고 말한 것과는 모순된 생각이다.4)

---

3) 옌스Max Jähns, 《독일 군사학사軍事學史 Geschichte der Krigswissenschaften vornehmlich in Deutschland》, 제Ⅱ편, 952쪽.

소총병 대대 지휘관으로 브라이텐 평원Breitenfeld 전투에 참여했던 스코틀랜드인 중 하나인 무샴프Muschamp 중령中領은 보병전투에 대해 다음과 같이 설명했다.5)

우선 나는 내 앞에 있던 작은 대포들 중 3문을 발사케 했고 적이 권총 사정거리 내에 들어오게 되자 비로소 소총병들에게 일제사격Salve을 하게 했다. 이때 나는 첫 3개 횡렬橫列에게 한 차례 일제사격을 하게 한 다음 이어 다른 3개 횡렬橫列에게 또 다시 한 차례 일제사격을 하게 했다. 그리고 우리는 적에게 돌진해서 소총과 칼로 그들을 쓰러뜨렸다.

우리가 이미 적과 접촉해서 백병전을 하고 있었음에도 적은 우리에게 두세 차례 소총 일제사격을 했다. 우리가 공격을 시작하자 적의 보병부대 앞에서 전진해 오던 4개의 흥분한 창기병檜騎兵 중대가 우리 창병檜兵들을 공격했다. 그들이 가까이 밀고 올라와 한 두 차례 권총 일제사격을 해서 스콜틀랜드 기수旗手들을 모두 죽이자 갑자기 많은 군기軍旗들이 동시에 땅바닥으로 쓰러졌다. 우리 병사들도 적절하게 보복했다. 이때 황금 자수刺繡로 수놓은 주홍색 옷을 입은 적의 용감한 지도자가 우리들 바로 앞에 보였다. 우리는 그가 칼로 전진하지 않으려는 그의 병사들의 머리와 어깨를 심히 후리치며 몰아대는 것을 보았다. 이 신사는 한 시간도 넘게 싸웠지만 그가 죽자 적의 창병檜兵들과 부대들이 서로 발이 걸려 넘어지며 모두 도주하는 것이 보였다. 우리는 어둠이 우리를 갈라놓을 때까지 그들을 추격했다.

이와 유사하게 보병전투를 선명하게 묘사한 다음과 같은 구절이 또 다른 잉글랜드 사료인 제임스James II세의 자서전에 보인다.6)

서기 1642년 엣지힐Edgehill 전투 때 왕군王軍이 적의 소총 사정거리 내에 있을 무렵 양측 보병부대들이 사격을 시작했다. 반란군들이 제 자리에 있는 동안 왕군은 전진했고 서로 아주 가까워져서 몇 개 대대大隊 특히, 윌로비Willoughby 경卿 등이 지휘하는 경비연대가 적에게 창을 던질 수 있게 되었다. 윌로비 경卿도 자신의 창檜으로 에쎅스Essex 경卿이 지휘하는 연대의 간부 1명을 죽인 후 또 다른 한 명에게는 부상을 입혔다. 보병들이 이렇게 밀집해서 격렬한

---

4) 실제로 몬테쿠콜리Montecuccoli는 서기 1673년의 글에서 소총수 2/2와 창병檜兵 1/3이라는 통상 비율을 잘 못된 것으로 보았다. 그는 전투 때 소총병들 홀로는 기병대에게 제압될 것이므로 소총병을 엄호하려면 더 많은 창병檜兵 들이 필요하다고 했다(《전집全集 Gesammelte Shriften》, 제II편, 672쪽). 그는 이런 일이 예를 들어 콘데Condé가 로트링겐Lothringen/Lorraine 군을 이긴 렌스Lens 전투 때도 있었음을 지적했다.
5) "스웨덴군의 군기The Swedish Dicipline"(피르트C. H. Firth, 《크롬웰의 군대Cromwell's Army》, 105쪽에서 인용).
6) 피르트C. H. Firth, 같은 책, 104쪽.

전투를 벌이는 것을 보면 누구나 어느 한쪽이 밀려나면서 대형이 깨졌을 것으로 생각하겠지만 그런 일은 없었다. 이는 양쪽 모두 마치 약속된 교대를 하는 것처럼 몇 보步 뒤로 물러나서 그들의 부대들을 땅 위에 굳건히 서 있게 한 후 상대방을 향해 밤이 되기까지 사격을 가했기 때문이다. 이는 너무나 비정상적 행동이어서 만약 그렇게 많은 현장 목격자들이 없었다면 아무도 이를 믿을 수 없었을 것이다.

보병부대의 선형대형線形隊形이 도입된 이후에도 사격전射擊戰은 우선 카라콜레caracole 기동의 형태로 발전했다. 소총병 전선戰線은 몇 개 집단으로 나뉘고 이들 사이에 통로를 하나씩 두었다. 제1횡렬橫列은 사격이 끝나면 소총의 재장전再裝塡을 위해 이 통로를 이용해 뒤로 빠졌고 그 사이 제2횡렬橫列이 사격을 위해 제1횡렬橫列이 있던 자리로 올라가는 식의 기동을 반복했다. 부대가 전진할 때는 이 카라콜레 기동이 반대방향으로 이루어졌다고 할 수 있다. 즉, 제1횡렬橫列은 사격이 끝나도 제자리에 서 있고 제2횡렬橫列이 앞으로 나간 것이다. 이런 절차가 발전해 두 개의 횡렬橫列이 동시에 사격을 하고 뒤로 빠지기도 했다. 이런 기동 중에 서로 방해를 주지 않으려면 물론 소총 재장전再裝塡 동작이 매우 신속하게 이루어져야 했다. 브라이텐 평원 전투에서 스코틀랜드 병사들은 6개 횡렬橫列 대형을 횡렬橫列 내의 개인 간격을 2배로 줄여서 3개 횡렬橫列 대형으로 만든 후 제1횡렬橫列은 무릎을 꿇게 해서 3개 횡렬橫列이 동시에 일제사격을 했다. 본래의 대형이 나중에 다른 조치 없이도 1개 횡렬橫列 내에 2배의 병력이 들어갈 수 있을 만큼 정면이 넓었을 것으로는 볼 수 없으므로 처음부터 개인 간격을 확장할 수 있는 충분한 공간과 시간이 있었음이 분명하다.7)

창병槍兵 부대는 과거 같은 무거운 충격력을 발휘하기에는 너무 작아져 있었다. 그러나 그것으로 다가 아니었다. 기병대 전술의 발전도 이들에게 영향을 미쳤다. 전진하는 창병槍兵을 기동력 있는 기병중대로 타격하는 일과 양 측면에서 이들을 타격해 전진을 멈추게 하는 일이 이제는 너무 쉬운 일이 되었다. 이때 창병槍兵 부대들은 기병들의 권총 세례를 피할 방법이 없었다. 이제 창병槍兵들은 소총병을 위한 단순한 지원병종支援兵種으로 전락하게 되었다.

구스타프 아돌프는 이제 보병부대 소총병만 늘인 것이 아니라 대포도 늘였다. 가죽으로 묶었기 때문에 "가죽대포Lederkanon"라 불리던 매우 가벼운 대포 종류가 도입되었기 때문에 가능했다. 이런 대포가 언제 만들어졌고 얼마나 오래 사용되

---

7) 피르트C. H. Firth, 같은 책, 98쪽. 피르트의 말은 《스웨덴 측 정보제공자Swedish Intelligencer》, 제Ⅱ편, 124쪽에서 인용한 것임.

었는지에 관한 분명한 기록은 없다. 여하간 이 스웨덴 왕은 브라이텐 평원 전투 당시 매우 많은 경포輕砲를 갖고 있었다.8)

구스타프 아돌프는 기병대 전술도 개편했다. 앞서 우리는 16세기에 기병대가 창설되었음을 알았는데 처음에는 과거의 기사騎士 같은 인원들이 말 탄 병사들과 함께 일정한 부대로 나뉘어 카라콜레caracole 기동을 하면서 그들의 주된 무기 권총을 사용했고 이때 진정한 기마騎馬 공격은 폐기되었다. 기병중대 종심縱深을 5~6개 횡렬橫列로 줄인 네덜란드군의 전투방법도 카라콜레 기동을 하며 사격하는 방법이었다. 그러나 이제 구스타프 아돌프는 기병대를 단 3개 횡렬橫列로 정렬시켜서 최대로 앞의 2개 횡렬橫列이 매우 가까이에서 적에게 한 차례 총을 쏜 후 칼을 빼들고 단숨에 적을 공격하게 했다. 뤼첸Lützen 전투 이후에는 발렌슈타인Wallenstein(역자 주: 17세기 게르만 용병 지도자. 앞의 58쪽 참고)도 카라골레 기동을 금지시켰다.9)

구스타프 아돌프의 군대를 비롯해서 30년 전쟁(서기 1618년~1648년) 당시 군대들의 군기軍紀 문제에 대해서는 더 많은 연구가 필요하다. 이 군대들은 각 지역과 그곳 백성들을 가장 악랄한 방식으로 다루었을 것이 분명하지만 순수한 군사적 관점에서만 본다면 이들은 게르만 토병土兵들보다 군기가 엄정하고 나은 편이었다. 이는 물론 병력이 늘 군기軍旗 곁에 머물었고 지휘관들이 최선을 다해 그들을 철저하게 통제한 결과였다. 구스타프 아돌프는 징벌을 받는 병사들이 복무를 그만두지 않게 하면서 혹독한 징벌을 가할 수 있는 방법으로 가쎈라우펜Gassenlaufen(또는 스피쎈라우펜Spiessrutenlaufen)이라는 태형笞刑(역자 주: 창병槍兵을 두 줄로 세워놓고 비행을 저지른 병사가 그 사이로 달려가게 하면서 양 옆에서 동료들이 매질을 하는 징벌) 방법을 고안했다고 한다. 징벌 집행관이 체벌體罰을 가해 비행병사를 "명예스럽지 못한" 병사로 만들면 동료들은 그를 자신들의 횡렬橫列에서 용납하지 않으려 하지만 가쎈라우펜은 동료들 자신이 징벌 집행관이므로 벌 받은 병사가 이를 불명예로 여기지 않기 때

---

8) 가죽투사장치Ledergeschitze에 관해서는 《무기사지武器史誌 Zeitschrift für historische Waffenkunde》, 제4권(서기 1908년), 392쪽에 수록된 골케Gohlke의 글과 펠트하우스M. Feldhaus의 《기술의 위대한 페이지들Ruhmesblätter der Technik》(라이프찌히, 서기 191?년), 121쪽을 참고할 것. "가죽대포Leder=Stücke"란 용어는 쮜리히Zürich 군 중대장Hauptmann 라바터Lavater의 《전쟁소론戰爭小論 Kriegsbüchlein》(1644년)의 서시序詩에도 보인다. 그는 이 무기가 스웨덴에서 쮜리히로 건너 온 무기가 아니라 쮜리히에서 스웨덴으로 건너간 무기라고 했다.

9) 서기 1633년 1월 2일에 알드링거Aldringer에게 보낸 서신(페스터Föster의 《발렌슈타인 서신집Wallenstein Briefe》에 수록되어 있음). 다니엘Daniel의 《군사사軍士史 Geschichte des Kriegswesens》, 제V편, 12쪽에는 프랑스의 앙리Henry IV세가 이미 그의 방진方陣들에게 권총으로 한 차례 일제사격을 한 후 칼을 빼들고 공격하게 했다는 말이 있지만 이는 오해임이 분명하다. 필자는 이를 입증할 증거를 사료에서 전혀 본 일이 없으며 그런 행동이 있을 수 있는 객관적 조건 즉, 엄격한 군기軍紀가 당시의 프랑스군에게는 결여되어 있었다. 다빌라Davila의 《위그노 전쟁사Geschichte der Hugenottenkriege》에서는 앙리 IV세의 마지막 큰 전투인 이브리Ivry 전투 당시 그의 방진方陣들이 카라콜레caracole 기동을 했다고 분명히 말하고 있다.

문이다.10) 고대 로마군에서도 로마 카피톨kapitol/Capitol 언덕 위의 신전神殿에 모셔져 있던 신神들(역자 주: 최고신 쥬피터Jupiter와 그의 아내인 여성수호신 쥬노Juno 그리고 지혜와 무용武勇의 여신 미네르바Minerva)을 위한 복무가 엄격한 징벌과 병행 했듯이 구스타프 아돌프의 군대에서도 군기軍紀의 기반을 단지 상관의 공권력에만 두었던 것이 아니며 신앙심의 함양도 군기軍紀 확립에 큰 역할을 했다. 앞서 알 수 있었듯이 구스타프 아돌프의 군대의 기반은 스웨덴 민족이었지만 이보다도 더 중요한 것은 그들의 루터Luther 파派 프로테스탄트 성향이었다. 한 잉글랜드인 목격자는 바너Baner 장군이 비트스토크Wittstock 전투에서 승리한 후 3일에 걸쳐 하느님에게 감사제感謝祭를 올리면서 오르간 음악을 드럼, 파이프 및 트럼펫 연주와 화기火器 일제사격 그리고 대포발사로 대체했다고 자세히 전하고 있다.11)

한니발Hannibal에게 간네Cannä/Cannae 전투가 있었다면 구스타프 아돌프에게는 브라이텐 평원Breitenfeld 전투가 있었다(역자 주: 뒤의 206쪽 참고). 두 전투 모두 분명히 존재한 너무 비현실적이던 군사기술에 대해 병법兵法이 승리한 전투였다. 우리는 여러 구체적인 면에서 두 전투의 유사성을 발견할 수 있다. 일련의 전투기록들을 보면 세계사에서 매우 중요한 의미를 지닌 이 결정적인 교전이 상세히 설명되어 있고 이를 통해 우리는 서로 충돌했던 스웨덴의 새로운 군사체계와 스페인의 옛 군사체계를 아주 명확히 알 수 있다. 우리는 뒤에 가서 구스타프 아돌프를 전략의 발전이라는 일반적 맥락 속에서 한 전략가로 다시 검토하게 될 것이다.

이제 마지막으로 켐니츠Philip Bogislav Chemnitz(《스웨덴의 전쟁Schwedische Krieg》,제Ⅰ편, 제Ⅳ권, 제60장)가 기록해 놓은 이 스웨덴 왕의 탁월한 특징들을 소개한다.

그는 왕의 위엄과 권위 뿐만 아니라 특히 왕국과 신민臣民의 복지福祉에 대해서도 올바른 관심을 지니고 있었기에 내부 봉기蜂起와 분열의 원인을 모두 제기했으며 또한 서로 나를 뿐 아니라 사실 서로 대립적인 두 요소인 신민臣

---

10) 이런 설명은 잉글랜드 군사저술가 터너Turner에 의해 기록으로 전해져 있는데 그의 기록은 구스타프 아돌프 밑에서 복무했던 잉글랜드 장교들의 말에 근거한 것이다. 필자는 이 말을 피르트C. H. Firth의 《크롬웰의 군대Cromwell's Army》, 289쪽에서 인용했다. 마르크스Marcks의 《꼴리니Coligny》, 56쪽 및 호봄 Martin Hobohm의 《마키아벨리의 병법兵法 르네상스Machiavellis Renaissance der Kriegskunst》, 제Ⅱ편, 373쪽과 385 쪽ー특히 부케Buchet의 《명문가名門家 꼴리니 가家의 역사에 관한 증거Preuves de l'histoire de l'illustre maison de Coligny》(서기 1642년), 457쪽ー에 인용되어 있는 구절에 의하면 이런 징벌이 더 일찍 있었던 것으로 보이지만 이는 번역상 오류 때문이다. 원문의 "창병槍兵들 앞을 통과하기Passe par les piques"란 구절은 앞의 60쪽에서 말한 "장창법長槍法/Recht der langen Spisse"을 말한다. 물론 라퀴르네La Curne de St. Palaye의 《고대 프랑스어 사전Dictionnaire de l'ancien langage francois》, 제8권에서는 이 표현이 창 자루로 때리는 행위를 말한다고 이해하고 있지만 필자는 이런 해석은 불가능하다고 본다. 장창長槍의 자루는 그런 용도로 쓰기에는 너무 길다.

11) 피르트C. H. Firth, 《크롬웰의 군대Cromwell's Army》, 105쪽에서 인용

民들의 자유와 왕으로서의 위엄을 특별한 방식으로 조화시켰다.

더욱이 그는 군사체계에서의 찬란한 업적에서도 앞 시대의 최고사령관들보다 크게 앞섰을 뿐만 아니라 병법兵法에 관한 식견이나 질서 확립에 있어서도 그들보다 탁월했다. 우리는 그의 업적들을 단지 행운에 의한 것으로만 보면 안 되면 하느님의 은총과 뛰어나 자질과 높은 지성 그리고 선행善行의 결과로 보아야 한다. 그는 자신의 군대를 적보다 유리하도록 능수능란하게 이끌고 갔다가 다시 아무 피해 없이 적으로부터 철수케 하고 야전에서 신속하게 요새화 시킨 숙영지에 숙영할 수 있게 만드는 능력이 있었다. 그보다 어느 곳을 잘 요새화시키거나 공격할 수 있는 사람은 없었다. 그보다도 더 적을 잘 평가하고 전쟁의 우연한 상황을 정확히 판단하고 급박한 순간에도 유리한 해결책을 찾아낼 수 있는 사람은 없었다. 특히 전투대형 편성에서는 그를 따를 사람이 없었다. 기병대에 관한 그의 교훈은 선회旋回와 카라콜레 caracole 기동에 너무 신경을 쓰지 말라는 것이었다. 그 대신 그는 대형을 3개 횡렬橫列로 정렬시킨 후에 적에게 직접 전진해서 파고들도록 했다. 그는 제1 횡렬橫列만 또는 최대 제2횡렬橫列까지만 적 병사의 눈 속 흰 자위가 보이도록 접근했을 때 총을 쏜 후 옆구리에서 무기를 뽑게 했고 마지막 횡렬은 (선두 2개 횡렬橫列의 병사들이 자신의 2자루 권총 중 하나만 쏘았듯이) 총을 쏘지 말고 칼을 치켜든 채 적에게 처들어가게 했지만 그들도 혼전混戰 때를 대비한 예비무기로 권총도 휴대하게 했다. 보병은 연대와 중대로 나뉘었고 중대는 일정한 분대分隊/Corporalschaft/squad와 종대縱隊로 나뉘었으며 이들에게는 각각의 지도자와 부지도자들이 있었다. 이렇게 질서 있게 편성되었기 때문에 일반병사들은 비록 간부들의 명령이 없더라도 자신이 어디에 서서 싸워야 하는 지를 사전에 이미 알고 있었다. 또한 이 왕은 옛 체계에 의한 종심縱深 깊은 대대大隊에서는 앞 병사가 전투 중 자신의 뒤에 있는 병사의 앞을 가로막게 된다는 것과 또 대포의 경우도 병사들 뒤에서 쏘면 병사들에게 큰 피해를 입힌다는 것을 알고 보병부대를 단지 6개 횡렬橫列로 정렬하게 했다. 그리고 교전에 들어가면 그들은 횡렬橫列 내의 개인간격을 2배로 좁혀 3개 횡렬橫列이 되게 했다. 그렇게 하면 적의 대포는 효과가 줄어들고 후미 횡렬橫列에 있던 병사들까지 선두 횡렬橫列 병사들과 마찬가지로 무기를 쓸 수 있었다. 그렇게 할 수 있었던 것은 제1횡렬橫列은 무릎을 꿇고 제2횡렬橫列을 자세를 낮추고 제3횡렬橫列은 똑바로 서게 했기 때문인데 이렇게 함으로써 제2, 제3 횡렬橫列 병사들은 앞사람 어깨 너머로 총을 쏠 수 있었다. 그는 또 보병부대를 정렬시키는 독특한 방법을 고안해 냈는데 창병槍兵들이 소총병을 엄호하게 하고 소총병들은 창병槍兵을 지원하게 하는 방법이었다. 같은 방식으로 방진方陣/squadron들도 서로가 서로를 지원했으며 각 여단旅團은 마치 작은 이동 요새와 같이 전방 엄호 병력과 측면 엄호 병력을 두어 이들 각자가 서로 방어하고 엄호하게 했다. 따라서 여단旅團은 잘 구분된 제대梯隊들로 나뉘어 서로 전후 좌우로 충분한 공간을 두고 서 있었다. 양 측면과 후방 역시 이와 유사하게 기병들에 의해 엄호되었다. 같은 식으로 기병들도 엄선된 소총병들과 혼합 편성해서 한쪽이 다른 쪽으로 철수할 수 있고 한쪽이 다른 쪽을 구원할 수 있게 했다. 게르만 전쟁 때는 스웨덴 왕군王軍에게 없었던 무기이지만 멧돼지 사냥용 창槍/Schweinsfeder의 고안은 폴란드의 거칠고 큰 기병대를 상대할 때 왕에게 큰 장점을 선물했다. 그는 또한 프로이쎈에서 폴란드 병사들과 싸울 때는 가죽대포Leder Stücke/Lederkanon들도 유용하게 사용했다. 또 게르만 전쟁 때는 포구砲口가 넓으면서 짧고 가벼운 연대포聯隊砲/Regiment=Stücklein도 사용했는데 이를 이용해 그는 큰 포탄보다 산탄散彈 세례를 적에게 퍼부었다. 이런 무기들의 효과는 특히 라이프찌히 전투에서 틸리Tilly의 군대를 이겼을 때 그들에게 입힌 피해에서 눈에 띄게 컸었다.

그는 결단력에서뿐 아니라 행동에서도 전투영웅이었다. 그는 신중히 생각했지만 신속하게 결단을 내렸고 주춤거리는 일이 없었으며 강한 팔을 갖고 있었으며 지휘하면서 싸울 준비가 되어 있었다. 그런 인물은 높은 지성을 지닌 지휘관으로서 뿐 아니라 용감하고 겁 없는 병사로서도 훌륭한 본보기가 되는 인물이다. 그러나 그의 이런 점들을 많은 사람들은, 특히 그가 모든 위험은 물론 죽음 자체까지도 가볍게 여겼던 것이 조국에 대한 사랑으로 인한 것이었음을, 일반적인 짓대로는 측정할 수 없는 것이었음을, 인간으로서의 결함과 죄에 대한 판단을 초월할 수 있는 것임을, 또한 이는 위대한 영웅들의 자질은 평범하고 보잘 것 없는 인간의 자질과는 결코 비교가 될 수 없는 것이기 때문임을 몰랐거나 충분히 생각해 보지 않은 사람들은, 거의 잘못된 방향으로 해석했었다.

부 기附記

스웨덴군의 대형

우리는 스웨덴군의 보병전술에 대해 아주 잘 알고 있는 것 같다. 우리에게는 《유럽 전구戰區 *Theatrum Europäum*》와 켐니츠Philip Bogislav Chemnitz의 《스웨덴의 전쟁*Schwedische Krieg*》으로부터 얻을 수 있는 정보 외에 아를라니베우스Arlanibaeus의 《스웨덴 군대*Arma Suecica*》(서기 1631년)와 트라우피츠Laurentium Traupitz의 《스웨덴 왕의 병법兵法 *Kriegskunst nach Königlicher Schwedische Manier*》(서기 1633년)[12] 그리고 구스타프 아돌프 자신이 서기 1630~1632년 사이에 자신의 전투대형을 그린 도해圖解 20종《스웨덴 전쟁사 문헌집 *Archives für schwedische Kriegsgeschichte*》, 제I편, 서기 1854년에 수록되어 있음)가 있다. 그러나 이 사료들의 내용은 서로 일치하지 않는다.

뤼스토프Rüstow는 1개 여단旅團/Brigade이 창병槍兵 576명과 소총병 432명으로 구성되었던 것으로 평가한다. 그러나 트라우피츠는 스웨덴군이 2/3는 소총병이고 1/3은 창병槍兵이었다고 했다. 그는 두 병종兵種의 병력수를 대등하게 편성하려는 사람들에 대해 강하고 자세하게 반대했지만 그 역시 같은 처방을 내리고 있다.

만약 여단 대형에서는 일부 소총병이 제외되었을 것으로 보면 뤼스토프의 평가와 트라우피츠의 기록 간 모순이 조화될 수 있을지도 모른다. 뤼스토프 자신도 그렇게 보았다. 그러나 양자의 차이는 분명히 너무 커서 그런 식의 설명은 불가능하다.

더욱이 사료의 묘사들도 서로 일치하지 않는다. 구스타프 아돌프의 도해圖解들을 보면 앞뒤로 서 있는 2개 부대가 여단 앞에 밀려나가 있다. 《유럽 전구戰區 *Theatrum Europäum*》를 보면 브라이텐 평원 전투의 전투계획 상 호른Horn 여단의 최초 위치에서는 동일한 배치가 보인다. 필자는 이 2개 부대를 창병槍兵으로 보건 소총병으로 보건 간에 그들이 무슨 부대인지 아직 확실한 결론을 내리지 못하고 있다.

트라우피츠에 의하면 1개 중대(간부 포함 156명)는 3개 방진方陣/squadron으로 나뉘고 1개 방진方陣은 48명의 병력이 6개 횡렬橫列로 나뉘어 1개 횡렬橫列에는 8명이 선다. 중앙은 창병槍兵 방진方陣이고 좌우는 소총병 방진方陣이다. 각 방진方陣 사이 간격은 겨우 "3~4 긴 엘ell"(역자 주: 넉넉한 3~4야드) 밖에 안 되었지만 이 간격에 마지막 횡렬과 나란히 대포들이 배치되었을 것으로 보이며 대포들이 들어갈 자리가 충분하지는 않았을 것이다. 그러나 이 대포들은 아주 중요했다.

기병대를 상대할 때는 창병槍兵 방진方陣들이 전진했지만 소총병들이 그 뒤를 따라가면서 엄호를 해주지는 않았고 약간 떨어져서 뒤에 서 있었다.

---

12) 원 제목은 《스웨덴 왕군王軍이 연대聯隊 내의 중대를 편성하는 방식과 이를 전투대형으로 정렬시켜서 전투를 하고 효과적으로 사용하고 급양給養 하는 방식에 따른 병법兵法 *Kriegskunst nach Königlicher Schwedischer Manier eine Compagny zu richten, in Regiment, Zug: und Schlachtordnung zu bringen, zum Ernst anzuführen, zu gebrauchen, und in esse würklich zu underhalden*》이며 서기 1633년에 마인Main 주州 프랑크푸르트에서 출판되었으며 현재 괴팅겐Göttingen 대학교 도서관에 수장收藏되어 있다.

《유럽 전구戰區 *Theatrum Europäum*》의 본문에는 단일한 부대이건 3개로 다시 나뉘어 있는 부대이건 모든 부대를 "4개 보병 부대Fahnen zu Fuss"로 지칭하고 있다. 구스타프 아돌프의 그림과 《유럽 전구戰區 *Theatrum Europäum*》에 있는 그림과의 차이는 전면에 나가 있는 2개 부대의 폭이 후자가 훨씬 작다는 점이다.

제1제대梯隊에는 전선戰線을 따라 서 있는 부대들의 양 측면이 공통적으로 창병槍兵과 소총병들로 구성되어 있는 모습이 뚜렷이 보인다. 이 부대들의 종심縱深이 매우 깊은 것으로 보이기 때문에 이 소총병들이 겉옷 같은 모습으로 보이다.

구스타프 아돌프의 그림에는 개별 부대들 사이의 간격이 대부분 작지만 때로는 큰 경우도 보인다.

스테틴Stettin 전투 때의 첫 전투대형은 바이쎈 베르게Weissen Berge(백산白山) 전투 당시 보헤미아Böhmen/ Bohemia군의 대형과 분명히 비슷한 모습을 띄고 있다. 하나의 공통된 형태가 양자의 기초가 되었음이 분명하다. 그러나 구스타프 아돌프의 상황에서는 기병대가 보병부대들 사이로 나뉘어 배치되지 않았고 양 측면에 위치해 있다.

트라우피츠는 중대가 기본대형을 응용해서 취할 수 있었을 것으로 보이는 전투대형 5개(실제로는 6개)를 설명과 더불어 그려 놓았다(28~45쪽). 이들 각자가 특별한 전술적 상황을 위한 것들이다. 중대장은 단지 "정렬하라. 적이 보병 기병대 등 전 병력으로 정렬 중이다"라는 명령만 내리면 되었을 것으로 보인다. 그러면 하급 지도자들은 곧 중대장이 말한 상황에 적합한 익숙한 대형을 취하기에 필요한 적절한 명령들을 내렸을 것이다.

그들은 개별적인 기동들을 상세히 지시했다. 각 방진方陣 별로 뿐만 아니라 한 방진方陣의 절반에 대해서도 기동에 관한 특별 지시가 내려졌다.

우리는 아를라니베우스Arlanibaeus의 《스웨덴 군대*Arma Suecica*》(서기 1631년)에는 각 병종이 서로 지원했다는 것과 소총병들은 종심縱深 얕은 대형으로 정렬했다는 것과 창병槍兵들과 기병대가 모두 소총병을 엄호했다는 것 외에 다른 내용은 없다.

이런 전투대형의 장점은 공격력이 있는 대형으로서보다는 난공불락의 대형인 것으로 강조되어 있다.

제 V 장
크롬웰

크롬웰이 과연 병법사兵法史에서 한 페이지를 차지할만한 인물인지에 대해서는 의문이 있을 수 있다. 병법兵法의 발전과정에 그의 이름이 차지할 자리가 있다고 말할 수 없기 때문이다. 그러나 그는 분명히 강력한 전사戰士였고 그의 군대는 특출하고 중요한 존재였으므로 우리는 그대로 지나칠 수가 없다.[1]

앞서 알 수 있었듯이 중세의 영국은 중앙집권화 된 강력한 왕조로 인해 매우 효율적인 군사조직을 만들어 냈었다. 그러나 이 군사체계는 장미전쟁(역자 주: 잉글랜드에서는 왕위계승 문제로 서기 1455~1485년간 30년 동안 내란이 계속되었는데 이를 장미전쟁이라고 한다. 장미전쟁은 붉은 장미를 가문의 상징으로 했던 랭커스터 가문과 흰 장미를 가문의 상징으로 했던 요크 가문 사이의 왕위 쟁탈전이다. 이 내란이 끝난 후 랭커스터 가문의 헨리 7세가 왕위에 올라 튜더 Tudor 왕조가 시작된다) 기간 중에 스스로 소진되었다고 할 수 있다. 큰 콘도티에레Kon-dottiere(역자 주: 용병대장傭兵隊長) 가문들은 서로가 서로를 파괴했다. 내전을 종식시키고 거의 무제한적인 권력을 행사하는 전제專制 체제를 확립한 튜더Tudor 왕조의 권력기반은 강력한 군사체계가 아니라 잘 다듬어진 경찰조직이었다.

당시에는 특히 아일랜드를 억압하기 위해 상비군常備軍 모병募兵이 시작되었지만 계속 발전하지는 못했다. 이로 인해서 전제왕조가 더욱 강화되는 것을 우려한 의회議會가 군비軍費를 승인하기 때문이다.

당시의 큰 과제는 30년 전쟁(역자 주: 서기 1618년~1648년. 유럽의 거의 모든 나라들이 종교, 왕조, 영토 등을 둘러싸고 벌인 전쟁) 중에 독일의 프로테스탄트를 지원하는 일이었을 것이다. 그러나 엘리자베드Elizabeth 여왕이 백성들이 과도한 세금에 시달리지 않게 하려고 스페인과 싸우는 네덜란드를 아주 소극적으로 지원했던 것과 마찬가지로 이제 그의 후계자들도 독일 문제에 개입하지 않았으며 특히 보헤미아 의회議會가 영국의 지원을 기대하며 영국 왕 제임스James의 사위를 자신들의 왕인 선제후選帝侯 "팔라틴 백작Palatinate"(역자 주: 백작대공伯爵大公/Pfalzgraf과 같은 용어. 자신의 영토에서 국왕과 같은 권력을 행사하던 영주)으로 선출했지만 영국의 태도는 변함이 없었고 자발적 기여금으로 무장시킨 약간의 보충병력을 지원해 주는 데 그쳤다.

---

1) 피르트C. H. Firth의 《크롬웰의 군대Cromwell's Army》(런던, 서기 1902년)는 탁월한 글로서 군대 조직가로서의 크롬웰이라는 주제와 우리가 가장 관심을 갖고 있는 그의 역할을 아주 상세하게 다루고 있다. 호에니크Fritz Hoenig의 방대한 저서인 《올리버 크롬웰Oliver Cromwell》(베를린, 서기 1887년)은 수준 미달이다. 《역사지歷史誌 Historische Zeitschrift》, 제63권, 482쪽 및 《역사평론Historical Review》, 제15권(서기 1889년), 제19호, 599쪽에 게재된 서평書評을 참고할 것. 호에니크가 완전히 성숙한 자신의 상당한 재능을 보여준 것은 그의 후기 작품들이다.

영국에는 중세시대부터 지방을 방어하고 내부질서를 유지하기 위한 민병대가 있었고 우리는 이들을 검토한 적이 있다(이 책 제III편, 제II권, 제V장 참고). 각 주州는 자신의 규모에 적합한 군사조직과 간부들을 갖춘 병력집단을 편성했다. 무기는 별도의 무기고武器庫에서 보관했고 약간의 군사훈련도 실시되었다. 그들은 훈련을 위해 여름에는 매달 하루씩 모였다. 그러나 앞서 알 수 있었듯이 이 민병부대들을 "훈련된 무리들trained band"들이라고 부른 것은 그들이 실제 집체훈련을 했기 때문이 아니라 훈련을 하도록 예정되어 있었기 때문일 뿐이다. 이들의 전투력은 앞서 본 여러 게르만 지방의 지역 무장부대들 같이 아주 미미했다.

이들은 법률상 왕국 밖의 지역에서 활동할 수 없었고 심지어는 자신의 주州 밖에서도 활동할 수 없었다. 150년 동안 영국도 때때로 전쟁을 벌인 것은 분명하지만 군사적 업적은 매우 미미했었다. 독일이나 프랑스나 마찬가지로 영국에서도 조상들의 전사戰士 전통이 귀족들에게 계속 남아있기는 했지만 이제 기사騎士들을 징집해서 전쟁에 이길 수는 없게 되었고 용병傭兵을 모집하더라도 게르만 토병土兵/Landsknecht/lansquenet(역자 주: 16~17세기 독일의 보병용병步兵傭兵. 앞의 7쪽 참고)들을 유능한 전사戰士로 만들었던 것 같은 전통이 이들에게는 없었다. 영국은 프로테스탄트 국가들 중 월등하게 부강한 국가였음에도 불구하고 군사조직이 없었기 때문에 위그노 전쟁Hugenotten/Huguenot 전쟁(역자 주: 16세기 후반 프랑스 칼뱅파의 종교전쟁. 뒤의 192쪽 참고) 때나 네덜란드의 독립투쟁 때나 30년 전쟁 때나 유럽 정치에서 중요한 역할을 할 수 없었고 비교적 자원이 빈약한 스웨덴이 이 시기 유럽을 장악하게 되었다.

효과적인 군사조직의 결여는 당연히 내전內戰 수행에도 영향을 미쳤다. 찰스Charles I세 곁에 모인 지지 병력과 의회議會의 징집군은 모두 분파적分派的인 열정은 가득했지만 큰 결전決戰을 벌일 수 있을 만큼 조직화되어 있지는 못했다. 양측의 무장병력은 각각 60,000명에서 70,000명 쯤 되었을 것이지만 양측 모두가 대부분 병력이 도시나 요새화된 성城의 수비병력으로 쓰였고 개활지 전투에서는 이들 중 겨우 10,000명~20,000명 정도가 싸웠다. 양측에 모두 네덜란드군이나 스웨덴군에서 복무하거나 30년 전쟁에 참전했던 간부와 병사들이 있었다. 그 당시에 개발된 전투대형들은 이제 영국으로도 건너왔지만 그들이 이에 적응하는 데는 여러 해가 걸렸고 후시테Hussiten/Hussite 전쟁(역자 주: 이 책 제IV권, 제IV장 참고)이나 후일의 프랑스 대혁명 때 등 세계사의 여타 시기나 마찬가지로 실질적 군대가 탄생하게 되는 것은 전쟁 그 자체를 통해서였다.

이렇게 내전內戰 중에 군대를 재편再編해서 시민 민병 징집군과 지원병의 느슨한 조직을 유용한 군대로 바꾸어 놓은 인물이 바로 크롬웰Oliver Cromwell이었다. 그는 그가 만든 군대를 전술적으로 이용하고 전략적으로 지도하는 법을 알았던 인물로서 세계사의 중요한 인물 중 하나다. 그는 의회議會 의원議員으로서 민병대 지휘를 왕으로부터 의회議會로 넘기게 하는 법안法案을 제출했다. 이로 인해 내전內戰이 발생했을 때 당시 43세였던 그는 스스로 기병대 지휘관을 임명하고 자신의 주州에서 기병중대를 만들었다. 그러나 그는 군인경력이 전혀 없는 인물이었다. 의회군議會軍이 서기 1642년 10월 23일 첫 번째 비교적 큰 전투인 엣지힐Edgehill 전투에서 패하고 철수할 때 그는 햄프덴Hampden에게 다음과 같은 말을 했다.

> 그대의 병력은 대부분 늙고 쓸모없는 술주정뱅이 등 하잘 것 없는 인간들이지만 적의 병력은 신사紳士들과 지위 있는 자들의 아들들이오. 그대는 이런 보잘 것 없고 평범한 친구들의 용기를 가지고 명예와 용기와 각오가 있는 저들의 용기를 상대할 수 있다고 믿으시오? 내말을 역겨워하지 말고 듣기 바라는데 그대는 저 신사紳士들과 동일한 용기를 지닌 자들을 집결시킬 방법을 찾아야 하오.

그는 이어 명예가 있는 사람들은 신앙이 있는 사람들로 정복해야 할 것이라면서 자신은 그런 사람들이 어디에 사는지 안다고 했다. 그는 의인義人은 가장 높은 곳에 있지 않았고 법률가들은 군인들보다 말만 많다고 한 적도 있다.

그는 이런 정신으로 우선 그의 기병중대를 발전시켰고 이어 연대를 발전시켰으며 내전內戰이 시작된 지 4년 차인 서기 1645년에 새로운 야전군을 창설하기로 했다. 과거에는 통합된 의회군議會軍 같은 것이 실제로는 존재하지 않았고 각 주州 또는 이들의 협의회協議會가 유지하는 다수의 군부대들만 있었다. 이 협의회에서 가장 강력한 세력이었던 동부주東部州들은 이미 병력을 크롬웰과 그의 주州와 통합했고 이제는 "신형新型 군대New Model"의 핵이 되어 있었다. 의회는 이 새 군대에게 각 주州를 통해서가 아니라 국고國庫에서 직접 정기보수를 주기로 약속했다. 그러나 이 군대는 병력이 20,000명도 안 되었음에도 새로운 조직을 위한 가용자원이 아직도 충분치 못했기 때문에 의회는 지방당국에게 나머지 자원을 조세로 거두어들이도록 지시했다.

우리가 듣기로는 이때까지 양측 군대는 매우 유사했다고 한다. 양측 모두에 네덜란드군이나 구스타프 아돌프 밑에서 복무했던 간부들이 있었고 양측 모두 장교단將校團은 귀족들이었다. 시간이 지나면서 의회군議會軍에는 뛰어난 공적이 있는 평민병사들이 때로는 간부로 임명되기도 했지만 그렇다고 조직 전체에 달라진 것은 없었다. 새 군대의 대령과 장군 총 37명 중 9명은 영주領主였고 21명은 각

주州 유지有志/gentry였고 7명만 평민 출신이었다. 보다 많은 직업 병사들이 그들의 정치적 종교적 신념을 위해 무장한 귀족의 지위에 오르게 된 것은 보다 후일의 일이다. 따라서 우리는 양측 군대의 차이점을 귀족주의자들과 민주주의자들의 차이로 보면 안 된다. "기사당騎士黨/Cavaliers"이라는 호칭과 마치 상대방 사람들이 멋으로 길게 늘어뜨린 머리털을 혐오했던 것 같은 인상을 주는 "삭발당削髮黨/Roundheads"이라는 호칭은 오해를 불러일으키는 호칭들이다. 크롬웰을 포함해 소위 "삭발당"의 지도자나 간부들의 그림 속 모습은 모두 긴 머리를 하고 있다. 다만 당시의 한 부인의 묘사와 같이 내전內戰 초기에만 청교도들이 자신들의 머리털이 다 자라면 다시 돌아올 것처럼 삭발하고 출정出征 했을 뿐이다.

내전內戰 초기의 몇 년 동안은 반란군 지휘를 탁월한 의회議會 의원議員인 에쎅스Essex 대공大公과 만체스터Manchester 대공大公이 맡았었다. 그러나 새 군대가 편성되어 가면서 최고 지휘부도 재편되었다. 의회의 장군들은 언제인가 결국 왕과 화해가 이루어질 것이라는 기대 속에 전쟁을 수행했었다. 만체스터 대공大公은 "우리가 왕에게 아흔 아홉 번을 이기더라도 왕은 여전히 왕일 것이고 그의 후계자들도 역시 왕일 것이다. 그러나 우리가 왕에게 단 한 번이라도 패하면 우리 모두는 목이 매달릴 것이고 우리 자손들은 노예가 될 것이다"라는 말을 했었다. 이때 의회 의원은 군대 지휘관 직을 맡지 않는다는 "자주통일법自主統一法/self-reunification acts"이 통과되었다. 전쟁 지휘가 정치에서 분리된 것이라고 볼 수 있다. 의회는 최고사령관을 임명하게 되어 있었는데 그들은 이 자리에 페어팩스Thomas Fairfax 장군을 선정했다. 그에게는 의회 동의를 얻어 모든 간부와 연대장 및 중대장을 임명할 수 있는 권한이 주어졌다. 만약 크롬웰이 보통 사람이었다면 이런 조치로 인해 그의 미래가 단절되었을 것이다. 그는 의회 의원이므로 그사이에 중장中將까지 올라간 자신의 군인 지위를 포기해야 되었을 것이기 때문이다. 그러나 결과는 정반대였다. 군인들은 크롬웰을 너무 존경했으므로 누구도 자주통일법을 감히 그에게 적용하려고 하지 못했다. 반면에 페어팩스는 정치성이 없는 순수한 군인이었다. 이제 크롬웰은 군대와 의회에 모두 남았고 자신보다 12살 아래인 페어팩스 장군에게 영향력이 너무 컸기 때문에 비록 군대에서 제2인자 지위에 있기는 했지만 실제로 지휘권을 행사한 것은 그였다.

"신형新型 군대"는 민병징집군의 성격이 완전히 제거되고 강한 군기軍紀를 지닌 순수한 군사조직이었다. 그러나 그들의 군기軍紀의 기초는 신앙심에 있었다. 우리는 이 군대가 인구 규모에 비해 매우 작은 군대였다는 것을 늘 기억해 두어야 한다. 이 군대는 같은 정신을 지닌 동료들의 협동체로 군대임과 동시에 종파宗派

였다. 이들은 흔히 십자군十字軍이나 기사단騎士團에 비교되었다. 이 영국의 혁명군은 예를 들어 후일의 프랑스 혁명군이나 과거의 게르만 토병土兵 군대와는 전혀 달랐다. 이들은 결집력의 기초가 특정한 종교적-정치적 태도에 있었다는 점에서는 프랑스 혁명군과 공통점이 있었지만 대표적인 대중들의 징집군이 아니라 대표적인 엄선된 집단이었다는 점에서는 그들과 정반대였다. 게르만 토병土兵 군대 역시 대표적인 엄선된 집단이었지만 그들의 전사戰士 정신은 가장 낮은 차원의 것으로 그들에게는 이상적 목표는 없고 동물적인 용기만 있었던 반면에 혁명군의 전사戰士 정신은 이상理想을 위한 복무의 정신이었다. 프랑스의 위그노 전쟁 중에는 크롬웰의 군대와 같은 단결된 군대가 편성된 적이 결코 없다. 위그노 전쟁 중의 군대는 평화조약과 휴전조약이 끊임없이 체결되는 속에서 계속 귀족이나 도시민의 징집군과 용병집단의 성격을 띠고 있었다.

크롬웰의 군대는 30년 전쟁 후반기의 군대들 같이 전 병력의 1/3 내지 1/2이 기병대였다. 기병들은 모두 자신의 말과 장비를 소유하고 있었다. 그들은 많은 보수를 받았으므로 신사紳士 생활이 가능했고 그들 중에는 군인이라는 지위를 좋은 지위로 여기는 교육받은 사람들이 많이 있었다.

왕군王軍의 어느 늙은 간부는 한 청교도 간부에게 "우리들은 술 마시고 여인을 희롱하는 인간의 죄가 있지만 그대들에게는 영적으로 오만하고 반란을 일으킨 악마惡魔의 죄가 있소"라는 말을 한 적이 있다.

의회군議會軍 간부들은 임명된 것이 아니라 선출되었으므로 큰 권위를 유지했다. 크롬웰의 글에는 "나는 그대들에게 복종을 명한다. 복종하지 않으면 해고될 것이다"라는 말도 있고 "당면문제인 복장통일은 꼭 필요하다. 우리 병사들은 복장 차이로 서로 싸운 일이 가끔 있기 때문이다"라는 말도 있다.2) 최고위직에게도 권위가 있었다. 장군은 연대장들과 진중회의陣中會議를 가끔 열었지만 그들의 결론이 자신을 구속한다고 생각하지 않았고 자신이 옳다고 보는 대로 명령 했었다.

크롬웰의 표현에 의하면 "정열과 진정한 신앙에 기초한" 군기軍紀가 집체훈련과 연습을 통해 기병들을 견고한 전술조직戰術組織들로 만드는데 이용되었다. 내전內戰 초기에 에쎅스Essex 대공大公은 민병대원 집체훈련 같은 것은 없어도 될 것으로 믿었다. 그는 병사들이 가장 중요한 것들만 이해하고 있으면 된다고 생각했었다. 그러나 크롬웰은 유능한 사람이 중대장이 되어야 할뿐만 아니라 그들에게는 병력의 집체훈련을 위한 시간을 있어야 한다고 했다.

왕군王軍 측 기병들도 용감했고 찰스Charles I세에게는 자신의 사촌이며 보헤미아 팔라틴 백작령Palatinate의 겨울왕Winter King 프리드리히Friedrich V세의 아들인 루프레크

---

2) 호에니크Fritz Hoenig의 같은 책, 제Ⅱ편, 269쪽에 의하면, 이 명령은 서기 1643년의 명령이라고 한다.

트Ruprecht 영주領主라는 매우 유능한 기병대 장군이 있었다. 그는 30년 전쟁 중 많은 경험을 쌓은 인물이었다. 에쎅스Essex 대공大公은 자신들은 언제나 왕의 기병대 같은 기병대를 보유할 수 있을지 한탄한 적도 있다. 그러나 크롬웰의 "철기병鐵騎兵/Ironside"들이 결국 우위를 차지하게 된 것은 그들의 용기뿐 아니라 군기軍紀 때문이기도 했는데 이들은 지도자들이 공격 직후 병력을 재집결 시킬 수 있을 정도로 군기軍紀가 강했다. 호헤니크Fritz Hoenig는 루프레크트가 마지막 네즈비Naseby 전역戰役에 이르기까지 그의 4차례 전역戰役 모두에서 기병들이 공격 후에 재집결하지 않는 취약점이 매번 반복되었음을 확인한 후 이 영주領主는 재집결의 필요성을 이해하지 못했었다고 했다(《올리버 크롬웰Oliver Cromwell》, 제II편, 435쪽). 우리는 그렇게 믿어야 할까? 그가 공격 후 재집결이 얼마나 중요한지 그리고 무질서한 추격이나 약탈이 얼마나 위험한지 한번 경험한 후에도 몰랐던 기병 장군이라는 말인가? 필자는 그가 이를 알았을 것으로 믿고 싶다. 그러나 아는 것과 실천하는 것은 다른 문제다. 실천에는 군사훈련이 필요하며 지속적인 정신적 노력이 필요한 매우 힘든 작업이다. 다만 청교도들은 종교적 정신력으로 이를 극복할 수 있었지만 왕군王軍은 이를 극복할 수가 없었을 뿐이다. 네스비Naseby 전투 때나 마찬가지로 마스톤무어Marstonmoor 전투에서도 양측 기병연대 간 승부를 결정한 것은 이런 차이점이었다. 네스비 전투 때는 의회군議會軍이 초기의 평가와는 달리 병력수에서도 크게 우위에 있었음이 분명하다.3)

크롬웰의 개별적인 전역戰役 및 전투들에 대한 설명은 생략해도 좋을 것 같다. 그가 특출한 재능을 발휘한 곳은 리더십에서보다는 앞서 설명한 그의 군대 편성에서였기 때문이다.4) 이제 그 시기의 일반적 군사체계와 관련이 있는 몇 가지 세부적인 이야기만 더 해보기로 하겠다.

내전內戰이 시작되었을 때 창병槍兵과 소총병은 아직 나란히 정렬했었다. 그러나 필자는 그들이 구체적으로 서로 어떤 식으로 정렬했는지에 관한 기록을 본 적이 없다. 전투 때는 창병槍兵들이 기병騎兵의 공격을 격퇴했고 또 창병대대槍兵大隊들이 서로 충돌했다고 하는 사람들도 가끔 있다. 대륙에서나 마찬가지로 영국에서도 소총병이 점차 창병槍兵에 비해 우위를 점하게 되었다. 근접전투에서 소총병들이

---

3) 《역사지歷史誌 Historische Zeitschrift》, 제63권(서기 1889년), 484쪽에 수록된 로쓰W. G. Ross의 평가에 의하면 의회군議會軍의 병력은 보병 7,000명을 포함해서 13,500명이었고 왕군王軍의 병력은 겨우 8,000명으로 보병과 기병이 절반씩이었다고 한다. 피르트Firth, 위의 책, 111쪽 참고.

4) 호에니크Fritz Hoenig는 기병대의 전술적 이용과 제대梯隊 대형의 편성 등에 있어서 특별한 창안을 크롬웰의 공으로 돌리고 있고 그를 프리드리히Friedrich 대왕과 세이들리츠Seydlitz의 선구자 내지 심지어 오늘날의 우리들의 안내자로까지 보고 있다. 그러나 필자는 이에 동의할 수 없다. 17세기 군부대의 전체적인 조직과 그들의 무기의 효율성은 18세기 및 19세기의 상황과는 너무 차이가 나서 그런 비교는 정당화될 수 없다. 호에니크가 나폴레옹의 사단師團과 같은 사단師團의 편성을 크롬웰의 공으로 돌린 것(제I편, 제II권, 247쪽) 역시 잘못이다.

그들의 총을 몽둥이 같이 휘둘렀다는 기록도 가끔 있다. 피르트C. H. Firth는 소총병이 우위를 차지하게 된 중요한 요소로 소총병들은 갑옷을 착용하지 않아서 행군능력이 훨씬 우수했다는 점을 꼽고 있다(《크롬웰의 군대Cromwell's Army》, 108쪽). 그러나 내전內戰 초기 최대 강행군은 1일 10~12영국마일을 넘지 않았고 최장 행군거리가 13영국마일 즉, 20km도 안되었다. 후일 갑옷을 착용하지 않게 되자 행군거리가 좀 길어졌지만 그래도 3독일마일 즉, 23km 정도를 넘지는 못했다.

영국에서 결국 창槍이 없어진 것은 서기 1705년 이후이다.

내전內戰이 시작되었을 때 무스케테Muskete 소총에 여전히 갈퀴Gabel/fork(역자 주: 앞의 44쪽 참고)가 쓰였지만 신형新型 군대에서는 더 이상 쓰이지 않았다.

내전內戰 초기에는 전투 직전 야전식별용 신호와 함성이 전파되어 쌍방이 서로 우군과 적을 구분할 수 있게 했었다. 의회군議會軍의 야전식별용 신호는 엣지힐Edgehill 전투 때는 오렌지색 스카프였고, 뉴베리Newbury 전투 때는 가는 녹색 나뭇가지였고, 마스톤무어Marstonmoor 전투 때는 흰 옷과 모자에 붙인 흰 종이였다. 그러나 이런 것들은 한창 전투가 진행될 때 잃어버리기 쉬웠으므로 이들과 함께 "하느님과 함께God with us"라는 함성도 사용했다(스웨덴군도 브라이텐 평원Breitenfeld 전투 때 같은 함성을 사용했다). 마스톤무어 전투 때 상대방은 "하느님과 폐하God and the king"라는 함성을 사용했다.

크롬웰이 붉은색 짧은 상의를 표준 제복을 제정할 수 있었던 것은 전쟁 도중이었는데 이 제복은 이후 250년간 영국 병사의 복장이 되었다.

스코틀랜드 병사들은 적에게 조용히 접근했지만 잉글랜드 병사들은 공격 때 큰 소리를 외치는 관습이 있었다. 스코틀랜드인 몬로Monro는 잉글랜드 병사들이 공격하며 "싸Sa, 싸sa, 싸sa"라는 소리를 크게 내는 것을 조롱한 적이 있다. 그는 투르크Türk/Turk 병사들과 같이 잉글랜드 병사들도 마치 그런 소리를 내면 용감한 상대방 병사들이 겁을 먹을 것으로 생각하고 그랬다고 했다. 네덜란드 병사나 스웨덴 병사도 역시 조용히 전진했었다.5)

영국 청교도 군대의 특성은 종교성에 있었고 크롬웰의 업적은 이 종교적 정신을 군대편성과 전사적戰士的 행동에 활용한 것이라면 이제 마지막으로 우리는 이런 군대의 성격이 정치에 어떤 영향을 미쳤는지를 간과하면 안 될 것이다.

군통수권을 일차적으로 페어팩스가 행사하고 그 다음에 크롬웰이 행사하다가 나중 크롬웰이 일차적으로 행사했다. 그러나 군사문제가 정치영역으로 넘어간 이후 결정권을 쥔 것은 장교위원회였고 서기 1647년에 군대가 의회議會에 반란을 일으켰을 때는 병사들도 자신들의 불만을 전달하기 위해 ("선동가들agitators"이라

---

5) 피르트C. H. Firth, 《크롬웰의 군대Cromwell's Army》, 101쪽.

고도 불리던) 병사위원회를 선출로 구성했다. 의회는 국가에 장로교회 헌법憲法을 만들어 주려 했고 이 헌법은 교회의 기율紀律을 통해 지배계층의 국내적 권력을 보장해 주려는 내용이었다.6) 그러나 군대는 이를 반대했다. 군대에서는 민주적 사고방식 때문에 의회 헌법의 전통적인 귀족적 성격에 반대하고 있었다. 그들은 주교主敎들의 정신적 권위보다 장로長老들의 정신적 권위에 더 예속되는 것을 원치 않았으며 교회와 국가의 분리 및 독립교회파獨立敎會派/Independents(역자 주: 분리파分離派/Separatist라고도 하며 크롬웰이 이에 속했다. 서기 1608년에는 그들 중 일부가 네덜란드로 갔고 서기 1620년에는 또 다른 일부인 소위 순례자Pilgrim Father들이 미 대륙 플리머스에 정착했다. 이들은 한 지역 내의 모든 사람들이 그 지역의 교회에 나가도록 했던 영국성공회와는 달리 분명한 신앙을 가진 자라면 다른 그리스도교도들을 찾아서 함께 교회를 형성해야 한다고 생각했다)의 자유로운 종파宗派 체계를 지지했다. 결국 군대는 단결되었고 의회가 왕에게 이긴 후 군대를 해산시키려고 했지만 군대는 해산하려고 하지 않았다. 장교들은 타협을 모색했으나 병사들이 동의하지 않았고 장교들은 결국 병사들의 취향에 맞추어 병력을 통제할 수밖에 없었다. 크롬웰조차도 이런 압력에 양보했다. 군대의 복종이 회복된 것은 주모자 일부를 군법회의의 명에 따라 교수형에 처한 이후였다. 그러나 군대의 의사는 철저히 관철되었고 왕은 처형되었으며 의회는 처음에는 일부 숙청되었다가 나중에는 해산되었다. 이런 절차가 모두 끝나자 병사위원회도 사라졌다. 그러나 후일 많은 선동가(병사위원회 위원)들이 장교가 되어 있었다. 군대가 국가를 장악했고 그 지도자 크롬웰이 국가수반이 되었다. 크롬웰의 권력기반은 작은 규모의 군대에 불과했지만 그는 잉글랜드와 스코틀랜드 그리고 아일랜드의 3명의 왕에 대한 지배자 지위를 죽을 때까지 유지할 수 있었다. 그렇게 할 수 있었던 것은 그가 자신의 권력을 대외문제의 정력적인 해결에 사용했고 영국의 경쟁자인 네덜란드와 옛 적인 스페인에 대해서 조국의 이익을 성공적으로 지켜주었기 때문이다. 그는 "나는 내가 원치 않는 것을 그대들에게 말할 수 있어도 내가 진정 원하는 것을 그대들에게 말해 줄 수는 없소. 나는 그런 것이 필요한 것이 될 때까지는 모르고 있을 것이오"라는 말을 했다고 한다. 이 말은 그가 자신의 성격을 적절하게 표현한 것이라고 할 수 있다.

---

6) 필자가 쓴 "영국 성공회聖公會와 장로교長老敎 Anglikanismus und Prebyterianismus"(《역사-정치 논집論集 Historische-Politische Aufsätze》에 수록했음)을 참고할 것.

제 VI 장
개별 전투들

1. 시버스하우젠Sivershausen 전투(서기 1553년 7월 9일)

양측의 기병들은 모두 권총을 사용했다. 그들은 상대방과 매우 가까워져서 "상대방 눈의 흰자위를 볼 수 있을 때" 사격을 했다. 이런 행위는 카라콜레caracole 기동을 하면서는 있을 수 없는 일이다. 쌍방은 모두 병력이 매우 많았다. 모리츠Moritz/Maurice에게는 기병이 7,000~8,000명쯤 있었을 것이고 알브레크트Albrecht에게는 이보다 약간 적은 기병이 있었을 것이다. 이 전투에 관한 기록들은 서로 크게 모순되지만 이들을 객관적으로 분석해 보면 합리적 설명이 가능할 것이다.

2. 생껭텡St. Quentin 전투(서기 1557년 8월 10일)[1]

필리프Philipp II세는 53,000명 이상의 병력과 대포 70문을 집결시킨 후 꼬리니Coligny가 방어하고 있는 생껭텡 시市를 포위했다. 프랑스군은 주력이 이태리에 가 있었다. 프랑스군은 생껭텡에 보충병력을 보내려던 중에 우세한 적에게 패배했는데 스페인군이 대포로 독일과 프랑스 보병부대들을 잡아놓고 기병대로 이들을 이겼다. 결국 생껭텡은 함락되었다. 그러나 이 전투에서 주목되는 부분은 필리프가 전과戰果를 더 확대하지 못한 점인데 병사들에게 보수를 줄 수 없었기 때문이다. 그는 11월에는 군대를 해산하거나 각 지역에 수비대로 나누어 보낼 수밖에는 없게 되었다.

3. 그라벨링겐Gravelingen 전투(서기 1558년 7월 13일)

앙리Henry II세는 생껭텡을 잃은 후 이태리에서 병력을 불러들였다. 필리프는 병력을 해산시킬 수밖에 없었으므로 이번에는 앙리 II세의 병력이 다시 우세해졌

---

1) 코스H. von Koss, 《쿠엔틴 전투와 그라벨링겐 전투Die Schlachten bei St. Quentin und Gravelingen》, 베를린 대학교 학위논문, 에버링E. Ebering 출판사. 그의 분석은 다른 부분에서는 큰 가치가 있으나 그라벨링겐 전투에 대한 그의 분석이 적절한지는 의문이다. 엘칸Elkan은 《역사지歷史誌 Historische Zeitschrift》, 제116권, 533쪽에 게재한 평론에서 코스의 글에 대해 몇 가지 문제들을 지적했으나 이는 주로 단순한 지형적 착오 등 부수적인 문제들에 대한 것이다. 영국 선박의 개입 문제에 대해서도 코스는 상당한 이유를 제시하며 의문을 제기했지만 전쟁사의 관점에서는 이는 중요한 문제가 아니며 이 문제와 관련해서 엘칸이 인용한 사료기록이나 코스 자신이 간과한 부분에 대해서는 좀 더 많은 연구가 필요하다.

다. 이때 그는 깔레Calais를 빼앗고 프랑드르Flandern/Flandre를 황폐화 시켰다. 그러나 스페인은 전년도에 비상한 노력을 기울인 끝에 이제 큰소리를 치며 그들의 발목을 잡았지만 6개월 후 상황은 다시 또 역전되었다. 프랑스는 병력을 나누어서 룩셈부르크까지도 침공했고 에그몽Egmont이 지휘하는 스페인군은 상대방의 2배의 병력을 가지고 그라벨링겐을 포위 중인 군대를 깔레와 뒹키르켄Dünkirchen/Dunkirk의 중간쯤에서 공격해 이겼다. 이때 기병대가 다시 결정적 역할을 했다.

게르만 토병土兵/Landsknecht/lansquenet(역자 주: 16~17세기 독일의 보병용병步兵傭兵. 앞의 7쪽 참고)들은 양쪽 모두에 있었는데 양쪽 모두에서 의심을 받았다. 아마 같은 토병土兵들끼리 서로 큰 피해를 입히지 않으려고 했기 때문일 것이다. 그러나 이런 그들의 태도는 프랑스군에 복무하는 자들에게 도움이 되지 않았다. 다른 모든 병사들과 마찬가지로 그들도 모두 격파되었기 때문이다. 도주한 기병 몇 명 외에는 모두 박살이 나고 대영주大領主/Erzherzog들은 포로가 되었다.

위그노Hugenotten/Huguenot 전쟁

1. 드뢰스Dreux 전투(서기 1562년 12월 19일)

프로테스탄트 측은 기마騎馬 부대에서 우세했고 가톨릭 측은 (스위스 병사, 게르만 토병土兵, 스페인 병사 및 프랑스 병사들로 구성된) 보병부대와 대포가 크게 우세했다. 양쪽 모두 일부 보병부대들이 상대방 기병에 의해 격퇴되었고 위그노군의 "흑기병黑騎兵" 역시 스위스 방진方陣 부대들을 심하게 압박했지만 결국 격퇴되었다.2) 한 프랑스 대대大隊도 창병槍兵들 앞에 소총병 3개 횡렬橫列을 배치해 상대방 기사騎士와 기병들의 공격을 잘 버티어 냈다. 소총병들이 공격군을 잡아두었기 때문이다. 결국 가톨릭 측이 승리했다.

2. 몽꽁뚜르Moncontour 전투(서기 1569년 10월 3일)

가톨릭 측은 기병부대와 보병부대에서 현저히 우세했다. 꼴리니Coligny는 전면에 장애물을 설치해 자신의 병력을 보호하려 했지만 가톨릭군은 그들을 포위했다. 밀린 보수의 지급을 요구하며 게르만 토병土兵들이 반란을 일으키자 위그노군은 철수가 지연되었다. 수레를 이용해서 그들의 측면을 특이한 방식으로 엄호하던 병력 4,000명의 한 스위스 대대大隊는 위그노 기병들의 공격을 격퇴했다. 위그노군

---

2) 스위스 측의 전투기록(세게써Segesser의 《피퍼와 그의 시대Ludwig Pfyffer und seine Zeit》, 제I편, 621쪽).

기병대가 전장戰場에서 밀려난 후 게르만 토병土兵 대대는 사방에서 공격을 받고 격퇴되었다. 가톨릭 측에서는 자신들의 손실이 단 300~400명이었다고 주장하고 피퍼Pfyffer의 기록에 의하면 스위스군은 단 20명만 죽었다. 피퍼의 기록에 의하면 게르만 토병土兵들은 그들의 목숨을 싼 값에 팔았다고 한다.3)

3. 꾸트라Coutras 교전(서기 1587년 10월 20일)

이 전투는 프랑스 앙리Henry Ⅳ세가 처음 승리한 전투이다. 양측 병력은 6,000~7,000명 이하였고 기병과 소총병들만 전투에 참여한 것 같다. 앙리는 소총병들을 작은 밀집부대들로 나누어 기병들 사이에 배치하고 적의 기병이 20보 내에 도달할 때까지는 사격하지 말도록 지시했다.

4. 이브리Ivry 전투(서기 1590년 3월 14일)

이 전투에 관한 기록은 좀 전설 같은 인상을 주고 있다. 이 전투에 관한 비판적인 특별연구는 아직 없었다. 큰 창병槍兵 방진方陣들이 있었지만 실제 전투를 한 것은 기병과 소총병과 대포뿐이었다. 동맹군의 기병대가 격퇴되자 앙리 Ⅳ세는 대포를 가지고 와서 보병부대를 공격하게 했다. 게르만 토병土兵들과 프랑스 병사들이 참살斬殺 당하고 있는 중에 스위스 병사들은 항복해 버렸다.

5. 바이쎈 베르게Weissen Berge(백산白山) 전투(서기 1620년 11월 8일)4)

보헤미아 전쟁은 근 3년 동안 대규모 결전 없이 지속되었다. 보헤미아군은 병력이 크게 우세했고 모라비아Mähren/Moravia군, 실레지아Schlesien/Silesia군 및 대부분의 오스트리아군이 그들 편에 있었고 헝가리군 역시 그들을 지원하러 왔다. 그러나 단호하지 못한 리더십 때문에 이 많은 병력으로도 비엔나 하나를 함락시키지 못했다. 결국 많은 지원을 받게 된 황제가 공세를 취할 수 있게 되었다. 교황은 돈을, 스페인 왕과 폴란드 왕은 병력을 보냈으며 바이에른Byern/Bavaria의 막스Max 영주領主/Herzog는 동맹의 수장首長으로서 직접 한 위엄 있는 군대를 이끌고 왔다.

---

3) 이 전투에 관한 특별연구로는 기공Gigon의 《제3차 종교전쟁La troisième guerre de religion》(서기 1912년)이 있다. 기공은 위그노군을 보병부대 12,000명과 기병대 7,000명으로 보고 가톨릭군은 보병부대 15,000명과 기병대 8,000명으로 보았다. 다른 학자들은 가톨린군의 병력이 크게 우세했을 것으로 본다. 포펠리니에de la Popelinière의 기록에 의하면 꼴리니Coligny는 "보병부대와 기병대를 혼합시켜d'enlacer l'infanterie et la cavallerie" 작은 부대들로 나누는 방식을 사용한 것 같다. 그러나 전투기록에는 그런 말은 없다.

4) 이 전투의 표준연구로는 크레브스J. Krebs의 논문(베를린, 서기 1879년, 브렌델Brendel 출판사)가 있지만 군사적 관점에서 유용한 내용들은 없다. 《뮌헨 아카데미 의사록議事錄Sitzungsberichte der Münchener Akademie》, 인문편, 제23권(서기 1906년)에 수록된 리쫄러Riezler의 글에는 세부 사항 몇 가지가 참고가 된다.

그러나 마지막 순간까지 과연 결전決戰이 벌어질 것인지는 확실하지 않았었다. 바이에른의 막스 영주領主는 황제와 동맹의 연합군이 월등한 병력 우세를 이용해 고지高地 오스트리아로부터 프라하Prag로 직접 진격할 것을 주장했지만 그때까지 기동機動과 게릴라 전략을 성공적으로 이끌어 오던 황제군皇帝軍 사령관 부코이Buquoi 는 늦은 계절에 전투를 벌이려는 것을 매우 우려했다. 그는 적을 저지低地 오스트리아에서 끌어내는 데 만족하려 했지만 막스 영주領主는 프라하 앞에서 적에게 전투를 강요해 오스트리아와 모라비아를 되찾아야 한다고 했다. 결국 부코이가 양보했지만 그런 대담한 작전은 실패하기 십상이었음을 우리는 알게 될 것이다.

크리스티안Christian von Anhalt이 지휘하던 보헤미아군은 공격하기가 어려운 위험한 곳에 위치한 연합군 앞에 진지를 구축해 연합군의 전진을 지연시키려고 했다. 그러나 연합군은 대담하게도 북쪽으로 우회해서 이동했다. 북쪽으로 가면 바이에른에서 올라오는 식량수레들도 보헤미아 숲의 통로를 넘어서 그들과 합류할 수 있었고 결국은 그렇게 되었다. 보헤미아군은 적이 실제로 프라하로 향하고 있음을 알자 강행군 끝에 겨우 그들을 다시 저지할 수 있었고 프라하 서쪽으로 약 1/2마일(약 4km) 떨어진 바이쎈베르게에 방어진지를 구축했다.

보헤미아군이 구축한 방어진지는 매우 유리한 진지였다. 우측면은 그 속에 요새화 된 성城이 하나 있고 주위를 담장으로 둘러싼 금렵지禁獵地에 접해 있었으며 좌측면은 급한 경사지였고 전선戰線 앞에는 샤르카Scharka라는 개울이 있었는데 이 개울은 습한 목초지 위를 흐르고 있었고 적敵은 하나 뿐인 다리를 이용하지 않으면 건널 수 없는 하천이었다.

틸리Tilly가 대담하게도 바이에른군에게 다리를 건너가서 보헤미아군의 진지를 마주 보고 전개하게 하자 보헤미아군은 이때가 바로 적의 본대本隊인 황제군이 개울을 건너와서 저들을 지원하기 전에 바이에른군을 공격해서 격퇴할 기회임을 알았다. 연대장들인 스투벤볼Stubenvoll과 슐리에크Schlieck는 크리스티안 영주領主에게 이때가 유리한 상황임을 일깨워 주었고 크리스티안은 이 충고를 따르려 했었다. 그러나 호헨로헤Hohenlohe 대공大公 장군은 이에 반대하며 바이에른군의 소총병들은 그들의 본대가 개울을 건널 때까지 다리 이쪽의 레프Rep 마을을 충분히 지킬 수 있을 것이고 만약 우리가 공격을 하면 이는 탁월한 방어진지의 이점을 포기하는 것임을 지적했다. 크리스티안은 호헨로헤의 반대의견을 받아들여서 적을 공격할 수 있는 기회를 포기했다. 이때 바이에른군은 아직 전개하기 전이었으므로 보헤미아군에게는 공격할 수 있는 매우 유리한 기회였음이 분명하다. 크리스티안은 순수한 방어전을 펴기로 결정한 것이 아니면 자신이 점령한 유리한 진지에서 마지막 순간까지 적을 압박해서 적이 감히 공격을 하지 못하게 할 수 있으리라고 기대했던 것이다. 만약 그렇게만 되었다면 보헤미아군은 전투를 하지 않고도 이 전역戰役에서 승리를 거둘 것이 거의 확실했었다.

실제로 황제군皇帝軍 사령관 부코이Buquoi는 능선 위 보헤미아군 진지를 과소평가하면 안 된다는 것, 그곳에 어떤 종류의 참호가 구축되어 있는지 자신이 모르고 있다는 것, 보헤미아군의 포병과 소총병과 조우할 지도 모르는데 자신의 병력은 그런 적을 상대할 능력이 없고 그런 경우 자신은 후방의 협곡峽谷 때문에 모든 것을 잃을 수도 있다는 것을 알았다. 따라서 그는 남쪽을 포위해서 적을 현재의 진지에서 끌어내려 했었다.

그러나 전투를 원하던 바이에른의 막스Max 영주領主와 틸리Tilly가 결국은 이미 전개가 끝난 전선戰線 뒤에서 열린 진중회의陣中會議에서 그들의 의견을 관철시켰다. 나중에 틸리Tilly는 "누구든 성년선두에서 적과 싸우려 하는 자는 적을 바라보고 적의 총탄에 자신을 노출시키지 않고는 적과 싸울 수 없다"는 말을 했다. 결국 적을 포위하기는 거의 불가능하고 이미 점령한 진지에서 철수하는 것조차 너무 어렵다는 것이 너무 분명해졌다. 병력수에 있어서나 사기士氣에 있어서나 가톨릭 측이 우세했음은 분명하다. 가톨릭 측은 약 28,000명의 병력으로 보헤미아군 약 21,000명을 프라하 성벽城壁 쪽으로 밀어붙였다.5) 더욱이 전날 밤에는 가톨릭군이 헝가리군을 기습 공격해서 5,000명 이상 되는 그쪽 보헤미아 왕의 군대를 심하게 위축시켜 전투의지를 잃게 만들어 놓았었다.

상대방 지도자들이 아직도 진중회의陣中會議를 열고 있는 동안에도 보헤미아군은 그들의 진지를 보강하는데 온갖 노력을 기울이고 있었다. 크리스티안 영주領主는 병력이 아직 행군 중이었음에도 바이쎈베르게의 진지를 구상하면서 그곳에 참호들을 파도록 명했다. 그는 병력들에 앞서 서둘러 프라하로 가고 있는 보헤미아 왕에게 이 일을 맡도록 직접 요청했다. 그러나 성과는 별로 없었다. 휴대한 연장들이 이미 모두 달아버렸기 때문이다. 지역 당국에 삽과 가래를 마련하기 위한 비용으로 은화銀貨 600 탈러taler를 지불해 주도록 승인을 얻어내야 했었다. 여하간 그들은 이 진지를 위해 많은 노력을 기울인 결과 수 시간 내에 산 위의 진지를 크게 보강할 수 있었다. 이제 황제군 사령관 부코이Buquoi가 우려했던 일들은 현실이 되어버렸다고 할 수 있다.

그러나 보헤미아군은 참호도 충분히 구축하지 못했고 지형의 이점도 활용하지 못했다. 그들의 우측면은 금렵지禁獵地 담장과 급경사로 인해 매우 튼튼해서 많은 병력이 필요 없었으므로 느린 경사 때문에 적의 접근이 용이한 좌측면에 많은

---

5) 리쫄러Riezler는 물론 동맹군은 앞서의 전역戰役에서 이미 12,000~15,000명을 질병으로 잃고 겨우 10,000 명 정도밖에 안 되었다고 보고 있다. 그 당시 "헝가리 열병熱病"이 숙영지 전체를 휩쓸었었다.

병력을 투입하거나 역습에 대비한 예비대를 남겨둘 수도 있었다. 그러나 그들은 병력을 2개 제대梯隊로 나누어 진지 전체에 균일하게 배치했었고 각 제대梯隊에는 비교적 소규모의 보병부대들과 기병대들을 매우 넓은 간격을 두고 교대로 배치해 놓았다. 5,000명의 헝가리 기병은 일부는 예비대로 남고 일부는 좌익 가장 끝으로 가게 되어 있었지만 그들은 그곳은 적의 포격砲擊에 노출된 곳이라며 지정된 진지로 가지 않고 모두 3제대梯隊로 후방에 남아 있었다. 그들은 전날 밤 기습 공격을 받아 사기士氣가 떨어져 있었음이 분명하다.

황제군 사령관 부코이Buquoi의 종자從者로 이 전투에 참여했었고 이 전투에 관한 좋은 기록을 남긴 예수회Jesuit(역자 주: 종교개혁기에 프로테스탄트들의 등장으로 가톨릭 자체에서 개혁을 위해 서기 1540년 창설한 수도회) 회원 피츠시몬Fitzsimon은 리비우스Livy/Livius의 글을 원용하면서 보헤미아군 대형은 너무 종심縱深이 얇았다는 말을 한 적이 있다. 우측 금렵지禁獵地에서 좌측 경사지까지 거리는 사실 1/3마일(약 2.5km)은 되었고6) 보헤미아군 병력수는 21,000명도 채 안되었다. 앞서 필자가 말했듯이 만약 단호하고 뛰어난 리더십을 지닌 지도자가 병력을 확고하게 장악해 금렵지와 우측면에는 병력을 적게 배치하고 그 대신 필요한 곳 어디든 투입할 강력한 예비대를 두었다면 아마도 그런 문제점쯤은 극복할 수 있었을 것이다. 그러나 크리스티안 영주領主는 그런 지도자가 되지 못했다. 바이에른군이 고립되어 있을 때 그들을 공격하기를 망설였을 때 이미 이런 사실이 들어났다. 비록 그가 좀 더 뛰어난 인물이었고 자신감에 가득 차 있었다 해도 그는 예하 지도자들을 확실하게 장악해서 그들을 통해 병력을 통제하지는 못했다.

가톨릭군도 포위를 한다든지 해서 병력의 우위를 활용하지 못했었다. 그들은 헝가리 병력이 제 위치를 점령하지 않은 보헤미아군 좌측면을 틀림없이 포위할 수 있었을 것이다. 공격자인 그들은 그렇게 하지 않고 양 측면 모두에서 상대방 정면보다 좁은 정면으로 정렬했던 것으로 보이며 그 때문에 종심縱深이 더 깊어지게 되었다. 황제군과 동맹군은 공히 그들의 보병을 5개의 큰 방진方陣으로 나누었고 이들은 기병대를 그들의 옆이나 뒤에 두고 2개 또는 3개 전선을 형성해서 장기판 형태schachbrettförmig로 전진했다(역자 주: 앞의 149쪽 참고). 황제군 기병은 비교적 작은 기병중대들로 나뉘었고 동맹군의 기병들은 큰 부대들로 모여 있었다.7)

---

6) 크리스티안 영주領主의 말에 의하면 보헤미아군 대형은 정면이 최대 3,750보步는 되었다 하는데 금렵지禁獵地는 이 수치에 포함되지 않은 것으로 보인다. 그러나 크레브스J. Krebs의 삽화에는 금렵지 내의 진지를 포함해서 그들의 정면이 2,000m도 채 안되었다고 하면서 아주 특이하게 금렵지 내의 진지를 5,000ft라고 했다. 크레브스는 그들의 정면이 약 3,600m였다고 말한 곳도 있다(171쪽). 어떤 수치가 옳건 간에 이 정도 정면은 그들 같이 작은 군대로서는 매우 긴 정면이었다.

7) 후일 틸리Tilly는 그의 동료 부코이Buquoi가 그의 기병들을 "작은 기병중대squadronelli"들로 나누었다고 비난했다.

양측 포병은 병력 전개 중에 포탄을 쏘았으나 서로 별로 피해를 입히지는 못했음이 분명하다. 가톨릭군의 포병 진지는 계곡에 있어 상향 사격을 해야 했고 보헤미아군에게는 큰 대포 6문과 작은 대포 몇 문이 있었을 뿐이다.

앞서 알 수 있었다시피 먼저 전개한 것은 바이에른군이지만 먼저 공격을 시작한 것은 우측면에 있던 황제군이었다. 바이에른군은 급경사를 올라가야 했지만 크레브스J. Krebs의 생각과는 달리 그 때문에 그들이 뒤늦게야 전투에 끼어들었다고는 할 수 없다. 만약 그들이 황제군과 동시에 정렬했다면 경사가 더 급했다고 해서 몇 분이나 늦게 전투에 참여했을 수는 없다. 전투를 하기로 결정한 주된 책임이 있는 막스Max 영주領主의 바이에른 연대들은 황제군이 이미 전투에 승리했으므로 대부분이 아예 전투에 참여하지도 못했다. 전투가 일종의 측면전투로 발전했던 것은, 당시 견해차이가 있었던 것을 볼 때, 일종의 타협이 이루어졌기 때문일 수도 있다. 즉, 적의 진지가 과연 좀 소심한 지도자들이 의심하고 있는 것과 같이 강력하고 잘 요새화 되어 있는지 대규모 전초전을 통해서 먼저 알아보기로 결정했던 것이다. 이런 전초전은 지형관측이 좀 더 용이한 우측면에서 할 수밖에는 없었다. 그러나 이 최초의 이동이 바로 전투로 발전하면서 너무 빨리 승부가 결정되었기 때문에 가톨릭군 중 먼저 전개했고 가장 전투를 원했던 병력은 오히려 거의 할 일이 없게 되었던 것이다.

바이에른군이 아예 전투에 전혀 개입하지 못한 것은 그들의 매우 깊은 종심 때문이었을 수도 있다. 다시 말해서 그들은 1차 접근에 너무 많은 인원이 개입하기를 원하지 않았고 강력한 예비대로 남아있기를 원했던 것일 수도 있다.

황제군이 완만한 경사를 신속히 올라가서 보헤미아군의 좌측면에 도달했을 때 처음에는 다양한 기병대 연대들과 마주쳤다. 그러나 보헤미안군의 기병부대들은 잠시 물러났다 다시 전진한 후 공격군의 우세한 병력에 밀려서 무너질 수밖에는 없었다. 이때 투른Thurn 대공大公의 보헤미아 보병부대 역시 작전에 돌입했었지만 300~400보 밖에서 소총 사격만 했을 뿐이고 곧 뒤로 돌아 도주했다. 최고사령관 크리스티안 영주領主의 전투기록에서는 그들이 겁쟁이로만 보였다고 하나 역사가들은 그에 앞서 그들에게 보수를 주지 않았던 잘못 때문에 이런 한심한 행동이 있게 되었다고 설명했다. 그러나 상황이 약간 달랐음이 분명하다. 앞서 알 수 있었듯이 보헤미아군은 종심縱深이 매우 얕은 제대梯隊로 정렬했었다. 개별 부대들도 종심縱深이 매우 얕았으며 그들 사이의 간격은 컸었다. 그런 대형을 취하면 매우 자유로운 기동이 가능하고 다양한 부대들이 상황에 맞추어 협력하며 싸울 수도 있다. 그러나 이는 그들이 상황을 잘 파악하고 이를 이용할 수 있을 때나 가능한 일이다. 다시 말해서 그렇게 종심縱深이 얕은 대형을 취하려면 최고사령관은 물론 예하 모든 연대장들이 단호하고도 우수한 리더십을 지니고 있어야만 한다. 그러나 우리는 그들에게서 그런 리더십을 발견할 수가 없었다. 우리는 앞서 그들이 지형을 제대로 이용하지 못하고 모든 곳에 병력을 균일하게 배치한 것을 알 수 있었다. 이제 우리는 제1제대梯隊에 있던 투른Thurn의 연대 쪽만 전진했고8) 그것도 곁에 있던 기병대가 이미 무너지고 있는 순간에 전진했음을 알 수 있다. 제2제대梯隊나 제3제대梯隊로 뒤에 있던 헝가리군은 전혀 전진하지 않았다. 따라서 전진한 투른Thurn 연대의 제1제대梯隊는 그들보다 병력이 몇 배나 많은 적의 보병 부대 및 기병대와 충돌했다. 그들이 곧 멈추어서 뒤로 돌아선 것은 놀라운 일이 아니다. 그들을 먼저 적이 소총 사정거리 내에 들어올 때까지 기다리게 했다가 진지에서 사격을 하게 했다면 아주 큰 효과를 보았을 것이고 그런 후에 가까이 있던 기병대와 함께 반격하게 했으면 좋았을 것인데 크리스티안은 왜 그리 하지 않고 그들을 전진하게 했을까? 물론 황제군의 우세한 병력을 생각해 보면 그들이 그렇게 반격을 했더라도 승리했을 것이라는 보장은 없다. 황제군은 앞에 2개 보병부대가 있었지만 다른 3개 보병부대와 또 기병중대들까지 그들 뒤를 따르고 있었기 때문이다. 그러나 방어진지와 방어사격의 이점을 제대로 활용해 보지도 않은 채 고립된 연대를 전진시키는 것은 너무 많은 희생을 요구하는 것이었고 아무리 용감한 병력이라도 승리할 수는 없었을 것이다. 투른Thurn 연대의 나머지 병력과 제2제대梯隊가 즉시 도주에 동참하지 않고 그들 사이의 간격으로 제1제대梯隊가 뒤로 빠져나갈 때까지 굳게 버티었다는 것만 해도 충분히 놀랄만한 일이다.

보헤미아군 총사령관 크리스티안 영주領主의 아들인 21살의 크리스티안이 지휘하는 한 용감한 기병부대는 그래도 제2제대梯隊로부터 전진해서 기습적인 승리를 얻었다. 전진 중 약간 대형이 흩어져 있었을 황제군의 최선두 제대梯隊가 이 보헤미아 기병부대와 교전하게 되었다. 젊은 크리스티안은 기습적으로 튀어나가서 상대방의 기병대를 밀어낸 후 보병부대 방진方陣 하나를 깨뜨렸고 그들 중 일부를 칼로 베어 쓰러뜨렸다. 다른 몇 개 부대가 그를 따랐으며 제3제대梯隊에 있던 헝가리군도 전진했다. 그러나 상대방은 병력이 너무 많았다. 틸리Tilly가 지원병력으로 내보낸 동맹군 기병대가 곧 젊은 크리스티안의 기병들을 휩쓸었다. 헝가리군은 실질적인 공격은 시작해보지도 못했다. 가톨릭군이 계속 전진해 오자 보헤미아 연대들은 하나씩 줄지어 도주해서 우측의 금렵지禁獵地로 몰려 들어갔지만 그곳에서 사방으로부터 공격을 받고 곧 쓰러졌다.

정오에 시작한 전투는 1시간 내지 1시간 반 만에 끝났다. 좌측면으로 갔던 바

---

8) 크리스티안 영주는 마치 그곳에 창병槍兵들은 전혀 없었던 것 같이 투른Thurn의 소총병들만 언급했다.

이에른군의 대부분은 싸울 일이 없어져 버렸다.

양측의 전투대형에 관한 정보는 참전자들의 기록을 통해서도 알 수 있지만 바이에른의 공식 전역戰役 보고서인 "전투상보戰鬪詳報/Journal"(사델러Raphael Sadeler가 전투 이듬해인 서기 1621년 뮌헨에서 책자로 발간했음)와 크리스티안 영주領主가 프리드리히Friedrich 왕에게 보고한 기록(서기 1787년 발간된 《애국문헌집愛國文獻輯/Patriotischen Archiv》에 수록되어 있음)에 수록된 삽화揷畵들을 통해서도 알 수 있다.

"전투상보"에 의하면 양측 보병부대는 모두 방진方陣들로 정렬했는데 차이점이 있다면 가톨릭군의 경우 소총병들이 후방을 포함해서 방진方陣들의 사면을 둘러싸고 있는 반면 보헤미아군의 경우 소총병들이 일부는 방진方陣들을 둘러싸고 있고 일부는 창병槍兵 부대들 옆에 길게 뻗은 날개 같이 정렬해 있는 점뿐이다.

가톨릭군의 기병대는 황세군보나 동맹군의 경우에 훨씬 큰 기병중대들로 정확하게 정렬해 있다.

크리스티안의 삽화揷畵에는 보헤미아군은 보병부대나 기병대나 모두 종심縱深이 얕은 대형이지만 소총병과 창병槍兵의 상호 배열은 표시되어 있지 않다. 바이에른 측의 보헤미아군 그림은 아마 환상일 것이다. 그들은 날개 모양으로 정렬한 보헤미아 소총병들에 대한 이야기를 듣기는 했지만 우리가 크리스티안 자신의 삽화를 통해 분명히 알 수 있는 보헤미아군 대형의 중요한 특징인 종심縱深이 얕은 대형에 대해서는 잘 모르고 있었다.

하지만 크리스티안은 왜 그의 종심縱深 얕은 부대들 사이에 그렇게 큰 간격을 남겨놓을 생각을 하게 되었을까? 그의 삽화를 보면 그는 대형을 정렬시키면서 우선 (헝가리군을 제외한) 모든 병력을 한 제대梯隊로 정렬케 한 다음 다른 부대들은 모두 300ft를 전진케 해서 제1제대梯隊에 있는 간격들이 제2제대梯隊의 종심縱深 얕은 각 개별부대들의 정면과 정확하게 같은 길이가 되게 만든 것 같은 인상이 있다. 따라서 제1제대梯隊에 있는 각 부대들은 사전에 제2제대梯隊가 앞으로 뛰어나와 중간의 간격들을 메워주지 않는다면 적과 접촉하는 순간 곧 양 측면을 포위당하게 될 것이다. 이런 대형에서 보헤미아군의 보병부대에게는 적의 기병대가 특히 위험한 상대였을 것이다. 아마도 이런 대형을 취한 것은 크리스티안이 알기로는 적도 역시 연속된 전선戰線으로 정렬하지 않고 종심縱深 깊은 부대들이 서로 큰 간격을 유지하며 전진했기 때문일 가능성이 있다. 따라서 크리스티안은 비록 포위될 위험성은 있어도 제2제대梯隊가 지원하러 앞으로 뛰어나올 수 있을 만큼 충분히 가까이에 있고 또한 큰 간격을 유지해야만 개병 부대들이 최대로 행동의 자유를 확보할 수 있을 것으로 기대하고 있었던 것일 수도 있다.

그러나 우리는 각 부대들을 고립되게 만든 이런 넓은 간격들이 그들이 패배한 중요한 원인이 아니었는지 의문을 제기해 볼 수 있다. 만약 보헤미아군이 2개 제대梯隊로 느슨하게 정렬하지 않고 단일의 밀집대형으로 정렬해서 적의 공격을 기다렸다가 가능한 최대로 효과적 사격을 적에게 퍼부은 후9) (물론 형가리군은 여전히 제2제대 또는 예비대로 남겨 놓고) 전선戰線 전체가 가능한 최대의 통일된 역습을 실시했었다면 그들에게는 승리의 기회가 생겼을지도 모른다. 고전시대의 추억으로 불행히도 아직도 떠다니는 유령幽靈 같은 로마군 레기온legion(역자 주: 로마 레기온에 관한 설명은 이 책 제I편, 제IV권, 제I장 및 특히 제VII권, 제I장, 부기附記 2 참고)에서와 같은 간격들을 사용한다고 해서 이때도 어떤 성과가 있을 수 있었을까? 그 다음 시대는 여하간 정면의 간격을 없애는 시대로 넘어갔다.

아마도 크리스티안 영주領主 자신이 썼을 것으로 추정되는 보헤미아군의 결점에 관한 한 비망록에서는 많은 간부들이 그런 조직을 운용할만한 능력이 없었다고 불평하면서 네덜란드식 전투방법을 조롱하고 있지만 그들은 네덜란드식 전투방법을 이해하지 못하고 있었다. 만약 크리스티안 자신의 그림에 의해 우리가 들어서 알게 되고 믿게 된 대로의 네덜란드식 전투방법을 그가 진실로 이해하고 적용했다면 이런 방식을 거부한 늙은 전사戰士들을 우리는 그다지 혹독하게 비판할 수는 없을 것이다. 한 장군으로서 크리스티안은 다른 누구보다도 적지 않은 잘못을 저지른 것은 분명하다. 그는 장군들이 연대장들을 모두 썼기 때문에 자신에게는 연대장이 너무 적었다고 불평하고 있는데(119쪽) 실제로 그랬을 수는 있지만 이는 자신의 결단력 부족을 말해주는 증거가 될 뿐이다.

아주 많은 민족의 군대가 이 전투에 참여했다. 보헤미아 측으로 싸운 군대는 보헤미아군, 오스트리아군, 형가리군 및 네덜란드군이었고 가톨릭 측의 군대는 게르만군, 스페인군, 이태리군, 발론Walloon군 그리고 폴란드군이었다.

6. 브라이텐 평원Breitenfeld 전투(서기 1631년 11월 17일)10)

구스타프 아돌프Gustav Adolf/Gustavus Afolfus는 포메라니아Pommern/Pomerania 해변에 상륙한 지 15개월쯤 지난 후에야 황제군과 동맹군의 연합군 사령관 틸리Tilly와 작센Sachsen/Saxony에서 결전決戰을 벌이게 되었다. 황제는 이 스웨덴 왕과의 전투에 처음부터 많은 병력을 보낼 수 없었다. 그는 동맹군을 포함 많은 가용병력이 있었지만— 스웨덴 의회議會의 한 의원議員이 황제에게는 150,000명 이상의 가용병력이 있다고

---

9) 긴델리Gindely에 의하면 보헤미아 연대의 부대Fähnlein들은 일등병 24명과 창병槍兵 76명 그리고 소총병 200명으로 구성되어 있었다고 한다(제II편, 119쪽).

10) 이 전투의 표준이 될 특별연구로는 오피츠Walter Opitz의 논문이 있다(라이프찌히, 다이케르트A. Deichert 출판사, 서기 1892년). 방겔린Wangelin의 학위논문(할레Halle, 서기 1896년)은 사료연구에 그치고 중요한 결론은 없다.

경고한 적이 있다 — 그때까지 전쟁을 하며 탈취한 수많은 요새지들의 관리 때문에 병력이 흩어져 있었다. 더욱이 황제는 이때 이태리에서도 만투아Mantua 공국公國을 놓고 프랑스와 싸울 때였다. 그러나 황제는 방금 선제후選帝侯들과 동맹군에게 설득되어 발렌슈타인Wallenstein(역자 주: 17세기 게르만 용병 지도자. 앞의 58쪽 참고)을 해고하기로 했으므로 서둘러 대응할 수도 없었다. 구스타프 아돌프가 게르만 제국 땅에 출현한지 2개월 후 황제는 발렌슈타인에게 해고를 통보했다.

따라서 구스타프 아돌프에게는 때로는 완강한 저항을 극복해야만 할 경우도 있었지만 포메라니아와 메클렌부르크Mecklenburg의 거점據點들을 하나씩 함락시키고 또 정치협상을 통해서 프로텐스탄트 영주領主들의 연합군을 자신의 편으로 끌어들일 수 있는 시간이 있었다. 서기 1631년 2월 그는 처음으로 오데르Oder 강변의 프링크푸르트Frankfurt 부근에서 틸리Tilly와 마수쳤지만 양측은 모두 전투를 원하지 않았다. 구스타프 아돌프는 틸리의 지원병력이 도착 전에 빠른 전후 기동으로 먼저 그의 우측면에 있는 뎀민Demmin을 함락시키고 이어 좌측면에 있는 프랑크푸르트와 란트스베르크Landsberg를 함락시킬 수 있었다. 그러나 이때 틸리는 스웨덴 편에 서겠다고 선언한 마그데부르크Magdeburg를 5월 20일에 급습해서 함락시키는 놀랄만한 성과를 거두었다. 그러나 쌍방은 여전히 상대방을 향해 직접 진군하지는 않았다. 구스타프 아돌프는 보충병력의 도착과 브란덴부르크Brandenburg와 작센의 두 선제후選帝侯들과 연결되기를 기다리고 있었다. 틸리는 이미 구스타프 아돌프가 차지하고 있는 요새지要塞地들 한 중간에서 그에게 전투를 강요할 수는 없다고 믿으면서 스웨덴에 우호적인 중부 게르만 지역에서 압박기동을 실시하는 것에 만족하고 있었다. 라이프찌히에서 북쪽으로 약 1마일이 좀 더 되는(약 8km) 곳에서 전투가 시작된 것은 틸리가 작센으로 이동해 들어가고 작센 선제후 게오르크Johann Georg가 그의 병력과 함께 스웨덴군과 합류한 다음이었다.

사료기록들에 의하면 구스타프 아돌프는 이때도 아직 전투를 벌이려고 하지 않고 자신의 영지領地들이 기동전機動戰 전구戰區로 변해 황폐화 되는 것을 바라지 않는 게오르크에게 압박을 가하고 있었다고 한다. 그것이 사실이었다면 우리는 이 스웨덴 왕의 전략적 식견을 높이 평가할 수는 없을 것이다. 실제로 그랬다면 그는 더 이상의 보충병력을 기대할 수 없었을 것이며 따라서 우리는 그가 어떤 전기轉機를 통해 틸리를 상대로 큰 성과를 얻어내려 했던 것인지 이해할 수 없게 된다. 반면 틸리는 아직 남부 게르만 지역에서 상당 규모의 보충병력이 오기를 기다리는 중이었고 그들은 이미 알드링거Aldringer 지휘 하에 예나Jena 부근까지 와 있어서 수일 내로 그와 합류할 수가 있었다. 틸리Tilly는 적을 충분히 잡아둘 수 있는 엘스터Elster 강 뒤편의 진지를 어렵지 않게 탈취할 수도 있었을 것이다.11)

그러나 이 때문에 틸리Tilly가 서두른 것 같지는 않고 계속 승리해 온 그의 장군들이 적이 라이프찌히 개활지에서 벌이려 하는 전투에 응하려는 데 대해 확신을 갖고 반대했던 것으로 보인다. 그렇다면 구스타프 아돌프로서는 왜 전투를 회피하게 된 것일까? 그는 그렇게 꾸물대다가는 작센과 함께 모든 것을 잃게 될 뿐 아무것도 얻을 것이 없는 상황이었다. 그러나 그가 9월 15일 고향땅 뒤벤Düben에서 열린 결정적인 군무회의軍務會議에서 보고한 말들을 주의해서 보면 그는 전투에 반대한다는 말을 실제로 한 적은 없고 전투를 시작할 수 없도록 영향을 미치는 이유들만 말하고 있음을 알 수 있다. 다시 말해 현명한 정치가였던 그는 자신이 전투를 고집하는 것으로 보이기를 원치 않았었고 그런 역할을 전투를 시작함으로써 자신의 영지領地가 전화戰禍에 더욱 시달리게 될 것을 크게 우려하고 있었던 작센 선제후選帝侯에게 돌리려 했던 것이다. 그렇다면 그는 작센군의 호의에 더욱 의존할 수밖에는 없었을 것이며 그렇게 함으로써 만약 일이 잘못되더라도 그들에게 책임을 돌리려 했을 것이다.

스웨덴군과 작센군의 병력은 약 39,000명이었고 황제군과 동맹군의 병력은 약 36,000명이었던 것으로 추산된다. 따라서 전자가 병력이 약간 많았는데 그들은 기병에서 2,000명이 많았고(13,000명 대 11,000명) 대포도 적은 26문밖에 없었지만 그들에게는 75문이 있었다. 그러나 틸리로서는 병력의 열세를 병력의 질로 상쇄할 수 있을 것을 기대할 수 있었다. 대부분 새로 징집한 병력인 16,000명의 작센군은 그들을 상대할 수 없었을 것이기 때문이다.

틸리는 병력과 함께 라이프찌히로부터 출발한 후 브라이텐 평원Breitenfeld에 도달하자 멈추어서 앞을 가로질러 흐르고 있는 로베르Lober 강 뒤로 약 2km쯤 되는 곳에서 평원 마을 오른쪽 약간 높은 지형을 진지로 잡았다. 로베르 강은 현재는 아주 작은 개울이지만 기록에 의하면 그 당시는 건너기 어려운 강이었음이 분명하다. 지형에는 자연적 한계가 없어서 좌우측 어디든 기댈 곳이 없었다. 그러나 그들의 보병부대들은 종심縱深이 깊고 측면을 자체 보호하는 테르지오terzio(역자 주: 앞의 148쪽 참고)라는 큰 대형들이었으므로 다른 자연장애물은 필요 없었다.

스웨덴군과 작센군의 연합군은 멀리서부터 넓은 정면으로 전개한 상태에서 평평한 지면을 따라 올라온 것으로 보이고 적의 진지가 보일 때가 되자 전위 병력이 양측의 중간에서 전초전을 벌이는 사이 오른쪽으로 방향을 틀었다. 구스타프

---

11) 오피츠Walter Opitz의 논문에서는 틸리가 도하지점을 확보하고 티에펜바크Tiefenbach 원수元帥를 실레지아 Schlesien/Silesia에서 그에게 끌어들이려고 라이프찌히에서 엘베Elbe 강 쪽으로 가려고 했었음을 입증했다(76쪽). 그가 티에펜바크 원수의 병력을 끌어오면 파펜하임Pappenheim을 스웨덴 왕의 후방에 있는 메클렌부르크Mecklenburg로 보낼 예정이었다. 이는 적이 또 전투를 회피할 경우를 대비한 계획이었다. 이 계획이 전투 자체를 위해 도움이 될 것은 그들이 알드링거Aldringer와 합류하기 위해 엘스터Elster 강의 뒤로 다시 돌아가려고 하지 않아도 된다는 점뿐이었다.

아돌프의 기록과 호른Horn 원수元帥의 기록에서는 이렇게 오른쪽으로 방향을 튼 것은 적이 햇살과 풍향風向의 이점을 활용하지 못하게 하기 위한 것이었다고 한다. 그러나 이 부분은 그리 확실치가 않다. 햇살과 풍향의 이점이라는 것은 베게티우스Vegez/Vegetius의 시대 이후로 이론가들이 단골로 팔아먹던 명약名藥이지만 프룬트스베르크Frundsberg는 이에 대해 아는 것이 없다고 말하고 있다. 전투대형의 정면을 어느 쪽으로 할 것인지는 이런 것과는 전혀 다르고 보다 중요한 요소들에 의해 결정되는 것이며 이미 전개되어 있는 대형이 그 정면을 바꾼다는 것은 지극히 어려운 일이다. 나쏘Nassau 공公 요한Johann(역자 주: 나쏘Nassau 공公 빌헬름Wilhelm Loudwig/William Louis의 동생)은 "전투의 방향을 크게 바꾸려는 것은 매우 위험하다. 이는 절반은 도주와 같은 것으로 적에게 측면공격의 기회를 제공하게 된다"고 했다.12) 구스타프 아돌프 역시 이때 방향전환에 분명히 성공하지 못했는데 이는 적이 보는 앞에서 로베르Lober 강이라는 어려운 장애물을 건너야 했기 때문이라고 한다. 그러나 이렇게 오른쪽으로 방향전환을 시도하다가 중단한 결과 양측 전선戰線이 정면으로 마주 보지 못하고 연합군의 전선戰線이 틸리Tilly의 전선戰線 왼쪽 끝보다 더 멀리 뻗어 나가게 되었다. 그들은 외형적으로 그렇게 되었을 뿐 아니라 전투능력에서도 틸리의 전투능력을 앞서게 되었다. 틸리는 홀슈타인Hostein의 1개 연대를 제외한 전 보병병력을 전선戰線 중앙이 아니라 중앙 우측에 배치해 놓았었기 때문이다.13) 그의 기병대는 12개(11개) 연대가 왼쪽에 있었고 오른쪽에는 6개 연대만 있었다. 따라서 구스타프 아돌프의 스웨덴군이 만나게 된 것은 적의 기병대뿐이었는데 이 기병대는 얕은 종심縱深으로 즉, 간격을 넓게 해서 전개해 있었음이 분명하다. 전선戰線 전체의 길이가 1/2마일(3.5km) 이상이었다고 하므로 1보步 당 평균 인원이 5명 이하일 수밖에는 없기 때문이다. 또한 선형으로 정렬한 4개의 종심縱深 깊은 보병대형인 테르지오terzio들 사이에도 각각 큰 간격이 있었을 것이 분명하다.

틸리Tilly는 스웨덴군과 작센군의 연합군이 로베르Lober 강을 건너는 중 공격할 수 있었겠지만(바이쎈 베르게Weissen Berge 전투 때 크리스티안과 비슷한 상황이다) 그는 그렇게 하지 않았는데 아마 적이 전개 중에 자신의 포병으로 그들을 사격

---

12) 옌스Max Jähns, 《독일 군사학사軍事學史 *Geschichte der Krigswissenschaften vornehmlich in Deutschland*》, 제Ⅰ편, 572쪽.

13) 뤼스토프Rüstow의 예를 따라 오피츠Walter Opitz도 틸리의 보병부대가 스페인 여단 형태로 정렬했다고 했다. 그들이 잠시 그렇게 정렬했을 수는 있지만 이는 기록에 없는 말이고 전술적으로도 물론 그럴 필요가 없다. 그런 종류의 형태로 4개 부대를 함께 묶어두는 것은 전진 중에 가능하지도 않고 도움이 되지도 않기 때문이다. 프랑스 측 기록과 쳄니츠Philip Bogislav Chemnitz의 《스웨덴의 전쟁 *Schwedische Krieg*》 (오피츠의 논문, 92쪽 참고)에는 틸리의 전 병력이 1개 제대梯隊였다고 분명히 말했고 몬테쿠콜리Montecuccoli도 틸리가 라이프찌히에서 패한 주원인은 예비대 없이 전 병력을 정면이 직각으로 꺾인 1개 제대梯隊로 정렬했기 때문이라고 했다(《전집全集 *Gesammelte Shriften*》, 제Ⅱ편, 581쪽). 호른Horn 원수元帥의 기록에는 틸리의 보병부대가 4개 대대大隊로 정렬했다 하고 프랑스 측 기록에는 14개 대대大隊로 정렬했다고 한(오피츠의 논문, 93쪽 참고) 차이는 후자가 기병대 대형들도 대대大隊 숫자에 포함시켰기 때문일 수 있다. 더욱이 보병부대 같이 몇 개의 기병연대가 1개 전술부대로 집결되어 있었을 수도 있다.

하기 위해서였을 수 있다. 그러나 그의 포병이 사격하는 중에 그의 좌익이 포위되고 있는 것이 분명해졌다. 이 좌익을 지휘하고 있던 파펜하임Pappenheim이 이에 대응하기 위해 왼쪽으로 이동하자 기병대와 홀슈타인Holstein 연대가 있는 좌익과 우익 사이에 틈이 벌어졌고 이때 쌍방이 서로 상대방을 포위하려 하자 그곳에서 전투가 벌어졌다. 그러나 파펜하임이 적의 측면을 돌면서 너무 멀리 전선戰線을 확장시키자 제2제대梯隊인 스웨덴군은 바로 파펜하임에게 진격할 수 있었다.14)

틸리의 병력의 본대本隊는 이 전투를 바라보기만 할 수는 없었는데 스웨덴군과 작센군의 포병이 행동을 시작하자 사정은 더 급해졌고 그들의 대포가 황제군의 대포보다 훨씬 많았기 때문에 그 위력도 더 컸다. 결국 틸리는 우익과 함께 특히 보병부대 전부를 움직이게 했다. 그는 큰 부대 4개를 만들었고 이들이 동시에 전진해서 기병대와 함께 작센군을 밀어냈다. 신병들인 작센군이 전투로 단련되고 숫자도 많은 이 부대들의 강공에 어떻게 버틸 수 있었겠는가? 파펜하임이 있는 좌익과 틸리 자신이 지휘하는 우익 사이에 넓은 틈이 생겼으므로 스웨덴군의 본대 앞에는 실제로 상대할 적이 아무도 없게 되었다. 스웨텐군과 작센군의 연합군이 오른쪽으로 이동할 때 스웨덴군과 작센군 사이에 틈이 벌어졌을 가능성도 있을 것이다. 이것이 아마도 스웨덴 측 기록에서 혹 있을지 모르는 비난을 대비해서 그들이 오른쪽으로 방향을 튼 것은 적이 햇살과 풍향의 이점을 활용치 못하게 하기 위한 것이었다고 그렇게도 크게 강조한 한 이유일 수도 있다.

파펜하임의 기병이 왼쪽으로 이동하고 작센군을 밀어냄에 따라서 스웨덴군은 자동적으로 양 측면이 포위되었다. 사실 휘르스텐베르크Fürstenberg가 지휘하는 한 기병연대는 스웨덴군의 후방까지 돌아서 들어갔다. 거의 15,000명이나 되던 작센군이 전장戰場에서 밀려나자 이제 틸리의 병력은 적보다 36,000명 대 25,000명으로 우세해졌다. 그러나 스웨덴군의 보다 높은 전술적 유연성과 구스타프 아돌프와 그의 장군들의 월등하고도 단호한 리더십은 변화를 일구어냈다.

작센군이 패배하고 스웨덴군이 그쪽에서 완전히 포위를 당하기 전에도 그들은 파펜하임의 기병들을 격퇴했었다. 소총병들과 긴밀히 협조했던 스웨덴 기병대는 황제군의 기병들보다 전술적으로 우세함을 보여주었다.15) 스웨덴 기병대는 적의 기병대가 가까이 접근하도록 기다렸다가 일제히 소총 사격을 퍼부은 후에 그들

---

14) 오피츠Walter Opitz의 그림에서는 스웨덴군의 대형은 너무 넓게 그리고 작센군의 대형은 너무 좁게 그려놓은 것이 분명하다. 기록에 의하면 양측 대형 모두 정면이 1마일이 넘었다고(약8km) 하고(9월 8일자 슈라이버Schreiber의 보고. 《작센 역사지歷史誌 Archiv für sächsische Geschichte》, 제7권, 348쪽) 또한 스웨덴군의 우측면은 적 대형의 끝보다 더 뻗어나가 있었다고 하므로 황제군의 우측면은 작센군 대형의 끝보다 더 뻗어나가 있었을 것이 분명하다.

15) 몬테쿠콜리Montecuccoli는 스웨덴군이 승리한 주된 이유는 그들이 기병대 사이에 소총병들을 배치했기 때문이라고 했다(《전집全集 Gesammelte Shriften》, 제II편, 579쪽). 기병대를 그렇게 정렬시켰기 때문에 적은 먼저 소총 세례를 받아 약화된 상태에서 기병대의 공격을 받았을 것이다.

에게 돌진해서 밀어냈다. 스웨덴군의 후방으로 돌아들어갔던 휘르스텐베르크의 기병도 뒤돌아선 스웨덴군 제2제대梯隊의 공격을 받고 완전히 격퇴되었다.

그러나 결정적인 사건은 스웨덴군의 좌익에서 일어났다. 이곳에서 황제군의 큰 부대 4개는 그들이 몰아 낸 스웨덴군이 차지하고 있던 자리에 있었다. 이들이 기병대와 함께 방향을 바꾸어 스웨덴군의 노출된 측면을 공격했다면 스웨덴군은 이를 어떻게 막아낼 수 있었을까? 구스타프 아돌프는 작센군이 전장戰場을 포기하고 있는 것을 보자마자 제2제대梯隊의 2개 보병여단에게 측면을 보호하게 했고 이들을 지원하게 하려고 반대쪽 측익에서 기병연대 하나를 불러올린 후에 적의 기병대를 공격했다. 이곳에 적의 기병연대는 겨우 6개였고 스웨덴군 후방으로 간 연대를 빼면 5개뿐이었다. 구스타프 아돌프의 공격은 반대 측익에서나 마찬가지로 기병대와 소총병이 긴밀한 협조 하에 이루어졌고 틸리Tilly의 기병대는 격퇴되어 전장戰場에서 밀려났다. 그렇게 된 것은 황제군의 테르지오terzio들이 작센군을 추격하다 재집결해서 대형을 갖추어서 방향을 바꾸기 전이었다. 사실 1개 테르지오는 너무 멀리까지 추격해 가면서 먼지구름을 일으켜 놓았기 때문에 무슨 일이 일어나는지를 볼 수도 없었다. 그들은 명령을 기다리고 있다가 결국 전투에 참여하지도 못했다. 그러나 그들의 기병대가 이미 전장戰場을 이탈한 후 나머지 3개 테르지오는 이쪽저쪽에서 스웨덴군 공격을 받으면서 이제는 적에게 쇄도해서 자신들의 진정한 힘을 발휘할 수 없음을 알게 되었다. 우리는 그들이 병력이 많았기 때문에 서로 도와가면서 적의 기병을 몰아낸 다음에 공격에 들어갈 수 있었을 것으로 생각해 볼 수도 있다. 그러나 그런 일은 일어나지 않았다. 스웨덴 기병은 매우 단호한 지휘 하에 각 방면에서 동시에 몰려왔음이 분명하며 이 때문에 테르지오들은 이들을 방어하기 바빴다. 필자는 앞서 틸리가 스웨덴군 양 측면을 모두 포위했다고 했는데 이제 이 말을 다시 되돌아보아야 할 차례다. 스웨덴군 우측면을 포위한 병력은 좌측면을 포위한 병력이 적에게 위협을 가해보기도 전 이미 격퇴되었고 이어서 좌측면을 포위한 병력도 스웨덴군의 완강한 저항에 밀려나고 말았다. 기병대는 테르지오들을 제자리에 발을 묶어놓았다고 할 수 있고 이제 소총병들과 특히 스웨덴군의 경포輕砲들이 밀고 올라가16) 적의 밀집대형 위에 총탄과 포탄 세례를 퍼부었고 한 발도 표적을 비켜갈 수 없었다. 이때의 상황은 칸네Cannä/Cannae 전투(역자 주: 이 책 제I편, 제V권, 제I장 참고)의 경우와 또 다시 유사한 상황이었다. 다만 차이가 있다면 투사무기들의 위력이 커져서 스웨덴군

---

16) 포병의 이런 작전에 대한 말은 실제의 전투기록에는 보이지 않지만 켐니츠Philip Bogislav Chemnitz의 기록과 몬테쿠콜리Montecuccoli의 기록에는 보인다. 이는 틸리Tilly의 각종 기록에서(《작센 역사지歷史誌 Archiv für sächsische Geschichte》, 제7권, 391쪽~392쪽에 수록된 드로이젠Droysen의 글 참고) 적이 포병에서 우세했었음을 크게 강조한 것과도 일치한다.

이 포위되어 있는 적의 부대들을 격멸하기가 훨씬 쉬워졌다는 점뿐이다.

구스타프 아돌프는 후일 그의 7개 보병 여단 중 3개 여단만 실제 전투에 참여했다고 했다. 이는 주로 틸리의 테르지오terzio들을 상대한 2개 여단과 파펜하임의 병력을 몰아내고 프룬트스베르크의 기병대를 격퇴한 보병부대를 말한다.

파펜하임의 기병대는 적에 비해 7,000명 대 4,000명으로 월등히 우세했었지만 아무 일도 하지 못했는데 이는 스웨덴 기병들이 보병들과 긴밀히 협조하고 소총병들의 효과적인 지원이 있었기 때문이다. 파펜하임은 완전히 패하지는 않았다. 그의 기록에 의하면 그는 그의 병력을 재집결시켰지만 다시 전장戰場으로 갈 수 없었고 이튿날 "눈부신 햇살 아래 적이 보는 앞에서 이들을 철수시켰다" 했다. 이와 반대로 다른 측면에서는 황제군의 기병대가 4,000명 대 5,000명으로 스웨덴 기병대에 비해 병력도 적었는데 스웨덴 기병대는 뒤에 남아있던 2개 작센 연대의 증강까지 받았다. 소총병이 얼마 되지 않던 황제군 보병은 다시 공격준비를 갖추지 못해 거의 아무런 도움도 되지 않았었다. 결국은 상호간 전술적 협조가 없던 여러 병종兵種들이 상대방 기병대와 보병부대의 협조된 작전에 의해 개별적으로 제압된 것이다.

여러 번 부상을 입고 어렵게 구조된 틸리는 할레Halle 쪽으로 철수했는데 아마 스웨덴군 전선戰線의 뒤쪽을 따라 철수했을 것이다. 그는 프룬트스베르크의 기병과 함께 있었을 것 같고 프룬트스베르크는 스웨덴군 후방에서 쓰러졌다. 제2차 전투에 참여하지 않았던 파펜하임과 제4의 테르지오terzio는 처음에는 라이프찌히 쪽으로 길을 잡았다 다음날까지 다시 틸리와 합류하지 못했다. 틸리에게는 서북 게르만 지역에 아직 많은 병력이 있었으므로 그가 철수한 비정상적인 행군로는 처음부터 전투의 결과가 좋지 못할 경우 예상했을 경로였다. 작센 선제후選帝侯도 역시 도주할 때 뒤쪽의 뒤벤Düben으로 가지 않고 옆쪽의 아일렌부르크Eilenburg 방향으로 갔다.

포획된 틸리의 병력은 곧바로 스웨덴군에 복무하게 되었고 그 결과 스웨덴군은 전투 이전보다 병력이 더 많아졌다.

7. 뤼첸Lützen 전투(서기 1632년 11월 16일)[17]

황제군의 발렌슈타인Wallenstein은 작센Sachsen/Saxony로 쳐들어가 라이프찌히Leipzig를 함락시켰고 구스타프 아돌프Gustav Adolf/Gustavus Adolfus는 그를 몰아내기 위해서 남부

---

17) 도이티케Karl Deuticke의 《뤼첸 전투Die Schlacht bei Lützen》(기쎈Gissen 대학교 학위논문, 서시 1917년)은 스톡홀름 도서관의 도움으로 특히 서신書信 등 흩어져 있는 사료들을 모아 매우 주의 깊게 연구한 뛰어난 논문이며 이 논문의 등장 이후 비로소 이 전투의 믿을만하고 정확하고 상세한 모습이 드러났다.

게르만에서 올라왔지만 파펜하임Pappenheim이 마스트리크트Maastricht에서 먼 거리를 행군해 올라와서 발렌슈타인의 병력이 크게 보강되어 있었기 때문에 구스타프 아돌프는 감히 바로 공격하지 못했다. 이때 그가 기다리고 있는 증원군인 게오르크Georg 영주領主의 뤼네부르크Lüneburg-작센 병력이 엘베Elbe 강 너머의 토르가우Torgau에 있었으므로 발레슈타인은 두 적군 틈에 끼어있는 형국이었다. 구스타프 아돌프는 잘레Saale 주변의 나움부르크Naumburg 북쪽에 요새화된 진지를 점령했는데 진지를 보강해 놓고 있어서 발렌슈타인은 감히 그를 공격하지 못했다. 양측은 며칠 동안 마주 보고 있기만 하면서 추운 11월 날씨에 고통을 겪고 있었다. 결국 발렌슈타인이 먼저 병력을 움직여 작센 각 도시의 겨울 막사로 들어가게 했지만 구스타프 아돌프는 이 사실을 알자마자 공격을 시작했다. 그는 게오르크 영주領主 외 합류할 수도 있고 황제군을 재집결하기 전 각개 격파할 수 있으리라고 기대하고 있었다. 그러나 발렌슈타인은 영리하게 경무장輕武裝 병력을 내보내 스웨덴군의 전진을 방해하면서 매우 유리한 방어전을 펼 수 있을 것 같은 진지를 점령했다. 이 진지는 스웨덴군 행군로를 정면으로 바라보는 곳이 아니라 오른쪽으로 바라보는 곳에 위치에 있었는데 그 오른쪽은 뤼첸Lützen이란 작은 도시와 건너기 힘든 습한 목초지에 접해있어 공격이 불가능했었다. 결국 스웨덴군은 발렌슈타인과 접촉하려고 크게 우회하며 시간을 낭비할 수밖에는 없었고 이 시간에 발렌슈타인은 병력을 쉽게 집결할 수 있었을 뿐 아니라 이미 강력한 전방 장애물로 보호 받고 있는 그의 진지를 참호를 구축해 더 보강할 수 있었다. 구스타프 아돌프는 전진 첫날인 11월 15일 적이 자신 앞의 가까운 곳에서 진지를 점령하고 있음을 알고 이튿날 새벽에 공격하기 위해 선회해서 접근한 것인데 이때 그에게는 기병 5,100명을 포함 16,300명의 병력과 경포輕砲인 연대포聯隊砲/Regiment= Stücklein(역자 주: 앞의 179쪽 참고)를 포함 60문의 대포가 있었다. 반면 발렌슈타인에게는 처음에는 기병 4,000명을 포함 겨우 12,000명의 병력과 21문의 중포重砲 및 숫자 미상의 경포輕砲밖에는 없었지만18) 짙은 안개로 스웨덴군의 공격이 10시까지 지연되었고 황제군은 정오에 기병 1,400명을 증원받았고 오후 2시~3시 사이에는 보병도 증원받아서 이제 14,900명까지 늘어난 병력으로 스웨덴군과 싸우게 되었다.

좀 오래된 기록에서는 뤼첸에서의 황제군이 브라이텐 평원Breitenfeld 전투 당시 틸리Tilly의 대형과 거의 같은 이상한 대형으로 싸웠다 하나 이는 정확한 기록이 아니다. 발렌슈타인은 이미 보병에게 직사각형 대형(역자 주: 종심縱深이 깊은 소위 테르지오terzio 대형. 앞의 202쪽 참고)을 포기하고 종심縱深이 10개 횡렬橫列인 대형을 취하도록

---

18) 발렌슈타인에게 21문의 중포重砲 외에 경포輕砲들도 있었는지에 관한 확실한 기록은 없다. 그가 경포들을 획득했다는 것은 《오스트리아 사료집Fontes rerum austriacarum》, 제65권에 수록되어 있는 몇 통의 서신을 통해서만 알 수 있는 사실이다.

했었다. 또한 기병대에 연대포_{聯隊砲}와 소총병들을 배속시켰다.19) 그러나 질적으로는 여전히 스웨덴군이 우세했었다. 그들에게는 갈퀴_{Gabel/fork} 없는 무스케테_{Muskete} 소총(역자 주: 앞의 44쪽 참고)이 있었고, 종심_{從心}이 6개 횡렬_{橫列}인 대형도 있었으며, 또 새로 편성된 상대방 군대와는 달리 모두가 노련한 군대라는 장점도 있었다.

결국 황제군은 강력한 진지를 점령하고 있었지만 병력의 수나 질이 우세했던 스웨덴군이 우위에 서게 되었다. 발렌슈타인은 전선_{戰線} 중앙의 보병은 무너지지 않았지만 기병대가 너무 큰 타격을 입었기 때문에 그날 저녁에 파펜하임_{Pappenheim}의 보병 4,000명이 도착해서 해가 진 다음에는 자신의 병력수가 상당히 우세해졌음에도 불구하고 더 이상 전투를 계속하지 못했다. 파펜하임이 좀 더 일찍 도착했다면 그날의 전운_{戰運}을 황제군에게 유리하게 바꾸어 놓았을지도 모른다. 또한 발렌슈타인이 순수한 전술적 목적으로 이튿날 전투를 재개했다면 적어도 수세적_{守勢的}으로라도 버틸 수 있었을 가능성도 있다. 스웨덴군도 밤사이에 약간 뒤로 이동하기는 했지만 물론 토르가우_{Torgau}에서 뤼네부르크_{Lüneburg}-작센 병력이 도착하기를 기다리고 있었던 것인데20) 이 병력의 도착이 결정적이었다. 결국 발렌슈타인은 경쟁을 포기하고 작센에서 퇴각했다.

학자들은 왜 발레슈타인이 스웨덴군이 가까이 있었는데 병력을 겨울 막사로 들여보냈는지 이해할 수 없는 일이라고 주장한다. 그러나 매서운 11월 날씨에 병력을 더 이상 야외에 숙영시킬 수는 없었을 것이다. 그렇게 했었다면 용병_{傭兵}들은 흩어져 버렸을 것이다. 그로서는 겨울 막사로 들어가지 않을 경우 한 차례 전투도 해보지 못하고 작센에서 퇴각해서 게르만 제국의 보헤미아 농촌지대에 병력유지의 부담을 안겨줄 수밖에는 없었다. 경보체계가 있어서 적의 기습공격에는 대비가 되어 있었고 물론 적도 집결되어 있지 않았었다. 구스타프 아돌프 자신도 결코 승리를 장담할 수 없었으며 전투의 결과는 오락가락하고 있었다. 만약 발렌슈타인이 전투를 피하려고 처음부터 작센을 포기하고 보헤미아 쪽으로 철수하려 했었다면 이는 매우 짧은 생각이었을 것이다.

발렌슈타인이 선정한 측면진지_{側面陣地}는 큰 전술적 이점이 있는 곳 같이 보일지 몰라도 매우 비정상적인 진지였다. 만약 그가 전투에서 진짜로 패배했다면 보헤미아로 통하는 길은 차단되었을 것이고 북서 게르만 방향으로 철수하는 길밖에 없게 되었을 것이다. 그럼에도 불구하고 그가 이런 진지를 선택한 것은 과감한

---

19) 도이티케_{Karl Deuticke}, 앞의 논문, 67쪽.
20) 불행하게도 우리에게는 이 병력의 숫자에 관한 기록이 없다. 이 병력은 6,000명 이상은 될 수 없다. 전투 당일 이 병력은 아직 토르가우에 있었으므로 수일 내로는 뤼첸 부근에 도착할 수 없었다. 구스타프 아돌프는 이들에게 황제군이 점령하고 있는 아일렌부르크_{Eilenburg}와 라이프찌히_{Leipzig}를 피해 리사_{Riesa}와 오샤츠_{Oschatz}를 경유해서 오도록 명령했었다.

행동이었고 또한 그의 전략적 대담성을 말해주는 증거임이 분명하다.

우리는 이 전투가 다른 어느 전투보다 더 우연偶然이 크게 작용한 전투라고 말할 수 있다. 구스타프 아돌프는 물론 새벽 일찍 공격을 시작하려 했었다. 그렇게 되었다면 그는 큰 승리를 거두었을 것이 분명하다. 그러나 안개 때문에 공격은 지연되었고 그 동안 황제군은 열심히 참호를 구축해서 진지를 보강할 수 있었을 뿐만 아니라 상대방과 병력수의 균형을 이루게 할 증원병력이 접근하고 있었다. 반면에 황제군의 병력이 우위에 서게 할 수 있었던 마지막 증원군인 파펜하임의 보병 4,000명은 전날 밤 통보를 받았지만 (약 4마일〈30km〉 이상 떨어진) 할레 Halle에서 출발해서 해가 저문 후에야 도착했고 이때 전투는 이미 끝나 있었다. 마지막으로, 비록 스웨덴군이 승리하기는 했지만 구스타프 아돌프가 이 싸움에서 중상을 입고 전사戰士함으로써 그들의 승리는 빛이 바랬다.

이 전투가 벌어지고 있을 때 작센군 본대本隊는 아르님Arnim 지휘 하에 실레지아 Schlesien/Silesia에서 마라다스Maradas와 갈라스Gallas를 상대로 싸우고 있던 중이었다. 바이에른Byern/Bavaria 선제후選帝侯에게도 아직 많은 가톨릭 측의 추가병력이 있었다. 뤼첸Lützen 전투는 비록 중요한 전투이기는 했지만 양측 모두 군대의 일부만 싸운 전투로서 아주 적은 병력들이 싸운 전투임이 극히 분명하다.

8. 뇌르트링겐Nörtlingen 전투(서기 1634년 8월 27일/ 9월 6일)[21]

발렌슈타인이 암살된 후 서기 1614년에 페르디난트Ferdinand 황태자가 통솔하고 갈라스Gallas 장군 대공大公이 이끄는 황제군과 바이에른군은 바이에른 쪽으로 방향을 틀어 레겐스부르크Regensburg를 포위했다. 이 도시를 구원하기 위해 베른하르트 Bernhard는 고지高地 팔라틴 백작령Palatinate을 출발해서 콘스탄쯔Konstanz/Constance 호수에서 출발한 호른Horn의 병력과 도나우Donau/Danube강 남쪽에서 합류했다. 매우 놀랍게도 베른하르트는 포르크하임Forchheim 포위를 위해 한 부대를 뒤에 남겨놓았고 호른 역시 콘스탄쯔 호수와 브라이스가우Breisgau에 병력을 남겨놓았기 때문에 이 연합

---

21) 이 전투에 대한 필자의 설명의 기초가 된 최근의 연구문헌은 주로 스트루크Walter Struck의 글(스트랄순트Stralsund, 서기 1893년)과 레오Erich Leo의 글(할레Halle, 서기 1900년)이다. 그러나 이 두 글 모두 전투를 하려는 적극적 결정이 있었던 것인지 아니면 단순한 기동機動이 전투로 발전한 것인지를 충분히 구별하지 못했다. 이 전투에 대한 카이제르Kaiser 대령大領의 활기찬 묘사(《뷔르템베르크 관련 국가지침들의 문헌학적 연구 *Literarische Beilage des Staatsanzeigers für Würtemberg*》, 서기 1897년) 역시 이런 결정적 문제를 잘 이해하지 못했다. 바이마르Weimar의 베른하르트Bernhard는 부당히 높이 평가되어 있음과 호른Horn 원수元帥가 그보다 훨씬 훌륭한 전략가였음을 입증하려고 한 야콥Karl Jacob의 《뤼첸에서 노르딩겐까지Von Lützen nach Nördingen》라는 글을 필자는 나중에야 알게 되었다. 야콥이 호른 원수에 대해 호의적으로 말한 것은 기본적으로 얼마든지 옳은 말일 수도 있지만 페르디난트에 대한 그의 경멸적 평가는 그의 편견과 전쟁사 연구의 미숙을 보여주는 부분이다. 레오와 스트루크 간의 논쟁에 대해서 야콥이 스트루크를 강하게 지지하는 것은 옳다고 볼 수 있다.

군 병력은 레겐스부르크를 포위하고 있는 군대를 직접 공격하기에는 너무 적어 보였다. 그들이 프라이징Freising과 모스부르크Moosburg와 란트슈트Landshut를 포위하고 함락시키느라고 매달려 있는 사이에 결국 레겐스부르크는 함락되고 말았다.

그러나 레겐스부르크를 함락시킨 후 황제군은 나뉘어서 페르디난트는 스웨덴군과 작센군에게 위협을 받고 있는 보헤미아를 향했고 바이에른군과 동맹군은 티롤Tyrol을 거쳐 올라오고 있는 중인 대규모 스페인 지원군을 잉골스타트Ingolstadt에서 기다리려고 했다. 베른하르트와 호른은 우리의 예상대로 스페인 지원군이 도착하기 전에 직접 바이에른군을 격파하기 위해 그들에게 바로 이동하지 않고 역시 병력을 나누어 휴식을 취하게 했다. 작센군이 보헤미아에서 철수하자 페르디난트는 다시 돌아설 수 있었고 바이에른군과 또 병력을 합쳐서 도나우뵈르트Donauwörth를 함락시킨 후 이제 시선을 뇌르딩겐Nörtlingen으로 돌려 이를 포위했다. 이 중요한 프로테스탄트 도시가 가톨릭 측의 수중에 떨어지는 것을 스웨덴군은 용납할 수 있었을까?

이미 레겐스부르크에서부터 뇌르딩겐 구원작전을 주장했던 베른하르트는 비록 적의 병력이 우세하다는 것을 부인하지는 않았지만 이제 전투에 나설 것을 요구했다. 그러나 호른은 이를 반대했었고 뇌르딩겐을 포위하고 있는 병력을 직접 공격하자는 결정은 사실상 내려진 적이 없다. 그들은 뇌르딩겐 서쪽 10km 이내에 있는 보핑겐Bopfingen의 한 숙영지에서 증원병력의 도착을 기다리고 있다가 좀 더 가까이에서 포위군을 압박하기 위해서 울름Ulm과 뇌르딩겐 간 도로 상의 한 진지를 점령키로 결정했다. 그들은 이 진지를 점령하면 도나우뵈르트에서 오는 도로를 이용한 황제군의 보급로는 차단하고 울름에서 오는 스웨덴군의 식량은 좀 더 쉽게 이동시킬 수 있었다. 그들은 보핑겐에서부터 호弧를 그리며 뇌르딩겐 서쪽으로 직접 가서 이 도시 서남쪽에 있는 아른스베르크Arnsberg라는 언덕까지 약 2마일 넘는 거리(약 16km)를 행군했다. 이때 선두를 지휘하던 베른하르트는 호른이 예상하고 있던 것보다 더 뇌르딩겐 쪽으로 접근한 것으로 보인다. 그렇게 가까이 접근해야만 황제군의 보급로에 대한 압박이 기대했던 효과를 발휘할 수 있기 때문이었을 것이다. 그러나 보핑겐을 출발한 후 그들이 가야 할 길은 힘든 협곡과 숲을 통과해야 하는 길이었는데 베르하르트를 뒤따라가던 호른의 병력이 이 지점의 장애물들을 극복하기 전에 황제군이 알부크Allbuch 고지高地를 점령했다. 이 고지는 베른하르트와 호른의 연합군 진지의 일부로 그 우측면이었을 것이다. 호른 원수元帥가 자신이 점령하도록 되어 있던 이 알부크 고지를 빼앗으려고 싸우던 중에 어둠이 닥쳤다. 이튿날 호른 원수元帥는 좌측면에서 베른하르트가 단지 견제작전만 벌이고 있을 때22) 전 병력을 진격시켜 이 고지高地를 덮치려 했었다.

그러나 스웨덴군은 아무리 용감하게 싸워도 월등히 우세한 적의 병력 앞에서는 별 소득이 없을 수밖에 없었다. 만약 그들이 앞서 포르크하임Forchheim 전면과 남부 게르만에 남겨놓았던 대부분의 병력을 결국 불러들이더라도 황제군은 그사이에 오래 기다리고 있던 스페인 지원군과 합류했을 것이기 때문이다. 그들의 수적인 우위는 40,000명 대 25,000명에 크게 못 미치지는 않았던 것으로 보인다.23)

　호른 원수元帥가 이제 자신은 알부크 고지高地도 빼앗을 수 없고 저녁 늦게까지 계속 전투를 벌일 수도 없음을 알자 정오쯤 베른하르트가 아직 자신의 고지를 지키고 있는 사이에 기병대 전위의 엄호 하에 철수했다. 그러나 이미 황제군이 공세로 전환한 때였다. 베른하르트의 병력 역시 물러날 수밖에는 없었고 이들은 퇴각 중인 호른의 병력을 가로지르게 되었다. 울름Ulm으로 통하는 도로가 베른하르트가 있는 좌측면 바로 뒤에 있었고 물론 아직 그들이 할당받은 진지에 도착하지 못한 호른의 병력은 그 후미가 이 도로를 마주 보고 즉, 베른하르트의 부대와 갈고리 형태가 되어서 싸웠기 때문이다. 이렇게 모든 것이 불리하게 뒤얽힌 상황에서 프로테스탄트 군대는 궤멸되었고 그들의 보병은 거의 다 몰살되었다. 호른은 포로가 되었고 베른하르트는 천신만고 끝에 겨우 탈출했다.

　필자는 베른하르트가 뇌드링겐의 상황이 이미 절망적이어서 언제라도 함락될 수 있음을 알고 자신이 적의 숙영지를 대포로 공격할 수 있는 고지까지 아주 가까이 접근해서 먼저 전투를 시작하면 꾸물거리고 있는 상급 사령부의 동료들을 억제로라도 전투에 끌어들일 수 있을 것으로 알았다고 보고 싶은 마음도 있다. 스웨덴군 사령관들이 양측 군대의 병력수에 큰 차이가 있음을 모르고 있었음이 분명하다는 점까지 생각해 보면 그렇게 보는 것을 방해할 것이 아무것도 없다. 그러나 실제 그렇지는 않았을 것이다. 만약 베른하르트가 그런 전술적 결정을 정말로 원했다면 그는 처음부터 병력을 나누지 말았어야 했고 특히 페르디난트

22) 야콥Jacob은 베른하르트의 공격 자체를 비판한다. 그는 베른하르트 쪽에서는 철수할 경우를 대비해 가용한 전 병력으로 오로지 수세守勢만 취했어야 했을 것으로 믿고 있다. 하지만 만약 베른하르트가 그렇게 했다면 이는 그가 군사적 재능이 모자란 인물임을 입증하는 증거만 되었을 것이다. 물론 이 싸움에서 패하면서 베른하르트에게는 철수를 엄호할 예비병력이 부족해 졌고 이 때문에 그들은 패배는 더 놀라운 패배가 되었다. 그러나 그가 이런 우발사태를 위해 전투에서 소극적인 태도만 취했다고 해도 그들은 승리할 수 없었다. 그렇게 했다면 적은 호른Horn을 상대할 병력이 더욱 많아지게 되었을 것이기 때문이다. 어떻게 보더라도 베른하르트는 자신의 임무를 정확히 이해하고 있었다. 그의 임무는 결전決戰은 벌이지 않으면서 적을 자신 쪽에 최대한 붙들어 놓는 것이었다.

23) 레오Erich Leo는 가톨릭 측 병력은 40,000~50,000명이었고 그 중 소수만 뇌드링겐을 마주 보는 진지에 남아있었을 것으로 보고, 스웨덴군의 병력은 19,000~20,000명의 정규군과 5,000~6,000명의 뷔르템베르크Würtemberg 민병대로 구성되어 있었을 것으로 본다(59쪽). 야콥Jacob(109쪽)과 마찬가지로 리터M. Ritter 역시 이에 동의한다(《30년 전쟁의 역사Geschichte des Dreissigjährigen Krieges》, 580쪽). 그러나 불행히 이 민병대가 전투 때 무엇을 했는지 기록이 없다. 그들은 분명 베른하르트 쪽의 진지에 있었을 것이므로 아마 실제 전투에는 개입하지 못하고 철수 중에 적에게 공격을 당해 몰살당했을 것이다. 가장 기대되는 카이제르Kaiser 대령大領의 활기찬 묘사(《뷔르템베르크 관련 국가지침들의 문헌학적 연구 Literarische Beitlage des Staatsanzeigers für Würtemberg》, 서기 1897년)에도 아무런 중요한 내용이 없다.

가 보헤미아에 있을 때 전투를 시작했어야 한다. 만약 스웨덴군이 대담한 측면 기동으로 전투 없이 뇌드링겐 서남쪽의 견고한 진지에 모두 도착할 수 있었거나 첫날 저녁이나 이튿날 일찍 알부크 고지를 차지했었다고 해도 이로 인해 전투를 벌이게 되었을지는 그리 분명하지 않다. 황제군이 좀 우세하기는 해도 크게 우세하지는 않다고 알고 있었음이 분명한 베른하르트로서는 최소한 저들이 스웨덴군이 점령한 강력한 진지를 감히 공격하지 못하고 뇌드링겐을 포기하고 철수할 것이라고 보았을 수도 있다. 전투가 벌어지게 된 것은 스웨덴군이 협곡을 통과하는데 너무 많은 시간을 소모해서 베른하르트가 예정했던 진지에 완전히 도달하지 못해 이 진지를 점령하려면 싸울 수밖에 없었기 때문일 것이다. 결국 우리는 이 전투를 정면전투라기보다는 일종의 우연한 교전으로 보아야 한다.24)

스웨덴군은 전 병력의 절반 이상인 10,000~12,000명을 잃은 것으로 추산된다. 보병부대는 실질적으로 궤멸되었다. 가톨릭 측의 손실은 1,200~2,000명 이내였을 것으로 추산되는데 알부크 진지에 대한 공격에서 상대방보다 프로테스탄트 측에 더 많은 희생이 있었으므로 실제로 그랬을 가능성이 매우 높다. 그러나 대부분의 손실 특히 포획된 자들은 철수 중에 생긴 손실이다.

우리에게 전해진 기록들에는 각 병종兵種의 역할과 그들 간의 협조—사실상 이 부분이 일반적으로 진정한 전술적 상황이다—에 관해 참고할 중요 내용이 없다. 그러나 다시 한 번 강조하자면 이 전투에서 중요하고도 크게 흥미 있는 부분은 어느 쪽도 전투 자체를 원하거나 계획하지 않았었다는 점과 고지 하나를 차지하려고 다투던 것이 전투로 발전하게 되었다는 점이다. 다시 말하자면 이 고지를 프로테스탄트 측이 차지하면 가톨릭 측이 뇌드링겐 포위를 풀던지 매우 유리한 진지에 있는 프로테스탄트군을 공격하지 않을 수 없게 될 고지 하나를 놓고서 다투다 결국 전투가 벌어지게 되었던 것이다.

9. 비트스토크Wittstock 전투(서기 1636년 10월 4일)25)

서기 1636년 여름 황제군과 작센군의 연합군은 오랜 포위 끝에 마그데부르크 Magdeburg를 함락시켰다. 이때 바너Baner 장군 휘하의 스웨덴군은 마그데부르크 북쪽

---

24) 레오Erich Leo는 베른하르트가 처음부터 즉, 아른스베르크Arnsberg로의 행군을 결정했던 진중회의陣中會議에서 이미 결전決戰을 벌이기를 원했고 이를 권했다는 취지의 몇 가지 사료들을 인용하고 있다(66쪽). 그러나 우리는 그가 인용한 사료들을 완전히 믿을 수는 없다. 이는 예를 들어 행군을 시작한 날 저녁이나 전투 당일 아침에 알부크Allbuch 진지를 힘으로 빼앗아야 하는지 문제가 되었을 때 페르디난트 황태자가 한 말이 거슬러 올라가 진중회의에서 베른하르트가 한 말로 둔갑한 것일 가능성이 크다.

25) 이 전투에 관한 권위 있는 연구문헌은 슈미트Rudolf Schmitt의 《비트스토크 전투Die Schlacht bei Wittstock》 (할레Halle, 서기 1876년)이다.

베르벤Werben에 있었지만 마그데부르크를 구원하기에는 병력이 너무 적었었다.

양측 군대는 서로 접근하면서 각각 베제르Weser 강과 포메라니아Pommern/Pomerania로부터 증원군이 올 것을 기대하고 있었지만 어느 쪽에도 결전決戰을 벌일 계획은 없었다. 바너Baner는 작센을 침공할 생각이었고 연합군은 아직도 스웨덴군 수중에 있는 곳들을 하나씩 빼앗기 위해 바너Baner를 다시 몰아낼 계획이었다. 결국 메크렌부르크Mecklenburg 쪽으로 밀려났던 바너Baner가 적을 휘돌아 남쪽에서 공격하면서 프리그니츠Priegnitz의 비트스토크Wittstock에서 전투가 벌어졌다.

바너Baner의 병력은 약 16,000명 아니면 최대로 그보다 1,000명 정도 많았을 것 같다. 연합군은 22,000~23,000명 정도의 병력으로 자연적으로 강력한 진지를 점령해서 인위적으로 더 보강해 놓고 있었다. 바너Baner는 적이 강력한 진지에 있음을 알고 병력을 나누어 적의 양 측면을 동시에 포위했다. 양측의 훈련이나 전술에는 큰 차이가 없었고 전투는 양측 모두 정면이 완전히 거꾸로 바뀐 상태에서 벌어졌을 것으로 본다면 이 전투는 계획의 과감성이나 승리의 크기에 있어 칸네Cannä/Cannae 전투(역자 주: 이 책 제I편, 제V권, 제I장 참고)보다 더 중요한 전투라고 할 수 있을 것이다. 한니발Hannibal은 자신에게 절대로 우세한 기병대가 있다는 확신이 있었기 때문에 병력이 적은 측은 상대방의 양 측면을 동시에 포위해서는 안 된다는 원칙을 깬 것이고 이 때문에 그가 결전決戰을 모색한 것이 어떤 면에서도 정당했던 것이지만 이 전투에서 바너Baner는 무엇을 믿고 승리를 기대했던 것인지 우리는 알 수가 없다. 또한 그는 그리 큰 모험을 하지 않고 기동機動만 계속할 수도 있었을 터인데 왜 바로 이 순간에 어떤 대가를 치르더라도 전투를 벌일 필요가 있다고 생각했는지에 대해서도 우리는 알 수가 없다.

연합군 진지는 강력한 진지이기는 해도 양 측면이 좋은 자연지형에 연결되어 있지 않아서 바니Baner는 크게 우회하지 않아도 이들 포위할 수 있었다. 더욱이 적 전선戰線 앞에 있던 숲은 스웨덴군의 이동을 가려주었다. 또한 바너Baner는 토르스텐손Torstensson이 지휘하는 그의 우익을 적 전선戰線 왼쪽에 있던 작센군에게 기습적으로 조용히 가게 할 수 있었다. 그러나 작센군은 완강히 버티며 새 전선戰線을 형성했고 전선戰線 오른쪽에 있던 하츠펠트Hatzfeld 휘하의 황제군은 그쪽을 포위하러 간 스웨덴군 종대縱隊와 중앙에 남겨둔 비츠툼Vitzthum의 예비대가 할 일 없이 기다리고 있는 사이에 작센군을 지원하러 왔다. 양측의 병력수에 대한 평가가 옳았다면 이제 이곳에서 연합군은 분명히 토르스텐손의 병력의 2배는 되었을 것이고 그렇다면 우리는 토르스텐손이 어떻게 일진일퇴를 거듭하는 격전을 치르면서 3시간이나 연합군의 공격에 버틸 수 있었는지 이해할 수가 없다.

이 전투의 계획과 과정은 스웨덴군 병력이 최소한 연합군과 대등했거나 약간 많았을 경우라야 이해 될 수 있다. 지난 몇 주일 동안 바너Baner는 마지막에는 1,000명 이상 되는 브란덴부르크Brandenburg 수비대(작센군은 이들이 항복하자 자유로운 통행을 허용했었다)까지 포함한 상당한 증원군을 불러올려서 자신과 합류하게 했지만 연합군은 브란덴부르크를 함락시킨 클리칭Klitzing 장군 휘하 병력 5,000명도 아직 본대와 다시 합류시키지 못했다. 결국 자신의 패배를 변명하려고 스웨덴군 22,000명에 비해 자신의 병력은 겨우 12,000명이었다고 한 황제군 사령관 하츠펠트의 말은26) 진실과는 거리가 멀 수 있지만 어떤 경우라도 스웨덴군의 가용병력이 어느 정도는 우세했을 수도 있다.

어쨌건 토르스텐손Torstensson이 지휘하는 스웨덴군의 우익은 비록 승리할 수는 없었지만 연합군 전체가 몰려 왔음에도 불구하고 물러나지 않고 버텼다. 그러다 날이 저물 때쯤 스웨덴군의 좌익이 연합군 후방에 나타났고 자신들끼리 서로 뒤얽힌 연합군은 전투를 계속하지 못하고 야간에 철수하면서 대포도 잃어버리고 부대들은 대형이 깨졌다. 몬테쿠콜리Montecuccoli의 말에 의하면 바너Baner는 "해 질 무렵 황제군이 기진맥진했을 때 마지막으로 나타난 12개의 원기 왕성한 기병중대들로" 이 전투에서 승리했다고 했다(《전집全集 Gesammelte Shriften》, 제II편, 58쪽).

바너Baner의 야전사령관으로서의 명성은 비록 그가 병력이 우세한 적을 격퇴한 것이 아니라 해도 영향을 받지 않는다. 그는 처음부터 결전決戰을 모색했던 것은 아니고 적이 조그만 목표를 탐내다 병력이 스스로 줄어들어 이제 양측 병력이 비슷해진 것으로 판단되자 이 기회를 놓치지 않았던 것이다. 그는 적을 휘돌아 가는 것과 정면이 뒤바뀌는 것을 꺼리지 않았으며, 적을 보호해주고 자신의 역습을 방해할 것 같은 전방장애물들이 있음을 알자 대담하게 병력을 나누었다. 그는 이 기동에 성공함으로써 결정적으로 우위에 서게 되었다. 스웨덴군의 공격과 같이 정면과 후방에서의 동시 공격은 비록 양측 병력이 대등한 경우라 해도 당연히 보다 강력한 공격인 것이다. 이때 방어자가 적에게 물리지 않을 수 있는 유일한 방법은 적절한 지점에서 반격해서 적의 일부가 개입하기 전에 다른 일부를 먼저 격파하는 방법뿐이다. 그러나 황제군은 그렇게 하지를 못했기 때문에 결국 패할 수밖에 없었다. 그러나 그들이 저지른 최대의 실수는 작은 목표였던 부란덴부르크 정복에 만족하지 않은 점과 전병력을 집결시켜 그들의 전술적인 결정을 밀고 나가지 않은 점이다. 물론 최고지휘권을 작센 선제후選帝侯 게오르크

---

26) 헤쎈Hessen군 사령관 괘츠Götz 원수元帥 대공大公에게 보낸 10월 9일자(전투 5일 후) 서신. 데켄von dem Decken의 《브라운슈바이크 및 뤼네부르크 영주領主 게오르크Herzog Georg von Braunschweig und Lüneburg》, 제III편, 277쪽에서 재인용함.

Johann Georg와 황제군 원수元帥 하츠펠트Hatzfeld가 공유했던 것은 매우 어려운 과감한 결정이었음은 사실이다. 더욱이 이 군대는 마그데부르크Magdeburg를 함락시킨 이후 식량과 탄환과 자금의 부족 때문에 4주일 동안이나 아무것도 할 수가 없었으며 보수를 받지 못한 병력은 야전으로 나가기를 거부했었다.

프리드리히Friedrich 대왕이 승리를 거둔 서기 1760년의 토르가우Torgau 전투(역자 주: 뒤의 352쪽 참고)에서도 우리는 이와 유사한 상황을 다시 볼 수 있게 될 것이다.

부 기附記

비트스토크Wittstock 전투의 병력수 평가

슈미트Rudolf Schmitt는 스웨덴군이 전투 전에 하벨베르크Havelberg의 황제군 병참부에서 발견했다고 주장하는 병력 명부名簿를 이용해 연합군 병력수를 평가했지만 이 명부가 믿을 수 있는 것인지 의심스럽다. 이 명부에는 파견병력이 누락되어 있다. 또한 이 명단에 기초한 그의 평가는 수천 명은 많게 평가되어 있다.

스웨덴군이 기병 9,150명과 보병 7,288명이었다는 슈미트의 말은 켐니츠Philip Bogislav Chemnitz의 말에 근거한 것으로 (1,000명은 충분했을) 부란덴부르크 수비대가 추가되어야 한다. 켐니츠의 말은 신뢰성이 의심된다. 레슬리Lesley에서 온 증원군을 그는 4,000명뿐이라 했지만 그로티우스Grotius가 바이마르Weimar의 베른하르트Bernhard에게 보낸 한 서신에서는 7,000명이라고 했다(슈미트, 《비트스토크 전투Die Schlacht bei Wittstock》, 43쪽). 슈미트는 켐니츠의 말을 근거로 포메라니아에서 온 증원군을 2,000명으로 평가하지만 프랑크푸르트Frankfurt의 《반년半年 보고 속편續編 Relationis semestralis continuatio》에서는 보병 2,000명과 기병 24개 중대라고 했다. 켐니츠의 표현 방법이 좀 불확실한 것을 보면 필자는 후자의 수치가 정확할 수 있다고 본다.

몬테쿠콜리Montecuccoli는 비트스토크 전투에서 바너Baner는 적의 병력이 나뉜 덕을 보았다고 했나(《선집全集 Gesammelte Shriften》, 제Ⅱ편, 66쪽).

10. 얀카우Jankau 전투(서기 1645년 3월 6일)

간처Gantzer는 사료기록에 따라 이 전투를 상세히 분석한 논문을 발표했지만 (《보헤미아 독일 역사학회 회보Mitteilungen des Vereins für Geschichte der Deutschen in Böhmen》, 제43권, 서기 1907년) 이 전투에서는 전술적 관점에서 전쟁사의 중요한 요소는 아무것도 보이지 않는다. 양측 병력은 각각 16,000명 정도였다. 하츠펠트Hatzfeld는 기병에서 약 1,000명 정도 우세했고 토르스텐손Torstensson은 대포에서 60문 대 26문으로 우세했었다.

   하츠펠트   보병 5,000명 및 기병 10,000명

   토르스텐손   보병 6,000명 및 기병 9,000명

스웨덴군은 우수하고 단호한 리더십 때문에 승리했다. 황제군은 몇 가지 실수를 범했는데 특히 기병대에게 일반적으로 불리한 지형에서 전투에 응했다. 황제군 장군들은 총사령관의 의도에 반해 각자 그들 생각대로 행동했다.

작센군과 바이에른군은 얀카우에서 싸운 16,000명을 집결시키기 위해 황제에게 지원병력을 보내야 했었다. 바이에른군은 베르트Johann Werth가 지휘했다.

토르스텐손은 단 600명만 잃었다 하며 황제군은 적에게 포획된 인원 4,000명을 포함 병력의 절반을 잃었다. 포획된 자 중에는 하츠펠트 자신과 장군 5명, 연대장 8명, 부연대장 14명이 포함되었다. 괘츠Götz 원수元帥 대공大公과 연대장 2명 및 부연대장 3명은 전사戰死 했다.

양측 모두 지극히 용감하게 싸웠다.

제 III 권
상비군(常備軍) 시대

개 요

　정치가들이나 이론가들 모두 일정 기간을 두고 모집되는 용병傭兵들을 데리고 전쟁을 수행하는 것의 큰 단점을 처음부터 모르고 있지는 않았다. 앞서 우리는 마키아벨리Machiavelli 같은 사상가와 프랑스 프랑시스Franz/Francis I세 같은 정치가가 좀 더 낳은 군대의 창설에 큰 관심이 있었지만 실패했음을 알 수 있었다. 그러나 이 분야의 진보는 어느 이론가가 제안한 적도 없고 어느 사상가가 고안한 적도 없고 또 어느 누구도 예상치 못한 방식으로 진행되었다. 용병傭兵 집단들이 기원이 다른 어떤 전사戰士 집단으로 대체된 것이 아니라 바로 이 용병傭兵 집단들이 군기軍旗 밑에 영구히 남아서 성격이 바꾸어 상비군이 되었다. 처음 그렇게 된 곳은 스페인이고 그 다음에 네덜란드가 그렇게 되었고 30년 전쟁(역자 주: 서기 1618년~1648년)의 결과 큰 게르만 지역들도 그렇게 되었다. 17세기에서 18세기로 넘어가기 전에 잉글랜드까지 마지막으로 그렇게 되었다.

　게르만 제국 카를Karl/Charles V세 황제는 왕위를 물려줄 당시 60,000명의 군대와 수비대 병력 80,000명을 남겨 놓았고 이런 상황은 일반적인 관행이 되었다. 한 전역戰役이 끝난 후에 군대를 해산하는 데 따른 큰 단점들은 아주 면 옛날부터 이미 명백했었다. 그러나 이제 사람들은 병력의 기본적 효율성에 미치는 효과의 측면에서 영구적 조직의 정치적 군사적 장점을 잘 알게 되었다.

　군대조직은 국가 존립에 늘 가장 중요한 요소이다. 유럽의 전반적 사회-정치 상황은 새 군대조직과 더불어 변했다. 상비군 문제는 영주들과 그들의 세습토지 귀족世襲土地貴族/Ständen들 간 투쟁에서 늘 논쟁점이었고 이 때문에 왕들은 대륙 어느 곳에서나 절대통치자가 되었지만 영국에서는 스트래포드Strafford 경卿에 이어 찰스 Charles I세 자신이 교수대絞首臺로 끌려 올라갔다. 옛 바쌀vassal(역자 주: "가신家臣"으로 통상 번역된다. 구체적 의미에 대해서는 이 책 제II편, 제IV권, 제IV장 참고) 체계는 귀족들의 장교단將校團 형태로 부활했다. 그러나 병력들은 게르만 토병土兵/Landsknecht/lansquenet(역자 주: 16~17 세기 독일의 보병용병步兵傭兵. 앞의 7쪽 참고) 같은 야만성과 폭력성을 잃었고 군기軍紀가 엄격해 졌으며 그들의 대열을 모병과 징병을 통해 채웠으며 이런 근본적인 변화로 인해 그들의 전술대형戰術隊形도 바뀌었다.

　서구西歐 민족들에게는 이런 강력한 군대에 필요한 질서 있는 행정체계를 만들기가 매우 어려웠다. 전사戰士임과 동시에 사업 중개인仲介人이었던 콘도티에레 Kondottiere(역자 주: 용병대장傭兵隊長)들은 중세부터 그 지위를 계속 유지하다 30년 전쟁 당시에는 절정에 이르게 되었다. 국가가 이 중개인들의 역할과 능력을 대체할 만한 기관을 만들지 못했었기 때문이다.

이 군사중개인軍士仲介人들과 비교해 볼 때 국가행정기관은 힘이 없었다. 페르디난트Ferdinand II세가 통치한 지역, 왕국, 공국公國 및 주州들은 매우 크고 많아서 정처 없는 방랑자放浪者/Abenteurer였던 만스펠트Mansfeld의 에른스트Ernst 대공大公 단 한 명이 번번히 집결시켜 지휘했던 병력 하나만한 군대도 일으킬 수 없었다. 발렌슈타인이 운용했던 거대한 자본은 극히 일부만 상속받거나 결혼을 통해 얻은 것이고 대부분은 상품 거래와 화폐 주조鑄造를 통해서 만든 것이었다. 그는 분석적이고 올바른 국가행정기관이라면 스스로 활용할 수 있는 자원을 이용했던 것이다. 그러나 합스부르크Habsburg 가家조차 그런 능력이 없었다. 바이에른의 막스Max 대공大公 같은 인물만 콘도티에리의 중개 없이도 자신의 군대를 지휘할 능력이 있었다. 그 후 여타 영주領主 가문家門들도 서서히 그런 능력을 갖추게 되었다.

군대에서 이런 큰 변화가 일어날 수 있는 선결조건으로─이를 부수효과라고 해야 할 것이다─군대유지에 필요한 세금을 징수하고 경제상황과 국민 전체의 복지와 농업을 세밀히 통제함으로써 국가의 생산성을 최대로 증진시키는 것을 임무로 하는 새로운 국가행정체계인 관료官僚 체계Beamtentum/bureaucracy가 발전했다.

이제 국가는 자신의 가문이 소유한 영토를 관리하는 영토지배자와도 다르고 백성과도 구별되는 기관이 되었다. 백성은 국가의 객체客體에 불과하게 되었다. 이런 차이점은 전쟁의 개념과 수행에도 영향을 미쳤다. 그로티우스Hugo Grotius는 전쟁은 병사들만의 일이며 민간인들과는 무관하다는 원칙(역자 주: 국제법상 민간인은 전쟁의 주체도 객체도 될 수 없다는 원칙)을 분명히 선언했다

앞서 알 수 있었듯이 대규모 용병傭兵 부대들을 사실상 지속적으로 유지한 최초 국가는 스페인이었는데 프랑스와 전쟁이 중단된 때에도 네덜란드에 늘 현역現役 군대를 유지해야 했기 때문이다. 그러나 이 스페인 군대 내면에는 용병傭兵 집단 성격이 오래 남아 있었다. 군사체계의 새 특질로 상비군적인 성격을 발전시킨 군대는 그들의 적인 오라니엔 공公 모리츠Moritz von Oranien/Maurice of Orange의 네덜란드 군대뿐이었다. 구스타프 아돌프Gustav Adolf/Gustavus Adolfus의 스웨덴군에서도 이 새로운 특질이 상당 수준에 도달했지만 용병傭兵 집단 성격이 완전히 제거되지는 않았다. 그러나 30년 전쟁이 끝날 때쯤에는 이런 발전이 완성되어 이제 우리가 다루게 될 시기에는 평시에도 유지되고 정기 보수를 받는 군기軍紀 있는 군대를 보유하는 현상이 모든 국가에 다소 고르게 나타났다. 이제 이런 현상이 가장 대표적으로 나타난 프랑스와 프로이센에 대해 상세히 검토해 보기로 하자.1)

─────────────

1) 오스트리아군의 기원과 발전에 대해서는 ＜제국帝國 및 왕국 군사문고k. und k. Kriegsarchivs＞, 이사회理事會가 출판한 《서기 1618년부터 19세기말까지 제국帝國 및 왕국 군대의 역사Geschichte der kaiserlichen und königlichen Wehrmacht von 1618 bis Ende des XIX. Jahrhunderts》를 참고할 것.

제 I 장
프랑스

한때 프랑스에서는 칙령중대_{勅令中隊}/compagnies d'ordonnance/Ordonanz= Kompagnien(역자 주: 15세기 중반 샤를즈 VII세 때 창설된 조직. 이 책 제III편, 제IV권, 제V권 참고)를 프랑스 상비군의 효시_{嚆矢}로 보는 학자들이 있었다. 그러나 칙령중대는 중세 영주_{領主}들과 성_城 수비대의 상비병력 형태로 산발적으로 존재 했던 병력이 고도로 발전해서 조직화된 것에 불과하다. 진정한 상비군이라 할 수 있는 군대의 뿌리는 기사_{騎士} 체계의 전사_{戰士}들이 아니라 15세기 말과 16세기 초 등장한 새 보병부대에 있다. 프랑스 보병부대는 오랜 세월 변변치 못한 병력에 불과했다. 샤를즈_{Karl/Charles} VIII세, 루이_{Loudwig/ Louis} XII세, 프랑시스_{Franz/Francis} I세 및 앙리_{Heinrich/Henry} II세는 프랑스 기사_{騎士}들과 함께 주로 스위스 보병과 게르만 토병_{土兵/Landsknecht/ lansquenet}(역자 주: 16~17세기 독일의 보병 용병_{步兵傭兵}. 앞의 7쪽 참고)을 데리고 싸웠다. 16세기 후반 30년 동안 프랑스에 대단히 큰 피해를 입힌 내전_{內戰}(역자 주: 칼뱅파의 위그노_{Hugenotten/Huguenot} 전쟁. 앞의 192쪽 참고) 때도 주로 스위스 보병과 게르만 용병_{傭兵}들이 싸웠다. 기사_{騎士} 체계를 기병대 체계로 발전시킨 것도 프랑스인이 아니라 프랑스 영토에 와있던 게르만 기병이었다. 위그노_{Hugenotten/ Huguenot} 전쟁 때도 프랑스에 국민군대 체계가 발전하지 못했고 오히려 한 발 후퇴 했다고 볼 수 있다. 이 전쟁은 양측이 자국 내에서 가용한 지원병력에 의존한 내전_{內戰}이었고 이 지원병력은 다소 자기들 마음대로 오고 갔던 병력이었다. 내전_{內戰}이며 종교전쟁이던 위그노 전쟁 때는 이를 촉발시키고 특별한 위력을 발휘한 정열적 분파주의_{分派主義}로 인해 독특한 기사_{騎士} 체계가 부활되었다. 귀족들은 자발적으로 야전으로 나가서 보수 없이 용삼히 싸웠나. 그러나 이 기사_{騎士} 체계는 그 이면_{裏面}을 분명히 드러냈다. 파르마_{Parma}의 알렉산더_{Alexander} 영주_{領主}는 서기 1590년 파리 시를 구원하러 갔지만 기동만 하고 전투는 회피했다. 대부분 자발적으로 싸운 귀족들로 구성된 앙리 IV세의 군대도 무기력하게 격퇴되었다. 앙리 IV세는 자신과 파르마 영주_{領主}의 차이는 결국 돈뿐이고 자신도 재정형편이 좀 좋았다면 야전에 병력을 잡아둘 수 있었다고 했다. 랑케_{Leopold Ranke}는 포토시_{Potosi}(역자 주: 볼리비아 남서부 지방. 서기 1545년 세계 최대 은 생산지인 원뿔형 포토시 구릉이 발견되었다)에서 들어온 은_銀이 유럽 상비군 정신 발전에 한 몫을 했다고 보았다.1) 아메리카 대륙에서 흘러들어온 귀금속이 스페인에 큰 도움이 되었음은 분명하다. 그

---

1) 《프랑스 사_史 *Französische Geschichte*》, 제I편, 369쪽.

러나 후일의 사건들을 보면 질서 있는 국가행정기관과 징세徵稅 체계 역시 병력들에 대한 정기 보수 지급을 가능하게 했을 뿐 아니라 오히려 더 효과적이었음을 알 수 있다. 물론 우리는 이 문제에서 신대륙 발견 후 증가된 귀금속이 물물교환 경제로부터 화폐경제로 전환을 크게 촉진시킨 전제조건이었음을 강조해 두어야 할 것이다. 화폐경제가 발전되지 않았다면 조세징수가 훨씬 어려웠을 것이다. 앞서 우리는 이 책 제Ⅱ편에서 유럽에서 화폐경제가 몰락하고 물물교환 경제로 들어간 것이 로마 레기온legion(역자 주: 이 책 제Ⅰ편, 제Ⅳ권, 제Ⅰ장 및 특히 제Ⅶ권, 제Ⅰ장, 부기附記 2 참고) 붕괴에 얼마나 큰 영향을 미쳤는지 알 수 있었다. 이제 그 반대현상이 나타났다. 화폐경제의 부활로 인해 군기軍紀 있는 상비군이 다시 발전된 것이다.

위그노 전쟁은 항상 외국과의 전쟁과 얽혀 있었다. 이 복잡한 상황이 확실히 종식된 것은 프랑스와 스페인이 서기 1598년에 베르벵Vervins 평화조약을 체결한 이후이며 그 후 앙리 Ⅳ세는 매우 적은 군대만 유지했다. 기병중대들은 대부분 해산되었고 나머지 병력은 기병 1,500명 수준으로 줄어들었다.2) 한 사료에서는 군대 전체가 6,757명이었고 이들이 전부 기병이었다고 했고3) 다른 사료에서는 친위대 외에 4개의 큰 보병연대가 있었다고 했으며4) 또 다른 사료에서는 병력을 모두 합해 수천 명에 불과한 100개 중대가 있었다고 했다.

프랑스 보병의 뿌리에는 피카르디Picardy와 피에드몽Piedmont의 "방드bande"들이 있었고 이들을 이제는 "옛 방드la vieux bande"라고 불렀다. 이들은 스위스 보병이나 게르만 토병土兵 수준의 병력으로 평가되지는 않지만 그래도 계속 존속되다가 종교전쟁 초기에 연대聯隊들로 변형되었다. 이렇게 된 것은 안델로Andelot와 꽁데Condé라는 2명의 보병 장군 연대장이 위그노 교도였고 "옛 방드"들의 일부가 이들에게 충성하게 되는 우연한 상황 때문이었다. 이 2명의 장군 연대장이 개종改宗했다고만 알리는 것은 너무 위험한 일로 생각한 프랑소아 기세François Guise(역자 주: 위그노 전쟁 때 가톨릭 측 수장으로 활약한 명문 귀족)는 그들의 병력 중 아직 왕 편에 서 있던 자들의 조직을 바꾸었다(서기 1561년. 개편의 완성은 서기 1569년).5) 이들이 프랑스 보병연대의 기원이며 계속 늘어나면서 프랑스 대혁명 때까지 존속했다.

술리Sully의 묘사에 의하면 내전內戰 말기의 프랑스 병사들의 상황에 대해 보병은 강제로 모집되었고 이들을 묶어둘 수 있는 수단은 몽둥이와 감방과 교수대絞首臺 뿐이었다고 했다. 그들에게 보수는 지급되지 않았고 그들은 기회만 있으면 탈주

---

2) 수잔Susane, 《프랑스 기병대 역사Histoire de la cavallerie français》, 제Ⅰ편, 82쪽.
3) 《오이겐 영주領主의 전역戰役Feldzüge des Prinzen Eugen》, 제Ⅰ편, 507쪽.
4) 수잔Susane, 《프랑스 보병사步兵史 Histoire de l'infanterie française》, 제Ⅰ편, 78쪽.
5) 서기 1544년에 창설된 스페인의 테르지오terzio들이 그 모델이 되었을 것이다. 이들과 콜루멜라collumella 들과의 관계는 불분명 하다.

하려고 했었다. 군기관軍紀官/Profoss들은 그들을 포위된 숙영지 안의 병력 같이 잡아 두어야 했었다. 또 다른 프랑스 작가는 "이때의 군대는 기본적으로 사회의 모든 불순물들이 흘러들어가는 시궁창 같았다"고 했다.6)

앙리 IV세에게는 서기 1610년 가톨릭 국가 스페인과 전쟁 재개를 준비하고 있을 때—이 때문에 그는 결국 라베일라Ravaillac에게 암살당하게 되지만—13개 보병 연대가 있었던 것으로 추산된다. 술리Sully는 "1년을 10개월로 계산할 때" 1억 5,000만 프랑franc의 예산이 필요한 병력 50,000명 동원 계획을 수립했었다.

앙리 IV세가 암살된 후 프랑스는 다시 약화되고 내분에 휩싸였다. 프랑스를 서서히 다시 일으킨 것은 리슐리외Richelieu였다. 리슐리외는 프랑스를 합스부르크 Habsburg 가家와 30년 전쟁(역자 주: 서기 1618년~1648년. 유럽의 거의 모든 나라들이 종교, 왕조, 영토 등을 둘러싸고 벌인 전쟁)에 휘말리게 했는데 프랑스는 근 40년간(서기 1598년~1635년) 큰 전쟁을 치른 적이 없었으므로 군대조직이 매우 빈약했었다. 서기 1631년 리슐리외는 프랑스는 적절한 병력이 너무 적어 전쟁을 수행할 수 없음과 전쟁에 군대로 직접 참여하기보다 외교와 자본으로 참여하려 한다고 선언했다.7) 황제군 장군 갈라스Gallas는 서기 1636년 독일의 프로텐스탄트들을 뇌르딩겐Nördingen 전투에서 격퇴한 후 베르트Werth의 요한Johann을 위해 벨기에로부터 프랑스로 깊이 침투해서 파리 부근까지 갈 수 있었다. 이때 리슐리외는 프랑스 국민의 애국심을 고취시켰고 이후 서서히 진정한 프랑스 군대가 발전했다. 새 프랑스 연대聯隊들이 편성되고 네덜란드군 훈련체계가 도입되었다. 네덜란드 오라니엔Oranien/Orange 가家와 관계가 있던 투레네Turenne는 그들과 함께 훈련 받은 적이 있었다. 그러나 프랑스 왕의 병사들은 아직도 주로 외국인들이었다. 주목되는 것은 프랑스 왕이 바이마르Weimar의 베른하르트Bernhard 영주領主를 자신 밑에 복무케 했고 베른하르트가 죽은 후 그의 병력을 계속 데리고 있었던 점이다. 서기 1638년에는 프랑스인 연대 36개 외에 외국인 연대 25개가 있었다.

서기 1640년 리슐리외는 프랑스에 보병 150,000과 기병 30,000명 이상이 있다고 허풍을 떤 일이 있다. 그러나 최근 프랑스 측 연구에 의하면 이 수치들은 크게 과장된 것임을 알 수 있다. 당시 병력은 총 100,000명도 안 되었을 것으로 추정된다.8) 중대장들이 병력을 모집했다가 보수를 착복하려고 바로 해고했기 때문에 1개 중대 병력이 때로는 15~20명에 불과한 경우도 있었다 한다.

4년 후인 서기 1644년에 마자렝Mazarin은 투레네Turenne에게 보낸 글에서 자신은

---

6) 멘티옹Mention, 《구체제舊體制의 군대L'armée de l'ancien régime》, 서기 1900년.

7) 리터M. Ritter, 《반종교개혁 시기의 독일사Deutsche Geschichte im Zeitalter der Gegenreformation》, 제III편, 518쪽.

8) 앙드레Louis André, 《르텔리에와 프랑스군의 조직 Le Tellier et l'organisation de l'armée monarchique》(파리, 펠리스 알칸Felix Alcan 출판사, 서기 1906년), 26쪽.

최대한 많은 게르만 병사들을 모집하고 싶은데 이는 프랑스 병사들 중 탈영자가 2/3나 되기 때문이라는 말을 했다.9) 그들은 아일랜드, 스코틀랜드, 스웨덴, 프로이센 등지에서 병력을 모집했다.

서기 1670년 프랑스군 병력은 전체의 1/3 이상인 45,000명의 외국인 병사들을 포함해서 총 138,000명이었다.

서기 1789년 대혁명 발발 시의 프랑스군은 79개 프랑스인 보병연대와 23개 외국인 보병연대로 병력은 총 173,000명이었다. 그러나 우리는 이들 중 과연 얼마나 실제로 부대에서 복무하고 있었는지는 알 수 없다.10)

우리가 알다시피 연대聯隊는 원래 행정단위부대로 병력수가 다양한 여러 중대(펜라인Fähnlein)들의 집합체였다. 전술단위부대는 방진方陣 또는 대대大隊였는데 이들 역시 그 병력수와 구성이 상황에 따라 다양했다. 서기 1635년 프랑스 대대大隊는 연대聯隊의 예하부대가 되었다. 이때 대대大隊는 병력수가 균일해졌을 것으로 보이지만 1개 연대聯隊의 대대大隊 숫자는 많을 수도 있고 적을 수도 있었다.

특히 어려웠던 일은 옛 칙령중대勅令中隊를 기병연대로 개편하는 일이었다. 칙령중대 중대장들은 새 조직에 편입되기를 원치 않았다. 그들은 가벼운 말은 무거운 갑옷을 입은 기사騎士를 태우고 움직일 수 없을 것이라는 농담을 했었다. 서기 1635년에 시도된 새 조직의 실험은 7개월 만에 포기할 수밖에 없었고 칙령중대의 독립성은 다시 확인되었다. 기병은 행군과 경비근무 시를 포함해서 언제나 무기를 스스로 휴대해야 하며 이를 어길 경우 사형에 처한다는 규정이 반포된 것은 서기 1638년 및 1639년의 일이다.

이런 모든 난관에도 불구하고 새 체계는 점차 자리를 잡았고 프랑스 귀족들 중에도 새 군사체계의 운용방법을 아는 꽁데Condé나 투레네Turenne 같은 지휘관이 나왔다. 기병대는 전통적인 기사형騎士型 전투방식을 완전히 포기했고 서기 1676년 루이 XIV세는 병사들은 흉갑胸甲을 착용하지 않아도 장교들은 반드시 착용해야 하며 이를 어기면 해고된다는 명령을 내릴 수밖에 없었다. 기병중대가 공격 시에는 장교들이 선두 횡렬橫列에 섰다. 서기 1715년 이후에는 장군을 제외한 장교들도 흉갑胸甲을 포기하고 병사들과 같이 가죽 겉옷을 착용했다.11)

진정한 새 군사체계를 조직한 인물은 르텔리에Michel Le Tellier로서 그는 서기 1643년 전쟁성戰爭省 장관이 되어 25년 후 이 직위를 아들 루보아Louvois(역자 주: 이 아들의 이름은 프랑소아François Michel이었고 직함이 루보아Louvois 후작侯爵/Marquis이었다. 뒤의 231쪽 참고)에게

---

9) 앙드레André, 같은 책, 217쪽.

10) 수잔Susane, 《프랑스 보병사步兵史 Histoire de l'infanterie française》 (서기 1876년), 312쪽에 의하면 서기 1791년 초에 보병 병력은 총 125,000명이 못 되었다고 했다.

11) 수잔Susane, 《프랑스 기병대 역사Histoire de la cavallerie français》, 136쪽 및 154쪽.

넘겨주었다.12) 리슐리외Richelieu도 군 조직에 진정한 질서를 확립할 능력은 없었다.

베니스 대사大使 난니Nanni의 보고서들을 보면 루이 XIV세가 성년成年에 이르기 전 처음 몇 해 동안(역자 주: 루이는 서기 1643년 만 5세가 되기 전에 왕위에 올랐다) 프랑스병사들은 넝마 같은 옷을 걸치고 맨발로 다녔다는 말도 있고 또 기병대는 아주 비루한 말을 탔지만 그래도 미친 사람 같이 싸웠다는 말도 있다.

결정적 문제는 보수였다. 또 다른 베니스 대사大使 코러Angelo Correr는 왕이 준 100두카트ducat 중 겨우 40두카트만 그들이 실제 썼고 나머지는 유용되거나 착복되었다고 했다. 보수가 너무 적고 불규칙적이라 병력 통제가 불가능했다 한다.

르텔리에Le Tellier는 문관文官 감찰관Intendant 계급을 만들어 군사령관들에게 배속시켰다. 사령관 장군만 그들의 상관이고 여타 모든 장교들은 그들에게 복종해야 했다. 그들은 장군이 소집한 모든 진중회의陣中會議에 참석했고 군사, 외교, 행정에 관한 모든 결정에 참여했다. 그들은 사령관에게 조언을 하게 되어 있었다. 재정, 요새 구축, 식량, 탄환, 병원, 군법회의 등 모든 것이 그들에게 달려있었다.

병사들에 대한 보수지급을 감독하기 위해 르텔리에는 처음에는 보수를 언제나 감찰관이나 그 부하직원인 군사위원軍士委員/Kriegskommissar과 군사주임軍士主任/militärischen Chef, 그리고 병력이 주둔한 곳의 시장市長이나 존경받는 주민들 입회하에 지급도록 했었다. 그러나 후일에는 중대장은 보수지급에 전혀 참여할 수 없고 감찰관이나 군사위원 중에 1명이 보수를 지급하고 또한 보수를 사열査閱과 연계해서 지급해서는 안 되고 정기적으로(통상 월 단위로) 지급하도록 했다.

서기 1650년 프론데Fronde에서 소요가 일어나자 르텔리에는 다시 또 주지사州知事들에게 각 주州에 필요한 요새와 수비대 유지를 위한 세금징수 권한을 허용해 주어야 했지만 2년 만에 이를 철회하고 순수한 국가행정체계를 확립했다.

이와 동시에 그는 감찰관들이나 그들의 군사위원들에게 불시에 그리고 행군 중에도 검열을 실시해 병력이 전원 출석했는지 여부를 늘 감독하게 했다. 검열을 실시하면 언제나 장관에게 정확한 보고서를 보내야 했다. 이 군사위원들은 반항하는 장교들을 체포하고 그들의 재산을 몰수했다.

꽁데Condé와 뒤플레씨Du Plessis-Praslain 그리고 투레네Turenne는 사령관으로서 이따금 크게 부족할 때는 병사들이 굶주리지 않게 하기 위해 비록 충분하지는 못해도 자신의 돈을 풀었고 돈이 없을 때는 그들의 은식기銀食器까지 내놓았다. 르텔리에

---

12) 앙드레Louis André, 《르텔리에와 프랑스군의 조직 *Le Tellier et l'organisation de l'armée monarchique*》(파리, 펠리스 알칸Felix Alcan 출판사, 서기 1906년). 이 글은 많은 문헌들을 참고로 한 대작大作이지만 가끔 르텔리에의 업적을 지나치게 강조하는 경향을 보이고 있다. 서기 1900년 프랑스 전쟁성은 《프랑스 군부대 역사. 서기 1569년에서 서기 1900년까지 *Historique des Corps de Troupe de l'armee francaise. 1569~1900*》라는 제목의 책자를 발간했다. 이 책의 서문에는 서기 1721년 다니엘Daniel의 글을 비롯해 많은 중요한 참고문헌들이 요약 소개되어 있다. 이 책에서는 서기 1589년 이후의 부대 명단을 도표 형식으로 정리해 놓았는데 각 부대 지휘관의 이름은 없고 이 부대들이 참여한 전투에 관한 사료연구 등도 없다.

까지 기금을 내놓았고 탐욕이 많던 마자렝Mazarin도 물론이다.

르텔리에Le Tellier는 세금이 제때 들어오지 않을 때는 지폐紙幣를 도입해서 병사들에게 주었다가 세금이 들어오면 현금으로 바꾸어 주었다. 재정이 빈약하기는 리슐리외Richelieu뿐 아니라 자신을 위해 축재蓄財하며 국가재정에는 관심이 없었음이 분명했던 마자렝Mazarin도 마찬가지였다. 그러나 루이 XIV세 당시 정기적인 현금 보수지급이 점차 정상화되었다.

30년 전쟁 중 군단軍團급 부대Truppenkorp들은 반독립半獨立의 작은 공화국들이었다. 중장中將급들은 자신들의 권한이 동일한 것으로 생각하고 서로 복종하지 않았다. 르텔리에는 군대계급의 개념을 확립시켰는데 바이마르Weimar 군대는 프랑스 군대와는 조직이 달랐고 나름대로 전통이 있었으므로 특별히 취급해야 했었다.

장교 임명권은 상급 지도자들의 권한에서 점차 철회되어 왕의 권한에 속하게 되었다. 그러나 명문 귀족가문 수장首長이나 그 자제들은 연대장으로서 연대聯隊의 소유자였고 때로는 이 직위를 아주 젊은 사람이 차지하기도 했다. 하지만 그들은 군사작전 때만 이 직위를 지녔고 다른 때는 대부분 그들의 궁宮에서 살았다. 실질적 지휘권은 부연대장들에게 있었는데 이들은 각 계급을 거친 노련한 장교들로서 왕이 중대장들 중에서 임의로 임명했다.

르텔리에는 고급 장교들이 여러 직위를 차지하고 각 직위의 봉급을 모두 받는 폐단을 근절시켰다. 그는 또한 귀족 연대장들 외에 여타 장교들은 실제로 병력과 함께 지내야 하며 파리 시에서 즐기면서 시간을 보내지 못하게 하는 규칙을 제정하려고 했었다.

그는 고급장교들의 사치를 제한했고 각 직위 별로 그 직위에 있는 자가 보유할 수 있는 말 숫자를 세부적으로 규정했다. 보병중대장에게는 4필匹, 부중대장에게는 3필匹, 군기관軍紀官/Profoss에게는 2필匹이 각각 허용되었다.

프랑스에 "옛 방드la vieux bande"들이 창설되었을 때 귀족들은 거의 군복무를 하지 않았고[13] 따라서 독일에서와 같이 특별한 공적을 이룬 다양한 배경을 지닌 사람들이 지휘관 직위에 올랐었다. 그러나 이미 16세기부터 전통적으로 탁월한 전사戰士 계층인 귀족 계층에서 최대한 많은 장교를 얻기 위한 노력이 있었다. 위그노 지도자 누에de la Noue 같은 사람도 그럴 필요가 있다고 했다.[14] 그러나 이제 대규모 상비군이 리슐리외의 시대를 거쳐 루이 XIV세 치하에서 점차 형성됨에 따라

---

13) 수잔Susane, 《프랑스 보병사步兵史 Histoire de l'infanterie française》, 100쪽. 누에de la Noue는 많은 귀족들이 군복무를 했다는 점에서 스페인 보병이 프랑스 보병보다 우수하다는 결론을 내렸다고 한다(옌스Max Jähns, 《독일 군사학사軍事學史 Geschichte der Krigswissenschaften vornehmlich in Deutschland》, 564쪽). 조비우스Paolo Giovio/Jovius, 《당대인물전當代人物傳 Historiarum sui temporis》, libri 37(서기 1578년), 364쪽 및 366쪽에는 서기 1538년에 스페인군에서는 사령관들을 매주 추첨에 의해 결정했다는 특이한 기록이 있다.

14) 《군사견문軍事見聞 Observations militaires》, 제14화話/Discours(1587년), 338쪽.

주목할 만한 갈등이 생겼다. 국가와 정부는 귀족들만으로 장교단將校團이 구성되기를 원했지만 가용인원이 충분하지 못했다. 옛 귀족가문들 중에는 궁핍해져서 장교단에 걸맞는 생활수준을 유지할 추가비용 조달 능력이 없는 경우가 많았다. 반면 상류 부르주아 계층과 관리 가문의 많은 젊은이들은 군인 직업을 열망하는 경향이 있었다. 그러나 귀족 계층은 여타 사람들을 배척함으로써 그들의 지위를 유지하려고 장교 직위는 그들이 물려받은 고유 유산이라고 주장했고 정부 역시 최대한 귀족 계층을 선호하고 유지 육성하려고 노력했다. 양자가 장교단 내에 쉽게 뒤섞였다면 이때 귀족이라는 특별한 명예를 지닌 지위도 없어졌을 것이다. 그러나 주로 귀족 계층에서 장교들이 나오고 장교단도 자신들을 귀족 계층으로 여기면서 그들만의 관습과 명예의식과 주장을 지닌 특수한 계급적 전통이 존재하게 되었고 이들은 왕을 눌러싼 궁성宮庭과 견고한 관계를 맺고 사회적 영향력을 발휘했다. 더욱이 특별한 세습 계층에서 장교단이 충원됨에 따라서 군대가 근본적인 차이를 지닌 장교단과 병사들이라는 두 구성요소로 분리되는 현상이 생기고 또 강화되었다. 이런 현상은 로마-게르만 유럽의 모든 군대에 존재했고 러시아 피터Peter 대제大帝의 군대에도 전이轉移되었다. 이런 현상은 이 시대의 진정한 특징이고 이 시대의 군대들과 고대 로마의 레기온legion이나 16세기의 스위스 보병 또는 게르만 토병土兵들의 큰 차이점이다.15)

프랑스 장교단이 귀족계층으로 유지되는 경향이 강화된 데는 특별한 여건이 있었다. 장교들은 왕이 임명했지만 간부들이 그들의 지위를 남에게 파는 일이 가끔 있었다. 이런 일은 특히 퇴역하려는 늙은 귀족이 연금年金 외에 다른 소득을 얻으려 할 때 일어났다. 지위를 사려는 사람과의 계약을 "콩코르다concordat"라고 했고 그 대가는 상당히 컸다. 그러나 이렇게 지위가 올라간 사람이 늘 최상의 능력을 갖춘 사람은 아니었고 부적합한 자가 고급 지휘관으로 승진하는 것보다 더 군기軍紀의 정신적 기초를 타락시키는 일은 없었다.16) 루이 XV세 당시 벨레-이즐레Belle-Isle 원수元帥는 이런 부정행위를 근절시키려고 큰 노력을 기울였지만 소용이 없었다. 자제들이 군인 직업에 매력을 느끼는 부르주아 가문들이 대부분의 귀족가문보다 더 부유했으므로 매관매직賣官賣職을 근절하기 위한 이런 투쟁은 평

---

15) 필자는 장교와 부사관副士官/Unteroffizier이 원칙상 구별된 최초의 흔적을 누에de la Noue의 《군사견문軍事見聞 *Observations militaires*》, 제13화話/*Discours*(1587년), 322쪽에 있는 구절 중에서 발견했다. 이 구절에서 누에는 스페인 병사들이 단순한 하사下士/Sergeant들의 명령에도 잘 복종하지만 장교의 명령에는 더 잘 복종하고 있다고 칭찬하고 있다(역자 주: 전통적인 개념에 의하면 부사관은 병사에 속한다).

16) 호에에르J. G. Hoyer, 《병법사兵法史 *Geschichte der Kriegskunst*》, 188쪽. 당시 전통을 잘 알던 호이에르는 18세기 프랑스군의 군기軍紀가 허약했던 주된 원인은 간부직위의 매매에 있었다고 본다. 그러나 우리는 그런 점만 따로 떼어놓고 이를 기본적 원인으로 생각하면 안 된다. 영국군 역시 매관매직이 흔했지만 군기軍紀가 유지되었을 뿐 아니라 이런 추한 측면이 부자이기도 하면서 유능한 사람이 아주 젊은 나이에 지휘관이 될 수 있는 장점을 제공하기도 했다. 웰링톤Wellington은 23세에 부연대장이 되었다.

민들의 반발을 불러왔다. 부르주아 출신을 장교단將校團이 받아들이지 않는다면 그들은 자신들의 재산을 가지고도 원하는 직위를 두고 귀족들과 경쟁할 수 없었을 것이기 때문이다. 따라서 대혁명 시기에 이르기까지 어느 시기에나 때로는 부르주아들의 장교단 접근을 허용하기도 하고, 때로는 더 어렵게 만들기도 하고, 때로는 아예 불가능하게 만들기도 했던 칙령들이 줄줄이 공포되었었다. 서기 1629년 리슐리외Richelieu 당시에는 능력이 있는 병사는 대위大尉까지 진급할 수 있고 그 이상 진급도 가능하다고 선포했었다. 이는 관대한 칙령 같이 보이지만 장교단은 기본적으로 귀족이라는 태도가 밑바탕에 깔려있다. 16세기에는 몽뤼Monlu가 군대계급에서 최고위직에 올랐듯이(역자 주: 앞의 135쪽 참고) 17세기에는 카티나Catinat가 부르주아 출신으로 군대계급에서 최고위직에까지 올랐다. 그러나 일반적으로 당시의 상황은 평민인 부르주아 출신 간부들이 매우 많기는 했어도 그들이 고급 지휘관이 되는 일은 매우 드물었고 때로는 그들의 장교단 가입이 엄격히 통제되어 거의 문이 닫히기도 했었다. 평민들이 장교단에 들어갈 수 있는 주요 수단은 귀족 지위의 사칭詐稱이었다. 지원자가 귀족임을 확인해주는 서류에 3~4명의 귀족만 서명하면 그는 장교단에 충분히 들어갈 수 있었던 것 같으며 그런 확인서를 손에 넣기는 그리 어려운 일이 아니었다. 결국 대혁명 몇 해 전에는(서기 1781년) 4대에 걸쳐 선조들이 귀족임이 입증되어야 한다는 칙령이 공포되었다. 이는 새로 귀족이 된 자들의 자제들은 장교단에서 배제되거나 특별한 경우에만 장교단에 들어갈 수 있음을 의미했다.17)

따라서 17세기를 지나면서 형성된 장교단은 중세 세습 전사戰士 계층인 기사騎士 계층이 발전해서 그 전투방법만 외형적으로 변했던 것이 아니라 엄격한 형식의 군기軍紀와 사령관의 판단에 따라 진급되는 군대계급 구조가 도입된 결과 내부적으로도 변한 것이다. 서기 1685년에는 《군대의 지휘La conduite de Mars》란 책자가 등장해서 장교들에게 신분에 걸 맞는 의무를 교육하고 행동규범을 부여할 것을 강조했는데 이 행동규범은, 옌스Max Jähns의 말을 빌리면, 귀족들의 명예전범名譽典範이 군복무규정軍服務規程으로 바뀐 것을 의미한다(《독일 군사학사軍事學史 Geschichte der Krigswissenschaften vornehmlich in Deutschland》, 제Ⅱ편, 1255쪽). 장교들은 복종은 하되 자신의 지위를 잊으면 안 되며 재산 형성의 모든 기회를 누리도록 가르치고 있다. 이 책은 또한 신앙심은 장점이라고 가르치고 있다.

프랑스군에서는 병사들에 비해 장교의 수가 놀라울 정도로 매우 많았다. 프리드리히Friedrich 대왕의 전쟁에 관한 장군참모부將軍參謀部/Generalstab(역자 주: 독일의 게네랄쉬탑

---

17) 프랑스군의 귀족 간부와 부르주아 간부 사이의 관계를 상세히 다룬 글로는 투에테이Louis Tuetey의 《구체제 하의 간부. 귀족과 평민Les officiers sous l'ancien régime, nobles et roturiers》 (파리, 서기 1908년)이 있다.

Generalstab을 흔히 일반참모부一般參謀部로 번역하고 있으나 이는 잘못된 번역이다. 독일 해군은 그 같은 참모기구를 아트미랄쉬탑Admiralstab이라 부른다)의 한 문서에 의하면 서기 1740년경 프랑스군에는 병사 11명 당 1명의 장교가 있었고 따라서 중위中尉들도 모두 소총으로 무장했었다고 한다. 그 당시의 프로이센 군대에서는 장교 1명 당 병사가 약 29명이었고 프리드리히 대왕이 죽을 무렵에는 약 37명이었으며 현재의 독일 군대에서는 약 40명이다. 장교 1명 당 병사 11명이란 비율이 착오였다고 해도 오늘날보다 장교 숫자는 상대적으로 훨씬 많았다.[18]

부르주아가 장교단將校團으로 들어 갈 수 있는 길이 끊긴 적도 없지만 군 내부에도 병사들 세계에서 장교들 세계로 가는 좁은 다리가 하나 있었다. 부사관副士官과 장교의 중간에 "오피씨에 드 포르튄officer de fortune"들이 있었고 이들은 해군의 갑판관甲板官/Deckoffizier이나 보다 최근 계급으로 준위准尉/Feldwebel=Leutnant 같은 지위였다. 그들은 부사관으로 간주되었지만 가끔 교양 있는 가문 출신도 있었다. 중세에는 이들 중 능력이 입증된 자는 장교단에 들어갈 수 있었다. 그들의 전문적 지식과 책임감은 지위 높은 신사紳士들이 자신의 복무에 특별한 관심을 두지 않던 특히 기병대 같은 경우에 부대의 결집력 유지에 매우 중요한 요소였다. 후일 스웨덴 왕이 되는 베르나도테Bernadotte 원수元帥도 이 계급 출신이다. 그는 유명한 법률가의 아들로 너무나 중요한 인물이었고 후일 너무나 훌륭한 인물이었으므로 젊었을 때도 주목을 받았을 것이 분명하다. 그러나 대혁명이 일어났을 때 그는 26세였는데 이미 10년간 병사로 복무했어도[19] 아직 소위도 되지 못했었고 결국 장교 견장을 받기는 했지만 당시로는 대위 이상 진급할 가망은 없었던 인물이다.

연대들은 모병을 통해 병력을 충원했고 이를 위해 르텔리에Le Tellier는 서기 1645년에 각 연대에 특별히 제한된 모병구역을 할당했다. 서기 1666년에는 입대 기간

---

18) 퓌세구Puységur는 장교 1인 당 병사 16~17명으로 평가했지만(《병법Art de la Guerra》, 제Ⅵ장, 50쪽) 이를 약 25명으로 평가한 곳도 있다(103쪽). 시카르Sicard는 장교 1인당 병사 12~13명으로 평가했지만(전체 장교 6,553명에 전체 병사 79,050명)(《프랑스 군제사軍制史Histoir des institutions militares des Français》, 제Ⅱ편, 229쪽) 이를 19~20명으로 평가한 곳도 있다(보병대대의 경우 전체 장교 35명에 전체 병사 685명)(244쪽). 수잔Susane은 장교 1인 당 병사 15명으로 보았다.(《프랑스 보병사步兵史 Histoire de l'infanterie française》, 제Ⅱ편, 278쪽). 베렌호르스트Berenhorst는 장교 1인 당 병사 18명으로 평가했다(보병대대의 경우 전체 장교 50명에 전체 병사 900명)(《병법평론兵法評論. 그 발전과 모순 및 신뢰성 Betrachtungen über die Kriegskunst, über ihre Fortschritte, ihre Widers- prüche und ihre Zuverlässigkeit》, 서기 1776년, 제1장, 61쪽). 수잔은 서기 1718년에는 중대 숫자가 너무 많다는 것을 알고 이를 줄였지만 서기 1734년에는 다시 증가했다고 했다. 호이에르J. G. Hoyer는 전쟁성 장관 생제르맹St. Germain이 실시한 개혁의 결과 1개 중대의 병력이 장교 7~8명을 포함한 125명으로 고정되었다고 했다(《병법사兵法史 Geschichte der Kriegskunst》, 제Ⅱ편, 505쪽). 슈케Chuquet는 서기 1789년 당시 프랑스 군대의 장교 숫자는 약 9,000명이었다고 한다. 오스트리아의 경우도 오이겐Eugen/Eugene 영주領主 시대에 장교 숫자가 너무 많았었다. 몬테쿠콜리Montecuccoli는 병사 1,500명에 장교 33명이 적절하다고 보았다. 서기 1740년 12월에 프로이센에는 병사 약 100,000명과 장교 3,116명이 있었고 서기 1786년에는 병사 약 200,000명에 장교 5,300명이 있었다. 서기 1784년에 튀나Thüna 연대는 장교 52명과 부사관副士官을 포함한 병사 2,186명이 있었고 결국 장교 1인 당 병사 숫자가 42명이었다(《주간군사週刊軍事 Militär-Wochenblatt》, 서기 1909년, 3768단段).

19) 베르나도테가 군복무를 하게 된 경위에 대해 사랑-죈느Sarrans-Jeune의 자서전에 있는 말과 클레버Kläber의 자서전에 있는 말이 완전히 일치하지는 않는다.

을 4년으로 한정했고 중대장이 지원하지 않는 자를 이 기간 이상 군대에 잡아두는 것을 금했고 이를 어길 시에는 강등降等 처벌하겠다고 했다.

기사騎士들에 대한 소집령召集令(애리에어레방arrièreban)도 여전히 가끔 있었다. 서기 1674년, 1675년, 1689년, 1703년에도 있었고 7년 전쟁 기간 중인 서기 1758년에도 있었다. 하지만 쓸모가 없어진 그들을 고향으로 돌려보낸 것이 언제인지는 기록이 없으며, 이는 결국 귀족들에 대한 징세수단으로 변했다. 귀족들은 말을 타고 출전하는 대신 일정한 면제기금을 지불함으로써 의무를 대신할 수 있었고 서기 1639년에는 징집된 귀족이 자기 대신 보병 2명을 내보내면 되었었다.

루이 XIV세가 왕위를 물려준 서기 1661년까지도 프랑스군에 통일된 제복은 없었다. 1660년대에 르텔리에Le Tellier가 제복과 무기를 표준형으로 제작토록 했지만 일부 연대에서 중대장들이 개별적으로 자신의 중대에 통일된 복장을 입혔을 뿐이다. 종교전쟁 중에는 양측이 스카프나 상의의 색상으로 서로를 구분했다. 이 색상은 지도자들의 취향이나 여건에 따라 가끔 바뀌었다(역자 주: 앞의 189쪽 참고).

서기 1666년에 르텔리에는 모든 소총 구경口徑을 통일했고 탄환 20발의 무게를 1파운드로 통일했다.

군막사軍幕舍는 거의 없었다. 병사들은 민간 가옥에서 숙박했고 이들과 지주들과의 관계를 규율하는 상세한 규정이 있어서 상주하는 경우와 행군 중 숙영하는 경우가 달랐었다. 루이 XIV세 때 점점 많은 군막사를 지었다.

서기 1666년부터는 꽤 큰 규모의 부대들이 가끔 훈련용 숙영지에 집결해 전술훈련과 상호 기동훈련을 실시했다.

르텔리에는 체계적 식량보급을 위해 정규 저장소를 세웠고 이들은 전략운용에 중요한 역할을 했다. 르텔리에는 수시로 직접 야전으로 나가 식량분배를 지시 감독했다. 앞으로 이 식량저장소 체계의 효율성을 검토할 기회가 있을 것이다.

리슐리외Richelieu는 야전병원을 만들었는데 르텔리에는 병사들의 치료와 아울러 인도적 견지에서 이 병원들을 위한 기금을 만들었다. 18세기 프랑스 병사들은 특별히 좋은 치료를 받는 것으로 알려졌었다. 지방장관 뒤베르니du Verney는 7년 전쟁 기간 중에 군사령관 끌레르몽Clermont에게 보낸 한 서신에서 프랑스군은 야전병원을 가지고 있는 유일한 군대인데 이는 인도적 이유도 있었지만 그들은 병력이 적어서 이를 아껴야 했기 때문이라는 말을 한 적이 있다. 그는 또한 이 야전병원들은 수비대에 있는 병원들과는 물론 달랐다고 했다.20)

옛 용병傭兵 군대의 특별한 결점은 거대한 보급대열이었다. 그들은 부인을 야전에 데리고 나가 그들이 해주는 밥을 먹고 아프거나 부상당했을 때 치료 받기를

---

20) 《프로이센 연보年報 Preussische Jahrbücher》, 제77권, 523쪽에 수록된 다니엘스E. Daniels의 글 참고.

좋아했었다. 그러나 체계적 식량저장소 조직과 야전병원으로 이제는 부인들이 제공하던 조력이 불필요해지자 여인들을 야전으로 데리고 나가는 것을 금지할 수 있었고 르텔리에Le Tellier는 아예 병사들의 결혼을 금지하기까지 했다.

그러나 이들 상비군대들이 전쟁포로들을 속환금贖還金을 받고 돌려주던 관행을 보면 그들이 아직도 용병傭兵 체계 때와 같은 태도로 생활했었음을 알 수 있다. 서기 1674년에 프랑스와 스페인은 속환금 정액제定額制에 합의했다. 연대장 1명의 속환금은 400프랑franc이었고 병사 1명의 속환금은 7.5프랑이었다.21)

르텔리에는 불구가 된 제대병除隊兵들에 대해서도 관심을 갖고 있었다. 이들 중 상당수를 수도원修道院으로 보내 돌보아 주게 했고 나머지는 중대에 집결시킨 후 일정한 일을 시키고 그 대가로 먹여 살렸다. 하지만 불구가 된 제대병들은 탈영해서 파리로 간 다음 구걸로 살아가는 방법을 선호했다. 그들에게 자선을 베푼 자들을 처벌했고 구걸로 살아가는 자들을 사형에 처하기까지 했다. 서기 1674년 루이 XIV세는 상이군인傷痍軍人 수용소Hôtel des Invalides를 세웠다.22)

르텔리에가 추진하던 일들은 앞서 말한 대로 아들 프랑소아François Michel가 이를 이어받아 완성했다. 그는 루보아Louvois 후작侯爵/Marquis이란 직함職銜을 지녔었고 서기 1662년 21세에 아버지의 보좌관이 되었고 6년 후인 서기 1668년 28세(역자 주: 원문을 그대로 옮김)에 자신이 전쟁성戰爭省 장관이 되어 아버지를 계승했다.

서기 1668년 아헨Aachen 조약으로 상속전쟁相續戰爭(역자 주: 네덜란드 전쟁이라고도 한다. 스페인 왕이 죽고 루이 XIV세가 죽은 스페인 왕의 장녀인 그의 비妃 마리아 테레지아의 스페인령 네덜란드에 대한 영유권을 주장하며 플랑드르 등을 점령하자 네덜란드가 영국, 스웨덴과 함께 대항한 전쟁)을 끝내고 군대를 감축키로 했을 때 루보아는 부대 숫자는 줄이지 않고 과거의 방식대로 각 연대에 참모진은 그대로 두고 병력수만 줄여서 후일 신병들만 보충하면 다시 군대를 증강시킬 수 있게 했다. 이 방식을 사용함으로써 비로소 상비군이라는 개념이 진정으로 충족되게 되었다. 한 부대가 상비군의 일부가 되면 단결심이 저절로 재생되었다. 이렇게 되면 전쟁이 벌어져도 새 부대들을 집결시키는 데 드는 시간을 절약할 수 있었을 뿐 아니라 전통 있는 연대들은 새 연대들보다는 경험 많은 부대로서 매우 중요한 장점을 지닐 수 있었다.

---

21) 호이에르J. G. Hoyer, 《병법사兵法史 Geschichte der Kriegskunst》, 제II편, 199쪽. 니Nys의 《국제법Le droit international》에 의하면 전쟁포로 속환금에 관한 최초의 조약은 서기 1550년 작센 공公 모리츠Koritz/Maurice와 마그데부르크Magdeburg 사이에 체결되었다고 한다(제III편, 512쪽). 이 조약에서는 포로 속환금을 1달 급료 이상 요구할 수 없도록 했었다. 헤프터Heffter-게프켄Geffcken의 《국제법國際法 Völkerrecht》에 의하면 포로교환과 속환금에 관한 가장 오랜된 조약은 서기 1763년에 프랑스와 홀랜드Holland가 체결한 조약이라 한다(제142항). 프라디어Pradier-포데레Fodéré의 《국제법國際法 개론槪論 Traité de droit international Publi c》에서는 최초의 그런 조약으로 또 다른 조약을 말하고 있다(제VII편, 45쪽). 속환금의 최고한도를 1년 급료의 1/4로 제한한 경우가 여러 번 보인다.

22) 필자의 기억으로는 부상자와 병자 치료에 관한 최초 약속은 서기 1510년 스트랄순트Stralsund의 급료 지불계약에 있으며 이 계약에서는 부상자에 대한 치료와 불구가 된 제대병除隊兵의 치료를 약속했다.

실제로 전쟁 수행 시 필요한 전체 병력을 확보하기 위해 서기 1688년 루보아는 민병연대民兵聯隊들을 창설해서 이들에게 수비대 임무를 맡게 했다. 야전군은 모병에 의존했지만 민병연대의 병력은 지역공동체가 제공해야 했고 따라서 어떤 식으로든 징집의 방법이 사용되었다. 그러나 얼마 되지 않아 이런 민병연대들도 이곳저곳에서 실제 작전에 동원되었고 스페인 왕위계승 전쟁(역자 주: 서기1701년~1713년) 때는 민병연대의 병력을 그대로 야전연대에 편입시켜 버렸다.

사정이 이렇게 변한 결과 비록 간접적이고 또 부드럽고 규모가 작기는 했지만 야전군을 위한 징집도 생기게 되었다. 그러나 이보다 훨씬 전인 서기 1677년에 루보아는 탈영한 병사가 자신은 강제로 징집되었다는 변명을 하더라도 처벌을 피할 수는 없다면서 만약 그가 처벌을 면하면 자신이 입대하게 된 데 대해 어떤 이의라도 제기할 수 없는 사람은 없기 때문에 결국 부대에 남아있게 될 사람이 하나도 없을 것이라고 말한 적이 있다.

독일에서와 같이 앙리Henry Ⅲ세 당시에는 보수를 받으려고 대리 입대한 가짜 병사는 코를 자르도록 명한 적이 있다. 그러나 중대장들은 실제 그런 죄를 범한 자를 처벌하려고 하지 않았다. 사정이 변해 있었기 때문이다. 그런 부정행위가 실제로 근절 된 것은 아주 오랜 시간이 흐른 후였다. 루보아 당시인 서기 1676년에도 코를 자르라는 명령이 반복되었다.

루보아가 프랑스군을 위해 가장 크게 기여한 일로 우리는 그의 행정적 업적들을 들 수 있다. 그는 때로는 잔인했지만 지속적인 정렬과 근면으로 그의 아버지가 창설한 체계를 이어받아 완성했고, 이에 수반된 모든 저항을 분쇄했고, 군대 내에서 폭력을 근절시켰고, 모든 일들을 주의 깊게 통제했다. 그는 착오나 잘못이 있다고 의심되는 곳에는 직접 나타나 필요한 조치를 취했다. 이런 그의 활동은 프리드리히 빌헬름Friefrich Wilhelm Ⅰ세의 활동과 어느 정도 비교가 된다.

잘 계획된 프랑스군 조직은 스페인 왕위계승 전쟁에서 패한 후에도 살아남아 7년 전쟁(역자 주: 프랑스 혁명 이전 서기 1756년~1763년에 벌어진 마지막 주요전쟁으로 유럽 열강들이 모두 참전했고 프랑스·오스트리아·작센·스웨덴·러시아가 동맹을 맺어 프로이센·하노버·영국에 맞섰다. 뒤의 330쪽 참고)에서 진가를 발휘했다. 서기 1760년에 브라운슈바이크Braunschweig 공公 페르디난트Ferdinand와 싸운 프랑스군은 루이 XIV세 당시 라인강 동쪽에 나타났을 때보다 병력도 많고 조직과 장비도 훌륭했다. 병력은 140,000명 이상이었다.23)

---

23) 다니엘스E. Daniels, "브라운슈바이크의 페르디난트Ferdinand von Braunschweig,"《프로이센 연보年報 *Preussische Jahrbücher*》, 제80권, 509쪽. 같은 잡지 제79권, 287쪽도 참고할 것.

제 Ⅱ 장
브란덴부르크-프로이센

효율적 군사체계의 필요성은 프랑스 왕보다 게르만 영주領主들에게 더 시급한 근본적 문제였다. 그들에게는 전시戰時에도 프랑스 왕 같이 많은 용병傭兵을 모집할 자금이 부족했기 때문이다. 게르만 지역에도 새 군사체계를 만들어 보려는 광범위하고 정열적인 시도가 없지 않았다. 그들의 군사체계는 전통적인 귀족들의 봉건 의무와 결코 완전히 사라진 적이 없는 일반적 향토방위 임무에 기초한 체계였다. 경험 많은 군사지도자들은 대기금待機金/Wartegeld을 고정적으로 받는 대신 지휘관에 임명되어 필요시 징집된 바쌀vassal(역자 주: "가신家臣"으로 통상 번역된다. 구체적 의미에 대해서는 이 책 제Ⅱ편, 제Ⅳ권, 제Ⅳ장 참고)들이나 도시민과 농민들의 "대표"들을 지휘할 준비가 되어 있었다. 바이에른Byern/Bavaria, 뷔르템베르크Würtemberg, 팔라틴 백작령Palatinate, 작센Sachsen/Saxony, 프로이센Preussen/Prussia 같은 큰 지역들은 규모가 큰 민병대들을 창설했다. 여기서 특히 언급되어야 할 인물이 나쏘Nassau의 요한Johann 대공大公인데 그는 오라니엔 공公 모리츠Moritz von Oranien/ Maurice of Orange가 네덜란드군을 창설할 때 크게 보좌한 모리츠의 사촌 나쏘Nassau 공公 빌헬름Wilhelm Loudwig/William Louis의 동생이었다. 요한 대공大公은 네덜란드에서 그의 친척들이 가동시킨 군사체계에 관한 새 아이디어에 큰 인상을 받고 이를 독일에 도입하려 했다. 그는 종교전쟁의 먹구름이 몰려드는 것을 보고 세습토지귀족世襲土地貴族/Ständen들에게 모병된 병사들 대신 국민징집군으로 무장할 것을 권고했고 자신은 여기서 더 나갔다.

오라니엔 공公 모리츠가 큰 성공을 거두고 명성을 떨치자 열정적인 유럽 프로테스탄트 용사들이 새 체계의 비법을 전수받으려고 그의 진영陣營에 모여들었다.

그러나 네덜란드 병법兵法은 단순 경험에 의한 것이 아니라 지식 연구에 의한 것이었다. 따라서 서기 1617년 요한 대공大公은 자신의 수도首都 지겐Siegen에 젊은 귀족과 애국자들의 자제들을 위한 기사군사학교騎士軍事學校를 설립해 공학工學, 축성築城, 포병砲兵, 전술戰術, 수학數學, 라틴어, 프랑스어, 이태리어 등을 가르치게 했다. 그는 이 학교장으로 발하우젠Johann Jacob von Wallhausen을 초빙했다. 우리는 불행히도 그의 출생과 생활에 대해 그가 네덜란드에 살았었다는 것 외에 아는 것이 없는데 요한 대공大公은 그를 "지명된 경비연대장警備聯隊長 및 공훈도시功勳都市 단찌히Danzig의 중대장"이라고 불렀다. 그는 서기 1614년에서 1621년 사이에 군사문제에 관한 장편의 이론서들을 발표했다. 이 중에는 진정한 지식과 훌륭한 판단들도 있지만 때로는 무비판적인 환상들도 섞여있다.[1] 그는 기병대는 방어 때는 원진圓陣 또는 방진方陣으로 정렬하라고 권할 정도였고2) 보병부대는 십자형十字形 또는 팔각형八角形 대형으로 전개하라고도 했다. 그럼에도 불구하고 그의 글들은 매우 큰 성공을 거두어 프랑스어 번역본도 나왔다. 그러나 그의 글들을 보면 의심이 가듯이 그는 성격이 불안정했고 몇 달 후 해고되었다. 지겐Siegen 군사학교도 곧 포기되었고 서기 1623년 요한 대공大公은 지속적 성격의 학교를 창설해 놓지 않고 죽었다.3)

민병대 조직들도 아무 성과가 없었다. 이 징집병들은 직업전사인 용병傭兵들을 상대로 끝까지 버티지 못했다.4) 팔라틴 백작령 민병대는 스페인 병사들이 왔을 때 도주했고 작센 민병대도 브라이텐 평원Breitenfeld 전투에서 꽁무니를 뺐다. 바이에른 선제후選帝候/Kurfürst 막시밀리안Maximilian은 그의 병력이 서기 1632년 스웨덴군이 접근했을 때 "아무 일도 한 일이 없고 그들을 위해 헛돈을 썼다"는 말을 했다.5) 뷔르템베르크 민병대도 뇌르딩겐Nördingen 전투에 참여했지만 이때 격퇴된 것으로 보인다. 불행히 그들이 어떻게 싸웠는지 분명한 기록이 없다.

브란덴부르크Brandenburg는(역자 주: 당시 신성로마 제국 즉, 게르만 제국의 브란덴부르크 선제후選帝候 게오르크 빌헬름Georg Wilhelm은 서기 1640년 사망하고 그 뒤를 이은 인물이 프리드리히 빌헬름Friedrich Wilhelm 대선제후大選帝候이다. 서기 1688년 이 대선제후大選帝候의 뒤를 이어 브란덴부르크 선제후가 된 프리드리히 Ⅲ세는 소년시절 가정교사로서 총리가 된 유능한 당켈만Dankelmann의 도움을 받으며 부친의 정책을 이어갔고 서기 1701년 신성로마제국의 속국 지위에서 벗어나 프로이센 독립왕국의 초대 왕이 되었다. 프로이센 초대 왕으로는 그를 프리드리히 빌헬름 Ⅰ세로 부른다. 서기 1712년에 그의 뒤를 이은 아들이

---

1) 네덜란드인 르혼Le Hon(혼디우스Hondius)는 발하우젠Wallhausen에 관해 다음과 같은 말을 했다고 한다(엔스 Max Jähns, 《독일 군사학사軍事學史 Geschichte der Krigswissenschaften vornehmlich in Deutschland》, 제Ⅱ편, 1039쪽에서 재인용함).

    발하우젠은 연대 집체훈련에 관한 방대한 책 1권을 집필했는데 그가 말한 집체훈련은 우리들에게는 없고 오라네엔 공公도 사용한 일이 없는 훈련이며…종이에 그려놓은 환상에 불과하며, 어느 장교나 병사도 이를 실천할 수 없고, 그리스 신화神話의 이카루스Icarus나 마찬가지로 너무 높이 날아올라 추락할 수밖에 없으며 또한 이렇게 문자화 해 놓았으니 많은 사람이 볼 수밖에 없을 것으로 생각했을 작가 자신도 이를 실천할 수 없는 그런 훈련이다.

    프랑스인 바르뎅Bardin은 발하우젠의 《보병步兵의 병법兵法 Kriegskunst zu Fuss》을 도대체 무슨 말인지를 알 수 없는 뒤죽박죽의 글이라며 이 책에서 배울 것은 아무것도 없다고 했다(엔스Max Jähns, 같은 책, 제Ⅱ편, 1042쪽에서 재인용함).

2) 그의 말을 지지하는 견해로 몬테쿠콜리Montecuccoli 같은 군인도 이와 비슷하게 "공격이 아니라 방어를 위해 창병槍兵 부대를 정렬시키려면 사방을 모두 정면으로 하는 방진方陣 대형으로 정렬시킬 수도 있다"면서 원형圓形 또는 구형球形 대형도 추천했다.(《전집全集 Gesammelte Shriften》, 제Ⅰ편, 352쪽).

3) 플라트너L. Plathner, 《나쏘의 요한 대공大公과 최초의 군사학교Graf Johann von Nassau und die erste Kriegsschule》, 베를린 대학교 학위논문, 서기 1913년.

4) 서기 1559년경 라인하르트Reinhart Solms 대공大公은 엔스Max Jähns가 《군사정부軍事政府 Kriegsregierung》라고 부르는(《독일 군사학사軍事學史 Geschichte der Krigswissenschaften vornehmlich in Deutschland》, 제Ⅰ편, 510쪽) 군사백과사전을 썼는데 이 책에서 그는 민병대 창설에 강하게 반대하면서 그들은 상황이 심각해지면 도주할 것이기 때문이라고 했다(엔스, 같은 책, 539쪽). 클리칭von Klitzing 장군은 브라운슈바이크Braunschweig-뤼네부르크Lüneburg 영주領主 게오르크Georg에게 보낸 보고서에서 자신의 경험에 의하면 민병대 병사들은 모병된 병사들을 상대할 수 없을 것이라며 양자를 혼합 편성할 것을 권장했다(데켄von dem Decken의 《브라운슈바이크-뤼네부르크 영주領主 게오르크Herzog Georg von Braunschweig und Lüneburg》, 제Ⅱ편, 189쪽).

5) 민병대를 써서 성공한 유일한 경우는 보조병력으로 쓰는 경우였다. 막시밀리안은 서기 1620년 보헤미아로 이동하면서 연합군으로부터 조국을 방어하는데 민병대를 썼다. 크레브스J. Krebs, 《바이쎈 베르게(백산白山) 전투Schlacht an dem Weissen Berge》, 32쪽.

프리드리히 대왕 즉, 프리드리히 빌헬름 Ⅱ세이다) 프로이센, 포메라니아Pommern/Pomerania, 베스트팔렌Westfalens/Westphalia과 저지低地 라인 지방의 각 지역들과 연합이 임박했던 결과 좀 더 넓은 개념의 정치를 모색하고 있었음이 분명하지만 다른 지역보다 아직 준비가 덜 된 상태에서 30년 전쟁(역자 주: 서기 1618년~1648년. 유럽의 거의 모든 나라들이 종교, 왕조, 영토 등을 둘러싸고 벌인 전쟁)에 휘말려 들어가게 되었다. 출전의무를 지닌 바쌀vassal들의 전체 숫자가 1,073명으로 추산되었고 이들로 중대들이 편성되어 있었지만 이는 어디까지나 지면紙面 위의 일이었고 베를린 시민들은 서기 1610년 표적 사격 연습이 예정되자 임신부姙娠婦들을 놀라게 할 너무 위험한 일이라고 했었다.6) 서기 1610년 브란덴부르크 수상首相의 말에 의하면 모병된 용병傭兵들과의 전쟁은 "절반의 적敵은 집안에 있고 모든 적은 문 앞에 있는" 격이었다.7)

프로이센에서는 서기 1622년 최고의회最高議會가 영주領主에게 "방위계획"을 제출했지만 영주領主 게오르크 빌헬름Georg Wilhelm은 이를 거부하며(서기 1623년 2월 19일) "경험상 팔라틴 백작령의 영토 수호를 위한다는 국가적 조직은 모든 사람들의 기대와 다른 것으로서 전쟁이나 전투가 벌어졌을 때 실제로는 무용지물無用之物이 될 것이 너무 분명하기 때문"이라고 했다.8)

후시테Hussiten/Hussite 전쟁(역자 주: 이 책 제Ⅳ권, 제Ⅳ장 참고)으로부터 30년 전쟁에 이르기까지 200년 이상의 기간 동안 독일 군사조직의 이론과 현실은 서로 모순이 있었다고 할 수 있다. 이론상 바쌀vassal 복무, 시민 징집 및 민병대가 계속 입에 올랐었지만 전쟁 때는 언제나 용병傭兵들이 싸웠다.

서기 1557년 작센 선제후選帝侯는 델리취Delitzsch 마을에 "그대와 그대의 시민들은 준비태세를 잘 갖추고 있다가 차후의 명령에 따라 주저 없이 출전하도록 우리는 엄숙히 명한다"라는 명령을 내렸다. 서기 1583년에는 "우리의 충성스런 바쌀 대공大公들, 기사騎士들, 시민들 및 어티 신민臣民들과 그들의 친지들은 언제나 장비를 잘 갖추고 출전 준비를 할 것"을 명령했다. "명백한 질병"의 경우에만 같은 계층의 다른 사람으로 대체하는 것이 허용되었다.9)

만약 우리에게 샤를마뉴Karl/Chalemagne 대제大帝(역자 주: 프랑크 제국 카롤링 왕조 제2대 왕.

---

6) 서기 1544년 아우그스부르크Augsburg 시장市長이 전 시민에게 강제로 무기를 구입해 매일 훈련에 참여하도록 했을 때 도시 전체가 이에 반대하며 궐기해서 이는 말도 안 되고 불필요한 돈과 시간 낭비라면서 아우그스부르크의 산업의 중요성을 볼 때 그런 일은 용병傭兵을 사서 하는 것이 돈도 덜 들고 좋은 방법이라고 했다. 《튀빙겐 지誌 Tübinger Zeitschrift》, 제16권, 486쪽에 게재된 슈몰러Schmoller의 말.

7) 야니Jany, 〈옛 군대의 기원起源 Die Anfänge der Alten Armee〉(《프로이센 군대 역사에 관한 문서기록 기고문寄稿文 Urkundliche Beiträge zur Geschichte des preussischen Heeres》에 수록되어 있음), 2쪽.

8) 야니Jany, 같은 글, 제Ⅰ편, 10쪽. 크롤만Krollmann, 《프로이센 왕국의 국방업무Das Defensionwerk im Königreich Preussen》, 서기 1909년.

9) 마이네르트Meynert, 《유럽의 군사제도와 군대조직의 역사Geschichte des Kriegwesens und der Heerverfassungen in Europa》, 제Ⅱ편, 99쪽.

서기 800년에 서西로마 제국 황제로 추대됨. 재위기간은 서기 768~814년. 카를 대제라고도 함. 이 책 제 III편, 제I권, 제I장 참고) 시대의 법령法令/Capitulare들 같은 것이 있었다면 그로써 파생된 법제사法制史와 헌법사憲法史는 어떤 모습이 되었고 이로써 생긴 체계는 어떤 모습이 었을까? 그러나 이런 것들은 모두가 내용은 없는 공허한 말뿐이었을 것이다.

16세기 영주領主들이 보유했던 소규모 신변 경호부대를 "궁정시종宮庭侍從/Hofgesinde" 이라 했다. 브란덴부르크 선제후選帝侯도 이런 병력을 200명 이상 가지고 있었다.

위기가 다가오면 세습토지귀족世襲土地貴族/Ständen들은 약간의 병력을 그것도 단기간 동안만 승인했다. 서기 1626년 발렌슈타인Wallenstein과 만스펠트Mansfeld가 접근할 때 그들은 만약 선제후選帝侯가 진정으로 영토를 막아준다면 자신들은 영토중립領土中立 을 지킬 준비가 되어 있다고 말했다. 그러나 선제후에게는 그럴 병력이 없었고 세습토지귀족들이 병력 3,000명을 승인하기는 했어도 매우 늦게 그것도 겨우 3개 월만 승인했다. 그들의 말로는 자신들이 지난 100년 동안 많은 세금을 지불했음 에도 보호를 받은 적이 없으므로 전사戰士들을 유지할 필요가 없다고 했다.

결국 두 군대는 아무 거리낌 없이 영토로 들어왔고 서기 1628년에 발렌슈타인 은 이미 이 지역에서 황금 200톤을 빼앗은 것으로 추산된다. 만약 황금 2톤만 썼 다면 이 지역은 매우 큰 군대를 편성할 수 있었을 것이다.10)

구스타프 아돌프Gustav Adolf/Gustavus Afolfus와의 연합으로 브란덴부르크는 몇 개 연대 를 편성할 기회가 있었지만 선제후로서는 돈을 지불해야 했었다.

6년 후 선제후 게오르크 빌헬름Georg Wilhelm이 황제 편으로 옮겼을 때 신성로마 제국의 지원을 받아 매우 큰 브란덴부르크군을 편성할 계획이었고 이 군대는 "신성로마제국 황제와 그의 은총으로 그를 대신할 브란덴부르크 센제후"를 위해 복무할 군대였다. 이 군대의 임무는 스웨덴군을 포메라니아에서 몰아내는 것이 었다. 그러나 이듬해에 브란덴부르크 수상首相 슈바르쩬베르크Schwarzenberg는 선제후 에게 "은혜로운 영주領主님께서는 병력 25,000명을 제공하기로 했었고 이 가난한 나라는 이들을 유지해야 했고 이들은 이 국가를 완전히 폐허로 만들 수 있었습 니다. 은혜로운 영주領主님과 중장中將 대공大公 갈라스von Gallas 앞에 약 5,000명이 집 결하기로 등록한 것이 겨우 5주일도 채 되지 않습니다. 그런데 지금 은혜로운 영 주領主님의 장교들의 말에 의하면 집결에 참여한 자가 기병과 보병을 합해 2,000

---

10) 서기 1623년 이후 헤쎈Hessen에서 (귀족들의 마을은 제외하고) 영주領主들의 도시와 마을에서만 동맹군 주둔 병력이 해방 대가로 빼앗아간 비용이 절도와 파괴로 인한 비용을 빼고도 서기 1625년에는 제국 은화銀貨 3,318,000 탈러Taler에 달했다. 이는 3년 전 세습토지귀족들이 지방대공地方大公/Landgraf에게 승인 한 액수의 10배도 넘는 돈이었지만 이로써도 이 지역은 보호 받을 수 없었다. 리터M. Ritter, 《반종교개 혁反宗敎改革 시기의 독일사Deutsche Geschichte im Zeitalter der Gegenreformation》, 제III편, 260쪽. 긴델리Gindely는 발 렌슈타인이 처음 지휘한 시기에 거둔 헌납금을 총 2억~2억 1천 탈러로 집계했다. 할레Halle 시市 홀로 서기 1625년 12월에서 서기 1627년 9월까지 지불한 액수가 430,274 굴트Guld/guilder였다.

명도 안 된다 합니다"라는 보고를 올리고 있었다. 상황이 이렇게 된 것은 물론 돈을 마련할 수 없었기 때문이다. 앞서 우리는 유럽에서 가장 크고 부유한 프랑스 왕국에서 같은 기간 중 상황이 어땠는지 알 수 있었다. 효율적 조세행정 체계는 그리 빨리 만들어지는 것이 아니며 세습토지귀족들이 이에 완강히 반대할 경우에는 더 그렇다. 이는 그들이 세금 내기를 원치 않기 때문이 아니라 재정문제 뒤에 헌법문제가 있었기 때문이다. 프로이센 세습토지귀족들이 선제후選帝侯가 그의 병력으로 자신들을 보호하려는 것을 거부할 때 슈바르쩬베르크는 "그들이 이를 받아들였다면 큰 바보들이었을 것이다. 만약 선제후가 그렇게 큰 세력으로 프로이센에 오면 법을 만들어 원하는 모든 것을 다 하는 것을 그들은 두려워해야 했을 것이다"라고 말했다.11) 선제후 게오르크 빌헬름Georg Wilhelm의 아들 프리드리히 빌헬름Friedrich Wilhelm 내선세후大選帝侯 때는 실제 그렇게 되었고 손자 프리드리히 Ⅲ세 즉, 프로이센 왕국의 초대 왕 프리드리히 빌헬름 I세 때는 더욱 더 그렇게 되었다. 이 손자는 "구리 바위 같은" 주권主權을 확립했다.

사료에서는 프리드리히 빌헬름 대선제후는 집권 직후 브란덴부르크 병사들을 황제와 선제후에 대한 이중적 의무로부터 해방시킴으로써 독립된 브란덴부르크 군을 창설했다 하며 따라서 30년 전쟁 동안 모든 고통과 수고의 열매는 브란덴부르크-프로이센 군대의 탄생이었다고 흔히 말한다.

그러나 그런 생각은 크게 수정되어야만 한다. 프리드리히 빌헬름 대선제후는 영주領主의 권력을 이와 병행竝行된 세습토지귀족들의 권력에서 해방시키고 자신에게만 복종하는 상비군이라는 수단을 가지고 독립된 권력으로 만들기 위해 왕권에 버금가는 권력을 장악한 것이 결코 아니다. 왕정王政을 주창했던 것은 오히려 그의 아버지 게오르크 빌헬름의 자문관이었던 슈바르쩬베르크였으며 게오르크 빌헬름에 대한 당대인들의 비난은 그가 너무 적은 것을 원한다는 것이 아니라 너무 많은 것을 원한다는 것이었다. 서기 1640년(역자 주: 그가 선제후가 된 해) 벌써 세습토지귀족들은 슈바르쩬베르크에게 "우리를 반도叛徒나 노예 같이 대접하지 말라고" 항의했던 적이 있었다. 슈바르쩬베르크 수상首相이 주로 비난 받을 점은 그의 엉성한 행정체계였다. 그는 국고에 돈이 있는지 언제나 직접 살펴보면서 자신이 필요한 곳에 우선 돈을 썼고 병사들은 보수도 못 받고 누더기를 걸치고 돌아다녔다. 새 선제후가 된 프리드리히 빌헬름은 슈바르쩬베르크의 폭정暴政에 대한 세습토지귀족들의 불평을 완전히 해소시켰다. 그는 병원균病原菌이 무엇인지 바로 알아내지는 못했지만 처음에는 아버지의 과도한 계획을 종식시키는 것과 "슬프고 피로 물든 국가형편" 때문에 스웨덴과 휴전협정을 체결하는 것 외에는 다

---

11) 드로이센Droysen, 《프로이센의 정치Preussische Politik》, 제Ⅲ편, 제I권, 49쪽.

른 것은 바라지 않았다. 그는 군대를 완전히 해체시키지는 않았지만 감축시키려고 했다. 결국 브란덴부르크에는 기병 125명과 보병 2,150명만 남았고 이들은 야전군이 아니라 수비대였으므로 모두가 소총수였다. 병력 감축에 가장 어려운 문제는 병사들의 밀린 보수를 지급하는 것이었는데 필요한 자금을 마련하려고 그는 연대장 숫자부터 과감히 줄이려 했지만 이 때문에 그들과 충돌이 생겼다. 그의 사촌인 변경대공邊境大公/Markgraf 에른스트Ernst는 기병들의 요구를 충족시키려고 어렵게 1,380탈러Taler를 마련했다. 슈바르쩬베르크가 만든 조직으로 매우 이상한 인물들로 충원되어 있던12) 군자문관실軍諮問官室과 군재무관실軍財務官室도 해체되었고 연대장들에게 예하 장교 임명권을 다시 주었다. 그는 한 세대 후인 서기 1677년 그의 아들들에게 준 서면충고書面忠告에서 "나는 통치 초기에 나에게 가장 불리한 일들을 했던 것을 늘 후회한다. 나는 나의 의지에 반하는 타인의 조언에 따르다 잘못된 길로 인도되었다"고 했다. 이는 자신의 힘보다는 다른 세력과의 연합에 더 의존하라는 조언을 그가 따랐었다는 말이다.13)

결국 그가 병력에 대해 택한 길도 세습토지귀족들의 기대와 다르기는 했지만 야전군은 아니었다. 그는 새로 얻은 거점據點인 콜베르크Kolberg, 할베르스타트Halberstadt 및 민덴Minden의 수비대들을 제외하면 세습토지귀족들의 고집에 따라서 병력을 구스타프 아돌프가 출현했던 서기 1631년 수준 이하로 감축시켰다.

대선제후 프리드리히 빌헬름이 진정한 군대를 편성한 것은 집권한 지 15년이 지난 1655년이었고 이때는 그가 30년 전쟁의 한 줄기인 스웨덴과 폴란드 사이의 전쟁이 다시 터져 어느 쪽에든 서지 않을 수 없었을 때였다. 그는 세습토지귀족들과 계속 투쟁하며 1회 승인 대신 장기간(서기 1653년에는 6년 기한으로) 세금을 겨우 확보한 것이거나 이 세금을 그들 승인 없이 강제로 부과했을 것이다.14)

---

12) 보닌von Bonin, "브란덴부르크 선제후選帝侯의 군무회의軍務會議. 서기 1630년-1641년Der Kurbrandenburgische Kriegsrat, 1630-1641," 《브란덴부르크-프로이센 연구Brandenburgisch-Preussische Forschungen》, 서기 1913년, 51쪽.

13) 학자들은 서기 1641년 병력감축의 내용과 성격 그리고 서기 1656년 병력수에 대해서는 아직 완전히 일치된 견해를 지니고 있지 않다. 서기 1641년 병력감축은 황제와 영주領主에 대한 이중적 의무에서 해방시킨 일과 통합된 군대를 창설하려고 연대장들과 세습토지귀족世襲土地貴族/Ständen들의 반대를 모두 억제함으로써 그 이후 오로지 영주領主에게만 의무를 부담시킨 일을 말한다는 드로이센J. G. Droysen의 견해는 현재 일반적으로 부인되고 있다. 마이나르두스Meinardus, 《브란덴부르크 추밀원樞密院 의사록 및 기록Protokolle und Relationen des Brandenburgischen Geheimen Rats》, 제I편 및 제II편에 대한 서문序文. 《독일 전기문학傳記文學 통론通論 Allgemeine Deutsche Biogrraphie》에 수록된 "슈바르쩬베르크Schwarzenberg"란 논문. 《프로이센 연보年報 Preussische Jahrbücher》, 제86권(서기 1892년)에 수록된 슈뢰터von Schrötter의 "대선제후大選帝侯 당시 브란덴부르크-프로이센의 군대조직Die Brandenburgische- preussische Heerverfassung unter dem Grossen Kurfürsten"이란 논문. 브라케Brake, 《서기 1641년 여름 브란덴부르크-프로이센 군대의 감축Die Reduktion des Brandenburgische-preussische Heeres im Sommer 1641》(본Bonn 대학교 학위논문, 서기 1898년). 이 문제와 관련해 《역사지歷史誌 Historische Zeitschrift》, 제81권, 556쪽 이하 및 제82권, 370쪽 이하에 수록된 마이나르두스Meinardus의 글들과 《프로이센 군대 역사에 관한 문서기록 기고문寄稿文 Urkundliche Beiträge zur Geschichte des preussischen Heeres》에 수록된 야니Jany의 〈옛 군대의 기원起源 Die Anfänge der alten Armee〉도 참고할 것.

14) 히르쉬Ferdinand Hirsch, "대선제후大選帝侯의 군대Die Armee des Grossen Kurfürsten," 《역사지歷史誌 Historische Zeitschrift》, 제53권(서기 1885년), 231쪽.

신민臣民들에게 "필요한 요새들, 요새화된 지점들 및 수비대의 병력을 충원 유지하는 것을 지원하기 위한 헌납금을 제공할" 의무를 부과했던 제국帝國 법률(서기 1654년)이 그에게 큰 도움이 되었다. 그에 못지않게 중요했던 것은 열심히 노력한 결과 행정체계에 질서가 잡혀서 가용 자금이 낭비 없이 목적대로 사용되었다는 사실이다. 그 결과 그는 서기 1656년에는 병력 14,000~18,000명의 통합된 프로이센군을 그럭저럭 보유하게 되었고 이 군대에는 그의 패권 밑에 단결한 모든 지역들이 참여했다. 그는 이 군대와 카를Karl/Charles X세 휘하의 스웨덴 병력을 반강제적으로 합류시킨 후 바르샤바Warschau/Warsaw 전투에 참여했던 것이 분명하다.

서기 1660년 올리바Oliva 평화협정 체결 후 수비대 병력을 제외한 야전군은 다시 4,000명 수준으로 감축되었지만 이제는 평시에도 영구적인 군사력을 유지한다는 원칙이 채택되었다. 이전에는 전쟁 같은 상황이 실제로 있거나 임박한 경우에만 부대편성을 요구했을 것이다. 그러나 이제 세습토지귀족들의 온갖 반대에도 불구하고 그가 분명히 주장해 오던 스웨덴 식 영구병력永久兵力/miles perpetuus이 창설되었고15) 그는 29,000명의 잘 조직된 군대를 남겨 놓고 죽었다.

브란덴부르크-프로이센 군대의 발전사發展史는 프로이센 왕국 역사이기도 하다.

프로이센은 행정체계의 기초로 국토를 크라이세Kreise라는 구역들로 나누고 각 구역의 행정수반行政首班으로 란트라트Landrat를 두었다. 란트라트는 그 구역에 사는 귀족 중 한 명을 구역 내의 대지주大地主들의 추천으로 선제후가 임명했다. 란트라트는 자신의 구역에 주둔 또는 통과하는 병력에 대해 이들과 주민들 간 관계의 감독, 보급품 전달 책임의 부과, 숙소 할당, 수송규칙 제정, 보수 지급 및 그들이 입힌 피해의 보상을 위한 세금 징수 등을 관장했다.

각 구역 행정수반 위에는 최고군무위원회最高軍務委員會/Ober=Kriegs=Kommissariat가 뿌리인 군무국軍務局/Kriegskammer이 있었으며 이 기구는 지속적으로 세금과 조달調達 문제의 계획과 운용, 건물이나 저장소나 요새 등 군사시설의 건설 감독, 병력들의 보수 지급, 도로와 교량의 유지 업무를 관장했다. 후일 프리드리히 빌헬름 I세는 이 군무국과 왕국 영역領域/Domäne을 관리하던 관리국管理局을 통합해 각 구역에 구역정부區域政府/Bezirks-Regierung를 만들었는데(서기 1723년) 아직도 존재하고 있다.

원래 원수元帥/oberste Spitze는 전체 군사체계의 수장首長으로 지휘기능과 행정기능이 혼합된 직위였다. 그러나 후일 행정기능을 분리해 처음에는 한 개인에게 맡겼다 나중에는(서기 1712년) 최고위원회最高委員會/General==Kommissariat에게 맡겼다. 프리드리히 빌헬름 I세는 이 최고위원회에 영역領域/Domäne 행정기능을 주어 최고이사회最高理事會/General= Direktorium를 만들었다. 전쟁성戰爭省뿐 아니라 특히 재무성財務省, 내무성內務省등

---

15) 보닌von Bonin은 《군법논집軍法論集 Archiv für Militärrecht》(서기 1911년), 231쪽에서 중요한 평가를 했다.

지금 존재하는 각 성省의 대부분은 뿌리가 바로 이 기구에 있다. 따라서 역사적 관점에서 보면 프로이센의 중앙행정체계는 군대 행정체계였다.16)

발렌슈타인Wallenstein은 점령지역에서 병력의 숙소와 식량뿐 아니라 장교를 포함한 병력의 보수까지 요구했고 고위 장교는 보수가 매우 높았다. 지역에서 제공하지 않은 것들은 스스로 강제로 거두어 들였다. 병력 유지뿐 아니라 그 지역을 완전히 황폐화 시키지 않고 경제생활이 유지될 수 있게 민간당국자들과 군사령관들이 협조하는 중 일종의 행정체계가 발전했다. 평시에는 행정체계를 (모병 업무 외는) 민간당국자들이 운용했고 그들이 세금을 거두고 조세체계를 발전시켰다.17) 브란덴부르크의 경우 특히 중요하고 효율적이었던 것은 서기 1667년에 네덜란드 식을 모방해 도입한 일반소비세 즉. 내국세內國稅 수입收入이었다.

상비군은 한번 창설되자 신속히 성장했다. 그 계기는 우선은 프랑스 루이 XIV세와의 전쟁 때문이었고 그 다음으로는 북방北方 전쟁 때문이었고 이 전쟁이 끝난 후에는 강대국이 되려는 프리드리히 빌헬름 I세의 노력 때문이었고 마지막으로 프리드리히 대왕Friedrich der Grosse(역자 주: 프리드리히 빌헬름 II세)의 정복정책 때문이었다.

끊임없이 발전하면서 확대된 조세체계와 더욱 체계적이고 광범위하게 확장된 영역들, 절절한 통제 그리고 마지막으로는 서기 1688년 이후로 해양세력들(역자 주: 영국과 네덜란드)이 루이 XIV를 상대로 한 전쟁에서 병력 제공 대가로 게르만 영주領主들에게 내려는 헌납금에서 많은 돈이 나왔다. 서기 1688년~1697년 사이 브란덴부르크는 이들로부터 6,545,000탈러Taler 이상을 받았고 이는 총 군비軍費의 1/3이 되는 액수였다.18) 궁정宮庭 음모로 탁월한 재상宰相 당켈만Dankelmann을 실각失脚 시킨 혐의嫌疑들 중에는 헌납금들이 선제후를 부유하게 만들었을 것이 분명한데 왜 자신들이 재정적 곤란을 겪고 있는지에 관한 문제도 있었다.

이제는 자금보다 인력 조달이 더 문제였다. 지원병만으로는 모자랐다. 우리는 30년 전쟁 기간 중 가끔 군복무에 강제동원이 있었다는 말을 들어왔다. 몬테쿠콜리Montecuccoli는 수용소에서 돌보고 있는 "고아孤兒, 사생아私生兒, 걸인乞人, 극빈자極貧者 등을 야니샤르Janitscharen/janissaries(역자 주: 사라센의 정예 보병궁수. 이 책 제Ⅲ편, 462~466쪽 참고) 형태로" 군사훈련소로 보내 병사로 만들어야 한다고 제안했지만(《전집全集 Gesammelte Shriften》, 제II편, 469쪽) 실제로 그런 일이 시도된 적은 없다. 평민들을 훈

---

16) 필자의 《역사-정치 논집論集 Historische- Politische Aufsätze》 중 "프로이센의 란트라트 Der preussische Landrat" 참고. 이 논문에서 필자는 프로이센과 영국과 프랑스의 행정체계의 차이점들을 설명해 놓았다.

17) 리터M. Ritter, "발렌슈타인의 헌납금 체계Das Kontributionssystem Wallenstein," 《역사지歷史誌 Historische Zeitschrift》, 제90권, 193쪽 이하. 도시민들과 농민들이 온갖 헌납금들에도 불구하고 잘 견디어 낼 수 있도록 했던 발렌슈타인의 행정체계에서 랑케Leopold Ranke는 이 위대한 콘도티에레Kondottiere(역자 주: 용병대장傭兵隊長)의 "군주적君主的/landesfürstlichen" 자질을 보았었다.

18) 슈뢰터von Schrötter, "초대 왕 당시 프로이센 군대의 강화Die Ergänzung des preussischen Heeres unter dem ersten Könige," 《브란덴부르크-프로이센 연구Brandenburgisch-Preussische Forschungen》, 제23권(서기 1913년), 413쪽.

런시킨 그런 학생부대는 비용만 많이 들고 효과는 없었을 것이기 때문이었다. 강제동원을 체계화시키는 것 외에는 다른 방법이 발견되지 않았다.

장교들은 적절한 인원이 보이면 그들을 잡아 괴롭혀서 강제로 입대하게 만들었다. 반면 민간 관리들에게는 그들의 구역에서 제공해야 할 신병新兵 수를 할당했다. 이런 자의적 행동들은 모든 법개념法槪念을 좀먹었고 국가에 매우 심각한 피해를 입혔다. 권한 남용과 부패는 그에 수반되는 불가피한 결과였다. 장교나 관리들은 강제로 징집했다 돈을 받고 풀어주는 데 모병권을 이용했다. 서기 1710년 2월 10일의 명령에는 "장교들은 대담하게도 병사들을 돈을 받고 풀어주거나 다른 연대 또는 중대에 팔아넘기면서 병사들을 가지고 '정규 사업'을 하는 일이 흔하다"는 구절이 있다.19) 농민들은 읍내로 들어갔다 잡혀 모병관에게 넘겨질까 두려워서 그들의 생산물을 가지고 읍내로 사려 하지 않았다. 좀 젊은 사람들은 복무를 피하려고 떼를 지어 국경선을 넘었다. 서기 1706년에 포메라니아Pommern/Pomerania 주정부州政府는 이런 모병 방식과 여타의 부담들 때문에 신민臣民들이 "모두 타락할 것"이라고 보고했다. 서기 1707년 민덴Minden에서 올린 보고서는 모병이 젊은이를 모두 인접 주州들로 몰아내 이제 젊은 농사 일손을 구할 수 없다고 했다. 서기 1708년 규정은 "공공公共의 선善을 위해 기여한 것이 없는 자는 모두 조용히 징집해서 요새들로 보내도록" 했고 주지사는 그곳에서 그들을 모병관에게 넘기도록 했다. 프리드리히 빌헬름 I세 때 상황이 아주 악화되었다. 그가 집권하던 때 프랑스 전쟁이 끝나고 있었고 그는 북방北方 전쟁에 잠시 참여했던 것을 제외하면 비용이 많이 드는 전쟁을 치르지 않은 것은 사실이나 병력소요는 더 늘어났는데 이는 그가 군대의 규모를 배로 확대했었기 때문이다. 각 주州 당국자들은 모병이 사람들을 지역에서 몰아내고 경제를 파괴하려 한다고 불평했다. 주민들은 강제모병을 반대했고 일반 감사관監査官은 이로 인한 광범위한 유혈사태에 대해 불평했다. 왕이 다른 사람들에게 명령을 내려 이들이 폭력행사를 방지한 것 같기는 하지만 왕 자신이 복종하지 않는 도시민과 농민 그리고 "선행善行을 하지 않는" 하인들을 강제 징집해서 데려가도록 권장했고 기껏해야 지원자의 자발적 입대를 원한다는 의사를 "모병 과정에 지나친 조치나 극단적 폭력행위가 없도록 해서 불평소리가 들리지 않게 하라"는 식으로 표현했다. 결국 "어지간한 폭력행위"는 허용되었던 것으로 보이며 사실상 달라진 것은 아무것도 없었다.

그러나 이론상으로는 군대와 사령관의 관계에, 또한 이 사령관을 통해서 국가와 군대의 관계에 극히 중요한 변화가 누구도 모르는 사이에 일어났다.

서기 1701년 프로이센 왕이 된 프리드리히 빌헬름 I세는 모병에 의존했던 군대

---

19) 슈뢰터von Schrötter, 같은 글, 463쪽.

외에 영토수호에 관한 예부터의 의무를 이행하고 도시민과 농민들이 여기에 (기록에 의하면)"군적軍籍이 등록된enrolliert" 영토민병대領土民兵隊/Land=Miliz를 조직했다. 그는 서기 1688년 선제후選帝侯가 된 직후에 이런 민병대를 군사적 가치가 없다고 해체한 적이 있었다. 그러나 그는 의무복무 원칙을 지지했었고 이를 상비군에서 실천에 옮겼다. 필요성 때문에 모병제가 불가피하게 강제동원제로 변화되었지만 아직 이에 대한 윤리적 법률적 기초는 마련되어 있지 않았다. 이제 프리드리히 빌헬름 I세는 젊은이들은 "태어날 때부터 지극히 높으신 하느님의 명령에 따라 자신의 재물과 피로 복무해야 할 책임과 의무가 있으며, 영원한 구원은 하느님의 뜻에 달렸지만 다른 모든 것은 나의 뜻에 따라야 한다"고 선언했다(서기 1714년 5월 9일 칙령). 일부에서는 이를 일반적 병역의무 대원칙의 선포라고 보지만 이는 틀린 생각이다. 이는 국가 즉 왕은 자신의 신민臣民들을 자신의 필요에 따라 자신의 뜻대로 처분할 수 있는 무제한의 권력을 지닌다는 원칙의 선언에 불과했다. 모든 시민들에게 국가를 위해 싸우도록 요구했다는 생각을 하는 사람은 전혀 없었다. 아마 프리드리히 빌헬름 I세 자신이 누구보다 더 강하게 그런 생각을 부인했을 것이다. 그의 눈에는 군복무가 다른 업무나 마찬가지로 필요한 기술적 훈련을 통해서만 익힐 수 있는 전문적 업무로 보였다. 군인이었던 사람은 군인이고 가능하면 평생 군인으로 남아있어야 한다는 것이 그의 생각이었다. 지원자 수가 충분했다면 프리드리히 빌헬름 I세도 불만이 없었을 것이다. 그는 군복무를 위해 신민臣民들을 징집했다. 신민臣民들에게 군복무 의무가 있다고 그가 선언한 것은 루이 XIV세 당시의 프랑스에서와 같은 개념과 현실이 한 걸음 더 나간 것에 불과하다.20) 그러나 군대와 백성이 과거 존재한 적이 없는 상호관계를 확립한 것은 바로 이런 단계를 통해서였고 현실적 관점에서 프리드리히 빌헬름 I세의 징집은 그로부터 100년 후 선포된 보편적 병역의무의 선구자였다.

모병을 위해 1개 연대에 특정한 1개 구역을 할당하는 합의들이 자주 이루어진 후인 서기 1733년 프리드리히 대왕은 같은 종류의 일반명령을 내렸는데 이는 "주州 규칙規則/Kanton=Reglement"이란 이름으로 약간은 전설적인 명성을 얻었다.21)

---

20) 옛 "영토 방위Landes=Defension" 개념이 상비군으로 넘어가는 과정과 유사한 과정으로 서기 1639년 황제와 세습토지귀족世襲土地貴族/Ständen들 간 타협을 기억해 두자. 세습토지귀족들은 국방업무가 영역 내에서만 이루어질 수 있다는 원칙이 확립되기를 원했다. 황제는 20명 당 각 1명씩 제공할 것을 요구하고 또한 "이 병력이 특별부대에 배속되어 가장 잘 활용될 수 있는 병력인지 아니면 옛 연대들에 보충병으로 편입되어야 할 인원인지"에 대해 따져볼 것을 제의했다. 마이네르트Meynert, 《유럽의 군사제도와 군대조직의 역사Geschichte des Kriegwesens und der Heerverfassungen in Europa》, 제Ⅲ편, 10쪽.

21) 이에 관한 표준연구는 레만Max Lehmann의 "프리드리히 빌헬름 I세의 군대에서 모병, 병역의무 및 외출 체계Werbung, Wehrpflicht und Bauerlaubung im Heere Friedrich Wilhelms I"(《역사지歷史誌 Historische Zeitschrift》, 제67권, 서기 1891년)이다. 사료에 보이는 단어 하나 하나를 기초로 18세기 프로이센군의 구조를 매우 명확히 이해한 글로는 데테Erwin Dette의 《프리드리히 대왕과 그의 군대Friedrich der Grosse und sein Heer》(괴팅겐 Göttingen, 반더회크-루프레크트Vanderhoeck und Ruprecht 출판사, 서기 1915년)이 있다. 필자는 이 탁월한 글로부터 몇 가지 특징적 평가를 단어 그대로 인용했다.

이는 너무 단순 명백한 개념으로 보이므로 우리는 왜 이런 개념이 프리드리히 대왕이 즉위한 지 20년이나 지나서야 나타났는지 묻지 않을 수 없다.22) 기본적 개념은 언제나 지원자 모집이었고 "모병"이라는 표현은 후일 완전한 정규징집이 실시된 때에도 그대로 남아 있었지만 연대뿐만 아니라 중대에게도 특정 구역을 할당해 줌으로써 중대장들의 모병 활동은 그 성격이 완전히 다른 것이 되었다. 많은 경우 중대장들은 그 자신이 지주地主이거나 지주의 친척이었고 그런 지주 소유의 토지에서 농민들의 아들들을 "모병"하는 방법을 선호했다. 이런 가부장적家父長的 관계가 무가치하지는 않았지만 이제 이런 관계는 깨어졌고 모병에 대한 개인적 열의도 크게 줄었다. 매우 광범위한 개혁이 있게 된 동인動因은 중대장들이 공개적인 모병 경쟁에서 서로 다른 중대장의 영역을 침범해서 신병新兵들을 빼내가면서 분쟁이 생긴 경험 때문이었다.

새 체계의 주된 장점은 중대장들의 자의성恣意性을 제한함으로써 적절한 인원이 병사가 되었는지를 판단할 수 있는 기준이 생긴 점이다. 더욱이 신분 높은 계층과 백성들 중 국가의 경제생활에 특히 유용한 것으로 보이는 일정한 집단들이 칙령에 의해 보호를 받았다. 귀족, 관리의 아들, 재산 가치가 10,000탈러Taler 이상인 도시민의 아들, 상공인商工人의 아들, 경제 분야의 관리와 자신의 가옥과 농장을 소유한 농민과 그들의 독자獨子, 성직자聖職者의 아들로 자신도 신학神學을 연구 중인 자 및 상업을 중시하는 왕이 선호하는 기업에서 일하는 노동자들은 모두 주州 규칙規則/Kanton=Reglement상의 의무로부터 "면제" 되었다. 이 면제는 곧 크게 확대되었지만 그들이 만든 기준은 우리의 기대에 비해 너무 불확실하거나 융통성이 큰 경우가 흔했다. 일례로 성직자의 아들은 자신도 신학을 연구 중인 경우에만 면제되었다. 다시 말해 신학을 연구 중인 자라고 모두 면제된 것도 아니고 성직자의 아들이라고 모두 면제된 것도 아니다. 베를린 시市는 "군적軍籍 등록 구역 enrollierungsbezirk"이 되지 않았음에도 관리들에게는 "낮은 계층 출신의 실업자失業者들 즉, 구두쟁이나 양복쟁이 등 평민의 아들들을 아무 곳에서나 군적軍籍에 등록시키는" 것이 허용되었다. 결국 큰 자의성恣意性이 존재했고 이 자의성은 만약 외부적 요인이 여기에 분명한 한계를 그어주지 않았다면 참아내기 어려운 것이 되었을 것이다. 특히 프리드리히 빌헬름 I세를 비롯해 그 시대가 선호했던 "키 큰 친구 lange Kerle"란 기준이 그런 한계 중 하나였다. 병사가 되려면 신장이 5ft 6인치 이상이어야 했고 이 때문에 대부분의 젊은이는 아예 모병 대상이 되지 않았다. 반면

---

22) 슈뢰터von Schrötter는 프리드리히 빌헬름 I세가 사망했을 당시 "재산이 있는 사람들Possessionierten"은 제외되었지만 이 주州 규칙規則/Kanton=Reglement으로 인한 상황과 매우 유사한 통제된 방식에 의한 징집체계가 이미 존재했다는 것은 매우 주목할 일이라고 보았다("초대 왕 당시 프로이센 군대의 강화Die Ergänzung des preussischen Heeres unter dem ersten Könige," 466쪽). 장교들에 의한 이런 징집의 완전히 자의적인 모습은 프리드리히 빌헬름 I세의 강압적 성격과 일치하는 것으로 보인다.

5ft 10인치 이상인 경우에는 면제집단에 속해도 모병을 피하기가 매우 어려웠다. 아마 너무 빨리 키가 크는 아들을 둔 어머니는 "크지 말거라. 그러지 않으면 모병관이 잡아 간다"고 아들에게 말했을 것이다(역자 주: 이 책에서는 가끔 병사들의 신장身長을 ft 및 인치로 설명했는데 이 척도가 유럽 전체에 통일된 척도는 아니다).

큰 사람이 태생적으로 특별히 용감하거나 거칠거나 건강하거나 힘이 세다는 보장은 없으므로 이는 단지 위엄 있는 분위기를 위한 기준이었던 같고 그 밑바탕에 당당하고 인상적인 것들로 인한 즐거움 이상은 없었다. 우리는 과거 로마 레기온에서도 같은 현상을 볼 수 있었다(이 책 제Ⅰ편, 168쪽 참고). 그러나 이런 기준도 징집의 객관적 기준이 되고 민감한 반응을 야기했던 자의성의 배제라는 장점도 있었다. 인간은 자신의 생사生死 문제가 타인이 아니라 운명에 의해 결정되기를 원한다. 이 때문에 19세기에는 추첨 방식이 도입되기도 했었다.

중대장들은 자신이 보기에 "적절한 성장이 기대되는" 소년들을 10세 때 벌써 군적軍籍에 등록시켜 놓고 이런 소년에게 모자에 특별한 장식("푸셀Puschel")을 달고 다니게 했고 다른 중대장들의 모병에서 그를 보호해주는 증명서를 발급했다.

7년 전쟁(역자 주: 서기 1756년~1763년) 이후 프리드리히 빌헬름 I세는 새 군적軍籍 등록 규정을 제정했는데 이 규정에서는 면제범위를 확대했으며 모병 업무에서 중대장들을 배제하고 이를 연대聯隊와 민간당국자들이 공동으로 구성한 위원회에 넘겼다. 키 큰 사람만 징집하는 규정은 그대로 존속되었다. 농민에게 여러 아들이 있을 경우 가장 키 작은 아들이 농장을 이어받는다는 특별규정도 생겼다.23)

용병傭兵 군대는 가용자원이 있는 곳이면 어느 영주領主의 지역에서건 보충병을 획득했다. 규모가 큰 군대의 존재를 가능하게 해 준 징집에서도 어떤 식으로든 외국인 모병을 배제하지 않았다. '주州 제도制度Kantons=Einrichtung'는 사실 징집에 의한 추가병력 없이 외국에서 모병만으로는 질적으로 우수한 병력을 충분히 확보할 수 없었기 때문에 운용된 편법이었을 뿐이다. 그들은 외국인들을 많이 얻을 수 있을수록 국가 노동력을 보존할 수 있었기 때문에 더 좋다고 믿었었다. 신민臣民들은 군에 복무케 하는 것보다 돈을 벌어 세금을 내게 하는 것이 더 유용했다. 서기 1742년 프리드리히 대왕은 2/3의 중대는 외국인들로 편성하고 1/3만 내국인

---

23) 쿠르비에레Courbière, 《브란덴부르크-프로이센 군대조직의 역사Geschichte der Brandenburgisch-Preussische Heereverfassung》, 119쪽. 필자는 같은 책, 120쪽에서 3인치의 사람들과 3인치 미만의 사람들을 언급한 것은 착오 때문일 것으로 본다. 7년 전쟁의 마지막 해 같이 인력이 극도로 부족한 상황에서도 면제를 받았던 가장 키가 작은 사람은 5ft 5인치(170cm) 이하의 사람이었을 것이다. 그륀하겐Grünhagen, 《프리드리히 대왕 치하의 실레지아Schlesien unter Friedrich dem Grossen》, 제Ⅰ편, 405쪽 참고. 라이만Reimann의 《프로이센 역사Geschichte des preussischen Staates》에서는 수비연대守備聯隊 병사들도 신장이 5ft 3인치 이하일 수는 없었다고 한다(제Ⅰ편, 154쪽). 코저Reinhold Koser의 《프리드리히 대왕 König Friedrich der Grosse》에 의하면 프리드리히는 옛 연대 병사들의 키는 선두 횡렬橫列에 서는 병사는 5ft 8인치, 제2횡렬에 서는 병사는 5ft 6인치를 요구했고 새 연대 병사들의 키는 선두 횡렬에 서는 병사는 5ft 7인치, 제2횡렬에 서는 병사는 5ft 5인치를 요구했다고 한다(제Ⅰ편, 538쪽).

들로 편성하는 것을 목표로 했다.24) 모병은 전혀 병력을 유지하지 않고 있거나 적은 병력만 유지하고 있는 게르만 지역 특히, 자유시自由市들(역자 주: 함부르크, 브레멘, 뤼베크, 프랑크푸르트)에서 이루어졌다. 폴란드와 스위스에서도 매우 많은 병력이 모집되었다. 프로이센의 모병관들은 왕의 군대에 쓸 유능하고 키 큰 사람들을 모집하기 위해 주저 없이 온갖 계략과 속임수를 썼고 심지어 폭력까지 행사했다. 게르만 지역 하급 영주領主들의 신변경호 병력조차 프로이센 왕의 군대로 "징집" 되지 않는다는 보장이 없었다. 특히 처벌이 두려워 부대를 이탈하기는 했지만 다른 민간직업을 갖기를 싫어하거나 찾아 볼 수 없는 자 등 어떤 이유로 인한 탈영병들도 또 다른 큰 병력원兵力源이었다. 우연히 보존되어 있는 서기 1744년의 명단을 보면 레트베르크Rettberg 연대의 한 외국인 중대는 총원 111명 중 65명이 또 다른 한 중대는 119명 중 92명이 "앞서 다른 군주들 밑에 복무한 적이 있는" 병사들 즉, 탈영병 출신이었음을 알 수 있다.

프리드리히 대왕의 전쟁에서 이 대왕은 메클렌부르크Mecklenburg, 작센Sachsen/Saxony, 안할트Anhallt, 튀링겐Türingen/Thuringia, 보헤미아Böhmen/Bohemia 등 심지어 적국까지 포함한 이웃 국가들에서 모병을 하게 했었고, 심지어 전쟁포로들까지도 자신의 군대로 강제 편입시켰다. 그는 피르나Pirna를 함락시킨 후에는(역자 주: 7년 전쟁의 개막을 알린 첫 전투이다. 1756년 8월 29일 프리드리히 대왕이 작센을 침공하자 작센군은 피르나Pirna 근교에 강력한 방어선을 구축했고 프리드리히 대왕은 이들을 포위했다. 오스트리아군이 작센군을 구원하러 왔으나 프리드리히 대왕은 이들을 엘베Elbe 강 근처 로보시츠Lobositz/Lovosice에서 저지했다. 피르나는 10월 14일 항복했고 다음날 작센 전역이 항복했다) 작센군을 장교들만 석방한 후에 나머지 전 병력을 프로이센군에 편입시켰다. 그는 작센군의 대대들을 그대로 놓고 장교들만 프로이센 장교들을 배속시켰는데 물론 그 결과는 좋지 못해서 이들 중 많은 대대가 반란을 일으켜 지휘관들을 쏘아 죽인 후 오스트리아군에게 귀순했다.

서기 1780년 프리드리히 대왕은 허가 없이 글을 발표해서 신민臣民들을 동요케 한 자는 형기를 마친 후에 군복무에 편입시키도록 명했다.

이런 모병 자원으로는 당연히 탈영병들이 많이 생겼다. 대왕의 군사문서들 중 탈영 방지에 관심을 보이지 않은 문서가 거의 없을 정도다. 볼테르Voltaire의 표현대로(역자 주: 프랑스 계몽사상가 볼테르는 서기 1746년 역사 편찬관이 되었고 4년 후에는 프리드리히의 초청으로 베를린으로 가서 그곳에서 역사서 《루이 14세의 세기 Le Siècle de Louis XIV》를 완성한 후 1년 후 베를린을 떠났다) "많은 국경선이 있는 왕국"인 프로이센에는 국경선에서 이틀 내에 도달할 수 없는 도시가 거의 없어 평시에도 탈영이 많이 발생했다. 병사들은 매 순간 서로 감시해야 했고 농민들에게는 탈영병의 도주로를 차단하고 그

---

24) 선제후령選帝侯領/Kurmark 정부의 서기 1811년 보고서에서는 "과거에는 보충병력으로 적절한 수의 내국인만 요구했으므로 그들이 없어도 전혀 문제가 없는 신민臣民들만 입대시켰고 누구를 입대시킬 것인지는 민간당국이 결정했다"고 했다.

들을 붙잡아 부대로 넘기도록 했고 이를 지키지 않을 때는 무겁게 처벌했다.

프리드리히 대왕의 서기 1763년 5월 11일자 지시서신指示書信에는 장교들도 지형을 연구하라는 말이 있다. 누구나 이를 전투를 위해서였을 것이라고 생각 할지 모르지만 이 서신의 실제 내용을 비교해 보면 훈련 뿐 아니라 정신면에서 18세기 군대와 19세기 군대의 차이가 드러난다. 이 서신의 내용은 아래와 같다.

또한 왕 전하께서는 장교들이 수비대 주변 지형조차 잘 모를 정도로 수비대 관리에 소홀하다는 것을 아셨다. 탈영병들을 찾아내려면 장교들이 수비대 주변 지형을 숙지해야 한다. 따라서 왕 전하께서는 연대장들이 그의 장교들에게 하루 동안 외출을 주어 그들이 주변의 산악지형과 협곡들과 가라앉은 좁은 도로들 같은 것을 숙지할 수 있게 할 것을 명하셨다. 모든 수비대는 연대가 주둔지를 변경할 때마다 그렇게 해야만 한다.

전시戰時에는 행군 때나 숙영 때나 늘 탈영병 방지에 유의해야 했다. 야간행군과 숲 근처에서의 숙영은 금지되었고 숲을 통과해 행군할 때는 후싸르Husar(경기병輕騎兵)들이 보병들 옆을 따라 이동하게 했다. 서기 1745년 프리드리히 대왕을 따라 야전으로 갔던 프랑스 대사 발로리Valory는 지휘관들이 탈영병 발생을 우려해서 단지 몇 백 보步 밖으로도 정찰대를 내보내지 못했다고 보고했다.25) 이로 인해 전략적 기동까지 제한을 받았었다. 서기 1735년 프리드리히 빌헬름 I세는 모젤Moselle강 주변의 극심하게 황폐화 되어 있는 지역을 통과해 행군하라는 드쏘 Dessau 공公 레오폴트Leopold의 권고를 탈영 기회가 될 위험이 있다며 거부했다.26)

이런 배경과 성격을 지닌 병사들을 데리고 싸워 이기는 것이 도대체 가능한 일이었을까? 30년 전쟁 중에는 전쟁포로가 늘 승자勝者 측 군대에 대규모로 편입되었다. 이 용병傭兵들에게는 어느 편으로 싸우는 것인지는 문제가 되지 않았다. 그들에게는 전투 자체가 직업이고 사업이었고 아무런 심적 갈등 없이 이 군대 저 군대 옮겨 다닐 수 있었기 때문이다. 18세기의 강제 동원된 병사들의 경우도 상황은 비슷했다. 그러나 이제 많은 병사들이, 특히 점점 커지는 군대에서 더욱 더 많은 병사들이, 여러 가지 심리적 거부감 속에 복무했으므로 이들이 옛 용병 傭兵 체계 같은 유용한 전사戰士 체계를 만들 수는 없었다. 강제 동원된 사람들로 전투능력 있는 부대를 창설할 수 있었던 것은 오직 옛 용병傭兵 무리들이 군기軍紀 있는 상비군 대형으로 옮겨왔기 때문이었다.

게르만 토병土兵/Landsknecht/lansquenet(역자 주: 16~17세기 독일의 보병용병步兵傭兵. 앞의 7쪽 참고)들

---

25) 《브란덴부르크-프로이센 역사 연구 *Forschungen zur Brandenburgisch-Preussischen Geschichte*》, 제7권, 308쪽.
26) 랑케Reopold Ranke, 《전집全集 *Werke*》, 제27권, 230쪽.

의 반항심은 근절될 수 없었다. 때가 되면 군대는 해체되고 지휘관의 권한도 사라졌기 때문이다. 그들의 복종은 그들의 인격에 대한 일시적 제한에 불과했고 평생 습관이 아니었다. 그러나 연대聯隊가 영구적 존재가 되면서 군기軍紀는 전혀 새로운 기초를 만들어냈다. 30년 전쟁 때도 용병傭兵 집단은 외부적으로 주민들과 관계에서는 군기軍紀가 없었지만 내부에서는 군대계급이 지배하는 진정한 군기軍紀가 전쟁 자체의 법칙에 의해 형성되어 잘 발전되어 있었는데 이제 이 군기軍紀가 평시에도 유지되고 점점 더 강화되었다. 우리는 앞서 네덜란드 오라니엔 공公 모리츠Moritz von Oranien/Maurice of Orange가 어떻게 집체훈련법을 발견했는지 알 수 있었는데 그는 이를 진정한 기술로 발전시켰고 스웨덴군은 이런 기술을 그로부터 배웠다고 말할 수 있다. 이 기술은 그 후 꾸준히 발전해서 장교들이 병사들을 통제하고 지도자들이 병사들을 자신의 의사에 따르게 하는 데 이용되었다. 보조步調 맞추어 걷기Gleichtritt, 소총 쥐기Gewehrgriffe, 분열행진分列行進/Parade=marsch, 정확한 보초근무, 일제사격Salve, 경계규정 등 이런 것들은 모두가 병사들의 의지를 지휘관의 의지에 길들이는 수단이 되었다. 그러나 어느 부대가 전투력을 발휘할 수 있는 수준까지 집체훈련을 시키려면 많은 노력과 강력한 수단들이 필요했다. 일찍이 딜리히Dilich의 《전쟁론Kriegsbuch》(서기 1607년)에서 구분해서 말했듯이 먼저 개인훈련이 있어야 하고 그런 다음에 부대훈련 즉, 소대훈련, 중대훈련, 대대훈련 및 대부대大部隊 훈련이 있어야 한다. 독일에서 최초의 훈련규정은 헤쎈Hessen 지방대공地方大公/Landgraf 모리츠Moritz/Maurice가 만들었다. 발하우젠Wallhausen의 《보병步兵의 병법兵法 Kriegskunst zu Fuss》에서도 병사들은 자신이 어떻게 정렬해야 하는지를 한두 번 듣고 하지 않을 때는 "선의善意의 매질이 필요하며, 매질 없이 하지 않는 자는 매를 맞아 가면서라도 배워야 하기 때문"이라고 했다(70쪽). 당시에 이미 매질이 아주 심했음이 분명하다. 나쏘Nassau의 요한Johann 대공大公은 집체훈련에서 지도자가 마음대로 매질과 채찍질로 병사들을 벌하는 관행을 악습惡習이라고 지적해야 할 정도였다.27) 그는 병사들에게 벌을 줄 때는 "통제봉統制棒/Regiment" 또는 "지휘봉指揮棒/Szepter"으로 주어야 하고 그래야 학대에 대한 두려움이 적을 것이라고 믿었다.

프리드리히 빌헬름 I세는 서기 1726년 규정(역자 주: 경호대警護隊 규정. 뒤의 256쪽 참고), 제Ⅳ편, 제ⅩⅠ조, 222쪽에서 다음과 같이 하도록 했다.

신병新兵은 14일 동안은 경계근무나 다른 근무를 해서는 안 된다. 이 시간 동안 그는 스스로 최소한 집체훈련을 배워야 근무를 할 수 있다. 그리고 신병新兵에게는 모든 것을 책망하거나 창피를 주지 말고 친절히 설명하며 가르

---

27) 옌스Max Jähns, 《독일 군사학사軍事學史 Geschichte der Krigswissenschaften vornehmlich in Deutschland》, 제Ⅱ편, 914쪽.

처 주어야 한다. 그래야만 그는 처음부터 기가 죽어 겁을 내지 않게 되고 자신의 근무를 즐기고 사랑하게 된다. 집체훈련 때도 신병들을 너무 강하게 공격하면 안 되며 매질 같은 것은 안 된다. 특히 그 신병이 단순한 사람이거나 게르만 사람이 아닐 때는 더 그렇다.

프리드리히 대왕은 "집체훈련에서 때리거나 밀거나 책망하면 안 된다. 병사들은 인내와 방법을 통해 집체훈련을 배우며 매질로는 배우지 못한다"고 분명히 규정했다.[28] 또 그는 "신병이 명령을 부인하거나 거부할 때 즉, 고의로 그럴 때는… 그를 통제에 따르게 해야 하지만 합리적 방법을 써야 한다"고 했다. 사실 모든 기록들은 집체훈련 때는 매질이 심했다는 것을 전제로 하고 있다. 그러나 집체훈련이란 쓸모없는 장난일 뿐이라는 생각보다 잘못된 생각은 없다. 각 횡렬橫列의 이동에서 어느 순간에도 자신의 명령대로 움직일 수 있는 수준까지 부하들을 훈련시킨 중대장은 비록 적의 총탄 앞에서도 그의 구령口令에 따라 병력이 전진할 것을 기대할 수 있고 프리드리히의 군대에게 승리를 안겨주었던 전술적 선회旋回가 가능했던 것은 각 중대들이 정밀하게 움직여 주었기 때문이었다.

군기軍紀와 집체훈련을 통해 견고하게 단결된 전술조직戰術組織에는 품행이 좋지 못한 인간이라도 편입될 수 있었다. 그들은 장교의 명령에 복종해야 했고 다른 동료들과 함께 행동해야 했다. 군기가 더 좋아져서 누구나 군기를 믿을 수 있게 될수록 그 신병新兵의 품행이나 다른 도덕적 자질 같은 것은 문제가 되지 않았다. 결국 상비군의 각종 특징들은 서로가 서로를 성장시켰다고 할 수 있다. 본래는 비호전적이고 소극적인 사람들도 군기를 통해 유용한 존재가 되어서 전술조직의 구성원이 될 수 있었다. 자원이 좋지 못할수록 더욱 필요한 것은 견고한 대형 즉, 군기에 의해 개인은 사라지는 전술조직이었다. 반면 집체훈련은 군기를 만들었고 군기는 집체훈련을 더 정교하고 세련되게 만들었으며 집체훈련이 거듭되어 갈수록 개인은 누구에 의해서도 교체될 수 있는 기계 속 톱니바퀴 같은 존재가 되었다. 타의로 입대한 병사도 단호한 속임수나 잔인한 폭력을 통해 이런 존재에 철저히 적응하고 다소간 단체정신 또는 긍지를 지니게 되었다.

프로이센군에서는 병사 뿐 아니라 장교에게도 군기가 엄격하게 적용되었다. 몰비츠Mollwitz 전투(역자 주: 뒤의 316쪽 참고) 이후 젊은 프리드리히 대왕이 군대 특히 기병대를 크게 개혁할 때 장교들을 너무 엄격하게 다루자 400명 이상 장교들이 제대除隊를 요청했다고 한다.[29]

---

28) 《전술훈련Taktische Schlung》, 687쪽의 내용을 축약했음.

29) 오스텐Osten-자켄Sacken, 《초기부터 현재까지의 프로이센 군대Preussens Heer von seinen Anfängen bis zur Gegenwart》, 서기 1911년, 제Ⅰ편, 173쪽.

프리드리히도 그의 군대에는 신뢰성 없고 나쁜 요소들도 많이 있지만 병사들까지 군인으로 강한 명예감을 지니고 있다 했고 사건들을 보면 사실임을 알 수 있다. 그는 《전쟁의 일반원칙General-Prinzipien vom Kriege》에서 다음 같이 말했다.

우리 병력은 너무 뛰어나고 민첩해서 전투대형을 취하고 대기할 때가 없음에도 동작이 매우 빠르고 빈틈이 없어 적에게 기습공격을 허용하지 않는다. 소총병들 중 어느 누가 이들보다 강력한 사격을 할 수 있는가? 우리 보병과 상대해야 했던 적은 자신들이 마치 분노한 저승사자들 앞에 서 있는 느낌이었다고 말한다. 대검帶劍만으로 공격해야 할 때도 이들보다 더 흔들림 없이 강력하고 일정한 보조步調로 적에게 전진할 수 있는 보병은 없다. 극단적으로 위험한 상황에서 이들보다 더 냉정한 병력은 없다. 적의 측면을 공격하기 위해 선회旋回 해야 할 때도 그들은 아무 문제없이 순식간에 해 낸다.
　군인 계층이 가장 탁월하고, 최고 귀족들이 군대에서 복무하고, 장교들은 태생적 장교이고, 도시민과 농민까지 모든 주민이 병사인 이 나라에서 그런 사람들로 편성된 부대는 '명예를 걸고point d'honneur' 전투에 임하는 것을 우리는 분명히 알 수 있다. 그들에게는 이런 전통이 매우 강하다. 차라리 죽더라도 후퇴하기 보다는 제자리에서 버티려는 장교들을 내가 직접 보았다. 병사들조차 다른 군대라면 그 정도로는 방출되지 않을, 약한 모습을 보이는 자가 자신들 중에 있는 것을 참지 못하는 것은 더 말할 나위도 없다. 큰 부상을 입고도 자리를 뜨지 않고 상처에 붕대를 감기 위해 한 발 물러서는 것조차 원하지 않는 장교와 병사들을 내가 직접 본 적이 있다.

병사들은 젊어야 한다고 생각하지 않는 사람은 오늘날 거의 없다. 프로이센군 병력의 절반은 30세 이상이었고 40세 이상도 상당수 있었으며 60세 이상인 자도 약간 있었다. 부사관副士官들의 평균 연령은 약 44세 정도로 평가된다.30)
　평시 상비군 규모가 늘어남에 따라 일부 병력에게 휴가를 주면 비용을 절감할 수 있다는 생각이 생겼다. 프리드리히 빌헬름 I세 당시 이런 관행이 체계적으로 발전해서 점차 확대되었다. 내국인은 고향으로 보냈고 외국인도 "자유파수병自由把守兵/Freiwächter"으로 근무를 면제했다. 그러나 그들이 민간직업을 찾아다녔기 때문에 프리드리히 빌헬름 I세는 그의 군사규정에서 "그들이 본업本業을 잊지 말고 계속

---

30) 이 수치들은 서기 1784년 "튀르나Thürna"란 이름의 연대와 서기 1806년 "비니크Winnig"란 이름의 연대의 수치이다. 올레크Ollech, "라이헤르의 생애Leben Reihers," 《주간군사週刊軍事 Militär-Wochenblatt》, 서기 1859년, 11쪽. 쿤하르트Kunhardt von Schmitt, 《주간군사》, 서기 1909년, 3771단段. 쿤하르트는 군대의 통일성이란 관점에서 볼 때 이 수치들은 개별 부대의 모습일 뿐 아니라 당시 보병부대 전체의 모습을 보여주는 것이라고 정확히 말하고 있다. 동일한 연령 관계가 서기 1704년에도 이미 존재했었다. 슈뢰터von Schrötter, "초대 왕 당시 프로이센 군대의 강화Die Ergänzung des preussischen Heeres unter dem ersten Könige," 453쪽.

병사로 남아있어야 하며 다시 도시민이나 농민이 되면 안 된다"는 우려를 명시적으로 표현했다. 4월에서 6월까지 군사훈련 기간 때만 군대는 제대로 집결했다. 부대에 남아있는 병사들은 주로 경비근무에 투입되었다.31)

17세기 후반부에 발전된 상비군의 본질적 특성은 앞서 우리가 프랑스 군대의 경우에서 알 수 있었듯이 병사 집단과 장교단將校團의 엄격한 구분이었다. 프로이센에는 이런 구분이 프랑스보다 더 엄격해서 부르주아 계급 출신 장교가 적었고 중간 단계인 "오피씨에 드 포르퇸officer de fortune"(또는 준위准尉/Feldwebel=Leutnant)란 계급도 없었다. 군대 내의 이런 엄격한 구분이 어떻게 점차 발전된 것인지는 더 연구가 필요하다.32) 원래 "장교"라는 단어는 약간 넓은 의미를 지닌 단어였고 부사관副士官과 군악대원軍樂隊員도 장교에 속했었다. 그러나 곧 부사관은 병사들과 동일한 사회 계층에 속한다는 사실을 기초로 구분이 생겨났다. 따라서 현대적 의미의 장교단將校團이 갈라져 나와 전부 또는 거의 대부분 귀족들로 구성된 별도 계층을 형성했다. 이런 발전에 관한 주목할 만한 징후가 《심플리찌시무스 Simplizissimus》라는 글에 불평으로 묘사되어 있다. 이 글에서는 군대의 위계질서를 병사들이 가장 낮은 가지에 앉아있고 그들 위에 "밤스크로퍼Wamsklopfer"(역자 주: 직역하면 짧은 웃옷을 입은 몰이꾼)가 있는 나무 모습으로 다음과 같이 묘사했다.

그들 위의 나무줄기에는 잔가지가 없는 부드러운 부분이 비어 있고 이 간격은 탐이 나는 좋은 물건들과 뇌물로 덮여 있어서 귀족 아닌 사람은 아무리 남자답고 유능하고 유식하고 타고난 나무타기꾼이라도 그곳으로 올라갈 수 없었다. 그곳 위로는 펜라인Fähnlein(중대)과 함께 앉아있는 사람들이 있었는데 그들 중 일부는 젊은이였고 일부는 상당히 나이 든 사람이었다. 젊은이들은 그들의 사촌들이 위로 밀어 올려준 사람들이고 나이든 사람 쪽은 보통 슈미에랄리아Schmieralia(뇌물)라고 부르는 은銀 사다리를 타거나 다른 사람이 없어 행운의 여신이 발 앞에 놓아 준 받침을 밟고 스스로 올라간 사람들이다.

요점을 다시 말하자면 모든 유럽 국가들이 다 그랬었지만 프로이센 같이 병사

---

31) 레만Max Lehmann, "프리드리히 빌헬름 I세의 군대에서 모병과 병역의무 및 휴가 체계Werbung, Wehrpflicht und Bauerlaubung im Heere Friedrich Wilhelms I," 278쪽.

32) 이미 바스타Basta는 중대장 보직을 경험이 전혀 없는 경우에도 귀족들에게만 줌으로써 병사들에게는 극도로 예외적 경우가 아니면 승진기회가 전혀 돌아가지 않는 관행이 시작된 것을 불평했다(제I권, 제VI장. 이 책은 30년 전쟁 훨씬 전에 나온 책이다) 〈역자 주: 바스타의 책에 대해서는 앞의 136쪽 이하 참고〉. 뢰베Löwe의 《발렌슈타인 군대의 조직Organisation des Wallensteinschen Heeres》에 의하면 30년 전쟁 기간 중 연대장들과 장군들은 대부분 귀족이었지만 그래도 하급장교 중에는 여전히 많은 병사 출신이 있었다 한다(86쪽). 드로이센G. Droysen의 "30년 전쟁 기간 중 군사체계의 역사 연구Beiträge zur Geschichte des Militärwesens während der Epoche des 30 jährrigen Kriges"(《독일문화사지獨逸文化史誌 Zeitschrift für deutsche Kulturgeschichte》, 제4권, 서기 1875년)에서는 간사우게Gansauge의 견해에 반대하면서 그 당시에는 아직 장교단將校團이 존재하지 않았다고 강조하고 있다.

들과 장교단이 엄격히 분리된 나라는 없었다. 프리드리히 빌헬름 I세는 왕위王位에 오른 직후 "귀족이 아닌 자는 병장兵長/Gefreit=Korporal(사관후보생Fahnen=Junker)에 임명되지 못하게" 했고 스페인 왕위계승(역자 주: 서기1701년~1713년) 전쟁이 끝난 후에는 부르주아 출신 장교들을 해고했다.33) 프리드리히 대왕은 젊은 사관후보생들이 자신 앞에 나왔을 때 그들 중 평민이 보이면 늘 직접 단장短杖으로 그를 밀었고 아주 탁월한 재능을 지닌 자일 경우에만 그를 인정했다. 일례로 그는 뷔르템베르크Würtemberg의 목사牧師의 아들인 분쉬Wunsch 장군을 매우 아꼈다.

포병부대와 경기병輕騎兵 후사르husar의 경우 보병부대나 기병대 같이 장교단과 병사들 구분이 엄격하지 않았다. 사실 포병 요원은 기술자와 군인의 중간쯤으로 취급되었고 후사르husar들은 기본적으로 결혼도 허가되지 않는 특수부대를 편성했던 것 같다. 프리드리히의 밀에 의하닌 후사르는 칼집Scheide(역자 주: 여자의 속칭)이 아니라 칼Säbel로 행복을 추구했던 것 같다. 프리드리히는 다른 장교들에게도 신부가 아주 부유하고 신랑 같이 귀족일 경우에만 결혼을 허락했다.

젊은 귀족Junker은 겨우 12살이나 13살에 군대에 들어가는 일도 가끔 있었다.

서기 1806년 전선戰線 보병부대의 평민 장교 131명 중 83명은 수비대대守備大隊에 속했고 48명만 야전연대에 속했다. 그러나 프랑스와 같이 프로이센에서도 귀족 칭호를 사칭하는 일이 있었다. 인사서류 틈에 인사에 결정적 영향을 줄 편지 3통을 끼워 넣는 방법을 잘 알고 있던 솜씨 있는 사무관리들에 관한 기록도 있다.

장교와 사령관 간 관계는 본래 게르만 토병土兵/Landsknecht/lansquenet들 경우 같이 일종의 쌍무계약雙務契約이었고 이를 카피툴라치온Kapitulation(협정協定)이라고 불렀었다. 데르플링거Derfflinger 같은 사람은 카피툴라치온이 깨졌다며 프리드리히 빌헬름 대선제후大選帝侯를 따라 전쟁에 나가기를 거부한 적도 있었다. 하급장교들은 연대장들이 임명했지만 점차 총사령관 자신이 임명하는 체계로 발전했다.

기수旗手와 소위少尉로부터 원수元帥에 이르는 또는 이등병에서부터 원수에 이르는 위계적 피라미드는 모든 유럽 국가들에서 거의 동일했었다. 이런 체계에는 스페인, 이태리, 프랑스 및 독일의 영향이 모두 보이며 이런 영향은 이 민족에서 저 민족으로 옮겨갔었다.34) "마샬Marschall"(원수)이란 용어는 가장 큰 변화과정을 거쳤다. 이 단어는 실제로는 마사馬舍 관리인을 의미하는 단어였지만 매우 많은 민간

---

33) 슈뢰터von Schrötter, 《브란덴부르크-프로이센 연구Brandenburgisch-Preussische Forschungen》, 제27권.

34) 마이어Richard M. Meyer는 "군대 직함職銜 Die Militärischen Titel"이라는 논문(《독일어 어원학지語源學誌 Zeitschrift für deutsche Wortforschung》, 제12권, 제3호, 1910년, 145쪽 이하)에서 이 문제를 아주 명확하게 정리했다.
　　프리드리히 빌헬름 I세의 서기 1726년 규정은 스페인 규정과 매우 유사하다. 옌스Max Jähns는 이 규정의 기원이 바로 스페인 규정에 있다고 한다(《독일 군사학사軍事學史 Geschichte der Krigswissenschaften vornehmlich in Deutschland》, 제II편, 1577쪽.). 그러나 에르벤Erben은 옌스의 견해에 반대하는 것으로 보인다(《제국 및 왕국 군사박물관 회보Mitteilungen des kaiserlichen und königlichen Heeremuseums》, 제1권, 1902년, 3쪽). 필자는 어떤 결론을 내릴 수가 없다.

관리들에게 이 이름이 옮겨갔다. 프랑스에서는 이 단어가 대장쟁이나 기병대 하사卒의 의미를 얻기도 했지만 동시에 최고사령관의 칭호도 되었다. "펠트마샬Feldmarschall/field marschall"이란 칭호는 16세기에 "보병연대 사령관"이라는 칭호에 대칭되는 기병연대장 칭호로 등장한다(지베르스하우젠Sievershausen 전투 때 알브레크트Albrecht Alcibiades 휘하에 3명의 펠트마샬이 있었다). 그러나 기병대는 본래 부대였으므로 펠트마샬이란 칭호는 행정장교 또는 숙영지 지휘관의 칭호로도 쓰였다(앞의 60쪽 참고). 몬테쿠콜리Montecuccoli는 이런 일련의 칭호들을 게네랄리씨무스Generalissimus, 게네랄루테난트Generallieutenant, 펠트마셸Feldmarschäll, 기병대 게네랄General der Kavallerie, 포병부대 게네랄General der Artillerie, 펠트마샬 루테난트Feldmarschall= Lieutenant 등으로 정리했다(《전집全集 Gesammelte Shriften》, 제II편, 210쪽).

프로이센은 영지領地 상속 때문에 우연히 형성된 국가로서 한쪽으로는 폴란드(후일에는 러시아)와 반대쪽에서는 네덜란드와 국경을 이룬 국가였고 각 영지領地들은 어떤 내부적 이해관계가 아니라 오로지 왕실 때문에 결합되어 있었다. 이 왕조가 관료제도와 군대를 창설했고 두 요소가 국가를 통합했다. 장교단將校團이 최고사령관에게 복종하는 것을 가능케 한 요인으로 다른 어떤 큰 요인은 없었고 오로지 바쌀vassal들의 기사적騎士的 충성뿐이었다. 따라서 장교단은 옛 전사戰士 귀족층의 연장이었고 이런 귀족층은 엘베Elbe 강 동쪽의 옛 게르만 지역보다 브란덴부르크Brandenburg, 프로이센Preussen/Prussia, 포메라니아Pommern/Pomerania, 실레지아Schlesien/Silesia 등 변경주邊境州/Mark와 식민지역들에서 더 강력한 존재였다. 프리드리히는 자신의 글에서 평민들은 장교가 되기에 적합하지 않다는 말을 반복하면서 그들은 명예名譽보다 이윤利潤을 추구하는 성향이 있기 때문이라고 했다. 그러나 그는 귀족이라고 해서 그대로 올바른 군복무 자질이 있다고는 보지 않았고 그들도 실제 군복무를 해야 한다고 했다. 또한 프리드리히 빌헬름 I세는 기마騎馬 요원들로 하여금 귀족들의 토지에서 그 부모들을 절망케 하면서 소년들을 강제로 데려와 사관학교에 입교시켜 군사교육을 시켰다. 부모들은 어린 아들을 지키려고 자신이 프로이센 귀족이 아니라는 증거를 보여주려 했지만 소용이 없었다. 왕은 명령을 고수하며 자신이 아들들을 잘 돌보겠다는 말을 부모들에게 전하게 했다.35) 프리드리히 대왕 역시 이런 식으로 실레지아에서 어린 귀족들을 징집했다.

그러나 사관학교의 교육내용은 국민학교國民學校/Volksschule의 교육내용보다 낮을 것이 없었으며 프로이센 장교단에는 진정으로 고등 교육을 받은 인물은 없었다. 학교 교장선생의 회초리를 두려워하도록 배운 자는 용감한 전사戰士가 될 수 없다는 고트Goten/goths족 영주領主들 생각이(이 책 제II편, 제IV권, 제I장, 384쪽 참고)

---

35) 슈몰러Schmoller, 《역사지歷史誌 Historische Zeitschrift》, 제30권, 61쪽.

귀족층에서는 아직 남아 있었다. 드쏘Dessau 공公 레오폴트Leopold는 인간의 순수한 본능이 무엇을 할 수 있는지를 알기 위해 아들 모리츠Moritz/Maurice에게 아무것도 가르치지 못하게 했던 것 같다. 프리드리히 자신은 프랑스인 중대들을 선호했다. 베렌호르스트Berenhorst가 서기 1741년에 쓴 글 중에는 종렬縱列로 행군하라는 명령을 받은 영주領主들이 "종렬縱列이라니 무슨 말이오?" "내 생각에는 내가 앞 사람을 따라 가고 그가 가는 곳이면 나도 간다는 말 같은데"라고 묻고 답했었다는 구절이 있는데 이는 놀랄 일이 아니다.36) 19세기 후반에 우리 군대에 복무하는 참모 장교와 장군들 중에는 저지低地 독일어Plattdeutsch 사용자이면서도 여격與格/Dativ과 대격對格/Akkusativ을 구분 못하는 사람도 있다. 이 점과 관련해 필자의 멋진 개인적 경험 하나를 소개한다. 서기 1879년에 필자가 제자인 어린 황태자를 사관학교에 입교 시키려 히면서 이 문제를 군사교육훈린 총책임자인 기병대 장군 한 분과 상의했는데 그 분은 동의하면서 "나는 문법에게 특히 강조하오Auf der Grammatik lege ich einen besonderen Wert"라고 말했다(역자 주: 이 말을 문법에 맞게 하려면 대격對格을 써서 "문법을Auf die Grammatik"이라고 해야 할 것을 여격與格/Dativ을 써서 "문법에게Auf der Grammatik"라고 했다는 말).

게르만 토병土兵들의 시대에는 교전규칙交戰規則/Kriegsartikel(앞의 제Ⅰ권 제Ⅳ장 참고)이 장교와 병사 모두에게 적용되었다. 그러나 귀족 장교단將校團의 탄생되자 특별한 상황이 생겼다. 프리드리히 빌헬름 Ⅰ세는 왕위에 오르자 곧 부사관副士官과 병사들을 위한 새 교전규칙을 제정했고(서기 1713년 7월 12일) 서기 1726년에는 장교복무규정을 특별히 제정했다. 장교들은 "자신의 명예를 비난하지 않는 한" 근무 중 무조건 복종해야 한다고 규정되어 있었다. 후일 프리드리히 대왕은 이를 명확히 해서 장교는 모욕을 당하더라도 근무 중에는 조용히 있어야 하지만 "근무가 완전히 끝나면 바로 이를 설욕할 수 있는 적절한 방법을 쓸 수 있다"고 했다.

이런 귀족 장교단은 충성과 효율적인 군대를 왕에게 보장해 주었다 장교단은 군기軍紀 때문에 병사들을 잘 통제한 결과 적보다도 장교들을 더 무서워했으므로 어떤 위험한 상황에서도 장교들을 따랐다. 서기 1758년 쪼른도르프Zorndorf 전투 당시에 몇 개 부대의 작전에 대해 불만을 느낀 왕은 장교들에게 몽둥이 사용을 권했다. 로마의 센튜리온Centurio/centurion(역자 주: 중대中隊급 단위부대인 센튜리Centurie/century의 지휘관을 말함. 흔히 백부장百夫長으로 번역되나 실제로는 병력 100명의 지휘관은 아니었다. 센튜리온에 관한 상세 내용은 이 책 제Ⅰ편, 제Ⅵ권, 제Ⅲ장 참고. 후일 2개 센튜리로 구성된 마니플이 생기고 또 그 상급 단위대로 오늘날의 보병대대步兵大隊급인 코호르트Kohort/cohort가 생겼다. 마니플에는 2명의 센튜리온 외에 단일 지휘관은 없었던 것으로 보이나 코호르트에는 코호르트 트리뷴Tribunus Cohortis이라는 단일 지휘관이 있었다)들도 물론 포도나무 줄기로 만든 지휘봉으로 그의 중대를 잘 통제 했었고

---

36) 《병법평론兵法評論. 그 발전과 모순 및 신뢰성 *Betrachtungen über die Kriegskunst, über ihre Fortschritte, ihre Widersprüche und ihre Zuverlässigkeit*》, 서기 1776년,, 제13장.

이런 방법으로 훈련된 로마 레기온legion(역자 주: 로마 레기온에 관한 설명은 이 책 제Ⅰ편, 제 Ⅳ권, 제Ⅰ장 및 특히 제Ⅶ권, 제Ⅰ장, 부기附記 2 참고)들은 그리스군, 야만인들, 한니발Hannibal 그리고 골Gallien/Gaul족을 격퇴하고 세계를 제패했었다.

여기서 다시 과거로 돌아가 보면 게르만 토병土兵 시대에 그들은 "지도자leader" 또는 "대표ambassador"를 선출했고 선출된 지도자는 "대변자mouthpiece, 아버지father 및 수탁자受託者/trustee"로서 장교들과의 거래에서 병사들을 대리했다. 그는 선출되는 순 간 병사들에게 "언제나 그들을 자신의 아들로 여기고 대변할 것이고 개인이 부 족한 것, 요구, 질병에 대해 최고지휘부의 주의를 환기 시키겠다"고 약속했다. 그 는 또한 보수 문제에 있어서도 병사들의 이익을 대변했고 병사들은 비록 그가 "같은 말을 너무 자주 해서" 최고지휘부의 불신을 사더라도 그 사람 하나만을 지지하겠다고 약속했다. "병사들을 대리하고 있는 그에게 생기는 일은 무엇이든 부대 전체에 생기는 일로 간주 되었다." 30년 전쟁 이전에도 발하우젠Wallhausen은 그들이 이런 직위를 두는 것에 반대하며 철폐를 요구하고 "부대에서 이 지도자 라는 인물은 해만 끼치지 득이 되는 일이 없다. 그는 부대의 선동자고 병사들의 반란을 부추기는 자일뿐"이라고 했다 한다.37) 그런 제도에 비해 이제 18세기의 군대의 상황은 얼마나 달라졌는가! 군기軍紀가 강한 병력일수록 군기가 약한 병력 보다 우수하다는 사실을 그들이 알게 될수록 주관적 복지福祉와 인간적 권리는 전쟁 법칙 앞에서 뒤로 물러났고 지휘관 의지에 굴복해야 한다는 필요성 때문에 옛 게르만 토병土兵들의 저항은 무산되었을 뿐 아니라 바로 같은 세기에 생겨난 인도人道라는 개념과는 극단적으로 대조되는 가혹한 체계가 탄생했다. 프로이센 장교단이 부하들에게 지닌 권력은 무제한의 권력이었고 불만을 표시할 권리조차 부하들에게 인정되지 않았다. 거친 중대장일지라도 주의하지 않을 수 없게 만들 었던 고려사항은 병사들을 복무부적격자로 만들거나 탈영자가 되도록 너무 몰아 치면 안 된다는 점뿐이었다. 그런 일이 생기면 보충병을 얻기 위한 신병新兵 상여 금賞與金을 자신이 부담하게 되었기 때문이다. 경호대警護隊의 경우는 이런 문제가 없었다. 모병 비용을 중대장이 아니라 왕이 부담했기 때문이다. 이 때문에 프리 드리히는 앞서 소개한(249~250쪽) 그의 경호대 규정에서 징벌은 합리적이어야 한다고 분명히 말해 둘 필요가 있었다. 그러나 우리는 이를 군기軍紀 집행에 관한 말로 보면 안 된다. 그들은 "악마가 그를 데려가게 하라. 왕께서 우리에게 또 다 른 병사를 주어야 한다"고 말했다. "건강하지 않은 병사를 때린" 장교는 그 병사 에게 보수를 주어야 했었고 베를린 슈판다우Spandau 형무소에서 6개월을 지내야 했

---

37) 드로이센G. Droysen, "30년 전쟁 중 군사체계 역사 연구Beiträge zur Geschichte des Militärwesens während der Epoche des 30jährrigen Kriges"(《독일문화사지獨逸文化史誌 *Zeitschrift für deutsche Kulturgeschichte*》, 제4권, 서기 1875년, 592쪽.

었다. 중대장들은 부하들을 잘 보살펴야 했었지만 "부하들에게 어떤 비용도 쓰지 않았고 이 때문에 그는 부하들을 위해 아무것도 요청하지 않았다."

중대장들은 부하들을 잘 보살피려면 복지에 관심을 가져야 한다는 생각이 작센군 원수元帥의 글에 보인다. 그는 《명상록暝想錄 Rêveries》에서 세습토지귀족世襲土地貴族/Ständen들이 신병新兵을 공급하면 중대장들이 그들을 낭비할 것이라며 반대했다.

그러나 가쎈라우펜Gassenlaufen(또는 스피쎈라우펜Spiessrutenlaufen)이라는 태형笞刑(역자 주: 창병槍兵을 두 줄로 세워놓고 비행을 저지른 병사가 그 사이로 달려가게 하면서 양 옆에서 동료들이 매질을 하는 징벌)을 집행하다 병사들이 맞아 죽는 경우가 흔했었다.

독자들은 틀림없이 브란덴부르크-프로이센 군대가 프랑스군 형태와 아주 비슷하게 형성되었다는 사실을 알았을 것이다. 사실 그 당시는 프랑스 문화가 세계 문화였고 특히 독일의 교육제도는 완전히 프랑스의 영향 하에 있던 시기였다. 브란덴부르크 군대는 프랑스에서 쫓겨나서 우리나라에서 새 고향을 찾은 위그노Hugenotten/Huguenot 병사들에 의해 특별히 보강되었다. 서기 1688년에는 브란덴부르크 장교 1,030명 중 최소한 300명 즉, 1/4 이상이 프랑스인이었다. 서기 1689년 프리드리히 Ⅲ세 선제후選帝侯 영주領主(역자 주: 후일 프로이센 왕국 초대 왕 프리드리히 빌헬름 Ⅰ세) 자신이 라인 지역에서 병력을 지휘했을 때 그의 장군 12명 중에 4명이 위그노 출신이었다. 이 당시 많은 프랑스 군대용어들도 브란덴부르크군에 도입되었다.

그러나 18세기 프랑스군과 프로이센군은 유사점도 많지만 큰 차이점도 보인다.

프랑스군의 집체훈련은 필요한 기동연습에 국한되어 있었다. 그러나 프로이센 군에서는 일일日日훈련이 있었고 장교와 병사들에게 지속적인 근무가 요구되었다. 장교들은 병사들과 가까운 곳에서 살면서 경보가 울리는 순간 병사들과 함께 대형을 형성할 수 있어야 했었다.38)

프로이센에는 장교단이 통일되어 있었지만 프랑스에는 귀족장교와 부르주아 장교가 구분되어 있었고 특히 궁정귀족宮庭貴族과 토지귀족土地貴族이 구분되어 있었다. 프랑스에서는 진정한 장교가 되기 위한 엄격한 교육기관을 거치지 않고도 그들의 지위를 차지한 탁월한 연대장들과 장군들이 있었다. 이런 제도는 진정으로 유능한 사람이 젊었을 때 고위 지휘관이 될 수 있다는 장점도 있지만 백합군기百合軍旗/Lilienbanners의 군대(역자 주: 프랑스 군대. 백합군기는 100년 전쟁 당시 애국소녀 잔다르크Jeanne d'Arc가 만든 프랑스군 군기. 프랑스 왕가의 상징인 백합꽃 문양이 그려져 있다)에서 군기를 좀먹은 병원균病原菌을 따져 보면(역자 주: 앞의 228쪽 참고) 결국 전혀 중요하지 않은 요소다. 맹트농de Maintenon 부인 및 퐁파두르de Pompadour 부인(역자 주: 루이 XIV세의 애첩愛妾들)과 전

---

38) 코저Koser 편編, "서기 1748년 발로이Valoy 대사大使의 보고서," 《브란덴부르크-프로이센 연구Brandenburgisch-Preussische Forschungen》, 제7권, 서기 1894년, 299쪽. 발로이는 프로이센군의 발을 맞추어 행군하는 모습을 너무 강조하고 있어서 우리는 프랑스군도 그랬을 것으로 생각해 볼 수 있다.

쟁계획에 대해 서신書信을 주고받으며 서로 끊임없이 모함했던 스페인 왕위계승 전쟁과 7년 전쟁 당시의 프랑스 궁정장군宮庭將軍/Hofgeneral들은 결국 군대 리더십의 가장 결정적 요소인 강한 전사戰士로서의 결단력이 없는 인물들이었다. 그들에게 개인적 용기와 열의가 없었던 것이 아니라 남성을 지배하는 진정한 전사戰士로서의 태도가 없었던 것이다. 만약 누가 프랑스군이 왜 7년 전쟁 당시 수적인 우위에도 불구하고 프로이센과 영국으로부터 약간의 병력만 보충 받았던 하노버Hanover, 브라운슈비이크Braunschweig 및 헤쎈Hessen이란 작은 나라 셋을 상대로 아무 전과戰果도 올리지 못했냐고 묻는다면 우리는 언제나 이 문제로 돌아오게 된다.39)

프로이센군이나 프랑스군 모두 많은 병력을 외국인들로 채웠다. 프랑스군에서는 외국인들만의 연대들을 편성했지만 프로이센군에서는 위그노Hugenotten/Huguenots, 보스니아인Bosniaken/Bosnians, 헝가리 후사르Husars(경기병輕騎兵), 폴란드 울란Ulanen/Uhlanns 등 외국인으로만 편성된 작은 부대들은 있었지만 대부분 외국인들을 각 주州 징집병력과 같은 연대에 신병新兵으로 배속시켰다. 서기 1768년 프로시아군에 외국인은 90,000명이었지만 내국인은 겨우 70,000명이었다.40) 프랑스군이 대부분 내국인으로 구성되어 있었다는 것은 큰 장점 같이 보이나 이런 장점은 18세기 군대에서는 군사적으로 중요한 장점이 아니었다. 프랑스군의 내국인들은 국민들 중 찌꺼기에 불과했었다. 그러나 이런 차이점이 세계사에서는 매우 중요한 부분이 되었다. 프랑스군의 국민군 성격은 군대에 특별한 힘이 될 정도는 아니었지만 야만인들과 접경接境한 프로이센군 같은 가혹한 군기軍紀의 형성을 방해할 정도는 되었다. 프랑스군은 몽둥이로 때리는 체벌體罰/Prügelstrafe이 없었고 장교나 부사관副士官에게 몽둥이로 때릴 수 있는 무제한의 권력이 물론 없었다.41) 반면 나쁜 자원이 많던 프로이센군은 그런 징벌이 조장되었고 그런 징벌을 없앨 수도 없었다.

7년 전쟁 기간 중 연이은 실패와 패배로 프랑스군의 군기軍紀가 약화되자 전쟁

---

39) 다니엘스E. Daniels, "브라운슈바이크의 페르디난트Ferdinand von Braunschweig,"《프로이센 연보年報 *Preussische Jahrbücher*》, 제77권~80권, 제82권.

40) 프리드리히의 소위 '군사문제 유훈遺訓 *Militärische Testament*'에 의하면 서기 1870년 당시 내국인 110,000 명과 외국인 80,000명이 있었던 것으로 보이지만 이 수치가 아주 명확한 수치는 아니다. 각 연대 징집 구역인 연대주聯隊州/Regimentskanton에서 오지 않은 내국인은 외국인으로 계산되었기 때문이다.

41) 발하우젠Wallhausen의 《골의 군대*Militia Gallica*》(서기 1610년 발간된 몽고메리Montgommery의 《프랑스 군대 *La milice français*》의 독일어 번역본)에서는 각 직위에 허용된 징벌권이 얼마나 광범위했는지 자세히 말하고 있다(44쪽). 연대장은 장교들까지 칼로 쳐 죽일 수 있었다. 주임원사主任元士/Sergeant=Major에게도 비슷한 권한이 있었고 작대기 즉, 그가 휴대하고 다니는 자尺(역자 주: 대열 속에서 개인 간격을 측정하기 위한 자尺. 앞의 164쪽 참고)로 때릴 수도 있었다. 누구도 이 자尺로 맞았을 때 모욕감을 느끼지 않았다. 중대장들은 칼 등으로 때릴 수 있었다. 부중대장과 부사관副士官은 행군 중이나 참호에서는 그렇게 할 수 있었지만 수비대 근무 중에는 직속 부하에 대해서만 그렇게 할 수 있었다. 기수旗手는 중대장과 부중대장을 대리할 때만 그렇게 할 수 있었다. 부사관副士官은 행군 중, 전투 중, 경비 근무 중 그리고 참호에서만, 칼이 아닌 미늘창Hellebarde/Halberd(역자 주: 앞의 4쪽 참고) 자루로만, 그것도 수비대 근무 시나 여타 이유로는 안 되고 자리를 이탈한 병사에 대해서만, 징벌을 가할 수 있었다(부사관 경우는 앞에 말한 것과 뒤에 말한 내용이 모순된다).

성戰爭省 장관 생제르맹St. Germain은 군기 강화를 위해 프로이센군 방법을 채택해서 몽둥이 체벌體罰을 도입하려 했지만 프랑스인들은 이를 참지 못할 정도로 자존심이 높아서 결국 철회되었고 이제 군기는 완전히 땅바닥에 떨어졌다. 이 과정은 국가 전체가 왕조의 권위에 등을 돌리고 국민주권國民主權 개념을 채택함으로 끊임없이 계속되었다. 세계사에 새로운 지평을 열어 놓은 프랑스 대혁명大革命이 가능했던 것은 군대가 왕을 포기하고 국민 편에 섰기 때문이었다. 스위스인 외국인 연대는 왕에게 충성했지만 프랑스인 연대들은 왕을 떠났다. 전면전이 벌어진 후에도 라파예Lafayett 후작侯爵에 이어 뒤무리에Dumouriez 장군이 국민운동을 중단시키고 질서를 회복하려 했지만 이들 모두 바로 군대의 반대 때문에 실패했다. 군대에서는 국민적 자존심이 국민들의 생각에 반대 입장을 취한 총사령관에 대한 충성을 눌렀다. 프로이센은 국민국가기 아니었고 국민군내가 없었으므로 그런 내적 갈등이 생기지 않았다. 프로에센 군대의 실수는 전혀 다른 분야에서 있었고 이 실수는 서기 1806년에 놀라운 모습을 보여주었다.

프랑스군과 프로이센군의 결정적 차이에 관해 이제 마지막으로 프로이센 국민징집군 규모가 인구와 경제력에 비해 매우 큰 규모였음을 알고 넘어가야 한다.

왕정 시대의 프랑스군 병력수는 7년 전쟁 기간 중인 서기 1761년 최고 수준에 달했던 것으로 보인다. 당시 게르만 지역에 140,000명의 병력이 나가 있었고 고향 땅과 식민지에 있던 150,000명을 합해 총병력이 290,000명이었는데[42] 이는 총인구의 1.25%에 해당하는 수치였을 것이다. 그러나 대혁명이 발발했을 당시 병력은 겨우 173,000명이었고(프랑스인 보병연대 79개와 외국인 연대 23개. 앞의 225쪽 참고) 이는 총인구의 약 0.7%에 불과한 수치였다.

반면에 서기 1740년 12월 프로이센군 병력수는 거의 100,000명쯤 되었고 이는 총인구 2,240,000명의 4.4%나 되는 수치였다.[43] 프리드리히가 사망한 서기 1786년 8월의 병력수는 200,000명 즉, 총인구의 3.33%였지만 이들 중 절반 미만(82,700명)이 1년에 10개월 정도 부대에서 실제로 근무했는데 그래도 이 비율은 프랑스군의 경우보다 2배에 이르는 비율이었다.[44]

---

42) 다니엘스E. Daniels, "브라운슈바이크의 페르디난트Ferdinand von Braunschweig,"《프로이센 연보年報 *Preussische Jahrbücher*》, 제82권, 270쪽.

43) 《장군참모부 전집全集 *Generalstabswerk*》의 평가에 의함. 따라서 이는 프리드리히가 전쟁을 시작할 때의 일이었다. 랑케Reopold Ranke, 《전집全集 *Werke*》, 제3권, 148쪽에 인용되어 있는 한 비망록에 의하면 프리드리히 빌헬름 I세는 죽을 때 야전군 72,000명을 포함해서 총 83,484명의 병력을 남겨놓았다고 한다. 89,000명을 남겨놓았다는 구절도 있다. 슈뢰터von Schrötter에 의하면 프로이센 군대의 병력수는 해상 세력들(역자 주: 영국과 네덜란드)의 헌납금으로 크게 보강되었을 때인 서기 1705년 1월 2일에 이미 47,031명에 달했고 민병대도 67,000명이나 되었다고 하는데 이는 총인구의 4%에 해당하는 수치이다.

44) 프로이센 연보年報 *Preussische Jahrbücher*》, 제142권, 300쪽.

제Ⅲ장
18세기의 변화된 전술과 훈련

  30년 전쟁(역자 주: 서기 1618년~1648년) 때는 창병槍兵과 소총병이 혼합 편성된 보병 부대들이 서로 싸웠다. 소총사격은 너무 속도가 늦고 부정확해서 소총병 부대는 개활지에서는 기병대의 공격에 매우 취약했었고 그들을 보호해 준 것은 창병들이었다. 그러나 창槍이 어떤 무기보다도 장점이 많다고 생각했던 스페인의 군사 이론가 멘도자Mendoza 자신도 창병槍兵들은 개활지에서 서로 충돌하는 일은 거의 없고 주무기主武器는 화기火器라고 했다(《전쟁의 이론과 현실Theorie und Praxis des Krieges》, 서기 1592년, 제Ⅰ권, 98쪽). 그것은 16세기 말의 일이었는데 그 이후 서기 1630년에도 노이마이르Neumair von Ramsla는 "장창병長槍兵은 전투의 중추中樞라기보다는 취약점이다. 화기火器가 장창을 보호해 준다"라고 했다.

  보병이 창槍과 칼로 싸울 때는 이를 매우 예외적인 일로 기록했다.1) 예를 들어 서기 1642년 라이프찌히Leipzig 전투 기록에서는 "황제의 보병이 스웨덴군 창병槍兵에게 직접 돌진해 들어갔다"고 했다. 그림멜스하우젠Grimmelshausen의 《스프링긴스평원Springinsfeld 전투》(서기 1670년)에서는 "죽이지 않아도 될 창병槍兵을 쓰러뜨린 자는 무고한 사람을 죽인 것이다. 창병槍兵은 자신의 창槍에 뛰어드는 사람 외에는 해치지 않는다"는 농담을 했다. 그러나 창병槍兵들은 제자리에서 끝까지 버틸 수는 있었다. 서기 1653년에 프리드리히 빌헬름Friedrich Wilhelm 대선제후大選帝侯는 수비대 보병의 1/3을 창槍으로 무장시켜 (즉, 야전병력으로 전환시켜) 열심히 창 쓰는 법을 훈련시키라고 명령했다.2)

  엔자임Enzheim 전투(서기 1674년) 때 투레네Turenne는 게르만 기병의 대규모 공격에 맞서 거대한 창병槍兵 방진方陣을 편성하도록 했는데 이들이 중간의 소총병들과 함께 큰 역할을 했다. 적의 기병들이 그들에게 감히 접근하지 못했기 때문이다.3)

  그러나 18세기로 넘어가면서 유럽 군대에 창병槍兵들이 점차 사라졌다. 전환기에는 적 기병대로부터 보병부대를 보호하려고 멧돼지 사냥 창槍/Schweinsfedern 또는 스페인 기병방책騎兵防柵/spanischen Reiter/chevaux-de-frise(역자 주: 창을 세워 연결해서 만든 이동식 방책防柵)을 설치했었지만 이들은 실제 큰 역할을 하지는 못했다.4)

---

1) 뤼스토프Rüstow, 《보병사步兵史 Geschichte der Infanterie》, 제Ⅱ편, 42쪽 이하.
2) 야니Jany, 〈옛 군대의 기원起源 Die Anfänge der Alten Armee〉(《프로이센 군대 역사에 관한 문서기록 기고문寄稿文 Urkundliche Beiträge zur Geschichte des preussischen Heeres》에 수록되어 있음), 108쪽.
3) 파스테나키Pastenacci, 《엔자임 전투 Schlacht bei Enzheim》.

화승총火繩銃/Lunten=Muskete을 든 병사와 창병槍兵을 교대로 나란히 세워놓았던 대형은 부싯돌식 점화장치點火裝置/Feuersteinschloss가 있고 대검帶劍/Baionet을 장착한 수발총燧發銃/Flinte/Flintlock으로 통일되게 무장한 대형으로 대체되었다. 이런 대형은 외관이 과거 용병傭兵 집단과는 완전히 달랐다. 소총을 창槍으로도 사용할 수 있게 총강銃腔에 "송곳Ahle"을 꽂자는 아이디어는 아주 초기부터 있었다.5) 그러나 17세기 중반 이후 총강 주변에 대검帶劍 꽂는 대롱을 별도로 부착한 결정적 발명품이 나온 이후 이제 소총을 화기火器와 근접전 무기 모두로 쓸 수 있게 되었지만 아직은 대검을 꽂는 동작이 번거로웠었고 소총과 대검의 물림쇠Querarm/cross arm가 발병된 후에야 비로소 대검을 신속하게 소총에 연결해서 고정시킬 수 있게 되었다.

화승火繩/Lunte/matchlock이 부싯돌 점화點火 장치Feuerstein/flint로 대체된 것은 대략 이때쯤이고6) 이 새로운 점화장치는 특히 비가 오는 날 큰 장점이 있었다. 그러나 아직 점화가 확실치 않은 큰 단점이 있어서 서기 1665년 르텔리에Le Tellier는 프랑스군의 교전규칙에서 이 신무기의 사용을 엄격하게 금지했다. 위원회는 검열 시 적발된 수발총燧發銃/Flinte/Flintlock은 즉시 부수게 했으며 이 총이 발견된 중대의 중대장 비용으로 교체케 했다. 화승火繩과 부싯돌식 점화 장치를 겸용할 수 있는 소총이 나오기도 했지만 곧 부싯돌식 점화 장치 하나만 부착한 소총만 남게 되었다.

점화 화약 종지Zünd=Pfanne/poeder pan, 점화구點火口/Zünddroch/touchhole, 점화 화약 종지의 뚜껑Pfannedeckel, 탄약 다지는 목제木製 꽂을대Landestock/Ramrod를 대체한 철제鐵製 꽂을대, 꽂을대 삽입용 고리Ring7), 개머리판Schäftung/Stock 그리고 특히 종이 탄약포彈藥包/Papierpatrone/paper

---

4) 클리소프Klissow 전투(서기 1706년)와 프라우스타트Fraustadt 전투(서기 1706년)에서 작센 보병부대는 이런 방책을 설치해서 스웨덴 기병의 공격을 막아보려 했지만 실패했다.

5) 뷔르딩거Würdinger의 《바이에른 전쟁사Kriegsgeschichte von Bayern》, 제Ⅱ편, 349쪽을 보면 그런 "송곳 창 Ahlspisse"이 서기 1488년 파쏘Passau의 병기고兵器庫 재고목록 중에 있다.

6) 피르트C. H. Firth의 《크롬웰의 군대Cromwell's Army》, 87쪽에 인용되어 있는 어느 사료에 의하면 부싯돌 점화 장치가 달린 소총이 17세기 초 게르만 농민들 사이에 이미 사냥용으로 널리 사용되었다고 했다. 서기 1626년 게르만 농민들은 이런 소총을 가지고 브라운슈바이크Braunschweig의 크리스티안Christian에게 패한 황제의 군대를 완전히 소탕했다고 한다.

7) 이쯤에서 필자는 화기火器의 기술적 진보에 관한 자료들을 소개해 보겠다. 필자는 이 자료들이 정확한 기록이라고 주장하지는 않을 것이다. 그러나 우리는 이 자료목록을 통해 화기의 기술적 진보는 한발 한발 아주 서서히 이루어진 것임을 알 수 있을 것이다.
　　참고문헌 중 중요한 것은 티에르바크Thierbach가 《무기사지武器史誌 Zeitschrift für historische Waffenkunde》, 제2권과 제3권에 게재한 "대검帶劍의 발전Ueber die Entwicklung des Bajonettes"이라는 글이다.
　　16세기 후반에는 기병용의 종이 탄약포彈藥包/Patrone/cartridge가 나왔다. 서기 1608년에는 탄약 장전裝塡 속도가 빨라졌다. 서기 1653년에는 탄환은 넣지 않은 탄약포가 나왔다. 스파크Spak는 《티에르바크 기념논문집Festschrift für Thierbach》에서 서기 1655년에 처음으로 갈퀴Gabel/fork 없는 소총이 연대聯隊에 지급되었음이 입증되었다고 주장한다. 서기 1670년에는 브란덴부르크 보병부대에 탄약포가 도입되었다. 서기 1684년에는 오스트리아에 부싯돌 점화 장치가 달린 소총이 도입되었다. 서기 1688년에는 바우반Vauban이 최초로 대검帶劍을 발명했다고 한다. 서기 1690년에는 프랑스에 종이 탄약포가 도입되었다(엔스Max Jähns, 《독일 군사학사軍事學史 Geschichte der Krigswissenschaften vornehmlich in Deutschland》, 제Ⅱ편, 1236쪽). 서기 1698년에는 드쏘Dessau 공公 레오폴트Leopold가 철제鐵製 꽂을대Landstock/ramrod를 그의 연대에서 채택했다고 한다. 서기 1699년에는 소총과 대검의 물림쇠Querarm/cross arm가 등장했다. 서기 1703년에는 프랑

cartridge에 이르기까지 조금씩 이루어진 이 모든 성능개선은 소총의 위력을 계속 높여주었고 이미 18세기 초에는 그 이후 한 세기 이상 유지된 소총 형태가 완성되었다. 해방전쟁Freiheitkrige(역자 주: 나폴레옹의 침략에 대항한 전쟁. 서기 1813년~1815년) 때도 7년 전쟁(역자 주: 서기 1756년~1763년) 때와 거의 같은 소총을 사용했다.

화기火器의 계속적인 사용과 성능개선으로 보병들은 이미 30년 전쟁 후반부터 점차 보호장구와 철모鐵帽를 벗어버렸고 이로 인해 행군속도가 빨라졌다.

한편 끊임없이 개선된 화기火器는 상비군에서 병사들 훈련이 개선된 결과 더욱 효과적으로 사용되게 되었다. 6개 횡렬橫列 대형에서는 소총병들이 카라콜레caracole 기동(역자 주: 앞의 123쪽 이하 참고)을 해야 전원이 사격할 수 있었지만 이때 대형의 유지가 어려웠다. 이제 6개 횡렬은 4개 횡렬로 줄었고 프로이센군의 대형은 다시 3개 횡렬로 줄어서 제1횡렬이 무릎을 꿇고 제2횡렬이 약간 자세를 낮추면 3개 횡렬이 동시에 모두 사격 할 수 있게 되었다.8) 프리드리히Friedrich 대왕은 대형을 더 밀집시켜서 병사 4명의 정면 폭을 4보가 아니라 3보로 줄이려고까지 했다.9) 계속적인 훈련의 결과 이런 대형으로 최대한 빠른 속도의 사격이 가능해 졌다. 한편 당시의 소총은 사격의 정확도가 극히 낮았기 때문에 조준사격이라는 개념은 처음부터 아예 포기되었고 심지어 사격훈련에서도 조준훈련은 없었으며 최대한 신속한 집중사격 즉, 구령口令에 따른 일제사격Salve을 통해 사격효과를 높이려 했었다. 프리드리히 대왕이 너무 서둘러 사격하면 안 된다고 지시했던 것은 "병사들이 사격할 곳을 먼저 알아야 하기 때문"이라는 정도였고 후일에는 조준이 명시적으로 금지되기까지 했다. 반면 마치 한 사람이 쏜 것 같은 소리가 들리도록 동시에 사격하는 일제사격이 극단적으로 강조되었다.

스군이 결국 창병槍兵을 폐기했다. 코세Coxe의 《말보로의 생애와 서신書信Leben und Briefwechsel Marlboroughs》, 제Ⅳ편, 303쪽에 의하면 서기 1708년에는 네덜란드군이 창병槍兵을 폐기했다고 한다. 서기 1718년부터 프로이센군 전체가 철제 꽃을대를 채택했다. 시기 1721닌에는 프랑스군이 창병槍兵을 폐기했다. 서기 1733년 프로이센군은 대검帶劍을 소총에 고정 부착해 사용했다고 한다(엔스, 《독일 군사학사軍事學史》, 제Ⅱ편, 2498쪽). 서기 1744년(1742년일 수도 있음)에는 오스트리아군이 철제 꽃을대를 채택했다. 서기 1745년에는 프랑스군이 철제 꽃을대를 채택했다. 밀러Johann Conrad Müller의 《잘 훈련된 프로이센 병사 Der Wohl exerzierte Preussische Soldat》(서기 1759년) 중 "샤프하우젠 시市의 자유기수自由旗手와 시민 Frey=Fähndrich und Bruger der Stadt Schaaffhausen" 항에서는 바로 얼마 전에 프리드리히는 모든 소총에 새 개머리판을 붙이게 했고 최초로 깔때기 모양의 상단上段 고리obersten Ring를 만들어 꽃을대가 총강에 쉽게 삽입될 수 있게 했다고 한다(18쪽). 그는 또 자신이 말한 손잡이는 목제木製 꽃을대에는 쓸 수 없는 것이라고 했다. 서기 1733년에는 프로이센군이 원뿔형 꽃을대를 원통형 꽃을대로 대체했다고 한다.

티에르바크Thierbach의 말에 의하면 서기 1811년에 나폴레옹이 실험해 본 결과 7발마다 1발씩 불발탄不發彈이 생겼다고 하며, 슈미트Schmitt의 《소화기小火器 Handfeuerwaffe》에서는 100발에 20발씩 불발탄이 생겼고 그중 10발은 점화 되지 않은 경우라고 했다. 서기 1829년 프랑스 정부가 같은 부싯돌 점화 방식 소총으로 실험을 해 본 결과에 의하면 15발에 단 1발씩 불발탄이 생겼었다.

8) 이 문제에 관한 표준연구는 장군참모부Gr. Generalstab가 간행한 《전쟁사 연구Kriegsgeschichte Einzelschriften》, 제28/30권(서기 1900년)으로 간행된 《서기 1745년~1756년의 평화기平和期 중 프리드리히 대왕에 의한 프로이센군의 전술훈련Die taktische Schulung der preussischen Armee durch König Friedrich den Grossen während der Friedenzeit 1745 bis 1756》이란 글이다.

9) 같은 글, 663쪽.

폰테노이Fontenoy 전투(서기 1745년) 당시 프랑스 경비대와 잉글랜드-하노버 경비대는 사격 없이 서로 50보까지 접근하면서 양측 장교들이 선제사격을 정중히 상대방에게 양보했다. 이때 잉글랜드 병사들이 먼저 사격했는데 이 사격이 너무 치명적이어서 프랑스 병사들은 거의 다 쓰러지고 나머지는 도주해 버렸다.

샤른호르스트Scharnhorst의 《전술론戰術論 Taktik》, 제178장에서는 병사들이 개별적으로 사격하는 일이 없도록 최대한 조심하고 언제나 일제사격을 하라고 가르치고 있다. 10명이 동시에 쓰러진 대대大隊는 50명이 이곳저곳에서 차례로 쓰러진 대대大隊보다 빨리 후퇴하는 법이기 때문이라는 것이다. 더욱이 일제사격을 하지 않고 마구 쏘아대는 병사들은 탄약포彈藥包/Patrone/cartridge를 낭비하고 결국 소총도 더 사용할 수 없는 상태로 만들게 될 것이라고 했다. 뿐만 아니라 점화點火 장치도 성능이 떨어지고 총강銃腔이 막혀서 탄약포를 밀어 넣으려면 억지로 밀어 넣어야 될 것이고 그 결과 장교들은 병사들을 통제할 수 없게 된다고 했다.

일제사격은 대대大隊 전체가 소대小隊 단위로 실시하게 했다. 3개 횡렬로 정렬한 대대大隊는 8개 소대小隊로 나뉘었다. 각 소대는 1, 3, 5, 7, 2, 4, 6, 8소대小隊 순으로 신속히 순서대로 일제사격을 실시해서 연속적인 파도타기 효과를 발휘케 했다. 이렇게 하면 적의 기병대는 돌진해 들어오면서 잠시도 소총사격을 피할 수 없게 된다는 것이었다. 그러나 이런 이상적 효과의 발휘는 훈련장에서나 가능한 일이었다. 로이드Lloyd에 의하면, 프리드리히 대왕 자신은 소대小隊 단위 순차 사격은 실제로 그것이 가능할 때나 최선의 방법이라고 말했던 것 같다.10) 베렌호르스트Berenhorst는 1차 일제사격만 규정대로 사격을 했을 것 같고 그것도 2개 또는 3개 소대小隊만 차례로 사격했을 것이라며11) 다음과 같이 말했다.

> 그런 다음에는 전체가 파도타기 사격을 했는데 탄약 장전裝塡이 끝난 병사는 누구나 방아쇠를 당겼다. 이때 종렬縱列 횡렬橫列 구분이 없었으며 선두 횡렬 병사들도 자신이 원해도 무릎을 꿇고 쏠 수가 없었다. 가장 계급이 낮은 장교로부터 장군들에 이르기까지 이 집단사격에 대해 아무것도 할 수 있는 일이 없었고 다만 이 집단이 결국 전진할 것인지 후퇴할 것인지만 기다리고 있어야 했다.

이 말은 베렌호르스트의 글에 흔히 보이는 전형적인 과장된 풍자諷刺 형태의 묘사이다. 그러나 이 말은 전투 시에는 훈련장에서의 정교함은 사라진다는 말로서는 옳은 설명이다.12)

---

10) 옌스Max Jähns, 《독일 군사학사軍事學史》, 제Ⅱ편, 2105쪽.

11) 《병법평론兵法評論. 그 발전과 모순 및 신뢰성 *Betrachtungen über die Kriegskunst, über ihre Fortschritte, ihre Widersprüche und ihre Zuverlässigkeit*》, 서기 1776년, 239~240쪽.

아마도 공격은 보병부대의 전투선戰鬪線 전체가 소대小隊 단위로 순차적으로 계속 사격을 이어가면서 전진하다가 마지막 순간에는 대검帶劍으로 적에게 접근하는 방식으로 진행되었을 것이지만 실제로 대검전투帶劍戰鬪까지 가지는 않았을 것이며 공격자가 실제 방어자에게까지 접근했다면 그 방어자는 이미 저항을 포기한 상태였을 것이다. 프리드리히 대왕은 적에게 가까이 접근하는 것이 자신에게 유리함을 병사들에게 인식시켜 주어야 하며 그럴 경우 적이 다시 싸우려 하지 않을 것임을 자신이 보장하겠다고 말한 적이 있다.13) 우리는 그의 이런 전술이 일반병사에게는 복종하는 일 외에 아무 할 일이 없다는 그의 군대의 특성과 완전히 일치한다는 것을 알 수 있다. 그의 군대에서 일반병사는 대형의 오른쪽, 왼쪽 및 뒤에 각 1명씩 따라가는 장교와 발을 맞추어 가다가 구령口令에 따라 일제사격을 했고 마지막에 대형 전체가 적의 진지로 몰려 들어가면 되었고 그때부터는 전투가 없을 것으로 알고 있었다. 그런 전술에서는 병사가 장교의 통제에 따르기만 하면 되고 병사의 적극적인 의지 같은 것에 의존할 필요가 없었고 따라서 매우 형편없는 자원이라도 군대에 입대 시켜 병사로 쓸 수 있었다.

당시에 일제사격이 얼마나 신속히 이루어질 수 있었는지에 관해서는 전설적인 개념들이 형성되어 왔다. 일례로 베른하르디von Bernhardi 장군의 《현대전투론現代戰鬪論 Vom heutigen Kriege》(서기 1912년)에서는 18세기 프로이센군은 1분 동안에 10회 사격했던 것으로 추정된다고 했다(제Ⅰ편, 22쪽). 그러나 이는 불가능한 일임이 너무 명백하다. 따라서 이는 개인의 사격 회수가 아니라 소대小隊들이 순차적으로 사격한 회수를 말한 것일 수도 있다는 즉, 같은 소대小隊가 1분에 10회를 사격한 것이 아니라 1개 대대大隊가 10회의 소대小隊 별 일제사격을 실시했던 것일 수도 있다는 의문이 제기되었다. 그러나 기록에서는 분명히 개인의 사격회수를 말하고 있고 1분에 10회 아니면 최소 8회는 사격할 수 있다고 했다. 하지만 7년 전쟁 기간 중에는 개인이 1분간 2~3회 구령口令에 따라서 일제사격에 참여했고 후일에도 가까스로 최대 4회까지 참여할 수 있었다(뒤의 부기附記 참고).

보병소총의 사거리는 짧았는데 약 300보步 정도로 볼 수 있을 것이다. 400보步 밖의 표적은 거의 맞출 수 없었다.14)

---

12) "서기 1745년~1756년의 평화기平和期 중 프리드리히 대왕에 의한 프로이센군의 전술훈련", 665쪽.

13) 리뉴Ligne 영주領主는 자신의 많은 전역戰役들 중 몽Mons 교전交戰(서기 1757년)에서만 꼭 한번 대검帶劍으로 서로 치고받은 일이 있다고 들었다고 했다. 베렌호르스트Berenhorst는 양측의 소총이 서로 마주 부닥치며 백병전白兵戰이 벌어진 경우는 전쟁사 어느 곳에서도 확인되지 않는다고 했다. 빌헬름Wilhelm Ⅰ세 황제 역시 병사들 훈련에서 대검帶劍 사용에 대해 관심을 두어 본 적이 없는데 대검을 실제로는 필요 없는 무기로 보았기 때문이다.

14) 샤른호르스트Scharnhorst의 《전술론戰術論 Taktik》, 제Ⅲ편, 273쪽에서는 수없는 실험의 결과 적의 기병대 전투선을 향해 1,000발을 쏠 때 100보步 거리에서 쏘면 403발, 300보步에서는 149발, 400보步에서는 65발이 명중했음을 알 수 있다고 했다. 조준훈련이 잘 된 1개 소대의 경우 그보다 약 2배의 명중률을

가장 어려운 문제는 이동 표적 사격이었고 이는 현재도 전초선前哨線이 확장됨에 따라 문제점으로 남아있다. 여러 소대들을 계속 전진하게 하면서 각 소대가 교대로 멈추어 사격하는 것이 이상적인 방법이었지만 실제 전투에서는 불가능한 방법이었다. 경험상 한번 사격을 위해 멈춘 부대는 다시 움직이기가 어렵다는 것을 알 수 있기 때문이다. 제2차 및 제3차 실레지아 전쟁 중간쯤에는 보병은 사격 없이 돌격하고 추격과 방어 때만 사격을 하는 것이 가장 좋은 방법이라는 개념이 형성되었다. 이때 공격준비 사격에는 가벼운 대대포大隊砲만 참여했고 포수砲手들이 대포를 끌고 보병부대를 따라갔다. 그러나 소총의 유효사거리有效射距離는 겨우 300보步였고 통상 200보步에서 – 오스트리아군의 경우는 사실 100보步에서15) – 사격을 시작했으므로 공격자가 그 정도로 가까이 접근했다면 사격을 위해 정지해서 적의 사격효과를 높여 주기보다 차라리 사격 없이 그대로 전진을 계속하는 것이 최선의 방법이 아니냐는 견해가 제기되었다. 프리드리히 대왕이 병법兵法을 주제로 한 시詩를 짓는데 많은 영감을 준 작센군 원수元帥의 《명상록暝想錄 Rêveries》에서는 사격 없이 계속 공격할 것을 제의했다. 드쏘Dessau 공公 모리츠Moritz/Maurice는 생전에 한번만이라도 "탄약 장전 없이 적에게 전진하라"는 명령을 왕으로부터 받아보았으면 좋겠다는 소원을 말한 적도 있고(서기 1748년) 곧 이어 7년 전쟁 초기에는 프리드리히 대왕도 사격 없이 공격하도록 했다. 그러나 장군참모부의 전사과戰史課/Kriegsgeschichtlichen Abteilung는 바로 이 때문에 게르만 보병의 전투방법에는 이제껏 없던 급격한 변화가 생겼고 결국 나쁜 결과가 생겼다는 견해를 제기했고, 《주간군사週刊軍事 Militär-Wochenblatt》는 이런 견해를 더욱 강력하게 제기했다(제40권, 서기 1900년, 1004쪽). 프리드리히 대왕이 그런 명령을 내렸던 것은 프라하Prag와 콜린Kollin에서 공포의 나날을 보낸 경험(역자 주: 뒤의 332쪽 참고) 때문에 어쩔 수 없이 범한 운명적 실수였다고 흔히 말하지만 같은 잡지, 제94권, 2131쪽에서 한 평론가는 이런 견해들을 부인하며 프리드리히는 공격 시에 너무 많은 사격을 하는 것을 금지했을 뿐이고 그의 말은 적절한 정도로 사격하라는 것이었다고 했다.16) 이 견해가 옳다. 이 평론가는 프리드리히는 최대한 사격을 제한하려고 했었지만 달리 전진할 방법이 없는 부대는 사격했을 것이라고 주장한다. 서기 1757년 로이텐Leuthen 전투(역자 주: 뒤의 271쪽 및 338쪽 이하 참고) 때는 다시 사격하며 공격했고 서기

보여주었다 했고 400보步 거리에서는 "명중률을 거의 따질 필요가 없다"고 했다. 물론 상대방이 보병일 경우 명중률이 훨씬 낮았다. 이 주제에 관해 더 알고 싶은 독자는 "서기 1745년~1756년의 평화기平和期 중 프리드리히 대왕에 의한 프로이센군의 전술훈련", 431쪽을 참고할 것. 피르트C. H. Firth의 《크롬웰의 군대Cromwell's Army》, 89쪽에서는 몇 종류의 확실한 사료에 의하면 16~17세기 소총의 사거리가 600보步라고 하는데 당시의 사거리가 18세기 소총의 사거리보다 컸을 가능성도 없지 않다고 했다.

15) 오스트리아의 서기 1759년 규정. 옌스, 《독일 군사학사軍事學史》, 제Ⅲ편, 2035쪽에서 재인용.

16) "서기 1745년~1756년의 평화기平和期 중 프리드리히 대왕에 의한 프로이센군의 전술훈련", 446쪽에서도 같은 말을 하고 있다.

1758년에 프리드리히는 사격 없이 공격한다는 개념을 직접 부인하기까지 했다. 결국 공격 시의 사격금지는 엄청난 전술변화는 아니었고 탄약보급 문제의 해결 전망이 불투명한 상황에서 임무수행을 위한 일시적 조치에 불과했을 뿐이다.

쓸 만한 사료기록에 의하면17) 프로이센군은 사격은 많이 했지만 이로써 그들이 적에게 입힌 피해가 그들 자신이 적의 사격으로 인해 입은 피해보다 크지는 않았을 것으로 볼 수 있다. 결국 프로이센군이 사격연습을 통해서 얻은 효과는 정확한 집체훈련과 분열행진分列行進/Parade=marsch에 의해 얻은 효과에 비하면 간접적인 효과였다. 즉 사격연습에서도 그들은 군기軍紀를 강화하고 질서 있고 견고한 전술 조직 유지를 중심으로 훈련했던 것이다.

보병의 방진方陣 대형이 종심縱深이 얕은 대형으로 바뀐 후는 단일 전투선戰鬪線은 내형이 쉽게 깨지거나 짐두 당할 수 있다는 것을 경험으로 알게 되었고 따라서 보병부대는 2개 전투선이 앞뒤로 정렬하는 즉, 2개 제대梯隊로 정렬하는 대형을 취했다. 우리는 제대대형梯隊隊形/Treffen-Ausstellung/echelon formation을 제2차 포에니Punischen/Punic 전쟁(역자 주: 이 책 제I편, 제V권 참고)의 산물로 알고 있다. 그리스-로마 고전시대의 제대대형과 근대의 제대대형은 기원과 발전은 다르고 두 경우에 무기도 달랐지만 이런 대형을 취한 이유와 목적은 같았다. 제2제대는 제자리에서는 무기를 쓸 수 없었지만 제1제대에 틈이 생기면 이를 메워주고,18) 취약한 곳을 지원하고, 측면기동을 실시하고 또 필요할 경우에는 적의 후방공격을 격퇴할 준비를 하고 있었다. 제1제대의 종심이 점점 얕아져 단지 3개 횡렬橫列의 대형이 되자 제2제대로부터 그런 지원이 더 필요해 졌고 필요할 때는 이들 뒤에 제3제대와 제4제대가 따르기도 했다. 제1제대와 달리 제2제대는 연속된 전투선으로 정렬할 필요는 없었으며 각 대대大隊 사이에 간격을 둘 수 있었으므로 부대 숫자가 적었다. 제1제대와 제2제대 간 거리는 150보步에서 500보까지 다양했다.19)

이런 대형은 측면이 매우 취약하며 이를 어느 정도라도 보호해 주기 위해서 제1제대와 제2제대 사이에 1개 대대大隊를 측면을 보게 배치했었기 때문에 대형 전체의 모습은 긴 직사각형 형태가 되었다.

---

17) 장군참모부Gr. Generalstab, 《전쟁사 연구*Kriegsgeschichte Einzelschriften*》, 제27권, 380쪽.

18) "공격을 대기 중인 측익에 3개 제대梯隊가 있게 될 것이다. 제1제대의 대대大隊가 격파되거나 격퇴되면 그 바로 뒤에 서 있는 제2제대는 즉시 제1제대로 들어가야 하며 제3제대에 있는 대대大隊는 제2제대가 있던 자리로 가야 한다. 그렇게 해야만 격파되거나 격퇴된 대대大隊가 다시 질서 있게 정렬해서 다른 대대大隊들과 함께 전진할 수 있게 된다." "쪼른도르프 전투 당시의 작전계획Disposition für Schlacht bei Zorndorf"(헨켈Henkel 대공大公, 《군사문제 유고遺稿 *Militärischer Nachlass*》, 제II편), 79쪽.

19) 몬테쿠콜리Montecuccoli, 《전집全集 *Gesammelte Schriften*》, 제II편, 350쪽. 서기 1759년의 오스트리아군 야전규정에서는 500보로 규정했다(옌스, 《독일 군사학사軍事學史》, 제III편, 2035쪽에서 재인용). 서기 1726년의 《프로이센 왕국 보병부대 규정*Reglement vor die Königliche Preussische Infanterie*》, 제XX권, 제1조에는 "누구도 그렇게 멀리서 소총탄을 쏠 수는 없는…" 거리라고 했다.

대형의 종심縱深이 얕아질수록 정면의 길이는 더 길어졌다. 이런 대형은 특히 공격자가 포위기동에 성공했을 경우 무기의 효율적 사용에는 크게 유리했지만 그렇게 되기는 아주 힘들었다. 집단이 어느 정도 커지면 평평한 훈련장에서도 긴 정면으로 정렬하기가 힘들지만 이들이 전투선戰鬪線을 유지하면서 대형을 흩뜨리지 않고 전진한다는 것은 그것도 지형이 평평하지 못한 곳이라면 매우 노련한 지도자들이 지휘하는 잘 훈련된 병력이 아니면 불가능한 일이었다. 로이드Lloyd는 견고한 전투대형으로 1Km 남짓 전진하는 데 여러 시간이 걸릴 때도 있었다고 했고 보엔Boyen의 비망록備忘錄에서는 자신의 경험에 의하면 전투 당일 선형線型으로 전개한 대대大隊는 질서 있게 이동하는 경우가 거의 없었다고 했다. 혼잡한 상황에서는 지휘관 구령口令이 먼 곳에서는 들리지 않았다. 호에에르J. G. Hoyer는 그의 《병법사兵法史 Geschichte der Kriegskunst》(서기 1797년)에서 다음과 같이 말했다.

이런 긴 전투선으로 정렬하는 것은 쉽지 않았고 특히 종대縱隊로 전진하다가 이런 전투선으로 정렬할 수는 없었으므로 아주 현명한 전술가戰術家들은 두 가지 대형을 시험해 보았다. 그들은 힘든 실험 끝에 한 부대가 여러 종대로 나뉘어 전진 후퇴가 모두 가능하도록 이동하다 돌격 때만 1개 또는 2개의 전투선으로 정렬한다는 것이 얼마나 어려운 일인지를 확인했다. 이런 기동을 하려면 그들이 아직 경험해 보지 못한 유연한 부대가 필요했다.

그들은 전통적인 훈련도 계속해 가면서 더 빠르고 융통성 있는 부대로 새롭고 세련된 대형을 갖추려고 끊임없이 노력했다. 왕 자신과 장군들 그리고 프로이센 군에서 복무하는 브라운슈바이크Braunschweig와 안할트Anhalt의 영주領主들과 전 장교단將校團이 모두 열의熱意가 가득했었다. 이런 창조적 활동의 가장 큰 성과는 사선斜線 전투대형schräge Schlachtordnung이었다.20)

원래 종심縱深이 깊었던 보병부대의 대형이 화력火力의 효과적인 이용을 위해서 종심이 얕은 대형으로 계속 변형됨에 따라서 질서 있는 이동이 너무 어려울 뿐 아니라 측면 또는 측익側翼의 중요성이 더욱 커진 대형을 취하게 되었다. 방진方陣

---

20) 장군참모부의 《장군참모부 전집全集 Generalstabswerk》과 《전쟁사 연구Kriegsgeschichte Einzelschriften》, 제27권, 및 제28/30권에는 이 문제에 관한 매우 가치 있는 새로운 자료가 수록되어 있지만 이 자료는 사선斜線 전투대형을 너무 좁게 잘못 묘사하고 있다. 슈나켄부르크Schnackenburg 중령中領은 《육해군연보陸海軍年報 Jajrbücher für Armee und Marine》, 제116권, 제2호(서기 1900년)에서 이 자료의 내용을 부인했다. 헤르만Otto Hermann은 《브란덴부르크-프로이센 연구 Brandenburgisch-Preussische Forschungen》, 제5권(서기 1892년), 459쪽 이하에서 이미 정확한 개념의 기초를 발견했으며 카이벨Rudolf Keibel은 같은 잡지, 제14권(서기 1901년), 95쪽 이하에 게재한 그의 탁월한 글을 통해 모든 문제를 일시에 완전히 해결해 놓았다. 그의 글은 뛰어난 사료분석을 기초로 완벽하고도 합리적으로 작성된 본보기가 될 만한 글이다. 야니Jany는 장군참모부의 개념을 옹호하기 위한 마지막 글을 《호헨쫄레른 연보年報 Hohenzollern-Jahrbuch》(서기 1911년)에 게재했지만 헤르만Otto Hermann은 《브란덴부르크-프로이센 연구》, 제27권(서기 1914년), 555쪽 이하에서 그의 견해를 부인했다.

대형은 정면과 측면의 강도强度가 같다. 그러나 선형대형線形隊形은 종심이 얕아질수록 측면이 약화되고 정면이 길어질수록 측익이 더 중요해 진다. 직접적인 정면공격보다 측익 또는 측면에서 공격함으로써 승부를 결정해 보려고 하는 아이디어가 등장하는 것은 바로 이 때문이다.

이미 30년 전쟁 중에 결전決戰을 위해 정렬하는 군대가 어떤 종류이건 지형을 이용해서 자신의 측면을 보호하려 했던 것도(서기 1620년 바이쎈 베르게Weissen Berge 전투) 〈역자 주: 앞의 193쪽 참고〉 이런 이유 때문이었다.21)

스페인 왕위계승 전쟁(역자 주: 서기1701년~1713년)에서도 측익전투Flügelschlacht가 보인다. 전투선戰鬪線 전체가 동시에 공격하지 않고 한 측익에는 소규모 부대를 배치해 전진을 억제시켜 놓고 반대 측익 즉, 강한 측익으로 상대방 전투선의 맞은 편 측익을 쏘위해 제압하려 했었다. 페스테트Föchstädt 전투도 이런 방식으로 싸울 계획이었던 것 같지만 실제로는 전혀 그러지 못했다. 라밀리에Ramillies 전투와 투린Turin 전투 모두 측익전투였지만 계획 자체가 아니라 특이한 지형조건 때문에 그렇게 되었다. 말프라케트Malplaquet 전투 때는 완전한 측면전투를 계획했었지만 몇 가지의 실수 때문에 실제로는 그렇게 되지 못했다.

이 새로운 문제는 이론상으로도 다루기 지기 시작했다. 과거에는 이 문제의 연구를 그리스-로마 고전시대의 연구로부터 접근해서 그 시대에 계속 발전시켜 나갔었다. 그들은 언제나 에파미논다스Epaminondas의 사선斜線 전투대형(역자 주: 이 책 제I편, 제II권, 제VI장 참고)을 기억하고 있었고 다음과 같은 베게티우스Vegez/Vegetius(역자 주: 이 책 제II편, 제I권, 제IX장 참고)의 말도 기억하고 있었다.

적과 충돌할 때 우리의 좌익을 적의 우익으로부터 투사무기投射武器의 사거리 밖에 물러나 있게 한다. 정예 보병 및 기병으로 편성된 우리 우익이 적의 좌익에 접근한 후 백병전白兵戰을 벌이며 적을 후방에서 공격하기 위해 돌파하거나 포위한다. 좌익과 우익의 역할을 바꿀 수도 있다.

보다 현대에 이 문제를 다룬 최초의 이론가는 공리공론가空理空論家에 그쳤었던 프로이센의 알브레크트 영주領主22)를 제외하면 몬테쿠콜리Montecuccoli일 것이다. 그가 서기 1653년에 쓴 《병법론兵法論 Von der Kriegskunst》(서기 1736년에는 독일어 번역본도 나왔다. 그의 《전집全集 Gesammelte Shriften》, 제II편, 68쪽)에서는 "정예 병력을 측면에

---

21) 몬테쿠콜리Montecuccoli는 니오이포르트Nieuport 전투(역자 주: 앞의 161쪽 참고)와 브라이텐 평원Breitenfelf 전투(역자 주: 앞의 200쪽 참고) 그리고 알터하임Alterheim 전투도 역시 측익전투Flügelschlacht였다고 한다 (《전집全集 Gesammelte Shriften》, 제II편, 581쪽). 브라이텐 평원 전투는 계획적인 것은 아니었지만 실제 측익전투가 되었다.
22) 엔스, 《독일 군사학사軍事學史》, 제I편, 520쪽 및 522쪽 참고.

배치한 후 이 강한 쪽에서부터 전투를 시작하고 약한 쪽은 적을 제자리에 잡아 놓아야 한다"는 법칙을 제시했다. 유사한 생각이 그의 다른 글에도 보인다(《전집全集》, 제Ⅱ편, 352쪽).

케베르휠러Kheverhüller는 《모든 군사작전에 관한 단상短想 Kurtzer Begriff aller militärisvher Operationen》(서기 1736년)에서 "정예 병력을 측익에 배치하고, 자신이 강한 쪽부터 적과 접촉하며, 약한 쪽은 늦게 공격하되 전초전만 벌이거나 유리한 지형을 이용해 공격한다"고 했는데 이는 몬테쿠콜리의 생각에 기초한 것임이 분명하다.

프리드리히 대왕은 폴리비우스Polyb/Polybius의 《역사Historiai》에 대한 프랑스인 폴라르Folard의 주석서註釋書를 축약해서 자신의 견해를 서문序文으로 첨부해서 책자로 발간한 적이 있는데 폴라르는 이 주석서를 내놓기 전에 출간한 《전투에서 새로운 발견Nouvelles découvertes sur la guerre》이란 글에서 류트라Leuctra 전투와 만티네아Mantinea 전투를 매우 상세히 다루면서 사선斜線 전투대형의 장점을 지적하고 에파미논다스의 천재성을 극찬했다(제Ⅱ부, 제Ⅶ장).

프리드리히는 폴라르보다는 또 다른 프랑스인 퐤끼에레Feuquières로부터 더 많은 것을 배웠고 그의 글 중 적지 않은 부분을 자신의 지침서에 문자 그대로 옮겨 놓았다. 그러나 필자가 알고 있는 한 퐤끼에레는 사선斜線 전투대형을 말한 적이 없다. 결국 프리드리히가 왕위王位에 올랐을 때는 사선斜線 전투대형의 개념이 이미 존재했고 실전實戰에 응용되고 있었던 것이다. 그러나 이에 관한 이론이 아직은 충분히 발전되고 전파되어 있지 않았고 실전實戰에서 몇 차례 시도되기는 했지만 큰 성과를 거두지는 못하고 있었다. 그러나 생각이 있는 군인들은 사선斜線 전투대형을 흔히 논의하고 있었을 것이 분명하다. 이는 이미 유행하던 개념이었다. 바로 이 시기에 프랑스의 늙은 퓌세구Puységur 원수元帥(서기 1743년 사망)는 자신의 대작大作인 《병법兵法 Art de la Guerre》을 완성하려고 마지막 노력을 기울이고 있었는데 이 책은 집필은 거의 반세기 전에 시작되었지만 결국 그의 아들에 의해 서기 1748년에야 출간되었다. 이 책에서는 사선斜線 전투대형("오드르 오브리끄ordre oblique")을 분명히 그리고 자세히 논하고 있다(서기 1748년 초판初版: 제Ⅰ편, 161쪽 이하; 제Ⅱ편, 45쪽 이하; 부록 Ⅱ, 234쪽). 그때까지 나온 전쟁사戰爭史에 관한 저술著述들을 자신이 빠짐없이 읽었다고 말한 적이 있는 프리드리히 대왕은 첫 전쟁에 나설 때 이미 사선斜線 전투대형에 대한 개념을 갖고 있었음이 틀림없다. 우리는 몰비츠Mollwitz 전투(역자 주: 뒤의 316쪽 참고) 때 프리드리히가 좌익보다 우익을 특히 중포병重砲兵을 배치해서 강화했었음을 알 수 있고 이때 좌익은, 그 자신의 표현에 의하면, "전진을 억제했었다versagt/refused."23) 그러나 이 몰비츠 전투는 완전한 측익 전투Flügelschlacht는 아니었다. 마지막 승부를 먼저 전진한 우익이 아니라 피해를 별로 입지 않고 있다 나중 전진한 좌익이 결정했기 때문이다. 이 전투 때 프로이센군의 사선斜線 공격을 사선斜線 전투대형 공격이 아닌 우연한 일로 보는 것이 보통이다. 필자도 오래 그렇게 해석하려 했었다. 그러나 헤르만Otto Hermann와 카이벨Keibel의 연구를 자세히 검토해 본 결과 필자는 그렇지 않다는 결론에 도달했다. 몰비츠 전투 이후로는 사선斜線 전투대형이라는 개념이 모든 전투대형을 완전히 지배했고 프리드리히의 결전決戰들을 보면 모든 전투대형이 그렇기 때문이다.

하지만 이 개념을 실전實戰에 적용할 수 있었던 것은 프리드리히 대왕의 전술적인 창조성을 매우 잘 보여주는 요소이다. 이 개념은 이론상으로나 실제로나 이미 존재하고 있었지만 실질적 성과는 아직 없었던 개념이다. 이 개념은 매우 간단하고 오래된 개념이었지만 실전에서의 적용이 어려웠던 개념이다.

한 측익을 다른 측익보나 상화시키는 것은 단순한 일이다. 그러나 적이 이를 눈치 채면 동일한 조치를 취하거나 공격자의 약한 측익을 노리게 된다. 사선斜線 전투대형이 성공하려면 공격측익攻擊側翼/Angriffsflügel이 적을 완전히 포위해야 하지만 적은 자신의 측익을 내주지 않으려 하고 상대방의 접근방향을 최대한 마주 보고 정렬하려 한다. 이때 공격자는 큰 선회旋回 기동을 해야 하며 그러려면 적이 보는 앞에서 측면을 노출시키면서 전진방향을 바꾸어야 한다. 그러나 그렇게 한다는 것은 전투선戰鬪線 전체가 가급적 끊긴 곳이 없어야 한다는 그 당시 기본 전술戰術로 볼 때 매우 어려운 일이다.24) 퓌세구Puységur는 과거 대대大隊들이 장기판 위의 말들 같이 간격을 두고 정렬했지만 이로 인해 패한 큰 전투들이 많았고 이는 그 간격 때문에 대대大隊들이 개별적으로 포위당했기 때문이라고 말한 적이 있다.25)

퓌세구Puységur는 이 때문에 그들은 간격을 더 좁혔으며 대대大隊와 기병중대들이 전혀 간격 없이 정렬한 대형이 가장 강한 대형이었다고 했다. 프리드리히 대왕 시대에는 누구나 그렇게 했다. 그는 결국 정면에 끊긴 곳이 없게 진진하기 위해 가능하면 기병대와 포병부대로 적을 사선斜線으로 포위했던 것이다.26)

---

23) 헤르만Otto Hermann의 글(《브란덴부르크-프로이센 연구》, 제27권, 서기 1914년), 464쪽을 참고할 것.

24) 클라우제비츠Clausewitz의 "7년 전쟁"(《전집全集 Werke》, 제Ⅹ편, 56쪽 이하)에서는 "그 시대의 편견과 제도에 의하면, 40,000명 또는 50,000명의 병력이 사전에 정면에 틈이 없는 전투대형으로 정렬하지 않으면 싸울 수 없었다"고 했다. 그러나 그가 "편견"이란 표현을 쓰면서 그런 관행을 비난한 것은 정당하지 못하다. 그런 관행은 당연한 이치에 따른 자연적인 것이었을 뿐이다. 전투선의 종심縱深이 극히 얕았으므로 대형이 끊어지지 않게 했어야 했다. 간격을 두게 되면 적이 침투할 수 있는 매우 위험한 부분이 될 것이다.

25) 옌스, 《독일 군사학사軍事學史》, 제Ⅱ편, 1521쪽.

26) 프리드리히 스스로 《전쟁의 일반원칙General-Prinzipien vom Kriege》에서 "나의 사선斜線 전투대형"에 대해 다음과 같이 말했다(제22조, 7항).

우리가 한쪽 측익을 적에게서 뒤로 물려두고 공격할 측익을 강화해서, 이 측익에 우리의 모든 역량을 집중시켜 적의 그쪽 측익을 공격하면, 그쪽 측익을 공격 받은 100,000명의 군대가 30,000명 군대에게 격파되었는데, 이는 그쪽 측익에서 승부가 빨리 결정되었기 때문이다.

단순한 사선斜線 대형 자체는 물론 아무 장점도 없고 공격측익攻擊側翼/Angriffsflügel을 강화하고 전진을 억제한 측익versagte Flügel이 굳게 버티면서 적의 큰 병력 쪽을 제자리에 잡아두어야 장점이 생기는 것이다. 적보다 우세한 병력이 사선斜線으로 접적기동接敵機動을 하면 전투선戰鬪線 전체가 매우 빨리 전진하게 되므로 적은 아무런 대응도 할 수 없게 되어 기습공격 효과를 발휘하게 된다. 사선斜線 전투대형은 적의 정면을 휘돌아서 포위에 성공했을 때 가장 큰 효과를 발휘한다.

장군참모부Gr. Generalstab의 이론에 의하면 사선斜線 전투대형은 보병에 한정된 대형이며 정면에 틈이 생기지 않게 해야 한다고 했다. 또 프리드리히 대왕은 제2차 실레지아 전쟁이 끝나고 제3차 실레지아 전쟁을 시작하기 전 비로소 이 대형을 생각해 낸 것 같다고 했다. 또한 이 이론에 의하면 사선斜線 전투대형은 측면전투 또는 측익전투Flügelschlacht의 완전히 특수한 하위 형식으로 양자는 확연히 구분된다. 우리는 이렇게 용어를 구분하는 것을 원칙상 부인할 수는 없지만 이런 엄격한 구분은 실제와 다르며 실전實戰에 적용할 수도 없다. 현실적으로나 역사적으로나 그 경계선은 유동적이며 기병대나 포병부대도 역시 여기에서 제외될 수 없다.27) 따라서 필자는 사선斜線 전투대형은 측익전투의 특별 형식이며 전투선戰鬪線 전체가 단일 정면이 되고 간격을 최대한 좁히거나 아예 없애는 대형이라고만 정의하고 싶다. 측익전투의 핵심적 요소는 한 측익이 전진할 때 다른 측익은 전진을 억제하고 강화된 공격측익이 가능하면 적의 정면을 측면 또는 후방에서 타격하는 것이다. 이런 측익전투의 특징은 결국 그 하위 형식인 사선斜線 전투대형에도 적용된다. 사선斜線 전투대형은 그 시대의 기본전술에 따른 측익전투의 한 하위 형식이며 그 내적 논리에 따라 시대에 맞추어 성장한다. 공격측익攻擊側翼/Angriffsflügel을 보강하는 방법으로는 제1제대梯隊 앞에 전위제대前衛梯隊/vortreffen를 내보내거나(이를 "습격襲擊/Attacke"이라고 했다) 뒤에 예비대를 따르게 하거나 기병대와 포병부대로 보병부대를 보강하는 등 여러 방법이 있을 수 있다.

우리는 군대를 단순한 선형線形으로 전개시키는 것도 결코 당연한 것이 아니라 병법兵法의 전술적 응용의 일종임을 알고 있지만 사선斜線 전투대형은 더더욱 그렇다고 할 수 있다. 프리드리히 대왕은 처음에는 단지 한 측익에게 다른 측익보다 빨리 전진하라고만 명령했었다. 그러나 이런 조치만으로는 물론 아무런 성과도 없었다. 그렇게 했을 때 정면에 틈이 생기지 않을 수 없었고 대대 지휘관들이 이 틈을 메우려 하면 대형 전체가 질서를 잃고 말았다. 서기 1746년부터 1756년

---

27) 프리드리히는 틈이 없는 보병부대의 전투선을 엄격히 유지하지 못했고 오히려 상황에 따라 필요한 조치를 취했었다. 헤르만Otto Hermann은 프라하Prag 전투와 콜린Kollin 전투에서 이를 확인했다(《브란덴부르크-프로이센 연구》, 제26권, 499쪽 및 513쪽의 각주脚註).

까지 10년에 걸쳐 프리드리히 대왕은 사선斜線 전투대형의 개념을 실행에 옮기는 데 가장 적합한 형식을 발견해 보려고 이론상으로나 현실적으로나 지칠 줄 모르는 정열을 쏟았었다.28) 그는 자신의 사선斜線 전개展開/schrägen Aufmarsch 완성을 위해서 8가지 이상의 다른 방식들을 하나하나씩 생각해 내며 시험해 보았다. 결국 그에게는 제대형梯隊型 공격攻擊/Angriff in Echelons이 최선의 방법으로 보였다.

서기 1806년에는 대대大隊들이 동시에 나란히 정렬하지 않고 계단과 같은 모습으로 하나씩 사선斜線으로 정렬해 공격하는 제대형 공격 방법이 개발되어 열심히 연습했었다. 그러나 아무리 연습해 보아도 채 몇 분도 안 되는 시간차를 두고 연이어 전진한 대대大隊들이 처음 공격을 시작한 측익 대대와 같은 전투선戰鬪線에 얼마 안 있어 함께 서 있게 될 뿐이었다. 어느 정도 본래 개념대로 사선斜線 전투대형으로 제대형 공격을 시도했던 유일한 전투는 서기 1757년 로이텐Leuthen 전투(역자 주: 뒤의 338쪽 이하 참고)지만 이 전투에서 승부를 결정한 것은 제대형 공격이 아니라 프리드리히 대왕이 접적기동接敵機動 중에 방향을 오스트리아군 좌익 쪽으로 그들이 눈치 채지 못하게 바꾸는데 성공했기 때문이었다. 그는 접적기동 때 측익기동flügelweisen Anmarsch을 하다가 이를 제대기동treffenweisen Anmarsch으로 바꾸었다. 다시 말하자면 프로이센군은 1개 종대를 전위제대前衛梯隊/vortreffen로 앞세우고 4개 종대縱隊를 2개 제대로 나누어서 전진하다 소대小隊 단위로 오른쪽으로 약간씩 방향을 바꾸어 적의 정면을 비켜가면서 0,5마일(약 3.5km)쯤 전진해서 오스트리아군 좌익의 가장 끝 쪽 앞에까지 갔다(역자 주: 이 기동이 측익기동이다). 서로 충분한 간격을 유지하고 있던 소대小隊들은 그곳에 도착한 후 다시 약간씩 방향을 틀어 전투선을 만들었다.29) 그들은 이런 식으로 다시 전위제대를 포함한 3개 제대로 정렬했고 후사르Husar(경기병輕騎兵)들이 그들 뒤에서 제4제대로 정렬했다(역자 주: 이때의 기동이 제대기동이다). 그들은 이런 대형으로 오스트리아군 좌익을 포위는 하지 않고 그대로 공격했는데 4개 제대의 종심縱深 때문에 상대방보다 병력수에서도 우위를 차지할 수 있었다. 이때 모든 대대大隊가 완전히 동시에 공격했을 뿐 아니라 제대형梯隊型으로 공격했다는 말은 특별히 큰 의미는 없고 프리드리히 자신도 무심코

---

28) 장군참모부는 이때의 프리드리히의 작업을 세밀히 평가하고 추적해 보기는 했지만 사선斜線 전투대형의 출발점을 이 10년 동안의 기간으로 보고 정면에 끊어진 곳이 없는 보병대형을 사선斜線 전투대형의 본질로 보는 오류를 범하게 되었다. 그러나 장군참모부 자체의 문헌들을 보아도 이렇게 제한적으로 보는 것을 모두 지지하고 있지는 않다. 장군참모부의 연구는 결국 내적 모순에 빠진 것이다. 그들이 내린 결론은 같은 장군참모부 내의 역사과歷史課/Historischen Abteilung 과장 타이센Taysen이 개인적으로 내린 결론과도 모순되며 프리드리히 대왕의 작업을 제대로 이해하지 못한 것이다.

29) 이때의 접적기동을 템펠호프Tempelhof는 다음과 같이 묘사했다.

　　이보다 더 멋진 모습은 없었다. 각 종대縱隊의 선두들은 계속 나란히 가다가 전개展開에 필요한 간격으로 서로 떨어졌다. 소대小隊들은 마치 분열分列 행진을 하듯이 정확한 간격을 유지했다.

한 말이다.30) 프로이센군의 정면이 공격 순간 오스트리아군 앞에서 취한 사선斜線 전투대형은 대대大隊들의 축차逐次 공격으로 약간 길이가 늘어났을 것으로 볼 수 있다. 이때 적을 제압할 수 있었던 것은 오스트리아군 좌익만을 향해 방향을 바꾼 짧고 압축된 대형이었고 정면이 1마일(약 7.5km)쯤 되던 오스트리아군 대형의 우익과는 전혀 접촉이 없었다. 오스트리아군 좌익은 우익에서 보강해 주기 전 격퇴되었다. 오스트리아군은 60,000명 이상이었고 프로이센군은 40,000명에 불과했지만 전투의 결정적인 단계에서는 프로이센군이 수적 우위를 차지했다.

결국 그들에게 중요했던 요소는 제대형 공격이나 전투의 사선斜線 진행schräge Ansetzung이 아니라 전술훈련taktische Uebung 자체였다. 프로이센군 지휘관이 적의 정면을 비켜서 아주 질서 있게 군대를 이동시켜 적의 측익으로 접근하거나 기회만 있으면 적이 공세로 전환해서 방해하기 전에 그 측익을 재빨리 포위할 수 있게 해 주었던 유연성이 그들에게는 중요한 요소였다.

이와 유사한 생각을 상대방도 전혀 몰랐던 것은 아니다. 일례로 이 로이텐Leuthen 전투와 대조되는 로쓰바흐Rossbach 전투(역자 주: 뒤의 338쪽 참고) 때는 힐드부르크하우젠Hildburghausen과 수비제Soubise가 프로이센군 측면으로 휘돌려고 했었다. 그러나 그들이 전진하는 동안 이미 전개해 있던 프로이센군이 먼저 공격을 시작해 그들의 행군종대들을 덮쳐서 자신들은 아무 손실 없이 상대방을 완전히 제압했다. 만약 로이텐 전투 때 오스트리아군이 방어진지에서 그대로 있지 않고 행군 중인 프로이센군을 적시에 그렇게 공격했다면 분명 그들이 승리할 수 있었을 것이다.

30년 전쟁부터 스페인 왕위계승 전쟁까지는 보병전투가 매우 치열한 일련의 산발적인 국지전局地戰/Örtlichkeits=Gefecht으로 변한 경우가 아주 흔했다. 그러나 훈련이 가혹해지고 전술부대 개념이 끊임없이 강조되면서 전투의 성격도 역시 변했다. 지역 쟁탈전Kampf um örtlichkeit은 전술조직戰術組織이 깨진다는 이유로 가급적이면 회피되었다. 훼프너Höpfner 장군은 《서기 1806년 전투의 역사Geschichte des Krieges von 1806》에서 다음과 같이 프리드리히 대왕의 전술을 정확하게 묘사했다(480쪽).

---

30) 이때 공격이 제대형 공격이 된 이유를 프리드리히는 이 대형 때문에 좌익에게는 전투를 시작하라는 명령을 특별히 내릴 필요가 없었다고 했다. 각 대대大隊 간 간격은 50보步 즉, 1분 내에 도달할 수 있는 거리였지만 우익 최선두와 좌익 최후미 간 거리는 1,000보 즉, 10~15분 정도의 행군거리였다.
디트리히Dietrich von Bülow도 이 전투에 승리를 안겨 준 것은 제대梯隊들 때문이 아님을 인정했다 한다(엔스, 《독일 군사학사》, 제Ⅲ편, 2139쪽). 요킴Jochim 소령少領은 《장군참모부 전집全集 Generalstabswerk》, 26쪽의 말과 달리 각 제대梯隊는 대대大隊가 아닌 여단旅團(5개 대대大隊)이었다고 주장한다("프리드리히 대왕의 군사문제 유훈遺訓 Das Militärische Testament des Grossen Königs"(《주간군사週刊軍事 Militär-Wochenblatt》, 제7권, 서기 1914년, 부록). 그는 사선斜線 전투대형을 전투대형과 전혀 무관한 이동대형으로서 "엄호물이 없는 개활지를 전진하기 위한 편법"에 불과했던 것으로 보면서 그 중요성에 대한 전통적인 과대평가를 부인한다. 헨켈Henckel Donnersmarck 대공大公의 《군사문제 유고遺稿 Militärischer Nachlass》, 제Ⅱ편, 78쪽 이하에 수록된 "쪼른도르프Zorndorf 전투의 작전계획"에서는 각 제대梯隊가 2개 대대大隊로 구성되어 있었다고 한다.

이런 전술에서는 제1격擊에 승부가 나는 지에 따라 모든 것이 달려있었다. 집단 전체가 횡대橫隊로 전진하다 몇 개 대대大隊가 일제사격Salve을 퍼부은 다음 대검帶劍으로 싸웠다. 이렇게 해서 이루지 못한 일은 결국 이룰 수 없었다. 프리드리히 대왕은 단 한 번의 기동으로 전 병력을 전투의 심연深淵에 밀어 넣은 것을 보면 이런 전투방법의 결정적 요소를 알고 있었음이 분명하다. 그러나 그는 한 측익의 전진을 억제시켜 제대형 공격을 하는 것 외에 다른 해독약解毒藥은 몰랐었고 필요한 때를 위해서 그의 병력 중 적어도 일부는 늘 대기상태로 유지하고 있었다. 그러나 이 병력은 극약極藥과 같은 병력은 아니었고 제1격에 제압되지 않은 적에게 쓰려는 병력으로서 얼마 후면 전 병력과 함께 평행전투Parallelgefecht에 투입될 병력이었다.

엄격한 구분은 물론 불가능하다. 프리드리히 때도 언제나 제1격에 모든 것이 끝나지는 않았고 때로는 전투가 꽤 오래 이어졌다. 그러나 사보아Savoyen/Savoy의 오이겐Eugen/Eugene과 영국의 말보로Marlborough 때는(역자 주: 다음의 제V장, 스페인 왕위계승 전쟁 참고) 일반적 전투양상이 프리드리히의 전투보다 나폴레옹의 전투와 비슷했고 지휘관이나 부대나 더 자유롭게 기동했다. 프리드리히 당시 군대가 단일한 전투방법만 고집하고 유연한 전투를 수행하기 어려웠던 것은 바로 프로이센 훈련장에서 실시된 고정된 방식의 기동과 작전 체계에 대한 반복적인 훈련 때문이었다.

프로이센군은 선형전술線形戰術/Linear=Taktik의 효율성을 극대화 시켰지만 이에 따른 본질적인 취약점을 줄이지는 못했으며 오히려 증가시켰다. 그들은 잘 정렬된 대대大隊들로 일제사격을 중시했었지만 불규칙한 지형에서는 늘 질서가 무너졌었고 마을이나 숲에서는 싸울 수 없었다. 상황이 더욱 어려웠던 것은 오스트리아군에게는 병력이 분산될 경우 싸우는 법을 잘 아는 자연의 아들들인 매우 유용한 크로아티아Kroat/Croitia 출신 경보병輕步兵들이 있었던 점이다. 이들 같이 엄폐된 신시에서 사격 하는 비정규非正規 병력들에게는 프로이센군의 일제사격도 별 효과가 없었다. 로보시츠Lowositz 전투와 콜린Kollin 전투에서는 전투가 지연되자 그들이 중요한 역할을 했다. 프로이센군이 로이텐Leuthen 전투에서 승리했던 것은 당시에는 분명히 오스트리아군에 이런 병력이 없었다는 사실 때문이기도 할 것이다.

프리드리히는 7년 전쟁 초기에 경보병으로 자유대대自由大隊/Freibataillone를 편성했고 전쟁 말기에는 26개 대대로 늘였다. 그러나 이들은 크로아티아 경보병과 판두르pandur/pandour 경보병의 상대가 안 됐다. 오스트리아 마리아 테레지아Maria Theresia/Theresa(역자 주: 오스트리아의 대공 겸 헝가리 및 보헤미아 여왕으로 게르만 제국 프란쯔 I세의 아내였음)는 반야만半野蠻 생활을 하며 투르크Türk/Turk족과 늘 싸우던 변경지대 주민 중 전사戰士

자질이 있는 이런 자원을 찾아냈지만 프리드리히에게는 그런 자원이 없었다. 그는 오스트리아군의 훈련되지 않은 이런 무리들이 게릴라 전투로 오스트리아군의 이동을 엄호하고 프로이센군의 이동을 관측해 가며 피해를 입히고 있다고 여러 차례 불평한 적이 있다. 사료에는 프로이센군 자유대대가 한 일에 대한 기록이 아주 빈약하고 내용도 불명확하다. 이 부대들이 때로는 성공적으로 기동했다는 기록도 있지만 프리드리히는 이들을 중요시하지 않았다. 서기 1779년 5월 24일 그가 타우엔치엔Tauentzien 장군에게 보낸 서신에 자유대대 장교들은 "대개 꾀죄죄하고 형편없는 자원"이라고 말한 구절이 있다. 그에게는 이 부대들이 없앨 수도 없는 골칫덩이였을 뿐이라고 볼 수 있다. 프리드리히도 그들의 특성을 잘 알지 못했고 그들의 특성을 활용할 훈련도 실시하지 않은 결과 그들은 더더욱 별 업적을 남길 수 없었다. 그들 같은 병력이 전투에서 어떤 역할을 하려면 크로아티아 병사나 판두르 병사나 코사크Kosak/ Cossack 병사들 같이 호전성이 강하든지 의지가 매우 강해야 하므로 그들을 활용하기 전 체계적 훈련으로 그들에게 강한 의지를 심어주어야 했을 것이다. 그러나 프로이센 장교단將校團에는 그런 훈련을 생각할 여유가 없었다. 브라운슈바이크Braunschweig의 페르디난트Ferdinand 같은 사람은 판두르 병사나 크로아티아 병사들에 대해 그들은 "늘 도둑이나 강도 같이 나무 뒤에 몸을 숨기며 용감한 병사 같이 개활지에 자신의 모습을 보이는 일이 결코 없다"고 했다.31) 프리드리히의 생각 역시 크게 다르지 않았다. 그런 그가 과연 자신의 군대에 이런 한심한 정신을 지닌 집단을 체계적으로 발전시키려 했을까? 그러나 그들이 없으면 안 되었으므로 괴물 같은 자유대대들이 등장한 것이다.

프로이센 자유대대는 자원이 전투선대대戰鬪線大隊/Linien-Bataailloneemf보다 훨씬 못했다. 내국인은 없고 방랑자放浪者/Abenteurers, 탈영병, 부랑자浮浪者/Bagabunden뿐이었는데 이들과 정규보병의 차이는 군기軍紀가 없다는 점뿐이다. 병사들을 억압하면 정렬된 대형에서 각자 할 일을 가르칠 수 있지만 산병전散兵戰/Schützengefecht(역자 주: 저격전狙擊戰 또는 유격전遊擊戰으로 번역하는 경우도 있다)은 다르다. 산병散兵/Schütze(역자 주: 저격병狙擊兵 또는 유격병遊擊兵으로 번역하는 경우도 있다)들은 개인적 판단에 따라 은폐 엄폐해 가며 전진하고 싸운다. 도둑떼 같은 이런 부대를 데리고도 잘 싸울 수 있던 마이어Mayer나 기카르트Guichard나 하르트Hardt 대공大公 같은 지도자도 있었다는 것은 매우 놀라운 일이다.32)

---

31) 서기 1745년 8월 8일자 서신. 〈프리드리히 대왕의 전쟁*Kriege Friedrichs des Grossen*〉(《장군참모부 전집全集 *Generalstabswerk*》, 제Ⅰ편), 24쪽.

32) 슈미트Kurt Schmitt, 《7년 전쟁의 첫 두 전역戰役에서 프로이센 자유대대의 활동*Die Tätigkeit der preussischen Freibataillone in den beiden ersten Feldzügen des siebenjährigen Krieges*》, 베를린 대학교 학위논문, 서기 1911년. 데테 Erwin Dette, 《프리드리히 대왕과 그의 군대*Friedrich der Grosse und sein Heer*》(괴팅겐Göttingen, 반더회크-루프레크트Vanderhoeck und Ruprecht 출판사, 서기 1915년), 78쪽 이하. 서기 1759년에 하르트Hardt가 거둔 승리에 대해서는 《장군참모부 전집全集 *Generalstabswerk*》, 제Ⅹ편, 124쪽 참고.

이런 자유대대들 외에 유사 용도에 쓰려고 예거Jäger 중대(역자 주: 직역하면 '사냥꾼 중대')들이 편성되었지만 이들은 자유대대와 달리 원시림原始林의 아들들 중 특히 유능하고 믿을만한 자들로 편성되었고 산림山林 전투에서 제법 성과를 거두었다.

　앞서 우리는 구스타프 아돌프Gustav Adolf/Gustavus Adolfus 시대까지 기병대의 발전과정을 추적해 보았었다. 구스타프 아돌프는 기병대의 카라콜레caracole 기동을 없앴고, 권총의 용도를 보조무기로 격하시켰으며, 밀집정렬한 후 주된 공격무기로 날이 넓은 칼을 가지고 적에게 충격을 가했다. 이후에도 발전방향은 같았다. 기병대는 완전한 밀집대형으로 최대한 신속하게 적에게 충격을 가할 수 있는지의 여부에 따라 모든 것이 결정되었다. 그러나 이는 많은 훈련이 필요한 어려운 일이었고 말을 타고 하는 훈련이라 더욱 어려웠다. 말을 아끼려는 연대장들은 단거리에서 속보速步로 공격하게 하기나 마지막 순간에만 질주疾走하게 했었다. 사보아Savoyen/Savoy의 오이겐Eugen/Eugene 영주領主는 최대속도로 질주 하며 공격하도록 요구했지만 실제 그렇게 되지 못했다. 프리드리히 빌헬름 I세는 기병 병종兵種에 대해 잘 몰랐고 그가 잘 훈련시킨 보병부대는 그의 아들 프리드리히 대왕이 즉위 다음해인 서기 1741년 몰비츠Mollwitz 전투에서 진가眞價를 발휘했지만 이때도 프로이센 기병대는 한 일이 없었다. 프로이센 기병대는 분명히 우세한 병력을 가지고도 오스트리아 기병대에 완전히 압도되어서 전장戰場에서 밀려 났었다. 그러나 이 전투 이후로 프리드리히 대왕은 기병대에 새 정신을 불어넣었다. 몰비츠 전투 이듬해 콜투시츠Chotusitz 전투 때는 프로이센 기병대가 완전히 다른 모습을 보여주었고 7년 전쟁 이전 약 10년 동안 기병대는 더 큰 전과戰果를 올렸었다. 프리드리히 대왕은 서기 1748년에는 기병이 700보步 밖에서부터 공격하는 것으로 만족했었지만 서기 1755년에는 1,800보步 밖에서부터 공격하되 마지막 순간에는 질주疾走하도록 요구했다. 또한 그는 기병대 지휘관들에게 상대방에게 공격을 허용하지 말고 항상 먼저 공격할 것을 요구하면서 "밀집 정렬한 큰 장벽이 질풍 같이 적을 기습 공격하면 적은 아무 저항도 할 수 없게 된다"고 했다. 기병대는 칼이 아닌 채찍질로 이겼다고 말한 세이들리츠Seydlitz도 같은 생각이었을 것이다. "6명이 열심히 공격할 때 뒤로 쳐지는 자는 비열한 놈Hundsfott"이란 그의 말도 마찬가지이다. 프리드리히는 백병전白兵戰이 벌어지게 되면 "평민병사들이 승부를 결정하게 될 것"인데 그렇게 할 수는 없다면서 가능하면 백병전을 원하지 않았을 정도로 기병대 공격에서는 밀집된 전술조직戰術組織으로 상대방 기병들을 개별적으로 포위할 것을 강조했다. 기병중대들은 등자鐙子와 등자 또는 무릎과 무릎이 맞닿을 정도의 매우 밀집된 대형으로 전진해야 했을 뿐 아니라 제1제대梯隊 중대들은 서로 간격을 두지 못하게 했다. 프리드리히는 우선 적의 제1제대를 밀어붙인 다음 제2제대까지

돌파하고 그런 다음에야 비로소 백병전을 벌여도 좋은 것으로 생각했다.33)

　7년 전쟁 때 오스트리아 기병도 칼을 쓰기 전에 사격을 했던 것 같다.34)

　프랑스 기병대의 경우는 쇠쇠유Choiseul 영주領主의 조직개편 때까지는(서기 1761년~1770년 사이) 기병대의 말과 장비가 중대장 소유였고 중대장들이 말과 장비가 못쓰게 되는 것을 피하려고 해서 이런 발전이 가로막혀 있었다. 프랑스 기병대에는 말 걸음이 평보平步와 속보速步 2가지밖에 없었다. 질주疾走로 공격하는 방법을 서기 1776년 처음으로 도입한 인물은 생제르맹St. Germain 대공大公이었다.35)

　마르비츠von der Marwitz 장군은 질주疾走 공격에 대해 다음과 같이 말했다.36)

기병집단은 언제나 적을 돌파해야 한다. 전체의 절반이 총에 맞던지 움푹 가라앉은 도로에 빠지면서 수백 명의 목이 부러질 수도 있다. 그러나 정지하거나 뒤로 돌아서는 것은 불가능하다. 이렇게 수백 필匹의 말이 밀집해서 돌진하는 흥분된 상황에서는 아무리 뛰어나 기수騎手라 해도 자신의 말을 통제하는 것이 불가능해 지기 때문이다. 말들은 계속 달려 나가기만 한다. 혹 자신의 말을 통제할 수 있는 병사가 있을지라도 감히 말을 세울 생각을 해서는 안 된다. 곧 뒤에서 뛰어오르는 말이 그를 덮칠 것이기 때문이다. 결국 그런 공격이 시작되면 그들 모두는 같은 호흡을 하는 생명체가 되고 연대聯隊라는 존재는 보이지 않게 될 것임이 분명하다.

이런 식으로 공격하는 두 기병대가 마주 부닥치면 무슨 일이 벌어질까? 앞서 보병의 경우도 대검帶劍 전투는 거의 없다고 했듯이, 베닝거Wenninger 장군의 조사에 의하면37) 두 기병중대가 밀집대형으로 전력을 다해 마주 부닥치는 경우는 전혀 없었다고 한다. 만약 그런 상황이 되면 양측 모두 함께 쓰러지고 말 것이다.

　푸시레프스키Pusyrewski 장군의 《전투론戰鬪論 Untersuchung über den Kampf》(바르샤바 Warschau/Warsaw, 서기 1893년)에서는 같은 맥락에서 다음과 같이 말하고 있다.

---

33) 《주간군사週刊軍事 Militär-Wochenblatt》, 제62권(서기 1895년), 1602쪽 및 제73권(서기 1899년), 1832쪽. 프랑스 대사大使 발로이Valoy는 프리드리히 빌헬름 I세 사망 당시 프로이센 기병대에 관한 서기 1748년의 보고서에서 다음과 같이 말했다(《브란덴부르크-프로이센 연구Brandenburgisch-Preussische Forschungen》, 제7권, 308쪽).

　말들도 사격에 숙달되어 있었다. 기병 병사는 말의 목에 고삐를 놓아 둔 채 말에서 뛰어내려 기병중대 앞에 선 다음 보병들 같이 소대나 대대의 횡렬 단위로 사격을 했는데 이때 자리를 이탈하는 말을 한 마리도 없었습니다. 저는 기병중대의 거의 절반이 말을 피해서 횡렬로 정렬하면서 개인 간격을 절반으로 좁히는 것을 보았습니다.

34) 카니츠von Canitz, 《기병들의 운명에 대한 기록과 평가Nachrichte und Betrachtungen über die Schicksale der Reiterei》, 7쪽.

35) 데브리에레Desbrière·소타이Sautai, 《3 병종兵種의 조직과 전술Organisation et tactique des troi armes》, 파리, 서기 1906년.

36) 《전집全集 Schriften》, 제II편, 176쪽.

37) "기병들이 충돌할 경우 세부적 상황과 그 결과 Ueber verlauf und Ergebnis von Reiterzusammenstössen," 《기병騎兵 월보月報 Kavalleristische Monatshrift》(서기 1908년), 908쪽.

진짜 충돌은 있을 수 없다. 쌍방이 서로 코를 마주대기 전에 어느 한쪽의 정신적 압력이 조만간 상대방을 제압한다. 첫 칼날을 휘두르기 전 한쪽은 이미 무너져 도주한다. 진짜 충돌이 일어나면 쌍방이 모두 쓰러질 것이다. 그러나 실전實戰에서는 승자 측에는 인명손실이 단 1명도 없게 된다.

마르비츠von der Marwitz 장군은 기병대 공격의 양상은 보병부대 공격의 경우와는 완전히 다르다면서 다음과 같이 말했다(《전집全集 Schriften》, 제II편, 147쪽).

적을 향해 말을 달리는 기병대 공격에 참여해 본 사람이면 어떤 말도 접근 해오는 적의 무리에 뛰어들려고 하지 않고 오히려 언제나 정지해서 뒤로 돌아서려 한다는 것을 누구나 잘 안다. 기병은 공격에 실패하지 않으려면 자신의 밀이 그렇게 하지 못하도톡 해야만 한다.

다시 말하자면 기병은 먼저 공격을 시작해야 한다.

그러기 위해서 프랑스 기병들은 밀집대형으로 서서히 전진했었다.

이런 전투기병戰鬪騎兵/Schlachten=Kavallerie은 중요한 정찰 임무에는 적합하지 않았고 추격에도 적합치 않았다. 그 당시의 지도자들은 정찰 임무에 기병대를 활용하는 방법을 몰랐었다고 한다. 서기 1744년 프리드리히 대왕이 남부 보헤미아Böhmen/Bohemia로 진격했을 때 자신이 차단된 것으로 생각했었는데 이때 그에게는 20,000 명에 달하는 기병이 있었음에도 불구하고 오스트리아군의 소재를 오랫동안 판단 할 수 없었다. 같은 일이 서기 1758년에 도나Dohna 대공大公의 군대에서도 있었는데 이 군대는 당시 푀센Pösen/Posen으로 가서 러시아군을 잡아두는 임무를 띠고 있었다. 《장군참모부 전집全集 Generalstabswerk》, 제X편, 175쪽에서는 그들은 분명 비용이 많이 들고 다른 병력으로 대체가 불가능한 이 병종兵種을 직접통제의 범위 밖으로 내 보내면 안 될 것으로 믿고 있었고 가끔 상당한 거리까지 기병을 수색대로 내보 낸 적은 있었지만 그들이 적시에 보고해야 할 일은 아무것도 없었다고 했다. 그 러나 이런 소극적 태도의 근본 이유는 그보다는 신뢰성 없는 병사들이 기병대에 는 보병부대의 경우만큼 많지는 않지만 그래도 그들만 농촌지대로 정찰 보내기 에는 분명 많았기 때문이었을 수 있다. 보병부대나 마찬가지로 기병대의 경우에 도 훈련의 모든 목표는 전사戰士 개인으로서의 능력보다는 견고한 전술대형의 형 성에 있었다. 그러나 정찰 임무를 시키려면 병사 각자가 자신감과 솔선수범의 자세를 갖출 때까지 개인훈련이 필요하다. 따라서 프로이센 기병대가 탁월하기 는 하지만 단편적인 능력만을 갖추게 된 것은 고급지휘관들의 능력부족 때문이 라기보다는 전반적인 조직의 자연스러운 결과였을 뿐이다.

프리드리히 대왕은 이런 문제점을 일찍부터 알고 있었으며 보병부대와 같이 기병대에도 이런 결함을 보충한 특수 병종兵種이 생겼다. 이들이 후사르Husar(역자 주: 헝가리 출신 경기병輕騎兵)였으며 이들은 기병대로 취급되지 않았었다. 프리드리히 빌헬름 I세는 아들 프리드리히 대왕에게 9개 후사르 중대만 남겨주었지만 아들은 이를 80개로 늘였다. 프리드리히 대왕은 이들을 전쟁과 모험과 전리품에 몰두하는 병사로 보았고 또한 비록 반쯤은 자유가 허용되었지만 탈영의 염려는 없고 오히려 바로 그런 자세 때문에 다른 병사들의 탈영을 방지할 수도 있는 병사로 보았다. 그러나 바로 그런 이유 때문에 그들의 조직은 다른 기병대에 비해 느슨했었다. 로이텐Leuthen 전투 당시 그들은 보병부대 뒤에서 제4제대梯隊가 되었고 특히 추격 때는 큰 역할을 했었다.

그러나 7년 전쟁 이전에 이미 후사르의 훈련은 여타 기병연대와 비슷해졌다.

서기 1755년 12월 프리드리히의 군대는 1/4 이상이 기병이었지만(보병 84,000명, 기병 31,000명) 16세기 전반에는 보병의 비율이 훨씬 높았었고 상비군 시대에는 보다 비용이 덜 드는 보병이 더 증가했었다. 프리드리히의 할아버지 프리드리히 빌헬름 대선제후大選帝侯 때는 기병대가 전 병력의 겨우 1/7이었다. 그 후로 기병 병력이 점차 증가해서 프리드리히 대왕 때 최대 수준에 도달했다.

보병 및 기병과 마찬가지로 포병도 양적으로나 질적으로나 꾸준히 발전했다. 프리드리히 대왕은 새로운 특수 병종으로 기마포병騎馬砲兵/reitende Artillerie을 창설했다. 대포에 대해서는 상세히 논하지 않겠지만 대포는 처음에는 가볍고 기동력 있는 대포로 발전하다가 대구경포大口徑砲가 등장했고 포병중대砲兵中隊/Batterie 단위로 집단 운용되었다. 이 병종兵種에서 중요한 변화는 중포重砲가 크게 늘어난 것인데 이는 프로이센군이 아니라 오스트리아군에서 처음 시작된 현상으로서 오스트리아군은 프로이센의 공격정신을 감당할 방법을 중포重砲에서 발견했다. 이때 프리드리히 대왕은 그들을 모방할 필요가 있는지 주저했었다. 서기 1741년 몰비츠Molwitz 전투 당시 오스트리아군의 대포는 총 19문으로 병력 1,000명 당 1문 꼴이었고 프로이센군의 대포는 53문으로 병력 1,000명 당 2~2.5문 꼴이었다. 그러나 서기 1760년 토르가우Torgau 전투 당시 오스트리아군의 대포는 360문 즉, 병력 1,000명 당 7문 꼴이었고 프로이센군의 대포는 276문으로 병력 1,000명 당 6문 꼴이었다.

부 기附記

18세기의 사격 속도

이 주제에 관한 표준연구는 장군참모부Gr. Generalstab가 간행한 《전쟁사 연구 *Kriegsgeschichte Einzelschriften*》, 제28/30권(서기 1900년), 434쪽 이하에 수록된 "전술 훈련 Taktische Schulung" 부분이다. 그러나 이 글은 몇 가지 중요한 사료들을 참고하지 않았기 때문에 추가해야 할 부분들이 남아있다. 이 주제는 현실적 관점에서나 방법론상으로나 흥미 있는 주제이다. 이 문제를 통해 비록 전문가들인 경우라 해도 잘못된 개념을 가기가 쉽고 또 이렇게도 간단한 기술적인 문제에서 공박하기는 거의 불가능하지만 그렇다고 믿을 수도 없는 개념이나 전통들이 얼마나 쉽게 형성되는지를 우리가 알 수 있기 때문이다. 이 문제를 생각할 때면 필자는 군사 문제에 관한 폴리비우스Polyb/Polybiu의 말에 대해 사람들이 흔히 지니고 있는 절대적 신뢰를 다시 생각해 보게 된다.

장군참모부가 앞서 말한 "전술 훈련Taktische Schulung"에서 내린 결론은 7년 전쟁 직전에는 유능한 소총수는 아무런 통제가 없으면 1분에 총탄을 4~5회 장전裝塡할 수 있었고 각 소대小隊는 통제된 구령口令에 따라 2분에 5회 일제사격Salve을 할 수 있었는데 곧 이 속도는 거의 1분에 3회 정도까지 빨라졌다는 것이다.

이 글에서는 또 다음과 같이 말한다.

이제 우리는 많은 인원이 그 당시 총탄 장전裝塡에 필요했던 동작을 취하는 모습만 생각해 보기로 하자. 소총을 몸 오른쪽에 두고, 공이치기Hahn/cock를 반만 제켜놓고, 탄약포Patrone/cartridge를 손에 들고, 이를 뜯어서 연 다음, 다시 흔들어서 점화點火 종지Pfanne/pan 위에 올려놓고, 종지 뚜껑을 덮고, 열려 있는 탄약포에서 탄약이 흘러넘치지 않게 하면서 소총을 왼(발)쪽으로 옮기고, 탄약포를 총강銃腔에 대고, 흔들면서 모든 탄약을 총강에 붓고, 꽂을대 Landestock/ramrod를 빼내서, 조금 아래쪽을 쥐고, 총강 속으로 꽂고, 두 번을 힘차게 내려 밀고, 꽂을대를 원위치 시킨 후 소총을 든다. 다시 말해 조준을 위해 몸 앞으로 들거나 바로 사격하지 않을 경우에는 다음 구령口令에 따라 어깨 위에 올려놓는다. 이런 일련의 모든 동작들과 사격 동작까지 생각해 보면 이는 1분에 5회나 반복할 수는 없는 동작이라는 것이 분명해 진다.

원통형 꽂을대와 원뿔형 점화구點火口/Zünddroch/touchhole가 도입된 서기 1773년의 한 기동機動(따라서 탄환彈丸은 없는)에 관한 보고서에서는 8분 30초에 30회의 탄약포 장전裝塡이 즉, 1분에 3.5발 사격이 가능했다 했다. 원통형 꽂을대는 돌릴 필요가 없다는 장점은 있어도 프랑스인 기베르Guibert에 의하면 큰 단점도 있었다 한다. 서기 1779년의 규정은 신병新兵의 탄약포 장전 및 사격 연습은 "매일 실시되어야 하고 신병이 1분에 4회 사격이 가능할 때까지 실시되어야 한다"고 했다.

베렌호르스트Berenhorst는 "탄환彈丸과 탄약포를 모두 장전해 발사하기까지만 해도 최소 15초秒가 필요하다"고 했으므로 1분에 4회 사격을 한다는 것은 불가능했다. 그는 "공포탄空砲彈/Exercierpatrone으로는 1분 당 6회의 사격이 가능했다"라고 했다.

그러나 필자는 이에 관해 다음과 같은 증거를 더 소개한다. 서기 1783년 브레슬라우Breslau에 가 있던 감찰감監察監 안할트Anhalt 중장中將 대공大公은 그곳에 주둔한 모든 연대聯隊에게 내린 명령에서(원본이 제르브스트Zerbst 문서보관소에 남아있다) "병사들의 훈련이 제대로 되어 있으면 (1분에) 화약을(즉, 탄환은 없이 탄약포만) 6회 장전해서 7회의 사격을 할 수 있어야 하고 탄약포도 없이는(즉, 모의 사격에서는) 8회 장전해서 8회의 사격을 할 수 있어야 한다"고 요구했다.

샤른호르스트Scharnhorst는 그가 만든 교범敎範인 《전술론戰術論 Taktik》(서기 1790년판), 268쪽에서 경험에 의하면 신병新兵인 소총병들이 1분에 5~6회의 사격을 하는 것이 가능했다고 했다. 그러나 그 자신이 발사시간을 초秒 단위로 계산한 결과에 의하면 1분당 5회가 된다.

샤른호스트가 서기 1813년 출간한 《화기火器의 위력Ueber die Wirkung des Feuergewehrs》, 80쪽에서는 보병 병사 10명에게 연속 20회의 조준사격을 시험해 본 결과 가장 빠른 병사는 7.5분이 걸렸고 가장 느린 병사는 13~14분이 걸렸다고 했다. 이어서 95쪽에서는 10회의 조준사격에 5~8분이 걸렸다고 했다. 따라서 가장 빠른 경우에도 1분 당 3회가 채 안 되며 두 번째 시험에서는 가장 빠른 병사라 해도 1분 당 겨우 2회에 그쳤다.

로쏘프von Lossow의 훌륭한 저서 《프리드리히 II세 대왕 당시 프로이센군의 기억할만한 특징적 사건들. 프로이센 장교들의 유고遺稿들 중Denkwürdigkeiten zur Charakteristik der preussischen Armee unter dem grossen König Friedrich II. Aus dem Nachlass eines preussischen Offiziers》(글로가우Glogau, 서기 1826년), 259쪽에서는 "깔때기 모양의 개머리판 나사못Schwanzschraube이 발견된 이후" 1분에 6회 사격과 7회 장전이 가능해졌지만 "이는 과도한 것이므로 프리드리히 대왕은 이를 폐기했다"다고 했다.

데커Decker의 《세 병종兵種의 전술Taktik der drei Waffen》(서기 1833년), 138쪽에서는 사격속도가 1분당 7~8회로 증가했다고 했다.

간사우게Gansauge는 《브란덴부르크-프로이센 군사체계Das Brandenburgisch-Preussische Kriegswesen》(서기 1839년), 132쪽에서 "후베르투스부르크Hubertusburg 조약 이후 프로이센 보병에게는 소총을 1분에 4회 발사하도록 했다"고 했다.

우리는 이상과 같은 심한 모순들을 이해하려면 병사들의 개인적 사격과 밀집 부대의 사격, 개인의 능력 특히 유능한 병사의 능력과 평균적 능력, 모의 사격과 화약만 장전한 사격과 화약과 탄환을 모두 장전한 사격 그리고 통제된 구령口令 하의 사격과 구령에 따른 부대 전체의 사격을 모두 구분해야 한다.

전쟁사에서 중요한 것은 물론 실탄實彈 사격이며 실탄 사격은 공포탄 사격보다 현저하게 느리다. 탄환彈丸을 총강 깊숙하게 밀어 넣어야 하기 때문이다. 더욱이 개별적인 사격은 고려할 필요가 없다. 중요한 것은 구령口令에 의하건 의하지 않건 간에 소대 전체가 탄환을 장전하고 쏠 때의 속도이다.

여기서 우리는 다음과 같은 점들을 유의해야 한다.

베렌호르스트Berenhorst가 1분에 "6회"를 분명히 언급한 것은 오로지 탄환은 없이 탄약포만 가지고 즉, 연습용 공포탄空砲彈/Exercierpatrone을 사격했을 경우뿐이다.

안할트Anhalt 대공大公이 요구했던 것 역시 공포탄空砲彈/Exercierpatrone 사격만을 말했다.

이런 점들을 보면 데커Decker나 로쏘프Lossow의 말도 역시 공포탄 사격을 말한 것으로 볼 수 있다.

이제 중요한 증거로 남은 것은 샤른호르스트Scharnhorst의 《전술론戰術論 Taktik》인데 그는 분명히 실탄實彈 사격을 말하면서 1분에 "5회" 또는 "5~6회"라고 했다.

샤른호르스트의 이 말은 "최소한" 15초에 1발을 쏘아야 한다는 즉, 1분당 사격속도가 4발이 채 안 된다는 베렌호르스트의 말과는 모순되고 1분에 4발을 쏘노록 요구했다는 간사우게Gansauge의 말과도 모순된다. 베렌호르스트의 기록은 당대(18세기 중후반)의 기록이며 간사우게는 서기 1813년에 군인이 된 인물로서 이때는 아직 18세기의 전통이 남아있을 때였다.

점화點火 종지Pfanne/pan에 화약을 흘리지 않고 부을 수 있는 원뿔형 점화구點火口/Zünddroch/touchhole와 두 번을 돌리지 않아도 되는 원통형 꽂을대Landestock/ramrod가 발명되면서 사격속도가 1분당 최대 3회(7년 전쟁 당시)에서 5회로 큰 차이로 실제로 늘어날 수 있었을까?

우리에게 전해진 유일한 기록이 샤른호르스트의 기록뿐이라면 누가 감히 그의 말을 의심할 수 있을까? 그러나 베렌호르스트나 겐사우게의 말은 그의 말과 모순될 뿐 아니라 호이에르J. G. Hoyer가 편집한 샤른호르스트의 《전술론戰術論 Taktik》, 제3판에서도 초판의 수치가 "1분 당 4발에서 최대 5발"로 줄었다.

샤른호르스트가 처음 이 글을 작성한 시기는 하노버Hanover 포병부대에서 중위中尉로 근무 중일 때였다. 따라서 필자는 그가 공포탄을 가지고 실시한 연습사격에 관한 보고서를 보고 속았던 것이 아닌가 하는 의심을 버릴 수가 없다.

그가 서기 1813년의 《화기火器의 위력Ueber die Wirkung des Feuergewehrs》에서 가장 뛰어난 소총병도 훨씬 개량된 소총을 가지고도 1분 당 겨우 2회 내지 3회 미만의 사격만 가능했다고 한 것은 조준사격을 말한 것임을 기억해 두어야 한다.

그렇다면 7년 전쟁을 시작할 당시 프로이센군의 사격 기술은 1분당 조준 없이 일제사격을 했을 때 2.5~3회의 사격이 가능한 수준이었고 후일 소총의 개량으로 인해 4회 가까이까지 사격속도가 증가되었다는 말이 된다. 서기 1806년쯤에도 이 정도 속도는 가능했었다.

우리는 1분에 10회 또는 8회의 사격속도를 말한 기록뿐 아니라 1분에 5~6회의 사격속도를 말한 코저Reinhold Koser의 말(《프리드리히 대왕 König Friedrich der Grosse》, 제Ⅲ편, 377쪽)도 이를 부인하지 않을 수 없다. 후일 전쟁성戰爭省 장관이 되는 브론사르트Bronsart von Schellendorf가 서기 1870년에 발표한 《전술문제 회고回顧에 대한 회고回顧 *Ein Rückblick auf die Taktischen Rückblicke*》, 5쪽에서 다음과 같이 말한 것은 지나친 말이다.

프리드리히 대왕의 보병이 총구장전소총銃口裝塡小銃/Vorderladungsgewehr을 가지고도 밀집대형에서 1분당 4~5회 사격이 가능했지만 격침소총擊針小銃/Zündnadelgewehr이 등장한 후 모르는 사이에 사격속도가 더 빨라진 것을 기억한다면 후미장전소총後尾裝塡小銃/Hinterladungsgewehr이 등장한 이후 전술이 얼마나 급격히 변했을 지 추적해 보는 것은 참으로 어려운 일이다.

그러나 이보다 더 심각한 오류는 프리드리히 대왕의 전쟁을 논한 《장군참모부 전집全集 *Generalstabswerk*》, 제I편에서 1분당 2.5회 사격만 가능했던 시기와 관련해서 "따라서 꾸준한 훈련을 통해서 1분 당 5회의 장전 및 사격이 가능한 수준까지 도달할 수 있었고 이는 언제라도 1분에 3회의 사격은 가능한 수준이었고 따라서 프로이센군이 압도적 우위를 확보할 수 있는 사격속도였다"고 한 구절이다.

언젠가 케메러Caemmerer 장군은 구식舊式 격침소총擊針小銃을 가지고도 훌륭한 부대는 1분에 5회를 쏠 수 있었고 사격훈련소 출신의 한 부사관副士官은 1분에 7회를 쏘는 솜씨 때문에 큰 칭찬을 받았다는 말을 필자에게 직접 한 적이 있다.

과거 프로이센군이 일시 채택했던 소총인 미니에Minié 소총으로는 사격속도가 1분당 1.5회였다.

제 Ⅳ 장
전 략戰 略

중세中世 전략이 근대적 개념과 근대적 전쟁수행으로 변한 과정은 마키아벨리Machiavelli에 의해 잘 설명되어 있다. 앞서 우리는 이런 새로운 발전은 근접전近接戰 무기로 무장한 보병 전술조직戰術組織의 등장과 함께 시작되었음을 알 수 있었다. 단어 그대로의 의미에서 진정한 전략이 존재하게 된 것은 바로 이 시점 이후의 일이다.1) 흔히 중세 전쟁은 무제한적인 힘의 대결이었지만 르네상스 이후로는 전쟁이 과학科學/Wissenschaf이 되었다고 하지만 이런 생각 때문에 어떤 면으로 보더라도 배척되어야 할 잘못된 개념들이 생겨나고 있다. 중세의 전쟁이 무제한적인 힘의 대결에 불과하지도 않았을 뿐 아니라 전쟁이 과학으로 변한 것도 아니다. 전쟁은 언제나 기예技藝/Kunst/art일 뿐 과학은 아니다. 기예와 과학이 관련이 있는 부분은 이론적 판단 즉, 과학적 판단을 통해서 기예를 이해할 수 있고 이렇게 그 기예를 이해하면 훈련으로 그 기예의 숙달이 가능하다는 사실뿐이다. 앞서 우리는 전술戰術은 발전과정에서 과학적 연구의 영향을 받기는 했지만 전술 자체가 "과학"이 되지는 않았음을 알 수 있었다. 우리는 이 연구를 진행하면서 과연 전략도 그랬었는지, 그랬었다면 어느 정도로 그랬었는지 알게 될 것이다.

앞서 우리는 마키아벨리를 연구하면서 전략의 본질은 하나의 중심문제로 귀결됨을 알 수 있었다. 그 중심문제는 소모전消耗戰 전략Ermattungsstrategie /strategy of attrition과 섬멸전殲滅戰 전략Niederwerfungsstrategie/strategy of annihilation이라는 전략의 두 가지 형식이며 이 문제가 모든 전략적 사상과 행동을 지배할 수밖에는 없다.

모든 전략의 당연한 첫 번째 원칙은 자신이 병력을 집결시킨 후, 적의 주력을 찾아내 이를 격퇴하고, 패자敗者가 승자勝者의 의지에 굴복하고 승자가 제시한 조건을 수락할 때까지, 극단적 경우에는 적의 영토 전체를 점령할 때까지, 계속 승리를 이어가는 데 있다. 이런 방식의 전쟁에는 충분한 병력 우세가 필요하나, 병력이 우세하다 해도 한 차례 큰 승리를 얻을 수는 있지만 적의 영토 전체를 점령하기에는 물론이고 적의 수도首都 하나만 점령하기에도 충분치 못한 경우도 있을

---

1) 여기서 우리는 새로운 전략의 시대와 더불어 지도地圖 이용이 시간이 지나면서 점점 중요시되었음을 강조해 둘 필요가 있다. 조비우스Paolo Giovio/ Jovius는 서기 1515년에는 마리그나노Marignano 전투에 앞서 밀라노Mailand/Milan 성城에 있던 스위스 지도자들의 앞에 도로와 인접 지역들이 그려진 양피지羊皮紙들이 펼쳐져 있었다고 했다("양피지들이 공개되었는데 여기에는 도로와 그 거리, 지역의 모습이 표시되어 있어 훈련되지 않은 사람이라도 계획을 더 분명히 알 수 있었을 것이다 *Membranae in medium prolatae, quibus mensurae itinerum et regionis situs pictura describebantur, ut agresto ingenio homines certius deliberata cognoscerent*"). 당시에는 이런 방식으로 무식한 농민들을 도와주려고 했었다는 점도 언급해 둘 필요가 있다.

것이고, 상대방 병력이 우리와 대등해서 처음부터 그저 그만한 성과밖에는 기대할 수 없을 수도 있을 것이다. 이런 경우는 적에게 완전한 패배를 안겨주려 하지 말고 승자가 내건 조건들을 결국 수락하도록 모든 종류의 타격과 압박을 가해 적을 지치게 만들어야 하며 이때 내거는 조건들은 항상 적절한 수준이어야 한다. 이것이 소모전消耗戰 전략의 본질이며 이런 전략에서는 언제나 위험과 손실이 뒤따르는 전투를 통해 전술적으로 승부를 내야 할 것인지 여부와 승리할 경우에 소득이 손실보다 클 것인지의 여부가 문제시 된다. 어떤 때는 결전決戰을 통해 가능한 최대의 이익을 그의 군대가 얻을 수 있도록 모든 정신력과 정력을 기울이는 것이 지휘관의 임무가 되기도 하지만, 어떤 때는 지휘관이 자신의 군대와 국가와 국민을 위험에 빠지지 않게 하면서 어느 곳에서 어떤 식으로 상대방의 취약점을 찾아낼 수 있는지를 분석하기도 한다. 지휘관은 자신이 어떤 요새를 포위해야 하는 지, 어떤 지역을 점령해야 하는 지, 적의 보급로를 차단해야 하는 지. 적의 고립된 일부 부대를 기습 공격해야 하는 지, 적의 동맹군 중 어느 하나를 고립시켜야 하는지, 동맹을 맺은 여러 적을 혼자서 상대해서 이겨야 하는지 등을 놓고 고민하게 되겠지만 무엇보다 중요한 문제로 적의 주력을 격퇴할 좋은 기회가 되었는지 여부를 생각하게 된다. 따라서 섬멸전殲滅戰 전략에서나 소모전 전략에서나 전투가 모두 큰 역할을 하지만, 전자의 경우는 전투가 다른 모든 것보다 중요하고 다른 모든 것을 자신 속에 흡수하는 유일한 수단인 반면에 후자의 경우는 전투가 몇 가지 수단들 가운데서 선택할 수 있는 하나의 수단에 불과하다는 차이점이 있다. 전투 없이도 적을 압박해서 우리 측 조건들을 수락하게 만들 수만 있다면 극단적인 경우에는 유혈사태 없이 전쟁을 수행하려는 순수한 기동전략機動戰略/Manöber=Strategie/maneuver strategy을 추구하게 될 것이다. 그러나 이와 같은 순수한 기동전략은 이론상의 말장난에 불과하며 세계 전쟁사에서는 실현된 적이 없다. 한 쪽이 실제로 그런 전쟁수행 방법을 고려해 본다 해도 그는 상대방도 같은 사고방식을 갖고 이를 계속 유지할 것인지는 알 수 없을 것이다. 따라서 유혈사태를 원하지 않는 지휘관이라 해도 전투로 문제를 해결해야 할 가능성이 항상 남아있게 된다. 결국 소모전 전략은 순수한 기동전략과는 결코 같은 것이 될 수 없고 그 내부에 모순률矛盾律이 내포된 하나의 전투형식으로 간주되어야만 한다. 소모전 전략은 원칙상 분극分極 전략polarischen Strategie/polarized strategy 또는 양극兩極 전략doppelpoligen Strategie/bipolar strategy이다(역자 주: 앞의 107쪽 참고).

우리는 앞서 그리스-로마 고전시대를 연구하면서 섬멸전 전략과 소모전 전략의 차이점을 알 수 있었는데 이제 새로운 형태의 전쟁이 등장하자 곧 이 문제가 다시 전면에 대두되었다. 스위스 병사들이 산악지대에서 주변지역으로 내려왔을 때(역자 주: 이 책 제Ⅲ편, 제Ⅴ권 참고) 최대한 빨리 적을 찾아내 공격해서 격퇴하는 것만이 그들의 유일한 원칙이었다. 그러나 바로 그들의 이런 원칙 때문에 그들을 대하는 상대방의 원칙이 바뀔 수 있게 있었다. 그들은 늘 빨리 고향에 돌아가길 원했다고 한다. 그뿐 아니라 그들을 고용한 국가의 지도자들도 장기간 그들에게 지불할 보수를 마련하기가 어려웠다. 따라서 난공불락의 진지에서 그들의 공격을 피하며 그들보다 오래 버틸 수 있는 지도자는 모험과 전투 없이 전역戰役을 승리로 이끌 수 있을 것으로 기대할 수 있었을 것이다. 서기 1513년 노바라Novara를 포위 중 스위스 구원군이 접근하고 있다는 보고를 받았을 당시 라트레모이유 La Trémouille의 생각이 그랬다. 그는 구원군이 노바라 수비대와 합류하기 전에 격퇴하기 위해 구원군을 맞이하러 나갈 수도 있었지만 이런 생각을 포기하고 기동을 통해서 스위스 구원군을 피하려고 행군에 나섰다. 그러나 그들은 결국 스위스군에게 붙들려 격파 당했다. 하지만 스위스군도 전투에서는 승리했지만 결코 전쟁에서 이긴 것이 아님을 곧 알게 되었다(역자 주: 앞의 82쪽 참고). 그러면 그들이 싸운 것이 합리적이었을까? 앞서 우리는 마키아벨리Machiavelli의 판단력도 이 문제 앞에서는 멈추어 버리고 아무 해답도 얻지 못했다는 것을 알 수 있었다(역자 주: 앞의 110쪽~111쪽 참고). 마키아벨리의 논리는 섬멸전 전략을 말하나 베게티우스Vegez/Vegetius의 글(역자 주: 《로마 군제軍制 Rei militaris instituta》. 이 책 제Ⅱ편, 제Ⅰ권, 제Ⅸ장 참고)에 의해 대표되는 고전시대의 사료들은 모두 소모전 전략을 권하고 있다. 이론과 실제에서 소모전 전략이 모두 우위에 섰다. 그렇게 되는 데는 파비아Pavia 전투(역자 주: 앞의 92쪽 참고)에서 황제가 승리한 것이 가장 큰 영향을 미쳤다. 이 전투에서 포로가 된 프랑스 프랑시스Franz/Francis 왕은 마드리드Madrid 평화조약에서 매우 어려운 조건들을 수락하지 않을 수 없었지만 황제 역시 이때 얻은 소득들의 전부는 아니라도 중요한 것들을 수년 내에 또 다시 잃었다(역자 주: 앞의 95쪽~98쪽 참고). 따라서 우리는 황제가 과연 투자한 만큼 소득을 거둔 것인지 묻지 않을 수 없다.

결국 서기 1525년 파비아 전투는 그 시기의 전투로는 마지막의 대규모 결전決戰으로 남게 되었다. 물론 이후에도 전쟁은 계속되었지만 어떤 전역戰役에도 진정한 전투는 없었고 서기 1544년 케레솔레Ceresole 전투 같은 경우도 큰 결과는 없었다.

전투를 회피하려는 지휘관이 병력이 현저히 우세한 적이라도 모험을 포기하게 만들 만큼 적의 접근이 어려운 진지陣地를 찾아내는 것은 쉬운 일이다. 자연적인 이점利點을 지닌 지형을 인위적으로 더 보강할 수도 있다. 따라서 전략적 공세의 절정絶頂이 언제나 전투에 있는 것은 아니며 단순한 공간 획득 또는 이용 가능한 지역의 점령에 그치는 수도 있다. 가장 선호되는 목표는 이를 차지했을 때 주변

지역을 모두 통제할 수 있는 요새의 포위와 함락이며, 그런 요새를 차지한 승자勝者는 이를 평화조약을 통해 되찾으려고 재탈환을 시도하는 적과 다시 대치하게 될 수도 있다. 적의 지도자들에게 전투의 운명에 의지해 보려는 태도가 굳어질수록 더욱 더 그럴 가능성이 높을 것이다. 그러나 적에게는 이 요새가 없어도 될 만한 요새에 불과하다면 적은 이를 다시 공격하지 않을 것이다. 하지만 적이 영토나 요새를 너무 많이 잃지 않았고 비교적 빨리 병력손실을 회복했을 때는 운이 좋으면 기동機動만으로 빼앗겼던 요새와 지역을 재탈환할 수도 있을 것이다. 전쟁에서 현상現象 유지만으로도 한쪽이 전쟁목표를 달성하게 될 수도 있다. 현상 유지에만도 양측 모두 많은 비용이 드는 경우에 한 쪽이 다른 쪽보다 일찍 돈주머니가 바닥나 결국 굴복할 수도 있기 때문이다. 서기 1664년에 어느 스위스인 전쟁사 저술가는 "전쟁에는 크고 넓은 구멍이 있어 돈이 떨어지면 게임도 역시 끝난다"고 했다.[2] 모든 전쟁은 경제문제에 큰 영향을 받는다. 장비와 보급품이 없이는 싸울 수 없기 때문이다. 그러나 가장 대표적인 경제전쟁經濟戰爭/Wirtschaftskriege이라고 할 수 있는 전쟁은 용병傭兵을 이용하는 전쟁이다. 이런 전쟁은 전적으로 경제를 기반으로 하는 전쟁이다. 우리는 마지막 돈을 주머니에 가진 자가 전쟁에서 이긴다는 말을 남긴 사람을 마키아벨리Machiavelli 시대부터 프리드리히Friedrich 대왕 시대까지 계속 볼 수 있다.[3] 그러나 마키아벨리는 이와 정반대로 병력이 있는 자는 누구나 돈을 획득할 수 있다고 했다. 이 두 가지 말은 모두 옳은 말일 수도 있고 모두 틀린 말일 수도 있다. 돈만 있으면 이길 수 있다면 전략은 기동전략이 될 것이지만 병력이 보다 중요하다면 전투가 모색될 것이다. 그러나 이는 동일한 소모전消耗戰 전략의 양극兩極에 불과하다. 정치적 목표 달성의 수단인 군대 자체가 언제나 문제인데 군대는 어떤 경우건 다소간 큰 피해를 입게 되기 때문이다. 그러나 섬멸전殲滅戰 전략은 이런 피해에 관심을 둘 필요가 없다. 섬멸전 전략은 승리를 통한 완전한 성공과 전쟁의 조기 종결만 기대하고 이에 따르는 손실은 걱정하지 않기 때문이다. 하지만 소모전 전략에서는 자신이 입을 피해를 면밀히 계산해 보아야 한다. 이겨도 또는 계속 이겨도 전쟁이 끝나지 않을 경우

---

2) 옌스Max Jähns, 《독일 군사학사軍事學史 *Geschichte der Krigswissenschaften vornehmlich in Deutschland*》, 제Ⅱ편, 1151쪽에서 재인용함.

3) "마지막 빵조각과 마지막 돈을 손에 쥐고 있는 자가 승자勝者이다 Qui a le dernier pain et le dernier escu est victorieux." 장 타반네Jean Gaspard de Saulx-Tavannes, 《비망록*Mémoires*》 (부숑Buchon 편編, 서기 1836년), 226쪽. "따라서 마지막의 크로네Krone/crown나 페니Piennig/penny가 승리를 의미한다고 흔히 말한다." 멘도짜 Mendoza, 《전쟁의 이론과 현실*Theorie und Praxis des Krieges*》 (서기 1595년), 11쪽.
　프리드리히 대왕은 서기 1756년 전쟁을 시작하려 할 때 각 전역戰役 당 500만 탈러Taler가 들 것이고 프로이센과 이제 정복하려는 작센Sachsen/Saxony이 힘을 모으면 이를 감당할 수 있으리라 계산했었다. 그러나 전쟁비용은 매년 1500만 탈러로 늘었고 결국 영국에 헌납금을 요청할 수밖에 없었다. 오스트리아의 마리아 테레지아Maria Theresia/Theresa는 기본적으로 프랑스 헌납금으로 싸우다 서기 1761년 자금이 고갈되자 전쟁을 수행하는 중임에도 군대규모를 줄이고 경제적 이유 때문에 병력들을 해고했다.

자신의 군대가 입은 피해의 복구비용이 승리 자체만으로는 보상 될 수는 없기 때문이다. 따라서 전쟁을 수행하는 왕조들은 야전지휘관들에게 너무 큰 모험을 하지 않도록 빈번히 경고했고 바이에른Byern/Bavaria의 막스Max 선제후選帝侯 영주領主가 메르시Mercy 원수元帥에게 말한 대로 적극적인 승리가 아니라 "병력 절약"을 가장 중요한 목표로 설정했다. 바덴Baden의 변경대공邊境大公/Markgraf 루드비히Ludwig가 전력을 다해 투르크Türk/Turk군을 공격했을 때 황실 각료閣僚들은 그가 함부로 병력을 희생시키고 전역戰役마다 새 병력을 요구한다고 비난했다. 네덜란드 의회議會/Generalstaaten의 상인商人 정부는 병력고용에 특히 인색했었고 프리드리히 대왕 역시 《전쟁의 일반원칙General-Prinzipien vom Kriege》, 제1조에서 프로이센군의 놀라운 능력과 기술을 설명한 다음에 "이런 병력으로 적보다 적은 비용으로 승리할 수 있다면 누구나 세계를 지배힐 수 있을 것"이라고 했나.

동맹전쟁의 경우에는 이 문제가 더욱 중요해 진다. 동맹전쟁에서는 승자勝者가 희생은 자신이 치르고 나중에 그 소득이 자신이 아니라 동맹군에게 떨어진 것을 알게 될 수도 있으며 승자에게 자신의 이해관계를 철저하게 보호해 줄 병력이 더 이상 존재하지 않을 경우에 특히 그렇게 된다.

양극兩極 전략의 주된 수단은 야전 요새였다. 물론 무르텐Murten 전투(역자 주: 이 책 제Ⅱ편, 595쪽 참고)와 낭시Nancy 전투(역자 주: 이 책 제Ⅱ편, 609쪽 참고)에서 대담한 샤를르 Karls des Kühnen/Charles the Bold는 이미 야전 요새를 이용해서 스위스 보병들로부터 자신을 보호하려 했다. 저지低地 이태리 지역에서 프랑스와 스페인이 싸운 전투로 진정한 근대전투였던 세리뇰라Cerignola 전투(역자 주: 앞의 73쪽 참고)는 스페인군이 그의 정면 앞에 급조한 장벽과 참호를 둘러싸고 벌어진 전투였다. 이때로부터 구체제舊體制 /ancien régime가 종식될 때까지 야전 요새는 일정한 역할을 했고 때로는 결정적인 역할을 하기도 했다. 위그노Hugenotten/Huguenot 전쟁(역자 주: 16세기 후반 프랑스 칼뱅파의 종교 전쟁. 앞의 192쪽 참고) 당시 기병대가 나시 중요한 역할을 하게 되자 누에de la Noue는 멀리서부터의 기습공격에 대비해 매일 밤 참호를 팠다고 했다. 구스타프 아돌프 Gustav Adolf/Gustavus Adolfus 역시 하루 밤 이상 묵을 숙영지는 언제나 요새화 했었다. 때로는 상대방보다 몇 시간 전에 도착해 적이 감히 공략할 수 없는 야전요새를 구축할 수 있느냐가 문제가 되기도 했다. 서기 1620년 바이쎈 베르게Weissen Berge(백산 白山) 전투(역자 주: 앞의 193쪽 참고)에서는 크리스티안Christian von Anhalt이 지휘한 보헤미아군이 필요한 삽이 프라하Prag에서 적시에 도착하지 않아서 패했다. 오스트리아군 원수元帥 다운Daun은 프리드리히 대왕과 싸울 때 늘 손에 삽을 들고 있었다. 그러나 프리드리히는 원래부터 야전 요새에 거부감을 갖고 있었다. 그는 자신의 병력이 속도가 빨라 기습공격을 받을 가능성이 별로 없었고 늘 공세적으로 전투를 지휘하려고 했으므로 요새가 거추장스러운 존재에 불과했기 때문이다. 그는 화를 내며 요새를 부정한 적도 있다.4) 이는 그가 실제로나 이론적으로나 당대인들과 달랐던 점 중 하나였다. 그의 《전쟁의 일반원칙General-Prinzipien vom Kriege》, 제8조에서는 "우리는 옛 로마군 같이 숙영지 주위에 참호로 팠었다"고 했지만 적이 곧잘 경무장輕武裝 병력을 보내서 벌이는 야간작전도 방해하고 탈영병 발생도 방지하기 위해서였다고 했다. 포위작전의 경우는 후방 방호("외부요새外部要塞/circumvallation")〈역자 주: 어느 곳을 포위 중에 외부로부터의 구원군을 방어하기 위한 요새를 말하며 성城을 포위한 요새는 이를 내부요새內部要塞/contravallation라고 한다〉를 위해서는 프리드리히도 "참호구축Retranchierung"을 허용하려 했지만 그럴 때도 차라리 접근하는 적의 구원군을 맞이하러 나가는 것이 좋다고 믿었었다. 극단적 위기상황이거나 패전 후이거나 또는 적의 병력이 우리의 3배 정도 많을 때는 요새에 의지하지 않을 수 없을 것이다. 프리드리히도 사실 서기 1761년 실레지아Schlesien/Silesia에서 러시아군과 오스트리아군이 자신을 상대하려고 합류하자 분젤비츠Bunzelwitz에 참호를 구축해서 위기를 벗어난 적이 있었다. 그가 7년 전쟁(역자 주: 서기 1756년~1763년) 이후의 글에서는 생각을 바꾸어서 기본적으로 야전 요새 구축을 권장한 것도 이때의 경험 때문임이 분명하다.5)

일정한 전술적 방어능력을 가지고 싸워야 할 것인지가 때로는 현장이 아니라 고향에서 결정되는 수도 있었고 이때 고향으로 상황 보고와 답신이 오가는 데 몇 날 또는 몇 달이 걸릴 때도 있었다. 서기 1544년 엥기앙Enghien 영주領主는 전투를 허락해 주도록 왕에게 요청하려고 숙영지 사령司令/Maitre de Camp 몽뤼Monlu를 고지高地 이태리에서 파리까지 보낸 적이 있는데 몽뤼는 각료들의 반대를 무릅쓰고 겨우 허락을 얻어 냈다. 엥기앙은 이 케레솔레Ceresole 전투에서 이기기는 했어도 소득은 별로 없었다(역자 주: 앞의 96쪽 참고).

7년 전쟁 중에 오스트리아군 원수元帥 다운Daun은 비엔나로 그리고 러시아 지휘관들은 페테르스부르크St. Petersburg로 그런 요청을 하러 간 일이 있었다.

약한 기동전역機動戰役/Manöverfeldzug 형태의 전역戰役으로는 서기 1546년의 슈말칼덴Schmalkalden 전역戰役(역자 주: 앞의 42쪽 참고)이 있는 데 이때 프로테스탄트 영주領主들의 연합군은 특히 처음에는 카를Karl V세 황제에게 아직은 병력이 없었음에도 불구하고 너무 꾸물대면서 전진했던 것이 분명하다.6) 이때 셰르테린Schärtelin이 자신은 마지막 험한 결정을 내릴 생각이 없었고 개울과 참호들이 자신에게는 너무 깊었

---

4) 장군참모부Gr. Generalstab가 간행한 《전쟁사 연구Kriegsgeschichte Einzelschriften》, 제27권으로 발간된 《서기 1745년~1756년 간 프리드리히 대왕의 전쟁 사상의 발전Friedrichs des Grossen Anschauungen vom Kriege in ihrer Entwicklung von 1745 bis 1756》, 68쪽에 그런 구절이 보인다.

5) 요킴Jochim 소령少領, 《"프리드리히 대왕의 군사문제 유훈遺訓 Das Militärische Testament des Grossen Königs"(《주간 군사週刊軍事 Militär-Wochenblatt》, 제7권, 서기 1914년, 부록), 269쪽 및 278쪽 참고.

6) 렌쯔Lenz, 《역사지歷史誌 Historische Zeitschrift》, 제49권, 458쪽.

었고 습지들도 자신에게는 너무 넓었었다고 지방대공地方大公/Landgraf 필리프Philipp에게 화를 냈던 일이 있다. 그러나 랑케Leopold Ranke는 그런 말은 항상 할 수 있는 말은 아니라고 했다. 이 시대를 연구하면서 알 수 있었다시피 일단 그와 같은 전략적 태도를 취하게 되면 서로 다른 이해관계를 지닌 병력으로 구성되어 고급 지휘부가 나뉘어져 있는 군대를 이끌고 큰 작전을 수행하기 어렵다. 자신에게 우세한 병력이 있던 황제조차 기동機動으로 만족하면서 결국 전투가 아니라 정치를 통해 즉, 모리츠Moritz/Maurice 영주領主에게 작센Sachsen/Saxony 선제후選帝侯의 영역을 침공하도록 설득해서 승리했었다. 이때 느슨한 슈말칼덴 동맹의 군대는 남부 게르만을 방어하기 위한 군대를 집결시켜 뒤에 남겨둘 여력이 없었다. 이 전쟁을 다룬 역사가 아빌라Avila는 이 점에 대해 다음과 같이 말했다.7)

> 황제는 상대방보다 유리한 조건은 말할 필요도 없고 대등한 조건에서 싸울 기회도 가져 본 적이 전혀 없었다. 그러나 그는 대등한 조건이었다 해도 싸울 수는 없었을 것이다. 승리하더라도 많은 병력 손실이 있을 것이고 이렇게 군대가 약화되면 게르만 지역을—특히 게르만 도시들을—자신이 통제할 수 없게 되었을 것이기 때문이다.8)

위그노Hugenotten/Huguenot 전쟁 때도 출혈이 매우 컸던 전투들도 있었지만 이 전투들은 전략적으로는 소규모 작전의 가치밖에 없었다. 가톨릭 측은 병력도 많고 전투에서도 이겼지만 적의 요새화된 지역들을 모두 탈취해 적을 제압할 수 있을 정도로 전쟁을 끝까지 수행할 정도는 아니었기 때문이다.

스페인군이 네덜란드 반란군을 진압하려고 기울였던 모든 노력이 실패로 돌아갔던 것도 바로 이런 점 때문이었다.

30년 전쟁(역자 주: 서기 1618년~1648년. 유럽의 거의 모든 나라들이 종교, 왕조, 영토 등을 둘러싸고 벌인 전쟁)에서는 매우 복잡하고 자주 변했던 정치 상황, 많은 요새화된 도시들 그리고 넓은 지역에 비해 늘 부족했던 병력이 전략을 결정했다. 큰 권위와 적극성을 지닌 영웅으로서 멀리 있는 작은 왕국 스웨덴에서 황제에게 진격할 정도로 대단히 과감했고 게르만 지역 전체를 자신의 지배하에 두었던 구스타프 아돌프Gustav Adolf/Gustavus Adolfus 같은 인물도 는 조심해 가면서 단계적으로 진격할 수밖

---

7) 《슈말칼덴 전쟁의 역사Geschichte des Schmalkaldischen Krieges》(독일어판, 서기 1853년), 90쪽.
8) 슈말칼덴 전쟁Schmalkaldischen Krieges이 시작되기 전에도 베니스 대사大使는 황제에게는 전혀 싸울 생각이 없다고 보고하면서 "…프로테스탄트군에는 중대장이 없습니다…게르만 제국 홀로는 스스로 결전決戰을 치루기에 적합하지가 않으며, 황제는 전투를 회피하겠지만 자신의 경기병輕騎兵과 (전쟁 사업에 경험이 많은) 이태리 보병으로 적을 찾아내서 포위하려 할 것입니다"라고 강조했다. 베른Bern. 나바게로 Navagero, 〈서기 1546년 7월 게르만 제국에서 보낸 보고Relation aus Deutschland vom Juli 1546〉(알베리Eugen Albéri 편編, 제Ⅰ집輯/series, 제Ⅰ권, 362쪽.

에 없었다. 클라우제비츠Clausewitz는 그를 "치밀하고 현명한 판단력을 지닌 학식 있는 지휘관"이라고 불렀고 다른 구절에서는 "구스타프 아돌프는 과감한 침공과 전투만 선호하는 지휘관이 전혀 아니었다. 그는 정교한 기동과 체계적인 형태의 전쟁을 선호했었다"고도 했다. 구스타프 아돌프는 게르만 지역에 상륙한 후 약 15개월이 지나서야 상황을 보고 브라이텐 평원Breitenfeld에서 결전決戰에 들어갔다. 클라우제비츠가 "거의 무서울 정도의 정력"을 지녔고 "그의 모든 병력이 그를 두려워하며 존경했던" 인물로 평가한 발렌슈타인Wallenstein도 결코 공세적 전투를 한 적이 없다. 반면 토르스텐손Torstenson은 전략도 없이 항상 전투만 하려고 했고 기본적으로 소모전 전략의 틀에서 벗어났다. 그렇게 하면 안 될 상황이었다. 수많은 모순된 일이 존재했던 30년 전쟁은 전략적 관점에서는 매우 흥미 있는 전쟁으로서 전쟁 중에 전략의 변화가 있었지만 아직 이에 대한 연구가 충분치 못하다. 집결된 병력도 때로는 매우 많았었다. 예를 들어 서기 1627년에 황제의 가용병력은 최소한 100,000명은 되었고, 서기 1630년에도 비슷했었다. 서기 1631년 말에 발렌슈타인이 돌아왔을 때 수중의 병력이 30,000명～40,000명은 되었고 서기 1633년에는 총 102,000명으로 늘어났는데 뮌스터베르크Münsterberg에 있던 주력만 43,000명이었다. 전역戰役이 끝났을 때 그의 병력은 총 74,000명이나 되었다.9)

그러나 전투에 참여한 부대는 많지 않았다. 바이쎈 베르게Weissen Berge(백산白山) 전투 때 황제군과 동맹군의 연합군은 약 28,000명 정도였고, 브라이텐 평원 전투 때 구스타프 아돌프의 병력은 작센군을 포함 39,000명이었고, 뤼첸Lützen 전투 때는 그의 병력이 16,300명 이었다. 이때 뉘른베르크Nürnberg 숙영지에 있던 발렌슈타인의 병력은 흔히 말하는 것 같이 50,000명～60,000명이 아니라 22,000명뿐이었다.10) 토르스텐손의 병력은 15,000～16,000명 이하였다. 가용 전투병력은 대부분 많은 요새화된 도시에 수비대로 쓰였다. 야전 군에서 기병대 비율이 전체의 절반 이상이었고 2/3가 된 적도 있다. 서기 1645년 얀카우Jankau 전투 때 황제군은 기병 10,000명에 보병 5,000명이었다.

작전구역도 발트 해海Ostsee/Baltic sea와 북해北海에서 도나우Donau/Danube강과 보덴 호수 Boden See(역자 주: 스위스와 이태리 사이 호수. 콘스탄쯔Constanz/Constance 호수라고도 함)에 이르기까지 그리고 비엔나에서―실제로는 지벤뷔르겐Siebenbürgen에서―파리 부근까지 수시로

---

9) 뢰베Viktor Löwe, 《발렌슈타인 군대의 조직과 행정Die Organisation und Verwaltung der Wallensteinschen Heere》, 서기 1895년. 이 책에 대한 슈뢰터Schrötter의 평론評論이 《슈몰러 연보年報 Schmollers Jahrbücher》, 제19권, 제4호 (서기 1895년), 327쪽에 수록되어 있다. 콘쩨Konze, 《서기 1633년 발레슈타인 군대의 병력수 등Die Stärke usw der Wallensteinschen Armee im Jahre 1633》, 본Bonn 대학교 학위논문, 서기 1906년. 훼닝거Hoeninger의 《30년 정쟁 당시의 군대Die Armeen des 30jährigen Krieges》(《주간군사週刊軍事 Militär-Wochenblatt》, 제7권, 서기 1914년, 부록)에서는 이 전쟁의 절정기에 구스타프 아돌프Gustav Adolf/Gustavus Adolfus가 발렌슈타인과 대치하고 있을 때 양측 무장병력을 모두 합하면 약 260,000명～280,000명에 달했다고 한다. 이 수치는 좀 과도한 수치일 것 같다. 훼닝거는 특히 뉘른베르크Nürnberg에서의 병력수를 과도하게 평가했다.

10) 도이티케Deuticke, 《뤼첸 전투Schlacht bei Lützen》, 52쪽.

오락가락 했었다. 당시의 군대들이 아주 먼 거리도 행군할 수 있었던 것은 군대 규모가 작아서 현지에서 식량 조달이 가능 했었고 가톨릭 측이건 프로테스탄트 측이건 남쪽과 북쪽 어디에서나 지지자들이 있어 그들의 보급기지가 되어주었기 때문이다. 따라서 전략문제는 거의 언제나 정치적인 관점에서 결정되었고 병법사兵法史의 측면에서는 특히 주목해야 할 개별적인 전투들을 분석하는데 필요하지 않은 세부적인 사항들은 이를 무시해도 별 문제가 없게 되었다.

새 전략의 시대는 군대 규모가 커지고 이로 인해 병력에 대한 보급이 문제가 된 프랑스 루이Louis XIV세의 전쟁과 더불어 시작되었다. 중세 군대들은 규모가 너무 작아서 보급품을 별 어려움 없이 휴대하고 다니거나 통과지역에서 획득할 수 있었다. 이 점을 뒤집어 생각해 보면 행군이 수월했고 보급수단들이 상대적으로 중요시되지 않았다는 것은 군대규모가 매우 작았었기 때문이라는 결론을 내릴 수 있다. 군대규모가 커질수록 식량문제에 관한 언급이 많아졌음을 알 수 있다.11) 1530년대 말에 만들어져 널리 사용되었던 《관리官吏 지침서Aemterbuch》나 《전시戰時 규정집Kriegsordnung》에는 "식량보급이 전투에서 가장 중요한 요소이므로"란 말이 있고 식량보급에 대한 정교한 계산기준이 제시되어 있다.12) 프로이센 알브레크트Albrecht 영주領主의 《전시戰時 지침서Kriegsbuch》도 상세한 계산기준을 제시하고 있다. 이 기준은 90,801명의 전투원에게 적용되던 기준으로 이 병력의 5일분 식량을 빵을 실은 수레 433대, 베이콘, 버터, 소금, 콩, 귀리 및 보리를 실은 수레 383대 그리고 포도주 100통과 맥주 1,000통을 실은 수레 433대라고 했다. 말 45,644필匹을 위한 귀리는 별도로 계산되었다.13) 요아킴Joachim Imhof이란 어느 뉘른베르크 출신 전사戰士는 서기 1543년 카를Karl V세의 숙영지에서 보낸 편지에서 병사들이 보급품을 가져오는 도시민 농민들을 도중에 약탈하기 때문에 모든 게 너무 비싸다고 투덜대면서 양羊은 강제로 빼앗기 때문에 단지 고기만 싸다고 했다.14) 서기 1515년에 이미 프랑스군에게는 야전 빵공장이 따라 다녔다.15) 서기 1620년 보헤미아 전역戰役을 위해 바이에른Byern/Bavaria의 막시밀리안Maximilian 영주領主는 식량 저장소를 구축하게 했다. 린쯔Linz에서 그는 밀가루통 300개에 든 밀가루 70,000메츠Metze(약 245,000리터)를 빼앗았고 오스트리아군은 이를 수송할 수레로 말 4필匹이 끄는 수레 220대를 그에게 내놓아야 했다. 켐니츠Philip Bogislav Chemnitz의 《30년

---

11) 스위스군의 수송 및 보급 문제에 대해서는 엘거von Ellgger, 《스위스 연합의 군사체계와 병법兵法 Kriegswesen und Kriegskunst der schweizerischen Eidgenossen》, 루체른Lucern, 서기 1873년, 117쪽 이하 참고.

12) 옌스Max Jähns, 《독일 군사학사軍事學史 Geschichte der Krigswissenschaften vornehmlich in Deutschland》, 제II편, 502쪽 및 505쪽.

13) 옌스Max Jähns, 같은 책, 521쪽.

14) 크나케Knaake, 《카를 V세의 역사 연구Beiträge zur Geschichte Kaiser Karls V》, 스텐달Stendal, 서기 1864년, 11쪽.

15) 스퐁Spont, 《역사문제 평론Revue des questions d'histoire》, 제22권(서기 1899년), 63쪽.

전쟁의 역사Geschichte des 30jährigen Krieges》에서는 모든 관심이 작전용 식량보급에 쏠려 있고 알브레크트 영주領主는 식량보급을 위한 수로水路의 중요성을 지적했다.16)

루이 XIV세 당시에는 군대 규모가 30년 전쟁 때보다 3~4배 커졌다. 이를 보고 우리는 이런 큰 군대들은 큰 승리를 얻고 넓은 지역을 지배할 수 있는 기회를 지휘관들에게 주었을 것으로 우선 생각하기 쉬울 것이다. 그러나 양측 군대가 모두 커지며 그 반대가 되었다. 큰 군대는 이동도 둔해질 뿐 아니라 매우 빨리 전진하지 않는 한 추가보급이 없이는 통과지역의 소출로는 먹 살 수가 없었기 때문에 이를 뒷받침하기 위한 조직적 보급체계가 필요해 졌다. 앞서 알 수 있었 듯이 병력수가 늘어난 군대에는 신뢰성 없는 자원들도 늘어나고 이들을 부대에 잡아두려면 엄격한 군기軍紀와 감독이 필요해졌기 때문에 더 많은 문제점이 나타 나게 된다. 이들을 모두 현지에서 얻는 소출로 먹고 살게 한다면 대부분이 탈영 하게 될 것이다. 따라서 식량저장소를 이용한 체계적 보급이 필요해지지만 식량 저장소는 병력의 이동에 걸림돌이 될 수 있다. 뿐만 아니라 이때 또 다른 기본 적인 문제가 생기게 된다. 식량저장소 때문에 이동이 느려질수록 현지 소출에 의존하지 않고 식량저장소에 의존하려는 경향도 더 커진다.

군사이론가들은 군대는 식량저장소로부터 5일 이상 걸리는 거리를 행군할 수 없는 것으로 본다. 또한 식량저장소로부터 5일을 행군할 경우에도 그 중간에 즉, 군대로부터 2일 행군거리가 되고 식량저장소로부터는 3일 행군거리가 되는 지점 에는 야전 빵공장을 설치하도록 되어 있었다. 야전 빵공장에서 구워낸 빵의 유 통기한은 9일이었다. 따라서 빵을 실은 수레들이 왕래하면서 빵도 실고 휴식도 취하는데 하루가 필요했다고 해도 병사들은 5일에 한 차례씩 신선한 빵을 공급 받으면서도 비가 계속 내려 수레 왕래가 불가능해 지는 등 예상치 못한 경우를 위해 매우 필요한 여유도 있었을 것이다.

서기 1758년 어느 우기雨期의 상황에 대해 베스트팔렌Werstphalen은 "식량저장소와 빵공장이 눈에 보이는 곳에서도 군대는 궁핍에 시달리게 되었다. 빵수레가 5km 미만의 거리를 움직이는데 며칠씩 걸렸었고 더군다나 수레에 실은 빵의 절반을 도중에 내버려야만 했었다"고 묘사했다.17)

서기 1692년 벨기에에서 프랑스군의 뤽상부르Luxembourg 장군은 엥기앙Enghien에게 진격하고 싶었지만 그렇게 할 수 없었고 쏴니Soignies에 3주일 동안이나 주저앉아

---

16) 하츠펠트Hatzfeld 원수元帥의 서신. 슈미트Rudolf Schmitt, 《비트스토크 전투Die Schlacht bei Wittstock》(할레Halle, 서기 1876년), 49쪽. 57쪽도 참고할 것.

17) 다니엘스E. Daniels, 《프로이센 연보年報 Preussische Jahrbücher》, 제78권, 487쪽. 서기 1757년에 자신의 군대 가 보급품 부족으로 약탈을 하고 다닐 때 쿰버란트Cumberland는 고위 군기관軍紀官/Profoss에게 현장에서 체포된 자는 아무런 절차도 밟을 필요 없이 교수형絞首刑에 처하도록 명했다.

있을 수밖에 없었는데 식량저장소가 있던 몽Mons으로부터 식량을 수송할 수레가 부족했었기 때문이다. 몽Mons에서 엥기앙이 있는 곳까지 4마일(30km)도 안 되었고 쇠니까지는 2마일(15km)도 안 되는 거리였다.

서기 1745년 프리드리히 대왕은 당시에 병력을 지휘했던 것은 자신이 아니라 밀가루와 마초馬草였다고 했고, 또 카이트Keith 원수元帥에게 "나는 빵이 병사를 만든다는 호머Homer의 말에 동의 한다"는 말을 한 적도 있다(서기 1757년 8월 8일).

군대의 규모가 커지고 그 내부도 변화되고 있던 시기에 작전구역도 변해 일부 요새는 튼튼하게 구축되어 오래 포위해야 이를 함락할 수 있게 되었지만 대부분 도시들은 요새를 없애고 그 수비대 병력으로 야전 병력을 증강했다.18)

카를Karl V세는 많은 전역戰役을 벌이며 이태리, 게르만 및 네덜란드에서 프랑스 싶이까지 늘어갈 수 있었고 30년 전쟁 때도 그랬었다. 그러나 프랑스 루이Louis XIV세가 보방Vauban에게 일련의 국경도시들을 요새화하게 한 후로는 그런 침입이 불가능해졌다. 나중에 프리드리히 대왕도 같은 식으로 실레지아의 요새체계를 발전시켜서 새로 점령한 이 지역을 확보할 수 있었다.

특히 30년 전쟁 당시 토르스텐손Torstensson이 스웨덴군을 지휘할 때를 비롯해서 후일 프리드리히 대왕의 전쟁 때의 전략상황과 꽤 비슷한 상황이 발생한 경우가 많았다. 그러나 토르스텐손은 불과 15,000명 규모 군대로 후일 프리드리히 대왕이 거둔 성과보다 훨씬 큰 성과를 올렸다. 호봄Hobohm은 베를린 대학교에 취임한 후 첫 강의講義에서 양자를 비교했는데 그의 견해는 매우 유익한 견해이며 뒤에 프리드리히의 전략을 논하는 장章에서 그의 견해를 다시 소개하게 될 것이다.19) 지금 한 가지만 우선 지적하면 구스타프 아돌프Gustav Adolf/Gustavus Adolfus, 베른하르트 Bernhard von Weimar, 바너Baner, 토르스텐손, 랑겔Wrangel, 카를 구스타프Karl Gustav/Gustavus등 그의 후계자들 누구도 프리드리히와 본질저으로 다른 전략개념을 기졌던 것은 아니며 특히 정면전의 가치와 중요성에 관해서는 양자 모두 같은 개념을 지니고 있었다. 양자의 차이는 정치적 군사적 상황의 차이와 군대의 규모와 성격 그리고 전투방법의 차이에서 생긴 차이였을 뿐이다.

결국 기동機動이 지배하던 시대로부터 점차 전투를 통한 승부勝負의 결정이 지배

---

18) 몬테쿠콜리Montecuccoli는 서기 1648년 스웨덴군은 실레지아Schlesien/Silesia에 9개의 요새를 갖고 있었는데 그들은 비어있던 이 요새들을 쉽게 차지한 후 변변치 못했던 옛 시설들을 보강했다고 했다(《전집全集 Gesammelte Shriften》, 제Ⅱ편, 122쪽). 이 때문에 그는 오래되고 중요하지 않은 요새들은 이를 허물어 버리고 진짜 좋은 요새들만 유지하던지 아니면 요새 없는 도시들만 유지하도록 권장하고 있다. 그는 수비대 규모를 프라하Prag 시市에만 1,500명 수준으로 유지하고 나머지는 모두 100명~500명 규모로 할 것을 기대했다. 그는 또 스페인군은 네덜란드에 많은 요새를 갖고 있었지만 이들을 모두 점령하고 먹여 살릴 수가 없어서 큰 부담만 되었지만 네덜란드군의 요새들은 자연적으로 강력한 진지였고 주민들 스스로 필요한 방어병력이 되었으므로 유용했었다고 한다(135쪽).

19) 필자의 연구는 《프로이센 연보年報 Preussische Jahrbücher》, 제153권(서기 1913년), 423쪽 참고.

하는 전략의 시대로 발전한 것은 아니었고 이론과 현실이 한 시대에는 한 쪽 극極으로 접근했다가 다른 시대에는 다른 쪽 극極으로 접근했던 것에 불과하다(역자 주: 이런 전략을 델브뤼크는 양극兩極 전략 또는 소모전消耗戰 전략이라 했다. 앞의 107쪽 참고).

30년 전쟁 때는 끝까지 매우 치열한 전투가 있었지만 루이Louis XIV세의 전쟁은 처음부터 순수한 기동전역機動戰役/Manöverfeldzug이었다. 유일한 진정한 전투였던 서기 1674년의 세네페Seneffe 전투도 의도된 전투가 아니었으며 콘데Condé가 모험을 하려 하지 않고 도중에 싸움을 중단하자 승부도 나지 않았다. 서기 1672년~1679년의 전쟁에서도 포위와 행군 그리고 몇 차례의 소규모 교전만 있었다.

루이 XIV세의 제3차 전쟁(서기 1688년~1697년)도 긴장과 의지는 강했지만 큰 결과를 낳은 유일한 전투는 서기 1690년 아일랜드Ireland에서 벌어진 보인Boyne 강 전투뿐이다. 이 전투에서 제임스James II세는 윌리암William III세에게 패했고 이로써 스튜어트Stuart 왕조王朝는 단번에 완전히 종식되었다(역자 주: 서기 1688년 가을 영국의회는 영국의 마지막 가톨릭교도 왕 제임스 II세가 아들을 낳자 그 적통성嫡統性을 의심하며 왕의 딸 메리의 남편으로서 당시 유럽 프로테스탄트들을 이끌고 프랑스 왕 루이 XIV세와 대결 중이던 오라니엔 공公 빌헬름Wilhelm von Oranien/William of Orange을 네덜란드에서 불러들여 제임스 II세를 몰아내고 서기 1690년 2월 빌헬름과 메리를 영국 왕에 추대했다. 이로써 영국왕이 된 빌헬름이 바로 윌리암 III세이다. 영국사英國史에서는 이 사건을 명예혁명名譽革命/Glorious Revolution 또는 무혈혁명無血革命/Bloodless Revolution이라고 한다. 제임스는 3월에 아일랜드로 탈출했고 같은 해 7월 제임스와 보인 강 주변에서 아일랜드-프랑스 연합군을 이끌고 싸웠으나 패배한 후 프랑스로 갔다). 그러나 플뢰루스Fleurus 전투(서기 1690년), 스텐커켄Steenkerken 전투(서기 1692년), 네르빈덴Neerwinden 전투(서기 1693년)에서는 많은 피를 흘렸지만 결과는 아무것도 없었다.

서기 1696년 프랑스군이 새롭고 무서운 전투수단으로 국경지역의 한 팔라틴 백작령Palatinate 전체를 체계적으로 초토화焦土化 시킨 일이 있었는데 적이 이 지역을 공격하기 어렵게 만들고 프랑스군이 점령해 요새화한 마인쯔Mainz와 필리프스부르크Philippsburg의 방어를 용이하게 만들기 위한 것이었다. 이는 매우 잔인한 수단이었지만 성과는 없었다. 게르만군은 마인쯔를 포위해서 되찾았다. 스페인 왕위계승 전쟁(역자 주: 서기1701년~1713년) 중인 서기 1704년에는 루이 XIV세와 싸우는 동맹군이 바이에른Byern/Bavaria을 초토화 하려는 작전을 시작했다. 이때의 일을 사보아Savoyen/Savoy의 오이겐Eugen/Eugene 영주領主는 이렇게 말했다.

끝까지 분석해 본 결과 주변구역들과 함께 바이에른 전체를 모두 파괴하고 초토화 시켜 적이 바이에른이나 그 주변구역 중 어느 곳으로부터 전쟁을 계속하지 못하도록 하는 방법 외에는 다른 방법이 없음을 알게 되었다.

스페인 왕위계승 전쟁 중 휘크스타트Höchstadt 전투(1704년), 투린Turin 전투(1706

년), 라밀리에Ramillies 전투(1706년), 우데나르데Oudenarde 전투(1708년), 말프라케트 Malplaquet 전투(1709년) 등 큰 전투들이 있었지만 프랑스군을 그들의 국경 내로 다시 밀어낸 것밖에는 다른 소득은 없었다. 이때 스웨덴의 카를Karl XII세는 격을 격퇴하려고 계속 강공強攻을 가했다.

반면에 서기 1733년~1735년의 폴란드 왕위계승 전쟁에서는 큰 전투는 없었고 전쟁은 큰 결전決戰 없이 진행되었다.

스페인 왕위계승 전쟁 때는 매우 큰 결전決戰이 있었지만 아주 드물었고 말프라케트Malplaquet 전투 이후 루이 XIV세는 더 이상 영토를 넓히지 못했다. 이에 비해 프리드리히 대왕이 등장한 이후로는 많은 전투가 있었고 이 때문에 그를 전혀 양극兩極 전략을 추구한 적이 없고 섬멸전殲滅戰 전략Niederwerfungsstrategie/strategy of annihilation 을 발견하고 실천한 인물로 보면서 후일 이런 전략을 극대화한 인물이 나폴레옹이라고 생각하는 사람들이 생겼다. 하지만 이는 잘못된 생각으로서 차후 필자는 이를 상세히 입증할 것이다. 프리드리히가 전투를 통해 전쟁의 승부를 결정하려 했던 경우가 많았던 것은 근본적으로 새로운 원칙 때문이 아니라 큰 승부勝負를 추구했던 프리드리히의 기질 때문이었다. 그가 자신이 원하는 승리를 얻기 위해 발전시킨 수단이 사선斜線 전투대형schräge Schlachtordnung이다. 그는 누구나 적의 측면을 공격하면 병력 30,000명의 군대를 가지고 100,000명의 군대를 이길 수 있을 것이라고 했다. 프로이센군의 기동성과 속도가 당시 유럽의 다른 군대들보다 훨씬 높았기 때문에 프리드리히는 적이 방어태세를 갖추기 전에 그들 앞에서 그러한 측면기동側面機動/Flankenbewegungen을 할 수 있었다. 바로 이 점을 프리드리히가 종래의 병법兵法을 발전시킨 부분으로 보아야 한다. 이를 바탕으로 프리드리히는 전투를 요구하는 극極 쪽으로 달려갔고 7년 전쟁(역자 주: 프랑스 혁명 이전 서기 1756년~1763년에 벌어진 마지막 주요전쟁으로 유럽 열강들이 모두 참전했고 프랑스·오스트리아·작센·스웨덴·러시아가 동맹을 맺어 프로이센·하노버·영국에 맞섰다. 뒤의 330쪽 참고)의 모습은 전투가 없던 과거 전역戰役들과 크게 다르고 스웨덴의 구스타프 아돌프Gustav Adolf/ Gustavus Adolfus나 영국의 말보로Malborough나 오이겐Eugen/Eugene의 전쟁과도 크게 달랐다. 그러나 프리드리히의 전쟁은 여전히 소모전消耗戰 전략의 범주 내에 있었으며 적이 야전 요새를 진지陣地로 선택하고 포병을 증강시켜 그의 사선斜線 전투대형에 의한 기습공격에 대비할 수 있게 된 이후에는 기동機動을 중시하는 극極 쪽으로 접근했다.

앞으로 프리드리히 대왕이 질적으로는 물론이고 양적으로도 일부 우세했던 때 역시 자신의 행동을 제한하고 평화를 강요할 수 있는 수준까지 승리를 추구 할 수 없었던 즉, 섬멸전 전략으로 넘어갈 수 없도록 만든 요인이 무엇이었는지 곧 드러나게 될 것이다. 이곳에서는 몇 가지 점만 간단히 다루어 보기로 하겠다.

우선, 그의 군대에는 신뢰성 없는 자원이 매우 많았기 때문에 프리드리히는 항상 탈영병 방지에 신경 쓰지 않을 수 없었다(앞의 245~246쪽 참고). 그의 가장 위대한 글인 《전쟁의 일반원칙General-Prinzipien vom Kriege》(서기 1748년)은 탈영병의 방지에 관한 14가지 규칙으로 시작된다. 숲 근처에서 숙영하면 안 되고, 숲 속을 행군할 때는 보병부대 옆에 후사르Husr(경기병輕騎兵) 정찰대를 따라가게 해야 하며, 야간행군은 가급적 피해야 하며, 병사들을 늘 소대 단위로 행군하게 해야 하고, 협곡을 통과해야 할 때는 입구와 출구에 장교들을 배치해야 하며, 협곡을 빠져 나온 후에는 즉시 대형을 정비해야 한다는 등이었다.

그는 야간공격을 특히 금했고, 병력을 나누어 농촌지대로 식량을 징발하러 보낼 생각을 아예 못하게 했으며, 급속행군急速行軍 때만 예외적으로 지역주민들 식량을 징발하도록 허용했다. 행군이 너무 길거나 격렬해 지면 낙오하는 병사들이 발생하고 이는 다른 병사들에게도 영향을 주기 때문에 그렇게 할 수 없었다.

이런 병력으로는 전략적 추격은 불가능했다. 질서유지가 우선적 고려사항이었으므로 현장 추격도 매우 제한했다. 쪼른도르프Zorndorff 전투 때의 작전계획에서는 제1제대梯隊는 "적을 끝까지 처리하려고" 지체하면 안 되며 "질서를 갖추고 계속 행군하면서 뒷정리는 제2제대에 맡겨야 한다"고 명시적으로 규정했고 도주하는 적을 뛰어서 추격하지 말고 "보조를 맞추어 쫓아가도록" 명시했었다.[20] 원거리 추격은 기본적으로 별동대別動隊를 두고 이들로 실시했는데 적의 행군종대 가까이 있다 보급로를 차단하고 후퇴하는 적을 추격하는 것이 이들의 임무였다. 승리한 부대 자체는 우선 재집결해야 했다. 프리드리히 같은 지휘관이라면 추격의 중요성을 알고 있었음이 분명하다. 그는 특히 서기 1745년 호헨프리트베르크Hohen-friedberg 전투나 서기 1757년 로이텐Leuthen 전투(역자 주: 뒤의 271쪽 이하 및 339쪽 이하 참고) 이후는 추격에도 관심이 있었지만 자이텐Zeiten 같은 인물이 그의 밑에 있었음에도 호헨프리트베르크에서는 추격으로 아무 성과도 얻지 못했고 로이텐에서도 작은 성과만 있었을 뿐이다. 작센 원수元帥(역자 주: 프리드리히의 동생인 작센 영주領主 하인리히Heinrich?)의 《명상록瞑想錄 Rêveries》에는 "승리한 후는 꾸물대지만 않으면 어떤 기동機動이라도 다 좋은 것이다"라는 대담한 말이 있지만 프리드리히는 보다 현실적이었고 추격군에 대한 역습은 너무나 쉽게 일어나는 일이므로 추격에는 조심하라고 권고했다.[21] 그는 "승리한 직후보다 전투준비가 안 된 군대는 어디에도 없다. 누

---

20) 헨켈 Henckel 대공大公, 《군사문제 유고遺稿 Militärischer Nachlass》, 제Ⅱ편, 79쪽.

21) 이에 대해 장군참모부Gr. Generalstab가 간행한 《전쟁사 연구Kriegsgeschichte Einzelschriften》, 제27권, 364쪽에 잘 설명되어 있다. 서기 1757년 12월 23일 마렝비유Marainville 대령大領은 프리드리히의 전술에 대해 "… 그는 자신의 장점에 집착하지 않았다. 그는 전투에서 이겼을 때도 거의 언제나 전투현장을 장악하는 것으로 만족했다"고 말했다. 스투르Stuhr, 《7년 전쟁 역사의 연구 및 분류Foeschungen und Erläuterungen zur Geschichte des 7jährigen Krieges》, 제Ⅰ편, 387쪽에서 재인용함.

구나 즐거워하고 직면했던 위험에서 벗어난 것을 기뻐하기만 하지 아무도 위험이 다시 닥칠 것을 걱정하지 않는다"고 했다.

적을 섬멸하기 위한 추격이 불가능 했으므로 전투의 시작도 영향을 받았다. 전투는 항상 위험하고 큰 피해가 따르지만 추격 없이는 큰 소득을 기대하기가 어렵다. 도주하는 적에게 황금다리를 놓아 줄 정도로 추격 중 적의 역습을 우려하는 지휘관이라면 전투를 바람직한 일로 볼 가능성이 적을 것이다. 서기 1536년 프랑스 프랑시스Franz/Francis I세가 마르세이유Marseilles 부근까지 도착한 카를Karl V세 황제를 상황을 저울질해 가며 압박해서 프랑스로부터 퇴각해서 알프스를 넘어 철수하게 했지만 프랑스군은 그가 후퇴하는 황제에게 더 큰 피해를 입히지 않는다고 비난했다. 후일 조비우스Paolo Giovio/Jovius가 프랑시스에게 이 문제에 대해 묻자 그는 게르만 토병土兵/Landsknecht/ lansquenet들을 믿을 수가 없었기 때문이기도 하지만 자신은 도주하는 적에게 다리만 놓아 줄 것이 아니라 그들을 황금으로 엄호해 주어야 한다는 고대인들의 원칙까지도 믿는다고 했다.

프리드리히는 그런 원칙은 무시했지만 그의 경우에도 전략적 공세는 짧았다. 그는 단 한 차례 멀리 적의 수도인 비엔나까지 양동陽動 작전을 편 일이 있지만 결코 비엔나를 작전목표로 생각하지는 않았다. 그의 진짜 목표는 프라하Prag(에르쯔게비르게Erzgebirge 통로에서 12마일 〈약 90km〉)와 올뮈츠Olmütz(고지高地 실레지아Oberschlesien/Upper Silesia에서 8마일 〈약 60km〉)에 있었다. 그는 올뮈츠에서 10마일(75km) 떨어진 브륀Brünn까지 가는 것만 해도 매우 큰 일로 생각했었으며 서기 1744년에 프라하보다도 15마일(약110km) 더 먼 부드바이스Budweis까지 갔던 일에 대해 후일 실수였음을 인정했다.

물론 프랑스군도 오스트리아 왕위계승 전쟁 때 린쯔Linz와 프라하까지 멀리 간 적이 있지만 출발지는 프랑스가 아니라 동맹인 바이에른Byern/Bavaria에 있었다.

전략적 공세攻勢가 짧고 느렸다는 것은 수세守勢로 쉽게 전환할 수 있었고 어쩔 수 없이 방어로 전환한 경우도 있었다는 말이 된다. 공세에서 수세로 그리고 수세에서 공세로 신속한 전환이 이루어졌고 공세와 수세가 서로 혼합되었다. 단 한 차례의 전략적 공격만으로는 상황을 지배할 수가 없었다.22)

이런 기본적인 상황으로 인한 결과들 중 실제로 가장 중요했던 것은 정기적인 동계冬季 휴식이었다. 동계 전역戰役이 병력들에게 주는 고통은 매우 컸다. 신뢰성 없는 용병傭兵들이 자신들에게 너무 많은 것을 기대한다며 탈영한 경우가 많았고 이로 인한 병력손실에 질병으로 인한 병력손실까지 더해졌다. 끝까지 군사작전을 계속하면 적에게 평화를 강요할 수 있다고 믿는 지휘관이라면 그러한 손실도

---

22) 이에 대해서도 장군참모부가 간행한 《전쟁사 연구》, 제27권, 353쪽에 잘 설명되어 있다.

감수하려고 했을 것이다. 그러나 그런 확신이 없는 지휘관은 기대되는 소득보다 손실이 더 크지는 않을지 따져보게 되었고 이런 사정은 쌍방이 동일했기 때문에 결국 군사작전이 점차 고착상태에 빠지게 되자 병력들은 동계숙영지로 들어갔다. 양측 모두 마찬가지였다. 그들은 주력을 뒤로 물린 후에 전초前哨와 관측을 통해 적의 기습공격으로부터 자신을 보호했다. 일정한 기간을 정해 공격을 서로 중단 하자는 협정이 체결된 적도 가끔 있다. 뤼첸Lützen 전투와 로이텐Leuthen 전투는 양측 모두 동계숙영지만 생각한 전투였다. 발렌슈타인Wallenstein은 로트링겐Lothringen/Lorraine 의 카를Karl과 마찬가지로 그 해의 전투가 모두 끝났다고 믿고 있을 때 적이 접근 중이라는 보고를 받자 적극적으로 싸울 생각 없이 방어진지에 병력만 전개했다 (11월 6일과 12월 5일). 때로는 무언가 소득을 얻으려고 12월까지 전역戰役을 계속 한 적도 있고 이듬해 1월까지 계속한 적도 있었지만 새 전역戰役은 대개는 이듬해 6월에야 시작되었고 이때쯤이면 들판에서 푸른 마초馬草를 얻을 수 있었다. 동계 전역戰役은 예외적인 일로 취급되었다.23) 동계 휴식 기간은 특히 신병新兵을 징집, 모병 또는 강제동원해(적의 영토 안에 있을 때는 현지에서도 동원했다) 새 전역 戰役이 시작될 때 부대에 편입시킬 수 있도록 훈련하는 데 쓰였다. 연대聯隊에 보충 병을 훈련할 특별부대는 따로 없었고 동계휴식이 이를 대신했다. 그렇게 하면 군사작전에 적합한 인원을 함께 야전으로 보낼 수 있는 장점이 있었다.

전쟁 수행에서는 어떤 경우라도 예상치 못한 우연이 큰 역할을 하며 단호한 결정으로 이 불확실한 검은 그림자를 극복하는 것이 지휘관의 가장 중요한 자질 이다. 특히 프리드리히 대왕 시대에는 보병부대의 종심縱深이 얕고 길게 확장된 전투선戰鬪線이 큰 취약성을 지니고 있었기 때문에 이런 요소가 크게 중요해졌다. 전투는 매우 짧은 시간에 순식간에 승부勝負가 결정될 수 있었다. 지연작전을 써 가면서 보충병력을 불러들이거나 오류를 수정하거나 큰 피해 없이 적과의 접촉 을 끊기 위한 시간을 벌 수가 없었다.24) 지휘관들이 멀리서부터 한 눈에 모두 관찰할 수 있는 지형도 거의 없었다. 연못이나 습지, 단애斷崖 등 숨겨진 장애물들 이 있을 수 있었고 이로 인해 그의 대형이 깨지거나 병력이 질서를 잃고 전투에 서 패할 수 있었다. 이때 어느 지휘관이 전투를 시작하려고 했을까? 이는 매우 어려운 결단이었다. 뒤에 필자는 그런 예들을 소개하게 될 것이다.

프리드리히 대왕 때는 적이 전투 중 실수하거나 좋은 기회를 제공해도 이를 이용하기 어려웠다. 선형전술線形戰術/Linear=Taktik 전투에서는 완전히 연결된 정면으로

---

23) 겨울 숙영지와 겨울 전역戰役에 대한 상세한 내용은 프리드리히의 《전쟁의 일반원칙General-Prinzipien
   vom Kriege》, 제27조 및 제28조 참고.
24) 앞서 272~273쪽에서 인용한 훼프너Höpfner 장군의 말에서 알 수 있었듯이, 이 점도 사선斜線 전투대형
   을 취한 이유 중 하나가 된다.

전개되어 있어야 하므로 쉽게 대형을 바꾸지 못하기 때문이다. 수어Soor 전투와 로쓰바흐Rossbach 전투(역자 주: 뒤의 322쪽 및 338쪽 참고)가 즉흥적 대형으로 싸운 전투라면 그 자체만으로도 그의 천재적 지휘관 자질과 탁월한 전술훈련을 말해준다.

이제 16세기부터 18세기까지 군사이론가들의 생각을 알아보기로 하자.

서기 1535년에 벨라이G. du Bellay는 장군은 자신이 유리하다는 것에 대해 확신이 없으면 모험하면 안 되며 사태를 관망해야 된다고 권했다.

슈벤디Lazarus Schwendi(서기 1522년~1584년)는 전쟁에서는 좋은 기회가 있더라도 항상 안전을 우선시해야 하며 모험하면 안 된다고 주장하면서 "적의 병력보다 오래 버틸 수 있거나 적의 병력을 굶주리게 만들 수 있는데도 전투를 하는 것은 어리석은 일이다. 그러나 자신보다 더 오래 버틸 수 있는 강한 적과 싸울 때는 행운을 믿고 진두를 벌여 볼 충분한 이유가 있다"라고 했고 또 "수세守勢만 고집하는 자는 잃을 것은 많고 얻을 것은 적다"고도 했다.

스페인 멘도짜Mendoza의 《병법兵法 Kriegskunst》(서기 1595년)에는 다음과 같이 말이 있다(독일어 번역본, 146쪽).

더욱이 자신이 극단적으로 몰려 있는 상황이라도 먼저 전투를 시작하지 말 것이며, 전투가 시작된 후에도 자신의 전 병력을 모두 전투에 투입 하지 않도록 매우 신중해야 하며, 승리했을 때라도 너무 좋아하지 말아야 한다. 그렇지 않으면 비싼 대가를 치루고 많은 병력을 잃게 될 것이다. 전투를 하려면 서서히 사려 깊게 무거운 발걸음으로 기어가듯 시작해야 한다.

서기 1607년 오라니엔 공公 빌헬름 루드비히Wilhelm Loudwig von Oranien/William Louis of Orange는 그의 사촌 모리츠Moritz/Maurice에게 "전투의 함정에 빠지지 않게 우리 문제를 처리해야 하고…극히 필요한 때가 아니면 싸우면 안 됩니다"라고 충고했다.25) 그의 생각은 칸네Cannä/Cannae 전투(역자 주: 이 책 제Ⅰ편, 제Ⅴ권, 제Ⅰ장 참고)에 앞서 파비우스Quintus Fabius Maximus가 지니고 있던 생각(역자 주: 이 책 제Ⅰ편, 462쪽 참고)에 기초한 것이다.

딜리히Dilich의 《전쟁론Kriegsbuch》(서기 1607년), 제Ⅱ편, 제Ⅰ권에서는 "절박한 필요성과 절대적으로 분명한 이점利點이 없으면 결코 전투를 수락 하면 안 된다. 아무것도 빼앗지 않는 것이 피해를 입고 무언가를 잃는 것보다 훨씬 좋기 때문이다"라고 했다. 그러나 그의 이 말이 전혀 싸우지 말라는 뜻은 아니다. 전혀 싸우지 않는 것은 어리석은 일일 것이다. 그는 좋은 계절에 밀가루가 습기에 젖지 않을 때, 적은 지치고 우리는 원기가 왕성할 때 또는 어떤 좋은 기회가 생길 때 기도를 드린 후 싸울 때만 유리한 전투를 할 수 있다고 했다.

---

25) 《오라니엔-나쏘 문집文集 Archives Oranien-Nassau》, 제Ⅱ집, 제Ⅱ편, 378쪽.

빌롱J. de Billon은 서기 1612년 다음과 같이 권고한 적이 있다(《병법兵法의 최고 원칙 Die fürnembsten Hauptstücke der Kriegskunst》, 독일어 번역본, 서기 1613년), 160쪽).

> 훈련시키고 가르치지 않은 병력을 야전 전투에 투입하면 안 되며 불확실한 전투의 행운을 기대하기보다 기동機動과 우회로 적을 지치게 해서 제압한 후 격퇴해야 합니다. 전투는 너무 위험하므로 절대 필요하고 또 병사들이 전투와 위험상황에 숙달되고 단련된 이후가 아니면 전투를 해서는 안 됩니다. 전투는 신병新兵들이 크게 겁을 먹는 일종의 게임입니다.

한 소책자小冊子(서기 1620년)에는 "꽁데Condé de Buquoi에게는 병사들을 도살장으로 끌고 가는 것을 싫어한다는 장점이 있다"는 구절이 있다.26)

30년 전쟁 당시 매우 많은 글을 남긴 군사저술가인 노이마이르Neumair von Ramsla는 언제 전투를 해야 하는 지를 논하며 55가지 이유를 제시했는데 그 중에 "상황을 타개할 다른 수단이 없는 것으로 보일 때"라는 구절도 있다.

몬테쿠콜리Montecuccoli(서기 1609년~1681년)는 다음과 같은 말을 했다.

> 전투 없이도 발전할 수 있고 무엇을 얻을 수 있다고 믿는 것은 자가당착 아니면 우스운 환상에 빠진 것이다. 물론 유명한 슈벤디Lazarus Schwendi 장군은 함부로 싸우면 안 된다며 수세守勢만 취하다 적에게서 큰 이점利點을 빼앗은 적은 있다(슈벤디는 이 정도로 극단적으로 소심하지는 않았다). 허나 이 사실을 쌍방 병사들이 먼저 알았다면 그의 병사들은 얼마나 두려웠을 것이며 적의 병사들은 얼마나 대담했을까? 야전에서 적과 싸우고 다툴 준비를 갖춘다는 것은 절대 필요한 일이다. 물론 무모하게 전투에 말려 들어가서는 결코 안 되고 적의 강요에 의해 그렇게 되면 더욱 안 되며 싸우려 한다면 기회를 잘 포착해야 한다. 파비우스 쿤크타토Fabius Cunctaror"(역자 주: 직역하면 "굼벵이 파비우스". 이 책 제Ⅰ편, 425쪽 참고)는 결코 전투를 회피하지 않았다. 다만 합리적인 생각으로 승리의 희망이 보일 때만 싸우려고 했을 뿐이다.

몬테쿠콜리는 또 다음과 같이 말했다(《전집全集 Gesammelte Shriften》, 제Ⅰ편, 328쪽).

> 전투에서 승리하면 전역戰役에서도 승리할 뿐 아니라 큰 영토까지 얻는다. 질서 있는 대형으로만 전투 현장에 등장하는 자는 기동機動 중 먼저 저지른 실수를 감당할 수 있지만 전투의 교훈들을 지키지 않은 자는 다른 성과가 있을지라도 전쟁을 명예롭게 끝내지는 못하게 될 것이다.

---

26) 크레브스J. Krebs, 《바이쎈 베르게(백산白山) 전투Schlacht an dem Weissen Berge》, 12쪽에서 재인용함.

투레네Turenne는 도시들을 포위해 함락시키는 것보다는 야전에서 적에게 피해를 입히는 것이 더 좋다고 꽁데Condé에게 말한 적이 있다.

데포Daniel Defoe는 《계획에 관한 단상斷想 *Essay on Projects*》 (서기 1697년. 피셔Fischer 역譯), 118쪽에서 영국 내전內戰 때는 "적이 보이면 격파하라"는 격언이 여전히 있었지만 이제는 "명백한 이익이 없으면 결코 싸우지 말라"는 것이 격언이 되었다고 했다. 그는 따라서 이제는 전쟁이 길어졌고 가장 긴 칼을 가진 자가 아니라 가장 큰 돈 가방을 가진 자가 전쟁에서 가장 오래 버틸 수 있는 자가 되었다고 했다.

바덴Baden 변경대공邊境大公/Markgraf 루드비히Ludwig는 서기 1694년 전역일지戰役日誌에서 어느 작전에 대해서 말하면서 "세레네Serene 각하께서는 적이 그렇게도 원한다면 그들과 결전決戰을 벌이겠다고 단호하게 결정하셨다. 각하께서 이렇게 결심하자 결국 적들도 그가 자신의 조국이 악화되어 완전히 폐허가 되도록 방치하기 않고 싸울 각오가 되어 있다는 것을 분명히 알게 되었다"고 했다. 그러나 그 결과는 몇 차례의 수색작전에 그쳤을 뿐이다.27)

프리드리히 대왕은 포이끼에레Feuquières(서기 1648년~1711년)의 군사비망록軍事備忘錄을 높이 평가하고 장교들에게 이를 읽어 보게 했고 또 식사시간에 사관후보생들에게 큰 소리로 낭독해 주라고 명했다. 프리드리히 대왕 자신의 글들 중에는 포이끼에레의 글과 거의 같은 내용이 가끔씩 있었다. 이런 포이끼에레의 비망록에 다음과 같은 구절도 있다.

전투는 군대의 주된 활동이며 때로는 전쟁 전체의 결과를 좌우하기도 하고 최소한 전역戰役의 결과는 거의 언제나 전투가 결정하므로 심각한 상황에서 불가피한 큰 이유가 없는 한 함부로 전투를 하면 안 된다. 다음 같은 이유가 있을 때만 적을 찾아 전투를 해야 한다. 자신의 병력이 적보다 수와 질에서 우세할 때; 적의 장군들이 견해차이가 있거나, 서로 다른 이해관계를 갖고 있거나, 무능과 경솔함을 보여 주었을 때; 포위된 지역을 구원할 때; 먼저 적을 제압하지 않으면 우리 군대가 격퇴 되거나, 적이 곧 증강되려 할 때; 이미 전투를 통해 이점을 확보했을 때; 끝으로, 한 차례의 전투로 전쟁 전체를 갑자기 끝낼 수 있을 것으로 믿을 때. 반면, 다음 같은 경우는 전투를 피해야 한다. 승리로 인한 소득이 패배로 인한 피해보다 크지 않을 것이 예상될 때; 병력의 수나 질이 적에 비해 떨어질 때; 고립되어 증원군을 기다릴 때; 적이 유리하게 전개되어 있는 것을 알았거나 지연작전이나 교전 회피를 통해 적을 격퇴할 방법을 발견할 가능성이 있을 때.

---

27) 《오이겐 영주의 전역戰役들 *Die Feldzüge des Prinzen Eugen*》, 제I편, 제I권, 587쪽.

스페인의 산타 크루즈Santa Cruz 후작侯爵/Marquis(서기 1687년~1732년)의 군사문제에 관한 대작大作인 《회고록回顧錄 Reflexionen》에서는 "전투를 고려해 보아야 할 경우"를 말하면서 병력의 우세나 질적 우위는 패배를 불러올 수 있는 다양한 상황들에 대처할 수 있는 확실한 수단이 되지 못한다고 했다. 또 "전투의 결과보다 불확실한 것은 없다…위치가 크게 유리하지 못하거나 양측 병력수를 정확히 모를 때는 위험하게 전투를 벌이면 안 된다"고 했다.

오이겐Eugen/Eugene 영주領主는 산타 크루즈를 격찬했고 프리드리히 대왕도 그를 "고전적인" 군사이론가 중 하나로 보았다.

퓌세구Puységur 원수元帥(서기 1654년~1743년)의 《병법兵法 Art de la Guerre》(서기 1748년 그의 아들에 의해 출판 됨)은 체계적 내용 때문에 높이 평가되는 글이지만 언제 전투를 해야 하는지에 관한 기본문제는 말하지 않았다. 또한 그의 평가에서는 투레네Turenne를 시저Cäsar/Caesar와 동렬同列의 지휘관으로 보고 두 사람의 전략에 내포된 본질적 차이를 인식하지 못하고 있다.

폴라르Folard(서기 1669년 출생)는 "고대나 근대나 가장 위대한 지도자들은 결코 적의 병력수가 아니라 적이 공격하러 오기 위해 지금 어디 있는지만 생각했다"고 했는데 프리드리히 대왕은 폴리비우스Polyb/Polybius의 《역사Historiai》에 대한 그의 주석서註釋書를 축약한 책자에 이 구절을 그대로 옮겨 놓았다.28)

오스트리아군 원수元帥 케벤휠러Khevenhüller 대공大公(서기 1683년~1744년)의 《모든 군사작전의 개념 요약Kurzer Begriff aller militärischen Operationen》에서는 "전투를 실시하거나 피해야 할 이유들"을 다음과 같이 정리해 놓았다.

I. 전투를 실시해야 할 이유

1. 승리의 가능성; 2. 포위된 도시의 구원; 3. 공격부대 지원; 4. 식량부족이나 여타 필수품 부족의 타결; 5. 적의 병력증강 시간 박탈; 6. 예를 들어 적이 행군 중 통로 상에서 측면을 노출시키거나 군대를 나눔으로써 생긴 적에 대한 이점利點의 활용.

II. 전투를 피해야 할 이유

1. 전투에서 이겼을 때의 소득에 비해 졌을 때의 피해가 더 클 수 있을 경우; 2. 적의 병력수가 우세할 때; 3. 우리의 병력이 모두 집결되지 못했을 때; 4. 적이 유리한 지형을 차지하고 있을 때. 주의해야 할 점-적은 때로는 지도력 부족이나 지도부의 갈등으로 스스로 패배할 때도 있다.

그는 또한 다음과 같은 말도 했다

---

28) 장군참모부Gr. Generalstab, 《전쟁사 연구Kriegsgeschichte Einzelschriften》, 제27권, 385쪽.

지휘관이 기동機動으로 적을 이 진지陣地 저 진지 또는 이 숙영지 저 숙영지로 전후좌우로 돌아다니게 만들 수 있으면서 적을 격퇴할 적절한 시점을 판단할 수 있다면 그는 진정한 병법兵法이 무엇인지를 알고 있는 것이다.

소모전消耗戰 전략의 양극성兩極性은 특히 프리드리히 대왕의 어록語錄에서 분명히 드러난다. 전 생애를 통해 그의 말은 파도와 같이 오르락내리락 했고 이쪽 극極으로 접근했다가 다시 반대쪽 극極으로 접근하기를 반복했다.

서기 1745년 호헨프리트베르크Hohenfriedberg 전투에 앞서 프리드리히는 달리 선택의 여지가 없어 싸우게 되었다고 했다. 그는 작센 원수元帥에게 보낸 편지(서기 1746년 10월 3일자)에서 자신이 서기 1744년 전역戰役에서 너무 서둘러 진격하다 패했다고 책임을 인정하고 이제 경험해 보았으니 그런 실수를 되풀이 하지 않겠다며 "나는 파비우스Fabius 같은 인물은 언제나 한니발Hannibal에게 창끝을 돌릴 수 있지만 한니발 같은 인물이 파비우스가 한 행동을 따라 할 수 있을 것으로는 믿지 않는다"고 했다.

프리드리히의 《전쟁의 일반원칙General-Prinzipien vom Kriege》(서기 1748년) 중 "언제 어떻게 전투를 해야 할 것인가"라는 제목의 장章에는 다음과 같은 구절이 있다.

전투는 국가의 운명을 결정한다. 전쟁을 할 때는 곤혹스런 상황에서 빠져 나가기 위한 경우이건, 적을 그런 곤혹에 빠뜨리기 위한 경우이건, 다른 방법으로는 끝낼 수 없는 분쟁을 종식시키기 위한 경우이건, 반드시 결전을 벌어야 할 순간이 있게 된다.

그러나 합리적 인간이라면 이유 없이 움직이면 안 된다. 장군은 **전투를 통해 중요한 목적을 추구할 경우가 아니면 전투를 하면 더더욱 안 된다.**

따라서 전투를 해야 할 이유는 적의 포위를 풀게 하려는 것이거나, 적이 점령 중인 우리 지역에서 적을 몰아내려 하거나, 적의 영토로 침입해서 포위하고 있다가 적이 평화협정에 응하지 않으면 결국 완강한 저항을 분쇄하려는 것이거나, 적이 저지른 과오를 벌하려는 것이어야 한다.

강행군으로 적의 후방으로 가서 뒤에 있는 그들의 병력과 차단해 놓거나 적이 꼭 지켜야 할 도시들을 위협하면 적은 전투에 응하지 않을 수 없게 된다. 그러나 군대를 지휘해서 이런 기동을 할 때는 매우 조심해야 한다. 또 우리가 그런 상황에 빠지지 않게 하고 적이 우리를 우리 식량저장소로 부터 차단할 수 있는 지점을 점령하지 못하도록 더더욱 조심해야만 한다.

나는 이런 교훈들 외에도 긴 전쟁은 우리의 훌륭한 군기軍紀를 크게 잠식할 것이고, 우리 국토에 사람의 씨를 말릴 것이고, 우리의 자원을 고갈시킬 것이고…그러므로 사태를 오래 끌고 가는 것은 우리에게는 적합하지 않기 때문에 우리의 전쟁은 짧고 활기차야 한다는 점을 강조해 둔다. 한마디로 말하자면 전투에 관한 문제들은 한 민족이 모두 황폐화 되는 것보다는 한 사람이 죽는 것이 좋다는 고대 히브리 교훈에 따라야 한다.

프리드리히는 서기 1750년쯤에 쓴 《병법兵法 *Art de Guerre*》 이란 글에서는 "또한 저승사자가 무서운 수확을 거두어들이는 전투를 큰 이유 없이 하면 안 된다 Et n'engage jamais sans de fortes raisons Ces combats où la mort fait d'affreuses moissons"고 했다(제Ⅱ편, 268쪽).

프리드리히의 《전쟁의 사상 및 일반규칙*Pensée et règles générales pour la guerre*》(서기 1755년)은 결전決戰을 대비하며 쓴 글이 분명하지만 전투로 승부를 낼 것을 직접 권장한 문구는 보이지 않는다. 그와는 반대로 그가 같은 해에 작성한 《전역계획戰役計劃 *Projets de campagne*》에서는 좋은 계획은 "전투력이나 시간 또는 처음 차지한 진지陣地가 보장해 주는" 이점利點으로 전쟁의 결과를 결정하려는 계획이라면서 "좋은 전쟁 계획은 우리는 모험을 거의 하지 않고 적을 모든 것을 잃을 수 있는 위험에 빠뜨릴 수 있는 계획이다"라고 했다.

서기 1753년 프리드리히는 폴라르Folard가 쓴 대작大作인 폴리비우스Polyb/Polybius의 《역사*Historiai*》에 대한 주석서註釋書의 축약본縮約本을 장교용으로 준비하게 하면서 직접 서문序文을 썼는데 이 서문에서 그는 병법兵法 연구에 기초가 될 만한 고전 문헌은 몇 권밖에는 없다며 "시저Cäsar/Caesar의 《주석註釋/*Kommentaren/ Commentaries*》(역자 주: 《골 전기戰記 *De Bello Gallico/Bellum Gallicum*》 및 《내전기內戰記/*De Bello Civili/Bell Civ.*》)에서는 우리가 판두르pandur/pandour 전투에서 알 수 있는 것 이상을 배울 것이 없고, 그가 영국으로 갔던 일도 별로 다를 것이 없고, 우리 시대의 장군이 그의 말로부터 배울 것이라고는 파살루스Pharsalus 전투 때 기병을 이용했던 일(역자 주: 이 책 제Ⅱ편, 405쪽 참고) 정도에 불과하다"고 했다. 우리는 이 말이 너무 해괴한 말로 들리므로 처음에는 무슨 말인지 알기 힘들다. 그러나 이 말을 잘 생각해 보면 분명하고도 실용적인 마음자세를 지닌 그의 반발감反撥感을 알 수 있다. 그는 전통적 사료들의 내용에 구속 받지 않으려고 잘못된 공리공론空理空論을 거부했던 것이다. 앞서 알 수 있었듯 그 시대의 군사이론가들은 시저의 전략을 억지로 소모전消耗戰 전략으로 보려고 했다. 프리드리히는 이는 옳지 않은 견해임을 강조했다. 그는 그런 견해가 잘못임은 알고 있었지만 그 이유는 물론 찾아내지 못했고 다만 판두르 전투와 비교함으로 그런 견해에 대한 불편한 심기를 표현했던 것이다.

프리드리히는 서기 1759년 가을에 쓴 《카를 XII세의 군사적 자질과 성격에 대한 평가*Betrachtungen über das militärische Talent und den Charakter Karles XII*》에서 자신은 유혈사태

를 제한한 적이 여러 차례 있었다면서 다음과 같이 말했다.

> 물론 싸워야 하는 경우도 있다. 그러나 잃을 것보다 얻을 것이 더 많거나, 적이 숙영 중 또는 행군 중에 방심하고 있거나, 적을 강습함으로써 평화를 수락하도록 강요할 수 있을 경우에만 싸워야 한다. 더욱이 쉽사리 전투에 휩쓸려 들어가는 장군들은 대부분 다른 방법을 몰라서 그런 편법에 의존한다는 것은 분명한 사실이다. 그러나 우리는 쉽사리 전투에 휩쓸리는 것을 유능한 장군이 아니라 자질이 없는 장군의 증거로 본다.

프리드리히는 자신의 개인적 비망록인 《7년 전쟁의 역사*Geschichte des Siebenjährigen Krieges*》에서 다운Daun의 원수元帥 방법을 "의심의 여지가 없는 좋은 방법"이라고 보면서 다음과 같이 말했다.

> …산악 진지陣地나 험한 지형을 차지하고 있는 적을 굳이 공격하려는 장군은 실수하는 것이라고 볼 수 있다. 물론 나도 상황 때문에 이 같은 극단적 방법을 쓴 일이 가끔 있다. 그러나 적과 대등한 병력으로 전쟁을 할 때는 자신을 너무 위험한 상황에 빠뜨리지 말고 영리한 계략으로 자신에게 유리한 상황을 조성해야 한다. 조금 유리한 상황이 여럿이 모이면 크게 유리한 상황이 된다. 방어준비가 잘 된 적의 진지를 공격하기는 어렵다. 그런 진지를 공격하다가는 패하기 십상이다. 승리하더라도 15,000~20,000명의 병력이 희생된다면 이는 군대를 심각하게 약화시키는 것이다. 잃은 병력을 신병新兵들로 충분하게 보충할 수 있는 경우라고 해도 그들로 잃은 병력의 질質까지 보충할 수는 없다. 뿐만 아니라 이렇게 병력을 보충하려면 우리의 국토에 주민들 씨가 마르게 될 것이다. 또한 군대는 약화되어 전쟁을 길게 끌면 결국은 훈련도 되지 않고 군기軍紀도 없는 농민들의 군대만 남게 되어 이들로는 감히 적을 상대할 수 없게 된다. 물론 상황이 좋지 못할 때는 과감히 원칙을 무시할 수 있다. 그러나 다른 약이 없을 때만 병자에게 구토제嘔吐劑를 주듯 우리는 필요할 경우에만 죽기 아니면 살기식의 수단에 의지할 수 있다. 하지만 이런 예외적 경우가 아니면 병력보존에 좀 더 관심을 갖고 진군하면서 합리적으로 행동해야 할 것으로 나는 믿는다. 전쟁에서는 우연에 가장 적게 의존하는 자가 가장 현명한 자이기 때문이다.

이로부터 5년 후(서기 1768년) 작성된 프리드리히의 '군사문제 유훈遺訓 *Militärische Testament*'에서 같은 개념을 발전시켜서 기동전략機動戰略/Manöber=Strategie/maneuver strategy의 장

점을 더욱 강조하면서 다음과 같이 말했다.

개활지 전투가 고정된 진지에서 싸우는 것보다 덜 위험하다고 믿는 것은 잘못이다. 개활지에서는 대포가 적을 놀라게 할 수는 있지만 우리가 적을 공격하면 적은 이미 대포를 정렬해 놓은 상태이므로 우리가 대포를 정렬하려는 순간 적이 먼저 포격을 가할 수 있게 된다. 이는 매우 큰 차이다.

프리드리히는 다음에는 오스트리아와 다음과 같이 전쟁하겠다고 말했다.

나는 우선 충분한 땅을 점령해 식량조달을 쉽게 하고 적敵의 비용으로 보급 문제를 해결하고 가장 유리한 지형을 택하겠다. 또 적이 가까이 접근하기 전에 서둘러 나의 방어선을 요새화 해 놓을 것이다. 또한 정찰대를 최대한 멀리 각 방향으로 보내 주변지형을 수색하고 최대한 빨리 적이 숙영지로 이용할만한 지역과 그곳으로 통하는 도로들의 지도地圖를 만들겠다. 그렇게 하면 나는 주변지역에 대한 정보를 얻을 것이고 이 지도를 통해 공격할 수 있는 지점과 공격하기 어렵고 오스트리아군이 병력을 정렬하게 될 지점을 분명히 알게 될 것이다. 나는 일반 전투는 고려하지 않겠다. 적의 진지를 점령하려면 나에게도 많은 손실이 생길 것이고 (오스트리아와 같은) 산악지대에서는 추격으로는 결정적 효과를 가져 올 수 없기 때문이다. 그 대신 숙영지의 안전을 강력하게 확보할 것이다. 또 신경을 써 숙영지를 요새화 해 놓고 적의 분견대들을 격퇴할 계획만 세울 것이다. 적의 분견대들 중 하나를 격파하면 적의 군대 전체에 혼란을 줄 수 있기 때문이다. 80,000명 의 적에게 패배를 안겨 주기는 어렵지만 15,000명의 적을 격퇴하는 것은 쉬운 일이다. 우리는 큰 피해를 입지 않고 적을 격퇴할 수 있기 때문이다.

프리드리히는 이어서 좋은 진지를 점령하고 있는 적을 공격한다는 것은 몽둥이를 든 농민들만으로 잘 무장한 병력을 공격하려는 것이나 같다고 했다.

프리드리히의 《전역계획戰役計劃 *Projets de campagne*》(서기 1775년)에서는 **"적을 정복하기 위해서만 전투를 하면 안 된다.** 전투 없이는 이 계획이 중단될 경우에만 전투를 하라"고 했다.

프리드리히의 어록語錄에 소모전消耗戰 전략의 양극兩極을 벗어난 말은 없다. 오스트리아군 지휘부에 전권대사全權大使로 가 있던 프랑스 각료 쇄소유Choiseul와 몽타제Montazet, 오스트리아 장관長官 카우니츠Kaunitz 그리고 프란쯔Franz/Francis I세 황제 자신까지도 어조는 조금씩 달라도 모두가 프리드리히의 군대를 격퇴하는 것이 원칙이라는 견해를 가지고 있었다. 그들의 이런 견해는 섬멸전殲滅戰 전략의 증거라고

할 수 있다. 황제는 서기 1757년 7월 31일 그의 동생인 로트링겐Lothringen/Lorraine의 카를Karl/Charles 영주領主에게 보낸 서신에서 "우리는 적의 땅을 점령할 생각을 하지 말고 적의 군대를 격퇴할 생각만 해야 한다. 적의 군대가 격퇴되면 적의 땅은 저절로 우리 손에 떨어질 것이기 때문이다"라고 했다. 그러나 프리드리히의 어록語錄에는 그런 말은 보이지 않는다. 그들과 반대로 그 당시 로이드Lloyd 장군 등은 군사작전을 땅 따 먹기 작전으로만 엄격히 제한해서 싸울 필요가 없는 전쟁을 벌일 수도 있다는 말도 했다. 그러나 프리드리히의 글에는 이런 말도 없다. 그의 전략에서는 프로이센의 전쟁은 짧고 활기차야 하고 전쟁은 전투로 승부가 난다면서 전투 쪽의 극極으로 접근했다가 또 다시 전투를 절망적 경우의 편법으로 생각하고 전투를 하는 것은 지적 능력이 결여된 증거라는 명제를 채택함으로써 기동機動 쪽의 극極으로 접근하면서 전투 대신 적의 분견대들을 잘라낼 것을 권했다. 하지만 이런 그의 생각을 자기모순으로 보려 한다면 이는 잘못이다. 섬멸전 전략과 소모전 전략을 동시에 지적했던 마키아벨리Machiavelli의 말 속에는 풀리지 않는 분명한 모순이 존재한다. 그러나 프리드리히는 더 없이 완전하고 논란의 여지가 없는 방식으로 소모전 전략을 표현했다. 본질상 소모전 전략은 상황이나 단순한 기분에 따라서 이 방법 저 방법이 더 강조되고 이용될 가능성이 내포된 전략이다. 프리드리히도 자신이 위대한 프랑스 지휘관들인 꽁데Condé, 까티나Catinat, 뤽상부르Luxembourg, 사보아Savoyen Savoy의 오이겐Eugen/Eugene 영주領主, 프로이센의 드쏘Dessau 공公 레오폴트Leopold와 동일한 원칙을 따랐었다고 가끔 말했다.29) 우리는 베게티우스Vegez/Vegetius 이후 마키아벨리 하나를 제외한 모든 장군들과 모든 군사이론가들의 생각에는 이런 종류의 설명 가능한 자기모순이 있었다고 말할 수 있을 것이다.

프리드리히가 당대當代의 다른 사람들과 차이가 있었던 부분은 프리드리히는 군사활동의 절정기(서기 1757년~1759년)에 대부분의 다른 사람들보다 전투 쪽 극極에 가까이 접근했었다는 점에서 찾아 볼 수 있다. 그러나 우리는 그를 전투 쪽 극極에 가장 가까이 접근했던 인물로 볼 수는 없다. 프리드리히보다 더 전투 쪽 극極에 가까이 접근한 인물들이 보이기 때문이다.

그러나 순수한 이론에서는 기동機動을 유리한 것으로 보는 경향이 있다. 서기 1752년 작센 선제후選帝侯의 규정은 "전쟁에서 전투는 가장 중요하고 가장 위험한 작전이다. 숲이 없는 개활지 지역에서는 전투로 인한 손실이 너무 크기 때문에 거의 일어나지도 않고 이를 권장해서도 안 된다. 위대한 장군은 위험 없이 조심스럽고 안전한 기동機動으로 전역戰役의 최종 목표를 달성하는 법이다"라고 했다.

---

29) 일례로 루드비히 XV세에게 보낸 서기 1744년 7월 12일자 서신 및 《전쟁의 일반원칙General-Prinzipien vom Kriege》을 쓰기에 앞서 프로이센 영주에게 보낸 서신.

서기 1759년 왕의 재촉 때문에 앙리 영주領主는 프랑코니아Frankonia를 침공해서 황제군의 식량저장소를 파괴했다. 레초프Retzow는 이에 대해서 그가 거둔 성공은 "왕에게는 전투에서 승리한 것보다도 더 값진 것이었음이 분명하다. 황제군은 식량을 모두 잃은 후라서 큰 작전을 벌일 생각을 할 수 없었으므로 모험심 강한 프랑스의 한 장군이 한 차례 전투에서 패배했음에도 불구하고 금방 병력을 집결시켜 그가 당한 패배를 설욕할 수 있었기 때문이다"라고 했다.

르네상스 시대와 프리드리히 대왕 시대 사이에는 모든 병종兵種의 전술에 변화가 일어나 시대마다 그 모습이 달라졌다. 종심縱深이 깊었던 보병부대 방진方陣은 종심은 얕고 긴 전투선戰鬪線으로 변했다. 튼튼한 말을 타고 개인 마상무술경기馬上武術競技 식으로 싸우려고 했던 중무장 기사騎士들의 무리는 밀집 정렬해서 질주疾走하며 공격하는 기병중대로 변했다. 포병은 병력수나 위력이 백배 정도 증가했다. 그러나 이 300년 동안 전략의 기본원칙은 변하지 않았다. 귀치아르디니Guicciardini는 스페인 총독이 서기 1512년의 라벤나Ravenna 전투 전에 프랑스군으로로부터 로마냐Romagna 지역의 도시들을 엄호하고 프랑스군이 로마로 들어갈 길을 차단하기 위해 실시했던 기동, 이때 식량보급이 매우 중요한 역할을 했다는 사실, 어떤 사건들 때문에 전투에 들어가게 된 경위, 그리고 프랑스군의 승리가 장기적으로 보면 지속적인 효과가 없었던 이유 등을 잘 설명해 놓았는데 17세기 또는 18세기의 어느 전역戰役도 이와 동일한 설명이 어렵지 않을 것이다.

새로운 전략이 탄생할 수 있기 위해서는 세계의 정치적 모습이 완전하고 깊은 변화를 경험해야만 했었다.

제 V 장
개별 전투들과 그 전략

I. 스페인 왕위계승 전쟁(서기 1701년~1714년)

1. 훼크스타트HÖCHSTADT 전투(서기 1704년 8월 13일)[1]

스페인 왕위계승 전쟁(역자 주: 서기1701년~1713년)이 발발했을 때 프랑스 루이 XIV 세의 병력은 후일의 나폴레옹의 생각과 같이 그가 적을 완전히 굴복시키겠다는 생각을 품는 것이 정당할 정도로 매우 우세했었다. 그는 바이에른Byern/Bavaria의 막스Max Emanuel 선제후選帝侯와 함께 비엔나로 진격하기 위해 이태리와 게르만 지역에서 병력을 집결시킬 계획을 세울 수 있을 정도였다.

그러나 결국 영국의 말보로Malborough가 정부 생각과 달리 영국-네덜란드 연합군을 이끌고 도나우Donau/Danube강 쪽으로 진군하며 이들의 병력이 더 우세해 졌다.

도나우강에서 양측은 상당한 시간 동안 서로 상대방 주변을 기동했다. 연합군은 쉘렌베르크Schellenberg를 휩쓸면서 바이에른군에게 강타를 날림으로써 도나우뵈르트Donauwörth에서 도나우강을 건널 수는 있었지만 큰 결전決戰이 벌어지기는 더 어려워졌다. 양측 모두 최고지휘권이 나뉘어 있었기 때문이다. 연합군 쪽 지휘권은 말보로와 바덴Baden의 루드비히Ludwig에게 나뉘어 있었고 여기에 제3의 군대를 지휘하는 사보아Savoyen Savoy의 오이겐Eugen/Eugene 영주領主가 합류했다. 다른 쪽의 지휘권은 막스 선제후와 프랑스의 마르젱Marsin 원수元帥에게 나뉘어 있었고 여기에 제3의 군대를 지휘하는 프랑스의 탈라르Tallart 원수元帥가 합류했다.

프랑스-바이에른군은 아우그스부르크Augsburg 앞에 난공불락의 진지를 점령하고 있자 연합군은 우세한 병력을 가지고도 바이에른 농촌지대를 조직적으로 초토화시켜서 백성들에게 고통을 가함으로써 막스 선제후가 강화講和에 응하지 않을 수 없도록 만드는 방법 외에는 다른 방법은 생각할 수 없었다.

그러나 막스 선제후는 끝까지 버티고 말보로는 결국 고향으로 소환될 것 같이 보이자 연합군은 무언가 좀 더 해보려고 병력의 일부를 보내 잉골스타트Ingolstadt를 포위키로 했다. 이때 프랑스-바이에른군이 이에 대비해서 움직이자 오이겐과 말보로는 이 기회에 상대방이 새 진지陣地를 요새화해 놓기 전 공격하기로 결정했다. 말보로는 이때의 일에 대해 "우리가 처해있던 불리한 상황에서는 죽기 아

---

1) 이 전역戰役과 전투에 관한 과거의 모든 설명들은 사료를 비판적으로 분석해 가며 자세히 연구한 이스라엘Rudolf Israel의 《서기 1704년 남부 게르만 전역戰役 *Der Feldzug von 1704 in Süddeutschland*》(베를린 대학교 학위논문, 서기 1913년)에 의해 크게 수정되었다.

니면 살기 식 같은 그런 강력한 해결책을 쓸 필요가 있었다"고 했다.

이 표현에는 연합군이 잉골스타트를 포위할 병력으로 14,000명을 빼낸 후에도 여전히 수적 우위(62,000명 대 47,000명)를 유지할 수 있었다는 점에서 소모전消耗戰 전략Ermattungsstrategie /strategy of attrition의 본질이 매우 잘 나타나 있다. 흔히들 지금까지는 연합군이 말보로Malborough나 오이겐Eugen/Eugene과 매우 불편하게 지내고 있던 바덴Baden의 루드비히Ludwig를 제거하려고 이 14,000명 없이 공격하려 했던 것으로 보아왔다. 하지만 그렇게 보는 것은 그 자체가 매우 의심스럽기도 하지만 처음에는 오이겐에게 잉골스타트 포위를 지휘하도록 했었다는 사실과도 모순된다. 우리는 이 시기에는 상당히 큰 병력을 2차적 임무에 돌렸다가 정작 결전決戰을 벌여야 할 때는 이들을 다시 활용할 수 없었던 경우들을 더 볼 수 있게 될 것이다.

여하간 연합군은 약간 우세한 병력으로 승리했는데 기본적으로는 지휘관들의 리더십이 뛰어났었기 때문이다. 프랑스-바이에른군은 야전 요새들을 완성하기 전에 기습공격을 받았다. 그들의 진지陣地는 불리한 진지는 아니었다. 오이겐은 그들의 좌측인 북쪽을 포위하려 했지만 실패했다. 만약 오이겐의 이 첫 공격을 격퇴한 방어군이 공격으로 전환해서 강력한 추격에 나섰다면 승리할 가능성도 있었을 것이다. 마라톤Marathon 전투(역자 주: 이 책 제I편, 61쪽 참고) 이후 우리가 알 수 있었다시피 방어에서 적시에 공격으로 전환하는 것보다도 더 강력한 전투방법은 없다. 그러나 이런 전투방법을 쓰려면 위대한 지휘관이 있어야 했는데 중앙의 제일 중요한 부분을 지휘하던 프랑스군 탈라르Tallart 원수元帥는 그런 지휘관이 아니기도 했지만 그와 함께 공격에 나서야 했을 나머지 두 동맹군이 그의 지휘 하에 있지도 않았다. 그들은 오로지 수세적守勢的 전투만 생각하고 있었으므로 블린트하임Blidheim(블렌하임Blenheim) 마을과 오베르-글라우하임Ober-Glauheim 마을을 너무 큰 병력으로 점령했고 공세로 전환할 때를 대비한 예비대를 남겨두지 않았다.2)

이런 상황에서 말보로의 냉정한 조심성이 성공을 거두었다. 그는 첫 공격에서 밀려난 다음 군대를 돌려 우세한 병력으로 두 마을 중간으로 밀고 들어가 적의 중앙을 돌파했고 이에 두 마을은 후방에서도 위협을 받게 되었다. 블린트하임 마을을 지키던 병력은 결국 항복할 수밖에는 없었다.

여기서 강조해 두어야 할 점은 이 훼크스타트Höchstadt 전투 때나 마찬가지로 쉘렌베르크Schellenberg 전투 때도 방어군이 야전 요새를 점령하고 있을 때 공격군의 공격이 이루어졌다는 사실이다.

---

2) 물론 탈라르Tallart는 연합군이 안개를 뚫고 자신의 앞을 가로질러 가자 바로 공격하려 했었고 전투 중에도 몇 차례 공격을 위해 움직인 적은 있었다. 그러나 그의 전투대형과 특히 비정상적으로 많은 병력으로 블린트하임을 점령하고 있었던 점과 예비대가 없었던 점을 볼 때 그의 전투계획은 순수한 방어작전에 있었다고 우리는 말할 수 있다.

2. 투린TURIN 전투(서기 1706년 11월 11일)3)

프랑스군은 투린을 포위한 후 이 포위군을 엄호하기 위한 병력을 에쉬Etsch와 가르다Garda 호수까지 보냈다. 사보아Savoyen Savoy의 오이겐Eugen/Eugene 영주領主는 프랑스군보다 약간 많은 병력을 집결시킨 후 프랑스군 엄호병력을 우회해 매우 빠르게(자주 적과 접촉해 가면서도 16일 동안 260km를 행군해서) 포Po 강 남쪽을 따라 투린을 구원하러 갔고 모데나Modena 영주領主는 식량을 약간 제공했다. 에쉬에서 오이겐을 격퇴하려 했던 오를레앙Orleans 영주領主 휘하의 프랑스군이 도착하자 이제 양측 병력은 약 4,000명씩으로 거의 같아졌다. 프랑스군은 투린 포위도 계속하며 구원군을 공격하기에는 병력이 너무 적다고 보고 외부요새外部要塞/circumvallation(역자 주: 역자 주: 어느 곳을 포위 중에 외부로부터의 구원군을 방어하기 위한 요새를 말하며 성城을 포위한 요새는 이를 내부요새內部要塞/contravallation라고 한다)를 구축해 자신들을 보호하려고 했다.

남쪽에서 올라오고 있던 구원군은 포위군을 우회해서 방금 공사에 착수해서 아직 완성되지 않은 외부요새가 있는 북서쪽의 한 지점까지 간 후에 포Po 강의 두 지류인 도라Dora 강과 스투리Stura 강의 사이인 이곳에서 30,000명 병력으로 공격을 시작했다. 이곳의 프랑스군은 12,000~13,000명에 불과했다. 이때 연합군은 3개 제대는 보병부대이고 3개 제대는 기병부대인 5~6개 제대梯隊이상 되는 종심縱深의 대형으로 밀고 올라온 다음4) 스투라 강 좁은 하상河床을 통해 프랑스군 외부요새의 우측면을 포위하면 후방으로부터도 그들을 공격할 수 있음을 발견하고 결국 공격에 착수했다. 곧 프랑스군 외부요새의 전투선戰鬪線 전체가 측면을 포위당했고 투린의 수비대까지 출격을 나와 도주하는 프랑스군을 차단했다.

이때 패배한 병력은 오를레앙Orleans 영주領主의 병력이지만 라페유라데La Feuillade의 지휘 하에 투린을 포위했던 병력 역시 오를레앙이 패배한 것을 알자 공포에 휩싸여 싸울 수 없게 되사 대부분의 대포를 잃고 프랑스로 떠났다.

만약 라페유라데가 그의 병력 6,000명 정도만 오를레앙 영주를 지원해 주어서 이 영주가 예비대를 운용할 수 있었다면 오스트리아군의 공격은 실패했을 가능성이 높다. 그러나 라페유라데는 적이 오를레앙의 요새화된 전투선을 실제로 공격하리라고는 믿지 않았고 자신과 오를레앙 사이의 보급선을 차단하려고 기동만 할 것으로 보았었다. 더욱이 그는 자신의 개인적 업적으로 남을 것 같던 외부요새의 함락이 임박했음에도 포위선의 어느 곳도 약화시키려 하지 않았다. 그러나 젊은 오르레앙 영주領主의 자문관이었던 마르젱Marsin 원수元帥는 전쟁재무성戰爭財務省

---

3) 이 전투의 전략 문제와 전술 문제를 처음으로 완벽하게 설명한 글로는 슈몰러Georg Schmoller의 《서기 1706년의 이태리 전역戰役 Der Feldzug von 1706 in Italien》(베를린 대학교 학위논문, 서기 1909년)이 있다.
4) "2개의 기병대 제대梯隊 앞에 있던 후사르Husar(기병대騎兵隊)." 슈몰러, 같은 글, 35~37쪽.

장관의 사위로서 궁정宮庭에서 자신에게 큰 피해를 줄 수도 있는 라페유라데에게 감히 강력하게 맞서지 못했다. 결국 프랑스군은 그들이 2년 전 훼크스타트Höchstadt 전투 때 그랬던 것보다도 더 통일되지 않고 조심성 없는 리더십으로 인해서 이 전투에서도 패했다. 반면에 상대방의 지휘관들인 오이겐Eugen/Eugene 영주領主와 그의 사촌인 사보이Savoyen/Savoy 영주領主는 훌륭하게 협조했었다. 전혀 허영심이 없었던 오이겐 영주領主는 심지어 승리를 보고하는 서신에서도 자신의 이름을 전혀 언급하지 못하게 했을 정도였다.

프랑스군의 이 패배로부터 군사이론가들은 포위군을 구원군으로부터 보호하기 위해 외부요새를 구축하려는 계획은 원칙상 잘못된 것이라는 결론을 끌어냈다. 그러나 전투 경과를 잘 검토해 보면 그런 결론은 인정될 수 없음을 알 수 있다. 프랑스군의 외부요새는 정면공격을 받은 것이 아니라 포위를 당한 것이기 때문이다. 드쏘Dessau 공公 레오폴트Leopold가 지휘한 용감한 프로이센군이라도 이런 포위 기동을 하지 않았다면 아무 성과도 거두지 못했을 것이다. 만약 프랑스군이 이 외부요새를 잘 방어했다면 이 외부요새는 고대 알레시아Alesia 포위 때처럼 훌륭한 역할을 다 했을 것이다(역자 주: 이 책 제I편, 제Ⅶ권, 제Ⅴ장, 633쪽 이하 참고). 다만 사촌 간인 사보이의 두 지휘관이 완전히 앞뒤가 뒤바뀐 정면으로 이 요새화된 진지를 모험을 무릅쓰고 공격한 것은 최상의 전략적 대담성을 보여준 업적이며 진정으로 운명이 그들에게 요구했던 행동으로 평가될 수 있을 뿐이다.

3. 서기 1708년의 상황(우데나르데Oudenarde 전투; 릴레Lille 전투)

영국의 말보로Malborough가 서기 1706년 라밀리에Ramillies 전투에서 탁월한 추격으로 승리를 거둔 후 벨기에는 해상세력의 수중으로 넘어갔다. 그러나 이듬해에는 더 이상 급격한 변화는 없었고, 서기 1708년에는 프랑스가 네덜란드 정부에게 혹독하게 시달리던 주민들의 도움으로 브루게스Bruges와 겐트Ghent를 되찾았다. 말보로가 같은 해 7월 11일 우데나르데Oudenarde에서 공격에 성공해서 승리했지만 상황은 별로 달라지지 않았다.5) 이때 말보로는 프랑스 내륙으로 밀고 들어가자고 제의했고 지금껏 이는 파리 공격 계획이었던 것으로 해석되어 왔지만 여하간 오이겐 영주는 즉시 이에 반대했고, 네덜란드는 결코 설득이 되지 않자 그는 친구인 고돌핀Godolphin 경卿에게 보낸 편지(7월 26일자)에서 이에 관한 모든 내용을 보고하면서6) 파리까지 진격한다는 것은 전혀 가망이 없는 일일 것이라며 농촌의 주민들

---

5) 뮐호프Franz Mühlhoff, 《우데나르데 전투의 기원*Die Genesis der Schlacht bei Oudenaarde*》, 베를린 대학교 학위논문, 서기 1914년.
6) 코세Coxe의 《말보로의 생애와 서신書信*Leben und Briefwechsel Marlboroughs*》에 수록되어 있다.

은 재산을 챙겨서 요새화된 지역으로 도망해 들어갈 것이고 결국 침입자는 사막으로 들어가는 꼴이 될 것이며 장기판 모습으로 배열되어 있는 요새화된 지역들만 연이어 만나게 될 것이라고 지적하면서 "그저 적을 유인해서 전투로 끌어낼 수 있다면 얼마나 좋을까?"라고 했다. 그는 우데나르데에서 승리로 얻은 중요한 성과는 적의 사기土氣를 일시 떨어뜨려 놓은 것뿐이라고 했다.

따라서 프랑스군은 패배했지만 프랑드르Flandern/Flandre 지역 거점據點을 계속 유지하고 브루게스Bruges와 겐트Ghent를 되찾을 수 있었고 연합군은 그곳에서는 요새에 들어가 있는 프랑스군을 공격할 수 없어서 프랑스군의 주력을 뒤에 남겨둔 채 릴레Lille를 포위하기로 결정했다고 볼 수 있다. 릴레 시市 포위는 겨울에 가서야 끝났고 이 도시를 함락한 후 그 주변 거점據點을 포위했다. 이때 프랑스 대군大軍이 올라와 포위군을 신뢰해서 공격에 석합한 지점을 찾아보다 결국 포위군이 자신들을 보호하려고 구축해 놓은 난공불락의 외부요새外部要塞/circumvallation를 발견했다. 프랑스군은 연합군의 수송대열을 공격해서 그들이 포위를 풀지 않을 수 없도록 하기 위해 여러 차례 시도해 보았지만 실패했으며 연합군은 릴레를 함락시킨 후 이어서 브루게스와 겐트를 포함해서 프랑드르 지방까지 되찾았다.

이 전역戰役에서 중요한 부분은 먼저의 야전전투野戰戰鬪/Feldschlacht가 아니라 나중의 성공적인 포위작전Berlägerung이다. 먼저의 야전전투를 적의 완전한 포위로 정면이 앞뒤로 바뀌어 싸운 전투로 본다면 즉, 분명한 결과가 예상되었던 전투로 본다면 이는 전혀 잘못된 생각이다. 이 전역戰役에서는 말보로가 승자였음은 분명하고 오이겐 영주領主의 병력도 이미 가까운 곳까지 와 있었으므로 말보로 역시 한번 기꺼이 싸울 생각도 있었겠지만 그에게는 처음이나 나중이나 어떤 경우라도 결전決戰을 강행할 능력은 없었고 또한 한 차례 전술적 승리를 활용해서 적을 이길 능력도 없었다. 이 전역戰役은 양측 모두 최대한의 병력을 동원해서 큰 틀의 소모전消耗戰 전략 아래서 수행한 전역戰役이었으며 이 전역戰役에서도 역시 연합군이 리더십을 통해서 승리했다. 연합군 측은 말보로와 오이겐 영주간 협조가 잘 이루어졌지만 프랑스 측은 왕위계승권자였던 젊은 부르고뉴Burgund/Bourgogne 영주領主가 벤돔Vendôme 원수元帥의 자문을 받았었고 여기에 다시 독립된 제3의 지휘관인 버위크Berwick 영주領主가 합류했었다. 더욱이 프랑스 왕은 분명히 자신의 명령이 없이는 "중요한 결정을 내리면 안 된다"고 했기 때문에 왕의 결정을 구해야 했던 일이 많았었다. 이렇게 되면 현장에서는 큰 모험적인 결단決斷을 내릴 수 없었으므로 모든 일이 느리게 진행될 수밖에는 없었고 그러는 사이에 연합군은 프랑스군의 주력이 그들 주변에서 잠복해 있는 상황에서도 포위작전을 수행할 수 있었다. 결국 아무런 전투도 없이 거점據點들과 야전 요새들이 결과를 결정했다.

4. 말프라케트MALPLAQUET 전투(서기 1709년 11월 11일)7)

릴레Lille는 겨우 40년 전에 프랑스가 차지한 국경도시였지만 프랑스는 이 도시를 잃은 후 너무 지쳐있었고 루이 XIV세는 그의 손자를 스페인 왕으로 만들려던 진짜 전쟁목적뿐 아니라 엘사스Elsass/Alsace까지 포기할 마음이 있었다. 그러나 연합군이 이런 불명예스런 양보를 강요하자 그는 계속 싸우기로 결정하고 전년보다 더 많은 병력을 야전으로 보냈다. 그러나 이 군대의 전략적 임무는 수세적守勢的으로 전쟁을 계속하는 것 외에 다른 것일 수 없었고 연합군 역시 전년도에 릴레를 빼앗았기 때문에 다른 국경요새들을 빼앗는 것 외에는 달리 큰 목표를 세우지 않았다. 연합군은 우선 투르나이Tournai를 함락시킨 후 몽Mons 쪽으로 방향을 돌렸는데 이 두 도시는 원래 벨기에 소속이지만 지금은 프랑스가 차지하고 있는 곳이었다. 프랑스군 최고사령관 빌라르Villars 원수元帥는 투르나이의 함락을 막을 수 없었지만 연합군이 몽Mons으로 향한 것을 알고 최대한 빨리 올라갔으므로 오이겐Eugen/Eugene 영주領主가 아직 요새 반대 쪽 진지에 있어 말보로를 바로 도울 수 없을 때 말보로를 공격할 기회가 있었을 것이다. 그러나 빌라르는 반대쪽 상황이 어떻게 돌아가는지 당연히 모르고 있었다. 말보로는 그를 향해 아주 먼 거리를 행군할 정도로 대담했다. 프랑스의 이 마지막 군대가 모험을 할 수 있었을까? 그렇게 한다는 것은 왕의 생각과 의도와는 완전히 배치되는 일이었을 것이다. 결국 빌라르는 말프라케트 마을의 한 거점據點을 점령하는 것으로 그쳤는데 이곳은 연합군이 포위작전을 펴려면 먼저 그를 몰아내야만 할 한 요새와 아주 가까이 있는 곳이었다. 빌라르는 크게 믿을만한 곳이 아니지만 이 거점을 최대한 신속하게 요새화 했는데 연합군은 그에게 이런 작업을 하도록 몇일 동안 방치하고 그사이에 결전決戰을 벌일 수 있도록 모든 가용병력을 집결시켰다. 결국 그들은 프랑스군 95,000명에 비해 110,000명의 우세한 병력을 집결시킬 수 있었다.

이 전투는 측익전투側翼戰鬪/Flügelschlacht로 시작되었다. 프랑스군 좌익은 상대방보다 대단히 큰 병력으로 상대방을 공격해서 포위할 계획이었고 중앙과 우익은 적은 병력으로 상대방을 견제牽制할 계획이었다. 어떤 기록에 의하면 그 전날 오후에 프로이센 왕세자王世子 프리드리히 빌헬름Friedrich Wilhelm I세를 포함해서 몇 명의 장군들이 프랑스 장군들과 1시간 이상 대화를 나눈 후에 프랑스 장군들에게 그들의 적인 자신들의 요새를 둘러 볼 기회를 준 것으로 보인다. 그들이 중요한 무엇을 적의 요새에서 발견했을 것 같지는 않지만 전투를 앞두고 전개 중에 있던 쌍방

---

7) 슈베르트페게Walter Schwerdtfeger의 베를린 대학교 학위논문(서기 1912년)에서는 이 전투를 잘 다루었다. 특히 강조되어야 할 점은 이 논문에 의해 뤼스토프W. Rüstow의 《보병사步兵史 Geschichte der Infanterie》의 많은 중요한 부분들이 수정되고 확장되었다는 점이다. 사우타이Sautai 역시 그의 《말프라케트 전투 Battaile de Malplaquet》(서기 1906년)에서 뤼스토프의 견해를 부인한 바 있었다.

장군들이 만나고 또 대화를 나누었다는 자체는 그 시대 군인들의 생각을 특징적으로 보여준 것이라고 할 수 있다. 그들에게 전쟁과 전투가 일종의 규모가 큰 집단마상무술경기集團馬武術競技Turnier/Tournament에 불과했다.

전투가 계획대로 진행될 수는 없었다. 프랑스군 거점에는 두 숲 사이로 3km 폭의 간격이 있었다. 전투선戰鬪線의 정면 또는 측면에 있던 이 숲들은 공격자의 접근을 방해하기도 했지만 공격자의 접근을 은폐해 주기도 했다. 연합군은 북서쪽 숲으로 큰 포위 종대縱隊를 보냈지만 그 자체는 효과가 별로 없었다. 이 종대는 숲속에서 길을 잃은 것 같은데 나중 그 쪽 측익의 보강병력이 되어 효과를 발휘했다. 그 쪽 즉, 프랑스군의 좌익 쪽에서는 프랑스군이 구축한 매우 강력한 요새 때문에 돌파에 성공하지 못했다. 연합군 좌익의 지휘관 오라니엔Oranien/Orange 왕세지기 자신에게 힐딩된 임무가 건세牽制였음에노 불구하고 적은 병력으로 상대방을 기습공격하려다 밀려났고 이때 프랑스군이 역습에 나섰다면 왕세자는 적에게 쉽게 제압되고 말 형편이었다. 그러나 이곳의 프랑스군 요새는 방어에는 매우 유리했었지만 전진에는 방해가 되었고 이곳 지휘관 부플레Boufflers 원수元帥는 용감했지만 순수한 방어전투를 계획하고 있다 역습을 결정할 수 없었다. 이에 연합군은 프랑스군을 서서히 밀어내는 데 성공했고 결국 전투현장을 소탕했다.

그러나 프랑스군 요새를 계속 공격하던 중 연합군 사상자死傷者는 30,000명 이상이 되었고 패배한 프랑스군은 오히려 약 12,000명 정도 사상자만 낸 후 전투현장에서 1마일(7.5km) 뒤로 철수해 새로운 거점을 점령했다. 하지만 그들은 더 이상 연합군의 포위를 막을 수는 없었고 결국 몽Mons도 함락되었다. 그러나 이런 손실에도 불구하고 프랑스군은 1년 내내 전쟁을 계속했고 전쟁이 끝났을 때는 전쟁을 시작할 때보다 상황이 호전되어 있었다. 필자가 보기에 말플라케 전투에서 연합군이 전술적으로 분명히 승리했지만 전략적으로 전역戰役 전체를 본다면 지금껏 정확히 평가되어 왔듯 프랑스군이 승자勝者였다. 이는 근본적으로 모순이지만 세상은 모순으로 가득 차 있으며 특히 소모전消耗戰 전략이 그렇다.

5. 서기 1710년～1713년의 상황(프라이부르크Freiburg 전투)

말프라케트 전투는 스페인 왕위계승 전쟁에서 마지막 큰 전투였다. 이후 국경지대 요새들이 포위되고 함락되고 하면서 4년 간 전쟁은 계속되었다. 처음에는 연합군이 우세했지만 영국과 네덜란드가 황제를 떠나 별도 평화조약을 체결하자 프랑스가 우위에 서게 되었다. 프랑스군은 결국 다시 라인 강을 넘어 프라이부르크Freiburg를 포위 함락시켰다. 오이겐Eugen/Eugene 영주領主는 어쩔 도리가 없었다.

Ⅱ. 서기 1741년~1755년의 상황

1. 서기 1741년의 상황[8] (몰비츠Mollwitz 전투)

프리드리히 대왕이 뜻밖에 실레지아Schlesien/Silesia를 점령한 후 고지高地 실레지아 Oberschlesien/Upper Silesia 국경지대 진지陣地에 있을 때 나이페르크Neipperg의 오스트리아군이 믿기지 않을 정도로 대담하게 프로이센 한 복판의 방어가 없는 한 도로에 나타나 아직 그들 수중에 있던 나이쎄Neisse 요새와 브리크Brieg 요새를 기지基地로 프리드리히가 지휘하는 프로이센군 주력의 철수로를 차단했다. 프리드리히는 자신이 후일 드쏘Dessau 공公 레오폴트Leopold에게 보낸 글에서 말했듯이 적을 공격하는 것 외에 "선택의 여지"가 없었다. 프로이센군은 적敵보다 보병은 거의 2배(18,000명 대 9,800명), 대포는 거의 3배(53문 대 19문)나 될 정도로 우세했었지만 기병대는 훨씬 적었다(4,600명 대 6,800명).[9] 몰비츠Mollwitz 전투(4월 10일)에서는 기병대에서 오스트리아군이 우세해서 승부가 한때 매우 불투명했었다. 오스트리아 기병대가 프로이센 기병대를 전투현장에서 밀어냈고 프리드리히가 비망록에서 말했듯이 "늙은 장교들은 탄약彈藥이 없는 이 부대가 거의 항복하지 않을 수 없는 순간이 도달했음을 보았다." 슈베린Schwerin 원수元帥는 프리드리히라도 구해보려고 그에게 전투현장을 떠나서 오스트리아군을 크게 우회해 실레지아 북쪽 먼 곳의 진지에 있는 프로이센 부대까지 가도록 설득했다. 매우 흥분한 젊은 프리드리히가 떠났다는 보고를 받았을 때 슈베린은 보병과 포병을 다시 전진시키는 데 성공했고 오스트리아군은 끝없이 퍼부어대는 프로이센군의 포화砲火에 물러서지 않을 수 없게 되었다. 오스트리아 기병대도 프로이센 기병대를 몰아내긴 했지만 그 과정에서 대형이 깨져 밀집한 적의 보병부대 대형을 공격할 수가 없었다.

프로이센군은 우익이 좌익보다 앞서 전진했다는 사실(역자 주: 앞의 269쪽 참고)은 전투의 결과에 아무 영향도 미치지 않았음이 분명하다. 나이페르크Neipperg는 이 전투에서는 패배했지만 고지高地 실레지아를 프로이센에게서 해방시켰고 나이쎄 요새를 기지基地로 삼아 실레지아에서 여름 내내 버티었다. 프리드리히는 병력이 더 우세해졌지만(60,000명 대 25,000명 이상) 감히 나이페르크를 공격하지 못했을

---

8) 최근 프로이센와 오스트리아의 장군참모부들은 프리드리히 대왕의 전쟁을 포괄적으로 연구했다. 그러나 프로이센 측 연구는 그 시대의 기본전략을 잘못 이해하고 있고 그로 인해 세부적인 부분들에서도 많은 오류를 보여주고 있다. 두 장군참모부의 연구를 잘 비교해 놓은 글로는 《육해군陸海軍 연보年報 *Jahrbücher für die Armee und Marine*》(서기 1906년 1월)에 수록된 헤르만Otto Hermann의 논문이 있다.
9) 《장군참모부 전집全集 *Generalstabswerk*》, 392쪽에서는 이 전투에서 쌍방의 병력은 "서로 큰 차이가 없었다"고 했지만 프로이센 측 보병을 1,200명 정도 너무 적게 평가하고 오스트리아 측 기병대를 1,800명 정도 너무 많게 평가했다. 더욱이 이 평가120에서는 프로이센 측에도 오스트리아군 후방의 올라우 Ohlau 거점에 1,400명의 기병이 있었고 이들도 전투에 개입할 수 있는 병력이었다는 사실과 7개 대대와 6개 기병중대와 고향에서 온 5개 기병중대도 있었다는 사실은 전혀 고려하지 않았다.

뿐 아니라10) 그를 요새화 된 진지陣地에서 유인해내지도 못했다. 그 대신 프리드리히는 프랑스군을 끌어들여 비엔나의 마리아 테레지아Maria Theresia/Theresa(역자 주: 오스트리아의 대공 겸 헝가리 및 보헤미아의 여왕으로 게르만 제국 프란쯔 I세의 아내였음)에게 대항하는 방식으로 전쟁을 정치적으로 수행하려고 했다. 그는 프랑스군이 도착하자마자 나이페르크와 구두로 클라인-슈넬렌도르프Klein-Schnellendorf에서 비밀 휴전협정을 체결했는데 이 협정에서 그는 14일 간 나이쎄Neisse 요새를 거짓으로 포위했다가 나페르크에게 넘겨준 후 저지低地 실레지아Niederschlesien/Lower Silesia 및 중부中部 실레지아Mittelschlesien/Middle Silesia에서 철수하겠다고 약속했다.

《장군참모부 전집全集 Generalstabswerk》에서는 나이페르크는 혹독하게 비난하고 프리드리에 대해서는 그가 하루 동안 4마일(30km)이나 행군한 적도 있고 처음부터 전술적인 결정을 기초로 작진을 수행했냐고 칭송하고 있다. 장군참모부는 나이페르크가 완전히 옛 이론에 의한 전통적 방법으로 작전 했다고 비판하고 있지만 우리는 이를 프로이센군의 강한 애국심 때문인 것으로 이해할 수 있다. 나이페르크는 적은 병력을 가지고도 진정으로 인간이 할 수 있는 모든 일을 다 했다.

나이페르크가 몰비츠 전투 때 자신의 병력을 프로이센군의 철수로에 배치하는데 성공한 것은 매우 주목할 일이다. 프리드리히가 이미 포위된 지역을 벗어나 포가렐Pogarell에서 하루 동안(4월 9일) 휴식하고 있을 때 나이페르크는 이 하루를 이용해 몰비츠까지 전진해서 다시 프로이센군 앞의 진지陣地를 점령할 수 있었다. 프리드리히는 자신이 멈추었던 이유를 비망록과 드쏘Dessau 공公 레오폴트Leopold에게 보낸 서신에서 그날 눈이 내려서 습기 때문에 보병이 싸울 수 없을 것으로 즉, 소총을 쓸 수 없을 것으로 믿었다고 했다. 이튿날 다행히 날이 개며 따뜻해졌고 보병사격이 실제 결정적 효과를 발휘했다. 《장군참모부 전집》에서는 이 상황에 대해 특히, 행군상황에 대해 정확하게 설명해 놓지 못했다.

2. 서기 1742년의 상황(코투시츠Chotusitz 전투)

만약 프로이센군이 크게 우세했던 병력으로 실레지아에서 나이페르크를 격퇴하고 비엔나로 진격했다면 프랑스군도 그와 합류했을 것이고 비엔나도 함락되었을 것이다. 그러나 프로이센군이 꼼짝 않자 프랑스군은 비엔나를 공격하기에는 병력이 너무 적었다. 하지만 프랑스군이 프라하Prag로 진격해 이를 함락시키자 프리드리히는 비로소 움직이며 클라인-슈넬렌도르프Klein-Schnellendorf 휴전협정을 깼다.

---

10) 《장군참모부 전집全集 Generalstabswerk》, 제II편의 서문에서는 프로이센이 이 승리를 활용하지 못한 데 대해 "이 지휘관의 쉽사리 흥분하는 기질에 가장 큰 영향을 미친 많은 병력 손실" 및 이와 유사한 이유들을 가지고 소급해서 설명했지만 프로이센군 병력이 크게 우세했던 사실은 언급하지 않았다.

오스트리아는 곧 분할될 것 같이 보였다. 보헤미아Böhmen/Bohemia는 바이에른 쪽에 붙고 모라비아Mähren/Moravia는 작센Sachsen/Saxony 쪽으로 붙을 것 같았다. 프랑스군의 브로글리Broglie 원수元帥는 이때 야심찬 계획을 세워 타보르-부드바이스Tabor-Budweis에 있는 오스트리아군을 사방에서 동시에 공격하기로 했다. 그러나 프리드리히는 이 계획에 따르지 않고 단지 적이 없는 모라비아로 전진해서 오스트리아와 비밀 협상을 시작했다. 그는 오스트리아가 분열되어 작센의 세력이 커지고 프랑스가 오만해 지는 것을 전혀 원치 않았기 때문이다.11) 전략적 관점에서 보면 이 겨울 전역戰役은 프리드리히의 당대인當代人인 프랑스군의 브로글 리가 섬멸전殲滅戰 전략 Niederwerfungsstrategie/strategy of annihilation에 바탕을 둔 계획을 생각하고 이를 제의할 수 있었음 을 알 수 있다는 점에서 흥미 있는 전역戰役이다. 당시 상황은 이 전략이 적합할 것으로 보였지만 정치적 이유로 이를 거부한 것은 바로 프리드리히 자신이다.

오스트리아군이 앞뒤로 기동만 하는 프로이센군에게 기습공격을 시도하면서 코투시츠Chotusitz 전투(서기 1742년 5월 17일)가 시작되었지만 결국 패했다.12)

결국 비엔나의 마리아 테레지아Maria Theresia/Theresa는 프리드리히를 프랑스로부터 떼어놓기 위해 고지高地 실레지아Oberschlesien/Upper Silesia 와 더불어 클라인-슈넬렌도르 프 비밀협정 때 그에게 넘겼던 지역들을 그에게 양도했다.

3. 서기 1744년의 상황(남부 보헤미아 전역戰役)

프로이센군이 떠난 후 영국군이 다시 오스트리아를 도우러 오자 프랑스군은 라인 강 너머로 밀려났고 엘사스Elsass/Alsace까지 거의 포기해야 할 것 같이 되었다. 이때 프리드리히는 세 번째로 출동해서 프라하Prag를 점령한 후 남부 보헤미아로 진격해 들어갔다. 오스트리아군은 엘사스에서 발을 빼지 않을 수 없었지만 프로 이센군을 직접 공격하지는 않았으며 프로이센군 북쪽으로 가서 그들의 보급선을 차단했다. 프리드리히도 전투를 통해 문제를 해결할 처지가 되지 못했다. 그에게 근 20,000명의 기병대가 있었지만 이들은 적을 샅샅이 수색할 능력이 없었다. 프 리드리히는 상당히 오래 동안 적에 대한 정보가 전혀 없었고 결국 자신과 대치

---

11) 센프트너Senftner의 《서기 1741년의 프로이센과 작센Sachsen und Preussen im Jahre 1741》(베를린 대학교 학 위논문, 서기 1904년)에서는 이 관점이 프리드리히에게 얼마나 중요했는지를 잘 설명해 놓았다.

12) 뮐러Paul Müller의 베를린 대학교 학위논문(서기 1905년). 오스트리아의 《장군참모부 전집全集 General- stabswerk》, 제III편, 670쪽에서는 프리드리히가 오스트리아를 보존하려는 정치적 이유로 이 전투에서 완전한 승리까지 밀어붙이지 않았다고 했다. 이는 흔히 말하는 프리드리히의 전략과는 정반대의 전략 이겠지만 필자는 전술적 작전에서까지 정치적 동기를 말하는 것은 지나친 말로 본다. 프리드리히가 이 승리를 전략적으로 더 이상 이용하지 않았다고 보면 충분할 것이다. 오스트리아의 《장군참모부 전집》의 견해는 코저Reinhold Koser의 《프리드리히 대왕 König Friedrich der Gross》이나 브라이히Bleich의 《서기 1741년~1742년의 모라비아 전역Der mährische Feldzug 1741-42》(로스토크Rostock 대학교 학위논문, 서기 1901년)에서 말하는 매우 다른 설명과 비교된다. 필자는 사실문제에서는 코저의 견해에 동의하 나 전략적 관점에서는 그와는 크게 다르게 평가한다. 브라이히 역시 문제의 핵심을 건드리지 못했다.

한 적을 발견했을 때 그들의 진지陣地가 방어에 너무 유리한 진지로 보였다. 그는 결국 식량 수레들도 포기하고 실레지아로 퇴각했고 또 중포重砲도 희생시키면서 프라하에서도 철수했다. 이때의 철수로 그의 군대는 거의 와해되었다. 병사들이 집단으로 탈영했기 때문이다. 오스트라아군의 트라운Traun은 전투도 없이 그리고 큰 전초전前哨戰 한 차례도 거의 없이 찬란한 승리를 거둔 반면 프리드리히는 그렇게 적의 영토 깊숙하게 밀고 들어갈 생각을 다시는 하지 못하게 되었다.

《장군참모부 전집全集 Generalstabswerk》과 특히 뢰쓸러Rössler 소령少領의 강좌講座(《주간군사週刊軍事 Militär-Wochenblatt》, 서기 1891년도 제3호, 부록)(역자 주: "처음의 두 실레지아 전쟁에서 프리드리히의 공격계획과 방어계획 Die Angriffspläne und die Verteitigungspläne Friedrichs in den beiden ersten Schlesischen Kriegen")에서는 섬멸전殲滅戰 전략의 색채를 지닌 것으로 보이는 서기 1741년~1744년 프리드리히의 공격계획을 높이 평가한다. 이 때 프리드리히의 진략이 전투의 극極 쪽으로 즉, 군이 그렇게 말하자면 섬멸전 전략 쪽으로 가장 가까이 접근했음은 옳지만 그의 전략을 섬멸전 전략으로 보기는 멀었다. 프리드리히는 결코 적의 병력을 특히 공격목표로 말한 적이 없다. 서기 1744년의 비엔나 공격도 전략이 매우 불확실했고 실제 섬멸전 전략에 접근하지도 못했다. 이때 모든 연합군들이 합류했고 남부 보헤미아에서는 오스트리아군에게 승리했던 것으로 추정되지만 이로써 겨우 20마일(150km) 남짓 떨어진 적의 수도首都까지 바로 행군하라는 요구는 없었다. 계획상으로는 동계숙영지로 들어가 이듬해에 비엔나로 행군할 예정이었다. 이때 연합군은 "발로 적의 목을 밟을" 계획이었지만 프리드리히는 이미 이런 생각을 더 구체화해 "도나우강으로 진격하고 **필요시** 비엔나 지역까지 진출 한다"고만 말하고 있다(《서신집書信集 Krrespondenz》. 제III편, 135쪽). 이런 점들 외에도 프리드리히는 이런 큰 계획을 그리 심각하게 생각하지 않았을 가능성도 배제할 수 없다. 그는 오스트리아를 격파할 의도가 없었고 프랑스 측이 그에게 큰 결전決戰을 벌이자고 제의했을 때도 이를 회피했었기 때문이다.

프리드리히의 전략에 대한 《장군참모부 전집》의 근본적으로 잘못된 개념은 세부적인 사항에서도 계속 오류를 생산해 내고 있다. 장군참모부는 사실문제를 항상 왜곡하고 감추지 않을 수 없었지만 결국 그 당연한 결과로 프리드리히의 영광을 칭송한다는 것이 오히려 그를 비난한 것이 되고 말았다. 어떤 궁리로도 프리드리히의 작전 방식을 그들이 추정한 구도로 억지로 꿰어 맞출 수는 없기 때문이다. 이런 상황은 서기 1744년의 상황에 매우 잘 나타나 있으며 라이츠케Leitzke의 《서기 1744년 프로이센의 정치 및 전쟁수행의 역사에 관한 새로운 연구》(하이델베르크 대학교 학위논문, 서기 1898년)는 프리드리히에 대해 《장군참모부 전집》이 제기한 비난을 적절히 반박했다.

4. 서기 1745년의 상황

(코투시츠Chotusitz 전투; 호헨프리트베르크Hohenfriedberg 전투; 수어Soor 전투; 케쎌스도르프Kesselsdorf 전투)

만약 오스트리아가 서기 1744년의 승리를 이어가며 겨울에도 전쟁을 계속했었다면 프로이센은 자신을 지켜내지 못했을 것이다. 그러나 오스트리아군의 물적 잠재력과 정신적 능력은 동계 전역戰役을 감당할 수 없었고 이에 프리드리히는 시간을 벌어서 쉬지 않고 군대를 재조직했다. 프리드리히는 전략적인 주도권을 적에게 넘겨준 채 이제는 전투에서 승리함으로써 전년도 기동전의 실패를 설욕하겠다고 다짐했다. 그의 충성스런 각료인 포데빌스Podewils는 불확실한 전투 결과에 국가 운명을 맡기지 말도록 간곡하게 말렸다. 그러나 프리드리히는 다른 대안이 없으며 이제는 전투가 다른 약이 없을 때만 병자에게 주는 구토제嘔吐劑라고 설명했다. 그는 오스트리아군은 봄이 되면 보헤미아에서 실레지아로 쳐들어 갈 것이라고 생각할 수 있었을 것이며 이때 자신은 국경지역의 산악지대의 이점을 활용할 수 있을 것으로 생각할 수 있었을 것이다. 그는 산악지대 여러 통로들을 차단하지 않고(독자들은 필자가 이 책 제Ⅰ편에서 테르모필레Thermopylä/Thermopylae 전투와 산악 통로 차단에 대해 말했던 것을 〈역자 주: 이 책 제Ⅰ편, 제Ⅰ권 제Ⅵ장 참고〉 상기해 보기 바란다) 모두 열어 두어서 실레지아에서 오스트리아군을 맞이하기로 결정했다. 그러나 그는 모든 산악통로를 매우 주의 깊게 관측하도록 하고 적이 어떤 통로를 선택해도 이에 대비할 수 있는 조치를 취해 놓았다. 프로이센군은 모든 도로와 교량을 관측했고 병력을 나누어 놓았다가 작센-오스트리아 연합군이 나오는 것이 보이는 통로 출구에 최대한 신속히 집결하게 해 놓았다. 오스트리아군은 야간행군으로 코투시츠Chotusitz에서 프로이센군을 기습 공격하려다 실패하고 말았는데 야간행군에서 병력 전개가 얼마나 어려운 일인지를 과소평가했기 때문이다. 그들은 아침 8시나 되어서 공격을 시작했지만 이때 프로이센군은 이미 오래 전 그들의 접근로를 알고 제 자리에 와 있었다. 특히 먼 곳에서 대기하다 가장 먼저 이곳까지 와야 했던 프리드리히 휘하 부대들은 매우 가까이 있었기 때문에 적시에 적의 접근을 방해해서 전투를 프로이센군에게 유리하게 끝낼 수 있었다. 그러나 프리드리히는 6월 4일에 호헨프리트베르크Hohenfriedberg에서 준비를 잘 해 놓았기 때문에 새벽 4시에 이미 적의 좌익을 공격할 수 있었다. 아침 9시쯤에는 실질적 전투는 끝났고 적은 산을 넘어 완전히 퇴각했다. 프리드리히는 찬란한 승리를 거두었으며 이 승리는 전적으로 프리드리히 자신의 리더십 덕분이었다. 전략 개념, 치밀한 준비 그리고 단호한 실천 이 모든 것들이 탁월했다. 군지휘관으로서의 프리드리히에 대한 높은 존경심이 생긴 것은 이 승리 이후의 일일뿐이다. 몰비츠Mollwitz 전투 때는 슈베린Schwerin이 아직 그를 대신해서 승리해야 했었고, 코투시츠Chotusitz 전투에서는 프리드리히도 훌륭하게 지휘하기는 했지만 승부가 명확하지 않았고 오스트리아군은 자신들이 패하지 않았다고 주장했다. 서기 1744년에는 프리드리히가 완전히 패했었다. 그러나 이제 이 호헨프리트베르크Hohenfriedberg 전투는 프리드리히에게 다시는 사라지지 않을 명성을 선물했다. 우리는 그가 예를 들어 적의 특별한 실수로 쉽게 승리했다는 등의 말은 할 수 없다. 오스트리아군은 적의 기습공격에 대비하려면 도착한 날 저녁 어느 고지高地를 점령하고 스트리가우Strigau 강의 도하지점을 확보했어야 했다. 그러나 그들은 날이 밝을 때까지도 산속에서 프로이센군 숙영지로 나오지 못 했으므로 그들이 원하는 방향 어디로든 진출할 수 있는 가능성은 이미 없어졌었다. 아마 그들은 서둘러 산을 넘어가려고 했을 수는 있을 것이다. 그러나 어쨌건 그들은 우선 프로이센군이 산악통로의 출구 바로 앞에 자리 잡고 있지 않을 지 잘 살폈어야만 했다. 그럴 경우 그들 모두가 적의 손아귀로 기어들어가는 결과가 생길 것이기 때문이다. 만약 그들이 이튿날 날이 밝은 다음에 짧은 거리를 이동해서 평지로 내려갈 생각으로 첫 날 밤은 산속에서 휴식을 취할 계획이었다면 그들의 이동을 모를 수 없는 프로이센군이 그들이 통로에서 빠져나가는 순간 즉시 공격하게 될 더 큰 위험한 상황에 빠졌을 것이다. 오스트리아군 지휘관 카를Karl von Lothringen은 프로이센군 전 병력이 제자리를 차지하고 있다 이튿날 해도 뜨기 전에 공격해 올 수 있다고는 생각조차 하지 못했다. 프리드리히의 행동에서 천재성과 상상력을 보여준 부분은 바로 이런 전혀 예상 밖의 행동이었다. 흔히 전략에서 주도권을 흔히 얼마나 중요시 하는가? 그러나 호헨프리트베르크Hohenfriedberg 전투는 그와 같은 원칙들이 상대적 의미밖에는 없음을 보여 준 전투였다. 프리드리히는 주도권을 상대방이 행사하게 만들었고 전략적 공세의 기회를 적에게 남겨두었기 때문에 전략적으로 이길 수 있었고 그가 이렇게 했던 것은 공격정신이 없었기 때문이 아니라 현명한 계산의 결과임을 우리들에게 입증해 주었다.

프리드리히가 퇴각하는 적을 3일간 쫓아간 후에 군사작전은 다시 정체되었다. 오스트리아군은 엘베Elbe 강과 아들러Adler 강 뒤에서 안전한 진지陣地를 점령했으며 프로이센군은 그들을 마주 보는 곳에서 그 해 여름을 즉, 거의 4개월을 보냈으며 이때 큰 군사작전을 일으킬만한 상황은 없었다. 우리는 이 시대의 상황에서는 호헨프리트베르크Hohenfriedberg 전투 같이 큰 전술적 승리를 거둔다 해도 그 실질적 소득이 장기적으로는 거의 없었을 것임을 알 수 있다. 이 전투 전에도 프리드리히의 병력은 이미 오스트리아-작센 연합군의 병력(약 60,000명)보다 적지 않았었는데 적에게 14,000~16,000명의 손실과 대포 80문의 손실을 입히고 자신은 4,800

명을 잃었으므로 이제 적보다 자신의 병력이 훨씬 많아졌다. 만약 그가 이 전투에서 섬멸전殲滅戰 전략의 원칙에 따라 움직였었다면 사기士氣가 떨어진 적을 끊임없이 추격하다 가급적 빨리 공격했을 것이다. 대포도 프로이센군은 192문이 있었지만 오스트리아군은 이 전투에서 2/3를 잃고 겨우 41문만 남았으므로 현대적 비판의 관점에서도 프로이센군이 오스트리아군의 아들러Adler-엘베Elbe 진지陣地를 공격하는 것이 불가능하지는 않았을 것이며 또한 이 진지를 포위할 수도 있었을 것이다. 그러나 프리드리히는 전혀 그럴 생각이 없었다. 그는 전년도에 자신의 군대와 같은 군대가 적의 영토 깊이 침투해서 보급기지와 멀어지는 것이 얼마나 위험한지를 경험했기 때문이다. 앞서 프리드리히의 보급관 골츠von der Goltz는 산을 넘어 보헤미아로 진격하는 일을 간곡하게 만류한 일이 있었다. 자신이 가지고 있는 농장 수레로는 그곳까지 식량을 운반할 수 없었기 때문이다.13)

전략적 주도권도 곧 다시 오스트리아군에게 돌아갔다. 프리드리히는 병력도 줄었다. 일부 병력을 실레지아Schlesien/Silesia로 보냈고 또 작센으로부터 위협을 받는 변경주邊境州/Mark(역자 주: 브란덴부르크Brandenburg)로 보냈기 때문이다. 반면 오스트리아군의 병력은 더 보강되었다. 그들의 경무장輕武裝 부대들이 프로이센군의 마초馬草 작업을 방해했다. 그해 9월에 프리드리히는 수데텐Sudeten 통로로 물러났지만 그가 철수하기 전 오스트리아군의 카를Karl/Charles 영주領主가 그를 격파하려 했다. 22,000명에 불과했던 프로이센군은 트라우테나우Trautenau 통로와 나코트Nachod 통로 사이의 수어Soor 숙영지에 있었고 오스트리아-작센 연합군의 병력은 39,000명이나 되었다.

카를 영주領主는 코투시츠Chotusitz 전투와 호헨프리트베르크 전투 때와 같은 식의 기습공격을 계획했다. 그의 병력은 조심스럽게 프로이센군에 접근해서 야간에 바로 적의 앞에서 전개하려 했다. 프리드리히가 최초보고를 받은 것은 9월 30일 새벽 5시였다. 그러나 그는 평소 습관대로 이때 이미 잠자리에서 일어나 그날의 명령을 하달하기 위해 장군들을 소집해서 함께 있었다. 그는 이제 철수가 불가함을 곧 알아차렸다. 프로이센군이 이용할 수 있는 길은 숲과 절벽 사이의 좁은 도로뿐이고 트라우테나우Trautenau로 향한 주도로主道路는 오스트리아군이 장악하고 있었기 때문이다. 살아남을 길은 오로지 공격밖에는 없었다. 프리드리히는 즉시 병력을 전개해서 우익은 2개 제대梯隊로 전진해서 적을 공격하고 좌익은 1개 제대로 처음에는 전진을 억제하고 있도록 명했다. 그의 명령은 신속히 이행되었다. 명령이 신속히 이행될 수 있었던 것은 프로이센의 군기軍紀 때문이었다.

---

13) 이 전투에 관한 《장군참모부 전집全集 Generastabswerk》의 설명 중 병력수를 비롯해서 많은 부분들이 카이벨Rudolf Keibel의 상세한 논문(서기 1899년)에 의해 수정되었다. 장군침모부는 프리드리히가 추격을 게을리 했다고 비판하고 있지만 슐츠Oskar Schulz의 《호헨프리트베르크 전투 이후 수어 전투 직전까지 프리드리히의 전역戰役 Der Feldzug Friedrichs nach der Schlacht bei Hohenfriedberg bis zum Vorabend der Schlacht bei Soor》(하이델베르크 대학교 학위논문, 서기 1901년)에서는 그런 비판을 부인했다.

만약 이때 오스트리아군이 월등히 우세한 병력을 이용해서 공격을 시작했다면 프로이센군은 버틸 수 없었을 것이다. 후일 베른호르스트Bernhorst는 "프로이센군은 병법兵法을 무시해서 이길 수 있었다"고 했고 이에 대해 샤른호르스트Scharnhorst는 "프로이센군은 병법兵法을 존중해서 이길 수 있었다"는 말로 응대했다. 카를 영주는 프로이센군을 숙영지에 있는 동안 기습공격 하려 했지만 즉시 공격하지 않고 적이 황급히 철수하기를 기다렸고 그렇게 되면 적을 격퇴할 기회가 생길 것으로 기대했었다. 오스트리아군의 경무장輕武裝 병력은 이미 프로이센군 숙영지 너머로 가 있다가 숙영지로 돌진해서 약탈을 하면서 이미 병력을 이끌고 전투에 들어간 프리드리히의 짐꾸러미들까지 모두 탈취했다. 프로이센군의 승리는 전투에 대한 그들의 절대적 결단決斷 때문이었고 오스트리아군의 패배는 지휘관의 부주의 때문이었다.14) 오스트리아군은 아직 전개 중이었고 처음부터 그로 인한 결과가 나타날 때를 기다릴 계획이었으므로 프로이센군에게 공격할 시간을 주었고 한 언덕 위에 밀집해서 대기하던 기병대도 프로이센군을 공격하러 나가지 못하고 오히려 공격을 받았다. 오스트리아군은 프로이센군에게 밀렸으며 프로이센군은 우익의 끊임없는 공격이 정면에서의 공격을 지원한 결과가 되어서 결국 오스트리아군의 중앙도 격퇴되었고 그들의 우익도 후퇴하게 되었다.

호헨프리트베르크Hohenfriedberg 전투나 마찬가지로 이 수어Soor 전투 역시 리더십과 단호한 결심과 군기軍紀의 축제였다. 그러나 이 전투의 전략적 소득은 호헨프리트베르크 전투 때보다 더 적었다. 두 전투 모두 극단적 위기와 위험을 모면한 것 이상의 소득은 없었다. 여기서 우리는 섬멸전殲滅戰 전략에서는 생각도 할 수 없는 놀라운 사실을 볼 수 있다. 즉, 승자勝者는 승리를 축하하려고 며칠간 전투현장에 머물다 철수했고 프리드리히는 실레지아로 떠났으며 오스트리아군은 패배한 후 과거에 그들이 점령하고 있던 숙영지로 돌아갔던 것이다.

오스트리아군은 몇 주일 후 다시 전진을 시도했고 이를 방해하는 것은 아무것도 없었다. 작센군은 그들에게 함께 라우시츠Lausitz를 거쳐서 브란덴부르크Brandenburg를 공격하러 가자고 요청했고 그 당시는 작센 경계선을 넘어 3일만 행군하면 베를린이었다. 프리드리히는 11월 21일에 실레지아에서 라우시츠로 나가서 오스트리아군의 이동을 차단한 후 프로이센 엄호 병력과 함께 할레Halle에 있던 늙은 드쏘Dessau 공公 레오폴트Leopold에게 작센군을 향해 진격하도록 명했다.

이때 매우 중요한 전략적 상황이 발생했다. 카를 영주領主가 작센군을 도와주기 위해 보헤미아의 북쪽 구석으로부터 오스트리아군을 이끌고 최대한 빠른 시간에

---

14) 수어Soor 전투를 이해할 수 있는 열쇠는 바로 이런 말 속에 있다. 이런 점을 클라우제비츠Clausewitz는 이미 알고 있었지만 《장군참모부 전집全集 Generastabswerk》은 이를 놓치고 있다. 스타베노프Hans Stabenow, 《수어 전투 Schlacht bei Soor》, 베를린 대학교 학위논문, 서기 1901년.

행군해 왔다. 프리드리히는 드레스덴Dresden 바로 앞의 엘베Elbe 강 북안北岸에 있었지만 라이프찌히Leipzig에서 올라오고 있는 레오폴트와 합류하지 않고 레발트Lehwaldt 장군에게 겨우 8,500명의 병력을 주며 마이쎈Meissen을 거쳐서 레오폴트에게 가게 했다. 주력을 거느리고 있던 프리드리히는 자신은 실레지아와 접촉을 유지하고 보급품 저장소와 베를린으로 가는 도로를 엄호해야 할 것으로 믿었다. 레오폴트가 드레스덴 앞 가까운 곳인 케쎌스도르프Kesselsdorf에서 12월 15일 작센군을 공격했을 때 오스트리아군은 이미 바로 작센군 뒤에 와있었다. 작센군과 오스트리아군은 몇 시간 내에 병력을 합류할 수 있었고 실제로 그렇게 되었다면 레오폴트는 패배했을 것이다. 프리드리히도 레오폴트를 심하게 꾸짖었었고 최근까지도 군사저술가들은 레오폴트가 좀 더 빨리 행군해 우회해서 토르가우Torgau로 가지 않은 것을 계속 비난한다. 그러나 자세히 보면 이 늙은 원수元帥는 매 순간마다 상황과 프리드리히의 지시에 따라 가장 적절히 행동했다. 그의 생각과 프리드리히의 생각에 차이가 생긴 것은 두 사람 사이의 거리가 멀었고 이로 인해 통신도 느렸고 상황도 복잡했기 때문이었을 뿐이다.15) 여러 지역에서 협조가 이루어지려면 마찰이 생길 수밖에 없다. 프리드리히는 분명히 승리를 기대하고 있었을 것이다. 만약 그가 이를 위해 자신의 안전과 몇일 동안 접촉을 포기하고 레발트 장군의 부대뿐 아니라 자신의 전 병력이 엘베 강을 건너 마이쎈에서 레오폴트와 합류했었다면 이런 위험한 상황을 피할 수 있었을 것이다. 후일 프리드리히는 비망록에서 만약 이때 레오폴트가 패했었다면(그의 병력은 가까스로 적과 같은 수준이었다) 자신은 즉시 패배한 대대들을 제2제대梯隊로 해서 적과 전투를 다시 시작했을 것이라고 했다. 이를 보면 우리는 그가 소모전消耗戰 전략의 신봉자였을 뿐 아니라 소모전 전략의 원칙에 아주 충실했던 지휘관이었다고 보아야 한다. 후에 두 병력이 합류할 수 있다는 것은 전투에 앞서 병력을 합류시키지 않았던 부차적인 이유(역자 주: 실레지아와 접촉을 유지하면서 보급품 저장소와 베를린으로 가는 도로를 엄호해야 할 필요성)의 중요성이 과도하게 평가되었음을 말해준다. 전투는 면도날 위를 걷는 것 같았다. 만약 이 전투에서 패배했다면 비평가들은 프리드리히를 그냥 놓아두지 않았을 것이고 그냥 놓아둘 수도 없었을 것이다. 프리드리히는 전투를 할 때는 모든 가용병력을 다 동원해야 한다고 아주 자주 말했다. 그러나 그 자신은 이곳에서도 이런 원칙을 따르지 않았을 뿐 아니라 앞으로 알게 되겠지만 후일에도 그런 적이 있다. 또한 앞서 알 수 있었듯이 프리드리히만 이런 행동을 한 것이 아니라 훼크스타트Höchstadt 전투 때 오이겐Eugen/Eugene과 말보로Malborough 역시 이런

---

15) 이를 매우 잘 확인해 준 글로 카니아Hans Kania의 《케쎌스도르프 전투 이전 레오폴트 영주領主의 행동 *Das Verhalten des Fürsten Leopold vor der Schlacht bei Kesselsdorf*》(베를린 대학교 학위논문, 서기 1901년)이 있다.

행동을 했다고 한다. 이는 지휘관이 다른 장소에 있는 병력을 전투에 투입하기 위해 보존할 수 있을 것으로 판단했는지에 관한 문제이다. 양극兩極 전략doppelpoligen Strategie/bipolar strategy(역자 주: 소모전 전략을 지칭하는 다른 용어)을 신봉하는 지휘관들은 이 문제를 단극單極 전략einpoligen Strategie/singlepolar strategy(역자 주: 순수한 섬멸전殲滅戰 전략이나 순수한 기동전機動戰 전략)을 신봉하는 지휘관들과 완전히 달리 평가한다. 따라서 우리는 이때 케쎌스도르프Kesselsdorf에서 프리드리히가 취한 행동의 이유를 알 수 있다.16) 그가 과연 이 경우에 자신의 병력을 붙잡아 놓고 있어야 할 이유들을 과대평가 했었는지는 여부는 크게 중요한 문제가 아니다.

프리드리히 대왕과 토르스텐손Torstensson

이제부터는 지금까지 대략 알아 본 프리드리히의 전역戰役과 토르스텐손의 몇 차례 전역戰役을 비교해 보기로 하겠다.17)

토르스텐손은 알트마르크Altmark에서 스웨덴군의 지휘를 맡은 이후 돌연 그곳을 떠나(서기 1642년) 실레지아Schilesien/Silesia를 거쳐 모라비아Mähren/Moravia로 가서 글로가우Glogau와 올뮈츠Olmütz를 정복하고 그곳 요새들을 점령한 후 다시 철수해서 서기 1642년 11월 2일 라이프찌히Leipzig에서 황제군을 격퇴했다. 이듬해 그는 다시 모라비아로 갔지만 적을 전투로 끌어낼 수 없자 퇴각했고 정부의 덴마크 공격 명령에 따랐다. 갈라스Gallas 휘하의 황제군은 홀슈타인Holstein까지 그를 따라왔다. 토르텐손은 기동으로 이를 몰아낸 후 "도나우Donau/Danube강 옆의 한 요새를 탈취"하고 그의 기지基地("병참선兵站線")를 "되찾기" 위해서 보헤미아로 침공했다. 황제군은 병력을 집결시켰고 작센군과 요한Johann von Werth이 지휘하는 바이에른군Byern/Bavaria도 여기에 합류했고, 상황은 서기 1645년 3월 6일 얀카우Jankau 전투로 이어졌다. 쌍방의 병력은 거의 대등해서 하츠펠트Hatzfeld가 지휘하는 황제군은 보병 5,000명, 기병 10,000명, 대포 26문이고 스웨덴군은 보병 6,000명, 기병 9,000명, 대포 60문이었다. 전투는 치열했지만 스웨덴군은 탁월하고 분명한 리더십 덕에 승리할 수 있었다. 황제군이 자신들이 우세했던 기병대에게 불리한 지형에서 전투에 응했고 그들의 일부 장군들은 지휘관의 의도와 달리 그들 의도대로 행동했기 때문이다.18)

토르스텐손은 비엔나 앞에까지 가서 교두보橋頭堡로 볼프산쩨Wolfssanze와 도나우

---

16) 조바노비치Iwan Jowanowitsch, 《프리드리히 대왕은 왜 케쎌스도르프 전투에 참여하지 않았을까? *Warum hat Friedrich der Grosse an der Schlacht bei Kesselsdorf nicht teilgenommen?*》, 베를린 대학교 학위논문, 서기 190년.

17) 호봄Hobohm, "대對 오스트리아 항쟁에서 프리드리히 대왕의 선구자인 토르스텐손Torstemsson als Vorgänger Friedrichs des Grossen im Kampf gegen Oesterreich," 《프로이센 연보年報 *Preussische Jahrbücher*》, 제153권, 423쪽 이하.

18) 《보헤미아 독일 역사학회 회보*Mitteilungen des Vereins der Geschichte der Deutschen in Böhmen*》, 제43권(서기 1905년)에 수록된 간처Paul Gantzer의 논문 참고.

강변의 요새화된 코르노이부르크Kornneuburg와 크렘스Krems 두 곳을 점령했다. 그러나 그는 병력은 너무 적어서 15,000명도 채 안 되는 병력으로 비엔나 자체도 점령할 수 없었고 4개월에 걸친 브륀Brünn 포위도 결국 실패했다. 그러나 크렘스는 몇 달 동안, 코이노이부르크는 1년 반 동안 그리고 올뮈츠Olmütz는 그 해 말까지 스웨덴군의 수중에 있었다. 따라서 토르스텐손은 "황제의 심장心臟/Herz까지 접근한다"는 그의 목표는 달성한 것이지만 이 정도로는 황제에게 평화협정을 직접 강요하기에는 불충분했다. 토르스텐손 역시 프리드리히 대왕이나 마찬가지로 좀 더 좋은 싸움꾼이 되는 방법을 알고 있었고 결전決戰을 추구했었지만 그는 이 결전決戰을 전쟁에서의 승리에 활용하는 방법을 프리드리히 대왕만큼도 알지 못했었다. 두 사람 모두 소모전消耗戰 전략의 원칙들에 따라 행동할 줄만 알았었다. 이를 통해 더 많은 소득을 얻었던 것은 토르스텐손이었지만 좀 더 빨리 목표를 달성했던 것은 오히려 프리드리히였다. 어떻게 이런 일이 가능했을까?

앞서 우리는 토르스텐손의 군대는 그 작은 규모나 기병대 위주의 편성 때문에 프리드리히의 군대보다 유연했음을 알 수 있었다. 그러나 토르스텐손이 프리드리히보다 더 대담하게 진격할 수 있던 데는 다른 특별한 이유가 있었다. 프리드리히는 자신의 군대가 격파되면 나라까지 잃게 된다는 것을 알고 있었다. 그는 이 때문에 서기 1741년에 요새화 된 진지에 틀어박혀 있는 적에게 전투를 강요하지 않았으며 서기 1742년에는 방어전만 싸웠고 서기 1744년에는 겨우 부드바이스Budweis까지만 가서 전투 없이 보헤미아를 다시 차지했었다. 그리고 서기 1745년에는 호헨프리트베르크Hohenrriedberg에서 승리했지만 겨우 3일간 행군하다 그쳤다. 반면 토르스텐손은 보헤미아 한 복판에서 감히 싸웠고 도나우강까지 진출했었는데 이는 최악의 경우라고 해도 군대를 잃을 수는 있어도 나라를 잃을 정도는 아니었기 때문이다. 스웨덴 의회議會는 이미 구스타프 아돌프Gustav Adolf/Gustavus Adolfus가 바다를 건넜을 때 게르만 지역에서 잃어버린 군대 하나로 스웨덴의 방어력이 약화되지는 않을 것이며 이는 스웨덴에는 아직 30척의 큰 선박과 민병대가 있기 때문이라는 결론을 내진 적이 있다.19) 켐니츠Philip Bogislav Chemnitz의 《스웨덴의 전쟁 Schwedische Krieg》에서는 브라이텐 평원Breitenfeld 전투에 앞서 군무회의軍務會議에서 같은 말이 오갔다 했다("왕국은 너무 멀고 그곳에서는 바다 건너에 있기 때문에 조국에 대한 큰 위협은 되지 않았고 이를 회복하는 데도 큰 장애는 없었다").20) 결국 프리드리히가 빨리 성공할 수 있었던 것은 그가 군사적으로 뿐 아니라 정치적으

---

19) 클라우제비츠Clausewitz, 《전집全集 Werke》, 제Ⅸ편, 6쪽.
20) 호봄Hobohm, "대對 오스트리아 항쟁에서 프리드리히 대왕의 선구자인 토르스텐손Torstemsson als Vorgänger Friedrichs des Grossen im Kampf gegen Oesterreich,", 436쪽.

로도 성공했기 때문이라고 볼 수 있다. 1년 반에 걸친 전쟁 후 비엔나의 마리아 테레지아Maria Theresia/Theresa는 다른 강력한 적들로부터 자신을 보호하기 위해 그에게 크고 부유한 속주屬州들을 양도할 준비가 되어 있었다. 프리드리히의 두 차례에 걸친 첫 실레지아 전쟁은 이런 분야 즉, 전략과 정치가 결합된 분야에서 연구되어야 할 것이다. 지금껏 이 시대의 프리드리히의 정책과 전쟁수행의 특징이 길지 않은 전쟁, 짧고 강력한 타격, 가능한 빠르고 유리한 평화조약 등에 있었던 것으로 믿어왔다면, 이는 실제로 나타난 그의 움직임보다는 그의 경건한 소망을 말하는 것이다. 어디서 그는 짧고 강력한 타격을 날리려고 했을까? 몰비츠Molwitz 에서는 자신이 차단되었기 때문에 싸울 수밖에 없었고, 코투시츠Chotusitz에서는 자신이 공격을 받았고, 서기 1744년에는 아무 전투도 없었고, 수어Soor 전투 때도(역자 주: 앞의 322쪽 참고) 자신이 공격을 받았다. 그가 짧고 강력한 타격을 날린 곳은 호헨프리트베르크Hohenfriedberg 전투와 케쎌스도르프Kesselsdorf 전투 두 경우뿐이었다. 그러나 서기 1745년 평화조약은 결코 유리하지 못했고 단지 영토 지위를 확인한 데 그쳤다. 프리드리히를 전략가로서 제대로 평가하려면 그가 위대한 생애를 시작할 때 지니고 있던 결정적 생각은 정치적 생각이었고 그의 대담하지만 세심했던 전략은 이를 위한 편법이었음을 우리는 명심하고 있어야 한다.

투레네Turenne

토르스텐손의 시대와 같은 시대인 30년 전쟁 기간(역자 주: 서기 1618년~1648년) 중 프랑스군은 투레네가 지휘를 맡았었다. 그의 이름은 병법사兵法史에 기록되어야만 하는데 그는 전통적으로 식량문제를 결정적인 문제로 강조한 최초의 지휘관이고 또한 자신의 보급선을 위험에 처하지 않게 하고 유리한 방향으로 일을 해나간 지휘관으로서의 자리를 차지하고 있기 때문이다. 여하간 그는 영리하고 활기차지만 전투는 회피하는 기동전략機動戰略의 창시자로 간주되어야 한다. 그의 병법兵法에 관해서는 흔히 단지 그의 시대의 병법兵法일 뿐이고 현대 전쟁에서는 기사騎士들의 전투용 칼 가운데 있는 시종侍從/Hofmann의 예도禮刀/Galanterie=Degen와 같은 예외에 불과할 것이라는 클라우제비츠Clausewitz의 표현(《전집全集 Werke》, 제Ⅸ편, 193쪽)이 인용되고 있다. 이런 성격 규정과 비유는 정확하고 인상적이기는 하나 우리에게 잘못된 인상을 준다. 오라니엔OranienOrange 영주嶺主의 아들인 투레네는 네덜란드의 군사학교에서 교육 받았고 네덜란드 군사학교에서는 정규 병사 양성에서 전투를 가장 신성한 규칙으로 보았다. 따라서 그 역시 이런 규칙을 계승 받았을 뿐이지만 아마도 그는 30년 전쟁 당시 지휘관들 중에는 여타 지휘관들보다 보급체계에 대해 더 큰 관심을 지닌 인물이었을 것이다. 그는 서기 1644년에 메르시Mercy 장군을 프라이부르크Freiburg에서 철수하게 만든 다음 적극적으로 추격을 했다면 더 큰 성과를 얻을 수 있었지만 그렇게 하지 않았고 그 이유에 대해 비망록에서 "보병은 누구나 게르만 땅에서 오래 복무한 옛 병력들과 마찬가지로 잘 구운 빵을 받는데 익숙하고 스스로 빵을 굽는 데는 익숙하지 않기 때문에 우리 식량저장소가 없는 비르템베르크Württemberg까지 적을 쫓아간다는 것은 더 불가능했었다. 따라서 우리는 라인 지역에서 움직이지 않았다"고 했다.

그의 비망록 중 다른 구절에서도 식량문제를 누누이 강조한 구절들이 보인다. 예를 들어 서기 1654년 아라스Arras 구원救援 작전 때도 그랬다.

우리는 지휘관으로서 투레네의 활동을 두 시기로 나눌 수 있다. 하나는 30년 전쟁의 마지막 몇 년과 프론데Fronde 전쟁으로부터 서기 1659년의 피레네 평화협정 체결 때까지이고, 다른 하나는 그 이후 루이 XIV세의 친정親政 시의 첫 전쟁들을 포함해서 그가 죽은 서기 1675년까지이다. 첫 번째 시기보다 군대 규모가 2~3배로 커진 두 번째 시기에는 앞서 알 수 있었듯이 보급체계에 대한 그의 관심이 점차 지배적 원칙으로 변했고 이는 프리드리히 대왕 시대까지 계속된다. 따라서 이 시대 모든 지휘관들에게는, 클라우제비츠Clausewitz의 말투를 따르자면, 전투용 칼이 예도禮刀로 변했지만 이 예도禮刀는 대담하고 유능한 검객劍客의 손에 쥐어주면 매우 위험한 무기가 되기에 충분할 정도로 끝도 뾰족하고 날도 예리했고 투레네 역시 이 예도禮刀를 가지고 치명적 효과를 발휘할 방법을 알고 있었다. 그는 비트스토크Wittstock에서 바너Baner 장군과 같이 큰 전투를 하거나 토렌스텐손과 같이 큰 기동이나 전투를 한 적은 없지만 서기 1674년에는 트라운Traun이 서기 1744년에 프리드리히 대왕을 기동으로 몰아낸 것 같은 방식으로 프리드리히 대왕의 할아버지 프리드리히 빌헬름Friedrich Wilhelm 대선제후大選帝侯를 엘사스Elsass/Alsace에서 몰아냈다. 그는 패했을 때는 즉시 공략하기 어려운 진지陣地를 점령했으므로 적敵이 그에게 감히 접근하지 못했다(일례로 프론데Fronde 전쟁 때 오를레앙Orleans에서도 그랬다). 이런 면에서는 프리드리히 대왕과 같았다. 전투의 중요성에 관해 그는 언제인가 (서기 1646년의 일과 관련해서) 승리의 중요한 열매는 한 지역을 그가 통제하게 되면 자신은 강화되고 적은 약화되는 것이라고 말한 적이 있다. 결국 투레네는 전략과 위대한 지휘관의 역사에서 매우 중요한 위치를 차지하고는 있지만 우리는 그를 특별한 방법의 전형典型으로는 볼 수 없다. 그가 프리드리히와 반대되는 이론의 대표자라는 것도 우리는 전혀 입증할 수가 없다. 프리드리히도 자신의 원칙들이 위대한 프랑스군 원수元帥들의 원칙들과 달랐다고 말한 적이 결코 없다.

카를Karl/Charles **XII**세

필자는 카를 XII세(역자 주: 스웨덴의 유일한 절대군주로 서기 1707년~1709년 러시아 침공에 실패함. 그 후 스웨덴 군대는 완전히 붕괴되고 스웨덴은 구스타프 아돌프 이후 확보한 강대국 지위를 상실했다)에 관한 특별연구를 계획 중에 있다. 이곳에서는 앞으로 이런 연구를 진행해 나갈 방향과 관련된 몇 가지 점만 언급해 보겠다. 전략의 관점에서 카를 XII세는 거느리고 있던 군대의 규모가 매우 작았고 기병 위주였다는 점에서 30년 전쟁에 속한 인물이다. 그의 군대는 매우 넓은 지역을 아주 자유롭게 기동했고 이런 기동은 군사적 목적보다는 정치적 목적을 위한 기동이었다. 그가 권력의 정점에 서 있던 서기 1707년 러시아를 향해 출발할 때 그의 병력은 보병 16,200명에 용기병龍騎兵/Dragoner(여자 주: 기마소총병騎馬小銃兵. 앞이 127쪽 참고)을 포함한 기병 20,700명이었다. 폴타바Poltawa 전투 때 그에게는 총 16,500명의 전투병이 있었고 그 가운데 12,500명을 전투에 동원했다. 30년 전쟁 당시와 달리 그가 상대했던 병력은 스웨덴군보다 질은 매우 떨어졌지만 숫자는 월등히 많았다. 당시의 러시아 군대는 아직 형성 단계에 있었고 병사들과 주로 외국에서 끌어들인 장교들 간 갈등을 빚고 있었다. 폴란드 왕국 군대는 아직 군기軍紀가 없는 중세 징집군 그대로였다. 폴란드 장군 슐렌베르크Schulenberg는 작센군에 대해 직접 그의 왕에게 보고하면서 그들이 스웨덴군의 시야에서 떨어져 있다고만 했다.21) 이곳에서는 병력의 질적 차이와 광활한 전쟁구역 그리고 농업과 도로 및 기후의 조건들을 고려해 본다면 30년 전쟁이나 루이 XIV세의 전쟁이나 프리드리히 대왕의 전쟁과는 완전히 다른 기준이 적용되어야 할 것이다. 북방왕조 비텔스바흐Wittelsbach 가家의 후손인 카를 XII세는 세계사의 가장 위대한 영웅 가운데 하나일 뿐만 아니라 자신의 병력을 올바로 지휘하면서 전투를 수행했었고 그들에게 자신의 신념과 절대적 신뢰를 심어 준 위대한 장군이었음이 분명하다. 그러나 그를 전략가로서 구스타프 아돌프나 프리드리히 대왕이나 나폴레옹과 같은 반열에 올려놓기에는 무언가 부족한 점이 있었고 이는 "고집"이나 "모험심" 같은 말로는 표현될 수 없다. 이 문제는 객관적 상황과 그의 성격의 상호관계를 찾아내고 결정함으로써 알 수 있는 문제이다. 이때 우리는 앞서 언급한 양측 군대의 차이점과 함께 스웨덴이 처해있던 정치적 상황을 고려해야 한다. 스웨덴은 발트 해海Ostsee/Baltic sea 전체에 뻗어있고 북해北海 주변에까지도 큰 영토를 지니고 있었던 강대국이었지만 아직도 확고한 정치적 지향점이 없었으므로 늙은 수상首相 옥센스티에르나Oxenstierna는 서기 1702년 왕에게 폴란드-작센의 아우구스트August와 평화관계를 확립해야 한다고 권고할 수

---

21) 사라우프Sarauw, 《카를 XII세의 전역戰役 Die Feldzug Karls XII》, 서기 1881년, 192쪽.

있었을 것이며 또한 스웨덴 군대를 외국의 세력가에게 돈을 받고 빌려줄 수 있었을 것이며 이로써 왕의 명예는 추락되었을 것이다.

사실 위대한 스웨덴 군사체계가 막을 내린 것은 이런 상황 때문이었다.

Ⅲ. 7년 전쟁(서기 1756년~1763년)

1. 서기 1756년의 상황(피르나Pirna 전투; 로보시츠Lobositz 전투)

7년 전쟁 기간 중(역자 주: 프랑스 혁명 이전 벌어진 마지막 주요전쟁으로 유럽 열강들이 모두 참전했고 프랑스· 오스트리아·작센·스웨덴·러시아가 동맹을 맺어 프로이센·하노버· 영국에 맞섰다. 이 전쟁의 결과 영국은 북아메리카와 인도를 획득해 식민지 경영에서 선두주자가 되었고 프로이센은 실레지아에 대한 영유권과 강대국 지위를 확보했다) 프리드리히 대왕의 세력과 업적은 정점에 도달했었다. 그러나 이때도 그의 전략은 변하지 않았다.

그는 자신의 병력이 두 말할 필요도 없이 월등히 우세하다는 것을 알고 7년 전쟁에 들어갔다. 앞서 10년에 걸친 평화기에 그는 프로이센군을 상대방에 비해 양적 질적으로 훨씬 더 발전시켜 놓았으며 실레지아 요새들도 보강해 놓았다. 그의 국고國庫에 현금 1,600만 탈러Taler가 있었고 그는 즉시 부유한 작센Sachsen/Saxony 선제후령選帝候領/Kurschaften도 자신의 권력 아래 두고 그 군대를 프로이센군과 합병할 수 있을 것으로 보고 있었다. 프로이센과 작센을 합하면 연간 국고 수입이 750만 탈러가 넘지만 프리드리히는 한 차례 전역戰役의 비용이 500만 탈러를 크게 상회하지 않을 것으로 보았다. 정치적으로 그는 합스부르크Habsburg 가家와 부르봉Bourbon 가家 사이의 구원舊怨 때문에 프랑스는 오스트리아에 그저 그만한 지원만 제공할 것이고 큰 헌납금을 내지는 못할 것으로 보았다. 그는 영국의 도움으로 러시아의 발을 묶어둘 수 있고 그렇게 되지 않더라도 러시아는 별 군사적 능력을 발휘하지 못할 것이며 심지어 러시아와 오스트리아가 협력해도 재정이 빈곤한 그들은 자신의 상대가 되지는 못할 것으로 보았다. 또한 프란쯔Franz/Francis I세 황제가 예루살렘 왕의 지위에서 자신의 아내인 비엔나의 마리아 테레지아에게 자신의 사유재산에서 선금先金을 주더라도 액수가 그리 많지 못할 것으로 보았다.

이런 프리드리히의 계산에 의하면 그의 상황이 너무 유리했었기 때문에 우리는 이때야말로 그가 섬멸전殲滅戰 전략의 원칙에 따르는 것이 적절하지 않았는지 의문을 제기해 볼 수 있다. 프로이센 연대聯隊들은 6일 이내에 동원될 수 있었고, 따라서 작센군을 집결 전 기습적으로 공격할 수 있었으며, 오스트리아군은 아직 준비가 되지 않아 우선 평시 조직으로 인한 공백부터 채워야 했을 것이다. 프리드리히는 정치적으로 상황이 무르익어 있었던 서기 1756년 7월말에 압도적으로 우세한 힘을 이용해서 보헤미아로 쳐들어 갈 수도 있었을 것이며 그렇게 했다면 오스트리아가 강력한 저항을 할 능력이 없었을 것이다.

그러나 우리는 프리드리히가 그런 생각을 했을 증거를 어디에서도 찾아 볼 수 없다. 처음 프랑스가 그를 향해 진격할 것 같이 위협하자 그는 4주일 동안이나 공격을 미루었고 이로써 오스트리아군에게 준비할 시간을 주었고 작센군에게도 요새화된 피르나Pirna 숙영지에 군대를 집결시킬 수 있는 시간을 주었다. 그러나 프리드리히는 자신이 8월 말까지 전쟁을 시작하지 않으면 프랑스군도 그 해 중에는 더 이상 나오지 않을 것으로 판단했다. 그는 파괴적 전역戰役을 치를 생각은 없이 작센과 북부 보헤미아의 일부만 점령할 계획이었으므로 그 정도 불이익은 기꺼이 감수하려고 했다. 다른 때 같으면 프랑스군의 위협이 있으면 프리드리히는 공격을 늦추시 못하고 그들이 살레Saale에 이르는 긴 통로를 장악하기 전에 오스트리아를 돌보기 위해 서둘러 최대한의 공격에 착수했을 것이다. 그런 경우에 그로서는 "짧고 강력한 타격에 이은 신속하고 유리한 평화"라는 (110년 후에 있게 될)원칙을 따르는 것이 적절했을 것이다. 그러나 프리드리히의 생각은 전혀 달랐다. 프로이센의 전쟁은 짧고 활기차야 한다는 그의 말(역자 주: 앞의 304쪽 참고)은 현대적인 의미로는 이해가 안 되겠지만 10년 동안, 20년 동안 또는 심지어 30년 동안 지속되었던 종전의 전쟁들을 생각해 보면 이해가 가능할 것이다.

결국 프리드리히는 이 해에는 피르나Pirna에서 작센군(18,000명)을 손에 넣고 작센을 자신의 권력 아래 두게 된 것으로 만족했지만 그는 여전히 오스트리아와 결전決戰을 벌이자는 생각은 거부했을 뿐만 아니라 다시 보헤미아에서 물러나기까지 했다. 바로 이 첫 전역戰役에서 그는 이 전쟁이 그가 생각했었던 것보다 더 어려울 것임을 알았다. 10월 1일 로보시츠Lobositz에서 프리드리히의 명령을 어기고 실시된 기병대 공격은 실패했고 사실 패했다. 이때 프리드리히는 프로이센 장군들이 오스트리아군의 주진지主陣地로 보고 있던 한 전진기지를 프로이센군이 격렬한 전투 끝에 오스트리아 경무장輕武裝 부대들로부터 빼앗은 후 그를 불러들이자 이미 떠나고 전투현장에는 없었다. 이때 프로이센군은 전투에서 이겼다고 생각했지만 사실은 그렇지 못했다. 오스트리아군의 실제 주진지主陣地는 거의 피해가 없었고 그들의 병력은 프로이센군과 대등한 전투를 진행 중이었다. 그러나 결국 프로이센군이 승리했는데 이는 오스트리아군의 브로우네Browne가 자신이 유리한 위치에 있음을 모르고 전투를 중단했기 때문이다. 그가 전투를 중단했던 것은 원래의 계획이 프로이센군과 싸우는 데 있지 않고 기습적으로 엘베Elbe 강 반대쪽으로 접근해서 즉, 기동機動을 통해서 포위되어 있는 작센군의 활로를 열어주는 데 있었기 때문인데 이 역시 성공하지 못했다.22)

그 해 10월 16일에 작센군이 항복했는데 이때 프리드리히가 오스트리아군에 대한 격멸 전역戰役을 벌이기에는 너무 늦었다고 볼 수는 없다. 그의 병력은 아직 100,000명 대 80,000명으로 상당히 우세했다. 더 이상 전역戰役을 벌이지 않은 것은 전적으로 원칙의 문제였다. 프리드리히에게 그럴 생각이 전혀 없었고 프로이센 군대의 내부구조로는 그런 전략이 허용되지 않았었다.

2. 서기 1757년의 상황
(프라하prag 전투; 콜린Kollin 전투; 로쓰바흐Rossbach 전투; 로이텐Leuthen 전투)

서기 1757년 겨울과 봄에는 건방진 프로이센을 상대로 오스트리아, 러시아 및 프랑스 세 군사대국이 동맹을 맺는 놀라운 일이 생겼다. 이 동맹은 오래전부터 준비되어 온 것이지만 프리드리히는 이런 식의 동맹이 맺어질 것으로는 예상치 못했었고 프리드리히 자신이 전진을 시작한 후에야 완전한 모습을 드러냈다.

처음에 프리드리히는 실레지아에서 강력한 요새들이 엄호해 주지 못하는 곳을 포기하고 주력을 작센으로 옮겨서 상황을 보아가면서 오스트리아군이나 프랑스 군이 공격해오면 그들을 공격할 생각이었다. 따라서 호헨프리트베르크Hohenfriedberg 전투 때나 마찬가지로 적에게 주도권을 넘겨줄 작정이었다. 이때 빈터펠트Winterfeld 는 그 자신이 주도권을 쥐고 4월에는 보헤미아를 침공해서 프랑스군이 나타나기 전에 오스트리아군을 격퇴하겠다고 건의했다. 그러나 프리드리히는 이런 의견에 반대했다. 병력수가 프로이센군이나 같았을 오스트리아군도 실레지아와 작센의 국경지대에 4개 집단으로 나뉘어 있었다. 들판에 사람과 말밖에는 보이지 않는 이 계절에 프로이센군이 필요한 식량을 모두 휴대하고 다니기는 매우 어려웠다. 만약 오스트리아 부대들 중 하나가 특히, 에르쯔게비르크Erzgebirg를 마주 보고 에거Eger 강 하류에 숙영지를 구축하고 있는 브로우네Browne의 부대가 요새화된 곳에 들어앉아 있고 드레스덴Dresden에서 가는 프리드리히가 식량부족 때문에 이곳에서 다시 발길을 돌려야 하게 된다면 다른 모든 종대縱隊들이 다 크게 위험한 처지에 빠지게 될 것이고 또한 모든 계획이 다 수포로 돌아가게 될 것이라는 것이었다. 따라서 프리드리히는 빈터펠트의 생각을 수정해서 슈베린Schwerin으로 하여금 적을 옆으로 밀어내면서 실레지아를 떠나 융-분쫄라우Jung-Bunzlau를 거쳐서 브로우네의 부대를 후방으로 가서 적을 위협함으로써 그를 요새화된 진지陣地에서 끌어내고 프리드리히가 갈 길을 열어 놓게 했다. 이렇게 되면 프로이센군은 오스트리아군 의 식량저장소도 빼앗을 수 있고 적의 영토 깊이 들어갈 수도 있고 오스트리아

----

22) 쿠안트Franz Quandt, 《로보시츠 전투 *Die Schlacht bei Lobositz*》, 베를린 대학교 학위논문, 서기 1909년. 《장군참모부 전집全集 *Generastabswerk*》은 아직도 사태를 정확하게 설명하지 못하고 있다.

부대들 중 어느 하나를 격파할 기회를 잡을 수도 있을 것으로 기대했을 것이다.

프로이센군의 계획은 크게 성공했지만 처음 의도대로 되지는 않았다. 슈베린은 융-분쫄라우에 도착해 이곳 식량저장소가 파괴되는 것을 다행히 적시에 막을 수 있었다. 이런 행운이 없었다면 절망적 상황에 처할 수도 있었다. 하지만 그 후 그는 지시된 대로 라이트메리츠Leitmeritz나 멜니크Melnik 쪽으로 더 나갈 수 없었다. 오스트리아군이 다른 쪽에서 위협하고 있었고 융-분쫄라우에서 빼앗은 식량저장소를 포기할 수가 없었기 때문이다.23) 따라서 프리드리히의 계획이 비현실적이고 더욱이 불필요한 것이었음이 입증된 것이다. 프로이센군의 급작스런 접근으로 완전히 기습을 당한 브로우네Browne는 파쉬코폴Paschkopol 강 옆과 에거Eger 강 뒤의 요새화된 진지陣地들을 이미 포기하고 프라하 쪽으로 철수했기 때문이다.

그 결과 서로 다른 네 곳으로부터 전진하던 프로이센 종대縱隊들은 아직 십설하지 못한 채 분리되어 있는 오스트리아군이 그들을 공격할 수가 없는 사이에 프라하에서 합류할 수 있었다. 프로이센군이 프라하에 모두 집결했을 때 오스트리아군은 그들의 4개 부대 중 3개 부대만 그곳에 집결할 수 있었다.

이때 오스트리아군은 더 이상 후퇴하지 않고 프라하 동쪽에서 정렬해서 싸우기로 결정했는데 그곳에서 그들은 패했고 프라하에서 포위당하는 신세가 되었다 (5월 6일). 하지만 그들이 항복하게 되기 직전에 구원군이 나타나 프로이센군의 실레지아로부터의 보급로를 차단했고 이로써 프로이센군은 가장 불리한 상황에서 싸우지 않을 수 없었고 결국 6월 18일에 콜린Kollin에서 패배했다.

이 전역戰役에서 프리드리히가 전투를 시도한 분명한 태도와 마지막에 오스트리아군을 포위해서 적의 주력을 완전히 격파할 생각을 했던 것을 보고 우리는 그가 이 전역戰役에서 섬멸전殲滅戰 전략으로 전략을 바꾼 것으로 생각할 수도 있을 것이다. 이런 생각은 그럴듯한 생각이기는 하지만 자세히 검토해 보면 그렇게 생각하는 것은 프리드리히의 명성을 높여주지는 못하고 깎아내리는 것일 뿐이고 지휘관으로서의 그의 위대성과 진실을 올바르게 판단하는 것도 못 된다.

만약 프리드리히가 이때 섬멸전殲滅戰을 추구한 것이라면 그는 너무 늦게 그런 이론으로 전환했다는 비난을 면치 못할 것이다. 그는 이 전쟁 첫 해에 오스트리아군이 아직 준비를 갖추지 못했을 때 그렇게 했었다면 자신의 목적을 달성할 수도 있었을 것이다. 그러나 이때 즉, 서기 1757년에는 결과가 말해주듯이 프로이센군의 병력이 더 이상 충분히 우세하지 못했었다.

---

23) 그라베Karl Grawe, 《서기 1757년 프로이센군의 전역계획戰役計劃의 전개 *Die Entwicklung des preussischen Feldzugsplanes im Frühnjahr 1757*》, 베를린 대학교 학위논문, 서기 1903년. 이 글은 다른 면에서는 사건 전개를 정확하게 설명하고 있지만 4월 3일 프리드리히가 슈베린에게 내린 명령에서는 행군목표로 라이트메리츠Leitmeritz와 멜니크Melnik 둘을 말했고 4월 17일 명령에서는 로이드니츠Reudnitz를 말했음에도 행군목표로 단지 라이트메리츠만 말하는 오류를 범했다.

더욱이 만약 프리드리히가 이때 섬멸전殲滅戰을 추구한 것이라면 우리는 그가 자신의 계획의 본질과 범위를 전혀 모르고 있었다고 보아야 할 것이다. 이 전쟁 발발 직전에 그는 동맹인 영국 왕과 프로이센에서 병력을 지휘하고 있던 레발트Lehwaldt 원수元帥에게 자신의 계획을 털어놓았었지만(4월 10일 및 16일) 이때 그는 결전決戰에 관한 말은 전혀 한 적이 없었으며 오스트리아군으로부터 빼앗으려는 식량저장소에 관한 말만 했었다. 그는 이렇게 해서 오스트리아군 거의 모두를 보헤미아에서 몰아내거나 다른 서신에서 말한 대로 그들을 베라운Beraun 너머로 즉, 프라하 조금 남쪽으로 밀어내려고 했었다. 그에게는 이 전역戰役 전체가 5월 10일 이전에 끝내고 이로써 프랑스군이나 러시아군 쪽으로 방향을 돌릴 수 있게 해 줄 한차례의 "타격Coup"에 불과했다.

셋째로, 만약 프리드리히가 이때 달리 생각해서 단 한 번 만 움직여서 오스트리아군을 완전히 격파할 생각이었다면, 그는 상대방의 병력을 잘못 평가한 치명적인 실수를 범한 것이 될 것이다. 만약에 그가 콜린Kollin에서 이겼고 프라하에서 포위된 오스트리아군을 포획했다 해도 이로써 비엔나의 용감한 마리아 테레지아Maria Theresia/Theresa가 평화협정에 응한다는 것은 매우 불확실한 일이었다.24)

결국 서기 1757년 전역戰役에서 프리드리히의 의도는 다른 모든 전역戰役에서와 같이 소모전消耗戰 전략이었던 것으로 이해되어야 하며 다만 그는 전투 쪽의 극極으로 즉, 섬멸전殲滅戰 전략 쪽으로 가장 가까이 접근했었을 뿐이다. 그의 사고방식에서 변한 것은 아무것도 없었고 한쪽에서 갑자기 다른 쪽으로 옮겨 간 것도 아니었다. 그의 본래의 전역계획戰役計劃은 이해가 안 될 정도로 너무 "소극적"이었다는 비판은 이와 반대로 그의 동생 하인리히Heinrich 영주領主가 콜린Kollin 전투 이후 "파에톤Phaëton/Phaethon(역자 주: 그리스 신화에 나오는 태양신 헬리오스Helios의 아들로 아버지의 마차를 잘못 몰다 최고신 제우스Zeus의 번갯불에 맞아 죽음)이 넘어졌다"고 형을 조롱했던 것이나 마찬가지로 올바른 비판이 아니다. 앞서 알 수 있었듯이 그의 본래 전역계획戰役計劃은 여러 적들을 그에게 접근하게 한 다음에 하나씩 공격하기 위한 계획이었다. 다만 프로이센군 자신이 가장 가까운 적인 오스트리아군에게 직접 밀고 들어감으로써 계획대로 되지 않았고 마지막에 전혀 예상치 못하게 프라하Prag 전투에서 요새에 들어앉아 있는 오스트리아군 주력을 포위해서 그들 전부를 포획할 기회가 생기면서 더 큰 변화가 일어났던 것이다. 프리드리히는 전투 당일 아침까지만 해도 그렇게 되리라고는 전혀 생각하지 못했었다. 오스트리아군이 좌측면을 프라하에 걸치고 북쪽을 바라보고 있는 진지陣地에 있었고 따라서 정상적인 경우

---

24) 케메러Caemerer의 《서기 1757년 프리드리히 대왕의 전역계획戰役計劃 *Friedrichs des Grossen Feldzugsplan für das Jahr 1757*》(서기 1883년)은 다른 면에서는 필자의 견해에 도전하고 있지만 이 점만큼은 이미 아주 훌륭한 방식으로 잘 입증해 놓았다.

라면 그들은 패배한 후에 프라하를 우회해서 남쪽으로 향한 길로 퇴각 했을 것이기 때문이다. 가용병력이 크게 우세했던 프리드리히는 카이트Keith 원수元帥 휘하의 1/3 병력을 프라하 서쪽에 남겨두었었는데 이제 이 병력이 프라하를 거쳐 그 방향으로 퇴각하는 오스트리아군을 차단하게 되었다. 프리드리히는 또한 모리츠Moritz/Maurice 영주領主에게는 3개 보병대대와 30개 기병중대를 데리고 프라하 위의 몰다우Moldau 강을 건너가서 오스트리아군이 퇴각할 때 그들을 계속 공격하도록 명령했었는데25) 이 계획은 거룻배가 충분치 못해 성공하지 못했고 프리드리히 자신도 이 기동을 크게 기대하지 않고 있었기 때문에 비망록에서는 이 명령에 관해 전혀 언급하지 않았다. 오스트리아군의 예상 퇴각로가 몰다우 강으로부터 거의 1마일(7.5km)쯤 되었으므로 모리츠는 자신의 4,000명 병력으로 결정적 행동은 하지 않았을 것이다. 그러나 프리드리히의 이 명령은 그가 이 전투에서 최대한 큰 성과를 얻으려고 했었던 증거로서 이런 의도意圖 역시 섬멸전殲滅戰 전략으로 그가 접근했던 증거이다. 그러나 전반적인 전투상황은 오스트리아군의 정면이 북쪽에서는 공격하기 어렵다는 것이 명백해 지면서 변했고 프로이센군은 오스트리아군의 정면을 우회해서 동쪽으로부터 공격하려 했다. 이때 오스트리아군은 동쪽을 향해 새 정면을 형성하면서 대응하면서 프라하를 등지게 되었지만 결국 프라하로 밀려들어가게 되었다. 프로이센군은 이튿날이 되어서야 이 놀라운 사실을 알고 자신들이 승리함으로써 얼마나 큰 결과를 얻었는지를 처음으로 깨닫게 되었으며 이제 오스트리아군이 굶주림을 이기지 못하고 항복할 때까지 기다렸다가 그들을 전부 포획하자는 생각을 하게 되었다. 그러나 프리드리히는 여전히 소모전消耗戰 전략의 구도 내에서 움직였다. 그는 이곳에서 성공하더라도 비엔나로 가서 평화조약을 강제한 후 전 병력을 이끌고 프랑스군 쪽으로 방향을 돌릴 생각은 하지 않았기 때문이다. 그는 오스트리아와 전쟁을 계속 해야 할 것으로 보고 단지 30,000명의 병력만 프랑스군 쪽으로 보내려고 했다.

하지만 적의 병력 전체를 포위할 수 있게 해 주었던 이 엄청난 행운 자체가 사실은 클라우제비츠Clausewitz의 말대로 짓궂은 운명의 장난이었다. 후일의 어느 문서에서 프리드리히 자신은 그의 전역계획戰役計劃이 실패한 이유를 "프라하Prag 전투에서 오로지 병력으로 이겼는데 카를Karl/Charles 영주領主의 병력 전체가 프라하 성城 속으로 들어가서 이 도시를 포위할 수 없게 되었기 때문"이라고 했다. 따라서 처음부터 그가 프라하를 포위할 생각이었고 이를 위해 카이트Keith의 부대를 프라하 서쪽에 남겨두었던 것이라고 본다면 이는 프리드리히의 생각을 완전히 오해

---

25) 야니Jany, 《프로이센 군대의 역사에 관한 문헌 연구 *Urkundliche Beiträge und Forschungen zur Geschichte des preussischen Heeres*》(장군참모부 발행), 제Ⅲ편(서기 1901년), 35쪽.

한 것이다. 프리드리히의 원칙에 의하면 카이트의 병력을 서쪽에 남긴 진정한 본래 목적은 케쎌스도르프Kesselsdorf 전투 때 자신이 엘베Elbe 강 북안北岸에 남아있을 수밖에 없었던 때와 같았다(역자 주: 앞의 324쪽 참고). 그 당시 자신이 베를린과 실레지아로 통하는 도로와 보급선을 엄호하려고 했던 것 같이 이번에는 카이트에게 작센과의 교통선을 엄호하게 했던 것이다. 이때 마침 카이트가 엘베Elbe 강 북안北岸에 있었기 때문에 그에게는 오스트리아군이 그쪽으로 철수하는 것을 방해할 임무가 주어졌고 모리츠Moritz/Maurice 영주를 몰다우Moldau 강 너머의 오스트리아군 예상 철수로 쪽으로 보내라는 명령을 받았던 것이다.26)

따라서 이 전역戰役은 미리 계획한 대로 진행되지 않았고 슈베린Schwerin이 실레지아에서 이동해서 브로우네Browne의 측면을 위협함으로써 그를 에게Eger 강변의 진지陣地에서 끌어내려 했던 기본계획도 비현실적인 것이 되었다. 하지만 그들이 결국 승리할 수 있었던 것은 전투기술과 전략 때문이었지 단순한 행운 때문은 아니었다. 그들의 기습과 대담한 전진 그 자체가 너무 효과적이었으므로 적敵의 지도자들의 정신력이 이에 맞설 수 없었고 프로이센군은 아무 저항도 받지 않고 쉽게 적의 영토로 들어갈 수가 있었다. 그러나 적은 전과는 달리 프라하에서는 끝까지 버티며 침공자가 그렇게 원했던 전투의 기회를 다시 주었다.

프리드리히는 일관된 논리를 지니고 있었고 그의 계획에는 현대 비평가들이 그를 비난할 때 언급하는 환상 같은 것은 없었다. 그런 그가 결국 이룰 수 없는 일에 손을 대고 이로 인해 패배한 것이 사실이라면 후대인은 그런 비난은 하지 않았다. "나는 불가능한 것을 추구하는 자를 사랑한다"는 말이 있기 때문이다. 그는 운명 자신이 미소를 지으며 그에게 선사한 뛰어난 재능을 멀리 하고 항상 조심하려고 노력한 인물인데 어떻게 그를 끊임없이 운명에 도전하면서 불행이 닥치지 않은 것을 고맙게 여겼던 그런 영웅으로 볼 수 있겠는가?

그가 콜린Kollin에서 싸운 것은 "프라하에 포위된 적의 사기士氣를 꺾어놓으려는" 것도 아니었고 전투가 그의 원칙이었기 때문도 아니다. 그는 오스트리아군의 다운Daun 원수元帥가 가까이 접근하자 프라하 포위도 계속하면서 실레지아에서 오는 도로 상에 있는 자신의 보급품 저장소(브란다이스Brandeis와 님부르크Nimburg)도 엄호할 수는 없었기 때문에 싸운 것이다. 프리드리히의 전략과 여타 형태 전략의 기본적인 차이는 프리드리히는 프라하에서 다운 원수에게 이동할 때도 싸울 의도나 계획이 없었고 그를 기동을 통해서 다시 밀어내려고 했었다는 사실을 보면 모두

---

26) 이와 반대의 생각을 하고 있는 것은 주로 나우데Albert Naudé이며 필자는 그의 견해를 《프로이센 연보年報 *Preussische Jahrbücher*》, 제73권, 151쪽과 제74권, 570쪽(서기 1893년)에서 상세히 비판했다. 이 문제에 관해서는 《독일 군사보軍事報 *Deutsche Heereszeitung*》, 제42권 및 제43권(서기 1894년)에 게재된 롤로프 Gustav Rolof의 글을 참고할 것.

알 수 있다. 헤르만Otto Hermann의 매우 적절한 표현을 인용해 보자면 프리드리히는 자신이 콜린을 공격한 일에 대해 잘못을 사과할 필요가 있다고 생각했다. 만약 다른 지휘관이었다면 자신이 공격하지 않았을 경우 이를 사과해야 했을 것이다. 프리드리히는 식량저장소 없이는 아무것도 할 수 없었으므로, 나폴레옹과 클라우제비츠Clausewitz가 말했듯이, 다운 원수가 너무 가까이 접근하는 것을 또한 방치할 수 없었고 따라서 이를 공격하려고 프라하Prag를 포위 중인 병력으로 자신의 병력을 보강했을 것이다. 그는 진지陣地 안에 들어있는 다운 원수를 공격하거나 프라하의 포위를 푸는 방법 외에는 다른 방법이 없었고 이런 위기상황에서 그는 극단적인 위험을 무릅쓰고 다운 원수를 공격하기로 결정했던 것이다.

그러나 콜린 전투에서 패한 것은 한두 가지 사소한 실수 때문이 아니라 이제 우리도 그 당시 상황을 잘 알다시피 처음부터 이길 수 없는 전투였기 때문이다. 다운 원수는 병력도 우세했으며(55,000명 대 33,000명) 공격자가 접근하기 어려울 뿐 아니라 공격자의 일거수일투족을 멀리부터 샅샅이 관측할 수 있는 아주 유리한 진지에 있었다. 수어Soor 전투 때(역자 주: 앞의 322쪽 참고) 프리드리히는 22,000명 병력으로 39,000명의 적을 이겼고 그 후 로이텐Leuthen 전투(역자 주: 앞의 271쪽 이하 참고)에서는 40,000명 병력으로 60,000명의 적을 이겼다. 그러나 수어 전투 당시에 프로이센군의 공격은 전선戰線 전체와 그들이 승리한 지점에서 완전한 기습공격이었고 오스트리아군 지휘관은 제때 대응조치를 취하지 못했다. 그러나 콜린Kollin에서 다운Daun 원수元帥는 비록 마지막 순간이긴 했지만 대응조치를 취할 수 있었고 또 실제 취했으므로 프로이센군의 패배는 불가피했었다. 뿐만 아니라 프리드리히는 당시 4개 대대大隊만 더 있었으면 자신이 이길 수도 있었을 것이라 했지만 우리는 이를 미몽迷夢에 불과한 생각으로 보고 부인해야 할 것이다.27)

프로이센군이 보헤미아에서 퇴각한 후 프리드리히는 첫 전역戰役을 반성하며 적이 자신에게 접근하기까지는 공격하지 말자는 생각을 하게 되었다. 만약 그가

---

27) 이런 상황을 분명히 밝힌 글은 고슬리히Dietrich Goslich의 《콜린 전투 *Die Schlacht bei Kollin*》(베를린 대학교 학위논문, 서기 1911년)이다. 《독일문예지獨逸文藝誌*Deutche Literaturzeitung*》, 제18권(서기 1915년 5월 1일)에 수록된 이 글에 대한 평론도 참고할 것. 《육해군연보陸海軍年報 *Jajrbücher für Armee und Marine*》, 서기 1912년, 3월 호, 336쪽도 참고할 것. 이 논문에서는 야니Jany가 프리드리히의 식량저장소에 대한 걱정을 우스개소리로 "밀가루 포대"를 잃을 것에 대한 우려였다면서 이는 전투의 소득과는 비교될 수 없는 것이라고 했지만 그는 프로이센 군사체계의 기본원칙과 프리드리히의 전략을 잘못 이해한 것이다. 나폴레옹 같았다면 콜린에서 싸우지 말고 다운 원수가 좀 더 가까이 접근할 때까지 기다리자는 생각은 평범하고도 자연스런 생각이었을 것이다. 하지만 처음부터 식량문제에 대한 우려 때문에 그런 생각을 부인하는 것은 가장 프리드리히다운 특징이었다. 고슬리히는 이 점을 잘 설명하고 있지만 야니는 이를 이해하지 못하고 있다.

최근에는 이런 고슬리히의 결론을 오스트리아측 사료를 통해 확인하고 매우 흥미 있는 몇 가지 사실을 이에 추가해서 이 전투를 설명한 글이 오스트리아의 호엔von Hoen에 의해 발표되었다(서기 1911년, 비엔나). 헤르만Otto Hermann은 아주 훌륭한 호헨의 글에 대한 비평적 평론을 《브란덴부르크-프로이센 연구*Brandenburgisch-Preussische Forschungen*》, 제16권(서기 1913년), 145쪽에 게재했다.

이 어려운 전쟁에서 처음부터 그런 생각을 가지고 이를 실천했다면 분명히 더 좋은 결과를 얻었을 것이다. 그는 전략적 공세에서 얻었던 승리를 다시 잃었기 때문이다. 하지만 프라하Prag와 콜린Kollin에서 그가 치른 대가는 병력의 질이 아닌 숫자로 보충될 수 있었을 것이다. 따라서 현대의 비평가들이 첫 전역戰役의 계획을 비난하면서 이 계획의 집행에 환호하는 것은 완전히 잘못된 것 같다. 그러나 상황이 그리 단순하지는 않다. 첫 전역戰役의 계획을 "소극적"이었다고 비판하는 것은 물론 완전히 잘못된 것이다. 이 계획은 이미 전술적 공세 개념으로 변했고 앞서 알 수 있었듯이 전략적 공세는 항상 존재했던 개념이 확대된 것일 뿐이다. 이제 비록 외형적으로는 처음에 승리했다가 다시 패하기는 했지만 가치를 측정할 수 없는 정신적 소득 즉, 결전決戰을 시도한 프리드리히의 리더십에 대한 적敵 측의 비상한 외경심畏敬心은 여전히 남아있었다. 프리드리히의 위엄은 콜린Kollin 전투의 패배로 손상되지 않았고 승자勝者인 다운Daun 원수도 그에 대한 존경과 두려움을 떨치지 못했다. 사실 프리드리히의 위엄은 패배의 결과로 성장했을 뿐이다. 그는 실패했을 때도 기가 죽지 않고 기동만으로는 충분하지 않고 적에게 전투를 강요해야 하겠다는 확신을 갖게 되었다.

따라서 그는 프랑스군을 향해 진격해서 잘레Saale와 가까운 로쓰바흐Rossbach에서 그들을 격퇴했고, 다시 오스트리아군 쪽으로 방향을 바꾸어서 저지低地 실레지아Niederschlesien/Lower Silesia의 로이텐Leuthen에서 그들을 격퇴했다. 그는 로쓰바흐에서는 오랫동안 적을 공격할 기회를 찾다 실패한 후 힐드부르가우젠Hildburghausen과 수비제Soubise가 스스로 공격에 나섰을 때 자신보다 병력이 2배나 되는 적을 상대로 승리했다. 프랑스군은 프로이센군을 공격하려고 포위기동 중에 숙영지에서 갑자기 쏟아져 나온 프로이센군의 공격을 받았다(역자 주: 앞의 272쪽 참고). 프랑스군이나 황제군(오스트리아군)은 모두 대형을 갖추기 전에 공격을 받고 패했다.

로이텐에서는 프로이센군 40,000명이 완전히 전개해 있는 오스트리아군 60,000~66,000명의 좌측면 쪽으로 적에게 들키지 않고 접근하는 데 성공했다. 프리드리히는 병력을 4개 제대의 종심縱深으로 정렬했기 때문에 정면이 매우 좁았던 반면 오스트리아군의 대형은 양 측면을 특정한 지형에 의지하게 하려다 보니 1마일 넘게(약 8km 이상) 좌우로 퍼져있었다. 따라서 프로이센군은 공격지점의 병력이 적보다 우세했고 오스트리아군이 우익의 병력으로 좌익을 보강하기 전에 이 좌익을 격퇴했다(역자 주: 상세한 전투과정은 앞의 271~272쪽 참고). 오스트리아군은 앞서 프리드리히가 프랑스군을 상대하고 있는 동안에 브레슬라우Breslau 앞에서 베번Bevern 영주領主를 격퇴한 후 브레슬라우를 점령했고 또한 슈바이드니츠Schweidnitz 요새까지 점령했었다. 그러나 지금은 우세한 병력으로 겨울 동안 전쟁을 계속하면서 결전決戰을 요구하지는 않고 겨울숙영지로 들어가려고 하던 중에 프리드리히가 접근해 오자 적절한 방어진지를 점령한 후 자신들이 프리드리히를 충분히 상대할 수 있을 것으로 생각하고 있었다. 그들은 감히 이 진지陣地에서 프리드리히를 공격할 생각은 없었고(12월 5일) 프리드리히가 물러날 것으로 보았으며 실제로 그렇게 되었다면 오스트리아군은 이 정도 결과로 만족했을 것이다.28) 결국 일련의 상황들은 수어Soor 전투 때와 상당히 유사했다. 그때도 오스트리아군은 주로 병력전개를 통해 목표를 달성할 수 있고 실제로 싸울 필요는 전혀 없거나 당장은 필요가 없을 것으로 믿었었다. 하지만 그들의 이런 생각은 그들보다 의지가 단호했던 상대방에게 측면공격의 이점을 이용해서 전체적인 병력 열세의 단점을 극복하고 국지적인 병력 우세를 확보할 기회를 제공했었다. 단호한 의지가 덤덤한 태도를 이겼던 것이다. 만약 프리드리히가 로쓰바하에서 프랑스군을 공격했을 때 같이 로이텐에서 병력이 크게 우세했던 오스트리아군이 프로이센군이 측면기동 중일 때 이를 공격했다면 그들이 패배할 가능성은 거의 없었을 것이다. 그들도 이론적으로는 이를 알고 있었다. 서기 1757년 봄에 프란쯔Franz/ Francis I세 황제는 그의 동생 로트링겐Lothringen/Lorraine의 카를Karl/Charles 영주領主가 오스트리아군 총사령관직을 맡으러 떠날 때 이미 이런 충고를 한 적이 있다(역자 주: 앞의 307쪽 참고).29) 그러나 카를에게는 그렇게 할 만한 결단력이 없었다. 프라하Prag 전투 때도 오스트리아군은 프로이센군에게 측면기동을 허용하고 이를 방해하지 않았었다. 콜린Kollin 전투 때도 그들은 프로이센군의 측면기동을 방해하지 않았으나 이때는 이를 알아차리고 월등히 우세했던 병력을 이용해서 자신의 정면을 확장해 대응할 수 있었기 때문에 프로이센군의 측면기동이 결국 실패했었다.

로이텐 전투 때도 역시 결정적인 것은 리더십이었다. 프로이센군에는 군기軍紀라는 적절한 수단이 있었다. 질서 있고 기동력이 빠르고 전술적 유연성을 지닌 프로이센 부대들은 모든 명령을 확실하게 이행할 수 있었다. 프리드리히는 먼저 4개 병행竝行 종대縱隊로 오스트리아군 중앙 방향으로 기동할 수 있었고 적에게 아주 가까이 접근하기를 기다렸다가 적의 좌측면으로 갈 것인지 우측면으로 갈 것인지를 결정했다. 이때 방향 전환과 병력전개가 너무 빨리 이루어졌기 때문에 오스트리아군은 상황을 알아차리기도 전에 공격을 받았다. 그 당시에는 프로이센군 이외의 어떤 군대도 그런 기동을 할 수 없었다.

---

28) 이 점에 대해 게르버Gerber의 《로이텐 전투*Die Schlacht bei Leuthen*》(베를린, 서기 1901년)은 올바른 개념을 갖고 있지만, 《장군참모부 전집全集 *Generalstabswerk*》은 여러 측면에서 잘못 생각하고 있다.
29) 아르네트Arneth, 제V편, 172쪽.

　　프리드리히가 그의 적들과 달랐던 것은 이론이 아니라 실행뿐이었다고 지나치게 강조하면 안 된다. 그의 적들이 승리한 전투의 가치에 대한 이론적 통찰력이 얼마나 부족했는지는 같은 해 러시아군 지휘관들의 경우에도 잘 나타나 있다.

　　페테르스부르크St. Petersburg “회의Konferenz”에서는 아프락신Apraxin에게 “만약 레발트Lehwald 원수元帥가 이 왕국(동東프로이센)을 떠나는데 성공한다면 우리는 프로이센뿐 아니라 더 먼 지역을 빼앗는다고 해도 이를 가치 있는 일로 보지 않는다”는 지침을 주었다. 따라서 레발트를 격퇴하는 것이 그의 임무였던 아프란신은 시빌스키Sibilski 장군 휘하의 러시아 게릴라들에게 주력이 도착해서 그들을 격퇴할 때까지 프로이센군을 포위하고 있으라는 임무를 부여했다.30)

3. 서기 1758년의 상황

　　(모라비아Mähren/Moravia 전역戰役 〈올뮈츠Olmütz 전투〉; 쪼른도르프ZORMNDORF 전투; 호크키르크Hochkirk 전투)

　　프리드리히는 전년도와 완전히 유사한 기본개념 아래 서기 1758년 전역戰役에 들어갔다. 작년에 그는 프랑스군이 등장 전에 오스트리아군에게 가능한 최대의 타격을 가하려고 보헤미아를 침공했지만 금년에는 프랑스군을 직접 걱정할 필요가 없었다. 로쓰바흐Rossbach 전투에서 프리드리히의 프랑스군 격퇴에 고무된 영국군이 이제 게르만 지역에 들어왔고 이들이 프랑스군을 견제하리라고 기대할 수 있었을 것이다. 그러나 최근 그 대신 러시아군이 위험하게도 가까이 와 있었다. 러시아군은 프로이센군이 스웨덴군 쪽으로 방향을 돌렸던 겨울에 아무 저항도 받지 않고 동東프로이센을 탈취했고 한 여름이 되면 오데르Oder 강 부근까지 나올 것으로 예상되었다. 따라서 프리드리히는 어떤 식으로든 오스트리아군을 멀리에 잡아둠으로써 그들이 러시아군과 합류하지 못하게 할 생각이었고 그렇게 되면 그는 오스트리아군이 러시아군을 지원할 수 없을 때 개활지에 러시아군이 사정거리에 도달하는 순간 이들을 격퇴할 수 있는 기동의 자유를 얻게 될 것이다.

　　프리드리히는 전년도와 달리 금년도에는 보헤미아를 다시 침공할 수 없었다. 프로이센군은 무엇보다 먼저 전년도 소득 중 마지막 부분인 슈바이드니츠Schweidnitz 요새를 적에게서 빼앗기 위해 주력을 실레지아에 두고 있었다. 오스트리아군은 프로이센군의 주력과는 정반대로 통로들의 바로 뒤에 있는 요새화 되고 준비를 잘 갖춘 스칼리츠Skalitz의 진지陣地에 들어가 있었다. 만약에 프리드리히가 라우시츠Lausitz나 작센으로 들어갔다 그곳에서 출발해서 보헤미아를 침공할 계획이라면 오스트리아군은 그들의 기동을 관측해 가면서 또 다시 그들 앞의 좋은

---

30) 마쓸로프스키Masslowski, 《러시아의 관점에서 본 7년 전쟁*Der Siebenjährige Krieg nach russischer Darstellung*》(드리갈스키Drygalski 역譯), 175쪽 및 180쪽.

위치에서 그들을 가로막게 될 것이다. 따라서 프리드리히는 보헤미아로 가지 않고 고지高地 실레지아Oberschlesien/Upper Silesia를 거쳐 모라비아Mähren/Moravia로 가서 올뮈츠Olmütz를 포위할 생각이었다. 그는 오스트리아와 전쟁을 할 때는 모라비아를 침공하는 것이 보헤미아로 들어가 전역戰役을 벌이는 것보다 자신에게 유리할 것으로 여러 차례 생각했었다.31) 그러나 이런 생각은 이 해 즉, 서기 1758년의 전역戰役과는 아무 관계가 없었다. 우리는 그가 부족한 병력으로 비엔나까지 진격할 계획이었다고는 전혀 말할 수 없다. 그에게 전년도에는 150,000명 병력이 있었지만 이제는 야전병력이 120,000명 정도밖에 안 되었다.32) 반면 전년도에 그가 프라하Prag를 빼앗는데 성공하면 모라비아의 북부 지역까지도 자신의 세력 하에 두려 했었던 것과 같이, 이제는 자신이 올뮈츠를 차지하는 데 성공해서 오스트리아군의 주력을 보헤미아로부터 끌어내게 되넌 삭센에 22,000명의 병력을 가지고 있는 그의 동생 하인리히Heinrich가 프라하를 빼앗을 수도 있으리라는 것이 그의 생각이었다. 따라서 작년이나 금년이나 그의 전략개념은 적의 수도首都를 노린 작전이 아니라 프로이센 국경선과 아주 가까운 지역들과 요새들을 점령하는데 있었다. 지금은 보헤미아의 방어가 아주 잘 되어 있었다. 따라서 프로이센군은 지형이 좋아서 오스트리아군이 방어병력을 배치하지 않은 그들의 속주屬州 모라비아를 침공했고 그 결과 처음에는 어느 적과도 마주치지 않았고, 이제 이동해서 공격할 것인지 아니면 어느 곳이건 전투를 위한 진지를 차지하고 있을 것인지를 적이 결정하기를 기다리게 되었다. 결정적 요소는 보헤미아냐 모라비아냐 하는 지리적 문제가 아니라 바로 기습이었다. 그는 모라비아를 침공함으로써 적을 스칼리츠Skalitz의 잘 준비된 진지陣地로부터 끌어내는 데 성공했고 이제는 유리한 조건 하에 전투를 벌일 수도 있고 그러한 전투 없이도 자신이 올뮈츠를 탈취해서 오스트리아군을 오래 붙들어 둠으로써 그사이에 주력과 함께 러시아군 쪽으로 가서 그들을 격퇴할 수 있는 기회를 갖게 되었다고 믿었다.

---

31) 프리드리히는 《전쟁의 일반원칙General-Prinzipien vom Kriege》(서기 1748년)에서 자신에게는 보헤미아보다는 모라비아를 공격하는 일반적으로 더 유리했었다고 말했지만 이는 작센을 그가 소유하고 있지 않았을 때를 전제로 한 말이다. 헤르만Otto Hermann은 《육해군陸海軍 연보年報 Jahrbücher für die Armee und Marine》, 제121권에 게재한 그의 글에서 이 점을 잘 설명해 놓았다. 서기 1758년 문제들을 다룬 《장군참모부 전집全集 Generalstabswerk》, 특집特輯에서도 같은 책자 제Ⅰ편에 보이는 개념을 포기했다. 헤르만 Otto Hermann은 《계간季刊 역사지歷史誌 Historische Vierteljahresschrift》, 서기 1912년, 제1호에 게재한 그의 논문에서 이 문제에 관한 논의들을 아주 훌륭하게 보충해 놓았다. 후일 프리드리히는 자신이 작센을 소유하게 되었을 때도 모라비아 침공이 자신에게 특별히 유리했다고 했다. 따라서 이 문제는 이론상 크게 중요한 문제가 아니다. 이런 문제는 모든 시대 모든 전략이 언제나 따져 보았고 또 따져 보아야 했던 그런 문제였다. 특히 보헤미아로부터보다는 모라비아로부터의 위협이 비엔나로서는 더 큰 위협이라는 사실은 예를 들어 섬멸전殲滅戰 전략보다 소모전消耗戰 전략에서의 문제이다. 전자의 경우에는 적의 수도首都를 위협하려 하지 않고 정복하려고 하기 때문이다.

32) 프리드리히가 모라비아에 있을 때 그에게는 그곳에 55,000명, 실레지아에 17,000명, 작센에 22,000명이 있었고 도나Dohna 휘하에 22,000명이 있었고 그 외에 환자患者 수천 명이 있었다. 흔히들 그의 병력이 전년도와 거의 같았다고 하지만 이는 틀린 말이다.

그는 작년에는 프라하를 둘러 쌀 수만 있었지 포위 공격할 수 없었다. 프라하 성城에 너무 많은 병력이 있어서 성 주변의 해자垓字를 뚫고 접근할 수가 없었기 때문이다. 따라서 이제 그는 올뮈츠를 정상적 포위 공격으로 함락시키려 했다.

이 계획은 전년도 계획과 유사하면서도 변화된 상황에 잘 맞추어진 계획 같이 보이기는 하지만 잘 분석해 보면 전년도 계획이나 마찬가지로 변화된 상황에 대응하기 위한 수단이 잘못되어 있었다.

작년과 같이 이번에도 우선 기습에 성공하지 못했다. 프로이센군과 마찬가지로 오스트리아군도 작년 로이텐Leuthen 전투에서 입은 피해를 복구하기 위해서 할 일이 많았었다. 프리드리히가 슈바이드니츠Schweidnitz 요새를 빼앗은 후 4월 19일 돌연 그곳에서 나와 5월 4일에 아무 저항도 받지 않고 올뮈츠 앞에 나타났을 때 양측 군대 모두 준비가 덜 된 상태였다. 그러나 프로이센군은 기습을 위해서는 수송대열과 함께 갈 수 없었다. 사실 수송대열 자체가 완전히 준비되어 있지도 않았다. 푸케Fouqué가 14일 후(5월 22일) 중포重砲와 탄약彈藥을 가지고 왔을 때 겨우 포위를 시작할 수 있었고 그때까지는 전혀 할 일이 없었다. 오스트리아군 다운Daun 원수元帥가 스칼리츠Skalitz 요새에서 나온 후 올뮈츠를 구원하기 위해 몰려오지 않고 모라바아 경계선까지만 와서는 5월 5일 그곳 라이토미츨Leitomischl의 강력한 진지陣地 속으로 들어가 버렸기 때문이다. 이곳은 올뮈츠에서는 50km, 프리드리히가 처음 점령했던 진지陣地에서는 2~3일 행군거리밖에 안 되는 곳이므로 현대의 군대라면 당연히 그곳으로 가서 적을 공격해 격퇴하려고 하겠지만 프리드리히에겐 그럴 생각이 없었고 사실 그럴 능력도 없었다. 프로이센군 전술로는 다운Daun의 강력한 진지陣地를 공격하기가 매우 어려웠을 것이다. 또한 다운Daun에게는 자신의 진지가 그리 강력해 보이지 않는다면 더 뒤로 물러나 프로이센군을 그들의 진짜 목표인 올뮈츠로부터 끌어낼 수도 있었다.

여하간 프리드리히는 올뮈츠에서 수송대열을 기다리는 방법밖에는 없었으므로 결국은 비록 얼마 떨어지지 않은 곳에서 적의 온전한 병력이 자신을 노려보고 있음에도 불구하고 포위를 계속할 수밖에는 없었다.

그러나 그는 올뮈츠 포위에 실패했고 흔히 그가 포위 과정에서 몇 가지 실수를 했다고 믿어왔다. 물론 그랬을 수도 있겠지만 이를 너무 강조할 필요는 없다. 큰 군사작전치고 그 정도 문제도 없는 경우는 없다. 결정적 문제는 오스트리아군이었다. 프리드리히는 처음부터 포위에 필요한 충분한 식량과 탄약을 가지고 올 수 없었다. 템펠호프Tempelhof는 30일간 포위를 하는 데 필요한 탄약을 수송하는데만 26,580필匹의 말이 필요했을 것으로 평가했다. 식량 수송에도 또한 많은 말이 필요했다. 하지만 프리드리히는 그렇게 많은 말을 동원할 수 없었으므로 오스트리아군 주력이 가까이 있고 그 별동대別動隊들이 사방에서 괴롭히고 있는 상황에서 보급품을 단계적으로 조금씩 수송할 수밖에 없었다.

　프리드리히는 자신이 7월 7일 포위를 풀 수밖에 없었던 것은 올뮈츠에서 3마일 남짓(약 23km) 떨어진 돔스타틀Domstadtl에서 탄약 보급대열을 오스트리아군에게 빼앗겼기 때문이라고 생각했었지만 사실 그 때 다운Daun은 프리드리히가 모르는 사이에 또 다른 기동에 성공해서 프리드리히로서는 보급대열이 모두 도착했어도 올뮈츠를 함락시키기 어렵게 되어 있었다. 다운Daun은 5월 5일 라이토미츨Leitomischl 진지陣地로 들어간 후 17일 동안 머물다 프로이센군의 실질적 포위가 시작된 5월 22일 바로 올뮈츠에서 1일 행군거리에 있는 더 가까운 곳으로 접근해서 신중히 선정한 진지陣地를 점령하고 있었던 것이다. 새로 점령한 진지陣地는 동쪽 게비취 Gewitsch와 남쪽 도브라빌리취Dobramilitsch 및 바이쇼비츠Weischowitz에 있었다. 프리드리히 의 적은 병력으로는 공격할 수 없는 진지陣地들이었다. 다운Daun이 프리드리히의 보급대열을 돔스타틀Domstadtl에서 탈취한 날 야간행군에 이어 급속행군으로 24시 간 동안 6마일(약 45km) 이상을 더 이동해서 올뮈츠 옆 마르흐March 강 좌안左岸 즉, 동안東岸을 점령한 것은 프리드리히가 전혀 예상치 못했던 기동이었을 뿐 아니라 프로이센군은 처음부터 그쪽에서는 적은 병력으로 올뮈츠를 느슨하게 포위하고 있었기 때문에 오스트리아군이 나타난 순간 그쪽에서 완전히 철수하지 않을 수 없었고 철수하며 다리들까지 모두 파괴해 버렸다.33) 이제 다운Daun은 올뮈츠Olmütz 요새 바로 앞의 진지陣地에 있으면서 언제라도 이 진지陣地의 수비병력을 늘일 수 있었으므로 프로이센군은 이곳을 빼앗을 수도 없게 되었다. 그러나 프리드리히 는 이런 사실은 모른 채 돔스타틀Domstadtl의 재앙 소식을 듣자 곧 철수를 명했고 프로이센군은 이미 철수를 시작한 후였다.

　현대의 전략개념에 의하면 이제 프리드리히가 집결된 병력으로 마르흐March 강 을 어느 지점에서든 건너가서 다운Daun을 공격하지 못할 이유가 없고 그의 보병 부대와 기병대가 다운Daun을 공격할 수 있는 어느 곳인가로 갔을 것이다. 그러나 프리드리히가 그런 생각을 한 흔적은 전혀 보이지 않는다. 상황을 보면 승리를 통해 그가 얻을 수 있는 소득이 패배했을 경우의 위험성과 피해의 규모에 견줄 수 없게 되어 있었다. 그는 보급대열을 거의 다 잃은 후였으므로 비록 승리한다 해도 더 이상 포위나 모라비아 전역戰役을 계속할 수 없는 형편이었다.

　결국 우리는 거의 유혈사태 없이 영리한 기동과 진지陣地 선정만으로 프리드리 히를 이긴 다운Daun 원수元帥의 업적을 칭찬하지 않을 수 없다. 그는 적에게 유리

---

33) 다만, 《장군참모부 전집全集 *Generalstabswerk*》에는 이 철수에 관한 기록이 두 곳에 있는데 92쪽에서는 다운Daun이 접근하기 전 프로이센군이 철수했다고 했고, 106쪽에서는 프리드리히가 포위를 풀기 위해 그들을 불러들인 것이라고 했다.

한 전투의 기회를 주지도 않았으며 포위를 계속하는 것도 허용하지 않았다.

하지만 바로 이런 특징들 즉, 신중한 기동 기술은 그로 하여금 프리드리히를 극복할 수 있게 해주기도 했지만 그가 이 승리를 활용해서 운명이 손을 내밀어 그에게 건네 준 열매들을 손에 넣을 수 없게 만들기도 했다고 볼 수 있다.

프리드리히는 보헤미아를 거쳐 쾨니히그레츠Königgrätz로 퇴각했다. 그는 다운Daun이 아주 가까운 강 건너에 있다는 것도 모른 채 병력을 둘로 나눈 후에 자신이 앞장서서 길을 막는 별동대別動隊들이 나타나면 이들을 쫓아내 가면서 올뮈츠에서 포위군을 지휘했던 카이트Keith 원수元帥에게는 거대한 보급대열을 끌고 따라오게 했다. 이때 7일 동안 직선거리로 8마일(60km) 떨어진 쯔비타우Zwittau까지밖에 가지 못했을 뿐 아니라 별동대들로부터 큰 위협을 받고 있던 프로이센군을 공격할 수 있는 기회를 다운Daun이 활용하지 못했다는 것은 지금 와서 당시의 전반적 상황을 생각해 보면 이해할 수 없는 일로 보이며 프로이센군이 치명적 패배를 면할 수 있었다는 것도 이해되지 않는 일이다. 프리드리히는 카이트Keith보다 1일 행군 거리 이상 앞서 가고 있었기 때문에 서로 지원할 수도 없는 상황이었다. 프로이센군이 오스트리아군의 추격을 얼마나 걱정했을 지 알 수 있는 말이 당시 그들에게 널리 알려져 있던 마샬Marschall 장군의 말인데 올뮈츠를 수비하던 그는 퇴각하는 프로이센군을 추격해야 한다는 주장에 대해서 "저들은 충분히 불행을 겪었으니 그대로 조용히 떠나게 내버려두라"고 응답했다고 한다.34)

전쟁에는 위험이 따르지만 다운Daun은 모험 없이 이길 방법을 추구했고 그의 방법은 멋지게 성공했다. 작년에 그는 우세한 병력으로도 프로이센군을 공격해서 프라하 구원하지 못했고 단지 그들에게 가까이 접근해 보급선을 차단함으로 그들이 자신을 공격하게 유인했고 이로써 그들에게 콜린Kollin에서 큰 패배를 안겨 주었었다. 그러나 금년에는 아예 전투 없이 상황이 전개되었다. 이제 항상 긴장하고 집결해 있는 프로이센군이 적시에 접근할 가능성도 있고 자신이 전진하면 능력이 출중한 프리드리히가 즉시 돌아서서 자신이 다시 유리한 방어진지를 점령하기 전 공격할 가능성도 있는 상황에서 과연 다운Daun은 모든 것을 걸고 어떤 모험이라도 해야 했을까? 그는 자신의 병력이 프리드리히에 의해 분리되었다는 것도 정확히는 몰랐었다. 이를 대담했다고 해야 할까? 멍청했다고 해야 할까? 현대 전략으로 보면 그의 행태는 우둔한 것으로 보인다. 만약 그에게 진정으로 위대한 장군의 자질이 조금이라도 있었다면 비록 당시의 전략원칙에 의하더라도 무언가 위대한 모험을 해야 할 때가 되었을 때 즉, 프로이센군에게 결정적 패배를 안겨주기 위해 모든 것을 걸 할 때가 되었을 때는 이를 알아차렸을 것이다.

---

34) 레초프Retzow, 제Ⅰ편, 293쪽.

다시 요점을 누차 반복해서 말하자면, 그 순간의 상황에 따라서 기동과 신중성을 요구하기도 하고 전투와 대담성을 요구하기도 하는 것이 양극兩極 전략doppelpoligen Strategie/bipolar strategy의 본질임은 말할 필요도 없다. 그러나 매우 위대한 인간만이 한쪽 극으로 가다가 돌연 다른 쪽 극으로 방향을 틀 수 있는 것이다. 만약 이 두 가지 원칙에 모두 통달하지는 못했던 다운Daun이 단지 공격적 지휘관에 불과했다면 그에게는 큰 화禍가 닥쳤을 것이다. 그는 프로이센군이 올뮈츠Olmütz에서 퇴각할 때 찬란한 승리를 거머쥘 수도 있었겠지만 4~6 주일 전 충분한 주의 없이 올뮈츠를 구원한답시고 프로이센군을 공격할 수도 있었으며 이는 프리드리히가 그에게 바라고 있던 바로 그런 순간이었다. 실제로 그렇게 했다면 그는 어떤 경우라도 패배를 면할 수 없었을 것이다. 한 지휘관을 정확히 평가하려면 그의 특정한 행동 하나만 보아서는 안 되며 전반적인 상황에 그의 특성이 어떤 영향을 미쳤는지를 보아야 하고 또한 어떤 상황에서는 불리한 것임이 드러났어도 다른 상황에서는 업적을 이룬 그의 특성에 대해서는 이를 평가해 주어야 한다.

오스트리아군이 추격해 오지 않자 프로이센군은 무사히 쾨니히그레츠Königgrätz에 도착했으며 매우 놀랍게도 이제 그들은 약 3개월 전에 오스트리아군이 숙영했던 라이토미츨Leitomischl과 아주 가까운 곳에서 강력한 진지陣地를 점령했다. 이때 프리드리히는 모든 보급대열을 산 넘어 실레지아로 보낸 후였음에도 불구하고 기꺼이 다운Daun을 끌어들여 전투를 벌이려 했지만 오스트리아군은 늘 프리드리히가 모험을 무릅쓰고 공격하려고 하지 않을 진지들을 점령하고 있었다. 비엔나의 마리아 테레지아Maria Theresia/ Theresa는 다운Daun 원수元帥에게 서신을 보내 프로이센군이 러시아군을 향해 방향을 바꿀 가능성이 있어 그들의 세력을 미리 약화시켜 놓아야 할 것이니 패배할 수 있더라도 지금 당장 공격하라고 했다. 얼마나 놀랍고 당당한 말인가? 그녀는 적에게 피해를 입히기 위해 자신이 더 큰 피해를 입더라도 이를 감당해 가면서 동맹군을 거들려고 한 것이 아닌가? 물론 프리드리히도 역시 상당한 피해를 입는 한이 있어도 적의 가용병력을 조금이라도 줄여 놓고 러시아군 쪽으로 방향을 바꾸려고 전투를 원하고 있었으므로 우리는 이때 불가불 교전이 일어났을 것으로 생각할 수 있을 것이다. 그러나 비엔나에서 영웅적 서신을 보내기는 쉬워도 적의 면전에서 영웅적 결정을 내리기는 어려웠다. 마리아 테레지아가 다운Daun을 지연작전으로 자신의 조국을 구했던 고대 로마의 파비우스Quintus Fabius Maximus와 같은 인물(역자 주: 이 책 제Ⅰ편, 461쪽 참고)로 칭송하며 그의 명예를 기리려고 주조鑄造한 동전銅錢에 "꾸물거려 계속 승리한다*Cunctando vincere perge*"는 글을 새겨 넣게 했던 것은 충분한 이유가 있었기 때문이다. 다운Daun은 마리아 테레지아의 서신을 받은 후 서둘러 프로이센군의 진지陣地를 살펴보았을 것이 분명하다. 그러나 그는 상대의 진지陣地가 너무 강력함을 알았다. 그는 자신이 개활지로 나가 프로이센군이 공격하게 도발하는 것 같은 행동은 바람직하지 못하다고 보았다. 프리드리히에게도 상황이 유리해 보이지 않았다. 결국 양측은 1개월간 쾨니히그레츠Königgrätz와 나코트Nachod 사이에서 서로 상대방 주위를 기동만 했고 결국 프리드리히가 보헤미아를 떠나 러시아군 쪽으로 방향을 돌렸다.

프리드리히는 쾨니히그레츠에서 식량보급이 빡빡해지자(오스트리아군은 앞서 프로이센군이 접근할 때 라이토미츨Leitomischl의 나머지 식량저장소를 불태웠다) 병사들 스스로 곡물을 추수하고, 타작하고 찾아내서 빵공장에 보내도록 명했으며 각 연대聯隊에는 보내야 할 곡물의 분량이 할당되었다.35)

이번 보헤미아-모라비아 전역戰役은 의문의 여지가 없이 프리드리히의 전략적 패배로 끝났고, 아르켄홀츠Archenholz에 의하면 프로이센 장교단將校團은 올뮈츠Olmütz 작전 전체를 실수로 보았다고 한다. 프리드리히는 라우시츠Lausitz나 실레지아의 개활지에 주력과 함께 머물며 오스트리아군이나 러시아군이 아주 가까이 접근해 자신이 그들을 공격할 수 있을 때까지 기다리는 것이 옳지 않았을까? 작년 즉, 서기 1757년 봄의 원래 계획 같이 그렇게 하는 것이 옳지 않았을까?

이 전역戰役은 결국 실패했으므로 그때나 지금이나 결과를 보면 아예 착수하지 않았으면 좋았을 것이라고 보는 것이 더 편하다. 이는 낭비된 비용과 외형적인 피해가 그리 크지 않았다고 해도 마찬가지다.36) 올뮈츠의 포위를 풀게 됨으로써 저하된 사기士氣는 매우 훌륭히 이루어진 철수로 인해 보상되었고 방어 상황에서 아무도 전혀 피해를 입지 않았고 프리드리히가 같은 해 8월의 쪼른도르프Zorndorf 전투 때는 어느 정도 더 강해졌다 해도 마찬가지이다. 따라서 프리드리히에게는 모라비아 전역戰役을 벌이지 않는 것이 더 좋았을 것으로 보는 것이 옳다.

객관적으로 볼 때 충분히 그렇게 볼 수 있다. 그러나 전략이란 오로지 객관적 판단만으로는 풀리지 않는 문제로 지휘관의 주관적 판단도 충분히 고려되어야 한다. 프로이센군의 철수를 이용하지 않은 다운Daun에 대해 우리는 이를 다운Daun 다운 행동이었다고 평가했다. 이제 프리드리히에게도 비록 방향은 달라도 같은 기준이 적용되어야 한다. 만약 그가 로이텐Leuthen에서 승리한 후 꼼짝 않고 적이 올 것인지 여부만 다음 해 7월까지 기다렸다면 프리드리히는 프리드리히가 아니

---

35) 《미공개 기록집Ungedruckte Nachrichten》, 제Ⅱ권, 367쪽. 한 청년장교의 일지에서 이 독특한 기록을 찾아 내 우리의 주의를 환기시킨 것은 베른하르디von Bernhardi 장군(《현대전투론現代戰鬪論 Vom heutigen Kriege》, 서기 1912년, 제Ⅰ편, 243쪽)이다. 그러나 베른하르디는 "허나 아무도 징발 다니는 방법을 몰랐다"라는 말을 이에 덧붙였는데 그는 프리드리히와 그의 장교들의 지능과 책략을 옳게 평가하지 못한 것이다.

36) 레초프Retzow는 "병력, 대포, 탄약 및 식량의 손실이 상당했다"고 분명히 말하지만(제Ⅰ편, 294쪽) 우리 는 프리드리히가 그의 군대를 위해 적지敵地에서 많은 보급품을 빼앗은 것도 고려해야 한다. 《미공개 기록집Ungedruckte Nachrichten》, 제Ⅱ편, 367쪽.

었을 것이다. 그는 모라비아로 가면 분명히 성공할 기회가 생길 것으로 알았고 이를 시험도 해보지 않고 그냥 지나간다는 것은 그로서는 불가능한 일이었다. 비엔나에서 열린 최고군무회의最高軍務會議 기록에는 프리드리히는 "기동을 통해 어느 곳에 자리를 잡건 결국은 다운Daun에게 전투를 강요하게 될 것이며, 그는 기동이 우리보다 뛰어났다는 것을 우리는 잘 알고 있다"는 구절이 보인다.37) 과연 처음부터 프리드리히가 다운Daun은 전투에 말려들지 않을 것이고 올뮈츠Olmütz는 프로이센 국경선에서 겨우 8마일(60km) 남짓 떨어진 곳인데 다운Daun이 자신의 보급선을 차단할 수 있을 것으로 생각했을까? 결국 사정이란 변할 수도 있는 것이며 또 프리드리히는 모든 가능성을 다 활용할 사람이라는 생각이 바로 그의 적들이 병력이 우세할 때도 그를 회피한 결정적 요소였던 것이다. 루돈Loudon이 친구에게 보낸 서신에서 프리드리히에게는 세상에 불가능한 일이란 없다는 말을 한 것은 바로 이때였다.38) 앞서 우리는 다운Daun에 대해 그는 프리드리히를 올뮈츠에서 쫓아내는 데는 성공했지만 프리드리히가 퇴각할 때의 거의 절망적 상황을 이용할 줄을 몰랐다고 했지만, 프리드리히는 성공 가능성이 낮은 속에 모라비아 전역戰役을 벌였고 이 전역戰役에서 실패하고도 아무런 피해도 입지 않았던 것은 바로 그가 이렇게 주도권을 가지고 적을 압박했기 때문이다.

이 해 8월 25일 벌어진 쪼른도르프Zorndorf 전투에서도 프리드리히는 원했던 승부를 보지 못했다. 러시아군은 끝까지 버티다 프로이센군 정면을 빗겨 철수했지만 프리드리히는 그들을 다시 공격하지 못했으며 노이마르크를 포기하고 콜베르크Kolberg를 포위했다. 이때 공격하지 말고 루이츠Ruits 장군의 충고대로 러시아군의 병력과 분리된 보급대열을 공격했다면 승리할 수 있었을 것이다. 그는 전투가 끝난 이후에는 실제로 그렇게 하려고 하면서 다른 때와는 달리 "이렇게 하는 것이 싸우는 것보다 좋다"고까지 말했지만 성공하지는 못했다. 그러나 쪼른노르프Zorndorf 전투에서도 외형적 소득은 없었지만 사기士氣의 측면에서는 소득이 있었다. 그는 끊임없는 공격 위협으로 적으로 하여금 의욕을 잃게 만들었다.

그러나 프리드리히가 전적으로 이런 식으로만 나가는 사이에 다운Daun은 다시 용기를 내서 같은 해 10월 14일 신중히 선택한 호크키르크Hochkirch 숙영지에 있던 프리드리히를 공격해서 그에게 큰 패배를 안겨주었다. 그러나 프리드리히는 이 전투에서의 패배를 새로운 전투에서의 승리로 설욕하지 않았고 잘 계획된 빠른 기동을 통해 오스트리아군이 실레지아와 작센에서 탈취한 요새들로부터 얻을 수 있었던 이점利點들을 유지하고 활용하지 못하도록 방해했다.

---

37) 《장군참모부 전집全集 Generalstabswerk》, 제VII편, 232쪽.
38) 아르네트Arneth, 제V편, 388쪽.

4. 서기 1759년의 상황(쿠네르스도르프Kunersdof 전투)

7년 전쟁이 4년 차인 이때 프리드리히의 전략이 변해서 그는 2년 전 생각했던 대로 전략적 수세守勢의 원칙을 택했다. 이제 그는 작센을 포함한 자신의 국경선 내에 머물면서 적이 공격해 오기를 기다리기로 했다. 앞서 보았듯이 재작년과 작년의 두 차례 대공세大攻勢는 프라하Prag와 올뮈츠Olmütz에서 실패로 끝났지만 그 뒤의 방어전투에서는 그가 이겼다. 프리드리히는 서기 1758년 말에 쓴 한 비망록에서 전략을 바꾼 이유를 오스트리아군의 방어기술 개선 때문이라고 했다. 이제 오스트리아군은 숙영기술, 행군전술 및 포병 화력 때문에 수세작전에 통달했던 것으로 보인다. 그들은 양 측면을 대포들로 둘러싸서 안정시켜 놓았고 통상 3개 전투선戰鬪線으로 정렬했다. 제1전투선은 완만한 경사지 뒤에 두어 그들의 화력이 최대의 위력을 발휘할 수 있게 했다. 제2전투선은 언덕 위에 두고 참호를 구축해 놓았기 때문에 가장 치열한 전투는 이곳에서 벌어질 수밖에는 없었다. 제2전투선 에는 기병대가 혼합 배치되었는데 이들이 전진해서 공격자의 첫 제파梯波를 공격 하도록 했었을 것이다. 제3전투선은 공격자의 주공이 오는 곳을 보강할 임무를 지니고 있었다. 양 측면엔 대포가 성채城砦 역할을 하도록 배치되어 있었다. 얼마 전까지만 해도 공격자는 기병 공격으로 전투를 시작하는 것이 보통이었지만 이 제 이런 진지陣地들과 많은 대포 앞에서는 그런 식의 공격은 전혀 현실성이 없어 보이게 되었다. 따라서 이제는 오히려 처음에는 기병대의 전진을 억제시켰다가 마지막 승부를 내야 할 순간이나 추격 순간에 이들을 투입하게 되었다.

이때 프리드리히는 오스트리아군이 실레지아를 점령하려 하다 보면 결국 개활 지로 내려올 것이고 그렇게 되면 자신에게 절실히 필요한 공격의 기회가 생길 것으로 기대했지만 그러기에는 다운Daun은 조심성이 너무 많았고 프리드리히는 할 수 없이 오스트리아군을 우회해서 노이마르크Neumark에 있는 러시아군을 공격 하려고 했다. 앞서 그는 세 차례나 러시아군을 공격하려 했었다. 첫째는 작년 8 월 25일 쫄렌도르프Zolendorf에서였고, 그 다음은 금년 7월 23일 카이Kay에서였고 세 번째는 8월 12일 쿠네르스도르프Kunersdorf에서였다. 첫 시도도 이미 만족스럽지 못 하게 끝났지만 두 번째와 세 번째의 시도에서는 그가 완패完敗 했다.

쿠네르스도르프KUNERSDORF 전투(서기 1759년 8월 12일)[39]

러시아군은 루돈Loudon과 함께 오데르Oder 강 우안右岸의 프랑크푸르트Frankfurt 관문

---

39) 《장군참모부 전집全集 *Generalstabswerk*》을 기초로 이 전투를 연구한 최근의 글로는 《브란덴부르크-프 로이센 연구*Brandenburgisch-Preussische Forschungen*》, 제25권(서기 1913년), 91쪽 이하에 게재된 라우베르트 Laubert의 글이 있다.

앞 진지陣地에 있었다. 프리드리히는 남쪽에서 올라오며 러시아군 옆을 지나 그들 진지 북쪽에서 오데르 강을 건넜고 그들 북쪽은 낮은 습지대로 엄호되어 있어서 그들을 다시 우회해서 남동쪽으로 포위하면서 공격했다.

순수한 포위공격Flankenangriff으로 계획된 이 기동은 처음에는 매우 효과적이었고 러시아군의 전투선戰鬪線은 곧 포위될 것 같이 보였었다. 그러나 이 공격은 결국 실패했다. 러시아군의 남쪽 정면은 많은 연못과 개울들로 엄호되어 있어서 프로이센군이 공격할 수 있는 곳은 매우 좁은 정면 한곳밖에는 없었고 특히 13,000명이나 되었던 기병들이 효과적인 작전을 펼 수 없었기 때문이다. 프리드리히는 전투선戰鬪線이 끊기지 않게 하려고 자신의 좌익이 정면의 장애물을 우회해 공격하는 것은 원하지 않았다. 따라서 러시아군은 적의 공격이 없는 절반의 전투선에서 계속 새 병력을 빼내올 수 있었고 이로써 공격받는 곳에서 병력의 우세를 유지함으로써 적의 공격을 제압할 수 있었다. 클라우제비츠Clausewitz는 이를 "우리는 이때 프리드리히가 스스로의 사선斜線 전투대형 체계의 함정에 빠졌다고 말할 수 있을 것이다"라고 표현했고(《전집全集 Werke》, 제Ⅹ편, 99쪽), 《장군참모부 전집全集 Generalstabswerk》에서도 이에 동의했다.

이 쿠네르스도르프 전투 때의 공격은 프로이센군이 러시아군의 동쪽 측익을 완전히 휘돌았던 점에서 로이텐Leuthen 전투 때보다 더 특징적인 포위공격이었다. 프로이센군이 로이텐에서는 이기고 이곳에서는 패하게 된 이유는 첫째, 로이텐 전투 때는 오스트리아군의 정면이 너무 넓게 확장되어서 공격을 받지 않는 측익의 병력으로 공격 받는 측익을 보강할 수 없었던 점; 둘째, 쿠네르스도르프에서는 러시아군이 점령한 지형의 전체적 정면 뿐 아니라 전투선의 정면 모두에서 로이텐에서보다 훨씬 더 방어에 유리했던 점; 셋째, 쿠네르스도르프에서는 러시아군이 이미 8일간이나 이 진지를 점령하고 있으면서 참호와 녹채鹿砦 장애물을 구축해 놓았던 점; 넷째, 쿠네르스도르프에서는 전면의 장애물로 인해 러시아군의 정면이 공격 받지 않았고 이 때문에 공격 받는 측익으로 보강병력을 이동시키기가 쉬웠던 점 등을 들 수 있다.

특히 나폴레옹을 위시해서 많은 사람들은 프리드리히가 쿠네르스도르프에서 최종 결전決戰을 위해 더 많은 병력을 투입하지 않은 것을 비판해 왔는데 《장군참모부 전집全集 Generalstabswerk》에서는 프리드리히가 그렇게 하지 못한 이유를 열거해 놓았지만 이는 논점論點을 가리는 일이다. 다시 말해 그들이 열거한 이유들은 프리드리히가 소모전消耗戰 전략의 원칙에 따라 행동했고 또 그렇게 해야만 했다는 것을 전제로 했을 때만 적용될 수 있고 타당한 것일 수 있는 이유들일 뿐이다. 그러나 프리드리히가 일시적으로 작센을 포기할 각오를 했었다면 그는 동생인 하인리히Heinrich 영주領主의 병력을 카이Kay에 있는 베델Wedel에게 증원군으로 보낼 수 있었을 것이고, 실레지아의 일부를 잃을 각오를 했다면 푸케Fouqué를 슈모트사이펜Schmottseifen으로 보낼 수 있었을 것이며 자신도 쿠네르스도르프에서 결전決戰을 위해 더 큰 병력을 운용할 수 있었을 것이다. 《장군참모부 전집全集 Generalstabswerk》, 85쪽에서는 프리드리히로서는 다운Daun이 "전 병력을 이끌고 자신의 뒤를 쫓는" 상황을 만들 수는 없었을 것이라 했지만 우리는 이 말에 결코 수긍할 수 없다. 사실 우리는 이를 완전히 뒤집어 말할 수도 있다. 다운Daun이 프리드리히를 쫓아오려면 요새화된 진지陣地에서 나왔을 것이고 따라서 결국 프리드리히가 그리도 오래 고대해 왔던 대로 개활지에서 그를 공격할 수 있는 기회를 프리드리히에게 주게 되었을 것이다. 이때 러시아군은 오데르Oder 강 너머에 있었기 때문에 이에 관여할 수 없었다. 만약 이렇게 되었다면 서기 1815년 나폴레옹의 상황과 비슷한 모습이 된다. 이때 나폴레옹은 같은 병력을 가지고 이틀 이내에 먼저 프로이센군을 그 다음에 영국군을 격퇴할 수 있다고 생각했었다. 그러나 프리드리히는 그의 병력으로 이런 일을 해낼 수 없었다. 우리는 전년의 쪼른도르프Zorndorf 전투 이전 사건들을 이와 완전히 같은 방식으로 판단할 수 있다.

쿠네르스도르프KUNERSDORF 전투 이후 프로이센의 생존

우리는 흔히 프리드리히 대왕의 업적業績과 전략의 관점에서만 7년 전쟁을 바라보지만 이와는 정반대로 이 전쟁에서 진짜 요점은 프리드리히가 쿠네르스도르프 전투에서 패한 후 어떻게 생존할 수 있었는지의 여부라고 말할 수도 있다. 이 문제는 그를 구해준 것은 그의 상대방들의 능력과 단합의 결여 즉, "천성적 우둔함"이었다는 대답만으로는 해결될 수 없는 문제이다. 오스트리아의 다운Daun과 러시아의 솔티코프Soltikoff는 이유 없는 행동을 할 만큼 극히 무능한 인물들이 결코 아니었으며 그들의 행동 이유들을 이해하는 것은 우리에게는 가치 있는 일이다.

프리드리히는 이 적들이 승리한 후 단합해서 자신을 추격하고 자신의 군대를 공격해서 격퇴한 후 베를린을 탈취하고 이로써 전쟁을 종결시킬 것이라고 판단했으며 현대적 개념으로 이는 당연한 일일 것이다. 또한 비엔나의 최고군무회의最高軍務會議의 요구도 그런 것이었다. 최고군무회의는 다운Daun에게 보낸 지령문에서 패배한 적을 더 이상 그의 시야와 손아귀에서 놓치는 일이 없게 하고 모든 역량을 기울여 적을 추격해 완전히 격파하라고 했다. 그러나 프로이센군이 큰 피해를 입었음에도 불구하고 다운Daun이 이런 임무를 완수하기란 결코 쉽거나 당연한 일이 아니었다. 이 문제에 있어서는 프리드리히 자신의 증언도 신뢰성이 없다.

그가 모든 것을 잃었다고 믿고 최고지휘권을 포기하고 이를 핑크Finck 장군에게
넘기려 했다는 것은 정확한 말일지는 몰라도 이는 예를 들자면 그가 우연히도
나폴레옹보다는 훨씬 감수성이 예민한 인물이었기 때문이고 또한 이런 무서운
타격을 입고 일시 정신이 나간 이 인간의 주관적 판단은 당시 상황과 상대방의
행동에 대한 객관적 판단기준으로 이용되어서는 안 될 것이다.

쿠네르스도르프 전투 당시 현장에 있었던 프로이센군은 50,000명에 달했었고
전투 당일 밤 프리드리히 곁에는 단 10,000명밖에 없었다. 그러나 나머지 병력도
절반 이상은 결국 목숨을 보존했고 피해는 매우 크기는 했지만 병력 19,000명과
대포를 잃은 데 그쳤었다. 프리드리히에게는 그 외에도 하인리히 영주領主의 부대
와 푸케Fouqué의 부대 그리고 야전에 흩어져 있는 작은 분견대들이 있어서 이들을
모두 합하면 70,000명은 되었었다. 따라서 큰 패배와 심각한 피해에도 불구하고
아직도 기동과 전투가 가능한 가용병력은 많이 있었다. 또한 전투 이후에 적의
추격도 없었으므로 부대에서 이탈되어 있던 병력들이 현장에서 6마일(45km) 남짓
떨어진 휘르스텐발데Fürstenwalde에서 이튿날 다시 재집결할 수 있었다. 이는 이상한
일은 아니었다. 우리가 알다시피 추격은 어느 시대에나 매우 어려운 일이었고
특히 이때는 미미한 추격밖에는 없었다. 프로이센군만 아니라 러시아군과 오스
트리아군도 쿠네르스도르프에서 큰 피해(총 17,000명)을 입었기 때문이다.40)

러시아-오스트리아 동맹군은 시간이 꽤 지난 후 공격을 재개한다면 스프레Spree
뒤의 진지陣地 속의 프리드리히를 공격해야 했었고 이때 라우시츠Lausitz 뒤의 하인
리히 영주領主의 부대가 그들 뒤에 있게 될 상황이었다. 그들은 병력이 크게 우세
했으므로 그렇게 할 수도 있었겠지만 다만 두 동맹군 지휘관의 일치된 견해와
단호한 협조가 필요한 일이었다. 우리는 그런 협조가 매우 어려운 일임을 경험
을 통해 알고 있다. 이런 경우 장군들 간 견해가 다르고 그 배경에는 서로 다른
이해관계가 존재하기 마련이다. 러시아에게 프리드리히와 전쟁은 단순한 외교적
전쟁이었고 무제한의 위험과 피해를 감수해야 할 어떤 내부적 이해관계 때문에
나선 전쟁이 아니었다. 그들은 오스트리아를 위해 희생하려 하지 않았고 프리드
리히를 상대로 한 공세적 전투는 언제나 위험했었다.

특히 러시아군 지휘관 솔티코프Soltikoff는 더는 모험을 하고 싶지 않다는 말을

---

40) 이 전투 당시 러시아-오스트리아 동맹군의 총병력을 《장군참모부 전집全集 *Generalstabswerk*》에서는
79,000명으로 평가하고 , 코저Reinhold Koser의 《프리드리히 대왕 *König Friedrich der Grosse*》에서는 겨우
68,000~69,000명으로 평가하고 그 중 16,000명은 비정규군이었다고 본다. 전자의 경우 프리드리히의
병력은 49,900명으로 보고 그 중 교량들과 프랑크푸르트 수비대를 엄호하던 부대의 병력을 7,000명으
로 본다. 코저는 같은 책 제Ⅱ편, 25쪽에서는 오데르Oder 강을 건널 때 세어 본 병력이 53,121명이었다
고 했지만, 37쪽에서는 단지 49,000명이었다고 했다. 이런 착오의 원인이 무엇인지는 이미 라우베르트
Laubert가 밝힌 바 있다(《쿠네르스도르프 전투 *Die Schlacht bei Kunersdorf*》, 52쪽).

한 적도 있고(《장군참모부 전집全集 *Generalstabswerk*》, 제XI편, 82쪽) 심지어 더 이상 적과 마주 보기도 싫다는 말까지 한 적도 있다(같은 책, , 제X편, 305쪽). 그들은 카이Kay 전투와 쿠네르스도르프Kunersdorf 전투에서 두 차례나 승리했지만 너무 지쳐 있었으므로 큰 작전을 벌일만한 마음의 준비가 되어 있지 않았고 그러나 그들이 같이 가지 않는다 해도 오스트리아군 단독으로도 비록 병력은 프로이센군보다 크게 우세하지는 못해도 여전히 우세했으므로 만약 계속 공세적 작전을 편다고 해도 크게 위험한 일로 보이지는 않았을 것이다. 결국 다운Daun이 신속하고 강력한 타격을 적에게 가해 전쟁을 종결시키겠다는 생각을 처음부터 거부했던 것은 단지 그 자신의 성격과 원칙 때문이었다. 프리드리히나 하인리히 영주領主를 공격한다거나 베를린으로 진격하자는 생각은 늘 있었던 생각이지만 결국 그런 모험은 모두 거부되었다. 다운Daun은 비록 베를린을 점령한다고 해도 자신들이 황폐화된 그곳 변경주邊境州/Mark(역자 주: 브란덴부르크Brandenburg)에서 어떤 겨울 숙영지도 점령할 수 없을 것이므로 실질적인 소득은 없을 것이라고 선언했다. 결국 두 동맹군 지휘관은 우선 황제군이 프로이센군이 철수한 작센을 점령하고 드레스덴Dresden을 정복할 때까지(결국 황제군은 그렇게 했었다) 기다렸다가 그 후에 실레지아의 겨울 숙영지를 차지해서 승리의 큰 수확을 거두어 보자는데 의견을 모았다.

쿠네르스도르프Kunersdorf 전투에서 승리한 김에 프로이센을 완전히 굴복시켰어야 했다는 생각은 프리드리히가 러시아군을 공격하기 위해서는 하인리히 영주領主의 군대를 불러올렸어야 했을 것이라는 생각과 같은 생각이다. 이런 행동들은 모두 그 당시의 상황과 사고방식의 틀에는 맞지 않는 것이다. 프리드리히에게 그런 행동을 요구하지 않는다면 다운Daun에게도 역시 그런 행동을 요구해서는 안 된다. 두 사람 모두 이해할 수 없는 행동을 한 것이 아니라 우리도 이미 잘 알고 있는 자신들의 원칙에 따라서 행동했던 것이다. 쿠네르스도르프 전투에서 격파된 것은 프로이센 군대가 아니라 프로이센 군대의 절반뿐이었다. 만약 이때 러시아-오스트리아 동맹군이 승리한 김에 작센과 실레지아까지 손에 넣는다면 그들은 큰 소득을 얻는 것이 될 것이고 그렇게만 된다면 다음 전역戰役에서 프로이센의 무릎을 꿇릴 수 있다고 생각할 수도 있었을 것이다.

그러나 러시아-오스트리아 동맹군의 계획은 실현될 수 없었다. 그들 스스로 견해가 달랐을 뿐 아니라 프리드리히가 아직 그에게 남아있는 병력을 대담하고 정열적으로 이용했기 때문에 러시아-오스트리아 동맹군이 결국 드레스덴 한 곳만 제외하고 자신들이 전년도에 점령하고 있었던 같은 겨울 숙영지로 다시 돌아갔다. 양극兩極 전략의 본질을 이해하지 못하는 현대의 이론가들은 기동의 가치를 거의 모르는 것이 보통이다. 그들은 쿠네르스도르프 전투 이후나 마찬가지로 호크키르크Hochkirch 전투 이후에도 프로이센군은 패배한 이후 기동을 통해 자신들을 보존했다는 것을 알아야 할 것이다(역자 주: 앞의 345쪽 참고). 쿠네르스도르프 전투 후 3주일이 지나 러시아-오스트리아 동맹군이 실제로 프리드리히의 나머지 병력과 베를린을 향해 방향을 돌리려고 하자 하인리히 영주領主는 남쪽으로부터 그들의 후방을 공격하지 않고 정반대로 적으로부터 더 남쪽 멀리로 가서 그들의 보급선과 식량저장소를 공격하려 했다. 다운Daun은 황급히 베를린 진격 계획을 포기했고 러시아-오스트리아 동맹군은 다시 널리 분산되었다.

러시아-오스트리아 동맹군의 실레지아 정복계획이 실행단계로 갔을 때 오스트리아군의 주력은 작센에 있었다. 러시아군은 실레지아에 남아있으려면 최소한 글로가우Glogau는 탈취해야 했지만 그들이 이 요새에 도착하기 전에 프리드리히가 강행군으로 넌서 와서 한 진지陣地를 차지하고 있었는데 러시아군은 글로가우를 포위하려면 먼저 프리드리히를 공격해서 이 진지陣地에서 그를 몰아내야 했었다. 솔티코프Soltikoff로서는 병력이 크게 우세했음에도(로돈Loudon도 그들과 함께 있었다) 공세적 전투를 벌일 생각은 없었다. 그들은 처음부터 실레지아 정복계획에 마지못해 동의했던 것이므로 더더욱 그랬다. 그들에게 실레지아는 동東프로이센의 비스툴라Vistula 강 하류지역에 있는 그들의 기지基地에서 너무 먼 곳이었다. 오스트리아가 러시아군을 이렇게 멀리 끌어내려고 했던 것은 평화협정을 통해 이 지역을 얻으려 했기 때문이 아니라 이 지역이 자신의 작전을 수행하기에 가장 가까운 지역으로 가장 편리하고 안전한 보급선을 제공해 주는 지역이었기 때문이었다. 그러나 러시아는 이렇게 멀 뿐 아니라 변경주邊境州/Mark와 포메라니아Pommern/Pomerania 로부터 측면공격을 당할 가능성이 있는 곳까지 이동해야 한다는 것은 지나치게 불합리한 일임을 알게 되었다. 그들은 이렇게 멀리 가면 자신들이 동東프로이센을 잃을 수도 있다고 생각했다.41) 따라서 솔티코프Soltikoff는 글로가우Glogau를 포위하자는 오스트리아군의 제의를 결코 진지하고 받아들이지 않았다. 이때 만약에 프리드리히가 마지막에 신중하지 못하게 오스트리아군 후방으로 보낸 핑크Finck가 막센Maxen에서 항복하지 않았었다면 러시아로서는 쿠네르스도르프 전투의 성과가 모두 물거품이 되어버리고 말았을 것이다.42)

---

41) 이런 주장이 마쏠로프스키Masslowski의 《러시아의 관점에서 본 7년 전쟁Der Siebenjährige Krieg nach russischer Darstellung》(드리갈스키Drygalski 역譯)에 계속 등장한다.

42) 클라우제비츠Clausewitz는 프리드리히의 이런 부주의는 도를 지나쳐서 "설명될 수도 없고 변명의 여지도 없는" 정도였음을 알 수 있었다고 주장한다. 그러나 몰보Mollwo는 마르부르크Marburg 대학교 학위논문(서기 1893년)에서 그 이유를 설명했다. 그의 설명에 의하며 이는 그 시대의 특징인 "난공불락의 진지陣地"라는 개념에서 찾아 볼 수 있다. 프리드리히는 오스트리아군이 곧 작센에서 철수하고 공격하지 않을 것이 분명하다고 보았지만 다운Daun은 자신의 이점利點을 알고 용기를 내 핑크Finck를 공격해서 우세한 병력으로 그를 제압했다. 프로이센군의 병력 중 일부는 러시아 포로들 중 그들에게 귀순歸順한 자들과 작센에서 강제로 징집한 자들이었기 때문에 더 쉬운 일이었다.

서기 1759년 가을 프리드리히는 과연 자신이 결전決戰을 추구하는 것이 잘하는 일인지 아주 진지한 자세로 반성해 보았다. 그는 스웨덴 카를Karl XII세의 운명을 되돌아 본 후 앞서 인용한 그에 관한 평가(역 자 주: 앞의 305쪽 및 329쪽 참고)를 글로 남겼는데 이 글에서 프리드리히는 카를 XII세는 피 흘리는 일을 좀 더 줄일 수 있었다고 했다. 이제 그의 말을 다시 인용해 보자.

> 물론 싸워야 하는 경우도 있다. 그러나 잃을 것보다 얻을 것이 더 많거나, 적이 숙영 중 또는 행군 중에 방심하고 있거나, 적을 강습함으로써 평화를 수락하도록 강요할 수 있을 경우에만 싸워야 한다. 더욱이 쉽사리 전투에 휩쓸려 들어가는 장군들은 대부분 다른 방법을 몰라서 그런 편법에 의존한 다는 것은 분명한 사실이다. 그러나 우리는 쉽사리 전투에 휩쓸리는 것을 유능한 장군이 아니라 자질이 없는 장군의 증거로 본다.

프리드리히는 이어서 지혜가 없는 용기는 무용지물이며 장기적으로 보면 깊은 사려思慮가 무모한 대담성을 이겼다고 했다.

프리드리히는 이때부터는 아주 좋은 기회가 생겨도 러시아군과 싸우지 않았다. 그는 오스트리아군의 약점을 찾아내려고 끝까지 주목했지만 자세히 검토해 보면 서기 1757년 로이텐Leuthen 전투 이후 5년간의 전쟁에서 프리드리히가 실제로 그들과 큰 전투를 벌인 것은 토르가우Torgau 전투 단 한 차례임을 우리는 알 수 있다. 그 앞의 리그니츠Liegnitz 전투에서는 주도권이 그가 아니라 그의 적에게 있었다.

5. 서기 1760년의 상황(리그니츠LIEGNITZ 전투; 토르가우TORGAU 전투)

다운Daun 원수元帥는 비엔나 정부의 재촉과 마리아 테레지아Maria Theresia/Theresa의 명에 의해 프로이센군을 공격하기로 결정했다. 오데르Oder 강을 사이에 두고 한쪽에서는 오스트리아군이 다른 쪽에서는 러시아군이 실레지아로 들어갔다.

당시 프리드리히의 병력은 단 30,000명이었고 오스트리아군은 90,000명이나 되었다. 러시아군 74,000명은 하인리히 영주領主의 37,000명에게 붙들려 있었다. 프리드리히는 자신의 병력이 너무 적다고 보고 계속 기동만 하면서 브레슬라우Breslau와 슈바이드니츠Schweidnitz가 포위되지만 않도록 하면서 그해 여름을 버티려 했다. 이때 그가 살아남을 수 있었던 것은 오스트리아군의 공격계획 때문이었다. 다운Daun은 비엔나로부터 재촉 때문에 단순한 공격이 아니라 적을 격멸하려고 했었다. 오스트리아군은 세 방향으로 나뉘어 야간에 동시에 움직여서 프리드리히를 포위 격멸하려 했다. 그러나 프로이센군도 야간행군으로 적의 3개 종대縱隊 중 하나인 루돈Loudon의 24,000명 병력에게 접근해 오스트리아군의 주력이 이튿날 아침 도착하기 전에 그들을 밀어냈다. 오스트리아군은 더 이상 전투를 계속하지 못하고 계획했던 작전을 끝냈다. 이때의 작전을 보면 격멸전투가 다운Daun과 전혀 거리가 먼 것이었다고 보는 것은 완전히 잘못된 생각이다. 이런 생각을 하기는 쉽지만 다운Daun은 이런 계획을 프리드리를 상대로 시행한다는 것은 매우 어려운 일임을 자신을 비난하는 사람들보다도 이미 잘 알고 있었다.

프리드리히는 이 리그니츠 전투에서 승리함으로 일시 가장 위급했던 상황에서 벗어날 수 있었다. 연말年末이 다가오자 그는 다시 강타를 날려서 운명을 시험해 보려고 11월 3일 토르가우의 진지陣地에 있는 다운을 공격했다. 그로서는 작센을 적으로부터 되찾으려는 시도를 하지 않을 수가 없었고 그의 비망록에서는 마치 자신을 변명하듯이 기동만으로 다운Daun을 토르가우 진지에서 끌어낼 수 없었기 때문에 프로이센의 운명을 전무의 결과에 낯겨볼 수밖에 없었다고 했다. 그러나 승리의 대가는 컸었고 소득은 미미했다. 오스츠리아군은 겨우 3일 행군거리를 물러났고 여전히 드레스덴Dresden을 그들의 통제 하에 두었기 때문이다.

<h2 style="text-align:center">사선斜線 전투대형의 발전</h2>

우리는 사선斜線 전투대형schräge Schlachtordnung을 측익전투側翼戰鬪/Flügelschlacht의 한 형태로 볼 수 있다(역자 주: 앞의 276쪽~273쪽 참고). 즉, 그 시대의 기본적인 전술에 따라 끊어진 곳이 없는 전투정면戰鬪正面/Schlachtfront으로 싸운 측익전투가 사선斜線 전투대형이었다. 그러나 이런 대형이 성공한 것은 단 한 차례였다. 보다 정확히 말하자면 로이텐Leuthen 전투 때만 그런 대형으로 승리했다고 할 수 있다. 프리드리히는 이 전투 이후 단 세 차례 치열한 큰 전투를 벌였다. 두 번은 러시아군이 상대였고 (서기 1758년의 쪼른도르프Zorndorf 전투와 이듬해의 쿠네르스도르프Kunersdorf 전투) 한 번은 오스트리아군이 상대였다(서기 1760년의 토르가우Torgau 전투). 로이텐 전투 이후 달라진 것은 프리드리히가 적의 한 측익을 포위할 정도로 적의 정면을 비껴 기동하는데 그치지 않고 아예 그 측익을 완전히 돌아서, 적도 따라서 돌지 않는다면, 그들의 후방을 공격하려 했다는 점이다. 그러나 이런 기동은 목적을 달성하지 못했고 결국 정면전투Frontalschlacht만 했었다. 심지어 쪼른도르프 전투에서는 이런 식으로 양측이 서로 상대방을 마주 보고 두 바퀴를 빙글빙글 돌았다.

쿠네르스도르프 전투에서는 러시아군의 측익이—우리는 이를 우익이라고 해야 할지 좌익이라고 해야 할지 모른다—완전히 포위되었지만 프리드리히는 정면이 끊어지면 안 된다는 원칙을 고수해야 했으므로 러시아군의 상당 부분이 공격을 받지 않고 이들이 공격 받는 쪽을 계속해서 증원할 수 있었으며 결국 이 때문에 프로이센군은 공력력이 소진되게 되었다.

토르가우 전투 때 프리드리히는 측익전투의 발전된 형태라고 할 수 있는 전혀 새로운 방법을 적용했다. 그는 정면이 끊어지면 안 된다는 원칙을 버리고 정면을 둘로 나눈 후 그 중 하나를 포위종대包圍縱隊/äussere Kolonne로 이끌고 오스트리아군의 우익 즉, 북쪽 측익을 반원을 그리며 돌아가서 적을 정면과 후방에서 동시에 공격했다. 이런 공격이 어려운 것은 정면을 공격하는 병력과 후방을 공격하는 병력이 동시에 공격을 시작하기 어렵다는 것이다. 포위에 걸리는 시간을 정확히 계산하기 어렵고 바람과 날씨 때문에 신호에 의지할 수도 없기 때문이다. 프리드리히가 지휘한 포위종대는 행군거리가 4마일(30km) 이상이었고 숲을 통과해야 했었다. 프리드리히가 너무 일찍 공격했던 탓인지 정면을 공격한 자이텐Zeiten이 너무 늦게 공격한 탓인지 몰라도 여하간 양쪽의 공격시간이 일치하지 않았다.43) 그러나 프리드리히는 결국 이겼다. 오스트리아 병력 중에 라시Lascy가 지휘했던 상당부분이 자이텐Zeiten이 어디를 공격할지 몰라 좌익 쪽에 그대로 있고 우익을 홀로 남겨놓았었기 때문이다. 오스트리아군은 프리드리히의 후방공격에 심하게 흔들려 있던 차에 자이텐이 정면에서 공격해 오자 더 이상 버틸 수 없었다.

2년 전(서기 1758년 6월 23일) 크레 평원Crefeld 전투 때는 브라운슈바이크Braun-schweug의 페르디난트Ferdinand가 이와 완전히 같은 식으로 프랑스군을 공격한 적이 있는데 이때 그들은 3개 종대縱隊로 널리 퍼져 그 중 하나가 적의 후방으로 가서 공격했다. 프랑스군 사령관 클레몽Clermont 영주領主는 적보다 크게 우세한 병력을 가지고도 각자 고립되어 있는 적의 종대들 중 어느 하나를 스스로 나가서 단호하게 공격하지 못하고 주력이 제대로 싸움도 시작하기 전 철수를 명했다.44)

나폴레옹은 크레 평원 전투와 토르가우 전투에 대해 공격군이 나뉘었던 것을 혹독하게 비판하면서 이는 어떤 병법兵法 원칙에도 어긋난 일이라고 했다. 고립된 병력은 격파될 수도 있다. 나폴레옹은 또한 토르가우 전투는 프리드리히가 재능이 없는 인물로 보이는 유일한 전투라고 했다.

그러나 우리가 알 수 있었다시피 필자는 나폴레옹의 그런 판단을 완전히 부인한다. 필자는 프리드리히가 공격병력을 나눈 것을 보고 그는 이제 더 이상 효과가 없는 전통적인 형식을 최종적으로 또 최고로 발전시킨 창조적 정신의 소유자임을 알 수 있었다. 나폴레옹의 비판은 그 시대의 전술의 특징을 간과한 비판이었다. 토르가우 전투 때 프리드리히가 포위기동을 하는 중에 다운Daun이 자인텐을

---

43) 헤르만Herrmann은 가우디Gaudy가 서기 1760년 12월 11일에 하인리히 영주領主에게 보낸 한 통의 서신을 《브란덴부르크-프로이센 연구Brandenburgisch-Preussische Forschungen》, 제2권(서기 1889년), 263쪽에 공개했는데 이 편지에서 가우디는 때 이른 공격은 "불행한 포격砲擊" 때문이었다고 했다. 그는 또한 기병대와 포병도 아직 제자리에 있지 못했다고 했다.
44) 다니엘스E. Daniels, 《프로이센 연보年報 Preussische Jahrbücher》, 제78권, 137쪽.

공격하는 것도 불가능한 일은 아니었음이 분명하다. 그러나 다운Daun이 이런 결단을 내리고 신속 과감하게 이를 실천할 가능성은 그리 높지 않았으므로 프리드리히로서는 그렇게 위험한 일을 한 것이 아니었다.

6. 서기 1761년에서 1763년까지의 상황

(역자 주: 슈바이드니츠Schweidnitz 전투; 7년 전쟁의 종결)

프리드리히는 서기 1761년 리그니츠Liegnitz 전투와 토르가우Torgau 전투에서 승리했지만 상황은 2년 전 쿠네르스도르프Kunersdorf 전투와 막센Maxen 전투에서 패했을 때보다도 더 나빠져 있었다.

그는 더 이상 싸울 수 없었다. 그는 야전 요새들(분쩰비츠Bunzelwitz) 속에 들어앉아 병력을 보호했고 점차 글라츠Glatz, 슈바이드니츠Schweidnitz, 콜베르크Kolberg 등의 요새들을 잃었다. 오스트리아군 역시 병력유지의 한계에 도달했음이 분명했고 마리아 테레지아는 더 이상 보수를 지급할 수 없자 군대를 감축키로 결정했다 (서기 1761년 12월). 각 연대聯隊에서 2개 중대中隊씩 감축되었으며 다른 중대에서 일자리를 못 찾은 장교들은 절반만 보수만 받고 해고되었다.45) 마리아 테레지아는 그래도 전쟁에서 이길 것으로 믿고 있었는데 서기 1762년 1월 5일 러시아에서 엘리자베드Elizabeth 황후皇后가 죽자 상황은 급격히 변했다. 러시아군은 오스트리아 동맹에서 탈퇴했을 뿐 아니라 프로이센군 측으로 넘어갔다.

이렇게 러시아가 변하자 이제 프리드리히의 병력이 오스트리아군에 비해 우세해졌다. 그러나 그는 결전決戰을 모색하지 않고 처음부터 그의 전역戰役에서 성공적 기동을 목표로 했다. 오스트리아군은 전년도 말에 슈바이드니츠Schweidnitz 포위에서 승리한 후 이 요새를 기지 삼아 실레지아에 겨울숙영지를 차지했고 프로이센군은 브레슬리우Breslau로 쫓겨 들어갔었다. 그러나 이때 프리드리히는 산악시대의 이쪽에서 집결된 병력으로 모든 것을 걸고 오스트리아군을 공격하지는 않았으며 고지高地 실레지아Oberschlesien/Upper Silesia로 큰 병력을 보내(16,000명) 병력을 줄인 후 포위기동을 통해 다운Daun을 슈바이드니츠 진지陣地로 밀어냈다.46)

프리드리히는 그를 진지陣地 밖으로 끌어내려고 우선 그들의 좌익 쪽 전초진지前哨陣地를 공격했지만 격퇴 당했다. 이에 그는 트라우테나우Trautenau를 거쳐 보헤미아 북쪽 깊이까지 침공해서 농촌지대를 초토화 시켰다. 그러나 다운Daun은 흔들리지

---

45) 아르네트Arneth, 제Ⅵ편, 259쪽.

46) 6월 30일에 체르니세프Tschernyscheff의 러시아 부대가 프로이센군에 합류했고, 7월 1일에는 두 군대의 전진이 시작되었다. 7월 18일에는 뻬떼르Peter 황제Czar의 양위讓位 소식이 도착했다. 이 동안에 프리드리히는 마음만 먹었으면 현저히 우세한 병력으로 싸울 수 있었을 것이다. 하지만 그는 오스트리아군이 일부 병력을 투르크Türk/Turk군을 향해 보내지 않을 수 없게 될 경우에만 그렇게 할 계획이었다.

않았다. 그는 브라우나우Braunau에 있는 자신의 식량저장소를 적시에 보호하면서 슈바이드니츠에 계속 남아 있었다. 프리드리히는 보헤미아 침공으로 막센Maxen의 식량저장소는 쉽게 빼앗을 수 있었다.

그러나 프리드리히는 곧 보헤미아를 빠져나옴으로써 자신이 단지 기동만 하고 있는 것이 병력이 적거나 결단력이 없어 그런 것이 결코 아님을 보여주었다.

프리드리히는 그때까지 오스트리아군의 좌익을 상대로 기동하고 있던 비드Wied 휘하의 병력에게 3일 간의 연속 야간행군으로 슈바이드니츠 진지陣地를 휘돌아서 오스트리아군 우익 쪽으로 가게 한 후 그곳에서 1마일도 안 되는(약 4km쯤 떨어진) 곳에서 오스트리아군 우익을 엄호하고 있던 부르커스도르프Burkersdorf와 로이트만스도르프Leitmansdorf의 전초前哨들을 기습공격하게 했다. 비드는 험준한 지형을 통과해서 기습공격에 성공했고 이제 다운Daun은 멀리 산속으로 철수할 수밖에 없었고 이에 따라 프로이센군은 결국 슈바이드니츠Schweidnitz를 포위할 수 있었다. 이 포위는 9월말까지 이어졌고 이로써 전역戰役은 끝났다. 이때 프리드리히는 결코 자신의 원칙을 어기지 않았지만 그가 믿는 상황에 따라 이제 위험하고 비용도 많이 드는 전투의 극極을 떠날 수가 있었다. 6년 전 그가 이 전쟁에 뛰어 들 당시의 목표였던 작센Sachsen/Saxony 지역 획득은 이제는 어떤 경우에도 실현될 수 없었다. 이제는 전쟁 이전 상태status quo ante의 회복이 목표가 되었고 더 이상 전투 없이도 그것이 가능할 것으로 보였다. 물론 전투에서 승리하면 최종 승부를 앞당길 수 있겠지만 프리드리히는 온갖 경험을 거치며 이제는 그의 전략 중 기동 쪽 극極에 너무 접근해 있었으므로 결국 전투를 포기했다. 그는 프로이센의 전쟁은 "짧고 활기차야" 한다는 개념(역자 주: 앞의 304쪽 참고)을 포기한 것이다.

Ⅳ. 서기 1778년의 상황
(바이에른 왕위계승 전쟁)

이 해에 프로이센군은 그들이 88년 후인 서기 1866년에 가게 되는 길과 거의 같은 길로 보헤미아를 침공했다. 프리드리히는 실레지아에서 나코트Nachod 통로를 따라 보헤미아로 왔고 하임리히Heinrich 영주는 북쪽 라우시츠Lausitz에서 왔다. 그러나 서기 1866년에는 이런 동심공격同心攻擊/Konzentrische Angriffe으로 쾨니히그레츠Königgrätz에서 결전決戰이 벌어지게 되지만 이때는 오스트리아군이 엘베Elbe 강 상류와 이사르Isar 강 뒤의 진지陣地에 박혀 있어 프로이센군이 할 일이 없었다. 더욱이 이 진지陣地는 오스트리아군이 서기 1866년에도 잠시 점령하게 되는 곳들이었다. 이렇게 상황이 달라진 것을 통해 우리는 완전한 시대차이와 그사이에 변화된 전략을 볼 수 있다. 서기 1866년에는 프로이센군이 결전을 강요해서 전쟁을 종결할 수 있게 되며 전투는 총 7일간이나 계속 된다. 그러나 서기 1778년(역자 주: 바이에른 왕위계승 전쟁. 실레지아를 프로이센에 뺏긴 오스트리아가 이를 만회하려고 바이에른을 차지하려다가 프로이센과 벌인 전쟁)에는 양측이 서로 관망만 해가면서 3개월을 보내다 결국 프로이센군이 보헤미아 국경 산악지대를 넘어 철수했고 이때 이 전역戰役을 "감자 전쟁Kartoffelkrieg" 이라고 했다. 그들은 넓은 땅에 감자를 심어놓았다 수확한 것 외에는 한 일이 없었기 때문이다. 서기 1866년이나 이때나 모두 양측 병력수는 거의 같았다.

후손들의 뇌리에 남겨진 지휘관 왕 프리드리히의 모습에는 강대세력과 투쟁을 하며 버티며 정복해야 했던 전역戰役들에 대한 인상이 새겨져 있다. 그러나 우리가 그의 전략을 이해하려면 그가 상대방과 대등하거나 우세한 병력을 이끌고 야전으로 나갔던 전역戰役들도 물론 고려해야 하며 그의 전역戰役들 중 그런 경우가 많았다. 그의 12차례에 걸친 전역戰役 중 4차례(시기 1741년, 1742년, 1757넌 및 1762년)는 분명 상대보다 병력이 우세했고, 3차례 반(서기 1744년, 1745년, 1778년 및 1757년 전반기)은 상대와 병력이 대등했다 할 수 있다. 너머지 4차례 반(서기 1757년 후반기, 1758년, 1759년, 1760년 및 1761년)은 상대의 병력이 우세했다.

제VI장
전략가 프리드리히

르네상스 시대로부터 프리드리히 대왕의 시대에 이르기까지 전술戰術 분야에는 뚜렷하고 큰 엄청난 변화가 있었지만 전략戰略의 원칙은 변한 것이 없었다. 밀집 정렬했던 종심縱深 깊은 보병 방진方陣 대형은 종심이 거의 없는 선형대형線形隊形으로 변했고, 장창병長槍兵과 미늘창Hellebarde/Halberd(역자 주: 앞의 4쪽 참고) 창병槍兵은 소총병小銃兵으로 변했고, 개인적으로 싸우던 기사騎士들 대신 밀집 정렬한 기병중대가 생겼고, 숫자도 얼마 안 되고 약했던 대포 대신 수없이 많은 포대砲隊들이 생겼다. 그러나 지휘관들의 병법兵法은 여러 세기 동안 전혀 변한 것이 없다. 같은 동기에 의해 같은 방식으로 시작된 상황과 결정들이 계속 발견된다. 쌍방이 모두 결전決戰을 벌이려고 상대에게 대드는 일은 거의 없었고, 쌍방이 또는 어느 한 쪽이 자신이 약한 것으로 보고 난공불락의 진지陣地를 찾았고, 어느 한 쪽이 좋은 기회를 유리하게 활용할 수 있을 것으로 생각했을 때만 전투가 벌어졌다. 상대방이 요새화된 진지를 차지하기 전에 공격한 경우도 있고(서기 1620년 바이쎈 베르게Weissen Berge 〈백산白山〉) 전투, 서기 1704년 훼크스타트Höchstadt 전투), 상대방의 요새를 포위할 때 공격한 경우도 있다. 서기 1512년 라벤나Ravenna 전투, 서기 1634년 뇌르딩겐Nördingen 전투 및 서기 1709년 말프라케트Malplaque 전투도 그렇게 시작된 전투로서 한 쪽은 상대를 포위하려 했고 상대는 유리한 진지陣地를 차지해 적의 포위를 방해하려던 중에 공격을 받은 전투였다. 지금껏 말한 전투들과 서기 1757년 콜린Kollin 전투의 차이점은 후자의 경우에는 포위군이 구원군과 싸우러 좀 더 멀리 나왔었다는 점 뿐이다. 이와 반대로 병력은 우세해도 포위에 어넘이 없는 상대방을 구원군이 공격한 전투도 있었다. 서기 1525년 파비아Pavia 전투, 서기 1706년 투린Turin 전투가 그런 예이다. 프라하Prag 전투, 올뮈츠Olmütz 전투, 드레스덴Dresden 전투, 슈바이드니츠Schweidnitz 전투, 브레슬라우Breslau 전투, 퀴스트린Küstrin 전투, 나이쎄Neisse 전투, 글라츠Glatz 전투, 코젤Kosel 전투, 콜베르크Kolberg 전투, 글로가우Glogau 전투 등 7년 전쟁 중의 전투들도 대부분 요새의 포위나 방어로 벌어진 전투였으며 카를Karl V세 황제와 프랑스의 프랑시스Franz/Francis I세 왕이 대결한 전투, 30년 전쟁 중의 전투, 프랑스 루이 XIV세의 전투도 마찬가지다. 브라이텐 평원Breitenfeld과 뤼첸Lützen에서 스웨덴 구스타프 아돌프Gustav Adolf/Gustavus Adolfus 왕이 싸우기로 결정하게 된 과정은 로이텐Leuthen 전투와 토르가우Torgau 전투에서 프리드리히가 전투를 결정하게 된 과정과 거의 같았었다. 모든 시대, 모든 전역戰役, 모든 지휘관에게는 이런 식으로 전투를 결정한 경향이 있으며 이는 우리가 주목해야 할 부분이다. 구스타프 아돌프의 뤼첸 전투는 발렌슈타인Wallenstein이 겨울 동안 작센Sachsen/Saxony에서 머물지 못하게 하려고 공격한 경우이고, 프리드리히 대왕은 로이텐과 토르가우에서 오스트리아 군이 겨울 동안 실레지아와 작센에 머물지 못하게 하려고 공격했다. 두 사람은 이런 범위에서는 상황이 비슷했지만 프리드리히의 두 전투는 구스타프 아돌프의 전투보다 훨씬 큰 모험이었다는 점에서 큰 차이가 있다. 스웨덴의 토르스텐손 Torstensson의 기동성과 원거리 전역戰役은 그의 전략에 독특한 특징을 보이게 했지만 기본원칙에서는 구스타프 아돌프와 차이가 없었다. 각 지휘관들의 행적行績에서도 현저한 공통점이 발견된다. 프리드리히는 토르가우 전투에서, 사보아Savoyen Savoy의 오이겐Eugen/Eugene 영주領主는 말프라케트 전투에서 마지막으로 큰 유혈流血 전투를 벌였다. 그러나 소득이 크지 않자 그 이후의 전역戰役에서는 두 사람 모두 전투로 승부를 내려고 하지 않았다. 말프라케트 전투에서 오이겐의 승리는 오랜 표현에 의하면 "피루스 왕의 승리Pyrrhus=Sieg/Pyrrhic victory"(역자 주: 전투에 이겼으나 너무 많은 사상자 를 낸 끝에 결국 멸망한 고대 그리스 피루스왕의 전례典例를 지칭하는 표현. 이 책 제I편, 제IV권, 제IV장 참고)가 될 뻔했다고 할 수 있고 토르가우 전투에서 프리드리히의 승리도 거의 비 슷했다. 결국 세계 전쟁사의 관점에서 문제는 프리드리히가 왜 서기 1760년 이후 기동機動의 극極 쪽으로 그렇게 가까이 접근했는지 여부가 아니라 그 이전에 왜 위 대한 옛 지휘관들의 경험을 무시하고 그렇게 전투의 극極 쪽으로 열정적으로 접 근했었는지 여부이다. 이 대담한 천재 지도자가 전략적으로 한때 결전決戰을 추구 하려 했던 것은 프로이센 군대의 질적 발전과 전술적 유연성 때문이다. 그는 이 때문에 사선斜線 전투대형을 생각해 내고 또 실전에 이용할 수 있었다.

전투는 전술적 소득은 아무리 커도 제한적일 수밖에 없고 이것만으로 적에게 평화조약을 강요할 수는 없었지만 부수적 이점利點이 너무 컸기 때문에 지휘관들 은 이를 무시할 수 없었고 따라서 주력을 전투戰鬪 현장에서 빼내기도 했다. 30년 전쟁 중에는 가용병력 중 상당수를 요새화된 도시들의 점령에 투입하고 전투는 소규모 병력만으로 했다. 오이겐Eugen/Eugene과 영국의 말보로Marlborough도 프리드리히 나 마찬가지로 가용병력 중 상당수를 결전決戰에 투입하지 않았던 경우가 누차 보인다. 프리드리히는 《전쟁의 일반원칙General-Prinzipien vom Kriege》(서기 1748년)에서 여러 적으로부터 공격을 받을 때는 "한 속주屬州를 한 적에게 희생시키고 다른 적 을 전 병력으로 맹렬하게 공격해서 그에게 전투를 강요해야 하며 이때 이 적을 제압하기 위해 마지막 1명까지도 다 동원해야 한다. 그런 다음에 다른 적에게 병 력을 보내야 한다"고 했다. 그러나 서기 1756년 실제 그런 상황이 자신에게 닥치 자 프리드리히는 어느 속주도 희생시키지 않으려고 전 "병력"을 집결시키지는 않았다. 더욱이 그는 같은 글에서 "이런 종류의 전쟁에서는 피할 수 없는 굶주림과 행군 때문에 군대가 약화되며, 이런 전쟁은 너무 길어지므로 결국 불행하게 끝난다"는 말을 덧붙였다. 결국 그는 후일의 이론에서 말한 소위 "내선작전內線作戰/Operierens auf der inneren Linie/operating on interior lines"의 원칙(역자 주: 여러 적을 그들 중간에서 상대하는 작전. 기동력이 필요하며 병력집중의 이점이 있다. 이런 작전을 잘 구사한 지휘관이 프랑스의 나폴레옹과 후금後金의 누르하치이다)을 항상 제한적으로만 적용했다. 그는 전투를 통한 승부를 높이 평가하면서도 이를 통해 적을 실제로 격멸할 수는 없다는 것과 따라서 속주들과 경우에 따라 식량저장소들을 보호하는 것이 전쟁을 계속함에 있어 전투 못지않게 중요하다는 것을 잘 알고 있었던 것이다. 따라서 그는 한 곳에 전 병력을 집중시키는 문제를 이론적으로 재평가할 때는 그렇게 하는 것을 절망적 상황에서 명예를 위해 죽을 때 쓰는 마지막 방법으로 보았다. 그는 서기 1761년 ~1762년 사이 겨울에 상황이 극히 위급해져서 러시아의 엘리자베드Elizabeth 황후皇后가 죽은 것을 알기 며칠 전인 서기 1762년 1월 9일에는 어떤 해결방법도 없을 것 같이 보이자 동생 하인리히Heinrich 영주領主에게 그런 방법을 암시해 보았다. 그러나 하인리히는 한 곳에 전 병력을 집결시키는 것은 모든 속주와 식량저장소들을 적에게 내주는 일이 된다고 응답했다. 프리드리히도 과거 같은 생각이었기 때문에 전투에는 가능하면 많은 병력을 동원하라는 자신의 원칙에도 불구하고 속주들과 식량저장소들을 엄호하는 데 병력을 사용하고 전투에는 적은 병력만 투입한 경우가 빈번했었다. 케쎌스도르프 전투, 프라하 전투, 쪼른도르프 전투 및 쿠네르스도르프 전투 때도 속주들과 식량저장소들에 대한 엄호 문제만 없었다면 그는 상대방보다 많은 병력을 동원할 수 있었다. 그가 올뮈츠를 포위하자 러시아군이 오데르Oder 강으로 진격해서 베를린을 위협했다. 이에 하인리히는 자신의 작센 병력을 도나Dohna 대공大公의 병력과 합류시켜 러시아군과 싸워서 이 변경주邊境州/Mark(역자 주: 브란덴부르크Brandenburg)를 해방시키려 했었다. 그러나 프리드리히에게는 작센의 보호도 너무 중요한 문제로 보였기 때문에 하인리히의 계획은 실현되지 못했다. 이런 일이 빈번히 일어났던 것을 보면 우리는 이는 뜻밖의 실수가 아니라 원칙에 따른 행동이었음을 알 수 있다. 또한 병력이 많아질수록 통제가 더 어려워지므로 누구나 자신의 전 병력을 체계적으로 집결시키지 않게 되기가 쉽다. 20~30개 대대大隊를 나란히 선형線形으로 전개시켜 질서 있게 전진시킨다는 것은 말할 수 없이 어려운 일이었다.[1] 가능한 최대 병력을 보유하려고 하기보다 상한선을 어디로 할 것인지를 즉, 병력이 어느 선을 넘으면 불필요한 부담과 방

---

1) 케머러von Caemmerer 장군의 《방어와 무기Wehr und Waffen》, 제II편, 101쪽에는 이 문제가 매우 명확하게 설명되어 있다.

해가 되는지를 생각했었고 정상병력正常兵力/Normal=Heer이 어느 수준인지를 따졌었다. 이미 마키아벨리Machiavelli는 25,000∼30,000명을 가장 적절한 병력이라고 보았었다. 그는 이런 병력이면 진지陣地들을 점령해서 원하지 않는 전투에 휩쓸려 들어가지 않을 수 있고 이로써 자신보다 더 큰 적에게도 버틸 수 있으며 병력이 이보다 많으면 오래 집결해 있을 수도 없다고 했었다.2) 프랑스의 트루네Trunne는 절반은 기병인 최대 20,000∼30,000명의 약간 작은 군대를 지휘하기를 원했었다.3) 몬테쿠콜리Montecuccoli 역시 3,0000명 이하의 병력을 요구했다. 그는 "전투는 몸보다 마음으로 싸우는 것이므로 병력이 많다고 항상 유용한 것은 아니다"라고 했다. 너무 많은 병력은 소용이 없다는 것이다.4) 후일에는 이보다 약간 많은 병력을 적절한 병력으로 생각했다. 작센 원수元帥(역자 주: 프리드리히의 동생인 작센 영주領主 하인리히Heinrich?)는 최대 병력을 40,000명으로 보았었고, 플레밍Fleming의 《완벽한 게르만 군인Der volkommene Deutsche Soldat》(서기 1720년)에서는 "단호하고 훈련된 병사 40,000∼50,000명의 군대면 어떤 일도 할 수 있다. 사실 그 정도면 세계를 정복할 수도 있다고 큰소리를 친다고 해도 망상妄想은 아니다. 이보다 많은 병력은 귀찮기만 하고 혼란만 생길 뿐이다"라고 했다(120쪽). 그보다 반세기 후 프랑스인 기베르Guibert는 70,000명을 적절한 병력으로 보았다.5) 나폴레옹 시대에도 모로Moreau는 40,000명을 정상병력으로 본 것 같고, 생시르St. Cyr 원수元帥는 100,000명 이상 병력을 지휘한다는 것은 인간의 능력 밖이라고 선언했다.6)

정상병력Normal=Heer이란 개념은 전투에는 가용한 최대 병력을 동원해야 한다는 원칙과는 정반대의 개념이다.

적은 병력으로 어떻게 전투에서 이기라는 말일까? 병력은 적어도 능력과 용기가 상대방과 같을 수 있다는 말일까?

후일 클라우제비츠Clausewitz는 "최선의 전략은 우선 전체적으로 그리고 결정적인 지점에서 가능한 최대병력을 보유하는 것이다"라고 강조했다. 그러나 고대사상가들은 이를 결코 당연한 것으로 여기지 않았으므로 빌로프Dietrich von Bülow는 적보다 많은 병력의 장점이 무엇인지 확실히 알아 볼 필요가 있다 보고 적에게 포위를 당하지 않으려면 당연히 그래야 한다고 했다. 그는 또한 "적보다 큰 병력을 보유하고 이런 큰 병력을 적절히 사용할 줄 아는 사람에게는 적이 아무리 큰 기술과

---

2) 프룬트스베르크Georg Frundsberg의 《진정한 충고Trewe Rath》에서는 강력한 적을 상대하려면 "보병 10,000명, 기병 1,500명 및 적절한 야전 병력"이 필요하다고 했는데 이 역시 "통상 병력"을 말한듯 하다.
3) 수잔Susane, 《프랑스 보병사步兵史 Histoire de l'infanterie française》, 제Ⅰ편, 106쪽.
4) 《전집全集 Gesammelte Shriften》, 제Ⅰ편, 327쪽 및 364쪽.
5) 《전술론戰術論 Essai général de Tactique》(서기 1772년 판版), 제Ⅱ편, 41쪽.
6) 옌스Max Jähns, 《독일 군사학사軍事學史 Geschichte der Krigswissenschaften vornehmlich in Deutschland》, 제Ⅲ편, 2861쪽.

용기가 있어도 전혀 쓸모없는 것이 된다"고 했다.7)

군사국가軍事國家 프로이센의 단위부대Glied는 많은 훈련과 노력으로 오스트리아의 단위부대보다 능력이 뛰어났었던 것 같이 프리드리히의 전략도 잘 분석해 보면 오스트리아 다운Daun 원수元帥의 전략보다 우수했었다. 프로이센군은 기술적으로 기동했고, 보병의 사격속도는 빨랐고, 기병공격은 위력적이었고, 포병은 유연했고 또한 행정은 신뢰성이 있었으므로 5일 연속 행군 체계Fünf=Märsche=System를 7일 연속 행군 체계와 9일 연속 행군 체계까지 연장시킬 수가 있었다. 이런 모든 것들을 프리드리히가 만든 것으로 그가 프로이센군을 이렇게 만들 수 있었던 것은 그가 대담성과 융통성에 기초한 자신의 전략에 관해 책임을 져야 할 상급 당국이나 최고군무회의最高軍務會議가 없는 왕지휘관König=Feldheer이었기 때문이다.

앞서 우리는 리더십이 얼마나 놀라운 업적을 남길 수 있는지 보았지만, 전혀 맹목적적이고 계산도 불가능한 우연偶然이란 요소가 매우 큰 역할을 함을 누차 알 수 있었다. 베른하르디Thodor von Bernhardi는 《지휘관으로서 프리드리히 대왕Friedrich der Grosse als Feldheer》에서 결전決戰을 통해 우연의 소득을 얻으려 했던 프리드리히의 당대인當代人들을 비웃었다. 그는 프리드리히의 상대방들뿐 아니라 그 부하 지휘관 하인리히 영주領主나 브라운슈바이크Braunschweig의 페르디난트Ferdonabt 영주領主까지도 프리드리히와는 달랐다고 했다. 그러나 그는 프리드리히 자신도 그 시대 여타 장군들과 같이 전투에 나설 때 이는 우연에 대한 도전Herausforderung des Zufalls이라고 말한 적이 누차 있었다는 점을8) 간과했다. 특히 그는 18세기의 상황에서는 전후 어느 시기보다도 우연이 군사적 승부에 넓은 영향을 미쳤다는 점을 간과했다.

화기火器의 집중효과를 이용하려고 지휘관들은 보병의 전투선戰鬪線의 종심縱深은 얕고 정면은 넓게 했지만 이런 전투선은 매우 취약해서 언덕, 습지, 도랑, 연못, 숲 능 거친 지형에서는 낳어지고 질서를 잃기 쉽고 특히 적의 측면공격에 취약 했다. 종심縱深이 깊은 대형일수록 이동과 측면방어가 용이하다. 종심縱深이 얕은 대형일수록 화력 집중은 쉽지만 앞으로 또는 옆으로 이동하기는 어렵다.

따라서 당시의 전투에서 승부는 주로 공격자가 방어자를 포위하고 전투선을 질서 있게 상대방에게 접근시킬 수 있느냐에 달렸었고 더욱이 방어자가 정면을

---

7) 빌로프Bülow, 《새로운 군사체계의 정신Geist des neueren Kriegssystems》, 209쪽.

8) 《전쟁의 일반원칙General-Prinzipien vom Kriege》(서기 1748년) 중 전역계획戰役計劃 관련 조항. "전술에 대한 생각 Réflexions sur la tactique,"서기 1760년(《전집全集 Oeuvres》, 제28권, 155쪽 이하). 하인리히에게 보낸 서 신들(서기 1760년 3월 8일자, 서기 1760년 11월 15일자, 서기 1761년 4월 21일자, 서기 1761년 5월 24 일자, 서기 1761년 6월 15일자). 《7년 전쟁의 역사Geschichte des Siebenjährigen Krieges》(서기 1763년), 서문.
   영국의 말보로Malborough도 우데나르데Oudenarde 전투에서 승리한 후 이와 유사하게 친구 고돌핀Godolphin 에게 보낸 서신에서 절대로 필요한 것이 아니었다면 자신은 전투의 위험한 우연에 휩쓸려 들어가지 않았을 것이라고 했다. 코세Coxe의 《말보로의 생애와 서신書信Leben und Briefwechsel Marlboroughs》.

바꿀 수도 있으므로 최대로 기습효과를 발휘해야 했었다.

이런 일이 성공할 수 있을 것인지는 지형에 따라 크게 달랐는데 지휘관들이 사전에 이를 정확히 알 수도 없었고 보통은 완전히 정찰할 수도 없었으며 특히 야음夜陰을 이용하려면 정확한 방향유지도 어려웠다. 프로이센군이 그의 적들보다 질적으로 우세했던 이유는 어느 정도는 다양한 훈련과 엄격한 군기軍紀로 인해 이런 어려움을 극복할 수 있었기 때문이었다. 따라서 프리드리히는 측면기동에 성공한다면 30,000명으로 100,000명을 이길 수 있다는 대담한 말을 했다. 실제로 그는 수어Soor 전투와 로이텐Leuthen 전투에서 이런 방식으로 자신보다 병력이 매우 많았던 적을 제압할 수 있었다.

그러나 얼마큼 유리한 또는 불리한 상황이 존재하는지 예견할 수는 없었다.

오스트리아군이 코투시츠Chotusitz에서 패배했던 것은 오직 그들이 야간행군에서 지나치게 늦어졌기 때문이었다. 그러나 프로이센군은 호헨프리트베르크Hohenfriedberg 전투 당시 야간행군에 성공했었다.

케쎌스도르프Kesselsdorf 전투(역자 주: 324쪽 참고) 때 프로이센군이 오스트리아군보다 먼저 작센에 도착할 수 있었던 것은 전혀 행운 때문이었음을 우리는 알아야 한다.

로보시츠Lobositz 전투 당시 오스트리아군은 사실상 이겼고 프로이센군이 그날 무사히 넘어갈 수 있었던 것은 오로지 브로우네Browne가 자신의 이점利點을 눈치 채지 못해서 적을 추격하지 않고 야간에 철수했기 때문이다.

프라하Prag 전투 당시 다운Daun의 오스트리아군은 주력과 합류하려고 이동 중이었고 이때 푸에블라Puebla의 선발대 9,000명은 전투 도중 프로이센군 후방 1.5마일 (11km)까지 가까이 접근했다. 당시 전투의 판세板勢가 오락가락하고 있었기 때문에 이 병력이 프로이센군에게 치명타를 날릴 수 있었을 것이다.

로이텐 전투 때 프로이센군은 여러 언덕이 이어진 지형 덕에 몰래 오스트리아군 좌측면으로 우회 기동할 수 있었고 콜린Kollin 전투 때는 그런 행운이 없었다.

쪼른도르프Zorndorf 전투 때 13,000명의 러시아군이 전투현장 북쪽 2일 행군거리에 있다가 매우 쉽게 그들의 주력과 합류할 수 있었다.

카이Kay 전투 때 남쪽에서 큰 원을 그리며 러시아군을 우회한 것으로 보이는 카니츠von Kanitz 장군의 종대縱隊가 아이케뮐렌-플리쓰Eichemühlen-Fliess 강을 건널 수만 있었다면 프로이센군이 승리했을 것이다.

쿠네르스도르프 전투 당시 프리드리히는 러시아군의 측면에 접근하는 데 완전히 성공했지만 지형 때문에 공격이 어려워 이런 이점利點을 포기했었는데 이는 프리드리히가 사전에 몰랐고 일부는 알 수도 없던 문제였다.

토르가우 전투 때는 프리드리히와 짜이텐Zeiten이 완전히 떨어져서 각각 절반씩 지휘하며 전진하던 두 병력이 합류에 성공하느냐에 모든 것이 달려 있었다. 두 병력은 결국 마지막 순간에 합류에 성공했다.

이제 우리는 프리드리히의 특별한 천재성의 연구를 시작할 때가 되었다. 게르라크Leopold von Gerlach 장군은 랑케Leopold Ranke의 《프로이센 역사*Preussische Geschichte*》를 읽은 후에 자신의 일지日誌에서(서기 1852년, 제I편, 791쪽) 프리드리히의 "전쟁수행은 때로는 이해할 수 없을 정도로 허약했지만 극도로 찬란한 순간들도 있었다"는 말을 했다. 그에게 이해할 수 없을 정도로 허약하게 보였던 부분이 바로 소모전消耗戰 전략Ermattungsstrategie/strategy of attrition의 본질이며 19세기 군인으로서는 이해할 수 없는 부분이기도 하다. 이런 배경을 염두에 두고 프리드리히를 볼 수 없는 사람이면 그를 비판할 수밖에 없다. 그를 기본적으로 섬멸전殲滅戰 전략Niederwerfungsstrategie/strategy of annihilation의 신봉자로 생각하는 사람은 전혀 잘못된 생각의 궤도에 들어선 것이다. 그렇게 생각할 경우 프리드리히를 아주 드문 예외도 있지만 원칙을 끝까지 추구하고 적용하지 못한 약골로 볼 수밖에 없다. 프리드리히를 소모전 전략 신봉자로 보는 사람만 그의 위대성을 완전히 인식할 수 있다. 프리드리히나 그의 선대인先代人들이나 당대인當代人들은 모두 결전決戰의 역할을 높이 평가했다는 점에서는 차이가 없다. 프리드리히는 전 생애를 소모전 전략의 틀 속에서 살았지만 군사적 생애의 정점에 있었을 때는 결전決戰의 극極 쪽에 아주 가까이 있었기 때문에 그를 섬멸전 전략의 대변자고 따라서 나폴레옹의 선구자로 보려는 생각이 생길 수도 있었을 것이다. 프리드리히를 그렇게 보는 것은 그에게 어떤 특별한 후광後光을 만들어주려는 것이기는 하지만 실제는 그의 빛을 가리는 것이 된다. 섬멸전 전략의 원칙에 따라 계속 행동할 수 있으려면 일정한 조건이 필요하지만 프리드리히의 국가와 군사체계에 그런 조건은 구비되어 있지 않았다. 어떤 단계에서도 그는 섬멸전 전략의 요구를 충족시킬 수 없었다. 그를 섬멸전 전략의 신봉자로 보는 것은 부적합한 기준으로 그를 평가한 것이고 그의 가장 위대한 시기조차 왜소하고 초라하게 보이게 만들고 결국 그 이후의 시기를 쇠퇴기衰退期로 보이게 할 것이다. 그러나 그를 소모전 전략의 틀에 놓고 본다면 그의 생기 있고 찬란하고 위대한 그의 진면목이 드러나게 된다. 앞서 알 수 있었듯이 소모전 전략의 본질에는 주관성이란 불변요소가 있다. 필자는 프리드리히의 전쟁수행을 세계 역사상 어떤 다른 지휘관보다도 주관적인 전쟁수행으로 볼 수 있다고 믿는다. 그는 휘하 장군들에게 결코 군무회의軍務會議를 열지 말도록 누차 금지했고, 도나Dohna 대공大公에게 러시아군에 대한 작전지휘권을 인계할 때는 군무회의를 열면 사형에 처하겠다고 위협하기까지 했다(서기 1758년 8월 2일 서신). 그는 군무회의에서는 언제나 소심한 무리들이 분위기를 장악한다고 믿었었다. 창조적 예술藝術의 분야와 비교가 허용된다면 우리는 17세기와 18세기를 객관적 형식의 틀 안에 묶여 있던 고전주의 시대의 예술과 달리 억제되지 않은 주관성 속에 창작활동을 할 수 있게 상상력이 허용되던 바로크Barock/baroque 풍과 로코코Rokoko/rococo 풍의 시대였다고 볼 수 있다. 이 연구에서 우리는 프리드리히를 로코코 풍의 영웅이라고 부를 수는 없을 것이다. 이런 표현은 상당히 우아하고 대중적인 병법兵法을 그가 구사했던 것 같은 인상을 줄 수 있고 이는 전적으로 부적합한 일이기 때문이다. 이런 호칭은 오히려 30년 전쟁 때의 프랑스 지휘관들에게나 어울리는 호칭이다. 프리드리히에게는 이런 비교가 도식적圖式的인 것에는 언제나 반대한 그의 리더십에 대해서만 적용될 수 있다. 그의 결정을 좌우한 것은 자연적 필요성이 아니라 그 자신의 자유의지뿐이었다. 그는 서기 1757년 보헤미아에 대해 대규모의 침공 작전을 벌이지 않고 수세守勢를 취하면서 주도권을 적에게 넘겨줄 줄도 알았고, 그렇게 하지 않은 경우 가끔 공격할 줄도 알았고9) 로보시츠, 쪼른도르프, 카이Kay 그리고 쿠네르스도르프에서는 공격을 자제할 줄도 알았다. 이론상으로는 나폴레옹에게도 당연히 같은 말을 할 수 있다. 그러나 현실적으로 나폴레옹의 결정은 자신의 '내면적 법칙inneren Gesetz'에 의한 논리적 필요성에 따라 목표를 설정하는 결정이었다. 어떤 평가에 있어 주관성이 클수록 책임감도 커지고 결정을 내리기도 어렵게 된다. 영웅들은 자신의 결정을 합리적 평가의 결과가 아니라 앞서 우리가 보았듯이 운명과 우연에 대한 도전으로 생각한다. 이런 결정이 그에게 피해를 주는 경우도 매우 흔하다. 그러나 영웅은 자신의 결정에 따른 모험으로 인한 패배에 더 의연히 대처함으로써 자신의 위대성을 더 잘 보여주는 법이다. 프리드리히와 그의 바로 앞 시대 인물인 오이겐Eugen/Eugene 영주領主를 비교해 보면 지휘관으로서의 경력에서 프리드리히에게 더 굴곡이 많았음을 우리는 알 수 있다. 오이겐의 경우 어느 정도 꾸준히 발전했고 단지 세월의 경과에 따라 매우 위대한 정점에 도달한 경우가 흔했지만 프리드리히의 경우에는 어느 특정한 한 해에만 네 차례의 큰 전투가 있었고―프라하 전투, 콜린 전투, 로쓰바흐 전투 및 로이텐 전투―승리와 패배를 번갈아 경험하면서도 특히 패배를 극복하는 과정에서 승리했을 때보다 더 큰 영광을 창조해냈다. 프라하에서 오스트리아군 전 병력을 포획하려는 과도한 시도를 했던 것이나 콜린에서 자신보다 병력도 2배는 되고 그것도 절대적으로 유리한 진지陣地를 점령하고 있는 오스트리아군을 지나

---

9) 일례로 서기 1761년 8월 15일과 16일에 그는 월등히 우세한 병력으로 러시아군을 공격할 수 있었다. 베른하르디Thodor von Bernhardi의 《지휘관으로서 프리드리히 대왕Friedrich der Grosse als Feldheer》에서는 당시의 상황을 정확하게 설명하면서 그 이유를 단지 그가 러시아군이 아닌 오스트리아군과는 개활지 전투를 하기로 결정했던 일종의 그의 기분 때문이었음을 발견했다.

치게 조급하게 공격했던 것은 분명한 사실이다. 그러나 패배했을 때나 승리했을 때나 군사적 소득과는 거의 별개인 더 큰 정신적 가치를 그는 얻었다. 그가 상대방 지휘관들로부터 얻은 외경심畏敬心이 바로 그런 가치이다. 왜 그들은 프리드리히가 그렇게 자주 허용한 유리한 기회들을 활용하지 못했을까? 그들은 감히 그렇게 할 수 없었던 것이다. 그들은 프리드리히를 무엇이든 할 수 있는 인물이라고 믿었다. 위대한 결정적인 순간을 향해 나갈 때는 언제나 크게 조심하는 것이 양극兩極 전략doppelpoligen Strategie/bipolar strategy의 본질임이 분명하다. 그러나 특히 프리드리히의 주적主敵이었던 오스트리아의 다운Daun 원수元帥에게는 자신이 직접 프리드리드히를 상대하고 있음을 알았을 때는 언제나 그런 신중성이 소심성小心性으로 바뀌었다. 전쟁은 장기將棋 놀이가 아니라 물질적, 지적 그리고 정신적 힘의 대결이다. 프리드리히 학교의 제자인 브라운슈바이크의 페르디난트가 프랑스군과 싸운 전역을 보더라도 그가 적보다 우세했던 것은 오직 적이 회피한 위험을 감수했던 보다 큰 전략적 용기 때문이었음을 알 수 있다. 서기 1759년 프랑스군 100,000을 상대로 싸운 페르디난트의 병력은 67,000명에 불과했고 이듬해로 가면 전자는 140,000명으로 후자는 82,000명으로 각각 늘었다. 그러나 결전決戰에 참여한 병력은 얼마 안 되었고 유혈도 적었다. 그 외에도 이 전쟁의 주된 전구戰區에서도 프리드리히와 오스트리아-러시아 연합군 간 병력 차이도 이와 같았었다.

그의 동생인 하인리히 영주領主를 비롯해서 당대인들은 불필요한 피를 흘리게 했다면서 때로는 극심하게 프리드리히를 비난했다. 그들은 프리드리히의 병법兵法이 항상 전투에 있었다고 했다. 그러나 프랑스군 연대장 기베르Guiobert는 프리드리히는 전투가 아니라 기동으로 승리했다고 보았다(서기 1772년).10) 반면 보다 현대의 저술가들은 바로 그의 당대인들 중 오직 그만이 전투의 본질을 정확히 인식하고 이를 유리하게 활용했었다는 점에서 그의 천재성을 본다. 프리드리히 자신은 결국 당대인들의 비판이 옳다고 사실상 양보했었다. 그는 동생 하인리히 영주領主가 실수를 범하지 않은 유일한 지휘관이라고 선언했고 마지막 전역戰役에서는 전투 원칙을 포기했고 《7년 전쟁의 역사Geschichte des Siebenjährigen Krieges》(서기 1763년)에서는 오스트리아 다운Daun 원수元帥의 방법이 옳다고 선언했다. 우리는 또한 7년 전쟁의 소득은 전투를 통해 얻은 것이 아님을 알 수 있었다. 프리드리히가 쪼른도르프 전투와 쿠네르스베르크 전투에 이어서 프라하와 콜린에서 전투를 하지 않았다면 더 좋을 수도 있었고 이 전쟁을 더 잘 수행할 수 있었을지도 모

---

10) "이 프로이센 왕은 기동할 수 있을 때는 언제나 승리했다. 그는 어쩔 수 없이 말려든 전투에서는 언제나 패했다. 이는 비록 그의 병력이 용기는 없을 때라도 전술은 우세했다는 증거이다." 기베르Guibert, 《전술론戰術論 Essai général de Tactique》, 제I편, 33쪽.

르지만 그러나 그렇게 보는 것은 매우 피상적인 견해이다. 이 두 전투는 회피할 수도 있었던 전투였다고 즉, 불가피한 객관적 필요성 때문이 아니라 개인적 판단 즉, 지휘관의 주관성 때문에 일어난 전투였다고 보는 것이 옳다. 그러나 로쓰바흐 전투와 로이텐 전투는 절대로 필요한 전투였고, 이 두 전투를 회피하지 않기로 결정한 지휘관으로서는 쪼른도르프 전투, 쿠네르스베르크 전투, 프라하 전투 및 콜린 전투 역시 모두 필요한 전투였다. 여기서 필요했다는 것은 지휘관의 주관적 판단임은 분명하지만 객관적으로도 불가피한 전투였다. 프리드리히가 콜린에서 패한 후 동생 하인리히Heinrich 영주領主는 "파에톤Phaëton/Phaethon(역자 주: 그리스 신화에 나오는 태양신 헬리오스Helios의 아들로 아버지의 마차를 잘못 몰다 최고신 제우스Zeus의 번갯불에 맞아 죽음)이 넘어졌다"고 형을 조롱했다. 이런 비교는 그 해 가을에 프로이센이 진정으로 몰락했고 프리드리히 자신에게 재기할 힘이 없었다면 옳은 말이었을 것이다. 그러나 그에게는 재기할 힘이 있었으므로 다시 태양의 궤도를 달렸을 뿐 아니라 그렇게 하지 않을 수 없었다. 운명을 밀어붙이려 하지 않았다면 그가 아니었을 것이다. 그가 후일 서기 1759년 이후에 추구했던 것과 같은 보다 온건한 전략적 방어계획을 가지고 7년 전쟁을 시작했었다면 객관적으로 더 유리했을지는 몰라도 이는 본질적으로 불가능한 일이었다. 사실 그는 서기 1757년에는 처음에는 그럴 생각도 있었지만 빈터펠트Winterfeld가 공격이 찬란하게 성공할 가능성을 제시했을 때(역자 주: 앞의 332쪽 이하 참고) 그는 하늘이 준 그런 가능성을 포기할 수도 없었고 포기해서도 안 되었다. 그를 이해하고 그에 대한 상호 모순된 여러 가지 평가들을 해석함에 있어서 우리는 반드시 이런 관점에서 출발해야만 한다. 그의 영웅적인 측면만 보는 당대인들의 순진한 관점은 그를 무시했고, 당대의 전문가들에 의한 비판은 그를 매도했고, 후일의 전쟁사 저술가들은 그런 비난들이 터무니없는 것임을 분명히 느끼기는 했지만 그들 자신의 인식 역시 잘못된 궤도에 빠진 결과 결국 해결될 수 없는 내적 모순에 빠지게 되었다.

프리드리히는 《7년 전쟁의 역사Geschichte des Siebenjährigen Krieges》, 서문에서 자신은 때로는 불가피하게 전투로 승부를 가려 볼 수밖에 없을 때가 있었다고 했는데 베른하르디는 이와 반대로 프리드리히는 전투를 회피하지 않을 수밖에 없었다고 했다. 프리드리히보다 100년 후에 프로이센 장군참모부將軍參謀部/Generalstab가 그의 전략을 이해하지 못했다는 것보다 세상에 더 놀랄 일이 있을까? 프로이센 장군참모부는 관련 문헌들을 충분히 인용하며 프리드리히의 전쟁을 포괄적으로 다룬 책자를 발간하면서 이미 이 책자의 출판 작업이 상당히 진전되어 여러 권이 출판되었을 때야 비로소 자신들이 그릇된 기본개념에서 출발했다는 사실을 발견했다? 놀랍기는 하지만 이는 사실일 뿐 아니라 그리 부자연스런 일도 아니었다. 역사적 평가와 병법兵法의 실천 사이에는 그런 괴리가 쉽게 발생한다.

　역사탐구는 실무자들을 위해서도 귀중하지만 위험한 것이 되기도 한다. 역사탐구는 너무 많은 것들을 별로 정당하지 않은 것으로 보이도록 만들기 때문에 실무자들은 행동에 필요한 단순하고 명료한 개념을 끄집어내려고 절대적 법칙을 찾아보려고 하고 또 그렇게 할 수밖에는 없다. 매우 강인한 정신의 소유자라야 이 두 가지 작업을 연결시킬 수가 있다. 이제 필자는 가장 단호한 섬멸전 전략의 대표자에 속하는 인물임이 분명한 블루멘탈Blumenthal 원수元帥(그는 서기 1870년에 처음부터 프랑스 내륙으로 대규모 공세를 펼 것과 이와 동시에 파리를 포위하자고 요구했던 인물이다)가 언젠가 필자에게 프리드리히의 전략에 관한 필자의 개념에 동의를 표시한 적이 있다는 말과 아울러 이 분과 같이 필자의 의견에 동의하는 사람은 계속 나올 것이라는 말로 이 장章을 마감하고자 한다

부 기附記

전략 논쟁의 역사

우리는 클라우제비츠Clausewitz(역자 주: 서기 1780년~1831년)를 전략에 기본적으로 두 가지 형태가 있다는 진리의 진정한 발견자로 보아야 한다. 이런 발견은 그가 사망하기 얼마 전인 서기 1827년에, 따라서 《전쟁론vom Kriege》이 출판된 때보다 먼저 쓴 글인 "일러두기 Nachrichte"(역자 주: 뒤의 452쪽 참고)에도 보이고, 《전쟁론》, 제Ⅶ권 중의 몇 구절에도 보이는데 그 자신은 이런 발견을 다듬는 작업이 완성되는 것을 보지 못했다(역자 주: 《전쟁론》원고는 그가 죽은 이듬해에 미망인에 의해 편집·출간되었다). 그는 자신의 의도대로 "두 종류의 전쟁"이 존재한다는 관점에서 자신의 글을 수정하지 못했을 뿐 아니라 군대나 학계에 자신의 사상을 이어 받을 직계 후계자도 없었기 때문에 두 가지 형태의 전쟁에 대한 그의 발견은 다음 세대에는 실종되었으며 전쟁수행의 진정한 형태는 한 가지밖에는 없다는 사상이 생겨나게 되었다. 전쟁사에 있어서 그 같은 편향적 사상이 생긴 것은 역사적으로 결정되거나 상황에 의해 확인된 것이 아니라 통찰력 부족으로 인한 왜곡이며 교조적教條的 편견인 것으로 간주되어야 한다. 필자는 그나이제나우Gneisenau 원수元帥의 자서전 집필을 준비하면서 이런 문제에 봉착했지만 곧 이런 개념의 오류를 발견했고 군사사상가인 클라우제비츠 자신이 지니고 있었음이 분명한 시각에서11) 역사가의 자격에서 가용한 역사적 사실들을 이용해 그가 말한 것들을 어렵지 않게 발전시켰다. 필자는 새로운 것을 스스로 발견했다거나 이 분야에서 새로운 어떤 것을 표현한다는 생각은 없이 다만 이는 완전히 명백한 역사적인 진실의 문제라는 일념으로 서기 1787년의 한 서평書評에서 문제의 작가가 지식이 결여되어 있음을 비판한 적이 있다. 그러나 필자의 개념은 배척을 받았다. 후일 원수元帥가 된 골츠Colmar von der Goltz는 필자의 견해를 가장 먼저 부인한 인물이며 필자의 생각은 당시의 통론通論과는 너무 모순된 것이므로 이해조차 되지 않고 있다는 것이 분명해졌다. 이 문제를 놓고 필자에 대한 수많은 반박문들이 연이어 발표되었지만 필자가 주로 싸워야 했던 것은 필자의 개념에 대한 방어가 아니라 부동不動의 오해를 제거하는 일이었다. 이런 논쟁의 한 복판에는 자연스럽게 프리드리히 대왕의 문제가 서 있었다. 진정한 전략 원칙들을 발견한 인물로서 그를 나폴레옹의 선구자로 보아야 한다는 생각이 세상을 지배하게 되었지만 필자는 그는 소모전消耗戰 전략의 대표자로서 그의 위대성은 새로운 원칙을 발견했기 때문이 아니라 성격적 강인성과 인격적 대담성 때문이라는 견해를 갖고 있었다. 필자의 주장에 대한 몰이해는 너무 컸기 때문에 매우 존경할 만한 군사저술가인 보구슬라브스키von Boguslawski 같은 분은 전혀 무의식중에 그랬던 것은 분명하지만 필자가 "전투 없이"라고 쓴 부분을 "전투를 통해서"라고 인용할 정도였다. 특히 저술가들은 필자의 개념

---

11) 클라우제비츠의 선구자로서 우리는 보옌Boyen이 《샤른호르스트 장군에 관한 우리들의 지식 연구 *Beiträge zur Kenntnis des Generals von Scharnhorst*》에서 한 말을 생각해 볼 수도 있을 것이다. 그는 "기술적인 이동으로 전투를 어느 정도 회피하거나 완전히 유리한 상황에서만 전투를 하도록 만들 수도 있을 (프리드리히 대왕의 체계와 같은) 기동전쟁에서는…"라는 말을 했다.

이 프리드리히를 정당화하거나 정당화 할 것 같은 개념이라고는 믿으려 하지 않고 "이 위대한 왕의 월계관月桂冠을 벗겨내려는" 악의惡意에 찬 개념이라고 평했다. 이런 몰이해에 화가 난 필자는 풍자諷刺의 무기를 꺼내들고 《《프리드리히 대왕의 전략에 비추어 본 페리클레스의 전략Die Strategie des Perikles erlautert durch die Strategie Friedrichs des Grossen》이라는 글을 발표했으며 이 글에서 필자는 섬멸전 전략의 원칙들을 전제로 한다면 위대한 지휘관으로 추앙받고 있는 프리드리히가 서투른 전략가strategischer Stümper로 전락할 것임을 증명했다. 허나 그 결과 필자는 프리드리히를 서투른 전략가라고 부른 필자 같은 인물을 베를린 대학교 역사학 교수로 임명했다는 이유로 프로이센 상원上院의 프로이센 문화교육상文化敎育相이 심한 공격을 받는 일을 경험하게 되었을 뿐이다.

이런 오해의 뿌리는 "소모전消耗戰 전략Ermattungsstrategie/strategy of attrition"이라는 용어에 있다. 이는 클라우제비츠가 말한 전략 즉, "섬멸전殲滅戰 전략Niederwerfungs=Strategie/strategy of annihilation"(넉자 수: 클라우제비츠가 말한 전략에 이런 이름을 붙인 것은 델브뤼크 자신이다)에 대립되는 개념으로 필자가 지어 낸 용어였고 필자는 이 표현이 순수한 기동전략機動戰略/Manöber=Strategie/maneuver strategy과 혼동될 가능성이 있는 표현임을 고백하지 않을 수 없다. 그러나 필자는 아직은 보다 나은 표현을 발견하지 못했다. 그런 오해를 없애려고 "양극兩極 전략doppelpoligen Strategie/bipolar strategy"이란 용어를 써보기도 했지만 이 역시 논쟁을 불러일으키고 자리를 잡지 못하고 있다.

필자의 개념은 오래 필자 홀로 유지한 개념이다. 이 시대의 지도적 역사학자 드로이센Droysen, 지벨Sybel, 트라이츠케Treitschke 등은 몰트케Moltke 원수元帥 및 장군참모부將軍參謀部 전사과戰史課와 견해를 같이 하고 있고 특히 장군참모부 전사과戰史課는 서기 1890년 이후 많은 문헌자료를 인용한 〈프리드리히 대왕의 전쟁Kriege Friedrichs des Grossen〉(《장군참모부 전집全集 Generalstabswerk》, 제I편)을 출판하며 필자의 개념을 적극적으로 부인했다. 군사문제에 조예가 가장 깊은 것으로 알려진 학자 베른하르디Thodor von Bernhardi는 특히 《십자가지十字架誌 Kreuzzeitung》에서 누차 강조한 바에 의하면 일종의 이단異端으로 그것도 위험하고도 유해한 이단으로 취급되고 있던 필자의 개념을 공박하기 위해 《지휘관으로서 프리드리히 대왕Friedrich der Grosse als Feldheer》(제I편 및 제II편, 서기 1881년)이란 책을 냈다. 도베Alfred Dowe는 《프로이센 연보年報 Preussische Jahrbücher》에 게재한 글에서 명시적으로 베른하르디의 견해에 동의했다.

옌스Max Jähns의 《독일 군사학사軍事學史 Geschichte der Krigswissenschaften vornehmlich in Deutschland》(서기 1891년), 제III편에서는 프리드리히의 전략에 대해 필자와 동일한 개념을 제시했다. 그는 프리드리히가 전략과 특히 전투의 본질에 대해 색다르고 깊이 있는 개념을 지니고 있었다는 베른하르디의 견해를 명시적으로 부인했으며, 프리드리히는 그의 전략이론 **때문**이 아니라 그의 전략이론에도 **불구하고** 위대한 지휘관이 되었다는 사실을 확인했다(2029쪽). 또한 그는 프리드리히는 전통적인 관점에서 완전히 벗어날 수 없었고 전통적 이론들과 그 자신의 기질氣質 사이에서 중도적인 길을 걸었다고 믿고 있다. 또한 그는 옛 왕조의 정치-사회적 조건들과 군대조직과 전략 상호간 관계를 필자와 동일한 방식으로 설명했다. 다만 필자와 한 가지 차이가 있다면 때로는 프리드리히에게 너무 비우호적 표현을 사용하고 있다는 점인데 그는 완성되기 전의 제2차 실레지아 전쟁계획에서 필자가 보기에 정당화되기 어려운 결론을 끌어냈고 따라서 7년 전쟁에 들어갈 당시의 프리드리히의 생각을 그의 위대성의 절정기絶頂期가 아닌 쇠퇴기衰退期의 생각으로 간주했다 (2027쪽). 따라서 그의 견해는 필자의 견해보다 앞서 나간 것이라고 볼 수 있다. 그러나 그는 이를 인식하지 못한 채 필자의 개념을 잘못 이해했고 자신이 필자와 필자를 공박하는 사람들 사이에서 중도적 입장을 취한 것으로 믿고 있다 (2020쪽). 롤로프Gustav Roloff는 《아우그스부르크 일반지一般誌 Augsburger Allgemeine Zeitung》, 서기 1893년호(역자 주: 서기 1892년 호? 뒤의 377쪽 참고), 부록 제16에서 필자와 엔스는 중요한 부분들 모두에서 견해가 일치하며 엔스도 필자와 같은 용어를 쓰고 있음을 지적했다. 엔스는 필자와 대화를 나누던 중 우리 두 사람의 견해의 관계를 설명하며 그도 다른 모든 사람들과 마찬가지로 오해에 사로잡혀 있었다는 것을 즉, 필자가 프리드리히를 단순한 방법론자Methodiker로 만들려고 한다고 오해하고 있었다는 것을 인정했다. 따라서 엔스는 자신도 모르게 필자의 용어들을 일부 채택하고 있으면서도 자신의 생각이 필자의 생각과 반대인 것으로 느끼고 있었던 것이다. 그러나 어쨌건 그의 《독일 군사학사軍事學史》에는 그는 필자의 개념에 반대한다는 말이 그대로 남아있어서 학문세계에서는 아직 의문으로 남아있다.

필자의 개념을 정확히 이해하는 데 더 장애가 되는 것은 프리드리히 시대를 연구하는 전문가인 코저Reinhold Koser가 취하고 있는 입장이 보여주는 효과이다.

객관적으로 보면 코저 역시 사실은 필자와 같은 말을 한 것이며 특히 프리드리히가 섬멸전殲滅戰 전략을 채택할 수 없었다는 부분에서 그렇다. 그 역시 프리드리히가 전투를 선택한 객관적 주관적 이유를 필자와 완전히 유사하게 설명하고 있다. 그러나 그는 프리드리히와 그 상대방의 전략을 비교할 때 후자만 소모전 전략으로 보고 양자는 구별되어야 한다고 본다. 후자는 기본적으로 전투란 수단을 회피한 반면에 프리드리히는 전투를 통해 적을 격파하려 한 경우가 많지는 않았지만 그럼에도 불구하고 그런 식으로 적을 협박하고 적의 사기士氣를 떨어뜨렸기 때문이라는 것이다. 양측의 실제 행위들을 보면 그런 생각도 해 볼 수는 있을 것이다. 그러나 코저는 이론상 전략의 기본적인 형태를 섬멸전 전략, 프리드리히 전략, 소모전 전략 등 3가지(또는 4가지)로 생각하고 있다. 하지만 그렇게 보면 곧 혼란이 야기된다. 그는 필자가 만들어 낸 "소모전消耗戰 전략Ermattungsstrategie/strategy of attrition"이라는 용어를 필자와는 전혀 다른 의미("허약한 전략matte Strategie")로 사용하면서도 독자들에게 이를 충분히 설명해 주지 않았기 때문이다.

그러나 역사적 사실들을 객관적으로 보면 코저와 같은 3분법은 정당화될 수 없음을 쉽게 알 수 있다. 그가 말한 "소모전消耗戰 전략"은 순수한 기동전략이고 이는 전쟁사에는 실제로는 존재하지 않는 방법이다. 만약 그런 전략을 구사한 경우가 어디엔가 있음이 입증될 수 있다고 해도 프리드리히가 싸운 상대방들 중에는 분명 없을 것이다. 그들 중 누구도 코저의 생각 같이 전투회피를 원칙으로 하지는 않았다. 오히려 그들은 기회만 되면 싸우려고 했었다. 몰비츠 전투 때는 오스트리아군은 프로이센군의 예상철수로 상에 진지陣地를 점령해서 전투를 강요했고, 코투시츠 전투, 브레슬라우 전투 및 호크키르크 전투 때는 적극 프로이센군을 공격했다. 수어Soor 전투 때도 오스트리아군은 그러려 했고, 리그니츠 전투 때는 실제로 모든 것을 걸고 적을 격멸하려고 했었다. 로쓰바흐 전투 때도 같은 계획을 세웠다. 마리아 테레지아Maria Theresia/Theresa 황후皇后와 프란쯔Franz/Francis I세 황제 및 러시아 각료회의에서는 누차 전투를 재촉했었고 영토 획득 같은 것이 아니라 프로이센 군대 자체를 전쟁수행의 목표로 지목했었다. 결국 프리드리히나 그의 상대방들은 아무 차이도 보여주지 않고 있다. 그렇지 않다면 어떻게 프리드리히가 오스트리아 다운Daun 원수元帥의 방법이 옳다고 말할 수 있었을까? 만약 프리드리히의 방법이 상대방들의 방법과 달리 무조건 결전決戰을 요구하는 방법이었다면 그는 그의 원칙에 충실하지도 못했을 것이며 서기 1762년~1768년 사이에 그리고 로이텐 전투 이후 단 한 차례만 오스트리아군에게 대규모 공격을 가했던 5년 동안에도 수시로 불분명하게 오락가락 하기만 했을 것이다. 우리는 프리드리히와 그의 상대방들의 차이를 이론이나 원칙이 아니라 그의 강한 인격과 결단력과 재빠른 판단과 실용적 마음자세 및 단호한 의지에서 찾아보아야 프리드리히를 올바로 판단할 수가 있다. 모든 것이 여기에 달려있는데 코저는 이런 문제에 대한 분명하고 확실한 개념을 지니지 못했었기 때문에 그의 설명은 객관적 관점에서 방향은 제대로 잡고 있음에도 불구하고 아직 안개 속을 헤매고 있는 것이다.

힌체Otto Hintze는 《호헨쫄레른 가家와 그 업적 *Hohenzollern und ihr Werk*》(서기 1915년) (역자 주: 프리드리히는 독일 호헨쫄레를 가家의 왕이다)이란 책에서 "기동機動을 선호했었던 신중했던 옛 방법론자들과 달리 항상 결전決戰 추구를 선호했던 프리드리히"라는 표현을 쓰고 있다(357쪽). 아주 일반적으로 그런 말을 할 수 있겠지만 학문적 관점에서는 그런 말은 완전히 틀린 말이다. 프리드리히의 상대방들의 성격을 "옛 방법론자들"로 규정하는 것도 적절하지도 완전하지도 않으며 프리드리히 자신도 서기 1742년, 1761년, 1762년 또는 1778년은 말할 필요도 없고 서기 1756년에조차도 "항상" 결전決戰 추구를 선호하지는 않았다. 그가 전투를 모색했을 때도 그는 서기 1744년의 경우와 같이 적에게 전투를 강요할 정도로 몰아붙이지는 않았었다. 그와 반대로 그 자신은 전투를 하게 되었을 때는 이를 달리 할 일이 없는 절망적 순간의 마지막 수단으로 즉, 다른 약이 없는 환자에게 주는 구토제嘔吐劑로 여겼었다. 서기 1741년, 1745년 및 1760년이 그런 경우였다.

이와 같이 아직 역사가들은 크게 오락가락 하고 견해가 불분명하고 프리드리히에 관한 글들은 비록 목소리를 높이지 않았지만 종래 방향을 그대로 유지하고 있던 때에 장군참모부 전사과戰史課 내에 새 방향이 제기되어 이 방향이 전사과를 지배했고 서기 1899년에는 장군참모부의 《전쟁사 연구*Kriegsgeschichte Einzelschriften*》, 제27권으로 《서기 1745년~1756년 간 프리드리히 대왕의 전쟁 사상의 발전*Friedrichs des Grossen Anschauungen vom Kriege in ihrer Entwicklung von 1745 bis 1756*》이 발간되었으며 이 책에서는 거의 아무런 이의異議 제기 없이 필자의 개념을 수용했다. 이 책에서는 프리드리히는 50년 후 나폴레옹이 밟게 되는 길과 유사한 길을 의식적으로 과감히 먼저 밟으려 했다는 견해도 분명히 밝혔다(375쪽). 필자가 프리드리히의 전략개념에서 양극성兩極性이라고 부른 부분을 이 책에서는 프리드리히의 생각들은 서로 충돌했었다는 말로 반영했다. 옌스Jänns는 아직도 프리드리히는 처음 등장했을 때는 젊은 혈기로 전통적 개념들을 깨뜨리려고 했었다고 보지만 이 책은 이런 생각을 분명히 부인했다. 또한 이 책에서는 프리드리히는 서기 1746년에도 전투를 바람직하지 않게 보던 전통적 이론과 같은 관점을 유지했었다고 했다(267쪽). 그러나 이 책은 정확한 개념을 보여주고 있는 반면에 프리드리히의 전쟁에 관한 연구의 전체적 맥락에서는 아직도 옛 생각을 버리지 못하고 있으며 프리드리히가 나폴레옹과 기본적으로 같은 원칙들을 갖고 있었던 것으로 보려는 장군참모부 요원들의 개별적인 문구들이 빈번하게 보인다. 이런 논쟁에 관한 참고문헌들로 필자는 다음과 같은 것들을 소개하고 싶다.

타이센von Tysen, "프리드리히 대왕의 군사문제 유훈遺訓 Das Militärische Testament Grossen Königs," 《프리드리히 대왕의 역사 연구문헌*Miszellaneen zur Geschichte Friedrichs des Grossen*》, 서기 1878년.

델브뤼크Delbrück, 위의 논문에 대한 논평論評, 《프로이센 역사지歷史誌 *Zeitschrift für Preussische Geschichte*》, 제15권, 217쪽.

골츠Colmar von der Goltz, 《프로이센 역사지歷史誌 *Zeitschrift für Preussische Geschichte*》, 제16권, 서기 1879년. 필자의 대답도 함께 게재되어 있다.

베른하르디Thodor von Bernhardi, 《지휘관으로서 프리드리히 대왕*Friedrich der Grosse als Feldheer*》, 제Ⅰ편 및 제Ⅱ편, 서기 1881년.

델브뤼크Delbrück, 위의 책에 대한 논평論評, 《프로이센 역사지歷史誌 *Zeitschrift für Preussische Geschichte*》, 제18권, 541쪽.

타이센von Tysen, 《7년 전쟁의 평가*Zur Beurteilung des 7jährigen Krieges*》, 서기 1882년.

케머러von Caemmerer, 《서기 1757년 프리드리히 대왕의 전역계획戰役計劃 Friedrichs des Grossen Feldzugsplan für das Jähr 1757》, 서기 1883년.

델브뤼크Delbrück, 위의 두 책에 대한 논평論評, 《역사지歷史誌 *Historische Zeitschrift*》, 제52권, 155쪽.

말라코프스키von Malachowski(소령少領), "프리드리히 대왕의 규칙에 의한 전쟁 수행 Die methodische Kriegführung Friedrichs des Grossen," 《국경國境 소식 *Grenzboten*》, 제31권, 서기 1884년.

델브뤼크Delbrück, 위의 논문에 대한 대답, 《프로이센 연보年報 *Preussische Yahrbücher*》, 제54권, 195쪽.

델브뤼크Delbrück, "프리드리히 전략과 나폴레옹 전략의 차이 Ueber die Verschiedenheit der Strategie Friedrichs und Napoleons," 《역사-정치 논집論集 Historische- Politische Aufsätze》, 서기 1887년.

델브뤼크Delbrück, 《프리드리히 대왕의 전략에 비추어 본 페리클레스의 전략Die Strategie des Perikles erlautert durch die Strategie Friedrichs des Grossen》, 서기 1890년.

옌스Max Jähns, 《독일 군사학사軍事學史 Geschichte der Krigswissenschaften vornehmlich in Deutschland》, 제Ⅲ편, 서기 1891년.

뢰쓸러Rössler(소령少領), "처음의 두 실레지아 전쟁에서 프리드리히의 공격계획과 방어계획Die Angriffspläne und die Verteitigungspläne Friedrichs in den beiden ersten Schlesischen Kriegen," 《주간 군사週刊軍事 Militär-Wochenblatt》, 서기 1891년도 제3호, 부록.

베른하르디Fr. von Bernhardi, 《델브뤼크, 프리드리히 그리고 클라우제비츠 Delbrück, Friedrich und Clausewitz》, 서기 1892년.

델브뤼크Delbrück, 《프리드리히, 나폴레옹 그리고 몰트케 Friedrichs, Napoleon und Moltke》, 서기 1892년.

달호프-닐센Dalhoff-Nielsen(네덜란드군 대위大尉), 《육해군연보陸海軍年報 Jajrbücher für Armee und Marine》, 서기 1892년, 2월 호.

훼니그Fritz Hönig(대위大尉), 《독일 군사보軍事報 Deutsche Heereszeitung》, 제18권, 제19권 및 제22권, 서기 1892년.

보구슬라브스키von Boguslawski, "다양한 각도에서 본 전략Die Strategie in verschiedener Beleuchtung," 《국가보國家報 National-Zeitung》, 제169호 및 제175호, 서기 1892년.

롤로프Gustav Roloff, 《아우그스부르크 일반지一般誌 Augsburger Allgemeine Zeitung》, 서기 1892년(역자 주: 서기 1893년 호? 뒤의 377쪽 참고), 부록 제16.

베른하르디Fr. von Bernhardi, 《아우그스부르크 일반지》, 서기 1893년, 부록 제65.

슈미트Richard Schumitt, 《괴팅겐 학술지침學術指針 Göttingen Gelehrte-Anzeiger》, 서기 1892년, 23호.

코저Reinhold Koser, 《프리드리히 대왕 König Friedrich der Grosse》, 제Ⅰ편(서기 1893년) 및 제Ⅱ편(서기 1903년).

장군참모부Gr. Generalstab 전사과戰史課, 《서기 1745년~1756년 간 프리드리히 대왕의 전쟁 사상의 발전Friedrichs des Grossen Anschauungen vom Kriege in ihrer Entwicklung von 1745 bis 1756》(《전쟁사 연구Kriegsgeschichte Einzelschriften》, 제27권), 서기 1899년.

다니엘스E. Daniels, 《국가보國家報 National-Zeitung》, 서기 1898년, 12월 28일자/1889년, 1월 8일자(보구슬라브스키von Boguslawski와 옌스Jähns의 비판이 함께 수록되어 있음).

코저Reinhold Koser, "7년 전쟁 중 프로이센의 전쟁 수행 Die Preussische Kriegführung im Siebenjährigen Kriege," 《역사지歷史誌 Historische Zeitschrift》, 제92권(서기 1904년), 239쪽. 제93권, 71쪽도 참고할 것. 필자의 대답은 제93권, 66쪽 및 449쪽에 있음.

케머러Caemmerer, 《19세기 전략학戰略學의 발전Entwickelung der strategischen Wissenschaft im 19. Jahrhundert》, 서기 1904년. 필자는 이 책에 대한 서평書評을 《프로이센 연보年報 Preussische Jahrbücher》, 제115권, 1904년, 347쪽 이하에 게재했다.

제 Ⅳ 권
국민군대 시대

제 I 장
프랑스 대혁명과 벨기에 침공

7년 전쟁이 끝났을 때 유럽 정세政勢는 일종의 주형鑄型 같이 굳어져 있었다. 7년에 걸친 치열한 상호투쟁에도 불구하고 유럽의 영토나 강대국들 간 관계는 변한 것이 없었다. 이제 강대국들은 서로가 서로를 제압할 수 없을 것으로 보고 무력 사용 없이 합의에 이르려 하게 되었다(서기 1763년 2월 10일 프랑스와 영국 사이의 파리조약으로 영국은 북아메리카와 인도를 획득해 식민지 경영에서 선두주자가 되었고 5일 후 프로이센은 후베르투스부르크 조약으로 실레지아에 대한 영유권과 유럽 강대국 지위를 확정하게 된다). 폴란드에서 서西프로이센과 갈리시아Galizien/Galicia 및 동부 국경지대 상당부분을 분리시킨 제1차 폴란드 분할은 정치적 타협의 결과였다. 정치에서 타당한 일은 전략과 전투에서도 일반적으로 타당한 것이다. 앞서 우리는 프리드리히가 갈수록 기동機動의 극極으로 접근했음을 알 수 있었다. 프리드리히는 7년 전쟁의 마지막 두 전역戰役인 서기 1761년 전역戰役과 서기 1762년 전역戰役 그리고 서기 1778년 바이에른Byern/Bavaria 왕위계승 전쟁에서도 전투는 하지 않았다. 그는 자신의 병력이 서기 1762년에도 상대방보다 많다고 생각했고 서기 1778년에도 상대방과 병력이 같았음에도 불구하고 전투는 하지 않았다. 이론理論도 같은 길을 걸었다. 이론가들은 전투를 통한 승부 내기를 완전히 포기할 수 있을 것으로 생각했고 앞 시대에 이곳저곳에서 시험해 보았듯이 순수한 기동의 방법이 발전했다.

페쉬Fäsch의 《병법兵法의 준칙準則과 원칙原則 Regeln und Grundsätze der Kriegskunst》(서기 1771년), 제I편, 213쪽에는 "장군은 전투에 휩쓸리면 결코 안 되며 긴급한 경우가 아니면 싸워서는 안 된다. 일단 전투를 하기로 했어도 피를 흘리지 말고 인명을 아껴야 한다"는 뚜르뼁Turpin de Crissé의 말을 인용해 놓았다.

작센군의 지휘관 티엘케Tielcke는 서기 1776년에 과학은 관행을 발전시켰을 뿐 아니라 "전술이 진정한 최고수준에 접근해서 완성되어 가고 장교들이 통찰력이 높아지고 많은 병력을 거느리게 될수록 전투는 물론 전쟁 자체가 거의 일어나지 않을 것이라"고 했다.[1]

로이드Lloyd 장군은 프랑스군, 프로이센군, 오스트리아군 및 러시아군에서 두루 복무한 적이 있는 영국인으로서 서기 1780년에 7년 전쟁을 전반적으로 분석한 글을 썼는데 그의 책에 다음과 같은 구절이 있다.[2]

---

1) 《병법론兵法論 Beiträge zur Kriegskunst》, 제II편, 서문.
2) 《로이드 장군의 병법兵法의 일반원칙론一般原則論 Des H. General von Lloyd Abhandlung über die allgemeinen Grundsätze der Kriegskunst》, 독일어판, 18쪽.

현명한 장군은 불확실한 전투의 소득에 의존 하려기보다는 지형, 요새구축 기술, 숙영 기술, 행군 등에 관한 지식을 기초로 방법을 찾으려 한다. 이런 것들을 잘 아는 사람은 기하학적 엄격성을 유지하며 군사작전을 시작할 수 있고 늘 불가피한 전투에 휩쓸리지 않고 전쟁을 수행할 수 있다.

로이드 장군은 결코 평범한 인물이 아니었다. 예를 들어 그는 모든 기동의 유일한 목적은 한 지점에 적군보다 많은 화력을 집결시키는 데 있다는 좋은 말도 했다(《일반원칙론一般原則論》, 제I편, 320쪽).

프랑스의 지성인 군사저술가로 그가 쓴 전술에 관한 글이 널리 읽히고 있고 서기 1773년에는 프리드히히 대왕의 환대를 받으며 프로이센군의 기동을 관람할 기회도 있었던 기베르Guibert 대공大公은 서기 1789년경 이제는 큰 전쟁들은 끝났고 더 이상 전투도 없을 것이라는 글을 쓴 것으로 보인다(그러나 필자는 이 구절을 찾아 볼 수 없었다).

이제 기동으로 전쟁이 수행될 것으로 예상되자 이런 병법兵法에 필요한 원칙, 준칙準則 및 대책들이 모색되게 되었다. 적은 공격하기 어렵고 아군에게는 필요한 필수품들은 쉽게 조달할 수 있는 진지陣地를 어느 곳으로 할 것인지 결정하려는 지형연구가 유행했다. 이런 종류의 특별히 유리한 진지陣地 또는 요새를 사람들은 그 지역의 "열쇠Schlüssel"라고 불렀고 산악이나 하천을 기준으로 한 지역을 별개의 여러 "구역Abschnitte"들로 나누기로 한 후에 야전군이 이런 지형을 통과하려면 그 부근에 먼저 집결하게 했다. 전술과 요새전투의 형태 또는 규칙이 전략 문제로 다루어졌고 각 지역은 한 요새의 가림막Courtinen 또는 능보稜堡/Bastionen로 간주되었다. 전투 때 후방공격으로부터 병력을 엄호해야 한다는 생각이 전략에 적용되었다. 그와 정반대로 적이 차단하기 전에 그들의 후방을 공격해서 격파할 기회가 있고 대포와 소총의 화력을 이용할 수 있을 때는 후방공격이 항상 전술적으로 직접적 위력을 발휘할 수 있다고 보기도 했다. 전투 때 적보다 높은 지형을 차지하는 것이 유리했으므로3) 분수령分水嶺을 차지하는 것이 전략에서는 결정적으로 중요한 문제가 되었다. 작전 중인 군대에 보급품을 공급해 주는 지역을 그 작전의 기지基地/Basis라고 불렀고 작전과 기지의 관계를 어떻게 해야 할 지를 결정하기 위한 노력도 있었다. 병력과 기지는 서로 가까울수록 보급이 쉽다는 간단한 진리를 수학 공식을 이용해서 학문적으로 포장해 놓기도 했다. 기지로부터 아군 위치를 거쳐 적에 이르는 선線을 작전선作戰線/Operationslinie이라고 불렀고 작전 중인 아군병력

---

3) 프리드리히는 서기 1758년에 푸케Fouqué에게 보낸 글에서 "낮은 곳에서 발사한 포탄과 총탄은 위력이 없다. 낮은 곳에서 사격하며 적을 공격하는 것은 작대기를 들고 무기 든 적을 공격하는 것이나 같다. 이는 불가능한 일이다"라고 했다.

위치와 이 작전선의 양쪽 끝 즉, 기지와 적의 위치를 연결하면 삼각형이 생겼다. 이때 삼각형 정점의 각도가 60°를 넘을 정도로 기지로부터 아군까지 거리가 멀어지면 안 된다고 말한 것을 보면(역자 주: 문맥상 삼각형의 정점은 아군병력의 위치를 말한다) 비록 자의적 설명이기는 하지만 매우 중요한 말로 들린다.

호이에르J. G. Hoyer의 《병법사兵法史 Geschichte der Kriegskunst》(서기 1797년)는 우연히도 역사문헌으로서도 매우 귀한 글이 되었는데 이 책에서는 《예술과 학문의 역사 Geschichte der Künste und Wissenschaft》라는 어느 문헌자료집에서는 이런 분야의 연구를 "수학數學"의 하위 학문으로 분류했었다는 말로 그 당시의 태도를 말해주고 있다. 당시에는 병법兵法을 이론에 의해 결정되는 일부 수학 법칙들을 현실에 응용한 기술로 보았던 것이다.

이런 식 연구의 마지막 분파分派에 속한 인물이 후일 상군이 되는 데네비츠 General Bülow von Dennewitz와 형제간인 빌로프Dietrich Heinrich von Bülow였다. 그는 기동전략의 본질로부터 최종결론을 이끌어 내면서 작전의 목표는 적의 병력이 아니라 식량 저장소라고 단정했다("식량저장소는 심장心臟/Herz이므로 이곳에 피해를 주면 집결된 인간 즉, 군대를 격퇴할 수 있다"). 그는 적이 전투를 통해 얻을 수도 있는 승리를 그들의 측후방에 대한 전략적 기동만으로도 무력화 시킬 수 있을 것이라고 보았다. 보병은 단지 사격만 했고 사선射線/Schusslinien의 유지가 모든 것을 결정했으므로 정신적 신체적 자질 같은 것은 이제 고려사항이 되지 않았다. "어린아이도 거인을 쏘아 죽일 수 있었기 때문이다."

위에서 소개한 견해들은 우스꽝스럽기는 하지만 그 저변을 흐르는 순수 기동전략의 개념은 그 앞 시대의 소산所産이었음을 우리는 항상 기억해 두어야 한다. 위에서 소개한 저술가들은 모든 것을 체계화 하려는 경향이 있었지만 이를 통해 "작전선作戰線"이나 "기지基地" 등 몇 가지 개념들을 창안해 냈고 이는 매우 유용한 개념임이 입증되어서 군사이론가들도 이를 채택했다.4) 그러나 그들이 신봉했던 군사체계 즉, 영혼이 없어진 군사체계는 이상한 장군들도 배출했다. 살데른Saldern은 보병은 1분간 75보를 움직여야 하는지 76보를 움직여야 하는지 같은 것이나 생각했고, 타우엔찌엔Tauenzien은 혁명전쟁 중인 서기 1793년에 "댕기 머리는 웃옷 뒷자락 밑으로 내려뜨리고 칼은 반드시 엉덩이 위로 올려야 하며 머리에는 가발 하나를 쓰고 핀을 2개를 꽂아야 한다"는 명령을 내린 적도 있다.

호이에르J. G. Hoyer는 프로이센군이 혁명전쟁 중에 3개 횡렬橫列의 보병대형을 더 종심縱深이 얕은 2개 횡렬橫列 대형으로 바꾼 것은 진일보한 것이라 했지만,5) 3년에

---

4) 케머러Caemerer의 《19세기 전략학戰略學의 발전Entwickelung der strategischen Wissenschaft im 19. Jahrhundert》(서기 1904년)에서는 빌로프Bülow의 중요한 문구들을 수집해 놓았지만 빌로프의 논쟁 많은 문구들은 프리드리히 대왕의 글에 보이는 문구들과 유사하다는 점에 충분한 주의를 기울이지 못했다.

걸친 전쟁 기간에 많은 전투가 있었음에도 프로이센군은 전투다운 전투를 벌인 적이 없다. 새 시대의 물결이 다가오고 있는 것을 그들이 전혀 예상하지 못했었다는 것은 그런 글들의 새 시대가 이미 시작되었을 때에 등장한 것을 보면 분명하다. 호이에르의 《병법사兵法史 Geschichte der Kriegskunst》는 서기 1797년 작품이고 뷜로프Bülow의 《새로운 전투체계의 정신Geist des neueren》은 서기 1799년 작품이다.

프랑스에서 큰 내부 동요動搖가 생긴 것은 프로이센의 프리드리히 대왕이 죽은 지 3년 후의 일이며 이 동요는 점차 유럽 전체를 소용돌이 속으로 몰고 갔다. 프랑스 대혁명이 성공할 수 있었던 것은 군대가 왕당파王黨派를 떠나 공화파共和派를 지지했기 때문이며 혁명이 성공한 후 군대의 성격과 전술 그리고 전략까지 급격하게 변했으며 이로 인해 병법사兵法史에는 새 시대가 열렸다.

프랑스군은 스페인 왕위계승 전쟁에서 연이어 패했지만 군대구조는 크게 흔들리지 않았으며 루이Louis XV세 때 프랑스는 로트링겐Lothringen/Lorraine의 합병이라는 큰 외적外的 업적을 달성했다. 이때 프랑스는 유럽에서 패권을 장악하고 아메리카와 인도에서 영국의 식민지 지배에 도전하기 위해 두 가지 강력한 시도를 했다. 하나는 프로이센과 동맹을 맺은 것이고 다른 하나는 7년 기간 중 오스트리아와 연합한 것이다. 그러나 두 가지 모두 효과가 없었다. 프랑스 군대는 규모도 크고 장비도 좋았고 지도자들에게 용기와 전투기술도 있었다. 그러나 7년 전쟁 중에 프랑스 군대를 지휘했던 궁정장군宮庭將軍/Hofgeneral들은 전략 구사에 필요한 결단력을 발휘하지 못했다. 필자는 7년 전쟁 중 서부 전구戰區의 전역戰役들에 대한 연구는 프랑스 대혁명의 원인을 밝히는데 매우 좋은 준비작업이 될 수도 있을 것이라고 믿는다.6) 그러나 이는 지배계급과 지도자들의 큰 권한남용이나 의무위반이 드러날 것이란 의미는 아니다. 그들의 견해는 매우 귀족적이기는 했지만 왕실과 장군들은 군대의 총감독관 직위를 선술집 주인의 아들로 부르주아 출신 장교인 뒤베르니du Verney에게 맡길 정도로 공정했고 뒤베르니는 큰 불평을 사기도 했지만 분명히 많은 업적을 남겼다. 그러나 상층부 곳곳에는 지성인들이 매우 적었고 개인적 음모로 인해 군통수권은 제약을 받고 있었다.

프랑스군은 지휘관들의 반복된 패배로 인해 군대의 정신적 뼈대인 군기軍紀가 쇠퇴하게 되었다. 사실 프랑스군에는 프로이센군과 같은 의미와 방식의 훈련이 있어 본 적이 없다. 프랑스군은 프로이센군의 집체훈련과 같은 엄격하고 정확한 훈련이란 것을 아예 몰랐고 프로이센군이 매일 훈련에 정성을 기울이고 있다는

---

5) 《병법사兵法史 Geschichte der Kriegskunst》, 제Ⅱ편, 949쪽.

6) 다니엘스E. Daniels, "브라운슈바이크의 페르디난트Ferdinand von Braunschweig,"《프로이센 연보年報 Preussische Jahrbücher》, 제77권~80권, 제82권.

것도 몰랐다. 프랑스군의 군기軍紀란 외적 질서를 유지하고 병력을 전투에 투입할 수 있는 것으로 만족하는 수준이었다. 이런 그들이 7년 전쟁에서 아무런 명성도 얻지 못하고 고향에 돌아오자 냉소적 조롱이나 자기비하自己卑下만 있었고 군대의 권위는 모두 사라졌다. 전쟁성戰爭省 장관 생제르멩St. Germain은 체포의 처벌 대신에 프로이센군 방식 같이 칼날로 때리는 체벌體罰을 도입해 가며 군기軍紀 재건에 큰 노력을 기울였다. 그러나 장교단將校團이나 병사나 모두 이에 반대했다. 병사들은 주로 하층민 출신들이었지만 매질을 당하는 것은 거부했고 장교들도 자신들이 동의 않는 방법의 사용에 반대했다. 이 시기 프랑스 문학작품들로부터 발산된 인도주의 정신은 귀족층에게도 영향을 미쳤고 병사들의 대우 뿐 아니라 장교단 내부에서도 군기軍紀는 이완되어 있었다. 그들이 재건하려던 엄격성은 위로부터 아래로 스며들어야 했을 것이며 프로이센군 같이 병사들이나 장교단에게 모두 엄격하게 적용되어야 했을 것이다. 그러나 이런 일이 전쟁성 장관의 명령을 통해서나 프로이센군의 영광을 모범 삼아 이루어 질 수는 없었다.

서기 1758년 생제르멩은 뒤베르니Du Verney 중장中將에게 "복종이란 인간을 묶어 주는 끈으로 인간사회의 조화를 창조해 냅니다. 복종 없는 곳에서는 모든 것이 혼란에 빠지고 곧 혼돈과 재앙이 밀려오게 됩니다"라는 말을 했다. 그러나 군기軍紀가 권력을 만들기도 하지만 권력은 군기軍紀를 만들어 내는 요소이기도 하다. 부르봉 왕조에 이제 이런 권력이 없었고 엄격한 군기軍紀를 도입하려던 생제르멩의 노력이 수포로 돌아가자 그 폐해는 더 커서 반항심만 더 커지고 조장되었다. 루이 XIV세의 절대주의는 봉건귀족들의 해묵은 반항심을 억제했던 것은 사실이지만 이를 근절시키지는 못했다. 이제 왕실 권위 자체가 위축되고 도전을 받자 반항심은 되살아났고 민주주의와 함께 더 확대되었고 급기야 장교단까지도 이런 동요에 휩쓸리게 되었다. 결국 서기 1789년에는 내중 동요를 진압할 사용병력이 왕실에 없었고 국민의 힘이 의회議會를 장악하면서 새 헌법憲法을 탄생시켰다.

이 헌법에서는 군대를 옛날 같이 용병傭兵들로 유지하게 했다. 강제징집 제도 도입은 전제정치의 유물로 간주되어 만장일치로 거부되었다. 이 헌법의 기초는 권력분립에 있었으므로 군통수권은 이를 종전과 같이 왕실 즉, 집행부에서 행사하게 했지만 이는 원칙의 문제였고 많은 경우 그렇듯이 원칙과 현실은 다르다. 왕을 군대의 수장首長으로 하는 것은 새로운 자유를 위해서는 매우 위험한 것이었고 따라서 왕의 집행권에는 각종 제약이 가해졌다고 한다. 장교단의 임명권도 일부만 왕에게 있었고 나머지는 서열序列과 선출選出이 혼합된 체계에 의해 결정되도록 했다. 왕은 의회 건물 주변 반경 8마일(60km) 내에는 1,800명 이하의 근위대

외의 병력을 주둔시킬 수 없었다. 외국인 연대들은 해산하게 했다. 상비군 외에 국민방위군National=Guarde이라는 시민민병대를 제2의 군대로 두게 했고 이들에 대한 통제권은 왕이 아니라 국민이 선출한 시장市長들이 행사케 했다. 이 국민방위군은 거대한 병력이었고 주요 투표권자들이 모두 이 군대 소속이었던 것으로 보인다.

그러나 이제 내부적 동요가 외국과의 전쟁과 얽히게 되었으므로 여론의 반발 때문에 왕의 손에 다시 군대에 대한 고삐가 넘겨졌을 것이 분명할 것이다.

유럽은 정치적 민족적 분열에도 불구하고 프랑스 혁명 같은 동요가 자신들의 국경을 넘어오지 못하게 하는 데는 하나가 되어 있었다. 유럽 왕들이 프랑스의 아직 성숙되지 못한 자유를 숨통을 끊어놓기 위해 단결했다는 것은 옳은 말이 아니지만 위협을 통해서 압력을 가하려 했고 망명자들을 보호했는데 이 대규모 망명자들은 국경지대에 집결해서 엘사스Elsass/Alsace에 대한 게르만 영주領主들의 잔존 권리에 비우호적 태도를 보였다. 프랑스 민주주의자들은 이런 모든 것들을 이유로 내세워 프란쯔Franz/Francis 황제에 대해 선전포고를 했다. 그들은 이를 통해 자신들의 정신을 강화시킴과 동시에 해 묵은 민족적 야망인 벨기에 합병을 국가 목표로 만들려고 했다. 그러나 오스트리아는 프로이센으로부터 도움을 받았다. 이제 프로이센은 프리드리히 대왕의 정책을 포기하고 오스트리아와 연합했으며 프랑스의 사회 봉기에 반대하면서 프랑스의 사회 봉기는 결국 권력과 정복의 새 길을 걷게 될 수도 있다고 믿었다.

혁명의 결과 프랑스 군대는 해체되어 이제 아무 행동도 취할 수 없을 정도가 되었다. 혁명 초기부터 반항적이었던 장교단은 혁명이 진척됨에 따라서 입지를 완전히 잃어버렸고 새로운 사상과 상황에 적응할 수 없던 대부분 장교들은 군대 뿐 아니라 조국도 떠났다.

이런 상황에서 프로이센-오스트리아군은 거의 무방비 상태였던 벨기에를 침공 했다. 프랑스군은 처음 적을 보는 순간 무너진 후 배신자들이 있다고 생각하고 장교들을 살해했다. 그들은 프로이센-오스트리아군이 도착하기 전까지 3개월의 시간을 아무런 군사행동 없이 보내면서 그사이에 국민방위군 중 지원병志願兵을 모집해서 병력을 약간 늘였지만 이들로 구성된 대대大隊들은 무용지물임이 드러 났다. 그럼에도 불구하고 프랑스군은 잘 버티었다. 브라운슈바이크Braunschweig 영주 領主가 지휘했던 프로이센군은 보조부대까지 합해서 총 82,000명 규모였고 이제 막 투르크Türk/Turk와 전쟁을 끝낸 오스트리아군은 이때 벨기에로 약 40,000명밖에 보낼 수 없었다. 그들이 벨기에를 침공할 때는 많은 프랑스계 주민들이 왕실에 충성하고 게르만 병력을 해방자로 환영하리라 기대했지만 이는 전혀 환상임이 드러났다. 프로이센군이 롱그비Longwy와 베르당Verdun을 점령하자 프랑스군 사령관 뒤모리에Dumouriez는 아르곤느Argonne 지역 뒤의 진지陣地(역자 주: 발미Valmy?)를 점령하고 프로이센군이 이 진지陣地를 완전히 포위한 후에도 꼼짝도 하지 않았다. 프랑스군은 60,000명이었고 프로이센군은 첫 날 30,000명 둘째 날 46,000명이었고 나머지 병력은 아직 빼앗지 못한 후방의 프랑스군 요새들(세당Sedan, 디에덴호펜Diedenhofen 및 메츠Metz)에 붙들려 있었다. 이제 문제는 프로이센군이 이런 상황에서 정면이 바뀐 상태로 전투를 감행할 것인지의 여부였다. 그들은 패하면 완파될 처지였다. 또한 이겨도 주민들의 적대감 때문에 파리로 진격할 형편도 아니었다. 프랑스군은 물론 공격할 수는 없었지만 병력은 우세했고 대포 역시 많았다. 뒤모리에는 정확한 통찰력과 더 할 수 없이 단호한 자세로 방어에 전념하며 진지陣地를 고수했다. 양측이 종 200명 정도의 손실밖에 생기지 않은 포사격을 교환한 후에(서기 1792년 11월 20일) 프로이센군은 공격을 단념하고 철수했다.

이 발미Valmy 진지陣地를 만약 프리드리히 대왕이었다면 공격했을까? 콜린Kollin, 로이텐Leuthen, 쪼른도르프Zorndorf, 쿠네르스도르프Kunersdorf 및 토르가우Torgau에서 그가 지극히 대담하게 공격했던 것을 보면 우리는 긍정적인 대답을 할 수도 있을 것이다. 그러나 프리드리히가 적의 영토 깊은 곳(그는 이를 "급소急所/Pointe"라고 불렀다)으로 침투해 들어가는 것에 대해 늘 강력하고 경고했던 일과, 보헤미아로 들어가서 부드바이스Budweis까지 간 것을 두고 이미 "급소"까지 간 것으로 생각했었다는 것과, 결코 비엔나를 크게 위협하지 않았다는 것을 생각한다면 이 문제에 대한 긍정적 대답에 의문이 생길 것이며 그가 주관적 지도력 때문에 공격을 했을 것이라고 말하지는 못할 것이다. 사실을 보면 우리는 그의 지도력에 대해 그 비슷한 말을 할 수 없을 것이다.

우리는 이 문제를 놓고 빈대 질문도 제기해 볼 수도 있을 것이나. 반약 공격하기로 결정했거나 혹은 아무 결정도 내리지 않았다면 이는 이론을 즉, 유혈流血 없이 전쟁을 수행한다는 개념을 왜곡한 것이었을까? 그러나 유혈流血 없이 전쟁을 수행한다는 개념은 심리적 영향은 미쳤을지는 몰라도 절대적 개념으로 간주될 수는 없다. 결정적 요소는 기대했던 것보다 훨씬 강력한 저항에 직면해 있다는 것과 기대했던 프랑스 주민들의 지지가 없다는 것과 따라서 침공군 병력이 프리드리히라면 파리 진격까지 고려했을 정도의 그런 큰 작전을 벌이기에는 부족했다는 점을 인식했는지의 여부였다.

벨기에 침공은 실패했다. 그러나 프랑스군이 침공을 격퇴한 것은 혁명의 자산資産이나 주민들의 무장징집군이 아니라 옛 군사왕국의 유산遺産 특히 요새와 포병이란 물질적 유산이었다. 비록 이 옛 군사국가는 혼란에 빠져 혁명에 의해 위축되고 이로 인한 손실은 약간의 지원자들로 구성된 보조 대대大隊들로는 보충되지 못했었지만 프로이센-오스트리아군의 공세 역시 과거 오이겐Eugen/Eugene－말보로Malborough 연합군의 공세(역자 주: 앞의 제Ⅴ장, 스페인 왕위계승 전쟁 참고) 에 비하면 훨씬 허약했다. 결국 서기 1792년 이 전역戰役이 전략적으로 이렇게 종결된 것은 양측 군대의 특성상 당연한 결과였고 어느 누구의 잘못을 탓할 것이 없다.

제II장
혁명군대

프랑스에 새로운 정치적 사상과 여건을 기초로 한 새로운 군사체계가 점차로 편성된 것은 벨기에 침공을 격퇴한 이후였다.

우선 전통적인 용병傭兵 군대는 지원병志願兵 대대大隊들에 의해 보강되었고 이들은 적의 침공을 격퇴할 때는 위력을 발휘하지 못했었지만 뒤모리에Dumoriez가 벨기에에서 프로이센군이 철수한 후에도 여전히 남아있던 오스트리아군을 향해 진격했을 때는 이런 지원병 대대들이 매우 많아서 몽Mons 부근의 제마뻬Jemappes에 있는 14,000명의 오스트리아군을 공격할 때는(서기 1792년 11월 6일) 그 3배나 되는 병력이 있었고 또 대포도 우세했다. 그러나 프랑스군은 포격砲擊 아래 매우 불규칙하게 진격하다가 처음에는 오스트리아군에게 밀렸다. 하지만 그들은 워낙 병력이 우세했으므로 오스트리아군은 첫 승리를 활용하지 못했고 결국 전투현장을 철수하면서 벨기에 전역을 프랑스에 양보해야 했다.1)

그 반응은 4개월 후에 왔다. 서기 1793년 3월 18일 프랑스군은 네르빈덴Neerwinden에서 오스트리아군에게 패한 후 국경 너머로 돌아왔다. 그러나 바로 이 무렵에 국민의회Convention nationale(역자 주: 1792년 9월에 탄생한 혁명의회)는 지원병 제도를 강제징집 제도로 바꾸기로 결정하고(2월 24일) 처음에 300,000명을 소집했다. 징집은 지역 공동체가 결정하거나 추첨으로 결정하게 했다. 이 법률은 이미 보편적 병역의무 allgemeine Wehrpflicht 제도에 접근했던 것으로서 프랑스 국민은 이를 완강히 반대하며 거부했다. 그해 1월 21일 루이 XVI세가 처형될 때까지도 방데Vendée 주州(역자 주: 프랑스 서부 해안의 주)는 조용히 관망했는네 이곳 농빈들이 반송교적인 공화국共和國을 위해 싸우는 것으로 보이자 농촌지대 전체가 봉기했고 리옹Lyons, 마르세이유 Marseilles, 보르도Bordeaux 등 총 83개 지역 중 60개 이상의 지역이 이에 동참했었다. 파리 시市를 포함한 세느Seine 강 하구河口 지역과 전구戰區 지역들만 국민의회를 지지 했다. 오스트리아, 영국, 프로이센, 피에몬테Piemonte/Piedmont(이태리 북서부 지역) 및 스페인의 군대들이 프랑스 국경지대를 위협하고 있을 때 프랑스 내부는 무섭고 잔인한 내전에 휩쓸리게 되었다. 그러나 공화국은 외부에서는 상대방들이 서로 다투는 덕에 버틸 수 있었고 내부에서는 민주화된 군대와 서기 1791년과 1792년

---

1) 종끼에De la Jonquière의 《제마뻬 전투La Bataille Jemappes》(파리, 서기 1902년)에서는 프랑스군을 16,000명 (124쪽) 또는 14,000명(143쪽)으로 평가했고, 뒤모리에게는 매우 큰 협조를 제공한 하비유Harville의 병력을 포함해서 40,000~42,000명의 병력이 있었다고 한다(146쪽).

에 편성된 지원병 대대들의 지지 덕분에 국민의회가 승리했다. 서기 1793년 봄에 실시된 광범위한 모병募兵에 이어 그해 여름에는 보편적 병역의무 이론에 의해 국민총동원國民總動員(레베 앙 마쎄levée en masse) 이 실시되었다. 18세～25세 사이의 미혼자로 복무적격자는 모두 소집되었고 대체 복무자는 허용되지 않았다. 이로써 프랑스군은 서기 1794년 1월 1일에는 전설傳說과 같이 1000,000명까지 이르지 못한 것은 분명하나 아우말레Aumale 영주領主의 평가에 의하면 770,000명에 이르는 큰 군대가 되었고 이 가운데 500,000명이 무장을 갖추고 외적 방어에 동원되었다.2)

　이로써 구시대 용병傭兵 군대에 비해 병력이 크게 늘었고 기록에 의하면 서기 1793년 9월 8일의 한트쇼텐Handschoten 전투와 같은 해 10월 16일의 바티그니에스Wattignies 전투 때는 프랑스군은 적에 비해 각각 50,000명대 15,000명 및 45,000명 대 18,000명의 우세한 병력으로 유리한 입장에 설 수 있었다고 한다. 그러나 프랑스군은 진정한 우위에 서지는 못했었다. 공포정치 아래서는 큰 군대가 편성될 수 없었기 때문이다. 옛 군대의 장교 9,000명 중 2/3인 6,000명이 군대를 떠났고 옛 장군들 중에는 오직 퀴스텡Custine과 보아르네Beauharnais와 빌롱Bilon 3명만 남아 있다가 이들마저 모두 단두대斷頭臺롤 올라갔다. 이제 바닥으로부터 시작해서 새로운 장교단을 만들어야 했다. 그러나 이는 국민의회가 옛 왕군王軍을 오래 의심했고 그들과 별개인 지원병 대대들을 없애려고 하지 않았기 때문에 매우 어려운 일이었다. 마인쯔Mainz를 정복한 적이 있는 퀴스텡 장군이 당시 탈영병이나 반란자나 모반자는 총살에 처하겠다는 위협명령을 내지자 전쟁상戰爭相 부쇼트Bouchotte는 그를 견책하며 자유민들에게는 공포가 아니라 형제의 신뢰를 통해서만 명령이 효력을 갖는다고 했다. 그러나 퀴스텡은 당신은 각료이만 바보를 신으로 여길 만큼 훌륭한 사람이라고 답한 후 결국 단두대斷頭臺롤 올라갔다. 그러나 전직前職 대위大尉로 서기 1793년 8월에 공안위원회에 의해 전쟁상戰爭相으로 소집된 까르노Carnot 의원議員은 구식 연대聯隊들과 지원병 대대大隊들을 융화시키고 유용한 장교단을 재건했으며 무질서와 낭비와 횡령을 어느 정도 제한하는 데 성공했다. 전혀 쓸모없는 자원들은 추방되었고 혁명전쟁 3년 차인 서기 1794년에 전쟁 자체가 새 프랑스 군대조직을 편성해 주었다고 볼 수 있다. 우리는 이 변혁기에 상반된 특징과 현상들이 공존했었음을 알 수 있다. 엘리Elie 장군은 새 대대大隊들에 관해 이들은 "공화국 만세vive la République", "산악당山嶽黨 만세vive la montagne"(역자 주: 프랑스 혁명 때 국민의회의 급진파를 말함. 회의장의 높은 곳을 차지했다 하여 이렇게 불렸다고 한다. 온건파인 지롱드당의 반대파였던 이들은 1793년 5월 민중봉기로 지롱드당이 전복된 뒤 국민공회를 지배했고 서기 1793년～1794년

---

2) 2월 모병의 결과는 180,000명이었고 8월 국민총동원의 결과는 425,000～450,000명 정도였다. 쿨Kuhl, 《나폴레옹의 제1차 전역戰役 Bonapartes erster Feldzug》, 베를린, 서기 1902년, 32～33쪽.

간 프랑스를 실질적으로 통치했던 공안위원회의 다수파가 되었지만 서기 1794년~1795년 테르미도르 반동으로 많은 당원들이 처형당하거나 숙청된 뒤 국민의회에서 '닭 벼슬'이라고 불리는 소수집단으로 전락했다), "자~ 나가자_ça ira_" 등 구호를 외치며 전투를 시작했지만 첫 총탄 소리를 들었을 때 구호는 "우리는 졌다_Nous sommes perdus_"였고 적이 공격해 오면 "각자 알아서_Sauve qui peut_"라고 외쳤다고 한다. 까르노_Carnot_는 입각入閣 후에 23,000명의 장교를 해고해야 했는데 군대에 남아있던 사람들이 대부분 병사가 아니라 장교 자리를 원했기 때문이다. 그러나 우연히 유능한 인물들이 책임자로 있던 소규모 상황에서는 혁명군이 잘 싸운 적도 있다. 일례로 서기 1793년 툴롱_Toulon_ 포위 때도 포위군의 탁월한 지휘관 뒤고미에_Dugommier_ 장군 휘하에 국민의회에서 파견한 특사로 냉소적이나 용감하고 정렬적인 바라_Barras_ 같은 인물도 있었고 포병책임자로 나폴레옹_Napoleon Bonaparte_ 중위中尉도 있었다.3) 방데_Vendée_ 주州의 농민반란 때 농민반란군과 공화파의 국민방위군 양측은 상황이 서로 비슷했다. 이 내전을 잘 설명한 보구슬라프스키_von Boguslawski_ 장군의 책(베를린, 서기 1894년)을 읽어보면 이들 일반징집군대들이 무엇을 했고 무엇을 할 수 없었는지 잘 알 수 있다.

전쟁이 길어질수록 취약점들은 극복되었고 다시 견고한 군사대형을 편성할 수 있었고 부대들은 혁명정신을 발휘하게 되었다.

후일 장군이 되는 작센군 대위大尉 티엘만_Thielmann_은 서기 1796년에 이미 고향으로 보낸 글에서 "우리는 지금 그들과 우리가 싸우고 있는 위대한 민족이 우리를 위한 법을 제정하고 평화를 주도할 시점에 다가서 있습니다. 우리는 이 민족을 찬양할 수밖에는 없습니다. 어제 나는 한 후사르_husar_(경기병輕騎兵)를 포획했는데 그의 품행은 너무 고귀해서 우리들 중에서 그런 사람을 찾아보기 어려울 것이라는 생각이 들 정도였습니다"라는 말을 할 수 있었다.4) 그는 또한 서기 1808년 쓴 비망록에서는 "신앙심은 게르만 병사들이 프랑스 병사들보다 깊습니다. 그러나 프랑스 병사들은 절대적 명예 원칙을 지키며 게르만 병사들보다는 스스로에게 엄격할 정도로 윤리적이었습니다"라는 증언을 했다.

새로운 군사조직 속에서 군대의 민주화는 또한 장교단의 요구사항들을 낮춤으로써 특별한 이점利點을 가져왔다. 이제 장교들에게도 필수품만 허용 되었으므로

---

3) 바라_Barras_의 비망록에 기록된 뒤루이_Duruy_의 일반적으로 분명히 믿을만한 기록에 의함. (역자 주: 나폴레옹은 서기 1785년 포병 중위로 임관했고 툴롱 포위 당시 나폴레옹은 대위였던 것으로 알려져 있다. 서기 1769년 코르시카에서 출생한 나폴레옹은 서기 1779년 프랑스로 건너가 유년 육군사관학교에 입학했고, 서기 1784년 파리 육군사관학교에 입학 후 통상 수학기간이 4년인 사관학교 과정을 불과 11개월 만에 모두 수료하고 서기 1785년 포병 중위로 임관했고 서기 1793년 이 툴롱 작전에서 왕당파 반란군에 대해 시가지에서 대포를 쏘는 대담한 방법으로 간단하게 진압하는 최초의 무훈을 세워 바로 사단장으로 발탁되었다. 3년 후인 1796년에는 약혼녀 데지레와 파혼하고 귀족의 미망인으로 바라_Barras_의 애인이던 조세핀과 결혼한다.)

4) 물론 새로 편성된 프랑스 장교단에 관해서는 반대의 평가도 있다. 일례로 마르비츠_von der Marwitz_의 《자서전_Lebensbeschreibung_》(뮤젤_Meusel_ 편編), 제I편, 459쪽을 참고할 것.

수송대열을 크게 줄일 수 있었다. 옛 군대의 장교들이 중위에 이르기까지 얼마나 많은 편의품을 야전으로 갖고 다녔는지에 관한 사료 기록들은 어느 정도 과장된 것임이 분명하지만 장교단과 병사들 사이의 거리가 가까워지면서 이제는 장교들이 병사들보다 사치스러울 정도로 많은 것을 휴대해서는 안 된다는 것이 자연스러운 일이 되었다. 프로이센군의 경우 중위中尉들도 각자 타는 말과 등짐 말 1필씩이 있었고5) 대위大尉에게는 등짐 말이 3~5필이나 되었으며 그 외에 부대 뒤에 긴 마차와 수레 대열이 따라가는 것이 정상이었다. 프로이센에서는 프랑스 장교들은 사회적 신분이 사실 부사관副士官들과 차이가 없기 때문에 필요한 장비도 물론 많지 않지만 프로이센 장교들은 귀족이었으므로 만약 그들을 병사들과 동일하게 대우하면 그들은 자신들이 모욕을 당하고 비천한 대우를 받고 신분이 격하된 것으로 느꼈을 것이라고 말했었다.6)

이제 프랑스군에서는 장교들 뿐 아니라 병사들까지 조국방어 임무 수행에서 과거의 용병傭兵들 같으면 참으려 하지 않았을 고생을 감내해야 했었다. 전쟁터에 천막天幕은 없어졌고 병사들은 노숙露宿을 해야 했다. 프로이센군 보병연대의 경우 천막 나르는 등짐 말이 60필匹 이상 따라다녔다.7)

새로운 군사조직은 또한 새로운 전술을 만들어 냈다.

18세기 군대들은 직업군인 즉, 장교단이 약간씩 차이는 있어도 매우 유사하게 구성되어 있었고 이들은 전통적인 기사적騎士的 명예심과 충성심을 갖고 생활했고 병사들은 다소 다른 존재로 간주되었었다. 이들을 견고한 전술조직으로 주조鑄造시킨 것은 군기軍紀였고 견고한 대형일수록 높은 평가를 받았으며 가장 완성된 형태의 전투선戰鬪線은 각 횡렬橫列 별로 일제사격Salve을 하는 3개 횡렬이 이동하는 전투선이었다. 새로운 공화국 군대들은 어느 고용주를 위해 복무하는 용병傭兵 군대가 아니었고 자유와 평등 그리고 조국 수호의 신세계를 향한 꿈이라는 독특한 사상으로 충만된 군대였다. 이런 사상들은 본래의 지원병 복무 제도가 법적인 병역의무 제도로 대체되었다고 약화되지는 않았으며, 종래의 용병들과는 기본적으로 다른 병력 자원을 탄생시키고 이들이 훈련을 통해 탁월한 군사적 자질을 구비할 수 있게 만들어 주었다. 그러나 우리는 이 과정에서 프랑스 국민연대國民聯隊/National=Regiment들에게는 혁명 전에도 이미 상당한 국민정신國民精神/National=geist이 살아 있었다는 것을 기억해 두어야 한다. 물론 이런 국민정신은 군사적 위력을 발휘하지는 못했고 사실 이로 인해 혁명 중 군기軍紀와 옛 군대의 해체가 촉진되기도

---

5) 〈프리드리히 대왕의 전쟁Kriege Friedrichs des Grossen〉(《장군참모부 전집全集 Generalstabswerk》, 제Ⅰ편), 부록 2, 38쪽에 의하면 서기 1740년도에 이미 그러했었다.
6) 레만Lehmann, 《샤른호르스트Scharnhorst》, 제Ⅱ편, 147쪽.
7) 《주간군사週刊軍事 Militär-Wochenblatt》, 부록(서기 1901년), 436쪽.

했지만 곧 새로운 정신으로 발전해서 군대의 변화를 촉진시켰다. 이런 과정을 통해 새로운 전술도 발전되었다.8)

새 공화국 군대도 처음에는 당연히 전통적 대형으로 이동하려 했지만 뜻대로 할 수 없었다. 그들에게는 횡대橫隊로 전진하며 일제사격을 하는 데 필요한 군기軍紀와 훈련이 없었기 때문이다. 병사들을 자리를 이탈하지 못하게 하면서 종심縱深이 얕은 전투선으로 이동시킬 수가 없자 이들을 종심 깊은 종대縱隊들로 나눈 후에 일부 선발된 병사들이나 단위부대들 전체를 전면과 측면에서 산병散兵(쉬첸Schützen 또는 티라이외Tirailleurs)으로 이동케 해서 이 종대들의 화력火力을 보강하게 했다.

이는 새 전투방법은 전혀 아니었다. 크로아티아 경보병輕步兵과 판두르pandur/pandour 경보병이 프리드리히 대왕의 전쟁 때 이미 관행적으로 산병전散兵戰/Schützengefecht을 벌여 큰 성공을 거둔 적이 있을 뿐 아니라 프로이센군도 같은 목적을 위해 독립된 자유대대自由大隊/Freibataillone를 편성했었다(역자 주: 앞의 273~274쪽 참고). 프랑스군 역시 오스트리아 왕위계승 전쟁 당시 이미 선형線形 보병연대Linien=Infanterie=Regimentern들 외에 독립된 경보병 중대들을 둔 적이 있다. 그러나 이런 대형들은 선형線形 보병부대Linien=Infanterie의 지원보다 수색, 정찰, 습격 등 2차 작전을 위한 대형들이었다. 전투대대戰鬪大隊/Schlachten=Infanterie는 그런 용도에는 부적합했다. 국민징집군Volksaufgebote이 영국의 보수를 받는 정규군을 극복한 미국美國 독립전쟁에서의 경험은 약간의 진보를 가져왔다. (화승총병火繩銃兵/Musketier들과 함께) 경보병인 수발총병燧發銃兵/Füsilier (역자 주: 앞의 260쪽 참고)들로 구성된 특수대대特殊大隊들이 편성되고 각 중대에는 선조소총旋條小銃/Büchse으로 무장한 저격병狙擊兵/Schützen 들이 상당수 배속되었다. 총강銃腔에 선조旋條가 있는 이 소총은 15세기 발명품으로 정확한 사격이 가능했고 선조旋條가 없는 소총은 탄약 장전裝塡 속도가 빨랐다. 이는 활과 쇠뇌弩의 차이와 같다(이 책 제III편, 383쪽 참고). 그러나 많은 이론가들은 정확도보다 빠른 장전裝塡 속도를 중요시했다. 흥분된 전투의 열기熱氣 속에서는 통상 정확히 조준해 쏠 수 없고 특히 밀집대형에서는 적당히 쏜 여러 발의 화승총Musket 탄환들이 매우 정확하게 조준해서 쏜 선조소총旋條小銃/Büchse의 개별적 탄환보다 위력이 컸기 때문이다.

프랑스 혁명군대의 산병散兵/Tirailleur들은 종대縱隊 대형이 마지막 결정적 충격을 적에게 가할 때 쓰기 위한 예비대로 그들을 따라다녔다. 산병전散兵戰도 선구자가 있듯이 혁명전쟁 당시의 종대전술縱隊戰術/Kolonnen=Taktik도 마찬가지였다. 그러나 전자는 관행을 통해, 후자는 이론理論을 통해 탄생한 것이다. 보병전술은 사격효과를 최대로 높이려다 보니 종심縱深이 얕은 대형으로 계속 발전했다. 그러나 이런 종심縱深

---

8) 케머러Caemerer의 《19세기 전략학戰略學의 발전Entwickelung der strategischen Wissenschaft im 19. Jahrhundert》(서기 1904년), 제II장에서는 이 점을 매우 강조하고 있는 데 옳은 견해이다.

이 얇은 대형은 사격만을 위한 것이 아니었고 결국에는 돌격도 실시해야 했었다. 그러나 전진 중의 사격은 어려웠으므로 프로이센군은 때로는 사격 없이 돌격할 생각도 했었다. 그런 생각은 곧 포기되었지만 특히 프랑스인 폴라르Folard와 같이 종심縱深이 깊은 대형이 종심이 얇은 대형에 비해 전혀 다른 충격효과가 있음을 지적한 이론가들이 나타났다. 종대縱隊 대형은 적의 횡대橫隊 대형을 돌파해 분리시킬 수가 있다. 이 종대 대형의 무장을 대검帶劍을 장착한 소총 대신 다시 창槍으로 바꿔야 한다는 주장까지도 나왔다. 샤른호르스트Scharnhorst의 지휘관이자 교사敎師였던 리페Lippe 대공大公이 이런 말을 하자 어린 샤른호르스트는 이에 동의했었다(서기 1784년)[9] 당시의 가장 유능한 프랑스 장군들 중 하나였던 브로글리Broglie 영주領主는 실제로 그런 식으로 기동했다는 기록도 있다(서기 1778년). 이때 준비사격전準備射擊戰/vorbereitenden Feuergefecht과 종대 대형의 최종공격을 결합시킨 것은 새로운 전투방법에 대한 예고였었다.[10] 사실 브로글리 영주領主는 이미 7년 전쟁 중에 베르겐Bergen 전투(서기 1759년 4월 13일) 때도 그의 보병부대를 이런 식으로 싸우게 한 적이 있었다. 7년 전쟁과 혁명전쟁 사이의 기간에는 늘 횡대 대형의 이점利點과 종대 대형의 이점에 관한 논쟁이 그치지 않았다. 횡대대형을 지지하는 측이 우위를 점하기는 했지만 서기 1791년의 프랑스 집체훈련 규정에는 ─ 이때는 혁명이 진행되고 있었지만 이 규정에는 아직 혁명정신이 스며들지 않았다 ─ 선형대형線形隊形에 관한 조항 외에 '구심형求心型 대대종대大隊縱隊 Bataillons=Kolonne nach der mitte'(역자 주: 뒤의 448쪽 참고) 등 몇 가지 종대대형에 관한 조항도 있었다. 그러나 이 규정 자체는 더 이상의 결론을 말하고 있지는 않고 그 전체적 정신의 기초는 전적으로 선형전술線形戰術/Linear=Taktik에 있었음을 볼 때 이 규정에 언급된 종대縱隊 대형은 피상적인 것에 불과했고 보병부대 전투방법에 유기적으로 통합되지는 못했던 것으로 보인다.[11] 실전實戰에서는 혁명군대는 자신들이 동의하지 않는 길게 늘어진 선형대형線形隊形을 버리고 종대대형縱隊隊形을 사용했고 이런 대형은 엄격한 질서는 없었지만 산병전散兵戰/Schützengefecht과 결합됨에 따라 쓸 만한 대형이 되었다. 산병전散兵戰은 이미 잘 알려진 전투방식이었지만 이제는 훨씬 강화되었다. 종대대형은 강력한 충격력을 적에게 가할 수 있는 장점이 있을 뿐 아니라 긴 횡대 대형보다 어떤 지형에서도 융통성 있게 이동할 수 있었고 또 적의 관측과 대포의 위력으로부터 자신들을 가려 줄 엄호물도 쉽게 찾을 수 있는 대형이었다.

---

9) 클리펠Klippel, 《샤른호르스트의 생애 *Leben Scharnhorsts*》, 제Ⅰ편, 44쪽, 각주. 그러나 레만Lehman의 《샤른호르스트 *Scharnhorst*》, 제Ⅰ편, 51쪽에서는 이때 샤른호르스트가 원칙적으로 동의했던 것은 현실적으로 보면 매우 제한적인 동의였다고 본다.

10) 옌스Max Jähns, 《독일 군사학사軍事學史 *Geschichte der Krigswissenschaften vornehmlich in Deutschland*》, 제Ⅲ편, 2588쪽.

11) 분명히 그렇다. 쿨Kuhl, 《나폴레옹의 제1차 전역戰役 *Bonapartes erster Feldzug*》, 43쪽.

우리는 이 새로운 전투방식의 특성을 종래의 보병 선형전술과 경보병이 혼합되고 그 위에 이론理論에 따라 종대 대형이 추가된 것으로 볼 수 있을지 모르나 그렇게 보면 이 전투방식이 의식적으로 만들어낸 것이라는 말이 되며 이는 잘못된 생각일 것이다. 필자는 이 문제에서도 정치질서Staatordnung의 경우 같은 새롭고 좋은 무엇을 창조해 내려는 어떤 의식적 시도가 있었다는 증거를 사료에서 보지 못했다. 새 전투방식은 전통적 형식에서 무엇이든 이용할 수 있는 것은 취하고 이용할 수 없는 것은 버린 경우였다. 결국 전혀 새로운 전투방식이 출현하기는 했지만 그 개별적 요소들은 이미 존재했던 전통적인 것들과 관련이 있다.12)

군기軍紀가 부활되고 군대에 다시 견고한 대형이 만들어 졌을 때도 체계적인 새로운 조직은 등장하지 않았다. 나폴레옹도 훈련규정을 새로 제정하지 않았고 서기 1831년끼지 프랑스고 훈련은 시기 1791년 규정에 따라 이루어졌나. 따라서 전술 분야에서도 혁명은 전통에 직접 묶여 있었을 뿐 아니라 그 발전과정에서 이미 잃어버린 전통들을 되살리기도 했다. 특히 군기軍紀 문제가 그랬다. 혁명전쟁 중 고위직에 오른 장군들은 거의 모두가(모로Moreau는 대표적인 예외이다) 혁명전에 군대생활 경험이 있는 인물들이었고 젊은 나폴레옹Napoleon Bonaparte 중위中尉도 그런 경험이 있는 대표적인 인물이었다. 훈련의 열매는 군기軍紀이며 전쟁에서의 능력은 군기軍紀에 달려있다는 인식은 혁명의 와중에도 보존되어 있었다. 새로운 장군들은 군대에 대한 통제를 확립하자 즉시 이런 노선을 정열적으로 엄격하게 추진했다. 나폴레옹은 서기 1797년의 평화협정 직후(역자 주: 27세 때인 1796년에 이태리 원정군 사령관에 임명된 나폴레옹은 몇 달에 걸쳐 알프스 산맥을 돌아서 바로 이태리 제압한 후, 서기 1797년에는 오스트리아의 수도 비엔나를 점령했다. 오스트리아는 프랑스에 굴복하고 캄포포르지오 조약을 체결하면서 벨기에와 이탈리아의 북부 지방인 롬바르디Longobard/Lombardy를 프랑스에 넘겨주었다) 훈련규정을 연구하게 하면서 개인훈련은 오전에 실시하고 대대大隊 훈련은 오후에 실시하되 연대聯隊 훈련을 주 2회씩 실시하도록 명했디. 그는 "엄격힌 숙영사령宿營司令/Nasernen= Troupier 같이" 직접 열성적으로 검열을 실시했고,13) 군사령관이 된 후에는 신체적 훈련을 받지 않거나 정신적으로 군대 체계에 적응하지 못한 신병은 연대聯隊에 배속되지 못하게 했다14)

---

12) 이에 관한 특별히 귀중한 증인이 혁명전쟁에도 처음부터 참전했고 중장中將 때인 서기 1814년에 《경보병론輕步兵論 *Essai sur l'infanterie légère*》을 발간한 뒤헤즈메Duhesme란 인물이다. 서기 1805년부터 써 나가기 시작한 이 책에서는 산병전散兵戰이 편법으로만 인정되었음을 입증했으며. 114쪽에서는 서기 1793년에 모든 프랑스 보병부대가 경보병 전투방식을 채택했다고 했다. 그의 표현은 모두가 적절한 표현은 아니다. 새로운 전투방식은 산병전만을 말하는 것이 아니고 그 다음에 이어지는 종대 대형 돌격까지 말하는 것으로서 이는 성격이 경보병 전투와는 다르다.

13) 쿨Kuhl, 44쪽에서 인용함.

14) 기엘Hermann Giehrl은 《조직전문가로서 나폴레옹 장군-그의 수송 및 기록 수단들과 작업 및 지휘 방법에 대한 평가 *Der Feldherr Napoleon als Organisator. Betrachtungen über seine Berkehrs= und Nachrichtenmittel, seine Arbeits= und Befehls weise*》(베를린, 미틀러E. S. Mittler & Sohn 출판사, 서기 1911년)에서 나폴레옹의 군사활동 중 여타 분야에 관해 사료를 근거로 매우 명확하고 정확하게 설명해 놓았다.

옛것과 새것이 즉, 군국주의軍國主義와 국민정신國民精神이 새로운 프랑스군에서 어떻게 융화融和되었는지를 보여주는 이상한 증거 하나가 흑인黑人 편입에 관한 나폴레옹의 명령에 보인다. 그가 이집트에서 고향과 단절되어 있을 때(역자 주: 서기 1798년 5월 나폴레옹은 원정군 사령관이 되어 이집트로 갔으나 이듬해 프랑스 함대가 넬슨의 영국 함대에 격파되고 본국과의 연락이 끊기자 혁명 정부 동의 없이 이집트에서 탈출한 후 10월에 프랑스로 귀국했으며 11월에는 군대를 동원해서 쿠데타를 일으켜 헌법을 폐기하고 3명의 통령統領을 두는 새 헌법을 만든 후 원로원으로부터 10년 임기의 제1통령에 선출됨으로써 30세에 사실상 프랑스 정권을 장악했다) 군대가 흐물흐물해 지는 것을 보고 드세Desaix 장군에게 보낸 서신(서기 1799년 6월 22일)에서 "시민장군님. 나는 16세 이상 흑인 2,000~3,000명을 사서 각 대대大隊에 100명씩 배속시키려 합니다"라고 했다.

산병전散兵戰은 단지 보조적 활동이므로 너무 멀리에서 작전이 벌어져서 본대가 실제 돌격을 실시할 때 지휘관에게 가용병력이 모자라지나 않을지 하는 우려가 있었다. 따라서 질서가 회복된 후에는 산병전을 제한하려는 노력이 있게 되었다. 이제는 산병전散兵戰/Schützengefecht, 선형대형線形隊形Linear=Austellung 그리고 종대대형縱隊隊形/Kolonnen이 모두 그러나 상황에 따라 교대로 사용되게 되었다. 옛 전술과 새 전술 간의 근본적 차이점은 따라서 우리가 흔히 생각할 수 있듯이 외부에서 보기에 명확한 것은 아니었고 당대인들 특히 프랑스인들 자신은 그들 눈앞에 무슨 변화가 생겼는지 의식하지 못하고 있었다. 많은 사료들로부터 새로운 대형의 체계적 발전에 대한 그들의 관심이 얼마나 적었는지를 우리는 알 수 있다. 산병전에는 당연히 병사들의 사격훈련이 필요했지만 그런 훈련이 너무 부족했기 때문에 나폴레옹의 참모장 베르티에Berthier는 서기 1800년에 베른하르트 대관문大關門/grossen St. Bernhard을 넘어가는 행군을 실시하기 수일 전에 "내일부터는 모든 병사들이 몇 발씩 소총사격을 실시한다. 모든 병사들에게 정확한 조준법과 소총 파지把持 방법을 교육한 후 총탄 장전裝塡 방법까지 교육해야 한다"는 명령을 내리지 않을 수 없었다. 같은 해(서기 1800년)에 독일에서는 앞서 소개한 호이에르J. G. Hoyer의 《병법사兵法史 Geschichte der Kriegskunst》라는 탁월한 책자가 등장했다(역자 주: 앞의 383쪽 및 384쪽에서는 이 책의 발간연도가 서기 1797년이라고 했음). 호이에르는 "(서기 1792년 이후의) 이 전쟁의 결과 과연 병법兵法의 진보가 있었을까?"라는 의문을 던진 후 "이 문제에 대해서 무조건 '예' 또는 '아니오'라는 대답을 할 수가 없다"고 대답했고 이어서 발전된 것들로 포병 이용 증가, 산악전투 시 산병散兵들의 유리한 전개, 정찰을 위한 관측기구觀測氣球의 이용 등을 열거한 후 "이런 이유 때문에 이 전쟁의 결과 다른 어떤 전쟁의 경우나 마찬가지로 병법兵法이 확대되었다고 진정 말할 수 있지만 결코 전술이 완전히 바뀐 것은 아니다"라고 했다(제Ⅱ편, 891쪽). 어떤 구절에서는 방데Vendée 농민전쟁 당시 산병전散兵戰도 언급했다(958쪽). 호이에르는 프랑스 종대縱隊들은 무질서한 집단들에 불과하다고 보았는데 이는 피상적으로는 참으로 옳은 견해이다. 그러나 그는 "다른 어느 전쟁에서도 이 전쟁보다 야전요새 방법이 빈번하게 이용된 적은 없다"고 믿고 있고(1017쪽), 또 어떤 구절에서는 소총 개량, 화약 성능 개선 및 신호통신信號通信 발명에 대해서도 언급했다(제I편, 서문). 마지막으로 그는 옛 프랑스 장군들이 국경지역에서 발견한 후 전쟁성戰爭省에 등록했던 진지陣地들의 위치를 찾아냈고 지도를 읽을 줄 알고 이를 잘 활용했던 혁명 장군들은 승리를 거두었다고 믿고 있다(제I편, 886쪽).

하지만 전쟁사 발전과정을 연구하는 우리는 화약과 소총의 개선이 혁명전쟁의 특징이 아님을 안다. 혁명전쟁 때 화약과 소총은 전혀 개선된 적이 없고 프리드리히의 전쟁 때나 나폴레옹의 전쟁 때나 같은 소총을 썼다. 더욱이 당시에 관측기구觀測氣球의 이용으로 얻은 소득은 호기심 이상은 아니었을 것으로 보인다. 누구도 야전요새의 활용을 혁명전쟁의 특징으로 보지 않으며 혁명장군들이 승리했던 이유를 옛 장군들이 결정해 놓은 진지陣地의 위치를 지도에서 찾아 낼 줄 알았기 때문으로 보지도 않는다. 우리가 보기에 중요한 유일한 요소는 새로운 군대조직이었고 이로부터 그들은 새 전략을 꽃 피울 수 있었을 것이다. 관측병들을 교육시키기까지 했던 현명한 호이에르는 오직 산악전투와 방데Vendée 농민전쟁 당시의 산병전散兵戰만 알았지 새 전략에 대해서는 생각이 미치지 못했다.

전면적인 전쟁이 가까워 오자 프랑스인들은 군대에 대한 지휘권 전체를 브라운슈바이크Braunschweig의 페르디난트Ferdonabt 영주領主에게 맡겼는데 그는 당시 연합군을 이끌고 프랑스군과 싸우다가 서기 1806년에 아우에르스테트Auerstädt에서 패배한 바로 그 인물이다. 프리드리히 대왕도 이 용감한 영주領主를 매우 높게 평가하고 살아있는 가장 위대한 장군이라고 격찬했던 적이 있었다. 코트Goten/Goths족도 적의 장군인 벨리사리우스Belisar/Belisarius에게 자신들의 왕관을 씌워 주겠다고 제안했던 적이 있었고,15) 고트족의 이런 순진한 계획을 보고 우리는 그들의 전사戰士 집단에게는 아무런 정치적 개념도 없었다는 증거를 발견할 수 있었듯이 이때의 프랑스인들의 생각을 보면 그들은 혁명이 이제 전혀 새로운 군사시대로의 길을 선도하고 있다는 것을 전혀 모르고 있었다는 증거로 평가할 수 있다.

새로운 전투방법을 쓴 결과 밀집대형으로 집중사격Nartätsch=Feuer을 받아가며 접근하거나 서로 일제사격을 주고받다가 제압당했던 선형전술線形戰術/Linear=Taktik을 쓸 때 보다 피해가 크게 줄었다. 당대인들도 이 점을 이미 알고 있었다. 서기 1802년 어느 프랑스 서적에 대한 평론에서16) 샤른호르스트Scharnhorst는 혁명전쟁 당시에는

---

15) 이 책 제II편, 345쪽 참고.

고위 장군들이 전사戰死한 일이 거의 없다고 했다. 7년 전쟁 당시 프로이센군의 상황과는 전혀 달랐다. 이 전쟁 첫 해에 이 작은 군대가 원수元帥 2명(슈베린Schwerin과 카이트Keith)을 모두 잃었으며 빈터펠트Winterfeld 등 매우 유명했고 나이도 많던 장군들도 상당수가 전사 했다. 이 전쟁 때는 한 전투의 전사자만 해도 나폴레옹의 이태리 전역戰役 전체를 포함해서 혁명전쟁 중의 한 전역戰役 전체(4~10회 이상의 전투)의 전사자보다 많았다.

필자가 기억하고 있는 한 서기 1813년에도 프로이센군의 장군들 중 전사자는 샤른호르스트뿐이었다(역자 주: 뒤의 445쪽 참고). 그러나 일반적인 인명손실은 나폴레옹 전쟁 당시 다시 크게 증가했다.17)

옛 국가들은 프랑스의 새 전투방법을 열등한 방법에 불과한 것으로 보고 의식적으로 이를 거부했다. 오스트리아군 병참감兵站監 마크Mack 부원수副元帥는 서기 1796년 10월 즉, 나폴레옹은 이태리 전역戰役에서 승리하고 주르당Jourdan과 모로Moreau는 게르만 지역에서 철수하지 않을 수 없게 되었을 당시에 작성한 비망록에서 옛 전투방식의 장점을 열거해 놓았다. 그의 말에 의하면 오스트리아군도 프랑드르Flandern/Flandre에서 "산병散兵 공격Angriff en Tirailleurs"에 숙달되었었지만 이 지역은 불규칙한 지형으로 인해 공격 시에 끊어진 곳이 없는 정면을 유지할 수가 없었기 때문이었고 더욱이 최초 대형이 전진 중 전투의 열기가 고조되어 사라지면 명령 없이도 대형이 옛날과 같은 모습으로 변했었다고 한다. 그는 이런 잘못된 전투방법은 공격 시에 화력집중의 압력을 약화시켰고, 예상치 못했던 적의 저항을 만나면 원래의 장점들을 발휘하지 못하게 만들 수 있었고, 승리에 취해 분산된 병력은 적의 기병대가 나타나면 패배하지 않을 수 없게 만들었다면서 이런 전투방식은 배척되어야 한다고 믿고 있다. 그는 이어서 다음과 같이 말했다.

훈련되고 견고한 정규 보병부대가 포병화력의 엄호 하에서 끊어진 곳이 없는 정면을 유지하면서 일정한 보조步調로 용감하게 전진하면 흩어져 있는 산병散兵들이 이들의 전진을 막을 수는 없을 것이다. 그들의 산병전散兵戰이나 부분 사격으로는 이들을 멈출 수 없기 때문에 이들은 가능한 최대의 속도로 항상 최대의 질서를 유지하면서 곧바로 적에게 돌격하게 될 것이 분명하다. 이 방법이야말로 유혈을 피할 수 있는 진정한 방법이다. 사격과 산병전散兵戰만으로는 병력 손실만 생기고 아무것도 얻을 수 없다.

---

16) 클리펠Klippel의 《샤른호르스트의 생애 *Leben Scharnhorsts*》, 제Ⅲ편, 40쪽에 재수록 되어 있음.

17) 롤로프Gustav Roloff의 치밀한 연구논문인 "지난 여러 세기 중 주요 전투들에서 발생한 인명 피해*Der Menschenverbrauch in den Hauptschlachten der letzen Jahrhunderte*," 《프로이센 연보年報 *Preussische Jahrbücher*》, 제72권 (서기 1893년), 105쪽에서는 17세기 이후 사상자死傷者 숫자는 파도치듯 오르락내리락 했었음을 입증했는데 이에 의하면 사상자 숫자는 다양한 요인들(무기, 전술, 전략)에 의해 결정되었고 이런 요인들이 상호간 반대로 작용했음을 알 수 있다.

프로이센에서도 물론 생각이 같았다. 프란제키von Fransecky 장군이 서기 1856년 《주간군사週刊軍事 Militär-Wochenblatt》, 부록에 게재한 그나이제나우Gneisenau에 관한 글에서 공개한, 1800년 쓰인 것으로 추정되는 한 비망록에는 이런 생각이 매우 분명히 설명되어 있다. 이 글, 63쪽 이하에는 다음과 같은 말이 있다.

산병전散兵戰/Tirailliren은 모든 전투방식 중에 가장 자연스런 방식이다. 인간의 생존본능과 가장 밀접한 관련이 있는 방식이기 때문이다. 이를 가장 의식적인 전투방식으로 보는 사람도 있지만 전혀 틀린 말이다. 전쟁 그 자체는 당연히 인간의 본성과는 거리가 먼 일이다. 전쟁을 인간의 본성에 조화시키려는 것은 전쟁을 전쟁답지 않게 만드는 것으로 결코 병법兵法의 목적이 될 수 없다 누군가 "산병전은 우리 모두이 속에 숨어 있는 비열힌 본능을 조장하는 것이므로 우리가 정당당당해 지려면 이를 배척해야 한다"고 매우 정확하게 말한 적이 있다. 이런 우리의 생각에 반하는 혼란스런 여러 가지 말들이 들린다. 프랑스군의 훌륭한 업적을 보라고 외치는 사람들도 있다. 그들은 프랑스군의 대담한 산병散兵들과 이태리에서 보여 준 밀집종대 공격 이런 것들은 모두 우리의 생각이 틀렸다는 증거라고 말한다. 그러나 우리는 아주 조용하게 그렇지 않다고 대답할 것이다. 우리는 경험을 매우 존중하지만 그와 같은 일반적인 말들이 우리의 건전한 판단을 결코 이길 수는 없다. 그러나 이로써 우리는 언제나 위험에 대한 대비만 좋아하는 사람은 그런 대비가 불가능할 것 같으면 겁을 낼 것임을 알 수 있다. 여하간 그런 혼란스런 말들에 대해 우리가 대답할 수 있으려면 그들이 무슨 말을 하고 있는지 분명히 알아야 한다. 프랑스군이 큰일을 해낸 것을 보라고 외치는 사람들에 대해 우리는 그들은 서기 1793년 전역戰役에서도 서기 1794년 전역戰役에서나 마찬가지였고 서기 1799년 전역戰役에서도 서기 1800년 전역戰役에서나 만찬가지였으며 슈바벤Schwaben/Swabia에서도 언제나 산개해서 싸웠다는 사실을 상기시켜 주어야 할 것이다. 우리는 이런 사실을 생각하지 않거나 생각하지 않으려 하는 사람들에게 이런 사소한 것들을 말해 주어야 한다. 프랑스 산병散兵들이 진정으로 대담했다면 이에 대해 다음과 같은 할 말이 있다. 모든 위험에는 이에 맞는 용기가 있다. 네덜란드인들은 폭풍우 몰아치는 바다에서는 극히 편안한 마음으로 항해하지만 길들지 않은 사나운 말에게 자신의 뼈를 믿고 맡기는 것은 이해하지 못한다. 횡렬橫列 속에 서 있는 것이 익숙한 사람은 요새에서 포탄이 날아올 때 분명히 프랑스 산병散兵만큼 대담하게 요새에 기어오르려 하지는 않을 것이며 특히 포로가 되거나 칼에 맞아 쓰러지거나 기병대의 말발굽에 밟히는 것을 두려워 할 것이다. 반면 장벽이나 참호나 구덩이 등의 엄호물을 찾지 못한 산병散兵은 빨리 내 빼서 그런 엄호물을 찾을 생각밖에 못할 것이다.

따라서 친숙치 않은 위험 때문에 생기는 이런 비겁함 자체는 물론 앞서 우리가 선언한 것 즉, 산병전散兵戰은 일반적으로 용기 또는 위험에 대한 초연한 자세를 약화 시킨다는 것을 입증하지는 못할 것이다. 그러나 우리의 선언을 입증하려면 다음과 같은 점을 보면 된다. 산병散兵들이 갈수록 용감해진다는 것은 자신이 생각했던 것보다 위험이 크지 않다는 것을 알았기 때문이고 또 그가 매일 더 영리해지고 꾀가 늘어나기 때문이다. 결국 위험에 대한 그의 초연한 자세가 더 커지는 것이 아니라 위험에 잘 대처하는 방법을 배우는 것일 뿐이다. 그가 위험에 잘 대처하는 방법은 모르면서 단지 위험에 대해 초연한 자세만 갖는다면 이는 그의 속에 있는 비열한 근성이 그 사이 얼마나 커진 것인지를 보여주는 것일 뿐이다.

마지막으로 프랑스군은 이태리 전투에서 아무 엄호도 없이 밀집대형으로 공격했고 위험에 대해 비상하게 초연한 자세로 죽음에 저항했다면서 우리가 방금 내린 결론들을 틀렸다고 말한다면 나는 다음 같이 대답할 것이다. 첫째, 그곳에서 프랑스군이 보여준 용기가 어느 정도였는지 또한 그들이 어떤 저항을 극복했었는지에 대해서 우리가 알 수 있는 것이 거의 없다. 이 전투들에 대한 기록은 모두 구체성은 없이 과장된 장광설長廣舌들 뿐이다. 일반적으로 말해서 병력들이 전투에서 보여준 용기는 사상자死傷者 숫자로 평가되어야 하며 잘 알려진 사상자 수치에 의하면 프랑스 혁명전쟁은 7년 전쟁과 비교도 되지 않는다. 둘째, 중요한 것은 다른 민족보다 활기活氣가 있는 프랑스인들의 천성天性인 일종의 격정激情 같이 돌격 시 병사들을 흥분시키는 거친 용기가 아니라 옛 스페인 부대들의 로크로이Rocroi 전투에서 또 프로이센군의 몰비츠Mollwitz 전투에서 그렇게 분명히 보여주었고 드쏘Dessau 공公 레오폴트Leopold의 정신이 병사들에게 심어 주었던 용기 같이 계속되는 전투에서 질서와 인내심을 유지시켜 주었던 것과 같은 치명적 위험에 대한 냉정하고 초연한 태도이다. 따라서 우리의 결론은 변함이 없다.

산병散兵戰들은 그들의 전투방식에 익숙해지면 밀집대형 전투에 필요한 용기를 잃게 된다. **따라서 선형대형**線形隊形 **보병이 선형대형**線形隊形 **보병으로서의 유용성을 잃지 않으려면 결코 산병전**散兵戰**을 하면 안 된다.**

산병전散兵戰을 도입하려는 사람들은 불규칙한 지형에서 싸울 수 있는 방법은 산병전散兵戰밖에는 없다고 주장하지만 이는 중요한 착오 때문이다.

산병전散兵戰은 해 본 적이 전혀 없고 오로지 횡렬橫列만 유지하는 어느 대대大隊를 지휘하는 지휘관이 울창한 숲 지역을 통과할 때 적에게 접근해서 돌격하려면 횡렬과 종렬縱列을 그대로 유지할 수는 없고 어느 정도 횡렬과 종렬을 풀고 병사들이 개별적으로 숲을 통과하게 할 수밖에 없다. 이를 산병전散兵戰이라고 보아야 할까? 전혀 그렇지가 않다. 이때 그 지휘관은 산병전散兵戰을 하려는 것일까? 더더욱 그렇지 않다. 이런 경우 밀집대형 공격의 성격이 없어지는 것일까? 이에 대한 대답도 부정적이다. 모든 공격이 다 그렇듯이 적에게 접근해서 적을 제압하려는 것이 그 지휘관의 의도이다. 매우 아름다운 평원 위에 있는 포대砲隊를 공격하는 보병 대대大隊는 마지막 순간까지 횡렬들을 유지하지는 않을 것이지만 그의 작전은 여전히 밀집대형 공격 속, 선형대형 공격의 정신을 유지하고 있는 것이다.

선형대형으로 싸우는 보병은 산병전散兵戰을 회피해야 하는 것이라면 평시에 부대에게 이를 가르칠 필요가 없다. 전쟁 중 산병전散兵戰이 편리하고 무해한 방법으로 보이는 경우가 생겨도 이를 허용하면 안 되기 때문이다.

프랑스 산병散兵 수십만 명이 왕국의 내륙에서 쏟아져 나와 우리의 오랜 원칙들을 쓸어내 버렸다는 것은 사실 놀라운 일은 아니다. 그런 일이 일어난 것에 놀라서 어리둥절 하는 사람도 있을 것이지만 자신이 사나이라고 불리고 싶은 사람은 다시 정신을 차려야만 한다.

그러나 옛 국가들도 프랑스군에게 패배한 이후에는 사태를 좀 더 알아차리고 그들의 새 전투방법을 채택했다. 그런 국가들 중 경보병輕步兵과 선조소총병旋條小銃兵들을 중대中隊에 배속시켜 이런 방향으로 먼저 출발했던 국가들도 물론 있었다. 이런 발전의 결과 당연히 새로운 훈련규정들이 등장했다. 우선 서기 1806년에는 오스트리아에서 새 규정이 제정되었으며 프로이센은 서기 1809년과 1812년에 새 규정이 나왔다. 만약 우연하게도 프랑스와 프로이센에만 훈련규정이 보존 되어 있었다면 우리는 산병전술散兵戰術/Tirailleur=Taktik이 서기 1812년 프로이센에서 발명된 문헌증거를 갖고 있다고 믿게 되었을 것이다. 우리는 서기 1770년에 프리드리히 대왕이 이미 《숙영술宿營術과 전술의 요체要諦 Eléments de castramétrie et de tactique》란 자신의 글에서 공격 시 자유대대自由大隊/Freibataillone(역자 주: 앞의 273쪽 참고)들의 산병散兵 제대梯隊는 횡렬橫列의 선두 부대보다 앞에 서도록 지시했다는 사실과 그는 죽기 직전에 경보병 대대들을 편성토록 명령했었다는 사실을 알면 더욱 더 그렇게 믿게 되었을 것이다. 그러나 이 자유대대를 만든 의도는 그들의 주도적 활용을 기대했던 것이 아니라 단지 적의 화력을 유인하기 위한 것이었다. 또한 우리는 앞서 경보병이 개량된 보병이 아니라 보조병종補助兵種에 불과했다는 것도 알 수 있었다. 새로운 전술이 탄생하는 데는 새로운 국가가 반드시 필요했다. 우연히 남아있는 개별적 기록들은 언제나 전반적인 발전방향과 객관적으로 일치되는 것일 때만 당시의 정확한 실상을 말해주는 확실한 기록으로 간주될 수 있으며 특히 병법사兵法史 분야에서는 이런 분석방법이 매우 중요하다. 병법사를 연구하는 학계에서는 로마인들이 아주 먼 고대로부터 매우 작은 전술부대로 이동하며 싸우는 방법을 이미 알고 있었다고 한 리비우스Livy/Livius의 말(《로마사史 Ab urbe condjta Libri》, VIII, 8장) 때문에 얼마나 큰 혼란을 겪었는가? 또 봉건封建 체계가 샤를마뉴Karl/ Chalemagne 대제大帝(역자 주: 카롤링 왕조 제2대 왕. 서기 800년에 서西로마 제국 황제로 추대됨. 재위기간은 서기 768~814년. 카를 대제라고도 함) 말기末期에 이미 도입되었다고 믿을 수밖에 없게 만들었던 그 시대의 법령Capitula/Kapitular들 때문에 얼마나 혼란을 겪었는가? 또한 우리는 이와 반대로 반드시 언급해야 할 일을 전혀 언급하지 않은 경우도 인용해 볼 수 있다. 고대 전술에서 가장 큰 변화는 팔랑스Phalanx 대형의 집단 압력을 활용하던 전술이 제2차 포에니Punischen/Punic 전쟁 중 제대대형梯隊隊形/Treffen-Ausstellung/echelon formation (역자 주: 이 책 제I편, 제V권, 제V장 및 제VI권 참고) 전술로 바뀐 것인데 스키피오Scipio와 같은 시대 인물이었던 폴리비우스Polyb/Polybius는 이에 대해 거의 아무 말도 기록으로 남기지 않았다. 나폴레옹과 같은 시대를 살았던 호이에르Hoyer가 선형전술線形戰術이 산병전술散兵戰術로 바뀐 것에 대해 아무 말도 하지 않은 것 역시 같은 경우이다. 폴리비우스나 호이에르는 모두 전문적 군사훈련을 받은 고위직 군인이었음에도 그랬다. 봉건체계의 기원에 대해 원사료原史料를 근거로 한 설명이 아직도 전혀 없다. 로마 레기온legion이 로마제국 시대인 3세기에 쇠퇴한 일 역시 상황은 다르지 않다. 그런 변화는 지축을 울리는 큰 변화였지만 당대인들 눈에 뜨이지 않게 일어난 변화였던 것이다. 그에 관한 정보가 전통적 기록들에 우연히 단편적으로만 보존되어 있거나 특히 (리비우스 같은) 비전문가들의 오해로 왜곡된 정보만 남았을 경우 학계는 진실을 밝혀내기까지 여러 세대를 거쳐야 했다.

이 연구 서두에서 필자가 말했듯이 모든 병법兵法은 두 가지 극極 또는 기본요소 중간에 있다. 그 하나는 개인의 용기와 무예武藝이고 다른 하나는 결집력 즉, 전술조직의 강인함이다. 한쪽의 극단적 예는 개인적 업적만을 추구했던 기사騎士들이고 다른 한쪽의 극단적 예는 개인이 기계 속의 톱니바퀴 같은 존재로 억압되고 다루기 힘든 인간도 그 속에 들어가면 유용한 존재가 될 수 있었던, 일제사격Salve을 기본전술로 했던 프리드리히 대왕의 보병대대였다. 하향식 통제가 이루어진 산병전散兵戰은 전술조직은 장점과 개인의 적극성이란 장점을 잘 결합시켜 준 것으로 보인다. 결국 이런 변화의 전제조건은 적극성을 지닌 병력자원의 획득이었다. 자발적으로 병력모집에 응했던 옛 용병傭兵에게는 이런 자질이 있었지만 이런 군대는 언제나 소규모일 수밖에 없다. 군대의 규모가 커지며 한심한 자원들도 군대에 많아지게 되었다. 그러나 조국방어라는 새로운 사상은 규모 큰 군대를 가능하게 해 주었을 뿐 아니라 많은 병사들이 적극성을 지닐 수 있게 해 주었고 바로 이 때문에 그런 새로운 전술이 발전할 수 있었던 것이다.

포병의 경우 옛 왕조 말기末期에도 그리보발Gribeauval에 의해 대포 생산이 크게 발전했다. 대포의 견고성을 약화시키지 않고 금속과 무게를 줄이는 방법이 점점 더 발전했다. 종전에는 전투를 시작하기 전에 중포重砲를 지정된 진지에 이동시켜 놓았고 한번 위치를 정하면 통상 이동하지 않았으므로 농민들을 동원해 대포를 이동시켜도 문제가 없었다. 그러나 전진하는 부대는 매우 가벼운 대대포大隊砲와 함께 이농했고 이를 역부役夫들이 이를 끌고 다녔는데 그리보발이 야포野砲 무게를 매우 크게 줄인 이후는 병사들 자신이 지급받은 가죽 끈으로 전투현장에서 야포를 끌 수 있게 되었다. 혁명 중에는 프로이센군의 예를 따라 말이 끄는 대포가 도입되었고 나폴레옹은 군대를 지휘하게 된 직후 대포 끄는 인원을 군인으로 만들어 상황을 개선했다. 대포를 끌었던 농민 소년들은 적의 소총 사격거리 내로 가면 말과 함께 도주해 버리는 일이 너무 흔했기 때문이다. 그러나 이제 체계적으로 훈련된 인원과 말들로 인해 포병은 필요에 따라 전투현장에서 보병을 따라 갈 수 있었고 역부役夫가 끄는 경포輕砲는 없어졌다. 포병은 대포의 기동성 증가로 역할은 커진 반면에 기병대나 마찬가지로 군대에서의 비율은 감소되었다. 군대 규모가 보병 위주로 커졌기 때문이다. 프리드리히 대왕 말기에 보병 1,000명 당 대포가 7문이었지만 혁명전쟁 때는 그 비율이 2문에서 1문까지 점점 줄었다. 그러나 나폴레옹이 황제가 된 후 그 비율이 다시 증가했다. 바그람Wagram 전투 때 나폴레옹은 1,000명 당 3문 이상(359문 대 180,000명) 대포를 갖고 있었고 서기 1812년에는 1,000명 당 약 3문을 갖고 있었다.[18] 한편, 대포의 기동성이 크게 증가한 결과 대포 전개를 위한 새로운 전술원칙이 확립될 수 있었다. 포병은 보병이 돌파할 지점에 화력을 집중해서 보병의 적진敵陣 돌파를 준비했다. 기습공격에 성공할 경우 그렇게 하기가 훨씬 더 쉬웠을 것이다. 그러나 이런 방식도 역시 혁명 전에 이미 등장해서 프랑스군에게도 교육되었던 방식이었다.[19]

예전 군대에서는 가장 큰 단위부대가 연대聯隊였고 각 전투 때마다 각 제대梯隊

---

18) 프라이타크Freytag-로링호벤Loringhoven의 《나폴레옹의 군사적 리더십*Die Herrführung Napoleon*》에서는 서기 1809년에는 "1,000명 당 1.5문도 안 되었고", 서기 1812년에는 3.5문이었다고 본다(43쪽).

19) 케머러Caemerer, 《19세기 전략학戰略學의 발전*Entwickelung der strategischen Wissenschaft im 19. Jahrhundert*》(서기 1904년), 14쪽. 케머러는 콜린Colin의 《나폴레옹의 군대교육*L'Education militaire de Napoleon*》이란 글을 인용하고 있다.

또는 각 제대의 일부에 대한 지휘권을 장군들에게 부여하는 특별명령이 하달되었었다. 그러나 이제 프랑스군은 산병전散兵戰은 기간이 오래 걸리고 각 병종兵種 간 상호지원이 필요할 때가 흔한 것으로 보고 각 병종兵種이 영구적으로 결합된 단위부대가 바람직할 것으로 평가하고 사단師團을 편성했으며 후일에는 군단軍團을 편성했다. 이 편성은 외적인 부대 규모 확대같이 보였지만 이로 인해 전투지휘에 완전히 다른 정신이 도입되었다. 프리드리히 대왕의 전쟁에서는 전 병력의 통합된 강력한 타격을 일시에 적에게 가하는 것을 기본이었고 이런 강습타격 Gewaltstoss은 매우 신속하게 승부를 결정할 수 있을 것으로 예상되었을 뿐 아니라 실제로도 그렇게 되었었다. 그러나 이제 프랑스군은 전투를 여러 작전들로 나누어서 사단장 또는 때로는 군단장이 자신이 가느린 각 병종兵種 즉, 산병散兵/Tirailleurs, 밀집보병geschlossene Infanterie 및 기동 포병bewegliche Artillerie을 자신의 판단에 따라 통제하게 되었고, 총사령관은 전투가 진전됨에 따라 상황을 보아가며 최종 승부를 가져올 수 있을 것으로 보이는 타격에 관해 결정만 내리게 되었다.

　제대대형梯隊隊形/treffenweise Austellung 역시 없어지지는 않았지만 그 중요성은 줄었다. 이제 전투과정에서 크게 중요해 진 것은 예비대의 준비와 활용이었다. 1차 충격으로 승부가 결정되는 전투는 없어졌다. 프랑스군은 일단 전투를 시작한 후에 대기 중인 강화된 또는 증강된 종심縱深 병력Tiefe으로 2차 충격을 가해서 승부를 결정했다. 생시르St. Cyr 원수元帥는 "결정적인 순간에 전투선을 강화시킨 경우에만 전투에서 이겼다"고 했다.20)

　우리는 프리드리히 대왕의 전투와 나폴레옹의 전투의 차이점을 개별적인 표현들에 너무 큰 의미를 부여하지 않는다는 전제 하에 대략 다음과 같은 방식으로 설명할 수 있을 것이다.21)

　　군대조직: 프리드리히의 전투에서는 군대가 단일한 통합 전술조직이었고, 나폴레옹의 전투에서는 군대가 군단과 사단으로 나뉘어 있었다.

　　중간 지휘관의 역할: 프리드리히의 전투에서는 각 제대나 각 제대 일부의 지휘관들은 총사령관의 명령을 전달하고 부대 선두에 서서 결사決死의 자세를 보여주는 것 외에 달리 할 일이 없었지만, 나폴레옹의 전투에서는 중간 지휘관들에게도 자신의 군사적 경험과 전문적 판단능력을 적용해야 할 임무와 기회가 있었다.

　　지휘관의 역할: 프리드리히의 전투에서는 지휘관은 자신의 특별한 개념

---

20) 역자 주: 원문에는 본문에만 각주 표시가 되고 각주의 내용은 누락되어 있다.

21) 케머러는 프리드리히와 나폴레옹의 전투 지휘의 차이점을 《방어와 무기Wehr und Waffen》, 제II편, 100쪽 이하(특히 108쪽)에서 철저히 조사해 놓았다.

에 따라 처음부터 전 병력을 전개시키고 공격을 실시했으나, 나폴레옹의 전투에서는 지휘관은 전방의 전투선에서만 우선 전투를 시작하게 한 다음 어느 곳에서 어떻게 전투를 계속하면서 승부를 걸 것인지를 매 순간 결정했다("보고 나서 시작한자On s'engage partout et après on voit").

　예비대: 프리드리히의 전투에서는 예비대가 아예 없거나 매우 적었었고 제1격이 가장 강력한 타격이었으며 우연偶然이 승부에 큰 영향을 미쳤지만, 나폴레옹의 전투에서는 최종 타격이 가장 강한 타격이었고, 우연偶然도 중요하기는 했지만 우세한 병력수와 리더십이 그보다 훨씬 중요했다.

지휘관들이 전투를 개별적인 작전들로 나누면 개별적인 작전에 대한 통제권을 예하 장군들에게 위임하고 또 그 자신은 행군에 관한 구체적인 문제에서 손을 떼게 된다. 그러나 조미니Jomini의 기록에 의하면 나폴레옹은 직선거리로 7~8시간 행군거리를 반경半徑으로 표시할 수 있게 벌려놓은 콤파스를 들고 지도 위에서 각 군단의 행군을 통제했었고 서기 1805년에는 불로뉴Boulogne에서 도나우Donau/Danube 강까지 직선거리 100마일(750km)을 이동했을 때는 하루에 작선거리로 2.5마일(약 18km)씩 행군했다고 한다.

산병전散兵戰도 그렇지만 특히 이러한 새 전투방식은 프랑스군에게 매우 중요한 2차 특징을 만들었다. 과거의 군대는 식량저장소를 이용한 통제된 식량보급에 의존했었고 군대는 언제나 18일분 식량을 가지고 다니도록 되어 있었다. 병사들 자신이 3일분 빵을 휴대했고, 각 중대를 따라가는 빵수레가 6일분 빵을 날랐으며 보급수송 대열의 밀가루 수레에 9일분의 밀가루가 있었다.22) 그런 준비가 없이는 엄격한 군기軍紀가 유지될 수 없었다. 18세기를 지나면서 군대의 이런 특징들이 발전해 갈수록 병사들을 잘 보살펴 줌으로써 그들이 군대행정을 신뢰할 수 있게 만들 것이 더욱 강조되었다. 불가결한 군기軍紀의 필요성과 국가의 일반적 조직은 이런 면에서 잘 조화되어 있었다. 전쟁은 당국자當局者들의 일이었고 일반 신민臣民들에게는 큰 피해를 주지 않았다. 신민들은 가까운 지역에 전투가 없으면 국가가 전쟁을 하고 있다는 것 자체를 몰랐을 것이다. 병사들에게는 행군과 숙영 중 농촌지대와 그 주민들에게 피해를 주지 말도록 극단적으로 엄격히 강조되었다. 하지만 프랑스군은 이런 일을 중요시하지 않았다. 그들에게는 전쟁이 피 흘리는 주민 전체의 문제였으므로 농촌지대와 주민들로부터 필요한 모든 것을 빼앗는 것이 허용되었다. 식량저장소가 없으면 병사들은 언제 어디에서나 지역주민들로부터 필요한 것을 강제로 빼앗았다. 이러한 징발 방식은 쉽게 노략질로 변했고

---

22) 레만Lehmann, 《샤른호르스트Scharnhorst》, 제II편, 149쪽.

병력을 분산시켰으며 약탈을 선호하게 만들었다. 만약 프리드리히 대왕이 이런 일을 허용했다면 그는 병력이 모두 탈영해서 군대가 와해되지 않을 가 걱정했을 것이다. 그는 극히 예외적인 비상시에만 병사들이 숙소를 제공한 주민에게 식량을 얻는 것을 허용했다. 프랑스 혁명군대도 처음에는 탈영자가 많았지만 이는 식량과 무관한 것이었고 이를 방지하려는 군기감찰軍紀監察도 전혀 없었다. 그러나 신뢰성 없는 자원들이 사라져버리고 난 후에도 병력은 상당히 많이 남아있었고 이들은 개인적인 동기 때문에 계속 군에 복무했다. 다만 이들 역시 군기軍紀 없는 병력이란 점에서는 30년 전쟁 때의 병력들이나 마찬가지였다.

서기 1796년 라하르페Lasharpe 장군은 자신의 상급지휘관인 나폴레옹에게 자신의 병력은 반달Vandal족만도 못한 병력(역자 주: 이 책 306~307쪽 참고)이라고 보고한 적도 있고, 여단장旅團長 2명이 같은 날 사직한 일도 있었으며, 나폴레옹 자신도 이태리에서 집정부執政府에 보낸 서신에서 이런 도둑떼 같은 어중이떠중이들을 지휘하는 것이 수치스럽다고 말한 적이 있다. 당시 백성들에게 자유를 선물할 것이라는 기대와 환호 속에 밀라노Mailand/Milan에 입성入城했던 프랑스군이었지만 8일이 지나자 주민들은 그들의 만행에 실망하고 반기反旗를 들었는데 이 반란은 무차별 난사亂射에 의해 진압되었다. 나폴레옹이 이태리에서 보고했던 내용이나 별 차이가 없는 것이 서기 1796년 7월 17일 모로Moreau가 게르만 지역에서 보고한 내용인데 그는 “나는 약탈을 방지하려고 온갖 노력을 다하고 있습니다. 그러나 병력들은 2개월이나 보수를 받지 못했고 보급대열은 우리의 빠른 행군속도를 따라오지 못하고 있으며 농민들은 도주해 버렸고 병사들은 빈집을 털고 있습니다”라고 보고했다. 주르당Jourdan의 같은 달 23일 보고도 마찬가지로 그는 “병사들은 가장 악랄하게 농촌지대를 대하고 있습니다. 이런 식으로 행동하는 병력을 지휘하는 저의 낯이 뜨거울 따름입니다. 장교들은 이런 병사들을 제지하려다 위협을 받고 총에 맞기까지 합니다”라고 보고했다. 그러나 결국 장군들은 다시 군기軍紀의 고삐를 손에 쥘 수 있었다. 이는 인도적 이유 때문만은 아니었고 군사작전을 위한 것이기도 했다. 주르당은 이미 위의 보고에서 다급해진 주민들이 무기를 들어서 이제는 호위병력이 없으면 보급품 수송도 곧 불가능해 질 것이라고 했다. 승리한 후에 징발과 약탈을 위해 흩어진 병력이 공격을 받고 쓰러지는 일도 생겼다. 프랑스군은 질서회복을 위해서 전술과 보급체계 모두에서 다시 옛 형식을 채택했으며 비상시에만 무질서한 개별적 식량획득이 허용되었다. 그러나 엄청나게 늘어난 병력규모에 비해 프랑스군의 보급대열은 과거보다는 엄청나게 규모가 작아졌다. 장교들의 짐꾸러미와 천막天幕이 줄어든 것을 고려해 본다 해도 뤼스토프Rüstow가 서기 1806년 당시 프랑스 보병부대의 전체 보급대열은 프로이센군의 보급대열에 비해 1/8~1/9에 불과했다고 평가한 것은23) 옳은 말일 것이다.

프리드리히는 카이트Keith 원수元帥에게 보낸 서신에서 기다리고 있던 식량 호송 문제에 관해 "나는 여기에 국가의 운명을 걸고 있다"고 말한 적까지 있다. 나폴레옹의 입에서는 그런 말이 나올 수 없었을 것이다.

필자가 알고 있는 한, 당대의 저술가들 중 18세기 후반에 감자 수확의 증대로 인해 대규모 병력의 현지 식량조달이 매우 수월해졌었다는 점을 언급한 사람은 아무도 없다. 7년 전쟁 때는 감자 수확이 별 역할을 하지 못했지만 20년 후 바이에른Byern/Bavaria 왕위계승 전쟁 때는 이 전쟁을 우스개소리로 "감자 전쟁Kartoffelkrieg"이라고 부를 정도였다(역자 주: 앞의 359쪽 참고). 서기 1813년의 가을 전역戰役(역자 주: 뒤의 425쪽 및 430쪽 참고)에서도 감자 수확이 큰 역할을 했던 것이 분명하다.24)

나폴레옹이 프랑스군의 질서를 회복하기는 했었지만 보급체계에 있어서는 옛 상처가 수시로 곪아터져서 보급문제가 해결 되지 않으면 즉시 부대가 분산되고 군기軍紀가 실종되는 폐해가 곧 다시 재현되었다.25)

나폴레옹은 혁명을 완수하기도 했지만 종식시키기도 했다. 그는 태생적 권리가 아니라 백성들의 선택으로 최고의 권력을 행사했었다. 프랑스 국민들은 일반 선거에서 그를 거의 만장일치로 처음에는 통령統領/Konsul으로 그 다음에는 황제로 선출했었다. 따라서 왕정복고 이후도 프랑스군은 공화국 시대에 새로 발전시킨 중요한 특성들을 그대로 유지했다. 장교단將校團과 병사들 간 구분이 이제는 계층 구분의 성격은 없어졌고 교육과 자질의 고하高下에 따른 구분에 불과하게 되었다. 전혀 교육을 받지 못한 사람도 능력이 입증되면 대위大尉까지 올라갈 수 있었고 더 큰 능력이 있을 경우 최고 직위까지 올라갈 수 있게 됨으로써 계급간 구분은

---

23) 《보병사步兵史 Geschichte der Infanterie》, 제II편, 296쪽.

24) 전투 전날 밤에 그나이제나우Gneisenau가 카츠바크Katzbach에 관해 요크York에게 한 말과 비교해 볼 것. 델브뤼크, 《그나이제나우의 생애Leben Gneisenaus》, 제I편, 342쪽. 서기 1805년 아우그스부르크Augsburg에서 나폴레옹은 감찰감監察監 쁘띠Petit에게 쓴 글에서 자신은 불가피하게 식량저장소 없이 싸웠지만 유리한 계절에 계속 승리했을 때도 병사들은 큰 고생을 했다면서 "들판에 감자도 없는 계절이었거나 패배를 했었다면 식량저장소가 없는 것이 최악의 불행을 불러왔을 것이오"라고 말했다.

25) 라우리스톤이 소장小將님께. 서기 1813년 5월 25일

저는 각하께서 군대의 행군에 유의하시기를 강조합니다. 몇일 동안 보급이 안 되면 병사들은 식량을 구하려고 무슨 일이든 하려고 합니다. 촌락이나 마을이 보이는 순간 바로 달려 나가는 병사들이 낙오병落伍兵들보다도 분명히 많습니다. 장군들은 이런 재앙을 그치게 하려고 온갖 노력을 다 기울이지만, 몇 안 되는 장교들로는 별도리가 없습니다. 장교들 자신도 먹을거리를 찾기 때문입니다(루쎄Lousset, 《서기 1813년의 대군大軍 La grande Armée》에서 인용함).

군기軍紀와 규칙적인 식량의 상관성은 다음과 같은 브뤼헤르Blücher의 서기 1813년 5월 8일자 군단 명령(그나이제나우가 기안한 것임)에 잘 적시되어 있다.

군기를 유지하려면 병사들에게 한편으로는 우리가 그들의 요구를 충족시켜주려고 할 수 있는 모든 방법을 다 동원하고 있다는 것을 인식시켜 주어야 하고, 다른 한편으로는 철저한 절약을 감독해야 한다…상관이 관심을 갖고 있다는 것을 병사들이 완전히 믿어야 하며…(《라이허의 생애 Lenen Reihers》, 《주간군사週刊軍事Militär-Wochenblatt》, 서기 1861년 부록, 84쪽에서 인용함).

더 흐려졌다. 흔히 하는 말대로 모든 병사들의 배낭 속에는 원수元帥의 지휘봉이 들어 있었다. 물론 그렇다 해서 나폴레옹의 원수元帥들이 평민출신이라는 의미는 아니다. 오히려 그들 대부분은 나폴레옹 자신과 같이 혁명 이전에도 직업군인 생활을 경험한 사람들이었다. 그들의 탁월한 업적의 상당 부분은 모든 전통에서 해방된 혁명이 그들을 젊은 힘과 야망과 대담성을 갖춘 나이에 지도자가 될 수 있도록 해 준 결과이기도 하다. 나폴레옹 자신도 불과 27세 젊은 나이에 이태리 원정군 사령관이 되었고 그의 원수元帥들도 대개 나이가 그보다 약간 위이거나 아래인 사람들뿐이었다(역자 주: 뒤의 부기附記 참고).

서기 1798년에 다시 20~25세 사이의 연령年齡 집단들에 대한 보편적 병역의무가 원칙으로 선포되었지만 서기 1800년에는 타인의 대체 복무 허용 규정 때문에 이 원칙은 제한을 받았고 그 이전에도 많은 젊은이들이 군복무를 회피하거나 이미 군에 입대해 있다가도 귀향했었다는 점에서 실질적 효과는 없었고 이를 방지할 만큼 행정체계가 발전해 있지도 못했었고 한때 타인에 의한 대체 복무가 허용되었다가 곧 철회된 적도 있었다. 서기 1798년 및 1800년 법률에 의해 타인에 의한 대체 복무가 허용된 징집은 본질상 융통성이 큰 체계였으며 사실상 매우 느슨히 운용되었다. 20~25세 사이의 한 연령年齡 집단에 군복무 적격자가 적어도 190,000명은 되었지만 나폴레옹은 서기 1801년~1804년 사이에 실제로는 매년 그 중에서 30,000명만 현역에 징집했고 또 다른 30,000명은 예비역에 징집했었는데 예비역으로 징집된 자는 1년에 15일과 월 1회씩 일요일에만 훈련을 받았었던 것 같다. 만 25세가 끝날 때 병역 의무도 끝나게 되어 있었다.

서기 1806년부터는 전쟁이 계속되면서 병력 소요가 점점 늘어나서 만 25세가 끝날 때 병역 의무도 끝나는 규정은 준수되지 않은 것이 확실하다. 서기 1812년 ~1814년 사이에 어느 정도의 병력이 (명령이 아니라) 실제 징집되었는지에 관한 문헌기록은 존재하지 않는다. 한 가지 분명한 점은 서기 1805년 이전에도 그리 많다고 할 수 없는 인원에 대한 징집조차 강한 저항 때문에 강권이 발동될 수밖에는 없었다는 점이다. 징집영장을 받고 응하지 않은 자를 "병역기피자réfractaire"(역자 주: 속어로는 "벽창호"란 의미로 쓰임)라고 불렀고 헌병들이 이들을 추적 체포해 소속 연대로 데려가기도 했고 그들의 부모나 친척들의 집을 군 숙소로 할당해 그들의 입대를 재촉하기도 했으며 지역공동체에 책임을 묻기도 했다.26)

따라서 현실적 상황은 혁명에 의해 채택된 보편적 병역 의무라는 이상적 원칙과는 매우 큰 괴리乖離가 있었다. 우리는 타인의 대체 복무를 허용한 당시의 징집

---

26) 레토프von Lettow-보르베크Vorbeck, 《나폴레옹 I세 당시 프랑스의 징집 *Die Französische Konskription unter Napoleon I*》, 《주간군사週刊軍事*Militär-Wochenblatt*》, 서기 1892년 부록, 제3권.

을 구체제舊體制/ancien régime로의 복귀에 불과했다고 볼 수도 있다. 구체제 하에서도 타인을 위해 재입대再入隊 해 복무를 계속하는 대체 복무자들은 직업적인 용병傭兵 조직을 형성했다. 물론 루이Louis라는 이름을 계속 승계한 프랑스 왕들도 이런 집단 외에 징집도 실시했었다. 당시의 프랑스 군사조직은 프로이센군 군사조직과 매우 유사했다. 프로이센에서는 각 주州에서 실시된 징집이 큰 역할을 했고 전 병력을 이들로 충당했었다. 하지만 그럼에도 불구하고 프랑스에서는 혁명군대의 정신이 비록 단편적이기는 해도 상당한 부분 나폴레옹의 군대로 이입移入되었다. 장교단將校團의 달라진 정신이나 장교와 병사들 간의 달라진 관계뿐 아니라 군대 조직 자체의 본질과 정신이 바로 그런 부분이다. 나폴레옹 군대의 병사들은 그 기원으로 볼 때 용병傭兵이 아니라 프랑스라는 조국의 아들이고 수호자였다. 비록 그들이 자발적으로 복무하지 않은 경우라 해도 마찬가지였다. 이는 절대적 모순은 아니었고 상대적 모순이었을 뿐이다. 물론 옛 프랑스 군대에도 국민정신國民精神/nationaler Geist은 존재했지만 이제는 이런 정신이 너무 성장했기 때문에 우리는 옛 프랑스 군대와 새로운 혁명군대를 기본적으로 다른 군대로 볼 수 있을 것이다.

프랑스 혁명군대를 프로이센군과 비교해 보면 프로이센 각 주州가 규정에 따라 실시했던 징집은 프랑스의 징집보다 오히려 엄격했다. 그러나 프랑스는 인구가 프로이센의 5배는 되었으므로 프로이센과 달리 대규모 인력을 동원할 수 있었고, 프로이센은 왕조국가王朝國家/dynastischer Zufalls=Staat였지 국민국가國民國家/National=Staat는 아니었으므로 각 주州 원주민들에게 국왕과 국가에 대한 헌신적 태도는 있었다 해도 조국사상祖國思想이라는 독특한 힘은 없을 수밖에 없었다. 마지막으로 강조되어야 할 점은 비록 프로이센 병력도 절반 이상은 원주민들이었다 해도 그들은 잠시만 군복무를 했었고, 외국인 중에서 모집한 병력은 지속적으로 복무하면서 그들의 정신이 즉, 주국 수호라는 정신이 아니라 다소간 자신들을 명예로운 계층으로 생각하는 전사戰士 계층의 정신이 군대 전체의 정신을 형성했었다는 점이다.

이런 차이를 가장 잘 표현하려면 프리드리히가 탈영병 방지를 위해 내렸던 앞서 일부만 인용한 바 있는 그의 가장 중요한 지시와 나폴레옹이 아우스테를리츠Austerlitz 전투에 앞서 그의 병력에게 내렸던 명령을 비교해 보면 된다. 프리드리히는 다음과 같이 교시教示 했다.

탈영병 방지는 모든 장군들의 기본적인 임무이다. 다음과 같은 방법으로만 탈영병을 방지할 수 있다. 숲 근처에서 숙영하지 말 것; 병사들의 천막天幕을 자주 들여다 볼 것; 후사르Husar 경기병輕騎兵들에게 숙영지 주변을 순찰케 할 것; 곡물이 저장되어 있는 지역에는 야간에는 경보병輕步兵들로 보초를 세우고 밤이 가까워지면 기병 순찰을 2배로 늘일 것; 병사들이 횡렬橫列을 이탈하지 못하게 하고, 짚단이나 물을 가지러 갈 때도 장교들에게 반드시 병사들을 대형을 지어 인솔하게 할 것; 주민 약탈행위를 매우 엄격하게 벌할 것; 행군 시 병력이 무장하고 정렬하기 전에는 마을에 세워 놓은 보초를 불러들이지 말 것; 야간에 행군하지 말 것; 행군 시 병사들이 소대를 이탈하지 못하게 엄격히 통제할 것; 보병부대가 숲 지역을 통과할 때는 양옆에서 후사르 경기병들로 정찰활동을 벌일 것빵, 고기, 과일주, 짚단 등 병력들의 필수품이 부족해 지지 않게 항시 주의할 것.

반면에 나폴레옹이 서기 1805년 11월 24일 아우스테를리츠Austerlitz 전투에 앞서 그의 병력에게 내렸던 명령은 다음과 같다.

당분간은 조용할 것이다. 군단장軍團長들은 고생스럽더라도 정당한 사유 없이 뒤처진 약탈자들의 명단을 작성하게 될 것이다. 프랑스 군대에서 위험과 승리에 동참하지 않은 행위에 대한 가장 큰 처벌은 동료들의 비난이므로 지휘관들은 그런 병사들이 수치심을 느끼도록 만들 것이다. 하지만 비록 이런 상황에 처한 병사들이 있더라도 황제는 그들이 다시 집결해서 병력들과 합류할 준비가 되어 있을 것이라는 점을 믿어 의심치 않는다.

옛 용병傭兵 군대의 독특한 관행이었던 "속환금贖還金 석방" 즉, 전쟁포로를 돈을 받고 풀어주는 일은 프랑스 국민의회의 서기 1792년 9월 19일의 명령과 서기 1793년 5월의 명령에 의해 이미 금지되어 있었다.

나폴레옹도 서기 1812년과 1813년에 징집을 더 강화하지 않을 수 없게 되었을 때는 탈영병 때문에 큰 고통을 받았다. 우리는 사실 서기 1812년 전역戰役(역자 주: 러시아 원정)과 1813년 전역戰役(역자 주: 뒤의 425쪽 및 430쪽 참고)에서 그가 패배했던 것은 바로 탈영병 때문이었다고 볼 수 있다. 나폴레옹은 행군 중 뒤로 빠져나가는 병사들의 물결 때문에 모스크바에 도착했을 때는 병력이 너무 적어서 전쟁을 더 이상 계속할 수 없었고 서기 1813년 가을 전역戰役 초기에 그에게 연합군보다 약간 적은 병력밖에 없었고 2개월 후의 라이프찌히Leipzig 전투(역자 주: 10월 16일~19일) 때는 상대방의 절반을 조금 넘는 병력밖에 없었던 것은 여러 이유가 있었지만 그 중에서도 특히 전대미문前代未聞의 많은 탈영병 때문이었다.

프리드리히의 상황 역시 7년 전쟁 도중 날로 악화되었었다. 앞서 우리는 그가 적절치 못한 보병부대의 취약점을 보충하기 위해 포병을 증강하려고 큰 노력을 기울였던 것을 알 수 있었지만 나폴레옹의 경우에도 비록 그 정도는 다르더라도 완전히 같은 일이 있었음을 알 수 있다. 프리드리히는 이런 프로이센군의 내부 문제 변화 때문에 전략을 변화시켰다. 그러나 나폴레옹은 그러지 못했고 우리는 이 문제를 뒤에 다시 검토하게 될 것이다.

가장 간단하게 요약해 본다면 혁명에 의해 그리고 혁명 중에 탄생한 새로운 군사체계는 구체제舊體制의 군사체계와는 세 가지 면에서 차이가 있었다. 군대의 규모가 훨씬 커졌고, 산병전散兵戰으로 싸웠고, 주민들에게 물자를 강제 징발했다. 그러나 새로운 군사체계가 옛 군사체계와 달랐던 이런 특성과 관련해서 우리는 마지막으로 이런 세 가지 특성이 처음부터 동시에 나타났던 것은 아님을 기억해 두어야 한다. 특히 군대 규모가 커졌던 것은 처음에 국민총동원國民總動員(레베 앙 마쎄levée en masse)이 실시되면서 나타난 특성이지만 잠시 중단되어서 나폴레옹의 첫 전역戰役에서는 병력이 상대방과 같은 정도에 불과했었다.

공화국 장군과 나폴레옹의 원수元帥들의 경력

두모리에Doumoriez: 서기 1739년 출생. 7년 전쟁 당시 장교 복무 경력.

켈러만Kellemann : 서기 1735년 출생. 7년 전쟁 당시 장교 복무 경력.

세르방Servan : 서기 1741년 출생. 혁명전쟁 발발 당시 참모장교.

까르노Carno : 서기 1753년 출생. 혁명전쟁 발발 당시 공병工兵 대위.

후샤르Houchard : 서기 1740년 출생. 혁명전쟁 발발 당시 용기병龍騎兵 대위.

호세Hoche : 서기 1768년 출생. 서기 1784년 근위대 병사. 서기 1792년 대위.

마르소Marceau : 서기 1769년 출생. 서기 1785년 병사. 서기 1789년 부사관副士官.
서기 1792년 지원병 대대 대대장大隊長.

피세그루Pichegru : 서기 1761년 출생. 수학 교사. 서기 1783년 병사. 혁명전쟁 발발
당시 오피씨에 드 포르튄officer de fortune(앞의 229쪽 참고)

모로Moreau : 서기 1763년 출생. 법률가. 서기 1791년 지원병 대대 대대장大隊長.

주르당Jourdan : 서기 1762년 출생. 서기 1778년 병사.
서기 1784년 미국美國 연대聯隊 복무. 일시 행상行商으로 생계 유지.
서기 1791년 지원병 대대 대대장大隊長.

셰러Scherer : 서기 1747년 출생. 오스트리아군과 네덜란드군에서 장교 복무.
서기 1791년 프랑스군 대위.

클레버Kléber : 서기 1753년 출생. 건축가. 일시 오스트리아군 중위 복무.
서기 1784년 지원병 대대 장교.

세루리에Sérurier : 서기 1742년 출생. 오피씨에 드 포르튄officer de fortune.
혁명전쟁 발발 당시 대위.

베르티에Bertier : 서기 1753년 출생. 혁명전쟁 발발 당시 장군참모부 장교.

몽세이Moncey : 서기 1754년 출생. 서기 1779년 소위. 서기 1782년 중위.

페리뇽Perignon : 서기 1754년 출생. 서기 1784년 소위.

레페브르Lefebvre: 서기 1755년 출생. 서기 1770년 병사. 서기 1782년 부사관副士官.
서기 1789년 국민방위군National=Guarde 중위.

마쎄나Masséna : 서기 1756년 출생. 서기 1775년 병사.
혁명전쟁 발발 시 오피씨에 드 포르튄officer de fortune.

아우게로Augereu: 서기 1757년 출생. 서기 1774년 병사. 서기 1776년 탈영. 프로이센
군대 펜싱 강사. 혁명전쟁 발발 시 프랑스로 귀환, 게르만 레기온
부소령副少領/adjutant-major(오피씨에 드 포르튄officer de fortune)

베르나도테Bernadotte : 서기 1763년 출생. 서기 1775년 병사.(역자 주: 후일 스웨덴 왕)
혁명전쟁 발발 시 오피씨에 드 포르튄officer de fortune.

브루네Brune : 서기 1763년 출생. 법률가. 서기 1791년 지원병 입대.

생시르Gouvion St. Cyr : 서기 1764년 출생. 화가. 서기 1792년 지원병 입대.

빅토Victor : 서기 1764년 출생. 서기 1781년부터 병사.

막도날_{Macdonal}　　　　: 서기 1765년 출생. 서기 1784년 중위.

그루시_{Grouchy}　　　　: 서기 1766년 출생. 서기 1781년 중위.

우디노_{Oudinot}　　　　: 서기 1767년 출생. 서기 1784년 병사.

무라_{Murat}　　　　: 서기 1767년 출생. 서기 1787년 병사.

베씨에레_{Bessières}　　　: 서기 1768년 출생. 벌률가 가정 출신. 서기 1792년 병사. 서기 1793년 소위.

모르티에_{Mortier}　　　: 서기 1768년 출생. 의회 의원 아들. 서기 1791년 지원병 입대 직후 대위로 선출.

드세_{Desaix}　　　　: 서기 1768년 출생. 서기 1783년 소위.

네이_{Ney}　　　　: 서기 1769년 출생. 서기 1788년 병사.

술_{Soult}　　　　: 서기 1769년 출생. 혁명전쟁 발발 시 부사관_{副士官}.

란네_{Lannes}　　　: 서기 1769년 줄생. 마구간 지기의 아들. 염색공. 서기 1792년 지원병 입대.

나폴레옹_{Napoleon Bonaparte}　　: 서기 1769년 출생. 서기 1785년 중위.

수세_{Suchet}　　　: 서기 1770년 출생. 서기 1792년 병사.

다부_{Davout}　　　: 서기 1770년 출생. 파리 군사학교 입학. 서기 1788년 중위.

마르몽_{Marmont}　　: 서기 1774년 출생. 생루이_{Saint Louis} 기사단_{騎士團} 소속 기사_{騎士}의 아들. 서기 1790년 소위.

옛 군대 장교 출신(라파예_{Lafayette}와 장군 출신인 퀴스텡_{Custin}, 비롱_{Biron} 및 보하르네_{Beauharnais} 제외): 두모리에, 켈러만, 세르방, 까르노, 후샤르, 베르티에, 몽세이, 그루시, 드세, 막도날, 나폴레옹, 페리농, 다부, 마르몽. (이상 14명)

오피씨에 드 포르퓐_{officer de fortune} **출신**: 피세그루, 베르나도테, 마쎄나, 세루리에. (이상 4명) 이들 외에도 아우게로, 술, 네이, 무라, 빅토 및 우디노 (이상 6명) 역시 이런 경력을 갖을 기회기 있었디.

외국군 장교 복무 경력이 있는 경우: 셰러 및 클레베. (이상 2명)

옛 군대에서 병사로 복무하거나 부사관_{副士官}까지 진급했던 경우: 주르당, 호세, 마르소, 레페브르, 란네스. (이상 5명)

고등교육을 받고 혁명 시작 후 입대한 경우: 모로, 브루네, 베씨에레, 모르티에, 수세, 생시르. (이상 6명)

제III장
나폴레옹 전략[1]

거듭 말하자면 전략의 당연한 원칙은 자신의 병력을 집결시킨 후, 적의 주력을 찾아내 이를 격퇴하고, 패자敗者가 승자勝者의 의지에 굴복하고 승자가 제시한 조건을 수락할 때까지, 극단적 경우에는 적의 영토 전체를 점령할 때까지, 계속 승리를 이어가는 데에 있다(역자 주: 앞의 283쪽 참고). "적 병력의 격파는 전쟁에서 추구할 수 있는 목표들 가운데 다른 어떤 목표들보다 언제나 중요한 목표이다"(클라우제비츠Clausewitz). 따라서 공격의 목표도 여기에 있지 어떤 지리적 지점이나 지역, 도시, 진지陣地, 식량저장소 같은 데 있는 것이 아니다. 어느 한 쪽이 전술적으로 크게 승리한 결과 적의 병력을 물리적 정신적으로 더 이상 싸울 수 없는 수준까지 격파하는 데 성공하면 승자勝者는 그의 정치적 목적 달성에 부합된다고 생각할 때까지 이 승리를 더 확장하게 된다.

구체제舊體制/ancien régime의 군대들은 규모는 너무 작고, 구성원들도 너무 신뢰성이 없고, 전술까지 너무 소심해서 전쟁 수행에서 이런 기본적 원칙들을 추구할 수 없었다. 그들은 자신의 전술로 극복할 수 없는 진지陣地 앞에만 서면 아무것도 할 일이 없었으며 식량수송 문제 때문에 그런 진지陣地들을 우회할 수도 없었다. 그들은 적의 영토 깊숙이 진격할 수도 없었는데 넓은 지역을 엄호할 수도 없고 또 어떤 경우라도 기지基地와 통하는 교통선을 확보해야 했기 때문이다.

그러나 나폴레옹은 이런 족쇄足鎖에서 벗어났었다. 그는 처음부터 적의 병력을 무력화 시킬 수 있는 전술적 승리에 모든 것을 걸었고 그 다음에는 승리를 확장해 적이 자신의 조건을 수락하도록 밀어붙였다. 이런 그의 지상원칙至上原則은 전역계획戰役計劃으로부터 모든 개별적 전투행위에까지 영향을 미쳤다. 그는 처음부터 압도적인 전술적 승리에 모든 것을 걸었고 이 때문에 다른 모든 목적이나 고려사항들은 이 유일한 지상至上 목적의 지배를 받았으며 그의 전역계획戰役計劃 역시

---

1) 요크York 대공大公의 《지휘관 나폴레옹Napoleon als Feldheer》은 대중적이고 널리 읽히는 책이며 필자도 이 책 중 이 부분 저 부분을 참고했다. 그러나 이 책의 가장 핵심적인 부분들은 부인되어야 한다. 그는 불행하게도 클라우제비츠Clausewitz의 견해보다 조미니Jomini의 견해에 더 의존했다. 그의 견해는 마치 그나이제나우Gneisenau 원수元帥와 요크York 장군 사이의 적대감이 그에게서 다시 표출된 것 같기도 같고 요크 장군의 손자가 그나이제나우 원수元帥의 친구이자 신봉자인 클라우제비츠를 아직도 인정하지 않으려는 것 같기도 하다. 그는 사료를 충분히 연구하지 못했다. 우리는 특히 나폴레옹이 서기 1809년 이후로 줄곧 세력이 약화되었고 자신의 잘못 때문에 몰락했다는 견해를 배척해야 한다. 그는 특히 증거로 인용한 중요한 구절을(서기 1809년 8월 21일 클라르케Clarke에게 보낸 서신. 《지휘관 나폴레옹》, 제II편, 95쪽) 잘못 번역했다. 나폴레옹은 "새로운 기회가 생길 수 없을 때"만 전투를 할 수 있다고 말한 것이 아니라 문맥상 승리의 가능성이 더 높아질 것으로 볼 수 있는 한 싸워서는 안 된다는 취지로 말한 것일 뿐이다. 뒤의 각주 4를 참고할 것.

매우 단순했었다. 소모전消耗戰 전략Ermattungsstrategie/strategy of attrition의 기초가 되는 개별적 과업들은 이런 식으로 수행될 수도 있고 저런 식으로 수행될 수도 있다. 7년 전쟁(역자 주: 프랑스 혁명 이전 서기 1756년~1763년에 벌어진 마지막 주요전쟁으로 유럽 열강들이 모두 참전했고 프랑스·오스트리아·작센·스웨덴·러시아가 동맹을 맺어 프로이센·하노버·영국에 맞섰다. 앞의 330쪽 참고) 초기에 프리드리히 대왕은 극히 다양하고 사실상 서로 반대인 계획들 사이를 오갔다. 이 지휘관은 자원이 풍부하고 정열이 넘칠 때일수록 환상에 빠졌었고 그의 결정 역시 주관적으로 변했었다. 그러나 나폴레옹의 전역계획戰役計劃들은 자연스럽고도 객관적 필요성에 따른 계획들이었다. 우리는 이런 그의 계획을 알고 이해하게 되면 그에게는 다른 계획은 있을 수 없었다는 느낌과 이 전략적 천재의 창조적 행위는 사물의 이치에 따른 행동에 불과했다는 느낌을 갖게 된다. 나폴레옹 시대의 병법兵法은 고전주의古典主義/Klassizismus와 단순과감성에 기초한 병법으로서 병법사兵法史에서 말하는 소위 황제형皇帝型이었다고 볼 수 있다.

이제 나폴레옹의 기본원칙을 이렇게 보았을 때 직접 파생되는 적극적 결과를 철저히 분석해 보자. 우리는 이 문제를 변증법적으로 접근할 필요는 없고 나폴레옹과 프리드리히라는 두 거장巨匠의 행적行績들을 비교해 보기만 해도 된다.

나폴레옹의 전역戰役 개념은 적의 병력에 관심을 집중했었고, 모든 것의 기초는 처음부터 적의 병력에 대한 공격과 더불어 가능하면 이를 격파하는 데 있었다. 프리드리히 역시 자신의 원칙으로 "모든 것을 얻으려면 아무것도 얻지 못하며 놓쳐서는 안 될 가장 기본적 요소는 적의 병력이다"라고 말한 적은 있다. 그러나 앞서 알 수 있었듯이 프리드리히에게 이런 원칙은 별로 중요하지 않았고 수시로 이 원칙에서 크게 이탈했었다. 하지만 나폴레옹에게는 이 원칙이 절대적인 원칙이었다. 나폴레옹은 여러 적을 상대하게 되었을 때도 하나씩 하나씩 결국 모두 제압할 수 있었다. 그는 서기 1805년에 울름Ulm에서 러시아군이 도착하기 전에 오스트리아군을 격퇴한 후 아우스테를리츠Austerlitz에서 프로이센군이 개입하기 전 오스트리아군의 잔당殘黨과 러시아군을 격퇴했다. 또 서기 1806년에는 러시아군이 접근하기 전 프로이센군을 격퇴했고(예나Jena 전투), 이듬해에도 오스트리아군이 다시 합류하기 전에 러시아군을 격퇴했다.

반면 7년 전쟁이 발발했을 때 프리드리히는 완전히 다른 방식으로 행동했다. 서기 1756년 7월에 상황은 이미 완전히 무르익어서 오스트리아는 아직 병력동원도 하지 않았었고 러시아군과 프랑스군은 멀리 있었지만 프리드리히는 최대한 신속히 오스트리아군을 타격하지 않고 교묘하게 8월말까지 전쟁의 시작을 미루었다. 만약 그가 섬멸전殲滅戰 전략Niederwerfungsstrategie/strategy of annihilation의 신봉자였거나 그에게 그러한 전략을 구사할 만한 자원이 있었다면 우리는 당시의 그의 행동을 그의 군사경력 전체에서 가장 큰 실수였다고 볼 수 있을 것이다. 그러나 그에게는 가장 유리한 상황에서도 오스트리아를 완전히 굴복시킨다는 계획 같은 것은 아예 없었기 때문에 이 해에는 작센Sachsen/Saxony 정복에 그치기로 하고 그것도 아주 늦게 실행에 옮김으로써 프랑스로서는 그를 방해하는 것이 바람직하지 않다고 생각하게 되었다. 프리드리히의 결정이 옳았던 것이다.

프리드리히의 명성을 높여 보려고 그가 다음 해인 서기 1757년에는(프라하Prag 전투와 프라하 포위) 오스트리아를 실제로 정복할 계획을 가지고 있었음을 입증해 보려는 사람들이 있지만 우리는 이런 시도가 얼마나 모순된 것인지를 알 수 있다. 만약 이 해에 그런 계획이 실현가능성이 있었다면 그 전 해에는 그렇게 하는 것이 얼마나 더 쉬운 일이었을까? 프리드리히의 행동은 소모전消耗戰 전략을 전세로 해야만 넝확한 이해가 가능해 진다. 이와 같이 보는 것이 옳다면 우리는 7년 전쟁이 이렇게 시작된 것을 오히려 역사 속에 발견 되는 두 형태의 전략의 본질과 원칙들 사이에 당연히 존재하는 차이를 가장 분명하게 알 수 있는 증거라고 말할 수 있을 것이다.

이 문제를 좀 더 깊이 따져보기로 하자.

소모전消耗戰 전략의 경우 적의 요새에 대한 포위, 이에 대한 방해와 구원 등의 모습이 자주 보인다. 프리드리히에게는 이런 일들이 전대인前代人들의 경우에 비해 자주 생기지는 않았지만 그에게도 역시 매우 중요한 일이었다. 반면, 나폴레옹의 전역戰役들(보조 작전은 예외로 하고)에서는 요새 포위가 두 번에 불과했다(서기 1796년 만투아Mantua 포위 및 서기 1807년 단찌히Danzig 포위).

이 두 차례마저 나폴레옹이 가용병력으로는 적과 개활지에서 더 이상 전쟁을 계속할 수 없는 상황이라 포위를 결정했던 경우이다. 섬멸전殲滅戰 전략에서 포위는 서기 1870년(역자 주: 보불전쟁普佛戰爭 당시) 파리 포위와 같이 저의 수도首都 자체에 대한 포위가 아닌 한 절대 회피할 수 없는 경우이거나, 같은 해의 메츠Metz 포위 같이 거점據點 속의 적의 전 병력에 대한 포위인 경우이거나, 소규모 보조작전의 경우에만 실시된다. 그러나 프리드리히에게는 서기 1741년의 나이쎄Neisse 포위나 서기 1762년의 프라하 포위, 올뮈츠Olmütz 포위 및 슈바이드니츠Schweidnitz 포위 같이 요새 탈취 그 자체가 한 전역戰役의 목표의 전부였던 경우가 흔하다.

프리드리히는 "요새가 많은 지역으로 갈 때는 어느 한 요새 하나라도 그대의 뒤에 남겨두면 안 되며 반드시 모두 탈취해야 한다. 그렇게 하면 그대는 체계적으로 전진할 수 있고 후방에 격정거리가 없어진다"고 분명히 선언했다.[2]

---

2) 《전쟁의 사상 및 일반규칙Pensée et règles générales pour la guerre》, 서기 1775년, "전역계획戰役計劃 Projets de campagne" 항.

그러나 만약 연합군이 서기 1814년에 프랑스를 침공할 때 이 같은 프리드리히의 원칙을 따랐었다면 그들은 결코 나폴레옹을 극복할 수 없었을 것이다.

프리드리히는 운하運河를 건설했고 수로水路를 교역交易뿐 아니라 보급품 운송에도 사용했다. 반면 나폴레옹은 도로를 뚫고 주로 행군으로 전쟁을 수행했다.

프리드리히에게는 전투는, 흔히 사용되는 표현에 의하면, 다른 약이 없는 병자에게 주는 "구토제嘔吐劑"였다. 그의 글에는 전투를 하기로 결정한 후 이를 정당화하려고 자신에게는 다른 선택의 여지가 없었다고 말한 경우가 자주 발견된다.3) 그에게 전투는 운명에 관한 일이고 결과를 예측할 수 없는 우연偶然에 대한 도전이었다. 반면 나폴레옹은 승리 가능성이 70%가 되지 않으면 전투에 응하지 않는 것이 자신의 원칙이라고 했다.4) 만약 프리드리히가 이런 원칙에 따르려 했다면 단 한 차례 전투도 할 수 없었을 것이다. 그렇다 해서 예를 들어 이 두 지휘관의 대담성에 차이가 있었다는 말은 아니다. 두 사람은 분명 모두 대담했었지만 사고체계思考體系가 달랐을 뿐이다. 섬멸전殲滅戰 전략을 구사하면서 전투의 승부를 우연偶然으로 보려 한다면 전쟁 전체의 결과도 우연에 의해 결정되는 것이 된다. 섬멸전 전략은 전투가 전쟁의 결과를 결정한다고 보기 때문이다. 그러나 소모전消耗戰 전략에서는 전투는 여러 요소들 중 하나에 불과하고 그 결과가 다른 요소에 의해 상쇄될 수 있다고 본다. 프리드리히는 전투를 벌일 생각을 하면서도 비록 져도 상황은 악화되지 않을 것이라는 말을 한 적도 있다.5) 나폴레옹이라면 그런 말을 할 수 없었을 것이고 이해도 되지 않았을 것이다. 그의 눈에는 전투에서 이기거나 지면 언제나 전반적 상황이 바뀌는 것으로 보였을 것이다. 프로이센의 경우 프리드리히 대왕은 서기 1759년 쿠네르스도르프Kunersdorf 전투(역자 주: 앞의 348쪽 참고)에서 러시아군에게 패하고 바로 재기할 수 있었지만 프리드리히 Ⅲ세는 서기 1806년 예나Jena 전투에서 나폴레옹에게 패하고 바로 재기할 수 없었다(역자 주: 이 전투에서 프랑스군은 약 12,000명의 사상자를 냈지만 프로이센-작센군은 약 24,000명의 사상자를 내고 20,000만명 이상 포로로 붙잡혔고 이듬해 체결된 틸지트 조약에 따라 프로이센 영토가 반으로 줄었다). 앞서 우리는 프리드리히 대왕의 경우에도 전투에는 가용병력을 최대로 집결시키라는 말을 자주 했지만 현실적으로는 얼마나 큰 제한이 있었는지 알 수 있었다.

---

3) 앞의 305쪽 참고. 또한 프리드리히는 서기 1757년 8월 5일 빈터펠트Winterfeld에게 보낸 서신에서 "나의 계획은 그를(적을) 괴를리츠Görlitz 쪽으로 눈을 돌리게 하려고 라이헨바크Reichenbach와 베른그테드텔Bernstädtel 사이로 행군하려는 것이오. 뜻대로 된다면 좋지만 그가 지타우Zittau에서 움직이지 않으려고 하면 그를 만났을 때 바로 공격하지 않을 수 없을 것이오. 나는 다른 방법을 모르겠소"라고 했다.

4) 나폴레옹은 서기 1809년 8월 21일 전쟁상戰爭相 클라르케Clarke에게 보낸 서신에서 "자신에게 유리한 승리의 기회가 100에 70은 된다고 볼 수 없으면 싸우면 안 되오. 더 이상 기회가 생기지 않을 것으로 판단될 때만 싸울 수 있다고 해도 역시 마찬가지요. 전투의 결과는 본질적으로 항상 불분명하기 때문이요. 그러나 일단 싸우기로 결정했으며 죽기 아니면 살기로 싸워서 이겨야 하오"라고 말했다.

5) 서기 1760년에 동생 하인리히Heinrich 영주領主에게 보낸 서신.

하지만 나폴레옹의 경우 당연하지도 않고 절대적 여건이 구비되지 않았을 때도 시종일관 이런 말을 실천에 옮겼다.6) 그는 서기 1805년 11월 15일에 마르몽Marmont에게 보낸 서신에서 "백성들은 다른 사람보다 나에게 좀 더 많은 기여를 했지만 나는 내가 이미 수없이 격퇴해 온 적과 전투를 할 때 나의 병력이 충분하다고는 결코 믿지 않는다. 나는 가능한 최대의 병력을 집결시킨다"는 말을 했다.

프리드리히는 전역계획戰役計劃 작성 때 가능하면 큰 목표 설정을 원칙으로 했고 처음부터 이 목표는 실행단계에서는 축소될 것이라고 스스로 말했다. 그는 이런 원칙을 누차 확인했다. 그의 서기 1768년 글인 '정치문제 유훈遺訓 Politischen Testament'에는 다음과 같은 구절들이 보인다.7) "큰 목표를 지닌 전역계획戰役計劃은 분명히 좋은 계획이다. 누구나 실행에 들어가 보면 곧 어떤 점이 비현실적인지를 알게 되고 따라서 목표를 실현가능한 수준으로 수정하게 되기 때문이다. 이렇게 해야 그는 작은 목표를 설정했을 때보다 더 많은 것을 얻게 된다. 처음부터 목표가 작으면 결코 큰 것을 얻을 수 없다." "큰 계획이 늘 모두 성공하는 것은 아니다. 만약 모두 성공하면 전쟁에서 이길 수 있다." "네 가지 목표를 설정한 후에 한 가지를 이루면 모든 고생에 대한 보답을 받게 된다." 프리드리히의 최초계획과 최종실행을 비교해 보면 그의 정력이 전략적 구상構想을 따라가지 못했다는 인상을 피할 수 없겠지만 그렇게 보는 것보다 더 잘못된 생각은 없다. 그는 철저히 의도적으로 처음에는 가능한 것 이상의 목표를 설정했기 때문에 가능했던 것을 성취하지 못한 경우는 결코 없었을 것이다. 그는 움직일 수 없는 사실에도 한계가 있음을 알았고 그렇게 되기를 원했다. 그의 전략적 구상을 평가하고 측정할 때는 반드시 이런 점을 염두에 두어야 한다. 그러나 나폴레옹의 경우는 정반대였다. 그의 계획은 실행 중에 축소되는 법이 없었고 오히려 실행단계에서 목표가 더 커졌다. 그는 스스로 다음과 같이 말했다.

전역계획戰役計劃을 작성할 때 나보다 더 소심한 사람은 없다. 나는 예상되는 위험을 매우 과장해서 마음속에 그려보고 모든 상황을 최대한 비관적으로 보기 때문에 마음이 고통스러울 정도로 흔들린다. 하지만 나는 참모들에게 매우 유쾌한 표정을 잃어 본 적이 없으며 일단 결정을 하면 모든 것들을 잊고 오로지 나의 계획을 성공시킬 방법만 생각한다.

---

6) 블라크Black의 뛰어난 글인 "나폴레옹의 전투 준비와 전투 지휘Napoleonische Schlachtenanlage und Schlachten-leitung"(《주간군사週刊軍事Militär-Wochenblatt》, 제2권, 서기 1901년)에서는 전투 전에 가용병력을 모두 집결시키라는 취지의 나폴레옹의 말들이 잘 수집 정리되어 있다.

7) 유사한 문구들이 《전집全集 Oeuvres》, 제29권, 70쪽, 78쪽, 91쪽 및 143쪽에도 보인다. 〈전역계획戰役計劃에 대한 생각 Réflexions sur les projets de campagne〉 (서기 1760년). 〈프로이센 정부에 대한 설명 Exposé sur le gouvernement prussien〉 (서기 1776년). 〈오스트리아와 새로운 전쟁에서 취할 조치에 대한 생각 Réflexions sur les measures à Prendre au cas d'une guerre nouvelle avec les Autrichiens〉 (서기 1779년).

프리드리히의 전투에서는 모든 것이 통일되고 결집된 효과의 발휘에 달려 있었고 제1격에 승부가 결정될 것으로 보았다. 그러나 나폴레옹은 확실한 계획도 없이, 심지어 적의 소재所在조차 정확히 모른 채 출전할 때가 흔했다. 그는 프랑스군은 일단 적과 접촉한 후 무엇을 할 것인지 결정하기 때문에 병력의 상당 부분을 예비대로 남겨 두었다가 이 병력으로 지휘관이 지정한 위치에서 싸워야 승리할 수 있을 것이라고 했다. 프리드리히의 전투와 나폴레옹의 전투가 이와 같이 다른 것은 주로 선형대형線形隊形/Linear=Austellung과 산병전散兵戰/Schützengefecht이라는 전술戰術 차이 때문이지만 각자의 전략戰略과도 관계가 있다. 나폴레옹의 전투는 작전이 단계별로 유기적有機的으로 발전해 나가며 이를 사전 예측할 수 없을 때가 흔하다. 반면 프리드리히의 전투는 어느 정도 준비된 주관적인 결정에 따라 진행되며 처음에 시간을 끄는 것을 거부하고 빨리 승부를 낼수록 좋은 전투로 본다.

프리드리히는 전 생애를 통해서 자신의 전략원칙들과 전투방법들과 계획들을 충분히 시험해 보지 못했다. 반면 나폴레옹은 "내가 전쟁에서 아는 것은 하루 10리외lieue(약 40km)씩의 행군, 전투 그리고 휴식 오직 이 세 가지뿐이었다Je ne connais que troi choses à la guerre; c'est faire dix lieues par jour, combattre et rester en repos"고 했다.

나폴레옹은 개별 전투戰鬪들을 사전 구상構想 없이 진행 시켰고 그의 전략戰略도 마찬가지였다. 그는 자신에게는 전역계획戰役計劃이 전혀 없었다고 했다. 이런 그의 말이 자신은 계획을 세울 때 매우 고심했었다는 앞의 말과 모순된 말은 아니다. 자주 인용되는 몰트케Moltke의 말에 다음과 같은 말이 있다.

> 적의 주력과 첫 교전 이후에도 상당한 부분이 그대로 적용될 수 있는 작전계획은 없다. 전역戰役 전체가 시종일관 세부적인 부분까지 사전에 구상했던 대로 집행되는 과정을 식별할 수 있다고 믿는 사람은 문외한門外漢 뿐이다.

나폴레옹이 자신에게는 전역계획戰役計劃이 없었다고 한 것은 바로 이런 의미이다. 실제로 그는 병력전개에 관한 매우 분명한 구상構想을 당연히 지니고 있었고 그 예상되는 결과를 세심하게 따져 보았다. 다만 어떤 구상構想을 사전에 확정하지 않았을 뿐이다. 그러나 소모전消耗戰 전략에서는 사전에 결정된 전역계획戰役計劃이 있는 경우가 수 없이 많다. 프리드리히는 이런 면에서는 당대의 다른 인물들과 분명히 좀 차이가 있었다. 그러나 그는 순리順理에 따라 움직였었다.

나폴레옹도 예를 들어 페르시아 전역을 차지했던 알렉산더 대왕과 같은 수준으로 적을 굴복시킬 수 있을 정도로 강하지는 못했다. 프로이센군도 서기 1807년에 만약 러시아군이 싸울 준비를 갖추고 있었다면 이들과 함께 계속 싸웠을 것이다(역자 주: 앞의 416쪽 참고). 또한 나폴레옹 역시 그의 전쟁을 결국은 전투에서의 승리뿐 아니라 정치를 통해 끝냈다. 따라서 우리는 나폴레옹과 선대인先代人들의 차이점은 결국 상대적 차이에 불과했다고 볼 수도 있다. 하지만 이 차이는 앞서 우리가 알 수 있었듯이 나폴레옹은 사실상 알렉산더 대왕 같이 본질적으로 섬멸전殲滅戰 전략의 원칙에 따라 행동했었다는 점에서 실제로는 근본적인 차이였다. 그가 그렇게 할 수 있었던 것은 마지막에 적을 완전히 굴복시킬 수 없는 한계에 봉착하거나 숨이 턱 끝에 걸릴 정도로 지치게 되면 문제를 정치를 통해 분명히 해결할 수 있었거나 해결할 수 있다고 믿었었기 때문이다. 사실 바로 이런 점 때문에 그를 역사적인 위인이라고 말할 수 있다. 그의 가장 깊은 취향을 보면 군인이라기보다 정치인이었다. 그는 젊었을 때나 후일에나 전쟁사나 이론 연구 에 몰두하지는 않았다. 당시의 사려思慮 깊은 군인들은 누구나 선형대형線形隊形을 버리고 종심縱深 깊은 대형으로 돌아가면 안 되는 것인지를 구고 고민했었지만 나폴레옹 중위는 그런 문제로 고민하지는 않았다. 프리드리히는 전쟁의 본질과 전쟁사에 관한 문헌들은 옛 것이나 새것이나 모두 읽었다. 물론 나폴레옹 역시 군인은 위대한 지휘관들의 행적을 연구하고 배워야 한다고 자주 강조했고 그런 지휘관들로 알렉산더, 한니발Hannibal, 시저Cäsar/Caesar, 스웨덴의 구스타프 아돌프Gustav Adolf/Gustavus Adolfus, 프랑스의 투레네Turenne, 사보아Savoyen Savoy의 오이겐Eugem/Eugene 및 프리드리히 대왕을 거론했었다. 하지만 그 자신은 기본적으로 시저의 글 외에는 플루타크Plutarch가 쓴 매우 비군사적인 전기傳記들과 특히 정치와 철학에 관한 글들 을 즐겨 읽었었다. 그가 혁명전쟁 발발 당시 취한 행동이 그의 특성을 가장 잘 보여준다. 혁명전쟁이 시작되었을 당시 그는 프랑스군 중위였으므로 만약 그가 군사적 취향이 매우 강했다면 연대聯隊와 함께 전선戰線으로 나갔을 것이다. 그는 새 정치사상을 열성으로 지지했었기에 더더욱 그랬어야 했다. 그러나 이 전쟁 첫 해 내내 이 젊은 장교는 전쟁을 피하고 코르시카의 정치를 위한 상당히 모험 적인 계획에 몰두했었고 그가 군대로 돌아간 것은 이런 그의 계획이 실패한 후 였다(역자 주: 나폴레옹은 서기 1789년 프랑스 혁명에 참가해 공화주의자인 자코뱅파를 지지하는 글을 썼다 체포된 적도 있지만 혁명전쟁이 시작된 서기 1792년에는 고향 코르시카로 돌아가서 아작시오Ajaccio 국민위병대 중령이 된다. 그러나 프랑스 왕당파와 연계된 파울리와 마찰이 생겨 가족과 함께 마르세이유 로 피했다가 이듬해인 서기 1793년에 프랑스군으로 복귀한다). 하지만 서기 1796년에 이태리 원정군 사령관이 된 후 그가 처음 구상한 대규모 전역계획戰役計劃의 기초는 역시 사르디니아Sardinien/Sardinia군을 오스트리아군과 분리시킨다는 정치적 계획이었고 이듬해에는 이미 비엔나 가까이 가고도 패배한 적에게 영토(벨기에와 밀라노)의 할양을 요구함과 동시에 적에게 큰 소득(베니스)을 얻을 기회를 줌으로써 결국 오스트리아와 투쟁을 정치적으로 종식시켰다. 그의 후일의 전투들도 이와 유사했다. 그는 엄청난 환상을 품고 있었지만 자신의 힘의 한계도 잘 느끼고 있었다. 우리는 서기 1812년 이후 그가 이런 절제節制를 포기하고 자신의 힘의 한계를 벗어났던 것인지 아니면 끝없는 본능적 욕구 때문에 그랬던 것인지의 문제는 일단 덮어둘 수 있을 것이다(역자 주: 뒤의 433쪽 이하참고). 지금은 단지 그가 당시의 상황 때문에 전역계획戰役計劃의 기초를 소모전消耗戰이 아니라 적의 완전한 제압에 두고 정치적으로 그의 과업을 끝낼 수 있을 것으로 보았다는 정도로 생각해 두기로 하자. 이런 일은 구스타프 아돌프Gustav Adolf/Gustavus Adolfus, 루이Louis XIV세의 지휘관들, 오이겐Eugen/Eugene 영주領主 그리고 프리드리히 대왕에게는 불가능한 일이었다.

혹 새 전략은 새 환경이라는 토양의 자연적 소출로 저절로 자라는 것이라고 생각하는 사람이 있다면 잘못된 생각일 것이다. 새 전략이 탄생하려면 가용한 소재素材로부터 새 현상을 만들어 낼 수 있는 정신적 힘을 지닌 창조적 천재가 필요하다. 바로 그렇기 때문에 우리는 유물론자唯物論者들의 생각과는 달리 세계사世界史가 자연적 과정이 결코 아님을 분명히 알 수 있다. 이를 알려면 새 전략이 적용된 첫 전역戰役들인 나폴레옹 장군의 전역들을 그의 가장 중요한 동료였던 모로Moreau 장군의 전역戰役들과 비교해 보면 된다.

서기 1795년 프로이센군이 승부를 내지 못한 채 바젤Basel 조약에 따라 철수하고 이 해가 지나자 이듬해 봄에 프랑스는 3개 부대를 창설했다. 하나는 라인 강 중류中流를 따라 뒤쎌도르프Düsseldorf까지 간 주르당Jourdan의 부대였고, 다른 하나는 라인 강 상류로 간 모로Moreau의 부대였고 마지막 하나는 나폴레옹의 이태리 원정군이었다. 오스트리아는 영국의 협찬금協贊金과 여타 동맹국의 소규모 병력들을 합해 프랑스군보다 약간 많은 병력을 편성해서 그들과 싸울 준비를 했다. 양측 모두 영토방어라는 원칙 아래 긴 전선戰線을 따라 병력을 분산시켰다. 나폴레옹도 처음에는 일부 병력은 알프스에 주둔시키고 일부는 리비에라Riviera 강을 따라 거의 제노바Genua/Genoa까지 분산 주둔시켰지만 나중에는 주력을 그의 우익 끝인 리비에라 강 주변에 집결시키고 본국과 교통선을 엄호할 병력으로 적은 병력만 남겼다. 양측 병력은 아펜니노Apennin/Apennino 산맥 통로를 따라서 서로 접근했다. 적에 비해 전체 병력은 수천 명 정도 적었던 프랑스군이었지만 병력배치의 결과 개별적 전투에서는 모두 적보다 병력이 우세했었다. 프랑스군은 적의 중앙 종대縱隊를 격퇴한 후에 오스트리아군과 사르디니아Sardinien/Sardinia군 사이로 밀고 들어가서 사르디니아군보다는 압도적으로 우세한 병력이 된 다음 사르디니아 왕에게 매우 유리한 조건을 제시하고 휴전협정을 체결했다.8) 그 이후 나폴레옹은 오스트리아군도 만투아

Mantua까지 밀어낼 수 있었고 결국 만투아에서 그 잔당을 포위했다. 오스트리아군은 만투아를 구원하려고 네 차례나 알프스에서 내려왔지만 매번 격퇴되었다. 나폴레옹은 우세한 병력으로 개활지에서 결전決戰을 치르기 위해 요새 포위 병력에게 포위를 단념하고 중포重砲들도 방치한 채 달려 나오게 한 적도 있었다.

그는 승리한 후 레오벤Leoben에서 휴전을 협상할 때 오스트리아군 장군에게 "유럽에는 훌륭한 장군들이 많지만 그들은 동시에 너무나 많은 것을 원합니다. 그러나 내가 바라는 것은 단 한 가지 우세한 병력뿐입니다. 나는 그들의 병력을 격파하려 합니다. 그렇게 되면 나머지는 저절로 내 손에 들어오기 때문입니다"라고 말했다.

이보다 약간 뒤 그는 밀라노에서는 "전략의 본질은 자신의 전체 병력이 적을 때라도 공격하는 곳이나 공격 받는 곳에서는 적보다 많은 병력을 보유하는 데 있다"고 했고 유배지流配地 생 엘렌Sainte-Hélène/St. Helena 섬에서는 다음과 같이 말했다.

혁명전쟁 중 장군들은 병력을 분산시켜 일부는 왼쪽으로 일부는 오른쪽으로 보내는 잘못된 체계를 운용했다. 내가 그리도 많은 승리를 거들 수 있었던 것은 그와 반대의 체계를 운용했었기 때문이다. 전투 전날 나는 사단師團들을 떨어져 있지 말고 내가 적을 제압하려는 곳에 모이게 했다. 그곳에서 나는 상대방보다 우세한 병력을 확보했고 어떤 상대방도 쉽게 무너뜨릴 수 있었다. 그들은 항상 우리보다 병력이 적었기 때문이다.9)

객관적으로 볼 때 게르만 지역에서 모로Moreau와 주르당Jourdan도 나폴레옹의 이태리 작전과 같은 작전을 펴는 것이 가능했을 것이다. 카를 대영주大領主/Erzherzog가 지휘하던 오스트리아군은 바젤Basel에서 지크Sieg에 이르는 긴 전선戰線에 분산되어 있었고 나폴레옹 때문에 부름제Wurmser 부대가 이태리로 떠난 후 양측은 병력까지 대등해 졌으므로 프랑스군은 병력을 집결시켜 분산되어 있는 여러 오스트리아 부대들을 가개 격파할 수도 있었다. 그러나 두 지휘관은 강력한 타격을 시도했으면서도 그 진정한 목표는 적의 병력 격파가 아니라 영토 탈취에 있었다. 이들은 그리 크지 않은 작전으로 카를 대영주大領主를 바이에른Byern/Bavaria 지역으로 밀어낼 수 있었고 모로Moreau는 이사르Isar 강까지 갈 수 있었지만 그사이에 카를 대영주大領主는 주르당Jourdan 쪽으로 방향을 바꾸어 뷔르쯔부르크Würzburg에서 그에게 큰 피해를 입히고 라인 강까지 밀어 낼 수 있었다. 모로에게는 이사르 강을 따라서 적의 2배나 되는 병력을 보유하고

---

8) 상세한 내용에 대해서는 에크스토르프Eckstorff의 《서기 1796년 이태리 전역戰役 첫 단계의 연구Studien zur ersten Phase des Feldzuges von 1796 in Italien》(베를린 대학교 학위논문, 서기 1901년)를 참고할 것. 이 논문에서는 조미니Jomini와 요크York 대공大公의 완전히 잘못된 설명을 비판했고 클라우제비츠Clausewitz의 오류 한 가지도 수정해 놓았다.

9) 본문의 3개 구절은 쿨Kuhl의 《나폴레옹의 제1차 전역戰役 Bonapartes erster Feldzug》(베를린, 서기 1902년), 319쪽에서 인용한 것이다.

있었지만 우세한 병력을 이용하는 법을 몰랐기 때문에 역시 철수했고 결국 4개월 후에는 양측이 처음 싸우기 시작할 때와 거의 동일한 위치에 있게 되었다. 그러나 당시의 여론은 모로가 아무런 병력 피해 없이 횔렌탈Höllental을 거쳐 철수했던 일을 대단한 전략적 업적이라고 높이 평가했었다.

병력을 나폴레옹 부대, 모로 부대 및 주르당 부대의 3개 부대로 나누고 전역계획戰役計劃을 작성한 인물은 전쟁상戰爭相 까르노Carnot였다. 학자들은 까르노가 비엔나에서 3개 부대를 접근시키려 했던 것으로 믿으면서 그가 최상의 전략개념을 갖고 있었다고 주장해 왔다. 까르노의 의도가 이들 3개 전구戰區가 서로 협조하게 하려는 데 있었음은 맞지만 3개 부대가 별도 기지에서 출발해서 적의 병력을 격파하기 위해 마지막에 전투현장에서 합류하게 하려는 것은 아니었다. 그의 목표는 3개 부대가 협력해서 적의 측면을 위협해 가면서 밀어내고 영토를 빼앗는 것이었다. 이 계획은 서기 1757년 프리드리히 대왕이 보헤미아로 진격할 당시의 계획과 어느 정도 비교될 수 있다. 당시 프리드리히가 자신의 계획이 "적을 보헤미아에서 거의 몰아내는 것"이라고 하면서10) 그 과정에서 가급적 큰 타격을 적에 가하려고 했던 것 같이 까르노도 장군들에게 보낸 서신에서 적을 포위하고 식량저장소를 빼앗으라고 강조함과 동시에 적을 강타하되 완전히 격파할 때까지는 추격은 하지 말라고 했다. 이 지령指令은 양극兩極 전략doppelpoligen Strategie/bipolar strategy의 완벽한 예일 것이다. 그러나 1757년의 프리드리히 대왕은 기회가 오자 프라하Prag에서 전투를 벌이고 결국 적을 이곳에서 모두 포획할 생각을 할 정도로 전투지향적이었지만 1796년의 모로Moreau는 아주 온건한 작전과 기동機動 개념에만 매달렸었고 게르만 영주領主들이 오스트리아와 결별하고 떠난 후에 오스트리아 측 병력이 크게 약화되고 자신의 병력이 크게 우세진 것이 분명했을 때조차 그 한계를 넘어서지 않았다는 차이가 있다.

서기 1800년의 2중 전역戰役(역자 주: 나폴레옹의 마렝고 전역戰役과 모로Moreau의 게르만 전역戰役)도 매우 같은 모습을 보여주었다. 서기 1799년 나폴레옹이 이집트에 있을 당시 오스트리아군은 러시아군의 도움으로 프랑스군을 이태리에서 몰아냈다. 나폴레옹은 제1통령統領/Ersten Konsul으로 지명되자 처음에는 게르만 지역 전역戰役을 계획했다. 그는 디종Dijon에서 모로Moreau의 병력으로 편성한 예비대와 합류한 다음 스위스 쪽에서의 포위기동으로 오스트리아군을 공격해서 적에게 가능한 최대 타격을 가한 후 비엔나로 갈 예정이었다. 그러나 이는 현실성이 없는 계획임이 드러났다. 모로가 제1통령에 복종하려 하지 않았고 나폴레옹은 군내에서 자신 다음으로 가장 존경받고 있고 나이도 많은 이 장군을 배려하지 않을 수 없었다. 만약 모로가 기분이 상해서 전역轉役을 자원했다면 나폴레옹으로서는 정치적으로 곤란한 상황에 처했을 것이다.

---

10) 서기 1757년 4월 16일 레발트Lehwaldt 원수元帥에게 보낸 서신.

결국 나폴레옹은 예비대를 게르만 지역이 아니라 스위스를 거쳐 이태리로 보내기로 했다. 자신은 알프스에서 제네바 호수Genfer See 동쪽으로 내려갔으며 모로의 보조부대를 생고타르트St. Gotthard 통로를 넘어 자신과 합류하게 한 후 이들과 함께 매우 기습적으로 오스트리아군 후방에 출현했다. 그는 사단師團들을 오스트리아군이 어느 길로 철수해도 만날 수 있도록 매우 과감하게 배치하면서도 서로 멀리 떨어지지 않게 신중히 배치해서 서로 지원할 수 있게 했다. 양측이 서기 1800년 6월 14일 마렝고Marengo 마을에서 돌연 조우했을 때 오스트리아군은 30,000명이고 프랑스군은 20,000명에 불과했다. 전투가 프랑스군의 거의 완패完敗로 끝나가고 있을 때 나폴레옹의 명에 따라 올라온 드세Desaix 사단(6,000명)이 도착했고 켈러만Kellemann 장군이 자발적으로 기병대 공격을 가한 결과 전세戰勢는 뒤집혔다. 나이가 꽤 많던 오스트리아군 지휘관 멜라스Melas는 이미 전투현장을 떠나고 없었고 거의 무질서하게 전진하던 그의 병력은 프랑스군에게 완전히 기습당했다. 결국 프랑스군은 적은 병력으로도 승리할 수 있었는데 이는 주로 유능한 병력과 정열적인 젊은 장군들 덕분이었다. 전투 당시 정면正面이 앞뒤로 바뀌었으므로 오스트리아군은 자신들에게 퇴로가 없다고 믿었다. 이에 나폴레옹은 멜라스에게 이 지역에서 무사히 철수하는 것을 보장해 주는 대가로 민치오Mincio에 이르는 고지高地 이태리 지역을 얻어냈다.

모로Moreau도 게르만 지역에서 대등한 성과를 거두었다. 그는 오스트리아군을 인Inn 강 너머로 몰아냈다. 분명히 서서히 몰아냈을 것이다. 당시 그의 게르만 전구戰區는 주된 전구였고 나폴레옹의 이태리 전구戰區는 2차적 전구였다. 나폴레옹은 이태리에서 적은 병력으로 전례 없이 대담한 리더십을 발휘해서 승리한 반면 모로Moreau는 특별한 모험 없이 방법론方法論/Methodik에 의존한 기동으로 승리했다. 이런 비교 평가는 모로가 서기 1800년 12월 3일 호헨린덴Hohenlinden에서 결국 휴전협정을 파기한 후 승리했다 해서 달리지지 않는다. 모로의 이 승리는 계획적 전략의 열매는 아니었고 물론 매우 수준 높은 형태이긴 하지만, 나폴레옹이 매우 정확히 지적했듯이, "행운의 조우遭遇 glückliches Renkontre"였었기 때문이다.11) 그러나 모로 역시 질적으로 우수한 병력과 젊은 장군 리세빵세Richepanse의 돌진 덕에 이 조우전遭遇戰에서 다시 승리했다.

또한 모로Moreau는 서기 1813년에도 연합군들로부터 전략적 조언을 부탁받고 베르나도테Bernadotte와 북방군北方軍/Nordarmee 상황을 논의할 때 그의 작전선作戰線/Operationslinie에

---

11) 마르텡Martin이나 티에르Thiers 같은 프랑스 역사가는 이런 나폴레옹의 평가는 자신과 같은 수준의 사람을 누구도 인정하지 않으려 했던 자존심 때문에 나온 평가라고 본다. 나폴레옹의 약간 얕보는 듯한 표현은 그런 감정과 전혀 무관하지는 않을 수도 있을 것이다. 그러나 모로는 나폴레옹과 달리 "방법론자方法論者/Methodiker"였다는 것은 모로를 찬양하는 사람들도 인정하는 부분이며 그들도 이런 점을 지적했다. 그런 예로 파리 군사문고軍事文庫/Dépôt de la guerre의 한 연구(서기 1829년)를 들 수 있다. 세리냥 Lort de Sérignan, 《나폴레옹과 혁명 및 제국帝國 당시의 위대한 장군들 *Napoléon et les grands généraux de la révolution et de l'empire*》, 서기 1914년, 212쪽에서 인용함.

대한 안전이 확보되어 있지 않으니 트라헨베르크Trachenberg 계획대로 공세攻勢를 취하지 말도록 강력히 권고했다.12) (역자 주: 서기 1804년 초 모로 장군은 나폴레옹 암살음모 사건에 연루되어 국외로 추방되어 반나폴레옹 대열에 협력했고 같은 해에 나폴레옹은 황제가 된다. 베르나도테는 오피씨에 드 포르튄officer de fortune 출신으로 혁명전쟁 중 장군이 되고 1799년에는 나폴레옹의 형의 처제로서 한때 나폴레옹의 약혼녀였던 데지레 클라리와 결혼했고 1804년 원수까지 승진했으나 1809년 스웨덴의 초청으로 스웨덴 황태자가 되고 이듬해 왕위계승권자로 지명되어 실권을 장악한 후 반나폴레옹 정책을 취했다. 서기 1818년 스웨덴 왕이 되어 카를 XIV세라 칭했고 현 스웨덴 왕조의 시조가 되었다. 한편 서기 1812년에 나폴레옹의 러시아 원정군이 아무 성과 없이 병력만 잃고 귀환한 후에 유럽에는 제6차 대프랑스 연합군이 결성되었다. 그러나 1813년 5월 뤼첸 전투와 바우첸 전투에서 러시아-프로이센 연합군이 연이어 참패당하자 잠시 휴전에 들어갔고 이때 오스트리아와 스웨덴도 참여한 연합군이 저지低地 실레지아의 트라헨베르크에서 구상한 전략이 트라헨부르크 계획이다. 나폴레옹과는 정면으로 대결하지 말고 그의 부하 장군들의 부대들부터 격파해 프랑스군을 약화시키겠다는 계획이었다. 연합군은 이런 계획을 충실하게 집행한 결과 나폴레옹의 운명을 결정지은 같은 해 10월의 라이프치히 전투에서 그의 가용병력은 200,000만명에 불과하게 되었다.)

모로와 프리드리히 대왕 그리고 오스트리아 다운Daun 원수元帥를 비교해 보면 기본 개념은 같은 사람들이라도 서로 큰 차이가 있을 수 있음을 알게 된다. 모로는 프리드리히와 같이 큰 전투에서 승리를 거둔 적은 없지만 후기後期의 프리드리히와 같이 전투의 극極에서 멀어진 적은 결코 없었다. 또한 모로는 다운 원수와 같은 범주의 인물도 아니었다. 모로는 다운 원수에 비해 정력과 유연성에서 단연 앞서 있었기 때문이다. 모로의 매우 젊은 군대가 오스트리아 전통적 군사체계에는 없는 격정激情과 힘을 모로에게 주었기 때문이다.

모로를 소모전消耗戰 전략의 추종자라고 해서 낮게 평가하는 것은 매우 부정확한 평가이다. 그는 소모전 전략 추종자가 안 되려면 사실상 나폴레옹이 되어야만 했을 것이다. 그러려면 그는 분명한 이해력뿐만 아니라 과감함과 신중함, 강렬한 환상과 가장 냉정한 분석력, 영웅심과 정치적 수완을 고루 갖춘 인물이었어야 했고 이런 것들이 바로 나폴레옹의 전략의 특징이다.

나폴레옹이 아닌 것은 비난 받을 일이 아니다. 우리가 지금 이런 비교를 해 보는 것은 두 사람을 서로 대립된 인물로 보려는 것이 아니라 세계사는 조건에만 의존하는 것이 아니고 인물人物들의 성격이 세계사를 결정하는 여러 요소들 중 최소한 하나는 된다는 점을 우리들 자신이 확실하게 이해하기 위한 것이다. 프랑스 혁명은 현대적 섬멸전殲滅戰 전략을 탄생시켜 소모전消耗戰 전략을 대체하게 만들지는 못했다. 프랑스 혁명 때 생긴 자산資産으로 섬멸전 전략을 탄생시킨 것은 나폴레옹이었고13)

---

12) 비에르Wiher, 《서기 1813년 가을 전역戰役 당시의 나폴레옹과 베르나도테Napoleon und Bernadotte im Herbstfeldzug 1813》, 61쪽.

13) 모로의 전략과 나폴레옹의 전략을 처음으로 잘 비교해 놓은 글로 두 편의 베를린 대학교 학위논문이 있다. 하나는 에거킹Theodor Eggerking의 《서기 1796년 및 1799년의 두 전역의 지휘관 모로 Moreau als Feldherr in den Feldzügen 1796 und 1799》(서기 1914년)이고 다른 하나는 메테Siegfried Mette의 《서기 1800년 전역戰役에서 나폴레옹의 계획과 모로의 계획 Napoleon und Moreau in ihren Plänen für den Feldzug von 1800》(서기 1915년, 트렌켈R. Trenkel 출판사)이다. 헤르만Alfred Herrmann의 《마렝고Marengo》(뮌스터Münster, 서기 1903

그 자신도 이를 알고 있었다. 그는 적나라한 야망野望만이 루이Louis XIV세와 프리드리히 대왕이 이용했던 자산資産을 이용할 수 있을 것이라고 했다. 이는 나폴레옹이 보편적으로 인정되는 규칙들을 경멸했고 이런 규칙들은 단지 평범한 인간들을 위한 것이라고 믿었다며 그를 비난하는 생시르St. Cyr 원수元帥의 비망록에 있는 말이다.

당대인들은 모로Moreau 장군과 나폴레옹이 이룬 업적들을 크게 차별하지 않았었다. 뛰어난 전략가로 나폴레옹을 말하는 이태리 파와 모로를 말하는 게르만 파가 있는 것은 분명하지만 어느 쪽도 두 사람을 진정으로 다른 성격의 인물로 보지는 않았으며 어느 한 인물이 다른 인물에 비해 절대적으로 우세하다고 보지도 않았다.14) 나폴레옹은 과감하게 쿠데타coup d'état를 일으켜 프랑스 통치자가 되었지만 그가 과연 운명적으로 그렇게 된 인물이고 또 유일하게 그렇게 될 수 있는 인물이었는지 당시 세세에서는 분녕하지 못했다. 이런 의심은 마렝고Marengo 전역戰役에 대한 논쟁을 일으켰고 이 때문에 전쟁사의 관점에서 당시 상황에 대한 보충설명이 필요하다.

나폴레옹이 서기 1804년 황제에 선출되었을 당시에는 그의 위대함과 위업偉業과 명성이 아직은 무르익지 않았었다. 그의 환상적인 서기 1798년 이집트 원정은 실패로 끝났었다. 우리는 그가 곤경에 처한 병력을 이집트에 그대로 두고 탈출한 것이 옳은 일이었는지에 대해 얼마든지 의문을 제기할 수 있을 것이다. 서기 1796년의 이태리 전역戰役과 1800년의 마렝고Marengo 전역戰役에서 그가 거둔 승리는 찬란한 승리였지만 모로Moreau 역시 이와 대등한 업적을 달성했다. 또 당시에는 마렝고의 승리는 기본적으로 나폴레옹의 업적이 아니고 전투현장에 뛰어든 드세Desaix의 업적이라고 악의적으로 수근 대는 목소리도 있었다. 나폴레옹은 황제가 된 후에 이런 생각들에 대응하려고 이 전역戰役에 대한 공식기록을 작성케 했지만 이 기록의 내용을 자신이 직접 수정했고 그의 지시에 따라 기록이 다시 작성되었다. 이 과정에서 나폴레옹은 자신이 사전에 모든 것을 알고 있었고 예상했던 것으로 쓰도록 지시하고 프랑스군이 일시 철수했던 일과 위급했던 전투의 순간들을 기록에 포함시키지 말도록 지시

년)는 흥미 있는 글이기는 하나 지나친 비판이 여러 곳 보이며 실제로는 나폴레옹의 전쟁수행에서 위대한 모습이 보이는 부분을 실수로 간주한 경우도 가끔 있다. 이 문제에 관해서는 《프로이센 연보年報 *Preussische Jahrbücher*》, 제116권, 347쪽에 게재된 다니엘스E. Daniels의 서평書評을 참고할 것. 가장 사료에 충실하면서 각 전역戰役에 대해 정확한 개념을 보여 준 글로는 쿠나De Cugnac 소령少領의 《마렝고 전역戰役 *La campagne de Marengo*》(파리, 서기 1904년)이 있다. 이에 대한 케머러von Caemmerer 장군의 서평書評이 《군사문예지軍事文藝誌 *Militärische Literaturzeitschrift*》, 제2권, 서기 1905년, 86쪽에 게재되어 있다.

우리는 서기 1813년의 모로에 대해서는 《스웨덴 황태자 샤를르 장의 명령집 *Recueil des ordres de Charles Jean, Prince Royal de Suède*》(스톡홀름, 서기 1838년), 11쪽에 수록된 그와 베르나도테 사이의 대화록을 통해 알 수 있다. 그는 큰 영향을 미치지는 못했다.

14) 세리낭Lort de Sérignan의 《나폴레옹과 혁명 및 제국帝國 당시의 위대한 장군들 *Napoléon et les grands généraux de la révolution et de l'empire*》(서기 1914년)은 옳은 방향을 제시하고는 있지만 이 문제의 진정으로 중요한 측면은 제대로 이해하지 못하고 있다. 세리낭은 다부Davout만이 나폴레옹의 완전한 신봉자라고 보고 레꾸르베Lecourbe, 드세Desaix와 생시르St. cyr를 모로의 신봉자로 본다. 흔히 나폴레옹에게 신봉자는 없고 도구들만 있었다고 말하고 세리낭도 이 말에 동의하고 있지만 필자는 이 말을 분명히 부인한다.

함으로써 진실을 매우 크게 왜곡했다. 여기서 분명히 말할 수 있는 것은 비판적인 역사가의 눈에는 이런 변조變造가 나폴레옹의 명성을 높여주는 것이 아니라 떨어뜨린다는 점이다. 큰 모험과 이로 인한 위험한 순간이 없는 위대한 전략적인 행동은 존재하지 않기 때문이다. 또한 상황에 대한 완벽하고 아무 흠결 없이 정확한 사전 평가라는 것은 허구적이거나 우연에 의한 것이다. 그런 사전 평가는 어느 정도의 범위 내에서만 가능한 것이기 때문이다. 그렇다면 나폴레옹이 자신이 한 일을 즉, 그의 무익한 행동이 그를 속여 그 자신을 도깨비로 만들 정도라는 것을 그렇게도 몰랐을까? 그는 이를 잘 알고 있었지만 범인凡人들은 진정으로 위대한 것을 이해하지 못한다는 것도 알고 있었다. 사람들은 적은 병력이 큰 병력을 상대로 이겼을 때 언제나 용감한 행동을 상상해 보려고 하듯이, 위대한 인간이 사전에 모든 것을 매우 정확히 평가하고 알고 있었다는 말을 들으면 이를 그가 지휘기술이 뛰어난 인간이라는 분명한 증거로 보게 된다. 전략이란 불분명한 요소 속에서의 기동이며 지휘관에게 가장 중요한 자질은 대담성이란 사실을 처음 발견하고 이를 군사학에 도입한 인물은 클라우제비츠Clausewitz였다. 그러나 만약 나폴레옹이 자신이 전투에서 패배할 뻔 했었다는 사실을―실제로 드세Desaix가 밤에 도착했을 때 그는 사실상 거의 패배 직전에 있었음을―그대로 인정하게 했었다면 프랑스인들은 그의 대담성을 찬양 하려 하지는 않았을 것이며 그가 병력을 나눈 어리석음을 비난하려 했을 것이며 그는 행운 때문에 이런 어리석은 행동에서 구제 받을 수 있었다고 말했을 것이다. 고대의 아데네인들도 테미스토클레스Themistokles/Themistocles가 영리한 비밀서신을 이용해서 페르시아 왕의 살라미스Salamis 공격을 유도했다고 설명하는 방법 외에는 테미스토클레스를 찬양하는 방법을 몰랐었다(역자 주: 이 책 제I편, 107쪽 이하 참고).

나폴레옹 장군과 같은 세계무대의 지휘관으로 2살 아래인(서기 1771년 생) 카를Karl 대영주大領主/Erzherzog가 등장했다. 그는 사려 깊고 어릴 때부터 문무文武를 겸비했고 많은 글을 남겼다. 전략적으로 그는 소모전消耗戰 전략을 철저히 신봉했다. 그는 프리드리히 대왕 같이 전쟁을 최대한 짧게 하도록 노력을 아끼지 말아야 하고 전쟁의 목표는 결정적인 타격을 통해서만 달성될 수 있다고 했지만 동시에 그런 명제命題들의 한계에 관해 "어느 국가나 그 국가의 운명에 결정적인 전략적 요충要衝/stragische Punkte들이 있기 마련이다. 이런 곳을 장악하면 그 국가에 대한 열쇠를 쥐는 것이고 그 국가의 자원을 차지하게 된다" 했고 또 "전략선戰略線/strategische Linie(역자 주: 교통선 또는 보급선과 같은 용어)은 결정적으로 중요하므로 아무리 큰 전술적 이점利點이 있어도 이 선에서 너무 멀리 이동하거나 이 선을 적에게 노출시키는 방향으로 이동해서는 안된다는 것이 원칙이다"라고 했고 또한 "아무리 중요한 전술적인 조치라고 해도 전략적이지 못한 장소나 방향에서 이루어지면 효력이 지속될 수 없다"고도 했다.15)

이런 명제들은 소모전消耗戰 전략에서 정당화 되고 적합한 것들이다. 승리했다는 사실뿐 아니라 어디에서 승리했느냐에 따라 실제 많은 것이 달라진다. 계속 이어질 수 없는 일과성一過性 승리는 때로는 차후 행동을 제약할 수도 있기 때문이다. 앞서 우리는 프리드리히 대왕이 수어Soor 전투에서 찬란한 승리를 거두고 왜 철수했는지 알 수 있었다(역자 주: 앞의 322쪽 참고). 그러나 섬멸전殲滅戰 전략에서는 "어디"에서 승리했는지 또는 "전략선戰略線" 같은 것은 중요하지 않으며 승리하면 전략적 요충要衝도 자신의 손에 들어온다고 보며 전략선戰略線도 지휘관이 스스로 결정한다. 나폴레옹은 예나Jena와 아우에르스테트Auerstädt에서는 바로 전략선戰略線을 희생시키고 정면正面을 앞뒤로 바꾸어서 프로이센군의 후방을 공격해 격파할 수 있었다.16)

나폴레옹의 전략에는 아무 형식이 없지만 그 자신에게는 어떤 기본형식이 너무 자주 등장하므로 검토해 볼 가치가 있다. 병력을 전개할 때 그는 전 병력을 적의 한쪽 측익側翼 또는 측면側面으로 집중시켜 포위한 후 기지基地로부터 분리시킨 다음 최대한 격파하려 했다. 서기 1800년 봄의 계획도 그랬다. 그는 모로Moreau와 합류한 후 스위스로부터 접근해 남부 게르만 지역에서 오스트리아군을 공격할 계획이었다. 서기 1805년에는 실제로 그렇게 했다. 그는 북쪽에서부터 Donau/Danube강을 따라 오스트리아군을 공격하며 포위했고 이를 위해 베르나도테Bernadotte에게 하노버Hanover에서 안스바흐Ansbach 공국公國을 거쳐 이동하게 했다(역자 주: 울름Ulm 전투). 이듬해에도 그랬는데 이때는 라인 강이 아니라 마인Main 강 상류에서 올라가서 튀링겐Thüringen/Thuringia에서 프로이센군을 공격했다. 이때는 포위가 너무 완벽해서 예나Jena와 아우에르스테트Auerstädt에서는 본국과의 교통선까지 포기하고 정면正面이 앞뒤로 바뀐 상태에서 프로이센군은 베를린 쪽을 보게 되고 프랑스군이 오히려 베를린 쪽으로 등을 향한 상태에서 싸웠다. 만약 이런 전투대형에서 프랑스군이 패배했다면 그들이 철수하는 것이 프로이센군이 패했을 경우 철수하는 것보다 더 어려웠을 것이나. 결국 그들은 에르쯔게비르게Erzgebirge와 오스트리아 국경선 쪽으로 몰려서 완전히 격파되었을 것이다. 그러나 승리할 자신이 있던 나폴레옹은 주저 없이 모험을 했고 퇴각하는 프로이센군을 완전히 무너뜨리고 기지基地로부터 분리시켰다.

프로이센의 그라베르트Grawert 장군은 서기 1806년 나폴레옹의 작전을 정확히 예측했던 것으로 보이지만 "적은 우리 측면을 포위해 우리를 엘베Elbe 강과 차단遮斷하고

---

15) 이 구절들은 《전략의 원칙 *Grundsätze der Strategie*》(서기 1813년)에서 인용한 것들이다.

16) 옴멘Heinrich Ommen의 《카를 대영주의 전쟁 수행 *Die Kriegsführung des Erzherzogs Karl*》(베를린, 에버링E. Eberling 출판사, 서기 1900년)에서는 군대조직, 전술, 보급체계 등에 관한 카를 대영주의 이론과 저술을 잘 분석해 놓았지만 전략문제에서는 오류가 있다. 옴멘은 옛 전략을 지나치게 단순한 기동전략으로 이해했다. 단순한 기동전략은 옛 전략이 경직되었을 경우 나타났던 전략에 불과하다. 그는 카를 대영주를 옛 전략과 반대의 전략을 추구한 인물로 보았지만(13쪽) 이는 사실과 다르다. 크라우스W. Kraus, 《카를 대영주의 전략 *Die Strategie des Erzherzogs Karl*》(베를린 대학교 학위논문, 서기 1913년) 참고.

모든 자원資源들로부터 즉, 오데르Oder 강과 실레지아Schlesien/ Silesia로부터 차단하려 할 것이다"라고 나폴레옹의 계획을 해석했다.17) 이런 해석을 나폴레옹의 진짜 의도와 비교해 보면 옛 전략과 새 전략의 차이를 분명히 알 수 있다. 그라베르트는 프리드리히 전략의 관점에서는 모든 것을 정확하게 본 것이다. 그러나 나폴레옹은 적을 "자원資源들"로부터 "차단遮斷"하는 것에는 전혀 관심이 없었다. 그렇게 하려면 그는 프로이센군을 후방으로 밀어내고 한 조각 땅을 그들에게 열어놓았겠지만 실제는 프로이센군의 병력 자체를 잡기 위해 그들의 철수로 상에 가있었다.

나폴레옹의 서기 1813년 가을 전역戰役의 계획도 같았다. 그는 베르나도테Bernadotte의 북방군北方軍을 격퇴하고 단찌히Danzig까지 농촌지대를 장악할 때까지는 주력主力과 함께 보헤미아군과 실레지아군에 대해 수세守勢를 취할 계획이었고 그 후에 북쪽에서 남쪽으로 대공세大攻勢를 취할 예정이었다. 그렇게 되면 러시아군의 교통선이 두절될 형편이었다. 그러나 이 계획은 베르나도테의 북방군이 신중하고 합리적으로 그로쓰-베렌Gross-Beeren과 데네비츠Dennewitz에서 프랑스군을 격퇴함으로 인해 좌절되었다.

나폴레옹의 명성과 위대성뿐 아니라 전략까지 최고조에 이른 것은 그가 황제가 된 후 서기 1805년에 전면전이 재개된 다음의 일이다. 혁명의 혼란은 이미 극복되었고 이제는 큰 병력, 애국정신, 새로운 전술과 함께 군기軍紀까지 구비되었다. 이제 나폴레옹은 거리낌 없이 자신이 옳다고 생각하는 것을 실천할 수 있게 되었다.

이 위대한 지휘관의 비밀은 과감성과 신중성을 모두 갖춘 데 있었다. 알렉산더도 그랬다. 그는 페르시아 내륙을 침공하기 전에 우선 티레Tyrus/Tyre와 이집트를 정복해 후방을 확보하고 병력을 크게 강화했다(역자 주: 이 책 제Ⅰ편, 243쪽 참고). 한니발Hannibal도 마찬가지였다. 그는 로마 시를 포위하지 않고 이태리 동맹군들을 로마로부터 분리시키는 것을 목표로 설정했다(역자 주: 이 책 제Ⅰ편, 460쪽 참고). 스키피오Scipio 역시 마찬가지였다. 그는 퇴로退路가 없는 결전決戰이 벌어지는 것을 허용하기는 했지만 사전에 마니니싸Masinissa로 하여금 병력을 보강하게 했었다(역자 주: 이 책 제Ⅰ편, 467쪽 참고). 시저Cäsar/Caesar도 마찬가지였다. 그는 먼저 지휘관 없는 병력을 공격한 후 다음으로 병력 없는 지휘관을 공격할 계획이었다(역자 주: 이 책 제Ⅰ편, 제Ⅶ권, 제Ⅵ장 참고). 우리는 구스타프 아돌프나 프리드리히 대왕에서도 그런 자질을 볼 수 있었고 이제 나폴레옹에서도 그런 자질을 다시 보게 되었다. 그는 수시로 대담하게 운명에 도전했었지만 결코 무작정 돌진하지만은 않았고 자신이 어디에서 멈추어야 하는지, 언제 수세守勢에서 공세攻勢로 전환해야 할 것인지를 알았고, 자신을 공격할 것인지 아닌지를 적이 결정하게 했고 이와 동시에 정치를 통해 자신의 승리를 완성하려고 했었다.

---

17) 릴리엔스테른Rühle von Lilienstern, 《호헨로헤 영주領主의 전역戰役 목격자의 기록 *Bericht eines Augenzeugen vom Feldzug des Fürsten Hohenlohe*》, 서기 1807년, 제Ⅰ편, 63쪽.

이런 행동의 대표적인 예가 아우스테를리츠Austerlitz 전역戰役이다. 나폴레옹은 울름Ulm에서 승리한 후 비엔나를 함락했고 이어 모라비아Mähren/Moravia의 올뮈츠Olmütz 부근까지 진격했고 이곳에서 러시아군은 주력과 함께 그를 맞이했다. 그러나 나폴레옹은 적의 병력이 꽤 우세했으므로 이런 "급소急所/Pointe"(역자 주: 적의 영토 깊은 곳. 앞의 387쪽 참고)에서 공세적인 전투를 벌이는 것이 너무 큰 모험으로 보고 협상을 시작했지만 적이 접근하자 방어진지를 점령했다가 적절한 순간 방어진지로부터 반격을 실시해서 승리했다(서기 1805년 12월 2일). 당시 러시아군은 그를 포위하려고 병력을 너무 멀리 분산시켜 중앙의 종심縱深이 얕았고 예비대도 없었다. 나폴레옹은 바로 이곳으로 침투해 적을 타격했다. 이때 그는 술Soult 원수元帥에게 "저 고지(프라첸Platzen 고지)를 점령하는 데 얼마나 시간이 걸리겠소?"라고 묻자 술Soult은 "20분이면 됩니다"라고 대답했고 나폴레옹은 "그러면 15분만 기다리기로 하겠소"라고 했다. 그는 정확히 15분을 기다리면 되었다.

모든 형태의 전투 중에 수세守勢-공세攻勢 전투가 가장 효과적인 형태이다. 방어나 공격이나 모두 나름대로 장단점이 있다. 수세守勢의 주된 장점은 전투장소의 선택과 지형과 화기火器의 완전한 활용에 있고, 공세攻勢의 주된 장점은 공격으로 인한 사기 진작, 공격지점의 선택 그리고 적극적인 소득에 있다. 수세守勢에는 소극적인 소득만 있을 뿐이다. 따라서 전적인 수세 전투로 승리한 경우는 매우 드물다(서기 1346년의 크레시Crécy 전투와 서기 1898년의 옴두르만Omdurman 전투 등). 그러나 가장 위대한 승리는 수세守勢를 잘 유지하다 적절한 시간과 장소에서 반격反擊을 통해 얻어진다. 우리가 잘 알다시피 마라톤Marathon 전투가 수세守勢-공세攻勢 전투의 고전적인 예라면(역자 주: 이 책 제I편, 61쪽 참고) 이 아우스테를리츠Austerlitz 전투는 그 짝이 되는 현대의 전투이다. 이 전투는 그 계획과 집행 모두에서 우리에게 중요한 전투이다. 우리는 이 전투에서 철저한 자제력으로 모험을 하면서도 평성심을 잃지 않았던 지휘관을 볼 수 있기 때문이다. 그는 적이 접근 중이라는 보고를 받고도 비엔나에서 협상을 진행 중인 탈레이랑Talleyrand에게 공평한 평화협정에 합의해 주도록 명령할 정도로 매우 신중했었다. 그는 승리를 확신하고 있었지만 패배할 경우를 대비해서 자신의 후방을 외교적으로 확보해 놓으려고 했던 것이다.

나폴레옹의 생애에서 가장 대담했던 순간들 중 하나가 서기 1809년 5월 21~22일 아스페른Aspern 전투에 앞서 도나우Donau/Danube강을 건널 때였다. 이때 카를Karl 대영주大領主/Erzherzog는 100,000명 이상 되는 오스트리아군 전 병력과 함께 도하지점과 아주 가까운 북쪽 둑에서 기다리고 있었다. 프랑스군은 거센 강물을 급조된 교량 하나로 건너려고 했었는데 겨우 22,500명이 건넌 후 다리가 끊어졌고 이튿날 아침 8시 두 번째로 끊어졌을 때는 60,000명이 건넜을 때였다. 그러나 오스트리아군은 병력이 첫날은 상대방보다 4배 이상 되고 둘째 날도 1.5배 이상 되었지만 상대방을 강물로 밀어 넣지 못했다. 대영주大領主에게는 별도로 예비대도 있었지만 이를 불러올리지 않았다. 그와 나폴레옹의 차이점이 여기에서 다 드러난다. 프리드리히 대왕에게는 예비대 활용 문제가 실제로 존재하지 않았다. 그는 제1격에 모든 것을 해결하려 했고 따라서 최대한으로 전선戰線을 강화하고 예비대는 별로 두지 않았기 때문이다. 오스트리아군도 새로운 전술에 따라 예비대 보유의 원칙을 수용하지 않을 수 없었지만 카를Karl 대영주大領主는 섬멸전殲滅戰 전략을 수용할 수 있을 만큼 정신력이 강하지 못했을 뿐만 아니라 예비대의 본질과 활용에 대한 정확한 개념도 지니지 못했었다. 그는 "예비대는 이를 이용해 분명히 승부를 결정지을 수 있을 때만 투입할 수 있다"든가 "승리를 마무리하기 위한 마지막 압박이 필요할 때도 이곳저곳에 투입할 수 있지만 예비대의 주목적은 항상 철수를 안전하게 엄호하는 데 있다"는 원칙을 갖고 있었다.18) 그는 이런 엉성한 원칙에 따른다고 해도 아스페른Aspern에서는 절대로 가능했던 승리를 얻기 위해 자신의 모든 역량을 전투에 모두 투입했어야 했다. 그에게는 이보다 더 좋은 기회가 있을 수 없었으나 이때 대담하게 일을 벌이지 못했다. 물론 그는 아직 승리 자체를 중요시하지 않는 소모전消耗戰 전략 개념에 사로잡혀 있었다. 프리드리히 같은 영웅만 그런 전략 개념을 가지고도 운명에 도전할 수 있었고 그의 전투들이 바로 그러한 증거이다. 카를 대영주大領主는 아스페른에서 운명이 미소를 지으며 그에게 건네는 선물을 손에 쥐기에는 인물이 너무 작았었다. 그는 오늘날 비엔나에 서 있는 그의 기마상騎馬像이 무의식적으로 보여주고 있는 잔인한 풍자諷刺와 같이 늘 뒤만 돌아보던 인물이었다.

프랑스군은 보병이 아스페른 마을과 에쓸링겐Esslingen 마을을 지켰고 그 중간지역을 약간의 기병대로 엄호했었는데 이 기병대는 연이어 대담한 공격을 실시했었다. 나폴레옹은 병사들의 사기를 진작시키려고 사격전이 벌어지는 중에 보병 횡렬을 따라 말을 타고 다니는 매우 위험한 행동을 서슴치 않았다. 오스트리아군은 마침내 프랑스군을 북쪽 둑에서 가까이 있는 도나우강 중간 섬으로 철수하게 만들었지만 카를 대영주大領主는 감히 섬 속의 그들을 공격하지 못했었고 다른 방법으로 승리를 확대하지도 못했다.19) 6주일 후에 나폴레옹은 병력을 보강해서 다시 시도한 결과

---

18) 필자의 "카를 대영주Erzherzog Karl"(《회상回想과 논문 그리고 어록語錄Erinnerungen, Aufsätze und Reden》, 590쪽 이하) 참고. 이 문제에 관해 또한 장군참모부Gr. Generalstab의 《전쟁사 연구Kriegsgeschichte Einzelschriften》, 제27권, 380쪽도 볼 것. 이 책에는 카를 대영주가 채택한 옛 이론가들의 글들이 인용되어 있다.

19) 멩게August Menge, 《아스페른 전투Die Schlacht bei Aspern》, 베를린, 게오르크 스틸케 출판사Georg Stilke, 서기 1900년. 홀츠하이머Holtzheimer, 《바그람 전투Die Schlacht bei Wagram》, 베를린 대학교 학위논문, 서기 1904년. 요크York 대공大公은 자신의 저서인 《지휘관 나폴레옹Napoleon als Feldheer》에서 다음과 같은 식으로 나폴레옹을 프리드리히 대왕 및 카를 대영주와 비교해 놓았다(제Ⅱ편, 247쪽).

서기 1809년 7월 6일에 바그람Wagram 전투에서 이길 수 있었다. 이 전투에서는 그가 크게 우세한 병력으로 오스트리아군의 좌익을 포위해서 이긴 것이고 흔히 말하듯 그가 중앙에 집결시킨 대규모 포병과 보병이 승부를 결정한 것은 아니다. 올바른 평가는 아니지만 흔히 카를Karl 대영주大領主/Erzherzog가 별도의 독립부대로 프랑스군의 좌익을 공격한 것을 높이 평가하며 이를 몰트케Moltke의 전투방법의 예고편이라고 본다. 그러나 이는 피상적 유사성에 불과하다. 카를 대영주大領主의 측면공격은 위력을 발휘할 정도가 못 되었다. 또한 그는 프랑스군이 도나우강을 다시 건너는 것을 대비할 충분한 시간이 있었음에도 불구하고 사려 깊은 전투계획은 전혀 없었고 늘 공격 개념과 방어 개념 사이에서 오락가락 하기만 했었다.[20]

나폴레옹 전략에서 진정한 문제점은 서기 1812년 전역戰役에 있었다. 그는 보로디노Borodino에서 러시아군을 격퇴하고 모스크바Moskau/Moscow를 점령했지만 다시 돌아서지 않을 수 없었고 이때 실질적으로 군대 전체를 잃었다. 만약 프리드리히가 모험을 무릅쓰고 비엔나를 점령하려고 했었다면 그에게도 같은 일이 일어났었을 것이다. 섬멸전殲滅戰 전략은 나폴레옹이 지휘했던 큰 병력을 가지고도 한계가 있었다. 만약 나폴레옹이 이때 소모전消耗戰 전략을 채택하고 프리드리히와 같은 방식으로 전쟁을 수행했다면 좀 더 좋은 결과가 있었을까? 클라우제비츠Clausewitz는 이 문제에 대해 충분한 이유를 근거로 부정적으로 대답했다. 그는 나폴레옹은 그때까지 항상 자신

나폴레옹의 전략에 보이는 것과 대등한 정도의 거창한 계획과 대담한 집행을 최소한 필자는 프리드리히 대왕이나 카를 대영주의 전략에서는 발견할 수 없지만, 이 두 사람의 행태에서는 초기에 정점에 도달한 이후 쇠퇴해 가는 모습이 보이지 않는다. 이 두 사람은 그 군사적 위대성에서는 나폴레옹의 수준에 못 미치지만 끝까지 자신의 행동에 충실했던 사람들이다.

이런 비교는 어떤 면에서도 인정될 수 없다. 나폴레옹은 정점에 도달한 후 쇠퇴한 적이 없고, 카를 대영주를 이와 같은 식으로 프리드리히 대왕에 견줄 수는 없으며, 나폴레옹과 프리드리히를 비교함에 있어서는 시대 차이가 무시되어서는 안 되고, 프리드리히의 경우 그 자신이 변화한 사실이 간과 되면 안 된다. 선략늘은 오로지 "거창한 계획과 담대한 집행"만으로 평가되어야 한다고 주장한다면 정점에 도달한 후에 쇠퇴한 것은 바로 프리드리히가 될 것이다.

20) 이 전투에 관해 나폴레옹은 한 오스트리아군 장교에게 자신과 오스트리아군의 전쟁 수행의 차이를 말한 적이 있다(다음의 인용구는 크네제베크Knesebeck의 《트릴로기 Trilogie》나 랑케Leopold Ranke의 《전집全集 Werke》, 제48권, 125쪽의 "하르덴베르크Hardenberg" 편에서 볼 수 있다). 랑케는 이 말을 바그람 Wagram에서의 2일차 전투에 대한 일반적 설명으로 본다. 문제의 구절은 다음과 같다.

그대들은 통상 그대들의 전투계획에 따라서 함께 온 병력을 소규모 부대 단위로 전진시킨다. 또한 그대들은 아직 적의 기동에 대해 모르고 있는 전투 전날 병력을 배치한다. 그렇기 때문에 그대들은 지형만 고려하게 된다. 나는 전투 전날 병력을 전개하지 않는다. 나는 전투 전날 저녁에 병력들을 신중하게 집결시킨다. 나는 전투 당일 날이 새자마자 적을 정찰한다. 나는 적의 기동에 대해 알게 되면 바로 병력을 전개하지만 지형보다는 적의 병력을 본다.

필자는 이 말을 보고 나폴레옹이 프랑스군과 오스트리아군의 차이를 정확히 지적했다고 볼 수 없다. 그의 말은 오히려 공세적 전투와 수세적 전투의 차이에 해당되며 따라서 바그람 전투에나 적용될 수 있다. 나폴레옹도 아우스테를리츠Austerlitz에서는 전투 전날 계획을 세웠고 지형에 맞추어 병력을 전개했다. 만약 접적기동接敵機動과 공격에 관한 명령을 내리기 위해 당일 아침까지 기다린 지휘관이 상대방에게 없었고 그들에게는 참모부가 준 병력 전개에 관한 상세한 지침만 있었다고 해도 상호간 병력 전개의 중요하고도 결정적인 차이점이 정확하게 그런 식이 될 수는 없다.

에게 승리를 보장해 주었던 방법으로만 싸웠다면 이 전쟁에서도 이길 수 있는 더 없이 좋은 기회가 아직 있었다고 했다. 그러나 당시에 서로 대치했던 병력을 보면 나폴레옹은 소모전消耗戰 전략을 썼건 섬멸전殲滅戰 전략을 썼건 이길 수가 없었을 것이다. 최근의 연구에 의하면 그에게는 수비대 병력을 포함해서 러시아군과 대항할 무장병력이 총 685,000명이 있었고 이 중에 612,000명이 러시아 국경선을 넘었으며 그 절반 이상인 350,000명이 주력으로 중앙에 그와 함께 있었다. 그러나 모스크바에 도착했을 때 그의 곁에는 100,000명밖에 없었다. 그는 니멘Niemen을 건넌 후 꼭 14일 만에 거의 전투가 없었음에도 탈영, 질병 및 식량부족 등으로 135,000명을 잃었다. 프랑스군의 절반은 대개 바로 얼마 전 서기 1811년에야 징집한 젊은 병사들이었고 이들 가운데 골칫덩이Refraktaire들이 많았다. 이들은 탈영이 불가능한 네덜란드의 섬들에서 군사훈련을 받은 자들이지만 이런 훈련도 러시아의 농촌 불모지대를 진격할 때는 효과를 발휘하지 못했다. 식량저장소 체계도 체계적으로 운영되지 못했었다. 나폴레옹은 늘 그랬듯 이런 문제에 별로 신경을 쓰지 않았고 러시아에서는 이태리나 게르만 지역과는 사정이 다르다는 점을 충분히 고려하지 않았다.21) 결국 그는 탈영과 열악한 보급체계 때문에 패배했던 것이지 예를 들어 러시아의 겨울 기후 때문에 패배했던 것은 아니다. 러시아 기후는 그의 병력 중 낙오병落伍兵/Rest들에게만 혹독한 것이었고 더욱이 서기 1812년에 러시아는 겨울이 다른 해보다 늦게 왔었고 기온도 온화했다. 만약 나폴레옹이 100,000명이 더 많은 200,000명의 병력으로 모스크바에 도착했었다면 그는 아마도 정복지를 통제할 수 있었을 것이고 러시아 황제Zar/Czar는 결국 그가 제시하는 조건을 수락하고 말았을 것이다.

　　나폴레옹의 서기 1812년 전역戰役은 프리드리히의 서기 1744년 보헤미아 침공과 비교 된다. 프리드리히는 이때 전투에서 패하지는 않았지만 결국 그의 교통선에 대한 적의 작전 때문에 그곳에서 빠져나올 수밖에 없었고 상당한 병력을 잃었다(역자 주: 앞의 318쪽 이하 참고). 프리드리히 자신은 적의 영토에서 급소急所/Pointe를 공격한 것이 실수라고 생각했다. 그러나 그는 그 해 겨울 병력을 다시 재건할 수 있었고 이듬해 호헨프리트베르크Hohenfriedberg 전투(역자 주: 앞의 271쪽 이하 참고) 덕분에 다시 적과 세력 균형을 이룰 수 있었다. 프리드리히는 적의 급소急所에 대해 소모전消耗戰 전략의 전역戰役만 벌이려고 했었기 때문에 치유 불가능한 패배를 당하지는 않은 것이다.

---

21) 서기 1805년 10월 11일에 나폴레옹은 베르티에Bertier에게 다음과 같은 글을 써서 마르몽Marmont에게 보내게 했다.

　　마르몽 장군이 나에게 보낸 서신에서는 항상 식량에 대해 말했소. 나는 황제가 수행하려는 기동과 침공의 전쟁에서는 식량저장소가 없음을 그에게 반복해서 말했소. 병력들에게 행군해 가는 지역에서 먹을거리를 스스로 마련해 주어야 하는 것이 장군 지휘관들의 업무요.

　　서기 1812년 7월 8일에는 황제 폐하께서 그가 적을 추격하는 것이 시급할 때 보수와 빵에 대해 말하는 것을 보고 대단히 불만이 많았다는 말이 포니아토프스키Poniatowski에게 전해졌다.

반면 나폴레옹은 완전하고 결정적인 승리라는 훨씬 큰 목표를 세웠고 이에 실패하자 대가도 훨씬 컸다. 그 대가는 물론 병력 손실에 그친 것이 아니었다. 매우 중요한 대가는 강제로 프랑스의 동맹군이 되었던 프로이센군과 오스트리아군이 동맹을 깰 용기를 얻었다는 사실이다.

결국 나폴레옹의 몰락을 가져온 실수는 그가 잘못된 전략 개념으로 작전을 수행한 것보다는 자신의 제국帝國 내의 프랑스인들의 내부적 응집력을 과대평가 한 데 있었던 것이다. 물론 다수의 프랑스인들이 존경심과 감사의 마음으로 그를 지지하거나 그의 명성 때문에 눈이 멀어 있었다. 그러나 그들보다 더 많은 프랑스인들에게는 그런 감정이 약했었고 그를 부정적으로 보는 프랑스인들도 있었다. 병사들은 그를 위해 싸우려 하지 않았고 강제로 징집된 병사들은 결국 탈영했다. 그가 서기 1813년에도 다시 군대를 일으키는 데 성공했던 것은 사실이지만 혼란스러운 그해 가을 전역戰役에서 이 군대까지도 적에 의해서가 아니라 탈영에 의해 매우 큰 범위로 격파 되었다. 매우 이상하게도 우리에게는 서기 1812년의 탈영자들이 어떻게 처리되었는지에 관한 기록이 없다. 그러나 우리는 이들 중 상당수가 게르만 지역이나 프랑스로 돌아와 서기 1813년에 다시 군대로 복귀했을 것으로 보아야 한다. 그러나 이에 관한 증거는 남아있는 것이 없으므로 우리는 프랑스인들이 얼마나 많은 신병新兵들을 이 두 해에 걸쳐 황제에게 제공했는지는 알 수 없다.

서기 1815년 전역戰役에서도 역시 서로 대립된 성격을 지닌 두 가지 방법의 전략이 적용되었다. 당시 분명히 매우 중요한 장군이었던 웰링톤Wellington은 소모전消耗戰 전략 개념에 따랐다. 벨기에로 집결한 연합군은 전체 병력이 나폴레옹의 병력보다 거의 2배 가까이 되었다(나폴레옹에게는 정예병력 128,000명이 있었고 그들의 병력은 220,000명이었지만 이 중 상당수는 질이 크게 떨어지는 자원이었음이 분명하다). 그러나 항상 자신의 보호만을 생각하던 웰링톤이 전투에 대비해 미리 병력을 집결시키지 않고 있다가 결국 리그니Ligny 전투에 너무 늦게 도착했고 다시 6월 18일에도 벨레-알리앙스La Belle-Alliance에서 자신의 전 병력(18,000명)을 전투현장에서 2마일(15km)이나 떨어진 곳에 남겨두어서 나폴레옹이 승리할 가능성이 매우 높아졌었다. 이렇게 연합군이 분리되었던 것을 두고 흔히 프리드리히가 서기 1757년 프라하Prag 전투 당시에 카이트Keith의 부대를 프라하 반대쪽에 남겨두었던 일(역자 주: 앞의 335~336쪽 참고)과 비교해 왔고 이런 비교는 옳은 것일 수도 있다. 그러나 프리드리히 전략의 시대에는 꼭 그렇게 할 필요는 없었어도 적어도 논리적일 것으로는 보였던 것이 나폴레옹 시대에는 심각한 실수였다. 이런 심각한 실수를 상쇄시킨 것은 웰링톤과 달리 결전決戰만을 생각했던 그나이제나우Gneisenau가 리그니 전투로 인해 끊어진 고향 땅과의 직접적인 교통선을 포기하고 바브레Wavre 방향으로 철수하다 영군군 쪽으로 접근해서 이튿날 영국군과 합류할 수 있었기 때문이다.22) 연합군이 마지막에 승리했기 때문에(역자 주: 이 전투가 벨레-알리앙스 전투 또는 워털루Waterloo 전투다. 당시 웰링톤의 사령부가 있던 곳의 이름을 따 벨레-알리앙스 전투라고도 하나 통상 워털루 전투라고 한다. 나폴레옹은 1813년 라이프치히 전투에서 패한 후 몰락의 길을 걷다 1814년 3월 연합군의 대공세로 파리가 함락된 후 내부의 배신으로 무조건 퇴위를 강요당해 결국 엘바 섬 영주領主로 추방된다. 그러나 그는 이듬해 3월 엘바를 탈출한 후 벨기에 남동부 위털루 교외에서 웰링턴의 영국군 및 블뤼헤르Blücher의 프로이센군과 마지막 전투를 벌이게 된다. 6월 16일 나폴레옹은 리그니에서 영국군이 도착하기 전 프로이센군을 격퇴하고 이틀 후 워털루에서 영국군을 공격했으나 뜻밖에 프로이센군이 전투현장에 다시 나타나 결국 패배했고 나흘 후인 22일 생엘렌Sainte-Hélène/St. Helena 섬에 영구 유배되었다. 프로이센군이 전투현장에 다시 나타난 것은 그의 예상과 달리 리그니에서 고향 쪽인 동쪽으로 후퇴하지 않고 그의 진군로와 평행으로 나란히 북쪽으로 같이 움직였기 때문이다. 이 전투에 관한 일부 설명이 이 책 제Ⅱ편, 55~57쪽에 있다). 웰링톤이 범한 실수는 감추어지고 제대로 알려지지 않았다. 그러나 전쟁사의 관점에서 그의 실수는 매우 강조되어야 한다. 그의 실수 자체를 부각시키기 위한 것이 아니라 그의 실수가 잘못된 이론이 얼마나 위험한지를 보여주는 증거가 되기 때문이다. 우리는 서기 1815년 6월 나흘 동안 벌어진 이 전역戰役을 상반된 두 가지 방법의 전략이 가장 철저하게 충돌했던 예로 볼 수 있다. 카를Karl 대영주大領主/Erzherzog가 나폴레옹과 맞서지 못했던 것은(역자 주: 앞의 431쪽 참고) 텅 빈 머리와 소심한 성격이 천재에게 굴복했기 때문이지만, 그리도 탁월한 군인이었던 웰링톤이 나폴레옹의 의도가 영국군을 몰아내고 브뤼셀Brüssel/Brussels을 탈취하려는 데 있는 것으로 볼 정도로 그의 의도를 이해 못하고 이로 인해 적시適時에 병력을 집결시키지 못했던 것은 그가 과거의 전략개념에 사로잡혀 있던 인물임을 알아야만 설명될 수 있는 문제이다.

만약 웰링톤이 스페인 전역戰役을 끝으로 한 해 전에 그의 군사경력을 끝냈다면 비난받을 일이 전혀 없을 것이다(역자 주: 웰링톤은 서기 1808년 이베리아 반도 원정군의 사령관으로 출전해서 서기 1813년에 이베리아 반도의 프랑스군을 완전히 몰아낸 명장이었다). 이 경우 그는 나폴레옹을 직접 상대하는 마지막의 시험을 거치지 않은 것이기 때문이다. 아마도 실제로 그랬었다면 우리는 그가 그러한 성격을 갖고도 당시와 같은 상황에서 매우 큰 능력을 발휘할 수 있었다고 말했을 것이다. 그러나 그는 서기 1815년 결국 직접 나폴레옹을 성대로 마지막의 시험을 거치게 되었고 이 시험에서 훌륭한 전술가戰術家와 실패한 전략가戰略家의 모습을 동시에 보여주었다. 그는 문제의 방어적인 측면만 해결했을 뿐 스페인에서 사용했던 방법을 적절치 못한 곳에서 적용했다. 연합군의 최종 승리는 블뤼헤르Blücher와 그나이제나우의 리더십이 바로 그의 리더십 중 취약 부분을 매우 훌륭하게 보완해 준 덕분이었다.

---

22) 필자는 《그나이제나우 자서전 Gneisenau》에서 설명한 내용을 "나폴레옹, 웰링톤 및 그나이제나우와 볼세레이 장군 General Wolseley über Napoleon, Wellington und Gneisenau"라는 논문(《회상回想과 논문 그리고 어록語錄Erinnerungen, Aufsätze und Reden》에 수록해 놓았음)으로 보충했다.

부 록

소모전消耗戰 전략과 섬멸전殲滅戰 전략의 비교

필자는 앞서의 증거문헌들을 읽고 있던 중 힌체Hintze 교수의 "7년 전쟁과 서기 1768년의 정치문제 유훈遺訓 이후의 프리드리히 대왕 *Friedrich der Grosse nach dem Sieben-jährigen Krieges und das Politischen Testament von 1768*"(《브란덴부르크-프로이센 연구Brandenburgisch-Preussische Forschungen》, 제32권)이란 논문을 손에 쥐게 되었다. 이 논문을 보고 필자는 장군참모부Gr. Generalstab의 《전쟁사 연구Kriegsgeschichte Einzelschriften》, 제27권(역자 주: 《서기 1745년~1756년 간 프리드리히 대왕의 전쟁 사상의 발전*Friedrichs des Grossen Anschauungen vom Kriege in ihrer Entwicklung von 1745 bis 1756*》. 앞의 375~376쪽 참고)이 발간된 이후에도 프리드리히의 전략 문제에 대한 오해가 아직 끝나지 않았음을 알 수 있었다. 필자는 그의 견해 중 어디에서부터 궤도이탈이 시작되거나 드러난 것인지를 최대한 분명히 보여주기 위해 그의 문제의 구절을 원문 그대로 이곳에 옮겨보겠다. 프리드리히의 서기 1768년의 '정치문제 유훈遺訓' 자체는 곧 (프리드리히의) 《정치문제 서한집書翰集 Politische Korrespondenz》의 보충문헌으로 출판될 예정이다. 힌체는 근거 문구들의 원문을 친절하게 그의 논문에 옮겨 놓아서 필자는 이곳에서도 이를 그대로 활용할 수 있었다. 힌체 자신의 설명은 다음과 같다.

프리드리히의 마음속에는 오스트리아와 그의 잠재적 동맹국들에 대한 방어 전쟁 밖에 없었지만 그는 이 전쟁을 전략적 수세守勢로 시작해서는 안 되며 즉시 적의 수도首都를 목표로 해서 공세攻勢를 시작해야 할 것으로 믿었다. 이것이 바로 그의 옛부터의 통상적 전략개념이었고 나우데A. Naudé는 이미 서기 1757년의 전역계획戰役計劃을 논하면서 이 점을 정확하게 설명한 적이 있다; 우리는 주력과 함께 모라비아를 침공해야 하고 이와 동시에 전투정찰대戰鬪偵察隊/Strifparyien를 마르흐March 강을 따라 비엔나 부근까지 보내야 한다. 그러나 비엔나는 오스트리아에게는 가장 민감한 급소急所/Polnte였다; 비엔나를 위협하면 오스트리아를 가장 빨리 평화협정에 응하게 만들 수 있다. 물론 이와 동시에 보헤미아로 계속 진격했음이 분명하다; 다른 모든 것은 상황을 보아가면 해야 한다. 물론 프리드리히는 서기 1757년 당시에 이미 이런 개념을 갖고 있었다; 그러나 그때는 슈베린Schwerin과 빈터펠트Winterfeld의 조언에 영향을 받아 그는 이런 개념을 버리고 프라하Prag에서 결전決戰을 목표로 보헤미아 쪽으로만 진격했다. 서기 1758년에 그는 다시 이런 계획으로 돌아왔다; 그러나 이때는 오스트리아군이 올뮈츠Olmütz에서 완강히 저항하고 그의 큰 보급대열을 탈취해서 그의 계획은 좌절되었다. 그러나 이 개념이 프리드리히의 뇌리에 확고하게 자리 잡게 되어 이제 다시 정상적인 전략계획으로 전면에 등장했고 후계자들에게 이를 추천하게 되었다. 서기 1778년의 바이에른Byern/Bavaria 왕위계승 전쟁 때 프리드리히 자신은 이런 개념에 따라 행동하려 했지만 이때도 보헤미아 쪽 병력을 지휘하며 자신의 측면보호를 위해 주력을 가까이 두기를 원했던 하인리히Heinrich 영주領主 때문에 문제가 발생해서 그의 계획은 집행되지 못했다. 러시아에 대해서도 프리드리히는 경우에 따라서는 전략적 수세守勢로 그치지는 않을 계획이었지만 이는 물론 오스트리아뿐만 아니라 영국의 지원을 전제로 한 생각이었다. 그는 발트해海Ostsee/Baltic sea 해안을 따라 페테르스부르크St. Petersburg로 갈 생각이었다; 전방 병력에 대한 보급문제는 해안을 따라 진격하는 그들을 따라갈 함대를 통해 확실히 해결할 예정이었다. 이 함대가 어디에서 올 것인지에 대한 언급은 없다; 아마 연합국 해상세력이 이를 지원하게 할 예정이었을 것이다; 그는 서기 1752년 당시보다 1768년의 '정치문제 유훈遺訓 Politischen Testament'에서 프로이센 해군의 창설에 대해 더욱 단호하게 반대했기 때문이다.

우리는 프리드리히의 전략계획이 지닌 대담하고 호방한 시각時角이 7년전쟁 이후 줄어들지 않고 더욱 커진 것을 알 수 있다. 전투의 기본원칙에 관한 장章에서 그는 소모전消耗戰 전략의 옹색한 계획보다 섬멸전殲滅戰 전략의 호방한 계획을 늘 선호하고 있다. 그는 이 장章에서 서기 1757년 전역戰役의 일반계획을 설명하며 거의 현대적 취향에 가까운 거창한 취향을 보여주고 있으며 그의 전략원칙에 대한 현재의 논쟁에서는 이 점에 충분한 주의를 기울이지 못하고 있다. 이 문제에서 우리는 통상적 비판방법을 적용할 수 없다. 통상적 비판방법은 후일 작성된 비망록 성격의 회고적 문헌들보다는 당시의 작전 자체와 관련해서 부분적으로 보존된 토의 내용이나 이와 유사한 문서의 형태로만 남아 있는 경우가 흔한 개별적 기록들로부터 얻을 수 있는 당대의 증거에 더 큰 비중을 둔다. 그러나 우리는 이런 개별적 기록이나 명령들은 후일 기록된 일반적 개념을 보아야 그 정확한 상호 관계와 배경을 알 수 있다. 계획은 통상 그대로 집행되지는 않는다; 계획의 집행은 섬멸전殲滅戰 전략 형태의 개념을 따라갈 능력을 지닌 사람과 시간이 있느냐에 의존하며 프리드리히의 경우에 우리는 이 문제에 분명히 긍정적 대답을 해야 한다. 물론 병력자원과 더불어 토지의 경작耕作, 도로 사정, 식량보급의 가능성 등 전쟁수행을 지배하는 일반 조건이 프리드리히의 시대에는 너무 제한되어 있었으므로 나폴레옹과 몰트케의 시대보다는 더 큰 어려움이 있었다. 프리드리히는 경험을 통해 이런 점을 잘 알고 있었고 따라서 그의 전쟁수행은 오락가락하는 측면이 있었고 이런 특징은 상대방으로 하여금 다시 또 과거의 체계적인 기동전략 쪽으로 기울게 만들었다. 식량저장소는 프리드리히에게 모든 작전의 주된 기지基地였을 뿐 아니라 그는 장차 오스트리아군과 상대할 때는 단순한 진지전쟁陣地戰爭/Stellungs=Krieg("게르 드 포스테 guerre de postes")에 대비해야 될 것이라고 예견했다. 서기 1778년 전역戰役에서는 이런 그의 예견이 입증되었다.

우리는 프리드리히의 전략계획의 대담성과 호방함이 7년 전쟁 이후 줄어들지 않았다는 점에 동의할 수 있을 것이다. 그 대담성과 호방함이 오히려 더 커졌다는 것은 그가 페테르스부르크St. Petersburg로 가려 했던 것을 두고 한 말이 분명하고 그런 생각은 모든 면에서 과거의 그의 계획과 다른 것이었다. 물론 그는 비엔나를 크게 위협한 적이 없었지만 페테르스부르크 문제는 완전히 다른 문제였다. 그렇게 계획했던 것은 군대를 따라가기로 했던 함대艦隊 때문이며 이 문제에 대한 설명이 프리드리히의 《카를 XII세의 군사적 자질과 성격에 대한 평가Betrachtungen über das militärische Talent und den Charakter Karles XII》(서기 1759년)에 있다. 그는 스웨덴 왕이 페테르스부르크가 아니라 모스크바 쪽 스몰렌스크Smolensk로 갔기 때문에 실패한 일에 대해 상세히 설명했다. 스웨덴 왕은 이로써 교통선 즉, 병력에 대한 보급과 급양給養을 포기했던 것이고 오늘날 용어로 말해 기지基地를 포기한 것이다. 프리드리히 자신은 오스트리아 및 해양세력 하나와의 농맹을 전제로 러시아와 싸우려 했기 때문에 페테르스부르크로 가려고 했던 것은 옛날식의 교통선을 생각했던 것이다. 그는 이 행군에 함대가 따라가게 함으로써 기지基地가 그들을 따라가게 했던 것이라고 볼 수 있다. 러시아군을 격퇴하거나 협상 자리로 끌어낼 수 있는 방법은 이 방법밖에는 없었다. 프리드리히는 자신의 꿈이 러시아와 싸우기 위한 대동맹大同盟 전쟁의 모습을 갖추게 되자 그의 전략개념 때문에 러시아 내륙으로 진격하는 것을 거부하지 않을 수 없었던 것이다. 따라서 목표는 페테르스부르크밖에 없었고 그것도 함대艦隊가 함께 따라가는 것을 전제로 한 목표였다.

힌체Hintze의 오류는 "그는 소모전消耗戰 전략의 옹색한 계획보다 섬멸전殲滅戰 전략의 호방한 계획을 늘 선호하고 있다"는 말에 있다. 이는 그가 "소모전消耗戰 전략"과 "섬멸전殲滅戰 전략"이란 두 개념을 정확히 이해하지 못하고 있음을 보여준다. 프리드리히가 옹색한 계획보다 호방한 계획을 선호했다는 것은 잘 알려진 사실이고 그는 평생을 이런 원칙을 따랐다. 그는 계획을 집행하면서 비록 그 계획이 축소된다 해도 호방한 계획이 한번 성공하면 자신은 이기는 것이라는 말을 했다. 하지만 호방한 계획 자체가 섬멸전殲滅戰 전략일까? 소모전消耗戰 전략에는 호방한 계획이 없을까? 만약 호방한 계획이 섬멸전殲滅戰 전략의 집행이라면 스웨덴의 구스타프 아돌프Gustav Adolf/Gustavus Adolfus, 영국의 말보로Malborough, 사보아Savoyen Savoy의 오이겐Eugen/Eugene도 이런 형태의 전략가戰略家가 된다. 구스타프 아돌프의 뮌헨München 진격, 서기 1704년 말보로의 네덜란드로부터 도나우Donau/Danube강으로의 진격(훼크스타트Höchstadt 전투) 그리고 서기 1706년 오이겐의 포Po강 남쪽 에취Etsch로부터 투린Turin으로의 진격은 프리드리히의 어떠한 전역戰役 못지않게 호방한 계획에 의한 것이었다. 따라서 호방한 시각時角이 가장 중요한 요소라면 두 전략의 차이점은 그 지휘관이 고급 지휘관인가 아닌가의 차이에 불과하다. 그러나 소모전 전략의 임무는 결코 작은 임무가 아니고 그 양면성 때문에 흔히 섬멸전 전략의 임무보다도 주관적 관점에서는 더 어려운 것임을 아는 학자라야 두 전략의 차이점을 정확히 이해한 학자인 것이다. 결국 두 전략의 차이는 작전의 시각時角이 넓으냐 좁으냐에 있는 것이 아니다.

이제 우리는 힌체Hintze가 언급한 프리드리히의 "호방한 계획"이 과연 섬멸전 전략의 범주에 속한 것인지 알아보기 위해 그 객관적 내용을 검증해 보아야만 할 것이다. 그는 프리드리히가 '정치문제 유훈遺訓'에서 "적의 수도首都를 목표로 해서 공세攻勢를 시작"할 것을 권고했다고 했다. 얼핏 보면 이 말은 섬멸전 전략 같이 보인다. 그러나 프리드리히는 바로 다음 구절에서 "전투정찰대戰鬪偵察隊/Strifparyien를 마르흐March 강을 따라 비엔나 부근까지 보내야 한다"고 했다. 이는 "섬멸전"이 될 수 없음이 분명하다. 비엔나가 도나우강 남쪽이란 사실, 군대뿐 아니라 전투정찰대도 비엔나로 들어가지 않을 예정이었다는 사실, 따라서 적의 수도首都를 실제로 위협할 계획이 아니었다는 사실은 완전히 논외論外로 한다고 해도 바로 '정치문제 유훈遺訓' 자체에 앞서 우리가 상세히 알아 본 그 자신의 평가가 기록되어 있고 (앞의 305~306쪽) 이 평가에서 그는 산악지대뿐만 아니라 평원지대에서의 전투에 대해서도 극력 반대했었다는 사실을 우리는 반드시 고려해야만 한다. 결국 그가 비엔나 부근으로 진격하려 했던 것은 싸우기 위한 것이 아니었다.23) 만약 섬멸전 전역이 이와 같은 모습이라면 우리는 "섬멸전"을 전혀 다른 의미로 이해해야 한다. 만약에 프리드리히가 필자가 알고 있는 "섬멸전" 전략을 사용했다면 그는 "우리는 비엔나를 위협하는 데 그치지 않을 것이며 도나우강을 건너 비엔나를 점령할 것이다. 그들의 수도首都를 지키려하는 오스트리아군은 우리의 공격을 받고 격퇴될 것이다"라고 말했을 것이다.

모라비아Mähren/Moravia를 거쳐서 비엔나를 향한 작전으로 오스트리아를 극복하겠다는 프리드리히의 계획은 필자가 말한 소모전 전략에 속한다는 것은 힌체 자신이 나우데A. Naudé와 코저Reinhold Koser의 예를 따라 이런 계획을 프리드리히의 "정상적 전략계획"이라고 말한 사실에 의해 간접적으로 입증된다. 물론 이 표현은 논쟁의 대상이 될 수는 있지만 만약 우리가 이 표현을 인정한다면 이런 "정상적" 전략계획은 소모전 전략의 토양에서만 발전될 수 있는 계획임이 분명하다. 섬멸전 전략에서 생각하는 목표는 언제나 적의 병력이며 적의 병력을 반드시 찾아내서 격퇴해야 한다. 따라서 섬멸전 전략을 위한 계획을 수립하는 사람은 "적의 병력이 어디에 있을 것인가?"를 묻게 된다. 그러나 프리드리히가 생각했던 것은 지리적인 문제로서 고려의 대상이 된 두 속주屬州 중 어느 곳이 침공과 전쟁 수행에 더 좋고 더 유리한 기회를 제공할 것인지의 문제였었다. 프리드리히의 "정상적" 개념은 그가 모라비아 침공을 보헤미아 침공보다 더 분명한 장점이 있는 것으로

---

23) 필자의 《《역사 및 정치 논고論考 Historische und politische Aufsätze》(서기 1887년) 중 "차이점 등Ueber die Verschieden, usw", 273쪽(제2판에서는 263쪽)과 "프리드리히, 나폴레옹 및 몰트케 Friedrich, Napoleon, Moltke", 45쪽을 팜고 할 것. 필자는 서기 1778년의 경우 실제로 그랬듯이 전투가 예상될 경우라도 전쟁계획의 전략적인 기본성격에는 바뀐 것이 아무것도 없었다고 설명했다. 결국 이때의 전투들도 소모전消耗戰 전략에 의한 전투들이었다.

이해했던 것이다. 그런 단순한 그의 고려사항을 강조함에 있어서 "정상적" 개념이라는 중요한 이름이 실제보다 더 의미가 있는 것으로 보인다. 사실 프리드리히는 상황을 보아가면서 보헤미아를 침공한 경우가 모라비아를 침공한 경우보다도 더 자주 있었다.24)

이제 힌체Hintze가 자신의 평가의 기초로 삼은 프리드리히의 '정치문제 유훈遺訓'의 다음과 같은 구절(244쪽)을 원문 그대로 검토해 보기로 하자.

우리가 서로를 향해 칼을 뽑아야 할 이유들이 자주 있을 것이므로 우리는 언제나 작센Saxe/Saxony을 먼저 침공해서 그곳으로부터 한 부대를 엘베Elbe강을 따라 보헤미아로 밀고 들어가게 해야 한다. 우리는 보다 큰 병력을 실레지아Silésie/Silesia에 갖고 있어야 하고 이 병력은 란트슈트Landshut와 글라츠Glatz 지역comté으로 분견대들을 보내 모라비아의 훌친Hiltschin 지역으로 침투해 들어가야 한다. 우리에게 협력하는 연합군이 있으면 그들을 도나우강 너머 우리의 제2전역戰役으로 밀고 들어가게 할 수 있다. 투르크Turc/Turk군은 동시에 헝가리에서 작전을 벌여야 하고 그렇지 못할 경우 병력 30,000명의 러시아 분견대는 도나우강 지역의 프레쓰부르크Pressburg와 부다Bude/Buda 사이로 침투해야 할 것이다. 이는 보헤미아를 포위한 후에 우리의 국경선에서 가까운 선제후령選帝候領/élctorat/Kurschaften 하나와 교환하기 위한 수단이 될 것이다.

이 구절에서 우리는 프리드리히는 비록 러시아 및 투르크 모두와 동맹을 전제로 하고 있지만 단지 제2전역戰役으로만 도나우강으로 진격할 생각이었음을 알 수 있다. 이를 섬멸전 전략을 위한 것으로 보아야 할까? 서기 1866년 몰트케는 이 분야에서 좀 다른 것을 우리에게 보여 주었다. 그는 병력의 일부를 보헤미아로 또 다른 일부를 모라비아로 보내지 않고 주전투를 위해 가능한 최대의 병력을 집결시키려고 했었다. 그는 첫해에는 프로이센군을 도나우강으로 보내지 않고 겨울 숙영지를 점령했다가 이듬해에 전쟁을 계속하려 했었지만 전쟁을 계속해도 적에게 우리의 평화조건을 수락하게 할 수만 있다면 1회의 전역戰役으로 모든 것을 끝내려고 했었다. 바로 이런 점이 섬멸전 전략 같이 보이는 부분이다.

필자에게는 프리드리히가 서기 1775년과 1778년에 거의 동일하게 발전시켰던 이런 계획에 대해 사실상 이는 단지 세력과시勢力誇示/Demonstration에 불과했다는 옌스Max Jähns의 말(《독일 군사학사軍事學史 Geschichte der Krigswissenschaften vornehmlich in Deutschland》, 제III편, 2015쪽)이 힌체의 말보다는 정확한 것으로 생각된다.

---

24) 코저Reinhold Koser는 이를 "프리드리히의 이론에 의하면 프로이센과 오스트리아 간 전쟁의 최종 승부는 모라비아에서 일어날 수밖에는 없었을 것이다"라는 식으로 이해했다(《프리드리히 대왕 König Friedrich der Grosse》, 제4판, 제II편, 400쪽). 457쪽에도 이와 유사한 말이 있다. 반면 585쪽에서는 "프라하Prag를 함락시킴으로써 적에게 결정타를 날릴 예정"이었고 그렇게 하면 적은 재기할 수 없을 것이라고 했다. 그의 착오는 "보헤미아냐 아니면 모라비아냐?"는 문제 자체를 결정적으로 중요한 문제로 본 데 있다. 그러나 그 중요성은 상황에 따라 달라진다. 실제로 그랬듯이 승부를 내기 위해 보다 유리한 곳으로 보인 곳이 어떤 때는 보헤미아였고 어떤 때는 모라비아였다. 이론상 모라비아 전역戰役은 여러 가지 장점도 있지만 이들은 그리 큰 장점들이 아니어서 프리드리히는 수시로 보헤미아로 갔었다.

프리드리히가 이런 전쟁 수행으로 보헤미아를 오스트리아 합스부르크 가家에서 떼어낸 후 이를 작센과 교환할 수 있다고 믿었다는 것은 놀라운 일이다. 그러나 이에 못지않게 놀라운 것은 힌체Hintze는 프리드리히가 정치적 관점에서 프로이센과 투르크와 러시아가 동맹이 되어 결국 자신에게 작센을 차지하게 해 줄 것으로 예상한 전쟁을 수세적守勢的 전쟁으로 여겼다고 생각한 점이다.

프리드리히를 수세적守勢的 전쟁만 벌이는 독기毒氣 없는 정치인임과 동시에 제한된 수단으로 가장 강력한 적들을 격퇴하려 드는 환상적 전략가로 보려는 것은 완전히 모순된 생각은 아니겠지만 그의 초상을 정반대의 두 가지 인상으로 그려 놓는 것이나 마찬가지가 된다.

필자는 힌체의 설명 중 세부적인 부분들에 대해서도 다음과 같이 그 오류를 다음과 같이 지적하지 않을 수 없다고 믿는다.

서기 1757년에 프리드리히는 처음에는 모라비아를 침공할 생각이 없었지만 빈터펠트Winterfeld와 슈베린Schwerin의 설득을 받아들여 생각을 바꾸어서 처음에는 작센에서 방어진지를 점령하기로 계획했고 전술적 반격을 통해 오스트리아군을 격퇴한 후에는 두 장군의 동의를 받아 모라비아로 진격하려고 했었다.

더욱이 프리드리히는 서기 1757년에 결코 "프라하Prag에서 결전決戰을 목표로" 보헤미아 쪽으로 진격한 것이 아니다. 그는 서기 1768년의 유훈遺訓에서 스스로 이를 분명히 그런 식으로 표현했다. 물론 필자 역시 작전 자체와 관련된 당대의 증거에 비해 후일 작성된 비망록 성격의 회고적 문헌들을 우리가 소홀히 해서는 안 된다는 의견에는 기꺼이 동의하나 이곳에서 말한 문제의 비망록 형태의 설명은 본래의 증거를 보충해 주는 것이 아니라 오히려 문헌증거와 완전히 모순되며 그보다 5년 전에 그 자신이 문제의 시기에 대해 쓴 개인적 비망록인 《7년 전쟁의 역사Geschichte des Siebenjährigen Krieges》와도 완전히 일치하지는 않는다. 결국 서기 1768년의 문헌은 완전히 믿을만한 증거는 못 된다는 것이 분명하다.

또한 필자는 서기 1758년에는 오스트리아군에게 큰 보급대열을 탈취 당해서 프리드리히의 계획이 좌절되었다는 주장에 대해서도 의문을 제기하지 않을 수 없다. 오스트리아군 다운Daun 원수元帥는 프리드리히의 보급대열을 탈취했을 당시 이미 동쪽에서 올뮈츠Olmütz를 구원하는 데 성공했었기 때문에 프리드리히의 계획은 보급대열을 빼앗기지 않았다 해도 이미 좌절되어 있었던 것이다.

마지막으로 서기 1778년 전역戰役의 경우 프리드리히가 모라비아로 출발하지 못했던 것은 단지 하인리히Heinrich 영주領主의 반대 때문만은 아니며 병력의 절반이 보헤미아에 있었으므로 당연한 일이었다.

힌체는 이어서 "계획의 집행은 섬멸전殲滅戰 전략 형태의 개념을 따라갈 능력을 지닌 사람과 시간이 있느냐에 의존하며 프리드리히의 경우에 우리는 이 문제에 분명히 긍정적 대답을 해야 한다"고 했는데 힌체가 이해하고 있는 섬멸전 전략의 개념대로라면 우리는 그와 같이 말할 수밖에는 없다. 하지만 그럴 경우 우리가 앞서 잘 알 수 있었듯이 프란쯔Franz/Francis 황제의 전략, 러시아 각료회의의 전략, 다운Daun 원수元帥의 전략 그리고 수비제Soubise 장군(역자 주: 앞의 338쪽 참고)의 전략에 대해서도 역시 같은 대답을 해야만 할 것이다. 수비제 장군이 로쓰바흐Rossbach 전투에서 프로이센군을 포위하려 했던(역자 주: 앞의 338쪽 참고) 개념 그리고 다운 원수元帥가 리그니츠Liegnitz에서 프로이센군을 완전히 포위해서 격파하려 했던(역자 주: 앞의 354쪽 참고) 개념은 프리드리히가 이룬 어떤 업적에도 못지않은 탁월한 업적을 남길 수 있었던 개념들이었지만 힌체Hintze는 수비제나 다운을 섬멸전 전략가로 보지는 않는다. 그렇다면 그는 프리드리히를 섬멸전 전략가로 본 것이 잘못임을 스스로 인정한 것이나 마찬가지이다.

그가 이어서 다음과 같은 말을 한 것을 보면 이 점이 더욱 분명해 진다.

물론 병력 자원과 더불어 토지의 경작耕作, 도로 시정, 식량보급의 가능성 등 전쟁수행을 지배하는 일반 조건이 프리드리히의 시대에는 너무 제한되어 있었으므로 나폴레옹과 몰트케의 시대보다는 더 큰 어려움이 있었다. 프리드리히는 경험을 통해 이런 점을 잘 알고 있었고 따라서 그의 전쟁수행은 오락가락하는 측면이 있었고 이런 특징은 상대방으로 하여금 다시 또 과거의 체계적인 기동전략 쪽으로 기울게 만들었다.

이 구절은 "오락가락하는" 측면이라는 표현이 프리드리히를 비난하는 뉘앙스를 지닌 것이라는 점만 제외하면 필자의 견해와 완전히 일치하게 프리드리히를 양극兩極 전략 또는 소모전消耗戰 전략의 전략가로 정확하게 평가한 구절이 될 수 있다. 그렇다면 힌체는 왜 앞에서 그를 섬멸전殲滅戰 전략가라고 불렀을까? 우리는 힌체와 같은 학자를 이렇게 직접 모순된 말을 할 수 있는 학자로 볼 수는 없을 것이다. 그 이유는 단지 그가 "소모전消耗戰 전략"과 "섬멸전殲滅戰 전략"이라는 용어를 필자가 이를 공식화해서 사용한 의미와는 완전히 다른 의미로 사용했기 때문이다(역사 주: "섬멸전殲滅戰 전략Niederwerfungs=Strategie"이라는 용어와 "소모전消耗戰 전략Ermattungsstrategie"이라는 용어는 델브뤼크가 만든 용어다. 앞의 373쪽 및 뒤의 452쪽 참고). 하지만 그렇게 할 경우 당연히 오해들이 연이어 발생하게 될 수밖에는 없다. 이는 필자의 용어를 필자가 사용한 의미와 다른 의미로 사용한 것임을 그 자신도 분명히 모르고 독자들에게도 분명히 알려주지 못한 코저Reinhold Koser의 경우나 완전히 같은 경우이다. "소모전消耗戰 전략"이란 용어를 정열과 힘이 없는 전쟁수행의 의미로 이해하고 "섬멸전殲滅戰 전략"이란 용어를 천재적이고 대담한 전쟁수행의 의미로 이해한 사람은 필자가 프리드리히를 소모전消耗戰 전략가의 하나로 본 것에 놀라움을 금치 못할 것이다.

필자는 특히 프리드리히가 섬멸전殲滅戰 전략가일 수 없는 이유들을 아주 불완전하게나마 보여 준 힌체의 구절에 대해서도 할 말이 있다. 힌체가 중요 논점들을 빠뜨린 곳은 바로 이 구절이다. 프리드리히의 마지막 전역戰役으로부터 나폴레옹의 첫 전역戰役까지 18년 동안에 "토지의 경작耕作, 도로 사정, 식량보급의 가능성"의 변화는 완전히 다른 전략의 등장을 가능하게 할 정도로 크지는 않았다. 물론 힌체Hintze는 이런 요소들이 "프리드리히의 시대에는 너무 제한되어 있었으므로 나폴레옹과 몰트케의 시대보다는 더 큰 어려움이 있었다"고 했다. 만약 "더 큰 어려움"이 프리드리히 시대의 문제점의 모두였다면 우리는 "그때의 어려움은 극복되었어야 한다"라고 말하게 되었을 것이며 따라서 우리는 힌체의 표현 중에서 또 다시 프리드리히를 비난하는 부분을 볼 수 있게 되는 것이다. 그러나 당시의 문제점은 실제로는 "어려움"이 아닌 "불가능"이었다. 프리드리히에 대한 정확한 이해를 위해서는 모든 것이 이 "불가능"의 이해에 달려있다. 힌체는 이를 정확히 이해하지 못했고 따라서 우리는 또 다시 특히 프리드리히를 섬멸전殲滅戰 전략가로 규정해서 그를 찬양하려다가 오히려 우리가 혼동하기 쉬운 당시의 제한요소를 억지로 추가한 결과 결국 그를 왜소한 인물로 보이게 만들어 버린 경우를 볼 수 있게 되었다. 만약 우리가 프리드리히를 섬멸전殲滅戰 전략가로 보려 한다면 그는 결국 "서투른 전략가strategischer Stümper"가 되고 말 것임을 입증했던 필자의 풍자諷刺(역자 주: 앞의 373쪽 참고)를 다시 한 번 독자들에게 상기시킨다. 프리드리히는 이미 볼테르Voltaire에 관해 그는 군사교육을 오로지 호머Homer와 버질Virgil 밑에서만 받았다는 우스개소리로 이런 일에 대해 자신을 방어해 놓았다. 볼테르는 자신의 글 속에서 (섬멸전殲滅戰 전략의 원칙에 따라서) 도주하는 러시아군을 끝없이 추격했고 이 전투 저 전투를 분주히 오갔다(역자 주: 볼테르는 서기 1746년에 프랑스의 역사 편찬관이 되었고 서기 1750년에는 프리드리히의 초청으로 베를린으로 가서 그곳에서 역사서 《루이 14세의 세기 Le Siècle de Louis XIV》를 완성한 후 서기 1751년 베를린을 떠났다).

제IV장
샤른호르스트, 그나이제나우, 클라우제비츠

프리드리히 대왕의 전투체계는 그가 사망한지 6년 후 발미Valmy에서 프랑스의 새로운 전투체계와 처음 충돌해서(역자 주: 앞의 387쪽 참고) 서기 1794년까지 2년간 투쟁은 계속되었지만 이때까지만 해도 질적으로는 우위에 있었으며, 프로이센은 이 전쟁에서 군사적으로는 패하지 않았지만 정치적 이유로 바젤Basel 조약에 따라 서기 1795년 봄에 전쟁을 중단했다. 11년 후인 서기 1806년에 프로이센은 다시 프랑스와 칼을 겨누게 되었지만 이때는 그사이에 나폴레옹의 병력으로 변모한 프랑스군에게 일격에 무너졌다(역지 주: 예나Jena 진투). 그러니 프로이센이 프리드리히 대왕의 자장가에 잠이 들었다고 한 루이제Louise 왕비(역자 주: 프리드리히 빌헬름 III세의 부인)의 말은 사태의 본질을 모르고 한 말이다. 그들에게는 물려받은 명성에 대한 자부심도 컸지만 비판과 개혁운동도 매우 활발했고 위기가 닥치기 전에 옛것과 새것이 이미 전투에 혼재混在 해 있었다. 당시 하노버Hanover군 소령少領이었던 샤른호르스트Scharnhorst(역자 주: 서기 1755년 11월 12일~1813년 6월 28. 그는 1793년부터 하노버군 포병 장교로 복무했고 1801년부터는 프로이센군에서 복무했다. 1806년 예나Jena 전투에서 프랑스군에 포로가 되었다가 이듬해 틸지트 평화조약이 체결된 후 풀려나 군제개혁위원장이 되어 클라우제비츠 및 그나이 제나우와 함께 프로이센군 개혁을 주도했다. 나폴레옹은 그의 활동을 의심해 그가 제안한 많은 개혁안을 취소하도록 프로이센에 요구한 적도 있었다. 서기 1811년에 프로이센이 러시아에 맞서 프랑스와 동맹을 맺자 그는 무기한 휴가를 떠났다가 1813년 다시 군대로 돌아와 블뤼헤르 휘하의 참모장이 되었고 그해 5월 뤼첸 전투에서 부상을 입고 회복되지 못했으며 6월에 오스트리아의 참전을 협상하기 위해 프라하로 갔다가 그곳에서 죽었다)는 프랑스인들이 스스로 창조한 전술戰術의 본질을 자각하지도 못했던 서기 1794년 7월 10일 일기日記에서 "지금의 프랑스 전쟁은 기존의 전술체 계를 몇 가지 측면에서 뒤흔들 것이다"라는 말을 했고, 이 세기世紀가 끝나가고 있을 때인 서기 1797년에는 몇 편의 논문을 쓰면서 "이 전쟁에서 프랑스 산병散兵 /Tirailleur들이 가장 큰 역할을 했다"는 말과 함께 이를 상세히 설명했고 또한 당시 게르만 군대를 지배하고 있던 전술을 발전시키기 위한 제안도 내놓았다.1) 그는 옛것과 새것의 유기적 결합을 원했다. 그는 선형대형線形隊形/Linear=Austellung을 포기하 거나 보병 전체를 느슨히 풀어서 산병散兵/Schützen으로 만들 이유는 없다고 보면서 단지 제3횡렬橫列만 산병전散兵戰/Tirailleur=Kampf에 이용할 것을 제안했었다.2) 제3횡렬은 일제사격Salve에는 크게 유용한 병력은 아니었고 혁명전쟁 중 이미 2개 횡렬 대형

---

1) 레만Lehmann, 《샤른호르스트Scharnhorst》, 제I편, 254쪽.
2) 위의 책, 제I편, 543쪽에 첨부된 부록에 의하면 브라운슈바이크Braunschweig의 페르디난트Ferdinand 영주領主 가 서기 1761년 1월 하노버 경무장 부대의 한 장군에게 제3횡렬을 선조소총旋條小銃/gezogene Büchse으로 무장시키도록 명하면서 제3횡렬을 산병전散兵戰에 이용하자는 생각을 처음 피력했던 것 같다.

으로 전환되어 있었다. 그러나 2개 횡렬 대형이 일반화 되자 정면은 통제할 수 없이 넓고 종심縱深은 위험하게 얕은 전투선戰鬪線이 등장했었다. 그러나 샤른호르스트는 보병의 1/3을 산병散兵/Schützen으로 별도로 기동하게 하고 이를 제1횡렬이 아닌 제3횡렬이 담당케 함으로써 종전 같이 질서도 있고 정면에 전혀 끊긴 곳도 없는 대형을 그대로 유지하면서 그 장점을 계속 활용할 수 있게 하고 대대大隊의 양 측면을 돌아 앞으로 전진한 산병散兵들이 비상시에 전투선의 정면을 보강하기 위해 그곳에 다시 자리를 잡게 함으로써 종래의 3개 횡렬 선형線形 전투선에 비해 화력도 크게 강화되는 대형을 제안했다. 그는 일제사격과 최종공격을 위해 밀집 정렬한 정면의 유지를 매우 중요시했으므로 심지어 앞의 2개 횡렬橫列에게는 아예 산병전散兵戰/Schützengefecht을 가르치지 말기를 원했었다(역자 주: 앞의 394쪽 참고).

그러나 이런 샤른호르스트의 제안은 그가 서기 1801년 프로이센군에서 처음 복무하게 되었을 때는 받아들여지지 않았다. 물론 호헨로헤Hohenlohe 장군 영주領主는 후일 그가 예나Jena에서 지휘하게 되는 같은 연대聯隊들에게 제3횡렬에 의한 산병전散兵戰을 도입했지만(서기 1803년) 같은 해 베를린에서 묄렌도르프Möllendorf 원수元帥는 조준사격照準射擊을 직접 금지한 명령을 내렸다. 이 명령에 따라 병사들은 "머리를 똑바로 세우고 소총은 수평으로 들고" 사격해야 했었다.3)

결국 프로이센군에는 서기 1806년부터 옛것과 새것이 이미 충돌하고 있었음이 분명하지만 모든 중요 부분에서 옛것은 흔들리고 있던 반면 군대구성은 아직도 완전히 프리드리히 당시 형태 그대로였다. 그러나 이 군대는 우리가 생각하듯 프리드리히 당시보다 빈약하지 않았고 오히려 더 낳았다. 군기軍紀도 보존되었고 장교단將校團도 용맹했었다. 그러나 정신精神은 사라지고 없었고 리더십은 보잘 것 없었고 적은 거대했으므로 결국 패배의 수렁에 빠지지 않을 수 없었다. 필자는 이미 다른 글들을 통해 이 시대와 당시의 사건들, 대재앙大災殃과 재건再建 그리고 프로이센의 최종적인 승리에 대한 견해를 상세히 발표한 적이 있어 지금 반복 설명하지는 않겠다.4) 여하간 결과적으로 프로이센은 자신이 굴복했었던 프랑스

---

3) 야니Jany, "서기 1806년 프로이센 보병의 전투훈련Die Gefechtsausbildung der preussischen Infanterie von 1806," 《프로이센 군대에 관한 연구자료집Urkundliche Beiträge zur Geschichte des peussischen Heeres》, 제Ⅴ편, 서기 1903년. 당시 묄렌도르프가 내린 명령에서는 "병사들이 자신의 소총을 잘 볼 수 있어야 하며 따라서 종전 같이 머리를 개머리판 옆에 붙이고 조준을 하면 안 되며 국왕 전하께서 금년도의 열병閱兵에서 강조하시고 명령하셨듯이 머리를 세운 채로 개머리판 끝을 어깨에 붙이고 소총을 수평으로 들어야 한다"고 했다. 군제개혁위원회는 서기 1807년에 "조준이 가능하도록 각도가 더 구부러진 개머리판의 도입"을 권장했다. 셰르베닝Scherbening, 《프로이센군의 군제개혁Die Reorganisation der preussischen Armee》.

4) 《그나이제나우의 생애Leben Gneisenaus》, 제3판, 서기 1907년. 필자는 이 책을 보충하는 글로 다음과 같은 논문들을 발표했다. "서기 1813년의 새로운 정보Neues über 1813"(《프로이센 연보年報 Preussische Jahrbücher》, 제157권, 서기 1914년 7월); "클라우제비츠 장군General von Clausewitz" 및 "프로이센 장교 계층 Der preussische Offizierstand"(이 두 논문은 《역사 및 정치 논고論考 Historische und politische Aufsätze》, 제2판, 서기 1907년에 수록해 놓았다); "레만의 슈타인Ueber Max Lehmams Stein"(《프로이센 연보年報 Preussische Jahrbücher》, 제134권, 서기 1908년); "아르미니우스에서 샤른호르스트까지Von armin bis Scharnhorst"(케머러 von Caemerer·아르데네von Ardenne 편編, 《방어와 무기Wehr und Waffen》).

혁명의 개념들을 수용해서 그 도움으로 원기元氣를 회복했으며 군사분야에서도 종전보다 더 발전했고 현실적으로나 이론적으로나 극단적 발전을 이루었다.

오스트리아군 역시 서기 1805년의 패배(역자 주: 울름Ulm 전투) 후에 카를Karl 대영주大領主/Erzherzog의 지시에 따라 옛 전술을 바꾸어 산병散兵 전술과 종대縱隊 전술을 교묘히 선형대형線形隊形에 접목시킴으로서 이제 국적國籍 없는 군대 같이 변했다.5) 필자는 앞서 왜 산병散兵 전술이 배척되어야 하는지에 관한 오스트리아군 병참감兵站監 마크Mack 부원수副元帥의 논거論據들을 인용한 바 있다(앞의 398쪽 참고). 옛 군사교육의 정신이 얼마나 달랐었고 새로운 정신의 도입이 얼마나 긴요했었는지를 말해주는 결정적인 증언으로는 부카소비츠Bukassowicz 부원수副元帥가 서기 1803년에 제국군무회의帝國軍務會議에 제출한 다음과 같은 보고가 있다.

투르크Türk/Turk 전쟁 당시 베사니아-담Besania-Damm에 있던 한 부대는 대검大劍 높이를 허리 정도로 낮추라는 명령을 받았고 병사들은 그 외에 아무것도 배운 것이 없었으므로 이 부대는 마치 입상立像 같이 서 있었다. 투르크군은 이를 이용해 칼을 빼어들고 이 병사들의 소총 밑으로 기어들어가서 병사들 다리를 베었다. 이 부대는 "찔러!"라는 구령에 의해 대검으로 상대방을 찔러야 한다는 것을 경험을 통해 배워야 했었다.6)

러시아에는 아직 "총탄은 어리석은 여인이고 대검大劍은 완벽한 남성이다"라는 수보로프Suvorov(역자 주: 서기 1729년~1800년. 프랑스 혁명전쟁 당시 러시아군 사령관)의 말이 지배하고 있었다. 러시아군은 서기 1813년에야 경보병輕步兵 연대가 산병散兵 전술을 사용하게 되고 나머지 보병은 개인전투에 전혀 익숙하지 않았다.7)

프로이센에서는 샤른호르스트가 전쟁상戰爭相이 된 후에 외국인 모병을 없애고 프랑스가 다시 포기한 보편적 병역의무를 프로이센에 도입해서 과거의 용병傭兵 군대를 국민군대로 바꾸었다. 그의 생각은 너무 큰 저항을 받아 준비기간에는 실현될 수 없었고 도약의 순간(서기 1813년 2월 9일)에 비로소 실현되었다. 처음에는 오로지 전시戰時에만 도입하기로 했었지만 서기 1814년에는 샤른호르스트의 문하생이고 승계자인 보옌Boyen의 노력에 의해 전면적으로 수용되고 실현되었다.8)

---

5) 옴멘Heinrich Ommen의 《카를 대영주의 전쟁 수행 *Die Kriegsführung des Erzherzogs Karl*》(베를린, 에버링E. Eberling 출판사, 서기 1900년)에는 이에 대해 잘 설명해 놓았다.

6) 발로이Valoy는 《브란덴부르크-프로이센 연구*Brandenburgisch-Preussische Forschungen*》, 제7권, 310쪽에서 프로이센 기병대에 관해 같은 말을 했다. 그의 글에 의하면 어느 지위가 높은 프로이센 장교가 그에게 말히기를 코투시츠Chotusitz 전투(역자 주: 서기 1742년 5월 17일) 당시 밀집 정렬한 프로이센 기병중대가 적에게 접근했을 때는 우선 기병 병사들에게 칼로 적을 내리치라고 외쳐대야 했었다고 한다. 프리드리히 대왕 자신도 기소르Gisors 대공大公에게 같은 말을 한 적이 있다고 한다. 루쎄Rousset, 《기소르 대공大公 *Le comte de Gisors*》, 105쪽.

7) 뮈플링Müffling의 《나의 생애*Mein Leben*》, 31쪽에서 인용함.

앞서 우리가 알 수 있었듯이 프랑스에서는 산병전散兵戰이 가장 중요한 전술이 되었지만 아직 성숙단계에 이르지 못했었다. 오스트리아에 이어 프로이센에서도 이런 전술이 샤른호르스트의 서기 1797년 제안에 기초한 규정들에 의해 체계적으로 도입되었다. 일제사격Salve으로 앞의 모든 것을 쓸어버리는 3개 횡렬橫列 선형대형線形隊形은 기본대형으로 유지되었지만 제3횡렬은 산병전散兵戰을 위해 떨어져 나갈 수 있었고 비상시는 병력 전체가 산병散兵으로 산개散開될 수도 있었다. (이는 샤른호르스트의 서기 1797년 제안보다 더 발전한 것이다.)9)

일제사격이 가능하도록 선형線形으로 전개한 대대大隊는 공격 시에는 종심縱深을 이용한 타격력을 발휘할 수 있어야만 했다. 샤른호르스트는 이를 위해 또 다시 프랑스군 모델을 따라 정면이 2개 소대小隊에 종심 4개 소대인 소위 "구심형求心型 대대종대大隊縱隊 Bataillons=Kolonne nach der mitte"(역자 주: 앞의 394쪽 참고)들을 편성했다. 이런 대대들은 극히 빠른 속도로 종대縱隊에서 횡대橫隊로 전개할 수 있었고 또 좌우측으로 전개했던 소대들이 동시에 중앙 소대들 뒤로 위치를 바꾸면서 횡대에서 종대로 대형을 쉽게 바꿀 수 있었다.

이 "구심형 대대종대"의 종심은 12명이고 산병散兵들이 전개했을 때는 8명이었다(대대는 4개 중대中隊 즉, 8개 소대였기 때문이다)〈역자 주: 3개 횡렬 선형대형은 기본적 대형으로 유지되었고 대대의 종심은 4개 소대였으므로 결국 대대종대大隊縱隊의 종심은 12명이고 각 소대의 제3횡렬이 산병散兵들이 전개했을 때는 8명이 된다. 그러나 이 대대종대가 극단적인 횡대로 전개할 경우에는 종심이 2명이 될 수도 있다〉. 이는 고대 그리스 팔랑스Phalanx의 통상 종심과 같았으므로 전통적인 개념에 의하면 아직 선형대형이었고, 18세기에 확립된 3개 횡렬 대형에 비하면 이미 종대 대형이었다.

샤른호르스트가 프랑스군 조직개념을 프로이센에 도입함과 동시에 이를 발전시킨 것과 마찬가지로 그의 군제개혁 작업을 보좌했던 경험이 있고 나폴레옹의 적敵 중 하나로 나폴레옹 전략을 완전히 채택한 그나이제나우Gneisenau 역시 그랬고 그는 결국 자신의 칼로 강자强者 나폴레옹에게 결정타를 날릴 수 있었다. 서기 1813년 가을 전역戰役(역자 주: 앞의 425쪽 및 430쪽 참고)에서 연합군의 큰 과제는 브란덴부르크Brandenburg, 실레지아Schlesien/Silesia, 보헤미아에 흩어져 있는 병력이 나폴레옹을 반원半圓으로 둘러싸면서 단일 전투현장으로 집중해서 나폴레옹이 자신들의 중앙 위치에서 자신들을 각개격파各個擊破할 기회를 주지 않는 데 있었다. 연합군의 이런 과제는 실레지아군이 10월 3일에 바르텐부르크Bartenburg에서 엘베Elbe강을 건넌 후

---

8) 마이네케Fr. Meinecke, 《보옌의 생애 Lenen Boyens》.

9) 이런 지침들은 서기 1809년부터 시행된 것들이며 서기 1812년 이들을 모은 훈련규정이 제정되었다. 선형線形 보병과 경보병輕步兵의 구분이 계속되면서 소총병Musketier(또는 척탄병擲彈兵/Grenadier) 대대大隊와 수발총병燧發銃兵/Füsilier(역자 주: 앞의 260쪽 참고) 대대大隊의 구분도 계속되었지만 이런 구분은 현실적 의미는 없었으므로 더 따져볼 필요가 없다.

나폴레옹이 자신에게 접근하려 할 때 엘베강 너머로 다시 철수하지 않고 자신의 교통선을 희생해 가면서 나폴레옹을 우회해 그의 후방인 잘레Saale에 있던 슈바르첸베르크Schwarzenberg의 병력과 합류함으로써 완성되었다. 이 기동 때문에 나폴레옹은 프랑스 본토와 차단되었고 연합군은 우세한 병력으로 나폴레옹의 전 병력을 포위해서 격파할 기회를 갖게 되었다. 슈바르첸베르크의 참모장參謀長 라데츠키Radetzky 역시 이에 맞는 계획을 세웠지만 그의 계획은 아직까지 오해를 받고 있고 극심하게 왜곡되어 있다. 그의 본래 계획은 마치 자신이 프랑스군을 격파하려는 것이 아니라 옛 전략에 따라 전투 없이 기동만으로 그들에게 철수를 강요하려는 같이 보이게 하려는 것이었다. 그러나 라데츠키의 이런 천재적 계획은 러시아 알렉산데 황제가 군사고문 톨von Toll 장군의 간청에 따라서10) 이에 간섭함으로써 좌절되자 연합군은 다시 분리되었고 그 결과 프랑스군에게 서쪽으로 자유롭게 철수할 수 있는 길을 열어주고 말았다.

실레지아군이 서기 1813년에 엘베강을 넘어 잘레로 갔던 것과 유사하게 대담했던 기동이 서기 1815년에 프로이센군이 리그니Ligny에서 바브레Wavre를 거쳐서 벨레-알리앙스La Belle-Alliance에서 합류했던 기동이다.11) 두 기동이 모두 성공할 수 있었던 것은 나폴레옹이 전자의 경우에는 실레지아군의 기동을 고려하지 않은 결과 허공만 찔렀기 때문이었고 후자의 경우에는 그로쉬Grouchy의 부대를 적시에 전투현장으로 불러올리지 않았기 때문이었다. 나폴레옹은 이 당시 "이 짐승들도 무얼 좀 알고 있네Ces animaux ont appris quelquechose"라고 외쳤다.

위대한 현상을 현실세계에서 완성하려면 이론理論도 필요하다. 나폴레옹의 전략적 행동들을 이론적으로 규명할 수 있었던 인물 역시 프로이센군 소속으로 샤른호르스트의 문하생이며 그나이제나우의 친구였던 클라우제비츠Clausewitz라는 사실은 매우 특이한 일이다. 샤른호르스트의 유물을 그가 사망한 프라하Prag에서 베를린에 있는 재향군인 묘역墓域으로 옮겼을 때 그나우제가 클라우제비츠에게 보낸 글에는 이 세 인물의 상호관계가 잘 표현되어 있다. 그나우제는 이 글에서 "자네는 그의 세례洗禮 요한Johannes이었고 나는 비록 또 다른 베드로Petrus같이 스승을 부

---

10) 해방전쟁의 역사를 가장 광범위하게 다루었지만 이와 동시에 우리에게 가장 큰 혼란을 야기 시킨 글이 베른하르디Theodor von Bernhardi의 《러시아 제국 카를 프리드리히 보병부대의 장군 톨 대공大公의 생애 중 기억할만한 회고담 Denkwürdigkeiten aus dem Leben des kaiserlichen russischen Generals der Infanterie Carl Friedrich Grafen von Toll》이란 글이다. 이 책은 잘 쓴 책이고 저자는 완전한 군사문제 분석가이며 톨 대공大公이 남긴 글들은 이 저자에게 가장 귀중한 자료가 되었으며 톨 대공大公의 판단이 오랫동안 거의 성인聖人에 가까운 존경을 받아 온 것은 놀랄만한 일이 아니며 필자 역시 오랫동안 그의 권위에 경의를 표시해 왔다. 그러나 필자는 오랜 고생스런 연구 끝에 겨우 그의 편견들을 일일이 극복할 수 있었다.

11) 심지어 일부 극단적인 비판가들은 이 위대한 업적을 둘러싸고도 시간을 낭비해 왔다(역자 주: 지금도 이때 프로이센군의 기동이 우연에 의한 것으로 보는 견해가 있다). 필자의 《그나이제나우의 생애 Leben Gneisenaus》외에도 케메러von Caemerer의 《해방전쟁의 전략 연구 Die Befreiungskriege. Ein strategischer Ueberblick》에서도 이들의 견해를 잘 비판해 놓았다.

인한 적은 결코 없었어도 그의 베드로_{Petrus}에 불과 했었네"라고 했다(역자 주: 세례
요한은 사제_{司祭}의 아들로 태어나 학식이 있던 인물로 예수의 탄생을 예고하고 또 예수에게 세례를 베푼
제자였다. 베드로는 무식한 어부_{漁夫}였고 예수가 제사장에게 체포되었을 때 자신은 그를 모른다고 부인했
지만 회개하고 예수의 부활을 세상에 알린 제자이다. 본래 이름이 시몬이었던 그에게 반석_{盤石}의 뜻인 베
드로라는 이름을 지어 준 것은 예수였고 이는 자신의 복음이 베드로라는 반석 위에서 세상에 알려지게
될 것에 대한 예언이었다고 한다. 예수 사후에 그의 복음은 베드로에 의해 세상에 전파되었다).

클라우제비츠에 앞서 프랑스계 스위스인 조미니_{Jomini}가 이미 나폴레옹 병법_{兵法}
의 분석을 시도했었다. 그는 재능도 많고 학식도 풍부하고 매우 많은 글을 쓴
저술가로 서기 1805년에 이미 나폴레옹 전략의 요점으로 그의 결전_{決戰} 추구 성향
을 잘 파악하고 묘사해 놓았다(역자 주: 서기 1779년 스위스에서 태어난 조미니는 서기 1798년
부터 프랑스군에 복무했고 나폴레옹의 참모장교를 거쳐 장성급인 여단장까지 승진했으나 사단장 승진이
거부당하자 1813년에는 러시아군으로 옮겨가 황제의 부관으로 일하면서 대장까지 승진했다. 주요저서로
서기 1805년의 《대전술론_{大戰術論} Traité des grandes opérations militaires》을 비롯해서 1818년의 《전략의 원리
Principles de la stratégie》, 1827년의 《나폴레옹의 정치적 군사적 생애 Vie politique et militaire de Napoléon》, 1838년
의 《전술의 요체 Précis de l'art de la guerre〉 등이 있다). 그러나 그는 나폴레옹의 작전과 전략의
진정한 본질을 꿰뚫어보지는 못했다. 그런 능력을 갖추려면 깊은 철학적 통찰과
특별한 정열이 필요했다. 하지만 칸트_{Kant}와 헤겔_{Hegel} 이후 게르만 지역에는 그런
풍토가 무르익어 있어 이런 풍토가 한 프로이센 장교를 자극했고, 클라우제비츠
라는 이 프로이센 장교는 우리의 세계를 뒤엎어 인류로 하여금 신세계를 만들게
한 군신_{軍神/Kriegsgott}들의 행동에 대한 주석가_{註釋家}가 되었다. 조미니는 작전선_{作戰線}
/Operationslinie에서 전략의 본질을 찾아보려 했었고 내부작전선_{內部作戰線/inneren Operationslinie}
과 외부작전선_{外部作戰線/äusseren Operationslinie}의 장점들을 검증해 보았다. 클라우제비츠
역시 기지_{基地}, 작전선_{作戰線} 또는 이에 관련된 여타 요소들이 상황의 이해와 정리
에 분명히 매우 유용한 개념들임을 알고는 있었지만, 전쟁에서는 모든 요소들이
불확실하고 상대적이며 따라서 계획과 결정의 규칙은 그런 것들로부터 파생될
수는 없다는 것도 동시에 알고 있었다. 결국 전략적 행동의 본질은 교조적_{敎條的}인
것일 수 없고 '인간성격의 심연_{深淵/Tiefe des Charakters}'에서 분출되는 것임이 분명하다.
그러나 전쟁은 또한 정치적 행동이고 따라서 정치와 별개일 수가 없는 전략도
언제나 정치적 관계 속에서 탐구되어야 한다. 정치가 전쟁수행을 방해해 왔다고
불평하는 사람은 논리에 맞지 않는 말을 하고 있는 것이며 사실은 정치적 개입
자체가 잘못된 것으로 보인다는 말을 하고 있는 것이다. 옳은 정치는 정치가들
이 군사문제를 잘못 생각하지 않는 정치며 따라서 옳은 방식으로 전략을 지도할
수 있다. 특히 가장 중요한 순간에는 정치와 전략이 분리될 수가 없고 위대한
전략가의 보편적인 역사적 영향력은 그의 전인격_{全人格}에서 생겨나는 것이다. 7년
전쟁이 발발했을 때 프리드리히 대왕의 전쟁계획이 적절한 규모였던 것이나 이

듬해 그의 계획이 확대되었던 것이나 모두가 정치적 요인으로 인한 결정이었다. 그의 계획은 모두가 마리아 테레지아Maria Theresia/Theresa 황후의 연합군들을 고려해서 결정된 것이었지 사선斜線 전투대형schräge Schlachtordnung으로 오스트리아군을 격파할 수 있다는 자신감으로 인한 것은 아니었다. 그는 오히려 로이텐Leuthen에서는 '영광스런 패배ehrenvollen Unterganges'를 불사하고 우세한 적의 병력을 감히 공격하기도 했다. 나폴레옹 장군이 혁명군대의 다른 용감하고 탁월한 군인들의 위에 설 수 있었던 것은 그의 탁월한 군사적 능력 때문만은 아니었고 그에 못지않은 그의 정치감각 때문이었다. 그는 자신이 얻었던 것을 이에 대한 반동反動 때문에 다시 잃어버리기 전에는 군사적 성공을 정치적으로 매듭지으려 했었다. 그가 탁월한 전략개념을 실천에 옮길 수 있었던 것은 오로지 그의 정치적 능력 때문이었다. 벨레-알리앙스La Belle-Alliance 전투 당시 그가 격퇴한 프로이센군이 다시 전투현장에 나타날 것을 고려하지 않았던 것은 이해하기 어려운 그 자신의 과오로 간주되는 것이 당연하지만 그의 영웅적 측면은 바로 이곳에서 드러났다. 만약 그가 프로이센군의 도착을 예상했다면 압도적으로 우세한 병력과 전투를 벌이려 하지 않았을 것이고 후일 서기 1870년의 바젱Achille Bazain 원수元帥(역자 주: 보불普佛 전쟁 당시 프랑스군 총사령관으로 프로이센의 비스마르크 수상과 협상으로 1870년 10월 27일 메츠에서 항복하고 프랑스군 14만 명을 넘겨준 죄로 1873년 12월 군사재판에서 사형선고를 받았다 대통령이 된 마옹 원수의 특별사면으로 20년 징역형으로 감형 받았으나 이듬해 탈옥해서 스페인에서 망명생활 등 죽음)가 그랬던 것 같이 여기서 모든 것을 끝냈을 지도 모른다. 바젱은 처음부터 승리를 포기하고 결국 한 차례 싸움도 해 보지 않고 항복하지 않을 수 없었다. 아무리 나폴레옹이라고 해도 웰링톤Wellington과 그나이제나우 같은 두 장군이 지휘하는 압도적으로 우세한 병력을 상대로 결코 이길 수는 없었을 것이다. 그러나 그는 비록 승리에 아주 가까이 갔다가 결국은 수치스럽지 않게 명예로운 패배의 수렁에 빠지기는 했지만 그 자신으로서는 영원한 영광을 선물로 얻었고 그의 백성들에게는 끊임없이 새 생명을 얻을 수 있는 정신력의 샘물을 선물로 주었다. 르네상스로부터 구체제舊體制/ancien régime가 종식될 때까지도 위대한 군인과 지휘관들이 연이어 등장했었지만 이 시기의 전반부에 등장했던 인물들은 "위대한 전략가"라는 호칭을 얻을 자격이 없었다. 그 시기에도 큰 전투들은 있었지만 고차원의 군사적 사건들은 없었다. 좀 더 정확하게 표현하자면 큰 차원에서 볼 때 당시의 군사적 사건들은 전략의 본질인 정치와 군사행동이 통합된 모습을 보여주지는 못했고 정치적 배경과는 충돌하는 군사적 사건의 영역에 주로 머물러 있었다.

진정한 의미에서 "위대한 전략가"는 구스타프 아돌프 이후 비로소 등장했다. 발렌슈타인Wallenstein은 전략가보다 정치가였고 조직전문가였다. 구스타프 아돌프의 제자들인 위대한 스웨덴 지휘관들, 영국의 크롬웰Cromwell 그리고 프랑스 루이Louis XIV세 휘하 위대한 원수元帥들에 대한 후대의 기억은 사보아Savoyen/Savoy의 오이겐 Eugen/Eugene과 영국의 말보로Marlborough(역자 주: 앞의 제III권, 제V장, 스페인 왕위계승 전쟁 참고) 의 명성에 의해 가려졌다. 이 시기의 정점頂点이며 종점終點에는 프리드리히 대왕이 있지만 오랫동안 그에게는 나폴레옹의 선구자란 특별한 호칭이 따라다녔었다. 하지만 이제 우리는 이는 틀린 개념임을 알고 배척했다. 그는 누구의 선구자가 아니라 한 시대의 정점에 올라 그 시대를 마감한 인물이다. 전투의 두 거장巨匠의 차이점과 함께 유사점을 완전히 이해할 수 있었던 것은 정치와 함께 가는 전략 의 개념에 대한 클라우제비츠의 깊은 철학적인 통찰력과 아울러 군대 리더십에 대한 그의 심리적 분석을 통해서만 가능했던 일이다. 클라우제비츠 자신은 이런 그의 철학적 사색思索의 결과를 인식하고는 있었지만 마무리 짓지는 못했다. 그가 서기 1827년 7월 10일 작성한 글로서 그의 유저遺著인 《전쟁론vom Kriege》의 첫 장 에 수록된 "일러두기Nachrichte"란 글에서(역자 주: 앞의 372쪽 참고) 그는 '두 종류의 병법兵 法/doppelte Art des Kriges'이 존재한다는 시각에서 《전쟁론》 원고를 고칠 생각을 하고 있다고 했다. 그가 말한 '두 종류의 병법'이란 하나는 "적을 쓰러뜨리는 것을 목 적으로 하는wo der Zweck das Niederwerfen des Gegners ist" 병법을 말하고 다른 하나는 "국경지 대에서 단지 몇 개의 요새들만 정복하려 하는wo man bloss an den Grenzen des Reiches einige Groberungen machen will" 병법을 말한다. 이런 두 가지 병법의 "완전히 다른 성격ganz berschiedene Natur"은 늘 구분되어야 한다. 그는 이 작업을 시작하기 전 서기 1831년에 세상을 떠났다. 그가 남겨놓은 공백을 채우려는 것이 이 연구의 목적 중 하나였 다(역자 주: 클라우제비츠의 생각을 발전시켜 적의 병력을 쓰러뜨리는 것을 유일한 목적으로 하는 "섬 멸전殲滅戰 전략Niederwerfungsstrategie"과 전투의 극極과 기동의 극極이라는 양극兩極 사이에서 융통성 있게 움직 이는 "양극 전략" 또는 "소모전消耗戰 전략Ermattungsstrategie"으로 전략의 형식을 구분한 것이 델브뤼크이다).

클라우제비츠의 《전쟁론》이 그가 죽은 서기 1831년 이후 출판되었을 때는 병법사兵法史에서 나폴레옹의 시대도 끝났다고 할 수 있다. 이로써 클라우제비츠의 작품들을 기초로 몰트케의 사상이 구축되었다는 의미에서 새로운 시대로 들어서 게 되었다. 이 새로운 시대는 그 내용으로 볼 때 신기술新技術의 시대로 정의된다. 그러나 이는 무기기술만 말하는 것은 아니고 철도와 통신에서부터 식량에 이르 기까지 수송과 모든 생활자원生活資源을 포괄하는 개념이며 이들은 19세기를 통해 거의 무제한으로 증대되었다.

필자가 이 연구에서 도달하고자 했던 곳은 바로 여기까지이다. 프로이센 제국 의 경이로운 비약과 최종 몰락에 뒤따른 그리고 이에 포함된 문제들은 후일 다 른 누군가에 의해 연구되어야 할 것이다.

전쟁사 연구가 델브뤼크[1]

크레이그Gordon A. Craig

델브뤼크Hans Delbrück는 제2게르만제국(역자 주: 제1게르만제국 즉, 신성로마제국의 속령屬領이던 브란덴부르크Brandenburg 선제후령選帝侯領은 서기 1701년에 신성로마제국 속령 지위에서 벗어나서 프로이센 왕국으로 독립했고, 프로이센 왕국의 빌헬름 1세는 서기 1870년에 보불전쟁普佛戰爭에서 나폴레옹 3세의 프랑스군을 격파하고 파리 베르사이유 궁전에서 독일제국 황제에 추대 되다. 이때 탄생한 게르만제국이 제2게르만제국이다. 제3게르만제국은 히틀러 시대를 말한다) 시대에 적극적으로 활동한 전쟁사 연구가로서 독일국민에게는 군사문제 해설가였고 장군참모부將軍參謀部/Generalstab에게는 민간인 비평가였다. 그는 자신이 활동한 모든 분야에서 현대의 군사사상에 큰 공적을 남겼다. 특히 그의 《병법사兵法史》는 독일학계의 기념비적인 작품일 뿐 아니라 그 시대 군사이론가들에게는 귀한 지식의 보고寶庫였다. 독일국민은 특히 그가 제1차 세계대전 기간 동안 《프로이센 연보年報 Preussische Jahrbücher》에 게재했던 군사문제 평론을 통해 당시 장군참모부가 직면해 있었던 기본적인 전략문제를 이해할 수 있었다. 또한 몰트케Moltke 시대 이후 독일군을 지배하고 있던 전략적 사고思考는 전쟁 중과 전쟁 후에 그가 발표한 독일군 최고지휘부에 대한 비평문批評文들로 인해 재평가를 받았다.

독일 군사지도자들은 전쟁사를 통해 얻을 수 있는 교훈들을 중시重視했고 특히 19세기에 그런 경향이 강했다. 클라우제비츠Clausewitz는 역사적 실례實例들을 통한 전쟁의 이해를 이상적 방법으로 보았고 몰트케와 슐리펜Schlieffen은 전쟁사의 연구를 장군참모부의 주요 책무로 부여했다. 그러나 군인들에게 도움이 될 수 있는 역사기록은 정확한 기록이어야 했고 그러려면 과거의 군사적 사건을 둘러싸고 형성된 오해誤解와 신화神話들이 제거되어야 했다. 19세기 전반에 걸쳐 랑케Leopold von Lanke의 영향을 받은 독일 학자들은 역사적 진실을 감싸고 있는 전설傳說의 넝쿨을 거두어 내는 일에 주력했다. 그러나 새 과학적 방법이 과거 군사기록에 적용될 수 있었던 것은 델브뤼크의 《병법사兵法史》가 등장한 이후의 일이며 이 점이 바로 그가 현대 군사사상軍事思想에 남긴 공헌이다.

---

1) 크레이그Gordon A. Craig, "전쟁사 연구가 델브뤼크Delbrück: The Military Historian," 파레트Peter Paret 편編, 《현대 전략의 창시자: 마키아벨리 시대에서 핵무기 시대까지 Makers of Modern Strategy : From Machiavelli to the Nuclear Age》, 프린스톤: 프린스톤 대학교 출판부: 서기 1986년, 326~353쪽.

하지만 델브뤼크의 공적은 여기에 그치는 것이 아니다. 19세기를 거치는 동안 정부의 기반은 확대되었고 서방세계는 행정 각 분야에서 일반적으로 국민들의 목소리가 커졌다. 이제 군사문제 통제를 소수 지배계층의 특권으로 여기던 시대는 끝났다. 프로이센에서 군사예산을 둘러싸고 벌어졌던 서기 1862년의 치열한 논쟁은 장차 군사행정문제에 관한 국민의 희망이 존중되지 않을 수 없게 되는 신호탄이었고 이제 국가 안전과 군사력 유지를 위해서는 일반국민들이 군사문제를 올바로 평가할 수 있게 하기 위한 교육이 중요 과제가 되었다. 장군참모부의 각종 군사간행물은 군사용으로 뿐 아니라 일반인들도 읽도록 제작되었지만 직업 군인들의 글은 개별적인 전쟁이나 전역戰役들에 대한 설명으로 일반 독자에게는 너무 전문적이었다. 일반국민들이 군사문제를 이해할 수 있게 하기 위한 글이 필요했고 델브뤼크가 이 과제를 맡았다.2) 그는 자신의 모든 글에서 자신을 독일국민들을 위한 군사문제 교사教師로 자처했다. 그는 특히 제I차 세계대전 중에는 전쟁 진행에 관한 논평을 《프로이센 연보年報》에 매달 게재하며 가용한 자료들을 근거로 독일군 최고지휘부와 적敵의 전략을 독일국민들에게 설명해 주었다.

후기의 델브뤼크는 당시의 군사제도와 전략적 사고思考에 대한 매우 날카로운 비평가가 되었다. 그는 옛 군사제도 연구를 통해 어느 시대이건 전쟁과 정치는 밀접한 관계에 있고 군사전략은 정치전략과 손을 잡고 가야 한다는 사실을 밝혀 냈다. 클라우제비츠는 이미 그런 진리를 주장하며 "전쟁에는 자체의 문법文法은 있다고 볼 수는 있지만 자체의 논리는 없다"면서 전쟁이란 "다른 수단에 의한 국가정책의 연장"임을 강조했다. 그러나 이런 클라우제비츠의 견해를 오해하고 그가 마치 군대 지휘는 정치적 제약에서 해방되어야 한다고 주장한 것처럼 말한 사람들이 너무 흔했다. 그러나 델브뤼크는 다시 클라우제비츠의 본래 교리敎理로 돌아가 전쟁수행과 전략수립은 국가 정책목표에 따라 제어되어야 하며 전략적 사고思考가 융통성을 잃고 독단적이 되면 아무리 찬란한 전술적 성공도 정치적 재앙을 초래할 수 있다고 보았다. 전쟁 기간에 그가 발표한 글들은 역사가의 글이라기보다 비평가의 글에 가까웠다. 그는 최고지휘부의 전략적 사고思考가 국가의 정치적 요구와 역방향으로 가고 있음을 확신하자 평화협상의 강력한 주창자主唱者 대열에 섰다. 전쟁 종료 후 서기 1918년 제국의회帝國議會가 독일의 패망 원인에 대한 조사에 착수했을 때 델브뤼크는 전쟁 후반 독일 군사정책과 전략을 주도한 루덴도르프Ludendorff의 전략을 매우 혹독하게 비판했다. 물론 그의 비판은 역사의 연구를 통해 얻은 교훈에 기초한 것이었다.

---

2) 델브뤼크, "전쟁사론戰爭史論 Etwas Kriegsgeschichtliches," 《프로이센 연보年報 *Preussische Jahrbücher*》, 제60권(서기 1887년), 607쪽.

I. 델브뤼크의 생애

델브뤼크의 생애에 대한 상세한 소개는 생략하고 아주 간단한 소개로 그치려 한다.3) 그는 서기 1920년에 스스로 자신의 생애를 간단히 요약해서 "나는 관리와 학자 집안에서 태어났고 외가外家는 베를린 가문이었다. 나는 전쟁에 참전한 적이 있는 예비역 장교다. 나는 프리드리히 황제가 황태자였던 시절 5년간 궁중宮中에서 지낼 기회가 있었다. 나는 의회 의원을 지낸 적이 있고, 《프로이센 연보年報》 편집인으로 출판계에 몸담고 있었고 학자가 되었다"고 했다.

델브뤼크는 서기 1848년 11월 베르겐Bergen에서 태어났다. 부친은 지방판사地方判事였고 외조부가 베를린 대학교 철학교수였다. 그의 조상 중 신학자神學者도 있었고 법률가도 있었으며 학자도 있었다. 그는 그리이프스발트Greifswald에서 초등교육을 받고, 대학교육은 하이델베르크Heidelberg와 그라이프스발트 그리고 본Bonn에서 받았으며, 일찍이 역사학에 흥미를 갖고 노르덴Noorden, 셰퍼Schäfer, 지벨Sybel 등의 강의를 수강했는데 이들은 모두 랑케가 학계에 남긴 새로운 학문적 태도에 깊은 영향을 받은 학자들이었다. 그는 22세 때 본 대학교 학생으로 보불전쟁普佛戰爭에 참전했다 발진티푸스에 걸려 후송되었고 병세가 회복된 후에 대학으로 복귀해 서기 1873년에 지벨 교수의 지도하에 11세기 게르만 연대기年代記 작가인 람베르트Lambert von Hersfeld에 관한 논문으로 박사학위를 받았다. 그는 람베르트의 기록에 대한 투철한 분석을 통해 예리한 비판적 통찰력을 처음 세인世人들에게 보여주었으며4) 그의 예리한 비판적 통찰력은 이후 그의 모든 역사 저술들의 특징을 이루게 된다.

그는 서기 1874년 바덴Baden의 프란쯔Franz von Roggenbach 목사牧師의 도움으로 포로이센 황태자의 아들 발데마르Waldemar 왕자의 개인교사로 임명되었고 5년간 궁중생활을 하면서 그 시대의 정치문제에 대한 안목을 갖추고 군사문제에도 관심을 갖게 되었다. 그는 예비역 장교 연례소집에 응해 서기 1874년 봄 뷔르템베르크Würtemberg에서 기동훈련에 참가했을 때 뤼스토프Friedrich Wilhelm Rüstow의 《보병사步兵史 Geschichte der Infanterie》를 읽었다. 뤼스토프는 전직 프로이센 장교로 서기 1848년~1849년 간 정치활동에 참여한 죄에 대한 처벌을 피하려면 국외로 망명하지 않을 수 없었던 인물로 서기 1860년에는 시실리에서 가리발디Garibaldi의 참모장으로 복무한 적도

---

3) 델브뤼크는 그의 《병법사兵法史》, 제I편, 제1판의 서문과 《전쟁과 정치, 서기 1914년~1918년 Krieg und Politik, 1914 bis 1918》(베를린, 서기 1919년), 제III편, 225쪽에서 자신의 생애에 대해 간단히 소개해 놓았다. 《독일 전기문학傳記文學 연보年報 Deutsches biographisches Jahrbuch》(서기 1929)에 수록된 지쿠르쉬J. Ziekursch의 글도 참고할 것. 델브뤼크의 생애를 가장 잘 설명해 놓은 글은 슈미트Bernadotte Schmitt 편編, 《현대 유럽의 역사가들Some Historians of Modern Europe》(시카고, 서기 1942년, 100~127쪽)에 수록되어 있는 바우어Richard H. Bauer의 글이다.
4) 델브뤼크, 《람베르트의 기록에 대한 신뢰성 연구 Über die Glaubwürdigkeit Lamberts von Hersfeld》(본, 서기 1873년). 바우어, 위의 논문, 101쪽 참고.

있고 스위스 장군참모부의 창설요원으로 복무한 적도 있다.5) 후일 델브뤼크는 이 《보병사步兵史》를 읽은 것이 그의 경력의 전환점이 되었다고 말한 적이 있으나 그가 전쟁을 깊이 연구하기 시작한 것은 페르츠Georg Heinrich Pertz가 시작했던 그나이제나우Gneisenau 원수元帥의 비망록 등 관련문헌에 대한 편집 작업을 이어받아 마무리 할 기회를 얻은 서기 1877년 이후다. 그는 나폴레옹의 침략에 대한 해방전쟁의 역사에 몰두할 당시 한편으로는 나폴레옹과 그나이제나우의 전략적 사고思考와 다른 한편으로는 카를Karl 대영주大領主, 웰링톤Wellington 및 슈바르쩬베르크Schwarzenberg의 전략적 사고思考 사이에는 근본적 차이가 있음을 발견했다. 그는 그나이제나우 원수元帥의 관련 문헌들에 대한 편집 작업에 이어 그의 전기傳記를 쓰면서6) 앞서 발견한 전략적 사고思考의 차이를 더 분명히 구분할 수 있었고 19세기 전략은 일반적으로 과거 전략과 현저히 다르다는 점을 감지할 수 있었다. 그는 클라우제비츠의 글을 처음 읽은 후 프리드리히 황제의 궁중에서 근무하는 장교들과 이에 대해 많은 토론을 벌였고 이런 과정에서 전략과 군사작전을 결정하는 기본요소에 대한 관심이 커지면서 이를 스스로 찾아보기로 결심했다.

서기 1881년에 발데마르 왕자가 죽은 후 그는 어려운 과정을 거쳐 학자로서의 삶을 시작했다. 그는 서기 1881년에 교수자격 하비리타치온Habilitation을 획득했으나 베를린 대학교에서 서기 1866년 전역戰役을 주제로 했던 첫 강의는 대학 당국의 반대에 봉착했다. 강의 주제가 현재의 문제라는 점과 그에게 전쟁사를 강의할 권한이 없다는 점 때문이었다. 이 젊은 학자는 처음에는 고집을 부렸지만 곧 좀 먼 역사시대로 관심을 돌려서 처음에는 봉건체계 시작 이후의 병법사兵法史를 강의했고 그 후 더 먼 과거시대로 소급해 올라가 페르시아 전쟁으로부터 로마 세계가 몰락하기까지의 시대를 연구했다. 그는 고대와 중세 사료들에 대한 체계적 연구를 시작한 후 ‘페르시아 전쟁’, ‘페리클레스Pericles와 클레온Cleon의 전략’, ‘로마군의 마니플 전술’, ‘초기 게르만족의 군사제도’, ‘스위스와 부르고뉴 간의 전쟁’ 및 ‘프리드리히 대왕과 나폴레옹의 전략’ 등을 주제로 논문論文들을 발표했고 이와 동시에 학생들에게는 어느 시대에 대해서이건 모두 치밀한 연구를 하도록 독려했다. 이런 강의와 논문들은 《병법사兵法史》라는 명저名著의 기초가 되었고 이 책 제I편, 제1판은 서기 1900년에 탄생했다.7)

---

5) 뤼스토프에 관해서는 외츨리Oechsli, 《독일 전기傳記 총서叢書 *Allgemeine Deutsche Biographie*》, 제30권, 34쪽 이하; 헤르베Marcel Herwegh, 《기욤므 뤼스토프*Guilaume Rüstow*》(파리, 서기 1935년); 라프Georges Rapp·호퍼Viktor Hofer·야운Rudolf Jaun 공저共著, 《스위스 장군참모부*Der schweizerische Generalstab*》, 총3편(바젤Basel, 서기 1983년), 특히 제3편 등을 참고할 것.
6) 델브뤼크, 《그나이제나우 전기傳記 *Das Leben des Feldmarschalls Grafen Niedhardt von Gneisenau*》, 베를린, 서기 1882년.
7) 《병법사兵法史-정치사政治史의 범주 내에서 *Geschichte der Kriegskunst in Rahmen der politischen Geschichte*》(베를린, 서기 1900년~1919년). 현재 이 책은 총 7편으로 되어 있지만 델브뤼크 자신의 글은 제I편에서 제IV

델브뤼크는 학계가 무심한 주제에 몰두하고 정치가와 평론가로 활동하며(1882년~1885년 자유보수파 의원으로 프로이센 지방의회Landtag에서 활동했고, 1884년~1890년 독일 제국의회Reichtag 의원으로 활동했고, 1883년~1890년 《프로이센 연보年報》 편집위원위원으로 활동하다 이후 단독편집인이 된다) 제국의 정책을 크게 비판하기도 했으므로[8] 학문적 업적에 합당한 대우는 못 받았다. 그는 서기 1895년에야 교수가 된다. 대학문제 담당관인 문화교육상文化敎育相 알토프Friedrich Althoff는 그를 베를린 대학교의 신설 직위인 객원교수客員敎授/ausserordentliche Professur로 임명했다. 1년 후 트라이츠테Treitschke의 뒤를 이어 보편세계사普遍世界史를 강의할 정교수正敎授/Ordinarius가 되었지만 끝내 학장學長/Rektor은 되지 못했고 학술원 회원으로 선출되지도 못했다. 이런 자리들은 모두가 그와 어깨를 견줄만한 작품을 쓰거나 활동을 하지는 못한 동료교수들에게 돌아갔다.[9]

II. 델브뤼크의 《병법사兵法史》와 역사학 방법론

그의 《병법사兵法史》는 제I편이 출간된 날부터 불같은 비판의 표적이 되었다. 고전시대 연구가들은 헤로도투스를 소홀히 보는 것을 비난했고, 중세시대 연구가들은 봉건체제의 기원에 관한 견해를 공격했으며, 영국의 애국적인 학자들은 장미전쟁薔薇戰爭에 소홀했다고 화를 냈다. 델브뤼크는 후판後版 각주脚註들에서 이런 비판에 대해 해명했지만 학계의 분노는 계속 되었다. 그러나 이 책 주요 내용은 전문가들의 공격에 흔들리지 않았고 바이마르공화국 시대 국방상인 그뢰너Wilhelm Groener 장군과 저명한 사회주의 평론가 메링Franz Mehring 등 폭 넓은 지지자들이 그를 지지했다. 그뢰너 장군은 그의 책을 "참으로 탁월한" 책이라고 했고,[10] 메링은 "20세기에 부르주아 독일 역사문헌 중 가장 뛰어난 작품"이라고 했고, 소련蘇聯 국방성에서 간행한 이 책 완역본完譯本, 제I편, 서문에서 보카로프K. Bocarov는 "방대한 참고자료와 깊은 내용으로 이 분야에서 가장 위대한 작품"이라고 했다.[11]

편까지 4개 편 뿐이다. 제V편(서기 1928년) 및 제VI편(서기 1929년)은 다니엘스Emil Daniels의 글이며, 제VII편(서기 1936년)은 다니엘스와 하인츠Otto Haintz의 공저共著이다. 우리가 다루게 될 내용은 델브뤼크의 원작 4개 편이며 모든 인용구는 각 편 제1판들을 기준으로 했다. 제I편은 서기 1920년에 제3판까지, 제II편은 서기 1921년에 제3판까지, 제III편은 서기 1923년에 제2판까지 그리고 제IV편은 서기 1920년에 제1판까지 각각 나왔지만 어느 경우건 제1판들 이후에 내용상 근본적인 차이는 없다. 제I편에서 제IV편까지는 서기 1962년~1966년(1962년-제IV편, 1964년-제I편 및 제III편, 1966년-제II편)에 베를린에서 영인본으로 재간再刊 되었다. (역자 주: 각 판본의 출판년도는 필자가 가지고 있는 저본底本의 내용에 따라 약간씩 수정된 것이다.)

8) 그의 정책비판에 대해서는 특히 티메Annelise Thimme 편編, 《빌헬름 황제 시대의 비평가 델브뤼크Hans Delbrück als Kritiker der Wilhelminischen Epoche》, 뒤쎌도르프Düsseldorf, 서기 1955년.

9) 벨러Hans-Ulrich Wehler 편編, 《독일의 역사가Deutsche Historiker》(괴팅겐, 서기 1972년), 제IV편, 42쪽 이하에 수록되어 있는 힐그루버Andreas Hillgruber의 "델브뤼크Hans Delbrück"란 논문을 볼 것.

10) 다니엘스Emil Daniels·륄만Paul Rühlmann 공편共編, 《시대의 직조기織造機 델브뤼크의 80회 생일 축하 논문집 Am Webstuhl der Zeit, eine Erinnerungsgabe Hans Delbrück dem Achtzigjährigen…dargebracht》(베를린, 서기 1928년), 35쪽 이하에 수록된 그뢰너의 "델브뤼크와 군사학 Delbrück und die Krigswissenschaften".

《병법사兵法史》, 제I편은 페르시아 전쟁부터 로마군 전투의 최절정기인 시저 시대까지의 병법兵法을 다루었다. 제II편은 주로 초기 게르만 시대를 다루었지만 로마 군사제도의 몰락, 비잔틴 제국의 군대조직과 봉건체계의 기원도 함께 다루었다. 제III편은 중세에 전술과 전략이 실종되다시피 한 현상을 다루었고 스위스 -부르고뉴 전쟁 당시의 전술조직 부활에 대한 설명으로 끝을 맺었다. 제IV편은 나폴레옹 시대까지의 전술적 방법과 전략적 사고思考의 발전과정을 다루었다.

프루스트Proust의 《게르망트 쪽Le Côté de Guermantes》(역자 주: 대하소설 《잃어버린 시간을 찾아서A la recherche du temps perdu》의 일부)에는 "전쟁사 연구가의 글을 보면 극히 사소한 사실과 사건들은 분석이 필요한 어떤 개념이 겉으로 드러난 자취에 불과할 뿐 이 개념의 분석을 통해 때로는 마치 양피지 위의 덧 쓰인 글 밑에 숨겨져 있던 옛 글의 모습이 드러나듯이 다른 개념들의 모습이 드러나기도 한다"는 한 청년장교의 말이 있다. 이는 전쟁사에 관한 델브뤼크의 생각을 꽤 정확히 묘사한 말이다. 그의 관심은 옛 전쟁사 기록에 뒤섞여 있는 사소한 내용보다 일반적인 개념과 추세를 발견해 내는 데 있었다. 그는 제I편, 서문에서 자신의 의도가 완벽하고 포괄적인 병법사兵法史를 기술하는 데 있는 것이 아님을 강조했다. 그런 작업에는 "집체훈련 및 그 구령口令에 관한 세부사항, 무기의 조작 기술, 군마軍馬를 다루는 방법 및 심지어 항해航海에 관한 모든 내용들까지 다 포함되었어야 했을 것이다. 하지만 필자는 그런 문제들에 대해 특별히 설명할 새로운 사실을 알고 있지도 못하며 그런 문제들 중에는 심지어 그것이 무엇인지 조차 모르는 것도 있다"고 했다.12) 그의 목적은 《병법사兵法史-정치사政治史의 범주 내에서 Geschichte der Kriegskunst in Rahmen der politischen Geschichte》라는 책 제목에 정확하고 충분히 표현되어 있다.

델브뤼크는 이 책 제IV편, 서문에서 이런 문제를 아주 자세히 설명했다. 그의 기본 목적은 국가조직 및 정치와 전술 및 전략의 관계를 밝히는 것이었다. 그는 자신이 "국가조직 및 정치가 전술 및 전략과 상호작용을 한다는 점을 분명히 인식함으로써 이런 여러 요소들의 맥락 속에서 세계사世界史를 이해할 수 있었고 그로 인해 과거에는 숨겨져 있어서 이해하지 못했던 많은 부분들을 명확히 알 수 있게 되었다. 이 책의 집필 동기는 병법사兵法史 자체가 아니라 세계사에 대한 이해였다. 현역군인들이 이 책을 읽고 이 책에서 어떤 자극을 받는다면 필자는 그저 만족하고 자랑으로 여길 수 있을 것이다. 그러나 이 책은 어디까지나 한 역사가가 역사를 사랑하는 사람들을 위해 쓴 책이다."라고 했다.13)

---

11) 메링, "병법사兵法史", 《새 시대Die Neue Zeit》, 증보판, 제4권, 서기 1908년 10월, 2쪽. 메링, 《전집全集 Gesammelte Schriften》, 제1편(베를린, 서기 1959년). 《병법사兵法史》의 러시아어 번역본에 대해서는 1962년 이 책 제IV편의 영인본을 출간할 당시 앞에 수록한 하인츠Otto Heintz의 서문을 볼 것.

12) 델브뤼크, 《병법사兵法史》, 제I편, xi쪽(역자 주: 이 번역본, xii쪽).

그러나 이와 동시에 델브뤼크는 과거의 전쟁들로부터 어떤 일반적인 결론을 끄집어 낼 수 있기 전에 그 전쟁에서 어떻게 서로 싸웠는지를 역사가는 가능한 최대로 정확하게 밝혀내야 한다는 것을 알고 있었다. 델브뤼크가 옛 전역戰役의 "사소한 사건"들과 "사소한 사실"들과 씨름을 하지 않을 수 없었던 것은 바로 다른 역사가들도 관심을 지니고 있는 일반적 개념들을 찾아내는 것이 그의 의도였기 때문이었다. 자신의 의도는 아니었지만 그런 사소한 사실들에 대한 그의 재평가는 역사가들뿐 아니라 군인들에게도 큰 도움을 주었다.

우리는 "사실"들은 사료기록에서 찾아보지 않을 수 없다. 그러나 많은 전쟁사 사료들은 신뢰성이 없음이 분명하며 "목욕탕 잡담이나 부관副官들의 한담"보다 낳을 것이 없었다.14) 현대 역사가들은 이런 기록들을 어떻게 검증해야 할 것인가?

델브뤼크는 몇 가지 가능한 방법이 있다고 믿었다. 옛 전투의 현장을 알 수 있다면 그는 역사기록의 검증을 위해 현대의 모든 지형학 지식들을 활용해 볼 수 있다. 또한 옛 무기와 장비의 형태를 알 수 있다면 그는 이 전투의 전술을 논리적 추론을 통해 재현해 낼 수 있다. 각종 무기를 위한 전술규칙은 확인 가능한 것이기 때문이다. 또한 현대전투 연구를 통해 옛 전투 연구에 유용한 수단을 얻을 수도 있다. 현대전투를 통해 병사의 평균적 행군능력이나 말의 평균적 화물 수송능력이나 대규모 병력집단의 기동능력을 알 수 있기 때문이다. 나아가 신뢰성 있는 사료기록이 남아있어 초기 전투의 모습을 거의 정확하게 알 수 있는 전역戰役이나 전투들도 가끔 발견된다. 정확한 기록이 있는 스위스-부르고뉴 전쟁의 전투나 헤로도투스의 기록이 유일한 기록인 마라톤 전투는 모두가 한 편은 말을 탄 기병과 궁수들이 다른 한 편은 백병전 무기로 무장한 보병이 서로 싸운 전투였고 두 전투에서 모두 보병이 승리했다. 따라서 스위스-부르고뉴 전쟁의 그랑손Granson 진투와 무르텐Murten 선두 빛 낭시Nancy 전투에서 마라톤 전투에 적용될 수 있는 결론을 얻어낼 수 있음이 분명하다.15) 델브뤼크는 이런 방법들을 총칭해서 객관적 비판Sachkritik이라는 이름을 붙였다.16)

개관적 비판 방법이 적용된 예는 몇 가지만 소개하면 충분할 것이다. 델브뤼

---

13) 같은 책, 제IV편, 서문.

14) 같은 책, 제I편, 377쪽(역자 주: 이 번역본, 527쪽).

15) 델브뤼크는 이 마지막 방법을 페르시아 전쟁에 대한 그의 첫 번째 연구인 《페르시아 전쟁과 부르고뉴 전쟁*Die Perserkriege und die Burgunderkriege*》(베를린: 월터 아폴란 출판사Walther und Apolant 〈현재는 그 후신인 헤르만 헤르만 발터 출판사Hermann Walther, 1887년)에서 적용했다.

16) 델브뤼크, 《병법사兵法史》, 제I편, 서문. (역자 주: 객관적 비판 또는 즉물적卽物的 비판Sachkritik이란 객관적인 상황 분석에 의존하는 비판을 말한다. 이와는 달리 사료史料 기록상의 문언文言만을 중시하는 비판을 사료적 비판Quellenkritik, 문헌학적文獻學的 비판philologischekritik 또는 문언적 비판Wortkritik이라고 하는데 델브뤼크는 이 두 종류의 연구방법이 상호 배척관계에 있는 것은 아니며 통합적인 과학적 비판에 있어서는 동시에 사용되어야 한다고 보았다.)

크는 옛 전쟁 참여 병력을 검토해 본 후 매우 놀라운 결론을 얻을 수 있었다. 헤로도투스에 의하면 다리우스Darius의 아들인 크세르크세스Xerxes가 기원전 480년 그리스를 침공했을 때 거느리고 온 병력은 전투원만 2,641,610명이었고 그 이상의 많은 선원과 하인 그리고 숙영지 동반인원이 있었다고 한다.17) 그러나 델브뤼크는 이를 신뢰성 없는 수치로 보고 "현재의 독일군 행군대형에서는 30,000명 규모의 1개 군단의 행군장경行軍長徑이 후방보급부대를 제외하고 3마일(약 22km)에 이른다. 이 기준에 의하면 페르시아 군 행군장경은 420마일(3,150km)에 달했을 것이며 선두가 테르모필레Thermopylä/Thermopylae 에 도착했을 때쯤 그 후미는 티그리스Tigris 강에도 훨씬 못 미친 수사Susa를 겨우 지나고 있었을 것이다"라고 했다.18)

이 놀라운 사실이 실제였음이 입증될 수 있다고 해도 전투가 벌어진 현장에는 헤로도투스가 말한 큰 병력이 전개할 공간이 없었다. 예를 들어 마라톤 평원은 "너무 좁아서 50년 전쯤 이곳을 방문했던 한 프로이센 장군참모부 장교는 프로이센군 1개 여단旅團이 부대훈련을 실시할만한 공간도 못 됨을 알고 꽤 놀랐다고 했다"19) 델브뤼크는 우선 고대 그리스 인구에 대한 현대의 조사결과를 기초로 기원전 490년에 마라톤에서 페르시아 함대 사령관 다티스Datis가 이끌고 온 병력과 대치했던 그리스군 병력을 약 12,000명으로 보았다. 그러나 헤로도투스는 (그리스군의 병력수를 언급하지는 않았지만 페르시아군의 전사자戰死者 규모를 6,400명이라고 했고) 그리스군보다 페르시아군의 병력이 훨씬 컸다고 했으므로20) 결국 마라톤 전투에 참여한 페르시아군의 규모는 적어도 프로이센 장교가 말한 1개 여단보다는 꽤 큰 규모였다는 말이 된다.

그러나 지금 말한 것들만 헤로도투스가 페르시아군의 병력수를 과장해서 말한 것으로 믿어야 할 이유는 아니다. 마라톤 전투에서 싸운 그리스군은 원시적인 팔랑스Phalanx 대형으로 정렬해서 싸우는 방법이나 훈련 받았지 전술적 기동능력은 없었던 시민군市民軍이었다. 반면에 페르시아군은 직업군인들이었고 이들이 용맹한 병사들이었다는 것은 그리스인들의 기록에서도 인정하고 있는 사실이다. 따라서 델브뤼크는 "만일 이 두 특징이 ―거대한 집단이었다는 특징 및 용감하고 노련하다는 특징― 모두가 옳은 것이라면 우리는 페르시아 전쟁에서 그리스인들이 거둔 연속적 승리에 대해 납득할 만한 설명을 할 수 없게 된다. 두 가지 중 어

---

17) 《역사Historiai》, 제Ⅶ편, 184~187쪽.

18) 《병법사兵法史》, 제Ⅰ편, 10쪽(역자 주: 이 번역본, 9쪽).

19) 델브뤼크, 《역사에서 수치數値 Numbers in History: Two lectures Delivered before the University of London》 (런던: 호더 스토그튼 출판사Hodder and Stoughton 및 워윅 스퀘어 출판사Warwick Square, 서기 1903년, 24쪽.

20) 《역사Historiai》, 제Ⅵ편, 109~116쪽. (역자 주: 제3판에서는 본문의 두 수치가 각각 13,000명과 6,500명으로 수정되어 있다)

느 하나만 옳을 수 있다. 그러나 지금으로 보아서는 분명히 페르시아인들의 장점은 수적數的인 면보다는 질적質的인 면에서 찾아보아야 한다”고 보았다.21) 그는 페르시아 전쟁 당시에 페르시아군은 헤로도투스가 말한 엄청난 병력으로 그리스를 침공한 것이 아니라 병력수가 그리스군보다 적었다는 결론을 내렸다.

헤로도투스의 기록은 오래전부터 의심을 받던 기록이며 결코 델브뤼크가 처음 그의 기록을 의심한 것은 아니다. 델브뤼크의 진짜 공헌은 이런 체계적 방법을 페르시아 전쟁에서 나폴레옹 전쟁까지 각 전쟁에 관한 구체적 수치 분석에 적용한 점이다. 그는 시저의 골Gaul/Gaul 전역戰役을 논할 때도 시저는 상대방 병력을 정치적 이유로 크게 과장했음을 분명히 입증했다. 시저의 기록에 의하면 헬비티아Helvetia족(역자 주: 지금의 스위스 일대의 부족)은 대이주大移住 때 인구가 368,000명에 달했고 3개월분 식량을 갖고 있었다 했지만 델브뤼크에게는 이 수치가 우화寓話에 불과한 것으로 보였다. 그는 특히 헬비티아족 식량에 관한 시저의 말 자체가 그 자신의 말이 허구임을 입증한다고 보았다. 델브뤼크는 그 정도 식량을 수송하려면 8,500대 정도의 수레가 필요했을 것이며 그 당시 도로 사정으로 그런 큰 보급대열의 이동이 불가능한 일이라고 보았다.22) 그는 또한 훈Hun족의 유럽 침공을 논할 때도 아틸라Attila의 병력수에 관한 기록을 몰트케Moltke 원수元帥가 서기 1870년 전역戰役에서 겪었던 어려움과 비교해서 부인할 수 있었다. 그는 “그런 큰 병력을 질서 있게 이동시키는 일은 철도와 도로와 전신電信과 참모조직이 구비되어 있는 시대에도 지극히 힘든 일이다…몰트케가 불과 50,000명 병력을 같은 경로를 따라 이동시키는데도 그렇게 어려움을 겪었는데 어떻게 아틸라는 700,000명 병력을 이끌고 게르만 지역에서 라인강을 넘어 프랑스의 샤롱Charons 평원까지 이동할 수 있었다는 말인가? 한쪽의 수치가 다른 쪽 수치의 검증기준이 된다”고 했다.23)

수치 검증에 관한 그의 관심은 골동품 감상 같은 것이 아니었다. 한때 독일군에서는 역사를 통해 교훈을 얻으려는 노력이 있었는데 이때 그는 신화神話들의 허구성을 깨뜨려 놓음으로써 그들이 역사로부터 잘못된 결론을 끄집어 내지 않도록 도움을 주었다. 실제의 전쟁이나 전쟁연구에서 수치는 극도로 중요한 요소이다.24) 델브뤼크는 “만약 1,000명의 병력이 순조롭게 행군한 거리를 10,000명의 병력이 같은 시간에 행군했다면 이는 상당한 업적이겠지만 50,000명 규모의 병력이 그런 일을 해내려면 탁월한 병법兵法이 있어야 하며 병력 규모가 100,000명에

---

21) 《병법사兵法史》, 제I편, 39쪽(역자 주: 이 번역본, 58쪽).
22) 같은 책, 제I편, 427쪽(역자 주: 이 번역본, 583쪽).
23) 《역사에서 수치數値》, 18쪽.
24) 그뢰너 장군은 이런 면에서 델브뤼크의 공헌을 공개적으로 인정했다. “델브뤼크와 군사학 Delbrück und die Krigswissenschaften”, 38쪽.

이른다면 그런 일을 도저히 해낼 수가 없다"고 했다.25) 우리는 관련 수치를 정확히 판단할 수 없다면 옛 전역戰役들을 통해 아무런 교훈도 얻을 수 없게 된다.

객관적 비판Sachkritik은 다른 용도에도 쓰였다. 델브뤼크는 이를 통해 개별 전투들도 논리적으로 재현시킬 수 있었고 이런 성과는 독일 장군참모부의 전사과戰史課에 깊은 영향을 끼쳤다. 그뢰너 장군은 포위기동을 가능케 했던 사선전투대형斜線戰鬪隊形의 기원起源에 관한 그의 연구결과를 높이 평가했다.26) 기원전 216년 칸네 전투 당시 포위기동에 대한 그의 과학적 설명이 슐리펜Schlieffen 원수元帥의 이론에 큰 영향을 미쳤음은 널리 알려진 사실이다.27) 델브뤼크가 옛 전투의 구체적 내용들을 재현하는 데 사용한 방법의 가장 좋은 예는 아마도 마라톤 전투에 대한 설명일 것이다. 그는 "쌍방의 무장과 전투방법만 알면 현지 지형은 지금 우리가 그 경과를 대략이라도 재현해 보려는 이 전투의 성격을 알 수 있는 중요한 증거가 된다. 전투의 결말이 분명하기 때문이다"라는 그의 신념을28) 가장 선명하게 보여준 전투가 바로 마라톤 전투이다.

마라톤 전투에서 그리스군은 중무장한 보병으로 구성되어 원시적인 팔랑스 대형으로 정렬했었고 서서히 전진할 수 있는 기동능력밖에는 없었다. 그들과 대치했던 적敵은 숫자는 비록 적었지만 고도로 훈련된 궁수弓手와 기병들이었다. 헤로도투스의 기록에 의하면 그리스군은 약 5,480ft 정도의 마라톤 평원을 가로질러 돌격해서 페르시아군 전투선戰鬪線 중앙을 돌파한 결과 이 전투에서 승리했다고 한다. 그러나 델브뤼크는 그런 전투는 물리적으로 불가능하다고 보았다. 현대 독일군의 훈련규정에 의하면 완전군장을 착용한 병사가 뜀걸음으로 이동할 수 있는 시간은 단 2분分이며 거리로는 약 1,080~1,150ft에 불과하다. 당시의 아테네 병사들의 무장은 현대 독일병사들보다 가볍지는 않았고 그들에게는 그 외에도 두 가지의 불리한 점이 있었다. 그들은 직업군인들이 아닌 시민병市民兵들이었고 대개 현대군대에서 요구하는 연령을 초과한 자들이었다. 더욱이 그들의 팔랑스 대형은 큰 병력이 밀집정렬한 대형으로 빠른 이동은 불가능했다. 이런 군대가 그렇게 먼 거리를 뜀걸음으로 돌격하려면 팔랑스 대형은 해체되어 조직 되지 못한 오합지졸로 변했을 것이며 이때 페르시아의 직업군인들은 이들을 별 어려움 없이 쓰러뜨릴 수 있었을 것이다.29)

---

25) 델브뤼크, 《병법사兵法史》, 제I편, 39쪽(역자 주: 이 번역본, 7쪽).
26) "델브뤼크와 군사학 Delbrück und die Krigswissenschaften", 38쪽.
27) 델브뤼크, 《병법사兵法史》, 제I편, 290~311쪽(역자 주: 이 번역본, 387~418쪽. 제IV편, 서문도 참고할 것). 슐리펜, 《칸네Cannä》(베를린, 서기 1925년), 3쪽.
28) 델브뤼크, 《병법사兵法史》, 제II편, 80쪽(역자 주: 이 번역본, 66쪽). 그는 이런 방법을 마라톤 전투뿐만 아니라 토이토부르크 숲Teuteburg Wald 전투의 재현에도 사용했다.

결국 헤로도투스가 말한 그리스 전술은 불가능한 말이었다. 더욱이 그리스 팔랑스 대형은 측면이 취약해서 개활지에서 싸웠다면 페르시아 기병에 의해서 바로 포위되었을 것이다. 델브뤼크는 이 전투가 마라톤 평원 자체에서 있을 수 있는 전투는 아니고 산과 숲이 그리스군 측면을 포위에서 보호해 줄 동남쪽 작은 계곡에서 벌어진 것이 분명하다고 보았다. 헤로도투스는 양측이 수일 동안 교전을 미루었다 했는데 이는 아테네군 지휘관 밀티아데스Miltiades가 강력한 진지를 점령하고 있었음을 말해주는 것이다. 그리스군 전술 형태를 볼 때 그들이 점령한 진지는 브라나Brana 계곡이었을 수밖에는 없다. 더욱이 이 진지는 아테네로 갈 수 있는 유일한 도로를 통제할 수 있는 위치였다. 페르시아군은 그리스군을 처치하고 아테네로 가지 않으면 전역戰役 자체를 포기할 수밖에 없었고 결국 전자를 택했나. 결국 이 전투에 대한 유일한 논리적 설명은 페르시아군은 병력도 열세한 데다 계곡에 포진한 적을 포위도 할 수 없는 상황에서 먼저 공격을 개시했고 이때 밀티아데스는 결정적 순간에 수세守勢에서 공세攻勢로 전환해 페르시아군의 중앙을 돌파함으로써 결국 평원에서 그들을 제압할 수 있었던 것이다.30)

델브뤼크의 《병법사兵法史》는 무심한 독자에게는 다른 책이나 마찬가지로 단편적인 전투기록을 그저 모아 놓은 책일 뿐이다. 그러나 델브뤼크는 그의 주요 목적 달성을 위해서는 전투 재현에 각고의 노력을 들이지 않을 수가 없었다. 그는 각 시대의 열쇠가 되는 전투에 대한 연구를 통해 학생들이 그 시대의 전술을 이해하면 이로부터 더 큰 문제도 다룰 수 있다고 보았다.31) 시대의 열쇠가 되는 전투는 그 시대의 표상表象일 뿐 아니라 군사학의 점진적 발전과정을 말하는 이정표里程標로서도 중요하기 때문이다. 어떤 면에서 델브뤼크는 프루스트의 《게르망트 쪽》에 등장하는 청년장교처럼 옛 전투는 "현재 전투의 기록이며 배움터이며 근원이며 표본"이리고 믿었던 것이다. 그는 긱 전투들을 새현시킴으로 선쟁사의 연속성을 발견하려 했고 객관적 비판Sachkritik 방법을 사용함으로 같은 주제에 관한 종전 연구에는 보이지 않는 통일된 의미를 그의 연구에 부여한 세 명제命題를 발전시켰다. 하나는 페르시아군에서 나폴레옹군에 이르는 전술형식 진화進化이

---

29) 만약 그리스군이 적의 화살 사정거리射程距離까지 접근한 후에 비로소 돌격을 시작했을 것으로 본다면 델브뤼크의 논거는 약화될 수도 있을 것이다. 그러나 헤로도투스는 분명히 그들이 "1마일 이상 거리를 뜀걸음으로 적에게 전진했다"고 했다(《역사Historiai》, 제VI편, 115쪽). 유리크Urich von Wilamowitz는 아르테미스Artemis의 여신女神은 그리스 병사들에게 이런 돌격을 충분히 실시할만한 힘을 주었다고 주장하면서 헤로도투스의 기록을 옹호했으며 신앙으로 인한 또는 여타 형태의 영감靈感에 의한 힘의 중요성을 과소평가 하는 학문적 태도를 비판했다. 크로마이어J. Kromayer 역시 유리크의 견해를 지지하는데 이 부분에 대해 델브뤼크는 《프로이센 연보年報》(121권, 158쪽 이하)와 《역사지歷史誌/Historische Zeitschrift》(95권, 1쪽 이하)에서 논쟁을 벌였다.
30) 델브뤼크, 《병법사兵法史》, 제I편, 41~59쪽(역자 주: 이 번역본, 61~73쪽).
31) 같은 책, 제I편, 417쪽(역자 주: 이 번역본, 573쪽).

며, 하나는 역사를 관철하는 전쟁과 정치의 상관성相關性이고, 또 하나는 모든 전략의 두 기본형식으로의 분화分化다.

전술조직 진화에 관한 그의 설명은 군사사상軍事思想에 관한 그의 중요 업적 중 하나로 평가되었다.[32] 로마군의 군사적 우월성은 병력의 전술적 조직화를 통해 얻어진 유연성과 정밀한 기동 때문임을 확신한 델브뤼크는 "고대병법사古代兵法史의 핵심"은 원시적 그리스 팔랑스가 로마군이 사용한 기술적으로 협조된 전술대형으로 점진적으로 변한 것이라고 주장했고[33] 또 이런 대형이 15세기 스위스-부르고뉴 전쟁 때 부활해서 나폴레옹이 유럽을 지배함으로 끝난 시기에 더 발전해서 완성된 것이 현대전쟁사의 눈부신 진보였다고 주장했다.

고대 전투사의 전환점은 칸네 전투였다.[34] 이 때 한니발의 카르타고군은 종전 어느 전투보다도 완벽한 전술로 로마군을 압도했다. 이때 궤멸된 로마군이 어떻게 재앙을 극복하고 카르타고군을 격퇴하고 고대세계의 군사패권을 장악했을까? 이 문제에 대한 해답은 팔랑스 대형의 진화에서 찾아 볼 수 있다. 칸네에서 로마군은 마라톤 전투 때 그리스군과 같은 형태로 정렬했지만 측면은 노출되고 후미병력은 본대와 별도로 기동할 능력이 없었으므로 카르타고 기병의 포위기동을 저지할 수 없었고 결국 한니발의 손아귀에 잡혔다. 그러나 칸네 전투 후 몇 해 만에 로마군 전투대형은 놀랍게 변했다. "로마인들은 먼저 팔랑스를 분절分節 시킨 후 제대梯隊/Treffen로 나누었고 마지막으로는 제대를 다시 소규모 전술단위부대들로 쪼갰다. 이제 이런 소규모 전술단위부대들은 모여들어서 적이 뚫고 들어갈 수 없는 단단한 대형을 만들 수 있었고 경우에 따라 서로 나뉘어 이쪽저쪽으로 돌아섬으로써 완전한 융통성을 지닌 대형으로 변할 수도 있었다."[35] 전투를 연구하는 현대 학생에게는 이 발전이 너무 당연한 것이고 주목할 가치가 없는 일로 보일 것이다. 그러나 당시에는 이런 발전은 극단적으로 힘든 일이었고 모든 고대 민족 중 로마인들에게만 가능한 일이었다. 로마는 군대를 시민군대에서 직업군대로 변화시킨 100년에 걸친 실험과 아울러 로마 군사체계의 특징인 군기軍紀의 강조를 통해 비로소 이런 발전을 이룰 수 있었다.[36]

이때 로마가 세계를 제패할 수 있었던 것은 "병사 개개인이 상대방보다 용맹

---

32) 슈미트F. J. Schmidt·몰린스키Konrad Molinski·메테Siegfried Mette 공저共著, 《역사학자이며 정치학자인 델브뤼크 *Hans Delbrück: Historiker und Politiker*》, 베를린, 서기 1928년, 96쪽. 오이겐Eugen von Frauenholz, 《독일 군사체계 발전사 *Entwicklungsgeschichte des deutschen Heerwesens*》, 뮌헨, 서기 1940년, 제II편, vii쪽.
33) 델브뤼크, 《병법사兵法史》, 제II편, 43쪽(역자 주: 이 번역본, 29쪽).
34) 같은 책, 제I편, 330쪽(역자 주: 이 번역본, 527쪽).
35) 같은 책, 제I편, 380쪽(역자 주: 이 번역본, 530쪽).
36) 같은 책, 제I편, 381쪽(역자 주: 이 번역본, 530쪽). 253쪽(역자 주: 이 번역본, 353쪽)도 참고할 것. "군기軍紀의 개념과 위력이 충분히 인식되고 확립된 것은 로마 군대에서 비로소 시작된 것이다."

했었기 때문이 아니라 엄격한 군기軍紀로 견고한 전술조직을 만들 수 있었기 때문이다.”37) 로마군의 정복을 피할 수 있었던 유일한 민족은 게르만족이었다. 그들이 로마군에 저항할 수 있었던 것은 그들의 정치체제에 내재된 자연스런 군기軍紀 덕분이었고 또한 그들의 종심 깊은 전투종대縱隊戰鬪 즉, 방진方陣/Geviert-Haufe이 매우 효율적 대형이었기 때문이었다.38) 사실 게르만족은 로마군과의 전쟁을 통해서 분절分節된 로마 레기온legion과 자신들의 방진들을 상황에 맞추어 독립적으로 또는 합동으로 기동시키는 방법을 배워서 따라 할 수가 있었다.39)

로마제국이 쇠퇴하고 이민족화異民族化 되면서 밀티아데스 시대 이후의 전술적 진보도 끝이 났다. 세베루스Septimius Severe/Severus 황제(재위: 서기 193년~211년) 시대 이후 정치적 혼란은 로마군 군기를 약화시켰고 그 탁월했던 전술조직을 점차 허물어뜨렸다.40) 이와 더불어 많은 이민족 병사들이 군대에 들어오면서 수세기에 걸쳐 개발된 고도로 통합된 전투대형은 유지될 수 없었다. 우리는 보병부대는 강력한 전술조직으로 조직화 되었을 때 기병부대를 능가할 수 있었음을 역사를 통해서 알 수 있다. 그러나 이제 국가가 쇠하고 전술이 퇴화되자 중무장 기마병騎馬兵이 보병부대를 대체하는 경향이 서구西歐의 새로운 이민족 제국帝國들의 군대나 동구東歐 비잔틴 제국 유스티니아누스Justinianus 황제의 군대에서 모두게 생겼다.41) 이 추세가 우위를 점하자 보병전술로 전투의 승부가 결정되던 시대는 끝났고 이제 유럽은 무장 기사騎士들의 모습이 전쟁사를 주름잡는 시대가 오래 지속되었다.42)

델브뤼크는 군사학 발전이 로마의 쇠락과 함께 중단되었다 르네상스와 더불어 다시 시작된다는 주장으로 비난을 받았고43) 대개 이를 타당한 비난으로 본다. 그러나 그의 견해로는 샤를마뉴Chalemagne 대제大帝 때부터 부르고뉴 전쟁에 스위스 보병이 등장할 때까지 전투는 기본적으로 봉건군대의 전투였고 이 군대는 전술조직이 아니었다. 그에 의하면 이 시대 전투는 개별 진사들의 전투능력이 좌우했고, 군기도 통일된 지휘도 없었고, 효율적 병종兵種 구분도 없었다. 중세에 전술적 진보도 없었다고 한 델브뤼크는 마크 트웨인Mark Twain의 소설 《아더왕의 궁전에 들어 간 코네티커트 양키 *A Connecticut Yankee in King Arthur's Court*》에 나오는 “그대는 결과를 알려고 해도 누가 누구와 싸웠는지 누가 이겼는지 말할 수 없소”란

---

37) 같은 책, 제II편, 43쪽(역자 주: 이 번역본, 29쪽).
38) 같은 책, 제II편, 45쪽(역자 주: 이 번역본, 30쪽) 이하.
39) 같은 책, 제II편, 52쪽(역자 주: 이 번역본, 42쪽).
40) 같은 책, 제II편, 205쪽(역자 주: 이 번역본, 212쪽) 이하. “로마 군사체계의 쇠퇴와 해체Niedergang und Auflösung des römischen Kriegswesen”이란 제목의 제I권, 제X장은 이 책 제II편의 핵심 조항이다.
41) 같은 책, 제II편, 424쪽(역자 주: 이 번역본, 405쪽) 이하.
42) 같은 책, 제II편, 433쪽(역자 주: 이 번역본, 412쪽).
43) 투트T. F. Tout, 《영국 역사 평론 *English Historical Review*》, 22권(서기 1907년), 344~348쪽.

말에 동의했던 것으로 보인다. 그의 말에 의하면 크레시Crécy 전투 때 잉글랜드 기사騎士들이 말에서서 내려 보병의 방어전투에 동참했고 아젱쿠르Agincourt 전투 때는 말에서 내린 기사騎士들이 공격에도 가담했던 것은 사실이나 이런 일들은 단순한 일화逸話에 불과하고 이를 현대보병으로 발전하는 전조로 볼 수는 없다고 했다.44)

보병이 독립 병종兵種으로 부활한 것이 15세기 스위스군이다. "라우펜Laupen 전투, 셈파크Sempach 전투, 그랑손Granson 전투, 무르텐Murten 전투 및 낭시Nancy 전투에서 비로소 고대 팔랑스phalanx나 레기온legion에 비견될 보병이 부활했다."45) 스위스 창병槍兵은 게르만족의 종심 깊은 전투종대縱隊戰鬪인 방진方陣/Geviert-Haufe과 유사한 조직으로 정렬했다.46) 그들은 부르고뉴와 싸우며 로마 레기온이 쓰던 분절分節 전술을 완성했다. 일례로 셈파크 전투 때 스위스 보병부대는 두 부대로 나뉘어 한 부대는 적의 기병에게 방어전을 펴고 다른 부대는 적의 측면에 결정타를 날렸다.47)

이런 전술조직의 부활은 칸네 전투 이후에 있었던 로마군의 변화에 비견될만한 군사적 혁명이었다. 중세의 전투 양식이 끝나게 된 것은 화기火器의 도입 때문이라기보다는 바로 이 때문이었다. 무르텐 전투와 그랑손 전투 그리고 낭시 전투에서는 기사騎士들도 신무기를 사용했지만 전투의 결과에 영향을 주지 못했다.48) 보병 전술조직이 전투의 결정적 요소로 부활하면서 기사騎士들도 전술조직인 기병대騎兵隊로 변했고 이들은 매우 유용한 병종兵種이긴 했지만 보조병종補助兵種으로 위상이 변했다. 델브뤼크는 《병법사兵法史》, 제IV편에서 이러한 발전과정과 현대보병이 상비군 시대로 진화되는 과정을 논한 후 프랑스 혁명에 의해 가능해진 전술 진보를 설명하는 것으로 그의 연구를 매듭지었다.

델브뤼크의 《병법사兵法史》가 내용의 흐름에 연속성을 유지하게 되고 또 그가 이 책의 기본 명제命題로 설정했던 정치와 전쟁의 상관성相關性도 드러나게 된 것은 그가 전술조직의 등장에 주목했었기 때문이다. 그는 어떤 시대든 정치발전과 전술 진화는 밀접한 관계에 있음을 지적하면서 "마케도니아 왕들은 호프라이트-팔랑스Hoplit/hoplite-phalanx(역자 주: 중무장한 보병의 밀집 전투대형)를 로마공화국의 귀족관리들과는 다른 방식으로 발전시켰고 로마공화국의 귀족관리들이 코호르트 전술Kohorten-taktik/cohort tactics(역자 주: 이 책 제I편, 제VI권, 제II장 참고)을 채택한 것은 헌법의 변화와 밀접한 관계가 있다. 반면, 게르만족 백호百戶/Hundertschaft들은 그들의 민족적 특성에 따라서 로마 코호르트와는 다른 방식으로 싸웠다"고 했다49)

---

44) 델브뤼크, 《병법사兵法史》, 제III편, 483쪽(역자 주: 이 번역본, 456쪽). 델브뤼크의 중세전투에 대한 견해에 대한 깊이 있는 비판은 위의 각주에서 소개한 투트T. F. Tout의 글을 참고할 것.
45) 같은 책, 제III편, 661쪽(역자 주: 이 번역본, 629쪽).
46) 같은 책, 제III편, 609쪽(역자 주: 이 번역본, 543쪽) 이하.
47) 같은 책, 제III편, 594쪽(역자 주: 이 번역본, 556쪽) 이하.
48) 같은 책, 제IV편, 55쪽(역자 주: 이 번역본, 48쪽).

일례로 기원전 216년 칸네 전투에서 로마군의 패배는 전술의 취약성 때문인데 이는 군대가 직업병사가 아닌 훈련 안 된 시민들로 편성되고 독재 방지를 위해 헌법상 2명의 콘슐consul(역자 주: 공화정 시대에 투표로 선출된 로마의 국가 지도자. 흔히 집정관執政官으로 번역된다)이 최고지휘권을 교대로 행사하게 되었기 때문이다.50) 이 전투 후 그들은 지휘통일이 필요함을 절실히 인식했고 각종 정치적 실험을 거쳐 기원전 211년에 원정군을 스페인에 보낼 때와 7년 후에 아프리카로 보낼 때 스키피오 Publius Cornelius Scipio를 최고사령관으로 임명하고 전쟁이 끝날 때까지 그의 직책을 보장했다. 이 같은 단일 최고지휘관 임명은 헌법과 정면으로 충돌하는 조치였고 공화정 체제의 쇠퇴는 이때 시작된다. 결국 정치와 전투는 분명히 깊은 관계가 있다. 델브뤼크는 "세계사世界史 관점에서 제2차 포에니 전쟁이 중요한 것은 로마가 자신의 군사적 잠재력을 크게 증대시키는 내부적 개혁에 성공했다는 사실 때문이다"라고 했지만51) 이로 인해 국가의 성격까지 완전히 바꾸어 놓았었다.

로마군 전술이 완성되는 데 정치적 요인이 지배적 역할을 했던 것 같이 로마제국 후기 전술형식의 실종 원인을 알려면 당시의 정치제도를 세밀히 연구해야 한다. 3세기의 정치적 경제적 혼란은 로마의 군사제도에도 직접 영향을 미쳤다. 델브뤼크는 "연이은 황제 교체와 피살, 끊임없는 내전內戰 그리고 빈번한 주인 교체는 그때까지 로마군이라는 강력한 방벽을 결속시켜 주었던 접착제를 파괴했고 로마 레기온의 군사 능력의 기초였던 군기를 파괴했다"고 했다.52)

델브뤼크의 《병법사兵法史》에 정치와 전쟁의 상관성을 별도로 논의한 장章은 없지만 각 시대가 바뀌는 곳마다 정치제도와 군사제도의 밀접한 관계를 설명하고 한 분야에서의 변화가 다른 분야에서 이에 상응한 반응을 초래했음을 보여줌으로써 순수한 군사문제를 지배했던 일반적 배경을 설명하고 있다. 그는 게르만족의 중심 깊은 전투종대縱隊戰鬪인 빙진方陣/Geviert-Haufe은 그들의 촌락村落 조직이 군사적으로 표현된 형식임을 보여주었고 그들의 공동체 생활이 해체됨에 따라서 전술조직인 이 방진方陣도 사라졌음을 보여주었다.53) 그는 또 15세기의 스위스군이 승리할 수 있었던 것은 각주各州에서 귀족적 요소와 민주적 요소가 협력했고 또한 도시귀족과 농민대중들이 단합했었기 때문임을 보여주었다.54) 그는 또한 프랑스 혁명 시기에 대해서는 "조국방어라는 새로운 사상은 규모 큰 군대를 가능

---

49) 《병법사兵法史》, 제II편, 424쪽(역자 주: 이 번역본, 405쪽).
50) 같은 책, 제I편, 305쪽(역자 주: 이 번역본, 462쪽).
51) 같은 책, 제I편, 333쪽(역자 주: 이 번역본, 464쪽).
52) 같은 책, 제II편, 209쪽(역자 주: 이 번역본, 207쪽).
53) 같은 책, 제II편, 25~38쪽 및 424쪽 이하(역자 주: 이 번역본, 29~42쪽 및 405쪽 이하).
54) 같은 책, 제II편, 614쪽(역자 주: 이 번역본, 528쪽).

하게 해 주었을 뿐만 아니라 많은 병사들이 적극성을 지닐 수 있게 해 주었고 바로 이 때문에 그런 새로운 전술이 발전할 수 있었던 것"임을 보여주었다.55)

델브뤼크의 이론 중 가장 탁월한 부분은 모든 전략은 두 형식으로 나뉜다고 본 부분이다. 그는 《병법사兵法史》를 출판하기 훨씬 전에 완성한 이 이론을 독자들의 편의를 위해 제I편 및 제IV편에 친절하게 잘 요약해 놓았다.56)

델브뤼크 시대의 군사이론가들은 대개 전쟁의 목적은 적 병력의 격멸이어야 하므로 이를 위해서는 전투가 모든 전략의 목표라고 믿었었다. 그들은 자신들의 주장을 뒷받침하기 위해 클라우제비츠Clausewitz의 말 중 일부만을 선별적으로 인용하기도 했다. 그러나 델브뤼크는 전쟁사 연구를 통해 이런 형태의 전략적 사고思考가 언제나 일반적으로 인정되었던 것은 아니라는 점과 오랜 세월을 그와 전혀 다른 전략이 전쟁을 지배했다는 확신을 갖게 되었다. 더욱이 그는 클라우제비츠도 서기 1827년 작성한 "일러두기Nachrichte"에서 서로 뚜렷이 구분되는 두 가지의 전쟁수행 방식이 있다고 하면서 역사상 존재한 전략 체계는 하나만이 아니라고 주장했다는 사실을 발견했다. 클라우제비츠는 전쟁수행 방식에는 적 병력의 격멸만을 지향하는 방식도 있고 이와는 달리 제한전투의 방식도 있는데 후자는 전쟁이 지향하는 정치적 목표나 전쟁과 관련된 정치적 긴장이 크지 않거나 자신의 군사력으로는 적의 격멸이 부적절하거나 불가능할 때 사용된 방식이라고 했다.

클라우제비츠는 자신의 《전쟁론Vom Kriege》 원고를 수정하려 했지만 이런 두 가지 형식의 전략에 대한 완전한 분석을 끝내기 전에 죽었다. 델브뤼크는 그의 이런 구분을 인정하고 두 전략에 각각 내포된 원칙들을 규명해보기로 결심했다. 그는 첫 번째 형식의 전략에 대해 섬멸전殲滅戰 전략Niederwerfungsstrategie/strategy of annihilation이라는 이름을 붙였다. 이런 전략의 유일한 목표는 결전決戰에 있으며 군사령관은 주어진 여건 하에서 그런 전투를 수행할 수 있는지의 여부만 평가하면 된다.

델브뤼크는 두 번째 형식의 전략에 대해서는 "소모전消耗戰 전략Ermattungs-strategie/strategy of attrition" 또는 "양극兩極 전략doppelpoligen Strategie/bipolar strategy"이라는 이름을 붙였다. 이 전략이 앞의 전략과 다른 점은 "섬멸전 전략에는 단일한 극極 즉, 전투라는 극極만 있지만, 소모전 전략에는 두 극極 즉, 전투라는 극極과 기동이라는 극極이 있어서 지휘관의 결심은 이 두 극極 사이에서 움직인다"는 점이다. 소모전 전략에서는 전투란 전쟁의 정치적 목적을 달성하는 데 동일하게 유용하게 사용할 수 있는 여러 수단들 중 하나일 뿐이며 기본적으로 적 영토의 점령, 적의 농업이나

---

55) 같은 책, 제IV편, 474쪽(역자 주: 이 번역본, 403쪽).
56) 같은 책, 제I편, 100쪽(역자 주: 이 번역본, 457쪽) 이하; 제IV편, 333~336쪽(역자 주: 이 번역본, 372
　　~377쪽) 및 426~444쪽(역자 주: 이 번역본, 437~444쪽).

상업의 파괴 또는 적 영토에 대한 봉쇄보다 중요한 수단은 아니다. 소모전 전략은 섬멸전 전략의 변형도 아니며 하위의 전략도 아니다. 역사를 보면 정치적인 이유 또는 적은 병력 때문에 이러한 전략을 쓸 수밖에 없던 시대들도 있었다. 이 전략이 군사령관에게 요구하는 과제는 섬멸전 전략이 요구하는 과제에 비해 결코 수월하지가 않다. 소모전 전략에서는 몇 가지 전쟁수행 수단들 중 제한된 가용자원에 가장 적합한 것이 무엇인지 즉, 언제 싸울 것인지, 언제 기동할 것인지, 언제 "모험"의 원칙에 따르고 언제 "병력절약"의 원칙에 따를 것인지를 결정해야 한다. 이때 "그의 결심은 따라서 주관적인 것이며 더욱 그럴 수밖에 없는 것은 모든 상황과 여건, 특히 적진敵陣에서 무슨 일이 일어나고 있는지를 확실히 알 수 있는 경우란 결코 없기 때문이다. 군사령관은 전쟁 목적, 전투병력, 적군 사령관의 개성個性, 우리 측은 물론 적 측의 정부와 국민의 정치적 반응 등 모든 여건들을 심사숙고한 후에 과연 전투가 바람직한지 여부를 결심해야 한다. 그는 어떤 대가를 지불하더라도 큰 작전은 반드시 회피해야 한다는 결론을 내릴 수도 있지만, 어떤 경우라도 전투를 추구키로 결심할 수도 있고 이 경우 그의 행동은 결국 단극전략單極戰略에서의 행동과 아무런 차이도 없게 될 수도 있다."57)

과거의 위대한 지휘관들 중에는 섬멸전 전략가로 알렉산더와 시저와 나폴레옹이 있다. 그러나 이들 못지않게 위대한 지휘관으로서 소모전 전략가였던 인물들도 있다. 델브뤼크는 그런 인물로 페리클레스Perikles(역자 주: 이 번역서, 제Ⅰ편, 141쪽 이하 참고), 벨리사리우스Belisalius(역자 주: 이 번역서, 제Ⅱ편, 373쪽 이하 참고), 발렌슈타인Wallenstein(역자 주: 이 번역서, 제Ⅳ편, 206쪽 이하의 뤼첸Lützen 전투 참고), 구스타프 아돌프Gustav Adolphus(역자 주: 이 번역서, 제Ⅳ편, 171쪽 이하 참고)와 프리드리히 대왕(역자 주: 이 번역서, 제Ⅳ편, 361쪽 이하 참고)을 들고 있다. 그러나 델브뤼크가 프리드리히 대왕의 이름을 소모전 전략가로 거명하자 역사가들은 분노했고 비판이 홍수를 이루었다. 그 중에 비판의 목소리를 가장 높인 것은 장군참모부 소속 장교들이었다. 그들은 섬멸전 전략만 옳은 전략일 것으로 믿었고 프리드리히 대왕을 나폴레옹의 선구자로 보았었기 때문이다. 그러나 델브뤼크는 그들의 비판에 대해 그렇게 보는 것은 프리드리히 대왕에게 큰 폐를 끼치는 일이라고 응수했다. 그는 만약에 프리드리히 대왕이 섬멸전 전략가라면 그가 서기 1741년 60,000명의 병력을 가지고도 자신에게 이미 패한 적이 있는 불과 25,000명의 적을 공격하지 않았던 일이나 또 서기 1745년에 호헨프리트베르크Hohenfriedberg에서 대승을 거둔 후 다시 기동전을 선택했

---

57) 델브뤼크, 《프리드리히 대왕의 전략에 비추어 본 페리클레스의 전략Die Strategie des Perikles erlautert durch die Strategie Friedrichs des Grossen》, 베를린, 서기 1890년, 27~28쪽. 이 책은 델브뤼크가 두 가지 형식의 전략에 대해 가장 체계적으로 설명해 놓은 글이다.

던 일을 어떻게 설명해야 하는지를 반문했다.58) 그는 또한 만약 섬멸전 전략의
원칙을 따르는지 여부가 한 지휘관의 자질을 판단하는 유일한 기준이라면 프리
드리히 대왕은 매우 초라한 인물로 전락되고 만다고 보았다.59) 그는 프리드리히
대왕은 자신에게 언제나 전투를 벌일 만큼 충분한 자원이 없다는 것을 알고 있
었지만 전쟁에서 승리하기 위해 다른 전략원칙을 효율적으로 이용할 수 있었기
때문에 위대한 인물이라고 했다.

그러나 비판자들은 그의 주장을 인정하지 않았다. 골츠Colmar von der Goltz나 베른하
르디Friedrich von Bernhardi가 비판자 대열에 섰고 이들과 델브뤼크 간 지상紙上 전투는 20
년 이상 계속된다.60) 논쟁을 즐기던 델브뤼크는 그의 이론에 대한 반박에 끈질
기게 맞섰지만 나폴레옹과 몰트케의 전통 밑에 훈련되고 단호한 단기 전쟁이 가
능할 것으로 믿었던 장교단은 단호하게 그의 견해를 배척했다.(역자 주: 서기 1920년에
나온 《병법사兵法史》, 제IV편, 제1판, 375~376쪽에서 델브뤼크는 "아직 역사가들은 크게 오락가락 하고
견해가 불분명하고 프리드리히에 관한 글들은 비록 목소리를 높이지는 않았지만 종래 방향을 그대로 유
지하고 있던 때 장군참모부 전사과戰史課에 새 방향이 제기되어 이 방향이 전사과를 지배했고 서기 1899
년에는 장군참모부의 《전쟁사 연구Kriegsgeschichte Einzelschriften》, 제27권으로 《서기 1745년~1756년 간 프
리드리히 대왕의 전쟁 사상의 발전Friedrichs des Grossen Anschauungen vom Kriege in ihrer Entwicklung von 1745 bis 1756》
이 발간되었으며 이 책에서는 거의 아무런 이의異議 제기 없이 필자의 개념을 수용했다"고 했다.)

그러나 이런 군사비평가들은 델브뤼크의 전략이론의 깊은 의미를 파악하지 못
하고 있었던 것이다. 역사를 보면 어느 시대에나 항상 타당한 유일한 전략이론
이 존재할 수 없음을 우리는 알 수 있다. 각 시대의 전투나 마찬가지로 전략 역
시 정치 즉, 국가의 생명력 및 힘과 밀접히 연결되어 있었다. 펠로폰네소스 전쟁
당시 반反아테네 동맹에 비해서 취약했던 아테네의 정치는 결국 페리클레스의 전
략을 채택했다. 만약 페리클레스가 후일의 클레온Cleon과 같이 섬멸전 전략의 원
칙을 따르려 했었다면 당연히 재앙이 닥쳤을 것이다.61) 이태리 전쟁에서 벨리사

---

58) 《프로이센 연보年報 Preussische Jahrbücher》, 제115권(서기 1904년), 348쪽.

59) 델브뤼크는 《프리드리히 대왕의 전략에 비추어 본 페리클레스의 전략》에서 만약 그러한 기준을
프리드리히 대왕의 전역戰役들에 적용한다면면 프리드리히 대왕은 3류 지휘관임이 입증될 것이라는 반
어법反語法을 썼고 바로 이 때문에 그는 프로이센 지방의회로부터 국민적 영웅을 악의적으로 조롱하고
있다는 규탄을 받았었다.

60) 이 논쟁의 경과 및 참고문헌들은 델브뤼크의 《병법사兵法史》, 제IV편, 439~444쪽(역자 주: 이 번역
본, 372~377쪽)에 잘 정리되어 있다. 그 외에 베른하르디Friedrich von Bernhardi의 《나의 생애에서 기억할
만한 사건들 Denkwürdigkeiten aus meinem Leben》(베를린, 서기 1927년), 126쪽, 133쪽 및 143쪽도 참고할 것.
델브뤼크의 전략이론에 대한 가장 치밀한 비평은 힌체Otto Hintze의 "델브뤼크와 클라우제비츠 그리고
프리드리히 대왕의 전략 Delbrück, Clausewitz und die Strategie Friedrichs des Grossen"(《브란덴부르크-프로이센 역
사 연구 Forschungen zur Brandenburgisch-Preussischen Geschichte》, 33권, 서기 1920년, 131~137쪽)이다. 힌체는
델브뤼크가 프리드리히 대왕 시대의 전략과 나폴레옹의 전략을 엄격히 구분한 것에 이의를 제기하면
서 프리드리히 대왕은 섬멸전 전략가임과 동시에 소모전 전략가라고 주장했다. 그는 또한 로진스키
Rosinski(《역사지歷史誌 Historische Zeitschrift》, 제151권, 서기 1938년)와 마찬가지로 클라우제비츠의 의도에
대한 델브뤼크의 해석에 대해서도 의문을 제기한다. 《브란덴부르크-프로이센 역사 연구》, 33권, 412
~417쪽에는 힌체의 비판에 대한 델브뤼크의 반론이 게재되어 있다.

리우스의 전략은 비잔틴 제국과 페르시아간 불편한 정치적 관계를 고려하며 결정된 것이었다. "언제나 그렇듯이 전쟁 수행을 결정하고 전략 방침들을 규정하는 것은 이때도 역시 정치였다."[62] 또 "30년 전쟁(역자 주: 서기 1618년~1648년. 유럽의 거의 모든 나라들이 종교, 왕조, 영토 등을 둘러싸고 벌인 전쟁)에서는 매우 복잡하고 자주 변했던 정치 상황이…전략을 결정 했(으며)" 두말할 필요 없이 매우 용감했고 전투 지향적이었던 구스타프 아돌프 같은 인물도 전쟁을 제한할 수밖에 없었다.[63] 프리드리히 대왕은 그가 거둔 승리 때문이라기보다 그의 정치적 통찰력으로 인해 그의 전략과 정치적 현실이 부합했었기 때문에 위대한 지휘관이었다. 어떤한 전략체계도 자족적自足的일 수는 없으며 만약 그런 체계를 시도해서 전략을 정치적 맥락에서 이탈하게 하면 그런 전략가는 국가의 운명을 위협하는 존재가 되고 만다.

독일의 경우 왕조전쟁이 국민전쟁으로 바뀌고, 서기 1864년과 1866년에 이어 1870년에도 연이어 승리하고 또 국가의 잠재적 전쟁수행 능력이 크게 확대된 결과 현대에는 섬멸전 전략이 당연한 전략형식인 것 같이 보였다. 전략의 상대성을 주장해 오던 델브뤼크 자신도 서기 1890년쯤에는 그리 믿었던 것으로 보인다.[64] 그러나 19세기말에는 1860년대의 국민군대가 "백만대군百萬大軍"으로 바뀌어 이런 군대들이 제I차 세계대전에서 싸웠다. 이런 변화는 이제 섬멸전 전략의 적용이 불가능해 지고 페리클레스나 프리드리히 대왕의 전략으로 다시 돌아가야 한다는 경고는 아니었을까? 장군참모부가 교차적인 전략체계의 존재를 부인하는 것이 국가가 심각한 위험상태에 빠진 징후는 아닐까? 델브뤼크의 모든 군사문제 저술에 암묵적으로 깔려 있었던 이런 의문은 독일이 제I차 세계대전에 돌입하게 되자 이제는 그의 입에서 떠나지 않게 되었다.

III. 제I차 세계내전 중의 군사병론가 델브뤼크

델브뤼크는 독일의 지도적 민간 군사문제 전문가였고 제I차 세계대전 기간 중 발표된 그의 글은 대단한 흥미를 끌었다. 그러나 군사평론가로서 그가 이용할 수 있던 정보원情報源은 여타의 신문이나 정기간행물 종사자들보다 나을 것이 없었다. 그 역시 다른 사람들이나 마찬가지로 장군참모부의 발표문이나 일간지 기사나 중립국들의 발표문에 의존할 수밖에 없었다. 그의 전쟁해설이 다른 민간인

---

61) 《병법사兵法史》, 제I편, 101쪽(역자 주: 이 번역본, 153쪽).
62) 같은 책, 제II편, 394쪽(역자 주: 이 번역본, 373쪽).
63) 같은 책, 제IV편, 341쪽(역자 주: 이 번역본, 289쪽).
64) 《프리드리히 대왕의 전략에 비추어 본 페리클레스의 전략Die Strategie des Perikles erlautert durch die Strategie Friedrichs des Grossen》, 제I장.

평론가들의 경우와 달리 폭 넓은 이해와 시각을 보여준 것은 현대전쟁에 대한 전문지식과 역사연구를 통한 판단력 덕이었다. 제I차 세계대전 기간 동안 《프로이센 연보年報 Preussische Jahrbücher》에 매월 게재한 그의 군사평론을 보면 우리는 그가 역사저술에서 기술했던 원칙들과 특히 그의 전략이론이나 정치와 전쟁의 상관성을 더 확실히 밝히고 있음을 알 수 있다.[65] 슐리펜 전략에 따라 독일은 서기 1914년 벨기에를 점령함으로 단시간에 프랑스의 저항을 분쇄하고 자신의 총역량을 러시아로 투입할 생각이었다. 이는 극단적 형태의 섬멸전 전략이었고 델브뤼크 자신도 전쟁 시작 첫 달에는 이를 옳은 전략으로 보았다. 대부분의 동료들 같이 그도 프랑스군이 강하게 저항하리라고는 보지 않았다. 불안한 프랑스 정치정세는 그들의 군사제도에 악영향을 미칠 수밖에 없다고 보았다. 그는 "43년 동안 전쟁상戰爭相이 42번이나 바뀐 프랑스군의 조직이 효율적인 기능을 발휘한다는 것은 불가능한 일"로 보았다.[66] 또한 영국도 지속적 저항능력이 없다고 보았다. 그는 지금까지 영국의 정치발전을 보면 그들이 동원할 군대는 이름만 군대일 것으로 믿었다. 영국은 언제나 소규모의 직업군대만 유지해 왔었다. 그들에게는 보편적 강제징집제도 도입은 심리적으로나 정치적으로 불가능할 것으로 보였다. 그는 "모든 민족은 역사와 과거의 자녀다. 한 인간이 그의 어린 시절과 무관할 수 없듯이 민족도 역사와 과거를 극복할 수 없다"고 처음에는 말했었다.[67]

그러나 독일의 1차 총공세가 목표달성에 실패하고 장기 참호전塹壕戰이 시작되자 델브뤼크는 무엇보다 중요한 일은 전략을 바꾸는 일이라고 보았다. 서부전선이 계속 교착상태에서 벗어나지 못하고 특히 베르덩Verdun 공세가 실패하자(역자주: 프랑스를 침공한 독일군은 파리를 앞에 두고 마르느 강 전투에서 연합군의 강력한 반격으로 진격을 저지당한 후에 소위 힌덴부르크 라인이라는 참호선을 점령했고 연합군은 이 선을 돌파하지 못했다. 서부전선의 교착상태가 계속되자 1916년 2월 독일군은 프랑스 최고의 요새 베르덩을 점령해 전황을 타개하려 했다. 베르덩은 보불전쟁 당시 프랑스군이 가장 마지막까지 버틴 요새로 프랑스 국민들에게 큰 의미가 있는 곳이었으므로 독일군은 이 점을 노린 것이었다. 이 전투는 1차 세계대전 중 가장 길고 잔혹했던 전투로 같은 해 12월까지 10개월 동안 독일군 33만명, 프랑스군 30만명 이상 사상자를 냈고 탱크, 독가스 등의 신무기들이 처음으로 등장한 전투이기도 하다. 전쟁문학의 백미로 꼽히는 레마르크의 《서부전

---

65) 그가 《프로이센 연보年報 Preussische Jahrbücher》에 게재했던 논문을 모아 놓은 책자가 바로 《전쟁과 정치, 서기 1914년~1918년 Krieg und Politik, 1914 bis 1918》, I~III편(베를린, 서기 1918년~1919년)이다. 그는 이 책에서 원래 《프로이센 연보年報》에 게재했던 논문들에 주석과 매우 흥미 있는 요약문을 첨부해 놓기도 했다. 델브뤼크가 전쟁 중 발표했던 논문들에 대한 가장 훌륭한 평론은 부크핀크Ernst Buchfinck 장군의 "델브뤼크의 강의와 군대와 세계대전 Delbrücks Lehre, das Heer und der Weltkrieg"(슈미트Schmitt 편編, 《시대의 직조기織造機 Am Webstuhl der Zeit》, 41~49쪽)이다. 또한 호봄Martin Hobohm의 "델브뤼크와 클라우제비츠와 세계대전 비판 Delbrück, Clausewitz und dir Kritik des Weltkrieges" (《프로이센 연보年報》, 181권, 서기 1920년, 203~232쪽)도 참고할 것.

66) 《전쟁과 정치, 서기 1914년~1918년》, 제I편, 35쪽.

67) 영국의 군사적 취약성에 관한 그의 견해는 서기 1916년 4월 논문에 잘 정리되어 있다. 같은 책, 제I편, 243쪽 이하.

선 이상 없다》라는 소설은 이 전투가 배경인 작품으로 "우리는 사람이 두개골 없이도 살아있는 것을 보았다. 발목이 달아난 병사들이 달리는 것도 보았다. 그들은 동강난 다리로 거꾸려져 가며 가까운 포탄구멍을 몸을 숨겼다. 어떤 병사는 박살 난 무릎을 끌고 근 1km를 손으로 기며 갔다"는 구절이 있다) 델브뤼크는 최고지휘부의 전략적 사고思考가 변해야 할 필요가 있음을 더욱 확신하게 되었다. 그 당시 적어도 서부전선에서만큼은 수세적守勢的 전투가 불가피했는데 이는 "전쟁 전 독일을 풍미했던 전략이론에서는 공세攻勢가 극단적 편애偏愛를 받고 늘 그 우월성이 찬양되고 회자膾炙되던 점에 비추어 중대한" 사태였다.68) 이제 서부전선은 소모전 전략 시대의 상황에 거의 근접했음이 분명했다. 델브뤼크는 "이 전쟁은 우리들에게 많은 새로운 것들을 가져다주기는 했지만 우리는 이 전쟁에서 역사적으로 유사한 무엇을 발견할 수 있다. 난공불락의 진지, 계속된 포병의 증강, 야전요새, 좀처럼 보기 힘든 전술적 결전, 언이온 장기리 후되 등 모습을 보여준 프리드리히 대왕의 전략은 현재의 '진지전陣地戰-소모전Stellung- und Ermattungskrieg'과 틀림없이 유사한 모습"이라고 했다.69) 이제 서부전선에서는 결전決戰은 불가능한 일이 되었고 독일군은 적에게 자신의 의지를 수락하게 만들 다른 수단들을 모색하지 않을 수 없게 되었다.

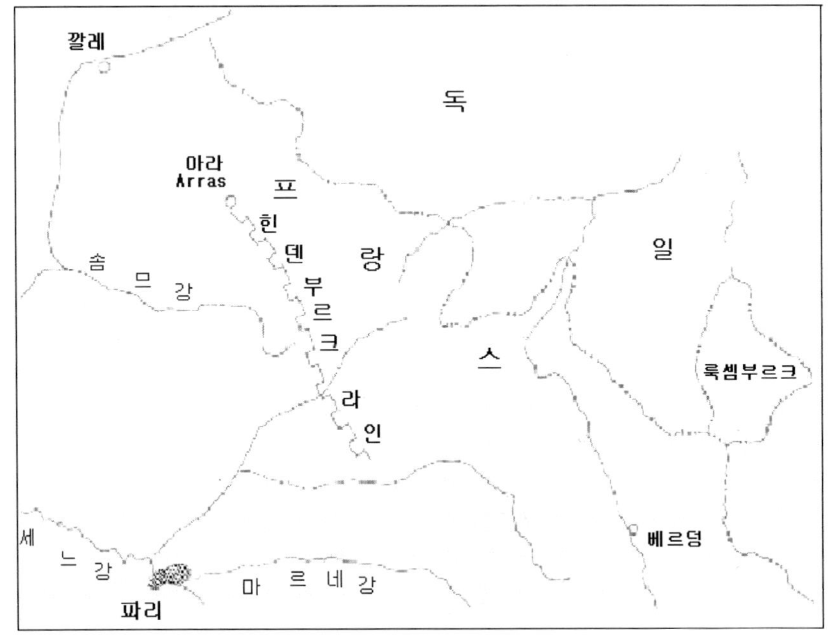

요도: 독일의 서부전선

---

68) 같은 책, 제II편, 242쪽.
69) 같은 책, 제II편, 164쪽. 제II편, 17쪽도 볼 것.

서기 1916년 12월쯤 델브뤼크는 "우리 측의 군사적 입장이 아무리 유리해도 이 전쟁을 계속함으로써 간단히 적에게 평화를 강요할 수 있는 수준에 이르지는 못할 것"임을 지적하고 있었다.70) 그는 독일의 완전한 압도적 승리는 불가능하지 않더라도 실현될 것 같지 않다고 보았다. 그렇다고 독일이 "승리"할 것이라는 말은 아니었다. 그는 독일은 적敵들의 중앙에서 내선內線 상 위치에 있으므로 그들을 분리시켜 놓고 있을 뿐 아니라 주도권을 장악할 수도 있다고 보았다. 그는 독일군은 병력이 많았으므로 패할 수는 없다는 확신을 적敵들에게 주는 것이 분명히 어렵지 않다고 보았다. 또한 서부전선에서는 독일군의 수세守勢가 견고해서 연합군의 의지가 약화되고 있었으므로 이제 연합군의 가장 취약한 연결고리들인 동부의 러시아와 남부의 이태리로 가장 많은 병력을 투입하도록 최고지휘부에 권하는 것이 좋을 것으로 보았다. 러시아의 짜르Czar 군대에 공세를 집중하면 그들의 사기士氣를 완전히 떨어뜨리고 페테르스부르크St. Petersburg에서 적군赤軍 혁명을 촉진시킬 수 있을 것이고, 독일이 오스트리아와 함께 이태리를 공격해 성공하면 영국과 프랑스의 사기士氣를 크게 위축 시킬 수 있을 뿐 아니라 프랑스와 북아프리카 간 교통선을 위협할 수도 있을 것으로 보였기 때문이다.71)

결국 델브뤼크의 견해는 적敵의 연합을 깨뜨려서 프랑스와 영국을 고립시키는 전략을 독일의 택해야 한다는 것이었다. 따라서 그는 서방국가들이 새로운 연합을 결성하게 자극할 조치를 취하지 않는 것이 동부와 남부로 공세를 집중하는 것 못지않게 중요한 일로 보았다. 또한 그는 잠수함 전역戰役에 대해서는 미국의 개입을 불러올 수 있다며 늘 단호한 반대 입장을 취했다.72)

하지만 그는 독일이 이 전쟁에서 이기려면 결국 이 전쟁에 내재되어 있는 정치적인 현실을 독일정부가 분명하게 이해하고 있어야 한다고 보았다. 서부전선이 소모전 양상으로 변함에 따라 이제 이 전쟁에서는 정치적인 측면이 훨씬 중요한 요소가 되었기 때문이다. 그는 "정치가 전쟁을 지배하고 제약하는 요소이며, 군사작전은 그 수단에 불과하다"고 했다.73) 그는 이제 프랑스 국민과 영국 국민의 의지를 약화시킬 수 있는 정치전략政治戰略이 수립되어야 할 때라고 보았다.

델브뤼크는 전쟁 초기부터 독일이 정치분야의 전략에 진정 매우 취약했다고 보고 "폴란드인 구역과 네덜란드인 구역에 대한 독일화獨逸化란 프로이센 제국의 편협한 정책은 세계가 우리를 소수민족의 후견자가 아니라 억압자로 보게 만들었다"고 했다.74) 그는 이런 평판이 이 전쟁에서 확인되면 독일의 적敵들은 정신

---

70) 같은 책, 제Ⅱ편, 97쪽.
71) 부크핀크Ernst Buchfinck 장군의 "델브뤼크의 강의와 군대와 세계대전," 48쪽.
72) 《전쟁과 정치, 서기 1914년~1918년》, 제Ⅰ편, 90쪽, 227쪽 이하, 261쪽.
73) 같은 책, 제Ⅱ편, 95쪽.

적 자극을 받게 될 것이고 그렇게 되면 결국 승리를 기대할 수 없게 될 것이라고 했다. 델브뤼크는 역사를 거론하며 나폴레옹의 예는 독일 정치지도자들에게 좋은 교훈이 되어야 한다고 주장했다. 그는 나폴레옹이 거둔 지극히 압도적인 승리들은 적敵의 의지를 강화시키는 역할만 했고 결국 그를 패배의 늪으로 이끌고 갔다며 "하느님 제발 독일이 나폴레옹이 걸었던 길을 걷지 않게 하소서…이제 전 유럽은 이 한 가지 신념으로 단합되어 있다. 유럽은 결코 단일 국가의 패권행사에 굴복하지 않을 것이다"라고 예고했다.75)

델브뤼크는 독일의 벨기에 침공을 전략적으로 필요한 일로 믿었지만76) 그럼에도 불구하고 독일이 작은 국가들을 굴복시켜 합병하려 한다는 의구심을 확인해 주는 것으로 보였기 때문에 불행한 기동이었고 했다. 그는 서기 1914년 9월부터 종진終戰 시까지 늘 독일정부는 적대행위가 종료될 때 벨기에 합병 의도가 없다는 것을 단호하게 밝혀야 한다고 주장했다. 그는 또 독일이 프랑드르 해안을 계속 장악하는 한 영국은 결코 평화협상에 응하지 않을 것이라고 했다. 그는 또한 서방국가들의 저항을 약화시킬 수 있는 첫째 조치는 독일이 서부 지역에 대해 영토 야욕이 없음과 독일의 전쟁목적이 "다른 민족의 자유와 명예를 결코 손상시키지 않을 것"임을 분명히 선포하는 것이라고 했다.77)

독일이 세계제패를 꿈꾸는 것이 아님을 서방국가들에게 확신 시킬 최선의 방법은 독일이 평화협상을 거부하지 않음을 분명히 보여주는 것이었다. 델브뤼크는 연합군이 서기 1914년 마르느Marne에서 독일에 대한 역공세逆攻勢에 성공한 후 늘 평화협상을 바람직한 일로 보았었다. 그는 이 전쟁의 원인이 러시아의 침공侵攻 때문이었다고 굳게 믿었었고 프랑스와 영국이 "러시아인들의 유럽과 아시아 지배를 막아주고 있는" 독일과 싸울 이유가 없다고 보았다.78) 전쟁이 장기전으로 접어들자 그는 독일은 무력만으로 얻을 수 없는 승리를 진지한 협상의시를 통해 얻을 수 있을 것으로 더 확신했고, 미국의 참전 후에는 독일 지도자들이 협상 무기를 쓰지 않으면 패망한다고 공공연히 예고했다. 그는 제국의회가 서기 1917년 7월 평화결의를 채택하자79) 이는 서부전선에서 어떤 새로운 공세를 시작

---

74) 같은 책, 제I편, 3쪽.

75) 같은 책, 제I편, 59쪽. 또한 제II편, 122쪽 이하에 수록되어 있는 "나폴레옹의 선례先例 Das Beispiel Napoleons"란 글도 볼 것.

76) 같은 책, 제I편, 33쪽.

77) 같은 책, 제II편, 97쪽.

78) 같은 책, 제I편, 18쪽.

79) 찬성 212표 대 반대 126표로 채택된 이 평화결의의 일부 내용은 다음과 같았다.

　　"제국의회는 민족 간 상호이해와 항구적인 협력에 기초한 평화를 원한다. 그러나 영토의 침범과 정치적, 경제적, 재정적 박해는 그런 평화와 양립할 수가 없다. 따라서 제국의회는 종전終戰 이후 경제적 장벽을 구축하거나 민족적 증오를 영속화 시키려는 어떤 음모도 이를 배척한

하는 것보다 더 서방국가들의 저항을 약화시킬 것으로 보고 뜨겁게 환영했다.

델브뤼크는 잠시라도 독일군이 세계 최강의 군대라는 믿음이 흔들려 본 적은 없지만 세계 최강의 군대로 모든 것이 해결된다고 보지는 않았다. 그는 서기 1917년에는 1년 내내 이런 똑 같은 말로 독일국민의 귀를 두드렸다. "우리는 어떤 의미에서 전 세계가 단결해서 우리에게 대항하고 있는 목전의 현실을 직시해야 하며, 이렇게 전 세계가 단결하게 된 근본 이유를 알려면 독일의 세계제패에 대한 두려움이라는 그들의 동기에 언젠가 결국 우리가 걸려 넘어지게 될 것이라는 사실에 대해 눈을 감아서는 안 된다…독일의 전제專制에 대한 저들의 두려움은 우리가 해결해야 할 가장 어려운 과제들 중 하나이며 적이 지니고 있는 힘의 요소들 중 가장 강력한 요소이다."80) 그는 연합국의 그런 공포가 해소되지 않는 한 전쟁은 계속될 것이고 이를 해소 시킬 수 있는 유일한 방법은 서부지역에 대한 영토야욕의 포기와 협상의지에 기초한 정치전략 뿐이라고 보았다.

델브뤼크는 현 전세戰勢가 어떤 면에서는 18세기 상황과 비교 되듯이 이렇게 전쟁의 정치적 측면을 강조하는 것이 프리드리히 대왕이 따랐던 소모전 전략의 원칙들에 완전히 부합된다고 보았다. 독일은 서기 1914년 전쟁을 시작하며 모든 것을 결전決戰에 의존하려 했지만 계획은 실패했다. 델브뤼크는 군사작전의 지위를 격하시켜야만 한다고 보았다. 전투는 그 자체가 목표가 될 수 없고 수단에 불과한 것이었다. 그는 제국의회의 선언이 서방국가들에게 평화가 바람직하다는 확신을 주는 데 실패한 이상 새 공세를 시작할 수도 있고 이를 통해 저들의 망설임을 끝나게 할 수도 있겠지만 이러한 군사작전은 정치적 계획과 서로 조화될 경우에만 전쟁을 성공적으로 수행할 수 있다고 보았다.

델브뤼크는 적의 저항을 약화시킬 수 있는 정치전략을 기대했었지만 결국 큰 실망만 남게 되었다. 서기 1915년에 이미 독일국민의 여론은 이 전쟁을 동부지역 뿐 아니라 서부지역에서도 새 영토획득의 수단으로 보려는 쪽으로 크게 기울어지고 있음이 분명해졌다. 델브뤼크가 벨기에에서 철수할 의사가 있음을 천명하도록 요구하자 그에게 욕설이 쏟아졌고 〈도이취 타게스자이퉁Deutsche Tageszeitung〉지紙는 그가 "국외國外의 우리의 적들에게 굴종하고 있다"고 규탄했다.81) 전세戰勢

다. 해양海洋의 자유는 보장되어야 한다. 경제적 평화가 확립되어야 민족 간 우호적 결속의 토대도 마련될 것이다. 제국의회는 국제사법기구의 창설을 적극적으로 추진해 나갈 것이다. 그러나 적의 정부들이 이런 평화에서 이탈하는 한, 그리고 그들이 독일과 독일의 연합국들을 정복하고 지배하겠다고 위협을 그치지 않는 한, 독일국민은 흔들림 없이 단결해서 생존 발전할 수 있는 우리의 권리와 우리 연합국들의 권리가 보장될 때까지 투쟁을 계속해 나갈 것이다. 이렇게 단결한 독일민족에게 패배란 불가능한 일이다."

80) 《전쟁과 정치, 서기 1914년~1918년》, 제II편, 187쪽.

81) 루츠R. H. Lutz 편編, 《프로이센 제국의 몰락 Fall of the German Empire》, 후버 전쟁 문고Hoover War Library Publications, 1권(스텐포드 캘리포니아, 서기 1932년), 307쪽.

는 변했음에도 전리품으로 영토를 얻으려는 욕구는 줄지 않았고 가장 큰 합병론자合倂論者 집단인 강력한 조국당祖國黨/Vaterlandspartei이 국가정책에 강력한 영향을 미치고 있었다. 독일정부는 벨기에 문제에 관해 아무런 선언도 하지 않았을 뿐만 아니라 평화협상 문제에서도 명확한 입장을 지니고 있지 않았다. 서기 1917년 제국의회가 평화결의에 대해 논의하고 있을 당시 힌덴부르크Hindenburg와 루덴도르프Ludendorf는 제국의회가 그런 결의를 채택하면 자신들은 사임하겠노라고 위협했다. 이 결의는 결국 채택되지만 최고지휘부의 영향력이 너무 강해 정부는 감히 이 결의를 정책기조로 삼지 못했다. 이 소위 1917년 7월 위기로 인해 서방 국가들은 제국의회의 선언은 진지한 선언이 아니고 독일지도자들은 아직도 세계지배를 꿈꾸고 있다는 믿음만 굳히게 되었다.

소위 1917년 7월 위기는 델브뤼크에게는 큰 의미가 있었다. 정부 내의 정치적 리더십 부재와 군부의 정책형성 주도 경향의 확대를 의미했기 때문이다. 독일 군부 지도자들은 정치적 통찰력을 보여준 적은 없지만 과거엔 그래도 정치 수뇌부의 조언을 따랐었다. 그나이제나우Gneisenau도 하르덴베르크Hardenberg 앞에서 자신의 소신을 굽혔고 몰트케도 주저할 때도 있었지만 비스마르크의 정치적 판단에 그의 뜻을 거두어 들였다. 그러나 독일이 최대 위기를 맞은 이 시대에는 군대가 완전히 정국을 주도하는데 그들 중 이 시대의 정치적 요구를 옳게 평가할만한 인물이 없었다. 힌덴부르크와 루덴도르프는 군사 재능은 탁월했지만 서구국가들에 대한 결정적 군사적 승리만을 즉, 유럽 전체를 손아귀에 움켜쥐려는 섬멸전만 뇌리에 있었다. 델브뤼크는 점점 깊어가는 절망감을 "아테네는 페리클레스의 후계자가 없어 펠로폰네소스 전쟁에서 파멸에 이르렀고 우리 독일에는 격노한 클레온들이 넘친다. 독일민족의 위대성을 믿는 사람이라면 우리 자식들 중 시대의 요구가 대외정책을 이끌 고삐를 그들 손에 쥐어 줄 위대한 전략가뿐 아니라 유능한 정치가도 있다는 사실을 확신할 것이다"라는 말로 표현했다.[82] 하지만 그가 말한 유능한 정치인은 출현하지 못했고 격노한 클레온들만 활개 쳤다.

따라서 델브뤼크는 서기 1918년 독일군의 공세를 보면서 결과를 거의 기대하지 않으면서 "내가 이 잡지를 통해 전쟁 초기부터 말해 온 원칙에 변화가 있을 수 없다. 서부전선에서 우리 목적에 대한 이견異見 역시 그대로다"고 했다.[83] 델브뤼크는 전략이란 추상적인 무엇이 아니고 정치적 고려와 별개일 수 없다며 "위대한 전략적 공세는 유사한 정치공세가 이를 동반하면서 보강해 주어야 하며 힌덴부르크와 야전군이 전투선戰鬪線에서 적을 상대하는 것과 같은 방식으로 이 정

---

82) 《전쟁과 정치, 서기 1914년~1918년》, 제III편, 123쪽.
83) 같은 책, 제III편, 123쪽.

치공세가 우리 적敵들을 그들의 국내전선國內戰線에서 상대해야 될 것이다"라고 했다. 그는 공세 시작 14일 전 독일정부가 분명 평화협상을 원하고 있고 평화협정이 체결되면 곧 벨기에서 철군할 것이라고 선언했다면 어떤 결과가 생겼을 지 자문自問하며 영국 수상 로이드 조지Lloyd George와 프랑스 총리 클레망소Clemenceau는 이런 주장을 독일이 약화된 증거로 여길 수도 있었겠지만 공세가 진전된 이후에도 "그들이 여전히 실권實權을 장악할 수 있었을까? 나는 거의 그렇게 보지 않는다. 아마 지금쯤 우리는 협상장에 앉아있게 되었을 것이다"라고 했다.84)

델브뤼크는 이제 전쟁의 정치적 요소와 군사적 요소가 서로 협력하는데 실패했으므로 1918년 공세는 기껏 전술적 승리를 달성할지 몰라도 전략적으로는 중요한 결과를 만들어 내지 못할 것으로 보았다. 그러나 그로서도 이 공세가 섬멸전 전략가들의 최후의 도박이 될 것이라고는 의심하지 못하고 있다가 독일이 급작스럽고도 완전하게 붕괴하게 되자 경악할 수밖에는 없었다. 《프로이센 연보年報 Preussische Jahrbücher》, 서기 1918년 11월 호에서 그는 독자들에게 솔직하게 사과하면서 "나는 큰 실수를 했다. 불과 4주일 전 상황은 비록 좋지 않아도 나는 비록 흔들리는 전선戰線이라도 잘 버틸 것이고 결국은 적을 휴전 협상장으로 끌어내서 우리의 국경선을 지킬 수는 있으리라는 희망을 버리지 않고 있었다"고 했다. 그는 독일국민을 위한 군사평론가로서 자신의 책임을 언급하는 구절에서 "나는 실제 내가 느꼈던 것보다 더 확신에 찬 표현을 사용한 적도 있음을 인정한다. 적어도 1회 이상 나는 육군과 해군의 성명서와 보고서의 확신에 찬 목소리에 속은 적이 있다"고 했다. 그는 이와 같이 판단에 착오를 일으키기는 했지만 자신이 독일국민들에게는 비록 상황이 좋지 않을 때라도 진실을 들을 권리가 있다고 늘 주장했었던 것과 늘 정치적 타협을 벌이기를 설득하면서 독일국민들에게 승리의 길을 제시했었다는 사실에 긍지를 느낀다고 했다.85)

그는 이와 같은 자세로 이 전쟁의 마지막 단계의 군사작전에 대한 자신의 가장 완전한 평론과 가장 철저한 비평을 작성했다. 이 평론과 비평은 제국의회가 종전 후 서기 1918년 독일 붕괴의 원인을 조사하기 위해 설치했던 위원회의 제4소위원회에 서기 1922년에 제출한 두 편의 보고서에 들어있다. 그는 이 제4소위원회에 제출한 증언에서 종전에 《프로이센 연보年報 Preussische Jahrbücher》에서 주장했던 내용을 되풀이했지만 이때는 검열檢閱이 없었으므로 서기 1918년 공세의 군사적 측면에 대해 전쟁 중의 비판보다 훨씬 더 구체적 비판을 가할 수 있었다.86)

---

84) 같은 책, 제III편, 73쪽.
85) 같은 책, 제III편, 203~206쪽.
86) 델브뤼크의 증언 전문全文이 《독일 국민의회 및 독일 제국의회 조사위원회 보고서: 서기 1919년~
    1926년 *Das Werk des Untersuchungsausschusses der Deutschen Verfassungsgebenden Nationalversammlung und des Deutschen*

델브뤼크의 비판의 화살은 주로 서기 1918년 공세를 기획하고 지휘한 루덴도르프를 향했다. 그는 루덴도르프가 군사적 능력을 보여 준 것도 오직 한 가지 측면뿐이었다며 "사전의 부대훈련과 기습시간 선택의 두 부분에서는 능숙한 솜씨로 더 할 수 없이 열정적이고 치밀하게 공격을 준비했다"고 보았다.87) 하지만 델브뤼크는 루덴도르프의 이런 사전준비의 이점은 전략적 사고思考에서의 몇 가지 근본적인 취약점과 큰 실수들로 인해 무의미하게 되었다고 보았다. 우선 공세를 시작하기 전 독일군은 적에게 결정타를 날릴 처지가 아니었다. 전방병력도 적보다 아주 조금 우세했을 뿐이고 예비대는 적에 비해 크게 적었다. 장비도 여러 가지 측면에서 적보다 열악했었고 특히 잘못된 보급체계와 기계화 부대의 연료 부족은 큰 문제점이었다. 이런 문제점들이 공세를 시작하기 전에 분명히 드러났지만 최고지휘부는 이를 무시했다.88)

루덴도르프도 이런 문제점들을 충분히 알고 최대의 전략적 효과를 얻을 수 있는 지점에서는 적을 타격할 수 없다는 사실을 인정했었다. 그러나 루덴도르프는 "순수한 전략보다 전술이 더 중요하다"고 했는데 이는 결국 그가 명시된 이 공세의 목적을 최대한 달성할 수 있는 지점보다는 그저 돌파가 좀 용이한 지점을 공격했다는 의미이다. 델브뤼크는 이 공세의 전략적 목적은 적 병력의 격멸에 있었다며 "영국군을 프랑스군과 분리시킨 후 영국군의 측면을 포위한다는 전략적 목적을 달성하려면 도버 해협 쪽의 솜므Somme 강 방향에서 공격을 실시하는 것이 최선이었지만 루덴도르프는 그보다 4마일(30km) 남쪽의 지점을 공격했는데 이는 이쪽에 적의 병력이 특히 적은 것으로 보였기 때문이다"고 했다.89) 이 지점에서 후티에Hutier의 방어측익防禦側翼이 돌파에 성공했지만 이 돌파의 성공 자체가 오히려 공세의 전개에 장애가 되었다. 이들의 전진 때문에 아라Arras를 공격하려는 벨로프Below의 진짜 공격측익攻擊側翼의 진격이 실이 막혔기 때문이다. 델브뤼크는 벨로프의 진격이 가로막혔기 때문에 "우리는 아무래도 (후티에가 전진에) 성공한 축선을 뒤따라가지 않을 수 없게 되었고…따라서 공세의 개념이 바뀌어서 우리의 전력戰力이 축차적으로 분산되는 위험이 초래되었다"고 했다.90)

간단히 말해 루덴도르프는 자신이 천명했던 섬멸전 전략의 제1원칙을 위반하

Reichstages 1919~1926》 중 제4소위원회 보고서인 〈서기 1918년 독일 붕괴의 원인 *Die Ursachen des Deutschen Zusammenbruches im Jahre 1918*〉 (베를린, 서기 1920년~1929년), 제Ⅲ편, 239~273쪽에 수록되어 있다. 이 보고서의 일부 내용은 루츠R. H. Lutz 편編, 《프로이센 제국의 몰락 *Fall of the German Empire*》, 후버 전쟁 문고Hoover War Library Publications, 4권(스텐포드, 서기 1934년)에서도 찾아 볼 수 있다.

87) 〈서기 1918년 독일 붕괴의 원인〉, 제Ⅲ편, 345쪽. 루츠 편編, 《프로이센 제국의 몰락》, 90쪽.
88) 〈서기 1918년 독일 붕괴의 원인〉, 제Ⅲ편, 246쪽.
89) 같은 보고서, 제Ⅲ편, 247쪽.
90) 같은 보고서, 제Ⅲ편, 346쪽.

고 적의 저항이 약한 곳만 공격하는 전술노선을 취하는 고식지계姑息之計만 씀으로써 재앙을 불러왔던 것이다. 델브뤼크는 "단호한 결전決戰 즉, 적 병력의 격멸을 목표로 하지 않고 단격單擊들 만으로 만족하는 전략에서는 이곳저곳 무의미하게 공격할 뿐이지만 적에게 결전決戰을 강요하려는 전략이라면 제1격에 적을 흔들어 놓을 수 있어야 한다"며 힌덴부르크와 루덴도르프는 이런 원칙과는 전혀 무관하게 한 곳에서 어려운 문제가 생기면 다른 곳을 공격할 수 있다는 원칙에 따라 작전을 편 것이며91) 그 결과 서기 1918년 대공세는 협조되지 않은 일련의 개별적 타격들로 변질되어 아무 소득도 얻지 못했다고 했다.

가장 큰 실수는 최고지휘부가 이때 독일군이 할 수 있는 일과 할 수 없는 일을 분명히 식별하지 못하고 독일군의 능력에 맞는 전략을 채택하지 못했던 점이다. 여기에서 델브뤼크는 역사가로서 또한 군사평론가로서 자신의 모든 연구의 주제가 되었던 문제로 다시 돌아갔다. 독일군의 최고지휘부는 적과의 병력을 비교해 보고 자신들이 섬멸전 전략을 구사할 처지가 아니었음을 인식하고 있었어야만 했다. 따라서 서기 1918년 공세 역시 적을 지치게 만들어 평화협상을 원하게 만드는 것을 목표로 했어야만 한다. 그러나 그렇게 할 수 있으려면 독일 정부 자신이 먼저 평화에 대한 의지를 분명히 밝혔어야 했다. 독일 정부가 이런 의지를 분명히 선언했다면 공세를 새로 시작하면서 전략적으로 크게 유리한 위치에 있게 되었을 것이다. 이때 독일군의 공세는 가용병력에 맞추어 통제될 수도 있었을 것이다. 또한 작은 승리라도 적의 수도首都에서는 그들의 사기士氣에 미치는 영향력이 배가될 것이므로 독일군은 전술적 이점을 지닌 지점 즉, 가장 쉽게 승리할 수 있는 지점을 안전하게 공격할 수도 있었을 것이다.92) 최고지휘부가 서기 1918년의 공세에서 실패하고 결국 전쟁에서 패하게 된 것은 정치와 전쟁의 상관성相關性이라는 가장 중요한 역사의 교훈을 무시했기 때문이다. "클라우제비츠가 말한 가장 중요한 경구警句로 다시 돌아가 본다면 정치적 목표를 완전히 배제한 전략적 사고思考란 존재할 수 없다.93)

IV. 전쟁사 연구의 가치

전쟁사 연구가는 일종의 이단자異端者로서 학계의 동료들 뿐 아니라 그가 저들의 활동을 서술하려는 군인들로부터도 의심의 눈총을 받고 있다. 군인들이 그를 의심하는 이유는 간단하다. 그들의 의심은 대부분 아마츄어에 대한 전문가들의

---

91) 같은 보고서, 제III편, 250~251쪽.
92) 같은 보고서, 제III편, 253쪽 이하.
93) 같은 보고서, 제III편, 253쪽.

자연스런 경시 때문에 생기는 현상이다. 그러나 전쟁사 연구가에 대한 학계의 불신은 뿌리 깊은 이유가 있다. 특히 민주국가에서는 전쟁이란 탈선행위이며 따라서 전쟁 연구는 유익하지도 점잖지도 못한 일이라는 신념 때문에 학계는 전쟁사 연구가를 불신한다. 20세기 초의 원로元老 전쟁사 연구가 오만Charles Oman 경卿은 그의 일반저술인 《역사의 서술敍述 On the Writting of History》에서 자신이 다루는 분야에 관한 장章의 제목을 "전쟁사를 위한 탄원A Plea for Military History"이라고 붙인 것은 중요한 의미가 있다. 오만은 민간인 역사가들은 잠깐씩 예외적으로만 군사문제를 다룬다며 그 이유에 대해서는 "중세 왕실의 사관史官들이나 현대의 자유로운 역사기록자들이나 모두 전쟁의 의미에 대해서 여러 가지 무서운 사건과 비참한 인명손실이 있다는 것 외에는 잘 모르는 경우가 흔하다"고 했다.94)

전 생애를 통해 델브뤼크는 오만이 개탄한 이런 편견을 역시 절실히 느꼈다. 그가 비교적 젊은 시절에 군사문제에 자신의 재능을 쏟아 붓고 있을 당시 같은 학과 동료들이 자신의 전공 분야를 자신과 같은 정열을 쏟아 부을만한 가치가 없는 문제로 보고 있음을 알았다. 랑케Lanke 자신도 델브뤼크가 교수자격 시험을 통과한 후 이 젊은 학자가 병법사兵法史에 관한 글을 쓰려 한다는 하자 반대의사를 표시했고, 몸센Theodor Mommsen은 델브뤼크가 《병법사兵法史》, 제I편을 그에게 증정하자 약간 퉁명한 어투로 "나는 아무래도 이 책을 읽을 시간이 없을 것이네"라고 말했다.95) 델브뤼크가 서기 1887년에 학자들이 "전쟁사에 일시적 관심이 아니라 전문적인 관심을 보여 주여야 할" 절실한 필요성이 있다고 탄원했을 때 이에 유념했던 역사학자는 거의 없었다.96) 델브뤼크는 말년에 그의 《세계사 Weltgeschichte》에서 그랬듯이 "전투와 전쟁은 세계사의 중요하지 않은 부산물副産物로 볼 수 있다"고 고집스럽게 믿고 있는 사람들에 대한 불만을 계속 토로했다.97)

델브뤼크가 발견한 객과적 비판Sachkritik이라는 방법론(역자 주. 델브뤼크 자신은 이런 방법론을 자신이 발견한 것이라고 하지는 않았고 "필자의 연구와 같은 경우에 여타 분야의 역사 연구에서는 사용되지 않는 특수한 과학적 방법이 적용되어야 할 것이라는 생각은 처음부터 버려야 한다. 물론 문언적 비판Wortkritik보다는 객관적 비판Sachkritik이 필요하다고 말 할 수는 있을 것이다. 하지만 이런 두 종류의 연구방법이 상호 배척관계에 있는 것은 아니다. 이 두 연구방법은 통합적인 과학적 비판에 있어서는 동시에 사용되는 도구들일 뿐이다"라고 했다. 제I판, 제1판 서문 참고)에 대한 관심도 세월과 함께 줄어들고 그가 즐기던 전략논쟁도 우리의 관심에서 다소 멀어졌을 수는 있다. 하지만 그의 《병법사兵法史》는 역사 유산에 현대 과학을 응용한 탁월한 예로

---

94) 오만Charles Oman, 《역사의 서술敍述 On the Writting of History》
95) 서기 1962년 베를린에서 이 책 제IV편의 영인본을 출간할 당시 앞에 수록한 하인츠Otto Heintz의 서문, 9쪽을 볼 것.
96) 델브뤼크, "전쟁사론戰爭史論 Etwas Kriegsgeschichtliches," 《프로이센 연보年報 Preussische Jahrbücher》, 610쪽.
97) 델브뤼크, 《세계사Weltgeschichte》(베를린, 서기 1924년~1928년), 제I편, 321쪽.

영원히 기억될 것이고 세부내용에 수정이 있을 수는 있겠지만 그 주요내용에는 누구도 도전하지 못할 것이 분명하다. 더욱이 이제 전쟁이 모든 인간의 관심사가 된 이 시대에 역사가이면서 정치평론가였던 이 책의 주요 명제는 곧 인류에 대한 충고이며 또한 경고이다. 정치와 전쟁의 조화는 페리클레스 시대나 마찬가지로 현재에도 중요한 문제이다. 전략적 사고思考가 자신의 울타리 안에 갇혀 버리면 즉, 전쟁의 정치적 측면을 소홀히 하면 재앙만 뒤따를 것이다.

번역 후기

이제 역자는 이 책 제I편에서 제IV편까지 번역 작업을 끝으로 40년 간의 긴 군복무를 마감하고 퇴역하게 되었다. 번역에 착수해서 탈고에 이르기까지 힘에 부칠 때도 있었지만 보람은 컸다. 마라톤 전투의 영웅 밀티아데스와 고대 로마 세계제국의 기초를 세운 시저에서 나폴레옹에 이르기까지 수많은 전쟁영웅들을 이 책을 통해 만날 수 있었고 특히 탁월한 문장가 델브뤼크의 글을 토씨 하나 빠짐없이 읽을 수 있었던 것은 큰 보람이었다. 델브뤼크는 전쟁이란 역사현상을 치밀하고 명쾌한 논리로 해석하고 탁월한 문장력으로 이를 설명 했다. 부족하고 불완전한 사료를 감안할 때 인간의 사고력으로는 이 보다 더 객관적인 해석이나 설명은 불가능할 것으로 보인다. 원문 중에는 치밀하고 객관적인 사료해석을 소홀히 한 사람들을 두고 "이들은 모두 학문의 수도원修道院에서 수도에 전념하고 있는 것이 아니라 그 현관 앞에서나 서성대고 있는 사람들에 불과하다"고 비유한 곳이 보인다. 자신이 구도자求道者의 심정으로 학문에 정진했다는 표현일 것이다. 역자는 델브뤼크가 이렇게 구도자의 심정으로 써 나간 문장을 정확하게 우리말로 옮기려 노력은 했지만 제대로 번역하지 못한 부분이 분명 많을 것이다. 그럼에도 불구하고 역자가 이 번역작업에서 손을 뗄 수 없었던 이유는 반드시 번역되어 있어야 할 이 책이 아직도 번역되어 있지 않다는 사실 하나 때문이다. 역자는 이 책 번역본이 출판된 나라는 군사학이 발전한 미국과 러시아뿐인 것으로 알고 있다. 델브뤼크는 유물론唯物論을 부정한 인물이지만(위의 422쪽 참고) 이념대립이 첨예했던 1960년대에 유물사상의 맹주였던 구소련舊蘇聯에서도 이 책이 번역되어 군사·정치 교재로 활용되었고 이 번역본의 저본底本 역시 구동독舊東獨이 발간한 영인본이다. 진실眞實은 이념理念도 초월할 수 있다는 의미일 것이다.

서기 2009년 3월 31일
육군 대령 민 경 길

■ 저자 소개

한스 델브뤼크(Hans Delbrück)

델브뤼크(서기 1848~1929)는 프러시아 프레데릭 황제의 막내아들
발데마르 왕자의 개인교사를 거쳐 서기 1896년부터 1921년까지
25년간 베를린대학교 역사학 교수로 재임했다. 서기 1883년부터
1919년까지는 《프러시아 연보》편집장을 역임했다. 제Ⅰ차 세계
대전 후 독일대표단 일원으로 파리 평화회의에 참가해서 전쟁 당
시 독일의 국가책임 문제를 다루었다.

■ 역자 소개

대령 민 경 길

- (현)육군사관학교 법학교수
- 서울대학교 법과대학 졸업
- 고려대학교 대학원 졸업(법학석사)
- 명지대학교 대학원 졸업(법학박사)
- 국방부 국방개혁위원회 위원
- 국방부 노근리사건 진상조사위원회 법률자문위원
- 육군사관학교 사회과학처장
- 대한 적십자사 국제법 자문위원

- 주요 저서
  · 군법개론(일신사, 1986년)
  · 핵무기와 국제법(문원사, 1990년)
  · 군대명령과 복종(법문사, 1994년)
  · 군사법원론(일신사, 1996년)
  · 북한산(집문당, 2004년)

병 법 사
제 Ⅳ 편 근 대

초판인쇄 | 2009년 7월 20일
초판발행 | 2009년 7월 20일

지은이 | 한스 델브뤼크
옮긴이 | 민경길
펴낸이 | 채종준
펴낸곳 | 한국학술정보㈜
주 소 | 경기도 파주시 교하읍 문발리 파주출판문화정보산업단지 513-5
전 화 | 031) 908-3181(대표)
팩 스 | 031) 908-3189
홈페이지 | http://www.kstudy.com
E-mail | 출판사업부 publish@kstudy.com

등 록 | 제일산-115호(2000. . 19)
가 격 | 44,000원

ISBN 9. . . 268-0099-7 94390 (Paper Book)
      978-89-268-0100-0 98390 (e-Book)
      978-89-268-0091-1 94390 (set Paper Book)
      978-89-268-0092-8 98390 (set e-Book)